U0418611

清华大学计算力学丛书

非线性有限元

庄茁　柳占立　王涛　高岳　高原　编著

清华大学出版社
北　京

内容简介

本书介绍了非线性有限元的主要内容：三场变分原理（应力、速度和变形率）；一种拉格朗日格式（完全的和更新的拉格朗日有限元格式）；隐式积分和显式积分两种求解方法（隐式积分主要是牛顿-拉夫森（Newton-Raphson）方法，显式积分主要是中心差分方法），以及纽马克-贝塔（Newmark-β）方法；材料、几何和接触三类非线性（材料非线性包括非线性弹性、塑性和黏弹性；几何非线性包括大应变、大位移、大转动，结合率形式本构的应力更新算法处理大转动问题，采用弧长法求解屈曲问题；接触（边界）非线性主要采用拉格朗日乘子法和罚函数法）；各种单元形式，包括杆件、平面和三维实体单元，梁和板壳结构单元等（在非线性有限元中应用的单元主要是 C^0 形函数的线性单元，因此考虑了控制剪切自锁、体积自锁、薄膜自锁和沙漏模式）。

本书针对每部分内容给出了理论公式、计算框图和部分例题，便于读者自学和编写非线性有限元程序。本书可供力学、机械、土木工程和航空航天工程相关专业的高校教师、科研工作者阅读，也可作为相关专业研究生的计算固体力学课程教材。

版权所有，侵权必究。举报：010-62782989，beiqinquan@tup.tsinghua.edu.cn。

图书在版编目（CIP）数据

非线性有限元 / 庄茁等编著. -- 北京 ：清华大学出版社，2024. 11. --（清华大学计算力学丛书）. -- ISBN 978-7-302-67536-5

Ⅰ. O241.82

中国国家版本馆 CIP 数据核字第 2024WU5011 号

责任编辑：戚　亚
封面设计：常雪影
责任校对：王淑云
责任印制：杨　艳

出版发行：清华大学出版社
　　网　　址：https://www.tup.com.cn，https://www.wqxuetang.com
　　地　　址：北京清华大学学研大厦 A 座　　**邮　　编**：100084
　　社 总 机：010-83470000　　**邮　　购**：010-62786544
　　投稿与读者服务：010-62776969，c-service@tup.tsinghua.edu.cn
　　质量反馈：010-62772015，zhiliang@tup.tsinghua.edu.cn
印 装 者：三河市龙大印装有限公司
经　　销：全国新华书店
开　　本：185mm×260mm　　**印　张**：33.5　　**字　　数**：809 千字
版　　次：2024 年 12 月第 1 版　　**印　　次**：2024 年 12 月第1 次印刷
定　　价：199.00 元

产品编号：045755-01

谨以此书献给

敬爱的导师黄克智先生！

前言

当我们漫步在基于数值仿真的科学与工程的时空中，纵览古今、瞬抚四海，每一位读者都会感慨万千，向推动科学与工程进步、造福人类的科学家和工程师致以深深的敬意。在众多数值仿真方法中，有限单元法无疑是一颗璀璨的宝石，它是力学家在20世纪对人类文明的伟大科学贡献之一。在这个领域，大师云集，名人荟萃，从 Clough R.W.、Argyris J.H.、Zienkiewicz O.C.等人的奠基性工作，到 Simo J.C.、Hughes T.J.R.、Belytschko T.、Bathe K. J.、Hibbitt D.等人继往开来的延拓，历经80余年的历程，有限元已经发展为学术研究和工程设计不可替代的仿真工具。

若把有限元比作璀璨的宝石，非线性有限元则是最耀眼的明珠。材料、几何和接触非线性构成了具有挑战性的力学核心问题，非线性有限元正是给出其数值解答的重要工具。历经30余年的科学研究、工程实践和课程教学，本书作者致力于提供固体力学理论分析和有限元计算方法的全面描述，贡献一部与时俱进的非线性有限元著作。**本书的定位是读者通过学习，能够理解理论公式、掌握计算方法和编写应用程序**。

第1章回顾了非线性有限元发展历程，特别是有限元工程分析软件（computer aided engineering，CAE）的诞生与发展，以及标记、网格和偏微分方程的分类。第2章介绍了非线性连续介质力学的基础知识，讲述了运动与变形的关系，应变和应力的度量，以及小应变大转动的应力张量客观率，以此作为后续章节的基础。

第3章和第4章分别介绍了完全的和更新的拉格朗日有限元格式，便于读者了解基于初始（未变形）构形的完全的拉格朗日有限元格式和基于当前（变形）构形的更新的有限元拉格朗日格式。基于自然变分原理建立弱形式和强形式，由运动学变量离散为求解动量方程的有限元形式。这两种格式是等价的，应用哪种格式编写程序取决于读者。

第5章和第6章分别介绍了求解动量方程的显式积分和隐式积分方法，这两种方法界定了两套有限元软件——基于中心差分的显式积分软件和基于牛顿-拉夫森迭代的线性化过程的隐式积分软件。第7章讨论了物理、数值和材料稳定性的理论和计算问题，描述了屈曲和后屈曲构形的弧长法。

第8章~10章介绍了单元技术。非线性有限元的核心需求之一是快速求解大规模问题，因此单元基本上采用 C^0 形函数的线性单元，内力求解方式分别为完全积分、选择性减缩积分和不完全积分，这样就必须考虑不可压缩材料的体积自锁、线性单元的剪切自锁和薄膜自锁，以及不完全积分单元的沙漏模式等。第8章阐述了单元的分类和性能，给出了平面和实体单元，介绍了著名的胡海昌-鹫津久一郎三场变分原理。第 9 章描述了伯努利细长梁和铁摩辛柯剪切梁的基本原理，展示了基于连续体的梁单元和平面曲梁单元。第 10 章介绍了基于连续体的壳单元和基于薄膜与板组合的壳单元。

第 11 章介绍了接触（边界）非线性，给出了接触界面不可侵彻率和接触应力为压力的一致性条件，基于广义变分原理建立的弱形式和强形式不等式，由运动学变量离散为求解动量方程的有限元形式，并列出了拉格朗日乘子和罚函数方法在接触问题数值求解中的应用。

第 12 章给出了一些材料的非线性本构模型，如弹-塑性模型、黏-弹性模型、超弹-塑性模型等，特别是求解有限变形问题的几种应力率型本构关系。第 13 章阐述了本构积分的应力更新算法，主要是率无关和率相关塑性的图形返回算法，隐式和半隐式向后欧拉算法，大变形的增量客观积分和编程方法。

本书是为力学、机械、土木和航空航天工程专业的高校教师、科研工作者编写的有限元理论和计算专著，也可以作为相关专业研究生的计算固体力学课程教材。在阅读本书之前，希望读者掌握线性有限元、弹-塑性力学、线性代数和数值计算的基本理论和方法，熟悉变分原理和能量泛函的概念。为了便于准确地理解书中内容，我们尽量采用统一的表述风格和标记，并提供了 430 余篇参考文献。

感谢数十年来始终引领和鼓励我们的黄克智院士，他在固体力学大变形本构理论的具体指导使我们深受裨益。

感谢曾经在课题组共事的百余名博士后、博士生和硕士生的贡献。感谢清华大学出版社石磊副总编和戚亚编辑的支持和帮助。诚然，任何遗漏的错误是作者的责任，欢迎读者指正。

庄茁　柳占立　王涛　高岳　高原

2024 年国庆节，于清华园

图 1　1999 年在慕尼黑的欧洲计算力学会议上，有限元的三位奠基人合影，左起：Argyris J. H.（1913—2004，德国）、Clough R. W.（1920—2016，美国）和 Zienkiewicz O. C.（1921—2009，英国）

图 2　2004 年 6 月，Belytschko T. 应邀与中国力学学会主要领导会面并合影，左起：袁明武、杨卫、Belytschko T.、庄茁、郑哲敏、苏先樾

图 3　2004 年 6 月，在清华大学举办了首届全国非线性有限元讲习班，邀请 Belytschko T. 教授讲学

图 4　2004 年 6 月，Belytschko T. 教授与庄茁游览北京大学

目录

第 1 章

绪 论

主要内容

非线性有限元基础：非线性力学问题，非线性有限元发展历程、主要论著和软件
三种非线性：材料本构模型，几何大变形，接触碰撞
三位有限元奠基人：Clough R. W.（1920—2016，美国），Argyris J. H.（1913—2004，德国），Zienkiewicz O. C.（1921—2009，英国）
三种网格描述：拉格朗日坐标，欧拉坐标，任意的拉格朗日-欧拉坐标
三类偏微分方程：双曲线型，抛物线型，椭圆型

1.1 基于仿真的工程与科学

科学是在对物质结构和物理世界行为的系统研究中所获得的知识，包括发展理论计算和实验测量以描述这些研究活动的结果。**工程**是将科学应用于人类的需求，将科学原理和实践经验应用于对工程目标和过程的设计。**工程科学**是将科学与工程结合而获得解决实际问题的系统化知识。**基于仿真的工程与科学**采用模拟和计算机仿真的原理和方法获取和应用知识，贡献于人类活动。人类获得知识的两种方式为理论和实践。理论是假设、原理、规律和解释；实践是实验、测量和观察。知识不一定是真理，它是感觉到可能会成为真理的信息，直到矛盾的事实被**验证和确认**（verification and validation，V&V），知识才可能成为真理。这里的验证内容是指应用理论模型、计算方法和实验技术验证所获得结果的正确性，而确认内容是指所获得结果应用了正确的理论模型、计算方法和实验技术。如果科学的定义发展到应用知识能够预见物理世界发生的事情，并且通过计算机仿真能清晰地再现，仿真则能够支撑科学的预见。大量的工程实践和科学研究行为表明：理论、实验和仿真

为三大支柱，支撑着工程与科学的大厦。

基于仿真的工程与科学是对科学现象、工程或产品的功能、性能和运行行为实施计算机模拟的方法体系。人类需要借助各种工具来增强和延伸自己认识世界并获取知识的能力，基于仿真的工程与科学正是通过科技手段构造一种人工环境，帮助工程师和科学家创造一个时域和空域可变的虚拟世界，使人们能够在这个虚拟世界中纵观古今，瞬抚四海，实现从必然王国到自由王国的认识过程。"纵观古今，瞬抚四海"取自我国晋代儒学家陆机(261—303)的《文赋》，他在谈及文学创作的思维活动时说，应"观古今于须臾，抚四海于一瞬"。纵观古今为时间尺度，是宙的概念；瞬抚四海为空间尺度，是宇的概念，驰骋宇宙即在时间和空间中遨游。"实现从必然王国到自由王国的认识过程"取自毛泽东(1893—1976)的《实践论》(庄茁，2009)。

基于仿真的工程与科学是处于快速发展中的计算数学、计算物理、计算力学、计算材料学及相关的计算工程科学，其与现代计算机科学和技术相结合，从而形成了综合性、集成化、网络化与智能化的信息处理方法、技术和产品。在信息技术和各种计算科学高度发展的时代，基于仿真的工程与科学应该成为科学家探索科学奥秘的得力助手；成为工程师实施工程创新或产品研发，并确保其可靠性的有效工具。非线性力学问题(材料、几何和接触)几乎永远是力学发展的前沿课题，非线性有限元是计算力学的重要组成部分，而有限元计算程序软件正是我们实现工程与科学仿真的主要工具。

20世纪人类最伟大的发明之一是电子计算机，这一发明极大地推动了相关科学研究领域和产业的发展。随之诞生和发展的有限元等数值计算方法，使传统的复杂力学问题得以进行数值模拟和计算分析，解决了大量工程和科学问题。因此，诞生了跨专业和跨行业的学科分支，如基于计算机的设计(computer-aided design，CAD)，基于计算机的工程(computer-aided engineering，CAE)和基于计算机的制造(computer-aided manufacture，CAM)等，它们的共同特点是以工程和科学问题为背景建立计算模型并进行计算机仿真分析，充分体现了基于仿真的工程与科学的时代特色。

随着互联网、大数据、云计算和机器学习技术的日新月异，我们迎来了以人工智能为标志的新工业革命时代。人工智能将引发科学突破的链式反应，引领新一轮科技创新和产业变革，从而加速培育经济发展新动能并塑造新型产业体系，深刻地改变人类社会。人工智能的特殊性决定了其研究不能循规蹈矩、亦步亦趋。"善出奇者，无穷如天地，不竭如江河"。创新是大学的灵魂，创新在某种意义上就是最大的"出奇"。人工智能研究离不开理论创新和方法创新，但同时也与产业应用密不可分。产业界为人工智能研究提供了丰富的真实问题、生动的应用场景和有力的大数据支持。人工智能代表性的核心技术是机器学习与神经网络，应用条件是数据量大、逻辑清楚、规则明确；取得的成效体现在避免出错，预测结果。以有限元为代表的计算力学是创造仿真数据的有力工具，因此，人工智能为计算力学的发展开辟了巨大的空间。

1.2 非线性力学问题

1.2.1 力学问题的非线性特征

力学中的非线性是指变量之间呈现非线性关系，一个简单的对比就是具有线性和非线性刚度响应的弹簧(图 1-1)。对非线性力学问题进行数值分析的学科被称为非线性计算力学。

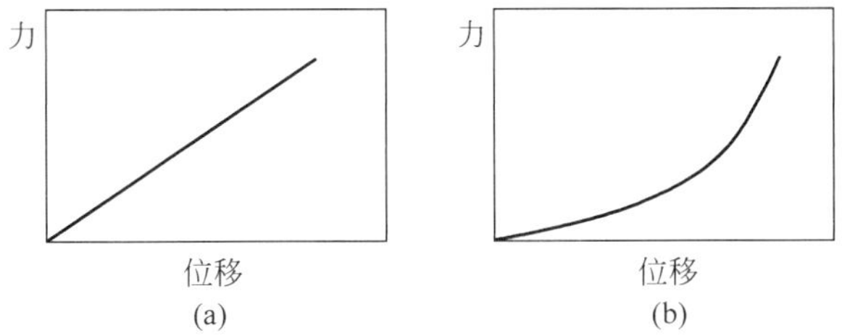

图 1-1 线性和非线性弹簧特性

(a) 线性弹簧,刚度为常数;(b) 非线性弹簧,刚度非常数

非线性结构问题是指结构的刚度随其变形而改变的非线性问题,所有真实物理结构均是非线性的,线性分析只是一种方便的近似。对于某些设计,这种近似提供了足够的精确度。但是对于许多结构问题,例如加工过程(锻造、冲压和切削等)和橡胶部件(轮胎、减震元器件等)的模拟分析,采用线性分析显然是不精确的,甚至是难以实现的;采用解析方法同样难以实现对真实状态材料与结构的力学分析,因而这类非线性问题不得不采用数值方法。目前,在能够有效地处理复杂固体力学问题的数值方法中,有限元方法仍然占据着主导地位。

由于刚度依赖于位移,所以不能再用初始柔度乘以外力的方法来计算任意载荷下的弹簧位移。在非线性隐式分析中,结构的刚度矩阵在整个分析过程中必须进行多次生成和求逆,这使分析求解的成本比线性隐式分析昂贵得多;在非线性显式分析中,稳定时间增量步的减小同样会增加计算成本。另外,非线性系统的响应不是所施加载荷的线性函数,不可能通过叠加来获得不同载荷情况的解答。所以,针对每种载荷情况都必须给出独立的分析和求解。

在固体力学与结构力学中,非线性行为一般包括材料的弹性和塑性等非线性行为,几何的大变形非线性行为,界面或边界的接触非线性行为三种。

1.2.2 材料非线性

材料的非线性是指本构关系中给出的应力-应变响应是非线性的,最简单的形式是非线性弹性,即应力-应变之间不呈线性关系。更一般的情况是材料对加载和卸载的响应各不相同的情况,如熟知的金属弹-塑性行为。大多数金属在低应变时都具有良好的线性应力-应变关系,但是在高应变时材料发生屈服,此时应力-应变响应为非线性且不可恢复(图 1-2)。另外,橡胶材料可以用一种非线性、可恢复(弹性)的本构响应来近似(图 1-3),即超弹性本构关系。

材料的非线性特性也可能与应变以外的其他因素有关,如温度、应变率和失效行为等,也可以是其他预定义场变量的函数。

1.2.3 几何非线性

非线性的第二种来源与分析模型的几何形状改变相关,当模型的位移大小影响结构响

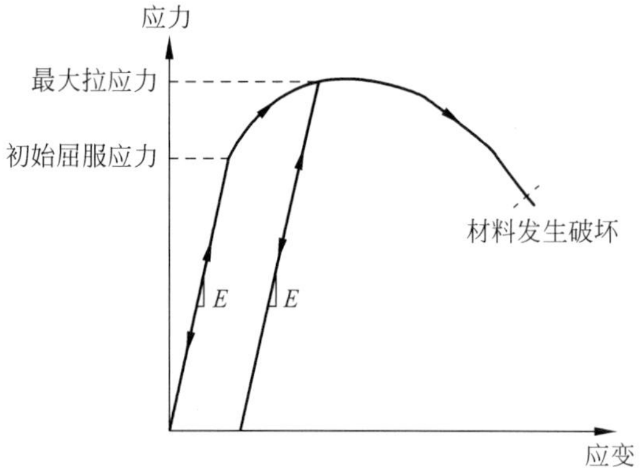

图 1-2 弹-塑性材料轴向拉伸的应力-应变曲线

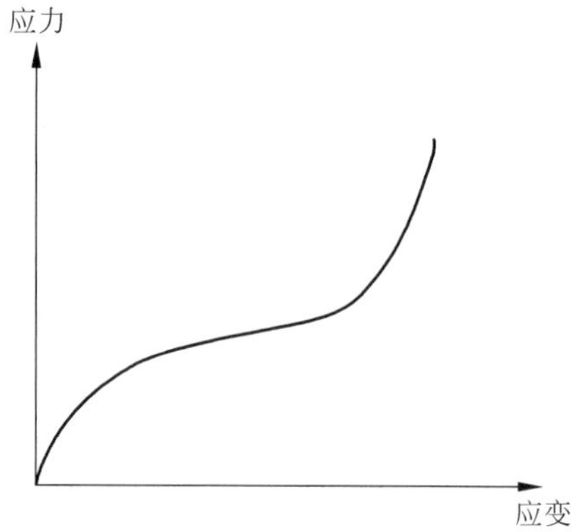

图 1-3 超弹性材料的应力-应变曲线

应时，几何非线性作用凸显。其主要原因包括大挠度或大转动、“突然翻转”（snap through）、初应力或载荷刚性化等情况。例如，考虑在端部竖向加载的悬臂梁（图 1-4）。如果端部的挠度较小，可以认为是近似的线性分析。然而，如果端部的挠度较大，结构的形状和刚度都会发生改变。另外，如果载荷不能保持与梁轴线垂直，其对结构的作用也将发生明显的改变。当悬臂梁挠曲时，载荷的作用可以分解为一个垂直于梁轴线的分量和一个沿着梁轴线方向的分量。这两种效应都会对悬臂梁的非线性响应产生贡献，即随梁承受载荷的增加，梁的刚度将发生变化。因此，大挠度和大转动对结构承载方式产生了显著的影响。

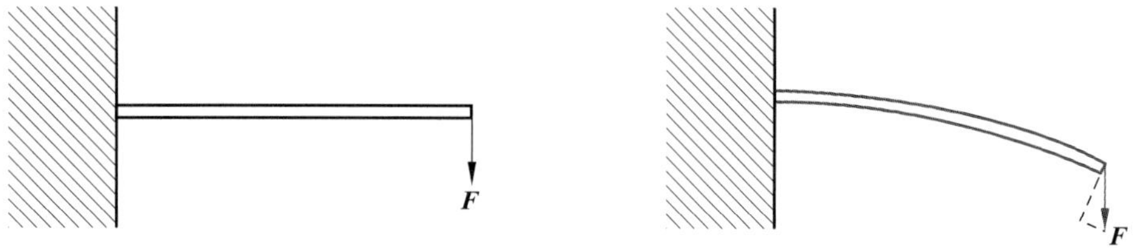

图 1-4 悬臂梁的大挠度

然而，当位移相对于结构尺寸很小时，几何非线性也可能会显著。考虑一块很大的具有小曲率的板在压力作用下“突然翻转”的过程，如图 1-5 所示。板的刚度在变形时会产生剧烈变化。当板突然翻转时，刚度变负，常称其失去稳定性，即当卸载时仍然发生一定量的位移，如图 1-5 中的曲线斜率所示。在这种情况下，尽管位移的量值相对于板的尺寸很小，但是变形过程具有明显的几何非线性，必须在分析中加以考虑。

当固体变形前后有较大差别时，就会产生有限变形状态。在这种情况下，不再可能针对未变形的几何构形写出线性应变-位移关系或平衡方程。甚至在有限变形发生前，在某些结构上可能观察到屈曲或载荷分叉现象，此时需要考虑非线性平衡的影响。这类问题的经典算例是欧拉细长杆，其屈曲时的平衡方程包含轴向压缩载荷的影响。

1.2.4 接触非线性

如果边界条件在分析过程中发生变化，就会产生接触（边界）非线性问题。考虑如图 1-6 所示的悬臂梁，它随施加的载荷产生挠曲。梁的自由端在接触障碍物以前，其竖向挠度与载荷近似呈线性关系（如果挠度是小量）。当碰到障碍物时，梁端点的边界条件发生突然变

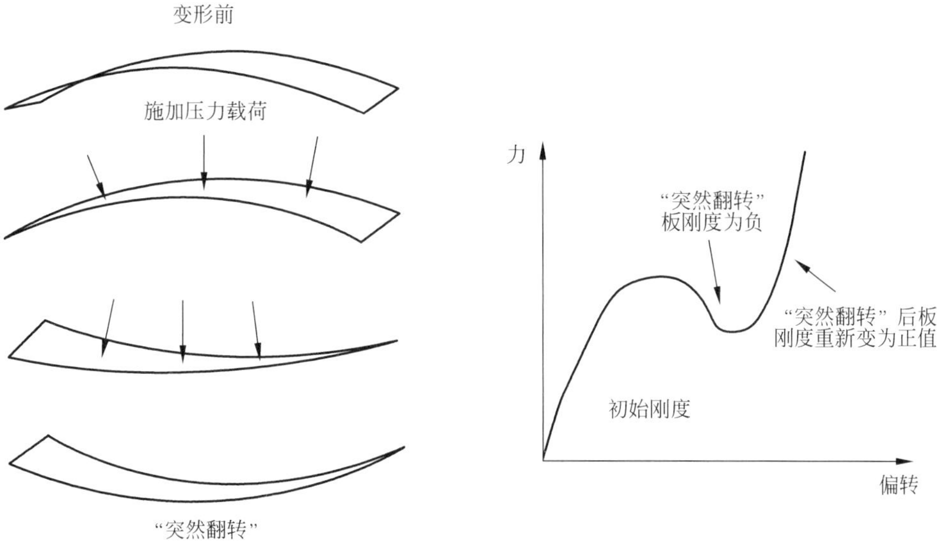

图 1-5 小曲率板的突然翻转

化，阻止了进一步的竖向挠度。尽管载荷可以继续增加，但是梁的响应不再是线性的。作为练习，读者可尝试画出图 1-6 悬臂梁自由端处的载荷-位移曲线图（或折线图）。边界非线性是极度不连续的，当在模拟中发生接触时，结构中的响应会在瞬时发生很大变化。因此，边界非线性也称为接触非线性。

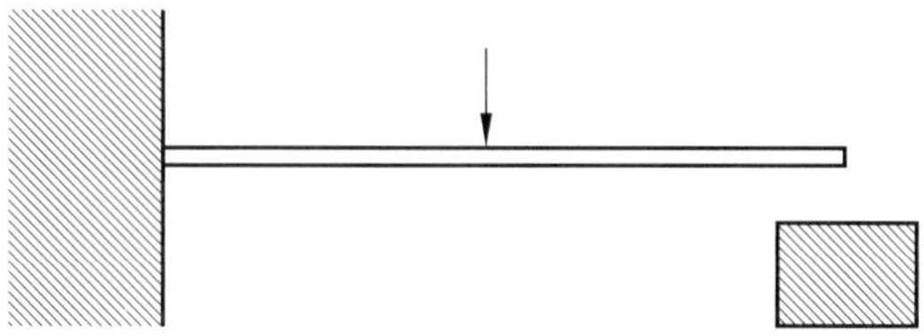

图 1-6 自由端将接触到障碍物的悬臂梁

另一个接触非线性的例子是将金属板坯材料冲压入模具的过程。在与模具接触前，板坯在压力下比较容易发生伸展变形。在与模具接触后，由于边界上接触条件的改变，如摩擦等，必须增加压力才能使板坯继续成型。

1.3 有限元的发展和论著

在计算力学的有限元领域，大师云集，名人荟萃。历经 80 余年，有限元已经发展为在力学领域日趋完善的计算科学，为科学研究和工程问题的解答提供了不可替代的工具，它是力学家在 20 世纪对科学的伟大贡献之一（注：一般称断裂力学和有限元为力学家在 20 世纪对科学的伟大贡献）。下面请随我们一起追溯有限元的发展历程。

1952 年，当时在加利福尼亚大学伯克利校区任教的 Clough 承担了波音公司 Delta 三角形机翼的振动分析。他应用传统梁理论和数学计算，基于一维梁模型计算小三角形板的刚度，结果是机翼结构挠度的计算值与小比例模型试验数据相差甚远，该项分析失败。1953

年，他将一片片小三角形板的刚度汇合成机翼模型的整体刚度，使得机翼结构挠度计算的结果与小比例模型试验数据吻合，这一成功的尝试可能就是有限元的直接刚度法（direct stiffness method）的雏形。随之，美国波音研究组的工作与 Argyris（1955）关于矩形单元的文章及 Turner、Clough、Martin 和 Topp（1956）的著名文章，使线性有限元分析得以闻名。Clough 在 1960 年发表的一篇论文中创造了“有限元法”这个短小精悍、切中要点的短语，准确地概括了该方法的实质，立即引起轰动。

1999 年，在德国慕尼黑召开的欧洲计算力学会议上，Robert L. Taylor 在主题报告中形象生动地用三角形单元的 3 个节点形容有限元法的三位奠基人，Clough R. W.（1920—2016）、Argyris J. H.（1913—2004）和 Zienkiewicz O. C.（1921—2009），足以证明他们对发展有限元法的贡献，文前插图 1 为三人在会议期间的合影。对有限元理论做出杰出贡献并被国际认可的中国科学家有两位，一位是胡海昌（1928—2011），他独立建立了固体力学中三类变量（位移、应变和应力，或速度、变形率和应力）的广义变分原理（1954），解决了两场原理（位移和应力）在非线性分析中与应变控制的本构方程不相容的问题。这一原理推广了最小势能原理，是一种以三类变量为自变函数的无附加条件变分原理，对弹性力学、变分原理、力学中的数值方法产生了深远影响。另一位是应用数学和力学家冯康（1920—1993），他提出了基于变分原理的有限元方法（1965），被国际学术界视为中国独立发展有限元法的里程碑（Liu，2022）。

自 1955 年第一篇有限元文章问世以来，研究者发表了大量相关文章，出版了众多学术专著，其中一些成功的试验和专题文章完全地或部分地对有限元的发展做出了贡献。例如，仅论述非线性有限元分析的著作包括 *Finite Elements of Nonlinear Continua*（Oden，1972）、*Nonlinear Finite Element Analysis of Solids and Structures*（Crisfield，1991）、*Incremental Finite Element Modelling in Nonlinear Solid Mechanics*（Kleiber，1989）和 *Finite Element Procedures for Contact-Impact Problems*（Zhong，1993）。特别值得注意的是 Oden 的著作，它是固体和结构非线性有限元分析的先驱之作。其他著作还有 *Nonlinear Continuum Mechanics for Finite Element Analysis*（Bonet et al.，1997），关注在有限元分析中所涉及的非线性连续介质力学问题，Simo 和 Hughes（1998）讲授了在非线性有限元中材料非线性本构积分的数学方法。

Belytschko、Liu 和 Moran（2000）出版了连续体与结构的非线性有限元专著 *Nonlinear Finite Elements for Continua and Structure*，这是将非线性有限元理论模型、数值方法和编写程序完美结合的一部著作，其中文版《连续体和结构的非线性有限元》由庄茁翻译并出版（2002），是清华大学研究生计算固体力学课程的主要教材，在中国已经印刷了数万册。2016 年，该书的第 2 版由庄茁、柳占立和成健翻译出版，以纪念在 2014 年逝世的 Belytschko T.（1943—2014）。Belytschko 被公认为有限元显式积分方法的奠基人之一。2004 年 6 月，他应邀来清华大学访问讲学，举办了首届全国非线性有限元讲习班。文前插图 2 为他应邀与中国力学学会主要领导会面并合影的照片，文前插图 3 为他在清华大学讲学的照片，文前插图 4 为他游览北京大学的照片。从 2005—2021 年，这个讲习班共举办了 17 届，主要由庄茁和他的学生们主讲，介绍非有限元的理论和计算，共培养了数千名教师、工程师和研究生。

以下作者的著作也对非线性分析技术的发展做出了重要贡献 *Computational Methods*

for Transient Analysis(Belytschko et al.,1983)、*The Finite Element Method*(Zienkiewicz et al.,1991,2000)、*Finite Element Procedures*(Bathe,1996)和 *Concepts and Applications of Finite Element Analysis*(Cook et al.,1989)。特别值得一提的是 Zienkiewicz 和 Taylor (2000)的有限元经典著作,凝聚了作者近 50 余年的研究成果,荟萃了近千篇文献的精华,曾攀、庄茁、符松、岑松和陈海昕等将其第 5 版的三卷本翻译成中文并出版(2006)。对于非线性有限元分析的学习,这些书籍提供了很大的帮助。作为姐妹篇,线性有限元分析的著作也是有用的,其中内容最全面的是 *The Finite Element Method: Linear Static and Dynamic Finite Element Analysis*(Hughes,1987),以及 Zienkiewicz 和 Taylor 的著作(1991,2000)。

在我国比较有影响力的有限元教材和专著包括河海大学的徐芝纶的《弹性力学问题的有限单元法》(1972)、浙江大学谢贻权和何福保的《弹性和塑性力学中的有限单元法》(1981)、同济大学的徐次达和上海计算技术研究所华伯浩的《固体力学有限元理论、方法及程序》(1983)。清华大学王勖成和劭敏的《有限元法基本原理和数值方法》(1987,1995)是高校应用比较广泛的教材。清华大学龙驭球等的《新型有限元论》(2004)提出了以广义协调元为核心研究成果的新型有限元法。清华大学曾攀的《有限元分析及应用》(2004)注重数学力学基础、建模方法和工程应用。浙江大学郭乙木、陶伟明和清华大学庄茁的《线性与非线性有限元及其应用》(2005)讲述了线性和非线性有限元的基本内容和应用。王勖成(2003)出版了全面描述线性有限元和部分非线性有限元内容的教材《有限单元法》。庄茁、柳占立、成斌斌和廖剑晖(2012)出版了扩展有限单元法的专著《扩展有限单元法》,2014 年该书的英文版由 Elsevier 公司和清华大学出版社合作出版。非线性有限元内容丰富、博大精深,作者希望本书能够为读者全面呈现非线性有限元的内容深度、广度和最新进展。

1.4 有限元软件的发展

有限元软件的发展适逢有限元数值计算的蓬勃兴起和基于仿真的工程与科学的大量需求,顺应历史自强不息者昌,高瞻远瞩持续创新者进,由此诞生了许多国际化的软件公司和软件产业。在信息与计算机时代,像许多其他方面的进步一样,在有限元分析中,有限元软件的更新常常比文献更能凸显其取得的进展。下面请随我们一起简要回顾有限元软件的发展历程。

在 20 世纪 50 年代的许多大学和研究所里,工程师们开始将有限元方法扩展至非线性、小位移的静态问题。但是,计算软件的缺失使它难以燃起人们对有限元的激情,更难以改变传统解析和实验研究者们对于这些方法的鄙视。例如,因为考虑"没有科学的实质",*Journal of Applied Mechanics* 许多年都拒绝刊登关于有限元方法的文章。然而,必须涉及工程问题的工程师们非常清楚有限元方法的前途,因为它提供了一种处理复杂几何形状真实问题的可能性,这种求解的可能性是解析解答无法实现的。

有限元软件的发展可分为两条脉络:隐式求解程序和显式求解程序。

1.4.1 隐式求解程序

20 世纪 60 年代,加利福尼亚大学伯克利校区的 Wilson 发布了第一代程序,点燃了开发有限元程序的激情。第一代程序没有名字,在遍布世界的许多实验室里,通过改进第一代程序，工程师们扩展了新的用途，由此产生了对工程分析的巨大冲击，有限元软件也随之迅速发展。在加利福尼亚大学伯克利校区开发的第二代线性程序称为 SAP(Structural Analysis Program)。由此工作发展的第一个非线性程序是 NONSAP，它具有隐式积分进行平衡求解和瞬态问题求解的功能。在 20 世纪 80 年代中期，北京大学的袁明武从加利福尼亚大学伯克利校区访学回国并带回了 SAP 程序，将其与我国的建筑结构设计规范结合并补充了部分功能，扩展的程序(SAP84)曾经在国内风靡一时。

第一批关于非线性有限元方法的文章的主要贡献者有 Argyris(1965)、Marcal 和 King(1967)。不久，文章数量激增，非线性有限元软件随之诞生。当时在布朗大学任教的 Pedro Marcal，为了使第一个非线性商业有限元程序进入市场，于 1969 年成立了软件公司，他将该程序命名为 MARC。该公司几经转手，于 1999 年被 MSC 公司兼并，程序更名为 MSC/MARC。目前，它仍然是主要的非线性有限元软件。大约在同期，John Swanson 为了把有限元应用于核能工业，在西屋公司(Westinghouse)发展了非线性有限元程序，命名为 ANSYS，为了使该程序能够进入市场，他于 1969 年离开了西屋公司。ANSYS 多年来是有限元商用市场的主要软件之一。随后，ANSYS 收购了流体软件 FLUENT。商用有限元软件舞台上的另一个主要人物是 Klaus-Jürgen Bathe。他在 Wilson 的指导下获得了加利福尼亚大学伯克利校区的博士学位，之后在麻省理工学院(Massachusetts Institute of Technology，MIT)任教，这期间他发布了 ADINA 程序，这是 NONSAP 软件的派生产品。

这里特别需要提到 David Hibbitt，一位来自英国剑桥大学、本书第一作者庄茁非常熟悉的本科生。他在 Pedro Marcal 指导下获得了布朗大学的博士学位，并与 Marcal 合作到 1972 年。在 1978 年，他与 Karlsson 和 Sorensen 合作，在罗得岛州成立了 HKS 公司，使得 ABAQUS 软件进入市场。ABAQUS 源于中国珠算的英文单词 ABACUS，发音相同，拼写仅一个字母之差。因为该程序能够为研究人员提供用户单元、材料模型和场变量等自定义子程序，深得研究人员和大学师生的青睐，给软件行业带来了实质性的冲击。2005 年，HKS 公司被法国达索公司兼并，2007 年公司更名为 SIMULIA。

另一个大型通用有限元软件是 NASTRAN，属于 1963 年创立的 MSC 公司(The MacHeal-Schwendler Corporation)。它得到了美国 NASA 和 FAA 的资助，为飞行器验证软件，其前处理程序为 PATRAN。按照美国国家反垄断法，NASTRAN 的源代码于 2003 年一式两份，归属于 MSC 公司和 UGS 公司，分别命名为 MSC/NASTRAN 和 NX. NASTRAN。在 20 世纪 90 年代末和 21 世纪初，国际上的各大软件公司整合资源，开拓市场。如 MSC 公司先后收购了 MARC 和 ADAMS。2007 年德国西门子(Siemens)公司收购了 UGS 公司。2017 年，瑞典海克斯康公司收购了 MSC 公司。

在 20 世纪 70—90 年代，商用有限元程序集中在隐式方法的静态和动态解答。这些方法取得了非常大的进步，主要贡献来自于加利福尼亚大学伯克利校区和从这里走出的研究人员：Thomas J. R. Hughes、Robert L. Taylor、Juan Simo、Jürgen Bathe、Carlos Felippa、Pal Bergan、Kaspar Willam、Ekerhard Ramm 和 Michael Ortiz。他们是这所学校中杰出研究者的一部分，毋庸置疑，他们也是有限元早期的主要孵化者。

1.4.2 显式求解程序

有限元软件的另一支血脉是显式有限元程序。20 世纪 60 年代，Wilkins 在美国能源部

(Department of Energy,DOE)国家实验室的工作强烈地影响了早期的显式有限元方法(Wilkins, 1964),创建了名为 hydro-codes 的程序。Costantino 在芝加哥的伊利诺伊理工大学(Illinois Institute of Technology)研究院发展了可能是首个显式有限元程序(Costantino,1967)的程序,它局限于线性材料和小变形,由带状刚度矩阵乘以节点位移计算内部的节点力。它首先在一台 IBM7040 系列计算机上运行,花费了数百万美元,其速度远远低于一个 megaflop(每秒一百万次浮点运算)和 32kB 内存。刚度矩阵存储在磁带上,通过观察磁带驱动来监测计算过程;当每一步骤完成时,磁带驱动将逆转以便允许阅读刚度矩阵。这和之后的 Control Data 机器有类似的性能,如 CDC6400 和 CDC6600,它们是运行有限元程序的机器。当时一台 CDC6400 价值几乎为一千万美元,有 32kB 内存(存储全部的操作系统和编译器)和大约一个 megaflop 的真实速度。

1969 年,为了美国空军的项目,研究人员开发了从单元到单元的求解技术。节点力的计算不必应用刚度矩阵。因此,发展了名为 SAMSON 的二维有限元程序,它被美国的武器实验室应用了 10 年。1972 年,该程序功能扩展至结构的完全非线性三维瞬态分析,称为 WRECKER。这一工作得到美国运输部(Department of Transportation,DOT)敢于幻想的计划经理 Lee Ovenshire 的资助。他在 20 世纪 70 年代初期就曾预言汽车的碰撞试验可能会被计算机仿真所代替,后来的事实证明计算机仿真比他所预言的时间还提前了一些。对于一台两千万次模拟需要约 30 小时机时的计算机,在当时进行一个 300 个单元模型的模拟计算需要花费大约 3 万美元。Lee Ovenshire 的计划资助了若干开拓性的工作,如 Hughes 的接触-冲击工作,Ivor McIvor 的碰撞工作,以及由 Ted Shugar 和 Carly Ward 在 Port Hueneme 从事的在汽车碰撞时驾驶员人头响应的模拟研究。但是,1975 年,美国运输部认为仿真过于昂贵,决定将所有基金转向实验方面,由此这些研究令人痛心地停滞下来。在福特公司,WRECKER 勉强维持了下一个十年。而在 Argonne,由 Belytschko 发展的显式程序被移植应用在核安全工业上,其程序命名为 SADCAT 和 WHAMS。

与此同时,美国能源部的国家实验室开始了平行的研究工作。1975 年,工作在桑迪亚国家实验室(Sandia National Laboratory,SNL)的 Sam Key 完成了 HONDO,它也具有从单元到单元的求解功能的显式方法。该程序可以处理材料非线性和几何非线性问题,并且有精心编辑的文件。然而,基于保密的原因,该程序被禁止发布。后来得益于西北大学的研究生 Dennis Flanagan 的工作,这些程序得到了进一步发展,他将其命名为 PRONTO。

显式有限元程序发展的里程碑来自劳伦斯利弗莫尔国家实验室(Lawrence Livermore National Laboratory,LLNL)的 John Hallquist。1976 年,他首先发布了 DYNA 程序,慧眼汲取了众多前人的成果,并且与加利福尼亚大学伯克利校区的研究人员紧密合作,包括 Jerry Goudreau、Robert L. Taylor、Thomas J. R. Hughes 和 Juan Simo。他成功的关键因素是令人敬畏的编程效率,还有与 Dave Benson 的合作——他们开发了接触-冲击相互作用,发展了计算程序 DYNA-2D 和 DYNA-3D。与桑迪亚国家实验室相比,程序的传播在劳伦斯利弗莫尔国家实验室几乎没有任何障碍,因此,像 Wilson 和 John 的程序,不久后便在全世界的大学、研究所和工业实验室到处可见。这些程序不易被修改,并且以此发展了许多以 DYNA 程序作为数值试验的平台。

Hallquist 发展了高效接触-冲击的算法,采用一点积分单元和高阶矢量使工程仿真效率得以显著提高。与今天的高效算法相比,这些原始的第一批算法目前仍然常被采用。矢量似乎已经与新一代计算机无关，但是，在20世纪80年代以Cray为主的计算机上运行大型问题时，矢量是至关重要的。相比完全积分的三维单元，一点积分单元与沙漏模式的一致性可以大大提高非线性三维模型计算分析的速度。在20世纪80年代，DYNA程序首先被法国ESI公司商品化，命名为PAMCRASH，它与WHAMS采用了许多相关的子程序。1989年，John Hallquist离开了劳伦斯利弗莫尔国家实验室，开始经营自己的公司，扩展了LSDYNA，即商业版的DYNA程序。如今，DYNA-3D已成为模拟汽车碰撞和电子产品跌落试验的主要工具。

1.4.3　国产有限元软件现状

中国的计算力学工作者一直在探索开发具有自主知识产权的有限元软件，也得到了国家科技部、工信部和自然科学基金委提供的立项资助。在20世纪80年代，北京大学的袁明武在SAP程序基础上开发了SAP84，开创了我国有限元软件市场化的先河。中国建筑研究院开发的PKPM软件结合了我国建筑结构设计规范，成为国内建筑结构分析和设计的专用程序。中国航空强度研究所组织研发的HAJIF软件填补了我国飞机结构强度分析有限元程序的空白。大连理工大学钟万勰领导开发了SIPESC工程与科学计算集成软件平台。中国工程物理研究院总体所开发了“熊猫”(PANDA)有限元软件。中科院计算所梁国平开发的“飞箭”软件和郑州机械所开发的“紫瑞”软件都曾经进入有限元商用软件市场。大连理工大学胡平领导开发的KMAX软件和湖南大学钟志华开发的有限元程序成为汽车覆盖件冲压模具的主要研制工具。清华大学庄茁课题组分别自主开发了动态断裂力学有限元程序“东方”(DYFRAC)和基于断裂力学的扩展有限元程序“西方”(SAFRAC)。

目前，我国的有限元软件仍主要依赖进口，存在三个方面问题。一是人才问题，开发软件的人才资源不缺，但散落在民间；国外软件公司的研发主力是华人工程师，应促成他们回国发展，成为国产自主软件研发的一支重要力量。二是机制体制问题，开发软件没有大学参与不行，但是依托高校的体制无法做大、做强，必须依托工业界和民营企业，通过市场需求和应用牵引，形成市场运作机制(引领有限元软件发展的工业领域主要是航空、航天、核工业、汽车、造船、兵器、土木工程、能源、智慧医疗和电子设备等)。三是技术路线问题，近10年，许多中小型软件公司，如云道、中旺、英特、天洑、励颐拓、飞迈等发展迅速，群雄逐鹿，因此需要好的产业政策和商业模式引导，发展自主可控的有限元工业软件，解决核心技术国产化问题。值得欣喜的是，国家科技部和工信部已分别资助一批自主软件开发项目，由重点工业部门和民营企业揭榜挂帅，高校和科研院所攻关核心技术，形成千帆竞发、成果可期的态势。

1.4.4　计算机硬件超速发展

计算机的推广和应用从来都是软件和硬件并行发展，即所谓“软硬兼施”。21世纪的前20年，其硬件的超速发展几乎掩盖了计算算法改进带来的效率。2004年，在上海超级计算中心落成的曙光4000A超级计算机群的系统峰值速度为10.2万亿次/秒，其硬件系统为512节点×4=2048CPU、内存4256GB和容量95TB。此时，在美国劳伦斯利莫尔国家实验室装备的蓝色基因计算机的并行计算峰值速度达到136.8万亿次/秒。美国完成了武器系统在敌方辐射与爆炸冲击波环境下的仿真，以及武器系统从库存到靶目标的多物理场动力学数值仿真，计算规模达数千万乃至上亿自由度。按照摩尔定律(Moore's law)，芯片中的晶体管数目每过 18 个月加倍，Pentium-Ⅳ芯片中的最小元件尺度为 130nm，芯片中的最小元件尺度仍在减小，计算机的计算速度不断加快。2008 年，美国 IBM 公司和洛斯·阿拉莫斯国家实验室(Los Alamos National Laboratory)研制出了千万亿次/秒的超级计算机“走鹃”，其价值为 1.33 亿美元，包括 1.296 万个微处理器和 11.664 万个芯片，能够精确模拟核弹头爆炸的物理过程。“走鹃”一天的工作量等于 60 亿台笔记本电脑每天 24 小时连续工作 46 年。此时，中国气象局的曙光 5000 计算机也达到了百万亿次/秒的运算速度。2009 年，天津滨海新区的“天河一号”计算机的峰值速度达到千万亿次/秒。2013 年，落户广州的“天河二号”计算机的峰值速度达到 3.386 亿亿次/秒，被国际 TOP500 组织确认为当年的全球第一。2017 年，位于无锡的“神威太湖之光”的运算速度达到 9.3 亿亿次/秒。今天，数值仿真已经进入了以大数据、云计算、海存储为标志的后 PC 时代，这种由 PC 计算机提交任务，由远程计算机完成计算的技术，使得用户无须知道具体计算是在哪里由哪台计算机进行的，不必再担心计算机的硬件条件。

1.5 网格描述

有限元方程的描述和离散有三种方式：

(1) 网格描述，取决于单元网格节点与材料点相对运动的形式；

(2) 动力学描述，取决于应力度量的选择和动量方程的形式；

(3) 运动学描述，取决于应变度量的选择和运动描述的形式。

本节主要讨论网格描述，动力学描述和运动学描述将在后续章节中讨论。首先介绍网格描述在本书中的定义和概念。

材料坐标标记一个材料点，用大写 $\boldsymbol{X}$ 表示，也称为拉格朗日坐标(Lagrangian coordinates)。空间坐标特指一点在空间的位置，用小写 $\boldsymbol{x}$ 表示，也称为欧拉坐标(Eulerian coordinates)。每一个材料点有唯一的材料坐标，一般采用它在物体初始构形中的空间坐标，因此当 $t=0$ 时，$\boldsymbol{X}=\boldsymbol{x}$。

物体的运动或变形用函数$\boldsymbol{\Phi}(\boldsymbol{X},t)$表示，以材料坐标 $\boldsymbol{X}$ 和时间 t 作为独立变量。该函数给出了材料点与时间相关的空间位置，即

$$\boldsymbol{x}=\boldsymbol{\Phi}(\boldsymbol{X},t) \tag{1.5.1}$$

式(1.5.1)也称为材料点在初始构形和当前构形之间的变换。材料点的位移 $\boldsymbol{u}$ 是其当前位置与初始位置的差：

$$\boldsymbol{u}(\boldsymbol{X},t)=\boldsymbol{x}-\boldsymbol{X}=\boldsymbol{\Phi}(\boldsymbol{X},t)-\boldsymbol{X} \tag{1.5.2}$$

为了直观描述上述定义，考虑一维运动：

$$x=\Phi(X,t)=\frac{1}{2}Xt^2+(2-X)t+X \tag{1.5.3}$$

在式(1.5.3)的描述中，运动是一维的，材料和空间坐标已转化为标量。如图 1-7 所示的运动(区别于式(1.5.3)的运动)(Belytschko, 2000)，几个材料点以空间-时间展示它们的轨迹。材料点的速度是用材料固定坐标表示的运动对时间的导数，例如，速度为

$$v(X,t)=\frac{\partial\Phi(X,t)}{\partial t}=2+X(t-1) \tag{1.5.4}$$

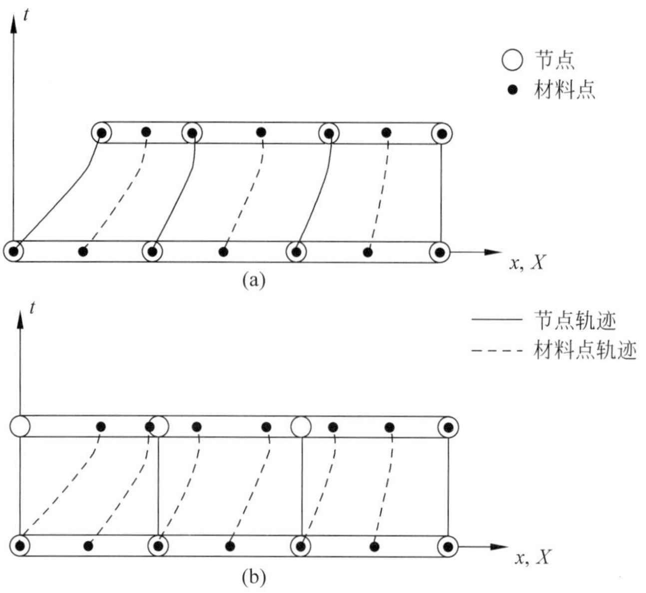

图 1-7 一维拉格朗日和欧拉单元的空间-时间描述

(a) 拉格朗日描述；(b) 欧拉描述

网格描述取决于独立变量的选择。为了说明这一点，我们考虑速度场，可以将速度场描述为材料(拉格朗日)坐标的函数，如式(1.5.4)所示，或者将速度场描述为空间(欧拉)坐标的函数：

$$\bar{v}(x,t)=v(\Phi^{-1}(x,t),t) \tag{1.5.5}$$

式中，在速度符号上加横线表示用空间坐标 x 和时间坐标 t 描述的速度场不是由式(1.5.4)给出的同样函数。我们也通过逆变换用空间坐标描述材料坐标：

$$\boldsymbol{X}=\boldsymbol{\Phi}^{-1}(\boldsymbol{x},t) \tag{1.5.6}$$

对于任意的运动，如此逆变换不能表示为封闭的形式，但是它们是一个重要的概念性工具。对于式(1.5.3)给出的简单运动，其逆变换表示为

$$X=\frac{x-2t}{\frac{1}{2}t^2-t+1} \tag{1.5.7}$$

将式(1.5.7)代入式(1.5.4)，考虑式(1.5.5)，可以得到：

$$\bar{v}(x,t)=1+\frac{(x-2t)(t-1)}{\frac{1}{2}t^2-t+1}=\frac{1-x+t+xt-\frac{3}{2}t^2}{\frac{1}{2}t^2-t+1} \tag{1.5.8}$$

式(1.5.4)和式(1.5.8)给出了同样的速度场，但是采用了不同的独立变量表示。式(1.5.4)称为拉格朗日描述，因为它描述了以拉格朗日坐标表示的非独立变量。式(1.5.8)称为欧拉描述，因为它描述了以欧拉坐标表示的非独立变量。速度的两种描述应用了数学方面的不同函数。在本书中，对于属于相同场的不同函数，尽量使用相同的符号。但是必须注意，当应用不同的独立变量表示场变量时，函数将不同。在本书中，非独立变量的符号仅与场相关，而非与函数相关。

拉格朗日坐标与欧拉坐标的区别清楚地表现在节点的行为上。如果网格是欧拉坐标，那么节点的欧拉坐标是固定的，即节点与空间点重合，不随时间改变。如果网格是拉格朗日坐标，那么节点的拉格朗日坐标是变化的，即节点与材料点重合，随时间改变。这些描述见图 1-7。在欧拉坐标中，节点的轨迹是竖直线，材料点穿过单元的接合面，即网格固定，材料在网格之间流动。在拉格朗日坐标中，节点轨迹与材料点轨迹重合，在单元之间无材料通过，即在初始状态时单元中的材料在变形过程中始终保持在单元中。在拉格朗日坐标中，单元的积分点保持与材料点重合，而在欧拉坐标中，在给定积分点上的材料随时间变化。这些对于材料的复杂处理将会在后续章节介绍。

我们从简单的一维例子来比较两种网格的各自优势。由于在拉格朗日坐标中节点与材料点重合，在演变的过程中，边界节点始终保持在边界上，这是简单的强迫性边界条件。另一方面，在欧拉坐标中，边界节点固定，没有与材料点保持重合，因此，边界条件必须强加在那些不是节点的点上，这明显会增加多维问题的复杂度。与此类似，如果一个节点放在两个材料之间的界面上，在拉格朗日坐标中，它保持在界面上，但是在欧拉坐标中，它就不会保持在界面上。

在拉格朗日坐标中，由于材料点与网格节点保持重合，单元随材料变形，因此单元可能会产生严重畸变。对于一维问题，这种畸变仅在单元长度上体现，如图 1-8 所示。在欧拉坐标中，单元的长度保持不变，材料在单元之间流动；而在拉格朗日坐标中，单元的长度随时间变化，例如压力作用区域附近的单元发生严重变形。在多维问题中，这些效果更为明显。由于单元精度随单元畸变而下降，这种情况限制了拉格朗日坐标的变形幅值。另一方面，欧拉坐标不随材料的变形而改变，因此不会出现由于材料的变形发生精度下降的问题。第三种类型的网格是任意的拉格朗日-欧拉（arbitrary Lagrangian Eulerian，ALE）坐标，在此类网格中，单元节点能够有序地任意运动，即材料点与节点可以相对运动。它满足了边界可变形的固体力学要求，也减少了单元网格畸变的可能性。

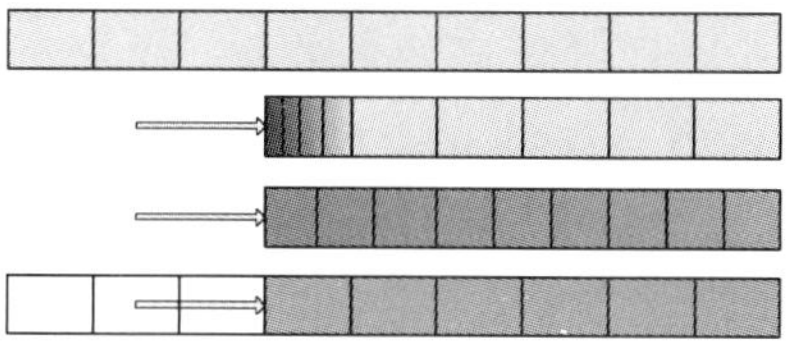

图 1-8　一维单元压缩以演示拉格朗日、欧拉和 ALE 坐标中的单元变化

(a) 初始状态；(b) 拉格朗日坐标；(c) ALE 坐标；(d) 欧拉坐标

为了描述欧拉坐标和拉格朗日坐标表述的不同，考虑一个二维的例子。空间坐标由 $\boldsymbol{x}=[x,y]^{\mathrm{T}}$ 表示，材料坐标由 $\boldsymbol{X}=[X,Y]^{\mathrm{T}}$ 表示，其运动表示为式(1.5.1)，式中 $\boldsymbol{x}=\boldsymbol{\Phi}(\boldsymbol{X},t)$ 是一个矢量函数。例如，对于每一对独立变量，它给出了矢量的表达式：

$$\boldsymbol{x}=\Phi_x(X,Y,t),\quad \boldsymbol{y}=\Phi_y(X,Y,t) \tag{1.5.9}$$

作为运动的一个例子，考虑一个纯剪切运动

$$x=X+tY,\quad y=Y \tag{1.5.10}$$

在一个拉格朗日坐标中，节点与材料点重合，因此，对于拉格朗日节点，$X_I=$常数。

对于一个欧拉坐标，节点与空间点重合，因此对于欧拉节点，$x_I=$常数。

在单元边界上的点的行为类似于节点：在二维拉格朗日坐标中，单元边界与材料边线保持重合,而在欧拉坐标中,单元边界在空间保持固定。为了描述这些状况,图 1-9 展示了式(1.5.10)给出的剪切变形的拉格朗日坐标和欧拉坐标网格。可以看出,一个拉格朗日坐标网格像在材料上的蚀刻:当材料变形时,蚀刻(和单元)随着变形;而一个欧拉坐标网格像放在材料前面一薄片玻璃上的蚀刻:当材料变形时,玻璃上的蚀刻不变形,后面变形的材料横穿过网格。

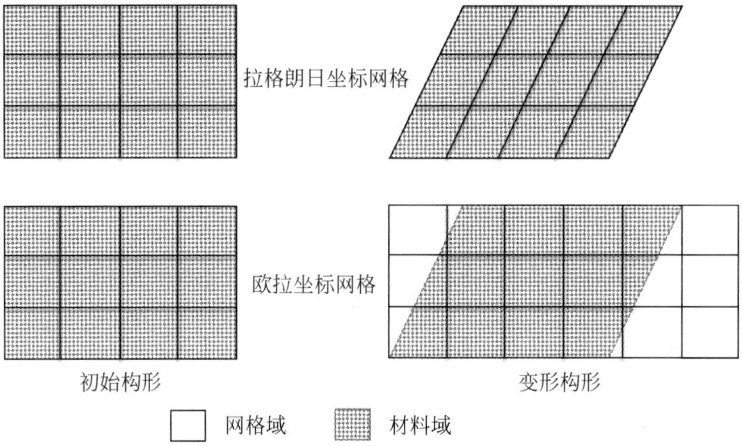

图 1-9　平面图形的二维剪切以演示拉格朗日坐标和欧拉坐标网格

在多维问题中,两种网格的优缺点与一维问题中相似。在拉格朗日坐标中,单元边界(二维的线,三维的面)与边界和材料界面保持重合;在欧拉坐标中,单元边界不与边界或材料界面保持重合,单元在空间中保持固定,它们的形状不会改变。因此,追踪方法或近似方法不得不应用欧拉坐标按移动边界处理,例如计算流体的体积。而且,一个欧拉坐标必须大到足以包括材料可能的变形状态。例如,在模拟石油储罐地震动作用下的流固耦合晃动时,网格覆盖区域必须大到足以包络储罐的变形范围。另一方面,由于拉格朗日坐标随材料变形,在仿真过程中随材料严重变形的单元发生畸变。这样就可以利用拉格朗日坐标和欧拉坐标的各自优势,让边界上的节点保持在边界上运动,而让内部的节点通过与材料的相对运动使网格畸变最小化。由此发展了 ALE 方法。

1.6　标记方法

非线性有限元分析包含三个关联的领域:①线性有限元方法(结构分析矩阵方法的扩展);②非线性连续介质力学;③数学(包括数值分析、线性代数和泛函)。每一领域均已发展了标准的标记方式,但不同领域之间的标记方式会有区别,甚至存在矛盾。本书将尽可能减少标记变化,保持与有关文献的一致性。为了帮助熟悉连续介质力学或有限元文献的读者阅读,以及方便有限元程序的编写,本书应用了三种标记:指标、张量和矩阵。与连续介质力学相关的变量和方程采用张量或指标标记,与有限元方法相关的变量和方程采用指标或矩阵标记。

1.6.1　指标标记

在指标标记中,张量或者矩阵的分量是明确指定的。因此一个矢量(一阶张量)用指标

标记 x_i 表示，这里指标范围用维数 n_{SD} 表示。**在一项中指标重复两次为求和**，与爱因斯坦标记(Einstein notation)规则一致。例如，对于一个三维问题，如果速度矢量 v_i 的数值为 v，则

$$v^2 = v_i v_i = v_1 v_1 + v_2 v_2 + v_3 v_3 = v_x^2 + v_y^2 + v_z^2 \tag{1.6.1}$$

式(1.6.1)中的第2个方程表示 $v_1 = v_x$，$v_2 = v_y$，$v_3 = v_z$。本书中的笛卡儿坐标采用 x、y、z 表示，以避免与节点编号的分量混淆。对于一个矢量，如三维位置矢量 $\boldsymbol{x}_i$ 采用 $x_1 = x$、$x_2 = y$、$x_3 = z$ 的形式，在书写表达式时避免使用数字下标。**表示张量分量的指标总是使用小写标记**。

节点指标用斜体大写拉丁字母表示，例如 v_{iI} 是在节点 I 处速度的 i 分量。**大写指标重复两次表示在相对应的前后范围内求和**。当涉及一个单元时，求和范围是指该单元上的节点；当涉及一个网格时，求和范围是指该网格中的节点。

指标标记有时会导致公式难以阅读，结果方程常常仅可以应用在直角笛卡儿坐标系。有些读者可能不喜欢应用指标标记，但是必须指出，在有限元公式的建立和编程过程中，应用指标标记几乎是不可避免的。

1.6.2 张量标记

笛卡儿指标标记方程仅能应用在笛卡儿坐标系，而在张量标记中不出现指标。采用张量标记表示的优点是其独立于坐标系统，可应用于其他坐标系，如柱坐标、曲面坐标等。此外，在张量标记中的方程非常容易记忆。大部分连续介质力学和有限元文献均采用张量标记，因此读者必须熟悉张量标记。

在张量标记中，张量用黑斜体字母表示，其中一阶张量用小写黑斜体字母，高阶张量用大写黑斜体字母表示。例如，一阶速度矢量用小写 $\boldsymbol{v}$ 表示；二阶张量，如格林应变(Green strain)用大写 $\boldsymbol{E}$ 表示，只有柯西应力张量(Cauchy's stress tensor) $\boldsymbol{\sigma}$ 是例外，它用小写希腊字母表示。若用张量标记重写式(1.6.1)，为 $\boldsymbol{v}^2 = \boldsymbol{v} \cdot \boldsymbol{v}$，字母中间的点表示内部指标的缩并。在本例中，等号右侧项中的张量仅有一个指标，因此缩并应用于这个指标。

张量区别于矩阵表示，在各项之间应用连接符号表示，如居中圆点的使用和比号等。居中圆点的使用如 $\boldsymbol{a} \cdot \boldsymbol{b}$ 和 $\boldsymbol{A} \cdot \boldsymbol{B}$，表示点积；比号表示一对同阶重复指标的缩并，因此有 $\boldsymbol{A} : \boldsymbol{B} \equiv A_{ij} B_{ij}$。例如，线性本构方程用以下张量标记和指标标记的形式给出：

$$\sigma_{ij} = C_{ijkl} \varepsilon_{kl}, \quad \boldsymbol{\sigma} = \boldsymbol{C} : \boldsymbol{\varepsilon} \tag{1.6.2}$$

1.6.3 矩阵标记

在有限元方法中，经常使用矩阵标记。对于矩阵，使用与张量相同的标记，但是不使用连接符号。因此，式(1.6.1)用矩阵标记表示为 $\boldsymbol{v}^2 = \boldsymbol{v}^{\mathrm{T}} \boldsymbol{v}$，上标“T”表示矩阵的转置。所有一阶矩阵(矢量)用小写黑斜体字母表示，如矢量 $\boldsymbol{v}$，并被认为是列矩阵：

$$\boldsymbol{x} = \begin{Bmatrix} x \\ y \\ z \end{Bmatrix}, \quad \boldsymbol{v} = \begin{Bmatrix} v_1 \\ v_2 \\ v_3 \end{Bmatrix} \tag{1.6.3}$$

一般矩形矩阵用大写黑斜体字母表示，例如 $\boldsymbol{A}$。第一个下标总是代表行的数目，第二个下标代表列的数目。例如，一个 2×2 阶的矩阵 $\boldsymbol{A}$ 和一个 2×3 阶的矩阵 $\boldsymbol{B}$ 写成如下形式(矩阵的阶首先以行的数目给出)：

$$\boldsymbol{A}=\begin{bmatrix}A_{11} & A_{12}\\ A_{21} & A_{22}\end{bmatrix},\quad \boldsymbol{B}=\begin{bmatrix}B_{11} & B_{12} & B_{13}\\ B_{21} & B_{22} & B_{23}\end{bmatrix} \tag{1.6.4}$$

为了表示各种标记，与 $\boldsymbol{A}$ 相关的二次项形式和用四种标记表示的应变能(张量、指标、矩阵和福格特标记(Voigt notation)表示的矩阵)列出如下：

$$\underbrace{\boldsymbol{x}\cdot\boldsymbol{A}\cdot\boldsymbol{x}}_{\text{张量}}=\underbrace{\boldsymbol{x}^{\mathrm{T}}\boldsymbol{A}\boldsymbol{x}}_{\text{矩阵}}=\underbrace{x_iA_{ij}x_j}_{\text{指标}},\quad \frac{1}{2}\underbrace{\boldsymbol{\varepsilon}:\boldsymbol{C}:\boldsymbol{\varepsilon}}_{\text{张量}}=\frac{1}{2}\underbrace{\varepsilon_{ij}C_{ijkl}\varepsilon_{kl}}_{\text{指标}}=\frac{1}{2}\underbrace{\{\boldsymbol{\varepsilon}\}^{\mathrm{T}}[\boldsymbol{C}]\{\boldsymbol{\varepsilon}\}}_{\text{福格特标记}} \tag{1.6.5}$$

注意：在转换一个标量与一个矢量(列矩阵)的乘积到矩阵标记时，如果该标量先乘以这一矢量，则列矩阵采用转置的形式。二阶张量常常被转换成用福格特标记表示的矩阵(见附录 A)。

本书将标明依赖于变量的泛函，尤其是当函数作为独立变量第一次出现时。例如，$\boldsymbol{v}(\boldsymbol{x},t)$表示速度$\boldsymbol{v}$ 是空间坐标 $\boldsymbol{x}$ 和时间 t 的函数。在接下来出现的$\boldsymbol{v}$ 中，这些独立的变量常常被省略。为了帮助读者顺利地阅读本书，对于一些符号会给予附加说明。在求导和积分计算中，不再应用如此复杂的符号。

1.7 偏微分方程的分类

考虑这样一个力学问题：引起材料开裂的原因，既要考虑温度的影响，又要考虑振动的效应，应该选择哪种类型的偏微分方程？在解析解中，我们需要分别建立抛物线型和双曲线型方程，如在双曲线型方程中含有温度的空间梯度，在抛物线型方程中含有位移的时间导数，待求变量是温度和位移的函数，通过联立求解或求数值解。在有限元软件中，可以将各种因素作为输入文件，通过计算得到解答，似乎十分方便。然而，当讨论这些结果的合理性时，经常会被问到：哪些因素对解答更敏感一些，什么情况下是温度控制或振动控制，它们共同控制解答的条件是什么？带着这些问题，为了理解各种有限元程序的适用性，我们需要了解各种类型的偏微分方程(partial differential equations，PDE)解答的属性。

如何选择一种适当的方法取决于许多因素，如解答的平滑程度、信息如何传播，以及初始条件和边界条件的影响等。由于不同类型偏微分方程的解答/属性有明显的区别，首先需要了解偏微分方程的类型。

偏微分方程可分为三种类型：

(1) 双曲线型，典型问题是波动方程，如弦振动：

$$u_{tt}-c^2(u_{xx}+u_{yy}+u_{zz})=0$$

(2) 抛物线型，典型问题是扩散方程，如热传导：

$$u_t-k(u_{xx}+u_{yy}+u_{zz})=0$$

(3) 椭圆型，典型问题是弹性力学平衡方程：

$$u_{xx}+u_{yy}+u_{zz}=0$$

描述电磁场强度的拉普拉斯方程(Laplace's equation)(无源静电场)和非齐次泊松方程(non-homogeneous Possion's equation)，以及断裂力学中的格里菲斯理论(Griffith theory)，都应用了英格利斯(Inglis)无限大平板含椭圆孔的解。

下面简要介绍偏微分方程的分类依据和不同类型偏微分方程的主要特性，详细论述请见附录 D。

双曲线型偏微分方程起源于波的传播现象。在双曲线型偏微分方程中，解答的平滑性取决于数据的平滑性。如果数据粗糙，解答将是粗糙的；不连续的初始条件和边界条件会通过域内扩展。因而，在非线性双曲线型偏微分方程中，即便是平滑的数据，不连续也能够在求解过程中发展，如不可压缩流动的振荡问题。在一个双曲线型模型中，有限传播信息的速度称为波速。一个力（源）在 $t=0$ 时施加在杆的左端，如图 1-10(a)所示，在另一端 x 处的观察者直到波传播到该点时才有感觉，波前由斜率为 c^{-1} 的直线表示；c 为波速。

抛物线型偏微分方程在空间是平滑的，且与偏微分方程的解答时间相关，但是在角点处可能具有奇异性。它们的属性是中性的，介于椭圆型和双曲线型方程之间。抛物线型方程的一个示例是热传导方程。在抛物线型系统中，信息以无限的速度传播。如图 1-10(b)所示，施加在杆上的热源根据热传导方程沿整个杆件的温度瞬间呈梯度升高。在远离热源处，温度可能有少量升高；而在双曲线型系统中，该处在波到达前没有响应。类比热传导的物理机制，抛物线型方程的应用可扩展到湿度扩散、多孔充液介质等物理问题。

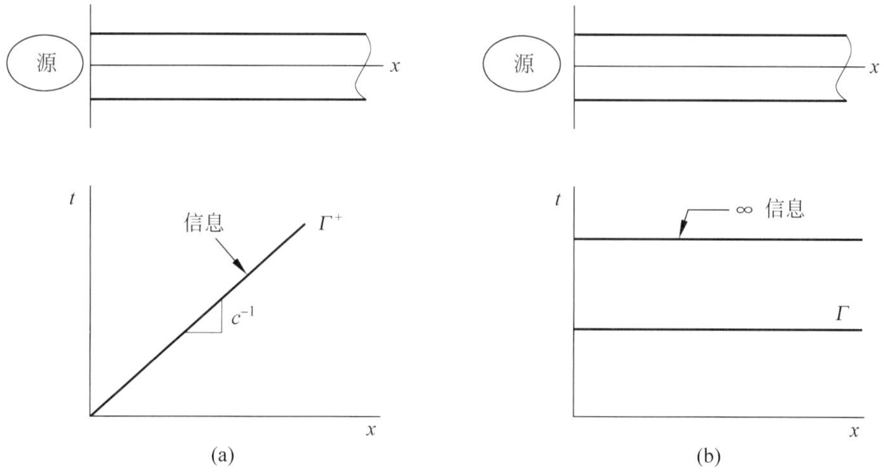

图 1-10 在抛物线型和双曲线型偏微分方程系统中信息的流动

(a) 波动方程(双曲型)；(b) 热传导方程(抛物型)

椭圆型偏微分方程在某种意义上是与双曲线型偏微分方程对立的，椭圆型偏微分方程的示例有齐次的拉普拉斯方程和非齐次的泊松方程。在椭圆型偏微分方程中，解答是非常平滑的，即使是粗糙的数据也可以解析。在任何点的边界数据趋向于影响全域的解答，即力和位移的影响域是全部区域。然而，在边界的数据中小量不规则的影响仅限制在边界处，这就是著名的圣维南(St. Venant's)原理。求解椭圆型偏微分方程的主要困难在于边界处尖角所导致的解答奇异性。例如，在角点处(如裂纹尖端)，在二维弹性解答中的应变(位移的导数)呈平方根奇异性 $r^{-\frac{1}{2}}$ 变化，r 为至裂纹尖端的距离。在断裂力学解析解中，这就是著名的裂纹尖端奇异性问题。另一个著名的示例是赫兹接触中的边界奇异性问题，感兴趣的读者可参考有关文献。

偏微分方程的分类依赖于场函数是否在某曲线或曲面上导数不连续。这等价于检验是否存在某曲线或曲面,使偏微分方程在其上退化为常微分方程。

在一个双曲线型系统中,沿特征函数,求解方程成为常微分方程(ordinary differential equations,ODE)。通过沿特征函数积分这些常微分方程,双曲线型偏微分方程可能获得非常精确的解答,这种方法称为特征函数法。该方法的优点是精度高,如求解偏微分方程采用单边差商代替偏导数的迎风流线格式。但是,对于高于一维的空间问题和任意本构关系的材料,它们非常难以编程,因此,特征函数法仅应用于特殊目的的软件。

1.9 节第 3 题的演示方程 $u_{,xx}=\alpha u_{,t}$ 是抛物线型。在一个抛物线型系统中,仅存在一组特征函数,它们平行于时间轴,因此信息以无限速度传播。在抛物线型系统中,仅当在数据中出现不连续时,才在空间发生不连续。

回到本节开始提出的问题,对于应用有限元软件的工程师,如何实现多物理场联合求解?根据偏微分方程的分类,其输入变量对应单元节点的自由度,如双曲线型方程对应平动和转动的自由度,抛物线型方程对应热流温度梯度的自由度,这样,既可以考虑温度的影响,又可以考虑振动的效应,后者还可以类比于湿度等环境物理场,在程序中随时间增量步进行联立求解。通用软件中还提供了其他自由度,如弹性力学中薄壁杆件约束扭转的翘曲自由度,以及静水压力和压电场等。在第 8 章中,我们将列出单元自由度的分类,便于有限元程序的使用。为了理解各种有限元程序的适用性和结果的合理性,我们需要了解各种类型的偏微分方程的特性。

1.8 有限元分析中的问题与挑战

计算机计算速度的加快和成本的迅速下降,以及显式和隐式程序功能的强大带来了设计革命,有限元分析成为工程设计的基本组成部分,应用于越来越多的工业领域,最有价值的应用领域是汽车碰撞和飞行器结构设计,通过以快捷和低成本的方式评估设计概念和细节的有限元仿真替代了样品原型试验。例如,模拟正常工作状态、跌落试验和其他极端环境加载情况,对产品设计提供帮助。制造过程也应用了有限元法进行仿真,如锻压、薄金属板成型和挤压。在分析中,如果能够充分发挥显式和隐式程序的功能,则效果更为显著。例如,显式方法可能适合仿真薄金属板成型的加工过程,而隐式方法更适合模拟回弹变形过程。对于非线性约束,如接触和摩擦,显式方法具有算法的优势,而隐式方法也有明显改进,稀疏迭代求解器已经成为更加有效的工具。当下,强大的功能需要两种方法的有效交互使用,工业设计和科学研究不断产生新问题,对两种方法提出了更多的发展需求。

商用软件只向用户提供前后处理和执行文件,其源程序对于用户类似于黑匣子。这样,分析者若不理解有限元的基本概念、程序中所包含的内容和某些选项的内涵,将会面对许多选择,陷入非常困惑的境地。因此,应用和开发有限元程序的工程师必须理解有限元分析的基本概念。

有限元分析包含下列步骤:

(1) 前处理创建力学模型;

(2) 建立控制方程;

(3) 离散方程为有限元格式;

(4) 求解有限元程序;

(5) 后处理表述结果。

第(2)项至第(4)项包含在求解器执行文件中,在有限元分析程序中实现,而工程师的主要工作体现在第(1)项和第(5)项,即建立模型和分析结果。

直到20世纪80年代,建模仍注重提取反映力学性能的基本单元,目的是使这些单元能够与研究力学性能的简单模型一致。目前,建立一个单一的详细设计模型并应用它检验所有必要的工业准则,在工业界已经成为非常普遍的方法。这种模拟方法的动力在于,对于一种工业产品生成几种网格的成本远高于生成对每种应用都适用的特殊网格的成本。例如,同样一个手机或笔记本电脑的有限元模型可以用来进行跌落仿真、线性静力分析和热应力分析。有限元模型可能成为"虚拟"的样品原型,可以用来检验许多方面的设计性能。通过使用同一个模型进行所有分析,节省了大量工程研制时间。计算时间的节省和计算速度的提高使这一方法更加有效。然而,对于特殊分析,有限元软件的使用者还必须能够评估有限元模型的适用性和限制条件。

目前,控制方程推导和离散的技术主要掌握在软件开发者手中。然而,若是应用了不合适的方法或软件,不理解软件基本内容的分析者会面对许多风险,甚至做出误判。为了将试验数据转换为输入文件,分析者必须清楚在程序中所应用的和由实验人员所提供的材料数据,如载荷-位移曲线、应力-应变度量等。睿智的分析者必须了解如何评估数据响应的敏感程度,清楚产生误差的来源和如何检查这些误差,以及各种算法的限制条件和误差影响量级。求解离散方程也面临许多选择,不恰当的选择将导致冗长的计算时间,从而无法在规定的时间内获得结果。为了建立一个合理的模型和选择最佳的求解过程,分析者有必要了解各种求解过程的优势、劣势和所需的计算机机时。

分析者最重要的任务是表述结果。除固有近似之外,即便是线性有限元模型,对于许多参数的分析也是敏感的,这种敏感性可能令模拟进入歧途或走向成功。非线性固体可能经历非稳态,其结果主要取决于材料的参数,对缺陷的反应可能是敏感的。除非分析者对于这些现象非常清醒,否则很有可能错误地描述模拟的结果。尽管遇到这些困难,对于有限元分析的用途和前景,我们仍持非常乐观的态度,目前还没有任何其他固体力学的数值方法能够取代有限元的主宰地位。

仿真能够产生各种变化的输出,使人们很容易去做数值仿真的尝试,从而极大地提高工程师对其产品在各种环境下的基本物理性能的理解程度,弥补在特定条件的试验中只能得到产品是否能经受一种确定载荷或环境的结果。另一方面,计算机仿真给出了详细的应力-应变关系,以及其他状态变量的历史,如果这些数据掌握在一位有洞察力的工程师手中,就等于为其提供了重新设计产品所需的有价值信息。

本书展示了应用非线性有限元求解各种工程和科学问题的方法和技巧。然而,为了便于教学和自学,我们重点结合了非线性有限元分析的几个关键主题,即对于给定的问题,

(1) 如何选择合适的隐式或显式求解方法和程序;

(2) 如何选择合适的有限元网格描述,以及动力学和运动学方法;

(3) 如何检验计算的平滑性和求解过程的稳定性;

(4) 如何识别计算中所隐含的求解质量和困难;

(5) 如何判断主要假设的作用和误差的来源。

对于许多包含过程仿真的大变形问题和失效分析,选择合适的网格描述是非常重要的

(例如,是否应用拉格朗日坐标、欧拉坐标或任意的拉格朗日-欧拉坐标),需要认识网格畸变的影响,在选择网格时必须注意不同类型网格描述的特点。

数值模拟中普遍存在稳定性问题。它可能是物理上的不稳定,因而得到相对无意义的解答。对于不完备的材料和载荷参数,许多解答是敏感的;在某些求解情况下,解答甚至对所采用的网格较为敏感。分析者必须清楚这些特性,预估可能遇到的不确定性,否则,由计算机仿真精心制作的结果可能是错误的,也可能导致虚假的设计精度。在非线性分析中,结果的精度和稳定性是最重要的。相关问题以多种方式出现,例如,在选择单元的过程中,必须清楚稳定性和各种低阶单元的自锁(locking)特性。单元的选择包括多种因素,如对于求解问题的单元稳定性和结果的期望平滑性,以及期望变形的量级。此外,必须清楚非线性分析的复杂性。对于出现物理非稳定性和数值非稳定性的可能性,必须在求解过程中给予密切关注。

在有限元分析中,平滑性也是普遍存在的问题。平滑性差会降低大多数算法的强劲功能,并可能在结果中引入不期望的波动。目前已经发展了改进响应平滑性的技术,其被称为调整过程。然而,调整过程常常并不基于物理现象,在许多情况下难以确定与调整相关的参数。因此,分析者常常面临进退两难的窘境——是否选择导致平滑求解的方法或处理不连续的响应。希望分析者能够理解调整参数和隐含的效果,如在接触-碰撞中的拉格朗日乘子(Lagrange multiplier)和罚函数法,有限滑移和小滑移,过盈和侵彻,并正确地应用和评价这些方法。

因此,在工业设计和科学研究中,分析者应精通应用非线性软件并理解非线性有限元法,提供这种理解途径并使读者在非线性有限元分析中能够遇到许多感兴趣的问题和挑战,这正是本书的初衷和使命。

1.9 练习

1. 简述三种非线性力学问题,三种网格描述,三类偏微分方程。

2. 图 1-11(a)给出了梁长为 L 的刚性悬臂梁,自由端作用集中力 F,K 为抗转动刚度。通过建立平衡条件,讨论线性和几何非线性的解答。

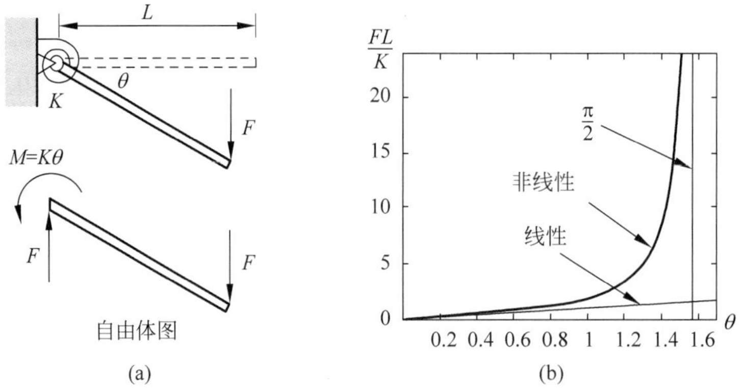

图 1-11 刚性悬臂梁的平衡条件

3. 证明扩散方程(热传导是一个示例)$u_{,xx}=\alpha u_{,t}$ 是抛物线型,α 是一个正常数。

4. 对于梁的振动方程 $u_{,xxxx}=\alpha u_{,tt}$,确定偏微分方程的类型。

第 2 章

非线性连续介质力学基础

主要内容

变形和运动：参考构形与当前构形，变形梯度，刚体转动，极分解定理
应变度量：工程应变，真实应变，格林应变，变形率，旋转率
应力度量：工程应力，PK2 应力，柯西应力，旋转应力，应力转换
应力张量的客观率：柯西应力的耀曼应力率，特鲁斯德尔应力率，格林-纳迪应力率
守恒方程：守恒定律，质量守恒，动量守恒，能量守恒

2.1 引言

连续介质力学是学习和理解非线性有限元的基础之一，其核心内容是对连续体的运动学和动力学的描述。本章选择了非线性连续介质力学的基本内容，然而，这些内容对于完全掌握连续介质力学是不够的，它只是为阅读和理解本书后续章节提供了必要的相关知识。

关于连续介质力学的书籍和文献很多，例如，Prager(1961)为具有中级背景的读者提供了有关连续介质力学的描述。Truesdell 和 Noll(1965)以非常通用的视角讨论了一些基本问题。Hodge(1970)的方法对于学习指标标记和一些基本题目是非常有用的。Mase 等(1992)对标记表示方法进行了详细的介绍，这些标记和本书所使用的几乎完全相同。Fung(1994)论述了如何应用连续介质力学。以上是比较基础的文献。Malvern(1969)对这一领域进行了清晰和全面的描述，*Introduction to the Mechanics of A Continuous Medium* 已经成为了经典之作。相关论述更为深入的专著为 Marsden 和 Hughes(1983)，以及 Ogden 的著作。黄克智(1989)为读者讲授了非线性连续介质力学。Chandrasekharaiah 和 Debnath

(1994)着重于介绍张量的标记。Malvern,以及 Belytschko、Liu 和 Moran(2000,2014)均在书中深入地表述了客观应力率的概念。Bonet 和 Wood(1997)的专著论述了在有限元分析中涉及的非线性连续介质力学及相关数学内容。黄筑平(2003,2012)的《连续介质力学基础》兼备系统性和完整性,并附有习题解答和提示。赵亚溥(2016)的《近代连续介质力学》展示了连续介质力学最新进展,将学习它的过程升华为美学的精神享受。

本章首先描述运动和变形。推导并解释变形梯度的两个重要应用:建立参考构形与当前构形的积分联系和极分解定理。重点讨论转动的作用,因为许多困难和复杂的非线性力学问题都源于转动。在非线性连续介质力学中,转动扮演了中心的角色。

其次,讨论应变和应力的概念。应变和应力可以通过多种方式定义,我们把注意力集中在它们的度量上。在非线性有限元程序中经常使用的应变和应力度量分别是,格林应变(Green strain)和变形率;第二皮奥拉-克希霍夫应力(second Piola-Kirchhoff stress,PK2)、柯西应力(Cauchy stress)和名义应力(又称为工程应力)。除此之外还有许多其他应变和应力度量,对于初学者来说,掌握以上这些度量已经足够了。过多的应变和应力度量会给读者理解非线性连续介质力学带来困难,因此,应该采用尽可能少的应变和应力度量方式讲授非线性连续介质力学,同时也要了解其他方式,以便阅读文献和理解有限元程序。

由于许多材料的本构关系以应力率的形式表示,我们将介绍常见的应力率定义方法。首先介绍检验柯西应力张量的客观率,也称为框架不变率,阐述率型本构方程要求客观性的原因。这里重点强调耀曼应力率和格林-纳迪应力率,因为柯西应力和耀曼应力率或格林-纳迪应力率在非线性有限元法中构成了本构理论的核心部分,在通用非线性有限元软件的核心求解程序中发挥着重要作用,如 ABAQUS、MARC 和 LS-DYNA 等。在有限变形中,如何利用客观应力率求解当前应力是有限元程序的一个重要部分。为不失完整性且考虑内容的相对独立性,本书第 12 章将结合具体的材料模型讲述不同的客观应力率积分本构关系。

2.6 节将介绍守恒方程的推导。守恒方程既从空间域、也从材料域中推导而来,这些方程在固体力学和流体力学中是完全相同的,包括质量、动量和能量的守恒方程。动量方程中描述惯性力为零的特殊情况的方程,称为平衡方程。

2.2 变形和运动

2.2.1 初始构形和当前构形

连续介质力学的目的是提供有关流体、固体和结构的宏观行为模型,近 30 年来,以微米尺度表征的材料细观行为也应用了连续介质力学模型。这些模型的属性和响应可以用空间变量的平滑函数来表征,至多只有有限数目的非连续点。它忽略了诸如分子、颗粒或晶体结构中的非均匀性。晶体结构的特性有时也通过本构方程出现在连续介质模型中,但会假设其响应和属性是平滑的。

考虑一个物体在 $t=0$ 时的初始状态,如图 2-1 所示;物体在初始状态的域用 Ω_0 表示,称为初始构形。在描述物体的变形和运动时,需要一个构形作为各种公式的参考,称为参考构形。除非另外指定,一般使用初始构形作为参考构形。然而,在公式推导中,其他构形也可以作为参考构形。参考构形的意义在于事实上的运动是参考这个构形定义的。

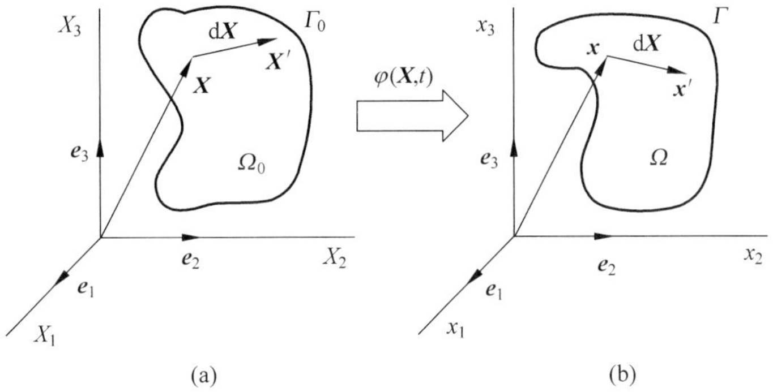

图 2-1 一个物体的未变形(初始)和变形(当前)构形

(a) 未变形(初始)构形；(b) 变形(当前)构形

在许多情况下，我们需要指定一个构形，考虑作为未变形构形，它占据整个 Ω_0 域。除非另外指定，未变形构形与初始构形是相同的。未变形构形是理想化的，因为在实际中并不存在未变形的物体。大多数物体预先就有不同的构形，并随着变形而改变，如飞机和舰船的壳体曾经是平整的金属板材，塑料容器外壳曾经是液态的聚合物，陶瓷工艺品曾经是松散的泥土。所以未变形构形这个术语仅是相对的，它表示了度量变形时所参考的构形。

物体发生变形后的当前构形域用 Ω 表示，通常也称作变形构形。这个域可以是一维、二维或三维的，即 Ω 可以代表一条线段、一块面积或一个体积。域的边界用 Γ 表示，在一维中它对应于线段上的两个端点，在二维中它对应于面积上的一条曲线，在三维中它对应于体积上的一个表面。随后的推导适用于从一维至三维的任何维度模型。模型的维度用 n_{SD} 表示，下标 SD 代表空间的维度。

在物体变形和运动过程中，其中任意一个材料点在参考构形中的位置矢量用 $\boldsymbol{X}$ 表示：

$$\boldsymbol{X} = X_i \boldsymbol{e}_i \equiv \sum_{i=1}^{n_{\mathrm{SD}}} X_i \boldsymbol{e}_i \tag{2.2.1}$$

其中，X_i 是在参考构形中位置矢量的分量，$\boldsymbol{e}_i$ 是直角坐标系的单位基矢量；在 1.6.1 节描述的指标标记使用在第二个表达式中。在指标标记中，张量或矩阵的分量是明确指定的，这里指标范围用维数 n_{SD} 表示。**在一项中指标重复两次为求和**，与爱因斯坦标记规则一致。

在参考构形中，对于一个给定的材料点，矢量变量 $\boldsymbol{X}$ 并不随时间而变化。变量 $\boldsymbol{X}$ 又称为材料坐标或拉格朗日坐标，它提供了材料点的标识。因此，如果希望跟踪某一给定材料点上的函数 $f(\boldsymbol{X},t)$，就可以简单地以 $\boldsymbol{X}$ 为常数跟踪这个函数。

材料坐标 X_i 为常数的线，如同被蚀刻在材料中(构成拉格朗日网格)，它们随物体变形；因此在变形构形中观察这些线时，它们不再是笛卡儿型(固定的直角坐标系)。如在纯剪切中，它们成为了斜坐标，就像拉格朗日网格经过了扭曲一样(图 1-9)。但是，当我们在参考构形中观察材料坐标时，它们不随时间改变。因此，材料坐标在参考构形上建立各种场方程时具有很大优势，一是仍以直角坐标系推导方程，二是材料坐标不随时间发生变化，它的时间导数为零。

另一方面，同一个材料点的位置矢量还可以在当前构形中用 $\boldsymbol{x}$ 表示：

$$\boldsymbol{x}=x_i\boldsymbol{e}_i\equiv\sum_{i=1}^{n_{\mathrm{SD}}}x_i\boldsymbol{e}_i \tag{2.2.2}$$

其中，x_i 为位置矢量在当前构形中的分量。坐标 x_i 给出了材料点在空间的位置，称为空间坐标或欧拉坐标。

2.2.2 运动描述

在初始构形中坐标为 $\boldsymbol{X}$ 的材料点经过运动后移动到新的空间位置 $\boldsymbol{x}$ 处，假设材料不能任意出现或消失，则 $\boldsymbol{X}$ 和 $\boldsymbol{x}$ 之间存在一一映射关系。

物体的运动可通过映射函数 $\varphi(\boldsymbol{X},t)$ 描述为

$$\boldsymbol{x}=\varphi(\boldsymbol{X},t)\quad 或 \quad x_i=\varphi_i(\boldsymbol{X},t) \tag{2.2.3}$$

其中，$\boldsymbol{x}$ 是材料点 $\boldsymbol{X}$ 在时间 t 的位置。映射函数 $\varphi(\boldsymbol{X},t)$ 将参考构形映射到 t 时刻的当前构形，称作从初始构形到当前构形的映射。

当参考构形与初始构形一致时，在 $t=0$ 时，任意点处的位置矢量 $\boldsymbol{x}$ 与其材料坐标 $\boldsymbol{X}$ 一致，即

$$\boldsymbol{X}=\boldsymbol{x}(\boldsymbol{X},0)\equiv\varphi(\boldsymbol{X},0)\quad 或 \quad X_i=x_i(\boldsymbol{X},0)=\varphi_i(\boldsymbol{X},0) \tag{2.2.4}$$

这样的映射 $\varphi(\boldsymbol{X},t)$ 称为一致映射。

描述连续体的变形和响应有两种方式。在第一种方式中，独立变量是材料坐标 $\boldsymbol{X}$ 和时间 t（式(2.2.3)）；这种方式称为材料描述或拉格朗日描述。在第二种方式中，独立变量是空间坐标 $\boldsymbol{x}$ 和时间 t，这种方式称为空间描述或欧拉描述。它们的对偶性类似于 1.5 节网格描述中的对偶性。

在固体力学中，应力一般依赖于变形和它的历史，所以必须指定一个未变形构形。正是因为大多数变形固体的历史依赖性，所以在固体力学中普遍采用拉格朗日描述。另一方面，在流体力学中，根据参考构形来描述运动通常是不可能的，并且没有必要。例如，如果考虑机翼附近的空气流动，由于应力和牛顿流体的行为是与历史无关的，采用未变形构形是没有必要的，所以在流体力学中普遍采用欧拉描述。

在数学和连续介质力学的文献中，对于同样的场变量，当用不同的独立变量表示（如欧拉描述或拉格朗日描述）时经常使用不同的符号。按照这个约定，函数在欧拉描述中为 $f(\boldsymbol{x},t)$，在拉格朗日描述中为 $f(\boldsymbol{X},t)$。这种情况下，$f(\boldsymbol{x},t)$ 就是描述场 f 为空间变量 $\boldsymbol{x}$ 和时间变量 t 的函数；而 $f(\boldsymbol{X},t)$ 则是另一个函数，它以材料坐标 $\boldsymbol{X}$ 和 t 的形式描述了同一个场 f。本书在每一章或每一节的开始都指出了独立变量，如果某个独立变量发生改变，就会注明新的独立变量。

通过材料点在当前位置和初始位置之间的差（图 2-1），得到其位移为

$$\boldsymbol{u}(\boldsymbol{X},t)=\varphi(\boldsymbol{X},t)-\varphi(\boldsymbol{X},0)=\varphi(\boldsymbol{X},t)-\boldsymbol{X},\quad u_i=\varphi_i(X_i,t)-X_i \tag{2.2.5}$$

其中，$\boldsymbol{u}(\boldsymbol{X},t)=u_i\boldsymbol{e}_i$。应用式(2.2.3)和式(2.2.4)，位移经常写为

$$\boldsymbol{u}=\boldsymbol{x}-\boldsymbol{X},\quad u_i=x_i-X_i \tag{2.2.6}$$

其中，用 $\boldsymbol{x}$ 替换了 $\varphi(\boldsymbol{X},t)$。由于在式(2.2.6)中将位移表达成两个变量 $\boldsymbol{x}$ 和 $\boldsymbol{X}$ 之间的差，而这两个变量来自不同构形，都可以作为独立变量，所以式(2.2.6)的含义有点模糊。注意在表达式中的符号 $\boldsymbol{x}$ 代表了运动，要理解式(2.2.6)，可以从运动来理解被两个变量映射的位移。

速度$\boldsymbol{v}(\boldsymbol{X},t)$是指一个材料点位置矢量的变化率，如当$\boldsymbol{X}$保持不变时对时间的导数，该导数称为材料时间导数或完全导数，有时也称为材料导数。速度可以写成多种形式：

$$\boldsymbol{v}(\boldsymbol{X},t)=\frac{\partial\varphi(\boldsymbol{X},t)}{\partial t}=\frac{\partial\boldsymbol{u}(\boldsymbol{X},t)}{\partial t}\equiv\dot{\boldsymbol{u}} \tag{2.2.7}$$

其中，由于式(2.2.6)且$\boldsymbol{X}$与时间无关，位移$\boldsymbol{u}$替代了第三项中的运动，上标点表示材料时间导数，而当变量仅为时间的函数时，它也用作普通时间导数。

加速度$\boldsymbol{a}(\boldsymbol{X},t)$是材料点速度的变化率，即速度的材料时间导数，其形式为

$$\boldsymbol{a}(\boldsymbol{X},t)=\frac{\partial\boldsymbol{v}(\boldsymbol{X},t)}{\partial t}=\frac{\partial^2\boldsymbol{u}(\boldsymbol{X},t)}{\partial t^2}\equiv\dot{\boldsymbol{v}} \tag{2.2.8}$$

该表达式称为加速度的材料形式。

当将速度表示为空间坐标和时间的形式时，如在欧拉描述中为$\boldsymbol{v}(\boldsymbol{x},t)$，获得材料时间导数的方式如下：首先使用式(2.2.3)将$\boldsymbol{v}(\boldsymbol{x},t)$中的空间坐标表示为材料坐标和时间的函数，给出$\boldsymbol{v}(\varphi(\boldsymbol{X},t),t)$，则可以通过链式法则得到材料时间导数：

$$\frac{\mathrm{D}v_i(\boldsymbol{x},t)}{\mathrm{D}t}=\frac{\partial v_i(\boldsymbol{x},t)}{\partial t}+\frac{\partial v_i(\boldsymbol{x},t)}{\partial x_j}\frac{\partial\varphi_j(\boldsymbol{X},t)}{\partial t}=\frac{\partial v_i}{\partial t}+\frac{\partial v_i}{\partial x_j}v_j \tag{2.2.9}$$

式(2.2.9)称为速度的全导数，等号右侧第一项$\frac{\partial v_i}{\partial t}$称为空间时间导数，即局部导数；等号右侧第二项是对流项，也称为迁移项。若无特殊说明，全书采用如下默认假设：不管是独立变量还是固定变量，只要它直接表示为关于时间的偏微分，而空间坐标是固定的，就把它看作空间时间导数。另外，当指定独立变量为式(2.2.7)和式(2.2.8)的形式时，其对时间的偏微分就是材料时间导数。将方程(2.2.9)写成张量标记，在张量标记中不出现指标，参考1.6.2节，有

$$\frac{\mathrm{D}\boldsymbol{v}(\boldsymbol{x},t)}{\mathrm{D}t}=\frac{\partial\boldsymbol{v}(\boldsymbol{x},t)}{\partial t}+\boldsymbol{v}\cdot\nabla\boldsymbol{v}=\frac{\partial\boldsymbol{v}}{\partial t}+\boldsymbol{v}\cdot\operatorname{grad}\boldsymbol{v} \tag{2.2.10}$$

其中，$\nabla\boldsymbol{v}$和$\operatorname{grad}\boldsymbol{v}$是矢量场的左梯度，

$$\operatorname{grad}\boldsymbol{v}=\nabla\boldsymbol{v}=\left(\boldsymbol{i}\frac{\partial\boldsymbol{v}}{\partial x}+\boldsymbol{j}\frac{\partial\boldsymbol{v}}{\partial y}+\boldsymbol{k}\frac{\partial\boldsymbol{v}}{\partial z}\right)$$

二维速度场的左梯度矩阵为

$$[\nabla\boldsymbol{v}]\equiv[\operatorname{grad}\boldsymbol{v}]=\begin{bmatrix}v_{x,x} & v_{y,x}\\ v_{x,y} & v_{y,y}\end{bmatrix} \tag{2.2.11}$$

在向量的左梯度中梯度指标是行号。另外，值得指出的是：

$$\frac{\mathrm{D}\boldsymbol{v}(\boldsymbol{x},t)}{\mathrm{D}t}=\frac{\partial\boldsymbol{v}(\boldsymbol{X},t)}{\partial t} \tag{2.2.12}$$

在欧拉描述中，建立材料时间导数不需要运动的完整描述。每一瞬时的运动也可以在参考构形与固定时刻t的当前构形相重合时描述。为此，令固定时刻$t=\tau$的构形等于参考构形，此时材料点的位置矢量用参考坐标$\boldsymbol{X}^{\tau}$表示，上角标τ将参考坐标与初始参考坐标相区别。参考坐标可表示为

$$\boldsymbol{X}^{\tau}=\varphi(\boldsymbol{X},\tau) \tag{2.2.13}$$

运动可以用这些参考坐标而非初始参考坐标描述为

$$\boldsymbol{x}=\varphi^{\tau}(\boldsymbol{X}^{\tau},t),\quad t\geqslant\tau \tag{2.2.14}$$

现在重新讨论式(2.2.9)的建立；注意到$\boldsymbol{v}(\boldsymbol{x},t)=\boldsymbol{v}(\varphi^{\tau}(\boldsymbol{X}^{\tau},t),t)$，将当前构形看作参考构形，可以得到加速度表达式：

$$\frac{\mathrm{D}v_i}{\mathrm{D}t}=\frac{\partial v_i(\boldsymbol{x},t)}{\partial t}+\frac{\partial v_i(\boldsymbol{x},t)}{\partial x_j}\frac{\partial \varphi_j^{\tau}}{\partial t}=\frac{\partial v_i}{\partial t}+\frac{\partial v_i}{\partial x_j}v_j \tag{2.2.15}$$

在有限元程序中，经常采用非初始构形作为参考构形，如应力更新算法中的增量构形和母单元(mother element)构形，即等参元构形等。

2.2.3 刚体转动

在非线性连续介质力学的理论中，刚体转动起着至关重要的作用，该领域的许多难题都是源于刚体转动。本节先以刚体转动为例介绍相关的转动变量，后续章节将对此展开进一步讨论。对于求解一个特定的材料行为，决定选择线性还是非线性程序的关键在于转动的量级。当转动足够大以至于使线性应变度量失效时就必须选用非线性程序计算。

一个刚体的运动包括平动 $\boldsymbol{x}_{\mathrm{T}}(t)$和绕原点的转动，可以写为

$$\boldsymbol{x}(\boldsymbol{X},t)=\boldsymbol{R}(t)\cdot\boldsymbol{X}+\boldsymbol{x}_{\mathrm{T}}(t),\quad x_i(\boldsymbol{X},t)=R_{ij}(t)X_j+x_{\mathrm{T}i}(t) \tag{2.2.16}$$

其中，$\boldsymbol{R}(t)$是转动张量，也称为转动矩阵。任何刚体运动都可以表示为式(2.2.16)的形式。

转动矩阵 $\boldsymbol{R}$ 是一个正交矩阵，其逆阵就是其转置。这个特征可以通过在刚体转动中令长度不变来证明，因为 $\boldsymbol{x}_{\mathrm{T}}=0$，有

$$\mathrm{d}\boldsymbol{x}\cdot\mathrm{d}\boldsymbol{x}=\mathrm{d}\boldsymbol{X}\cdot(\boldsymbol{R}^{\mathrm{T}}\boldsymbol{R})\cdot\mathrm{d}\boldsymbol{X},\quad \mathrm{d}x_i\mathrm{d}x_i=R_{ij}\mathrm{d}X_jR_{ik}\mathrm{d}X_k=\mathrm{d}X_j(R_{ji}^{\mathrm{T}}R_{ik})\mathrm{d}X_k$$

由于刚体在运动中长度不变，对于任意 $\mathrm{d}\boldsymbol{X}$ 有 $\mathrm{d}\boldsymbol{x}\cdot\mathrm{d}\boldsymbol{x}=\mathrm{d}\boldsymbol{X}\cdot\mathrm{d}\boldsymbol{X}$，所以

$$\boldsymbol{R}^{\mathrm{T}}\boldsymbol{R}=\boldsymbol{I} \tag{2.2.17}$$

上式说明 $\boldsymbol{R}$ 的逆就是其转置：

$$\boldsymbol{R}^{-1}=\boldsymbol{R}^{\mathrm{T}},\quad R_{ij}^{-1}=R_{ij}^{\mathrm{T}}=R_{ji} \tag{2.2.18}$$

据此说明转动张量 $\boldsymbol{R}$ 是一个正交矩阵。通过这个矩阵的任何变换，如 $\boldsymbol{x}=\boldsymbol{R}\boldsymbol{X}$，称作正交变换。转动是正交变换的特例。

一个矩形单元的拉格朗日坐标网格的刚体转动如图 2-2 所示。可以看出在刚体转动中，单元的边发生转动，但是边与边之间的夹角始终保持不变。单元的边是 X 或 Y 坐标为常数的直线，所以在变形构形中观察时，物体转动时材料坐标也转动。

取式(2.2.16)的时间导数可以得到刚体运动的速度为

$$\dot{\boldsymbol{x}}(\boldsymbol{X},t)=\dot{\boldsymbol{R}}(t)\cdot\boldsymbol{X}+\dot{\boldsymbol{x}}_{\mathrm{T}}(t)\quad 或\quad \dot{x}_i(\boldsymbol{X},t)=\dot{R}_{ij}(t)X_j+\dot{x}_{\mathrm{T}i}(t) \tag{2.2.19}$$

通过式(2.2.16)，将式(2.2.19)中的材料坐标表示为空间坐标的形式，可以得到刚体转动的欧拉描述为

$$\boldsymbol{v}=\dot{\boldsymbol{x}}=\dot{\boldsymbol{R}}\boldsymbol{R}^{\mathrm{T}}(\boldsymbol{x}-\boldsymbol{x}_{\mathrm{T}})+\dot{\boldsymbol{x}}_{\mathrm{T}}=\boldsymbol{\Omega}(\boldsymbol{x}-\boldsymbol{x}_{\mathrm{T}})+\dot{\boldsymbol{x}}_{\mathrm{T}} \tag{2.2.20}$$

其中，

$$\boldsymbol{\Omega}=\dot{\boldsymbol{R}}\boldsymbol{R}^{\mathrm{T}} \tag{2.2.21}$$

张量$\boldsymbol{\Omega}$ 称为角速度张量或角速度矩阵(Dienes，1979)。它是一个偏对称张量，也称作反对称张量。为了展示角速度张量的反对称性，取式(2.2.17)的时间导数为

$$\frac{\mathrm{D}}{\mathrm{D}t}(\boldsymbol{R}^{\mathrm{T}}\boldsymbol{R})=\frac{\mathrm{D}\boldsymbol{I}}{\mathrm{D}t}=0\rightarrow\dot{\boldsymbol{R}}^{\mathrm{T}}\boldsymbol{R}+\boldsymbol{R}^{\mathrm{T}}\dot{\boldsymbol{R}}=0\rightarrow\boldsymbol{\Omega}=-\boldsymbol{\Omega}^{\mathrm{T}} \tag{2.2.22}$$

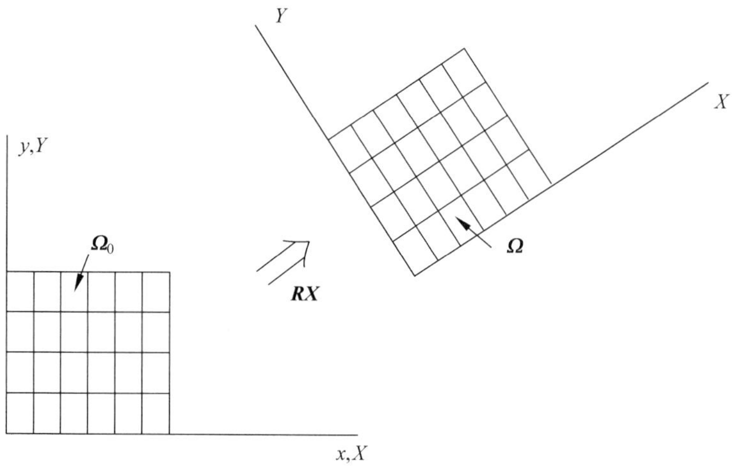

图 2-2　通过一个拉格朗日坐标网格的刚体转动，在参考（初始、未变形）构形和当前构形中，观察其材料坐标的变化

任何偏对称二阶张量都可以表示为矢量分量的形式，称为轴矢量，并且矩阵的乘积 $\boldsymbol{\Omega r}$ 可以用轴矢量的叉乘 $\boldsymbol{\omega}\times\boldsymbol{r}$ 来代替，所以对于任意 $\boldsymbol{r}$，有

$$\boldsymbol{\Omega r}=\boldsymbol{\omega}\times\boldsymbol{r}\quad 或\quad \Omega_{ij}r_j=e_{ijk}\omega_j r_k \tag{2.2.23}$$

在上式中 e_{ijk} 为置换矩阵或排列符号，它定义为

$$e_{ijk}=\begin{cases}1, & 对于\ ijk\ 的偶排列\\ -1, & 对于\ ijk\ 的奇排列\\ 0, & 如果任何指标重复\end{cases} \tag{2.2.24}$$

偏对称张量 $\boldsymbol{\Omega}$ 和它的轴矢量 $\boldsymbol{\omega}$ 之间的关系为

$$\Omega_{ik}=e_{ijk}\omega_j=-e_{ikj}\omega_j,\quad \omega_i=-\frac{1}{2}e_{ijk}\Omega_{jk} \tag{2.2.25}$$

其中，第一个式子由式(2.2.23)得到；第二个式子是在第一式前面乘以 e_{rij}，并应用恒等式 $e_{rij}e_{rkl}=\delta_{ik}\delta_{jl}-\delta_{il}\delta_{kj}$（Malvern，1969）得到。在二维问题中，一个偏对称张量具有单一的独立分量，并且它的轴矢量垂直于模型的二维平面，所以有

$$\boldsymbol{\Omega}=\begin{bmatrix}0 & \Omega_{12}\\ -\Omega_{12} & 0\end{bmatrix}=\begin{bmatrix}0 & -\omega_3\\ \omega_3 & 0\end{bmatrix} \tag{2.2.26}$$

在三维问题中，一个偏对称张量具有三个独立分量，通过式(2.2.27)与它的轴矢量的三个分量联系起来：

$$\boldsymbol{\Omega}=\begin{bmatrix}0 & \Omega_{12} & \Omega_{13}\\ -\Omega_{12} & 0 & \Omega_{23}\\ -\Omega_{13} & -\Omega_{23} & 0\end{bmatrix}=\begin{bmatrix}0 & -\omega_3 & \omega_2\\ \omega_3 & 0 & -\omega_1\\ -\omega_2 & \omega_1 & 0\end{bmatrix} \tag{2.2.27}$$

有些情况下角速度矩阵也会定义为式(2.2.27)的负值。

当用角速度矢量的形式表示式(2.2.20)时，有

$$v_i\equiv\dot{x}_i=\Omega_{ij}(x_j-x_{\mathrm{T}j})+v_{\mathrm{T}i}=e_{ijk}\omega_j(x_k-x_{\mathrm{T}k})+v_{\mathrm{T}i}$$

或

$$\boldsymbol{v}\equiv\dot{\boldsymbol{x}}=\boldsymbol{\omega}\times(\boldsymbol{x}-\boldsymbol{x}_{\mathrm{T}})+\boldsymbol{v}_{\mathrm{T}} \tag{2.2.28}$$

其中，最后一个等式的推导利用了 $e_{kij}=e_{ijk}$ 并交换了符号 k 和 j。这就是在理论力学教材中的刚体运动方程。最后一个等号右侧的第一项是绕点 $\boldsymbol{x}_{\mathrm{T}}$ 转动而产生的速度，第二项是平移速度。式(2.2.28)表示了任何刚体运动的速度。这是在本节中关于转动的结论，关于转动的主题还会在本书的其他章节出现。转动是非线性连续介质力学的基础，特别是当它与变形联系在一起时，经常会称为大变形。

2.2.4 当前构形与参考构形的联系

本节和2.2.5节将介绍变形梯度的两个重要应用，首先介绍变形梯度的定义。根据2.2.2节可知，在初始构形中坐标为 $\boldsymbol{X}$ 的材料点经过运动后移动到新的空间位置 $\boldsymbol{x}$ 处，则 $\boldsymbol{X}$ 和 $\boldsymbol{x}$ 之间通过映射 $\varphi(\boldsymbol{X},t)$ 存在一一映射关系式(2.2.3)。现在考虑在参考构形中位于 $\boldsymbol{X}$ 和 $\boldsymbol{X}+\mathrm{d}\boldsymbol{X}$ 的两个相邻材料点。根据映射关系，变形后在当前构形中有

$$\mathrm{d}\boldsymbol{x}=\left(\frac{\partial\varphi}{\partial\boldsymbol{X}}\right)\mathrm{d}\boldsymbol{X} \tag{2.2.29}$$

这里把矩阵

$$F_{ij}=\frac{\partial\varphi_i}{\partial X_j}\equiv\frac{\partial x_i}{\partial X_j}\quad 或\quad \boldsymbol{F}=\frac{\partial\varphi}{\partial\boldsymbol{X}}\equiv\frac{\partial\boldsymbol{x}}{\partial\boldsymbol{X}}\equiv(\nabla_0\varphi)^{\mathrm{T}} \tag{2.2.30}$$

定义为变形梯度，它是描述物体变形特征的一个重要变量。

在数学的语言中，变形梯度 $\boldsymbol{F}$ 是运动 $\varphi(\boldsymbol{X},t)$ 的雅克比矩阵(Jacobian matrix)。注意，在式(2.2.30)中，F_{ij} 下角标的 i 代表运动，j 代表偏导数；算子 ∇_0 是关于材料坐标的左梯度，$\boldsymbol{F}$ 是左梯度的转置。

变形梯度的第一个重要应用是将当前构形与参考构形的积分联系起来。通过变形梯度，在参考构形中无限小的线段 $\mathrm{d}\boldsymbol{X}$，在变形后的当前构形中的对应线段 $\mathrm{d}\boldsymbol{x}$ 表示为

$$\mathrm{d}\boldsymbol{x}=\boldsymbol{F}\cdot\mathrm{d}\boldsymbol{X}\quad 或\quad \mathrm{d}x_i=F_{ij}\mathrm{d}X_j \tag{2.2.31}$$

在上述表达式中，在 $\boldsymbol{F}$ 和 $\mathrm{d}\boldsymbol{X}$ 之间的点可以省略，因为这个表达式作为矩阵表达式也是成立的，保留这个点也符合在张量表达式中直接使用指标缩写的习惯。

在二维问题中，直角坐标系下的变形梯度为

$$\boldsymbol{F}=\begin{bmatrix}\dfrac{\partial x_1}{\partial X_1} & \dfrac{\partial x_1}{\partial X_2}\\[2mm] \dfrac{\partial x_2}{\partial X_1} & \dfrac{\partial x_2}{\partial X_2}\end{bmatrix}=\begin{bmatrix}\dfrac{\partial x}{\partial X} & \dfrac{\partial x}{\partial Y}\\[2mm] \dfrac{\partial y}{\partial X} & \dfrac{\partial y}{\partial Y}\end{bmatrix} \tag{2.2.32}$$

从式(2.2.32)可以看出，在把二阶张量写成矩阵形式时，第一个指标作为行号，第二个指标作为列号。

$\boldsymbol{F}$ 的行列式用 J 表示，称为雅克比行列式或变形梯度行列式，其表达式为

$$J=\det(\boldsymbol{F}) \tag{2.2.33}$$

通过雅克比行列式可以将当前构形与参考构形的积分联系起来：

$$\int_{\Omega}f(\boldsymbol{x},t)\mathrm{d}\Omega=\int_{\Omega_0}f(\varphi(\boldsymbol{X},t),t)J\,\mathrm{d}\Omega_0\quad 或\quad \int_{\Omega}f\mathrm{d}\Omega=\int_{\Omega_0}fJ\,\mathrm{d}\Omega_0 \tag{2.2.34}$$

在二维问题中：

$$\int_{\Omega}f(x,y)\mathrm{d}x\mathrm{d}y=\int_{\Omega_0}f(X,Y)J\,\mathrm{d}X\mathrm{d}Y \tag{2.2.35}$$

雅克比行列式的材料时间导数为

$$\frac{\mathrm{D}J}{\mathrm{D}t}\equiv\dot{J}=J\,\mathrm{div}\boldsymbol{v}\equiv J\,\frac{\partial v_i}{\partial x_i}\tag{2.2.36}$$

请读者练习推导这个公式。其中，$\mathrm{div}\boldsymbol{v}=\frac{\partial v_i}{\partial x_i}$为速度场的散度，其表达式为

$$\mathrm{div}\boldsymbol{v}=\nabla\cdot\boldsymbol{v}=\left(\boldsymbol{i}\frac{\partial}{\partial x}+\boldsymbol{j}\frac{\partial}{\partial y}+\boldsymbol{k}\frac{\partial}{\partial z}\right)\cdot(v_x\boldsymbol{i}+v_y\boldsymbol{j}+v_z\boldsymbol{k})=\frac{\partial v_x}{\partial x}+\frac{\partial v_y}{\partial y}+\frac{\partial v_z}{\partial z}$$

2.2.5 极分解定理

变形梯度的第二个重要应用是建立极分解定理。在大变形问题中，阐明转动作用的基本原理就是极分解定理。极分解定理适用于任何可逆的方阵，任何方阵都可以乘法分解为一个偏对称矩阵（转动矩阵）和一个对称矩阵。这个定理表述为，任何变形梯度张量 $\boldsymbol{F}$ 可以乘法分解为正交矩阵 $\boldsymbol{R}$ 和对称矩阵 $\boldsymbol{U}$ 的乘积，$\boldsymbol{U}$ 称为右伸长张量，该乘法分解表示先伸长变形后再转动，如图 2-3 的右半侧从 $\boldsymbol{B}_0$ 到 $\boldsymbol{B}$ 的变形计算过程：

$$\boldsymbol{F}=\boldsymbol{R}\cdot\boldsymbol{U}\quad\text{或}\quad F_{ij}=\frac{\partial x_i}{\partial X_j}=R_{ik}U_{kj}\tag{2.2.37}$$

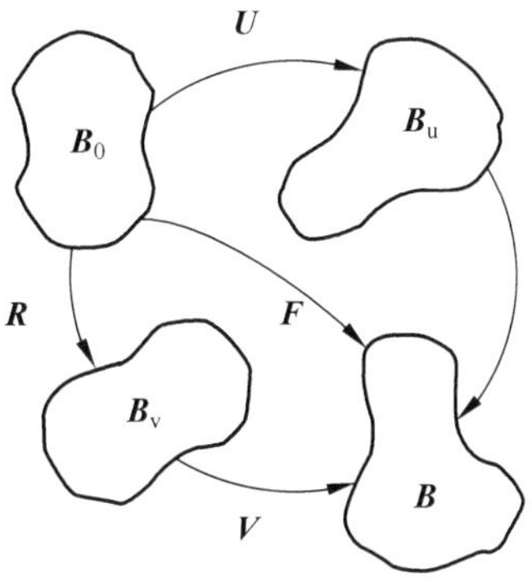

图 2-3 运动分解为伸长和转动的变形过程

其中，

$$\boldsymbol{R}^{-1}=\boldsymbol{R}^{\mathrm{T}},\quad\boldsymbol{U}=\boldsymbol{U}^{\mathrm{T}}\tag{2.2.38}$$

应用式(2.2.31)重写上式为

$$\mathrm{d}\boldsymbol{x}=\boldsymbol{R}\boldsymbol{U}\mathrm{d}\boldsymbol{X}\tag{2.2.39}$$

因为所有正交变换都是转动，所以 $\boldsymbol{R}$ 是刚体转动。这表明一个物体的任何运动都可分解为一个由伸长张量 $\boldsymbol{U}$ 表示的变形和一个刚体转动 $\boldsymbol{R}$。在这个方程中没有出现刚体平动，因为 $\mathrm{d}\boldsymbol{x}$ 和 $\mathrm{d}\boldsymbol{X}$ 分别是在当前和参考构形中的微分线段，而且微分线段的映射不受平动的影响。如果将式(2.2.39)积分得到 $\boldsymbol{x}=\varphi(\boldsymbol{X},t)$的形式，那么刚体平动将作为一个积分常数出现。在平动中，$\boldsymbol{F}=\boldsymbol{R}\boldsymbol{U}=\boldsymbol{I}$ 和 $\mathrm{d}\boldsymbol{x}=\mathrm{d}\boldsymbol{X}$。

求解刚体转动 $\boldsymbol{R}$ 在有限变形的应力更新中具有重要意义。通过极分解公式确定 $\boldsymbol{R}$ 是比较直接的方式，以下例子中将简要给出求解过程，详细内容可以参考 Chandrasekharaiah 和 Debnath 的著作(1994，96 页)。这里为了简化标记，将张量作为矩阵处理，在式(2.2.37)的两边同时前点乘它本身的转置，得到

$$\boldsymbol{F}^{\mathrm{T}}\boldsymbol{F}=(\boldsymbol{R}\boldsymbol{U})^{\mathrm{T}}(\boldsymbol{R}\boldsymbol{U})=\boldsymbol{U}^{\mathrm{T}}\boldsymbol{R}^{\mathrm{T}}\boldsymbol{R}\boldsymbol{U}=\boldsymbol{U}^{\mathrm{T}}\boldsymbol{U}=\boldsymbol{U}\boldsymbol{U}\tag{2.2.40}$$

其中，在推导第三个和第四个等式时应用了式(2.2.38)。最后一项是 $\boldsymbol{U}$ 矩阵的平方。由此可以得到

$$\boldsymbol{U}=(\boldsymbol{F}^{\mathrm{T}}\boldsymbol{F})^{\frac{1}{2}}\tag{2.2.41}$$

伸长张量 $\boldsymbol{U}$ 表示该材料点沿主轴方向上的伸长。为了方便求解，一般先把矩阵 $\boldsymbol{U}$ 转换到主轴坐标系下，这样该矩阵就是由位于对角线上的特征值组成的对角阵；然后把分数阶功率施加在所有对角线的项上，再把矩阵转换到原坐标系，关于这个计算过程的描述见例 2.1。定义矩阵 $\boldsymbol{F}^{\mathrm{T}}\boldsymbol{F}$ 为正，因此，所有特征值为正，矩阵 $\boldsymbol{U}$ 总是实数，其在定义应变和建立本构关

系中具有重要应用。

通过应用式(2.2.37)得到转动 $\boldsymbol{R}$,

$$\boldsymbol{R}=\boldsymbol{F}\boldsymbol{U}^{-1} \tag{2.2.42}$$

矩阵 $\boldsymbol{U}$ 逆阵的存在基于这样的事实,所有特征值总是为正,因为式(2.2.41)右侧的矩阵总是为正。矩阵 $\boldsymbol{U}$ 与工程应变密切相关,它的主值是在 $\boldsymbol{U}$ 的主方向上的线段的伸长。张量 $\bar{\boldsymbol{U}}=\boldsymbol{U}-\boldsymbol{I}$ 称为 Biot 应变张量(Biot's strain tensor),其在一维时与名义应力是功共轭的。

值得指出的是,通过正交分解求解刚体转动涉及特征值的求解,计算效率较低,在非线性有限元软件中很少采用。后续章节将会介绍求解转动 $\boldsymbol{R}$ 的其他方法。这里需要强调的是,物体中每个材料点处求得的刚体转动 $\boldsymbol{R}$ 是不同的,因此此处求得的 $\boldsymbol{R}$ 是平均意义上的刚体转动。同一点上不同线段的转动依赖于线段的方向。作为练习:证明在一个三维物体中,在任意材料点 $\boldsymbol{X}$ 上仅有三个线段刚好通过 $\boldsymbol{R}(\boldsymbol{X},t)$ 转动。这些线段对应于伸长张量 $\boldsymbol{U}$ 的主方向(无剪切应变)。

另外,一个运动也可以分解为一个左伸长张量和一个转动张量的乘积形式,即先转动再伸长变形,如图 2-3 的左半侧的计算过程:

$$\boldsymbol{F}=\boldsymbol{V}\cdot\boldsymbol{R} \tag{2.2.43}$$

图 2-3 展示了对变形梯度张量 $\boldsymbol{F}$ 采用两种乘法分解殊途同归的变形计算过程。

【例 2.1】 考虑三角形单元的运动,如图 2-4 所示,其中节点坐标 $x_I(t)$ 和 $y_I(t)$ 分别为

$$\begin{cases} x_1(t)=a+2at, & y_1(t)=2at \\ x_2(t)=2at, & y_2(t)=2a-2at \\ x_3(t)=3at, & y_3(t)=0 \end{cases} \tag{E2.1.1}$$

通过极分解定理分别求在 $t=0.5$ 和 $t=1.0$ 时的刚体转动和伸长张量。

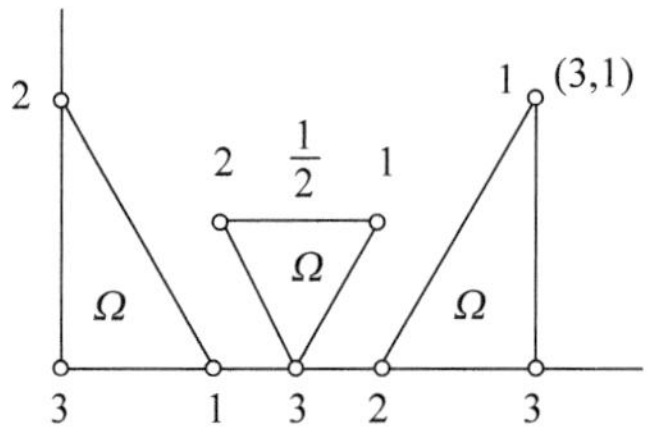

图 2-4 在式(E2.1.1)中取 $a=1$ 所表示的运动

解:三角形域的运动可以通过应用三角形单元的形状函数表示,即面积坐标。在面积坐标的形式下,运动描述为

$$x(\boldsymbol{\xi},t)=x_1(t)\xi_1+x_2(t)\xi_2+x_3(t)\xi_3 \tag{E2.1.2}$$

$$y(\boldsymbol{\xi},t)=y_1(t)\xi_1+y_2(t)\xi_2+y_3(t)\xi_3 \tag{E2.1.3}$$

其中,ξ_I 是面积坐标;见附录 C。通过 $t=0$ 时的面积坐标和材料坐标之间的关系,重写上式,得

$$x(\boldsymbol{\xi},0)=X=X_1\xi_1+X_2\xi_2+X_3\xi_3=a\xi_1 \tag{E2.1.4}$$

$$y(\boldsymbol{\xi},0)=Y=Y_1\xi_1+Y_2\xi_2+Y_3\xi_3=2a\xi_2 \tag{E2.1.5}$$

这样,面积坐标和材料坐标之间的关系就特别简单了。使用式(E2.1.4)~式(E2.1.5),将面积坐标表示为材料坐标式(E2.1.2)~式(E2.1.3) 的形式,在 $t=0.5$ 时的构形为

$$x(\boldsymbol{X},0.5)=2a\xi_1+a\xi_2+1.5a\xi_3$$
$$=2a\,\frac{X}{a}+a\,\frac{Y}{2a}+1.5a\left(1-\frac{X}{a}-\frac{Y}{2a}\right)=1.5a+0.5X-0.25Y \tag{E2.1.6a}$$

$$y(\boldsymbol{X},0.5)=a\xi_1+a\xi_2+0\xi_3=a\,\frac{X}{a}+a\,\frac{Y}{2a}=X+0.5Y \tag{E2.1.6b}$$

通过式(2.2.32)得到变形梯度 $\boldsymbol{F}$ 为

$$\boldsymbol{F}=\begin{bmatrix}\dfrac{\partial x}{\partial X} & \dfrac{\partial x}{\partial Y}\\ \dfrac{\partial y}{\partial X} & \dfrac{\partial y}{\partial Y}\end{bmatrix}=\begin{bmatrix}0.5 & -0.25\\ 1 & 0.5\end{bmatrix} \tag{E2.1.7}$$

并由式(2.2.41),给出伸长张量 $\boldsymbol{U}$ 为

$$\boldsymbol{U}=(\boldsymbol{F}^{\mathrm{T}}\boldsymbol{F})^{\frac{1}{2}}=\begin{bmatrix}1.25 & 0.375\\ 0.375 & 0.3125\end{bmatrix}^{\frac{1}{2}}=\begin{bmatrix}1.0932 & 0.2343\\ 0.2343 & 0.5076\end{bmatrix} \tag{E2.1.8}$$

上式最后一个矩阵的求解：通过求出 $\boldsymbol{F}^{\mathrm{T}}\boldsymbol{F}$ 的特征值 λ_i，取其正的平方根，并将它们代入对角矩阵 $\boldsymbol{H}=\mathrm{diag}(\sqrt{\lambda_1},\sqrt{\lambda_2})$，再通过 $\boldsymbol{U}=\boldsymbol{A}^{\mathrm{T}}\boldsymbol{H}\boldsymbol{A}$ 将矩阵 $\boldsymbol{H}$ 转换到整体矩阵的分量，其中矩阵 $\boldsymbol{A}$ 的列是 $\boldsymbol{F}^{\mathrm{T}}\boldsymbol{F}$ 的特征矢量。这些矩阵为

$$\boldsymbol{A}=\begin{bmatrix}-0.9436 & 0.3310\\ -0.3310 & -0.9436\end{bmatrix},\quad \boldsymbol{H}=\begin{bmatrix}1.3815 & 0\\ 0 & 0.1810\end{bmatrix} \tag{E2.1.9}$$

则通过式(2.2.42)求出转动矩阵 $\boldsymbol{R}$ 为

$$\boldsymbol{R}=\boldsymbol{F}\boldsymbol{U}^{-1}=\begin{bmatrix}0.5 & -0.25\\ 1 & 0.5\end{bmatrix}\begin{bmatrix}1.0932 & 0.2343\\ 0.2343 & 0.5076\end{bmatrix}^{-1}=\begin{bmatrix}0.6247 & -0.7809\\ 0.7809 & 0.6247\end{bmatrix} \tag{E2.1.10}$$

由此可见，三角形既发生了伸缩变形，也发生了转动。通过式(E2.1.2)和式(E2.1.3)，得到在 $t=1$ 时的构形为

$$x(\boldsymbol{X},1)=3a\xi_1+2a\xi_2+3a\xi_3=3X+Y+3a\left(1-\frac{X}{a}-\frac{Y}{2a}\right)\xi=3a-\frac{Y}{2} \tag{E2.1.11a}$$

$$y(\boldsymbol{X},1)=2a\xi_1+0\xi_2+0\xi_3=2X \tag{E2.1.11b}$$

由式(2.2.32)得到变形梯度为

$$\boldsymbol{F}=\begin{bmatrix}\dfrac{\partial x}{\partial X} & \dfrac{\partial x}{\partial Y}\\ \dfrac{\partial y}{\partial X} & \dfrac{\partial y}{\partial Y}\end{bmatrix}=\begin{bmatrix}0 & -0.5\\ 2 & 0\end{bmatrix} \tag{E2.1.12}$$

由式(2.2.41)计算出伸长张量 $\boldsymbol{U}$ 为

$$\boldsymbol{U}=(\boldsymbol{F}^{\mathrm{T}}\boldsymbol{F})^{\frac{1}{2}}=\begin{bmatrix}4 & 0\\ 0 & 0.25\end{bmatrix}^{\frac{1}{2}}=\begin{bmatrix}2 & 0\\ 0 & 0.5\end{bmatrix} \tag{E2.1.13}$$

由于本例中的矩阵 $\boldsymbol{U}$ 是对角矩阵，所以主值为简单的对角线项。在计算矩阵的平方根时选择正的平方根，是因为主伸长必须为正。通过式(2.2.42)给出转动矩阵 $\boldsymbol{R}$ 为

$$\boldsymbol{R}=\boldsymbol{F}\boldsymbol{U}^{-1}=\begin{bmatrix}0 & -0.5\\2 & 0\end{bmatrix}\begin{bmatrix}0.5 & 0\\0 & 2\end{bmatrix}=\begin{bmatrix}0 & -1\\1 & 0\end{bmatrix}\tag{E2.1.14}$$

对比以上转动矩阵 $\boldsymbol{R}$ 和图 2-4 可以看出，这个转动是一个逆时针 90°的旋转。这个变形包含节点 1 和节点 3 之间线段的伸长，放大系数为 2(见式(E2.1.13)中的 U_{11})，以及节点 3 和节点 2 之间线段的缩短，放大系数为 0.5(见式(E2.1.13)中的 U_{22})，导致沿 x 方向平移 $3a$ 和旋转 90°。因为原来沿 x 方向和 y 方向的线段对应于 $\boldsymbol{U}$ 的主方向或特征矢量，在极分解定理中这些线段的转动对应于物体的转动。

【例 2.2】 考虑变形梯度：

$$\boldsymbol{F}=\begin{bmatrix}c-as & ac-s\\s+ac & as+c\end{bmatrix}\tag{E2.2.1}$$

其中，$c=\cos\theta$，$s=\sin\theta$，a 为常数。求出当 $a=\dfrac{1}{2}$、$\theta=\dfrac{\pi}{2}$时的伸长张量和转动矩阵。

解：对于给定的值，变形梯度计算为

$$\boldsymbol{F}=\begin{bmatrix}-\dfrac{1}{2} & -1\\1 & \dfrac{1}{2}\end{bmatrix},\quad \boldsymbol{C}=\boldsymbol{F}^{\mathrm{T}}\boldsymbol{F}=\begin{bmatrix}1.25 & 1\\1 & 1.25\end{bmatrix}\tag{E2.2.2}$$

$\boldsymbol{C}$ 的特征值和相应的特征向量为

$$\begin{cases}\lambda_1=0.25, & \boldsymbol{y}_1^{\mathrm{T}}=\dfrac{1}{\sqrt{2}}\begin{bmatrix}1 & -1\end{bmatrix}\\ \lambda_2=2.25, & \boldsymbol{y}_2^{\mathrm{T}}=\dfrac{1}{\sqrt{2}}\begin{bmatrix}1 & 1\end{bmatrix}\end{cases}\tag{E2.2.3}$$

$\boldsymbol{C}$ 的对角形式 diag($\boldsymbol{C}$)由这些特征值组成，通过取这些特征值的正的平方根得到 diag($\boldsymbol{C}$)的平方根：

$$\mathrm{diag}(\boldsymbol{C})=\begin{bmatrix}\dfrac{1}{4} & 0\\0 & \dfrac{9}{4}\end{bmatrix}\Rightarrow\mathrm{diag}(\boldsymbol{C}^{\frac{1}{2}})=\begin{bmatrix}\dfrac{1}{2} & 0\\0 & \dfrac{3}{2}\end{bmatrix}\tag{E2.2.4}$$

将 diag($\boldsymbol{C}$)转换到 x-y 坐标系中，得到伸长张量 $\boldsymbol{U}$ 为

$$\boldsymbol{U}-\boldsymbol{Y}\cdot\mathrm{diag}(\boldsymbol{C}^{\frac{1}{2}})\cdot\boldsymbol{Y}^{\mathrm{T}}=\frac{1}{\sqrt{2}}\begin{bmatrix}1 & 1\\-1 & 1\end{bmatrix}\begin{bmatrix}\dfrac{1}{2} & 0\\0 & \dfrac{3}{2}\end{bmatrix}\frac{1}{\sqrt{2}}\begin{bmatrix}1 & -1\\1 & 1\end{bmatrix}=\frac{1}{2}\begin{bmatrix}2 & 1\\1 & 2\end{bmatrix}\tag{E2.2.5}$$

由式(2.2.42)得到转动矩阵 $\boldsymbol{R}$ 为

$$\boldsymbol{R}=\boldsymbol{F}\boldsymbol{U}^{-1}=\begin{bmatrix}-\dfrac{1}{2} & -1\\1 & \dfrac{1}{2}\end{bmatrix}\frac{2}{3}\begin{bmatrix}2 & -1\\-1 & 2\end{bmatrix}=\begin{bmatrix}0 & -1\\1 & 0\end{bmatrix}\tag{E2.2.6}$$

这是与例 2.1 当 $t=1$ 时相同的转动。

2.2.6 运动条件

假设描述运动和物体变形的映射 $\varphi(\boldsymbol{X},t)$除了在有限数量的零度量集合上均满足以下条件：

(1) 函数 $\varphi(\boldsymbol{X},t)$是连续可微的；

(2) 函数 $\varphi(\boldsymbol{X},t)$是一对一的；

(3) 雅克比行列式满足条件 $J>0$。

这些条件保证 $\varphi(\boldsymbol{X},t)$足够平滑且满足协调性，即在变形物体中不存在缝隙和重叠。然而，运动及其导数可以是非连续的或在零尺度集合上具有非连续导数，如材料中的裂纹、孔洞和夹杂。在裂纹两侧间断的是位移；而在不同材料界面或夹杂边缘两侧间断的是应变，即位移的空间导数，所以它们是分段连续可微的。零尺度集合在一维中是点，在二维中是线，在三维中是面，因为一个点具有零长度，一条线具有零面积，一个表面具有零体积。在形成裂纹的表面上，上述三个条件不满足，需要增加不包括零尺度集合的附加条件以解释裂纹形成的可能性。

变形梯度通常在材料之间的界面上是非连续的。在某些现象中，如扩展裂纹，其运动本身也是非连续的。我们要求在运动及其导数中，非连续的数量是有限的。事实上，有些非线性解答可能拥有无限数量的非连续，可参考 Belytschko 等(1986)的文献。然而，这些解答非常罕见，不能被有限元法有效地处理，所以这里不予关注。

上述条件(2)，即函数 $\varphi(\boldsymbol{X},t)$为一对一的，要求对于在参考构形 Ω_0 上的每一点，在变形构形 Ω 中有唯一的点与它对应，反之亦然。这是 $\boldsymbol{F}$ 规则的充分必要条件，即 $\boldsymbol{F}$ 是可逆的。当变形梯度 $\boldsymbol{F}$ 是正常时，雅克比行列式 J 必须非零，因为当且仅当 $J\neq 0$ 时，$\boldsymbol{F}$ 的逆才存在。因此，条件(2)和条件(3)是有联系的。我们已经阐明了更强的条件，J 必须为正而不仅仅是非零，在 2.6.2 节可以看到该条件遵循了质量守恒原则。这个条件在零尺度集合上也可以违背，例如，在一个成为裂纹的表面上，每一个点都成为了两个点。

【例 2.3】 三角形单元的转动和拉伸

考虑 3 节点三角形单元，如图 2-5 所示。设节点的运动为

$$\begin{cases}x_1(t)=y_1(t)=0\\ x_2(t)=(1+at)\cos\omega t, \quad y_2(t)=(1+at)\sin\omega t\\ x_3(t)=-(2+bt)\sin\omega t, \quad y_3(t)=(2+bt)\cos\omega t\end{cases} \tag{E2.3.1}$$

(1) 把变形梯度和雅克比行列式看作时间的函数，当 $\omega=\dfrac{\pi}{2}$ 且雅克比行列式保持常数时，求 a 和 b 的值。

(2) 当角速度 ω 保持恒定时，求变形梯度 $\boldsymbol{F}$ 和它的变化率 $\dot{\boldsymbol{F}}$。

解：(1) 在任何时刻，三角形 3 节点线性位移单元的构形可以用三角形单元坐标 ξ_I 的形式写出：

$$\begin{cases}x(\boldsymbol{\xi},t)=x_I(t)\xi_I=x_1(t)\xi_1+x_2(t)\xi_2+x_3(t)\xi_3\\ y(\boldsymbol{\xi},t)=y_I(t)\xi_I=y_1(t)\xi_1+y_2(t)\xi_2+y_3(t)\xi_3\end{cases} \tag{E2.3.2}$$

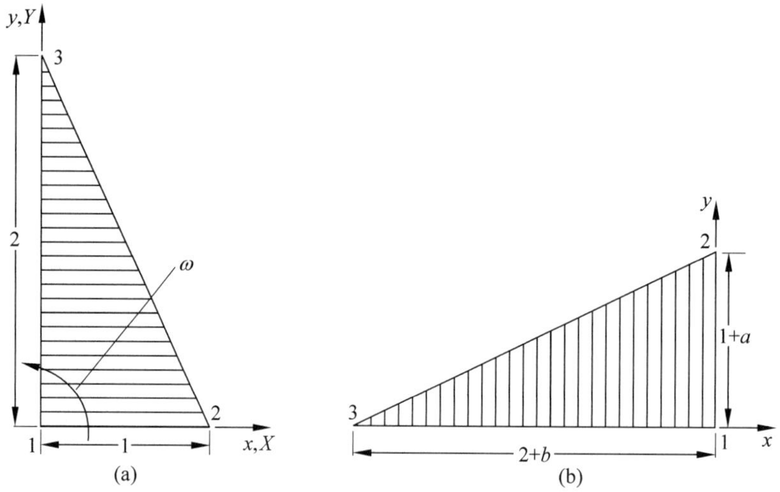

图 2-5 由式(E2.3.1)所描述的运动

(a) 初始构形；(b) $\omega t=\frac{\pi}{2}$时的变形构形

在初始构形中，即在 $t=0$ 时，

$$\begin{cases} X=x(\boldsymbol{\xi},t)=X_1\xi_1+X_2\xi_2+X_3\xi_3 \\ Y=y(\boldsymbol{\xi},t)=Y_1\xi_1+Y_2\xi_2+Y_3\xi_3 \end{cases} \tag{E2.3.3}$$

将未变形构形中的节点坐标代入上式，$X_1=X_3=0$，$X_2=1$，$Y_1=Y_2=0$，$Y_3=2$，得

$$X=\xi_2,\quad Y=2\xi_3 \tag{E2.3.4}$$

此时，三角形坐标与材料坐标之间的转换关系为

$$\xi_2=X,\quad \xi_3=\frac{1}{2}Y \tag{E2.3.5}$$

将式(E2.3.1)和式(E2.3.5)代入式(E2.3.2)，得到如下运动表达式：

$$\begin{cases} x(\boldsymbol{X},t)=X(1+at)\cos\omega t-\frac{1}{2}Y(2+bt)\sin\omega t \\ y(\boldsymbol{X},t)=X(1+at)\sin\omega t+\frac{1}{2}Y(2+bt)\cos\omega t \end{cases} \tag{E2.3.6}$$

当 $\omega=\frac{\pi}{2}$时，变形梯度为

$$\boldsymbol{F}=\begin{bmatrix} \frac{\partial x}{\partial X} & \frac{\partial x}{\partial Y} \\ \frac{\partial y}{\partial X} & \frac{\partial y}{\partial Y} \end{bmatrix}=\begin{bmatrix} (1+at)\cos\frac{\pi}{2}t & -\frac{1}{2}(2+bt)\sin\frac{\pi}{2}t \\ (1+at)\sin\frac{\pi}{2}t & \frac{1}{2}(2+bt)\cos\frac{\pi}{2}t \end{bmatrix} \tag{E2.3.7}$$

变形梯度仅为时间的函数，在单元内任何时刻它都是常数，因为在这种单元中的位移是材料坐标的线性函数，其雅克比行列式为

$$J=\det(\boldsymbol{F})=\frac{1}{2}(1+at)(2+bt)\left(\cos^2\frac{\pi}{2}t+\sin^2\frac{\pi}{2}t\right)=\frac{1}{2}(1+at)(2+bt) \tag{E2.3.8}$$

当 $a=b=0$ 时，雅克比行列式保持为常数，$J=1$。这种运动是没有变形的转动，即刚体转动。当 $b=-\dfrac{a}{1+at}$ 时，雅克比行列式也保持为常数，这种情况对应于一个剪切变形和一个转动，其中单元的面积保持常数。这种类型的变形称为等体积变形；不可压缩材料的变形就是等体积变形。

(2) 由式(E2.3.6)可以求得角速度 ω 保持恒定时的变形梯度 $\boldsymbol{F}$ 为

$$\boldsymbol{F}=\begin{bmatrix}\dfrac{\partial x}{\partial X} & \dfrac{\partial x}{\partial Y}\\ \dfrac{\partial y}{\partial X} & \dfrac{\partial y}{\partial Y}\end{bmatrix}=\begin{bmatrix}(1+at)\cos\omega t & -\dfrac{1}{2}(2+bt)\sin\omega t\\ (1+at)\sin\omega t & \dfrac{1}{2}(2+bt)\cos\omega t\end{bmatrix} \tag{E2.3.9}$$

由变形梯度变化率的定义和式(E2.3.6)，求得角速度 ω 保持恒定时的 $\dot{\boldsymbol{F}}$ 为

$$\dot{\boldsymbol{F}}=\frac{\partial \dot{\boldsymbol{x}}}{\partial \boldsymbol{X}}=\frac{\partial \boldsymbol{v}}{\partial \boldsymbol{X}}=\begin{bmatrix}\dfrac{\partial v_x}{\partial X} & \dfrac{\partial v_x}{\partial Y}\\ \dfrac{\partial v_y}{\partial X} & \dfrac{\partial v_y}{\partial Y}\end{bmatrix}=\begin{bmatrix}\dfrac{\partial \dot{x}}{\partial X} & \dfrac{\partial \dot{x}}{\partial Y}\\ \dfrac{\partial \dot{y}}{\partial X} & \dfrac{\partial \dot{y}}{\partial Y}\end{bmatrix}$$

$$=\begin{bmatrix}a\cos\omega t-\omega(1+at)\sin\omega t & -\dfrac{1}{2}b\sin\omega t-\dfrac{1}{2}\omega(2+bt)\cos\omega t\\ a\sin\omega t+\omega(1+at)\cos\omega t & \dfrac{1}{2}b\cos\omega t-\dfrac{1}{2}\omega(2+bt)\sin\omega t\end{bmatrix} \tag{E2.3.10}$$

【例 2.4】 考虑一个以恒定角速度 ω 绕原点转动的单元，同时应用材料和空间描述得到加速度，求变形梯度 $\boldsymbol{F}$ 及其变化率。

解：二维情况下，绕原点纯转动的运动为

$$\boldsymbol{x}(t)=\boldsymbol{R}(t)\boldsymbol{X}\Rightarrow\begin{Bmatrix}x\\ y\end{Bmatrix}=\begin{bmatrix}\cos\omega t & -\sin\omega t\\ \sin\omega t & \cos\omega t\end{bmatrix}\begin{Bmatrix}X\\ Y\end{Bmatrix} \tag{E2.4.1}$$

上式类似于数学分析中的坐标转换，其中使用了 $\theta=\omega t$ 将运动表示为时间的函数；ω 是角速度。将运动对时间求导得到速度为

$$\begin{Bmatrix}v_x\\ v_y\end{Bmatrix}=\begin{Bmatrix}\dot{x}\\ \dot{y}\end{Bmatrix}=\omega\begin{bmatrix}-\sin\omega t & -\cos\omega t\\ \cos\omega t & -\sin\omega t\end{bmatrix}\begin{Bmatrix}X\\ Y\end{Bmatrix} \tag{E2.4.2}$$

取速度的时间导数可以得到用材料坐标描述的加速度：

$$\begin{Bmatrix}a_x\\ a_y\end{Bmatrix}=\begin{Bmatrix}\dot{v}_x\\ \dot{v}_y\end{Bmatrix}=\omega^2\begin{bmatrix}-\cos\omega t & \sin\omega t\\ -\sin\omega t & -\cos\omega t\end{bmatrix}\begin{Bmatrix}X\\ Y\end{Bmatrix} \tag{E2.4.3}$$

通过变换式(E2.4.1)可以得到速度的空间描述。首先将式(E2.4.2)中的材料坐标 X 和 Y 表示为空间坐标 x 和 y 的形式：

$$\begin{Bmatrix}v_x\\ v_y\end{Bmatrix}=\omega\begin{bmatrix}-\sin\omega t & -\cos\omega t\\ \cos\omega t & -\sin\omega t\end{bmatrix}\begin{bmatrix}\cos\omega t & \sin\omega t\\ -\sin\omega t & \cos\omega t\end{bmatrix}\begin{Bmatrix}x\\ y\end{Bmatrix}$$

$$=\omega\begin{bmatrix}0 & -1\\ 1 & 0\end{bmatrix}\begin{Bmatrix}x\\ y\end{Bmatrix}=\omega\begin{Bmatrix}-y\\ x\end{Bmatrix} \tag{E2.4.4}$$

在空间描述式(E2.4.4)中，根据式(2.2.10)得到速度场的材料时间导数：

$$\frac{\mathrm{D}\boldsymbol{v}}{\mathrm{D}t}=\frac{\partial \boldsymbol{v}}{\partial t}+\boldsymbol{v}\cdot\nabla\boldsymbol{v}=\begin{Bmatrix}\dfrac{\partial v_x}{\partial t}\\ \dfrac{\partial v_y}{\partial t}\end{Bmatrix}^{\mathrm{T}}+\begin{bmatrix}v_x & v_y\end{bmatrix}\begin{bmatrix}\dfrac{\partial v_x}{\partial x} & \dfrac{\partial v_y}{\partial x}\\ \dfrac{\partial v_x}{\partial y} & \dfrac{\partial v_y}{\partial y}\end{bmatrix}$$

$$=0+\begin{bmatrix}v_x & v_y\end{bmatrix}\begin{bmatrix}0 & \omega\\ -\omega & 0\end{bmatrix}=\omega\begin{bmatrix}-v_y & v_x\end{bmatrix} \tag{E2.4.5}$$

如果通过式(E2.4.4)将式(E2.4.5)中的速度场表示为空间坐标 x 和 y 的形式，则有

$$\begin{Bmatrix}a_x\\ a_y\end{Bmatrix}=-\omega^2\begin{Bmatrix}x\\ y\end{Bmatrix} \tag{E2.4.6}$$

这就是众所周知的向心加速度；加速度矢量指向转动的中心，其大小为 $\omega^2(x^2+y^2)^{\frac{1}{2}}$。

为了将式(E2.4.6)与加速度的材料坐标形式(E2.4.3)进行比较，应用式(E2.4.1)将式(E2.4.6)中的空间坐标表示为材料坐标：

$$\begin{Bmatrix}\dot{v}_x\\ \dot{v}_y\end{Bmatrix}=\omega^2\begin{bmatrix}-1 & 0\\ 0 & -1\end{bmatrix}\begin{bmatrix}\cos\omega t & -\sin\omega t\\ \sin\omega t & \cos\omega t\end{bmatrix}\begin{Bmatrix}X\\ Y\end{Bmatrix}=\omega^2\begin{bmatrix}-\cos\omega t & \sin\omega t\\ -\sin\omega t & -\cos\omega t\end{bmatrix}\begin{Bmatrix}X\\ Y\end{Bmatrix}$$

它和式(E2.4.3)是一致的。

从变形梯度的定义式(2.2.32)和式(E2.4.1)中得到：

$$\boldsymbol{F}=\frac{\partial \boldsymbol{x}}{\partial \boldsymbol{X}}=\boldsymbol{R}=\begin{bmatrix}\cos\omega t & -\sin\omega t\\ \sin\omega t & \cos\omega t\end{bmatrix},\quad \boldsymbol{F}^{-1}=\begin{bmatrix}\cos\omega t & \sin\omega t\\ -\sin\omega t & \cos\omega t\end{bmatrix} \tag{E2.4.7}$$

变形梯度的变化率为

$$\dot{\boldsymbol{F}}=\dot{\boldsymbol{R}}=\omega\begin{bmatrix}-\sin\omega t & -\cos\omega t\\ \cos\omega t & -\sin\omega t\end{bmatrix} \tag{E2.4.8}$$

【例 2.5】 小变形情况下一个扩展裂纹周围的位移场为

$$\begin{aligned}u_x&=kf(r)\left(a+2\sin^2\frac{\theta}{2}\right)\cos\frac{\theta}{2}\\ u_y&=kf(r)\left(b-2\cos^2\frac{\theta}{2}\right)\sin\frac{\theta}{2}\end{aligned} \tag{E2.5.1}$$

$$r^2=(X-ct)^2+Y^2,\quad \theta=\arctan\left(\frac{Y}{X-ct}\right),\quad \theta\in(-\pi,\pi),\quad X\neq ct \tag{E2.5.2}$$

其中，a、b、c 和 k 是由控制方程的解所确定的参数。这个位移场对应于沿 X 轴的张开裂纹，且裂尖速度为 c；物体的初始构形及随后的运动构形如图 2-6 所示。

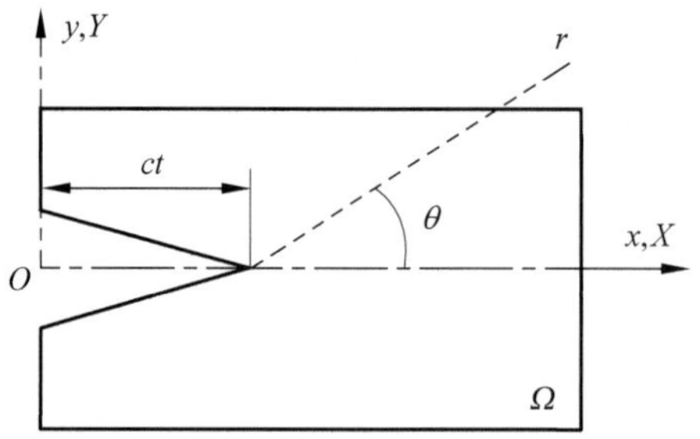

图 2-6 初始未开裂的构形和裂纹沿 x 轴的扩展构形

求沿直线 $Y=0, X<ct$ 上的位移间断，并回答这个位移场是否满足在本节开始给出的运动连续性要求？

解：运动为 $x=X+u_x$，$y=Y+u_y$。位移场的间断是在式(E2.5.1)中关于 $\theta=\pi^-$ 和 $\theta=\pi^+$ 时的差值，有

$$\theta=-\pi \Rightarrow u_x=0,\quad u_y=-kf(r)b,\quad \theta=\pi \Rightarrow u_x=0,\quad u_y=kf(r)b \tag{E2.5.3}$$

所以位移的跳跃或间断为

$$\| u_x \| = u_x(\pi,r)-u_x(-\pi,r)=0,\quad \| u_y \| = u_y(\pi,r)-u_y(-\pi,r)=2kf(r)b \tag{E2.5.4}$$

其他任何地方的位移场都是连续的。

这个运动满足本节开始所给出的准则，因为不连续仅仅发生在一条线上，在二维中这是一个零尺度的集合。从图 2-6 可以看出，在该运动中裂纹尖端后面的线被分成两条线。在设计运动时也可以让这两条线并不分离，只是在法线位移场上发生间断。现在这两种运动都常常应用在非线性有限元分析中。应用扩展有限单元法(extended finite element method, XFEM)可以处理在规则网格下裂纹在单元中任意扩展的强间断问题(庄茁,2012)。

【例 2.6】 考虑一个单位正方形 4 节点单元，其中节点 1、节点 2 和节点 4 固定，如图 2-7 所示。求导致雅克比行列式等于零时节点 3 位置的轨迹。

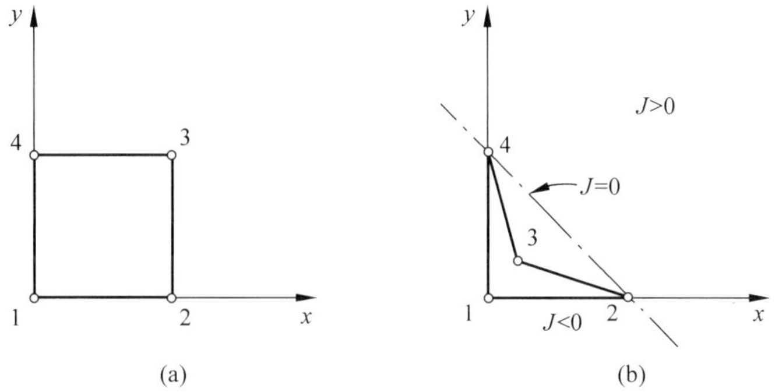

图 2-7　正方形单元的初始构形和 $J=0$ 时的节点轨迹，以及 $J<0$ 时的变形构形

解：除节点 3 之外所有节点均固定的矩形单元的位移场由双线性场给出：

$$u_x(X,Y)=u_{x3}XY,\quad u_y(X,Y)=u_{y3}XY \tag{E2.6.1}$$

由于这个单元为正方形，因此不需要等参映射。沿由节点 1 和节点 2，以及节点 1 和节点 4 所定义的边界上位移场为零。给出运动为

$$\begin{cases} x=X+u_x=X+u_{x3}XY \\ y=Y+u_y=Y+u_{y3}XY \end{cases} \tag{E2.6.2}$$

变形梯度可以从上式和式(2.2.32)得到：

$$\boldsymbol{F}=\begin{bmatrix} 1+u_{x3}Y & u_{x3}X \\ u_{y3}Y & 1+u_{y3}X \end{bmatrix} \tag{E2.6.3}$$

则雅克比行列式为

$$J=\det(\boldsymbol{F})=1+u_{x3}Y+u_{y3}X \tag{E2.6.4}$$

现在检验雅克比行列式何时为零。只需要考虑单元未变形构形中材料点的雅克比行

列式，即单位正方形 $X\in[0,1]$，$Y\in[0,1]$。由式(E2.6.4)可知，当 $u_{x3}<0$ 且 $u_{y3}<0$ 时，J 是最小的，则 J 的最小值发生在当 $X=Y=1$ 时，所以

$$J\geqslant 0\Rightarrow 1+u_{x3}Y+u_{y3}X\geqslant 0\Rightarrow 1+u_{x3}+u_{y3}\geqslant 0 \tag{E2.6.5}$$

$J=0$ 所对应的点的轨迹由节点位移的线性函数给定，如图 2-7(b)所示，该图同时也展示了当 $J<0$ 时单元的变形构形。可以看出，当节点 3 越过未变形单元的对角线时，$J<0$。在质量守恒方程(2.6.11)中会看到，若 $J<0$，则变形后的密度将成为负值，这显然违背了质量守恒的力学条件和质量总是正值的物理原则。从这个例题中，读者可以思考由于单元网格畸变导致的雅克比行列式成为负值所隐含的有限元计算的收敛性问题。这也可以作为大变形问题希望采用低阶线性单元的佐证。

2.3 应变和应变率度量

在非线性连续介质力学中使用了多种不同的应变和应变率度量。然而，在有限元法中，最普遍使用的两种是格林-拉格朗日应变(Green-Lagrangian strain)张量 $\boldsymbol{E}$(简称格林应变张量)和变形率张量 $\boldsymbol{D}$(简称变形率)。

后文将给出其定义和一些重要性质。在描述本构方程时(第 12 章)，有时使用其他应变度量更加方便，因此，也将介绍其他应变度量。

对于任何刚体运动，特别是刚体转动，应变度量必须为零。如果在刚体转动中应变度量不满足这个条件，则表示有非零应变，从而导致非零应力的错误解答，这就是在非线性理论中不采用线性应变位移方程的关键原因(例 2.8)。应变度量也应该满足其他准则，如当变形增大时它也相应增大等(Hill,1978)。本节将介绍应变度量的相关概念及使用几何非线性理论的条件。

2.3.1 格林应变张量

格林应变张量 $\boldsymbol{E}$ 的定义为

$$\mathrm{d}s^2-\mathrm{d}S^2=2\mathrm{d}\boldsymbol{X}\cdot\boldsymbol{E}\cdot\mathrm{d}\boldsymbol{X}\quad 或\quad \mathrm{d}x_i\mathrm{d}x_i-\mathrm{d}X_i\mathrm{d}X_i=2\mathrm{d}X_iE_{ij}\mathrm{d}X_j \tag{2.3.1}$$

格林应变张量度量了当前(变形)构形和参考(初始)构形中一个微小段长度的平方差，给出了材料矢量 $\mathrm{d}\boldsymbol{X}$ 长度平方的变化。为了计算格林应变张量，应用式(2.2.31)，将式(2.3.1)的左边重新写为

$$\begin{aligned}\mathrm{d}\boldsymbol{x}\cdot\mathrm{d}\boldsymbol{x}&=(\boldsymbol{F}\cdot\mathrm{d}\boldsymbol{X})\cdot(\boldsymbol{F}\cdot\mathrm{d}\boldsymbol{X})\\&=(\boldsymbol{F}\mathrm{d}\boldsymbol{X})^{\mathrm{T}}(\boldsymbol{F}\mathrm{d}\boldsymbol{X})=\mathrm{d}\boldsymbol{X}^{\mathrm{T}}\boldsymbol{F}^{\mathrm{T}}\boldsymbol{F}\mathrm{d}\boldsymbol{X}=\mathrm{d}\boldsymbol{X}(\boldsymbol{F}^{\mathrm{T}}\boldsymbol{F})\mathrm{d}\boldsymbol{X}\end{aligned} \tag{2.3.2}$$

在第二行中，直至最后一步，采用矩阵标记形式。将式(2.3.2)写为指标标记：

$$\mathrm{d}\boldsymbol{x}\cdot\mathrm{d}\boldsymbol{x}=\mathrm{d}x_i\mathrm{d}x_i=F_{ij}\mathrm{d}X_jF_{ik}\mathrm{d}X_k=\mathrm{d}X_jF_{ji}^{\mathrm{T}}F_{ik}\mathrm{d}X_k=\mathrm{d}\boldsymbol{X}(\boldsymbol{F}^{\mathrm{T}}\boldsymbol{F})\mathrm{d}\boldsymbol{X}$$

应用上式与式(2.3.1)，以及 $\mathrm{d}\boldsymbol{X}\mathrm{d}\boldsymbol{X}=\mathrm{d}\boldsymbol{X}\boldsymbol{I}\mathrm{d}\boldsymbol{X}$，可以得到：

$$\mathrm{d}\boldsymbol{X}\boldsymbol{F}^{\mathrm{T}}\boldsymbol{F}\mathrm{d}\boldsymbol{X}-\mathrm{d}\boldsymbol{X}\boldsymbol{I}\mathrm{d}\boldsymbol{X}-\mathrm{d}\boldsymbol{X}2\boldsymbol{E}\mathrm{d}\boldsymbol{X}=0 \tag{2.3.3}$$

提出相同的项，得

$$\mathrm{d}\boldsymbol{X}(\boldsymbol{F}^{\mathrm{T}}\boldsymbol{F}-\boldsymbol{I}-2\boldsymbol{E})\mathrm{d}\boldsymbol{X}=0 \tag{2.3.4}$$

由于上式对于任何 $\mathrm{d}\boldsymbol{X}$ 都必须成立，因此格林应变张量的表达式为

$$\boldsymbol{E}=\frac{1}{2}(\boldsymbol{F}^{\mathrm{T}}\boldsymbol{F}-\boldsymbol{I}) \quad 或 \quad E_{ij}=\frac{1}{2}(F_{ik}^{\mathrm{T}}F_{kj}-\delta_{ij}) \tag{2.3.5}$$

计算括号中的第一项 $\boldsymbol{F}^{\mathrm{T}}\boldsymbol{F}$，以位移的形式使用指标写法：

$$\begin{aligned}
F_{ik}^{\mathrm{T}}F_{kj}=F_{ki}F_{kj}&=\frac{\partial x_k}{\partial X_i}\frac{\partial x_k}{\partial X_j} \quad 矩阵转置的定义和式(2.2.32)\\
&=\left(\frac{\partial u_k}{\partial X_i}+\frac{\partial X_k}{\partial X_i}\right)\left(\frac{\partial u_k}{\partial X_j}+\frac{\partial X_k}{\partial X_j}\right) \quad 根据式(2.2.6)\\
&=\left(\frac{\partial u_k}{\partial X_i}+\delta_{ki}\right)\left(\frac{\partial u_k}{\partial X_j}+\delta_{kj}\right)\\
&=\left(\frac{\partial u_i}{\partial X_j}+\frac{\partial u_j}{\partial X_i}+\frac{\partial u_k}{\partial X_i}\frac{\partial u_k}{\partial X_j}+\delta_{ij}\right)
\end{aligned}$$

将上式代入式(2.3.5)，得

$$E_{ij}=\frac{1}{2}\left(\frac{\partial u_i}{\partial X_j}+\frac{\partial u_j}{\partial X_i}+\frac{\partial u_k}{\partial X_i}\frac{\partial u_k}{\partial X_j}\right) \tag{2.3.6}$$

也可以将格林应变张量表示为位移梯度的形式：

$$\boldsymbol{E}=\frac{1}{2}((\nabla_0\boldsymbol{u})^{\mathrm{T}}+\nabla_0\boldsymbol{u}+\nabla_0\boldsymbol{u}(\nabla_0\boldsymbol{u})^{\mathrm{T}})$$

其中，∇_0 是材料梯度，通过对材料坐标取导数得到。

为了验证在刚体运动中格林应变为零，考虑刚体运动式(2.2.16)：$\boldsymbol{x}=\boldsymbol{R}\cdot\boldsymbol{X}+\boldsymbol{x}_{\mathrm{T}}$。根据式(2.2.30)，给出变形梯度 $\boldsymbol{F}=\boldsymbol{R}$。由式(2.3.5)得格林应变张量为

$$\boldsymbol{E}=\frac{1}{2}(\boldsymbol{R}^{\mathrm{T}}\boldsymbol{R}-\boldsymbol{I})=\frac{1}{2}(\boldsymbol{I}-\boldsymbol{I})=0$$

其中，第二个等号根据转动张量的正交性条件(2.2.17)得到。上式说明，在任何刚体运动中，格林应变张量均为零，所以它满足应变度量的一个重要要求。

2.3.2　变形率和转动率

现实中很多材料的变形是与变形路径相关的，因此本构关系常通过率形式表示，这时就需要定义应变率。现在要考虑的第二个运动度量是变形率张量 $\boldsymbol{D}$，也称为速度应变。对比格林应变张量，它是变形张量的率度量。

为了建立变形率的表达式，首先定义速度梯度 $\boldsymbol{L}$ 为

$$\boldsymbol{L}=\frac{\partial\boldsymbol{v}}{\partial\boldsymbol{x}}=(\nabla\boldsymbol{v})^{\mathrm{T}}=(\mathrm{grad}\boldsymbol{v})^{\mathrm{T}} \quad 或 \quad L_{ij}=\frac{\partial v_i}{\partial x_j} \tag{2.3.7a}$$

$$\mathrm{d}\boldsymbol{v}=\boldsymbol{L}\cdot\mathrm{d}\boldsymbol{x} \quad 或 \quad \mathrm{d}v_i=L_{ij}\mathrm{d}x_j \tag{2.3.7b}$$

其中，函数前面的符号∇或缩写 grad 表示函数的左空间梯度。

速度梯度张量可以分解为对称部分和偏对称部分：

$$\boldsymbol{L}=\frac{1}{2}(\boldsymbol{L}+\boldsymbol{L}^{\mathrm{T}})+\frac{1}{2}(\boldsymbol{L}-\boldsymbol{L}^{\mathrm{T}}) \quad 或 \quad L_{ij}=\frac{1}{2}(L_{ij}+L_{ji})+\frac{1}{2}(L_{ij}-L_{ji}) \tag{2.3.8}$$

这是二阶张量的标准分解：任何二阶张量都可以表示为其对称部分和偏对称部分之和。

变形率张量 $\boldsymbol{D}$ 定义为 $\boldsymbol{L}$ 的对称部分，即式(2.3.8)等号右侧的第一项；转动率 $\boldsymbol{W}$ 定义为 $\boldsymbol{L}$ 的偏对称部分，即式(2.3.8)等号右侧的第二项。应用这些定义，可以写出

$$\boldsymbol{L}=(\nabla \boldsymbol{v})^{\mathrm{T}}=\boldsymbol{D}+\boldsymbol{W} \quad 或 \quad L_{ij}=v_{i,j}=D_{ij}+W_{ij} \tag{2.3.9}$$

$$\boldsymbol{D}=\frac{1}{2}(\boldsymbol{L}+\boldsymbol{L}^{\mathrm{T}}) \quad 或 \quad D_{ij}=\frac{1}{2}\left(\frac{\partial v_i}{\partial x_j}+\frac{\partial v_j}{\partial x_i}\right) \tag{2.3.10}$$

$$\boldsymbol{W}=\frac{1}{2}(\boldsymbol{L}-\boldsymbol{L}^{\mathrm{T}}) \quad 或 \quad W_{ij}=\frac{1}{2}\left(\frac{\partial v_i}{\partial x_j}-\frac{\partial v_j}{\partial x_i}\right) \tag{2.3.11}$$

在没有转动的情况下，变形率是微小材料线段长度的平方的变化率度量：

$$\frac{\partial}{\partial t}(\mathrm{d}s^2)=\frac{\partial}{\partial t}(\mathrm{d}\boldsymbol{x}(\boldsymbol{X},t)\cdot\mathrm{d}\boldsymbol{x}(\boldsymbol{X},t))=2\mathrm{d}\boldsymbol{x}\cdot\boldsymbol{D}\cdot\mathrm{d}\boldsymbol{x}, \quad \forall\,\mathrm{d}\boldsymbol{x} \tag{2.3.12}$$

下面说明式(2.3.10)和式(2.3.12)的等价性。从前文可以得到变形率的表达式如下：

$$\begin{aligned}
2\mathrm{d}\boldsymbol{x}\cdot\boldsymbol{D}\cdot\mathrm{d}\boldsymbol{x}&=\frac{\partial}{\partial t}(\mathrm{d}\boldsymbol{x}(\boldsymbol{X},t)\cdot\mathrm{d}\boldsymbol{x}(\boldsymbol{X},t))=2\mathrm{d}\boldsymbol{x}\cdot\mathrm{d}\boldsymbol{v} \quad \text{根据式(2.2.7)}\\
&=2\mathrm{d}\boldsymbol{x}\cdot\frac{\partial \boldsymbol{v}}{\partial \boldsymbol{x}}\cdot\mathrm{d}\boldsymbol{x} \quad \text{根据链规则}\\
&=2\mathrm{d}\boldsymbol{x}\cdot\boldsymbol{L}\cdot\mathrm{d}\boldsymbol{x} \quad \text{使用式(2.3.7)}\\
&=\mathrm{d}\boldsymbol{x}\cdot(\boldsymbol{L}+\boldsymbol{L}^{\mathrm{T}}+\boldsymbol{L}-\boldsymbol{L}^{\mathrm{T}})\cdot\mathrm{d}\boldsymbol{x}\\
&=\mathrm{d}\boldsymbol{x}\cdot(\boldsymbol{L}+\boldsymbol{L}^{\mathrm{T}})\cdot\mathrm{d}\boldsymbol{x}
\end{aligned} \tag{2.3.13}$$

其中，在仅考虑材料长度微小变化的情况下忽略了转动，根据 $\boldsymbol{L}-\boldsymbol{L}^{\mathrm{T}}$ 的反对称性，得到最后一步的结果，其证明可以留作读者练习。由于 $\mathrm{d}\boldsymbol{x}$ 的任意性，从式(2.3.13)的最后一行就可以证明式(2.3.10)。

2.3.3 变形率张量与格林应变率的前推后拉关系

变形率张量与格林应变张量的率(简称格林应变率)可以联系起来，为了得到这个关系，首先计算速度场的材料梯度，并通过链式法则表示为空间梯度的形式：

$$\boldsymbol{L}=\frac{\partial \boldsymbol{v}}{\partial \boldsymbol{x}}=\frac{\partial \boldsymbol{v}}{\partial \boldsymbol{X}}\cdot\frac{\partial \boldsymbol{X}}{\partial \boldsymbol{x}}, \quad L_{ij}=\frac{\partial v_i}{\partial x_j}=\frac{\partial v_i}{\partial X_k}\frac{\partial X_k}{\partial x_j} \tag{2.3.14}$$

回顾变形梯度的定义式(2.2.30)，$F_{ij}=\dfrac{\partial x_i}{\partial X_j}$。取变形梯度的材料时间导数：

$$\dot{\boldsymbol{F}}=\frac{\partial}{\partial t}\left(\frac{\partial \varphi(\boldsymbol{X},t)}{\partial X}\right)=\frac{\partial \boldsymbol{v}}{\partial \boldsymbol{X}}, \quad \dot{F}_{ij}=\frac{\partial}{\partial t}\left(\frac{\partial \varphi_i(\boldsymbol{X},t)}{\partial X_j}\right)=\frac{\partial v_i}{\partial X_j} \tag{2.3.15}$$

其中，从式(2.2.7)得到最后一步。应用链式法则展开恒等式$\dfrac{\partial x_i}{\partial x_j}=\delta_{ij}$，得到

$$\frac{\partial x_i}{\partial X_k}\frac{\partial X_k}{\partial x_j}=\delta_{ij}\rightarrow F_{ik}\frac{\partial X_k}{\partial x_j}=\delta_{ij}\rightarrow F_{kj}^{-1}=\frac{\partial X_k}{\partial x_j} \quad 或 \quad \boldsymbol{F}^{-1}=\frac{\partial \boldsymbol{X}}{\partial \boldsymbol{x}} \tag{2.3.16}$$

根据上式，式(2.3.15)可以重新写为

$$\boldsymbol{L}=\dot{\boldsymbol{F}}\boldsymbol{F}^{-1}, \quad L_{ij}=\dot{F}_{ik}F_{kj}^{-1} \tag{2.3.17}$$

为了得到把这两个应变率张量联系起来的单一表达式，由式(2.3.10)和式(2.3.17)可得：

$$\boldsymbol{D}=\frac{1}{2}(\boldsymbol{L}+\boldsymbol{L}^{\mathrm{T}})=\frac{1}{2}(\dot{\boldsymbol{F}}\boldsymbol{F}^{-1}+\boldsymbol{F}^{-\mathrm{T}}\dot{\boldsymbol{F}}^{\mathrm{T}}) \tag{2.3.18}$$

取格林应变式(2.3.5)的时间导数，给出

$$\dot{\boldsymbol{E}}=\frac{1}{2}\frac{\mathrm{D}}{\mathrm{D}t}(\boldsymbol{F}^{\mathrm{T}}\boldsymbol{F}-\boldsymbol{I})=\frac{1}{2}(\boldsymbol{F}^{\mathrm{T}}\dot{\boldsymbol{F}}+\dot{\boldsymbol{F}}^{\mathrm{T}}\boldsymbol{F}) \tag{2.3.19}$$

在式(2.3.18)中,前面点积 $\boldsymbol{F}^{\mathrm{T}}$,后面点积 $\boldsymbol{F}$,得到

$$\boldsymbol{F}^{\mathrm{T}}\boldsymbol{D}\boldsymbol{F}=\frac{1}{2}(\boldsymbol{F}^{\mathrm{T}}\dot{\boldsymbol{F}}+\dot{\boldsymbol{F}}^{\mathrm{T}}\boldsymbol{F}) \tag{2.3.20}$$

将式(2.3.20)代入式(2.3.19),得到

$$\dot{\boldsymbol{E}}=\boldsymbol{F}^{\mathrm{T}}\boldsymbol{D}\boldsymbol{F} \quad 或 \quad \dot{E}_{ij}=F_{ik}^{\mathrm{T}}D_{kl}F_{lj} \tag{2.3.21}$$

对式(2.3.21)求逆运算为

$$\boldsymbol{D}=\boldsymbol{F}^{-\mathrm{T}}\dot{\boldsymbol{E}}\boldsymbol{F}^{-1} \quad 或 \quad D_{ij}=F_{ik}^{-\mathrm{T}}\dot{E}_{kl}F_{lj}^{-1} \tag{2.3.22}$$

事实上,式(2.3.22)是在做**前推运算**,即把初始构形的格林应变率前推到当前构形的变形率;而式(2.3.21)是在做**后拉运算**,即把当前构形的变形率后拉到初始构形的格林应变率。这两种率张量是看待相同过程的两种方式:格林应变率是在初始构形中表达的,变形率是在当前构形中表达的。然而,这两种方式的性质是不同的,格林应变率有具体的格林应变与之对应,而变形率张量 $\boldsymbol{D}$ 则不然。在例 2.9 中会看到,格林应变率对时间积分是与路径无关的,而变形率张量对时间积分是与路径相关的。

在度量变形时,如何准确求解变形梯度 $\boldsymbol{F}$ 是非常重要的。在非线性有限元程序计算中,一般通过求解变形梯度的增量对其进行更新:可以直接通过式(2.3.14)求解速度梯度 $\boldsymbol{L}$,再通过 $\dot{\boldsymbol{F}}=\boldsymbol{L}\boldsymbol{F}$ 得到变形梯度增量,进而更新变形梯度;此外,也可通过时间增量步 Δt 前后的空间坐标得到变形梯度的增量,$\Delta\boldsymbol{F}=\dfrac{\partial x_{t+\Delta t}}{\partial x_t}$,进而更新变形梯度 $\boldsymbol{F}$。将理论应用于实践,本书在求解变形梯度时直接采用材料坐标与空间坐标的导数关系,而在非线性有限元程序中多采用增量方法。

2.3.4 角速度张量与转动率张量的关系

在 2.2.3 节中介绍的角速度张量$\boldsymbol{\Omega}$ 和本节中的转动率张量 $\boldsymbol{W}$ 是非线性有限元法中描述转动的两个重要物理量。它们有相似之处,例如都是反对称张量,均用来表示材料点绕某个轴的转动速度。那么二者之间又有什么区别和联系呢?

首先以刚体转动为例,在刚体运动中 $\boldsymbol{D}=0$,所以 $\boldsymbol{L}=\boldsymbol{W}$,由式(2.3.7b)的积分得到

$$\boldsymbol{v}=\boldsymbol{W}\cdot(\boldsymbol{x}-\boldsymbol{x}_{\mathrm{T}})+\boldsymbol{v}_{\mathrm{T}} \tag{2.3.23}$$

其中,$\boldsymbol{x}_{\mathrm{T}}$ 和$\boldsymbol{v}_{\mathrm{T}}$ 是积分常数。与式(2.2.30)相比可以看出,当材料在刚体转动时,即在没有变形的情况下,转动张量和角速度张量相等:$\boldsymbol{W}=\boldsymbol{\Omega}$。当材料除刚体转动之外还有变形时,转动张量一般区别于角速度张量。根据极分解定理,可以进一步明确二者的区别。

根据式(2.3.9)和式(2.3.17) $\boldsymbol{L}=\boldsymbol{D}+\boldsymbol{W}=\dot{\boldsymbol{F}}\boldsymbol{F}^{-1}$,从极分解 $\boldsymbol{F}=\boldsymbol{R}\boldsymbol{U}$ 得到

$$\boldsymbol{L}=\dot{\boldsymbol{R}}\boldsymbol{R}^{\mathrm{T}}+\boldsymbol{R}\dot{\boldsymbol{U}}\boldsymbol{U}^{-1}\cdot\boldsymbol{R}^{\mathrm{T}} \tag{2.3.24}$$

等号右侧第一项刚好为刚体角速度张量$\boldsymbol{\Omega}=\dot{\boldsymbol{R}}\boldsymbol{R}^{\mathrm{T}}$,根据定义可得

$$\boldsymbol{W}=\frac{1}{2}(\boldsymbol{L}-\boldsymbol{L}^{\mathrm{T}})=\underbrace{\boldsymbol{\Omega}}_{转动部分}+\frac{1}{2}\boldsymbol{R}(\dot{\boldsymbol{U}}\boldsymbol{U}^{-1}-\boldsymbol{U}^{-1}\dot{\boldsymbol{U}})\boldsymbol{R}^{\mathrm{T}} \tag{2.3.25}$$

可见在一般情况下 $\boldsymbol{W}\neq\boldsymbol{\Omega}$,即式(2.3.25)等号右侧的第二项不是对称张量。

在物体运动变形的过程中,有两种原因会引起材料点的转动:刚体转动和剪切变形。

角速度张量$\boldsymbol{\Omega}$代表了材料点的刚体转动速度，**当不考虑剪切变形时，$\boldsymbol{W}=\boldsymbol{\Omega}$**。在拉伸主轴坐标下，剪切消失，拉伸主轴的转动代表了材料点的刚体转动。以此类推，可以认为转动率$\boldsymbol{W}$代表了变形率张量$\boldsymbol{D}$的主轴坐标的转动速度（读者可自行证明）。

【例 2.7】 拉伸和转动联合作用下的应变度量。考虑运动：

$$x(\boldsymbol{X},t)=(1+at)X\cos\frac{\pi}{2}t-(1+bt)Y\sin\frac{\pi}{2}t \tag{E2.7.1}$$

$$y(\boldsymbol{X},t)=(1+at)X\sin\frac{\pi}{2}t+(1+bt)Y\cos\frac{\pi}{2}t \tag{E2.7.2}$$

其中，a和b是正的常数。计算作为时间函数的变形梯度$\boldsymbol{F}$，格林应变张量$\boldsymbol{E}$和变形率张量$\boldsymbol{D}$，并验证在$t=0$与$t=1$时的值。

解：简便起见，定义

$$A(t)\equiv(1+at),\quad B(t)\equiv(1+bt),\quad c\equiv\cos\frac{\pi}{2}t,\quad s\equiv\sin\frac{\pi}{2}t \tag{E2.7.3}$$

应用式(E2.7.1)，由式(2.2.32)计算变形梯度$\boldsymbol{F}$为

$$\boldsymbol{F}=\begin{bmatrix}\dfrac{\partial x}{\partial X} & \dfrac{\partial x}{\partial Y}\\[2mm] \dfrac{\partial y}{\partial X} & \dfrac{\partial y}{\partial Y}\end{bmatrix}=\begin{bmatrix}Ac & -Bs\\ As & Bc\end{bmatrix} \tag{E2.7.4}$$

以上变形包括同时沿X轴和Y轴材料线的拉伸和单元转动。单元中的变形梯度和其他变量在任何时刻均是常数。由式(E2.7.1)和式(E2.7.2)给出$\boldsymbol{F}$，从式(2.3.5)得到格林应变张量：

$$\begin{aligned}\boldsymbol{E}&=\frac{1}{2}(\boldsymbol{F}^{\mathrm{T}}\cdot\boldsymbol{F}-\boldsymbol{I})=\frac{1}{2}\left(\begin{bmatrix}Ac & As\\ -Bs & Bc\end{bmatrix}\begin{bmatrix}Ac & -Bs\\ As & Bc\end{bmatrix}-\begin{bmatrix}1 & 0\\ 0 & 1\end{bmatrix}\right)\\&=\frac{1}{2}\left(\begin{bmatrix}A^2 & 0\\ 0 & B^2\end{bmatrix}-\begin{bmatrix}1 & 0\\ 0 & 1\end{bmatrix}\right)=\frac{1}{2}\begin{bmatrix}2at+a^2t^2 & 0\\ 0 & 2bt+b^2t^2\end{bmatrix}\end{aligned} \tag{E2.7.5}$$

可以看出，格林应变张量的分量对应于从它的定义中所期望的值：X和Y方向的线段被分别扩展了at和bt倍。常数被限制为$at>-1$和$bt>-1$，否则，雅克比行列式成为负值。当$t=0$时，有$\boldsymbol{x}=\boldsymbol{X}$和$\boldsymbol{E}=\boldsymbol{0}$。

为了计算变形率，首先求速度，它是式(E2.7.1)和式(E2.7.2)的材料时间导数：

$$v_x=\left(ac-\frac{\pi}{2}As\right)X-\left(bs+\frac{\pi}{2}Bc\right)Y \tag{E2.7.6}$$

$$v_y=\left(as+\frac{\pi}{2}Ac\right)X+\left(bc-\frac{\pi}{2}Bs\right)Y \tag{E2.7.7}$$

由于在$t=0$时，$x=X$、$y=Y$、$c=1$、$s=0$、$A=B=1$，速度梯度在$t=0$时为

$$\boldsymbol{L}=(\nabla\boldsymbol{v})^{\mathrm{T}}=\begin{bmatrix}a & -\dfrac{\pi}{2}\\[2mm] \dfrac{\pi}{2} & b\end{bmatrix}\rightarrow\boldsymbol{D}=\begin{bmatrix}a & 0\\ 0 & b\end{bmatrix},\quad\boldsymbol{W}=\frac{\pi}{2}\begin{bmatrix}0 & -1\\ 1 & 0\end{bmatrix} \tag{E2.7.8}$$

为了确定变形率的时间历史，计算变形梯度的时间导数和逆阵。回顾在式(E2.7.4)中给出的$\boldsymbol{F}$，得到

$$\dot{\boldsymbol{F}}=\begin{bmatrix}A_{,t}c-\dfrac{\pi}{2}As & -B_{,t}s-\dfrac{\pi}{2}Bc\\ A_{,t}s+\dfrac{\pi}{2}Ac & B_{,t}c-\dfrac{\pi}{2}Bs\end{bmatrix},\quad \boldsymbol{F}^{-1}=\frac{1}{AB}\begin{bmatrix}Bc & Bs\\ -As & Ac\end{bmatrix} \tag{E2.7.9}$$

$$\boldsymbol{L}=\dot{\boldsymbol{F}}\boldsymbol{F}^{-1}=\frac{1}{AB}\begin{bmatrix}Bac^2+Abs^2 & cs(Ba-Ab)\\ cs(Ba-Ab) & Bas^2+Abc^2\end{bmatrix}+\frac{\pi}{2}\begin{bmatrix}0 & -1\\ 1 & 0\end{bmatrix} \tag{E2.7.10}$$

式(E2.7.10)第二个等号右侧的第一项是变形率,因为它是速度梯度的对称部分;而第二项是转动率,是偏对称部分。变形率在 $t=1$ 时为

$$\boldsymbol{D}=\frac{1}{AB}\begin{bmatrix}Ab & 0\\ 0 & Ba\end{bmatrix}=\frac{1}{1+a+b+ab}\begin{bmatrix}b+ab & 0\\ 0 & a+ab\end{bmatrix} \tag{E2.7.11}$$

因此,在中间步骤中,剪切速度-应变是非零的,在 $t=1$ 时的构形中只有伸长的速度-应变是非零的。作为比较,由式(E2.7.5)可得,当 $t=1$ 时的格林应变率为

$$\dot{\boldsymbol{E}}=\begin{bmatrix}Aa & 0\\ 0 & Bb\end{bmatrix}=\begin{bmatrix}a+a^2 & 0\\ 0 & b+b^2\end{bmatrix} \tag{E2.7.12}$$

【例 2.8】 一个单元绕着原点转动了 θ,计算其线应变。

解:一个单元的单纯转动是刚体运动,由式(2.2.16)给出运动,$\boldsymbol{x}=\boldsymbol{R}\cdot\boldsymbol{X}$,这里省略了变换过程,$\boldsymbol{R}$ 由式(2.2.31)给出,所以

$$\begin{Bmatrix}x\\ y\end{Bmatrix}=\begin{bmatrix}\cos\theta & -\sin\theta\\ \sin\theta & \cos\theta\end{bmatrix}\begin{Bmatrix}X\\ Y\end{Bmatrix},\quad \begin{Bmatrix}u_x\\ u_y\end{Bmatrix}=\begin{bmatrix}\cos\theta-1 & -\sin\theta\\ \sin\theta & \cos\theta-1\end{bmatrix}\begin{Bmatrix}X\\ Y\end{Bmatrix} \tag{E2.8.1}$$

在线应变张量的定义中,没有指定空间坐标取什么形式的导数。我们取它们对材料坐标的导数。那么线应变为

$$\varepsilon_x=\frac{\partial u_x}{\partial X}=\cos\theta-1,\quad \varepsilon_y=\frac{\partial u_y}{\partial Y}=\cos\theta-1,\quad 2\varepsilon_{xy}=\frac{\partial u_x}{\partial Y}+\frac{\partial u_y}{\partial X}=0 \tag{E2.8.2}$$

所以,如果 θ 较大,伸长应变不为零。因此,线应变张量不能用于大变形问题,即几何非线性问题。

经常会出现一个问题:到底多大的转动需要进行非线性分析?例 2.8 对回答这个问题提供了指导。在式(E2.8.2)中,线性应变的量级就是对小应变假设所产生的误差的一个暗示。为了更方便地处理这类误差,我们将 $\cos\theta$ 展开成泰勒级数,代入式(E2.8.2),得到

$$\varepsilon_x=\cos\theta-1=1-\frac{\theta^2}{2}+O(\theta^4)-1\approx-\frac{\theta^2}{2} \tag{2.3.26}$$

这说明在转动中线性应变的误差是二阶的。线性分析的适用性则在于能够容许误差的量级,最终取决于所关注应变的大小。如果感兴趣的应变量级是 10^{-2},那么1%的误差是能够接受的(几乎总是这样),这样转动的量级可以是 10^{-2}rad。如果感兴趣的应变更小,如基于小应变假设的误差量级可达 10^{-4},可接受的转动则更小:对于 10^{-4} 量级的应变,为了满足1%的误差,转动必须是 10^{-3}rad 量级的,这是因为转动对坐标的一阶导数是曲率,应力与曲率成正比,亦与应变成正比。这些指导所假设的平衡解答是稳定的,即不可能发生屈曲。然而事实上,即使是在很小的应变下,也可能发生屈曲。所以,在发生屈曲时,应该使用适合应对大变形的度量,即屈曲是几何非线性问题。

【例 2.9】 一个单元经历了如图 2-8 所示的变形阶段。在这些阶段之间运动是时间的

线性函数。分别计算每一阶段的变形率张量 $\boldsymbol{D}$ 和格林应变张量 $\boldsymbol{E}$，对于回到未变形构形的整个变形循环，求变形率和格林应变率的时间积分。

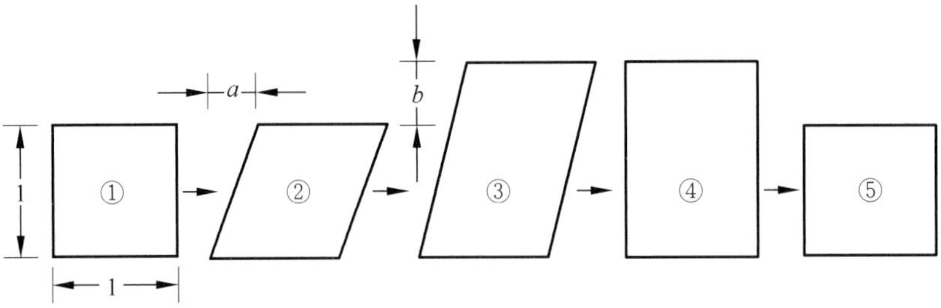

图 2-8 一个单元承受 x 方向的剪切，随后在 y 方向伸长，然后经历变形后再回到初始构形

解：假设变形的每个阶段都发生在一个单位时间间隔内。时间标定与结果是无关的，为了简化算法，采取这个特殊标定，其结果也和采取其他任何时间标定的结果相同。从构形①到构形②的运动为

$$x(\boldsymbol{X},t)=X+atY,\quad y(\boldsymbol{X},t)=Y,\quad 0\leqslant t\leqslant 1 \tag{E2.9.1}$$

为了确定变形率，应用式(2.3.17)，$\boldsymbol{L}=\dot{\boldsymbol{F}}\boldsymbol{F}^{-1}$，所以首先必须确定 $\boldsymbol{F}$、$\dot{\boldsymbol{F}}$ 和 $\boldsymbol{F}^{-1}$：

$$\boldsymbol{F}=\begin{bmatrix}1 & at\\0 & 1\end{bmatrix},\quad \dot{\boldsymbol{F}}=\begin{bmatrix}0 & a\\0 & 0\end{bmatrix},\quad \boldsymbol{F}^{-1}=\begin{bmatrix}1 & -at\\0 & 1\end{bmatrix} \tag{E2.9.2}$$

通过式(2.3.10)得到速度梯度和变形率为

$$\boldsymbol{L}=\dot{\boldsymbol{F}}\boldsymbol{F}^{-1}=\begin{bmatrix}0 & a\\0 & 0\end{bmatrix}\begin{bmatrix}1 & -at\\0 & 1\end{bmatrix}=\begin{bmatrix}0 & a\\0 & 0\end{bmatrix},\quad \boldsymbol{D}=\frac{1}{2}(\boldsymbol{L}+\boldsymbol{L}^{\mathrm{T}})=\frac{1}{2}\begin{bmatrix}0 & a\\a & 0\end{bmatrix} \tag{E2.9.3}$$

可见，变形率的两个拉伸分量都为零，即单元处于纯剪切的变形状态。由式(2.3.5)得到格林应变张量为

$$\boldsymbol{E}=\frac{1}{2}(\boldsymbol{F}^{\mathrm{T}}\boldsymbol{F}-\boldsymbol{I})=\frac{1}{2}\begin{bmatrix}0 & at\\at & a^2t^2\end{bmatrix},\quad \dot{\boldsymbol{E}}=\frac{1}{2}\begin{bmatrix}0 & a\\a & 2a^2t\end{bmatrix} \tag{E2.9.4}$$

注意到 $\dot{E}_{22}$ 是非零的，而 $D_{22}=0$。但是当常数 a 较小时，$\dot{E}_{22}$ 也较小。

下面给出其余阶段的运动、变形梯度、逆形式和变化率，以及变形率和格林应变张量。从构形②到构形③：

$$x(\boldsymbol{X},t)=X+aY,\quad y(\boldsymbol{X},t)=(1+bt)Y,\quad 1\leqslant\bar{t}\leqslant 2,\quad t=\bar{t}-1 \tag{E2.9.5a}$$

$$\boldsymbol{F}=\begin{bmatrix}1 & a\\0 & 1+bt\end{bmatrix},\quad \dot{\boldsymbol{F}}=\begin{bmatrix}0 & 0\\0 & b\end{bmatrix},\quad \boldsymbol{F}^{-1}=\frac{1}{1+bt}\begin{bmatrix}1+bt & -a\\0 & 1\end{bmatrix} \tag{E2.9.5b}$$

$$\boldsymbol{L}=\dot{\boldsymbol{F}}\boldsymbol{F}^{-1}=\frac{1}{1+bt}\begin{bmatrix}0 & 0\\0 & b\end{bmatrix},\quad \boldsymbol{D}=\frac{1}{2}(\boldsymbol{L}+\boldsymbol{L}^{\mathrm{T}})=\frac{1}{1+bt}\begin{bmatrix}0 & 0\\0 & b\end{bmatrix} \tag{E2.9.5c}$$

$$\boldsymbol{E}=\frac{1}{2}(\boldsymbol{F}^{\mathrm{T}}\boldsymbol{F}-\boldsymbol{I})=\frac{1}{2}\begin{bmatrix}0 & a\\a & a^2+bt(bt+2)\end{bmatrix},\quad \dot{\boldsymbol{E}}=\frac{1}{2}\begin{bmatrix}0 & 0\\0 & 2b(bt+1)\end{bmatrix} \tag{E2.9.5d}$$

从构形③到构形④：

$$x(\boldsymbol{X},t)=X+a(1-t)Y,\quad y(\boldsymbol{X},t)=(1+b)Y,\quad 2\leqslant\bar{t}\leqslant 3,\quad t=\bar{t}-2 \tag{E2.9.6a}$$

$$\boldsymbol{F}=\begin{bmatrix}1 & a(1-t)\\0 & 1+b\end{bmatrix},\quad \dot{\boldsymbol{F}}=\begin{bmatrix}0 & -a\\0 & 0\end{bmatrix},\quad \boldsymbol{F}^{-1}=\frac{1}{1+b}\begin{bmatrix}1+b & a(t-1)\\0 & 1\end{bmatrix} \tag{E2.9.6b}$$

$$\boldsymbol{L}=\dot{\boldsymbol{F}}\boldsymbol{F}^{-1}=\frac{1}{1+b}\begin{bmatrix}0 & -a\\0 & 0\end{bmatrix},\quad \boldsymbol{D}=\frac{1}{2}(\boldsymbol{L}+\boldsymbol{L}^{\mathrm{T}})=\frac{1}{2(1+b)}\begin{bmatrix}0 & -a\\-a & 0\end{bmatrix} \tag{E2.9.6c}$$

从构形④到构形⑤：

$$x(\boldsymbol{X},t)=X,\quad y(\boldsymbol{X},t)=(1+b-bt)Y,\quad 3\leqslant\bar{t}\leqslant 4,\quad t=\bar{t}-3 \tag{E2.9.7a}$$

$$\boldsymbol{F}=\begin{bmatrix}1 & 0\\0 & 1+b-bt\end{bmatrix},\quad \dot{\boldsymbol{F}}=\begin{bmatrix}0 & 0\\0 & -b\end{bmatrix},\quad \boldsymbol{F}^{-1}=\frac{1}{1+b-bt}\begin{bmatrix}1+b-bt & 0\\0 & 1\end{bmatrix} \tag{E2.9.7b}$$

$$\boldsymbol{L}=\dot{\boldsymbol{F}}\boldsymbol{F}^{-1}=\frac{1}{1+b-bt}\begin{bmatrix}0 & 0\\0 & -b\end{bmatrix},\quad \boldsymbol{D}=\boldsymbol{L} \tag{E2.9.7c}$$

在构形⑤中的格林应变为零，因为在 $\bar{t}=4$ 时的变形梯度是单位张量，$\boldsymbol{F}=\boldsymbol{I}$。变形率对时间的积分为

$$\begin{aligned}\int_0^4\boldsymbol{D}(t)\mathrm{d}t&=\frac{1}{2}\begin{bmatrix}0 & a\\a & 0\end{bmatrix}+\begin{bmatrix}0 & 0\\0 & \ln(1+b)\end{bmatrix}+\frac{1}{2(1+b)}\begin{bmatrix}0 & -a\\-a & 0\end{bmatrix}+\begin{bmatrix}0 & 0\\0 & -\ln(1+b)\end{bmatrix}\\&=\frac{ab}{2(1+b)}\begin{bmatrix}0 & 1\\1 & 0\end{bmatrix}\end{aligned} \tag{E2.9.8}$$

这个问题的最后构形返回到了未变形构形，所以应变的度量应该为零，而变形率的积分不为零。由于变形率在回到初始构形结束的整个循环上的积分不为零，结论是变形率的积分与路径相关。对于第 12 章描述的次弹性材料，这是一个重要的回应。它同时也暗示变形率的积分无法较好地度量整个应变，原因是变形率不是某个应变的材料时间导数，而格林应变率是格林应变的材料时间导数。然而，必须注意到 $\boldsymbol{D}$ 在一个循环上的积分结果是表征变形的二阶常数，所以只要这些常数非常小，误差是可以忽略不计的。

【例 2.10】 结合图 2-8 证明格林应变率在任何变形闭合循环上的积分均等于零。

解：从构形①到构形②：

$$\boldsymbol{E}=\frac{1}{2}(\boldsymbol{F}^{\mathrm{T}}\boldsymbol{F}-\boldsymbol{I})=\frac{1}{2}\begin{bmatrix}0 & at\\at & a^2t^2\end{bmatrix},\quad \dot{\boldsymbol{E}}=\frac{1}{2}\begin{bmatrix}0 & a\\a & 2a^2t\end{bmatrix} \tag{E2.10.1}$$

从构形②到构形③：

$$\boldsymbol{E}=\frac{1}{2}\begin{bmatrix}0 & a\\a & a^2+bt(bt+2)\end{bmatrix},\quad \dot{\boldsymbol{E}}=\frac{1}{2}\begin{bmatrix}0 & 0\\0 & 2b(bt+1)\end{bmatrix} \tag{E2.10.2}$$

从构形③到构形④：

$$\boldsymbol{E}=\frac{1}{2}\begin{bmatrix}0 & a(1-t)\\a(1-t) & a^2(1-t)^2+(1+b)^2-1\end{bmatrix},\quad \dot{\boldsymbol{E}}=\frac{1}{2}\begin{bmatrix}0 & -a\\-a & -2a^2(1-t)\end{bmatrix} \tag{E2.10.3}$$

从构形④到构形⑤：

$$\boldsymbol{E}=\frac{1}{2}\begin{bmatrix}0 & 0\\ 0 & (1+b-bt)^2-1\end{bmatrix},\quad \dot{\boldsymbol{E}}=\frac{1}{2}\begin{bmatrix}0 & 0\\ 0 & -2b(1+b-bt)\end{bmatrix} \tag{E2.10.4}$$

格林应变率对时间的积分为

$$\int_0^4 \dot{\boldsymbol{E}}(t)\,\mathrm{d}t=\frac{1}{2}\left(\begin{bmatrix}0 & a\\ a & a^2\end{bmatrix}+\begin{bmatrix}0 & 0\\ 0 & b^2+2b\end{bmatrix}+\begin{bmatrix}0 & -a\\ -a & -a^2\end{bmatrix}+\begin{bmatrix}0 & 0\\ 0 & -b^2-2b\end{bmatrix}\right)=\begin{bmatrix}0 & 0\\ 0 & 0\end{bmatrix} \tag{E2.10.5}$$

由此可见格林应变率在任何闭合循环上的积分均等于零，因为它是格林应变 $\boldsymbol{E}$ 的时间导数。结论为格林应变率的积分与路径无关，这也正是在描述超弹性材料本构模型时采用格林应变的原因。

2.4 应力度量

在非线性问题中，可以定义各种应力度量。本书中主要考虑以下几种应力度量：

(1) 柯西应力 $\boldsymbol{\sigma}$，该应力在本构关系定义中最为常用，在当前构形中常用来推导场方程；与之对应的是定义在随材料共旋坐标系上的旋转柯西应力张量 $\hat{\boldsymbol{\sigma}}$，其在求解应力时具有重要作用；

(2) 名义应力(nominal stress)$\boldsymbol{P}$，与第一皮奥拉-克希霍夫应力(first Piola-Kirchhoff stress，简称 PK1 应力)紧密相关，在初始构形中常用来推导场方程。

(3) 第二皮奥拉-克希霍夫应力(second Piola-Kirchhoff stress，简称 PK2 应力)$\boldsymbol{S}$，这是在求解非线性弹性、超弹性材料时采用的应力。

2.4.1 应力定义

本节中先给出柯西应力、名义应力和 PK2 应力的定义。柯西应力的定义为

$$\boldsymbol{n}\cdot\boldsymbol{\sigma}\mathrm{d}\Gamma=\boldsymbol{t}\mathrm{d}\Gamma \tag{2.4.1}$$

其中，$\boldsymbol{t}$ 是面力；$\mathrm{d}\Gamma$ 为当前构形的微元表面；$\boldsymbol{n}$ 是当前表面的法线矢量，通常放在等号左侧。

名义应力的定义为

$$\boldsymbol{n}_0\cdot\boldsymbol{P}\mathrm{d}\Gamma_0=\boldsymbol{t}_0\mathrm{d}\Gamma_0 \tag{2.4.2}$$

PK2 应力的定义为

$$\boldsymbol{n}_0\cdot\boldsymbol{S}\mathrm{d}\Gamma_0=\boldsymbol{F}^{-1}\cdot\boldsymbol{t}_0\mathrm{d}\Gamma_0 \tag{2.4.3}$$

柯西定理即以柯西应力的形式表示面力，也称为柯西假设。它包含当前表面的法线和面力(每单位面积上的力)，因此柯西应力常常被称为物理应力或真实应力。利用柯西应力的迹：

$$\frac{1}{3}\mathrm{trace}(\boldsymbol{\sigma})=\frac{1}{3}\sigma_{ii}=-p \tag{2.4.4}$$

给出了流体力学中普遍使用的真实压力 p，即静水压力。名义应力 $\boldsymbol{P}$ 和 PK2 应力 $\boldsymbol{S}$ 的迹则无法给出真实压力，因为它们参考的是未变形的面积。本书约定：在拉伸变形中柯西应力的法向分量为正，并且由式(2.4.4)可知，在压缩时压力是正的。2.6.3 节将证明柯西应力是对称的，即$\boldsymbol{\sigma}^{\mathrm{T}}=\boldsymbol{\sigma}$。

名义应力 $\boldsymbol{P}$ 表示为在未变形表面上的面积和法线形式，它的定义类似于柯西应力。

2.6.3 节将证明名义应力 $\boldsymbol{P}$ 是非对称的。名义应力的转置称为第一皮奥拉-克希霍夫应力(PK1 应力)。对于名义应力和 PK1 应力,不同作者使用的命名是有区别的：Truesdell 和 Noll(1965)、Ogden(1984),以及 Marsden 和 Hughes(1983)使用本书所给的定义,而 Malvern(1969)则称 $\boldsymbol{P}$ 为 PK1 应力。

PK2 应力 $\boldsymbol{S}$ 的表达式由式(2.4.3)给出。它被 $\boldsymbol{F}^{-1}$ 转换以区别于名义应力 $\boldsymbol{P}$。这个转换具有重要作用：它使 PK2 应力成为对称张量,而且它与格林应变率在功率上是共轭的。PK2 应力被广泛应用于与路径无关的材料,如橡胶等。

2.4.2 旋转应力和变形率

根据极分解定理,物体的变形可以通过先伸长再进行刚体转动实现。因此对任意一个材料点,都可以首先刨除刚体转动 $\boldsymbol{R}$,即相对当前构形建立一个未发生刚体转动的坐标系,也称未转动构形,在该构形中计算与伸长张量 $\boldsymbol{U}$ 对应的应变和应力,再把该应变、应力转动到当前构形中,见图 2-3 的右半侧变形过程。

在这种旋转方法中,未转动构形用基矢量 $\hat{\boldsymbol{e}}_i$ 表示,这个坐标系随材料或单元一起转动,它与当前构形的基矢量 $\boldsymbol{e}_i$ 相差一个刚体转动,即 $\boldsymbol{e}_i=\boldsymbol{R}\cdot\hat{\boldsymbol{e}}_i$。通过将应力、应变等量表达在随材料而旋转的坐标系中,可以快捷处理结构单元和各向异性材料。后文中上标加^的变量表示在未转动构形中定义的物理量。

根据张量之间的变换关系,旋转柯西应力 $\hat{\boldsymbol{\sigma}}$ 和旋转变形率 $\hat{\boldsymbol{D}}$ 分别定义为

$$\hat{\boldsymbol{\sigma}}=\boldsymbol{R}^{\mathrm{T}}\cdot\boldsymbol{\sigma}\cdot\boldsymbol{R}\quad\text{或}\quad\hat{\sigma}_{ij}=R_{ik}^{\mathrm{T}}\sigma_{kl}R_{lj}\tag{2.4.5}$$

$$\hat{\boldsymbol{D}}=\boldsymbol{R}^{\mathrm{T}}\cdot\boldsymbol{D}\cdot\boldsymbol{R}\quad\text{或}\quad\hat{D}_{ij}=R_{ik}^{\mathrm{T}}D_{kl}R_{lj}\tag{2.4.6}$$

实际上,旋转柯西应力与柯西应力是同一个张量,只不过它的分量是表示在随材料而旋转的坐标系下。严格地讲,一个张量不依赖于表示其分量的坐标系。读者可以练习：在未转动构形中,求解 $\hat{\boldsymbol{D}}$,得到关系式(2.4.6)$\left(\text{提示：}\hat{\boldsymbol{D}}=\frac{1}{2}(\dot{\boldsymbol{U}}\cdot\boldsymbol{U}^{-1}+\boldsymbol{U}^{-1}\cdot\dot{\boldsymbol{U}})=\boldsymbol{R}^{\mathrm{T}}\cdot\boldsymbol{D}\cdot\boldsymbol{R}\right)$。

旋转变形率 $\hat{D}_{ij}$ 也可以直接从未转动构形中的速度场中得到：

$$\hat{D}_{ij}=\frac{1}{2}\left(\frac{\partial\hat{v}_i}{\partial\hat{x}_j}+\frac{\partial\hat{v}_j}{\partial\hat{x}_i}\right)\equiv\mathrm{sym}\left(\frac{\partial\hat{v}_i}{\partial\hat{x}_j}\right)\equiv\hat{v}_{\hat{i},\hat{j}}\tag{2.4.7}$$

其中,$\hat{v}_i\equiv v_i$ 是在旋转系统中速度场的分量。

旋转方法经常迷惑一些有经验的力学工作者,因为他们把它解释为一种用基矢量 $\hat{\boldsymbol{e}}_i$ 表示的曲线坐标系统,是关于空间坐标 $\boldsymbol{x}$ 的函数,从而得出一个速度矢量 $\hat{v}_i\hat{\boldsymbol{e}}_i$ 的梯度表达式 $\hat{v}_{i,j}\hat{\boldsymbol{e}}_i+\hat{v}_i\hat{\boldsymbol{e}}_{i,j}$,这种解释是不正确的。旋转系统是一个转动的整体系统,所有矢量都在此系统中表示,所以速度 $\boldsymbol{v}$ 的正确梯度是 $\hat{v}_{i,j}\hat{\boldsymbol{e}}_i$。每个点可能有不同的旋转系统,然而,在一个弯曲的构件或单元中,这种方法提供了正确的应变物理分量(2.7 节第 3 题)。第 4 章和第 10 章在介绍具体单元时,将详细地讨论如何定义转动和转动矩阵 $\boldsymbol{R}$。目前,我们假设可以找到一个随材料转动的坐标系。

旋转柯西应力也称为转动应力或非转动应力,这其实并不矛盾：区别在于有^的坐标系是随材料(或单元)运动的,还是固定、独立的整体坐标系。这两种观点都是正确的,只是选择习惯不同。本书采用旋转的观点,因为它容易构图(例 4.7)。

2.4.3 应力之间的转换

不同的应力通过变形的函数相互关联,在表 2-1 中给出了应力之间的转换关系,类似于变形率,这是不同构形应力之间的前推后拉关系,在分析中非常有用。这些关系可以应用式(2.4.1)～式(2.4.3)及南森关系(Nanson's relation)(Malvern,1969,169 页)得到。在南森关系中,当前法线与参考法线通过下式联系起来:

$$\boldsymbol{n}\mathrm{d}\Gamma = J\boldsymbol{n}_0 \cdot \boldsymbol{F}^{-1}\mathrm{d}\Gamma_0, \quad n_i\mathrm{d}\Gamma = Jn_j^0 F_{ji}^{-1}\mathrm{d}\Gamma_0 \tag{2.4.8}$$

其中,参考构形中的变量下标为“0”。需要注意的是,在本书中符号“0”和“e”均具有特殊固定不变的含义,可作为上标或下标出现。

表 2-1 应力转换

	柯西应力$\boldsymbol{\sigma}$	名义应力 $\boldsymbol{P}$	PK2 应力 $\boldsymbol{S}$	旋转柯西应力 $\hat{\boldsymbol{\sigma}}$
$\boldsymbol{\sigma}=$		$J^{-1}\boldsymbol{F}\cdot\boldsymbol{P}$	$J^{-1}\boldsymbol{F}\cdot\boldsymbol{S}\cdot\boldsymbol{F}^{\mathrm{T}}$	
$\boldsymbol{P}=$	$J\boldsymbol{F}^{-1}\cdot\boldsymbol{\sigma}$		$\boldsymbol{S}\cdot\boldsymbol{F}^{\mathrm{T}}$	$J\boldsymbol{U}^{-1}\cdot\hat{\boldsymbol{\sigma}}\cdot\boldsymbol{R}^{\mathrm{T}}$
$\boldsymbol{S}=$	$J\boldsymbol{F}^{-1}\cdot\boldsymbol{\sigma}\cdot\boldsymbol{F}^{-\mathrm{T}}$	$\boldsymbol{P}\cdot\boldsymbol{F}^{-\mathrm{T}}$		$J\boldsymbol{U}^{-1}\cdot\hat{\boldsymbol{\sigma}}\cdot\boldsymbol{U}^{-1}$
$\hat{\boldsymbol{\sigma}}=$	$\boldsymbol{R}^{\mathrm{T}}\cdot\boldsymbol{\sigma}\cdot\boldsymbol{R}$	$J^{-1}\boldsymbol{U}\cdot\boldsymbol{P}\cdot\boldsymbol{R}$	$J^{-1}\boldsymbol{U}\cdot\boldsymbol{S}\cdot\boldsymbol{U}\boldsymbol{R}\cdot\hat{\boldsymbol{\sigma}}\cdot\boldsymbol{R}^{\mathrm{T}}$	
$\tau=$	$J\boldsymbol{\sigma}$	$\boldsymbol{F}\cdot\boldsymbol{P}$	$\boldsymbol{F}\cdot\boldsymbol{S}\cdot\boldsymbol{F}^{\mathrm{T}}$	$J\boldsymbol{R}\cdot\hat{\boldsymbol{\sigma}}\cdot\boldsymbol{R}^{\mathrm{T}}$

注:$\mathrm{d}\boldsymbol{x}=\boldsymbol{F}\cdot\mathrm{d}\boldsymbol{X}=\boldsymbol{R}\cdot\boldsymbol{U}\cdot\mathrm{d}\boldsymbol{X}$,$\boldsymbol{U}$ 为伸长张量;见 2.2.5 节

$\mathrm{d}\boldsymbol{x}=\boldsymbol{R}\cdot\mathrm{d}\boldsymbol{X}=\boldsymbol{R}\cdot\mathrm{d}\hat{\boldsymbol{x}}$

$\boldsymbol{\tau}$:克希霍夫应力

为了说明如何得到表 2-1 中不同应力度量之间的转换关系,以柯西应力的形式建立名义应力的表达式。首先,以力 $\mathrm{d}\boldsymbol{f}$ 代表柯西应力和名义应力的表达式并联立,得

$$\mathrm{d}\boldsymbol{f} = \boldsymbol{n}\cdot\boldsymbol{\sigma}\mathrm{d}\Gamma = \boldsymbol{n}_0\cdot\boldsymbol{P}\mathrm{d}\Gamma_0 \tag{2.4.9}$$

将南森关系式(2.4.8)给出的法向矢量 $\boldsymbol{n}$ 的表达式代入式(2.4.9),得

$$J\boldsymbol{n}_0\cdot\boldsymbol{F}^{-1}\cdot\boldsymbol{\sigma}\mathrm{d}\Gamma_0 = \boldsymbol{n}_0\cdot\boldsymbol{P}\mathrm{d}\Gamma_0 \tag{2.4.10}$$

由于上式对于任意的 $\boldsymbol{n}_0$ 均成立,所以由柯西应力表示的名义应力表达式为

$$\boldsymbol{P} = J\boldsymbol{F}^{-1}\cdot\boldsymbol{\sigma} \quad 或 \quad P_{ij} = JF_{ik}^{-1}\sigma_{kj} \quad 或 \quad P_{ij} = J\frac{\partial X_i}{\partial x_k}\sigma_{kj} \tag{2.4.11}$$

反之亦然,用名义应力表示的柯西应力表达式为

$$J\boldsymbol{\sigma} = \boldsymbol{F}\cdot\boldsymbol{P} \quad 或 \quad J\sigma_{ij} = F_{ik}P_{kj} \tag{2.4.12}$$

由式(2.4.11)可以立刻看到 $\boldsymbol{P}\neq\boldsymbol{P}^{\mathrm{T}}$,即名义应力是非对称的。将式(2.4.3)左乘 $\boldsymbol{F}$,可以得到名义应力与 PK2 应力的关系式为

$$\mathrm{d}\boldsymbol{f} = \boldsymbol{F}\cdot(\boldsymbol{n}_0\cdot\boldsymbol{S})\mathrm{d}\Gamma_0 = \boldsymbol{F}\cdot(\boldsymbol{S}^{\mathrm{T}}\cdot\boldsymbol{n}_0)\mathrm{d}\Gamma_0 = \boldsymbol{F}\cdot\boldsymbol{S}^{\mathrm{T}}\cdot\boldsymbol{n}_0\mathrm{d}\Gamma_0 \tag{2.4.13}$$

上式这种张量标记容易令人混淆,将它改写为指标形式:

$$\mathrm{d}f_i = F_{ik}(n_j^0 S_{jk})\mathrm{d}\Gamma_0 = F_{ik}S_{kj}^{\mathrm{T}}n_j^0\mathrm{d}\Gamma_0 \tag{2.4.14}$$

现在,应用式(2.4.2)将力 $\mathrm{d}\boldsymbol{f}$ 写成名义应力的形式:

$$\mathrm{d}\boldsymbol{f} = \boldsymbol{n}_0\cdot\boldsymbol{P}\mathrm{d}\Gamma_0 = \boldsymbol{P}^{\mathrm{T}}\cdot\boldsymbol{n}_0\mathrm{d}\Gamma_0 = \boldsymbol{F}\cdot\boldsymbol{S}^{\mathrm{T}}\cdot\boldsymbol{n}_0\mathrm{d}\Gamma_0 \tag{2.4.15}$$

上式重复了式(2.4.13)的最后一个等式。由于它对于任意的 $\boldsymbol{n}_0$ 均成立,有

$$\boldsymbol{P} = \boldsymbol{S}\cdot\boldsymbol{F}^{\mathrm{T}} \quad 或 \quad P_{ij} = S_{ik}F_{kj}^{\mathrm{T}} = S_{ik}F_{jk} \tag{2.4.16}$$

将式(2.4.11)进行逆变换并代入式(2.4.16)得

$$\boldsymbol{\sigma}=J^{-1}\boldsymbol{F}\cdot\boldsymbol{S}\cdot\boldsymbol{F}^{\mathrm{T}} \quad 或 \quad \sigma_{ij}=J^{-1}F_{ik}S_{kl}F_{lj}^{\mathrm{T}} \tag{2.4.17}$$

将上述关系进行逆变换,以柯西应力的形式表示 PK2 应力得

$$\boldsymbol{S}=J\boldsymbol{F}^{-1}\cdot\boldsymbol{\sigma}\cdot\boldsymbol{F}^{-\mathrm{T}} \quad 或 \quad S_{ij}=JF_{ik}^{-1}\sigma_{kl}F_{lj}^{-\mathrm{T}} \tag{2.4.18}$$

式(2.4.18)为 PK2 应力和柯西应力之间的关系,类似于式(2.4.11),它们只依赖于变形梯度 $\boldsymbol{F}$ 和雅克比行列式 $J=\det(\boldsymbol{F})$。所以,只要变形已知,应力状态总是能够表示为柯西应力$\boldsymbol{\sigma}$、名义应力 $\boldsymbol{P}$ 或 PK2 应力 $\boldsymbol{S}$ 的形式。由式(2.4.18)可以看出,如果柯西应力是对称的,那么 PK2 应力 $\boldsymbol{S}$ 也是对称的,即 $\boldsymbol{S}=\boldsymbol{S}^{\mathrm{T}}$。

【例 2.11】 设给定初始状态的柯西应力为

$$\boldsymbol{\sigma}_{(t=0)}=\begin{bmatrix}\sigma_x^0 & 0\\ 0 & 0\end{bmatrix} \tag{E2.11.1}$$

考虑这组嵌入材料中的应力,当物体转动时,初始应力也随着转动,如图 2-9 所示。这相当于在一个转动的固体中观察应力的初始状态行为,这些将在 2.5 节作进一步探讨。计算在初始构形和在 $t=\dfrac{\pi}{2\omega}$时构形的 PK2 应力、名义应力和旋转柯西应力。

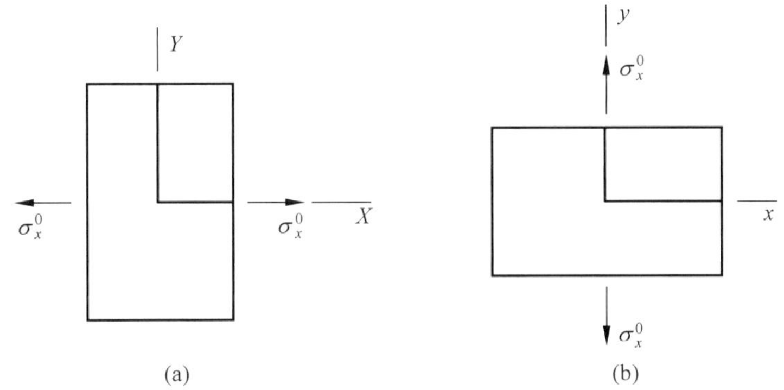

图 2-9 单轴拉伸的预应力物体的初始状态与其转动 90°后的应力状态

(a) 初始状态;(b) 转动 90°后的状态

解:在初始状态有 $\boldsymbol{F}=\boldsymbol{I}$,所以

$$\boldsymbol{S}=\boldsymbol{P}=\hat{\boldsymbol{\sigma}}=\boldsymbol{\sigma}=\begin{bmatrix}\sigma_x^0 & 0\\ 0 & 0\end{bmatrix} \tag{E2.11.2}$$

在 $t=\dfrac{\pi}{2\omega}$时的构形中,变形梯度为

$$\boldsymbol{F}=\begin{bmatrix}\cos\dfrac{\pi}{2} & -\sin\dfrac{\pi}{2}\\ \sin\dfrac{\pi}{2} & \cos\dfrac{\pi}{2}\end{bmatrix}=\begin{bmatrix}0 & -1\\ 1 & 0\end{bmatrix}, \quad J=\det(\boldsymbol{F})=1 \tag{E2.11.3}$$

由于应力是嵌入在材料中的,在转动构形中的应力状态为

$$\boldsymbol{\sigma}=\begin{bmatrix}0 & 0\\ 0 & \sigma_x^0\end{bmatrix} \tag{E2.11.4}$$

表 2-1 给出了此构形中的名义应力:

$$\boldsymbol{P} = J\boldsymbol{F}^{-1} \cdot \boldsymbol{\sigma} = \begin{bmatrix} 0 & 1 \\ -1 & 0 \end{bmatrix} \begin{bmatrix} 0 & 0 \\ 0 & \sigma_x^0 \end{bmatrix} = \begin{bmatrix} 0 & \sigma_x^0 \\ 0 & 0 \end{bmatrix} \tag{E2.11.5}$$

注意到名义应力是非对称的，另外在刚体转动时，$J=1$。通过表 2-1 将 PK2 应力表示为名义应力 $\boldsymbol{P}$ 的形式：

$$\boldsymbol{S} = \boldsymbol{P} \cdot \boldsymbol{F}^{-\mathrm{T}} = \begin{bmatrix} 0 & \sigma_x^0 \\ 0 & 0 \end{bmatrix} \begin{bmatrix} 0 & -1 \\ 1 & 0 \end{bmatrix} = \begin{bmatrix} \sigma_x^0 & 0 \\ 0 & 0 \end{bmatrix} \tag{E2.11.6}$$

由于这个问题中的映射为纯转动，$\boldsymbol{R}=\boldsymbol{F}$，所以当 $t=\dfrac{\pi}{2\omega}$时，旋转柯西应力$\hat{\boldsymbol{\sigma}}=\boldsymbol{S}$。

在例 2.11 中应用了这样一个概念，即将应力的初始状态嵌入材料，并使其随着固体一起转动。这说明在纯转动中，PK2 应力是不变的，因此其行为好像是被嵌入材料。也可以这样来解释，材料坐标随材料而转动，而 PK2 应力的分量始终与材料坐标的取向保持一致。所以在例 2.11 中，S_{11} 对应于初始构形中的 σ_{11} 和最终构形中的 σ_{22}。旋转柯西应力$\hat{\boldsymbol{\sigma}}$ 的分量也不随材料的转动而变化。如果运动为纯转动，即没有变形，$\hat{\boldsymbol{\sigma}}$ 的分量与 PK2 应力的分量相等。这里要注意，对比式(E2.11.4)与式(E2.11.6)，在最终构形中旋转后的柯西应力$\boldsymbol{\sigma}$分量区别于 PK2 应力的分量。

在 $t=1$ 时的名义应力很难赋予物理层面的解释。由式(E2.11.5)可以看出，与 PK2 应力不同，名义应力不是常数，不随材料而转动；实际上的非零应力成为了剪切应力。名义应力处于一种移居状态，一部分留在当前构形中，一部分留在参考构形中。因此，常常将其描述为一个两点张量，用其中一个角标或一个指标表示不同的构形，如参考构形或当前构形，左角标与参考构形中的法线联系，右角标与当前构形中表面单元上的力联系，这可以从表 2-1 的公式定义看出。由于这个原因和名义应力 $\boldsymbol{P}$ 的非对称性，它很少被应用于本构方程。它的可用之处是在弱形式推导中，使用名义应力 $\boldsymbol{P}$ 表示后可以简化动量方程和有限元方程详见 13.3 节。

【例 2.12】 单轴应力和关联应变

考虑处于单轴应力状态的杆，如图 2-10 所示。将名义应力和 PK2 应力、单轴柯西应力联系起来。

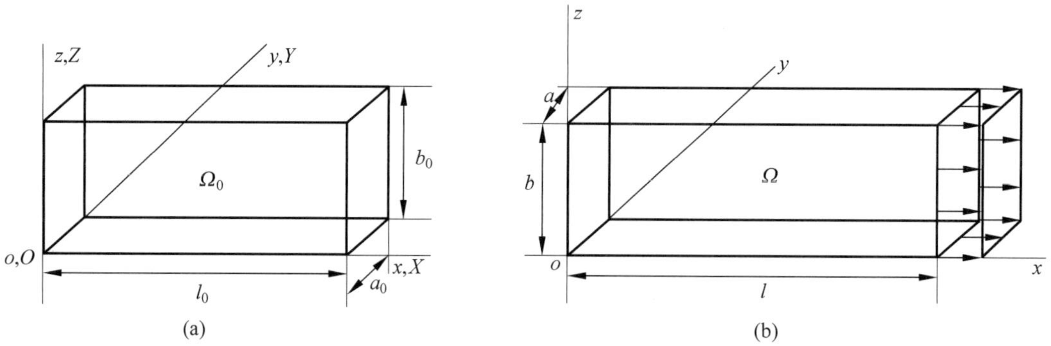

图 2-10 一个物体在单轴应力状态下的未变形构形和当前构形

(a) 未变构形；(b) 当前构形

解：初始尺寸(杆在参考构形中的尺寸)为 l_0、a_0 和 b_0，当前尺寸为 l、a 和 b，所以

$$x=\frac{l}{l_0}X,\quad y=\frac{a}{a_0}Y,\quad z=\frac{b}{b_0}Z \tag{E2.12.1}$$

因此有

$$\boldsymbol{F}=\begin{bmatrix}\dfrac{\partial x}{\partial X} & \dfrac{\partial x}{\partial Y} & \dfrac{\partial x}{\partial Z}\\ \dfrac{\partial y}{\partial X} & \dfrac{\partial y}{\partial Y} & \dfrac{\partial y}{\partial Z}\\ \dfrac{\partial z}{\partial X} & \dfrac{\partial z}{\partial Y} & \dfrac{\partial z}{\partial Z}\end{bmatrix}=\begin{bmatrix}\dfrac{l}{l_0} & 0 & 0\\ 0 & \dfrac{a}{a_0} & 0\\ 0 & 0 & \dfrac{b}{b_0}\end{bmatrix} \tag{E2.12.2}$$

$$J=\det(\boldsymbol{F})=\frac{abl}{a_0b_0l_0} \tag{E2.12.3}$$

$$\boldsymbol{F}^{-1}=\begin{bmatrix}\dfrac{l_0}{l} & 0 & 0\\ 0 & \dfrac{a_0}{a} & 0\\ 0 & 0 & \dfrac{b_0}{b}\end{bmatrix} \tag{E2.12.4}$$

应力状态为单轴且 x 分量为唯一的非零分量，所以有

$$\boldsymbol{\sigma}=\begin{bmatrix}\sigma_x & 0 & 0\\ 0 & 0 & 0\\ 0 & 0 & 0\end{bmatrix} \tag{E2.12.5}$$

根据表 2-1 并应用式(E2.12.3)～式(E2.12.5)计算 $\boldsymbol{P}$，得到

$$\boldsymbol{P}=\frac{abl}{a_0b_0l_0}\begin{bmatrix}\dfrac{l_0}{l} & 0 & 0\\ 0 & \dfrac{a_0}{a} & 0\\ 0 & 0 & \dfrac{b_0}{b}\end{bmatrix}\begin{bmatrix}\sigma_x & 0 & 0\\ 0 & 0 & 0\\ 0 & 0 & 0\end{bmatrix}=\begin{bmatrix}\dfrac{ab\sigma_x}{a_0b_0} & 0 & 0\\ 0 & 0 & 0\\ 0 & 0 & 0\end{bmatrix} \tag{E2.12.6}$$

所以名义应力的唯一非零分量为

$$P_{11}=\frac{ab}{a_0b_0}\sigma_x=\frac{A\sigma_x}{A_0} \tag{E2.12.7}$$

其中，最后一个等式是基于横截面面积的计算公式，$A=ab$ 和 $A_0=a_0b_0$。所以在单轴应力状态下，P_{11} 对应于工程应力。

应用式(E2.12.3)～式(E2.12.5)和式(2.4.17)，得到在单轴应力状态下的 PK2 应力和柯西应力之间的关系：

$$S_{11}=\frac{l_0}{l}\left(\frac{A\sigma_x}{A_0}\right) \tag{E2.12.8}$$

其中，圆括号中的量可以看作名义应力。从上面可以看出，很难给 PK2 应力赋予明确的物理意义。由于屈服函数必须描述成物理应力的形式，所以在塑性理论中应力度量的选择受到影响(第 12 章)。由于名义应力和 PK2 应力缺乏物理含义，以这些应力的形式建立塑性公式是很棘手的。

通过式(2.3.5)，计算格林应变分量为

$$E_{11}=\frac{l^2-l_0^2}{2l_0^2},\quad E_{22}=\frac{a^2-a_0^2}{2a_0^2},\quad E_{33}=\frac{b^2-b_0^2}{2b_0^2} \tag{E2.12.9}$$

其余的应变分量为零。

2.5 客观应力率

前文已经提到许多材料是与变形路径相关的，因此常常以应变率和应力率的形式表示本构关系。本构关系最基本的特点是具有框架不变性（客观性），其表达形式不因参考构形的改变而改变，这就要求在描述本构关系时必须使用客观量。本节将介绍如何得到客观应力率。

2.5.1 本构关系中的客观应力率

在本构关系中，为什么需要客观应力率？为回答这个问题，针对图 2-9 中受初始单轴拉伸后刚性旋转的平面体，讨论在本构关系中定义客观应力率的必要性。考虑率本构方程的最简单形式，即应力率与变形率为线性关系的次弹性定律：

$$\frac{\mathrm{D}\boldsymbol{\sigma}}{\mathrm{D}t}=\boldsymbol{C}^{\sigma D}:\boldsymbol{D}\quad \text{或}\quad \frac{\mathrm{D}\sigma_{ij}}{\mathrm{D}t}=C_{ijkl}^{\sigma D}D_{kl} \tag{2.5.1}$$

分析上述定义的本构关系是否恰当。

当仅发生小变形时，回答是肯定的；但是当变形后发生刚体转动时，这样的本构关系是不恰当的。考虑图 2-9 中的物体，在初始构形中的应力为 $\sigma_x=\sigma_0$。假设材料以恒定长度作如图 2-9 所示的刚体转动，即变形率张量 $\boldsymbol{D}=0$。回顾在刚体运动中初始应力（或预应力）嵌入物体中的状态，由于在刚体转动中没有发生变形，在旋转坐标系下，观察者看到的随物体运动的应力也不应该变化。然而，在固定坐标系下，柯西应力的分量在转动中将发生变化，应力的材料导数是非零的，即$\frac{\mathrm{D}\boldsymbol{\sigma}}{\mathrm{D}t}\neq 0$。但是，在整个刚体转动的过程中，式(2.5.1)的等号右侧始终为零，因为已经证明了在刚体运动中变形率为零，这显然出现了矛盾！

上段描述不仅仅是假设，它反映了在实际和数值计算中可能发生的情况。受预应力或热应力载荷作用的物体经常发生大转动。单元不仅可能在刚体运动中发生整体大转动，例如在运动的飞行器或汽车中；也可能出现局部大转动，如在梁的屈曲过程中。

出现在式(2.5.1)的问题是该本构关系中使用的应力率$\frac{\mathrm{D}\boldsymbol{\sigma}}{\mathrm{D}t}$并不是客观应力率，即在刚体转动过程中，柯西应力$\boldsymbol{\sigma}$ 的分量发生了变化。$\frac{\mathrm{D}\boldsymbol{\sigma}}{\mathrm{D}t}$的变化包括两个部分：一方面为刚体几何转动（引起与应力分量相关联的基矢量方向发生变化），另一方面为材料本构关系，而式(2.5.1)仅考虑了后者。因此，为了满足框架不变性原理，在定义本构关系时，使用的客观率必须扣除刚体转动对应力率的影响。

前文介绍了 PK2 应力 $\boldsymbol{S}$ 和旋转柯西应力$\hat{\boldsymbol{\sigma}}$，仍以图 2-9 为例，请读者分析一下经历刚体转动后，$\frac{\mathrm{D}\boldsymbol{S}}{\mathrm{D}t}$ 和 $\frac{\mathrm{D}\hat{\boldsymbol{\sigma}}}{\mathrm{D}t}$将如何变化，$\boldsymbol{S}$ 和$\hat{\boldsymbol{\sigma}}$ 的分量是否发生了变化？结果与预想的一样（参考例 2.11）：PK2 应力定义在参考构形中，其行为是嵌入材料，应力分量始终与材料坐标的取向保持一致，旋转柯西应力定义在未转动构形中，其应力分量始终与 PK2 应力相等，它们的变化都不受刚体转动的影响，这是一种“天然”的客观率！因此，这两种应力的材料时间导数可以直接用来建立本构关系，在非线性有限元程序中也备受青睐。

2.5.2　三种客观应力率

在非线性有限元程序中经常应用哪些客观应力率？本节将介绍柯西应力的三种客观应力率：耀曼应力率、特鲁斯德尔应力率和格林-纳迪应力率。这些客观应力率频繁地应用在有限元软件中，如格林-纳迪应力率与耀曼应力率构成了ABAQUS、MARC等非线性有限元软件的核心算法。本节也将展示错误地采用次弹性本构方程和不同应力率所导致的明显误差。

柯西应力的耀曼应力率定义为

$$\boldsymbol{\sigma}^{\nabla J}=\frac{\mathrm{D}\boldsymbol{\sigma}}{\mathrm{D}t}-\boldsymbol{W}\cdot\boldsymbol{\sigma}-\boldsymbol{\sigma}\cdot\boldsymbol{W}^{\mathrm{T}}\quad\text{或}\quad\sigma_{ij}^{\nabla J}=\frac{\mathrm{D}\sigma_{ij}}{\mathrm{D}t}-W_{ik}\sigma_{kj}-\sigma_{ik}W_{kj}^{\mathrm{T}}\tag{2.5.2}$$

其中，$\boldsymbol{W}$是由式(2.3.11)给出的旋转张量，虽然对称函数$\boldsymbol{\sigma}$被反对称算子$\boldsymbol{W}$作用，但是这里是对单一指标的缩并，所以并不为零。此处上标∇代表客观应力率，J代表耀曼应力率。一个适当的次弹性本构方程为

$$\boldsymbol{\sigma}^{\nabla J}=\boldsymbol{C}^{\sigma J}:\boldsymbol{D}\quad\text{或}\quad\sigma_{ij}^{\nabla J}=C_{ijkl}^{\sigma J}D_{kl}\tag{2.5.3}$$

相比于式(2.5.1)，柯西应力张量变形率中与材料变形相关的部分应写作

$$\frac{\mathrm{D}\boldsymbol{\sigma}}{\mathrm{D}t}=\boldsymbol{\sigma}^{\nabla J}+\boldsymbol{W}\cdot\boldsymbol{\sigma}+\boldsymbol{\sigma}\cdot\boldsymbol{W}^{\mathrm{T}}=\underbrace{\boldsymbol{C}^{\sigma J}:\boldsymbol{D}}_{\text{材料变形}}+\underbrace{\boldsymbol{W}\cdot\boldsymbol{\sigma}+\boldsymbol{\sigma}\cdot\boldsymbol{W}^{\mathrm{T}}}_{\text{几何转动}}\tag{2.5.4}$$

其中，第一个等号只是对式(2.5.2)的重新排列，第二个等号根据式(2.5.3)得到。可以看到，材料响应被指定为一个客观应力率的形式，即耀曼应力率。在客观应力率中，柯西应力的材料导数由两部分组成：①由材料变形产生的应力变化，对应于式(2.5.4)中第二个等号右侧的第一项；②由几何转动产生的应力变化，对应于式(2.5.4)中第二个等号右侧的后两项。

表2-2给出了另外两种经常使用的特鲁斯德尔应力率和格林-纳迪应力率。格林-纳迪应力率和耀曼应力率的不同之处仅在于它们对材料的转动使用了不同的度量：格林-纳迪应力率从式(2.2.21)中采用了角速度张量$\boldsymbol{\Omega}=\dot{\boldsymbol{R}}\cdot\boldsymbol{R}^{\mathrm{T}}$，这显然改变了材料模型的形式。

表2-2　三种客观应力率

耀曼应力率	
$\boldsymbol{\sigma}^{\nabla J}=\frac{\mathrm{D}\boldsymbol{\sigma}}{\mathrm{D}t}-\boldsymbol{W}\cdot\boldsymbol{\sigma}-\boldsymbol{\sigma}\cdot\boldsymbol{W}^{\mathrm{T}},\quad\sigma_{ij}^{\nabla J}=\frac{\mathrm{D}\sigma_{ij}}{\mathrm{D}t}-W_{ik}\sigma_{kj}-\sigma_{ik}W_{kj}^{\mathrm{T}}$	(B2.2.1)
特鲁斯德尔应力率	
$\boldsymbol{\sigma}^{\nabla T}=\frac{\mathrm{D}\boldsymbol{\sigma}}{\mathrm{D}t}+\mathrm{div}(\boldsymbol{v})\boldsymbol{\sigma}-\boldsymbol{L}\cdot\boldsymbol{\sigma}-\boldsymbol{\sigma}\cdot\boldsymbol{L}^{\mathrm{T}}$	(B2.2.2)
$\sigma_{ij}^{\nabla T}=\frac{\mathrm{D}\sigma_{ij}}{\mathrm{D}t}+\frac{\partial v_k}{\partial x_k}\sigma_{ij}-\frac{\partial v_i}{\partial x_k}\sigma_{kj}-\sigma_{ik}\frac{\partial v_j}{\partial x_k}$	(B2.2.3)
格林-纳迪应力率	
$\boldsymbol{\sigma}^{\nabla G}=\frac{\mathrm{D}\boldsymbol{\sigma}}{\mathrm{D}t}-\boldsymbol{\Omega}\cdot\boldsymbol{\sigma}-\boldsymbol{\sigma}\cdot\boldsymbol{\Omega}^{\mathrm{T}},\quad\sigma_{ij}^{\nabla G}=\frac{\mathrm{D}\sigma_{ij}}{\mathrm{D}t}-\Omega_{ik}\sigma_{kj}-\sigma_{ik}\Omega_{kj}^{\mathrm{T}}$	(B2.2.4)
$\boldsymbol{\Omega}=\dot{\boldsymbol{R}}\boldsymbol{R}^{\mathrm{T}},\quad\boldsymbol{L}=\frac{\partial\boldsymbol{v}}{\partial\boldsymbol{x}}=\boldsymbol{D}+\boldsymbol{W},\quad L_{ij}=\frac{\partial v_i}{\partial x_j}=D_{ij}+W_{ij}$	(B2.2.5)

通过用速度梯度的对称部分和反对称部分代替速度梯度，即应用式(2.3.9)，可以验证特鲁斯德尔应力率和耀曼应力率之间的关系：

$$\boldsymbol{\sigma}^{\nabla T}=\frac{\mathrm{D}\boldsymbol{\sigma}}{\mathrm{D}t}+\mathrm{div}(\boldsymbol{v})\boldsymbol{\sigma}-(\boldsymbol{D}+\boldsymbol{W})\cdot\boldsymbol{\sigma}-\boldsymbol{\sigma}\cdot(\boldsymbol{D}+\boldsymbol{W})^{\mathrm{T}} \tag{2.5.5}$$

比较式(2.5.2)和式(2.5.5)可知，特鲁斯德尔应力率包括与耀曼应力率相同的转动相关项，而且还包括依赖于材料变形率的其他项。

考虑一个刚体转动：当 $D=0$ 时，特鲁斯德尔应力率为

$$\boldsymbol{\sigma}^{\nabla T}=\frac{\mathrm{D}\boldsymbol{\sigma}}{\mathrm{D}t}-\boldsymbol{W}\cdot\boldsymbol{\sigma}-\boldsymbol{\sigma}\cdot\boldsymbol{W}^{\mathrm{T}} \tag{2.5.6}$$

将式(2.5.6)与式(2.5.2)比较，可见两式等号右侧完全相同，说明特鲁斯德尔应力率等价于在无变形状态下的耀曼应力率。但是当物体变形时，这两个应力率就不同了。因此，除非将本构方程作适当变换，否则联系耀曼应力率到变形率 $\boldsymbol{D}$ 的本构方程与特鲁斯德尔应力率形式的本构方程，将得到不同应力变化率中与材料变形相关的量。换言之，如果这两个定律模拟相同的材料响应：

$$\boldsymbol{\sigma}^{\nabla T}=\boldsymbol{C}^{\sigma T}:\boldsymbol{D},\quad \boldsymbol{\sigma}^{\nabla J}=\boldsymbol{C}^{\sigma J}:\boldsymbol{D} \tag{2.5.7}$$

$\boldsymbol{C}^{\sigma T}$ 将不等于 $\boldsymbol{C}^{\sigma J}$。基于这个原因，我们附加上标以指定与材料响应张量相关的客观应力率。

对于大转动问题，除式(2.5.7)之外，下面的形式也常常用到：

$$\text{(a) } \boldsymbol{\sigma}^{\nabla G}=\boldsymbol{C}^{\sigma G}:\boldsymbol{D},\quad \text{(b) } \dot{\hat{\boldsymbol{\sigma}}}=\hat{\boldsymbol{C}}^{\hat{\sigma}\hat{D}}:\hat{\boldsymbol{D}},\quad \text{(c) } \hat{\boldsymbol{S}}=\boldsymbol{C}^{SE}:\dot{\boldsymbol{E}} \tag{2.5.8}$$

需要指出的是，上述式(b)是旋转柯西应力率，式(c)是对应于格林应变的 PK2 应力率，它们随体坐标的客观性适用于任意各向异性材料，特别是在模拟复合材料时具有很大优势。在式(a)和式(2.5.7)中采用的常数 $\boldsymbol{C}$ 仅适用于各向同性材料，或当本构响应矩阵 $\boldsymbol{C}$ 仅是各向同性张量函数的情形(第 12 章)。

【例 2.13】 考虑一块平板在 x-y 平面内以角速度 ω 绕原点刚体转动，初始构形如图 2-11 所示。使用耀曼应力率计算柯西应力的材料时间导数，并将其积分得到关于时间函数的柯西应力。

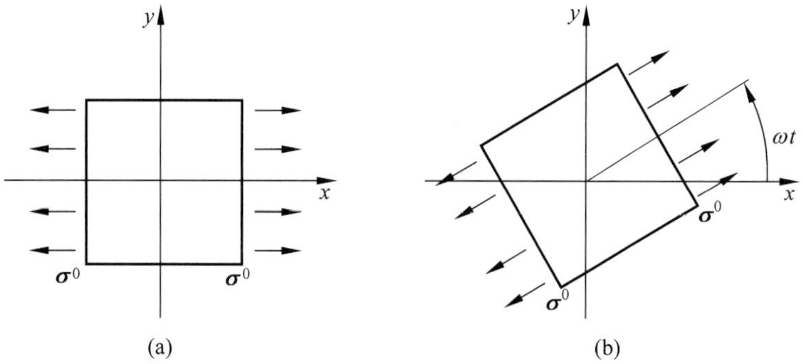

图 2-11 预应力单元的无变形转动

(a) 初始构形；(b) 当前构形

解：从式(E2.4.7)注意到

$$\boldsymbol{F}=\boldsymbol{R}=\begin{bmatrix}c & -s\\ s & c\end{bmatrix},\quad \dot{\boldsymbol{F}}=\omega\begin{bmatrix}-s & -c\\ c & -s\end{bmatrix},\quad \boldsymbol{F}^{-1}=\begin{bmatrix}c & s\\ -s & c\end{bmatrix} \tag{E2.13.1}$$

其中，$s=\sin\omega t$，$c=\cos\omega t$。以速度梯度 $\boldsymbol{L}$ 的形式计算转动，可以先应用式(2.3.18)，再应用式(E2.13.1)，得到

$$\boldsymbol{L}=\dot{\boldsymbol{F}}\cdot\boldsymbol{F}^{-1}=\omega\begin{bmatrix}-s & -c\\ c & -s\end{bmatrix}\begin{bmatrix}c & s\\ -s & c\end{bmatrix}=\omega\begin{bmatrix}0 & -1\\ 1 & 0\end{bmatrix}\Rightarrow$$

$$\boldsymbol{W}=\frac{1}{2}(\boldsymbol{L}-\boldsymbol{L}^{\mathrm{T}})=\omega\begin{bmatrix}0 & -1\\ 1 & 0\end{bmatrix}\tag{E2.13.2}$$

因为 $D=0$，所以应力率的材料部分为零。则基于耀曼应力率的材料时间导数为

$$\frac{\mathrm{D}\boldsymbol{\sigma}}{\mathrm{D}t}=\boldsymbol{W}\cdot\boldsymbol{\sigma}+\boldsymbol{\sigma}\cdot\boldsymbol{W}^{\mathrm{T}}\tag{E2.13.3}$$

由于应力在空间上是常数，可以把材料时间导数变为普通导数，式(E2.13.3)的矩阵为

$$\frac{\mathrm{d}\boldsymbol{\sigma}}{\mathrm{d}t}=\omega\begin{bmatrix}0 & -1\\ 1 & 0\end{bmatrix}\begin{bmatrix}\sigma_x & \sigma_{xy}\\ \sigma_{xy} & \sigma_y\end{bmatrix}+\begin{bmatrix}\sigma_x & \sigma_{xy}\\ \sigma_{xy} & \sigma_y\end{bmatrix}\omega\begin{bmatrix}0 & 1\\ -1 & 0\end{bmatrix}=\omega\begin{bmatrix}-2\sigma_{xy} & \sigma_x-\sigma_y\\ \sigma_x-\sigma_y & 2\sigma_{xy}\end{bmatrix}\tag{E2.13.4}$$

可以看出柯西应力的材料时间导数是对称的。现在以三个未知量 σ_x、σ_y、σ_{xy} 写出式(E2.13.4)对应的三个常微分方程(由于对称，省略了上面张量方程的第四个标量方程)：

$$\frac{\mathrm{d}\sigma_x}{\mathrm{d}t}=-2\omega\sigma_{xy},\quad\frac{\mathrm{d}\sigma_y}{\mathrm{d}t}=2\omega\sigma_{xy},\quad\frac{\mathrm{d}\sigma_{xy}}{\mathrm{d}t}=\omega(\sigma_x-\sigma_y)\tag{E2.13.5}$$

初始条件为

$$\sigma_x(0)=\sigma_x^0,\quad\sigma_y(0)=0,\quad\sigma_{xy}(0)=0\tag{E2.13.6}$$

以上微分方程的解为

$$\sigma=\sigma_x^0\begin{bmatrix}c^2 & cs\\ cs & s^2\end{bmatrix}\tag{E2.13.7}$$

仅对 $\sigma_x(t)$ 验证解的正确性：

$$\frac{\mathrm{d}\sigma_x}{\mathrm{d}t}=\sigma_x^0\,\frac{\mathrm{d}(\cos^2\omega t)}{\mathrm{d}t}=\sigma_x^0\omega(-2\cos\omega t\sin\omega t)=-2\omega\sigma_{xy}\tag{E2.13.8}$$

这里的最后一步利用了式(E2.13.7)给出的 $\sigma_{xy}(t)$的解；与式(E2.13.5)比较，显然满足了微分方程。

考查式(E2.13.7)可以看到，这个解答对应于旋转应力 $\hat{\boldsymbol{\sigma}}$ 的恒定状态，也就是说，如果使旋转应力为

$$\hat{\boldsymbol{\sigma}}=\begin{bmatrix}\sigma_x^0 & 0\\ 0 & 0\end{bmatrix}$$

那么式(E2.13.7)就给出了在整体坐标系下的柯西应力分量。这里利用了 $\boldsymbol{\sigma}=\boldsymbol{R}\cdot\hat{\boldsymbol{\sigma}}\cdot\boldsymbol{R}^{\mathrm{T}}$(表2.1)，其中 $\boldsymbol{R}$ 在式(E2.13.1)中给出。

下面的问题留作读者练习。证明当所有初始应力非零时，式(E2.13.5)的解答为

$$\boldsymbol{\sigma}=\begin{bmatrix}c & -s\\ s & c\end{bmatrix}\begin{bmatrix}\sigma_x^0 & \sigma_{xy}^0\\ \sigma_{xy}^0 & \sigma_y^0\end{bmatrix}\begin{bmatrix}c & s\\ -s & c\end{bmatrix}\tag{E2.13.9}$$

从上述例题可以看出，在刚体运动中，初始应力(或预应力)嵌入固体，即在刚体转动中

由于没有发生变形，观察者所看到的随物体运动的应力也不应该变化，满足客观性。

在刚体转动中，耀曼应力率的作用为

(1) 在固定坐标系中，保证柯西应力的分量在转动中发生变化，应力的材料时间导数非零；

(2) 在旋转坐标系中，耀曼应力率改变着柯西应力，从而使旋转应力保持为常数。

其核心作用是应力变化不受刚体位移的影响。因此，在刚体转动中，耀曼应力率改变着柯西应力，从而使旋转应力保持为常数。所以常称耀曼应力率为柯西应力的旋转率。在刚体转动中，特鲁斯德尔应力率、耀曼应力率、格林-纳迪应力率和旋转应力率的作用是一致的。

2.5.3 客观应力率中的材料常数

在式(2.5.7)和式(2.5.8)给出的各种客观应力率公式中采用了材料常数，即切线模量，如

$$\boldsymbol{C}^{\sigma J},\quad \boldsymbol{C}^{\sigma T},\quad \boldsymbol{C}^{\sigma G},\quad \boldsymbol{C}^{\sigma D}$$

如何确定这些切线模量之间的关系，它们之间的联系和区别是什么？相关讨论将从例 2.14 开始。

【例 2.14】 考虑处于有限剪切状态的一个块体单元，如图 2-12 所示。对于次弹性各向同性材料，应用耀曼应力率、特鲁斯德尔应力率和格林-纳迪应力率求出剪切应力。注意这里采用与路径无关的程度作为材料弹性模量的度量。次弹性材料是与路径无关程度最弱的，虽然应力与路径无关，但能量与路径相关，且遵从柯西弹性(第 12 章)。

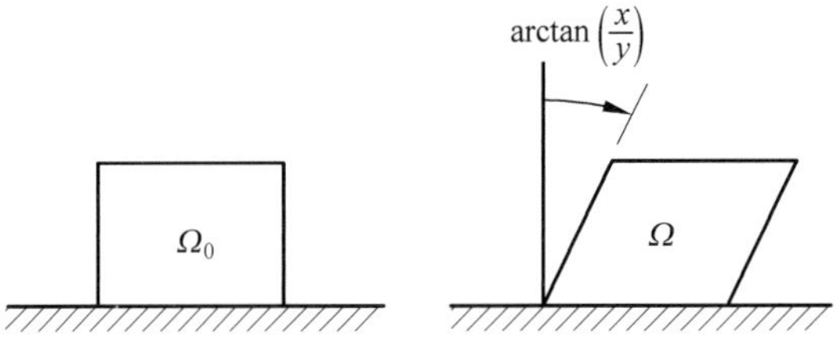

图 2-12 块体单元的剪切

解：单元的运动为

$$x = X = tY,\quad y = Y \tag{E2.14.1}$$

变形梯度由式(2.2.30)给出，

$$\boldsymbol{F} = \begin{bmatrix} 1 & t \\ 0 & 1 \end{bmatrix},\quad \dot{\boldsymbol{F}} = \begin{bmatrix} 0 & 1 \\ 0 & 0 \end{bmatrix},\quad \boldsymbol{F}^{-1} = \begin{bmatrix} 1 & -t \\ 0 & 1 \end{bmatrix} \tag{E2.14.2}$$

速度梯度由式(E2.13.2)给出，其对称和反对称部分分别表示变形率和旋转率，

$$\boldsymbol{L} = \dot{\boldsymbol{F}} \cdot \boldsymbol{F}^{-1} = \begin{bmatrix} 0 & 1 \\ 0 & 0 \end{bmatrix},\quad \boldsymbol{D} = \frac{1}{2}\begin{bmatrix} 0 & 1 \\ 1 & 0 \end{bmatrix},\quad \boldsymbol{W} = \frac{1}{2}\begin{bmatrix} 0 & 1 \\ -1 & 0 \end{bmatrix} \tag{E2.14.3}$$

(1) 以耀曼应力率的形式给出次弹性各向同性本构方程：

$$\dot{\boldsymbol{\sigma}} = (\lambda^J \operatorname{trace}\boldsymbol{D})I + 2\mu^J \boldsymbol{D} + \boldsymbol{W} \cdot \boldsymbol{\sigma} + \boldsymbol{\sigma} \cdot \boldsymbol{W}^{\mathrm{T}} \tag{E2.14.4}$$

其中，λ 和 μ 是线性理论的拉梅常数(Lamé constant)，附加上标，以区别应用于不同客观率中的材料常数。写出上式的矩阵形式，其中应用了 trace$\boldsymbol{D}=0$ 的结果：

$$\begin{bmatrix}\dot{\sigma}_x & \dot{\sigma}_{xy}\\ \dot{\sigma}_{xy} & \dot{\sigma}_y\end{bmatrix}=\mu^{\mathrm{J}}\begin{bmatrix}0 & 1\\ 1 & 0\end{bmatrix}+$$

$$\frac{1}{2}\begin{bmatrix}0 & 1\\ -1 & 0\end{bmatrix}\begin{bmatrix}\sigma_x & \sigma_{xy}\\ \sigma_{xy} & \sigma_y\end{bmatrix}+\frac{1}{2}\begin{bmatrix}\sigma_x & \sigma_{xy}\\ \sigma_{xy} & \sigma_y\end{bmatrix}\begin{bmatrix}0 & -1\\ 1 & 0\end{bmatrix} \tag{E2.14.5}$$

整理得到

$$\dot{\sigma}_x=\sigma_{xy},\quad \dot{\sigma}_y=-\sigma_{xy},\quad \dot{\sigma}_{xy}=\mu^J+\frac{1}{2}(\sigma_y-\sigma_x) \tag{E2.14.6}$$

上式的解为

$$\sigma_x=-\sigma_y=\mu^J(1-\cos t),\quad \sigma_{xy}=\mu^J\sin t \tag{E2.14.7}$$

(2) 对于特鲁斯德尔应力率,本构方程为

$$\dot{\boldsymbol{\sigma}}=\lambda^{\mathrm{T}}\mathrm{trace}\boldsymbol{D}+2\mu^{\mathrm{T}}\boldsymbol{D}+\boldsymbol{L}\cdot\boldsymbol{\sigma}+\boldsymbol{\sigma}\cdot\boldsymbol{L}^{\mathrm{T}}-(\mathrm{trace}\boldsymbol{D})\boldsymbol{\sigma} \tag{E2.14.8}$$

可以得到

$$\begin{bmatrix}\dot{\sigma}_x & \dot{\sigma}_{xy}\\ \dot{\sigma}_{xy} & \dot{\sigma}_y\end{bmatrix}=\mu^{\mathrm{T}}\begin{bmatrix}0 & 1\\ 1 & 0\end{bmatrix}+\begin{bmatrix}0 & 1\\ 0 & 0\end{bmatrix}\begin{bmatrix}\sigma_x & \sigma_{xy}\\ \sigma_{xy} & \sigma_y\end{bmatrix}+\begin{bmatrix}\sigma_x & \sigma_{xy}\\ \sigma_{xy} & \sigma_y\end{bmatrix}\begin{bmatrix}0 & 0\\ 1 & 0\end{bmatrix} \tag{E2.14.9}$$

其中,应用了 $\mathrm{trace}\boldsymbol{D}=0$ 的结果,见式(E2.14.3)。关于应力的微分方程为

$$\dot{\sigma}_x=2\sigma_{xy},\quad \dot{\sigma}_y=0,\quad \dot{\sigma}_{xy}=\mu^{\mathrm{T}}+\sigma_y \tag{E2.14.10}$$

其解为

$$\sigma_x=\mu^{\mathrm{T}}t^2,\quad \sigma_y=0,\quad \sigma_{xy}=\mu^{\mathrm{T}}t \tag{E2.14.11}$$

(3) 为了借助格林-纳迪应力率得到柯西应力的解答,需要使用极分解定理得到转动矩阵 $\boldsymbol{R}$。将 $\boldsymbol{F}^{\mathrm{T}}\boldsymbol{F}$ 对角化并得到特征值 $\bar{\lambda}_i$:

$$\boldsymbol{F}^{\mathrm{T}}\boldsymbol{F}=\begin{bmatrix}1 & t\\ t & 1+t^2\end{bmatrix},\quad \bar{\lambda}_i=\frac{2+t^2\pm t\sqrt{4+t^2}}{2} \tag{E2.14.12}$$

寻求柯西应力的格林-纳迪客观应力率的解析解是很复杂的,建议应用计算机求解。Dienes (1979)给出了一个解析解为

$$\sigma_x=-\sigma_y=4\mu^G(\cos2\beta\ln\cos\beta+\beta\sin2\beta-\sin^2\beta) \tag{E2.14.13}$$

$$\sigma_{xy}=2\mu^G\cos2\beta(2\beta-2\tan2\beta\ln\cos\beta-\tan\beta),\quad \tan\beta=\frac{t}{2} \tag{E2.14.14}$$

计算结果表示在图 2-13 中,三种客观应力率的结果产生了非常大的差别。事实上,这里是误用了材料模型,即对于不同客观率采用了相同的拉梅常数。

为了弥补这个缺憾,在图 2-14 的块体有限剪切中,对于不同客观率采用了不同的拉梅常数,分别给出了耀曼应力率和格林-纳迪应力率的计算结果。考查图 2-14 发现,当剪切应变较小时,如小于 100%,耀曼应力率和格林-纳迪应力率的剪应力计算结果非常接近。然而,当剪应变较大时,耀曼应力率的剪应力计算结果非常离谱,甚至在单向剪切下得出剪应力反向的奇怪结果。而格林-纳迪应力率的剪应力计算结果比较准确。因此,结论是当发生有限剪切时,应慎用耀曼应力率。

现在,可以回答本节开始提出的问题,即不同的客观率需要对应不同的材料常数。例如,对于各向同性材料,耀曼应力率的切线模量为

$$C_{ijkl}^{\sigma J}=\lambda\delta_{ij}\delta_{kl}+\mu(\delta_{ik}\delta_{jl}+\delta_{il}\delta_{jk}) \tag{E2.14.15}$$

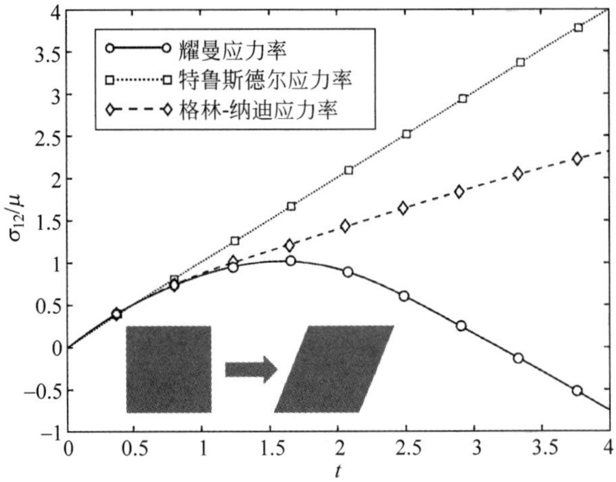

图 2-13　对于有限剪切问题采用相同的材料常数，使用不同客观应力率的剪应力比较

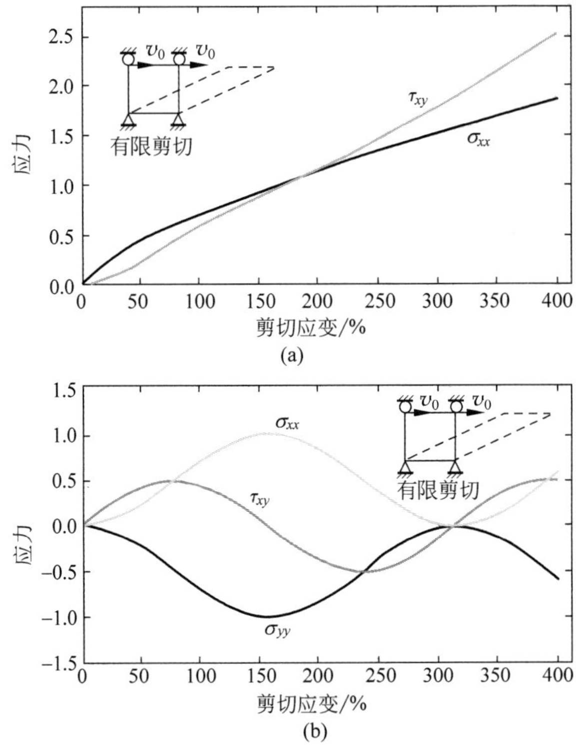

图 2-14　在块体的有限剪切中，两种应力率的计算结果

(a) 耀曼应力率；(b) 格林-纳迪应力率

对于同一种材料，切线模量不同，材料反应的率形式不同，如特鲁斯德尔应力率与耀曼应力率的材料切线模量关系式为

$$\boldsymbol{C}^{\sigma T}=\boldsymbol{C}^{\sigma J}-\boldsymbol{C}'+\boldsymbol{\sigma}\otimes\boldsymbol{I}=\boldsymbol{C}^{\sigma J}+\boldsymbol{C}^{*} \tag{E2.14.16}$$

其中，$C^{*}_{ijkl}=\frac{1}{2}(\delta_{ik}\sigma_{jl}+\delta_{il}\sigma_{jk}+\delta_{jk}\sigma_{il}+\delta_{jl}\sigma_{ik})-\sigma_{ij}\delta_{kl}$。

而格林-纳迪应力率与特鲁斯德尔应力率的材料切线模量关系式为

$$\boldsymbol{C}^{\sigma G}=\boldsymbol{C}^{\sigma T}+\boldsymbol{C}^{*}+\boldsymbol{C}^{\mathrm{spin}} \tag{E2.14.17}$$

式中，$\boldsymbol{C}^{\mathrm{spin}}:\boldsymbol{D}=(\boldsymbol{W}-\boldsymbol{\Omega})\cdot\boldsymbol{\sigma}+\boldsymbol{\sigma}\cdot(\boldsymbol{W}-\boldsymbol{\Omega})^{\mathrm{T}}$。

在式(E2.14.16)中，如果 $\boldsymbol{C}^{\sigma J}$ 是常数，$\boldsymbol{C}^{\sigma T}$ 将不为常数；以此类推，式(E2.14.17)中的 $\boldsymbol{C}^{\sigma G}$ 亦不为常数。对于这些材料常数，此处没有给出复杂的推导过程，关于次弹性材料客观应力率的推导过程见12.4.4节。

2.5.4　关于客观应力率的讨论

如前所述，如果采用随材料转动的应力度量，如旋转柯西应力或PK2应力，可以自然地得到一个客观应力率；根据柯西应力与旋转柯西应力及PK2应力的关系，建立柯西应力的客观应力率。虽然这不是建立客观率的一般性框架，但它对于理解不同客观应力率之间的关系是很有帮助的，后续章节还会借助这些关系快速导出不同构形下的节点内力。

为了说明这种方法，我们以旋转柯西应力 $\hat{\sigma}$ 为例讨论建立客观率。它的材料率为

$$\frac{\mathrm{D}\hat{\boldsymbol{\sigma}}}{\mathrm{D}t}=\frac{\mathrm{D}(\boldsymbol{R}^{\mathrm{T}}\cdot\boldsymbol{\sigma}\cdot\boldsymbol{R})}{\mathrm{D}t}=\frac{\mathrm{D}\boldsymbol{R}^{\mathrm{T}}}{\mathrm{D}t}\cdot\boldsymbol{\sigma}\cdot\boldsymbol{R}+\boldsymbol{R}^{\mathrm{T}}\cdot\frac{\mathrm{D}\boldsymbol{\sigma}}{\mathrm{D}t}\cdot\boldsymbol{R}+\boldsymbol{R}^{\mathrm{T}}\cdot\boldsymbol{\sigma}\cdot\frac{\mathrm{D}\boldsymbol{R}}{\mathrm{D}t} \tag{2.5.9}$$

其中，第一个等号应用了表2-1中的应力转换，而第二个等号是基于乘积的导数。

把式(2.5.9)的分量转动到当前构形下：

$$\boldsymbol{R}\cdot\frac{\mathrm{D}\hat{\sigma}}{\mathrm{D}t}\cdot\boldsymbol{R}^{\mathrm{T}}=\dot{\boldsymbol{\sigma}}+\boldsymbol{R}\cdot\dot{\boldsymbol{R}}^{\mathrm{T}}\cdot\boldsymbol{\sigma}+\boldsymbol{\sigma}\cdot\dot{\boldsymbol{R}}\cdot\boldsymbol{R}^{\mathrm{T}} \tag{2.5.10}$$

根据$\boldsymbol{\Omega}=\dot{\boldsymbol{R}}\cdot\boldsymbol{R}^{\mathrm{T}}$ 及2.5.2节旋转应力率和格林-纳迪应力率的定义：

$$\boldsymbol{R}\cdot\dot{\hat{\boldsymbol{\sigma}}}\cdot\boldsymbol{R}^{\mathrm{T}}=\dot{\boldsymbol{\sigma}}-\boldsymbol{\Omega}\cdot\boldsymbol{\sigma}-\boldsymbol{\sigma}\cdot\boldsymbol{\Omega}^{\mathrm{T}}=\boldsymbol{\sigma}^{\nabla G} \tag{2.5.11}$$

由此可见，共轴旋转应力率 $\dot{\hat{\boldsymbol{\sigma}}}$ 和格林-纳迪应力率$\boldsymbol{\sigma}^{\nabla G}$ 具有很直观的对应关系，第12章将展示如何灵活运用这种对应关系极大地简化基于格林-纳迪应力率的应力求解。

如果现在考虑旋转坐标系与整体坐标系重合，且随 $\boldsymbol{W}$ 旋转，那么有

$$\boldsymbol{R}=\boldsymbol{I},\quad \frac{\mathrm{D}\boldsymbol{R}}{\mathrm{D}t}=\boldsymbol{W} \tag{2.5.12}$$

将上式代入式(2.5.9)。根据耀曼应力率的定义可知，当旋转坐标系与整体坐标系重合时，在整体坐标系下的柯西应力率为

$$\frac{\mathrm{D}\hat{\boldsymbol{\sigma}}}{\mathrm{D}t}=\frac{\mathrm{D}\boldsymbol{\sigma}}{\mathrm{D}t}-\boldsymbol{W}\cdot\boldsymbol{\sigma}-\boldsymbol{\sigma}\cdot\boldsymbol{W}^{\mathrm{T}} \tag{2.5.13}$$

上式等号右侧的第二项、第三项可以看作与在耀曼应力率中的转动修正是一致的，即在旋转构形和当前构形重合的瞬间，旋转柯西应力率和柯西应力的耀曼应力率是一致的，这个结论在后续章节还会用到。

通过上面的推导可以进一步理解耀曼应力率、格林-纳迪应力率及共轴旋转率之间的对应关系。与此类似，特鲁斯德尔应力率也可以通过PK2应力的时间导数得到，读者可以尝试证明。在参考构形与当前构形重合的瞬间，即 $\boldsymbol{x}$ 与 $\boldsymbol{X}$ 重合时，有

$$\boldsymbol{\sigma}^{\nabla T}=\dot{\boldsymbol{S}} \tag{2.5.14}$$

熟悉流体力学的读者也许会感到奇怪，既然柯西应力已广泛地应用于流体力学，为什么在流体力学的课程中极少讨论框架不变性呢？其原因在于流体力学中采用的本构方程

结构,如对于牛顿流体,$\boldsymbol{\sigma}=2\mu\boldsymbol{D}^{\text{dev}}-p\boldsymbol{I}$,这里 μ 为黏度,而 $\boldsymbol{D}^{\text{dev}}$ 是变形率张量的偏量部分,可以看出这个本构方程和次弹性律式(2.5.7)之间的主要区别为,固体次弹性律以变形率 $\boldsymbol{D}$ 的形式给出应力率,而牛顿流体本构方程以 $\boldsymbol{D}$ 的形式给出应力。在一个刚体转动中,应力转换恰似不随坐标系变化的 $\boldsymbol{D}$ 一样,因此,用它描述牛顿流体应力转换是很恰当的。

2.6 守恒方程

2.6.1 守恒定律

从守恒定律可以引出一组连续介质力学的基本方程,这些方程必须能够满足物理系统。本节将介绍三个与热力学系统有关的守恒定律:

(1) 质量守恒;

(2) 动量守恒,包括线动量守恒和角动量守恒;

(3) 能量守恒。

守恒定律也被称为平衡定律,例如,能量守恒也常称为能量平衡。

守恒定律通常表达为偏微分方程,其通过在物体的某个域内应用守恒定律,建立某种积分关系,从而推导得出,后文将介绍其建立过程。首先给出如下假设:

如果 $f(\boldsymbol{x},t)$是 C^{-1} 连续的,且对于物体 $\bar{\Omega}$ 的任何一个子域 Ω,有 $\int_{\Omega} f(\boldsymbol{x},t)\mathrm{d}\Omega=0$,时间满足 $t\in[0,\bar{t}]$,那么在 Ω 上,对于任何 $t\in[0,\bar{t}]$,有

$$f(\boldsymbol{x},t)=0 \tag{2.6.1}$$

这里 Ω 是所考虑物体 $\bar{\Omega}$ 的一个任意子域,也可以将 Ω 简单视为一个域。

2.6.2 质量守恒

材料域 Ω 的质量 $m(\Omega)$为

$$m(\Omega)=\int_{\Omega}\rho(\boldsymbol{x},t)\mathrm{d}\Omega \tag{2.6.2}$$

其中,$\rho(\boldsymbol{x},t)$为密度。因为没有材料从材料域的边界上穿过,质量守恒要求任意材料域内的质量为常数。这里不考虑质量到能量的转化,根据质量守恒原理,$m(\Omega)$的材料时间导数为零,即

$$\frac{\mathrm{D}m}{\mathrm{D}t}=\frac{\mathrm{D}}{\mathrm{D}t}\int_{\Omega}\rho(x,t)\mathrm{d}\Omega=0 \tag{2.6.3}$$

求解式(2.6.3),需要应用雷诺传输定理(Reynolds transport theorem):

$$\frac{\mathrm{D}}{\mathrm{D}t}\int_{\Omega}f(\boldsymbol{x},t)\mathrm{d}\Omega=\int_{\Omega}\left(\frac{\mathrm{D}f(\boldsymbol{x},t)}{\mathrm{D}t}+f\,\frac{\partial v_i}{\partial x_i}\right)\mathrm{d}\Omega \tag{2.6.4}$$

其中,$\dfrac{\mathrm{D}f(\boldsymbol{x},t)}{\mathrm{D}t}\equiv\dfrac{\partial f(\boldsymbol{X},t)}{\partial t}$,并考虑到被积函数的第二项为速度场的散度,式(2.6.3)成为

$$\int_{\Omega}\left(\frac{\mathrm{D}\rho}{\mathrm{D}t}+\rho\operatorname{div}(\boldsymbol{v})\right)\mathrm{d}\Omega=0 \tag{2.6.5}$$

由于上式对于任意的子域 Ω 都成立,所以给出

$$\frac{\mathrm{D}\rho}{\mathrm{D}t}+\rho\mathrm{div}(\boldsymbol{v})=0 \quad 或 \quad \frac{\mathrm{D}\rho}{\mathrm{D}t}+\rho v_{i,i}=0 \quad 或 \quad \dot{\rho}+\rho v_{i,i}=0 \tag{2.6.6}$$

上式称为质量守恒方程,也常称为连续性方程,它是一阶偏微分方程。

质量守恒方程的几种特殊形式是很有意思的。当材料不可压缩时,密度的材料时间导数为零,由式(2.6.6)可得质量守恒方程为

$$\mathrm{div}(\boldsymbol{v})=0 \quad 或 \quad v_{i,i}=0 \tag{2.6.7}$$

即要求不可压缩材料的速度场的散度为零。

如果在式(2.6.6)中应用式(2.2.10)关于材料时间导数的定义,那么连续性方程可以写为

$$\frac{\partial\rho}{\partial t}+\rho_{,i}v_i+\rho v_{i,i}=\frac{\partial\rho}{\partial t}+(\rho v_i)_{,i}=0 \tag{2.6.8}$$

称其为质量守恒方程的保守形式。它常常应用于流体动力学的计算,因为上式的离散化被认为能使质量守恒更加精确。

对于拉格朗日描述,可以将质量守恒方程(2.6.3)对时间进行积分,从而得到一个密度的代数方程:

$$\int_{\Omega}\rho\mathrm{d}\Omega=常数=\int_{\Omega_0}\rho_0\mathrm{d}\Omega_0 \tag{2.6.9}$$

应用式(2.2.34)将上式左边的积分转换到参考域,得到

$$\int_{\Omega_0}(\rho J-\rho_0)\mathrm{d}\Omega_0=0 \tag{2.6.10}$$

考虑式(2.6.1)和被积函数的平滑性,质量守恒方程可以变换为

$$\rho(\boldsymbol{X},t)J(\boldsymbol{X},t)=\rho_0(\boldsymbol{X}) \quad 或 \quad \rho J=\rho_0 \tag{2.6.11}$$

式(2.6.11)仅对于材料点成立,因此式(2.6.10)的积分域必须是材料域。

在拉格朗日坐标中,常常应用代数方程式(2.6.11)以保证质量守恒。在欧拉坐标中,不能应用代数形式,而是通过偏微分方程式(2.6.6)或式(2.6.8),即以连续性方程保证质量守恒。

2.6.3 动量守恒

动量守恒包括线动量守恒和角动量守恒。从线动量守恒原理得出的方程是非线性有限元程序中的一个关键方程。线动量守恒等价于牛顿第二运动定律,它将作用在物体上的力与加速度联系起来。这个原理通常称为动量守恒原理或动量平衡原理。

下面首先阐述动量守恒原理的积分形式,再推导等价的偏微分方程。考虑一个任意域Ω,其边界为Γ,作用有体积力ρb和面力$\boldsymbol{t}$,其中$\boldsymbol{b}$是每单位质量上的力,$\boldsymbol{t}$是每单位面积上的力。合力表达式为

$$f(t)=\int_{\Omega}\rho b(\boldsymbol{x},t)\mathrm{d}\Omega+\int_{\Gamma}t(\boldsymbol{x},t)\mathrm{d}\Gamma \tag{2.6.12}$$

线动量的表达式为

$$p(t)=\int_{\Omega}\rho\boldsymbol{v}(\boldsymbol{x},t)\mathrm{d}\Omega \tag{2.6.13}$$

其中,ρv是每单位体积的线动量。

连续体的牛顿第二运动定律，即动量守恒原理表述为线动量的材料时间导数等于力。由式(2.6.12)和式(2.6.13)给出

$$\frac{\mathrm{D}p}{\mathrm{D}t}=f\Rightarrow\frac{\mathrm{D}}{\mathrm{D}t}\int_{\Omega}\rho\boldsymbol{v}\,\mathrm{d}\Omega=\int_{\Omega}\rho\boldsymbol{b}\,\mathrm{d}\Omega+\int_{\Gamma}\boldsymbol{t}\,\mathrm{d}\Gamma \tag{2.6.14}$$

现在转换上式的第一个和第三个积分以得到单一域上的积分，这样就能够应用式(2.6.1)。在上式左边的积分中应用雷诺传输定理，得到

$$\begin{aligned}\frac{\mathrm{D}}{\mathrm{D}t}\int_{\Omega}\rho\boldsymbol{v}\,\mathrm{d}\Omega&=\int_{\Omega}\left(\frac{\mathrm{D}}{\mathrm{D}t}(\rho\boldsymbol{v})+\mathrm{div}(\boldsymbol{v})\rho\boldsymbol{v}\right)\mathrm{d}\Omega\\&=\int_{\Omega}\left[\rho\frac{\mathrm{D}\boldsymbol{v}}{\mathrm{D}t}+\boldsymbol{v}\left(\frac{\mathrm{D}\rho}{\mathrm{D}t}+\rho\,\mathrm{div}(\boldsymbol{v})\right)\right]\mathrm{d}\Omega\end{aligned} \tag{2.6.15}$$

其中，第二个等式是通过对被积函数的第一项应用导数的乘法规则，再经过整理得到的。在上式等号右侧小括号中乘以速度的两项可以认为是连续性方程(2.6.6)，由于它等于零，上式变为

$$\frac{\mathrm{D}}{\mathrm{D}t}\int_{\Omega}\rho\boldsymbol{v}\,\mathrm{d}\Omega=\int_{\Omega}\rho\frac{\mathrm{D}\boldsymbol{v}}{\mathrm{D}t}\mathrm{d}\Omega \tag{2.6.16}$$

该方程是一般性结果的一个特例。我们可以将被积函数写成密度和函数 f 的乘积，则积分的材料时间导数为

$$\frac{\mathrm{D}}{\mathrm{D}t}\int_{\Omega}\rho f\,\mathrm{d}\Omega=\int_{\Omega}\rho\frac{\mathrm{D}f}{\mathrm{D}t}\mathrm{d}\Omega \tag{2.6.17}$$

这对于任意阶的张量都成立，它是雷诺传输定理和质量守恒的推论。通过重复在式(2.6.15)和式(2.6.16)中的步骤，可以证明它是雷诺传输定理的另一种形式。

为了将式(2.6.14)右侧第二项的积分转换为域积分，依次调用柯西关系和高斯定理(Gauss'law)，得到

$$\int_{\Gamma}\boldsymbol{t}\,\mathrm{d}\Gamma=\int_{\Gamma}\boldsymbol{n}\cdot\boldsymbol{\sigma}\,\mathrm{d}\Gamma=\int_{\Omega}\nabla\cdot\boldsymbol{\sigma}\,\mathrm{d}\Omega\quad\text{或}\quad\int_{\Gamma}t_j\,\mathrm{d}\Gamma=\int_{\Gamma}n_i\sigma_{ij}\,\mathrm{d}\Gamma=\int_{\Omega}\frac{\partial\sigma_{ij}}{\partial x_i}\mathrm{d}\Omega \tag{2.6.18}$$

注意，由于边界积分中的法向矢量在等号左侧，所以散度也是在等号左侧并且和应力张量的第一个指标缩并。如果散度算子作用在应力张量的第一个指标上，称为左散度算子，并位于等号左侧。如果它作用在第二个指标上，它就位于等号右侧，称为右散度算子。因为柯西应力是对称的，左右散度算子具有相同的作用。然而，相对于线性连续介质力学，在非线性连续介质力学中，习惯于将散度算子放在正确的位置是很重要的。因为某些应力张量不是对称的，如名义应力，当应力非对称时，左散度算子和右散度算子将导致不同的结果。本书使用的约定是将散度和梯度算子放在等号左侧，并将在面积分中的法向矢量也放在等号左侧。

将式(2.6.16)和式(2.6.18)代入式(2.6.14)，得

$$\int_{\Omega}\left(\rho\frac{\mathrm{D}\boldsymbol{v}}{\mathrm{D}t}-\rho\boldsymbol{b}-\nabla\cdot\boldsymbol{\sigma}\right)\mathrm{d}\Omega=0 \tag{2.6.19}$$

这样，如果被积函数是 C^{-1}，且因为式(2.6.19)对于任何区域都成立，应用式(2.6.18)，就可以得到

$$\rho\frac{\mathrm{D}\boldsymbol{v}}{\mathrm{D}t}=\nabla\cdot\boldsymbol{\sigma}+\rho\boldsymbol{b}\equiv\mathrm{div}\boldsymbol{\sigma}+\rho\boldsymbol{b}\quad\text{或}\quad\rho\frac{\mathrm{D}v_i}{\mathrm{D}t}=\frac{\partial\sigma_{ji}}{\partial x_j}+\rho b_i \tag{2.6.20}$$

该式称为动量方程，也称为线动量平衡方程。等号左侧的项代表动量的变化，因为它是加速度和密度的乘积，也称为惯性或运动项。根据应力场的散度，等号右侧的第一项是每单位体积的纯合内力。

这种形式的动量方程均适用于拉格朗日格式和欧拉格式。在拉格朗日格式中，假设相关变量是拉格朗日坐标 $\boldsymbol{X}$ 和时间 t 的函数，所以动量方程为

$$\rho(\boldsymbol{X},t)\frac{\partial \boldsymbol{v}(\boldsymbol{X},t)}{\partial t}=\operatorname{div}\boldsymbol{\sigma}(\varphi^{-1}(\boldsymbol{x},t),t)+\rho(\boldsymbol{X},t)\boldsymbol{b}(\boldsymbol{X},t) \tag{2.6.21}$$

注意到必须通过对运动的逆变换 $\varphi^{-1}(\boldsymbol{x},t)$，将应力表示为欧拉坐标的函数，才能够计算应力场的空间散度，还要考虑应力是 $\boldsymbol{X}$ 和时间 t 的函数，即 $\sigma(\boldsymbol{X},t)$。当独立变量从 $\boldsymbol{x}$ 变为 $\boldsymbol{X}$ 时，在式(2.6.20)中速度对于时间的材料导数就成为对于时间的偏导数。

在连续介质力学的经典文献中，可能不会考虑上式是否为真正的拉格朗日格式，因为导数的出现是关于欧拉坐标的。然而，拉格朗日格式的基本特征是独立变量为拉格朗日(材料)坐标，上式满足了这一要求，并且在后文将会看到在建立更新的拉格朗日格式的有限元法中，上述动量方程的形式可以应用于拉格朗日坐标离散。

在一个欧拉格式中，通过式(2.2.9)写出速度的材料导数，并且认为所有变量是欧拉坐标的函数，则方程(2.6.20)成为

$$\rho(\boldsymbol{x},t)\left(\frac{\partial \boldsymbol{v}(\boldsymbol{x},t)}{\partial t}+(\boldsymbol{v}(\boldsymbol{x},t)\cdot\operatorname{grad})\boldsymbol{v}(\boldsymbol{x},t)\right)=\operatorname{div}\boldsymbol{\sigma}(\boldsymbol{x},t)+\rho(\boldsymbol{x},t)\boldsymbol{b}(\boldsymbol{x},t) \tag{2.6.22}$$

或简记为

$$\rho\left(\frac{\partial v_i}{\partial t}+v_{i,j}v_j\right)=\frac{\partial \sigma_{ji}}{\partial x_j}+\rho b_i$$

从前文可以看出，如果把独立变量全都直接写出，方程是相当冗赘的，所以通常忽略它们。

在计算流体动力学中，一般采用如下形式的动量方程：

$$\frac{\mathrm{D}(\rho\boldsymbol{v})}{\mathrm{D}t}\equiv\frac{\partial(\rho\boldsymbol{v})}{\partial t}+\boldsymbol{v}\cdot\operatorname{grad}(\rho\boldsymbol{v})=\operatorname{div}\boldsymbol{\sigma}+\rho\boldsymbol{b} \tag{2.6.23}$$

该式称为动量方程的保守形式。在保守形式中，单位体积的动量 ρv 是一个相关变量。这种形式的动量方程可能更精确地表述动量守恒。

在许多问题中载荷是缓慢施加的，惯性力非常之小甚至可以忽略。在这种情况下，可以略去动量方程(2.6.22)中的加速度，则有

$$\nabla\cdot\boldsymbol{\sigma}+\rho\boldsymbol{b}=0 \quad \text{或} \quad \frac{\partial\sigma_{ji}}{\partial x_j}+\rho b_i=0 \tag{2.6.24}$$

该式称为平衡方程。平衡方程所适用的问题通常称为静态问题。平衡方程与动量方程的区别为，平衡过程是静态的，且不包括加速度。动量和平衡方程都是张量方程，式(2.6.20)和式(2.6.24)分别代表了 n_{SD} 个标量方程。

通过用位置矢量 $\boldsymbol{x}$ 叉乘相应的线动量原理(式(2.6.14))中的每一项，可以得到角动量守恒的积分形式：

$$\frac{\mathrm{D}}{\mathrm{D}t}\int_{\Omega}\boldsymbol{x}\times\rho\boldsymbol{v}\,\mathrm{d}\Omega=\int_{\Omega}\boldsymbol{x}\times\rho\boldsymbol{b}\,\mathrm{d}\Omega+\int_{\Gamma}\boldsymbol{x}\times\boldsymbol{t}\,\mathrm{d}\Gamma \tag{2.6.25}$$

推导满足式(2.6.25)的条件留给读者作为练习，这里仅给予说明：

$$\boldsymbol{\sigma}=\boldsymbol{\sigma}^{\mathrm{T}} \quad 或 \quad \sigma_{ij}=\sigma_{ji} \tag{2.6.26}$$

换言之，角动量守恒方程要求柯西应力为对称张量。所以，柯西应力张量在二维问题中代表 3 个相关变量，在三维问题中代表 6 个。当使用柯西应力时，角动量守恒不会产生任何附加方程。

2.6.4 能量守恒

现在考虑热力学过程，其能量形式包括机械功和热量。能量守恒原理即能量平衡原理，说明整个能量的变化率等于体力和面力做的功加上由热流量和其他热源传送到物体中的热能。每单位体积的内能用 ρw^{int} 表示，其中 w^{int} 是每单位质量的内能。每单位面积的热流用矢量 $\boldsymbol{q}$ 表示，其量纲是每单位面积的功率，而每单位体积的热源用 ρs 表示。能量守恒则要求在物体中总能量的变化率（包括内能和动能）等于由施加的力做功产生的功率及在物体中由热传导和任何热源产生的能量的功率。

物体内总能量的变化率为内能的变化率 p^{int} 与动能的变化率 p^{kin} 之和：

$$p^{\mathrm{int}}=\frac{\mathrm{D}}{\mathrm{D}t}\int_{\Omega}\rho w^{\mathrm{int}}\mathrm{d}\Omega, \quad p^{\mathrm{kin}}=\frac{\mathrm{D}}{\mathrm{D}t}\int_{\Omega}\frac{1}{2}\rho\boldsymbol{v}\cdot\boldsymbol{v}\mathrm{d}\Omega \tag{2.6.27}$$

在域内由体积力和在表面由面力做功的功率为

$$p^{\mathrm{ext}}=\int_{\Omega}\boldsymbol{v}\cdot\rho\boldsymbol{b}\mathrm{d}\Omega+\int_{\Gamma}\boldsymbol{v}\cdot\boldsymbol{t}\mathrm{d}\Gamma=\int_{\Omega}v_i\rho b_i\mathrm{d}\Omega+\int_{\Gamma}v_i t_i\mathrm{d}\Gamma \tag{2.6.28}$$

由热源 s 和热流 $\boldsymbol{q}$ 提供的功率为

$$p^{\mathrm{heat}}=\int_{\Omega}\rho s\mathrm{d}\Omega-\int_{\Gamma}\boldsymbol{n}\cdot\boldsymbol{q}\mathrm{d}\Gamma=\int_{\Omega}\rho s\mathrm{d}\Omega-\int_{\Gamma}n_i q_i\mathrm{d}\Gamma \tag{2.6.29}$$

其中，热流一项的符号是负的，因为正的热流是向物体外面流出的。

能量守恒的表达式为

$$p^{\mathrm{int}}+p^{\mathrm{kin}}=p^{\mathrm{ext}}+p^{\mathrm{heat}} \tag{2.6.30}$$

即物体内总能量的变化率（包括内能和动能）等于外力的功率和由热流及热源提供的功率。这是我们所熟知的热力学第一定律。内能的支配取决于材料。在弹性材料中，它以内部弹性能的形式存储起来，并在卸载后能够完全恢复。在弹塑性材料中，部分内能转化为热，部分内能因为材料结构的变化而耗散。

将式(2.6.27)～式(2.6.29)代入式(2.6.30)，可以得到能量守恒的完整表达式：

$$\frac{\mathrm{D}}{\mathrm{D}t}\int_{\Omega}\left(\rho w^{\mathrm{int}}+\frac{1}{2}\rho\boldsymbol{v}\cdot\boldsymbol{v}\right)\mathrm{d}\Omega=\int_{\Omega}\boldsymbol{v}\cdot\rho\boldsymbol{b}\mathrm{d}\Omega+\int_{\Gamma}\boldsymbol{v}\cdot\boldsymbol{t}\mathrm{d}\Gamma+\int_{\Omega}\rho s\mathrm{d}\Omega-\int_{\Gamma}\boldsymbol{n}\cdot\boldsymbol{q}\mathrm{d}\Gamma \tag{2.6.31}$$

应用与前文相同的方法，从积分表述中推导偏微分方程：首先应用雷诺传输定理将整体导数移入积分，再将所有面积分转换为域积分。应用雷诺传输定理式(2.6.17)，则式(2.6.31)中的第一个积分为

$$\begin{aligned}\frac{\mathrm{D}}{\mathrm{D}t}\int_{\Omega}\left(\rho w^{\mathrm{int}}+\frac{1}{2}\rho\boldsymbol{v}\cdot\boldsymbol{v}\right)\mathrm{d}\Omega&=\int_{\Omega}\left(\rho\frac{\mathrm{D}w^{\mathrm{int}}}{\mathrm{D}t}+\frac{1}{2}\rho\frac{\mathrm{D}(\boldsymbol{v}\cdot\boldsymbol{v})}{\mathrm{D}t}\right)\mathrm{d}\Omega\\&=\int_{\Omega}\left(\rho\frac{\mathrm{D}w^{\mathrm{int}}}{\mathrm{D}t}+\rho\boldsymbol{v}\cdot\frac{\mathrm{D}\boldsymbol{v}}{\mathrm{D}t}\right)\mathrm{d}\Omega\end{aligned} \tag{2.6.32}$$

将柯西应力的定义式(2.4.1)和高斯定理式(2.6.18)应用于式(2.6.31)右边的面力边界积分，得到

$$
\begin{aligned}
\int_{\Gamma} \boldsymbol{v} \cdot \boldsymbol{t} \, \mathrm{d}\Gamma &= \int_{\Gamma} \boldsymbol{n} \cdot \boldsymbol{\sigma} \cdot \boldsymbol{v} \, \mathrm{d}\Gamma = \int_{\Gamma} n_j \sigma_{ji} v_i \, \mathrm{d}\Gamma \\
&= \int_{\Omega} (\sigma_{ji} v_i)_{,j} \, \mathrm{d}\Omega = \int_{\Omega} (v_{i,j}\sigma_{ji} + v_i \sigma_{ji,j}) \, \mathrm{d}\Omega \\
&= \int_{\Omega} (D_{ji}\sigma_{ji} + W_{ji}\sigma_{ji} + v_i\sigma_{ji,j}) \, \mathrm{d}\Omega \quad \text{使用式(2.3.9)} \\
&= \int_{\Omega} (D_{ji}\sigma_{ji} + v_i\sigma_{ji,j}) \, \mathrm{d}\Omega \quad \text{根据 } \sigma \text{ 的对称性和 } W \text{ 的反对称性} \\
&= \int_{\Omega} (\boldsymbol{D} : \boldsymbol{\sigma} + (\nabla \cdot \boldsymbol{\sigma}) \cdot \boldsymbol{v}) \, \mathrm{d}\Omega
\end{aligned}
\tag{2.6.33}
$$

上式的第三行到第四行，利用了对称函数被反对称算子作用为零的结果，注意这里是对一对重复指标的缩并。将上式代入式(2.6.31)，对热流积分应用高斯定理并整理各项，得到

$$
\int_{\Omega} \left(\rho \frac{\mathrm{D}w^{\mathrm{int}}}{\mathrm{D}t} - \boldsymbol{D} : \boldsymbol{\sigma} + \nabla \cdot \boldsymbol{q} - \rho s + \boldsymbol{v} \cdot \left(\rho \frac{\mathrm{D}\boldsymbol{v}}{\mathrm{D}t} - \nabla \cdot \boldsymbol{\sigma} - \rho \boldsymbol{b} \right) \right) \mathrm{d}\Omega = 0 \tag{2.6.34}
$$

积分中被积函数的最后一项可以认为是动量方程(2.6.20)，所以为零。根据域的任意性得

$$
\rho \frac{\mathrm{D}w^{\mathrm{int}}}{\mathrm{D}t} = \boldsymbol{D} : \boldsymbol{\sigma} - \nabla \cdot \boldsymbol{q} + \rho s \tag{2.6.35}
$$

这就是能量守恒的偏微分方程。

当没有热流和热源时，一个纯机械过程的能量守恒方程为

$$
\rho \frac{\mathrm{D}w^{\mathrm{int}}}{\mathrm{D}t} = \boldsymbol{D} : \boldsymbol{\sigma} = \boldsymbol{\sigma} : \boldsymbol{D} = \sigma_{ij} D_{ij} \tag{2.6.36}
$$

该式不再是偏微分方程，其以应力和变形率度量的形式定义了给予物体单位体积的能量变化率，称为内能变化率或内部功率。从前文可以看出，内部功率由变形率和柯西应力的缩并给出，因此变形率和柯西应力在功率上是共轭的。后文将看到，功率上的共轭有助于弱形式的建立：在功率上共轭的应力和应变率的度量可以用于构造虚功原理或虚功率原理，即动量方程的弱形式。在功率上共轭的变量也可以说其在功或能量上是耦合的，但是我们常常使用在功率上共轭的说法，因为它更加准确。

通过在整个物体域上积分式(2.6.36)，得到系统内能的变化率为

$$
\frac{\mathrm{D}W^{\mathrm{int}}}{\mathrm{D}t} = \int_{\Omega} \rho \frac{\mathrm{D}w^{\mathrm{int}}}{\mathrm{D}t} \mathrm{d}\Omega = \int_{\Omega} \boldsymbol{D} : \boldsymbol{\sigma} \, \mathrm{d}\Omega = \int_{\Omega} D_{ij}\sigma_{ij} \, \mathrm{d}\Omega = \int_{\Omega} \frac{\partial v_i}{\partial x_j} \sigma_{ij} \, \mathrm{d}\Omega \tag{2.6.37}
$$

其中，最后一个表达式利用了柯西应力张量的对称性。

表 2-3 以张量和指标两种形式总结了守恒方程。我们没有指出所写方程的独立变量，它们可以表示为空间坐标或材料坐标的形式。我们也没有将方程表示为保守形式，不同于在流体力学中，这种保守形式在固体力学中似乎用途不大，目前尚未在文献中发现关于其原因的解释，可能与固体力学问题中的密度变化较小有关。

表 2-3　守恒方程

欧拉描述
质量守恒： $\frac{\mathrm{D}\rho}{\mathrm{D}t} + \rho \operatorname{div}(\boldsymbol{v}) = 0$ 或 $\frac{\mathrm{D}\rho}{\mathrm{D}t} + \rho v_{i,i} = 0$ 或 $\dot{\rho} + \rho v_{i,i} = 0$

续表

欧拉描述
线动量守恒： $\rho\dfrac{\mathrm{D}\boldsymbol{v}}{\mathrm{D}t}=\nabla\cdot\boldsymbol{\sigma}+\rho\boldsymbol{b}\equiv\operatorname{div}\boldsymbol{\sigma}+\rho\boldsymbol{b}$ 或 $\rho\dfrac{\mathrm{D}v_i}{\mathrm{D}t}=\dfrac{\partial\sigma_{ji}}{\partial x_j}+\rho b_i$
角动量守恒： $\boldsymbol{\sigma}=\boldsymbol{\sigma}^{\mathrm{T}}$ 或 $\sigma_{ij}=\sigma_{ji}$
能量守恒： $\rho\dfrac{\mathrm{D}w^{\mathrm{int}}}{\mathrm{D}t}=\boldsymbol{D}:\boldsymbol{\sigma}-\nabla\cdot\boldsymbol{q}+\rho s$
拉格朗日描述
质量守恒： $\rho(\boldsymbol{X},t)J(\boldsymbol{X},t)=\rho_0(\boldsymbol{X})$ 或 $\rho J=\rho_0$
线动量守恒： $\rho_0\dfrac{\partial\boldsymbol{v}(\boldsymbol{X},t)}{\partial t}=\nabla_0\cdot\boldsymbol{P}+\rho_0\boldsymbol{b}$ 或 $\rho_0\dfrac{\partial v_i(\boldsymbol{X},t)}{\partial t}=\dfrac{\partial P_{ji}}{\partial X_j}+\rho_0 b_i$
角动量守恒： $\boldsymbol{F}\cdot\boldsymbol{P}=\boldsymbol{P}^{\mathrm{T}}\cdot\boldsymbol{F}^{\mathrm{T}}$，$F_{ik}P_{kj}=P_{ik}^{\mathrm{T}}F_{kj}^{\mathrm{T}}=F_{jk}P_{ki}$，$\boldsymbol{S}=\boldsymbol{S}^{\mathrm{T}}$
能量守恒： $\rho_0\dot{w}^{\mathrm{int}}=\rho_0\dfrac{\partial w^{\mathrm{int}}(\boldsymbol{X},t)}{\partial t}=\dot{\boldsymbol{F}}:\boldsymbol{P}-\nabla_0\cdot\tilde{\boldsymbol{q}}+\rho_0 s$

注：用 $\tilde{q}$ 表示单位参考面积的热流量，以区别于单位当前面积的热流 $\boldsymbol{q}$

第 3 章在导出完全的拉格朗日格式的有限元弱形式时，将进一步给出在材料坐标系(拉格朗日坐标系)下上述守恒方程的具体形式。

2.7 练习

1. 考虑在图 2-15 中所示的单元，设运动为

$$x=X+Yt,\quad y=Y+\frac{1}{2}Xt$$

(1) 在 $t=1$ 时拉伸单元。计算此刻的变形梯度和格林应变张量。解释在格林应变中非零项的物理意义(哪条边伸长了？哪条边长度保持为常数？并对比非零项)。

(2) 计算 $t=1$ 时单元的速度和加速度。

(3) 计算 $t=1$ 时单元的变形率和角速度。

(4) 在 $t=0.5$ 时重复以上步骤。

(5) 计算作为时间函数的雅克比行列式，并确定多长时间行列式保持正值。当雅克比行列式改变符号时拉伸单元，此时能看到什么运动？

2. 考虑例 2.14 中式(E2.14.1)描述的运动。求出作为时间函数的速度梯度 $\boldsymbol{L}$、变形率张量 $\boldsymbol{D}$、旋转张量 $\boldsymbol{W}$ 和角速度 $\boldsymbol{\Omega}$。画出作为时间函数的旋转和角速度在间隔 $t\in[0,4]$的图

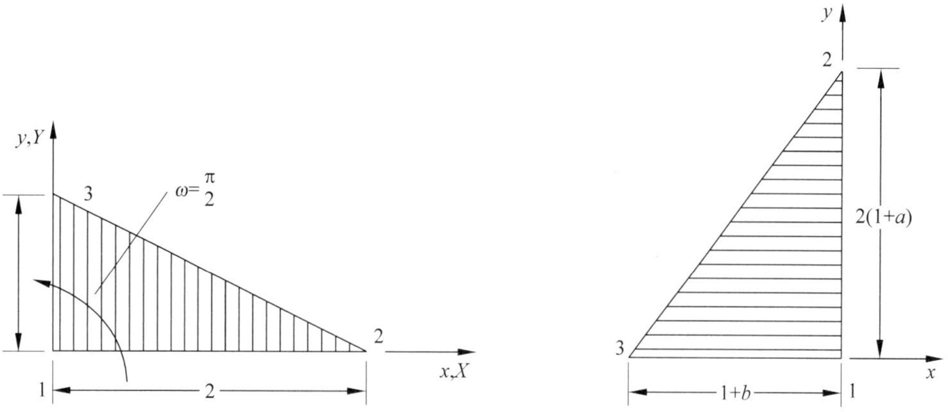

(a)　　(b)

图 2-15　由式(E2.3.1)描述的运动

(a) 初始构形；(b) $t=1$ 时的变形构形

形。这是否阐明了在图 2-12 中格林-纳迪应力率和耀曼应力率之间的区别？

3. 考虑 3 节点杆单元，如图 2-16 所示。对 $\hat{v}_x$ 和 $\hat{v}_y$ 应用标准的 3 节点形状函数，节点坐标为

$$x_1=-r\sin\theta,\quad x_2=0,\quad x_3=r\sin\theta\quad y_1=0,\quad y_2=r(1-\cos\theta),\quad y_3=0$$

每一节点的径向节点速度如图 2-16 所示。以节点速度的形式，计算在节点 2 的旋转变形率。对于该点，旋转坐标系和整体坐标系重合。将结果与使用柱坐标 $D_{\theta\theta}=\dfrac{v_r}{r}$ 所得的结果进行比较。对于 $\theta=0.1\text{rad}$ 和 $\theta=0.05\text{rad}$，在高斯积分点 $\xi=-3^{-\frac{1}{2}}$ 上重复以上步骤，并与柱坐标 $D_{\theta\theta}=\dfrac{v_r}{r}$ 的结果比较；积分点的旋转坐标系如图 2-16(b)所示。

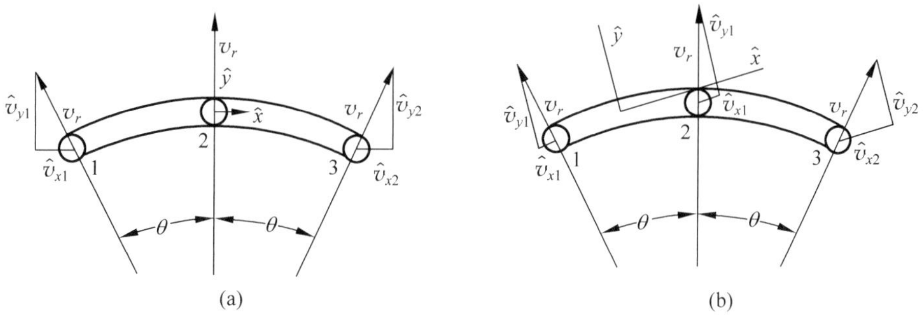

(a)　　(b)

图 2-16　关于问题 3 的一个 3 节点单元(a)，节点 2 和高斯积分点的旋转坐标系(b)

4. (1) 证明对于任意两个二阶张量 $\boldsymbol{A}$ 和 $\boldsymbol{B}$，耀曼应力率具有如下性质：

$$(\boldsymbol{A}:\boldsymbol{B})=\dot{\boldsymbol{A}}:\boldsymbol{B}+\boldsymbol{A}:\dot{\boldsymbol{B}}=\boldsymbol{A}^{\nabla J}:\boldsymbol{B}+\boldsymbol{A}:\boldsymbol{B}^{\nabla J}$$

(2) 证明对于对称张量 $\boldsymbol{A}$ 和 $\boldsymbol{B}$，如果 $\boldsymbol{A}$ 和 $\boldsymbol{B}$ 互换($\boldsymbol{A}$ 和 $\boldsymbol{B}$ 为同轴或有相同的主方向)，则

$$\boldsymbol{A}:\dot{\boldsymbol{B}}=\boldsymbol{A}:\boldsymbol{B}^{\nabla J}\quad\text{或}\quad\dot{\boldsymbol{A}}:\boldsymbol{B}=\boldsymbol{A}^{\nabla J}:\boldsymbol{B}$$

成立。

(3) 证明(1)和(2)中的结果对于任意基于旋转的客观应力率都成立，即

$$\boldsymbol{A}^{\nabla}=\dot{\boldsymbol{A}}-\boldsymbol{\Omega}\cdot\boldsymbol{A}-\boldsymbol{A}\cdot\boldsymbol{\Omega}^{\mathrm{T}}$$

这里$\boldsymbol{\Omega}=-\boldsymbol{\Omega}^{\mathrm{T}}$是一个旋转张量。

根据 Prager 的结论，上述结果将在第 12 章中用于建立弹-塑性切线模量。

5. (1) 应用第 3 题的结果和表 12.2 中关于一个张量的主不变量的表达式，证明主不变量的材料时间导数可以写为

$$\dot{I}_1=\dot{\boldsymbol{\sigma}}:\boldsymbol{I}=\boldsymbol{\sigma}^{\nabla J}:\boldsymbol{I}$$

$$\dot{I}_2=\dot{\boldsymbol{\sigma}}:\boldsymbol{I}-(\dot{\boldsymbol{\sigma}}\cdot\boldsymbol{\sigma}):\boldsymbol{I}=\boldsymbol{\sigma}^{\nabla J}:\boldsymbol{I}-(\boldsymbol{\sigma}^{\nabla J}\cdot\boldsymbol{\sigma}):\boldsymbol{I}$$

$$\dot{I}_3=I_3\mathrm{Trace}(\dot{\boldsymbol{\sigma}}\cdot\boldsymbol{\sigma}^{-1})=I_3\mathrm{Trace}(\boldsymbol{\sigma}^{\nabla J}\cdot\boldsymbol{\sigma}^{-1})$$

由此可以推出，如果柯西应力的耀曼应力率为零，即$\boldsymbol{\sigma}^{\nabla J}=0$，那么柯西应力的主不变量为定常数。

(2) 证明如果柯西应力的材料时间导数是偏量，那么柯西应力的耀曼应力率也是偏量。

根据第 4 题(3)的结果可以推论，对于任意对称张量和任意基于旋转的客观应力率，这些结果也成立。

6. 从式(2.3.4)和式(2.3.12)出发，证明

$$2\mathrm{d}\boldsymbol{x}\cdot\boldsymbol{D}\cdot\mathrm{d}\boldsymbol{x}=2\mathrm{d}\boldsymbol{x}\cdot\boldsymbol{F}^{-\mathrm{T}}\cdot\dot{\boldsymbol{E}}\cdot\boldsymbol{F}^{-1}\cdot\mathrm{d}\boldsymbol{x}$$

成立，从而式(2.3.22)成立。

7. 在初始构形中，证明应用在拉格朗日描述中的动量守恒表述隐含

$$\boldsymbol{P}\cdot\boldsymbol{F}^{\mathrm{T}}=\boldsymbol{F}\cdot\boldsymbol{P}^{\mathrm{T}}$$

8. 延伸例 2.6，当初始单元为 $a\times b$ 的矩形(图 2-7)时，对于高斯积分点上 2×2 的积分，找出雅克比行列式为负值的条件。对于积分点位于单元中心的一点积分，重复计算找出雅克比行列式为负值的条件。

9. 考虑如图 2-17(a)所示的 4 节点四边形单元。假设其单位时间间隔后的运动如图 2-17(b)，即其运动形式为 $x=X+atY$，$y=(1+bt)Y$。在 $t=1$ 时，

(1) 计算格林应变张量、变形率和转动率张量。

(2) 当唯一非零 PK2 应力分量为 S_{22} 时，求未变形构形中的节点内力。

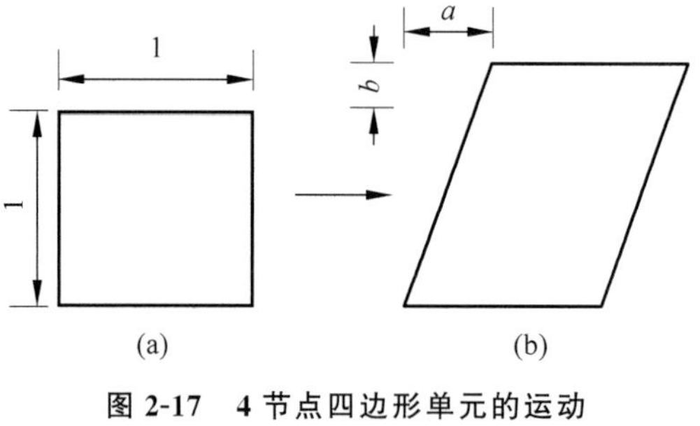

图 2-17 4 节点四边形单元的运动

(a) 初始构形；(b) 运动后的构形

10. 证明式(2.3.13)，其中最后一步从 $\boldsymbol{L}-\boldsymbol{L}^{\mathrm{T}}$ 的反对称性得到。以此证明对称函数被反对称算子作用的结果为零。

参考解答：

设

$$\mathrm{d}\boldsymbol{x}=(\mathrm{d}x\quad \mathrm{d}y),\quad \boldsymbol{L}=\begin{bmatrix}\cos\theta & -\sin\theta\\ \sin\theta & \cos\theta\end{bmatrix},\quad (\boldsymbol{L}-\boldsymbol{L}^{\mathrm{T}})=\begin{bmatrix}0 & -2\sin\theta\\ 2\sin\theta & 0\end{bmatrix}$$

得到，

$$\mathrm{d}\boldsymbol{x}\cdot(\boldsymbol{L}-\boldsymbol{L}^{\mathrm{T}})\cdot\mathrm{d}\boldsymbol{x}=(\mathrm{d}x\quad \mathrm{d}y)\begin{bmatrix}0 & -2\sin\theta\\ 2\sin\theta & 0\end{bmatrix}(\mathrm{d}x\quad \mathrm{d}y)^{\mathrm{T}}=0$$

11. 设给定初始状态的柯西应力为

$$\boldsymbol{\sigma}_{(t=0)}=\begin{bmatrix}\sigma_x^0 & 0\\ 0 & \sigma_y^0\end{bmatrix}$$

考虑这组嵌入材料的应力，当物体转动时，初始应力也随着转动，如图 2-18 所示。计算在初始构形和在 $t=\dfrac{\pi}{2\omega}$ 时构形的 PK2 应力、名义应力和旋转柯西应力。

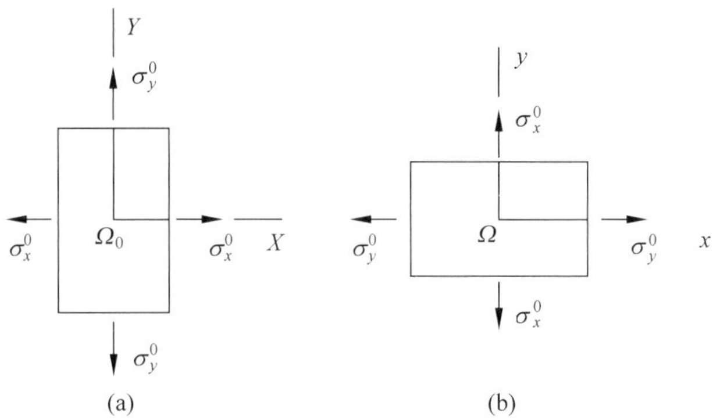

图 2-18　预应力物体的构形

(a) 初始构形；(b) 转动 90°后的构形

参考解答：在初始状态有 $\boldsymbol{F}=\boldsymbol{I}$，所以

$$S=P=\hat{\boldsymbol{\sigma}}=\boldsymbol{\sigma}=\begin{bmatrix}\sigma_x^0 & 0\\ 0 & \sigma_y^0\end{bmatrix}\tag{L2.1}$$

在 $t=\dfrac{\pi}{2\omega}$ 时的构形中，变形梯度为

$$\boldsymbol{F}=\begin{bmatrix}\cos\dfrac{\pi}{2} & -\sin\dfrac{\pi}{2}\\ \sin\dfrac{\pi}{2} & \cos\dfrac{\pi}{2}\end{bmatrix}=\begin{bmatrix}0 & -1\\ 1 & 0\end{bmatrix},\quad J=\det(\boldsymbol{F})=1\tag{L2.2}$$

因为应力是嵌入材料的，在转动构形中的应力状态为

$$\boldsymbol{\sigma}=\begin{bmatrix}\sigma_y^0 & 0\\ 0 & \sigma_x^0\end{bmatrix}\tag{L2.3}$$

表 2-1 给出了此构形中的名义应力：

$$\boldsymbol{P}=J\boldsymbol{F}^{-1}\cdot\boldsymbol{\sigma}=\begin{bmatrix}0 & 1\\ -1 & 0\end{bmatrix}\begin{bmatrix}\sigma_y^0 & 0\\ 0 & \sigma_x^0\end{bmatrix}=\begin{bmatrix}0 & \sigma_x^0\\ -\sigma_y^0 & 0\end{bmatrix} \tag{L2.4}$$

注意到名义应力是非对称的。通过表 2-1 将 PK2 应力表示为名义应力 $\boldsymbol{P}$ 的形式：

$$\boldsymbol{S}=\boldsymbol{P}\cdot\boldsymbol{F}^{-\mathrm{T}}=\begin{bmatrix}0 & \sigma_x^0\\ -\sigma_y^0 & 0\end{bmatrix}\begin{bmatrix}0 & -1\\ 1 & 0\end{bmatrix}=\begin{bmatrix}\sigma_x^0 & 0\\ 0 & \sigma_y^0\end{bmatrix} \tag{L2.5}$$

由于这个问题中的映射为纯转动，$\boldsymbol{R}=\boldsymbol{F}$，所以当 $t=\dfrac{\pi}{2\omega}$时，旋转柯西应力$\hat{\boldsymbol{\sigma}}=S$。

第 3 章

完全的拉格朗日有限元格式

主要内容

完全的拉格朗日有限元格式： 控制方程，弱形式，从强形式到弱形式，虚功原理

有限元半离散化： 单元和总体矩阵，编制程序

典型单元： 二维杆单元，平面三角形单元，平面四边形单元，三维几何非线性索单元，三维六面体单元

大变形静力学的变分原理

3.1 引言

在固体力学中，普遍应用的是拉格朗日(Lagrangian)有限元格式，其魅力在于能够非常容易地处理变形固体和复杂边界条件。接触面和物体边界与单元的边界保持一致，节点和单元随材料移动，积分点也随材料移动，本构方程总是在相同的材料点处赋值，因此能够跟踪材料点，精确地描述取决于加载和变形历史的材料。考虑几何和材料的非线性，这里描述的拉格朗日单元公式适用于大变形和弹塑性材料。它们仅受单元处理大扭曲能力的限制，然而大多数单元可以承受有限的扭曲，并在使用过程中不退化或失效，这是应用拉格朗日单元进行非线性分析的一个重要因素。

拉格朗日有限元格式通常划分为完全的拉格朗日(total Lagrangian，TL)格式和更新的拉格朗日(updated Lagrangian，UL)格式。这两种格式都采用了拉格朗日描述，即相关变量是坐标和时间的函数。TL 格式以拉格朗日度量的形式表述应力和应变的公式，通过在未变形(初始)构形上的积分建立弱形式，导数和积分运算采用相应的拉格朗日(材料)坐标 $\boldsymbol{X}$。UL 格式以欧拉度量的形式表述应力和应变的公式，通过在变形(当前)构形上的积分建立弱形式，导数和积分运算采用相应的欧拉(空间)坐标 $\boldsymbol{x}$。两种格式的主要区别在于：

TL格式在初始构形上描述变量，UL格式在当前构形上描述变量，两种格式应用不同的应力和变形度量。例如，TL格式习惯于采用应变的完全度量，而UL格式常采用应变的率度量。但这并不是绝对的，TL格式也可采用应变的率度量，UL格式也可采用应变的完全度量。虽然TL格式和UL格式看起来区别很大，但实际上这两种格式的力学本质是相同的，可以相互转换。

本章采用名义应力和PK2应力建立TL格式，采用与PK2应力功共轭的格林应变张量作为应变的度量，建立动量方程的弱形式，此即虚功原理。第4章将建立UL格式，建立TL格式的过程与建立UL格式的过程基本一致，在UL格式中的任何表达式都可以通过张量变换和构形映射转换到TL格式。在实际中经常使用TL格式，但为了理解文献，读者必须熟悉这两种格式的表述方式。在课程教学中，可以选讲其中一种格式。

本章将回顾有限元离散和编程的基本概念，包括弱形式和强形式的概念，集合和离散的运算，以及基本边界条件和初始条件的概念；同时将展示对结果的连续性要求和有限元法的近似计算。已经学过线性有限元法的读者，可能对这部分内容比较熟悉。对于每一种公式，通过对变分项与动量方程的乘积进行积分来建立动量方程的弱形式(虚功原理)。在TL格式中，积分是在所有材料坐标上进行的；而在UL格式中，积分是在空间坐标上进行的。本章也会说明如何处理力边界条件，该过程与线性有限元法的分析过程是一致的，在非线性公式中，则需要定义积分赋值的坐标系并确定应力和应变的度量。

本章通过几种单元举例介绍TL格式的应用，建立了节点力的表达式(节点力代表动量方程的离散)。对于求解过程，在很多书中都强调切线刚度矩阵是一种求解方程的简单方法，但它不是有限元离散的核心，我们将在第6章讨论如何建立刚度矩阵。对于TL格式，建立一种变分原理，该原理只适用于具有保守载荷和超弹性材料的静态问题，即适用于由路径和率无关的弹性本构定律描述的材料，其对于解释和理解数值解、非线性解的稳定性有重要意义，也可以应用于开发计算程序。

本章也将推导有限元近似计算的离散方程。对于需要考虑加速度(通常称为动力学问题)和率相关材料的问题，有限元离散方程为常微分方程，因为有限元法仅将空间微分运算转化为离散形式，而没有对时间导数进行离散，该离散过程称为半离散化。对于静力学问题与率无关材料，离散方程是独立于时间的，有限元离散方程为非线性代数方程。

为了便于读者理解TL格式的特点，本章列举了TL格式的二维杆、平面三角形、平面四边形、三维的几何非线性索和六面体等单元。

3.2 控制方程

3.2.1 构形和应力-应变度量

考虑一个物体，其初始构形如图2-1(a)所示，该构形也称为变形前构形，它占有域Ω_0，其边界为Γ_0，附属于参考(初始，变形前)构形的变量记为上角标或下角标为0。变形构形如图2-1(b)所示，它占有域Ω，其边界为Γ，该构形在固体的大变形分析中发挥了重要作用。材料(拉格朗日)坐标用$\boldsymbol{X}$表示，空间(欧拉)坐标用$\boldsymbol{x}$表示。

物体的运动由拉格朗日坐标和时间的函数描述：

$$\boldsymbol{x}=\varphi(\boldsymbol{X},t) \tag{3.2.1}$$

式中,$\varphi(\boldsymbol{X},t)$是在初始域和当前域之间的映射。材料坐标位于初始构形,所以有

$$\boldsymbol{X}=\varphi(\boldsymbol{X},0) \tag{3.2.2}$$

位移由材料点的变形前后位置之差得到:

$$\boldsymbol{u}(\boldsymbol{X},t)=\varphi(\boldsymbol{X},t)-\boldsymbol{X}=\boldsymbol{x}-\boldsymbol{X} \tag{3.2.3}$$

变形梯度定义为

$$\boldsymbol{F}=\frac{\partial\varphi}{\partial\boldsymbol{X}}=\frac{\partial\boldsymbol{x}}{\partial\boldsymbol{X}} \tag{3.2.4}$$

式(3.2.4)中的第二个定义有时不明确,因为它涉及独立变量 $\boldsymbol{x}$ 对 $\boldsymbol{X}$ 的偏微分,这是没有物理意义的。无论 $\boldsymbol{x}$ 何时出现,应将其视作形如 $\boldsymbol{x}=\varphi(\boldsymbol{X},t)$的函数。

设 J 表示当前构形与初始构形之间的雅克比行列式,对于一维变形,定义 J 为变形物体的无限小体积 $A\Delta x$ 与变形前物体无限小体积 $A_0\Delta X$ 的比值,即

$$J=\frac{\partial\boldsymbol{x}}{\partial\boldsymbol{X}}\frac{A}{A_0}=\frac{\boldsymbol{F}A}{A_0} \tag{3.2.5}$$

作为特殊情况,在一维问题中 J 有时也被定义为 $J=\dfrac{\partial x}{\partial X}$,本章则采用式(3.2.5)的定义。变形梯度 $\boldsymbol{F}$ 是应变的一个特殊度量,当物体不变形时,$\boldsymbol{F}$ 是一个单位值。在一维变形中,定义应变度量为

$$\varepsilon(X,t)=F(X,t)-1=\frac{\partial x}{\partial X}-1=\frac{\partial u}{\partial X} \tag{3.2.6}$$

上式等效于工程应变,在变形前构形中为零。应变还有许多其他度量,这里仅采用最方便的形式。

TL 格式中使用的应力度量与物理应力不同。在一维变形中,物理应力,即柯西应力的定义如下:令 F_p 表示给定截面上的总受力,并假设应力在横截面上均匀分布,则柯西应力表示为

$$\sigma=\frac{F_p}{A} \tag{3.2.7}$$

该应力度量对应于当前面积 A。TL 格式中的应力度量采用名义应力 P 表示:

$$P=\frac{F_p}{A_0} \tag{3.2.8}$$

可以看出与物理应力不同,它是力除以变形前的面积 A_0,这与工程应力等价。

由式(3.2.7)和式(3.2.8)可以看出,柯西应力与名义应力的关系为

$$\sigma=\frac{A_0}{A}P \tag{3.2.9}$$

因此,如果已知一种应力及当前和初始横截面面积,便可以计算另一种应力。

3.2.2 控制方程

连续体力学行为的控制方程有 5 个,同时也是有限元法的控制方程,包括:

(1) 质量守恒;

(2) 动量守恒;

(3) 能量守恒；

(4) 本构方程，即描述材料行为与变形度量相关的应力；

(5) 变形度量，也称为应变-位移方程。

另外，要求变形应保持连续性，连续性也常称为协调性。我们在2.6节已经详细推导了守恒方程。这里以一维杆件为例简要给出这些控制方程。

质量守恒：对于拉格朗日格式，质量守恒方程为

$$\rho J = \rho_0 J_0 \quad \text{或} \quad \rho(X,t)J(X,t) = \rho_0(X)J_0(X) \tag{3.2.10}$$

式中，J_0 为初始构形的雅克比行列式，取单位值；当前密度用 $\rho(X,t)$ 表示，初始密度用 $\rho_0(X)$ 表示。值得强调的是，质量守恒方程的变量为材料坐标的函数，只有通过材料坐标表示时才能用代数方程表示物质守恒，否则它是一个偏微分方程。对于杆件，应用式(3.2.5)及 $J_0=1$，式(3.2.10)为

$$\rho FA = \rho_0 A_0 \tag{3.2.11}$$

上式还应用了 $J=\dfrac{\partial x}{\partial X}\dfrac{A}{A_0}=\dfrac{FA}{A_0}$。

动量守恒：由名义应力和材料坐标表示的动量守恒方程为

$$(A_0 P)_{,X} + \rho_0 A_0 b = \rho_0 A_0 \ddot{u} \tag{3.2.12}$$

式中，$P(X,t)_{,X}=\dfrac{\partial P(X,t)}{\partial X}$；$b$ 表示单位质量上的体力，与加速度量纲相同。上标点表示材料时间导数，指 X 保持不变，同一个材料点处的函数随时间 t 的变化率。如果初始横截面面积 A_0 在空间保持常数，则动量方程为

$$P_{,X} + \rho_0 b = \rho_0 \ddot{u} \tag{3.2.13}$$

平衡方程：当惯性项为零或可以忽略不计时，如物体处于静止或匀速运动状态时，动量方程成为平衡方程：

$$(A_0 P)_{,X} + \rho_0 A_0 b = 0 \tag{3.2.14}$$

平衡方程的解答称为平衡解。

能量守恒：对于截面恒定、长度不变(体积为常数)的一维杆，其能量守恒方程为

$$\rho_0 \dot{w}^{\text{int}} = \dot{\boldsymbol{F}}^{\mathrm{T}} : \boldsymbol{P} - \nabla_0 \cdot \bar{\boldsymbol{q}} + \rho_0 s \quad \text{或} \quad \rho_0 \dot{w}^{\text{int}} = \dot{F}_{ij} P_{ji} - \frac{\partial \bar{q}_i}{\partial X_i} + \rho_0 s \tag{3.2.15}$$

式中，w^{int} 为单位质量的内能，$\rho_0 w^{\text{int}}$ 为单位体积的内能。这表明内部功率由变形梯度率 $\dot{F}$ 和名义应力 P 的乘积给出，考虑了热传导引起的内能，$\nabla_0 \cdot \bar{\boldsymbol{q}}$ 为热流项，$\rho_0 s$ 为热源项。

本构方程：本构方程描述材料点上的应力(或应力率)与应变和(或应变率)的度量关系。本构方程可以写成当前应力与当前变形的关系：

$$P(X,t) = S^{PF}(F(X,\tau), \dot{F}(X,\tau), \ldots), \quad \tau \leqslant t \tag{3.2.16}$$

或写成应力与变形的率形式：

$$\dot{P}(X,t) = S_t^{PF}(\dot{F}(X,\tau), F(X,\tau), P(X,\tau), \ldots), \quad \tau \leqslant t \tag{3.2.17}$$

式中，S^{PF} 和 S_t^{PF} 是变形历史的函数。应力假设为应变的连续函数，本构函数的上角标代表与它们相关的应力和应变的度量。应力可以同时取决于 F 和 $\dot{F}$ 及其他状态变量，如温度、

空穴体积分数等。式中“…”表示影响应力的其他变量。应力还取决于变形历史(如弹-塑性材料),即本构函数取决于所有时间直到 t 时刻的变形。由于应力取决于材料点处的变形历史,固体本构方程通常以材料坐标表示;当依赖于变形历史的材料本构方程写为欧拉坐标的函数时,在应力率中一定包含转换项。

本构方程的例子如下。

(1) 线性弹性材料:

$$P(X,t)=E^{PF}\varepsilon(X,t)=E^{PF}(F(X,t)-1) \tag{3.2.18}$$

率形式:

$$\dot{P}(X,t)=E^{PF}\dot{\varepsilon}(X,t)=E^{PF}\dot{F}(X,t) \tag{3.2.19}$$

(2) 线性黏弹性材料(还有其他形式的黏弹性)

$$P(X,t)=E^{PF}[(F(X,t)-1)+\alpha\dot{F}(X,t)] \quad 或 \quad P=E^{PF}(\varepsilon+\alpha\dot{\varepsilon}) \tag{3.2.20}$$

对于小变形,材料参数 E^{PF} 等于杨氏模量,常数 α 取决于黏性阻尼的大小。

应变-位移方程:式(3.2.6)是应变-位移方程的典型示例。有限元法通过形状函数建立单元的节点位移与内部材料积分点处应变的关系,采用以应力-应变表示的本构关系求得应力,再借助形状函数把单元内部的应力积分得到节点内力。由此可见,应变-位移方程架起了单元变形与内力的桥梁,也是有限元创建的“专利”。

3.2.3 动量方程和约束条件

通过将本构方程式(3.2.16)或式(3.2.17)代入动量守恒方程式(3.2.12),并将式(3.2.6)用位移表示应变度量,获得单一的控制方程。本构方程式(3.2.16)成为

$$(A_0P(u_{,X},\dot{u}_{,X},\cdots))_{,X}+\rho_0A_0b=\rho_0A_0\ddot{u} \tag{3.2.21}$$

这是用位移表示的非线性偏微分方程。仅从上式难以看出该偏微分方程的性质取决于本构方程。对于式(3.2.18)的线性弹性材料,式(3.2.21)成为动量方程:

$$(A_0E^{PF}u_{,X})_{,X}+\rho_0A_0b=\rho_0A_0\ddot{u} \tag{3.2.22}$$

对于横截面面积和模量为常数、体积力为零的杆件,上式即著名的线性波动方程:

$$u_{,XX}=\frac{1}{c_0^2}\ddot{u},\quad c_0^2=\frac{E^{PF}}{\rho_0} \tag{3.2.23}$$

式中,c_0 相对于变形前构形的波速。在有限元理论中,波速的重要性毋庸置疑,在第5章描述的显式时间积分方法中,它是决定临界时间步长的参量。当 $E^{PF}>0$ 时,式(3.2.22)为双曲线型(附录D)。如果忽略惯性力,动量方程则成为平衡方程 $E^{PF}u_{,XX}=0$,式(3.2.22)为椭圆型。显然,如果忽略时间相关性,固体力学方程就从双曲线型转化为椭圆型。

由式(3.2.21)可见,待求位移变量是时间和空间的函数,若积分求出方程定解,则需要给出空间和时间的约束条件,包括边界条件、初始条件和内部连续条件。

(1) 边界条件:控制方程的完整描述包括边界条件和初始条件。Γ 表示边界(点),其中 Γ_u 表示位移边界,Γ_t 表示力边界,上标横线的变量表示边界值。由此边界条件可以表示为

$$u=\bar{u},\quad 在\ \Gamma_u\ 上 \tag{3.2.24}$$

$$n^0P=\bar{t}_x^0,\quad 在\ \Gamma_t\ 上 \tag{3.2.25}$$

式中，n^0 是物体的单位法线。t_x^0 的上角标 0 表示力定义在变形前的区域上，下角标 x 用于区别时间 t。

从动量方程式(3.2.22)的线性形式可以看出，它是关于 X 的二阶导数。因此在每一处边界必须提供 u 或 $u_{,X}$ 作为边界条件。力的边界条件用 $t_x^0 = n^0 P$ 代替 $u_{,X}$，因为应力是应变度量的函数，应变又取决于位移的导数，所以式(3.2.25)描述 t_x^0 等价于描述 $u_{,X}$。

在力学问题中，对于边界上的任意一点，只能给定力的边界条件或位移的边界条件，而不能对其同时描述力的边界与位移的边界，这种情况表示为

$$\Gamma_u \cap \Gamma_t = 0, \quad \Gamma_u \cup \Gamma_t = \Gamma \tag{3.2.26}$$

此外，对于任意一个边界点，也必须给出其中之一。

(2) 初始条件：由式(3.2.22)可以看出，动量方程也是关于时间的二次导数，所以需要给出两组初始条件。用位移和速度分别表示初始条件为

$$u(X,0) = u_0(X), \quad X \in [X_a, X_b] \tag{3.2.27}$$

$$\dot{u}(X,0) = v_0(X), \quad X \in [X_a, X_b] \tag{3.2.28}$$

如果物体没有初始变形且为静止，则初始条件为

$$u(X,0) = 0, \quad \dot{u}(X,0) = 0 \tag{3.2.29}$$

(3) 内部连续条件：动量平衡要求

$$A_0 P = 0 \tag{3.2.30}$$

式中，f 表示为在 $f(X)$ 中的跳跃，即

$$f(X) = f(X+\varepsilon) - f(X-\varepsilon), \quad \varepsilon \to 0 \tag{3.2.31}$$

上式也称为阶跃条件。

表 3-1 列出了控制方程的张量和指标形式。动量方程选择使用了名义应力 $\boldsymbol{P}$，因为由此导出的动量方程和弱形式比使用 PK2 应力更简单。但是，在本构方程中使用名义应力是不方便的，因其缺乏对称性，所以使用 PK2 应力。一旦通过本构方程计算出 PK2 应力，通过表 2-1 和式(B3.3.5)给出的转换，就可以容易地得到名义应力。本构方程可以联系柯西应力 $\boldsymbol{\sigma}$ 与变形率 $\boldsymbol{D}$，在计算节点力之前需要将其转换为名义应力。然而，这将导致额外的变换和计算成本，所以当本构方程以柯西应力 $\boldsymbol{\sigma}$ 的形式表示时，使用更新的拉格朗日格式更为方便(第 4 章)。

表 3-1 完全的拉格朗日格式的控制方程

质量守恒：	
$\rho J = \rho_0 J_0 = \rho_0$	(B3.1.1)
线动量守恒：	
$\nabla_0 \cdot \boldsymbol{P} + \rho_0 \boldsymbol{b} = \rho_0 \ddot{\boldsymbol{u}}$ 或 $\dfrac{\partial P_{ji}}{\partial X_j} + \rho_0 b_i = \rho_0 \ddot{u}_i$	(B3.1.2)
角动量守恒：	
$\boldsymbol{F} \cdot \boldsymbol{P} = \boldsymbol{P}^{\mathrm{T}} \cdot \boldsymbol{F}^{\mathrm{T}}$ 或 $F_{ij} P_{jk} = F_{kj} P_{ji}$	(B3.1.3)
能量守恒：	
$\rho_0 \dot{w}^{\mathrm{int}} = \dot{\boldsymbol{F}}^{\mathrm{T}} : \boldsymbol{P} - \nabla_0 \cdot \bar{\boldsymbol{q}} + \rho_0 s$ 或 $\rho_0 \dot{w}^{\mathrm{int}} = \dot{F}_{ij} P_{ji} - \dfrac{\partial \bar{q}_i}{\partial X_i} + \rho_0 s$ 其中 $\bar{\boldsymbol{q}} = J \boldsymbol{F}^{-1} \cdot \boldsymbol{q}$	(B3.1.4)

续表

本构方程： $$\boldsymbol{S}=\boldsymbol{S}(E,F,\cdots,\dot{F}),\quad \boldsymbol{P}=\boldsymbol{S}\cdot\boldsymbol{F}^{\mathrm{T}} \qquad \text{(B3.1.5)}$$
应变度量： $$\boldsymbol{E}=\frac{1}{2}(\boldsymbol{F}^{\mathrm{T}}\cdot\boldsymbol{F}-\boldsymbol{I}) \quad 或 \quad E_{ij}=\frac{1}{2}(F_{ki}F_{kj}-\delta_{ij}) \qquad \text{(B3.1.6)}$$
边界条件： $$n_j^0P_{ji}=\bar{t}_i^0 \quad 或 \quad \boldsymbol{e}_i\cdot\boldsymbol{n}^0\cdot\boldsymbol{P}=\boldsymbol{e}_i\cdot\bar{\boldsymbol{t}}_0 \quad 在\ \Gamma_{t_i}^0 \qquad \text{(B3.1.7)}$$ $$u_i=\bar{u}_i \quad 在\ \Gamma_{u_i}^0\ 上,\Gamma_{t_i}^0\cup\Gamma_{u_i}^0=\Gamma^0,\Gamma_{t_i}^0\cap\Gamma_{u_i}^0=0,\quad i=1,2,\cdots,n_{\mathrm{SD}} \qquad \text{(B3.1.8)}$$
初始条件： $$\boldsymbol{P}(\boldsymbol{X},0)=\boldsymbol{P}_0(\boldsymbol{X}) \qquad \text{(B3.1.9)}$$ $$\dot{\boldsymbol{u}}(\boldsymbol{X},0)=\dot{\boldsymbol{u}}_0(\boldsymbol{X}) \qquad \text{(B3.1.10)}$$
内部连续性条件： $$\| n_j^0P_{ji} \|=0,\quad 在\ \Gamma_{\mathrm{int}}^0\ 上 \qquad \text{(B3.1.11)}$$

名义应力 $\boldsymbol{P}$ 和变形梯度张量的材料时间导数 $\dot{\boldsymbol{F}}$ 是功共轭的(表 3-3)，所以在式(B3.1.4)中，内部功表示为这两个张量的形式。注意在式(B3.1.7)面力的表达式中，n^0 出现在 $\boldsymbol{P}$ 的前面；如果调换它们的顺序，会使结果矩阵对应于 $\boldsymbol{P}$ 的转置，此即 PK1 应力(2.4.1 节)。

在本构方程中，变形张量 $\boldsymbol{F}$ 不适合作为应变的度量，因为它不满足客观性，即在刚体转动中不为零。因此，在完全的拉格朗日格式的本构方程中一般以格林应变张量 $\boldsymbol{E}$ 的形式表示，它可以由 $\boldsymbol{F}$ 计算得到，如式(B3.1.6)。在连续介质力学文献中，经常看到将本构方程表示为 $\boldsymbol{P}=\boldsymbol{P}(\boldsymbol{F})$，这会给读者留下一个印象——在本构方程中使用 $\boldsymbol{F}$ 作为应变的度量。事实上，当写出 $\boldsymbol{P}(\boldsymbol{F})$时，就意味着本构应力取决于 $\boldsymbol{F}^{\mathrm{T}}\cdot\boldsymbol{F}(\boldsymbol{E}+\boldsymbol{I}$，这里的单位矩阵 $\boldsymbol{I}$ 没有影响)或其他独立于刚体转动的变形度量。类似地，在本构方程中生成了名义应力 $\boldsymbol{P}$，因此，它满足角动量守恒式(B3.1.3)。

在边界的任何点上不能同时指定面力和位移分量，但是必须指定其中的一个，见式(B3.1.7)和式(B3.1.8)。在拉格朗日格式中，指定面力的量纲是未变形面积上的力。

3.2.4　函数的连续性

在对以上方程离散时，必须考虑相关变量的连续性。函数的连续性描述如下：如果一个函数的第 n 阶导数是连续函数，则称这个函数为 C^n 函数连续，简称为 C^n 函数。所以函数 C^1 是连续可导的，即它的一阶导数存在并且函数本身处处连续。而 C^0 函数，导数只是分段可导，如折线。一维 C^0 函数的不连续发生在某些点上，二维 C^0 函数的不连续发生在线段上，三维 C^0 函数的不连续发生在表面/界面上。C^{-1} 函数其本身不连续，但是假设在其不连续点之间，根据需要函数是任意阶可微的。C^n 函数的导数是 C^{n-1}，它的积分是 C^{n+1}。

微积分的基本原理表明，任意 C^0 函数 $f(X)$都是由其导数的积分给出的。对于一个定积分：

$$\int_a^b f_{,X}(X)\mathrm{d}X = f(b) - f(a) \tag{3.2.32}$$

如果函数是 C^{-1} 函数，则

$$\int_a^b f_{,X}(X)\mathrm{d}X = f(b) - f(a) + \sum_i f(X_i) \tag{3.2.33}$$

式中，X_i 是不连续点。

3.3 弱形式

有限元法不能直接离散动量方程。为了离散动量方程，需要一种**弱形式**，也称为**变分形式**。**自然变分原理**是对物理问题的微分方程和边界条件建立对应的泛函，通过求解泛函驻值得到问题的解答，但是其未知场函数需要满足一定的附加条件。本章采用自然变分原理建立弱形式。**广义变分原理**（或称约束变分方程）不需要事先满足附加条件，采用拉格朗日乘子法和罚函数法将附加条件引入泛函，重新构造一个修正泛函，将问题转化为求修正泛函的驻值，其也可称为无附加条件的变分原理。第 11 章将讨论接触问题的广义变分原理。下面建立的虚功原理或弱形式等价于动量方程和力边界条件，后者称为**经典强形式**。

获得完全的拉格朗日格式有两种途径：

(1) 建立以初始构形和拉格朗日变量表示的弱形式，应用弱形式得到离散方程。

(2) 将更新的拉格朗日格式的有限元方程转换到初始（参考）构形，并表示为拉格朗日变量的形式。

下面以途径(1)获得完全的拉格朗日格式。

3.3.1 从强形式到弱形式

以完全的拉格朗日格式从强形式建立弱形式，说明在弱形式中隐含着强形式。强形式包括动量方程式(B3.1.2)，面力边界条件式(B3.1.7)和内部连续性条件式(B3.1.11)。变分和试函数的定义为

$$\delta\boldsymbol{u}(\boldsymbol{X}) \in u_0, \quad \boldsymbol{u}(\boldsymbol{X},t) \in u \tag{3.3.1}$$

式中，u 为运动学允许的位移空间，u_0 为在位移边界上无位移附加条件的相同空间。假设试函数 $\boldsymbol{u}(\boldsymbol{X},t)$ 满足所有位移边界条件且足够平滑，从而保证动量方程中的所有导数均有意义。变分项 $\delta\boldsymbol{u}(\boldsymbol{X})$ 也假设足够光滑，并在指定的位移边界上为零。这是经典的弱形式建立方法。尽管该方法对连续性的要求比有限元近似更加严格，但求解时可以采用较少的强制连续性要求。

为了建立弱形式，采用变分函数乘以动量方程式(B3.1.2)，并在初始（未变形）构形上积分：

$$\int_{\Omega_0} \delta u_i \left(\frac{\partial P_{ji}}{\partial X_j} + \rho_0 b_i - \rho_0 \ddot{u}_i \right) \mathrm{d}\Omega_0 = 0 \tag{3.3.2}$$

式中，名义应力是对应于本构方程和应变-位移方程的试位移函数。在式(3.3.2)中出现了名义应力的导数，该弱形式是不能实际应用的，因为它要求试位移具有 C^1 连续性。

为了从式(3.3.2)中消去名义应力的导数，应用导数乘积公式：

$$\int_{\Omega_0} \delta u_i \frac{\partial P_{ji}}{\partial X_j} \mathrm{d}\Omega_0 = \int_{\Omega_0} \frac{\partial}{\partial X_j}(\delta u_i P_{ji}) \mathrm{d}\Omega_0 - \int_{\Omega_0} \frac{\partial(\delta u_i)}{\partial X_j} P_{ji} \mathrm{d}\Omega_0 \tag{3.3.3}$$

上式等号右侧的第一项可以通过高斯定理式(2.6.18)表示为边界积分：

$$\int_{\Omega_0} \frac{\partial}{\partial X_j}(\delta u_i P_{ji}) \mathrm{d}\Omega_0 = \int_{\Gamma_0} \delta u_i n_j^0 P_{ji} \mathrm{d}\Gamma_0 + \int_{\Gamma_{\text{int}}^0} \delta u_i [\![n_j^0 P_{ji}]\!] \mathrm{d}\Gamma_0 \tag{3.3.4}$$

由面力边界条件式(B3.1.7)和式(B3.1.8)可知，上式等号右侧的第二项为零。因为在指定位移边界的 $\Gamma_{u_i}^0$ 上 $\delta u_i = 0$，且 $\Gamma_{t_i}^0 = \Gamma_0 - \Gamma_{u_i}^0$，于是上式等号右侧的第一项被简化到面力边界上，因此有

$$\int_{\Omega_0} \frac{\partial}{\partial X_j}(\delta u_i P_{ji}) \mathrm{d}\Omega_0 = \int_{\Gamma_0} \delta u_i n_j^0 P_{ji} \mathrm{d}\Gamma_0 = \sum_{i=1}^{n_{\text{SD}}} \int_{\Gamma_{t_i}^0} \delta u_i \bar{t}_i^0 \mathrm{d}\Gamma_0 \tag{3.3.5}$$

这里的最后一个等号是从强形式的式(B3.1.7)得到的。从式(3.2.4)可知，

$$\delta F_{ij} = \delta\left(\frac{\partial u_i}{\partial X_j}\right) = \frac{\partial(\delta u_i)}{\partial X_j} \tag{3.3.6}$$

将式(3.3.5)代入式(3.3.3)，再将结果代入式(3.3.2)，改变符号后应用式(3.3.6)，得到

$$\int_{\Omega_0} (\delta F_{ij} P_{ji} - \delta u_i \rho_0 b_i + \delta u_i \rho_0 \ddot{u}_i) \mathrm{d}\Omega_0 - \sum_{i=1}^{n_{\text{SD}}} \int_{\Gamma_{t_i}^0} \delta u_i \bar{t}_i^0 \mathrm{d}\Gamma_0 = 0 \tag{3.3.7}$$

或

$$\int_{\Omega_0} (\delta \boldsymbol{F}^{\mathrm{T}} : \boldsymbol{P} - \rho_0 \delta \boldsymbol{u} \cdot \boldsymbol{b} + \rho_0 \delta \boldsymbol{u} \cdot \ddot{\boldsymbol{u}}) \mathrm{d}\Omega_0 - \sum_{i=1}^{n_{\text{SD}}} \int_{\Gamma_{t_i}^0} (\delta \boldsymbol{u} \cdot \boldsymbol{e}_i)(\boldsymbol{e}_i \cdot \bar{\boldsymbol{t}}_i^0) \mathrm{d}\Gamma_0 = 0 \tag{3.3.8}$$

上式就是动量方程、面力边界条件和内部连续性条件的弱形式。由于在式(3.3.7)或式(3.3.8)中的每一项都是一个虚功增量，所以该弱形式也被称为虚功原理。表 3-2 总结了用虚功原理表示的完全的拉格朗日格式的弱形式。虚功原理是建立弱形式的另一种方法，与自然变分原理得到的弱形式是一致的。

表 3-2 完全的拉格朗日格式的弱形式：虚功原理

如果 $\boldsymbol{u} \in \mathcal{U}$，则弱形式为 $$\delta w^{\text{int}}(\delta \boldsymbol{u}, \boldsymbol{u}) - \delta w^{\text{ext}}(\delta \boldsymbol{u}, \boldsymbol{u}) + \delta w^{\text{kin}}(\delta \boldsymbol{u}, \boldsymbol{u}) = 0, \quad \forall\, \delta \boldsymbol{u} \in \mathcal{U}_0 \tag{B3.2.1}$$ 则平衡方程，面力边界条件和内部连续性条件得到满足
内力虚功： $$\delta w^{\text{int}} = \int_{\Omega_0} \delta \boldsymbol{F}^{\mathrm{T}} : \boldsymbol{P} \mathrm{d}\Omega_0 = \int_{\Omega_0} \delta F_{ij} P_{ji} \mathrm{d}\Omega_0 \tag{B3.2.2}$$ 外力虚功： $$\delta w^{\text{ext}} = \int_{\Omega_0} \rho_0 \delta \boldsymbol{u} \cdot \boldsymbol{b} \mathrm{d}\Omega_0 + \sum_{i=1}^{n_{\text{SD}}} \int_{\Gamma_{t_i}^0} (\delta \boldsymbol{u} \cdot \boldsymbol{e}_i)(\boldsymbol{e}_i \cdot \bar{\boldsymbol{t}}_i^0) \mathrm{d}\Gamma_0 = \int_{\Omega_0} \delta u_i \rho_0 b_i \mathrm{d}\Omega_0 + \sum_{i=1}^{n_{\text{SD}}} \int_{\Gamma_{t_i}^0} \delta u_i \bar{t}_i^0 \mathrm{d}\Gamma_0 \tag{B3.2.3}$$
惯性力虚功： $$\delta w^{\text{kin}} = \int_{\Omega_0} \delta \boldsymbol{u} \cdot \rho_0 \ddot{\boldsymbol{u}} \mathrm{d}\Omega_0 = \int_{\Omega_0} \delta u_i \rho_0 \ddot{u}_i \mathrm{d}\Omega_0 \tag{B3.2.4}$$

以弱形式作为虚功原理表达式的观点提供了统一性，对于在不同坐标系和不同类型间

题中建立弱形式很有帮助：若要获得弱形式，只需写出虚功方程即可。因此，该方法省略了前文所做的由变分项与方程相乘并进行各种处理的过程。从数学观点出发，没有必要考虑变分函数作为虚位移：它们是简单的变分函数，满足连续条件和在位移边界上为零，其科学意义在于对物理问题满足自然变分原理。然而，对于有限元方程的离散，变分函数与方程的乘积没有物理意义。

3.3.2 函数的平滑性

前文的讨论要求变分项和试函数具有平滑性，即满足运动允许的要求。在传统的弱形式推导中，假设所有函数是连续的。为了应用传统的概念确切定义动量方程式(3.2.12)，名义应力和初始截面积的乘积必须是连续可微的，比如满足 C^1 函数连续，否则一阶导数将会不连续。如果像式(3.2.16)那样，应力是位移的导数的平滑函数，则应力应该满足 C^1 函数连续，试函数必须满足 C^2 函数连续。若式(3.3.2)中的函数是平滑的，则变分项 $\delta\boldsymbol{u}(\boldsymbol{X})$ 必须满足 C^1 函数连续。

为什么要通过分部积分运算消除式(3.3.2)中关于应力 $\boldsymbol{P}$ 的导数呢？在这种弱形式中出现了应力的导数，由本构关系可知，应力是连续函数，也应该是位移导数的平滑函数。如果应力是 C^1 函数连续，位移和速度就需要满足 C^2 函数连续；在高于一维的情况下，C^2 函数是不容易构造的。而且需要随之构造 C^2 试函数以便满足面力边界条件，这也是困难的。通过分部积分消去应力的导数，降低了应力函数的平滑性，应力函数可以是 C^0 函数。在线性化方程中也有利于产生某些对称性(第 6 章)。另外，消除关于应力 $\boldsymbol{P}$ 的导数可以更容易地处理力边界条件。可见，建立弱形式中的关键步骤是分部积分。

在有限元法中应用的变分项和试函数确实无法满足平滑性要求。然而，对于平滑程度较低的变分项和试函数，弱形式是良定(well defined)的。良定是一个专业的数学术语，用于确认用一组基本公理以数学或逻辑的方式定义的某个概念或对象是完全无歧义的，满足它所必需满足的某些性质，这里是指在弱形式中的试函数需要满足连续性的性质。因为传统有限元并没有考虑单元之间缝隙的能量，只有试函数在弱形式中的最高阶导数满足 C^1 连续性和积分域无穷小时，才能保证满足连续性的要求。在弹性力学中，弱形式最高阶的导数是一阶导数，等效积分对试函数的要求从 C^1 连续性降到 C^0 连续性，即这里的良定是指更容易构造满足弱形式的试函数。

弱形式式(3.3.7)仅涉及变分项的一阶导数。如果名义应力仅是变形梯度 $\boldsymbol{F}$ 的函数，则在弱形式中仅出现试函数的一阶导数。所以，如果变分项和试函数均是 C^0 连续的，则弱形式式(3.3.7)是可积分的。如果对强形式施加内部连续条件式(3.2.30)，则可以由这些较少限制的平滑条件建立弱形式。

现在可以用限制较少的连续性条件定义变分项和试函数。令试函数 $\boldsymbol{u}(\boldsymbol{X},t)$ 是连续函数且有分段连续导数，用符号表示为 $\boldsymbol{u}(\boldsymbol{X},t)\in C^0(\boldsymbol{X})$，其中 C^0 后面括号内的 $\boldsymbol{X}$ 表示它满足关 $\boldsymbol{X}$ 的连续性，这种定义允许 $\boldsymbol{u}(\boldsymbol{X},t)$ 在离散点的导数不连续。另外，试函数 $\boldsymbol{u}(\boldsymbol{X},t)$ 必须满足所有位移边界条件。上述试位移的条件用符号表示为

$$\boldsymbol{u}(\boldsymbol{X},t)\in u,\quad u=\{\boldsymbol{u}(\boldsymbol{X},t)\mid \boldsymbol{u}(\boldsymbol{X},t)\in C^0(\boldsymbol{X}),\quad \boldsymbol{u}=\bar{\boldsymbol{u}},\text{在 } \Gamma_u \text{ 上}\}\qquad(3.3.9)$$

满足以上条件的位移场称为运动学允许位移场。

变分项用 $\delta\boldsymbol{u}(\boldsymbol{X})$ 表示，它不是时间的函数，要求满足 C^0 连续，并在给定位移边界 Γ_u 上

为零，即

$$\delta\boldsymbol{u}(\boldsymbol{X})\in u_0,\quad u_0=\{\delta\boldsymbol{u}(\boldsymbol{X})\mid\delta\boldsymbol{u}(\boldsymbol{X})\in C^0(\boldsymbol{X}),\quad \delta\boldsymbol{u}=0,\quad 在\ \Gamma_u\ 上\}\tag{3.3.10}$$

采用 δ 作为前缀表示试函数的所有变量和以试函数为函数的变量，这种记法起源于变分法，其中试函数作为容许函数的差值自然存在。在变分法中，任何变分项都是一个变量，并定义为两个试函数之差，比如，变量 $\delta\boldsymbol{u}(\boldsymbol{X})=\boldsymbol{u}^a(\boldsymbol{X})-\boldsymbol{u}^b(\boldsymbol{X})$，其中 $\boldsymbol{u}^a(\boldsymbol{X})$ 和 $\boldsymbol{u}^b(\boldsymbol{X})$ 分别是在域 u 内的任意两个函数。由于域 u 内的任意函数满足位移边界条件，所以在式(3.3.4)中自然要求在边界 Γ_u 上有 $\delta\boldsymbol{u}(\boldsymbol{X})=0$。

3.3.3 从弱形式到强形式

下面从弱形式推导强形式。将式(3.3.6)代入式(3.3.7)的第一项，并应用导数乘积规则，给出

$$\int_{\Omega_0}\frac{\partial(\delta u_i)}{\partial X_j}P_{ji}\,\mathrm{d}\Omega_0=\int_{\Omega_0}\left[\frac{\partial}{\partial X_j}(\delta u_i P_{ji})-\delta u_i\frac{\partial P_{ji}}{\partial X_j}\right]\mathrm{d}\Omega_0\tag{3.3.11}$$

对上式等号右侧的第一项应用高斯定理，得到

$$\int_{\Omega_0}\frac{\partial(\delta u_i)}{\partial X_j}P_{ji}\,\mathrm{d}\Omega_0=\sum_{i=1}^{n_{\mathrm{SD}}}\int_{\Gamma_{t_i}^0}\delta u_i n_j^0 P_{ji}\,\mathrm{d}\Gamma_0+\int_{\Gamma_{\mathrm{int}}^0}\delta u_i[\![n_j^0 P_{ji}]\!]\,\mathrm{d}\Gamma_0-\int_{\Omega_0}\delta u_i\frac{\partial P_{ji}}{\partial X_j}\mathrm{d}\Omega_0\tag{3.3.12}$$

上式将对表面的积分转换到了面力边界上，因为在 $\Gamma_{u_i}^0$ 上有 $\delta u_i=0$ 且 $\Gamma_{t_i}^0=\Gamma_0-\Gamma_{u_i}^0$。

将式(3.3.12)代入式(3.3.7)并归纳各项，给出弱形式为

$$\int_{\Omega_0}\delta u_i\left(\frac{\partial P_{ji}}{\partial X_j}+\rho_0 b_i-\rho_0\ddot{u}_i\right)\mathrm{d}\Omega_0+\sum_{i=1}^{n_{\mathrm{SD}}}\int_{\Gamma_{t_i}^0}\delta u_i(n_j^0P_{ji}-\bar{t}_i^0)\,\mathrm{d}\Gamma_0+\int_{\Gamma_{\mathrm{int}}^0}\delta u_i[\![n_j^0P_{ji}]\!]\,\mathrm{d}\Gamma_0=0\tag{3.3.13}$$

由于上式对于所有 $\delta\boldsymbol{u}\in u_0$ 均成立，所以动量方程式(B3.1.2)在 Ω_0 上成立，面力边界条件式(B3.1.7)在 Γ_t^0 上成立，以及内部连续性条件式(B3.1.11)在 Γ_{int}^0 上成立。所以，在弱形式中包含动量方程、面力边界条件和内部连续性条件，即弱形式包含强形式。

3.4 守恒方程

2.6 节考虑了三个与热力学系统有关的守恒定律(质量、动量和能量)，推导出一组满足物理系统的连续介质力学基本方程。针对完全的拉格朗日格式，本节将给出在材料坐标，即拉格朗日坐标下这些守恒方程的具体形式。

应力和应变的拉格朗日度量形式很方便在参考构形中直接建立守恒方程。在连续介质力学的文献中，这些方程称为拉格朗日描述；在有限元的文献中，这些方程称为完全的拉格朗日格式。许多非线性有限元程序采用完全的拉格朗日格式，使用拉格朗日网格。在拉格朗日框架中的守恒方程与 2.6 节建立的守恒方程基本上是一致的，可以通过表 2-1 的转换关系和链式法则相互转换。

在完全的拉格朗日格式中，独立变量是拉格朗日(材料)坐标 $\boldsymbol{X}$ 和时间 t。主要的相关变量是初始密度 $\rho_0(\boldsymbol{X},t)$、位移 $\boldsymbol{u}(\boldsymbol{X},t)$ 及应力和应变的拉格朗日度量。使用名义应力

$\boldsymbol{P}(\boldsymbol{X},t)$作为应力的度量，这使得动量方程与欧拉描述的动量方程式非常相似，所以易于记忆。变形将通过变形梯度$\boldsymbol{F}(\boldsymbol{X},t)$描述。使用成对的$\boldsymbol{P}$和$\boldsymbol{F}$构造本构方程不是最佳选择，因为$\boldsymbol{F}$在刚体运动中不为零，而$\boldsymbol{P}$又不具备对称性。因此，本构方程通常表示为PK2应力$\boldsymbol{S}$和格林应变$\boldsymbol{E}$的形式。通过表2-1的转换关系，可以容易地将$\boldsymbol{S}$和$\boldsymbol{E}$之间的关系转换为$\boldsymbol{P}$和$\boldsymbol{F}$之间的关系。

在参考构形中定义施加的载荷。在式(2.4.2)中定义参考构形中的面力$\boldsymbol{t}_0$，它的量纲是每单位初始面积的力。用$\boldsymbol{b}$表示体力，其量纲为每单位质量的力。每初始单位体积的体力表示为$\rho_0\boldsymbol{b}$，它等价于$\rho\boldsymbol{b}$，其等价关系表示为

$$\rho\boldsymbol{b}\,\mathrm{d}\Omega=\rho\boldsymbol{b}J\,\mathrm{d}\Omega_0=\rho_0\boldsymbol{b}\,\mathrm{d}\Omega_0 \tag{3.4.1}$$

式中最后一个等号利用了质量守恒式(3.2.10)。下面建立动量和能量守恒方程。

3.4.1 线动量守恒

在拉格朗日描述中，一个物体的线动量$\boldsymbol{p}$定义为在整个参考构形上的积分：

$$\boldsymbol{p}(t)=\int_{\Omega_0}\rho_0\boldsymbol{v}(\boldsymbol{X},t)\,\mathrm{d}\Omega_0 \tag{3.4.2}$$

通过体力在整个参考域上的积分和面力在整个参考边界上的积分，得到物体上的全部力：

$$\boldsymbol{f}(t)=\int_{\Omega_0}\rho_0\boldsymbol{b}(\boldsymbol{X},t)\,\mathrm{d}\Omega_0+\int_{\Gamma_0}\boldsymbol{t}_0(\boldsymbol{X},t)\,\mathrm{d}\Gamma_0 \tag{3.4.3}$$

牛顿第二定律说明：

$$\frac{\mathrm{d}\boldsymbol{p}}{\mathrm{d}t}=\boldsymbol{f} \tag{3.4.4}$$

将式(3.4.2)和式(3.4.3)代入式(3.4.4)，得到

$$\frac{\mathrm{d}}{\mathrm{d}t}\int_{\Omega_0}\rho_0\boldsymbol{v}\,\mathrm{d}\Omega_0=\int_{\Omega_0}\rho_0\boldsymbol{b}\,\mathrm{d}\Omega_0+\int_{\Gamma_0}\boldsymbol{t}_0\,\mathrm{d}\Gamma_0 \tag{3.4.5}$$

可以将材料时间导数移入上式等号左侧的积分号内，因为参考域不随时间变化，所以

$$\frac{\mathrm{d}}{\mathrm{d}t}\int_{\Omega_0}\rho_0\boldsymbol{v}\,\mathrm{d}\Omega_0=\int_{\Omega_0}\rho_0\frac{\partial\boldsymbol{v}(X,t)}{\partial t}\mathrm{d}\Omega_0 \tag{3.4.6}$$

应用柯西定理式(2.4.2)和高斯定理，得到

$$\int_{\Gamma_0}\boldsymbol{t}_0\,\mathrm{d}\Gamma_0=\int_{\Gamma_0}\boldsymbol{n}_0\cdot\boldsymbol{P}\,\mathrm{d}\Gamma_0=\int_{\Omega_0}\nabla_0\cdot\boldsymbol{P}\,\mathrm{d}\Omega_0$$

或

$$\int_{\Gamma_0}t_i^0\,\mathrm{d}\Gamma_0=\int_{\Gamma_0}n_j^0P_{ji}\,\mathrm{d}\Gamma_0=\int_{\Omega_0}\frac{\partial P_{ji}}{\partial X_j}\mathrm{d}\Omega_0 \tag{3.4.7}$$

注意到在张量标记的域积分中出现了左梯度，这是因为在定义名义应力时，法向矢量位于等号左侧。材料坐标的指标与名义应力的第一个指标是相同的，由于名义应力不对称，指标顺序非常重要。

将式(3.4.6)和式(3.4.7)代入式(3.4.5)，得到

$$\int_{\Omega_0}\left(\rho_0\frac{\partial\boldsymbol{v}(\boldsymbol{X},t)}{\partial t}-\rho_0\boldsymbol{b}-\nabla_0\cdot\boldsymbol{P}\right)\mathrm{d}\Omega_0=0 \tag{3.4.8}$$

由于Ω_0的任意性，可以给出

$$\rho_0 \frac{\partial \boldsymbol{v}(\boldsymbol{X},t)}{\partial t} = \nabla_0 \cdot \boldsymbol{P} + \rho_0 \boldsymbol{b} \quad \text{或} \quad \rho_0 \frac{\partial v_i(\boldsymbol{X},t)}{\partial t} = \frac{\partial P_{ji}}{\partial X_j} + \rho_0 b_i \tag{3.4.9}$$

上式称为动量方程的拉格朗日形式。将上式与欧拉格式的式(2.6.20)相比较,发现二者的形式非常类似:名义应力代替了柯西应力,初始密度代替了当前密度。

忽略加速度项,可以得到完全的拉格朗日格式的平衡方程:

$$\nabla_0 \cdot \boldsymbol{P} + \rho_0 \boldsymbol{b} = 0 \quad \text{或} \quad \frac{\partial P_{ji}}{\partial X_j} + \rho_0 b_i = 0 \tag{3.4.10}$$

平衡方程通常以 PK2 应力的形式给出,但式(3.4.10)的形式更容易记忆。通过使用链式法则和表 2-1 来转换式(2.6.20)中的所有项,也可以直接得到动量方程式(3.4.10)的形式。应用表 2.1 的变换形式和链式法则,得到

$$\frac{\partial \sigma_{ji}}{\partial x_j} = \frac{\partial (J^{-1} F_{jk} P_{ki})}{\partial x_j} = P_{ki} \frac{\partial}{\partial x_j}(J^{-1} F_{jk}) + J^{-1} F_{jk} \frac{\partial P_{ki}}{\partial x_j} = J^{-1} \frac{\partial x_j}{\partial X_k} \frac{\partial P_{ki}}{\partial x_j} \tag{3.4.11}$$

上式使用了变形梯度 $\boldsymbol{F}$ 的定义式(2.2.30)和关系式$\frac{\partial (J^{-1} F_{jk})}{\partial x_j} = 0$(Ogden,1984,89 页)。由此,式(2.6.20)转换为

$$\rho \frac{\partial v_i}{\partial t} = J^{-1} \frac{\partial x_j}{\partial X_k} \frac{\partial P_{ki}}{\partial x_j} + \rho b_i \tag{3.4.12}$$

根据链式法则,上式等号右侧的第一项为 $J^{-1} \frac{\partial P_{ki}}{\partial X_k}$。将式(3.4.12) 两端乘以 J 并考虑质量守恒 $\rho J = \rho_0$,得到式(3.4.9)。

3.4.2 角动量守恒

在完全的拉格朗日框架下,基于角动量守恒方程$\boldsymbol{\sigma} = \boldsymbol{\sigma}^{\mathrm{T}}$(式(2.6.26)),并应用表 2-1 的应力转换关系,可得

$$J^{-1} \boldsymbol{F} \cdot \boldsymbol{P} = (J^{-1} \boldsymbol{F} \cdot \boldsymbol{P})^{\mathrm{T}} \tag{3.4.13}$$

将上式两边左乘 J 并在括号内进行转置,得到

$$\boldsymbol{F} \cdot \boldsymbol{P} = \boldsymbol{P}^{\mathrm{T}} \cdot \boldsymbol{F}^{\mathrm{T}} \quad \text{或} \quad F_{ik} P_{kj} = P_{ik}^{\mathrm{T}} P_{kj}^{\mathrm{T}} = F_{jk} P_{ki} \tag{3.4.14}$$

由于名义应力是非对称的,所以角动量平衡施加的条件数目等于式(2.6.26)中柯西应力对称条件的数目。在二维中,角动量方程为

$$F_{11} P_{12} + F_{12} P_{22} = F_{21} P_{11} + F_{22} P_{21} \tag{3.4.15}$$

这些条件通常直接施加在本构方程中(第 12 章)。

对于 PK2 应力,源于角动量守恒的条件可以通过在式(3.4.13)中将 $\boldsymbol{P}$ 表达为 $\boldsymbol{S}$ 的形式得到,也可以通过在对称条件(2.6.26)中将$\boldsymbol{\sigma}$ 用 $\boldsymbol{S}$ 代替得到,并应用表 2.1 的应力转换关系得到相同的等式:

$$\boldsymbol{F} \cdot \boldsymbol{S} \cdot \boldsymbol{F}^{\mathrm{T}} = \boldsymbol{F} \cdot \boldsymbol{S}^{\mathrm{T}} \cdot \boldsymbol{F}^{\mathrm{T}} \tag{3.4.16}$$

由于 $\boldsymbol{F}$ 是非奇异矩阵,其逆矩阵存在,分别在式(3.4.16)两边左乘 $\boldsymbol{F}^{-1}$、右乘 $\boldsymbol{F}^{-\mathrm{T}}$,得到

$$\boldsymbol{S} = \boldsymbol{S}^{\mathrm{T}} \tag{3.4.17}$$

上式表明角动量守恒要求 PK2 应力是对称的,这与对柯西应力的对称性要求一致。

3.4.3 能量守恒

在参考构形中,能量守恒的完整表达式(2.6.31)的另一种形式可以写为

$$\frac{\mathrm{d}}{\mathrm{d}t}\int_{\Omega_0}\left(\rho w^{\mathrm{int}}+\frac{1}{2}\rho_0\boldsymbol{v}\cdot\boldsymbol{v}\right)\mathrm{d}\Omega_0$$
$$=\int_{\Omega_0}\boldsymbol{v}\cdot\rho_0\boldsymbol{b}\,\mathrm{d}\Omega_0+\int_{\Gamma_0}\boldsymbol{v}\cdot\boldsymbol{t}_0\,\mathrm{d}\Gamma_0+\int_{\Omega_0}\rho_0\boldsymbol{s}\,\mathrm{d}\Omega_0-\int_{\Gamma_0}\boldsymbol{n}_0\cdot\tilde{\boldsymbol{q}}\,\mathrm{d}\Gamma_0 \tag{3.4.18}$$

在完全的拉格朗日格式中，热流定义为每单位参考面积的能量，用$\tilde{\boldsymbol{q}}$ 表示，以区别于每单位当前面积的热流 $\boldsymbol{q}$。它们之间的关系为

$$\tilde{\boldsymbol{q}}=J^{-1}\boldsymbol{F}^{\mathrm{T}}\cdot\boldsymbol{q} \tag{3.4.19}$$

上式遵从南森关系(2.4.8)且等价于

$$\int_{\Gamma}\boldsymbol{n}\cdot\boldsymbol{q}\,\mathrm{d}\Gamma=\int_{\Gamma_0}\boldsymbol{n}_0\cdot\tilde{\boldsymbol{q}}\,\mathrm{d}\Gamma_0$$

每单位初始体积的内能与式(2.6.31)中每单位当前体积的内能的关系为

$$\rho_0 w^{\mathrm{int}}\mathrm{d}\Omega_0=\rho_0 w^{\mathrm{int}}J^{-1}\mathrm{d}\Omega=\rho w^{\mathrm{int}}\mathrm{d}\Omega \tag{3.4.20}$$

其中最后一步根据质量守恒方程式(3.2.10)得出。在式(3.4.18)的等号左侧，由于积分域是固定的，可以将时间导数移入积分号内：

$$\frac{\mathrm{d}}{\mathrm{d}t}\int_{\Omega_0}\left(\rho_0 w^{\mathrm{int}}+\frac{1}{2}\rho_0\boldsymbol{v}\cdot\boldsymbol{v}\right)\mathrm{d}\Omega_0=\int_{\Omega_0}\left(\rho_0\frac{\partial w^{\mathrm{int}}(\boldsymbol{X},t)}{\partial t}+\rho_0\boldsymbol{v}\cdot\frac{\partial\boldsymbol{v}(\boldsymbol{X},t)}{\partial t}\right)\mathrm{d}\Omega_0 \tag{3.4.21}$$

式(3.4.18)等号右侧的第二项可以应用式(2.4.2)和高斯定理作如下变动：

$$\int_{\Gamma_0}\boldsymbol{v}\cdot\boldsymbol{t}_0\,\mathrm{d}\Gamma_0=\int_{\Gamma_0}v_j t_j^0\,\mathrm{d}\Gamma_0=\int_{\Gamma_0}v_j n_i^0 P_{ij}\,\mathrm{d}\Gamma_0$$
$$=\int_{\Omega_0}\frac{\partial}{\partial X_i}(v_j P_{ij})\mathrm{d}\Omega_0=\int_{\Omega_0}\left(\frac{\partial v_j}{\partial X_i}P_{ij}+v_j\frac{\partial P_{ij}}{\partial X_i}\right)\mathrm{d}\Omega_0$$
$$=\int_{\Omega_0}\left(\frac{\partial F_{ij}}{\partial t}P_{ij}+\frac{\partial P_{ij}}{\partial X_i}v_j\right)\mathrm{d}\Omega_0=\int_{\Omega_0}\left(\frac{\partial\boldsymbol{F}^{\mathrm{T}}}{\partial t}:\boldsymbol{P}+(\nabla_0\cdot\boldsymbol{P})\cdot\boldsymbol{v}\right)\mathrm{d}\Omega_0 \tag{3.4.22}$$

对于式(3.4.18)等号右侧的热流项，应用高斯定理并作一些变换得到

$$\int_{\Omega_0}\left(\rho_0\frac{\partial w^{\mathrm{int}}}{\partial t}-\frac{\partial\boldsymbol{F}^{\mathrm{T}}}{\partial t}:\boldsymbol{P}+\nabla_0\cdot\tilde{\boldsymbol{q}}-\rho_0 s+\left(\rho_0\frac{\partial\boldsymbol{v}(\boldsymbol{X},t)}{\partial t}-\nabla_0\cdot\boldsymbol{P}-\rho_0\boldsymbol{b}\right)\cdot\boldsymbol{v}\right)\mathrm{d}\Omega_0=0 \tag{3.4.23}$$

在被积分函数的内层括号中的项是动量方程的拉格朗日形式(式(3.4.9))，因此等于零。由于积分域的任意性，被积分函数的其他部分也等于零，因此得到

$$\rho_0\dot{w}^{\mathrm{int}}=\rho_0\frac{\partial w^{\mathrm{int}}(\boldsymbol{X},t)}{\partial t}=\dot{\boldsymbol{F}}^{\mathrm{T}}:\boldsymbol{P}-\nabla_0\cdot\tilde{\boldsymbol{q}}+\rho_0 s \tag{3.4.24}$$

如果没有热流和热源，则上式变为

$$\rho_0\dot{w}^{\mathrm{int}}=\dot{F}_{ji}P_{ij}=\dot{\boldsymbol{F}}^{\mathrm{T}}:\boldsymbol{P}=\boldsymbol{P}:\dot{\boldsymbol{F}}^{\mathrm{T}} \tag{3.4.25}$$

这是式(2.6.36)的拉格朗日形式，它表明**名义应力与变形梯度的材料时间导数是功率共轭的**。

通过变换，式(3.4.25)中的能量守恒方程可以直接从式(2.6.36)得到。

$$
\begin{aligned}
D_{ij}\sigma_{ij}J &= \frac{\partial v_i}{\partial x_j}\sigma_{ij}J && \text{根据 } \boldsymbol{D} \text{ 的定义和 } \boldsymbol{\sigma} \text{ 的对称性}\\
&= \frac{\partial v_i}{\partial X_k}\frac{\partial X_k}{\partial x_j}\sigma_{ij}J && \text{根据链规则}\\
&= \dot{F}_{ik}\frac{\partial X_k}{\partial x_j}\sigma_{ij}J && \text{根据 } \boldsymbol{F} \text{ 的定义}\\
&= \dot{F}_{ik}P_{ki} && \text{根据表 2.1}
\end{aligned}
\tag{3.4.26}
$$

采用雅克比行列式 J 是因为 $\boldsymbol{D}:\boldsymbol{\sigma}$ 是当前每单位体积的功率，而 $\boldsymbol{P}:\dot{\boldsymbol{F}}^{\mathrm{T}}$ 是初始每单位体积的功率。

3.4.4 PK2 应力与格林应变

表 2-1 的应力变换也可以将内能表示为 PK2 应力的形式。

$$
\begin{aligned}
\dot{\boldsymbol{F}}^{\mathrm{T}}:\boldsymbol{P} &\equiv \dot{F}_{ik}P_{ki} = \dot{F}_{ik}S_{kr}F_{ri}^{\mathrm{T}} && \text{根据表 2.1}\\
&= F_{ri}^{\mathrm{T}}\dot{F}_{ik}S_{kr} = (\boldsymbol{F}^{\mathrm{T}}\cdot\dot{\boldsymbol{F}}):\boldsymbol{S} && \text{根据 } \boldsymbol{S} \text{ 的对称性}\\
&= \left(\frac{1}{2}(\boldsymbol{F}^{\mathrm{T}}\cdot\dot{\boldsymbol{F}}+\dot{\boldsymbol{F}}^{\mathrm{T}}\cdot\boldsymbol{F})+\frac{1}{2}(\boldsymbol{F}^{\mathrm{T}}\cdot\dot{\boldsymbol{F}}-\dot{\boldsymbol{F}}^{\mathrm{T}}\cdot\boldsymbol{F})\right):\boldsymbol{S} && \text{将张量分解为对称部分和反对称部分}\\
&= \frac{1}{2}(\boldsymbol{F}^{\mathrm{T}}\cdot\dot{\boldsymbol{F}}+\dot{\boldsymbol{F}}^{\mathrm{T}}\cdot\boldsymbol{F}):\boldsymbol{S} && \text{由于对称张量和反对称张量的缩并等于零}
\end{aligned}
\tag{3.4.27}
$$

应用式(2.3.19)所定义的格林应变 $\boldsymbol{E}$ 的时间导数，得到

$$
\rho_0\dot{w}^{\mathrm{int}} = \dot{\boldsymbol{E}}:\boldsymbol{S} = \boldsymbol{S}:\dot{\boldsymbol{E}} = \dot{E}_{ij}S_{ij} \tag{3.4.28}
$$

这表明**格林应变率与 PK2 应力是功率(能量)共轭的**。

在第 2 章中，式(2.6.36)证明了**柯西应力与变形率在功率上是共轭的**。本节又证明了两对应力和应变率度量在功率上是共轭的，除上述三对外还包括旋转柯西应力与旋转变形率的共轭度量。表 3-3 列出了四对共轭度量。

表 3-3　在功率上的应力-变形(应变)率共轭对

柯西应力/变形率：	$\rho\dot{w}^{\mathrm{int}}=\boldsymbol{D}:\boldsymbol{\sigma}=\boldsymbol{\sigma}:\boldsymbol{D}=D_{ij}\sigma_{ij}$	(B3.3.1)
名义应力/变形梯度率：	$\rho_0\dot{w}^{\mathrm{int}}=\dot{\boldsymbol{F}}^{\mathrm{T}}:\boldsymbol{P}=\boldsymbol{P}^{\mathrm{T}}:\dot{\boldsymbol{F}}=\dot{F}_{ij}P_{ji}$	(B3.3.2)
PK2 应力/格林应变率：	$\rho_0\dot{w}^{\mathrm{int}}=\dot{\boldsymbol{E}}:\boldsymbol{S}=\boldsymbol{S}:\dot{\boldsymbol{E}}=\dot{E}_{ij}S_{ij}$	(B3.3.3)
旋转柯西应力/旋转变形率：	$\rho\dot{w}^{\mathrm{int}}=\hat{\boldsymbol{D}}:\hat{\boldsymbol{\sigma}}=\hat{\boldsymbol{\sigma}}:\hat{\boldsymbol{D}}=\hat{D}_{ij}\hat{\sigma}_{ij}$	(B3.3.4)

对于建立动量方程的弱形式，即虚功原理或虚功率原理，共轭的应力和应变率度量是非常有用的。表 3-3 仅列出了本书涉及的共轭对，在连续介质力学中还建立了其他共轭对(Ogden，1984；Hill，1978)。在非线性有限元方法中，表 3-3 所列出的共轭对是最经常使用的。

3.5 有限元的半离散化

3.5.1 半离散化方程

考虑一个拉格朗日有限元网格，其对于运动的有限元近似为

$$x_i(\boldsymbol{X},t)=x_{iI}(t)N_I(\boldsymbol{X}) \tag{3.5.1}$$

式中，$N_I(\boldsymbol{X})$为形状函数，它是材料坐标(单元坐标)的函数。试位移场为

$$u_i(\boldsymbol{X},t)=u_{iI}(t)N_I(\boldsymbol{X}) \quad 或 \quad \boldsymbol{u}(\boldsymbol{X},t)=\boldsymbol{u}_I(t)N_I(\boldsymbol{X}) \tag{3.5.2}$$

变分函数或变量不是时间的函数，因此，

$$\delta u_i(\boldsymbol{X})=\delta u_{iI}N_I(\boldsymbol{X}) \quad 或 \quad \delta\boldsymbol{u}(\boldsymbol{X})=\delta\boldsymbol{u}_I N_I(\boldsymbol{X}) \tag{3.5.3}$$

同前，所有重复指标都需要求和，大写指标表示节点编号，即对所有相关节点求和；小写指标表示分量，即对所有维度求和。

取式(3.5.2)的材料时间导数得到速度和加速度：

$$\dot{u}_i(\boldsymbol{X},t)=\dot{u}_{iI}(t)N_I(\boldsymbol{X}) \tag{3.5.4}$$

$$\ddot{u}_i(\boldsymbol{X},t)=\ddot{u}_{iI}N_I(\boldsymbol{X}) \tag{3.5.5}$$

速度是位移的材料时间导数，即当材料坐标固定时，对时间求偏导数。由于形函数不随时间改变，仅是空间坐标的函数，所以速度是由相同形函数给出的，由此构造了等参形函数，即母单元。节点位移的上点表示普通导数，分离变量后，它仅是时间的函数。

变形梯度为

$$F_{ij}=\frac{\partial x_i}{\partial X_j}=\frac{\partial N_I}{\partial X_j}x_{iI} \tag{3.5.6}$$

考虑到 $\delta x_{iI}=\delta(X_{iI}+u_{iI})=\delta u_{iI}$，可将式(3.5.6)变换为

$$F_{ij}=B^0_{jI}x_{iI}, \quad B^0_{jI}=\frac{\partial N_I}{\partial X_j}, \quad 所以 \quad \boldsymbol{F}=\boldsymbol{x}\boldsymbol{B}^{\mathrm{T}}_0 \tag{3.5.7}$$

$$\delta F_{ij}=\frac{\partial N_I}{\partial X_j}\delta x_{iI}=\frac{\partial N_I}{\partial X_j}\delta u_{iI}, \quad 所以 \quad \delta\boldsymbol{F}=\delta\boldsymbol{u}\boldsymbol{B}^{\mathrm{T}}_0 \tag{3.5.8}$$

将节点内力定义为内部虚功的形式：

$$\delta w^{\mathrm{int}}=\delta u_{iI}f^{\mathrm{int}}_{iI}=\int_{\Omega_0}\delta F_{ij}P_{ji}\,\mathrm{d}\Omega_0=\delta u_{iI}\int_{\Omega_0}\frac{\partial N_I}{\partial X_j}P_{ji}\,\mathrm{d}\Omega_0 \tag{3.5.9}$$

上式的最后一步利用了式(3.5.8)。根据 δu_{iI} 的任意性，可得

$$f^{\mathrm{int}}_{iI}=\int_{\Omega_0}\frac{\partial N_I}{\partial X_j}P_{ji}\,\mathrm{d}\Omega_0 \quad 或 \quad f^{\mathrm{int}}_{iI}=\int_{\Omega_0}B^0_{jI}P_{ji}\,\mathrm{d}\Omega_0 \quad 或 \quad \boldsymbol{f}^{\mathrm{int},T}=\int_{\Omega_0}\boldsymbol{B}^{\mathrm{T}}_0\boldsymbol{P}\,\mathrm{d}\Omega_0 \tag{3.5.10}$$

由外部虚功(式(B3.2.3))与节点外力的虚功相等定义节点外力：

$$\delta w^{\mathrm{ext}}=\delta u_{iI}f^{\mathrm{ext}}_{iI}=\int_{\Omega_0}\delta u_i\rho_0 b_i\,\mathrm{d}\Omega_0+\int_{\Gamma^0_{t_i}}\delta u_i\bar{t}^0_i\,\mathrm{d}\Gamma_0=\delta u_{iI}\left(\int_{\Omega_0}N_I\rho_0 b_i\,\mathrm{d}\Omega_0+\int_{\Gamma^0_{t_i}}N_I\bar{t}^0_i\,\mathrm{d}\Gamma_0\right) \tag{3.5.11}$$

由此得到

$$f_{iI}^{\text{ext}}=\int_{\Omega_0}N_I\rho_0 b_i\,\mathrm{d}\Omega_0+\int_{\Gamma_{t_i}^0}N_I\bar{t}_i^0\,\mathrm{d}\Gamma_0 \tag{3.5.12}$$

质量矩阵：通过惯性虚功等价于惯性力的虚功(式(B3.2.4))，可得

$$\delta w^{\text{kin}}=\delta u_{iI}f_{iI}^{\text{kin}}=\int_{\Omega_0}\delta u_i\rho_0\ddot{u}_i\,\mathrm{d}\Omega_0 \tag{3.5.13}$$

将式(3.5.3)和式(3.5.5)代入上式等号最右侧：

$$\delta u_{iI}f_{iI}^{\text{kin}}=\delta u_{iI}\int_{\Omega_0}\rho_0 N_I N_J\,\mathrm{d}\Omega_0\ddot{u}_{jJ}=\delta u_{iI}M_{ijIJ}\ddot{u}_{jJ} \tag{3.5.14}$$

由于上式对于任意的 $\delta\boldsymbol{u}$ 和 $\ddot{\boldsymbol{u}}$ 都成立，所以得到质量矩阵为

$$M_{ijIJ}=\delta_{ij}\int_{\Omega_0}\rho_0 N_I N_J\,\mathrm{d}\Omega_0 \tag{3.5.15}$$

将上述节点内力、节点外力和惯性力的表达式代入弱形式的式(B3.2.1)，有

$$\delta u_{iI}(f_{iI}^{\text{int}}-f_{iI}^{\text{ext}}+M_{ijIJ}\ddot{u}_{jJ})=0,\quad \forall I,i\notin\Gamma_{u_i} \tag{3.5.16}$$

由于上式适用于所有不受位移边界条件限制的节点位移分量的任意值，有

$$M_{ijIJ}\ddot{u}_{jJ}+f_{iI}^{\text{int}}=f_{iI}^{\text{ext}},\quad \forall I,i\notin\Gamma_{u_i} \tag{3.5.17}$$

式(3.5.17)在空间上是离散的，在时间上是连续的，因此称其为半离散化动量方程，也称为运动方程。该方程是 n_N-1 系统的二阶常微分方程，独立变量是时间 t。式(3.5.17)的第二种形式，$\boldsymbol{f}=\boldsymbol{Ma}$，即牛顿第二运动定律。在有限元离散中，质量矩阵常常为非对角阵，即当 $M_{IJ}\neq 0$ 时，节点 I 上的力可以在节点 J 上产生加速度，这与牛顿第二定律不同。为此质量矩阵常进行对角化近似，此时对于由变形单元实现内部连接的质点系统，离散的运动方程与牛顿第二定律一致。力 $f_I=f_I^{\text{ext}}-f_I^{\text{int}}$ 为在节点 I 上的静力。因为节点力作用在单元上，在节点内力前出现负号，负号的出现也可以由牛顿第三定律解释。

表 3-4　完全的拉格朗日格式的离散化方程和节点内力计算

运动方程(离散动量方程)：

$$M_{ijIJ}\ddot{u}_{jJ}+f_{iI}^{\text{int}}=f_{iI}^{\text{ext}},\quad (I,i)\notin\Gamma_{v_i} \tag{B3.4.1}$$

节点内力：

$$f_{iI}^{\text{int}}=\int_{\Omega_0}(B_{Ij}^0)^{\mathrm{T}}P_{ji}\,\mathrm{d}\Omega_0=\int_{\Omega_0}\frac{\partial N_I}{\partial X_j}P_{ji}\,\mathrm{d}\Omega_0\quad 或\quad (\boldsymbol{f}_I^{\text{int}})^{\mathrm{T}}=\int_{\Omega_0}\boldsymbol{B}_{0I}^{\mathrm{T}}\boldsymbol{P}\,\mathrm{d}\Omega_0 \tag{B3.4.2}$$

福格特标记为 $\quad \boldsymbol{f}_I^{\text{int}}=\int_{\Omega_0}\boldsymbol{B}_{0I}^{\mathrm{T}}\{\boldsymbol{S}\}\,\mathrm{d}\Omega_0$

节点外力：

$$f_{iI}^{\text{ext}}=\int_{\Omega_0}N_I\rho_0 b_i\,\mathrm{d}\Omega_0+\int_{\Gamma_{t_i}^0}N_I\bar{t}_i^0\,\mathrm{d}\Gamma_0\quad 或\quad \boldsymbol{f}_I^{\text{ext}}=\int_{\Omega_0}N_I\rho_0\boldsymbol{b}\,\mathrm{d}\Omega_0+\int_{\Gamma_{t_i}^0}N_I\boldsymbol{e}_i\cdot\bar{\boldsymbol{t}}^0\,\mathrm{d}\Gamma_0 \tag{B3.4.3}$$

质量矩阵：

$$M_{ijIJ}=\delta_{ij}\int_{\Omega_0}\rho N_I N_J\,\mathrm{d}\Omega_0=\delta_{ij}\int_{\Omega_0}\rho_0 N_I N_J J_\xi^0\,\mathrm{d}\square \tag{B3.4.4}$$

$$\boldsymbol{M}_{IJ}=\boldsymbol{I}\widetilde{M}_{IJ}=\boldsymbol{I}\int_{\Omega_0}\rho_0 N_I N_J\,\mathrm{d}\Omega_0 \tag{B3.4.5}$$

续表

单元节点内力的计算：
1. $\boldsymbol{f}^{\text{int}}=0$
2. 对于所有的积分点$\boldsymbol{\xi}_Q$，计算
(1) 对于所有节点 I，计算 $[B^0_{Ij}]=\left[\dfrac{\partial N_I(\xi_Q)}{\partial X_j}\right]$
(2) $\boldsymbol{H}=\boldsymbol{B}_{0I}\boldsymbol{u}_I$；$H_{ij}=\dfrac{\partial N_I}{\partial X_j u_{iI}}$
(3) $\boldsymbol{F}=\boldsymbol{I}+\boldsymbol{H}$，$J=\det(\boldsymbol{F})$
(4) $\boldsymbol{E}=\dfrac{1}{2}(\boldsymbol{H}+\boldsymbol{H}^{\mathrm{T}}+\boldsymbol{H}^{\mathrm{T}}\boldsymbol{H})$
(5) 如果需要，计算 $\dot{\boldsymbol{E}}=\dfrac{\Delta\boldsymbol{E}}{\Delta t}$，$\dot{\boldsymbol{F}}=\dfrac{\Delta\boldsymbol{F}}{\Delta t}$，$\boldsymbol{D}=\mathrm{sym}(\dot{\boldsymbol{F}}\boldsymbol{F}^{-1})$
(6) 通过本构方程计算 PK2 应力 $\boldsymbol{S}$ 或柯西应力$\boldsymbol{\sigma}$
(7) $\boldsymbol{P}=\boldsymbol{S}\boldsymbol{F}^{\mathrm{T}}$ 或 $\boldsymbol{P}=J\boldsymbol{F}^{-1}\boldsymbol{\sigma}$
(8) 对于所有节点 I，$\boldsymbol{f}_I^{\text{int}}\leftarrow\boldsymbol{f}_I^{\text{int}}+\boldsymbol{B}_{0I}^{\mathrm{T}}\boldsymbol{P}J_\xi^0\bar{w}_Q$
结束循环
($\bar{w}_Q$ 为积分加权)

上述方程与更新的拉格朗日格式的控制方程是一致的，如表 3-4 所示。在完全的和更新的拉格朗日格式中，节点力的表达式具有不同的变量形式，并具有不同的积分域。但是，二者的离散化方程是一致的。对于一些本构方程或载荷，通过减少所需变换的数目和简化运算，可以选择合适的计算格式。

3.5.2 应变-位移矩阵

在非线性有限元中，内部节点力的计算是比较耗时的。表 3-4 给出了内部节点力的计算方法和步骤。通常，形状函数表示为单元坐标的形式，如在三角形单元中的面积坐标或在等参单元中的参考坐标$\boldsymbol{\xi}$。关于材料坐标的导数可以表示为

$$\boldsymbol{N}_{\boldsymbol{X}}=\boldsymbol{B}^0=\boldsymbol{N}_{,\xi}\boldsymbol{X}_{,\xi}^{-1}=\boldsymbol{N}_{,\xi}(\boldsymbol{F}_\xi^0)^{-1} \tag{3.5.18}$$

式中，$\boldsymbol{F}_\xi^0$ 是在材料和单元坐标之间的雅克比行列式。格林应变张量通常不是以变形梯度 $\boldsymbol{F}$ 的形式计算的，如表 3-4 所示，因为对于小应变，计算结果易受舍入误差的影响。

由于名义应力 $\boldsymbol{P}$ 是非对称的，一般不使用福格特标记将节点力写成 $\boldsymbol{P}$ 的形式，而是将对称的 PK2 应力 $\boldsymbol{S}$ 写为福格特标记形式。应用转换关系 $\boldsymbol{P}=\boldsymbol{S}\cdot\boldsymbol{F}^{\mathrm{T}}$，得到节点内力为

$$f_{jI}^{\text{int}}=\int_{\Omega_0}\frac{\partial N_I}{\partial X_i}F_{kj}S_{ik}\,\mathrm{d}\Omega_0 \quad 或 \quad (\boldsymbol{f}_I^{\text{int}})^{\mathrm{T}}=\int_{\Omega_0}\frac{\partial N_I}{\partial \boldsymbol{X}}\boldsymbol{S}\boldsymbol{F}^{\mathrm{T}}\,\mathrm{d}\Omega_0 \tag{3.5.19}$$

定义 $\boldsymbol{B}^0$ 矩阵为

$$B_{ijkI}^0=\operatorname*{sym}_{(i,j)}\left(\frac{\partial N_I}{\partial X_i}F_{kj}\right) \tag{3.5.20}$$

当参考构形与当前构形重合时，式中 $F_{ij}\rightarrow\delta_{ij}$。这个矩阵的福格特标记形式(附录 A)为

$$B_{ijkI}^0\rightarrow B_{ab}^0 \quad \begin{array}{ll}(i,j)\rightarrow a & \text{根据福格特标记运动学规则}\\ (k,I)\rightarrow b & \text{根据矩形到列阵的变换规则}\end{array} \tag{3.5.21}$$

类似地，通过运动学福格特规则将 S_{ij} 转换为 S_b，有

$$f_a^{\mathrm{int}}=\int_{\Omega_0}(B_{ab}^0)^{\mathrm{T}}S_b\mathrm{d}\Omega_0 \quad 或 \quad \boldsymbol{f}=\int_{\Omega_0}\boldsymbol{B}_0^{\mathrm{T}}\{\boldsymbol{S}\}\mathrm{d}\Omega_0 \quad 或 \quad \boldsymbol{f}_I=\int_{\Omega_0}\boldsymbol{B}_{0I}^{\mathrm{T}}\{\boldsymbol{S}\}\mathrm{d}\Omega_0 \tag{3.5.22}$$

构造矩阵 $\boldsymbol{B}^0$ 的关键在于表 A.1 给出的指标 a 与指标 j 之间的对应关系。对于二维单元应用这种对应关系，得到

$$B_{ijkI}^0 \rightarrow B_{akI}^0,$$

$$i=1,j=1\rightarrow a=1,\quad [B_{ak}^0]_I=\frac{\partial N_I}{\partial X}F_{k1}=\frac{\partial N_I}{\partial X}\frac{\partial x_k}{\partial X}$$

$$i=2,j=2\rightarrow a=2,\quad [B_{ak}^0]_I=\frac{\partial N_I}{\partial Y}F_{k2}=\frac{\partial N_I}{\partial Y}\frac{\partial x_k}{\partial Y}$$

$$i=1,j=2\rightarrow a=3,\quad [B_{ak}^0]_I=\frac{\partial N_I}{\partial X}F_{k2}+\frac{\partial N_I}{\partial Y}F_{k1}=\frac{\partial N_I}{\partial X}\frac{\partial x_k}{\partial Y}+\frac{\partial N_I}{\partial Y}\frac{\partial x_k}{\partial X} \tag{3.5.23}$$

当取 $k=1$ 和 $k=2$ 时，分别对应矩阵的第一列与第二列，可以写出矩阵 $\boldsymbol{B}_I^0$：

$$\boldsymbol{B}_I^0=\begin{bmatrix}\dfrac{\partial N_I}{\partial X}\dfrac{\partial x}{\partial X} & \dfrac{\partial N_I}{\partial X}\dfrac{\partial y}{\partial X}\\ \dfrac{\partial N_I}{\partial Y}\dfrac{\partial x}{\partial Y} & \dfrac{\partial N_I}{\partial Y}\dfrac{\partial y}{\partial Y}\\ \dfrac{\partial N_I}{\partial X}\dfrac{\partial x}{\partial Y}+\dfrac{\partial N_I}{\partial Y}\dfrac{\partial x}{\partial X} & \dfrac{\partial N_I}{\partial X}\dfrac{\partial y}{\partial Y}+\dfrac{\partial N_I}{\partial Y}\dfrac{\partial y}{\partial X}\end{bmatrix} \tag{3.5.24}$$

在三维情况下，根据类似的步骤得到

$$\boldsymbol{B}_I^0=\begin{bmatrix}\dfrac{\partial N_I}{\partial X}\dfrac{\partial x}{\partial X} & \dfrac{\partial N_I}{\partial X}\dfrac{\partial y}{\partial X} & \dfrac{\partial N_I}{\partial X}\dfrac{\partial z}{\partial X}\\ \dfrac{\partial N_I}{\partial Y}\dfrac{\partial x}{\partial Y} & \dfrac{\partial N_I}{\partial Y}\dfrac{\partial y}{\partial Y} & \dfrac{\partial N_I}{\partial Y}\dfrac{\partial z}{\partial Y}\\ \dfrac{\partial N_I}{\partial Z}\dfrac{\partial x}{\partial Z} & \dfrac{\partial N_I}{\partial Z}\dfrac{\partial y}{\partial Z} & \dfrac{\partial N_I}{\partial Z}\dfrac{\partial z}{\partial Z}\\ \dfrac{\partial N_I}{\partial Y}\dfrac{\partial x}{\partial Z}+\dfrac{\partial N_I}{\partial Z}\dfrac{\partial x}{\partial Y} & \dfrac{\partial N_I}{\partial Y}\dfrac{\partial y}{\partial Z}+\dfrac{\partial N_I}{\partial Z}\dfrac{\partial y}{\partial Y} & \dfrac{\partial N_I}{\partial Y}\dfrac{\partial z}{\partial Z}+\dfrac{\partial N_I}{\partial Z}\dfrac{\partial z}{\partial Y}\\ \dfrac{\partial N_I}{\partial X}\dfrac{\partial x}{\partial Z}+\dfrac{\partial N_I}{\partial Z}\dfrac{\partial x}{\partial X} & \dfrac{\partial N_I}{\partial X}\dfrac{\partial y}{\partial Z}+\dfrac{\partial N_I}{\partial Z}\dfrac{\partial y}{\partial X} & \dfrac{\partial N_I}{\partial X}\dfrac{\partial z}{\partial Z}+\dfrac{\partial N_I}{\partial Z}\dfrac{\partial z}{\partial X}\\ \dfrac{\partial N_I}{\partial X}\dfrac{\partial x}{\partial Y}+\dfrac{\partial N_I}{\partial Y}\dfrac{\partial x}{\partial X} & \dfrac{\partial N_I}{\partial X}\dfrac{\partial y}{\partial Y}+\dfrac{\partial N_I}{\partial Y}\dfrac{\partial y}{\partial X} & \dfrac{\partial N_I}{\partial X}\dfrac{\partial z}{\partial Y}+\dfrac{\partial N_I}{\partial Y}\dfrac{\partial z}{\partial X}\end{bmatrix} \tag{3.5.25}$$

许多作者通过布尔矩阵(Boolean matrix)的顺序相乘构造矩阵 $\boldsymbol{B}^0$，而本节介绍的过程更容易编制程序，且计算速度快得多。另外，由下式很容易看出通过 $\boldsymbol{B}^0$ 可以将格林应变率 $\dot{\boldsymbol{E}}$ 与节点速度联系起来：

$$\{\dot{\boldsymbol{E}}\}=\boldsymbol{B}_I^0\boldsymbol{v}_I=\boldsymbol{B}_0\dot{\boldsymbol{d}} \tag{3.5.26}$$

这里必须注意到矩阵 $\boldsymbol{B}^0$ 的一个特征：尽管它带有一个上角标 0，但矩阵 $\boldsymbol{B}^0$ 不是与时间无关的。这可以从式(3.5.20)或式(3.5.23)～式(3.5.25)中看到，这些式子表明矩阵 $\boldsymbol{B}^0$ 取

决于变形梯度 $\boldsymbol{F}$,而 $\boldsymbol{F}$ 是随时间变化的。

3.5.3 质量矩阵

从弱形式的一致性推导出的质量矩阵称为一致质量矩阵。在非线性有限元中,一般采用对角质量矩阵,也称为集中质量矩阵,它更具有求解优势,但质量矩阵对角化的过程并没有理论支持。最常用的对角化过程是对行求和技术,即

$$\boldsymbol{M}_{II}^{D}=\sum_{J}M_{IJ}^{C} \tag{3.5.27}$$

由此得到对角质量矩阵 $\boldsymbol{M}_{II}^{D}$ 的对角元素,其中 M_{IJ}^{C} 是一致质量矩阵的元素。考虑形函数之和为 1(单位分解),在一维杆问题中对角质量矩阵可由下式计算:

$$\boldsymbol{M}_{II}^{D}=\sum_{J}M_{IJ}^{C}=\int_{X_a}^{X_b}\rho_0 N_I\Big(\sum_{j}N_j\Big)A_0\,\mathrm{d}X_0=\int_{X_a}^{X_b}\rho_0 N_I A_0\,\mathrm{d}X_0 \tag{3.5.28}$$

这种对角化的过程使物体的总动量守恒,即对于任意的节点速度,对角质量的系统动量等于一致质量的系统动量:

$$\sum_{I,J}M_{IJ}^{C}v_J=\sum_{I}M_{II}^{D}v_I \tag{3.5.29}$$

3.5.4 单元和总体矩阵

在有限元程序中,通常是在单元水平计算节点力和质量矩阵。通过计算将单元节点力与总体矩阵结合为集合或矢量组合。通过类似的计算将组合单元的质量矩阵和其他矩阵与总体矩阵结合,即矩阵装配。与之对应,通过计算可以从总体矩阵提取单元节点的位移,此操作即离散。下面描述这些过程。

变量使用 e 作为上角标或下角标,表示与单元相关的量。单元的节点位移和节点力分别用 $\boldsymbol{u}_e$ 和 $\boldsymbol{f}_e$ 表示,为 m 阶列阵,m 表示每个单元的节点数。如 2 节点一维杆单元的单元节点位移矩阵为 $\boldsymbol{u}_e^{\mathrm{T}}=[u_1,u_2]_e$,单元节点力矩阵为 $\boldsymbol{f}_e^{\mathrm{T}}=[f_1,f_2]_e$。

节点位移列阵和节点力列阵需要相同的阶数,在大多数情况下这个要求是满足的。在矩阵装配过程中及对于线性和线性化方程的对称性来说,节点力和节点位移矩阵的这种性质是至关重要的。

单元节点位移 $\boldsymbol{u}_e$ 与总体节点位移 $\boldsymbol{u}$ 的关系为

$$\boldsymbol{u}_e=\boldsymbol{L}_e\boldsymbol{u},\quad \delta\boldsymbol{u}_e=\boldsymbol{L}_e\delta\boldsymbol{u} \tag{3.5.30}$$

矩阵 $\boldsymbol{L}_e$ 为连接矩阵。它是一个布尔矩阵,即其元素只包含 0 和 1。特殊网格的矩阵 $\boldsymbol{L}_e$ 的例子将在后文介绍。从 $\boldsymbol{u}$ 中提取 $\boldsymbol{u}_e$ 的运算称为离散,即从总体矢量离散到具体单元矢量。

类似于式(B3.2.2),单元水平的节点内力虚功为

$$\delta\boldsymbol{W}_e^{\mathrm{int}}=\delta\boldsymbol{u}_e^{\mathrm{T}}\boldsymbol{f}_e^{\mathrm{int}}=\int_{\Omega_0}\delta\boldsymbol{u}_{,\boldsymbol{X}}\boldsymbol{P}\,\mathrm{d}\Omega_0 \tag{3.5.31}$$

为了获得总体和局部节点力之间的关系,考虑总体内力虚功是单元内力虚功之和:

$$\delta\boldsymbol{W}^{\mathrm{int}}=\sum_{e}\delta\boldsymbol{W}_e^{\mathrm{int}}\quad 或\quad \delta\boldsymbol{u}^{\mathrm{T}}\boldsymbol{f}^{\mathrm{int}}=\sum_{e}\delta\boldsymbol{u}_e^{\mathrm{T}}\boldsymbol{f}_e^{\mathrm{int}} \tag{3.5.32}$$

将式(3.5.30)代入式(3.5.32),得

$$\delta\boldsymbol{u}^{\mathrm{T}}\boldsymbol{f}^{\mathrm{int}}=\delta\boldsymbol{u}^{\mathrm{T}}\sum_{e}\boldsymbol{L}_e^{\mathrm{T}}\boldsymbol{f}_e^{\mathrm{int}} \tag{3.5.33}$$

由于 $\delta \boldsymbol{u}$ 是任意的，由上式可得

$$\boldsymbol{f}^{\text{int}} = \sum_{e} \boldsymbol{L}_{e}^{\mathrm{T}} \boldsymbol{f}_{e}^{\text{int}} \tag{3.5.34}$$

这是单元节点内力和总体节点内力之间的关系。上式的运算称为集合，根据节点编号将每一个单元矢量集合纳入总体阵列。同理可得节点外力和惯性力的表达式：

$$\boldsymbol{f}^{\text{ext}} = \sum_{e} \boldsymbol{L}_{e}^{\mathrm{T}} \boldsymbol{f}_{e}^{\text{ext}}, \quad \boldsymbol{f}^{\text{kin}} = \sum_{e} \boldsymbol{L}_{e}^{\mathrm{T}} \boldsymbol{f}_{e}^{\text{kin}} \tag{3.5.35}$$

为了描述矩阵装配，定义单元惯性节点力为单元质量矩阵和单元加速度的乘积：

$$\boldsymbol{f}_{e}^{\text{kin}} = \boldsymbol{M}_{e} \boldsymbol{a}_{e} \tag{3.5.36}$$

通过取式(3.5.30)的时间导数，可以得到单元和总体加速度的关系为 $\boldsymbol{a}_e = \boldsymbol{L}_e \boldsymbol{a}$（连接矩阵不随时间变化）。将此式代入式(3.5.36)并应用式(3.5.35)，得到

$$\boldsymbol{f}^{\text{kin}} = \sum_{e} \boldsymbol{L}_{e}^{\mathrm{T}} \boldsymbol{M}_{e} \boldsymbol{L}_{e} \boldsymbol{a} \tag{3.5.37}$$

式中，等号右侧的总体质量矩阵为

$$\boldsymbol{M} = \sum_{e} \boldsymbol{L}_{e}^{\mathrm{T}} \boldsymbol{M}_{e} \boldsymbol{L}_{e} \tag{3.5.38}$$

应用连接矩阵 $\boldsymbol{L}_e$ 还可以建立单元形函数和总体形函数之间的关系。单元形函数 $N_I^e(X)$ 仅在单元 e 上非零。如果将单元形函数 $N_I^e(X)$ 置于行阵 $\boldsymbol{N}^e(X)$，则单元 e 的位移场为

$$u^{e}(X) = \boldsymbol{N}^{e}(X) \boldsymbol{u}_{e} = \sum_{I=1}^{m} N_{I}^{e}(X) u_{I}^{e} \tag{3.5.39}$$

总体位移场可以由所有单元的位移求和，考虑式(3.5.30)，得到

$$u(X) = \sum_{e=1}^{n_e} N^{e}(X) \boldsymbol{L}_{e} \boldsymbol{u} = \sum_{e=1}^{n_e} \sum_{I=1}^{m} \sum_{J=1}^{n_N} N_{I}^{e}(X) L_{IJ}^{e} u_{J} \tag{3.5.40}$$

对比式(3.5.40)和式(3.5.2)可以看出：

$$\boldsymbol{N}(X) = \sum_{e=1}^{n_e} \boldsymbol{N}^{e}(X) \boldsymbol{L}_{e} \quad \text{或} \quad N_{J}(X) = \sum_{e}^{n_e} \sum_{I=1}^{m} N_{I}^{e}(X) L_{IJ}^{e} \tag{3.5.41}$$

根据单元节点编号对单元形函数求和可以得到总体形函数。图 3-1 描绘了一个 2 节点线性位移单元一维网格的单元形函数 $N_I^e(X)$（图 3-1(a)）与总体形函数 $N(X)$（图 3-1(b)）的关系。需要说明的是，为书写方便，$\boldsymbol{L}$ 的标识 e 的位置会上下调整，这种标识约定会贯穿全文，如 0、e 和 int 等。

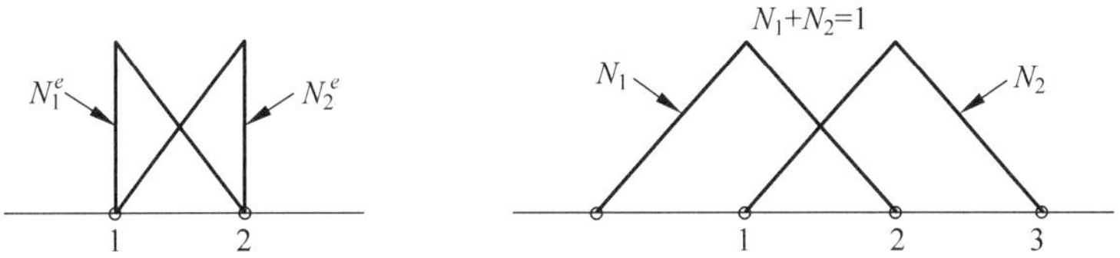

图 3-1 图解线性位移 2 节点单元一维网格的单元形函数 $\boldsymbol{N}^e(X)$ 和总体形函数 $\boldsymbol{N}(X)$

由式(3.5.41)可以证明，单元节点力与总体节点力的表达式是等价的，因为有 $\boldsymbol{N}(X) = \boldsymbol{N}^e(X)\boldsymbol{L}_e$。对于质量矩阵和外力矩阵也可以得到一致性结果。因此，除单元矩阵对应于在单元域上的积分、总体矩阵对应于全域积分之外，后文的推导不再区分矩阵的单元和总体形式。总体矩阵是由单元矩阵装配形成的，由上下文可以理解所使用的形函数，因此后文将省略形函数的上标 e。

在有限元程序中，一般由单元节点力装配得到总体节点力，边界条件在程序最后考虑，因此首先关注如何获得单元的方程。对于复杂模型而言，装配单元方程和施加边界条件是标准化的过程。

3.6 典型单元例题

本节列举了一些典型单元而非结构的计算题，建立了单元节点力的表达式，节点力代表动量方程的离散。

3.6.1 一维 2 节点线性位移单元

【例 3.1】 由一维 2 节点线性位移单元组成的两个单元网格如图 3-2 所示。单元的初始长度均为 $l_{(1)}=l_{(2)}=l_0$，初始横截面面积均为 A_0，体积力 $b(X)$ 为常数 b。经过一段时间 t 后，长度为 $\ell(t)$ 和横截面面积为 $A(t)$；此后，随时间变化的长度 $\ell(t)$ 和横截面面积 $A(t)$ 将不再明显标记。求解：(1)单元节点内力、节点外力和质量矩阵的表达式。(2)装配单元的运动方程。

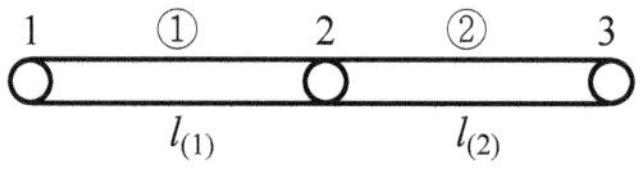

图 3-2 由一维 2 节点线性位移单元组成的两个单元网格

解：(1) 首先给出单元①的节点内力、节点外力和质量矩阵的表达式，以此类推单元②。由线性拉格朗日插值表达式，以材料坐标的形式给出单元①的位移场：

$$u(X,t)=\frac{1}{\ell_0}\begin{bmatrix}X_2-X & X-X_1\end{bmatrix}\begin{Bmatrix}u_1(t)\\u_2(t)\end{Bmatrix} \tag{E3.1.1}$$

式中，$\ell_0=X_2-X_1$，应用式(3.2.6)通过节点位移为应变度量赋值：

$$\varepsilon(X,t)=u_{,X}=\frac{1}{\ell_0}\begin{bmatrix}-1 & +1\end{bmatrix}\begin{Bmatrix}u_1(t)\\u_2(t)\end{Bmatrix} \tag{E3.1.2}$$

定义 $\boldsymbol{B}_0$ 矩阵为

$$\boldsymbol{B}_0=\frac{1}{\ell_0}\begin{bmatrix}-1 & +1\end{bmatrix} \tag{E3.1.3}$$

由式(3.5.10) 给出节点内力为

$$\boldsymbol{f}_e^{\text{int}}=\int_{\Omega_0^e}\boldsymbol{B}_0^{\mathrm{T}}P\,\mathrm{d}\Omega_0=\int_{X_1}^{X_2}\frac{1}{\ell_0}\begin{Bmatrix}-1\\+1\end{Bmatrix}PA_0\,\mathrm{d}X \tag{E3.1.4}$$

如果假设横截面面积和名义应力 P 为常数，则式(E3.1.4)的被积函数是常数，所以，积分值等于被积函数和单元初始长度 ℓ_0 的乘积：

$$\boldsymbol{f}_e^{\text{int}}=\begin{Bmatrix}f_1\\f_2\end{Bmatrix}_e^{\text{int}}=A_0P\begin{Bmatrix}-1\\+1\end{Bmatrix} \tag{E3.1.5}$$

从上式可以看出，节点内力的大小相等、方向相反。因此，即使在动力学问题中，单元节点的内力也是平衡的。单元节点内力的这个性质可应用于所有发生刚体移动但没有变形的单元，但不应用于轴对称单元。节点内力等于单元承担的载荷 F_p，即 $P=\dfrac{F_p}{A_0}$(式(3.2.8))。

节点外力由体积力引起，由式(3.5.12)给出：

$$\boldsymbol{f}_e^{\text{ext}}=\int_{\Omega_0^e}\rho_0\boldsymbol{N}^{\text{T}}bA_0\text{d}X=\int_{X_1}^{X_2}\frac{\rho_0}{l_0}\begin{Bmatrix}X_2-X\\X-X_1\end{Bmatrix}bA_0\text{d}X \tag{E3.1.6}$$

如果用线性拉格朗日插值近似体积力 $b(X,t)$，则有

$$b(X,t)=b_1(t)\left(\frac{X_2-X}{\ell_0}\right)+b_2(t)\left(\frac{X-X_1}{\ell_0}\right) \tag{E3.1.7}$$

取 A_0 为常数，积分式(E3.1.6)的值为

$$\boldsymbol{f}_e^{\text{ext}}=\frac{\rho_0A_0l_0}{6}\begin{Bmatrix}2b_1+b_2\\b_1+2b_2\end{Bmatrix} \tag{E3.1.8}$$

如果通过单元(母单元)坐标的形式

$$\xi=\frac{X-X_1}{l_0},\quad \xi\in[0,1] \tag{E3.1.9}$$

表达积分，就可以方便地得到节点外力和质量矩阵的值。

一致单元质量矩阵由式(3.5.15)给出：

$$\begin{aligned}\boldsymbol{M}_e&=\int_{\Omega_0^e}\rho_0\boldsymbol{N}^{\text{T}}\boldsymbol{N}\text{d}\Omega_0=\int_0^l\rho_0\boldsymbol{N}^{\text{T}}\boldsymbol{N}A_0l_0\text{d}\xi\\&=\int_0^l\rho_0\begin{Bmatrix}1-\xi\\\xi\end{Bmatrix}[1-\xi\quad\xi]A_0l_0\text{d}\xi=\frac{\rho_0A_0l_0}{6}\begin{bmatrix}2&1\\1&2\end{bmatrix}\end{aligned} \tag{E3.1.10}$$

从上式可以看出质量矩阵与时间无关，因为它仅取决于初始的密度、横截面面积和长度。因此，在编写大型有限元程序时，可以独立写出质量矩阵，它不随时间增量发生变化。由对行求和技术的式(3.5.27)得到对角质量矩阵：

$$\boldsymbol{M}_e=\frac{\rho_0A_0l_0}{2}\begin{bmatrix}1&0\\0&1\end{bmatrix}=\frac{\rho_0A_0l_0}{2}\boldsymbol{I} \tag{E3.1.11}$$

在2节点单元的对角质量矩阵中，每个节点分配单元的一半质量。为此，常称该矩阵为集中质量矩阵：每个节点“集中”了一半的质量。

以上给出了单元①的节点内力、节点外力和质量矩阵的表达式，以此类推单元②的表达式，并装配单元的运动方程。

(2) 建立两个单元网格的控制方程，特别关注中间节点2的方程，因为它代表了任意一维网格内部节点的典型方程。该网格的连接矩阵 $\boldsymbol{L}_e$ 分别为

$$\boldsymbol{L}_{(1)}=\begin{bmatrix}1&0&0\\0&1&0\end{bmatrix},\quad \boldsymbol{L}_{(2)}=\begin{bmatrix}0&1&0\\0&0&1\end{bmatrix} \tag{E3.1.12}$$

由式(3.5.34)得，以单元内力的形式给出的总体内力矩阵：

$$\boldsymbol{f}^{\text{int}}=\boldsymbol{L}_{(1)}^{\text{T}}\boldsymbol{f}_{(1)}^{\text{int}}+\boldsymbol{L}_{(2)}^{\text{T}}\boldsymbol{f}_{(2)}^{\text{int}}=\begin{Bmatrix}f_1\\f_2\\0\end{Bmatrix}_{(1)}^{\text{int}}+\begin{Bmatrix}0\\f_1\\f_2\end{Bmatrix}_{(2)}^{\text{int}} \tag{E3.1.13}$$

上式体现了单元节点内力根据节点编号向总体节点内力矩阵对号入座的装配过程。又由式(E3.1.5)给出：

$$\boldsymbol{f}^{\text{int}}=A_0^{(1)}P^{(1)}\begin{Bmatrix}-1\\+1\\0\end{Bmatrix}+A_0^{(2)}P^{(2)}\begin{Bmatrix}0\\-1\\+1\end{Bmatrix} \tag{E3.1.14}$$

类似地，总体节点外力矩阵的装配过程为

$$\boldsymbol{f}^{\text{ext}}=\boldsymbol{L}_{(1)}^{\mathrm{T}}\boldsymbol{f}_{(1)}^{\text{ext}}+\boldsymbol{L}_{(2)}^{\mathrm{T}}\boldsymbol{f}_{(2)}^{\text{ext}}=\begin{Bmatrix}f_1\\f_2\\0\end{Bmatrix}_{(1)}^{\text{ext}}+\begin{Bmatrix}0\\f_1\\f_2\end{Bmatrix}_{(2)}^{\text{ext}} \tag{E3.1.15}$$

应用式(E3.1.8)和常数体积力给出：

$$\boldsymbol{f}^{\text{ext}}=\frac{\rho_0^{(1)}A_0^{(1)}\ell_0^{(1)}}{2}\begin{Bmatrix}b\\b\\0\end{Bmatrix}+\frac{\rho_0^{(2)}A_0^{(2)}\ell_0^{(2)}}{2}\begin{Bmatrix}0\\b\\b\end{Bmatrix} \tag{E3.1.16}$$

由式(3.5.38)给出总体装配质量矩阵：

$$\boldsymbol{M}=\boldsymbol{L}_{(1)}^{\mathrm{T}}\boldsymbol{M}_{(1)}\boldsymbol{L}_{(1)}+\boldsymbol{L}_{(2)}^{\mathrm{T}}\boldsymbol{M}_{(2)}\boldsymbol{L}_{(2)} \tag{E3.1.17}$$

由式(E3.1.10)得

$$\boldsymbol{M}=\boldsymbol{L}_{(1)}^{\mathrm{T}}\frac{\rho_0^{(1)}A_0^{(1)}\ell_0^{(1)}}{6}\begin{bmatrix}2&1\\1&2\end{bmatrix}\boldsymbol{L}_{(1)}+\boldsymbol{L}_{(2)}^{\mathrm{T}}\frac{\rho_0^{(2)}A_0^{(2)}\ell_0^{(2)}}{6}\begin{bmatrix}2&1\\1&2\end{bmatrix}\boldsymbol{L}_{(2)} \tag{E3.1.18}$$

如果定义 $m_1=\dfrac{\rho_0^{(1)}A_0^{(1)}\ell_0^{(1)}}{6}$，$m_2=\dfrac{\rho_0^{(2)}A_0^{(2)}\ell_0^{(2)}}{6}$，则装配的一致质量矩阵为

$$\boldsymbol{M}=\begin{bmatrix}2m_1&m_1&0\\m_1&2(m_1+m_2)&m_2\\0&m_2&2m_2\end{bmatrix} \tag{E3.1.19}$$

写出该系统中间节点 2 的运动方程(由 $\boldsymbol{M}$、$\boldsymbol{f}^{\text{ext}}$、$\boldsymbol{f}^{\text{int}}$ 的第二行得到)：

$$\begin{aligned}&\frac{1}{6}\rho_0^{(1)}A_0^{(1)}l_0^{(1)}\ddot{u}_1+\frac{1}{3}(\rho_0^{(1)}A_0^{(1)}l_0^{(1)}+\rho_0^{(2)}A_0^{(2)}l_0^{(2)})\ddot{u}_2+\frac{1}{6}\rho_0^{(2)}A_0^{(2)}l_0^{(2)}\ddot{u}_3+\\&\qquad A_0^{(1)}P^{(1)}-A_0^{(2)}P^{(2)}=\frac{b}{2}(\rho_0^{(1)}A_0^{(1)}l_0^{(1)}+\rho_0^{(2)}A_0^{(2)}l_0^{(2)})\end{aligned} \tag{E3.1.20}$$

为简化装配方程，考虑均匀的网格和常值初始参数，即 $\rho_0^{(1)}=\rho_0^{(2)}=\rho_0$，$A_0^{(1)}=A_0^{(2)}=A_0$，$l_0^{(1)}=l_0^{(2)}=l_0$。两边同时除以 $-A_0\ell_0$，则在节点 2 获得如下运动方程：

$$\frac{P^{(2)}-P^{(1)}}{l_0}+\rho_0 b=\rho_0\left(\frac{1}{6}\ddot{u}_1+\frac{2}{3}\ddot{u}_2+\frac{1}{6}\ddot{u}_3\right) \tag{E3.1.21}$$

如果质量矩阵是集中质量矩阵，则相应的表达式为

$$\frac{P^{(2)}-P^{(1)}}{l_0}+\rho_0 b=\rho_0\ddot{u}_2 \tag{E3.1.22}$$

假设 A_0 为常数，根据动量方程式(3.2.14)，式(E3.1.22)等价于有限差分表达式 $P_{,X}(X_2)=\dfrac{P^{(2)}-P^{(1)}}{l_0}$，二者是等价关系。由此，有限元方法控制方程可以间接地从有限差分近似中获得。对于半离散方程，当单元的密度、横截面面积和长度发生变化时，有限元法较有限差分法的优势在于给出了统一的程序。此外，对于线性问题，从某种意义上可以证明有限元结果提供了最近似的解答，使能量范数的误差最小(Strang 和 Fix，1973)。有限元法也给出了获得更精确的一致质量矩阵和高阶单元的手段。

有限元法与有限差分法的区别在于，有限差分法从微分方程出发，得到的是精确问题

的近似解；有限元法从微分方程的弱形式出发进行数值离散，得到的是近似问题的精确解。然而，有限元法的最主要优势是能轻而易举地模拟复杂形状，这毫无疑问是其被广泛应用的原因。

3.6.2 一维3节点二次位移单元

【例3.2】 考虑长度为 L_0 和横截面面积为 A_0 的一维3节点二次位移单元，如图3-3所示。给出单元节点内力、节点外力和质量矩阵的表达式。

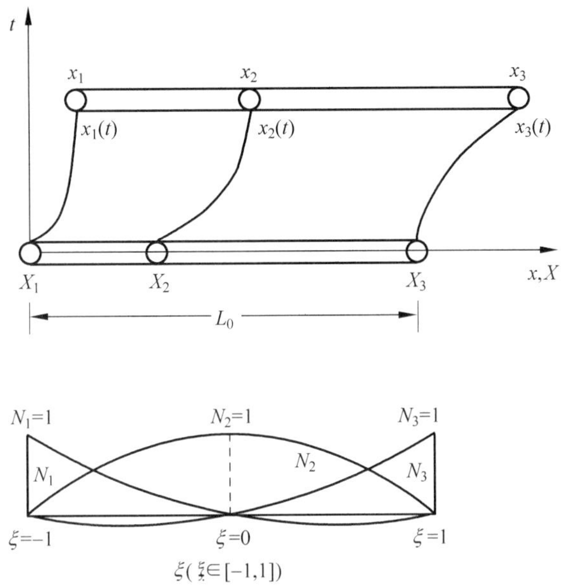

图3-3 3节点二次位移单元的初始构形、当前构形及形函数

解：尽管没有假设节点2位于其他两节点的中间位置，但是推荐它取中间位置。材料坐标 X 和单元坐标 ξ 之间的映射关系为

$$X(\xi)=\boldsymbol{N}(\xi)\boldsymbol{X}_e=\begin{bmatrix}\frac{1}{2}\xi(\xi-1) & 1-\xi^2 & \frac{1}{2}\xi(\xi+1)\end{bmatrix}\begin{Bmatrix}X_1\\X_2\\X_3\end{Bmatrix} \tag{E3.2.1}$$

式中，$\boldsymbol{N}(\xi)$ 是拉格朗日插值矩阵或形函数；$\xi\in[-1,1]$ 是单元坐标，上式的形函数图形如图3-3所示。位移场由相同的插值矩阵给出：

$$u(\xi,t)=\boldsymbol{N}(\xi)\boldsymbol{u}_e(t)=\begin{bmatrix}\frac{1}{2}\xi(\xi-1) & 1-\xi^2 & \frac{1}{2}\xi(\xi+1)\end{bmatrix}\begin{Bmatrix}u_1(t)\\u_2(t)\\u_3(t)\end{Bmatrix} \tag{E3.2.2}$$

由链导数规则给出应变与位移的关系：

$$\varepsilon=F-1=u_{,X}=u_{,\xi}\xi_{,X}=u_{,\xi}(X_{,\xi})^{-1}=\frac{1}{2X_{,\xi}}\begin{bmatrix}2\xi-1 & -4\xi & 2\xi+1\end{bmatrix}\boldsymbol{u}_e \tag{E3.2.3}$$

应用在一维问题中的 $\xi_{,X}=(X_{,\zeta})^{-1}$，将上式写成

$$\varepsilon=\boldsymbol{B}_0\boldsymbol{u}_e,\quad \boldsymbol{B}_0=\frac{1}{2X_{,\xi}}[2\xi-1\quad -4\xi\quad 2\xi+1] \tag{E3.2.4}$$

节点内力由式(3.5.10)给出：

$$\boldsymbol{f}_e^{\text{int}}=\int_{\Omega_0^e}\boldsymbol{B}_0^{\mathrm{T}}P\,\mathrm{d}\Omega_0=\int_{-1}^{1}\frac{1}{2X_{,\xi}}\begin{Bmatrix}2\xi-1\\-4\xi\\2\xi+1\end{Bmatrix}PA_0X_{,\xi}\mathrm{d}\xi=\int_{-1}^{1}\frac{1}{2}\begin{Bmatrix}2\xi-1\\-4\xi\\2\xi+1\end{Bmatrix}PA_0\mathrm{d}\xi \tag{E3.2.5}$$

上式积分一般采用数值积分赋值。为了进一步检验这个单元，令 $P(\xi)$ 为 ξ 的线性函数：

$$P(\xi)=P_1\frac{1-\xi}{2}+P_3\frac{1+\xi}{2} \tag{E3.2.6}$$

式中，P_1 和 P_3 分别是 P 在节点 1 和节点 3 的值。如果 $X_{,\xi}$ 是常数且材料为线性，那么结果是精确解。根据式(E3.2.3)，变形梯度 F 在 ξ 中也是线性的。节点内力为

$$\boldsymbol{f}_e^{\text{int}}=\begin{Bmatrix}f_1\\f_2\\f_3\end{Bmatrix}_e^{\text{int}}=\frac{A_0}{6}\begin{Bmatrix}-5P_1-P_3\\4P_1-4P_3\\P_1+5P_3\end{Bmatrix} \tag{E3.2.7}$$

从上式看出，当 P 是常数时，中间节点的节点力为零；两端的节点力方向相反，大小相等，均为 A_0P，与在 2 节点的线性单元类似。此外，对任意 P_1 和 P_3，节点内力的代数和为零，因此单元总是平衡的。

节点外力的表达式为

$$\boldsymbol{f}_e^{\text{ext}}=\int_{-1}^{1}\begin{Bmatrix}\frac{1}{2}\xi(\xi-1)\\1-\xi^2\\\frac{1}{2}\xi(\xi+1)\end{Bmatrix}\rho_0bA_0X_{,\xi}\mathrm{d}\xi+\begin{Bmatrix}\frac{1}{2}\xi(\xi-1)\\1-\xi^2\\\frac{1}{2}\xi(\xi+1)\end{Bmatrix}A_0\bar{t}_x^0\Bigg|_{\Gamma_t^e} \tag{E3.2.8}$$

式中，等号右侧最后一项的形函数在力边界上为 0 或 1。因为由式(E3.2.1)可知，$X_{,\xi}=\xi(X_1+X_3-2X_2)+\frac{1}{2}(X_3-X_1)$，所以节点内力为

$$\boldsymbol{f}_e^{\text{ext}}=\frac{\rho_0bA_0}{6}\begin{Bmatrix}L_0-2(X_1+X_3-2X_2)\\4L_0\\L_0+2(X_1+X_3-2X_2)\end{Bmatrix}+\begin{Bmatrix}\frac{1}{2}\xi(\xi-1)\\1-\xi^2\\\frac{1}{2}\xi(\xi+1)\end{Bmatrix}A_0\bar{t}_x^0\Bigg|_{\Gamma_t^e} \tag{E3.2.9}$$

单元质量矩阵为

$$\boldsymbol{M}_e=\int_{-1}^{+1}\begin{Bmatrix}\frac{1}{2}\xi(\xi-1)\\1-\xi^2\\\frac{1}{2}\xi(\xi+1)\end{Bmatrix}\left[\frac{1}{2}\xi(\xi-1)\quad 1-\xi^2\quad \frac{1}{2}\xi(\xi+1)\right]\rho_0A_0X_{,\xi}\mathrm{d}\xi$$

$$=\frac{\rho_0A_0}{30}\begin{bmatrix}4L_0-6a & 2L_0-4a & -L_0\\ & 16L_0 & 2L_0+4a\\ \text{对称} & & 4L_0+6a\end{bmatrix} \tag{E3.2.10}$$

式中，$a=X_1+X_3-2X_2$。如果节点 2 在单元的中点，即 $X_1+X_3=2X_2$，则分别有单元的一致质量矩阵和集中质量矩阵：

$$\boldsymbol{M}_e=\frac{\rho_0 A_0 L_0}{30}\begin{bmatrix}4 & 2 & -1\\ 2 & 16 & 2\\ -1 & 2 & 4\end{bmatrix},\quad \boldsymbol{M}_e^{\mathrm{diag}}=\frac{\rho_0 A_0 L_0}{6}\begin{bmatrix}1 & 0 & 0\\ 0 & 4 & 0\\ 0 & 0 & 1\end{bmatrix} \tag{E3.2.11}$$

式中，等号右侧的质量矩阵由行求和技术进行了对角线化。

上述结果表明高阶单元采用对角质量矩阵的缺陷之一是大多数质量集中在中间节点。当高阶模态被激活时，将产生不准确的结果。因此，当必须采用集中质量矩阵以提高运算效率时，应避免使用高阶单元。如在冲击和碰撞问题的模拟中，尽量使用低阶线性单元。从动力学的观点来看，一致质量矩阵的质量分配更加均匀；然而，当采用对角质量矩阵时，若单元足够小，该缺陷会被弥补。

3.6.3 二维 2 节点线性杆单元

【例 3.3】 如图 3-4 所示为二维 2 节点杆单元，它处于单轴应力状态，唯一的非零应力沿杆的轴线作用。建立二维 2 节点杆单元的节点内力。

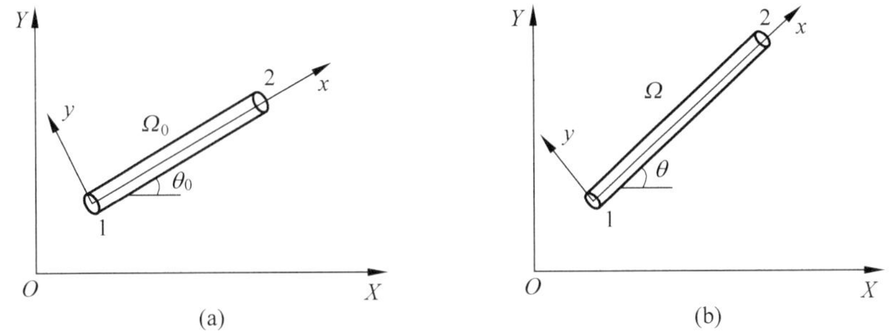

图 3-4 二维 2 节点线性杆单元

(a) 初始构形；(b) 当前构形

解：为了简化格式，建立材料坐标系，这样 X 轴与杆的轴线就得以重合，材料坐标原点位于节点 1。母单元坐标为 $\xi\in[0,1]$。材料坐标与单元坐标的关系为

$$X=X_2\xi=l_0\xi \tag{E3.3.1}$$

式中，l_0 为单元的初始长度。在这个例子中，使用坐标(X,Y)的意义与前文有所不同：$x(t=0)=X$ 不再成立，注意这里使用的定义对应于 $x(t=0)$的转动和平动。由于转动和平动对格林应变 $\boldsymbol{E}$ 或其他应变度量没有影响，选择这种(X,Y)坐标系是完全可以接受的。我们可以使用单元坐标 ξ 作为材料坐标，但是，这会使应变分量的定义更加复杂。

用单元坐标的形式给出运动为

$$\begin{cases}x(\xi,t)=x_1(t)(1-\xi)+x_2(t)\xi\\ y(\xi,t)=y_1(t)(1-\xi)+y_2(t)\xi\end{cases}\quad 或 \quad \begin{Bmatrix}x\\ y\end{Bmatrix}=\begin{bmatrix}x_1 & x_2\\ y_1 & y_2\end{bmatrix}\begin{Bmatrix}1-\xi\\ \xi\end{Bmatrix} \tag{E3.3.2}$$

或

$$\boldsymbol{x}(\xi,t)=\boldsymbol{x}_I(t)\boldsymbol{N}_I(\xi) \tag{E3.3.3}$$

这里

$$\{N_I(\xi)\}^{\mathrm{T}}=[(1-\xi)\quad \xi]=\left[1-\frac{X}{l_0},\frac{X}{l_0}\right] \tag{E3.3.4}$$

矩阵 $\boldsymbol{B}^0$ 如式(3.5.7)定义为

$$[B_{iI}^0]\equiv\left[\frac{\partial N_I}{\partial X_i}\right]^{\mathrm{T}}=\left[\frac{\partial N_1}{\partial X}\quad\frac{\partial N_2}{\partial X}\right]=\frac{1}{l_0}[-1\quad 1] \tag{E3.3.5}$$

应用式(E3.3.1)得到$\frac{\partial N_I}{\partial X}=\frac{1}{l_0}\frac{\partial N_I}{\partial \xi}$。变形梯度由式(3.5.7)给出：

$$\boldsymbol{F}=\boldsymbol{x}_I(\boldsymbol{B}_I^0)^{\mathrm{T}}=\begin{bmatrix}x_1 & x_2\\ y_1 & y_2\end{bmatrix}\frac{1}{l_0}\begin{Bmatrix}-1\\ 1\end{Bmatrix}=\frac{1}{l_0}[x_2-x_1\quad y_2-y_1]\equiv\frac{1}{l_0}[x_{21}\quad y_{21}] \tag{E3.3.6}$$

对于杆，变形梯度 $\boldsymbol{F}$ 不是一个方阵，尽管有两个空间维度，但只有一个独立变量。

唯一的非零应力是沿杆轴线的应力。名义应力 P_{11} 不是唯一的非零分量，而 PK2 应力 S_{11} 是这个应力的唯一非零分量。利用这一优势，使用 PK2 应力形式的节点力。这里定义的 X 轴随杆轴线一起旋转，所以 S_{11} 总是沿杆轴线的应力分量。将式(E3.3.5)和式(E3.3.6)代入式(3.5.19)，给出节点内力的表达式：

$$\boldsymbol{f}_{\mathrm{int}}^{\mathrm{T}}=\int_{\Omega_0}\boldsymbol{B}_0^{\mathrm{T}}\boldsymbol{S}\boldsymbol{F}^{\mathrm{T}}\mathrm{d}\Omega_0=\int_{\Omega_0}N_{,x}\boldsymbol{S}\boldsymbol{F}^{\mathrm{T}}\mathrm{d}\Omega_0=\int_{\Omega_0}\frac{1}{l_0}\begin{bmatrix}-1\\ +1\end{bmatrix}[S_{11}]\frac{1}{l_0}[x_{21}\quad y_{21}]\,\mathrm{d}\Omega_0 \tag{E3.3.7}$$

假设被积函数是常数，于是将被积函数乘以体积 A_0l_0，得

$$\begin{bmatrix}f_{1x} & f_{1y}\\ f_{2x} & f_{2y}\end{bmatrix}^{\mathrm{int}}=\frac{A_0S_{11}}{l_0}\begin{bmatrix}-x_{21} & -y_{21}\\ x_{21} & y_{21}\end{bmatrix} \tag{E3.3.8}$$

如果应用式(E2.11.8)，并且注意到 $\cos\theta-\frac{x_{21}}{l}$、$\sin\theta-\frac{y_{21}}{l}$，这个结果可以转换为旋转格式的结果。

福格特标记 S_{11} 为唯一的非零应力，故只需考虑 $\boldsymbol{B}^0$ 矩阵的第一行。由式(3.5.24)、式(E3.3.3)和式(E3.3.4)可得

$$x_{,X}=\frac{x_{21}}{l_0}=\frac{l}{l_0\cos\theta},\quad y_{,X}=\frac{y_{21}}{l_0}=\frac{l}{l_0\sin\theta}$$

$\boldsymbol{B}^0$ 矩阵的第一行变为

$$\boldsymbol{B}_I^0=[N_{I,X}x_{,X}\quad N_{I,X}y_{,X}]=\frac{1}{l_0}[N_{I,X}x_{21}\quad N_{I,X}y_{21}] \tag{E3.3.9}$$

由式(E3.3.4)可知，$N_{1,X}=-\frac{1}{l_0}$，$N_{2,X}=\frac{1}{l_0}$，所以有

$$\boldsymbol{B}_0=[\boldsymbol{B}_1^0\quad \boldsymbol{B}_2^0]=\frac{l}{l_0^2}[-\cos\theta\quad -\sin\theta\quad \cos\theta\quad \sin\theta] \tag{E3.3.10}$$

考虑到被积函数为常数、体积为 A_0l_0，节点力的表达式(3.5.22)成为

$$\boldsymbol{f}^{\mathrm{int}}=\begin{Bmatrix}f_{x1}\\ f_{y1}\\ f_{x2}\\ f_{y2}\end{Bmatrix}^{\mathrm{int}}=\int_{\Omega_0}\boldsymbol{B}_0^{\mathrm{T}}\{\boldsymbol{S}\}\,\mathrm{d}\Omega_0=\int_{\Omega_0}\frac{l}{l_0^2}\begin{Bmatrix}-\cos\theta\\ -\sin\theta\\ \cos\theta\\ \sin\theta\end{Bmatrix}\{S_{11}\}\,\mathrm{d}\Omega_0=\frac{A_0lS_{11}}{l_0}\begin{Bmatrix}-\cos\theta\\ -\sin\theta\\ \cos\theta\\ \sin\theta\end{Bmatrix} \tag{E3.3.11}$$

3.6.4　三维几何非线性索单元

【例 3.4】　一般假设索是单向受拉力的构件(不承受压力)，随应变的非线性增加，索力亦呈非线性增加。在三维几何非线性索单元计算中，坐标 $\boldsymbol{X}$ 和位移 $\boldsymbol{u}$ 的变量表达式为

$$\begin{cases} X_{ji} = X_j - X_i \quad (X, Y, Z) \\ u_{ji} = u_j - u_i \quad (u, v, w) \end{cases} \tag{E3.4.1}$$

应变(格式应变)的公式为

$$\boldsymbol{\varepsilon} = \frac{1}{L^2}\left[X_{ji}u_{ji} + Y_{ji}v_{ji} + Z_{ji}w_{ji} + \frac{1}{2}(u_{ji}^2 + v_{ji}^2 + w_{ji}^2)\right] \tag{E3.4.2}$$

式中，L 为索单元的长度，索的张力为

$$N = \varepsilon AE + N_0 \tag{E3.4.3}$$

式中，A 为截面面积，E 为弹性模量，N_0 为索单元初始张力。在总体坐标系下，单元刚度矩阵为

$$[\boldsymbol{K}]_{6\times6}^{e} = \begin{bmatrix} \boldsymbol{K} & -\boldsymbol{K} \\ -\boldsymbol{K} & \boldsymbol{K} \end{bmatrix} \tag{E3.4.4}$$

子阵 $\boldsymbol{K}$ 分别由线性和非线性项组成：

$$\boldsymbol{K}_{3\times3} = \boldsymbol{K}_{L,3\times3} + \boldsymbol{K}_{NL,3\times3} \tag{E3.4.5}$$

式中，$\boldsymbol{K}_L$ 和 $\boldsymbol{K}_{NL}$ 均是 3×3 阶的对称矩阵，分别为

$$\boldsymbol{K}_L = \frac{EA}{L^3}\begin{bmatrix} X_{ji}^2 & X_{ji}Y_{ji} & X_{ji}Z_{ji} \\ & Y_{ji}^2 & Y_{ji}Z_{ji} \\ & & Z_{ji}^2 \end{bmatrix}, \quad \boldsymbol{K}_{NL} = \frac{N}{L}\begin{bmatrix} 1 & 0 & 0 \\ & 1 & 0 \\ & & 1 \end{bmatrix}$$

索单元的集中质量矩阵和节点质量分别为

$$[\boldsymbol{M}]^e = \begin{bmatrix} m & 0 \\ 0 & m \end{bmatrix}, \quad m = \frac{1}{2}\rho AL \tag{E3.4.6}$$

式中，ρ 为密度。结构的运动方程为

$$[\boldsymbol{M}]\{\ddot{\boldsymbol{u}}\} = F^{\text{ext}} - [\boldsymbol{K}]\{\boldsymbol{u}\} \tag{E3.4.7}$$

式中，F^{ext}为作用在结构上的外力。在索结构的变形中，求解该运动方程，得到节点的位移。

柔性索的结构属于小应变-大转动问题。个别读者在应用商用软件计算时，在没有索单元的情况下，采用梁单元代替索单元，导致弯曲刚度过高。在振动模态分析中，随弯曲变形的增加，梁的弯曲刚度逐渐发挥作用并与轴向刚度耦合，与同阶模态的索单元相比，梁单元的振动频率明显高于索单元，而周期明显低于索单元。由此过高地估计了柔性索的弯曲刚度和剪切刚度，使得弯曲内力值偏高。产生该现象的原因是**单元类型的使用不合理，即不应该存在的弯曲刚度掩盖了应该发挥作用的轴向刚度，导致固有频率的提高和振动周期的降低**。索单元与梁单元固有振动周期的计算结果对比可见庄茁等(2009)的参考文献。另一个重要区别是，索单元是二力杆，若仅考虑自重作用，在索单元的结构弯曲变形过程中，需要依靠单元节点力分量平衡单元质量引起的重力，所以在开始计算时，索单元必须给出初始弯曲构形，而梁单元依靠梁端剪力分量平衡节点处的重力。类似的不合理现象也发生在应用板壳单元代替薄膜单元时，仅有面内刚度的薄膜单元产生弯曲刚度，导致固有频率

提高和振动周期降低。

3.6.5 平面 3 节点三角形单元

【例 3.5】 建立平面 3 节点、线性位移场三角形单元的变形梯度和节点内力，单元如图 3-5 所示。

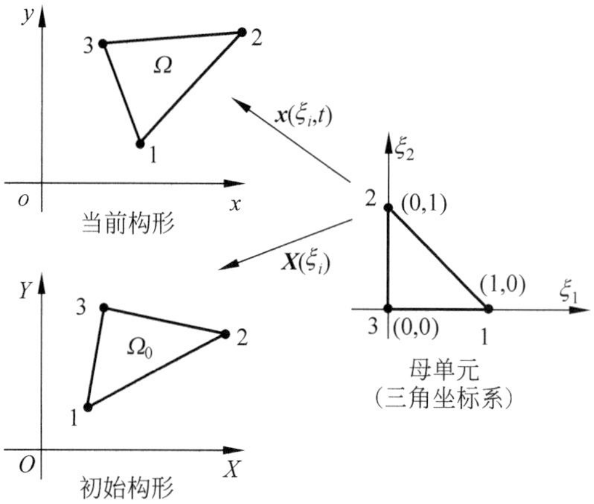

图 3-5 平面 3 节点三角形单元

解：应用三角形面积坐标（也称为重心坐标）建立三角形单元，单元的厚度为 a。在母单元中，节点编号沿逆时针方向。在初始构形中，节点编号也必须是逆时针的，否则初始和母单元域之间的映射行列式将成为负值。

具有线性位移三角形的形状函数是三角坐标，因此 $N_I=\xi_I$。将材料坐标表示为三角坐标 ξ_I 的形式，写出在 $t=0$ 时母单元和初始构形之间的映射：

$$\begin{Bmatrix} X \\ Y \\ 1 \end{Bmatrix}=\begin{bmatrix} X_1 & X_2 & X_3 \\ Y_1 & Y_2 & Y_3 \\ 1 & 1 & 1 \end{bmatrix}\begin{Bmatrix} \xi_1 \\ \xi_2 \\ \xi_3 \end{Bmatrix} \tag{E3.5.1}$$

对上式求逆，得到

$$\begin{Bmatrix} \xi_1 \\ \xi_2 \\ \xi_3 \end{Bmatrix}=\frac{1}{2A_0}\begin{bmatrix} Y_{23} & X_{32} & X_2Y_3-X_3Y_2 \\ Y_{31} & X_{13} & X_3Y_1-X_1Y_3 \\ Y_{12} & X_{21} & X_1Y_2-X_2Y_1 \end{bmatrix}\begin{Bmatrix} X \\ Y \\ 1 \end{Bmatrix} \tag{E3.5.2}$$

$$2A_0=X_{32}Y_{12}-X_{12}Y_{32} \tag{E3.5.3}$$

式中，A_0 是单元的初始面积，$X_{IJ}=X_I-X_J$ 和 $Y_{IJ}=Y_I-Y_J$。通过观察，可以直接从式(E3.5.2)确定形状函数的导数：

$$[N_{I,j}]=[\xi_{I,j}]=\begin{bmatrix} \xi_{1,X} & \xi_{1,Y} \\ \xi_{2,X} & \xi_{2,Y} \\ \xi_{3,X} & \xi_{3,Y} \end{bmatrix}=\frac{1}{2A}\begin{bmatrix} Y_{23} & X_{32} \\ Y_{31} & X_{13} \\ Y_{12} & X_{21} \end{bmatrix} \tag{E3.5.4}$$

由式(3.5.7)给出矩阵 $\boldsymbol{B}^0$：

$$\boldsymbol{B}_I^0=[B_{jI}^0]=\left[\frac{\partial N_I}{\partial X_j}\right]$$

$$\boldsymbol{B}_0=[B_1^0\quad B_2^0\quad B_3^0]=\begin{bmatrix}\frac{\partial N_1}{\partial X} & \frac{\partial N_2}{\partial X} & \frac{\partial N_3}{\partial X}\\ \frac{\partial N_1}{\partial Y} & \frac{\partial N_2}{\partial Y} & \frac{\partial N_3}{\partial Y}\end{bmatrix}=\frac{1}{2A_0}\begin{bmatrix}Y_{23} & Y_{31} & Y_{12}\\ X_{32} & X_{13} & X_{21}\end{bmatrix}\tag{E3.5.5}$$

节点内力则由式(3.5.10)给出：

$$\boldsymbol{f}_{\text{int}}^{\mathrm{T}}=[f_{iI}]=\begin{bmatrix}f_{1x} & f_{1y}\\ f_{2x} & f_{2y}\\ f_{3x} & f_{3y}\end{bmatrix}^{\text{int}}=\int_{\Omega_0}\boldsymbol{B}_0^{\mathrm{T}}\boldsymbol{P}\,\mathrm{d}\Omega_0$$

$$=\int_{A_0}\frac{1}{2A_0}\begin{bmatrix}Y_{23} & X_{23}\\ Y_{31} & X_{13}\\ Y_{12} & X_{21}\end{bmatrix}\begin{bmatrix}P_{11} & P_{12}\\ P_{21} & P_{22}\end{bmatrix}a_0\,\mathrm{d}A_0=\frac{a_0}{2}\begin{bmatrix}Y_{23} & X_{23}\\ Y_{31} & X_{13}\\ Y_{12} & X_{21}\end{bmatrix}\begin{bmatrix}P_{11} & P_{12}\\ P_{21} & P_{22}\end{bmatrix}\tag{E3.5.6}$$

式中，a_0 是单元的初始厚度。

福格特标记：节点内力的表达式用福格特标记，需要 $\boldsymbol{B}^0$ 矩阵。在式(E3.5.5)中应用式(3.5.24)和形状函数的导数，得到

$$\boldsymbol{B}^0=\begin{bmatrix}Y_{23}x_{,X} & Y_{23}y_{,X} & Y_{31}x_{,X} & Y_{31}y_{,X} & Y_{12}x_{,X} & Y_{12}y_{,X}\\ X_{32}x_{,Y} & X_{32}y_{,Y} & X_{13}x_{,Y} & X_{13}y_{,Y} & X_{21}x_{,Y} & X_{21}y_{,Y}\\ Y_{23}x_{,Y}+X_{32}x_{,X} & Y_{23}y_{,Y}+X_{32}y_{,X} & Y_{31}x_{,Y}+X_{13}x_{,X} & Y_{31}y_{,Y}+X_{13}y_{,X} & Y_{12}x_{,Y}+X_{21}x_{,X} & Y_{12}y_{,Y}+X_{21}y_{,X}\end{bmatrix}\tag{E3.5.7}$$

变形梯度 $\boldsymbol{F}$ 矩阵的项通过式(3.5.6)计算，如

$$x_{,X}=N_{I,X}x_I=\frac{1}{2A_0}(Y_{23}x_1+Y_{31}x_2+Y_{12}x_3)\tag{E3.5.8}$$

注意到在单元中 $\boldsymbol{F}$ 矩阵是常数，所以 $\boldsymbol{B}^0$ 也是常数。

节点内力则由式(3.5.22)给出：

$$\boldsymbol{f}^{\text{int}}=\{f_a\}=\begin{Bmatrix}f_{x1}\\ f_{y1}\\ f_{x2}\\ f_{y2}\\ f_{x3}\\ f_{y3}\end{Bmatrix}^{\text{int}}=\int_{\Omega_0}\boldsymbol{B}_0^{\mathrm{T}}\begin{Bmatrix}S_{11}\\ S_{22}\\ S_{33}\end{Bmatrix}\mathrm{d}\Omega_0\tag{E3.5.9}$$

3.6.6 平面4节点四边形单元

【例3.6】 在当前和初始构形及母单元域中的四边形单元如图3-6所示，构造平面4节点四边形单元的离散方程。

解：完全的拉格朗日格式中的关键任务是求出对应于材料坐标的形状函数的导数，可以通过隐式微分：

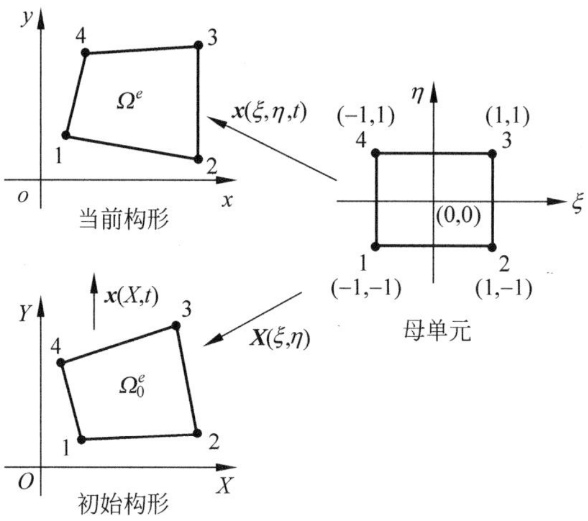

图 3-6 平面 4 节点四边形单元

$$\begin{Bmatrix} N_{I,X} \\ N_{I,Y} \end{Bmatrix} = \boldsymbol{X}_{,\xi}^{-\mathrm{T}} \begin{Bmatrix} N_{I,\xi} \\ N_{I,\eta} \end{Bmatrix} \tag{E3.6.1}$$

其中

$$\boldsymbol{X}_{,\xi} = \boldsymbol{X}_I N_{I,\xi} \quad \text{或} \quad \frac{\partial X_i}{\partial \xi_j} = X_{iI} \frac{\partial N_I}{\partial \xi_j} \tag{E3.6.2}$$

将上式写为

$$\begin{bmatrix} X_{,\xi} & X_{,\eta} \\ Y_{,\xi} & Y_{,\eta} \end{bmatrix} = \begin{Bmatrix} X_I \\ Y_I \end{Bmatrix} [N_{I,\xi} \quad N_{I,\eta}] \tag{E3.6.3}$$

这可以由形状函数和节点坐标赋值；$\boldsymbol{X}_{,\xi}$ 的逆则为

$$\boldsymbol{X}_{,\xi}^{-1} = \begin{bmatrix} X_{,\xi} & X_{,\eta} \\ Y_{,\xi} & Y_{,\eta} \end{bmatrix}^{-1} = \frac{1}{J_\xi^0} \begin{bmatrix} Y_{,\eta} & -X_{,\eta} \\ -Y_{,\xi} & X_{,\xi} \end{bmatrix}$$

其中的最后一步是对 $\boldsymbol{X}_{,\xi}^{-1}$ 的另一种表示。在母单元和参考构形之间的雅克比行列式为

$$J_\xi^0 = X_{,\xi} Y_{,\eta} - Y_{,\xi} X_{,\eta}$$

$\boldsymbol{B}_I^0$ 矩阵为

$$\boldsymbol{B}_{0I}^{\mathrm{T}} = [N_{I,X} \quad N_{I,Y}] = [N_{I,\xi} \quad N_{I,\eta}] \boldsymbol{X}_{,\xi}^{-1} \tag{E3.6.4}$$

位移场的梯度 $\boldsymbol{H}$ 为

$$\boldsymbol{H} = \boldsymbol{u}_I \boldsymbol{B}_{0I}^{\mathrm{T}} = \begin{Bmatrix} u_{xI} \\ u_{yI} \end{Bmatrix} [N_{I,X} \quad N_{I,Y}] \tag{E3.6.5}$$

变形梯度则为

$$\boldsymbol{F} = \boldsymbol{I} + \boldsymbol{H} \tag{E3.6.6}$$

得到格林应变 $\boldsymbol{E}$，如表 3-4 所示，并且应力 $\boldsymbol{S}$ 通过本构方程计算；名义应力 $\boldsymbol{P}$ 则可以通过 $\boldsymbol{P}=\boldsymbol{S}\boldsymbol{F}^{\mathrm{T}}$ 计算。

节点内力由式(3.5.10)给出：

$$(\boldsymbol{f}_I^{\mathrm{int}})^{\mathrm{T}} = \int_{\Omega_0} \boldsymbol{B}_{0I}^{\mathrm{T}} \boldsymbol{P} \mathrm{d}\Omega_0 = \int_{-1}^{1}\int_{-1}^{1} [N_{I,X} \quad N_{I,Y}] \begin{bmatrix} P_{11} & P_{12} \\ P_{21} & P_{22} \end{bmatrix} J_\xi^0 \mathrm{d}\xi \mathrm{d}\eta \tag{E3.6.7}$$

式中，

$$J_{\xi}^{0}=\det(\boldsymbol{X}_{,\xi})=\det(\boldsymbol{F}_{\xi}^{0}) \tag{E3.6.8}$$

节点外力，特别是由于压力引起的节点外力，一般最好是在更新的拉格朗日格式下计算。质量矩阵将在第 4 章的例 4.4 中给出。

3.6.7　三维 8 节点六面体单元

【例 3.7】 对于一般的六面体单元，以完全的拉格朗日格式建立应变和节点内力方程，三维 8 节点六面体单元如图 3-7 所示。

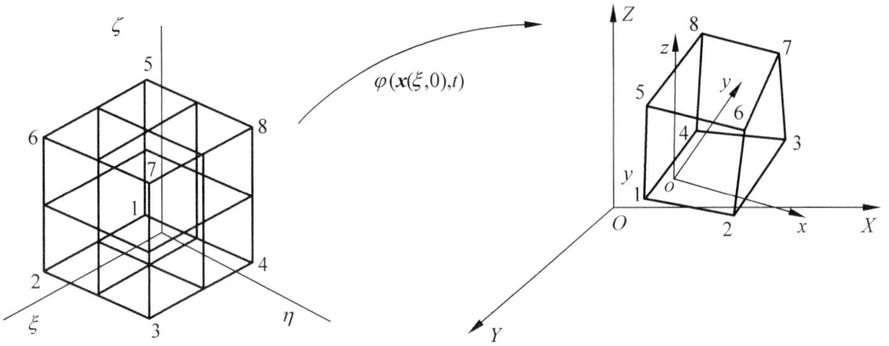

图 3-7　三维 8 节点六面体单元的母单元和初始构形

解：对于一个等参单元，母单元坐标为$\boldsymbol{\xi}=(\xi_1,\xi_2,\xi_3)\equiv(\xi,\eta,\zeta)$；对于一个四面体单元，母单元坐标为$\boldsymbol{\xi}=(\xi_1,\xi_2,\xi_3)$，其中后者的 ξ_i 是体积(重心)坐标。

矩阵形式：应用关于运动的标准表达式(3.5.1)～式(3.5.5)，由式(3.5.6)给出变形梯度。联系初始构形和母单元的雅克比矩阵为

$$\boldsymbol{X}_{,\xi}=\begin{bmatrix}X_{,\xi} & X_{,\eta} & X_{,\zeta}\\ Y_{,\xi} & Y_{,\eta} & Y_{,\zeta}\\ Z_{,\xi} & Z_{,\eta} & Z_{,\zeta}\end{bmatrix}=\{X_{iI}\}\left[\frac{\partial N_I}{\partial \xi_j}\right]=\begin{Bmatrix}X_I\\ Y_I\\ Z_I\end{Bmatrix}[N_{I,\xi}\quad N_{I,\eta}\quad N_{I,\zeta}] \tag{E3.7.1}$$

变形梯度为

$$[F_{ij}]=\{x_{iI}\}\left[\frac{\partial N_I}{\partial X_j}\right]=\begin{Bmatrix}x_I\\ y_I\\ z_I\end{Bmatrix}[N_{I,X}\quad N_{I,Y}\quad N_{I,Z}] \tag{E3.7.2}$$

式中，

$$\left[\frac{\partial N_I}{\partial X_j}\right]=[N_{I,X}\quad N_{I,Y}\quad N_{I,Z}]=\left[\frac{\partial N_I}{\partial \xi_k}\right]\left[\frac{\partial \xi_k}{\partial X_j}\right]=N_{I,\xi}\boldsymbol{X}_{,\xi}^{-1} \tag{E3.7.3}$$

其中，$\boldsymbol{X}_{,\xi}^{-1}$ 由式(E3.7.1)数值计算得到。我们不能直接从 $\boldsymbol{F}$ 计算格林应变张量，因为这样做会产生非常大的舍入误差。最好的办法是计算

$$[H_{ij}]=\{u_{iI}\}\left[\frac{\partial N_I}{\partial X_j}\right]=\begin{Bmatrix}u_{xI}\\ u_{yI}\\ u_{zI}\end{Bmatrix}[N_{I,\xi}\quad N_{I,\eta}\quad N_{I,\zeta}] \tag{E3.7.4}$$

由此得到格林应变张量,如表 3-4 所示。如果本构关系将 PK2 应力 $\boldsymbol{S}$ 与 $\boldsymbol{E}$ 相联系,应用式(E3.7.2)中的 $\boldsymbol{F}$,通过 $\boldsymbol{P}=\boldsymbol{S}\boldsymbol{F}^{\mathrm{T}}$ 计算名义应力。节点内力为

$$\begin{Bmatrix} f_{xI} \\ f_{yI} \\ f_{zI} \end{Bmatrix}^{\text{int}} = \int_{\square} \boldsymbol{B}_{0I}^{\mathrm{T}} P J_{\xi}^{0} \mathrm{d}\square = \int_{\square} [N_{I,X} \quad N_{I,Y} \quad N_{I,Z}] \begin{bmatrix} P_{11} & P_{12} & P_{13} \\ P_{21} & P_{22} & P_{23} \\ P_{31} & P_{32} & P_{33} \end{bmatrix} J_{\xi}^{0} \mathrm{d}\square \tag{E3.7.5}$$

式中,$J_{0}^{\xi}=\det(X_{,\xi})$,□表示母单元的积分区域。

应用福格特标记给出节点内力,由式(3.5.25)给出矩阵 $\boldsymbol{B}^{0}$ 的全部变量,均可以通过上述公式计算:

$$\begin{cases} \{\boldsymbol{E}\}^{\mathrm{T}} = [E_{11} \quad E_{22} \quad E_{33} \quad 2E_{23} \quad 2E_{13} \quad 2E_{12}] \\ \{\boldsymbol{S}\}^{\mathrm{T}} = [S_{11} \quad S_{22} \quad S_{33} \quad S_{23} \quad S_{13} \quad S_{12}] \end{cases} \tag{E3.7.6}$$

格林应变率通过式(3.5.26)计算:

$$\begin{cases} \{\dot{\boldsymbol{E}}\} = \boldsymbol{B}_{0}\dot{\boldsymbol{d}} \\ \dot{\boldsymbol{d}} = [u_{x1}, u_{y1}, u_{z1}, \cdots, u_{xN}, u_{yN}, u_{zN}] \end{cases} \tag{E3.7.7}$$

通过表 3-4 的步骤计算节点内力为

$$\boldsymbol{f}_{I}^{\text{int}} = \int_{\square} \boldsymbol{B}_{0I}^{\mathrm{T}} \{\boldsymbol{S}\} J_{\xi}^{0} \mathrm{d}\square \tag{E3.7.8}$$

3.7 大变形静力学的变分原理

3.3 节描述了完全的拉格朗日格式的弱形式。关于静力学问题的路径无关材料的非线性分析的弱形式也可以应用变分原理得到。对于许多非线性问题,变分原理不可能公式化。但是,对于保守问题,有可能建立变分原理。在保守问题中,本构方程和载荷是路径无关和非耗散的,所以应力和外载荷可以从势能中得到,这样的外载荷称为保守载荷,即当外载荷卸载到初始值时,物体也返回到初始构形。由势能推导出应力的材料称为超弹性材料。

在超弹性材料中,名义应力以势能的形式给出:

$$\boldsymbol{P}^{\mathrm{T}} = \frac{\partial w(\boldsymbol{F})}{\partial \boldsymbol{F}} \quad 或 \quad P_{ji} = \frac{\partial w}{\partial F_{ij}}, \quad w = \rho w^{\text{int}} \tag{3.7.1}$$

注意在应力和变形率中下角标的顺序,它遵循名义应力共轭对的定义,如表 3-3 所示。总的内部功为

$$w^{\text{int}} = \int_{\Omega_0} w \,\mathrm{d}\Omega_0 \tag{3.7.2}$$

考虑式(3.7.1),由式(3.7.2)得

$$\delta w^{\text{int}} = \int_{\Omega_0} \delta w \,\mathrm{d}\Omega_0 = \int_{\Omega_0} \frac{\partial w}{\partial F_{ij}} \delta F_{ij} \,\mathrm{d}\Omega_0 = \int_{\Omega_0} P_{ji} \delta F_{ij} \,\mathrm{d}\Omega_0 = \int_{\Omega_0} \boldsymbol{P}^{\mathrm{T}} : \delta \boldsymbol{F} \,\mathrm{d}\Omega_0 \tag{3.7.3}$$

由于势能也与任何以能量形式共轭的应力与应变度量相联系,所以它也遵循

$$\boldsymbol{S} = \frac{\partial w(\boldsymbol{E})}{\partial \boldsymbol{E}} \quad 或 \quad S_{ij} = \frac{\partial w}{\partial E_{ij}} \tag{3.7.4}$$

然而，这种关系不适用于柯西应力与变形率的共轭对，这些关系对于应力与应变率度量是不成立的，因为这里的应变率是不可积分的，见例 2.9 的推论。

保守载荷也可以从势能中推导出来，即载荷必须与势能相关，所以

$$\rho_0 b_i = \frac{\partial w_b^{\text{ext}}}{\partial u_i}, \quad \bar{t}_i^0 = \frac{\partial w_t^{\text{ext}}}{\partial u_i} \tag{3.7.5}$$

$$w^{\text{ext}}(\boldsymbol{u}) = \int_{\Omega_0} w_b^{\text{ext}}(\boldsymbol{u})\,\mathrm{d}\Omega_0 + \int_{\Gamma_t^0} w_t^{\text{ext}}(\boldsymbol{u})\,\mathrm{d}\Gamma_0 \tag{3.7.6}$$

势能驻值定理表明，对于具有保守载荷的静态过程，其驻值点

$$w(\boldsymbol{u}) = w^{\text{int}}(\boldsymbol{F}(\boldsymbol{u})) - w^{\text{ext}}(\boldsymbol{u}), \quad \boldsymbol{u}(\boldsymbol{X},t) \in u \tag{3.7.7}$$

满足在动量方程(B3.1.2)中加速度为零的平衡方程、面力边界条件式(B3.1.7)和内部连续性条件式(B3.1.11)的强形式。基于该驻值定理的平衡方程是由位移表示的。

式(3.7.7)的驻值条件为

$$0 = \delta w(\boldsymbol{u}) = \int_{\Omega_0} \left(\frac{\partial w}{\partial F_{ij}} \delta F_{ij} - \frac{\partial w_b^{\text{ext}}}{\partial u_i} \delta u_i \right) \mathrm{d}\Omega_0 - \int_{\Gamma_0} \frac{\partial w_t^{\text{ext}}}{\partial u_i} \delta u_i \,\mathrm{d}\Gamma_0 \tag{3.7.8}$$

将式(3.7.1)和式(3.7.5)代入上式，得到

$$0 = \int_{\Omega_0} (P_{ji}\delta F_{ij} - \rho_0 b_i \delta u_i)\,\mathrm{d}\Omega_0 - \int_{\Gamma_0} t_i^0 \delta u_i \,\mathrm{d}\Gamma_0 \tag{3.7.9}$$

对于加速度为零的情况，这就是式(3.7.7)给出的弱形式。

驻值原理在某种意义上是具有更多约束的弱形式，仅适用于保守的静态问题。然而，它有助于我们理解稳态问题和平衡方程的解答，也可以用于研究解的存在性和唯一性。

通过应用一般的有限元对运动的近似和拉格朗日网格，从驻值原理获得离散方程，将式(3.5.1)写成以下形式：

$$\boldsymbol{u}(\boldsymbol{X},t) = \mathbf{N}(\boldsymbol{X})\boldsymbol{d}(t) \tag{3.7.10}$$

势能也可以表示为节点位移的形式：

$$W(\boldsymbol{d}) = W^{\text{int}}(\boldsymbol{d}) - W^{\text{ext}}(\boldsymbol{d}) \tag{3.7.11}$$

上式的解答对应于这个函数的驻值点，所以离散方程为

$$0 = \frac{\partial W(\boldsymbol{d})}{\partial \boldsymbol{d}} = \frac{\partial W^{\text{int}}(\boldsymbol{d})}{\partial \boldsymbol{d}} - \frac{\partial W^{\text{ext}}(\boldsymbol{d})}{\partial \boldsymbol{d}} \tag{3.7.12}$$

现在定义

$$\boldsymbol{f}^{\text{int}} = \frac{\partial W^{\text{ind}}(\boldsymbol{d})}{\partial \boldsymbol{d}}, \quad \boldsymbol{f}^{\text{ext}} = \frac{\partial W^{\text{ext}}(\boldsymbol{d})}{\partial \boldsymbol{d}} \tag{3.7.13}$$

遵循式(3.7.12)～式(3.7.13)，离散的平衡方程为

$$\boldsymbol{f}^{\text{int}} = \boldsymbol{f}^{\text{ext}} \tag{3.7.14}$$

节点内力等于节点外力，如果平衡点是稳定的，则它对应于局部最小势能。

【例 3.8】 杆单元的驻值原理。考虑一个由 2 节点杆单元组成的三维结构模型。令其内部势能表示为

$$w = \frac{1}{2} E^{SE} E_{11}^2 \tag{E3.8.1}$$

式中，E^{SE} 为切线模量，应变分量 E_{11} 沿杆的轴线方向。设在结构上的唯一载荷为自重，其外力势能为

$$w^{\text{ext}} = -\rho_0 g z \tag{E3.8.2}$$

式中，g 是重力加速度。寻求一个单元节点内力和节点外力的表达式。

解：由式(3.7.2)和式(E3.7.1)可得，全部内部势能为

$$w^{\text{int}} = \sum_e w_e^{\text{int}}, \quad w_e^{\text{int}} = \frac{1}{2}\int_{\Omega_0} E^{SE} E_{11}^2 \mathrm{d}\Omega_0 \tag{E3.8.3}$$

对于 2 节点单元，位移场是线性的，格林应变为常数，将被积函数乘以单元的初始体积，式(E3.8.3)被简化为

$$w_e^{\text{int}} = \frac{1}{2} A_0 l_0 E^{SE} E_{11}^2 \tag{E3.8.4}$$

为了建立节点内力的表达式，需要求解关于节点位移的格林应变的导数。由于在单元内的格林应变为常数(式(E2.12.9))：

$$E_{11} = \frac{l^2 - l_0^2}{2l_0^2} = \frac{\boldsymbol{x}_{21} \cdot \boldsymbol{x}_{21} - \boldsymbol{X}_{21} \cdot \boldsymbol{X}_{21}}{2l_0^2} \tag{E3.8.5}$$

这里 $\boldsymbol{x}_{IJ} = \boldsymbol{x}_I - \boldsymbol{x}_J$，$\boldsymbol{y}_{IJ} = \boldsymbol{y}_I - \boldsymbol{y}_J$。注意到

$$\boldsymbol{x}_{IJ} = \boldsymbol{X}_{IJ} + \boldsymbol{u}_{IJ} \tag{E3.8.6}$$

式中，$\boldsymbol{u}_{IJ} = \boldsymbol{u}_I - \boldsymbol{u}_J$ 是节点位移，将式(E3.8.6)代入式(E3.8.5)，经过代数运算得到

$$E_{11} = \frac{2\boldsymbol{X}_{21} \cdot \boldsymbol{u}_{21} + \boldsymbol{u}_{21} \cdot \boldsymbol{u}_{21}}{2l_0^2} \tag{E3.8.7}$$

则 E_{11}^2 对应于节点位移的导数为

$$\frac{\partial(E_{11}^2)}{\partial \boldsymbol{u}_2} = \frac{\boldsymbol{X}_{21} + \boldsymbol{u}_{21}}{l_0^2} = \frac{\boldsymbol{x}_{21}}{l_0^2}, \quad \frac{\partial(E_{11}^2)}{\partial \boldsymbol{u}_1} = -\frac{\boldsymbol{X}_{21} + \boldsymbol{u}_{21}}{l_0^2} = -\frac{\boldsymbol{x}_{21}}{l_0^2} \tag{E3.8.8}$$

利用节点内力的定义式(3.7.13)，结合式(E3.8.4)和式(E3.8.8)，得到

$$\boldsymbol{f}_2^{\text{int}} = -\boldsymbol{f}_1^{\text{int}} = \frac{A_0 E^{SE} E_{11} \boldsymbol{x}_{21}}{l_0} \tag{E3.8.9}$$

应用源于式(E3.8.1)和式(3.7.4)的本构方程，它遵循 $S_{11} = E^{SE} E_{11}$，所以

$$(\boldsymbol{f}_2^{\text{int}})^{\mathrm{T}} = [f_{x2} \quad f_{y2} \quad f_{z2}] = -(\boldsymbol{f}_1^{\text{int}})^{\mathrm{T}} = \frac{A_0 S_{11}}{l_0}[x_{21} \quad y_{21} \quad z_{21}] \tag{E3.8.10}$$

这个结果在预料之中，它等同于这个杆件通过计算式(E3.3.8)得到的结果。重力载荷的外势能为

$$w^{\text{ext}} = -\int_{\Omega_0} \rho_0 g z \mathrm{d}\Omega_0 \tag{E3.8.11}$$

如果使用有限元近似 $z = z_I N_I$，这里 N_I 是式(E3.3.4)所给出的形函数，则

$$w^{\text{ext}} = -\int_{\Omega_0} \rho_0 g z_I N_I \mathrm{d}\Omega_0 \tag{E3.8.12}$$

和

$$f_{zI}^{\text{ext}} = \frac{\partial w^{\text{ext}}}{\partial u_{zI}} = -\int_0^1 \rho_0 g (Z_I + u_{zI}) N_I(\xi) l_0 A_0 \mathrm{d}\xi = -\frac{1}{2} A_0 l_0 \rho_0 g \begin{Bmatrix} 1 \\ 1 \end{Bmatrix} \tag{E3.8.13}$$

因此，对于三维 2 节点杆单元，作用在每个节点上的节点外力是重力在杆单元上所产生力的一半。

3.8　练习

1. 在弱形式中，令 $\delta u=\delta \nu$，并利用质量守恒和应力转换，将虚功原理转换为虚功率原理(这是可行的，因为在两组变分和试函数空间的允许条件是相同的)。

2. 解释为什么要通过分部积分运算消除动量方程式(3.3.2)中关于应力 P 的导数项。

3. 在模拟冲击和碰撞动力学问题中，当必须采用集中质量矩阵以提高运算效率时，说明尽量使用低阶线性单元而避免使用高阶单元的理由。

4. 考虑一个截面逐渐变细的两节点单元，采用如例 3.1 中的线性位移场，它的横截面面积为 $A_0=A_{01}(1-\xi)+A_{02}\xi$，其中 A_{01} 和 A_{02} 分别为节点 1 和节点 2 处的初始横截面面积。假设在单元中名义应力 P 也是线性的，即 $P=P_1(1-\xi)+P_2\xi$。

(1) 用完全的拉格朗日格式，建立节点内力的表达式。对于常体力，建立节点外力的表达式。对于 $A_{01}=A_{02}=A_0$ 和 $P_1=P_2$ 的情况，将节点内力、节点外力与例 3.1 的结果做比较。

(2) 建立一致质量矩阵。并通过行求和技术得到质量矩阵的对角化形式。通过求解特征值问题，应用一致质量和对角质量分别得到一个单元的频率：

$$\boldsymbol{K y}=\omega^2 \boldsymbol{M y}, \quad \boldsymbol{K}=\frac{E^{PF}(A_{01}+A_{02})}{2\ell_0}\begin{bmatrix}1 & -1\\ -1 & 1\end{bmatrix}$$

5. 为了说明有限元方程中参考构形选择的灵活性，考虑张量 $\boldsymbol{P}_\xi=J_\xi \boldsymbol{F}_\xi^{-1}\cdot\boldsymbol{\sigma}$，可将其视作母单元域上的名义应力张量。证明平衡方程和边界条件可以写为

$$\begin{cases}\nabla_\xi \boldsymbol{P}_\xi=0, & \text{在 } \cup\Delta_e \text{ 上} \quad \text{母单元域的集合}\\ \boldsymbol{n}_{0\xi}\boldsymbol{P}_\xi=t_\xi, & \text{在 } \Gamma_t \text{ 上} \quad \text{面力边界}\end{cases}$$

并推导相应的弱形式。引入母单元形状函数 $N_I(\xi)$，并证明单元内力矢量可以直接以母单元域的形式写出为

$$f_{iI}^{\text{int}}=\int_{\square}(P_\xi)_{ji}\frac{\partial N_I}{\partial \xi_j}\mathrm{d}\square$$

6. 两端固定的变截面线弹性钢制杆件如图 3-8 所示，在截面改变处施加与梁轴线重合的集中静载 P，已知 $P=60\text{kN}$，横截面积分别为 $A_1=40\text{mm}^2$，$A_2=60\text{mm}^2$，几何尺寸和坐标如图 3-8 所示(长度单位为 mm)，钢的弹性模量 $E=200\text{GPa}$。将该模型划分为两个一维 3 节点二次杆单元，如图 3-8 所示，单元 1 包含节点 1、节点 2、节点 3，单元 2 包含节点 3、节点 4、节点 5。计算杆中截面 N 处的位移和应变。单元形函数的选取可参考例 3.2。

提示：先计算单元刚度矩阵，组装后求解线性方程组。在计算单元刚度矩阵时，可参考以下积分结果：

$$\int_{-1}^{1}\left(\xi-\frac{1}{2}\right)^2\mathrm{d}\xi=\int_{-1}^{1}\left(\xi+\frac{1}{2}\right)^2\mathrm{d}\xi=\frac{7}{6},\ \int_{-1}^{1}\xi\left(\xi-\frac{1}{2}\right)\mathrm{d}\xi=\int_{-1}^{1}\xi\left(\xi+\frac{1}{2}\right)\mathrm{d}\xi=\frac{2}{3}$$

$$\int_{-1}^{1}\left(\xi^2-\frac{1}{4}\right)\mathrm{d}\xi=\frac{1}{6},\ \int_{-1}^{1}\xi^2\mathrm{d}\xi=\frac{2}{3}$$

7. 例 3.4 讲述了三维几何非线性索单元。图 3-9 给出了由 5 个索单元组成的两端铰接索结构，高为 5m，长为 10m。根据给定的条件：横截面面积为 $1.963\times10^{-5}\text{m}^2$，弹性模量为 $2.0\times10^{11}\text{MPa}$，泊松比为 0.3，密度为 7800kg/m^3，初始索力为 $10.0\times10^5\text{N}$，计算结构前 15

阶的自振频率和周期，对比其他程序的三维线性梁单元的计算结果，解释同阶模态下梁单元与索单元的振动频率和周期的区别。

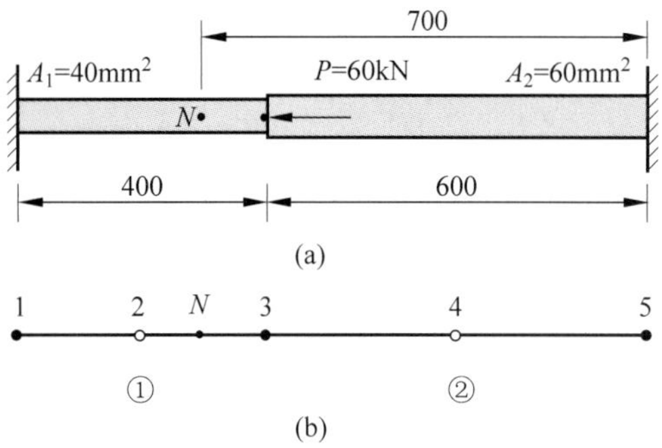

图 3-8　两端固定的变截面线弹性钢制杆件

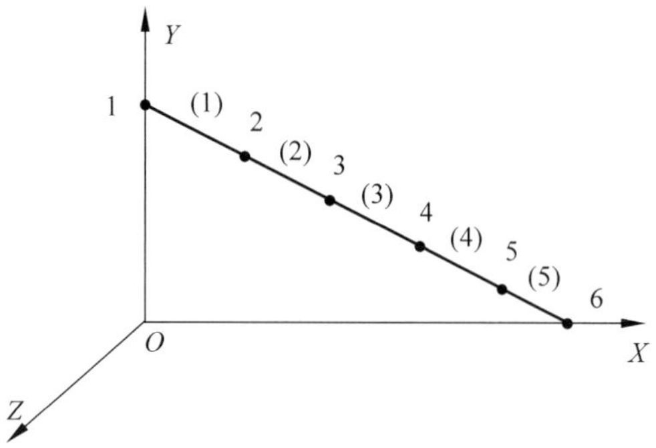

图 3-9　由 5 个单元组成的两端铰接索结构

8. 图 3-10 描述了 2 节点单元一维网格的离散和集合运算（可将其比喻为“对号入座”）。在离散中，位移根据单元的节点编号离散，其他节点变量，如节点速度和温度，可以进行类似的离散。在集合中，节点力根据节点编号返回总体力矩阵，其他节点力的集合运算是相同的。解释单元节点位移的离散和节点力的集合运算的物理意义。

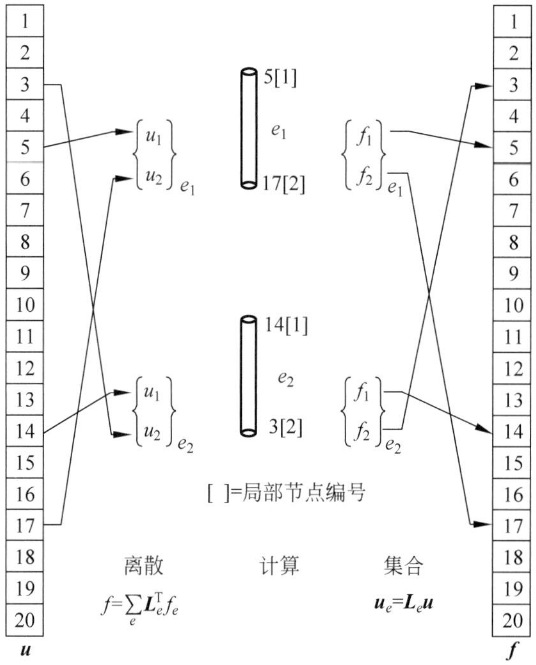

图 3-10　对 2 节点单元一维网格的离散和集合运算的描述

第 4 章

更新的拉格朗日有限元格式

主要内容

更新的拉格朗日有限元格式：控制方程，柯西应力与变形率，弱形式，虚功率原理，从强形式到弱形式

有限元离散：有限元近似，半离散动量方程，母单元坐标，质量矩阵

编制程序：指标标记和矩阵，数值积分，选择性减缩积分，单元矩阵，单元旋转

从更新到完全的拉格朗日有限元格式

4.1 引言

第 3 章讲述了完全的拉格朗日(TL)格式，而许多实际应用采用更新的拉格朗日(UL)格式更加有效。UL 格式中的相关变量是空间坐标和时间的函数，它以欧拉度量的形式表述应力和应变的公式，其中应力常采用当前构形下的柯西应力，应变常采用变形的率度量。UL 格式通过在变形(当前)构形上的积分建立弱形式，其导数和积分运算采用欧拉(空间)坐标。

本章介绍建立更新的拉格朗日格式的动量方程弱形式的方法，即虚功率原理。通过对变分项与动量方程的乘积进行积分建立弱形式，其中积分是在空间坐标系中进行的。另外，介绍力边界条件的相关知识和处理方法。

到目前为止，固体力学中还没有普遍应用欧拉有限元。欧拉网格在处理非常大的变形问题中具有明显优势：它始终保持初始形状，不随材料的变形而变形，在变形过程中不考虑变形的量级。在许多加工过程的模拟(如锻造、铸造和轧制)中，经常发生非常大的变形，应用欧拉单元是特别有效的。

本章讲述更新的拉格朗日格式有限元的离散、编制程序、单元旋转等，在讲述理论和计

算的同时给出部分典型例题，如杆单元、轴对称单元、平面和实体单元。最后，讨论 UL 和 TL 两种格式的相互转换方法。

4.2 控制方程

4.2.1 柯西应力与变形率

更新的拉格朗日格式在当前构形上建立离散方程。应力由柯西(物理)应力$\boldsymbol{\sigma}(\boldsymbol{x},t)$度量，相关的独立变量为速度$\boldsymbol{v}(\boldsymbol{x},t)$。相比于 TL 格式中采用名义应力或 PK2 应力度量，更新的拉格朗日格式采用位移$\boldsymbol{u}(\boldsymbol{X},t)$作为独立变量，这些区别只是形式上的不同，因为位移和速度都由数值计算得到，而应力可以相互转换。

在建立 UL 格式时，需要以空间坐标 $\boldsymbol{x}$ 的形式表示相关变量，可以通过材料坐标 $\boldsymbol{X}$ 与空间坐标 $\boldsymbol{x}$ 之间的映射变换得到

$$\boldsymbol{X}=\varphi^{-1}(\boldsymbol{x},t)\equiv\boldsymbol{X}(\boldsymbol{x},t) \tag{4.2.1}$$

任何变量都可以通过空间坐标的形式表示；如$\boldsymbol{\sigma}(\boldsymbol{X},t)$可以表示为$\boldsymbol{\sigma}(\boldsymbol{X}(\boldsymbol{x},t),t)$。以符号的形式可以写成一个函数的逆，但在实际中以闭合形式建立逆函数是比较困难的，甚至是不可能的。因此，有限元的标准技术是通过单元坐标的形式表示变量，单元坐标也称原始坐标或自然坐标。通过使用单元坐标，我们总是可以用欧拉坐标或拉格朗日坐标的形式表示一个函数。

在 UL 格式中，应变度量由变形率给出：

$$\boldsymbol{D}_x=\frac{\partial\boldsymbol{v}}{\partial\boldsymbol{x}} \tag{4.2.2}$$

其也称为速度应变或速度梯度，是变形的率度量。由第 3 章可知，在一维情况下有

$$\int_0^t\boldsymbol{D}_x(\boldsymbol{x},\tau)\mathrm{d}\tau=\ln\boldsymbol{F}(\boldsymbol{x},t)$$

因此，变形率的时间积分对应于自然或对数应变，但在多维状态不成立(第 3 章)。

4.2.2 控制方程

首先给出一维问题中非线性连续体的控制方程为

(1) 质量守恒(连续方程)

$$\rho J=\rho_0 \quad 或 \quad \rho FA=\rho_0A_0 \tag{4.2.3}$$

(2) 动量守恒

$$\frac{\partial}{\partial x}(A\sigma)+\rho Ab=\rho A\dot{v} \quad 或 \quad (A\sigma)_{,x}+\rho Ab=\rho A\dot{v} \tag{4.2.4}$$

(3) 变形度量

$$D_x=\frac{\partial v}{\partial x} \quad 或 \quad D_x=v_{,x} \tag{4.2.5}$$

(4) 本构方程

绝对形式：

$$\sigma(X,t)=S^{\sigma D}\left(D_x(X,\tau),\int_0^tD_x(X,\tau)\mathrm{d}\tau,\sigma(X,\tau),\ldots,\tau\leqslant t\right) \tag{4.2.6a}$$

率形式：

$$\sigma_{,t}(X,t)=S_t^{\sigma D}(D_x(X,\tau),\sigma(X,\tau),\dots,\tau\leqslant t) \tag{4.2.6b}$$

(5) 能量守恒

$$\rho\dot{w}^{\text{int}}=\sigma D_x-q_{x,x}+\rho s \tag{4.2.7}$$

式中，q_x 为热流量，s 为热源。

在 UL 格式中，质量守恒方程与在 TL 格式中是相同的；动量方程涉及的导数对应于欧拉坐标，而在 TL 格式中涉及的导数对应于拉格朗日坐标；柯西应力代替了名义应力，并采用当前的横截面面积 A 和密度 ρ；本构方程表示的是变形率 $\boldsymbol{D}_x(\boldsymbol{x},t)$(或其积分和对数应变)与柯西应力(率)的关系。注意**本构方程中的所有变量都是材料坐标的函数**。在式(4.2.6b)中的下标 t 表示本构方程是率形式。我们也可以用名义应力和应变$\boldsymbol{\varepsilon}$ 表示本构方程。然而在使用动量方程前，必须将名义应力转换为柯西应力。

速度和力边界条件分别为

$$\boldsymbol{v}(\boldsymbol{X},t)=\bar{\boldsymbol{v}}(\boldsymbol{X},t), \qquad 在\ \Gamma_v\ 上 \tag{4.2.8}$$

$$\boldsymbol{n}\cdot\boldsymbol{\sigma}(\boldsymbol{X},t)=\bar{\boldsymbol{t}}_x(\boldsymbol{X},t), \qquad 在\ \Gamma_t\ 上 \tag{4.2.9}$$

式中，$\bar{\boldsymbol{\nu}}(t)$和$\bar{\boldsymbol{t}}_x(t)$分别是给定速度和给定力，$n$ 为域的法线。速度边界条件等价于位移边界条件，因为速度是位移的时间导数。在式(4.2.9)中，等号右侧力的单位是变形后单位面积的力，它与变形前面积的力的关系为

$$\bar{t}_xA=\bar{t}_x^0A_0 \tag{4.2.10}$$

力与速度边界的关系与式(3.2.26)类似：

$$\Gamma_v\cup\Gamma_t=\Gamma,\quad \Gamma_v\cap\Gamma_t=0 \tag{4.2.11}$$

需要注意的是，力边界条件的下角标为 t，与时间无关。

另外，还有内部连续条件：

$$\boldsymbol{\sigma}A=0 \tag{4.2.12}$$

由于速度和应力作为独立变量，则初始条件是施加于这些变量的：

$$\boldsymbol{\sigma}(\boldsymbol{X},0)=\sigma_0(\boldsymbol{X}),\quad \boldsymbol{v}(\boldsymbol{X},0)=v_0(\boldsymbol{X}) \tag{4.2.13}$$

在开始时假设初始速度为零。在大多数实际问题中，选择应力和速度作为初始条件(式(4.2.13))比选择速度和位移的初始条件更为合适，我们将在 4.2.3 节进一步讨论。

建立更新的拉格朗日格式的控制方程，只建立节点力的表达式，它代表了动量方程的离散。对于求解过程，在许多书中都强调切线刚度矩阵是求解方程的方法之一，但它不是有限元离散的核心，我们将在第 6 章建立切线刚度矩阵。

表 4-1 以张量和指标两种形式给出了 4.2.1 节建立的守恒方程式。可以看到，在守恒方程中的非独立变量以材料坐标的形式写出。质量守恒方程和能量守恒方程是标量方程。线动量守恒方程(或简称动量方程)是一个张量方程，它包含 n_{SD} 个偏微分方程，这里 n_{SD} 是空间的维度。本构方程将应力-应变或应变率联系起来。应力和应变度量都是对称张量，因此有 n_σ 个方程：

$$n_\sigma\equiv\frac{n_{\mathrm{SD}}(n_{\mathrm{SD}}+1)}{2} \tag{4.2.14}$$

另外，有 n_σ 个方程将变形率 $\boldsymbol{D}$ 表示为速度或位移的形式。这样，总共有 $2n_\sigma+n_{\mathrm{SD}}+1$ 个方

程和未知量。例如,在无能量传递的二维问题中,$n_{SD}=2$,因此有 9 个偏微分方程对应于 9 个未知量:2 个动量方程、3 个本构方程、3 个变形率 $\boldsymbol{D}$ 与速度的相关方程,以及 1 个质量守恒方程。未知量是 3 个应力分量(角动量守恒得到应力的对称性),变形率 $\boldsymbol{D}$ 的 3 个分量,2 个速度分量,以及密度 ρ,共 9 个未知量。其他未知应力和应变可以分别通过平面应变和平面应力条件求得。在三维问题中,$n_{SD}=3$ 和 $n_\sigma=6$,有 16 个方程对应于 16 个未知量。

表 4-1 更新的拉格朗日格式的控制方程

质量守恒:

$$\rho(\boldsymbol{X},t)J(\boldsymbol{X},t)=\rho_0(\boldsymbol{X})J_0(\boldsymbol{X})=\rho_0(\boldsymbol{X}) \tag{B4.1.1}$$

线动量守恒:

$$\nabla\cdot\boldsymbol{\sigma}+\rho\boldsymbol{b}=\rho\dot{\boldsymbol{v}}\equiv\rho\frac{\mathrm{D}\boldsymbol{v}}{\mathrm{D}t}\quad 或\quad \frac{\partial\sigma_{ji}}{\partial x_j}+\rho b_i=\rho\dot{v}_i\equiv\rho\frac{\mathrm{D}v_i}{\mathrm{D}t} \tag{B4.1.2}$$

角动量守恒:

$$\boldsymbol{\sigma}=\boldsymbol{\sigma}^{\mathrm{T}}\quad 或\quad \sigma_{ij}=\sigma_{ji} \tag{B4.1.3}$$

能量守恒:

$$\rho\dot{w}^{\mathrm{int}}=\boldsymbol{D}:\boldsymbol{\sigma}-\nabla\cdot\boldsymbol{q}+\rho s\quad 或\quad \rho\dot{w}^{\mathrm{int}}=D_{ij}\sigma_{ij}-\frac{\partial q_i}{\partial x_i}+\rho s \tag{B4.1.4}$$

本构方程:

$$\boldsymbol{\sigma}^{\nabla}=S_t^{\sigma D}(\boldsymbol{D},\boldsymbol{\sigma},\ldots) \tag{B4.1.5}$$

变形率:

$$\boldsymbol{D}=\mathrm{sym}(\nabla\boldsymbol{v}),\quad D_{ij}=\frac{1}{2}\left(\frac{\partial v_i}{\partial x_j}+\frac{\partial v_j}{\partial x_i}\right) \tag{B4.1.6}$$

边界条件:

$$在\ \Gamma_{t_i}\ 上,\quad n_j\sigma_{ji}=\bar{t}_i;\quad 在\ \Gamma_{v_i}\ 上,\quad v_i=\bar{v}_i \tag{B4.1.7}$$

$$\Gamma_{t_i}\cap\Gamma_{v_i}=0;\quad \Gamma_{t_i}\cup\Gamma_{v_i}=\Gamma,\quad i=1\sim n_{SD} \tag{B4.1.8}$$

初始条件:

$$\boldsymbol{v}(\boldsymbol{X},0)=\boldsymbol{v}_0(\boldsymbol{X}),\quad \boldsymbol{\sigma}(\boldsymbol{X},0)=\boldsymbol{\sigma}_0(\boldsymbol{X}) \tag{B4.1.9}$$

或

$$\boldsymbol{v}(\boldsymbol{X},0)=\boldsymbol{v}_0(\boldsymbol{X}),\quad \boldsymbol{u}(\boldsymbol{X},0)=\boldsymbol{u}_0(\boldsymbol{X}) \tag{B4.1.10}$$

内部连续性条件(静态):

$$在\ \Gamma_{\mathrm{int}}\ 上,\quad \boldsymbol{n}\cdot\boldsymbol{\sigma}=0\quad 或\quad [\![n_i\sigma_{ij}]\!]=n_i^A\sigma_{ij}^A+n_i^B\sigma_{ij}^B=0 \tag{B4.1.11}$$

4.2.3 方程的约束条件

当一个过程既不绝热也不等温时,热流矢量 $\boldsymbol{q}_i$ 必然附加到能量方程系统中,这就增加了一个方程和 n_{SD} 个未知量。然而,热流矢量可以用一个温度标量表示,因此仅增加了一个未知量。通过材料的本构定律,可以将热流与温度联系起来,它们通常是一个简单的线性关系,如傅里叶定律。这样就建立了完备的方程系统,此外对于部分机械能向热能转换时还常常需要一个补充定律。

相关变量为速度$\boldsymbol{v}(\boldsymbol{X},t)$、柯西应力$\boldsymbol{\sigma}(\boldsymbol{X},t)$、变形率$\boldsymbol{D}(\boldsymbol{X},t)$和密度$\boldsymbol{\rho}(\boldsymbol{X},t)$。从前文可以看出,相关变量是材料(拉格朗日)坐标的函数。在应用拉格朗日网格的任何处理过程中,以材料坐标的形式表示所有函数是内在的表达方法。原则上在任意时刻t,通过逆映射$\boldsymbol{x}=\varphi(\boldsymbol{X},t)$,可以将函数表示为空间坐标的形式。但是,进行逆映射是相当困难的。后文将看到,逆映射只需获得关于空间坐标的导数,就可由隐式微分完成,因此,关于运动的映射从来不用直接求逆。

在拉格朗日网格中,质量守恒方程应用的是积分形式(式(B4.1.1)),而不是偏微分方程形式,这样就避免了应用连续性方程(式(2.6.6))。尽管在拉格朗日网格中应用连续性方程可以得到密度,但是采用积分形式(式(B4.1.1))会更加简单和精确。

当把本构方程式(B4.1.5)表达为柯西应力的率形式时,应考虑张量的客观性。为此,可以使用任何框架不变率,如耀曼应力率或特鲁斯德尔应力率(第2章)。在更新的拉格朗日格式中,本构方程不一定必须表示为柯西应力或其框架不变率的形式,也可以表示为PK2应力的形式,通过在第2章中建立的转换方法,在计算内力之前将PK2应力转换为柯西应力。

在式(B4.1.6)中,应用变形率作为应变的率度量。然而,其他形式的应变或应变率度量,如格林应变,也可以应用在更新的拉格朗日格式中。在第2章中已经指出,在循环载荷的模拟中,以变形率形式的简单次弹性定律可能引起困难,因为其积分不是与路径无关的。但是,对于许多模拟,如大载荷的单一作用,由变形率积分的路径相关性所产生的误差,与其他原因的误差相比较小,如可能带来误差更大的材料数据和物理模型的不精确和不确定性。因此,选择合适的应力和应变度量依赖于本构方程,即材料响应是否可逆,是否考虑了时间相关和载荷历史。

式(B4.1.7)给出了边界条件。在二维问题中,面力或速度的每个分量都必须预先指定在整个边界上;但是,如式(B4.1.8)指出,面力和速度的同一个分量不能指定在边界的同一点处。面力和速度的分量也可以指定在不同于总体坐标系的局部坐标系上。速度边界条件等价于位移边界条件:如果指定位移作为时间的函数,那么速度可以通过时间微分得到;如果给定了速度,位移就可以通过时间积分得到。

初始条件可以应用或是速度和应力,或是位移和速度。第一组初始条件更适合大多数工程问题,因为确定一个物体的初始位移通常是很困难的,如当一个钢件经过铸锭成型后确定其位移几乎是不可能的。初始应力通常为已知的残余应力,有时可以测量或通过平衡解答估算。对于在工程部件中的残余应力场,经常能够给出较准确的估计。类似地,在埋置管道中,靠近管道周围的土壤或岩石的初始位移的概念是毫无意义的,而初始应力场可以通过平衡分析估计。因此,以应力形式的初始条件更加实用。

我们也给出了关于应力的内部连续性条件(式(B4.1.11))。在这个方程中,上角标A和B代表应力,它垂直于不连续处的两个侧面。无论在什么地方,某些应力分量都可能出现静态不连续,如在材料的界面上。应力必须满足这些连续性条件,在平衡和在瞬态问题中它们必须满足于整个物体。

4.3 弱形式

本节建立更新的拉格朗日格式的虚功率原理。虚功率原理是动量方程,也是面力边界条件和内部力连续性条件的弱形式,三者结合即称为广义动量平衡。从虚功率原理到动量方程之间的关系可分两个部分描述：

(1) 从广义动量平衡(强形式)建立虚功率原理(弱形式)，即从强形式到弱形式。

(2) 证明虚功率原理(弱形式)包含广义动量平衡(强形式)，即从弱形式到强形式。

首先定义变分函数和试函数空间。从某种分布的角度，考虑被定义函数所需的最低平滑度，即允许狄拉克函数 δ 是函数的导数。这样，将不按照传统的定义方式定义导数，这已在 3.3.2 节讨论过。

变分函数的空间定义为

$$\delta v_j(\boldsymbol{X}) \in v_0, \quad v_0 = \{\delta v_j \mid \delta v_j \in C^0(\boldsymbol{X}), \delta v_j = 0, \text{在 } \Gamma_{v_i} \text{ 上}\} \tag{4.3.1}$$

通过预见弱形式的结果，选择变分函数 δv 的空间；应用变分函数的结构，在运动边界上的积分为零，并且在弱形式中唯一的边界积分是在面力边界上。变分函数 δv 有时也称为虚速度。

在空间上的速度试函数为

$$v_i(\boldsymbol{X}, t) \in v, \quad v = \{v_i \mid v_i \in C^0(\boldsymbol{X}), \boldsymbol{v} = \bar{v}_i, \text{在 } \Gamma_{v_i} \text{ 上}\} \tag{4.3.2}$$

在 v 中的速度空间常称为运动允许速度或相容速度；它满足相容性所要求的连续条件和速度边界条件。注意到变分函数的空间和试函数的空间是一致的，变分速度在试速度指定的区域外均为零。本章选择了特定类型的变分和试函数空间，可应用于有限元；弱形式也适用于更一般的空间，即有二次可积导数的函数空间，称作希尔伯特空间。由于位移 $u_i(\boldsymbol{X}, t)$ 是速度的时间积分，位移场也可以考虑成为试函数，将位移或速度中的哪一个作为试函数取决于个人习惯。

4.3.1 从强形式到弱形式

强形式或广义动量平衡包括动量方程、面力边界条件和面力连续性条件，分别为

$$\frac{\partial \sigma_{ji}}{\partial x_j} + \rho b_i = \rho \dot{v}_i, \quad \text{在 } \Omega \text{ 内} \tag{4.3.3}$$

$$n_j \sigma_{ji} = \bar{t}_i, \quad \text{在 } \Gamma_{t_i} \text{ 上} \tag{4.3.4}$$

$$[\![n_j \sigma_{ji}]\!] = 0, \quad \text{在 } \Gamma_{\text{int}} \text{ 上} \tag{4.3.5}$$

式中，Γ_{int} 是物体上所有应力不连续表面(二维问题中为线)的集合，通常为材料的界面。

由于速度是 C^0 函数，位移也是 C^0 函数，则变形率和格林应变率是 C^{-1} 函数，它们与速度的空间导数有关。通过本构方程可知，应力是速度的函数，也可以表示为格林应变张量的函数。假设本构方程导致应力成为格林应变张量的适定函数，因此，应力也是 C^{-1} 函数。

建立弱形式的第一步即取变分函数 δv_i 和动量方程的乘积，并在当前构形上积分：

$$\int_\Omega \delta v_i \left(\frac{\partial \sigma_{ji}}{\partial x_j} + \rho b_i - \rho \dot{v}_i \right) \mathrm{d}\Omega = 0 \tag{4.3.6}$$

在积分中，独立变量是欧拉坐标。然而，在计算程序中被积函数中的非独立变量从来不需要表示为欧拉坐标的直接函数。

式(4.3.6)中的第一项可以根据分布积分规则展开，得到

$$\int_\Omega \delta v_i \frac{\partial \sigma_{ji}}{\partial x_j} \mathrm{d}\Omega = \int_\Omega \left[\frac{\partial}{\partial x_j}(\delta v_i \sigma_{ji}) - \frac{\partial(\delta v_i)}{\partial x_j} \sigma_{ji} \mathrm{d}\Omega \right] \tag{4.3.7}$$

由于速度是 C^0 函数、应力是 C^{-1} 函数，所以上式等号右侧的 $\delta v_i \sigma_{ji}$ 项是 C^{-1} 函数。假设不连续发生在有限表面 Γ_{int} 上，则根据高斯定理式(2.6.18)得到

$$\int_\Omega \frac{\partial}{\partial x_j}(\delta v_i \sigma_{ji})\mathrm{d}\Omega = \int_{\Gamma_{\text{int}}} \delta v_i [\![n_j \sigma_{ji}]\!] \mathrm{d}\Gamma + \int_\Gamma \delta v_i n_j \sigma_{ji} \mathrm{d}\Gamma \tag{4.3.8}$$

根据面力的连续条件式(4.3.5)，上式等号右侧的第一个积分为零。对于第二个积分，应用面力边界条件(式(4.3.4))。由于变分函数在整个面力边界上积分为零，则式(4.3.8)为

$$\int_\Omega \frac{\partial}{\partial x_j}(\delta v_i \sigma_{ji})\mathrm{d}\Omega = \sum_{i=1}^{n_{\text{SD}}} \int_{\Gamma_{t_i}} \delta v_i \bar{t}_i \mathrm{d}\Gamma \tag{4.3.9}$$

由于指标 i 在上式等号右侧出现了三次，为了避免混淆，使用了求和符号。

将式(4.3.9)代入式(4.3.7)，得到

$$\int_\Omega \delta v_i \frac{\partial \sigma_{ji}}{\partial x_j}\mathrm{d}\Omega = \sum_{i=1}^{n_{\text{SD}}} \int_{\Gamma_{t_i}} \delta v_i \bar{t}_i \mathrm{d}\Gamma - \int_\Omega \frac{\partial(\delta v_i)}{\partial x_j}\sigma_{ji}\mathrm{d}\Omega \tag{4.3.10}$$

将式(4.3.10)代入式(4.3.6)，得到

$$\int_\Omega \frac{\partial(\delta v_i)}{\partial x_j}\sigma_{ji}\mathrm{d}\Omega - \int_\Omega \delta v_i \rho b_i \mathrm{d}\Omega - \sum_{i=1}^{n_{\text{SD}}} \int_{\Gamma_{t_i}} \delta v_i \bar{t}_i \mathrm{d}\Gamma + \int_\Omega \delta v_i \rho \dot{v}_i \mathrm{d}\Omega = 0 \tag{4.3.11}$$

上式就是关于动量方程、面力边界条件、内部连续性条件的弱形式，即已知的虚功率原理(Malvern, 1969)，弱形式中的每一项都是一个虚功率(4.3.3节)。

4.3.2　从弱形式到强形式

现在讨论在弱形式(式(4.3.11))中包含强形式或广义动量平衡的情况：动量方程、面力边界条件和内部连续性条件见式(4.3.3)～式(4.3.5)。为了得到强形式，必须从式(4.3.11)中消去变分函数的导数，可以通过导数乘积规则得到

$$\int_\Omega \frac{\partial(\delta v_i)}{\partial x_j}\sigma_{ji}\mathrm{d}\Omega = \int_\Omega \frac{\partial(\delta v_i \sigma_{ji})}{\partial x_j}\mathrm{d}\Omega - \int_\Omega \delta v_i \frac{\partial \sigma_{ji}}{\partial x_j}\mathrm{d}\Omega \tag{4.3.12}$$

现在对上式等号右侧的第一项运用高斯定理(2.6.3节)：

$$\begin{aligned}\int_\Omega \frac{\partial(\delta v_i \sigma_{ji})}{\partial x_j}\mathrm{d}\Omega &= \int_\Gamma \delta v_i n_j \sigma_{ji}\mathrm{d}\Gamma + \int_{\Gamma_{\text{int}}} \delta v_i [\![n_j \sigma_{ji}]\!]\mathrm{d}\Gamma \\ &= \sum_{i=1}^{n_{\text{SD}}} \int_{\Gamma_{t_i}} \delta v_i n_j \sigma_{ji}\mathrm{d}\Gamma + \int_{\Gamma_{\text{int}}} \delta v_i [\![n_j \sigma_{ji}]\!]\mathrm{d}\Gamma\end{aligned} \tag{4.3.13}$$

由于在 Γ_{v_i} 上有 $\delta v_i = 0$(式(4.3.1)和式(B4.1.8))，所以第二个等式成立。将式(4.3.13)代入式(4.3.12)，并依次代入式(4.3.11)，得到

$$\int_\Omega \delta v_i \left(\frac{\partial \sigma_{ji}}{\partial x_j} + \rho b_i - \rho \dot{v}_i\right)\mathrm{d}\Omega - \sum_{i=1}^{n_{\text{SD}}} \int_{\Gamma_{t_i}} \delta v_i (n_j \sigma_{ji} - \bar{t}_i)\mathrm{d}\Gamma - \int_{\Gamma_{\text{int}}} \delta v_i [\![n_j \sigma_{ji}]\!]\mathrm{d}\Gamma = 0 \tag{4.3.14}$$

现在证明在上面的积分中变分函数的系数必须为零。为此，证明以下定理：

如果 $\alpha_i(\boldsymbol{x}), \beta_i(\boldsymbol{x}), \gamma_i(\boldsymbol{x}) \in C^{-1}, \delta v_i(\boldsymbol{x}) \in v_0$

且 $$\int_\Omega \delta v_i \alpha_i \mathrm{d}\Omega + \sum_{i=1}^{n_{\text{SD}}} \int_{\Gamma_{t_i}} \delta v_i \beta_i \mathrm{d}\Gamma + \int_{\Gamma_{\text{int}}} \delta v_i \gamma_i \mathrm{d}\Gamma = 0, \quad \forall \delta v_i(\boldsymbol{x}) \tag{4.3.15}$$

那么，在 Ω 内，$\alpha_i(\boldsymbol{x})=0$；在 Γ_{t_i} 上，$\beta_i(\boldsymbol{x})=0$；在 Γ_{int} 上，$\gamma_i(\boldsymbol{x})=0$。

在泛函分析中，式(4.3.15)称为密度定理(Oden 和 Reddy，1976，19 页)，也称为变分学的基本原理或函数标量乘积原理。下面依照 Hughes 的方法(1987，80 页)证明式(4.3.15)。作为第一步，为了证明在 Ω 中 $\alpha_i(\boldsymbol{x})=0$，假设

$$\delta v_i(\boldsymbol{x})=\alpha_i(\boldsymbol{x})f(\boldsymbol{x}) \tag{4.3.16}$$

这里，$f(\boldsymbol{x})$为 C^{-1} 函数；在 Ω 上，$f(\boldsymbol{x})>0$；在 Γ_{int} 上，$f(\boldsymbol{x})=0$；在 Γ_{t_i} 上，$f(\boldsymbol{x})=0$。将式(4.3.16)代入式(4.3.15)：

$$\int_{\Omega}\alpha_i(\boldsymbol{x})\alpha_i(\boldsymbol{x})f(\boldsymbol{x})\mathrm{d}\Omega=0 \tag{4.3.17}$$

由于选择了任意函数 $f(\boldsymbol{x})$，使其在边界和内部不连续表面上的值为零，在这些地方的积分为零。由于 $f(\boldsymbol{x})>0$，且函数 $f(\boldsymbol{x})$和 $\alpha_i(\boldsymbol{x})$足够平滑，所以式(4.3.17)默认在 Ω 内 $\alpha_i(\boldsymbol{x})=0$，$i=1\sim n_{\text{SD}}$。

为了证明 $\gamma_i(\boldsymbol{x})=0$，假设

$$\delta v_i(\boldsymbol{x})=\gamma_i(\boldsymbol{x})f(\boldsymbol{x}) \tag{4.3.18}$$

这里，$f(\boldsymbol{x})$为 C^{-1} 函数，在 Γ_{int} 上，$f(\boldsymbol{x})>0$；在 Γ_{t_i} 上，$f(\boldsymbol{x})=0$。将式(4.3.18)代入式(4.3.15)：

$$\int_{\Gamma_{\text{int}}}\gamma_i(\boldsymbol{x})\gamma_i(\boldsymbol{x})f(\boldsymbol{x})\mathrm{d}\Gamma=0 \tag{4.3.19}$$

这默认了在 Γ_{int} 上，$\gamma_i(\boldsymbol{x})=0$(因为 $f(\boldsymbol{x})>0$)。

最后一步要证明 $\beta_i(\boldsymbol{x})=0$，可以通过在 Γ_{t_i} 上应用函数 $f(\boldsymbol{x})>0$ 实现，证明步骤与前文完全相同。这样 $\alpha_i(\boldsymbol{x})$、$\beta_i(\boldsymbol{x})$、$\gamma_i(\boldsymbol{x})$在相应的区域或表面上就必须为零。于是式(4.3.11)包含了强形式：动量方程、面力边界条件和内部连续性条件，见式(4.3.3)～式(4.3.5)。

综上，首先，从强形式中建立了弱形式(虚功率原理)。强形式包括动量方程、面力边界条件和内部连续性条件。通过变分函数与动量方程相乘，并在当前构形上积分得到了弱形式。获得弱形式的关键步骤是消去应力的导数，见式(4.3.7)～式(4.3.8)。这一步骤非常关键，因为应力可能是 C^{-1} 函数，如果本构方程是平滑的，速度仅需要是 C^0 函数。若将方程(4.3.6)作为弱形式，在弱形式中出现了应力的导数，位移和速度就不得不是 C^1 函数(见 3.3 节)；在高于一维的情况下，C^1 函数是不容易构造的。而且，需随之构造试函数以满足面力边界条件，这也是困难的。通过分部积分消去应力的导数，在线性化方程中也导致了某些对称性，这将在第 7 章中介绍。因此，分部积分是建立弱形式的关键步骤。

然后，从弱形式出发，证明了其包含强形式。从强形式建立弱形式的过程，表明弱形式和强形式是等价的。所以，如果变分函数的空间是无限维的，对于弱形式的结果就是强形式的结果。然而，应用于计算过程的变分函数必须是有限维的，因此，在计算中满足弱形式仅仅导致了强形式的近似结果。在线性有限元分析中，从某种意义上已经证明了弱形式的结果就是最好的结果，它使能量的误差最小化(Strang 和 Fix，1973)。然而，在非线性问题中，如此优化的结果通常是不可能的。

4.3.3 虚功率项的物理名称

下面为虚功率方程的每一项赋予一个物理名称，对于系统地建立有限元方程是非常有

用的。在有限元离散中，按照同样的物理名称确认节点力。

首先考虑式(4.3.11)的第一个被积函数：

$$\frac{\partial(\delta v_i)}{\partial x_j}\sigma_{ij}=\delta L_{ij}\sigma_{ij}=(\delta D_{ij}+\delta W_{ij})\sigma_{ij}=\delta D_{ij}\sigma_{ij}=\delta \boldsymbol{D}:\boldsymbol{\sigma} \tag{4.3.20}$$

式中，速度梯度的变分被分解为对称变形和反对称旋转两个部分，由于 δW_{ij} 是反对称的，而 σ_{ij} 是对称的，故 $\delta W_{ij}\sigma_{ij}=0$。比较式(B4.1.4)，可以将 $\delta D_{ij}\sigma_{ij}$ 理解为每单位体积内部虚功的变化率或内部虚功率。式(B4.1.4)中的 $\dot{w}^{\mathrm{int}}$ 是每单位质量的功率，因此 $\rho\dot{w}^{\mathrm{int}}=\boldsymbol{D}:\boldsymbol{\sigma}$ 就是每单位体积的功率。通过 $\delta D_{ij}\sigma_{ij}$ 在域上的积分可以定义总的内部虚功率 δp^{int}：

$$\delta p^{\mathrm{int}}=\int_\Omega \delta D_{ij}\sigma_{ij}\,\mathrm{d}\Omega=\int_\Omega \frac{\partial(\delta v_i)}{\partial x_j}\sigma_{ij}\,\mathrm{d}\Omega\equiv\int_\Omega \delta L_{ij}\sigma_{ij}\,\mathrm{d}\Omega=\int_\Omega \delta\boldsymbol{D}:\boldsymbol{\sigma}\,\mathrm{d}\Omega \tag{4.3.21}$$

这里增加的第三项和第四项提醒我们：由于柯西应力张量的对称性，它们与第二项是等价的。

式(4.3.11)的第二项和第三项是外部虚功率：

$$\delta p^{\mathrm{ext}}=\int_\Omega \delta v_i\rho b_i\,\mathrm{d}\Omega+\sum_{j=1}^{n_{\mathrm{SD}}}\int_{\Gamma_{t_j}}\delta v_j\bar{t}_j\,\mathrm{d}\Gamma=\int_\Omega \delta\boldsymbol{v}\cdot\rho\boldsymbol{b}\,\mathrm{d}\Omega+\sum_{j=1}^{n_{\mathrm{SD}}}\int_{\Gamma_{t_j}}\delta\boldsymbol{v}\cdot\bar{\boldsymbol{t}}\,\mathrm{d}\Gamma \tag{4.3.22}$$

选择这个名称是因为外部虚功率产生于物体体力 $\boldsymbol{b}(\boldsymbol{X},t)$ 和指定面力 $\bar{\boldsymbol{t}}(\boldsymbol{X},t)$。

在式(4.3.11)中的最后一项是惯性(或动力)虚功率：

$$\delta p^{\mathrm{kin}}=\int_\Omega \delta v_i\rho\dot{v}_j\,\mathrm{d}\Omega \tag{4.3.23}$$

式中的功率对应于惯性力。以 d'Alembert 的观点，可以视惯性力为体力。

将式(4.3.21)～式(4.3.23)代入式(4.3.11)，写出虚功率原理为

$$\delta p=\delta p^{\mathrm{int}}-\delta p^{\mathrm{ext}}+\delta p^{\mathrm{kin}}=0,\quad \forall\,\delta v_i\in \mathcal{v}_0 \tag{4.3.24}$$

这就是动量方程的弱形式。其物理意义有助于对弱形式的记忆和有限元方程的推导。表 4-2 总结了 UL 格式的弱形式。

表 4-2　更新的拉格朗日格式的弱形式：虚功率原理

如果 σ_{ij} 是位移和速度的平滑函数，且 $v_i\in \mathcal{u}$，则弱形式为

$$\delta p=\delta p^{\mathrm{int}}-\delta p^{\mathrm{ext}}+\delta p^{\mathrm{kin}}=0,\quad \forall\,\delta v_i\in \mathcal{v}_0 \tag{B4.2.1}$$

和

$$\frac{\partial\sigma_{ji}}{\partial x_j}+\rho b_i=\rho\dot{v}_i,\quad 在\ \Omega\ 内 \tag{B4.2.2}$$

$$n_j\sigma_{ji}=\bar{t}_i,\quad 在\ \Gamma_{t_i}\ 上 \tag{B4.2.3}$$

$$[\![n_j\sigma_{ji}]\!]=0,\quad 在\ \Gamma_{\mathrm{int}}\ 上 \tag{B4.2.4}$$

这里，

内力虚功率：$$\delta p^{\mathrm{int}}=\int_\Omega \delta\boldsymbol{D}:\boldsymbol{\sigma}\,\mathrm{d}\Omega=\int_\Omega \delta D_{ij}\sigma_{ij}\,\mathrm{d}\Omega=\int_\Omega \frac{\partial(\delta v_i)}{\partial x_j}\sigma_{ij}\,\mathrm{d}\Omega \tag{B4.2.5}$$

外力虚功率：$$\delta p^{\mathrm{ext}}=\int_\Omega \delta v_i\rho b_i\,\mathrm{d}\Omega+\sum_{j=1}^{n_{\mathrm{SD}}}\int_{\Gamma_{t_j}}\delta v_j\bar{t}_j\,\mathrm{d}\Gamma=\int_\Omega \delta\boldsymbol{v}\cdot\rho\boldsymbol{b}\,\mathrm{d}\Omega+\sum_{j=1}^{n_{\mathrm{SD}}}\int_{\Gamma_{t_j}}\delta\boldsymbol{v}\cdot\bar{\boldsymbol{t}}\,\mathrm{d}\Gamma \tag{B4.2.6}$$

惯性力虚功率：$$\delta p^{\mathrm{kin}}=\int_\Omega \delta\boldsymbol{v}\cdot\rho\,\dot{\boldsymbol{v}}\,\mathrm{d}\Omega=\int_\Omega \delta v_i\rho\dot{v}_i\,\mathrm{d}\Omega \tag{B4.2.7}$$

4.4 有限元离散

4.4.1 有限元近似

本节运用虚功率原理建立更新的拉格朗日格式的有限元方程。为此,将当前区域 Ω 划分为单元域 Ω_e,所有单元域的集合构成了整体域,$\Omega=\bigcup_e \Omega_e$。当前构形中的节点坐标用 x_{iI} 表示,$I=1,2,\cdots,n_N$,小写的下角标 i 表示分量,大写的下角标 I 表示节点编号。在二维中,$x_{iI}=[x_I,y_I]$;在三维中,$x_{iI}=[x_I,y_I,z_I]$。在未变形构形中的节点坐标为 X_{iI}。

在有限元方法中,通过形函数将节点运动插值到单元中的材料运动 $\boldsymbol{x}(\boldsymbol{X},t)$,表示为

$$x_i(\boldsymbol{X},t)=N_I(\boldsymbol{X})x_{iI}(t) \quad 或 \quad \boldsymbol{x}(\boldsymbol{X},t)=N_I(\boldsymbol{X})\boldsymbol{x}_I(t) \tag{4.4.1}$$

这里 $N_I(\boldsymbol{X})$是插值(形状)函数,$\boldsymbol{x}_I$ 是节点 I 的位置矢量。默认对重复的指标求和:在小写指标的情况下,对空间的维度进行求和;在大写指标的情况下,对节点的编号进行求和。求和过程中的节点数目取决于所考虑的域:当考虑整体域时,求和的对象是整体域中的所有节点;当考虑一个单元时,求和的对象是该单元的所有节点。

当一个节点具有初始位置 $\boldsymbol{X}_J$ 时,写出式(4.4.1):

$$\boldsymbol{x}(\boldsymbol{X}_J,t)=\boldsymbol{x}_I(t)N_I(\boldsymbol{X}_J)=\boldsymbol{x}_I(t)\delta_{IJ}=\boldsymbol{x}_J(t) \tag{4.4.2}$$

式中的第二个等号应用了形函数的插值特性 $N_I(\boldsymbol{X}_J)=\delta_{IJ}$。分析这个方程,可以看到节点 J 总是对应于相同的材料点 $\boldsymbol{X}_J$:在拉格朗日网格中,节点总是和材料点保持一致。

在节点上应用式(2.2.6)定义节点位移:

$$u_{iI}(t)=x_{iI}(t)-X_{iI} \quad 或 \quad \boldsymbol{u}_I(t)=\boldsymbol{x}_I(t)-\boldsymbol{X}_I \tag{4.4.3}$$

根据式(4.4.1)和式(4.4.3),得到位移场:

$$u_i(\boldsymbol{X},t)=x_i(\boldsymbol{X},t)-X_i=u_{iI}(t)N_I(\boldsymbol{X}) \quad 或 \quad \boldsymbol{u}(\boldsymbol{X},t)=\boldsymbol{u}_I(t)N_I(\boldsymbol{X}) \tag{4.4.4}$$

通过取位移的材料时间导数得到速度:

$$v_i(\boldsymbol{X},t)=\frac{\partial u_i(\boldsymbol{X},t)}{\partial t}=\dot{u}_{iI}(t)N_I(\boldsymbol{X})=v_{iI}(t)N_I(\boldsymbol{X}) \quad 或 \quad \boldsymbol{v}(\boldsymbol{X},t)=\dot{\boldsymbol{u}}_I(t)N_I(\boldsymbol{X}) \tag{4.4.5}$$

式中,速度是位移的材料时间导数,即当材料坐标固定时,对时间求偏导数。注意由于形函数不随时间改变,速度是由相同形函数给出的。节点位移上面的点表示普通导数,因为节点位移仅是时间的函数。这种形函数和节点运动分离变量的形式为有限元求解提供了极大便利,也提高了其再造函数的能力。

类似地,加速度是速度的材料时间导数:

$$\ddot{u}_i(\boldsymbol{X},t)=\ddot{u}_{iI}(t)N_I(\boldsymbol{X}) \quad 或 \quad \ddot{\boldsymbol{u}}(\boldsymbol{X},t)=\ddot{\boldsymbol{u}}_I(t)N_I(\boldsymbol{X})=\dot{\boldsymbol{v}}_I(t)N_I(\boldsymbol{X}) \tag{4.4.6}$$

需要强调的是,在 UL 格式中,尽管在当前构形中建立了弱形式,形函数仍要表示为材料坐标的形式。对于一个拉格朗日网格,关键是将形函数表示为材料坐标的形式,因为在运动的有限元近似中,时间相关性仅存在于节点变量,这也再次说明这种分离变量显然方便了计算。

将式(4.4.5)代入式(2.3.7),得到速度梯度 $\boldsymbol{L}$ 为

$$L_{ij}=v_{i,j}=v_{iI}\frac{\partial N_I}{\partial x_j}=v_{iI}N_{I,j} \quad \text{或} \quad \boldsymbol{L}=\boldsymbol{v}_I\nabla N_I=\boldsymbol{v}_I N_{I,x} \tag{4.4.7}$$

变形率为

$$D_{ij}=\frac{1}{2}(L_{ij}+L_{ji})=\frac{1}{2}(v_{iI}N_{I,j}+v_{jI}N_{I,i}) \tag{4.4.8}$$

在构造运动的表达式式(4.4.1)的有限元近似时,忽略速度边界条件,即由式(4.4.5)给出的速度不在式(4.3.2)所定义的空间。因此,首先建立没有速度边界条件的无约束物体的方程,再考虑速度边界条件修正离散方程。

在式(4.4.1)中,通过相同的形函数近似所有运动分量。这种运动的构造可以容易地表示出刚体转动,这是对于收敛性的基本要求。第 8 章将对此进一步讨论。

变分函数或变量不是时间的函数,因此变分函数近似为

$$\delta v_i(\boldsymbol{X})=\delta v_{iI}N_I(\boldsymbol{X}) \quad \text{或} \quad \delta\boldsymbol{v}(\boldsymbol{X})=\delta\boldsymbol{v}_I N_I(\boldsymbol{X}) \tag{4.4.9}$$

这里 δv_{iI} 是虚拟节点速度。

作为构造离散有限元方程的第一步,将变分函数代入虚功率原理,得到

$$\delta v_{iI}\int_\Omega \frac{\partial N_I}{\partial x_j}\sigma_{ji}\,\mathrm{d}\Omega-\delta v_{iI}\int_\Omega N_I\rho b_i\,\mathrm{d}\Omega-\sum_{i=1}^{n_{\mathrm{SD}}}\delta v_{iI}\int_{\Gamma_{t_i}}N_I\bar{t}_i\,\mathrm{d}\Gamma+\delta v_{iI}\int_\Omega N_I\rho\dot{v}_i\,\mathrm{d}\Omega=0 \tag{4.4.10}$$

式中,应力为试速度和试位移的函数。由变分空间式(4.3.1)的定义可知,在任意指定了速度的地方,虚速度必须为零,即在 Γ_{v_i} 上,$\delta v_i=0$,所以只有不在 Γ_{v_i} 上的节点的虚速度才是任意的。利用这些节点上虚速度的任意性,动量方程的弱形式为

$$\int_\Omega \frac{\partial N_I}{\partial x_j}\sigma_{ji}\,\mathrm{d}\Omega-\int_\Omega N_I\rho b_i\,\mathrm{d}\Omega-\sum_{i=1}^{n_{\mathrm{SD}}}\int_{\Gamma_{t_i}}N_I\bar{t}_i\,\mathrm{d}\Gamma+\int_\Omega N_I\rho\dot{v}_i\,\mathrm{d}\Omega=0, \quad \forall(I,i)\notin\Gamma_{v_i} \tag{4.4.11}$$

可以看出,上式排除了指定速度的自由度。

上述形式难以记忆,为了更好地给予其物理解释,最好给上述方程中的每一项起一个物理名称。针对虚功率方程中的每一项定义节点力,有助于记忆方程,也提供了系统化的程序,便于有限元软件操作。

内部虚功率的定义为

$$\delta p^{\mathrm{int}}=\delta v_{iI}f_{iI}^{\mathrm{int}}=\int_\Omega \frac{\partial(\delta v_i)}{\partial x_j}\sigma_{ji}\,\mathrm{d}\Omega=\delta v_{iI}\int_\Omega \frac{\partial N_I}{\partial x_j}\sigma_{ji}\,\mathrm{d}\Omega \tag{4.4.12}$$

式中,第三项是在式(B4.2.5)中给出的内部虚功率的定义,最后一项应用了式(4.4.7)。从上式可以看出,节点内力为

$$f_{iI}^{\mathrm{int}}=\int_\Omega \frac{\partial N_I}{\partial x_j}\sigma_{ji}\,\mathrm{d}\Omega \tag{4.4.13}$$

其之所以称为节点内力,是因为其代表物体的应力。这些表达式既可以应用于整体网格,也可以应用于任意单元或单元集。注意到这些表达式包含形函数对于空间坐标的导数和在当前构形上的积分。在非线性有限元中,对于更新的拉格朗日网格,式(4.4.13)是一个关键的方程,它也可应用于欧拉网格和 ALE 网格。

同理，外部虚功率的定义为

$$\delta p^{\mathrm{ext}}=\delta v_{iI}f_{iI}^{\mathrm{ext}}=\int_{\Omega}\delta v_{i}\rho b_{i}\,\mathrm{d}\Omega+\sum_{i=1}^{n_{\mathrm{SD}}}\int_{\Gamma_{t_i}}\delta v_{i}\bar{t}_{i}\,\mathrm{d}\Gamma$$

$$=\delta v_{iI}\int_{\Omega}N_{I}\rho b_{i}\,\mathrm{d}\Omega+\sum_{i=1}^{n_{\mathrm{SD}}}\delta v_{iI}\int_{\Gamma_{t_i}}N_{I}\bar{t}_{i}\,\mathrm{d}\Gamma \tag{4.4.14}$$

所以，节点外力的表达式为

$$f_{iI}^{\mathrm{ext}}=\int_{\Omega}N_{I}\rho b_{i}\,\mathrm{d}\Omega+\int_{\Gamma_{t_i}}N_{I}\bar{t}_{i}\,\mathrm{d}\Gamma\quad 或\quad \boldsymbol{f}_{I}^{\mathrm{ext}}=\int_{\Omega}N_{I}\rho\boldsymbol{b}\,\mathrm{d}\Omega+\int_{\Gamma_{t_i}}N_{I}\bar{\boldsymbol{t}}\,\mathrm{d}\Gamma \tag{4.4.15}$$

定义惯性力(或动力)虚功率为

$$\delta p^{\mathrm{kin}}=\delta v_{iI}f_{iI}^{\mathrm{kin}}=\int_{\Omega}\delta v_{i}\rho\dot{v}_{i}\,\mathrm{d}\Omega=\delta v_{iI}\int_{\Omega}N_{I}\rho\dot{v}_{i}\,\mathrm{d}\Omega \tag{4.4.16}$$

因此有

$$f_{iI}^{\mathrm{kin}}=\int_{\Omega}N_{I}\rho\dot{v}_{i}\,\mathrm{d}\Omega\quad 或\quad \boldsymbol{f}_{I}^{\mathrm{kin}}=\int_{\Omega}\rho N_{I}\dot{\boldsymbol{v}}\,\mathrm{d}\Omega \tag{4.4.17}$$

应用加速度的表达式式(4.4.6)，上式成为

$$f_{iI}^{\mathrm{kin}}=\int_{\Omega}\rho N_{I}N_{J}\,\mathrm{d}\Omega\dot{v}_{iJ} \tag{4.4.18}$$

将这些节点力定义为质量矩阵与节点加速度的乘积是很方便的。质量矩阵的定义为

$$M_{ijIJ}=\delta_{ij}\int_{\Omega}\rho N_{I}N_{J}\,\mathrm{d}\Omega \tag{4.4.19}$$

根据式(4.4.16)和式(4.4.17)，惯性力为

$$f_{iI}^{\mathrm{kin}}=M_{ijIJ}\dot{v}_{jJ}\quad 或\quad \boldsymbol{f}_{I}^{\mathrm{kin}}=\boldsymbol{M}_{I}\cdot\dot{\boldsymbol{v}} \tag{4.4.20}$$

4.4.2 半离散动量方程

基于节点内力、节点外力和惯性节点力的定义式(4.4.13)、式(4.4.15)和式(4.4.20)，可以简洁地写出离散的弱形式(4.4.11)，其近似为

$$\delta v_{iI}(f_{iI}^{\mathrm{int}}-f_{iI}^{\mathrm{ext}}+M_{ijIJ}\dot{v}_{jJ})=0,\quad \forall\,\delta v_{iI}\notin\Gamma_{v_i} \tag{4.4.21}$$

也可以将上式写为

$$\delta\boldsymbol{v}^{\mathrm{T}}\cdot(\boldsymbol{f}^{\mathrm{int}}-\boldsymbol{f}^{\mathrm{ext}}+\boldsymbol{M}\cdot\boldsymbol{a})=0 \tag{4.4.22}$$

其中$\boldsymbol{v}$、$\boldsymbol{a}$和$\boldsymbol{f}$分别是非约束的虚速度、加速度和节点力的列矩阵，$\boldsymbol{M}$是非约束自由度的质量矩阵。考虑非约束虚节点速度的任意性，由式(4.4.21)和式(4.4.22)分别得到

$$M_{ijIJ}\dot{v}_{jJ}+f_{iI}^{\mathrm{int}}=f_{iI}^{\mathrm{ext}},\quad \forall\,(I,i)\notin\Gamma_{v_i} \tag{4.4.23}$$

或

$$\boldsymbol{M}\cdot\boldsymbol{a}+\boldsymbol{f}^{\mathrm{int}}=\boldsymbol{f}^{\mathrm{ext}} \tag{4.4.24}$$

上式即离散动量方程或运动方程；由于它们没有在时间上离散，所以也称为半离散动量方程。对网格的所有节点和所有分量进行隐式求和，在上面出现的任意指定速度分量都是已知的。方程(4.4.24)也可以写成牛顿第二定律的形式：

$$\boldsymbol{f}=\boldsymbol{M}\cdot\boldsymbol{a} \tag{4.4.25}$$

式中，$\boldsymbol{f}=\boldsymbol{f}^{\mathrm{ext}}-\boldsymbol{f}^{\mathrm{int}}$。半离散动量方程是关于节点速度的$n_{\mathrm{DOF}}$个常微分方程组，其中$n_{\mathrm{DOF}}$是不受约束的节点速度分量的数目，常称作自由度数目。为了求解方程，附加单元积分点

处的本构方程和以节点速度形式表示的变形率。令在网格中 n_Q 个积分点表示为

$$\boldsymbol{x}_Q(t)=N_I(\boldsymbol{X}_Q)\boldsymbol{x}_I(t) \tag{4.4.26}$$

令 n_σ 是应力张量的独立分量的数目：在二维平面应力问题中，由于应力张量 $\boldsymbol{\sigma}$ 是对称的，$n_\sigma=3$；在三维问题中，$n_\sigma=6$。

有限元近似的半离散方程包括如下关于时间的常微分方程：

$$M_{ijIJ}\dot{v}_{jJ}+f_{iI}^{\text{int}}=f_{iI}^{\text{ext}},\quad (I,i)\notin\Gamma_{v_i} \tag{4.4.27}$$

$$\sigma_{ij}^{\nabla}(\boldsymbol{X}_Q)=\sigma_{ij}(D_{kl}(\boldsymbol{X}_Q),\ldots),\quad \forall\boldsymbol{X}_Q \tag{4.4.28}$$

其中，

$$D_{ij}(\boldsymbol{X}_Q)=\frac{1}{2}(L_{ij}+L_{ji}),\quad L_{ij}=N_{I,j}(\boldsymbol{X}_Q)v_{iI} \tag{4.4.29}$$

上式是一个标准的初值问题，是包括速度 $v_{iI}(t)$和应力 $\sigma_{ij}(\boldsymbol{X}_Q,t)$的一阶常微分方程。如果将式(4.4.29)代入式(4.4.28)，消去变形率，所有未知量的个数就变为 $n_{\text{DOF}}+n_\sigma n_Q$。通过任何积分常微分方程的数值方法，如中心差分法或龙格-库塔法(Runge-Kutta method)，可以对这个常微分方程系统进行时间积分。这将在第 6 章中讨论。

从速度边界条件式(B4.1.7)得到指定边界$(I,i)\in\Gamma_{v_i}$ 的节点速度 v_{iI}。在节点和积分点上应用初始条件式(B4.1.9)，得到

$$v_{iI}(0)=v_{iI}^0 \tag{4.4.30}$$

$$\sigma_{ij}(\boldsymbol{X}_Q,0)=\sigma_{ij}^0(\boldsymbol{X}_Q) \tag{4.4.31}$$

这里 v_{iI}^0 和σ_{ij}^0 是初始数据。如果在不同组的点处给出初始条件的数据，通过最小二乘拟合就可以估计在节点和积分点处的值。对于初始位移结果的最小二乘拟合来源于在有限元插值函数 $\sum N_I(\boldsymbol{X})u_I(0)$ 和初始数据 $\bar{u}(\boldsymbol{X})$的差值的平方最小化，令

$$\boldsymbol{M}=\frac{1}{2}\int_{\Omega_0}\Big(\sum_I u_I(0)N_I(\boldsymbol{X})-\bar{u}(\boldsymbol{X})\Big)^2\rho_0\,\mathrm{d}\Omega_0 \tag{4.4.32}$$

此式即质量矩阵的表达式。为了求解上式的最小值，令它对初始节点位移的导数为零，即

$$0=\frac{\partial\boldsymbol{M}}{\partial u_K(0)}=\int_{\Omega_0}N_K(\boldsymbol{X})\Big[\sum_I u_I(0)N_I(\boldsymbol{X})-\bar{u}(\boldsymbol{X})\Big]\rho_0\,\mathrm{d}\Omega_0 \tag{4.4.33}$$

应用质量矩阵的定义式(3.5.15)，将上式写成

$$\boldsymbol{Mu}(0)=\boldsymbol{g} \tag{4.4.34}$$

式中，$g_K=\int_{\Omega_0}N_K(X)\bar{u}(X)\rho_0\,\mathrm{d}\Omega_0$。类似地，得到初始速度的最小二乘拟合。这种将有限元近似拟合到函数的方法常称为 L_2 投影法，因为该过程是对一个 L_2 范数的最小化运算。

加速度为零的平衡方程称为离散平衡方程，给出

$$f_{iI}^{\text{int}}=f_{iI}^{\text{ext}}\quad 对于(I,i)\notin\Gamma_{v_i}\quad 或\quad \boldsymbol{f}^{\text{int}}=\boldsymbol{f}^{\text{ext}} \tag{4.4.35}$$

以及式(4.4.28)和式(4.4.29)。如果本构方程是率无关的，那么离散平衡方程是关于应力和节点位移的非线性代数方程组。对于率相关材料，为了获得非线性代数方程组，任何率形式也必须在时间上离散。表 4-3 为更新的拉格朗日格式的离散方程。

表 4-3 更新的拉格朗日格式的离散方程

	$D_x = \sum_{I=1}^{m} \frac{\partial N_I}{\partial x} v_I^e = \boldsymbol{B}\boldsymbol{v}^e$	(B4.3.1)
	$\boldsymbol{f}^{\text{int}} = \int_\Omega \frac{\partial \boldsymbol{N}^{\mathrm{T}}}{\partial x} \sigma \mathrm{d}\Omega$ 或 $\boldsymbol{f}^{\text{int}} = \int_\Omega \boldsymbol{B}^{\mathrm{T}} \sigma \mathrm{d}\Omega$	(B4.3.2)
	$\boldsymbol{f}^{\text{ext}} = \int_\Omega \rho \boldsymbol{N}^{\mathrm{T}} b \mathrm{d}\Omega + (\boldsymbol{N}^{\mathrm{T}} A \bar{t}_x)\big\|_{\Gamma_t}$	(B4.3.3)
	$\boldsymbol{M} = \int_{\Omega_0} \rho_0 \boldsymbol{N}^{\mathrm{T}} \boldsymbol{N} \mathrm{d}\Omega_0$ 与完全的拉格朗日格式相同	(B4.3.4)
总体方程：	$\boldsymbol{M}\ddot{\boldsymbol{u}} + \boldsymbol{f}^{\text{int}} = \boldsymbol{f}^{\text{ext}}$	(B4.3.5)

4.4.3 母单元坐标

在有限元中，通常采用母单元坐标的形式表示形函数，称为单元坐标。单元坐标的例子有三角形坐标和等参坐标。下面描述以单元坐标表示形函数的方法。在拉格朗日网格中，单元坐标可以作为材料坐标的另一种形式。这样，将形函数表示为单元坐标的形式，在本质上等价于将其表示为材料坐标的形式。本书以 ξ_i^e 表示母单元坐标或以 $\boldsymbol{\xi}^e$ 作为张量标记，并将母单元域表示为□，仅在描述开始时附加上角标 e。母单元域的形状取决于单元的类型和求解问题的维度；它可以是一个单位长度的正方形、三角形或立方体。后文的示例中给定了具体的母单元域。

当以单元坐标的形式处理一个拉格朗日单元时，应关注单元的三个域：

(1) 母单元域□；

(2) 当前单元域 $\Omega^e = \Omega^e(t)$；

(3) 初始(参考)单元域 Ω_0^e。

相关映射如下：

(1) 母单元域到当前构形：$\boldsymbol{x} = \boldsymbol{x}(\boldsymbol{\xi}^e, t)$；

(2) 母单元域到初始构形：$\boldsymbol{X} = \boldsymbol{X}(\boldsymbol{\xi}^e)$；

(3) 初始构形到当前构形，即运动 $\boldsymbol{x} = \boldsymbol{x}(\boldsymbol{X}, t) \equiv \varphi(\boldsymbol{X}, t)$。

其中，映射 $\boldsymbol{X} = \boldsymbol{X}(\boldsymbol{\xi}^e)$ 对应于 $\boldsymbol{x} = \boldsymbol{x}(\boldsymbol{\xi}^e, 0)$。对于一个二维三角形单元的空间-时间关系，图 4-1 描述了其映射。

通过映射的合成描述单元的运动：

$$\boldsymbol{x} = \boldsymbol{x}(\boldsymbol{X}, t) = \boldsymbol{x}(\boldsymbol{\xi}^e(\boldsymbol{X}), t), \quad \text{在 } \Omega_e \text{ 中} \tag{4.4.36}$$

为了把运动定义得更加准确且平滑，必须存在逆映射 $\boldsymbol{\xi}^e(\boldsymbol{X}) = \boldsymbol{X}^{-1}(\boldsymbol{\xi}^e)$，且函数 $\boldsymbol{x} = \boldsymbol{x}(\boldsymbol{\xi}^e, t)$ 必须足够平滑，而且满足一定的规则条件，这样 $\boldsymbol{x}^{-1}(\boldsymbol{\xi}^e, t)$ 存在，这些条件将在 4.4.4 节中给出。通常逆映射 $\boldsymbol{x}^{-1}(\boldsymbol{\xi}^e, t)$ 不是构造的，在大多数情况下它不能直接获得，所以一种替代方式是通过隐式差分方法从母单元坐标的导数中得到关于空间坐标的导数。

运动可以近似为

$$x_i(\boldsymbol{\xi}, t) = x_{iI}(t) N_I(\boldsymbol{\xi}) \quad \text{或} \quad \boldsymbol{x}(\boldsymbol{\xi}, t) = \boldsymbol{x}_I(t) N_I(\boldsymbol{\xi}) \tag{4.4.37}$$

式中省略了单元坐标的上角标 e。形函数 $N_I(\boldsymbol{\xi})$ 仅是母单元坐标的函数，运动的时间相关性完全反映在节点坐标上。上式代表了母单元域与单元当前构形之间的时间相关映射。

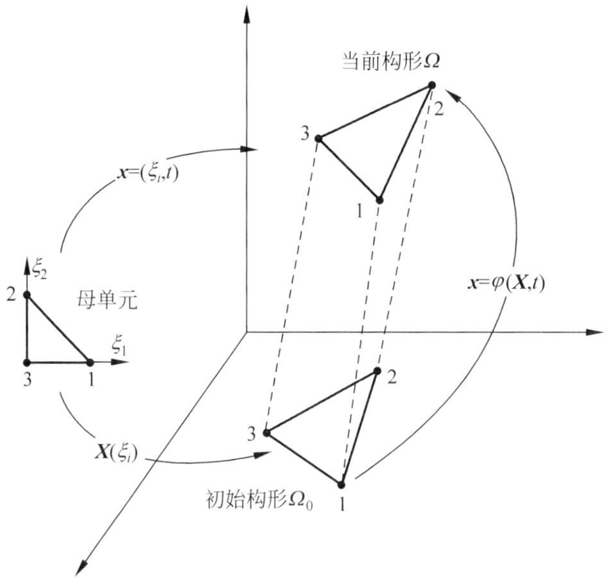

图 4-1 一个拉格朗日单元的初始构形和当前构形，以及它们与母单元的关系

在 $t=0$ 时写出这个映射，得到

$$X_i(\boldsymbol{\xi})=x_i(\boldsymbol{\xi},0)=x_{iI}(0)N_I(\boldsymbol{\xi})=X_{iI}N_I(\boldsymbol{\xi}) \quad 或 \quad \boldsymbol{X}(\boldsymbol{\xi})=\boldsymbol{X}_I N_I(\boldsymbol{\xi}) \tag{4.4.38}$$

从式(4.4.38)看出，在拉格朗日单元中，材料坐标和单元坐标之间的映射是时间不变的。如果这是一对一的映射，则在拉格朗日网格中可以将单元坐标看作材料坐标的替代，因为在一个单元中的每一材料点都具有唯一的单元坐标编号。为了在 Ω_0 中建立单元坐标和材料坐标之间唯一的对应关系，单元数目必须成为编号的一部分。如果单元坐标不能替代材料坐标，则网格不是拉格朗日格式，可能是任意 ALE 格式。事实上，应用初始坐标 $\boldsymbol{X}$ 作为材料坐标主要源于解析过程；在有限元方法中，应用单元坐标作为材料坐标是更自然的。

前文提到，由于单元坐标是时间不变的，位移、速度和加速度可以分别表示为形函数的形式：

$$u_i(\boldsymbol{\xi},t)=u_{iI}(t)N_I(\boldsymbol{\xi}), \quad \boldsymbol{u}(\boldsymbol{\xi},t)=\boldsymbol{u}_I(t)N_I(\boldsymbol{\xi}) \tag{4.4.39}$$

$$\dot{u}_i(\boldsymbol{\xi},t)=v_i(\boldsymbol{\xi},t)=v_{iI}(t)N_I(\boldsymbol{\xi}), \quad \dot{\boldsymbol{u}}(\boldsymbol{\xi},t)=\boldsymbol{v}(\boldsymbol{\xi},t)=\boldsymbol{v}_I(t)N_I(\boldsymbol{\xi}) \tag{4.4.40}$$

$$\dot{v}_i(\boldsymbol{\xi},t)=\dot{v}_{iI}(t)N_I(\boldsymbol{\xi}), \quad \dot{\boldsymbol{v}}(\boldsymbol{\xi},t)=\dot{\boldsymbol{v}}_I(t)N_I(\boldsymbol{\xi}) \tag{4.4.41}$$

这里，取式(4.4.39)的材料时间导数得到式(4.4.40)，依次再取材料时间导数得到式(4.4.41)。同前，由于单元坐标与时间无关，时间相关性完全出现在节点变量上。

4.4.4 单元构形之间映射的雅克比矩阵

因为函数 $\boldsymbol{x}(\boldsymbol{\xi},t)$通常不是显式可逆的，即不可能将$\boldsymbol{\xi}$写成关于 $\boldsymbol{x}$ 的闭合表达式。因此，速度场的空间导数可以通过隐式差分得到，根据链式法则：

$$\frac{\partial v_i}{\partial \xi_j}=\frac{\partial v_i}{\partial x_k}\frac{\partial x_k}{\partial \xi_j} \quad 或 \quad \boldsymbol{v}_{,\xi}=\boldsymbol{v}_{,x}\boldsymbol{x}_{,\xi} \tag{4.4.42}$$

矩阵$\frac{\partial x_k}{\partial \xi_j}$是单元当前构形和母单元构形之间映射的雅克比矩阵。这里使用两种符号表示这个矩阵：$\boldsymbol{x}_{,\xi}$ 和 $\boldsymbol{F}_{\xi}$，其中 $F_{\xi_{ij}}=\dfrac{\partial x_i}{\partial \xi_j}$。第二种符号用于传递标记，对应于单元坐标的雅克比矩阵可以看作母单元构形的变形梯度。在二维中，

$$\boldsymbol{x}_{,\xi}(\boldsymbol{\xi},t)\equiv\boldsymbol{F}_{\xi}(\boldsymbol{\xi},t)=\begin{bmatrix}x_{,\xi_1} & x_{,\xi_2}\\ y_{,\xi_1} & y_{,\xi_2}\end{bmatrix}=\begin{bmatrix}x_{,\xi} & x_{,\eta}\\ y_{,\xi} & y_{,\eta}\end{bmatrix} \tag{4.4.43}$$

由此看出，当前构形和母单元构形之间映射的雅克比矩阵是关于时间的函数。

对式(4.4.42)进行逆变换，得到

$$L_{ij}=\frac{\partial v_i}{\partial \xi_k}(F_{kj}^{\xi})^{-1}=\left(\frac{\partial v_i}{\partial \xi_k}\right)\left(\frac{\partial \xi_k}{\partial x_j}\right)\quad 或\quad \boldsymbol{L}=\boldsymbol{v}_{,x}=\boldsymbol{v}_{,\xi}\boldsymbol{x}_{,\xi}^{-1}=\boldsymbol{v}_{,\xi}\boldsymbol{F}_{\xi}^{-1} \tag{4.4.44}$$

因此，计算 ξ 的导数包含求解当前坐标和母单元坐标之间雅克比矩阵的逆；式(4.4.43)给出了二维情况下的逆矩阵。类似地，对于形函数 N_I，有

$$N_{I,x}^{\mathrm{T}}=N_{I,\xi}^{\mathrm{T}}\boldsymbol{x}_{,\xi}^{-1}=N_{I,\xi}^{\mathrm{T}}\boldsymbol{F}_{\xi}^{-1} \tag{4.4.45}$$

在矩阵的表达式中出现了转置是因为考虑到 $N_{I,x}$ 和 $N_{I,\xi}$ 是列矩阵，上式等号右侧的矩阵必须是行矩阵。$\boldsymbol{F}_{\xi}$ 的行列式为

$$J_{\xi}=\det(\boldsymbol{x}_{,\xi}) \tag{4.4.46}$$

此即单元雅克比行列式，附加下角标以区别于变形梯度的行列式 J。将式(4.4.45)代入式(4.4.38)：

$$L_{ij}=v_{iI}\frac{\partial N_I}{\partial \xi_k}(F_{kj}^{\xi})^{-1}\quad 或\quad \boldsymbol{L}=\boldsymbol{v}_I N_{I,\xi}^{\mathrm{T}}\boldsymbol{x}_{,\xi}^{-1} \tag{4.4.47}$$

通过式(2.3.10)，可以从速度梯度得到变形率。

在当前构形上的积分与在参考域和母单元域上的积分的关系为

$$\begin{cases}\displaystyle\int_{\Omega} g(x)\,\mathrm{d}\Omega=\int_{\Omega_0^e} g(x(X))J\,\mathrm{d}\Omega_0=\int_{\square} g(\xi)J_{\xi}\,\mathrm{d}\square\\ \displaystyle\int_{\Omega_0^e} g(X)\,\mathrm{d}\Omega_0=\int_{\square} g(X(\xi))J_{\xi}^{0}\,\mathrm{d}\square\end{cases} \tag{4.4.48}$$

式中，J 是当前构形与参考构形的雅克比行列式，J_{ξ} 是当前构形与母单元构形之间的雅克比行列式；J_{ξ}^{0} 是参考构形与母单元构形之间的雅克比行列式。

当在母单元域上积分计算节点内力时，通过式(4.4.48)将式(4.4.13)转换到母单元域：

$$f_{iI}^{\mathrm{int}}=\int_{\Omega^e}\frac{\partial N_I}{\partial x_j}\sigma_{ji}\,\mathrm{d}\Omega=\int_{\square}\frac{\partial N_I}{\partial x_j}\sigma_{ji}J_{\xi}\,\mathrm{d}\square \tag{4.4.49}$$

可以通过类似的方法在母单元域积分计算节点外力和质量矩阵。

运动 $\boldsymbol{x}(\boldsymbol{\xi},t)$ 的有限元近似是将一个单元的母域映射到当前域上，除不允许非连续以外，它和 2.2.6 节给出的 $\varphi(\boldsymbol{X},t)$ 满足相同的映射条件。这些条件是：

(1) $\boldsymbol{x}(\boldsymbol{\xi},t)$ 必须一一对应；

(2) $\boldsymbol{x}(\boldsymbol{\xi},t)$ 在空间中至少为 C^0；

(3) 单元雅克比行列式必须为正：

$$J_{\xi}\equiv\det(\boldsymbol{x}_{,\xi})>0 \tag{4.4.50}$$

这些条件可以保证 $\boldsymbol{x}(\boldsymbol{\xi},t)$ 是可逆的。

现在解释为什么需要 $\det(\boldsymbol{x}_{,\xi})>0$ 的条件。首先使用链式法则将 $\boldsymbol{x}_{,\xi}$ 表示为 $\boldsymbol{F}$ 和 $\boldsymbol{X}_{,\xi}$ 的形式：

$$\frac{\partial x_i}{\partial \xi_j}=\frac{\partial x_i}{\partial X_k}\frac{\partial X_k}{\partial \xi_j}=F_{ik}\frac{\partial X_k}{\partial \xi_j} \quad 或 \quad \boldsymbol{x}_{,\xi}=\boldsymbol{x}_{,X}\cdot\boldsymbol{X}_{,\xi}=\boldsymbol{F}\cdot\boldsymbol{X}_{,\xi} \tag{4.4.51}$$

也可以将上式写为

$$\boldsymbol{F}_{\xi}=\boldsymbol{F}\cdot\boldsymbol{F}_{\xi}^{0} \tag{4.4.52}$$

上式说明，对应于母单元坐标的变形梯度是标准变形梯度和对应于母单元坐标的初始变形梯度的乘积。这两个矩阵乘积的行列式等于它们行列式的乘积，所以有

$$J_{\xi}=\det(\boldsymbol{x}_{,\xi})=\det(\boldsymbol{F})\det(\boldsymbol{X}_{,\xi})\equiv JJ_{\xi}^{0} \tag{4.4.53}$$

假设在初始网格中恰当地构造了单元，使得对于所有单元，$J_{\xi}^{0}=J_{\xi}(0)>0$，否则初始映射将不是一一对应的。如果在任何时刻 $J_{\xi}(t)\leqslant 0$，那么由式(4.4.53)可知，$J\leqslant 0$。通过质量守恒 $\rho=\dfrac{\rho_0}{J}$，$J\leqslant 0$ 意味着 $\rho\leqslant 0$，这在物理上是不成立的。所以必须有 $J_{\xi}(t)>0$。在某些有限元计算中，单元的过度扭曲可能导致严重的网格变形，如例 2.6 所示，$J_{\xi}(t)\leqslant 0$ 意味着出现了负密度值，所以这类计算违背了质量总是正值的物理原则。

4.4.5 质量矩阵的简化

当对所有分量使用相同的形函数时，由式(4.4.19)可得：

$$M_{ijIJ}=\delta_{ij}\widetilde{M}_{IJ} \tag{4.4.54}$$

其中

$$\widetilde{M}_{IJ}=\int_{\Omega}\rho N_I N_J\,\mathrm{d}\Omega \quad 或 \quad \widetilde{\boldsymbol{M}}=\int_{\Omega}\rho\boldsymbol{N}^{\mathrm{T}}\boldsymbol{N}\,\mathrm{d}\Omega \tag{4.4.55}$$

则运动方程(4.4.27)为

$$\widetilde{M}_{IJ}\dot{v}_{iJ}+f_{iI}^{\mathrm{int}}=f_{iI}^{\mathrm{ext}} \tag{4.4.56}$$

当应用一致质量矩阵和显式时间积分时，这种形式是有利的，因为需要求逆的矩阵阶数被因子 n_{SD} 减少了。

下面证明关于拉格朗日网格的质量矩阵是不随时间变化的。如果将形函数表示为母单元坐标的形式，则有

$$M_{ijIJ}=\delta_{ij}\int_{\square}\rho N_I N_J\det(\boldsymbol{x}_{,\xi})\,\mathrm{d}\square=\delta_{ij}\int_{\Omega}\rho N_I N_J\,\mathrm{d}\Omega \tag{4.4.57}$$

由于 $\det(\boldsymbol{x}_{,\xi})$ 和密度是时间相关的，这个质量矩阵也似乎是与时间相关的。为了证明这个质量矩阵事实上与时间无关，通过式(2.2.34)，将上述积分转换到未变形构形：

$$M_{ijIJ}=\delta_{ij}\int_{\Omega_0}\rho N_I N_J J\,\mathrm{d}\Omega_0 \tag{4.4.58}$$

根据质量守恒式(4.2.3)，有 $\rho J=\rho_0$。因此式(4.4.58)成为

$$M_{ijIJ}=\delta_{ij}\int_{\Omega_0}\rho_0 N_I N_J\,\mathrm{d}\Omega_0 \quad 或 \quad M_{ijIJ}=\delta_{ij}\int_{\square}\rho_0 N_I N_J J_{\xi}^{0}\,\mathrm{d}\square \tag{4.4.59}$$

类似地，质量矩阵的简洁形式式(4.4.55)可以写为

$$\widetilde{M}_{IJ}=\int_{\Omega_0}\rho_0 N_I N_I\,\mathrm{d}\Omega_0 \quad 和 \quad \boldsymbol{M}_{IJ}=\boldsymbol{I}\widetilde{M}_{IJ}=\boldsymbol{I}\int_{\Omega_0}\rho_0 N_I N_I\,\mathrm{d}\Omega_0 \tag{4.4.60}$$

在上述积分中，被积函数是与时间无关的，所以质量矩阵不随时间变化，只需在计算开始时为它赋值。在初始时刻，即在初始构形中，通过应用式(4.4.57)计算质量矩阵，可以得到相同的结果。式(4.4.58)～式(4.4.60)的质量矩阵称为完全的拉格朗日格式的质量矩阵，因为它是在参考(未变形)构形中计算的。

通过分析得到结论：无论采用哪种构形均可计算离散方程的每一项，实际计算时可视其简便程度而定。表 4-4 总结了更新的拉格朗日格式的离散方程和节点力计算步骤。

表 4-4 更新的拉格朗日格式的离散方程和节点力计算步骤

运动方程(离散动量方程)：	
$M_{ijIJ}\dot{v}_{jJ} + f_{iI}^{\mathrm{int}} = f_{iI}^{\mathrm{ext}}, \quad (I,i) \notin \Gamma_{v_i}$	(B4.4.1)
节点内力：	
$f_{iI}^{\mathrm{int}} = \int_\Omega B_{Ij}\sigma_{ji}\,\mathrm{d}\Omega = \int_\Omega \frac{\partial N_I}{\partial x_j}\sigma_{ji}\,\mathrm{d}\Omega$ 或 $(\boldsymbol{f}_I^{\mathrm{int}})^{\mathrm{T}} = \int_\Omega \boldsymbol{B}_I^{\mathrm{T}}\sigma\,\mathrm{d}\Omega$	(B4.4.2)
福格特标记：$\boldsymbol{f}_I^{\mathrm{int}} = \int_\Omega \boldsymbol{B}_I^{\mathrm{T}}\{\boldsymbol{\sigma}\}\,\mathrm{d}\Omega$	
节点外力：	
$f_{iI}^{\mathrm{ext}} = \int_\Omega N_I\rho b_i\,\mathrm{d}\Omega + \int_{\Gamma_{t_i}} N_I\bar{t}_i\,\mathrm{d}\Gamma$ 或 $\boldsymbol{f}_I^{\mathrm{ext}} = \int_\Omega N_I\rho\boldsymbol{b}\,\mathrm{d}\Omega + \int_{\Gamma_{t_i}} N_I\bar{\boldsymbol{t}}\,\mathrm{d}\Gamma$	(B4.4.3)
质量矩阵：	
$M_{ijIJ} = \delta_{ij}\int_{\Omega_0}\rho_0 N_I N_J\,\mathrm{d}\Omega_0 = \delta_{ij}\int_\Box \rho_0 N_I N_J J_\xi^0\,\mathrm{d}\Box$	(B4.4.4)
$\boldsymbol{M}_{IJ} = \boldsymbol{I}\widetilde{M}_{IJ} = \boldsymbol{I}\int_{\Omega_0}\rho_0 N_I N_I\,\mathrm{d}\Omega_0$	(B4.4.5)
单元节点内力的计算步骤	
1. $\boldsymbol{f}^{\mathrm{int}} = 0$	
2. 对于单元内部所有积分点$\boldsymbol{\xi}_Q$，开始循环：	
(1) 对所有 I，计算 $[B_{Ij}] = \left[\frac{\partial N_I(\xi_Q)}{\partial x_j}\right]$	
(2) $\boldsymbol{L} = [L_{ij}] = [v_{iI}B_{Ij}] = \boldsymbol{v}_I\boldsymbol{B}_I^{\mathrm{T}}$；$L_{ij} = \frac{\partial N_I}{\partial x_j}v_{iI}$	
(3) $\boldsymbol{D} = \frac{1}{2}(\boldsymbol{L}^{\mathrm{T}} + \boldsymbol{L})$	
(4) 如果需要，根据表 3-4 中的步骤计算 $\boldsymbol{F}$ 和 $\boldsymbol{E}$	
(5) 根据本构方程计算柯西应力$\boldsymbol{\sigma}$ 或 PK2 应力 $\boldsymbol{S}$	
(6) 如果得到 $\boldsymbol{S}$，通过$\boldsymbol{\sigma} = J^{-1}\boldsymbol{FSF}^{\mathrm{T}}$ 计算$\boldsymbol{\sigma}$	
(7) 对于所有节点 I，计算 $\boldsymbol{f}_I^{\mathrm{int}} \leftarrow \boldsymbol{f}_I^{\mathrm{int}} + \boldsymbol{B}_I^{\mathrm{T}}\boldsymbol{\sigma}J_\xi\bar{w}_Q$($\bar{w}_Q$ 为积分的权重)	
结束循环	

4.5 编制程序

将有限元公式编制成计算机程序，通常采用两种方法，每种方法各有其优点。

(1) 将指标表示直接转换为矩阵方程；

(2) 使用福格特标记，将应力和应变的方形矩阵转换为列矩阵。

4.5.1　指标和矩阵方程

从指标表示转换到矩阵表示,采用什么形式取决于个人。本书大部分章节将单指标的变量解释为列矩阵;应注意当解释为行矩阵时,其过程会有所不同。为了展示指标表示到矩阵形式的转换,考虑速度梯度的表达式(4.4.7):

$$L_{ij}=\frac{\partial v_i}{\partial x_j}=v_{iI}\frac{\partial N_I}{\partial x_j} \tag{4.5.1}$$

如果将指标 I 与 v_{iI} 中的列号和 $\frac{\partial N_I}{\partial x_j}$ 中的行号联系起来,上式就可以转化为矩阵乘积的形式。为了简化所得矩阵的表达式,定义矩阵 $\boldsymbol{B}$ 为

$$B_{jI}=\frac{\partial N_I}{\partial x_j}\quad 或\quad \boldsymbol{B}=[B_{jI}]=\left[\frac{\partial N_I}{\partial x_j}\right] \tag{4.5.2}$$

这里 j 是矩阵 $\boldsymbol{B}$ 的行号。通过式(4.5.1)和式(4.5.2),可以将速度梯度表示为节点速度的形式:

$$[L_{ij}]=[v_{iI}][B_{Ij}]=[v_{iI}][B_{jI}]^{\mathrm{T}}\quad 或\quad \boldsymbol{L}=\boldsymbol{v}\boldsymbol{B}^{\mathrm{T}} \tag{4.5.3}$$

由于上式隐含对指标 I 求和,所以指标表示对应于矩阵的乘积。

我们可以重写式(4.5.1)。矩阵 $\boldsymbol{B}$ 被分解为 $\boldsymbol{B}_I$ 个矩阵,每一个矩阵都与节点 I 有联系:

$$\boldsymbol{B}=[B_1,B_2,B_3,\cdots,B_m],\quad \boldsymbol{B}_I^{\mathrm{T}}=\{\boldsymbol{B}_j\}_I=\boldsymbol{N}_{I,x} \tag{4.5.4}$$

对于每个节点 I,矩阵 $\boldsymbol{B}_I$ 是一个列矩阵。那么速度梯度的表达式为

$$\boldsymbol{L}=\boldsymbol{v}_I\boldsymbol{B}_I^{\mathrm{T}}=\begin{Bmatrix}v_{xI}\\ v_{yI}\end{Bmatrix}[N_{I,x}\quad N_{I,y}]=\begin{bmatrix}v_{xI}N_{I,x} & v_{xI}N_{I,y}\\ v_{yI}N_{I,x} & v_{yI}N_{I,y}\end{bmatrix} \tag{4.5.5}$$

为了将节点内力的表达式(4.4.13)转变为矩阵形式,首先重新排列各项,使相邻的项对应于矩阵乘积。这需要交换内力中的行号和列号:

$$(f_{iI}^{\mathrm{int}})^{\mathrm{T}}=f_{Ii}^{\mathrm{int}}=\int_\Omega \frac{\partial N_I}{\partial x_j}\sigma_{ji}\,\mathrm{d}\Omega=\int_\Omega B_{Ij}^{\mathrm{T}}\sigma_{ji}\,\mathrm{d}\Omega \tag{4.5.6}$$

上式可以变成以下矩阵形式:

$$[f_{iI}^{\mathrm{int}}]^{\mathrm{T}}=[f_{Ii}^{\mathrm{int}}]=\int_\Omega\left[\frac{\partial N_I}{\partial x_j}\right][\sigma_{ji}]\mathrm{d}\Omega=\int_\Omega[B_{jI}]^{\mathrm{T}}[\sigma_{ji}]\mathrm{d}\Omega,即$$

$$(\boldsymbol{f}_I^{\mathrm{int}})^{\mathrm{T}}=\int_\Omega \boldsymbol{B}_I^{\mathrm{T}}\boldsymbol{\sigma}\mathrm{d}\Omega \tag{4.5.7}$$

如在二维问题中,有

$$[f_{xI},f_{yI}]^{\mathrm{int}}=\int_\Omega[N_{I,x}\quad N_{I,y}]\begin{bmatrix}\sigma_{xx} & \sigma_{xy}\\ \sigma_{yx} & \sigma_{yy}\end{bmatrix}\mathrm{d}\Omega \tag{4.5.8}$$

还有许多将指标表示转换为矩阵形式的方法,但上述方法是比较方便的。通过在式(4.5.4)中定义 $\boldsymbol{B}$ 矩阵,可以得到节点内力完整矩阵的表达式:

$$(\boldsymbol{f}^{\mathrm{int}})^{\mathrm{T}}=\int_\Omega \boldsymbol{B}^{\mathrm{T}}\boldsymbol{\sigma}\mathrm{d}\Omega$$

4.5.2　福格特标记

基于福格特标记(附录 A)发展了另一种广泛应用于线性和非线性有限元程序的方法。对于在牛顿方法中计算切线刚度矩阵,应用福格特标记是很有用的,见第 6 章。在福格特标

记中，将应力和变形率表示为列向量的形式，因此在二维问题中有

$$\{\boldsymbol{D}\}^{\mathrm{T}}=[D_x \quad D_y \quad 2D_{xy}], \quad \{\boldsymbol{\sigma}\}^{\mathrm{T}}=[\sigma_x \quad \sigma_y \quad \sigma_{xy}] \tag{4.5.9}$$

定义 $\boldsymbol{B}_I$ 矩阵，使它将变形率与节点速度联系起来：

$$\{\boldsymbol{D}\}=\boldsymbol{B}_I\boldsymbol{v}_I, \quad \{\delta\boldsymbol{D}\}=\boldsymbol{B}_I\delta\boldsymbol{v}_I \tag{4.5.10}$$

上式对于重复的指标使用了求和约定。构造 $\boldsymbol{B}_I$ 矩阵的元素使其能够满足式(4.5.10)，这将在后文说明。注意到一个变量仅当需要区别于通常作为方阵的形式时，才用括号将其括起来。

在式(B4.2.5)中定义了内部虚功率，现在应用这种标记可以推导节点内力向量的表达式。由于$\{\boldsymbol{D}\}^{\mathrm{T}}\{\boldsymbol{\sigma}\}$给出了每单位体积的内部功率(构造列矩阵以满足这个定义)，所以

$$\delta p^{\mathrm{int}}=\delta\boldsymbol{v}_I^{\mathrm{T}}\boldsymbol{f}_I^{\mathrm{int}}=\int_{\Omega}\{\delta\boldsymbol{D}\}^{\mathrm{T}}\{\boldsymbol{\sigma}\}\,\mathrm{d}\Omega \tag{4.5.11}$$

将其代入式(4.5.10)，并考虑$\{\delta\boldsymbol{v}\}$的任意性，得到

$$\boldsymbol{f}_I^{\mathrm{int}}=\int_{\Omega}\boldsymbol{B}_I^{\mathrm{T}}\{\boldsymbol{\sigma}\}\,\mathrm{d}\Omega \tag{4.5.12}$$

上式给出了与式(4.5.7)等价的节点内力表达式，利用了速度梯度的对称部分，而式(4.5.7)则应用了完整的速度梯度。由于柯西应力是对称的，这两种表达式是等价的。

将一个单元或一个完整网格的位移、速度和节点力放在一个单一列矩阵中，有时是很方便的。节点位移、速度和力的列矩阵分别用 $\boldsymbol{d}$、$\dot{\boldsymbol{d}}$ 和 $\boldsymbol{f}$ 表示为

$$\boldsymbol{d}=\begin{Bmatrix}u_1\\u_2\\\vdots\\u_m\end{Bmatrix}, \quad \dot{\boldsymbol{d}}=\begin{Bmatrix}v_1\\v_2\\\vdots\\v_m\end{Bmatrix}, \quad \boldsymbol{f}=\begin{Bmatrix}f_1\\f_2\\\vdots\\f_m\end{Bmatrix} \tag{4.5.13}$$

式中，m 为节点数目。两个矩阵之间的对应关系为

$$\boldsymbol{d}_a=u_{iI} \tag{4.5.14}$$

式中，$a=(I-1)n_{\mathrm{SD}}+i$。需要注意的是，所有节点位移和速度的列矩阵均用 $\boldsymbol{d}$ 表示，以区别在连续介质力学的描述中，以符号 $\boldsymbol{u}$ 和$\boldsymbol{v}$ 分别代表的位移和速度矢量场。

用这种标记，式(4.5.10)的对应形式为

$$\{\boldsymbol{D}\}=\boldsymbol{B}\dot{\boldsymbol{d}} \tag{4.5.15}$$

式中，$\boldsymbol{B}=[B_1,B_2,\cdots,B_m]$，围绕 $\boldsymbol{D}$ 的大括号表示这个张量为列矩阵形式。$\boldsymbol{B}$ 的前后并没有加上括号，因为它总是矩形矩阵。节点力由式(4.5.12)得到：

$$\{\boldsymbol{f}\}^{\mathrm{int}}=\int_{\Omega}\boldsymbol{B}^{\mathrm{T}}\{\boldsymbol{\sigma}\}\,\mathrm{d}\Omega \tag{4.5.16}$$

式中，节点力的括号通常会省略，因为公式中只要有一项采用福格特标记，就表明整个公式采用了该标记。采用福格特形式重写式(4.5.6)得到

$$f_{rI}^{\mathrm{int}}=\int_{\Omega}\frac{\partial N_I}{\partial x_j}\delta_{ri}\sigma_{ji}\,\mathrm{d}\Omega \tag{4.5.17}$$

可以通过下式定义矩阵 $\boldsymbol{B}$：

$$B_{ijIr}=\frac{\partial N_I}{\partial x_j}\delta_{ri} \tag{4.5.18}$$

根据运动学福格特规则将指标 i、j 换为 b，并根据矩阵列向量规则将指标 I、r 换为 a，得到

$$f_a^{\mathrm{int}}=\int_{\Omega}B_{ba}\sigma_b\,\mathrm{d}\Omega \quad 或 \quad \boldsymbol{f}^{\mathrm{int}}=\int_{\Omega}\boldsymbol{B}^{\mathrm{T}}\{\boldsymbol{\sigma}\}\,\mathrm{d}\Omega \tag{4.5.19}$$

这种标记方式对于编制有限元程序是非常方便的。关于将指标标记转换到福格特标记的详细内容请参考附录 A。

4.5.3 数值积分

在有限元中，关于节点力、质量矩阵和其他单元矩阵的积分不是由解析计算得出的，而是应用数值解答的，这种方法常称为数值积分。最广泛应用的数值积分程序是高斯积分公式(Dhatt 和 Touzot，1984，240 页；Hughes，1997，137 页)：

$$\int_{-1}^{1} f(\xi)\mathrm{d}\xi = \sum_{Q=1}^{n_Q} w_Q f(\xi_Q) \tag{4.5.20}$$

式中，n_Q 个积分点的权重 w_Q 和坐标 ξ_Q 有表可查。如果 $f(\xi)$ 是 $m \leqslant 2n_Q-1$ 次多项式，则式(4.5.20)的积分为 $f(\xi)$ 的精确解。指定式(4.5.20)在母单元域进行积分，其积分区间为 $[-1,1]$。对于一维积分的高斯点位置和权重由表 4-5 给出。对于四边形和六面体单元，这个表可以与后文描述的多维积分公式联合应用。

表 4-5　高斯积分点和权重

n_Q	ξ_i	w_i	$p^* = 2n_Q - 1$
1	0	2	1
2	$\pm 1/\sqrt{3}$	1	3
3	0	8/9	
	$\pm\sqrt{3/5}$	5/9	5
4	$\pm\sqrt{\dfrac{3-2\sqrt{6/5}}{7}}$	$\dfrac{1}{2}+\dfrac{1}{6\sqrt{6/5}}$	
	$\pm\sqrt{\dfrac{3+2\sqrt{6/5}}{7}}$	$\dfrac{1}{2}-\dfrac{1}{6\sqrt{6/5}}$	7

注：p 是多项式的次数，它通过积分方法精确地产生。

为了积分一个二维单元，在第二个方向上重复这个过程，得到

$$\int_{\square} f(\xi,\eta)\mathrm{d}\square = \int_{-1}^{1}\int_{-1}^{1} f(\xi,\eta)\mathrm{d}\xi\mathrm{d}\eta = \sum_{Q_1=1}^{n_{Q_1}}\sum_{Q_2=1}^{n_{Q_2}} w_{Q_1} w_{Q_2} f(\xi_{Q_1},\eta_{Q_2}) \tag{4.5.21}$$

在三维中，类似的高斯积分公式是

$$\begin{aligned}\int_{\square} f(\xi,\eta,\zeta)\mathrm{d}\square &= \int_{-1}^{1}\int_{-1}^{1}\int_{-1}^{1} f(\xi,\eta,\zeta)\mathrm{d}\xi\mathrm{d}\eta\mathrm{d}\zeta \\ &= \sum_{Q_1=1}^{n_{Q_1}}\sum_{Q_2=1}^{n_{Q_2}}\sum_{Q_3=1}^{n_{Q_3}} w_{Q_1} w_{Q_2} w_{Q_3} f(\xi_{Q_1},\eta_{Q_2},\zeta_{Q_3})\end{aligned} \tag{4.5.22}$$

例如，一个单位正方形的母单元的节点力为

$$\begin{aligned}\boldsymbol{f}^{\mathrm{int}} &= \int_{\square} \boldsymbol{B}^{\mathrm{T}}\{\boldsymbol{\sigma}\} J_{\xi}\mathrm{d}\square = \int_{-1}^{1}\int_{-1}^{1} \boldsymbol{B}^{\mathrm{T}}\{\boldsymbol{\sigma}\} J_{\xi}\mathrm{d}\xi\mathrm{d}\eta \\ &= \sum_{Q_1=1}^{n_{Q_1}}\sum_{Q_2=1}^{n_{Q_2}} w_{Q_1} w_{Q_2} \boldsymbol{B}^{\mathrm{T}}(\xi_{Q_1},\eta_{Q_2})\{\boldsymbol{\sigma}(\xi_{Q_1},\eta_{Q_2})\} J_{\xi}(\xi_{Q_1},\eta_{Q_2})\end{aligned} \tag{4.5.23}$$

为了简化多维积分中的标记，经常将多个权重合并为单一权重：

$$\int_{\square} f(\boldsymbol{\xi})\,\mathrm{d}\square = \sum_{Q} \bar{w}_Q f(\boldsymbol{\xi}_Q) \tag{4.5.24}$$

这里 $\bar{w}_Q$ 是关于一维积分权重 w_Q 的乘积。

在非线性分析中，采用的积分点数规则一般与在线性分析中的相同。对于一个规则单元，积分点数目的选择依据是能恰好积分节点内力。一个单元的规则形式是指仅通过母单元的拉伸而不是剪切能得到的形式，如矩形二维等参单元。对于一个4节点四边形单元，选择节点内力的积分点数目的方法如下：由于速度是双线性的，单元中的变形率和 $\boldsymbol{B}$ 矩阵是线性的。如果应力与变形率线性相关，那么它将在单元内线性变化。节点内力的被积函数是近似为二次的，因为它是矩阵 $\boldsymbol{B}$ 和应力的乘积。在高斯积分中，对于一个二次函数的精确求解在每一个方向上需要两个积分点，所以对于线性材料，需要 2×2 个点的积分得到节点内力的精确解。对于线性本构方程的积分，能够得到节点内力精确解的积分公式，称为完全积分。

对于多项式或近似为多项式的平滑函数，高斯积分的功能是非常强大的。在线性有限元分析中，包括矩形单元的多项式和等参单元的近似多项式，其在刚度矩阵表达式中的被积函数是平滑的。在非线性分析中，被积函数并不总是平滑的。例如，对于弹塑性材料，在弹塑性的分界面上，应力的导数可能会不连续。因此，对含有弹塑性界面的单元的高斯积分，很可能出现较大误差。但是，并不推荐使用高阶积分以回避这些误差，因为它常常导致单元的刚性行为或自锁。

4.5.4 选择性减缩积分

对于完全不可压缩或接近不可压缩的材料，节点内力的完全积分可能引起单元的体积自锁，即出现很小的位移就可能导致单元收敛得非常慢甚至不收敛。克服这个问题最容易的方法是使用选择性减缩积分。

在选择性减缩积分中，压力为不完全积分，而应力矩阵的其余部分为完全积分。将应力张量分解为静水部分和偏斜部分：

$$\sigma_{ij} = \sigma_{ij}^{\mathrm{dev}} + \sigma^{\mathrm{hyd}}\delta_{ij} \tag{4.5.25}$$

其中

$$\sigma^{\mathrm{hyd}} = \frac{1}{3}\sigma_{kk} = -p, \quad \sigma_{ij}^{\mathrm{dev}} = \sigma_{ij} - \sigma^{\mathrm{hyd}}\delta_{ij} \tag{4.5.26}$$

式中，p 是压力。变形率同样分解为膨胀（体积）和偏斜部分，定义为

$$D_{ij}^{\mathrm{vol}} = \frac{1}{3}D_{kk}\delta_{ij}, \quad D_{ij}^{\mathrm{dev}} = D_{ij} - \frac{1}{3}D_{kk}\delta_{ij} \tag{4.5.27}$$

膨胀部分和偏斜部分是彼此正交的，因此在式(4.3.21)中定义的内部虚功率成为

$$\delta p^{\mathrm{int}} = \int_{\Omega} \delta D_{ij}\sigma_{ij}\,\mathrm{d}\Omega = -\int_{\Omega} \delta D_{ii}\,p\,\mathrm{d}\Omega + \int_{\Omega} \delta D_{ij}^{\mathrm{dev}}\sigma_{ij}^{\mathrm{dev}}\,\mathrm{d}\Omega \tag{4.5.28}$$

通过式(4.4.8)和式(4.5.27)，在将变形率表示为形函数的形式后，膨胀和偏斜部分的被积函数分别为

$$\delta D_{ii}\,p = \delta v_{iI} N_{I,i}\,p \tag{4.5.29}$$

和

$$\delta D_{ij}^{\mathrm{dev}}\sigma_{ji}^{\mathrm{dev}}=\frac{1}{2}(N_{I,j}\delta v_{iI}+N_{I,i}\delta v_{jI})\sigma_{ji}^{\mathrm{dev}} \tag{4.5.30}$$

利用 $\sigma_{ij}^{\mathrm{dev}}$ 的对称性，偏斜部分的被积函数简化为

$$\delta D_{ij}^{\mathrm{dev}}\sigma_{ji}^{\mathrm{dev}}=\delta v_{iI}N_{I,j}\sigma_{ji}^{\mathrm{dev}} \tag{4.5.31}$$

在 δp^{int} 中，选择性减缩积分被包含于膨胀功率上的不完全积分和在偏斜功率上的完全积分。如图 4-2 所示，对于 4 节点四边形单元的选择性减缩积分为

$$\delta p^{\mathrm{int}}=\delta v_{iI}\Big(-J_{\xi}(0)N_{I,i}(0)p(0)+\sum_{Q=1}^{4}\bar{w}_{Q}J(\xi_{Q})N_{I,j}(\xi_{Q})\sigma_{ji}^{\mathrm{dev}}(\xi_{Q})\Big) \tag{4.5.32}$$

因此，关于节点内力的选择减缩积分表达式为

$$(f_{iI}^{\mathrm{int}})^{\mathrm{T}}=f_{Ii}^{\mathrm{int}}=-J_{\xi}(0)N_{I,i}(0)p(0)+\sum_{Q=1}^{4}\bar{w}_{Q}J_{\xi}(\xi_{Q})N_{I,j}(\xi_{Q})\sigma_{ji}^{\mathrm{dev}}(\xi_{Q}) \tag{4.5.33}$$

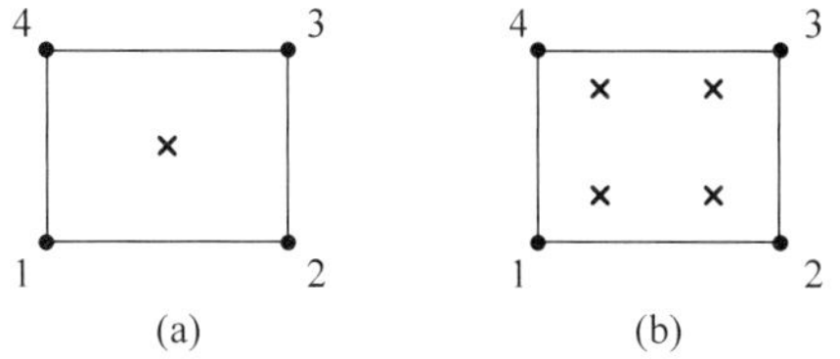

图 4-2　4 节点四边形单元的选择性减缩积分

(a) 在膨胀功率上的不完全积分；(b) 在偏斜功率上的完全积分

如前文指出，式(4.5.33)中关于减缩积分的单一积分点是母单元的质心，偏斜部分是通过完全积分方式计算的。这种方法类似于应用于不可压缩材料线性分析的算法。关于其他单元的选择性减缩积分算法，可以采取与线性有限元类似的修正方法建立(Hughes，1997)。

需要说明的是，针对剪切自锁问题，类似于不可压缩材料线性分析的减缩积分算法，取 C^0 形函数 4 节点平面单元，对剪切项采用 1 个积分点(避免剪切自锁)，对弯曲项采用 4 个积分点(完全积分)，如图 4-2 所示，这也是一种选择性减缩积分方法。

4.5.5　单元旋转

在结构单元中，如杆、梁、板和壳，处理固定坐标系是很棘手的。考虑图 4-3 中的二维旋转杆件，最初唯一的非零应力是 σ_x，而 σ_y 等于零。当杆件旋转时，难以采用应力张量整体分量的形式表示单轴应力状态。解决这种问题的一般途径是在杆中嵌入一个随杆旋转的局部坐标系，将单元的运动分解为刚体转动和纯变形。单元从初始构形到变形后构形的运动分解为两步(极分解)，首先单元发生刚体转动和平动，其次是在局部坐标系内的变形。这种局部坐标系称为旋转坐标系，用上标 ^ 表示分量形式。如在坐标系 $\hat{\boldsymbol{x}}=[\hat{x},\hat{y}]$ 中，$\hat{x}$ 始终连接着节点 1 和节点 2(图 4-3)。在单轴应力状态下，$\hat{\sigma}_y=\hat{\sigma}_{xy}=0$，$\hat{\sigma}_x$ 非零，杆的变形率用分量 $\hat{D}_x$ 表示。

在有限元格式中，有两种途径描述旋转：

(1) 在每一个积分点上嵌入一个随材料旋转的坐标系；

(2) 在一个单元中嵌入一个随单元旋转的坐标系。

途径(1)对于任意大的应变和旋转都有效。在旋转格式中考虑的关键问题在于材料旋

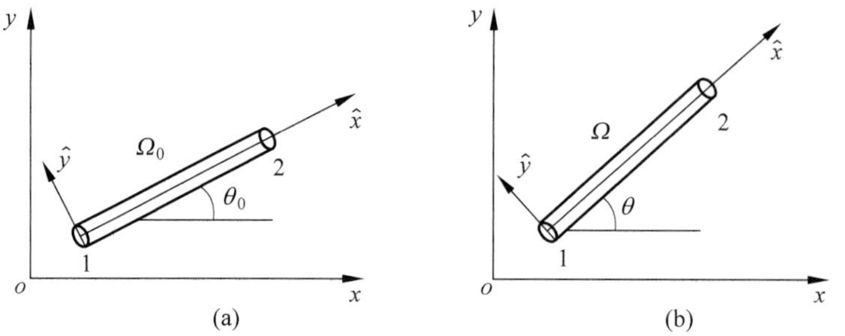

图 4-3 2 节点杆单元的初始构形和当前构形的旋转坐标

(a) 初始构形；(b) 当前构形

转的定义。在大多数情况下，应用极分解原理定义旋转。然而，当材料的指定方向刚度较大并需要准确地表现出来时，在笛卡儿坐标系下，由极分解提供的旋转未必能够提供最好的旋转，这将在第 9 章描述复合材料层合梁的叠层转动时讨论。

途径(2)是对于一些单元，如杆或常应变三角形单元，整个单元的刚体转动是相同的，在单元中嵌入单一坐标系就足够了。对于高阶单元，如果应变比较小，则不需要坐标系准确地随材料旋转，如可以定义旋转坐标系，使它与单元的一条边重合。如果与嵌入坐标系相关的旋转为 θ 阶，则在应变中误差具有 θ^2 阶。这样，只要 θ^2 与应变相比是小量，这个嵌入坐标系就是合适的，可以应用在小应变、大转动的问题中，如直升机旋翼、船上升降器和钓鱼竿等，其弯曲大变形的效果主要来自于大转动(Wempner，1969；Belytschko 和 Hsieh，1973)。

单元长度应合理选择，单元在局部坐标系内的变形相对较小，单元变形可以用非线性低阶表达式。这种方法的优点在于：当在局部坐标系内使用线性应变定义时，将导致几何非线性和材料非线性的分离求解，即材料非线性引起的塑性变形发生在局部坐标系；几何非线性出现在未变形单元的刚体转动和平动过程中。这样局部内力矢量和刚度矩阵的表达式会非常简单。

旋转坐标系矢量的分量与整体分量之间的关系为

$$\hat{v}_i = R_{ji} v_j \quad 或 \quad \hat{\boldsymbol{v}} = \boldsymbol{R}^{\mathrm{T}} \cdot \boldsymbol{v}, \quad \boldsymbol{v} = \boldsymbol{R} \cdot \hat{\boldsymbol{v}} \tag{4.5.34}$$

式中，$\boldsymbol{R}$ 是由式(2.2.17)、式(2.2.18)定义的正交转换矩阵，上标 ^ 表示旋转分量。

对于速度场，有限元近似的旋转分量可以写为

$$\hat{v}_i(\boldsymbol{\xi}, t) = N_I(\boldsymbol{\xi}) \hat{v}_{iI}(t) \tag{4.5.35}$$

这个表达式与式(4.4.40)是一致的，不同之处在于它涉及的是旋转分量。在式(4.4.40)的两边同时乘以 $\boldsymbol{R}^{\mathrm{T}}$ 可以得到式(4.5.35)。

速度梯度张量的旋转分量为

$$\hat{L}_{ij} = \frac{\partial \hat{v}_i}{\partial \hat{x}_j} = \frac{\partial N_I(\boldsymbol{\xi})}{\partial \hat{x}_j} \hat{v}_{iI}(t) = \hat{B}_{jI} \hat{v}_{iI} \quad 或 \quad \hat{\boldsymbol{L}} = \hat{\boldsymbol{v}}_I \cdot \frac{\partial \boldsymbol{N}_I}{\partial \hat{\boldsymbol{x}}} = \hat{\boldsymbol{v}}_I \cdot \boldsymbol{N}_{I,x}^{\mathrm{T}} = \hat{\boldsymbol{v}}_I \cdot \hat{\boldsymbol{B}}_I^{\mathrm{T}} \tag{4.5.36}$$

其中，

$$\hat{B}_{jI} = \frac{\partial N_I}{\partial \hat{x}_j} \tag{4.5.37}$$

旋转变形率张量为

$$\hat{D}_{ij}=\frac{1}{2}(\hat{L}_{ij}+\hat{L}_{ji})=\frac{1}{2}\left(\frac{\partial \hat{v}_i}{\partial \hat{x}_j}+\frac{\partial \hat{v}_j}{\partial \hat{x}_i}\right) \tag{4.5.38}$$

在有限元求解中,在整体坐标系下计算节点外力和质量矩阵,在单元坐标系下采用旋转公式计算节点内力。半离散运动方程以整体分量的形式进行求解。

下面以旋转分量的形式建立 $\hat{\boldsymbol{f}}_I^{\text{int}}$ 的表达式。从节点内力的标准表达式(4.5.6)可知,

$$f_{iI}^{\text{int}}=\int_\Omega \frac{\partial N_I}{\partial x_j}\sigma_{ji}\,\mathrm{d}\Omega \quad 或 \quad (\boldsymbol{f}_I^{\text{int}})^{\mathrm{T}}=\int_\Omega \boldsymbol{N}_{I,x}^{\mathrm{T}}\boldsymbol{\sigma}\,\mathrm{d}\Omega \tag{4.5.39}$$

根据链式法则和式(2.2.30),得到

$$\frac{\partial N_I}{\partial x_j}=\frac{\partial N_I}{\partial \hat{x}_k}\frac{\partial \hat{x}_k}{\partial x_j}=\frac{\partial N_I}{\partial \hat{x}_k}R_{jk} \quad 或 \quad \boldsymbol{N}_{I,x}=\boldsymbol{R}\boldsymbol{N}_{I,\hat{x}} \tag{4.5.40}$$

从柯西应力转换为旋转应力的公式,如表 2-1 所示,将式(4.5.40)代入式(4.5.39),得到

$$(\boldsymbol{f}_I^{\text{int}})^{\mathrm{T}}=\int_\Omega \boldsymbol{N}_{I,\hat{x}}^{\mathrm{T}}\boldsymbol{R}^{\mathrm{T}}\boldsymbol{R}\hat{\boldsymbol{\sigma}}\boldsymbol{R}^{\mathrm{T}}\,\mathrm{d}\Omega \tag{4.5.41}$$

并应用矩阵 $\boldsymbol{R}$ 的正交性,有

$$(\boldsymbol{f}_I^{\text{int}})^{\mathrm{T}}=\int_\Omega \boldsymbol{N}_{I,\hat{x}}^{\mathrm{T}}\hat{\boldsymbol{\sigma}}\boldsymbol{R}^{\mathrm{T}}\,\mathrm{d}\Omega \quad 或 \quad [\boldsymbol{f}_{iI}^{\text{int}}]^{\mathrm{T}}=[\boldsymbol{f}_{Ii}^{\text{int}}]=\int_\Omega \frac{\partial N_I}{\partial \hat{x}_j}\hat{\sigma}_{jk}R_{ki}^{\mathrm{T}}\,\mathrm{d}\Omega \tag{4.5.42}$$

将上式与节点内力的标准表达式(4.5.39)相比,可以看出它们是相似的,但上式是在旋转坐标系下表示的应力且出现了旋转矩阵 $\boldsymbol{R}$。右侧的表达式更换了 $\boldsymbol{f}^{\text{int}}$ 的指标,这样它就可以转化为矩阵形式。

如果使用由式(4.5.37)定义的矩阵 $\hat{\boldsymbol{B}}$,则可以写出

$$(\boldsymbol{f}_I^{\text{int}})^{\mathrm{T}}=\int_\Omega \hat{\boldsymbol{B}}_I^{\mathrm{T}}\hat{\boldsymbol{\sigma}}\boldsymbol{R}^{\mathrm{T}}\,\mathrm{d}\Omega, \quad \boldsymbol{f}_{\text{int}}^{\mathrm{T}}=\int_\Omega \hat{\boldsymbol{B}}^{\mathrm{T}}\hat{\boldsymbol{\sigma}}\boldsymbol{R}^{\mathrm{T}}\,\mathrm{d}\Omega \tag{4.5.43}$$

应用福格特标记,从式(4.5.43)的 $\hat{\boldsymbol{B}}_I$ 中得到下式的 $\hat{\boldsymbol{B}}_I$,建立节点内力的对应关系:

$$\boldsymbol{f}_I^{\text{int}}=\int_\Omega \boldsymbol{R}^{\mathrm{T}}\hat{\boldsymbol{B}}_I^{\mathrm{T}}\{\hat{s}\}\,\mathrm{d}\Omega, \quad \{\hat{\boldsymbol{D}}\}=\hat{\boldsymbol{B}}_I\hat{\boldsymbol{v}}_I \tag{4.5.44}$$

旋转柯西应力率是客观的(框架不变性),因此,由旋转柯西应力率和旋转变形率的关系可以直接表示本构方程:

$$\frac{\mathrm{D}\hat{\boldsymbol{\sigma}}}{\mathrm{D}t}=\boldsymbol{S}^{\hat{\sigma}\hat{D}}(\hat{\boldsymbol{D}},\hat{\boldsymbol{\sigma}},\ldots) \tag{4.5.45}$$

特别是对于次弹性材料,

$$\frac{\mathrm{D}\hat{\boldsymbol{\sigma}}}{\mathrm{D}t}=\hat{\boldsymbol{C}}:\hat{\boldsymbol{D}} \quad 或 \quad \frac{\mathrm{D}\hat{\sigma}_{ij}}{\mathrm{D}t}=\hat{C}_{ijkl}\hat{D}_{kl} \tag{4.5.46}$$

这里的弹性响应矩阵 $\hat{\boldsymbol{C}}$ 也可以表示为旋转分量的形式。上式对应于各向异性材料,不需要改变矩阵 $\hat{\boldsymbol{C}}$ 就能够反映转动。因为坐标系是随材料转动的,所以材料转动对 $\hat{\boldsymbol{C}}$ 没有影响。然而,如果矩阵 $\boldsymbol{C}$ 的分量是在固定坐标系中表达的,那么对于各向异性材料,当材料转动时,矩阵 $\boldsymbol{C}$ 将发生变化。

4.5.6 节点力和单元矩阵的转换

通常,单元节点力和单元矩阵可以表示为不同坐标系的形式,这些形式互相转换后,适

用于节点位移的不同集合。下面建立节点力和单元矩阵的转换。

考虑一个单元或一个单元集合，以旋转坐标系表示母单元的节点位移 $\hat{\boldsymbol{d}}$。下面推导用固体坐标系下的节点位移 $\boldsymbol{d}$ 表示节点力的过程，并把 $\boldsymbol{d}$ 与 $\hat{\boldsymbol{d}}$ 联系起来：

$$\frac{\mathrm{d}\hat{\boldsymbol{d}}}{\mathrm{d}t}=\boldsymbol{T}\frac{\mathrm{d}\boldsymbol{d}}{\mathrm{d}t},\quad \delta\hat{\boldsymbol{d}}=\boldsymbol{T}\delta\boldsymbol{d} \tag{4.5.47}$$

则节点力的转换关系为

$$\boldsymbol{f}=\boldsymbol{T}^{\mathrm{T}}\hat{\boldsymbol{f}} \tag{4.5.48}$$

这个转换成立是因为假设节点力和速度在功率上是共轭的，见 3.2.3 节。它的证明如下：给定功的一个增量，

$$\delta W=\delta\boldsymbol{d}^{\mathrm{T}}\boldsymbol{f}=\delta\hat{\boldsymbol{d}}^{\mathrm{T}}\hat{\boldsymbol{f}},\quad \forall\,\delta\boldsymbol{d} \tag{4.5.49}$$

由于功是一个标量且独立于坐标系或广义位移的选择，所以节点力和虚位移两个集合之中的任意一个必须给出功的增量。将式(4.5.47)代入(4.5.49)，得到

$$\delta\boldsymbol{d}^{\mathrm{T}}\boldsymbol{f}=\delta\boldsymbol{d}^{\mathrm{T}}\boldsymbol{T}^{\mathrm{T}}\hat{\boldsymbol{f}},\quad \forall\,\delta\boldsymbol{d} \tag{4.5.50}$$

由于式(4.5.50)对所有 $\delta\boldsymbol{d}$ 均成立，所以式(4.5.48)成立。

当矩阵 $\boldsymbol{T}$ 与时间无关时，质量矩阵在前述两种坐标系之间的转换关系可以表示为

$$\boldsymbol{M}=\boldsymbol{T}^{\mathrm{T}}\hat{\boldsymbol{M}}\boldsymbol{T} \tag{4.5.51}$$

证明如下：由式(4.5.48)可得

$$\boldsymbol{f}^{\mathrm{kin}}=\boldsymbol{T}^{\mathrm{T}}\hat{\boldsymbol{f}}^{\mathrm{kin}} \tag{4.5.52}$$

并应用式(4.4.20)，有

$$\boldsymbol{M}\dot{\boldsymbol{v}}=\boldsymbol{T}^{\mathrm{T}}\hat{\boldsymbol{M}}\dot{\hat{\boldsymbol{v}}} \tag{4.5.53}$$

如果矩阵 $\boldsymbol{T}$ 与时间无关，由式(4.5.47)有 $\dot{\hat{\boldsymbol{v}}}=\boldsymbol{T}\dot{\boldsymbol{v}}$，将其代入上式，由于其对任意的节点加速度均成立，可以得到式(4.5.51)。如果矩阵 $\boldsymbol{T}$ 是时间相关的，则 $\dot{\hat{\boldsymbol{v}}}=\boldsymbol{T}\dot{\boldsymbol{v}}+\dot{\boldsymbol{T}}\boldsymbol{v}$，所以有

$$\boldsymbol{f}^{\mathrm{kin}}=\boldsymbol{T}^{\mathrm{T}}\hat{\boldsymbol{M}}\boldsymbol{T}\ddot{\boldsymbol{d}}+\boldsymbol{T}^{\mathrm{T}}\hat{\boldsymbol{M}}\dot{\boldsymbol{T}}\dot{\boldsymbol{d}} \tag{4.5.54}$$

类似于式(4.5.51)，对于线性刚度矩阵和切线刚度矩阵的转换关系也有类似表达式(切线刚度将在第 6 章讨论)：

$$\boldsymbol{K}=\boldsymbol{T}^{\mathrm{T}}\hat{\boldsymbol{K}}\boldsymbol{T},\quad \boldsymbol{K}^{\tan}=\boldsymbol{T}^{\mathrm{T}}\hat{\boldsymbol{K}}^{\tan}\boldsymbol{T} \tag{4.5.55}$$

这些转换使我们能够在其他坐标系下计算单元矩阵，以此简化推导过程，如例 4.7。这些转换对于处理从属节点也是很有用的，见 4.9 节的第 7 题。

4.6 典型单元例题

本节列举了一些典型单元而非结构的计算例题，目的是建立单元节点力的表达式，节点力代表了动量方程的离散，是编写结构程序的核心。

4.6.1 一维 2 节点线性单元

【例 4.1】 该单元与例 3.1 中的一维 2 节点线性单元相同，区别在于例 3.1 采用了完

全的拉格朗日格式。如图 3-2 所示，假设每个单元的 A_0 和 ρ_0 为常数，计算单元的节点内力、节点外力和惯性节点力。

解：单元①的速度场为

$$v(X,t)=\frac{1}{\ell_0}[X_2-X \quad X-X_1]\begin{Bmatrix}v_1(t)\\v_2(t)\end{Bmatrix}=N(X)\begin{Bmatrix}v_1(t)\\v_2(t)\end{Bmatrix} \tag{E4.1.1}$$

以单元坐标的形式，则速度场为

$$v(\xi,t)=[1-\xi \quad \xi]\begin{Bmatrix}v_1(t)\\v_2(t)\end{Bmatrix}=N(\xi)\begin{Bmatrix}v_1(t)\\v_2(t)\end{Bmatrix},\quad \xi=\frac{X-X_1}{l_0} \tag{E4.1.2}$$

位移是速度的时间积分，ξ 与时间无关，则有

$$u(\xi,t)=\boldsymbol{N}(\xi)\boldsymbol{u}_e(t) \tag{E4.1.3}$$

由于 $x=X+u$，所以

$$x(\xi,t)=\boldsymbol{N}(\xi)\boldsymbol{x}_e(t)=[1-\xi \quad \xi]\begin{Bmatrix}x_1(t)\\x_2(t)\end{Bmatrix},\quad x_{,\xi}=x_2-x_1=\ell \tag{E4.1.4}$$

其中，l 是单元的当前长度。用欧拉坐标的形式表示 ξ：

$$\xi=\frac{x-x_1}{x_2-x_1}=\frac{x-x_1}{l},\quad \xi_{,x}=\frac{1}{l} \tag{E4.1.5}$$

所以，不用通过对 $x_{,\xi}$ 求逆便可直接得到 $\xi_{,x}$，这在高阶单元中将不适用。

由链式法则得到矩阵 $\boldsymbol{B}$：

$$\boldsymbol{B}=\boldsymbol{N}_{,x}=\boldsymbol{N}_{,\xi}\quad \xi_{,x}=\frac{1}{l}[-1 \quad +1] \tag{E4.1.6}$$

变形率为

$$D_x=\boldsymbol{B}\boldsymbol{v}^e=\frac{1}{l}(v_2-v_1) \tag{E4.1.7}$$

如果被积函数是常数，则式(B4.3.2)为

$$\boldsymbol{f}_e^{\text{int}}=\int_{x_1}^{x_2}\boldsymbol{B}^{\mathrm{T}}\sigma A\,\mathrm{d}x=\int_{x_1}^{x_2}\frac{1}{l}\begin{Bmatrix}-1\\+1\end{Bmatrix}\sigma A\,\mathrm{d}x \quad 或 \quad \boldsymbol{f}_e^{\text{int}}=A\sigma\begin{Bmatrix}-1\\+1\end{Bmatrix} \tag{E4.1.8}$$

这样，由应力 σ 得到单元的节点内力，注意节点内力处于平衡状态。

节点外力由式(B4.3.3)计算：

$$\boldsymbol{f}_e^{\text{ext}}=\int_{x_1}^{x_2}\begin{Bmatrix}1-\xi\\\xi\end{Bmatrix}\rho bA\,\mathrm{d}x+\left(\begin{Bmatrix}1-\xi\\\xi\end{Bmatrix}A\bar{t}_x\right)\Bigg|_{\Gamma_t} \tag{E4.1.9}$$

只有单元节点位于力的边界处时，上式的最后一项才起作用。

对于线性位移单元，通常由线性插值来拟合体力 $b(x,t)$ 的数据（高阶插值超出 2 节点单元的求解需要）。所以，令 $b(\xi,t)=b_1(1-\xi)+b_2\xi$，并代入式(E4.1.9)，积分得到

$$\boldsymbol{f}_e^{\text{ext}}=\frac{\rho Al}{6}\begin{Bmatrix}2b_1+b_2\\b_1+2b_2\end{Bmatrix} \tag{E4.1.10}$$

与通过 TL 格式得到的节点内力比较，并用式(3.2.9)中使用的名义应力代替式(E4.1.8)中的 σ，可以看到式(E4.1.8)与式(E3.1.4)、式(E3.1.5)是等价的。

为了比较节点外力，将质量守恒 $\rho Al=\rho_0A_0l_0$ 代入式(E4.1.10)，得到式(E3.1.8)，即节点外力的 TL 格式。所以 TL 与 UL 两种格式是等价的。

4.6.2 一维3节点二次位移单元

【例4.2】 如图3-3所示，一维3节点二次单元的节点2可以置于两端节点之间的任意位置，证明如果要满足一一对应的条件，需要限制节点2的位置，同时检查网格畸变的影响。

解：以单元坐标 $\xi\in[-1,1]$ 的形式写出位移和速度场为

$$u(\xi,t)=\boldsymbol{N}(\xi)\boldsymbol{u}_e(t),\quad v(\xi,t)=\boldsymbol{N}(\xi)\boldsymbol{v}_e(t),\quad x(\xi,t)=\boldsymbol{N}(\xi)\boldsymbol{x}_e(t) \tag{E4.2.1}$$

其中，

$$\boldsymbol{N}(\xi)=\left[\frac{1}{2}(\xi^2-\xi)\quad 1-\xi^2\quad \frac{1}{2}(\xi^2+\xi)\right] \tag{E4.2.2}$$

$$\boldsymbol{u}_e^{\mathrm{T}}=[u_1,\quad u_2,\quad u_3],\quad \boldsymbol{v}_e^{\mathrm{T}}=[v_1,\quad v_2,\quad v_3],\quad \boldsymbol{x}_e^{\mathrm{T}}=[x_1,\quad x_2,\quad x_3] \tag{E4.2.3}$$

矩阵 $\boldsymbol{B}$ 为

$$\boldsymbol{B}=\boldsymbol{N}_{,x}=x_{,\xi}^{-1}\boldsymbol{N}_{,\xi}=\frac{1}{2x_{,\xi}}[2\xi-1\quad -4\xi\quad 2\xi+1] \tag{E4.2.4}$$

$$x_{,\xi}=\boldsymbol{N}_{,\xi}\boldsymbol{x}_e=\left(\xi-\frac{1}{2}\right)x_1-2\xi x_2+\left(\xi+\frac{1}{2}\right)x_3$$

其中，变形率为

$$D_x=\boldsymbol{N}_{,x}\boldsymbol{v}_e=\boldsymbol{B}\boldsymbol{v}_e=\frac{1}{2x_{,\xi}}[2\xi-1\quad -4\xi\quad 2\xi+1]\,\boldsymbol{v}_e \tag{E4.2.5}$$

如果 $x_{,\xi}$ 是常数，单元中的变形率是线性变化的，这是节点2位于其他两节点中间时的一种情况。然而，由于单元的畸变，当节点2偏离中间位置时，$x_{,\xi}$ 会成为 ξ 的线性函数，而变形率成为一个有理函数。若节点2从中间移开，则 $x_{,\xi}$ 有可能为负数或0。在这种情况下，当前的空间坐标和单元坐标的映射将不再一一对应。

节点内力由式(B4.3.2)给出：

$$\boldsymbol{f}_e^{\mathrm{int}}=\int_{x_1}^{x_3}\boldsymbol{B}^{\mathrm{T}}\sigma A\,\mathrm{d}x=\int_{-1}^{+1}\frac{1}{x_{,\xi}}\begin{Bmatrix}\xi-\dfrac{1}{2}\\ -2\xi\\ \xi+\dfrac{1}{2}\end{Bmatrix}\sigma A x_{,\xi}\,\mathrm{d}\xi=\int_{-1}^{+1}\sigma A\begin{Bmatrix}\xi-\dfrac{1}{2}\\ -2\xi\\ \xi+\dfrac{1}{2}\end{Bmatrix}\mathrm{d}\xi \tag{E4.2.6}$$

上式应用了 $\mathrm{d}x=x_{,\xi}\mathrm{d}\xi$。应用式(3.2.9)可以看出，这个表达式与TL格式的节点内力表达式(E3.2.5)是相同的。

现在检查网格畸变对3节点二次单元的影响。当 $x_2=\dfrac{x_3+3x_1}{4}$，即当单元节点2位于离节点1四分之一单元长度时，则在左端点的 $\xi=-1$ 处，有 $x_{,\xi}=\dfrac{(x_3-x_1)(\xi+1)}{2}=0$。由式(3.2.5)，在该一维单元中，雅克比行列式的值为

$$J=\frac{A}{A_0}x_{,X}=\frac{A}{A_0}x_{,\xi}X_{,\xi}^{-1} \tag{E4.2.7}$$

因此，雅克比行列式的值也等于零。由式(3.2.10)可知，雅克比行列式的值为零意味着该点处的当前密度为无穷大。若节点2移动至接近节点1，则在部分单元上雅克比行列式的

值为负数,意味着密度为负并违背了坐标的一一对应条件,这显然违背了质量守恒定律。雅克比行列式的值为负的单元的畸变是非常严重的,位于这些单元上的高斯积分点在数值积分中隐含很大误差。

不能满足一一对应条件也可能导致变形率 $D_x = \boldsymbol{B}\boldsymbol{v}_e$ 出现奇异。由式(E4.2.5)可知,当分母 $x_{,\xi}$ 为零或负数时,难以获得势能。当 $x_2=\dfrac{x_3+3x_1}{4}$ 时,在 $\xi=-1$ 处有 $x_{,\xi}=0$,在节点1处的变形率为无穷大,通过本构关系可以得到应力为无穷大。这种二次位移单元的性质已经被应用在断裂力学分析中,建立包含裂纹尖端奇异应力场单元,即四分之一点单元。但是在大位移分析中,这种行为会出现问题(Cook,1989,248~250页)。目前,应用有限元求解断裂力学的更好方法是单元节点力释放技术(庄茁 等,2004)和扩展有限元方法(庄茁 等,2012,2014)。

在一维单元中,网格畸变的影响没有在多维问题中严重。事实上,应用变形梯度 F 度量单元的变形可以减轻网格畸变的影响,见式(E3.2.3)。在3节点二次单元中,如果 X_2 的初始位置位于中点,那么变形梯度 F 不会产生奇异。

4.6.3　平面3节点三角形单元

【例4.3】 应用三角坐标(面积坐标或重心坐标)建立平面3节点三角形单元的节点力矩阵,单元如图3-5所示。

解:这是具有线性位移场的3节点单元,单元厚度为 a。在母单元中,节点以逆时针方向编号。具有线性位移三角形的形函数是三角坐标,因此 $N_I=\xi_I$。将空间坐标表示为三角坐标 ξ_I 的形式:

$$\begin{Bmatrix} x \\ y \\ 1 \end{Bmatrix} = \begin{bmatrix} x_1 & x_2 & x_3 \\ y_1 & y_2 & y_3 \\ 1 & 1 & 1 \end{bmatrix} \begin{Bmatrix} \xi_1 \\ \xi_2 \\ \xi_3 \end{Bmatrix} \tag{E4.3.1}$$

这里附加一个条件,即三角形单元坐标之和等于1。式(E4.3.1)的逆矩阵为

$$\begin{Bmatrix} \xi_1 \\ \xi_2 \\ \xi_3 \end{Bmatrix} = \frac{1}{2A} \begin{bmatrix} y_{23} & x_{32} & x_2y_3-x_3y_2 \\ y_{31} & x_{13} & x_3y_1-x_1y_3 \\ y_{12} & x_{21} & x_1y_2-x_2y_1 \end{bmatrix} \begin{Bmatrix} x \\ y \\ 1 \end{Bmatrix} \tag{E4.3.2}$$

上式使用了标记:

$$x_{IJ}=x_I-x_J,\quad y_{IJ}=y_I-y_J \tag{E4.3.3}$$

及

$$2A=x_{32}y_{12}-x_{12}y_{32} \tag{E4.3.4}$$

式中,A 是单元当前面积。可以看出,在该3节点三角形单元中,如果母域到当前域的映射是线性的,可以直接对式(E4.3.1)求逆。但是,对于大多数单元,母域到当前域的映射是非线性的,因此对于大多数单元之间的映射是不能直接求逆的。

通过观察,可以直接从式(E4.3.2)确定形函数的导数:

$$[N_{I,j}]=[\xi_{I,j}]=\begin{bmatrix} \xi_{1,x} & \xi_{1,y} \\ \xi_{2,x} & \xi_{2,y} \\ \xi_{3,x} & \xi_{3,y} \end{bmatrix} = \frac{1}{2A}\begin{bmatrix} y_{23} & x_{32} \\ y_{31} & x_{13} \\ y_{12} & x_{21} \end{bmatrix} \tag{E4.3.5}$$

通过 $t=0$ 时的式(E4.3.1),可以得到母单元和初始构形之间的映射:

$$\begin{Bmatrix} X \\ Y \\ 1 \end{Bmatrix} = \begin{bmatrix} X_1 & X_2 & X_3 \\ Y_1 & Y_2 & Y_3 \\ 1 & 1 & 1 \end{bmatrix} \begin{Bmatrix} \xi_1 \\ \xi_2 \\ \xi_3 \end{Bmatrix} \tag{E4.3.6}$$

除这种初始坐标的形式之外,这个关系的逆与式(E4.3.2)是一致的。

$$\begin{Bmatrix} \xi_1 \\ \xi_2 \\ \xi_3 \end{Bmatrix} = \frac{1}{2A_0} \begin{bmatrix} Y_{23} & X_{32} & X_2Y_3 - X_3Y_2 \\ Y_{31} & X_{13} & X_3Y_1 - X_1Y_3 \\ Y_{12} & X_{21} & X_1Y_2 - X_2Y_1 \end{bmatrix} \begin{Bmatrix} X \\ Y \\ 1 \end{Bmatrix} \tag{E4.3.7}$$

$$2A_0 = X_{32}Y_{12} - X_{12}Y_{32} \tag{E4.3.8}$$

式中,A_0 是单元的初始面积。

学过线性有限元的读者应该很熟悉这部分内容。对于那些喜欢采用更简洁矩阵标记的读者,可以直接跳到这种形式。这里采用福格特标记,将位移场写为三角坐标的形式:

$$\begin{Bmatrix} u_x \\ u_y \end{Bmatrix} = \begin{bmatrix} \xi_1 & 0 & \xi_2 & 0 & \xi_3 & 0 \\ 0 & \xi_1 & 0 & \xi_2 & 0 & \xi_3 \end{bmatrix} \boldsymbol{d} = \boldsymbol{N}\boldsymbol{d} \tag{E4.3.9}$$

这里 $\boldsymbol{d}$ 是节点位移的列矩阵,表示为

$$\boldsymbol{d}^{\mathrm{T}} = [u_{x1} \quad u_{y1} \quad u_{x2} \quad u_{y2} \quad u_{x3} \quad u_{y3}] \tag{E4.3.10}$$

通过取位移的材料时间导数得到速度为

$$\begin{Bmatrix} v_x \\ v_y \end{Bmatrix} = \begin{bmatrix} \xi_1 & 0 & \xi_2 & 0 & \xi_3 & 0 \\ 0 & \xi_1 & 0 & \xi_2 & 0 & \xi_3 \end{bmatrix} \dot{\boldsymbol{d}} \tag{E4.3.11}$$

$$\dot{\boldsymbol{d}}^{\mathrm{T}} = [v_{x1} \quad v_{y1} \quad v_{x2} \quad v_{y2} \quad v_{x3} \quad v_{y3}] \tag{E4.3.12}$$

节点力和速度分量表示在图 4.4 中。

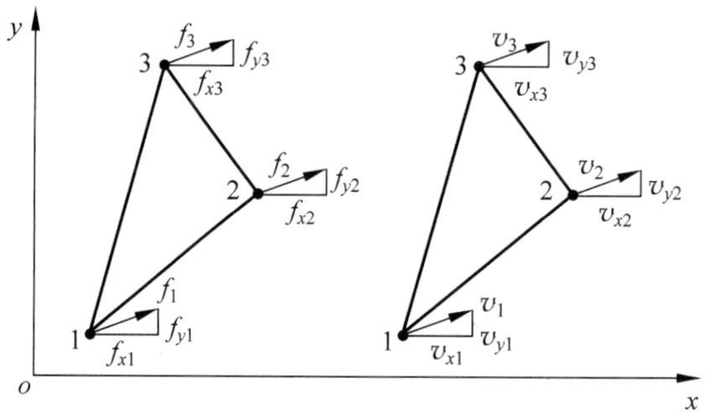

图 4-4 三角形单元的节点力和速度分量

采用福格特标记的变形率和应力列矩阵为

$$\{\boldsymbol{D}\} = \begin{Bmatrix} D_{xx} \\ D_{yy} \\ 2D_{xy} \end{Bmatrix}, \quad \{\boldsymbol{\sigma}\} = \begin{Bmatrix} \sigma_{xx} \\ \sigma_{yy} \\ \sigma_{xy} \end{Bmatrix} \tag{E4.3.13}$$

式中,在采用福格特标记的剪应变速度前需要乘以系数 2(附录 A)。在平面应力或平面应变中,节点内力仅需要平面内的应力(在平面应变塑性问题的本构更新中,需要 σ_{zz})。由于在平面应力中 $\sigma_{zz}=0$,$D_{zz}\neq 0$,而在平面应变中 $D_{zz}=0$,$\sigma_{zz}\neq 0$,所以在任何一种情况下,

$D_{zz}\sigma_{zz}$ 对功率都没有贡献。在平面应力和平面应变中，横向剪切应力 σ_{xz} 和 σ_{yz}，以及与之对应的变形率分量 D_{xz} 和 D_{yz} 均等于零。

通过变形率的定义式(2.3.10)和速度的近似，有

$$\begin{aligned}D_{xx}&=\frac{\partial v_x}{\partial x}=\frac{\partial N_I}{\partial x}v_{xI},\\ D_{yy}&=\frac{\partial v_y}{\partial y}=\frac{\partial N_I}{\partial y}v_{yI},\\ 2D_{xy}&=\frac{\partial v_x}{\partial y}+\frac{\partial v_y}{\partial x}=\frac{\partial N_I}{\partial y}v_{xI}+\frac{\partial N_I}{\partial x}v_{yI}\end{aligned}\tag{E4.3.14}$$

采用福格特标记构造矩阵 $\boldsymbol{B}$，通过 $\{\boldsymbol{D}\}=\boldsymbol{B}\dot{\boldsymbol{d}}$ 将变形率与节点速度联系起来，因此应用式(E4.3.14)和三角坐标的导数式(E4.3.5)，给出

$$\boldsymbol{B}_I=\begin{bmatrix}N_{I,x}&0\\0&N_{I,y}\\N_{I,y}&N_{I,x}\end{bmatrix},\quad [\boldsymbol{B}]=[\boldsymbol{B}_1\quad\boldsymbol{B}_2\quad\boldsymbol{B}_3]=\frac{1}{2A}\begin{bmatrix}y_{23}&0&y_{31}&0&y_{12}&0\\0&x_{32}&0&x_{13}&0&x_{21}\\x_{32}&y_{23}&x_{13}&y_{31}&x_{21}&y_{12}\end{bmatrix}\tag{E4.3.15}$$

通过式(4.5.12)，节点内力为

$$\begin{Bmatrix}f_{x1}\\f_{y1}\\f_{x2}\\f_{y2}\\f_{x3}\\f_{y3}\end{Bmatrix}=\int_\Omega\boldsymbol{B}^{\mathrm{T}}\{\boldsymbol{\sigma}\}\,\mathrm{d}\Omega=\int_\Omega\frac{a}{2A}\begin{bmatrix}y_{23}&0&x_{32}\\0&x_{32}&y_{23}\\y_{31}&0&x_{13}\\0&x_{13}&y_{31}\\y_{12}&0&x_{21}\\0&x_{21}&y_{12}\end{bmatrix}\begin{Bmatrix}\sigma_{xx}\\\sigma_{yy}\\\sigma_{xy}\end{Bmatrix}\mathrm{d}A\tag{E4.3.16}$$

式中，$\mathrm{d}\Omega=a\,\mathrm{d}A$，$a$ 是厚度。如果假设在单元中的应力和厚度为常数，就可以得到

$$\begin{Bmatrix}f_{x1}\\f_{y1}\\f_{x2}\\f_{y2}\\f_{x3}\\f_{y3}\end{Bmatrix}^{\mathrm{int}}=\frac{a}{2}\begin{bmatrix}y_{23}&0&x_{32}\\0&x_{32}&y_{23}\\y_{31}&0&x_{13}\\0&x_{13}&y_{31}\\y_{12}&0&x_{21}\\0&x_{21}&y_{12}\end{bmatrix}\begin{Bmatrix}\sigma_{xx}\\\sigma_{yy}\\\sigma_{xy}\end{Bmatrix}\tag{E4.3.17}$$

在3节点三角形单元中，应力有时不是常数，例如，当所包含的热应力为一个线性温度场时，应力是线性的。在这种情况下，当厚度在单元中变化时，经常采用一点积分，它等价于式(E4.3.17)，即在单元的质心处，对应力和厚度赋值。

下面将矩阵形式与指标形式直接进行转换，以建立单元的表达式，使得方程式更加简洁，但在线性有限元分析中通常不会采用这种形式。

根据式(4.4.7)的矩阵形式，通过速度梯度求解变形率：

$$\boldsymbol{L}=[L_{ij}]=[v_{iI}]\,[N_{I,j}]=\begin{bmatrix}v_{x1}&v_{x2}&v_{x3}\\v_{y1}&v_{y2}&v_{y3}\end{bmatrix}=\frac{1}{2A}\begin{bmatrix}y_{23}&x_{32}\\y_{31}&x_{13}\\y_{12}&x_{21}\end{bmatrix}$$

$$
=\frac{1}{2A}\begin{bmatrix} y_{23}v_{x1}+y_{31}v_{x2}+y_{12}v_{x3} & x_{32}v_{x1}+x_{13}v_{x2}+x_{21}v_{x3} \\ y_{23}v_{y1}+y_{31}v_{y2}+y_{12}v_{y3} & x_{32}v_{y1}+x_{13}v_{y2}+x_{21}v_{y3} \end{bmatrix} \tag{E4.3.18}
$$

通过式(2.3.10),可以从速度梯度的对称部分得到变形率:

$$
\boldsymbol{D}=\frac{1}{2}(\boldsymbol{L}+\boldsymbol{L}^{\mathrm{T}}) \tag{E4.3.19}
$$

从式(E4.3.18)和式(E4.3.19)可以看出,单元中的变形率是常数。

节点内力

通过式(4.5.16),得到节点内力:

$$
\boldsymbol{f}_{\text{int}}^{\mathrm{T}}=[f_{Ii}]^{\text{int}}=\begin{bmatrix} f_{1x} & f_{1y} \\ f_{2x} & f_{2y} \\ f_{3x} & f_{3y} \end{bmatrix}^{\text{int}}=\int_{\Omega}[N_{I,j}]\,[\sigma_{ji}]\,\mathrm{d}\Omega
$$

$$
=\int_{A}\frac{1}{2A}\begin{bmatrix} y_{23} & x_{32} \\ y_{31} & x_{13} \\ y_{12} & x_{21} \end{bmatrix}\begin{bmatrix} \sigma_{xx} & \sigma_{xy} \\ \sigma_{xy} & \sigma_{yy} \end{bmatrix} a\,\mathrm{d}A \tag{E4.3.20}
$$

式中,a 是厚度。如果应力和厚度在单元内为常数,则被积函数为常数,并且积分结果可以通过被积函数乘以体积 aA 得到:

$$
\boldsymbol{f}_{\text{int}}^{\mathrm{T}}=\frac{a}{2}\begin{bmatrix} y_{23} & x_{32} \\ y_{31} & x_{13} \\ y_{12} & x_{21} \end{bmatrix}\begin{bmatrix} \sigma_{xx} & \sigma_{xy} \\ \sigma_{xy} & \sigma_{yy} \end{bmatrix}=\frac{a}{2}\begin{bmatrix} y_{23}\sigma_{xx}+x_{32}\sigma_{xy} & y_{23}\sigma_{xy}+x_{32}\sigma_{yy} \\ y_{31}\sigma_{xx}+x_{13}\sigma_{xy} & y_{31}\sigma_{xy}+x_{13}\sigma_{yy} \\ y_{12}\sigma_{xx}+x_{21}\sigma_{xy} & y_{12}\sigma_{xy}+x_{21}\sigma_{yy} \end{bmatrix} \tag{E4.3.21}
$$

上式给出了与式(E4.3.17)同样的结果。很容易证明节点力每一个分量的和均为零,即单元是平衡的。比较式(E4.3.20)和式(E4.3.17),前者包含更少的乘法运算,而在福格特形式(式(E4.3.17))中包含许多与零相乘的运算,这样就降低了运算速度,尤其是在这些方程的三维部分计算中。然而,矩阵的指标形式难以推广到刚度矩阵的运算中,在第6章我们将看到,当需要刚度矩阵时,还是应用了福格特形式。

质量矩阵

通过式(4.4.57),在未变形构形中计算质量矩阵:

$$
\hat{M}_{IJ}=\int_{\Omega_0}\rho_0 N_I N_J\,\mathrm{d}\Omega_0=\int_{\square}a_0\rho_0\xi_I\xi_J J_{\xi}^{0}\mathrm{d}\square \tag{E4.3.22}
$$

上式最右侧的积分是在母单元域进行的,用到了 $\mathrm{d}\Omega_0=a_0 J_{\xi}^{0}\mathrm{d}\square$。将它写成矩阵形式为

$$
\widetilde{\boldsymbol{M}}=\int_{\square}a_0\rho_0\begin{bmatrix} \xi_1 \\ \xi_2 \\ \xi_3 \end{bmatrix}[\xi_1 \quad \xi_2 \quad \xi_3]\,J_{\xi}^{0}\mathrm{d}\square \tag{E4.3.23}
$$

对于初始构形单元的雅克比行列式,$J_{\xi}^{0}=2A_0$,这里 A_0 为初始面积。应用三角坐标的积分规则,得到一致质量矩阵为

$$
\widetilde{\boldsymbol{M}}=\frac{\rho_0 A_0 a_0}{12}\begin{bmatrix} 2 & 1 & 1 \\ 1 & 2 & 1 \\ 1 & 1 & 2 \end{bmatrix} \tag{E4.3.24}
$$

通过式(4.4.54)的 $M_{iIjJ}=\delta_{ij}\widetilde{M}_{IJ}$,可以将质量矩阵完全展开,得到

$$\boldsymbol{M}=\frac{\rho_0 A_0 a_0}{12}\begin{bmatrix}2&0&1&0&1&0\\0&2&0&1&0&1\\1&0&2&0&1&0\\0&1&0&2&0&1\\1&0&1&0&2&0\\0&1&0&1&0&2\end{bmatrix}\tag{E4.3.25}$$

应用式(3.5.27)的行求和技术规则,得到对角线质量矩阵或集中质量矩阵为

$$\widetilde{\boldsymbol{M}}=\frac{\rho_0 A_0 a_0}{3}\begin{bmatrix}1&0&0\\0&1&0\\0&0&1\end{bmatrix}\tag{E4.3.26}$$

也可以简单地将单元质量的$\frac{1}{3}$赋值给每个节点得到这个矩阵。

节点外力

为了计算节点外力,需要体积力的线性插值,将体积力以三角坐标的形式近似表示为

$$\begin{Bmatrix}b_x\\b_y\end{Bmatrix}=\begin{bmatrix}b_{x1}&b_{x2}&b_{x3}\\b_{y1}&b_{y2}&b_{y3}\end{bmatrix}\begin{Bmatrix}\xi_1\\\xi_2\\\xi_3\end{Bmatrix}\tag{E4.3.27}$$

式(4.4.15)的矩阵形式为

$$\begin{aligned}[\boldsymbol{f}_{iI}]^{\text{ext}}&=\begin{bmatrix}f_{x1}&f_{x2}&f_{x3}\\f_{y1}&f_{y2}&f_{y3}\end{bmatrix}^{\text{ext}}=\int_{\Omega}\{\boldsymbol{b}_i\}\{\boldsymbol{N}_I\}^{\mathrm{T}}\rho a\,\mathrm{d}A\\&=\begin{bmatrix}b_{x1}&b_{x2}&b_{x3}\\b_{y1}&b_{y2}&b_{y3}\end{bmatrix}\int_{\Omega}\begin{bmatrix}\xi_1\\\xi_2\\\xi_3\end{bmatrix}[\xi_1\quad\xi_2\quad\xi_3]\,\rho a\,\mathrm{d}A\end{aligned}\tag{E4.3.28}$$

应用三角坐标的积分规则并考虑单元厚度和密度为常数:

$$\boldsymbol{f}_{\text{ext}}^{\mathrm{T}}=\frac{\rho A a}{12}\begin{bmatrix}b_{x1}&b_{x2}&b_{x3}\\b_{y1}&b_{y2}&b_{y3}\end{bmatrix}\begin{bmatrix}2&1&1\\1&2&1\\1&1&2\end{bmatrix}\tag{E4.3.29}$$

为了说明在指定面力情况下的外力计算,考虑指定在节点 1 与节点 2 之间的面力分量 i,如果通过线性插值来近似面力,那么有

$$\bar{t}_i=\bar{t}_{i1}\xi_1+\bar{t}_{i2}\xi_2\tag{E4.3.30}$$

通过式(4.4.15)给出节点外力,建立一个行矩阵:

$$[f_{i1}\quad f_{i2}\quad f_{i3}]^{\text{ext}}=\int_{\Gamma_{12}}\bar{t}_i\boldsymbol{N}_I\,\mathrm{d}\Gamma=\int_0^1(\bar{t}_{i1}\xi_1+\bar{t}_{i2}\xi_2)[\xi_1\quad\xi_2\quad\xi_3]\,a l_{12}\,\mathrm{d}\xi_1\tag{E4.3.31}$$

上式应用了 $\mathrm{d}s=l_{12}\mathrm{d}\xi_1$;$l_{12}$ 是连接节点 1 和节点 2 的当前长度。在这条边上,有 $\xi_2=1-\xi_1$,$\xi_3=0$,在式(E4.3.31)中的积分运算为

$$[f_{i1}\quad f_{i2}\quad f_{i3}]^{\text{ext}}=\frac{a l_{12}}{6}[2\bar{t}_{i1}+\bar{t}_{i2}\quad\bar{t}_{i1}+2\bar{t}_{i2}\quad 0]\tag{E4.3.32}$$

仅在有面力作用的边界节点,外部节点力才为非零。上式适用于任意局部坐标系。对于施加的压力,在局部坐标系中可以计算上式的值。

4.6.4 平面 4 节点四边形单元

【例 4.4】 建立四边形单元和二维等参单元的变形梯度、变形率、节点力和质量矩阵的表达式。对于如图 3-6 所示的平面 4 节点四边形单元,给出详细的表达式。以矩阵形式给出节点内力的表达式。

解:以单元坐标的形式表示单元的形函数,以形函数和节点坐标的形式表示空间坐标为

$$\begin{Bmatrix} x(\boldsymbol{\xi},t) \\ y(\boldsymbol{\xi},t) \end{Bmatrix} = N_I(\boldsymbol{\xi}) \begin{Bmatrix} x_I(t) \\ y_I(t) \end{Bmatrix}, \quad \boldsymbol{\xi} = \begin{Bmatrix} \xi \\ \eta \end{Bmatrix} \tag{E4.4.1}$$

对于四边形单元,其形函数为

$$N_I(\boldsymbol{\xi}) = \frac{1}{4}(1+\xi_I\xi)(1+\eta_I\eta) \tag{E4.4.2}$$

式中,(ξ_I, η_I)是母单元的节点坐标,$I=1,2,3,4$,如图 3-6 所示。它们为

$$[\xi_{iI}] = \begin{Bmatrix} \xi_I \\ \eta_I \end{Bmatrix} = \begin{bmatrix} -1 & 1 & 1 & -1 \\ -1 & -1 & 1 & 1 \end{bmatrix} \tag{E4.4.3}$$

由于式(E4.4.1)对于 $t=0$ 也成立,因此可写为

$$\begin{Bmatrix} X(\boldsymbol{\xi}) \\ Y(\boldsymbol{\xi}) \end{Bmatrix} = \begin{Bmatrix} X_I \\ Y_I \end{Bmatrix} N_I(\boldsymbol{\xi}) \tag{E4.4.4}$$

式中的 X_I、Y_I 是未变形构形中的坐标。节点速度为

$$\begin{Bmatrix} v_x(\boldsymbol{\xi},t) \\ v_y(\boldsymbol{\xi},t) \end{Bmatrix} = \begin{Bmatrix} v_{xI}(t) \\ v_{yI}(t) \end{Bmatrix} N_I(\boldsymbol{\xi}) \tag{E4.4.5}$$

它是位移的材料时间导数。

变形率和节点内力

对于形函数式(E4.4.2),映射式(E4.4.1)是不可逆的,这样就不能直接将 ξ_i 表达成 x 和 y 的形式,只能通过隐式微分计算形函数的导数。引用式(4.4.42)和式(4.4.40),有

$$\boldsymbol{N}_{I,x}^{\mathrm{T}} = [N_{I,x} \quad N_{I,y}] = N_{I,\xi}^{\mathrm{T}} x_{,\xi}^{-1} = [N_{I,\xi} \quad N_{I,\eta}] \begin{bmatrix} x_{,\xi} & x_{,\eta} \\ y_{,\xi} & y_{,\eta} \end{bmatrix}^{-1} \tag{E4.4.6}$$

当前构形相对于单元坐标的雅克比矩阵为

$$\boldsymbol{x}_{,\xi} = \begin{bmatrix} x_{,\xi} & x_{,\eta} \\ y_{,\xi} & y_{,\eta} \end{bmatrix} = [x_{iI}] \begin{bmatrix} \dfrac{\partial N_I}{\partial \xi_j} \end{bmatrix} = \begin{Bmatrix} x_I \\ y_I \end{Bmatrix} [N_{I,\xi} \quad N_{I,\eta}] = \begin{bmatrix} x_I N_{I,\xi} & x_I N_{I,\eta} \\ y_I N_{I,\xi} & y_I N_{I,\eta} \end{bmatrix} \tag{E4.4.7}$$

对于 4 节点四边形单元,上式成为

$$\boldsymbol{x}_{,\xi} = \frac{1}{4}\sum_{I=1}^{4} \begin{bmatrix} x_I(t)\xi_I(1+\eta_I\eta) & x_I(t)\eta_I(1+\xi_I\xi) \\ y_I(t)\xi_I(1+\eta_I\eta) & y_I(t)\eta_I(1+\xi_I\xi) \end{bmatrix} \tag{E4.4.8}$$

式中,指标 I 出现了 3 次,表示直接求和。从等号右侧可以看出,雅克比矩阵是时间的函数。$\boldsymbol{x}_{,\xi}$ 的逆为

$$\boldsymbol{x}_{,\xi}^{-1} = \frac{1}{J_\xi} \begin{bmatrix} y_{,\eta} & -x_{,\eta} \\ -y_{,\xi} & x_{,\xi} \end{bmatrix}, \quad J_\xi = x_{,\xi}y_{,\eta} - x_{,\eta}y_{,\xi} \tag{E4.4.9}$$

4 节点四边形单元采用单元坐标表示的形函数的梯度为

$$\boldsymbol{N}_{,\xi}^{\mathrm{T}}=\left[\frac{\partial N_I}{\partial \xi_i}\right]=\begin{bmatrix}\dfrac{\partial N_1}{\partial \xi} & \dfrac{\partial N_1}{\partial \eta}\\ \dfrac{\partial N_2}{\partial \xi} & \dfrac{\partial N_2}{\partial \eta}\\ \dfrac{\partial N_3}{\partial \xi} & \dfrac{\partial N_3}{\partial \eta}\\ \dfrac{\partial N_4}{\partial \xi} & \dfrac{\partial N_4}{\partial \eta}\end{bmatrix}=\frac{1}{4}\begin{bmatrix}\xi_1(1+\eta_1\eta) & \eta_1(1+\xi_1\xi)\\ \xi_2(1+\eta_2\eta) & \eta_2(1+\xi_2\xi)\\ \xi_3(1+\eta_3\eta) & \eta_3(1+\xi_3\xi)\\ \xi_4(1+\eta_4\eta) & \eta_4(1+\xi_4\xi)\end{bmatrix}$$

因此，采用空间坐标表示的形函数的梯度可以计算为

$$\boldsymbol{B}_I=\boldsymbol{N}_{I,x}^{\mathrm{T}}=\boldsymbol{N}_{I,\xi}^{\mathrm{T}}\boldsymbol{x}_{,\xi}^{-1}=\frac{1}{4}\begin{bmatrix}\xi_1(1+\eta_1\eta) & \eta_1(1+\xi_1\xi)\\ \xi_2(1+\eta_2\eta) & \eta_2(1+\xi_2\xi)\\ \xi_3(1+\eta_3\eta) & \eta_3(1+\xi_3\xi)\\ \xi_4(1+\eta_4\eta) & \eta_4(1+\xi_4\xi)\end{bmatrix}\frac{1}{J_\xi}\begin{bmatrix}y_{,\eta} & -x_{,\eta}\\ -y_{,\xi} & x_{,\xi}\end{bmatrix}\tag{E4.4.10}$$

根据式(4.5.3)可知速度梯度为

$$\boldsymbol{L}=\boldsymbol{v}_I\boldsymbol{B}_I^{\mathrm{T}}=\boldsymbol{v}_I\boldsymbol{N}_{I,x}^{\mathrm{T}}\tag{E4.4.11}$$

对于不是矩形的 4 节点四边形，因为 $J_\xi=\det(\boldsymbol{x}_{,\xi})$ 出现在 $\boldsymbol{x}_{,\xi}^{-1}$ 的分母中(式(E4.4.9))，速度梯度和变形率是一个有理函数。行列式 J_ξ 是关于(ξ,η)的线性函数。

根据式(4.5.7)，得到节点内力：

$$(\boldsymbol{f}_I^{\mathrm{int}})^{\mathrm{T}}=[f_{xI}\quad f_{yI}]^{\mathrm{int}}=\int_\Omega \boldsymbol{B}_I^{\mathrm{T}}\boldsymbol{\sigma}\mathrm{d}\Omega=\int_\Omega [N_{I,x}\quad N_{I,y}]\begin{bmatrix}\sigma_{xx} & \sigma_{xy}\\ \sigma_{xy} & \sigma_{yy}\end{bmatrix}\mathrm{d}\Omega\tag{E4.4.12}$$

为了使积分在母单元域进行，应用

$$\mathrm{d}\Omega=J_\xi a\,\mathrm{d}\xi\mathrm{d}\eta\tag{E4.4.13}$$

式中，a 是厚度，因此有

$$(\boldsymbol{f}_I^{\mathrm{int}})^{\mathrm{T}}=[f_{xI}\quad f_{yI}]^{\mathrm{int}}=\int_\square [N_{I,x}\quad N_{I,y}]\begin{bmatrix}\sigma_{xx} & \sigma_{xy}\\ \sigma_{xy} & \sigma_{yy}\end{bmatrix}aJ_\xi\mathrm{d}\square\tag{E4.4.14}$$

上式适用于任意的二维等参单元。因为 J_ξ 出现在分母中(式(E4.4.10))，被积函数是关于单元坐标的有理函数，对上式进行解析积分是不可行的，因此，通常使用数值积分。对于 4 节点四边形单元，2×2 的高斯积分为完全积分。但是，在平面应变问题中，对于不可压缩或几乎不可压缩的材料，完全积分会出现单元体积闭锁，因此必须应用 4.5.4 节描述的选择性减缩积分。由于 4 节点四边形单元沿每条边的位移是线性的，所以它的节点外力与 3 节点三角形单元的节点外力是一致的，见式(E4.3.28)～式(E4.3.32)。

质量矩阵

通过式(4.4.57)得到一致质量矩阵：

$$\widetilde{\boldsymbol{M}}=\int_{\Omega_0}\begin{bmatrix}N_1\\ N_2\\ N_3\\ N_4\end{bmatrix}[N_1\quad N_2\quad N_3\quad N_4]\rho_0\mathrm{d}\Omega_0\tag{E4.4.15}$$

应用

$$\mathrm{d}\Omega_0 = J_\xi^0(\xi,\eta)a_0\mathrm{d}\xi\mathrm{d}\eta \tag{E4.4.16}$$

这里 $J_\xi^0(\xi,\eta)$是母单元到初始构形变换的雅克比行列式，a_0 是未变形单元的厚度。当在母单元中为$\widetilde{\boldsymbol{M}}$ 赋值时，其表达式为

$$\widetilde{\boldsymbol{M}} = \int_{-1}^{1}\int_{-1}^{1}\begin{bmatrix} N_1^2 & N_1N_2 & N_1N_3 & N_1N_4 \\ & N_2^2 & N_2N_3 & N_2N_4 \\ \text{sym} & & N_3^2 & N_3N_4 \\ & & & N_4^2 \end{bmatrix}\rho_0 a_0 J_\xi^0(\xi,\eta)\mathrm{d}\xi\mathrm{d}\eta \tag{E4.4.17}$$

通过数值积分计算矩阵。根据例 4.3 中关于三角形单元的计算步骤，可以将这个质量矩阵展开为一个 8×8 阶的矩阵。

根据龙贝格求积公式(Lobatto quadrature formula)，积分点与节点重合可以得到集中对角的质量矩阵。如用 $\boldsymbol{m}(\xi_I,\eta_I)$代表式(E4.4.17)的被积函数，则龙贝格求积公式为

$$\widetilde{\boldsymbol{M}} = \sum_{I=1}^{4}\boldsymbol{m}(\xi_I,\eta_I) \tag{E4.4.18}$$

另一种方法，将单元的整个质量平均分配到 4 个节点上，可以得到对角质量矩阵。当 a_0 不变时，单元的全部质量为 $\rho_0 A_0 a_0$，将它分配到 4 个节点上为

$$\widetilde{\boldsymbol{M}} = \frac{1}{4}\rho_0 A_0 a_0 \boldsymbol{I}_4 \tag{E4.4.19}$$

式中，$\boldsymbol{I}_4$ 是 4 阶单位矩阵。显然，后一种方法更加直观和易于编程。

4.6.5 三维 8 节点六面体单元

【例 4.5】 建立三维等参单元的变形率、节点力和质量矩阵的表达式。图 4-5 给出了这类单元的一个示例：三维 8 节点六面体单元。

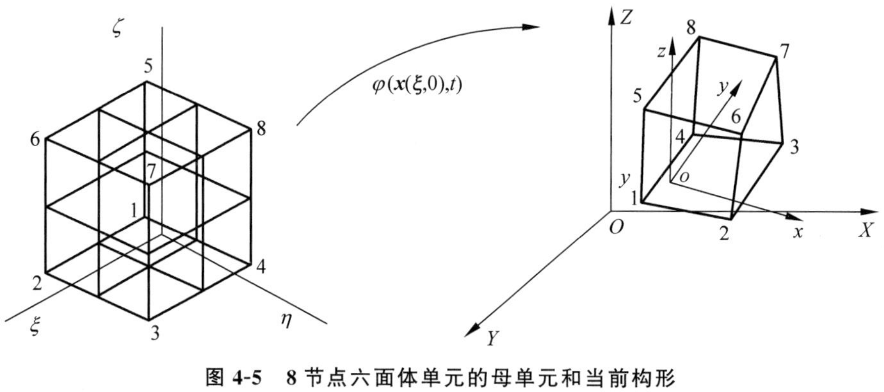

图 4-5　8 节点六面体单元的母单元和当前构形

解：单元的运动为

$$\begin{Bmatrix} x \\ y \\ z \end{Bmatrix} = N_I(\boldsymbol{\xi})\begin{Bmatrix} x_I(t) \\ y_I(t) \\ z_I(t) \end{Bmatrix}, \quad \boldsymbol{\xi} = (\xi,\eta,\zeta) \tag{E4.5.1}$$

附录 C 给出了特定单元使用的形函数。式(E4.5.1)在 $t=0$ 时也成立，所以

$$\begin{Bmatrix} X \\ Y \\ Z \end{Bmatrix} = N_I(\boldsymbol{\xi}) \begin{Bmatrix} X_I \\ Y_I \\ Z_I \end{Bmatrix} \tag{E4.5.2}$$

其速度场为

$$\begin{Bmatrix} v_x \\ v_y \\ v_z \end{Bmatrix} = N_I(\boldsymbol{\xi}) \begin{Bmatrix} v_{xI} \\ v_{yI} \\ v_{zI} \end{Bmatrix} \tag{E4.5.3}$$

从式(4.5.3)中得到速度梯度为

$$\boldsymbol{B}_I^{\mathrm{T}} = [N_{I,x} \quad N_{I,y} \quad N_{I,z}],$$

$$\boldsymbol{L} = \boldsymbol{v}_I \boldsymbol{B}_I^{\mathrm{T}} = \begin{Bmatrix} v_{xI} \\ v_{yI} \\ v_{zI} \end{Bmatrix} [N_{I,x} \quad N_{I,y} \quad N_{I,z}]$$

$$= \begin{bmatrix} v_{xI}N_{I,x} & v_{xI}N_{I,y} & v_{xI}N_{I,z} \\ v_{yI}N_{I,x} & v_{yI}N_{I,y} & v_{yI}N_{I,z} \\ v_{zI}N_{I,x} & v_{zI}N_{I,y} & v_{zI}N_{I,z} \end{bmatrix} \tag{E4.5.4}$$

通过式(4.4.42)，从对应于单元坐标的导数求解对应于空间坐标的导数：

$$N_{I,x}^{\mathrm{T}} = N_{I,\xi}^{\mathrm{T}} \boldsymbol{x}_{,\xi}^{-1} \tag{E4.5.5}$$

式中，

$$\boldsymbol{x}_{,\xi} \equiv \boldsymbol{F}_{\xi} = \boldsymbol{x}_I N_{I,\xi}^{\mathrm{T}} = \begin{Bmatrix} x_I \\ y_I \\ z_I \end{Bmatrix} [N_{I,\xi} \quad N_{I,\eta} \quad N_{I,\zeta}] \tag{E4.5.6}$$

由式(2.2.30)、式(E4.5.1)和式(E4.5.5)，计算变形梯度：

$$\boldsymbol{F} = \frac{\partial \boldsymbol{x}}{\partial \boldsymbol{X}} = \boldsymbol{x}_I \boldsymbol{N}_{I,X} = \boldsymbol{x}_I \boldsymbol{N}_{I,\xi}^{\mathrm{T}} \boldsymbol{X}_{,\xi}^{-1} \equiv \boldsymbol{x}_I \boldsymbol{N}_{I,\xi}^{\mathrm{T}} (\boldsymbol{F}_{\xi}^{0})^{-1} \tag{E4.5.7}$$

式中，

$$\boldsymbol{X}_{,\xi} \equiv \boldsymbol{F}_{\xi}^{0} = \boldsymbol{X}_I \boldsymbol{N}_{I,\xi}^{\mathrm{T}} \tag{E4.5.8}$$

通过式(2.3.5)计算格林应变；在例 3.6 中已经描述了精确的求解过程。

节点内力

由式(4.5.7)得到节点内力：

$$(\boldsymbol{f}_I^{\mathrm{int}})^{\mathrm{T}} = [f_{xI} \quad f_{yI} \quad f_{zI}]^{\mathrm{int}} = \int_{\Omega} \boldsymbol{B}_I^{\mathrm{T}} \sigma \mathrm{d}\Omega = \int_{\square} [N_{I,x} \quad N_{I,y} \quad N_{I,z}] \begin{bmatrix} \sigma_{xx} & \sigma_{xy} & \sigma_{xz} \\ \sigma_{xy} & \sigma_{yy} & \sigma_{yz} \\ \sigma_{xz} & \sigma_{yz} & \sigma_{zz} \end{bmatrix} J_{\xi} \mathrm{d}\square \tag{E4.5.9}$$

通过数值积分式(4.5.22)计算这个积分。

节点外力

首先考虑由体积力所产生的节点力，根据式(4.4.15)，有

$$f_{iI}^{\mathrm{ext}} = \int_{\Omega} N_I \rho b_i \mathrm{d}\Omega = \int_{\square} N_I(\boldsymbol{\xi}) \rho(\boldsymbol{\xi}) b_i(\boldsymbol{\xi}) J_{\xi} \mathrm{d}\square \tag{E4.5.10}$$

式中已将积分转换到了母单元域。在母单元域的积分可以通过数值积分计算。

下面将根据在单元表面施加的压力 $\boldsymbol{t}=-p\boldsymbol{n}$ 求解节点外力。如考虑外表面对应于母单元表面 $\zeta=-1$。在任何表面上,非独立变量都可以表示为两个母单元坐标的函数,如 ξ 和 η。矢量 $\boldsymbol{x}_{,\xi}$ 和 $\boldsymbol{x}_{,\eta}$ 与表面相切,矢量 $\boldsymbol{x}_{,\xi}\times\boldsymbol{x}_{,\eta}$ 沿表面法线 $\boldsymbol{n}$ 方向,如在高等微积分学教材中所述,其量值是表面的雅克比行列式的值,所以可以写出:

$$p\boldsymbol{n}\,\mathrm{d}\Gamma=p\boldsymbol{x}_{,\xi}\times\boldsymbol{x}_{,\eta}\,\mathrm{d}\xi\mathrm{d}\eta \tag{E4.5.11}$$

则节点外力为

$$f_{iI}^{\text{ext}}=\int_{\Gamma}t_iN_I\,\mathrm{d}\Gamma=-\int_{\Gamma}pn_iN_I\,\mathrm{d}\Gamma=-\int_{-1}^{1}\int_{-1}^{1}pe_{ijk}x_{j,\xi}x_{k,\eta}N_I\,\mathrm{d}\xi\mathrm{d}\eta \tag{E4.5.12}$$

上式的最后一步应用了式(E4.5.11)的指标形式。上式的另一种形式为

$$\boldsymbol{f}_I^{\text{ext}}=-\int_{-1}^{1}\int_{-1}^{1}pN_I\boldsymbol{x}_{,\xi}\times\boldsymbol{x}_{,\eta}\,\mathrm{d}\xi\mathrm{d}\eta \tag{E4.5.13}$$

应用式(4.4.1)可以将上式展开,以形函数的形式表示切向量,并将叉积写成行列式的形式:

$$\boldsymbol{f}_I^{\text{ext}}=f_{xI}\boldsymbol{e}_x+f_{yI}\boldsymbol{e}_y+f_{zI}\boldsymbol{e}_z=-\int_{-1}^{1}\int_{-1}^{1}pN_I\det\begin{bmatrix}\boldsymbol{e}_x & \boldsymbol{e}_y & \boldsymbol{e}_z\\ x_JN_{J,\xi} & y_JN_{J,\xi} & z_JN_{J,\xi}\\ x_KN_{K,\eta} & y_KN_{K,\eta} & z_KN_{K,\eta}\end{bmatrix}\mathrm{d}\xi\mathrm{d}\eta \tag{E4.5.14}$$

对上式进行数值积分后,赋值更加容易。

4.6.6 轴对称四边形单元

【例 4.6】 建立轴对称四边形单元的变形率和节点力的表达式,单元如图 4-6 所示。

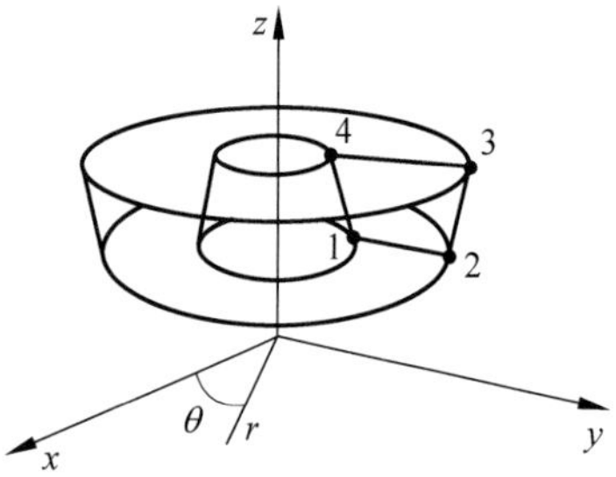

图 4-6 轴对称四边形单元的当前构形

包含将四边形绕 z 轴旋转 2π 弧度所生成的体积

解:单元域是将四边形绕对称轴(z 轴)旋转 2π 弧度所生成的体积。指标标记的表达式(4.5.3)和式(4.5.7)不能直接应用,因为它们不适用于曲线坐标。

在这种情况下,圆柱坐标 $[r,z]$ 与母单元坐标 $[\xi,\eta]$ 的等参映射关系为

$$\begin{Bmatrix}r(\xi,\eta,t)\\ z(\xi,\eta,t)\end{Bmatrix}=\begin{Bmatrix}r_I(t)\\ z_I(t)\end{Bmatrix}N_I(\xi,\eta) \tag{E4.6.1}$$

式中,形函数 N_I 在式(E4.4.2)中给出。变形率的表达式是基于在圆柱坐标中关于梯度的标准表达式(与线性应变的表达式一致):

$$\begin{Bmatrix}D_r\\ D_z\\ D_\theta\\ 2D_{rz}\end{Bmatrix}=\begin{bmatrix}\dfrac{\partial}{\partial r} & 0\\ 0 & \dfrac{\partial}{\partial z}\\ \dfrac{1}{r} & 0\\ \dfrac{\partial}{\partial z} & \dfrac{\partial}{\partial r}\end{bmatrix}\begin{Bmatrix}v_r\\ v_z\end{Bmatrix}=\begin{Bmatrix}\dfrac{\partial v_r}{\partial r}\\ \dfrac{\partial v_z}{\partial z}\\ \dfrac{v_r}{r}\\ \dfrac{\partial v_r}{\partial z}+\dfrac{\partial v_z}{\partial r}\end{Bmatrix} \tag{E4.6.2}$$

其共轭应力为

$$\{\boldsymbol{\sigma}\}^{\mathrm{T}}=\{\sigma_r \quad \sigma_z \quad \sigma_\theta \quad \sigma_{rz}\} \tag{E4.6.3}$$

速度场为

$$\begin{Bmatrix} v_r \\ v_z \end{Bmatrix}=N_I(\xi,\eta)\begin{Bmatrix} v_{rI} \\ v_{zI} \end{Bmatrix}=\begin{bmatrix} N_1 & 0 & N_2 & 0 & N_3 & 0 & N_4 & 0 \\ 0 & N_1 & 0 & N_2 & 0 & N_3 & 0 & N_4 \end{bmatrix}\dot{\boldsymbol{d}} \tag{E4.6.4}$$

和

$$\dot{\boldsymbol{d}}^{\mathrm{T}}=[v_{r1},v_{z1},v_{r2},v_{z2},v_{r3},v_{z3},v_{r4},v_{z4}] \tag{E4.6.5}$$

从式(E4.6.2)得到矩阵 $\boldsymbol{B}$ 的子矩阵为

$$[\boldsymbol{B}]_I=\begin{bmatrix} \dfrac{\partial N_I}{\partial r} & 0 \\ 0 & \dfrac{\partial N_I}{\partial z} \\ \dfrac{N_I}{r} & 0 \\ \dfrac{\partial N_I}{\partial z} & \dfrac{\partial N_I}{\partial r} \end{bmatrix} \tag{E4.6.6}$$

现在将式(E4.6.6)中的导数表示为母单元坐标的导数形式。这里仅写出表达式,其并不是通过矩阵乘积获得的,用 r、z 替代式(E4.4.9)中的 x、y,得到

$$\begin{aligned} \frac{\partial N_I}{\partial r}&=\frac{1}{J_\xi}\left(\frac{\partial z}{\partial \eta}\frac{\partial N_I}{\partial \xi}+\frac{\partial z}{\partial \xi}\frac{\partial N_I}{\partial \eta}\right) \\ \frac{\partial N_I}{\partial z}&=\frac{1}{J_\xi}\left(\frac{\partial r}{\partial \xi}\frac{\partial N_I}{\partial \eta}-\frac{\partial r}{\partial \eta}\frac{\partial N_I}{\partial \xi}\right) \end{aligned} \tag{E4.6.7}$$

其中,

$$\begin{aligned} &\frac{\partial z}{\partial \eta}=z_I\frac{\partial N_I}{\partial \eta} \qquad \frac{\partial z}{\partial \xi}=z_I\frac{\partial N_I}{\partial \xi} \\ &\frac{\partial r}{\partial \eta}=r_I\frac{\partial N_I}{\partial \eta} \qquad \frac{\partial r}{\partial \xi}=r_I\frac{\partial N_I}{\partial \xi} \end{aligned} \tag{E4.6.8}$$

从式(4.5.16)得到节点力:

$$\boldsymbol{f}_I^{\mathrm{int}}=\int_\Omega \boldsymbol{B}_I^{\mathrm{T}}\{\boldsymbol{\sigma}\}\mathrm{d}\Omega=2\pi\int_\square \boldsymbol{B}_I^{\mathrm{T}}\{\boldsymbol{\sigma}\}J_\xi r\,\mathrm{d}\square \tag{E4.6.9}$$

式中,$\boldsymbol{B}_I$ 由式(E4.6.6)给出,并且应用了 $\mathrm{d}\Omega=2\pi r J_\xi \mathrm{d}\square$,其中 r 由式(E4.6.1)给出。

4.6.7 二维 2 节点和 3 节点杆单元

【例 4.7】 图 3-4 为二维 2 节点杆单元,其采用了线性位移和速度场,要求旋转坐标 $\hat{x}$ 与单元轴线始终保持重合。给出旋转变形率和节点内力的表达式,并将这种方法推广到 3 节点杆单元。

解:单元的位移和速度场是 $\hat{x}$ 的线性函数:

$$\begin{Bmatrix} x \\ y \end{Bmatrix}=\begin{Bmatrix} x_1 & x_2 \\ y_1 & y_2 \end{Bmatrix}\begin{Bmatrix} 1-\xi \\ \xi \end{Bmatrix}$$

$$\begin{Bmatrix} \hat{v}_x \\ \hat{v}_y \end{Bmatrix}=\begin{bmatrix} \hat{v}_{x1} & \hat{v}_{x2} \\ \hat{v}_{y1} & \hat{v}_{y2} \end{bmatrix}\begin{Bmatrix} 1-\xi \\ \xi \end{Bmatrix}, \quad \xi=\frac{\hat{x}}{l} \tag{E4.7.1}$$

这里 l 是单元的当前长度。通过式(4.5.34)，旋转速度与整体分量的关系为

$$\begin{Bmatrix} v_{xI} \\ v_{yI} \end{Bmatrix} = \boldsymbol{R} \begin{Bmatrix} \hat{v}_{xI} \\ \hat{v}_{yI} \end{Bmatrix}, \quad \boldsymbol{R} = \begin{bmatrix} R_{x\hat{x}} & R_{x\hat{y}} \\ R_{y\hat{x}} & R_{y\hat{y}} \end{bmatrix} = \begin{bmatrix} \cos\theta & -\sin\theta \\ \sin\theta & \cos\theta \end{bmatrix} = \frac{1}{l} \begin{bmatrix} x_{21} & -y_{21} \\ y_{21} & x_{21} \end{bmatrix} \tag{E4.7.2}$$

假设此时为单轴应力状态，唯一的非零应力是 $\hat{\sigma}_x$，应力分量沿杆的轴线方向。仅变形率张量 $\hat{\boldsymbol{D}}_x$ 的轴线分量对内功率有贡献，由速度场式(E4.7.1)的导数给出：

$$\hat{\boldsymbol{D}}_x = \frac{\partial \hat{\boldsymbol{v}}_x}{\partial \hat{\boldsymbol{x}}} = [\boldsymbol{N}_{I,\hat{x}}] \begin{Bmatrix} \hat{v}_{x1} \\ \hat{v}_{x2} \end{Bmatrix} = \frac{1}{l}[-1, 1] \begin{Bmatrix} \hat{v}_{x1} \\ \hat{v}_{x2} \end{Bmatrix} = \hat{\boldsymbol{B}}\,\hat{\boldsymbol{v}}, \quad \hat{\boldsymbol{B}} = [\boldsymbol{N}_{I,\hat{x}}] = \frac{1}{l}[-1, 1] \tag{E4.7.3}$$

由式(4.5.39)得到节点内力为

$$[f_{Ii}]^{\text{int}} = \int_\Omega \frac{\partial N_I}{\partial \hat{x}_j} \hat{\sigma}_{jk} R_{ki}^{\mathrm{T}} \mathrm{d}\Omega = \int_\Omega \frac{\partial N_I}{\partial \hat{x}} \hat{\sigma}_x R_{\hat{x}i}^{\mathrm{T}} \mathrm{d}\Omega = \int_\Omega \hat{B}_{I1}^{\mathrm{T}} \hat{\sigma}_x R_{\hat{x}i}^{\mathrm{T}} \mathrm{d}\Omega \tag{E4.7.4}$$

上式的第二个表达式省略了在一般表达式中出现的数值为零的项，并交换了节点内力的下角标。将式(E4.7.2)和式(E4.7.3)代入上式，得到

$$[f_{Ii}]^{\text{int}} = \int \frac{1}{l} \begin{bmatrix} -1 \\ +1 \end{bmatrix} [\hat{\sigma}_x]\ [\cos\theta \quad \sin\theta]\ \mathrm{d}\Omega \tag{E4.7.5}$$

如果假设在单元内的应力是常数，则将积分乘以单元的体积 $\Omega = Al$，计算积分值：

$$[f_{Ii}]^{\text{int}} = \begin{bmatrix} f_{1x} & f_{1y} \\ f_{2x} & f_{2y} \end{bmatrix} = A\hat{\sigma}_x \begin{bmatrix} -\cos\theta & \sin\theta \\ \cos\theta & \sin\theta \end{bmatrix} \tag{E4.7.6}$$

上述结果说明节点力是沿杆的轴线方向，且在两个节点上，节点力的数值相等，符号相反。

在这个单元中的应力-应变关系是在旋转坐标系计算的，所以次弹性律的率形式为

$$\frac{\mathrm{D}\hat{\boldsymbol{\sigma}}_x}{\mathrm{D}t} = \boldsymbol{E}\hat{\boldsymbol{D}}_x \tag{E4.7.7}$$

式中，$\boldsymbol{E}$ 是单轴应力的切向模量。由于上式是客观的，无须在客观率中出现旋转项。

为了计算节点力，必须知道当前单元的截面面积 A。面积的改变可以表示为横向应变的形式；准确的公式取决于横截面的形状。对于矩形截面，有

$$\dot{A} = A(\hat{\boldsymbol{D}}_y + \hat{\boldsymbol{D}}_z) \tag{E4.7.8}$$

节点内力也可以由式(E4.1.8)计算，并根据式(4.5.48)转换得到。在旋转坐标系中，由式(E4.1.8)给出：

$$\hat{\boldsymbol{f}}^{\text{int}} = \begin{Bmatrix} \hat{f}_{x1} \\ \hat{f}_{x2} \end{Bmatrix}^{\text{int}} = \int_0^l \frac{1}{l} \begin{bmatrix} -1 \\ +1 \end{bmatrix} \hat{\sigma}_x A\, \mathrm{d}\hat{x} \tag{E4.7.9}$$

由于细长杆忽略了沿垂直于轴线方向的刚度，横向节点力为零，即 $\hat{f}_{y1} = \hat{f}_{y2} = 0$。

下面通过转换式(4.5.48)得到节点力的整体分量。首先构造转换矩阵 $\boldsymbol{T}$，将单元的局部自由度(与 $\hat{\boldsymbol{f}}^{\text{int}}$ 共轭)与整体自由度联系起来：

$$\begin{Bmatrix} \hat{v}_{x1} \\ \hat{v}_{x2} \end{Bmatrix} = \begin{bmatrix} \cos\theta & \sin\theta & 0 & 0 \\ 0 & 0 & \cos\theta & \sin\theta \end{bmatrix} \begin{Bmatrix} v_{x1} \\ v_{y1} \\ v_{x2} \\ v_{y2} \end{Bmatrix}$$

所以，

$$\boldsymbol{T} = \begin{bmatrix} \cos\theta & \sin\theta & 0 & 0 \\ 0 & 0 & \cos\theta & \sin\theta \end{bmatrix} \tag{E4.7.10}$$

应用式(4.5.48)，$\boldsymbol{f} = \boldsymbol{T}^{\mathrm{T}} \hat{\boldsymbol{f}}$，并且假设在单元内应力为常数，则有

$$\boldsymbol{f}^{\text{int}} = \begin{Bmatrix} f_{x1} \\ f_{y1} \\ f_{x2} \\ f_{y2} \end{Bmatrix} = \boldsymbol{T}^{\mathrm{T}} \hat{\boldsymbol{f}}^{\text{int}} = \begin{bmatrix} \cos\theta & 0 \\ \sin\theta & 0 \\ 0 & \cos\theta \\ 0 & \sin\theta \end{bmatrix} A\hat{\sigma}_x \begin{Bmatrix} -1 \\ +1 \end{Bmatrix} = A\hat{\sigma}_x \begin{Bmatrix} -\cos\theta \\ -\sin\theta \\ \cos\theta \\ \sin\theta \end{Bmatrix} \tag{E4.7.11}$$

这与式(E4.7.6)是等价的。

将上述方法拓展至二维 3 节点二次曲杆单元。如图 4-7 所示。给出其构形、位移和速度为二次函数场，通过旋转方法建立节点内力的表达式。

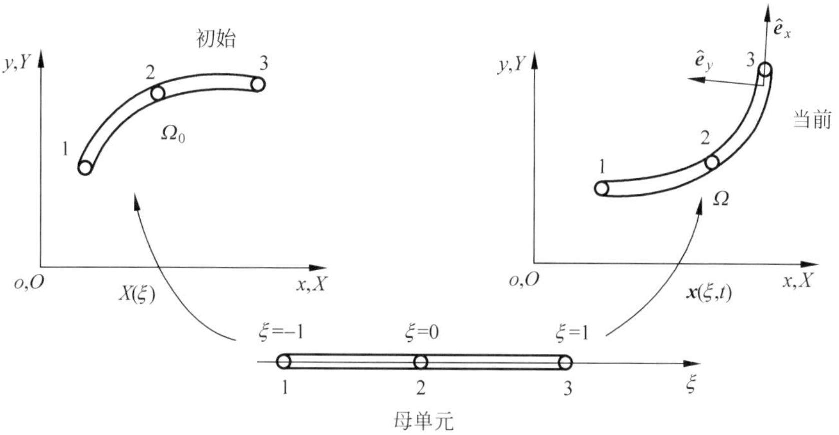

图 4-7　3 节点杆单元的初始、当前和母单元

旋转基矢量 $\hat{\boldsymbol{e}}_x$ 沿杆件的切线

解：初始和当前构形为

$$\boldsymbol{X}(\xi) = \boldsymbol{X}_I \boldsymbol{N}_I(\xi), \quad \boldsymbol{x}(\xi, t) = \boldsymbol{x}_I(t) \boldsymbol{N}_I(\xi) \tag{E4.7.12}$$

$$[\boldsymbol{N}_I] = \begin{bmatrix} \frac{1}{2}\xi(\xi - 1) & 1 - \xi^2 & \frac{1}{2}\xi(\xi + 1) \end{bmatrix} \tag{E4.7.13}$$

位移和速度为

$$\boldsymbol{u}(\xi, t) = \boldsymbol{u}_I(t) \boldsymbol{N}_I(\xi), \quad \boldsymbol{v}(\xi, t) = \boldsymbol{v}_I(t) \boldsymbol{N}_I(\xi) \tag{E4.7.14}$$

把旋转坐标系定义在杆的每一点上(实际上只需在积分点上定义)。令旋转基矢量 $\hat{\boldsymbol{e}}_x$ 沿杆的切线，因此有

$$\hat{\boldsymbol{e}}_x = \frac{\boldsymbol{x}_{,\xi}}{\|\boldsymbol{x}_{,\xi}\|}, \quad \boldsymbol{x}_{,\xi} = \boldsymbol{x}_I \boldsymbol{N}_{I,\xi}(\xi) \tag{E4.7.15}$$

杆的法线为

$$\hat{\boldsymbol{e}}_y = \boldsymbol{e}_z \times \hat{\boldsymbol{e}}_x, \quad \boldsymbol{e}_z = [0,0,1] \tag{E4.7.16}$$

变形率为

$$\hat{\boldsymbol{D}}_x = \frac{\partial \hat{\boldsymbol{v}}_x}{\partial \hat{\boldsymbol{x}}} = \frac{\partial \hat{\boldsymbol{v}}_x}{\partial \xi}\frac{\partial \xi}{\partial \hat{\boldsymbol{x}}} = \frac{1}{\|\boldsymbol{x}_{,\xi}\|}\frac{\partial \hat{\boldsymbol{v}}_x}{\partial \xi} \tag{E4.7.17}$$

由式(E4.8.3)和式(4.5.34)可知，

$$\hat{\boldsymbol{v}}_x = \boldsymbol{N}_I(\xi)(R_{x\hat{x}} v_{xI} + R_{y\hat{x}} v_{yI}) \tag{E4.7.18}$$

所以变形率为

$$\hat{\boldsymbol{D}}_x = \frac{1}{\|\boldsymbol{x}_{,\xi}\|}\boldsymbol{N}_{I,\xi}(\xi)\begin{Bmatrix} v_{xI} \\ v_{yI} \end{Bmatrix} \tag{E4.7.19}$$

上式表明矩阵$\hat{\boldsymbol{B}}_I$是

$$\hat{\boldsymbol{B}}_I = \frac{1}{\|\boldsymbol{x}_{,\xi}\|}\boldsymbol{N}_{I,\xi} \tag{E4.7.20}$$

则节点内力为

$$(\boldsymbol{f}_I^{\text{int}})^{\text{T}} = [f_{xI} \quad f_{yI}]^{\text{int}} = \int_{-1}^{1} \hat{\boldsymbol{B}}_I \hat{\boldsymbol{\sigma}}_x \|\boldsymbol{x}_{,\xi}\| [R_{x\hat{x}} \quad R_{y\hat{x}}] A\,\mathrm{d}\xi \tag{E4.7.21}$$

上述基于母单元坐标的推导过程中的一个有趣特点就是完全避免了曲线张量。

4.6.8 应用旋转方法建立平面 Q4 单元

【例 4.8】 应用旋转方法建立平面 Q4 单元，求解其与三角形单元的变形率和节点内力的表达式。

解：首先，建立平面 4 节点四边形线性单元(Q4)的变形率和节点内力的表达式。单元的初始构形和当前构形如图 4-8 所示。在初始旋转坐标系与整体坐标系之间相差角度 θ_0。通常选择 θ_0 为零。但是对于各向异性材料，通常定位初始 $\hat{x}$ 轴为沿各向异性的某一个方向。如在复合材料中，一般将 $\hat{x}$ 轴定位在纤维方向或叠层方向。旋转坐标系的当前角度是 θ。

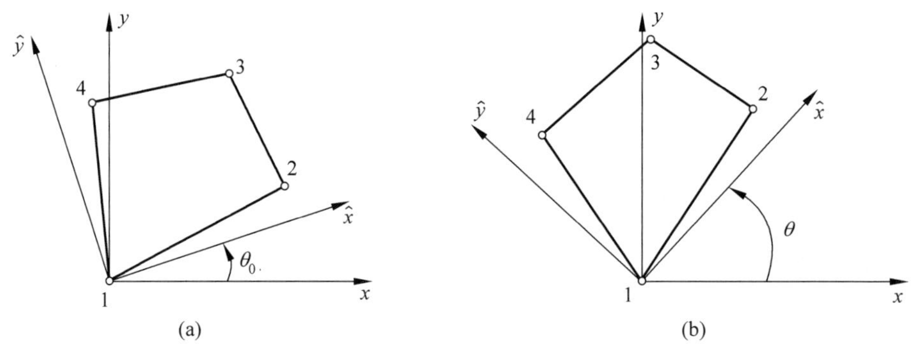

图 4-8 采用旋转坐标系的 Q4 单元

(a) 初始构形 Ω_0；(b) 当前构形 Ω

运动可以表示为如下插值函数的形式：

$$\begin{Bmatrix} x(\boldsymbol{\xi},t) \\ y(\boldsymbol{\xi},t) \end{Bmatrix} = N_I(\boldsymbol{\xi}) \begin{Bmatrix} x_I(t) \\ y_I(t) \end{Bmatrix}, \quad \boldsymbol{\xi} = \begin{Bmatrix} \xi \\ \eta \end{Bmatrix} \tag{E4.8.1}$$

对于 Q4 单元，其等参形函数为

$$N_I(\boldsymbol{\xi}) = \frac{1}{4}(1+\xi_I\xi)(1+\eta_I\eta)$$

其中(ξ_I,η_I)，$I=1,2,3,4$ 是母单元的节点坐标，其展开为

$$[\xi_{iI}] = \begin{Bmatrix} \xi_I \\ \eta_I \end{Bmatrix} = \begin{bmatrix} -1 & 1 & 1 & -1 \\ -1 & -1 & 1 & 1 \end{bmatrix} \tag{E4.8.2}$$

单元中的位移和速度场的旋转格式为

$$\begin{Bmatrix} \hat{u}_x(\boldsymbol{\xi},t) \\ \hat{u}_y(\boldsymbol{\xi},t) \end{Bmatrix} = \begin{bmatrix} \hat{u}_{x1} & \hat{u}_{x2} & \hat{u}_{x3} & \hat{u}_{x4} \\ \hat{u}_{y1} & \hat{u}_{y2} & \hat{u}_{y3} & \hat{u}_{y4} \end{bmatrix} N_I^{\mathrm{T}}(\boldsymbol{\xi}) \tag{E4.8.3}$$

$$\begin{Bmatrix} \hat{v}_x(\boldsymbol{\xi},t) \\ \hat{v}_y(\boldsymbol{\xi},t) \end{Bmatrix} = \begin{bmatrix} \hat{v}_{x1} & \hat{v}_{x2} & \hat{v}_{x3} & \hat{v}_{x4} \\ \hat{v}_{y1} & \hat{v}_{y2} & \hat{v}_{y3} & \hat{v}_{y4} \end{bmatrix} N_I^{\mathrm{T}}(\boldsymbol{\xi}) \tag{E4.8.4}$$

其对应旋转坐标系的形函数的导数为

$$\boldsymbol{N}_{I,\hat{x}}^{\mathrm{T}} = [N_{I,\hat{x}} \quad N_{I,\hat{y}}] = N_{I,\xi}^{\mathrm{T}} \hat{\boldsymbol{x}}_{,\xi}^{-1} = [N_{I,\xi} \quad N_{I,\eta}] \begin{bmatrix} \hat{x}_{,\xi} & \hat{x}_{,\eta} \\ \hat{y}_{,\xi} & \hat{y}_{,\eta} \end{bmatrix}^{-1} \tag{E4.8.5}$$

将形函数的表达式代入上式，得到

$$\boldsymbol{N}_{I,\hat{x}}^{\mathrm{T}} = \frac{1}{4} \begin{bmatrix} \xi_1(1+\eta_1\eta) & \eta_1(1+\xi_1\xi) \\ \xi_2(1+\eta_2\eta) & \eta_2(1+\xi_2\xi) \\ \xi_3(1+\eta_3\eta) & \eta_3(1+\xi_3\xi) \\ \xi_4(1+\eta_4\eta) & \eta_4(1+\xi_4\xi) \end{bmatrix} \frac{1}{\hat{J}_\xi} \begin{bmatrix} \hat{y}_{,\eta} & -\hat{x}_{,\eta} \\ -\hat{y}_{,\xi} & \hat{x}_{,\xi} \end{bmatrix} \equiv \hat{\boldsymbol{B}}_I \tag{E4.8.6}$$

式中，$\hat{J}_\xi = \hat{x}_{,\xi}\hat{y}_{,\eta} - \hat{x}_{,\eta}\hat{y}_{,\xi}$。变形率的旋转分量为

$$\hat{\boldsymbol{D}} = \frac{1}{2}(\hat{\boldsymbol{B}}_I \hat{\boldsymbol{v}}_I^{\mathrm{T}} + \hat{\boldsymbol{v}}_I \hat{\boldsymbol{B}}_I^{\mathrm{T}}) \tag{E4.8.7}$$

节点内力为

$$[f_{Ii}]^{\mathrm{int}} = \int_\Omega \hat{B}_{Ij} \hat{\sigma}_{jk} R_{ki}^{\mathrm{T}} \mathrm{d}\Omega \tag{E4.8.8}$$

节点内力的矩阵形式为

$$\begin{bmatrix} f_{1x} & f_{1y} \\ f_{2x} & f_{2y} \\ f_{3x} & f_{3y} \\ f_{4x} & f_{4y} \end{bmatrix}^{\mathrm{int}} = \int_A \frac{1}{2A} \begin{bmatrix} \hat{B}_{11} & \hat{B}_{12} \\ \hat{B}_{21} & \hat{B}_{22} \\ \hat{B}_{31} & \hat{B}_{32} \\ \hat{B}_{41} & \hat{B}_{42} \end{bmatrix} \begin{bmatrix} \hat{\sigma}_x & \hat{\sigma}_{xy} \\ \hat{\sigma}_{xy} & \hat{\sigma}_y \end{bmatrix} \begin{bmatrix} \cos\theta & \sin\theta \\ -\sin\theta & \cos\theta \end{bmatrix} a\,\mathrm{d}A \tag{E4.8.9}$$

其次，建立平面 3 节点三角形单元的变形率和节点内力的表达式。单元的初始构形和当前构形如图 4-9 所示。在初始时旋转坐标系与整体坐标系之间有一个角度 θ_0，通常令其

为零，但是对于各向异性材料，理想的情况是将初始 $\hat{x}$ 轴定位在各向异性的一个方向上；例如，在复合材料中，将 $\hat{x}$ 定位在纤维或叠层方向是有用的。旋转坐标系的当前角度是 θ。

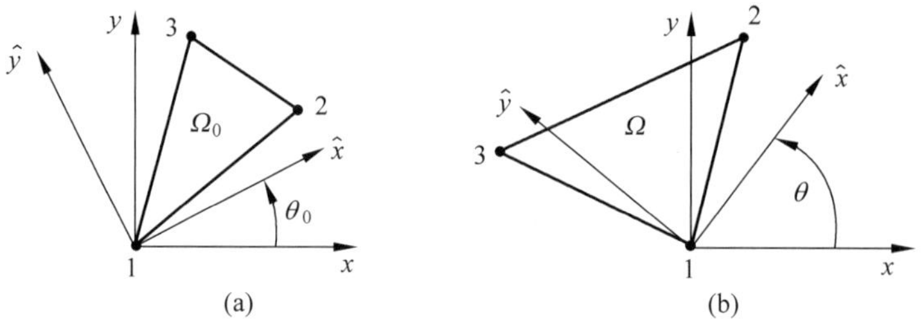

图 4-9 采用旋转坐标系的 3 节点三角形单元

(a) 初始构形；(b) 当前构形

运动可以表示为三角坐标的形式，如例 4.3。

$$\begin{Bmatrix} x \\ y \end{Bmatrix} = \begin{bmatrix} x_1 & x_2 & x_3 \\ y_1 & y_2 & y_3 \end{bmatrix} \begin{Bmatrix} \xi_1 \\ \xi_2 \\ \xi_3 \end{Bmatrix} \tag{E4.8.10}$$

单元中的位移和速度场为

$$\begin{Bmatrix} \hat{u}_x \\ \hat{u}_y \end{Bmatrix} = \begin{bmatrix} \hat{u}_{x1} & \hat{u}_{x2} & \hat{u}_{x3} \\ \hat{u}_{y1} & \hat{u}_{y2} & \hat{u}_{y3} \end{bmatrix} \begin{Bmatrix} \xi_1 \\ \xi_2 \\ \xi_3 \end{Bmatrix} \tag{E4.8.11}$$

$$\begin{Bmatrix} \hat{v}_x \\ \hat{v}_y \end{Bmatrix} = \begin{bmatrix} \hat{v}_{x1} & \hat{v}_{x2} & \hat{v}_{x3} \\ \hat{v}_{y1} & \hat{v}_{y2} & \hat{v}_{y3} \end{bmatrix} \begin{Bmatrix} \xi_1 \\ \xi_2 \\ \xi_3 \end{Bmatrix} \tag{E4.8.12}$$

关于旋转坐标系的形函数的导数，可由式(E4.3.5)的运算给出：

$$\left[\frac{\partial N_I}{\partial \hat{x}_j}\right] \equiv \left[\frac{\partial \xi_I}{\partial \hat{x}_j}\right] = \frac{1}{2A}\begin{bmatrix} \hat{y}_{23} & \hat{x}_{32} \\ \hat{y}_{31} & \hat{x}_{13} \\ \hat{y}_{12} & \hat{x}_{21} \end{bmatrix} \equiv \hat{\boldsymbol{B}} \tag{E4.8.13}$$

变形率的旋转分量为

$$\hat{D} = \frac{1}{2}(\hat{B}_I \hat{v}_I^{\mathrm{T}} + \hat{v}_I \hat{B}_I^{\mathrm{T}}) \tag{E4.8.14}$$

由式(4.5.43)可得到节点内力：

$$[f_{Ii}]^{\mathrm{int}} = \int_\Omega \hat{B}_{Ij}\hat{\sigma}_{jk}R_{ki}^{\mathrm{T}}\,\mathrm{d}\Omega = \int_\Omega \frac{\partial \xi_I}{\partial \hat{x}_j}\hat{\sigma}_{jk}R_{ki}^{\mathrm{T}}\,\mathrm{d}\Omega \tag{E4.8.15}$$

应用式(E4.7.2)和式(E4.8.13)，写出上式的矩阵形式，得到

$$\begin{bmatrix} f_{1x} & f_{1y} \\ f_{2x} & f_{2y} \\ f_{3x} & f_{3y} \end{bmatrix}^{\mathrm{int}} = \int_A \frac{1}{2A}\begin{bmatrix} \hat{y}_{23} & \hat{x}_{32} \\ \hat{y}_{31} & \hat{x}_{13} \\ \hat{y}_{12} & \hat{x}_{21} \end{bmatrix} \begin{bmatrix} \hat{\sigma}_x & \hat{\sigma}_{xy} \\ \hat{\sigma}_{xy} & \hat{\sigma}_y \end{bmatrix} \begin{bmatrix} \cos\theta & \sin\theta \\ -\sin\theta & \cos\theta \end{bmatrix} a\,\mathrm{d}A \tag{E4.8.16}$$

总结以上工作，旋转坐标系可以通过以下方法获得：

(1) 极分解；

(2) 使每一积分点处的旋转坐标系与单元的材料线一起转动，如使旋转坐标系与复合材料纤维的方向一致；

(3) 使旋转坐标系与单元的一条边一起转动(仅适用于小应变问题)。

更详细的内容，读者可以参考 Wempner(1969)及 Belytschko 和 Hsieh(1973)的文献。

4.7 从更新的拉格朗日格式到完全的拉格朗日格式

本章建立了更新的拉格朗日格式，第3章建立了完全的拉格朗日格式，两种格式具有等价性，可以互相转换。下面介绍从更新的拉格朗日格式转换为完全的拉格朗日格式的过程。

为了获得完全的拉格朗日格式的离散化有限元方程，首先转换更新的拉格朗日格式的节点力公式。这要应用质量守恒方程(式(B3.1.1)，$\rho J=\rho_0$)和关系式

$$d\Omega = J\,d\Omega_0 \tag{4.7.1}$$

更新的拉格朗日格式的节点内力由式(4.4.13)给出：

$$f_{iI}^{\text{int}} = \int_{\Omega} \frac{\partial N_I}{\partial x_j}\sigma_{ji}\,d\Omega \tag{4.7.2}$$

应用表 2-1 中的变换关系 $J\sigma_{ji}=F_{jk}P_{ki}=\dfrac{\partial x_j}{\partial X_k}P_{ki}$，转换式(4.7.2)为

$$f_{iI}^{\text{int}} = \int_{\Omega} \frac{\partial N_I}{\partial x_j}\frac{\partial x_j}{\partial X_k}P_{ki}J^{-1}\,d\Omega \tag{4.7.3}$$

可以看出前两项的乘积是$\dfrac{\partial N_I}{\partial X_k}$的链式法则表达式，应用式(4.7.1)，得到

$$f_{iI}^{\text{int}} = \int_{\Omega_0} \frac{\partial N_I}{\partial X_k}P_{ki}\,d\Omega_0 = \int_{\Omega_0} B_{0kI}P_{ki}\,d\Omega_0 \tag{4.7.4}$$

式中，

$$B_{0kI} = \frac{\partial N_I}{\partial N_k} \tag{4.7.5}$$

在矩阵形式中，上式为

$$(\boldsymbol{f}_I^{\text{int}})^{\mathrm{T}} = \int_{\Omega_0} \boldsymbol{B}_0^{\mathrm{T}}\boldsymbol{P}\,d\Omega_0 \tag{4.7.6}$$

将上式写成这种形式是为了强调它与更新的拉格朗日格式的相似性：如果考虑当前构形为参考构形，用 $\boldsymbol{B}$ 代替 B_0，Ω 代替 Ω_0，$\boldsymbol{\sigma}$ 代替 $\boldsymbol{P}$，可以由上式获得更新的拉格朗日格式的节点内力。

为了获得节点外力，转换更新的拉格朗日格式为完全的拉格朗日格式，从节点外力的更新的拉格朗日格式(4.4.15)可得

$$f_{iI}^{\text{ext}} = \int_{\Omega} N_I\rho b_i\,d\Omega + \int_{\Gamma_{t_i}} N_I\bar{t}_i\,d\Gamma \tag{4.7.7}$$

由式(3.4.1)($\rho\boldsymbol{b}\,d\Omega=\rho_0\boldsymbol{b}\,d\Omega_0$)和式(2.4.1)与式(2.4.3)可得 $\bar{t}\,d\Gamma=t_0\,d\Gamma_0$，将其代入式(4.7.7)，给出节点外力的完全的拉格朗日格式：

$$f_{iI}^{\text{ext}}=\int_{\Omega_0} N_I\rho_0 b_i \,\mathrm{d}\Omega_0+\int_{\Gamma_{t_i}^0} N_I \bar{t}_i^0 \,\mathrm{d}\Gamma_0 \tag{4.7.8}$$

上式中的两个积分分别是在初始(参考)域和边界上进行的；注意到 $\rho_0\boldsymbol{b}$ 是每单位参考体积上的体力：见式(3.4.1)。将上式写成矩阵形式：

$$\boldsymbol{f}_I^{\text{ext}}=\int_{\Omega_0}\boldsymbol{N}_I\rho_0\boldsymbol{b}\,\mathrm{d}\Omega_0+\int_{\Gamma_{t_i}^0}\boldsymbol{N}_I\boldsymbol{e}_i\cdot\bar{\boldsymbol{t}}_0\,\mathrm{d}\Gamma_0 \tag{4.7.9}$$

在建立UL格式的过程中,将惯性节点力和质量矩阵表示为初始构形的形式(式(4.4.58))。将这个质量矩阵与更新的拉格朗日格式的质量矩阵(式(4.4.57))进行比较,发现它们是一致的。将质量转换到参考构形上,突出了关于拉格朗日网格的时间不变性。

这样,所有节点力都已经表示为在初始(参考)构形上拉格朗日变量的形式。运动方程对于完全的拉格朗日离散与更新的拉格朗日离散是一致的,见式(4.4.56)：

$$\widetilde{M}_{IJ}\dot{v}_{iJ}+f_{iI}^{\text{int}}=f_{iI}^{\text{ext}}$$

另外,在式(4.3.11)中通过用变分位移代替变分速度,并将每一项都转换到参考构形上,也可以建立弱形式。这样,完全的拉格朗日弱形式(式(3.3.7))是更新的拉格朗日弱形式的一个简单变换。

然而作为逆变换,节点内力的完全的拉格朗日格式(式(3.5.22))不用任何转换就可以很容易地得到更新的拉格朗日格式(式(4.5.7))。只有让固定时刻 t 的构形成为参考构形才可以实现。若视当前构形为参考构形,则有

$$\boldsymbol{F}=\boldsymbol{I}\quad 或\quad F_{ij}=\frac{\partial x_i}{\partial X_j}=\delta_{ij} \tag{4.7.10}$$

因为这两个坐标系在时刻 t 是重合的。另外,若使当前构形成为参考构形,有

$$\boldsymbol{B}^0=\boldsymbol{B},\quad \boldsymbol{S}=\boldsymbol{\sigma},\quad \Omega_0=\Omega,\quad J=1,\quad \mathrm{d}\Omega_0=\mathrm{d}\Omega \tag{4.7.11}$$

为了验证其中的第一式,将式(4.7.10)代入式(3.5.20),并与式(4.5.18)比较；因为 $\boldsymbol{F}=\boldsymbol{I}$,从表2-1可知,$\boldsymbol{S}=\boldsymbol{\sigma}$。节点力的表达式(式(3.5.22))成为

$$\boldsymbol{f}_I=\int_{\Omega}\boldsymbol{B}_I^{\mathrm{T}}\{\boldsymbol{\sigma}\}\,\mathrm{d}\Omega \tag{4.7.12}$$

这与更新的拉格朗日格式(4.5.12)是一致的。这种使当前构形成为参考构形的技巧在后续章节还会用到。

4.8 完全的拉格朗日格式与更新的拉格朗日格式对比

本章建立了拉格朗日有限元的另一种格式,即更新的拉格朗日有限元格式,由空间坐标(如欧拉坐标)表示其强形式。

运动方程对应于动量方程,且由它的弱形式得到。由于已经构造了弱形式和有限元离散方程,所以很容易表示出动量方程中对应项的关系：内力对应于应力、外力对应于体力和外载荷、惯性力对应于动态或惯性项(d'Alembert 力)。如果惯性项可以忽略,则在离散方程中省略惯性力,称此类方程为平衡方程。这些方程或是非线性代数方程,或是常微分方程,取决于本构方程的性质。

第3章和第4章分别证明了完全的拉格朗日格式和更新的拉格朗日格式是同一离散的

两种表达方式，可以相互转换。因此在更新的拉格朗日格式中得到的节点内力和节点外力与在完全的拉格朗日格式中得到的结果相同，选用哪种格式取决于读者。

完全的拉格朗日格式比更新的拉格朗日格式需要更多存储空间，以存储形函数及其导数值；而更新的拉格朗日格式需要在每一个时间步重复搜索和计算形函数，也会影响计算效率。因此，在实际问题中应有所选择，建议对于大变形的瞬态问题或路径无关材料，可采用完全的拉格朗日格式；而对于与变形历史有关的、路径相关材料，如弹塑性和黏弹塑性材料，则可采用更新的拉格朗日格式。

4.9　练习

1. 考虑一个逐渐变细的两节点单元，采用在例 4.1 中更新的拉格朗日格式的线性位移场。它的截面面积为 $A=A_1(1-\xi)+A_2\xi$，其中 A_1 和 A_2 分别为在节点 1 和节点 2 处的当前横截面面积。要求以柯西应力的形式建立节点内力，假设 $\sigma=\sigma_1(1-\xi)+\sigma_2\xi$，其中，$\sigma_1$ 和 σ_2 分别是节点 1 和节点 2 处的柯西应力；当体力为常数时，建立节点外力。

2. 考虑单元长度为 l，横截面面积为常数 A 的 2 单元网格。装配一致质量矩阵和刚度矩阵，并得到所有节点自由的 2 单元网格的频率(特征值问题为 3×3 阶)，$\boldsymbol{Ky}=\omega^2\boldsymbol{My}$。假设频率分析的响应是线性的，因此初始与当前的几何形状是相同的。重复同样的问题，采用集中质量矩阵。将由集中质量矩阵和一致质量矩阵解出的频率与两端自由杆的精确频率解对比，$\omega=n\dfrac{\pi c}{L}$，其中 $n=0,1,\cdots$。观察和讨论一致质量的频率高于精确解，而对角质量的频率低于精确解。

3. 一个厚度为常数 a 的二维轴对称圆盘如图 4-10 所示，其厚度相对于其他尺寸很薄，所以有 $\sigma_z=0$。通过虚功率原理给出单元节点内力和质量矩阵。

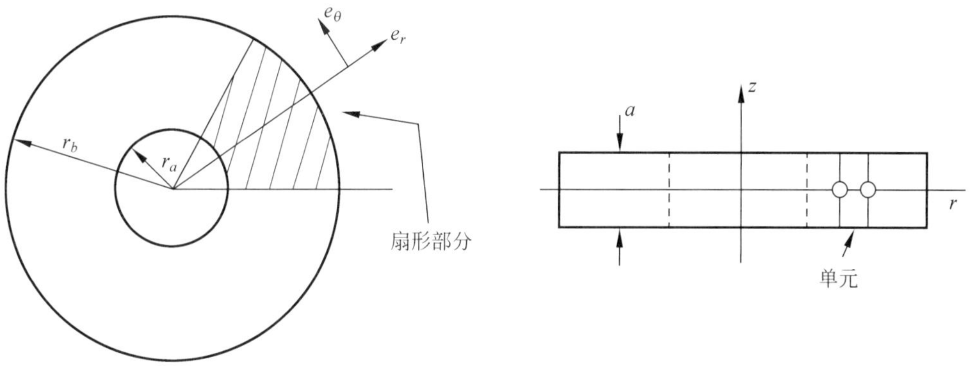

图 4-10　轴对称圆盘

考虑阴影面积为做功项

提示：在轴对称问题中，唯一非零的速度是 $v_r(r)$，它仅是径向坐标的函数。在圆柱坐标系中应用福格特符号，写出非零的柯西应力和变形率：

$$\{\boldsymbol{\sigma}\}=\begin{Bmatrix}\sigma_r\\ \sigma_\theta\end{Bmatrix},\quad \{\boldsymbol{D}\}=\begin{Bmatrix}D_r\\ D_\theta\end{Bmatrix}\tag{1}$$

变形率的分量为

$$D_r = v_{r,r} \quad D_\theta = \frac{v_r}{r} \tag{2}$$

动量方程为

$$\frac{\partial \sigma_r}{\partial r} + \frac{\sigma_r - \sigma_\theta}{r} + \rho b_r = \rho \dot{v}_r \tag{3}$$

没有必要积分动量方程以获得弱形式。通过虚功率原理建立其弱形式为

$$\delta p = 0, \quad \forall \delta v_r \in u_0$$

由变形率和应力获得内部虚功率：

$$\delta p_e^{\text{int}} = \int_{r_1^e}^{r_2^e} (\delta D_r \sigma_r + \delta D_\theta \sigma_\theta) a r \, \mathrm{d}r = \int_{\Omega_e} \{\delta \boldsymbol{D}\}^{\mathrm{T}} \{\boldsymbol{\sigma}\} \mathrm{d}\Omega \tag{4}$$

式中，$\mathrm{d}\Omega = ar\,\mathrm{d}r$，因为在圆周方向上选择了一径向段，$ar$ 为径向段的面积，以避免在所有项中包含因子 2π。外力虚功率和惯性力虚功率为

$$\delta p_e^{\text{ext}} = \int_{\Omega_e} \delta v_r \rho b_r \mathrm{d}\Omega + (ar\bar{t}_r)\big|_{\Gamma_t}, \quad \delta p_e^{\text{kin}} = \int_{\Omega_e} \delta v_r \rho \dot{v}_r \mathrm{d}\Omega \tag{5}$$

建立 2 节点线性单元，以单元坐标形式写出其线性速度场：

$$v(\xi,t) = [1-\xi \quad \xi] \begin{Bmatrix} v_1(t) \\ v_2(t) \end{Bmatrix} \tag{6}$$

通过式(2)且应用上式的速度场为变形率赋值，并将其写成矩阵形式：

$$\{\boldsymbol{D}\} = \begin{Bmatrix} D_r \\ D_\theta \end{Bmatrix} = \begin{bmatrix} -\frac{1}{r_{21}} & \frac{1}{r_{21}} \\ \frac{1-\xi}{r} & \frac{\xi}{r} \end{bmatrix} \begin{Bmatrix} v_1(t) \\ v_2(t) \end{Bmatrix} = \boldsymbol{B}\boldsymbol{v}_e \tag{7}$$

式中，$r_{21} \equiv r_2 - r_1$。节点内力由与式(4.5.12)相同的表达式给出，只是应力由列矩阵来替换：

$$\boldsymbol{f}_e^{\text{int}} = \int_{\Omega_e} \boldsymbol{B}^{\mathrm{T}} \{\boldsymbol{\sigma}\} \mathrm{d}\Omega = \int_{r_1}^{r_2} \begin{bmatrix} -\frac{1}{r_{21}} & \frac{1}{r_{21}} \\ \frac{1-\xi}{r} & \frac{\xi}{r} \end{bmatrix} \begin{Bmatrix} \sigma_r \\ \sigma_\theta \end{Bmatrix} ar\,\mathrm{d}r \tag{8}$$

单元质量矩阵为

$$\boldsymbol{M}_e = \int_{r_1}^{r_2} \begin{Bmatrix} 1-\xi \\ \xi \end{Bmatrix} [1-\xi \quad \xi] \rho ar\,\mathrm{d}r = \frac{\rho a r_{21}}{12} \begin{bmatrix} 3r_1 + r_2 & r_1 + r_2 \\ r_1 + r_2 & r_1 + 3r_2 \end{bmatrix} \tag{9}$$

通过行求和技术，在每一节点集中一半质量计算对角化质量矩阵 $\boldsymbol{M}_e^r$ 和 $\boldsymbol{M}_e^l$：

$$\begin{cases} \boldsymbol{M}_e^r = \dfrac{\rho a r_{21}}{6} \begin{bmatrix} 2r_1 + r_2 & 0 \\ 0 & r_1 + 2r_2 \end{bmatrix} \\ \boldsymbol{M}_e^l = \dfrac{\rho a r_{21}(r_1 + r_2)}{4} \begin{bmatrix} 1 & 0 \\ 0 & 1 \end{bmatrix} \end{cases} \tag{10}$$

可以看到这两种对角化过程的计算结果稍有不同。

4. 对于球对称问题，通过虚功率原理给出单元节点内力和质量矩阵。其中，

$$\boldsymbol{D} = \begin{Bmatrix} D_{rr} \\ D_{\theta\theta} \\ D_{\varphi\varphi} \end{Bmatrix}, \quad \boldsymbol{\sigma} = \begin{Bmatrix} \sigma_{rr} \\ \sigma_{\theta\theta} \\ \sigma_{\varphi\varphi} \end{Bmatrix}, \quad D_{rr} = v_{r,r}, \quad D_{\theta\theta} = D_{\varphi\varphi} = \frac{1}{r} v_r$$

（1）建立虚功率原理的表达式，并推导相应的强形式。

（2）对于线性速度场的 2 节点单元，建立矩阵 $\boldsymbol{B}$、应力形式的节点内力矩阵 $\boldsymbol{f}_e^{\text{int}}$ 和一致质量矩阵 $\boldsymbol{M}_e$。对于常体力情况，建立节点外力 $\boldsymbol{f}_e^{\text{ext}}$ 的表达式。

5. 考虑如图 2-5 所示的单元，其运动为

$$x = X + Yt,\quad y = Y + \frac{1}{2}Xt$$

在 $t=1$ 时的变形构形中拉伸单元（练习 2.7 的第 1 题已做过）。

（1）令在变形构形中的唯一非零的 PK2 应力分量为 S_{11}，求出节点内力。

（2）对于应力的相同状态，求出未变形构形中的节点内力。如果旋转物体将对节点内力产生什么影响？

（3）令仅有的非零应力分量为 S_{22} 和 S_{12}，重复问题（1）和（2）。解释在未变形和变形构形中的节点内力。

6. 处于剪切的块体，如图 2-13 所示，其运动由式（E2.13.1）给出。计算作为时间函数的格林应变。画出当 $t\in[0,4]$ 时 E_{12} 和 E_{22} 的图；解释为什么 E_{22} 是非零的。对克希霍夫材料计算 PK2 应力，采用由式（12.5.7）给出的$[\boldsymbol{C}^{SE}]$（式（12.5.7）给出的矩阵为 $[\boldsymbol{C}_{ab}^{\tau}]$，是同一个矩阵）。

（1）应用南森关系式（2.4.8）：

$$\boldsymbol{n}\,\mathrm{d}\Gamma = J\boldsymbol{n}_0\cdot\boldsymbol{F}^{-1}\mathrm{d}\Gamma_0,\quad n_i\,\mathrm{d}\Gamma = Jn_j^0F_{ji}^{-1}\mathrm{d}\Gamma_0$$

证明面积分的材料时间导数为

$$\frac{\mathrm{d}}{\mathrm{d}t}\int_S g\boldsymbol{n}\,\mathrm{d}S = \int_S[(\dot{g} + g\,\nabla\cdot\boldsymbol{v})\boldsymbol{I} - g\boldsymbol{L}^{\mathrm{T}}]\cdot n\,\mathrm{d}S$$

使用这个结果证明荷载刚度为

$$\boldsymbol{f}_I^{\text{ext}} = \int_{-1}^{1}\int_{-1}^{1} pN_IJ_{\xi}\boldsymbol{F}_{\xi}^{-\mathrm{T}}\cdot\boldsymbol{n}_{0\xi}\,\mathrm{d}\xi\mathrm{d}\eta$$

这里 $\boldsymbol{n}_{0\xi}=-\boldsymbol{e}_3$ 是在母单元中平面 $\zeta=-1$ 的法向向量。

（2）以克拉默法则（Cramer's rule）的形式，通过应用张量求逆的定义，即

$$\boldsymbol{F}_{\xi}^{-1} = \frac{1}{\det(\boldsymbol{F}_{\xi})}[\boldsymbol{F}_{\xi}^{*}]$$

这里 $\boldsymbol{F}_{\xi}^{*}$ 是 $\boldsymbol{F}_{\xi}$ 的伴随矩阵（同元素矩阵的转置），说明上述关于节点外力的表达式可以退化为式（E4.6.14）。

7. 考虑主-从连接单元，其主-从连接线如图 4-11 所示。连接线经常用于连接采用不同单元尺度的网格，因为它们比使用三角形或四面体单元连接不同尺度的单元更方便。通过约束从属节点的运动，使其与连接主控节点的附近边界的场一致，保证跨过连接线的运动的连续性，从而导出节点力和质量矩阵。

提示：通过运动约束给出从属节点的速度，使沿连接线两侧的速度必须保持协调，即 C^0。这个约束可以表述为节点速度的一个线性关系，因此这个关系对应于式（4.5.47），可以写为

$$\begin{Bmatrix}\hat{\boldsymbol{v}}_M\\ \hat{\boldsymbol{v}}_S\end{Bmatrix} = \begin{bmatrix}\boldsymbol{I}\\ \boldsymbol{A}\end{bmatrix}\{\boldsymbol{v}_M\} \tag{1}$$

所以有 $\boldsymbol{T}=\begin{bmatrix}\boldsymbol{I}\\ \boldsymbol{A}\end{bmatrix}$。式中，矩阵 $\boldsymbol{A}$ 是从线性约束得到的，^表示这是在两侧连接到一起之前的

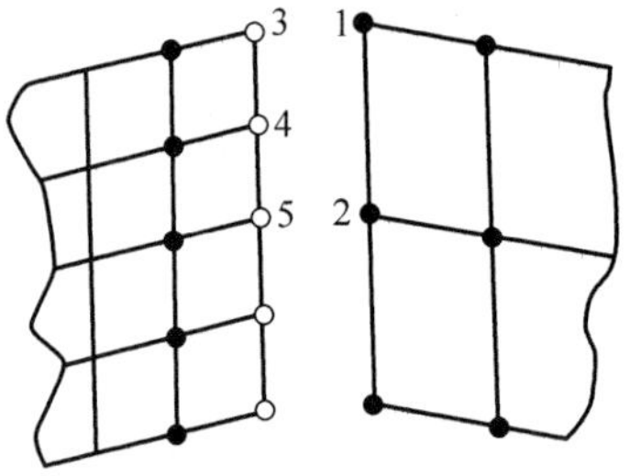

图 4-11 连接线的分解图

当连接为整体时，节点 3 和节点 5 的速度等于对应的节点 1 和节点 2 的速度，以节点 1 和节点 2 的形式通过线性约束给出节点 4 的速度

分离模型的速度。分别用 $\hat{\boldsymbol{f}}_S$ 和 $\hat{\boldsymbol{f}}_M$ 表示分离模型的节点力，$\hat{\boldsymbol{f}}_S$ 是从连接线从属一侧的单元集成的单元节点力矩阵，$\hat{\boldsymbol{f}}_M$ 是从连接线主控一侧的单元集成的单元节点力矩阵。通过式(4.5.48)给出连接后模型的节点力为

$$\{\boldsymbol{f}_M\}=\boldsymbol{T}^{\mathrm{T}}\begin{Bmatrix}\hat{\boldsymbol{f}}_M\\ \hat{\boldsymbol{f}}_S\end{Bmatrix}=[\boldsymbol{I}\quad \boldsymbol{A}^{\mathrm{T}}]\begin{Bmatrix}\hat{\boldsymbol{f}}_M\\ \hat{\boldsymbol{f}}_S\end{Bmatrix}\tag{2}$$

式中，$\boldsymbol{T}$ 由式(1)给出。从上式可以看出，主控节点力是分离模型的主控节点力和转换的从属节点力的和。这些公式对于节点内力和节点外力都适用。

由式(4.5.53)给出一致质量矩阵为

$$\boldsymbol{M}=\boldsymbol{T}^{\mathrm{T}}\hat{\boldsymbol{M}}\boldsymbol{T}=[\boldsymbol{I}\quad \boldsymbol{A}^{\mathrm{T}}]\begin{bmatrix}\hat{\boldsymbol{M}}_M & 0\\ 0 & \hat{\boldsymbol{M}}_S\end{bmatrix}\begin{bmatrix}\boldsymbol{I}\\ \boldsymbol{A}\end{bmatrix}=\hat{\boldsymbol{M}}_M+\boldsymbol{A}^{\mathrm{T}}\hat{\boldsymbol{M}}_S\boldsymbol{A}\tag{3}$$

对于在图 4-11 中编号的 5 个节点，需要详细地说明这些转换。单元为 4 节点四边形单元，所以沿任何边界上的速度都是线性的。从属节点 3、节点 5 与主控节点 1、节点 2 重合，而从属节点 4 与主控节点 1 的距离为 ξl，其中 $l=\|\boldsymbol{x}_2-\boldsymbol{x}_1\|$，因此，

$$\boldsymbol{v}_3=\boldsymbol{v}_1,\quad \boldsymbol{v}_5=\boldsymbol{v}_2,\quad \boldsymbol{v}_4=\xi\boldsymbol{v}_2+(1-\xi)\,\boldsymbol{v}_1\tag{4}$$

并且式(1)可以写为

$$\begin{Bmatrix}\boldsymbol{v}_1\\ \boldsymbol{v}_2\\ \boldsymbol{v}_3\\ \boldsymbol{v}_4\\ \boldsymbol{v}_5\end{Bmatrix}=\begin{bmatrix}\boldsymbol{I} & \boldsymbol{0}\\ \boldsymbol{0} & \boldsymbol{I}\\ \boldsymbol{I} & \boldsymbol{0}\\ (1-\xi)\boldsymbol{I} & \xi\boldsymbol{I}\\ \boldsymbol{0} & \boldsymbol{I}\end{bmatrix}\begin{Bmatrix}\boldsymbol{v}_1\\ \boldsymbol{v}_2\end{Bmatrix},\quad \boldsymbol{T}=\begin{bmatrix}\boldsymbol{I} & \boldsymbol{0}\\ \boldsymbol{0} & \boldsymbol{I}\\ \boldsymbol{I} & \boldsymbol{0}\\ (1-\xi)\boldsymbol{I} & \xi\boldsymbol{I}\\ \boldsymbol{0} & \boldsymbol{I}\end{bmatrix}\tag{5}$$

节点力则为

$$\begin{bmatrix}\boldsymbol{f}_1\\ \boldsymbol{f}_2\end{bmatrix}=\begin{bmatrix}\boldsymbol{I} & \boldsymbol{0} & \boldsymbol{I} & (1-\xi)\boldsymbol{I} & \boldsymbol{0}\\ \boldsymbol{0} & \boldsymbol{I} & \boldsymbol{0} & \xi\boldsymbol{I} & \boldsymbol{I}\end{bmatrix}\begin{Bmatrix}\hat{f}_1\\ \hat{f}_2\\ \hat{f}_3\\ \hat{f}_4\\ \hat{f}_5\end{Bmatrix}\tag{6}$$

主控节点 1 的力为

$$\boldsymbol{f}_1=\hat{f}_1+\hat{f}_3+(1-\xi)\hat{f}_4 \tag{7}$$

节点力的两个分量的转换是一致的。这种转换对节点内力和外力都适用。

如果两条边只是在法向相连接，则需要在节点上建立局部坐标系。通过类似于式(6)的关系，联系节点力的法向分量，而切向分量保持各自独立。

8. 由 4.3.2 节的描述可知，线性有限元分析从某种意义上已经证明了弱形式的结果就是最好的结果，它使能量的误差最小化。请阐释为什么在非线性问题中如此优化的结果通常是不可能的(为什么此概念被延伸到结构优化方法后不适用于非线性问题)。

第 5 章

显式时间积分方法

主要内容

显式时间积分：中心差分方法，龙格-库塔方法，编程

条件稳定性：临界时间步长，能量平衡

提高计算效率的技术：质量缩放，子循环，动态松弛

动态振荡的阻尼：体黏性，材料阻尼

5.1 引言

有限元的离散体现在空间维度上单元的划分，而对运动方程的求解在时间上是连续的，其求解方法一般分为两类，即显式时间积分和隐式时间积分。本章将描述非线性有限元的显式时间积分方法(简称显式方法)，以及平衡问题的解决方法，并检验它们的性质、提供编程框图。隐式时间积分方法(简称隐式方法)将在第 6 章介绍。读者可能会存在认识上的误区，认为显式时间积分适合动态问题，隐式时间积分适合静态问题。持此观点者，显然是没有理解两种方法的求解精髓。无论是显式时间积分还是隐式时间积分，都可以求解静态和动态问题。显式时间积分对于求解广泛的、各种各样的非线性固体和结构力学问题是一种非常有效的工具。

显式时间积分一般用于求解如下问题：

(1) 高速动力学(high-speed dynamic)事件。最初发展显式动力学方法是为了分析那些用隐式方法分析起来可能极端费时的高速动力学事件。例如，分析一块钢板在瞬时爆炸载荷下的响应。在迅速施加的巨大载荷作用下，结构的响应变化得非常快。对于捕获动力响应，精确地跟踪板内的应力波是非常重要的，由于应力波与系统的最高阶频率相关，精确解答的获取需要许多小的时间增量。如果事件持续的时间非常短，则可能得到高效率的解答。

(2) 复杂接触(contact)问题。应用显式方法建立接触条件的公式比应用隐式方法容易得多,因此能够比较容易地分析包括许多独立物体相互作用的复杂接触问题,特别适合分析受冲击载荷并随后在结构内部发生复杂相互接触作用和一些极度不连续的结构的瞬间动态响应问题;并且能够一个节点、一个节点地求解而不必迭代。通过调整节点加速度来平衡在接触时的外力和内力。

(3) 复杂后屈曲(postbuckling)问题。应用显式方法能够比较容易地解决失稳的后屈曲问题。在此类问题中,随着载荷的施加,结构的刚度会发生剧烈变化。后屈曲响应常常包括无法预先指定的单元表面发生接触相互作用的影响。

(4)高度非线性的准静态(quasi-static)问题。由于各种原因,显式方法常常能够有效地解决某些在本质上是静态的问题。准静态过程模拟包括复杂接触的问题,锻造、滚压和薄板成型等过程一般都属于这类问题。薄板成型问题通常包含非常大的膜变形、褶皱和复杂的摩擦接触条件。块体成型问题的特征有大扭曲、瞬间变形及与模具之间的相互接触。

(5) 材料退化(degradation)和失效(failure)。显式方法能够很好地模拟材料退化和失效问题,而隐式方法却难以处理这类收敛性困难的材料问题。混凝土开裂的模型是一个材料退化的示例,其拉伸裂缝导致了材料的刚度为负值。金属的延性损伤模型是一个材料失效的示例,其材料刚度能够退化并且一直降低到零,在这段时间中,单元从模型中被完全删除(死活单元技术)。

分析这些类型的每一个问题都有可能包含温度和热传导的影响。

本章从显式时间积分方法开始讨论,主要关注中心差分方法,同时也给出了关于其他时间积分的讨论;既详细地描述了编程方法,也考虑了相关的求解技术,如质量缩放、子循环和动态松弛;比较了显式时间积分方法和隐式时间积分方法,并评价了它们的相对优越性。

5.2　显式时间积分

5.2.1　中心差分方法

在计算力学和计算物理学中,应用最广泛的显式时间积分方法是中心差分方法。中心差分方法是从速度和加速度的中心差分公式发展的。现在考虑把它应用于求解拉格朗日格式的动量方程。动量方程包含几何和材料非线性,实际上这对时间积分方法几乎没有影响。

为了发展中心差分方法和其他时间积分方法,采用如下标记。将计算的时间段 $0\leqslant t\leqslant t_{\mathrm{E}}$ 划分为若干 Δt^n 的时间增量步,上角标表示时间步 n 为 $1\sim n_{\mathrm{TS}}$,其中 n_{TS} 是时间步的数量,t_{E} 是模拟的结束时间。t^n 和 $\boldsymbol{d}^n\equiv\boldsymbol{d}^n(t^n)$ 分别是在第 n 时间步的时间和位移。图 5-1 为中心差分方法的时间-变量图谱。

方法中考虑变化的时间步,在大多数实际计算中是必要的,因为当网格变形和由于应力而改变波速时,稳定时间步随之改变。为此,定义时间增量为

$$\Delta t^{n+\frac{1}{2}}=t^{n+1}-t^n,\quad t^{n+\frac{1}{2}}=\frac{1}{2}(t^{n+1}+t^n),\quad \Delta t^n=t^{n+\frac{1}{2}}-t^{n-\frac{1}{2}} \tag{5.2.1}$$

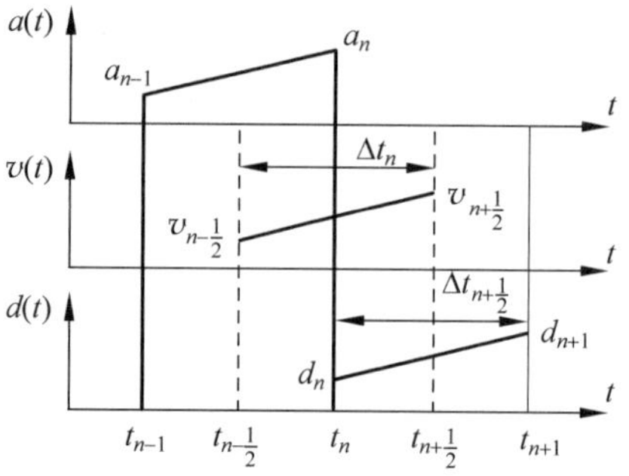

图 5-1 显式时间积分(中心差分)的时间-变量图谱

关于速度的中心差分公式为

$$\dot{\boldsymbol{d}}^{n+\frac{1}{2}} \equiv \boldsymbol{v}^{n+\frac{1}{2}} = \frac{\boldsymbol{d}^{n+1} - \boldsymbol{d}^n}{t^{n+1} - t^n} = \frac{1}{\Delta t^{n+\frac{1}{2}}}(\boldsymbol{d}^{n+1} - \boldsymbol{d}^n) \tag{5.2.2}$$

上式最后一步用到了式(5.2.1)中 $\Delta t^{n+\frac{1}{2}}$ 的定义。通过重新安排各项,将中心差分公式转化为积分公式,得到位移的计算公式:

$$\boldsymbol{d}^{n+1} = \boldsymbol{d}^n + \Delta t^{n+\frac{1}{2}} \boldsymbol{v}^{n+\frac{1}{2}} \tag{5.2.3}$$

加速度和相应的积分公式为

$$\ddot{\boldsymbol{d}}^n \equiv \boldsymbol{a}^n = \frac{\boldsymbol{v}^{n+\frac{1}{2}} - \boldsymbol{v}^{n-\frac{1}{2}}}{t^{n+\frac{1}{2}} - t^{n-\frac{1}{2}}}, \quad \boldsymbol{v}^{n+\frac{1}{2}} = \boldsymbol{v}^{n-\frac{1}{2}} + \Delta t^n \boldsymbol{a}^n \tag{5.2.4}$$

上式在时间间隔的中点定义了速度,称之为半步长或中点步长。在时间间隔中点的导数由在间隔端点处函数的差得到,顾名思义为中心差分公式。

通过将式(5.2.2)和其前一时间步的变量代入式(5.2.4),直接由位移的形式表示加速度:

$$\ddot{\boldsymbol{d}}^n \equiv \boldsymbol{a}^n = \frac{\Delta t^{n-\frac{1}{2}}(\boldsymbol{d}^{n+1} - \boldsymbol{d}^n) - \Delta t^{n+\frac{1}{2}}(\boldsymbol{d}^n - \boldsymbol{d}^{n-1})}{\Delta t^{n+\frac{1}{2}} \Delta t^n \Delta t^{n-\frac{1}{2}}} \tag{5.2.5}$$

在相同时间步长的情况下,上述公式简化为

$$\ddot{\boldsymbol{d}}^n \equiv \boldsymbol{a}^n = \frac{\boldsymbol{d}^{n+1} - 2\boldsymbol{d}^n + \boldsymbol{d}^{n-1}}{(\Delta t^n)^2} \tag{5.2.6}$$

这就是已知的关于函数二阶导数的中心差分公式。

现在考虑运动方程(4.4.24)的时间积分,在第 n 个时间步为

$$\boldsymbol{M}\boldsymbol{a}^n = \boldsymbol{f}^n = \boldsymbol{f}^{\text{ext}}(\boldsymbol{d}^n, t^n) - \boldsymbol{f}^{\text{int}}(\boldsymbol{d}^n, t^n) \tag{5.2.7}$$

并满足约束条件:

$$g^I(\boldsymbol{d}^n) = 0, \quad I = 1, 2, \cdots, n_C \tag{5.2.8}$$

式(5.2.7)是对时间的二阶常微分方程,常称为半离散方程,因为它在空间上是离散的,而在时间上是连续的。式(5.2.8)是 n_C 个指定位移边界条件和在模型中其他约束条件的通用表示。这些约束是节点位移的线性或非线性代数方程。如果约束包括积分或微分关系,通过应用差分方程或积分的数值近似,可以写成上述形式。对于拉格朗日网格,质量矩阵是常数(4.4.5 节)。

节点内力和节点外力是节点位移和时间的函数。外部载荷通常被描述为时间的函数，它们也是节点位移的函数，如当压力施加在正在发生大变形的表面时，它们可能取决于结构的构形。节点内力对位移的依赖性是显而易见的：节点内力取决于应力，而应力通过本构方程取决于应变和应变率，而应变和应变率依次取决于位移和它的导数。节点内力也可以直接取决于时间，如当温度设定为时间的函数时，应力和相应的节点力也直接是时间的函数。

关于更新节点速度和位移的方程如下，将式(5.2.7)代入式(5.2.4)，得到

$$\boldsymbol{v}^{n+\frac{1}{2}}=\boldsymbol{v}^{n-\frac{1}{2}}+\Delta t^{n}\boldsymbol{M}^{-1}\boldsymbol{f}^{n} \tag{5.2.9}$$

这样在任意时间步 n，已知前一步计算的位移 $\boldsymbol{d}^{n}$，通过依次运算应变-位移方程、由 $\boldsymbol{D}^{n-\frac{1}{2}}$ 或 $\boldsymbol{E}^{n}$ 形式表示的本构方程和节点内力，可以确定节点内力和节点外力的合力 $\boldsymbol{f}^{n}$。这样可以对式(5.2.9)等号右侧的全部项赋值，并且应用式(5.2.9)获得 $v^{n+\frac{1}{2}}$，然后由式(5.2.3)确定位移 $\boldsymbol{d}^{n+1}$。

当质量矩阵 $\boldsymbol{M}$ 为对角矩阵时，实现节点速度和位移的更新可以不用求解任何方程。这是显式方法的一个突出特征：对离散动量方程的时间积分不需要求解任何方程。当然，之所以能够避免求解方程，关键在于应用了集中质量矩阵。而集中质量矩阵的运动方程等价于牛顿第二定律。

在数值分析中，根据时间差分方程的结构将积分方法分类。对于相应的一阶和二阶导数的差分方程，可以写成通用表达式为

$$\sum_{k=0}^{n_{\mathrm{S}}}(\alpha_{k}\boldsymbol{d}^{n_{\mathrm{S}}-k}-\Delta t\beta_{k}\dot{\boldsymbol{d}}^{n_{\mathrm{S}}-k})=0,\quad \sum_{k=0}^{n_{\mathrm{S}}}(\bar{\alpha}_{k}\boldsymbol{d}^{n_{\mathrm{S}}-k}-\Delta t^{2}\bar{\beta}_{k}\ddot{\boldsymbol{d}}^{n_{\mathrm{S}}-k})=0 \tag{5.2.10}$$

这里 n_{S} 是差分方程的步数。如果在时间步 n_{S}，方程中的函数仅包括前一时间步的导数，则称差分公式是显式的。在式(5.2.10)中，如果 $\beta_0=0$ 或 $\bar{\beta}_0=0$，则称相应的一阶或二阶导数的差分公式是显式的。在二阶导数的中心差分式(5.2.6)中，$\bar{\beta}_0=0$、$\bar{\beta}_1=1$、$\bar{\beta}_2=0$，因此它也是显式的。根据这个一般性的分类，差分方程为显式是指在不需要求解方程的情况下得到解答，顾名思义，所谓显式即可以直接向等号左侧赋值。

5.2.2 编程

表 5-1 给出了显式时间积分的流程图，概括了求解内容，包括非零初始条件和变化时间步，采用多于一个积分点的单元和阻尼。通过线性黏性力 $\boldsymbol{f}^{\mathrm{damp}}=\boldsymbol{C}^{\mathrm{damp}}\boldsymbol{v}$ 模拟阻尼，式(5.2.9)的合力 $\boldsymbol{f}^{n}$ 增加了阻尼项，改写为 $\boldsymbol{f}^{n}-\boldsymbol{C}^{\mathrm{damp}}\boldsymbol{v}$。速度更新的编程分为两个步骤：

$$\boldsymbol{v}^{n}=\boldsymbol{v}^{n-\frac{1}{2}}+(t^{n}-t^{n-\frac{1}{2}})\boldsymbol{a}^{n},\quad \boldsymbol{v}^{n+\frac{1}{2}}=\boldsymbol{v}^{n}+(t^{n+\frac{1}{2}}-t^{n})\boldsymbol{a}^{n} \tag{5.2.11}$$

以在积分时间步中检查能量的平衡。

这个流程中的主要相关变量是速度和柯西应力。对于速度、柯西应力和所有材料状态参数，必须给出相应的初始值。一般假设初始速度为零，除应力取决于变形历史的超弹性材料外，初始位移对非线性分析是没有意义的，如在金属薄板冲压加工成型的模拟中，我们关注冲头、冲模和夹具的位置变化，以及毛坯经历大变形后的最终形状和应力状态，并不关注毛坯的初始位移。如果初始条件为位移，则编程非常复杂，需要引入罚函数或拉格朗日乘子。

表 5-1 显式时间积分的流程图

1. 初始条件和初始化：

   设定$\boldsymbol{v}^0$、$\boldsymbol{\sigma}^0$ 和其他材料状态参数的初始值；$\boldsymbol{d}^0=\boldsymbol{0}$、$n=0$、$t=0$；计算 $\boldsymbol{M}$
2. 计算作用力(见子程序)
3. 计算加速度 $\boldsymbol{a}^n=\boldsymbol{M}^{-1}(\boldsymbol{f}^n-\boldsymbol{C}^{\text{damp}}\boldsymbol{v}^{n-\frac{1}{2}})$
4. 时间更新：$t^{n+1}=t^n+\Delta t^{n+\frac{1}{2}}$，$t^{n+\frac{1}{2}}=\dfrac{t^n+t^{n+1}}{2}$
5. 第一次部分更新节点速度：$\boldsymbol{v}^{n+\frac{1}{2}}=\boldsymbol{v}^n+(t^{n+\frac{1}{2}}-t^n)\boldsymbol{a}^n$
6. 强迫速度边界条件：

   如果节点 I 在边界 Γ_{vi} 上：$\boldsymbol{v}_{iI}^{n+\frac{1}{2}}=\bar{v}_i(\boldsymbol{x}_I,t^{n+\frac{1}{2}})$
7. 更新节点位移：$\boldsymbol{d}^{n+1}=\boldsymbol{d}^n+\Delta t^{n+\frac{1}{2}}\boldsymbol{v}^{n+\frac{1}{2}}$
8. 计算作用力(见子程序)
9. 计算 $\boldsymbol{a}^{n+1}$
10. 第二次部分更新节点速度：$\boldsymbol{v}^{n+1}=\boldsymbol{v}^{n+\frac{1}{2}}+(t^{n+1}-t^{n+\frac{1}{2}})\boldsymbol{a}^{n+1}$
11. 在第 $n+1$ 时间步检查能量平衡：式(5.3.6)～式(5.3.10)
12. 更新求解步数：$n\longleftarrow n+1$
13. 输出；如果模拟没有完成，返回步骤 4。

子程序：计算作用力

1) 初始化：$\boldsymbol{f}^n=0$，设置 Δt_{crit}
2) 计算总体的节点外力 $\boldsymbol{f}_{\text{ext}}^n$
3) 对所有单元 e 循环
   (1) 计算单元节点位移和速度
   (2) $\boldsymbol{f}_e^{\text{int},n}=0$
   (3) 对积分点$\boldsymbol{\xi}_Q$ 循环
      (i) 如果 $n=0$，转到步骤 4
      (ii) 计算变形的度量：$\boldsymbol{D}^{n-\frac{1}{2}}(\boldsymbol{\xi}_Q)$，$\boldsymbol{F}^n(\boldsymbol{\xi}_Q)$，$\boldsymbol{E}^n(\boldsymbol{\xi}_Q)$
      (iii) 通过本构方程计算应力$\boldsymbol{\sigma}^n(\boldsymbol{\xi}_Q)$
      (iv) $\boldsymbol{f}_e^{\text{int},n}\leftarrow\boldsymbol{f}_e^{\text{int},n}+\boldsymbol{B}^{\mathrm{T}}\sigma^n\bar{w}_QJ\,|_{\xi_Q}$，结束积分点循环
   (4) 计算单元的节点外力，$f_e^{\text{ext},n}$
   (5) $\boldsymbol{f}_e^n=\boldsymbol{f}_e^{\text{ext},n}-\boldsymbol{f}_e^{\text{int},n}$
   (6) 计算 Δt_{crit}^e。如果 $\Delta t_{\text{crit}}^e<\Delta t_{\text{crit}}$，$\Delta t_{\text{crit}}=\Delta t_{\text{crit}}^e$
   (7) 将单元 $\boldsymbol{f}_e^n$ 集合到整体 $\boldsymbol{f}^n$
4) 结束单元循环
5) $\Delta t=\alpha\Delta t_{\text{crit}}$

表 5-1 的主要部分是计算节点力，一般在子程序中进行，其主要步骤如下。

(1) 通过离散过程，从整体数组中提取单元的节点位移和速度；

(2) 在单元的每个积分点上计算应变度量；

(3) 在每个积分点上，通过本构方程计算应力。

(4) 在整个单元域上，通过对矩阵 $\boldsymbol{B}$ 和柯西应力的乘积进行积分，计算节点内力。

(5) 集合单元的节点力进入整体数组。

在第一个时间增量步中，没有计算应变度量和应力，取而代之的是直接从初始应力计算节点内力，如表 5-1 所示。

在表 5-1 中可见内力计算的矩阵形式，应力张量储存在一个方阵中。为了将其改变为福格特形式，通过式(B3.4.2)代替表 5-1 中的子程序第 3)-(3)步，节点内力的计算可以转变为完全的拉格朗日格式。

在显式时间积分方法中，容易处理大多数基本边界条件。例如，可以将沿任意边界上的速度或位移描述为时间的函数，根据已知数据，设置节点速度为

$$\boldsymbol{v}_{iI}^{n+\frac{1}{2}} = \bar{v}_i(\boldsymbol{x}_I, t^{n+\frac{1}{2}}) \tag{5.2.12}$$

则可以强制得到速度/位移边界条件。如果在节点上得不到数据，可以通过式(4.4.32)～式(4.4.34)的最小二乘法过程得到。当边界条件以位移的形式提出后，利用式(5.2.12)的强制条件(包括对给定位移的数值微分)以获得给定速度；然后在第(7)步中对这些速度积分得到位移。通过在第(7)步后设置指定边界位移，可以避免这一循环过程。

施加基本边界条件是相当容易的。对于给定速度边界上的所有节点，通过设节点速度等于给定的节点速度，由速度对时间积分的结果，得到准确的位移解答。这一步骤在流程图中的位置确保了节点力计算中速度的准确性。初始速度必须与边界条件相协调；这在流程图中没有检查，但在软件程序中需要检查。通过输出总体节点力得到在给定速度节点上的反作用力。

速度边界条件也可以在局部坐标系中给定。在这种情况下，运动方程在这些节点上必须表示为局部坐标的分量；节点力在装配前必须转换为整体坐标的分量。局部坐标系的方向可能随时间变化，为了考虑坐标系的转动，必须修改时间积分公式。

当以位移的线性或非线性代数方程给出基本边界条件时，编程是非常复杂的，本书将在 6.2.7 节描述普遍应用的罚函数或拉格朗日乘子法。

在系统中的任何阻尼将滞后半个时间步长：见表 5-1 第 3 步中的 $\boldsymbol{C}^{\text{dump}}$ 项。这也适用于表 5-1 中子程序第 3)-(3)步在积分点循环时与本构方程中的率相关内容的计算。如果编程是完全显式的，即不需要任何方程的求解，则时间滞后是不可避免的，这将减少该方法的稳定时间步长(7.3.4 节)。

5.3　条件稳定性

5.3.1　临界时间步长

从表 5-1 可以看到，显式时间积分方法是很容易编程的，基本上是向前赋值的过程；而且非常强健，所谓强健是指显式积分程序很少因为数值运算的失败而终止。显式积分的优点是算法简单且避免了在隐式积分中求解联立方程。它的缺点是算法的条件稳定性欠佳，如果时间步长超过了临界值 Δt_{crit}，其计算结果将会增长至无穷，导致发散。所以，必须在计算前设置好临界时间步长。

临界时间步长也称为稳定时间步长。对于采用率无关材料的常应变单元的网格，稳定

时间步长的计算公式为

$$\Delta t=\alpha\Delta t_{\mathrm{crit}},\quad \Delta t_{\mathrm{crit}}=\frac{2}{\omega_{\max}}\leqslant\min_{e,I}\frac{2}{\omega_I^e}=\min_e\frac{\ell_e}{c_e}\tag{5.3.1}$$

式中，$\omega_{\max}$ 是线性系统的最大频率，ℓ_e 是单元 e 的特征长度，c_e 是单元 e 的当前波速，α 是考虑非线性不稳定性影响的折减系数，一般为 $0.8\leqslant\alpha\leqslant0.98$。上述问题的发展和对于显式方法时间步长的进一步讨论将在 7.3.4 节给出。

式(5.3.1)在有限差分方法中称为 CFL 条件(Courant-Friedrichs-Lewy condition)；首先由 Courant、Friedrichs 和 Lewy(1928)发表。时间步长与临界时间步长的比值 α 为库朗数(Courant number)。临界时间步长随网格的细划和材料刚度的增加而减小。有趣的是，显式模拟的计算成本是独立于频域的，它仅取决于模型的尺寸和时间步的数目。

基于逐个单元的估算，稳定极限可以用单元长度 l_e 和材料波速 c_e 定义：

$$\Delta t_{\mathrm{stable}}=\frac{l_e}{c_e}\tag{5.3.2}$$

这种简单的稳定极限定义，提供了非常直观的理解，即稳定极限是当膨胀波通过由单元特征长度定义的距离时所需的时间。如果知道最小的单元尺寸和材料波速，就能够估算稳定极限。例如，如果最小单元尺寸是 5mm，膨胀波速是 5000m/s，稳定的时间增量就是 1×10^{-6}s 的量级。因为没有明确如何确定单元的长度，对于大多数单元类型，如一个扭曲的四边形单元，上述方程只是关于实际的逐个单元稳定极限的估算。作为近似值，可以采用最短的单元尺寸，但是估算的结果并不一定是保守的。单元长度越短，稳定极限越小。波速是材料的一个特性，对于线弹性材料有：

$$c_e=\sqrt{\frac{E}{\rho}}\tag{5.3.3}$$

式中，E 是杨氏模量，ρ 是密度。材料的刚度越大，波速越高，稳定极限越小；反之，密度越高，波速越低，稳定极限越大。

对于弹-塑性材料，一个有趣的问题是，在塑性响应中减慢波速是否能够增加稳定极限的时间步长。基于经验的答案是否定的。弹-塑性材料可以在任何时刻发生弹性卸载，如由于数值的干扰在数值计算中常常发生卸载。在结构单元中的弹性卸载和塑性加载是内力重分配的过程，这相当于把单元组成的结构视为静不定体系。注意材料弹性模量和塑性模量的变化，在弹性卸载的过程中，临界时间步长取决于弹性波速，并且一个超过临界时间步长的时间步将导致数值不稳定。

从单元时间步长得到网格时间步长。对于每一个单元，计算单元时间步长，并选择最小的单元时间步长作为网格时间步长。以单元为基础设定临界时间步长的理论判据将在 7.3.6 节给出。

以在系统中的最高频率($\omega_{\max}$)的形式定义稳定性限制。无阻尼的稳定性限制由下式定义：

$$\Delta t_{\mathrm{stable}}=\frac{2}{\omega_{\max}}\tag{5.3.4}$$

而有阻尼的稳定性限制由下式定义：

$$\Delta t_{\text{stable}} = \frac{2}{\omega_{\max}}(\sqrt{1+\xi^2} - \xi) \tag{5.3.5}$$

式中，ξ 是最高频率模态的临界阻尼部分。回顾临界阻尼的定义，它给出了有振荡运动与无振荡运动之间的限制值。为了控制高频振荡，一般以体积黏性的形式引入一个小量的阻尼。这可能与工程上的阻尼通常是减小稳定性限制的认知相反。7.3 节将描述阻尼对动态振荡的影响。

系统中的实际最高频率基于一组复杂的相互作用因素，而且不大可能计算出确切的值，对此可以应用一个有效和保守的简单估算。不考虑模型整体，而是估算在模型中个体单元的最高频率，它总是与膨胀模态有关。可以证明，以逐个单元为基础确定的单元最高频率总是高于由有限元组合模型整体估算的最高频率。逐个单元估算显然是偏保守的，与基于整体模型最高频率的真正稳定极限相比，它将得到一个更小的稳定时间增量。一般情况下，来自边界条件的约束和动力学接触具有压缩特征值响应谱的效果，而逐个单元估算没有考虑这种效果。另一方面，整体估算应用当前的膨胀波波速确定整个模型的最高阶频率，这种算法得到了当前的最高频率并将连续地更新估算值。整体估算一般将允许时间增量超出逐个单元估算得到的值。

5.3.2　能量平衡

从前文描述可知，显式积分的强健性似乎可以使其勇往直前地计算下去，如何保证它的数值稳定性呢？从对线性运动方程积分的稳定性分析中得到了条件稳定性式(5.3.1)，它是显式积分数值稳定性的第一道防线。然而，到目前为止，还没有稳定性原理可以涵盖在工程问题中遇到的全部非线性现象，如接触-冲击、撕裂等。即使满足了式(5.3.1)，其不稳定性也可能进一步发展。对比线性问题，这里的不稳定将导致结果的指数性增长，因此不可轻视。如此抑制失稳的过程可以导致结果远远超过预测的位移，尽管对结果进行了仔细研究，也无法察觉该过程。然而，通过检验能量平衡可以很容易地察觉。因此，能量平衡是检验数值稳定性的第二道防线，具体公式如下。

在低阶方法中，如中心差分方法，一般的方法是通过类似的阶数对时间积分得到能量，如梯形法则。其内能和外能的积分如下：

$$W_{\text{int}}^{n+1} = W_{\text{int}}^{n} + \frac{\Delta t^{n+\frac{1}{2}}}{2}(\boldsymbol{v}^{n+\frac{1}{2}})^{\mathrm{T}}(\boldsymbol{f}_{\text{int}}^{n} + \boldsymbol{f}_{\text{int}}^{n+1}) = W_{\text{int}}^{n} + \frac{1}{2}\Delta\boldsymbol{d}^{\mathrm{T}}(\boldsymbol{f}_{\text{int}}^{n} + \boldsymbol{f}_{\text{int}}^{n+1}) \tag{5.3.6}$$

$$W_{\text{ext}}^{n+1} = W_{\text{ext}}^{n} + \frac{\Delta t^{n+\frac{1}{2}}}{2}(\boldsymbol{v}^{n+\frac{1}{2}})^{\mathrm{T}}(\boldsymbol{f}_{\text{ext}}^{n} + \boldsymbol{f}_{\text{ext}}^{n+1}) = W_{\text{ext}}^{n} + \frac{1}{2}\Delta\boldsymbol{d}^{\mathrm{T}}(\boldsymbol{f}_{\text{ext}}^{n} + \boldsymbol{f}_{\text{ext}}^{n+1}) \tag{5.3.7}$$

其中，$\Delta\boldsymbol{d} = \boldsymbol{d}^{n+1} - \boldsymbol{d}^{n}$。动能的表达式为

$$W_{\text{kin}}^{n} = \frac{1}{2}(\boldsymbol{v}^{n})^{\mathrm{T}}\boldsymbol{M}\boldsymbol{v}^{n} \tag{5.3.8}$$

注意，这里的积分时间步长是应用于速度的，这就是在表 5-1 的积分时间步中计算速度的原因。

在单元或积分点水平，也可以计算内能为

$$W_{\text{int}}^{n+1}=W_{\text{int}}^{n}+\frac{1}{2}\sum_{e}\Delta \boldsymbol{d}_{e}^{\mathrm{T}}(\boldsymbol{f}_{e,\text{int}}^{n}+\boldsymbol{f}_{e,\text{int}}^{n+1})$$

$$=W_{\text{int}}^{n}+\frac{\Delta t^{n+\frac{1}{2}}}{2}\sum_{e}\sum_{n_Q}\bar{w}_{Q}\boldsymbol{D}_{Q}^{n+\frac{1}{2}}:(\boldsymbol{\sigma}_{Q}^{n}+\boldsymbol{\sigma}_{Q}^{n+1})J_{\xi Q} \tag{5.3.9}$$

式中，$\boldsymbol{\sigma}_{Q}^{n}=\boldsymbol{\sigma}^{n}(\boldsymbol{\xi}_{Q})$。能量平衡要求：

$$|W_{\text{kin}}+W_{\text{int}}-W_{\text{ext}}|\leqslant \varepsilon\max(W_{\text{ext}},W_{\text{int}},W_{\text{kin}}) \tag{5.3.10}$$

式中，ε 是一个很小的允许极限，一般阶数为 10^{-2}。

如果系统非常庞大，达到 10^5 节点量级甚至更多，能量平衡就必须在模型的子区域中进行，相邻子区域的内力可以视为每一个子区域的外力。

在伪能量生成中，任何不稳定的结果将导致能量平衡的破坏。伪应变能包括储存在沙漏模式中的阻力，以及在壳和梁单元中的剪切和薄膜自锁能量，出现大量的伪应变能则表明必须对网格进行细划或对单元进行修改。能量守恒适用于保守力系统，这里应用能量平衡对应于广义的非保守能量场问题，如塑性功耗散和裂纹扩展等。因此，在非线性计算中，通过检验能量平衡可以确认是否保持数值稳定性。

在管道动态断裂的有限元模拟中(Zhuang,2000)，由于断裂的产生，能量不再遵循守恒规则，故采用能量平衡检验数值稳定性。动态与静态问题的主要区别是惯性力的影响量级是否显著，而表征参量是动能所占内能的比例，若动能与应变能为同一量级，且所占内能的比例不可忽略，则为动态问题。如聚乙烯天然气管道的开裂模拟分析，管道直径为 250mm，壁厚为 22.7mm，内压力为 0.311MPa，当假设裂纹扩展速度为 200m/s 时，能量随时间变化的情况如图 5-2 所示。图中动能与应变能数值接近，它们共同组成了内能。外力功与内能的差值表明在断裂过程中能量不再守恒，而是处于能量平衡，其能量差值消耗于新裂纹表面的形成。快速裂纹扩展问题都是动态问题。

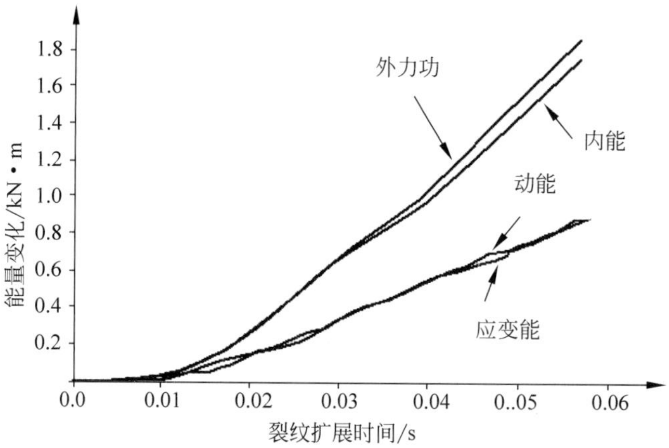

图 5-2 在聚乙烯管道中能量随裂纹扩展的变化情况

非线性问题的不稳定解答有时不容易被识别，如 Belytschko(1983)描述了一个数值现象——抑制失稳。其具体过程为，由非线性诱发了不稳定，如几何硬化，而材料是弹性的。这种不稳定引起了结果的局部指数增长，从而依次导致了塑性行为。而塑性响应又软化了结构、降低了波速，从而使积分又得到了稳定。

5.4　提高计算效率的技术

5.4.1　精确性

中心差分方法在时间上是二阶的，即在位移上的截断误差具有 Δt^2 阶。对于线性完全单元，在 L_2 范数的位移上，其空间误差具有 h^2 阶，h 为单元尺寸。尽管在误差的两种度量之间存在一定的技术差别，但其结果是相似的。由于时间步长和单元尺寸必须是相同阶数时才能满足稳定条件式(5.3.1)，对于中心差分方法的时间积分，其时间误差和空间误差具有相同的阶数。如果未能使用足够小的时间增量，则会导致不稳定的解答。当解答不稳定时，结果变量(如位移)的时间历史响应一般会出现振幅越来越大的振荡，总体的能量平衡也将发生显著变化。然而，对于迅速改变硬度的材料，如黏塑性材料，中心差分方法的精确性有时是不够的。在这种情况下，建议采用具有四阶精度的龙格-库塔法。为了提高计算效率，不需要所有方程都应用该方法，它可以只应用于本构方程，运动方程还是采用中心差分方法积分。

5.4.2　质量缩放、子循环和动态松弛

当一个模型包含几个非常小或非常硬的单元时，显式积分的效率受到严重损害，因为整个网格的时间步长是根据这些异常单元决定的。有几种技术可以避开这一困难：

(1) 质量缩放：增加较硬单元的质量，使时间步长不会因为这些单元而减小。

(2) 子循环：对较硬的单元采用较小的时间步长。

由于质量密度影响稳定极限，在某些情况下，缩放质量密度能够潜在地提高分析效率。例如，许多模型需要复杂的离散，因此有些区域常常包含控制稳定极限的非常小或形状极差的单元。这些控制单元常常数量很少且可能只存在于局部区域，仅增加这些控制单元的质量，就可以显著地增加稳定极限，且对模型整体动力学行为的影响微乎其微。

质量缩放必须应用于高频效果不显著的问题。如应用在金属薄板成型问题中，它基本上是一个静态过程，不会发生困难。另一方面，如果高频响应很重要，不推荐应用质量缩放技术。质量缩放可以采用两种基本方法：直接定义一个缩放因子或给予那些质量需要缩放的单元逐个定义所需的稳定时间增量。当采用质量缩放时要非常小心，因为单元质量的显著变化可能会改变问题的物理模型。

子循环是由 Belytschko、Yen 和 Mullen(1979)提出的。在这一技术中，模型被划分为若干子域，而每一子域的积分应用它自己的稳定时间步长。在子循环中的关键问题是对子域之间界面的处理。早期的方法是采用线性插值。对于一阶系统，可以证明是稳定的(Belytschko et al.,1985)。但是如 Daniel(1998)所证明的，在二阶系统中，线性插值将导致不稳定的窄带。通过人为地增加黏性或改为子循环等更复杂的方法，可以消除不稳定性。Smolinski、Sleith 和 Belytschko(1996)，以及 Daniel(1997)给出了二阶系统的稳定子循环方法。

显式积分经常采用动态松弛以获得静态的解答。其基本思路是非常缓慢地施加外力，并应用足够的阻尼求解动态系统方程，从而使振荡最小。这里存在一个经常令计算程序使用者感到困惑的问题，即在不考虑阻尼的情况下，如何在初始加载时获得振荡最小的平稳

解答？我们的经验是，在非常小的初始时间段内，如整体加载过程的1%初始时间段内，线性地（而不是非线性地）把载荷从零状态加到满载状态，而不是突然施加上全部载荷，这样可以最大限度地避免解答在计算开始时产生数值振荡而发散。我们从离散动量方程(5.2.7)的显式时间积分给予解释。在方程中首先通过外力与内力的差值除以质量得到第一个时间增量步的加速度，此刻内力为零或很小，是全部外力除以质量。如果外力是全部载荷，将引起非常大的加速度振荡；如果外力是小比例的载荷，则加速度振荡很小，而且激发了内力项，它会在下一个增量步中平衡一部分外力，逐步过渡到稳态的输出结果。另外，在路径相关的材料中，动态松弛常常得到较差的结果。牛顿迭代方法结合有效的求解器，如预处理共轭梯度等方法，是更快捷和更精确的方法。

5.4.3 材料模型和网格

对膨胀波波速的限制作用会影响材料模型的稳定极限。在线性材料中，波速是常数，因此在分析过程中稳定极限的唯一变化来自最小单元尺寸的变化。在非线性材料中，如产生塑性的金属材料，当材料屈服和刚度变化时，波速发生变化。如果模型只包含一种材料，则初始时间增量直接与网格中的最小单元尺寸成正比。如果网格中包含了由多种材料组成的均匀尺寸单元，那么具有最大波速的单元将决定初始的时间增量。

由于稳定极限大致是与最短的单元尺寸成比例，甚至一个单独的微小单元或形状极差的单元都能够迅速地降低稳定极限，应该优先使单元的尺寸尽可能大。然而对于精确分析，采用一个细划的网格常常是必要的。为了在满足网格精度要求的前提下获得更大的稳定极限，应尽可能采用一个均匀的网格。

5.5 动态振荡的阻尼

在模型中加入阻尼有两个原因：限制数值振荡和为系统增加物理的阻尼。本节将介绍几种在模型中加入阻尼的方法。

5.5.1 体黏性

体黏性引入了与体积应变相关的阻尼，其目的是改进对高速动力学事件的模拟。一般的体黏性有线性和二次形式。因为体黏性仅仅作为一个数值影响，在材料点的应力中并不包括体黏性压力，所以它并不作为材料本构响应的一部分。

(1) 线性体黏性。应用线性体黏性对单元最高阶频率的振荡施以阻尼。根据下式生成一个与体积应变率呈线性关系的体黏性压力：

$$p_1 = b_1 \rho c_d l_e \dot{\varepsilon}_{\text{vol}} \tag{5.5.1}$$

式中，b_1 是阻尼系数，其参考值为0.06；ρ 是当前的材料密度，c_d 是当前的膨胀波速，l_e 是单元的特征长度，$\dot{\varepsilon}_{\text{vol}}$ 是体积应变速率。

(2) 二次体黏性。二次体黏性仅包含于实体单元，并且只有当体积应变速率可压缩时才被用到。根据下式可知，体黏性压力是应变速率的二次方：

$$p_2 = \rho (b_2 l_e)^2 \mid \dot{\varepsilon}_{\text{vol}} \mid \min(0, \dot{\varepsilon}_{\text{vol}}) \tag{5.5.2}$$

式中，b_2 是阻尼系数，其参考值为1.2。

二次体黏性抹平了一个仅横跨几个单元的振荡波前，引入它是为了防止单元在极高的速度梯度下发生破坏。设想一个单元的简单问题，固定单元一个侧面的节点，另一个侧面的节点有一个指向固定节点方向的初始速度，如图5-3所示。稳定时间增量尺度是其精确地等于一个膨胀波穿过单元的瞬时时间。因此，如果节点的初始速度等于材料的膨胀波速，在一个时间增量中，这个单元发生崩溃至体积为零。二次体黏性压力引入一个阻抗压力以防止单元压溃。

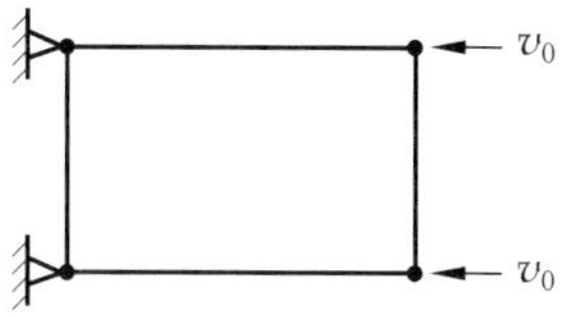

图5-3　具有固定节点和指定速度的单元

(3) 基于体黏性的临界阻尼比。体黏性压力只是基于每个单元的膨胀模式。在最高阶单元模式中的临界阻尼比为

$$\xi = b_1 - b_2^2 \frac{L^e}{c_d}\min(0,\dot{\varepsilon}_{\text{vol}}) \tag{5.5.3}$$

式中，ξ 是临界阻尼比。线性项单独代表了6%的临界阻尼，而二次项一般是更小的量。

5.5.2　黏性压力

黏性压力载荷一般应用于结构或是准静态问题以阻止低阶频率的动态影响，从而以最少数目的增量步达到静态平衡。这些载荷由下式定义的分布载荷施加：

$$p = -c_v(\bar{\boldsymbol{v}} \cdot \bar{\boldsymbol{n}}) \tag{5.5.4}$$

式中，p 是施加到物体上的压力；c_v 为黏度；$\bar{\boldsymbol{v}}$ 是在施加黏性压力面上的点的速度矢量；$\bar{\boldsymbol{n}}$ 是该点处表面上的单位外法线矢量。对于典型的结构问题，不能指望它吸收所有能量。在典型情况下，设置 c_v 等于 ρc_d 的一个很小的百分数(1%～2%)，可以作为将当前动力影响最小化的有效方法。

5.5.3　材料阻尼

材料模型本身可能以塑性耗散或黏弹性的形式提供阻尼。对于许多应用，这种阻尼形式可能足够精确。作为在整体能量平衡中的基本变量，黏性能不是指在黏弹性或非弹性过程中耗散的那部分能量。黏性能是由阻尼机制引起的能量耗散，包括体黏性阻尼和材料阻尼。另一个选择是使用瑞利阻尼。与瑞利阻尼相关的阻尼系数有两个：质量比例阻尼 α_R 和刚度比例阻尼 β_R。

(1) 质量比例阻尼 α_R。其定义了一个与单元质量矩阵成比例的阻尼贡献。引入的阻尼力源于模型中节点的绝对速度。可以把其对结果的影响比作模型在做一个穿越黏性液体的运动，这样，在模型中任何点的任何运动都能引起阻尼力。合理的质量比例阻尼不会明显地降低稳定极限。

(2) 刚度比例阻尼 β_R。其定义了一个与弹性材料刚度成比例的阻尼。阻尼应力 σ_d 与引入的总体应变速率成比例，应用如下公式：

$$\tilde{\sigma}_d = \beta_R \tilde{D}^{\text{el}}\dot{\varepsilon} \tag{5.5.5}$$

式中，$\dot{\varepsilon}$ 为应变速率。对于超弹性(hyperelastic)和泡沫(hyperfoam)材料，$\tilde{D}^{\text{el}}$ 定义为初始弹性刚度。对于其他材料，$\tilde{D}^{\text{el}}$ 是材料当前的弹性刚度。当形成动平衡方程时，这一阻尼应力添加在积分点处，与本构响应引起的应力叠加，但是应力输出并不包括它。对于任何非线性分析都可以引入阻尼，而对于线性分析，则提供了标准的瑞利阻尼。对于一个线性分析，定义刚度比例阻尼与定义一个阻尼矩阵是完全相同的，它等于 β_R 乘以刚度矩阵。必须慎重地使用刚度比例阻尼，因为它可能明显地降低稳定极限。为了避免大幅降低稳定时间增量，刚度比例阻尼因子 β_R 应小于或等于未考虑阻尼时的初始时间增量的量级。

5.6　显式与隐式方法对比

显式方法与隐式方法具有互补性，它们的主要区别在于：

(1) 显式方法需要很小的时间增量步，时间增量步仅依赖于模型的最高固有频率，而与载荷的类型和持续的时间无关。一般问题大概需要取 $10^4 \sim 10^6$ 个增量步，每个增量步的计算成本相对较低。

(2) 显式方法不需要在隐式方法中的整体切线刚度矩阵，由于是显式地前推场变量的状态，所以不需要迭代和收敛性判断。它的缺点是算法的条件稳定性欠佳，如果时间步长超过了临界值，其计算结果将会增长至无穷，导致发散。所以，必须在计算前设置好临界时间步长。如果说临界时间步长是检验数值稳定性的第一道防线，那么，能量平衡就是检验数值稳定性的第二道防线。

(3) 隐式方法对时间增量步的大小没有条件限制；增量的大小通常取决于精度和收敛情况。典型的隐式模拟所采用的时间增量步长比显式模拟高几个数量级。然而，由于在每个增量步中必须求解一套全域的方程组，所以对于每个增量步的计算成本，隐式方法远高于显式方法。了解两种求解程序的特性，有助于确定哪一种方法更适合待解决的问题。

5.7　练习

1. 阐述在显式时间积分中检验数值稳定性的两个条件。

2. 分别阐述阻止高阶频率和低阶频率的动态影响的阻尼方法。

3. 图 5-4 给出了具有不同应力-应变曲线的平行联结的 3 根杆件，两根 B 杆对称布置于 A 杆两侧，加载时保持相同的应变。当应变达到 B 杆的屈服点时（应变轴上的 a 点），A 杆已经经历了一定量的塑性应变。讨论显式积分的临界时间步长，在塑性响应中模量降低、减慢波速是否能够增加时间步长？如何考虑随时可能发生的卸载？

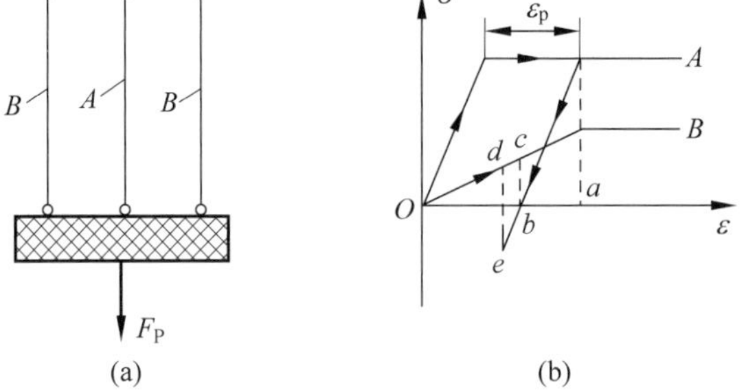

图 5-4　平行联结的 3 根杆件的加卸载过程对显式积分临界时间步长的影响

(a) 平行联结的 3 根杆件结构图；(b) 应力-应变响应曲线

第 6 章

隐式时间积分方法

主要内容

隐式时间积分：纽马克-贝塔方法，牛顿-拉夫森方法，约束，编程，求解适用性
收敛准则：牛顿迭代收敛准则，线搜索，精确性和稳定性，收敛性和强健性
切线刚度：材料刚度，几何刚度，载荷刚度，方向导数，算法的一致切线刚度

6.1 引言

第 5 章介绍了显式时间积分方法，其不仅适用于求解动态问题，也适用于求解静态问题。读者一般会提出这样的问题：隐式时间积分方法是否仅适合求解静态问题？本章将介绍非线性有限元离散的另一种求解方法——隐式时间积分方法，介绍瞬态问题与平衡问题的隐式求解方法和编程流程，并检验其性质。实际上，隐式时间积分方法不但适用于求解静态问题，而且适用于求解动态问题。至于什么问题应用显式方法或隐式方法求解更好，既取决于问题的性质（如瞬态动力学和复杂接触问题，显式方法明显更优），也取决于对分析精度和计算效率的需求（如非线性的程度、接触的定义和迭代的收敛性，以及稳定性的限制条件和程序的编写等）。在大学本科有限元课程中讲授的结构力学矩阵位移法和弹性力学直接刚度法都属于隐式时间积分方法。

本章将以纽马克-贝塔方法为模型描述隐式时间积分方法；在静态问题的求解方法中介绍平衡问题的解答；应用牛顿-拉夫森方法求解离散方程（包括收敛性检验和线性搜索）；在隐式系统解答的临界步长和平衡问题中介绍控制方程的线性化迭代过程。

6.2 隐式时间积分

6.2.1 平衡和瞬态问题

求解平衡方程与隐式时间积分可以结合起来，因为二者具有许多共同的特点。在第 $n+1$ 时间步，以对平衡和动态问题都可以应用的形式，写出运动方程的离散形式：

$$0=\boldsymbol{r}(\boldsymbol{d}^{n+1},t^{n+1})=s_{\mathrm{D}}\boldsymbol{M}\boldsymbol{a}^{n+1}+\boldsymbol{f}^{\mathrm{int}}(\boldsymbol{d}^{n+1},t^{n+1})-\boldsymbol{f}^{\mathrm{ext}}(\boldsymbol{d}^{n+1},t^{n+1}) \tag{6.2.1}$$

式中，s_{D} 是一个开关，设置为

$$s_{\mathrm{D}}=\begin{cases}0, & \text{对于平衡(静态)问题}\\ 1, & \text{对于瞬时(动态)问题}\end{cases} \tag{6.2.2}$$

列矩阵 $\boldsymbol{r}(\boldsymbol{d}^{n+1},t^{n+1})$ 称为残数。对于运动方程的隐式时间积分，该离散方程是节点位移 $\boldsymbol{d}^{n+1}$ 的非线性代数方程。

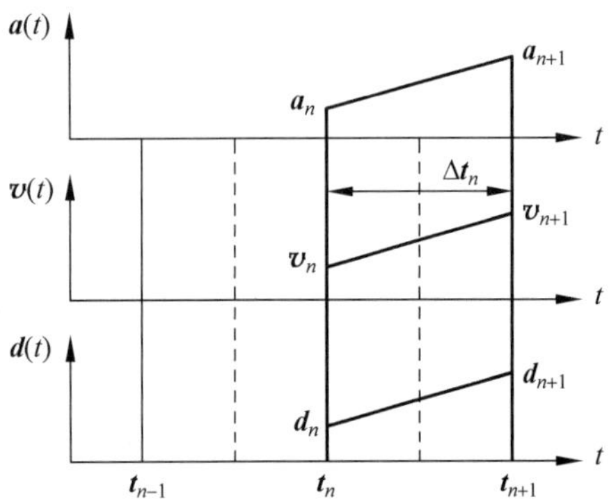

图 6-1 隐式时间积分的时间-变量图谱

隐式时间积分的时间-变量图谱如图 6-1 所示。与图 5-1 所示的显式的时间积分时间-变量图谱比较，显式方法可以用前一时刻的已知场变量推演下一时刻的未知场变量，即等号右侧是显式表达式向等号左侧赋值。在隐式方法中计算当前时刻的场变量时，需要当前时刻的未知场变量，即等号右侧是隐式表达式。

当惯性力为零或可以忽略时，系统处于静态平衡状态，式(6.2.1)的结果称为平衡解答。在式(6.2.1)中，取 s_{D} 为零可得

$$\boldsymbol{r}(\boldsymbol{d}^{n+1},t^{n+1})=\boldsymbol{f}^{\mathrm{int}}(\boldsymbol{d}^{n+1},t^{n+1})-\boldsymbol{f}^{\mathrm{ext}}(\boldsymbol{d}^{n+1},t^{n+1})=0 \tag{6.2.3}$$

平衡问题中的残数对应于非平衡力。上式的结果称为平衡点，并且结果的连续轨迹称为平衡分支或平衡路径。在应用率无关材料的平衡问题中，时间 t 不需要是实际的时间，而可以是任意单调递增的参数。如果本构方程是微分或积分方程，则必须对其进行时间离散得到一组关于系统的代数方程。

为了从物理内涵研究问题本质，在求解过程中获取真正解答的关键技术，一般从已知的解答出发采取小增量步的方法，它适用于求解比较广泛的问题，如应力-应变的本构关系是路径相关或载荷-位移路径在某一载荷水平下存在分叉或多分支现象等。

6.2.2 纽马克-贝塔方法

为了说明离散方程的公式，本节介绍一个普遍应用的时间积分器，即纽马克-贝塔(Newmark-β)方法。该方法中更新的位移和速度分别为

$$\begin{aligned}\boldsymbol{d}^{n+1}&=\tilde{\boldsymbol{d}}^{n+1}+\beta\Delta t^{2}\boldsymbol{a}^{n+1},\\ \tilde{\boldsymbol{d}}^{n+1}&=\boldsymbol{d}^{n}+\Delta t\boldsymbol{v}^{n}+\frac{\Delta t^{2}}{2}(1-2\beta)\boldsymbol{a}^{n}\\ \boldsymbol{v}^{n+1}&=\tilde{\boldsymbol{v}}^{n+1}+\gamma\Delta t\boldsymbol{a}^{n+1},\end{aligned} \tag{6.2.4}$$

$$\tilde{\boldsymbol{v}}^{n+1}=\boldsymbol{v}^{n}+(1-\gamma)\Delta t\boldsymbol{a}^{n},\quad \Delta t=t^{n+1}-t^{n} \tag{6.2.5}$$

其中，β 和 γ 是参数，表 6-1 总结了相关的数值和稳定性性质。应用参数 γ 人为地控制黏性，此即由数值方法引进的阻尼，应用于抑制结果的振荡。当 $\gamma=\frac{1}{2}$ 时，纽马克积分器没有附加阻尼；当 $\gamma>\frac{1}{2}$ 时，由纽马克积分器附加了比例为 $\gamma-\frac{1}{2}$ 的人工阻尼。前文已分隔了节点变量的过程值，即那些与时间步 n 有关的 $\tilde{\boldsymbol{v}}^{n+1}$ 和 $\tilde{\boldsymbol{d}}^{n+1}$。上述对应于预估-修正的形式是由 Hughes 和 Liu(1978)给出的。

表 6-1　纽马克-贝塔方法

$\beta=0,\gamma=\frac{1}{2}$，显式中心差分方法
$\beta=\frac{1}{4},\gamma=\frac{1}{2}$，无阻尼梯形法则
$\gamma>\frac{1}{2}$，采用阻尼比例至 $\gamma-\frac{1}{2}$ 的数值阻尼积分器
稳定性： 无条件稳定：$\beta\geqslant\frac{\gamma}{2}\geqslant\frac{1}{4}$
条件稳定：$\omega_{\max}\Delta t=\dfrac{\xi\bar{\gamma}+\left[\bar{\gamma}+\frac{1}{4}-\beta+\xi^{2}\bar{\gamma}^{2}\right]^{1/2}}{\left(\frac{\gamma}{2}-\beta\right)}$，　$\bar{\gamma}\equiv\gamma-\frac{1}{2}\geqslant0$
ξ 为在最高频率 $\omega_{\max}$ 时的临界阻尼的分数，见式(7.3.34)。

关于更新加速度，可以通过求解式(6.2.4)得到：

$$\boldsymbol{a}^{n+1}=\frac{1}{\beta\Delta t^{2}}(\boldsymbol{d}^{n+1}-\tilde{\boldsymbol{d}}^{n+1}),\quad \beta>0 \tag{6.2.6}$$

将式(6.2.6)代入式(6.2.1)，得到

$$\boldsymbol{r}=\frac{s_{\mathrm{D}}}{\beta\Delta t^{2}}\boldsymbol{M}(\boldsymbol{d}^{n+1}-\tilde{\boldsymbol{d}}^{n+1})-\boldsymbol{f}^{\mathrm{ext}}(\boldsymbol{d}^{n+1},t^{n+1})+\boldsymbol{f}^{\mathrm{int}}(\boldsymbol{d}^{n+1})=0 \tag{6.2.7}$$

这是在节点位移 $\boldsymbol{d}^{n+1}$ 上的一组非线性代数方程，适用于静态和动态问题。针对这两种问题的离散过程为

$$\text{寻找 }\boldsymbol{d}^{n+1}\text{，使 }\boldsymbol{r}(\boldsymbol{d}^{n+1},t^{n+1})=0\text{，并满足 }\boldsymbol{g}(\boldsymbol{d}^{n+1},t^{n+1})=0 \tag{6.2.8}$$

式中，$\boldsymbol{r}(\boldsymbol{d}^{n+1})$由式(6.2.7)给出，$\boldsymbol{g}(\boldsymbol{d}^{n+1},t^{n+1})=0$ 为约束条件。

6.2.3　牛顿-拉夫森方法

对于求解非线性代数方程式(6.2.7)，应用比较广泛的强健方法是牛顿方法。在计算力学中，经常称其为牛顿-拉夫森(Newton-Raphson)方法，这与微积分教程中讲授的牛顿方法是一致的。

对于含有一个未知量 d 且没有位移边界条件的方程，首先描述牛顿-拉夫森方法，其次生成任意个未知量。对于一个未知量的情况，当 $\beta>0$ 时，式(6.2.7)退化为一个非线性代

数方程：

$$r(d^{n+1},t^{n+1})=\frac{s_{\mathrm{D}}}{\beta\Delta t^2}M(d^{n+1}-\tilde{d}^{n+1})-f(d^{n+1},t^{n+1})=0 \tag{6.2.9}$$

由牛顿-拉夫森方法可知，式(6.2.9)的求解是一个迭代过程。迭代的次数由希腊字母的下角标 υ 表示：d_{υ}^{n+1} 表示在时间步 $n+1$ 上迭代 υ 次的位移，下面将省略时间步数 $n+1(d_{\upsilon})$。

为了启动迭代过程，必须选择未知量的初始值，通常选择上一步的计算结果 d^n，因此 $d_0=d^n$。在动态解答中应用纽马克-贝塔方法，一个较好的初始值是 $\tilde{d}^{n+1}$。关于节点位移 d_{υ} 的当前值残数进行泰勒展开，并设定计算的残数等于零：

$$0=r(d_{\upsilon+1},t^{n+1})=r(d_{\upsilon},t^{n+1})+\frac{\partial r(d_{\upsilon},t^{n+1})}{\partial d}\Delta d+O(\Delta d^2) \tag{6.2.10}$$

式中，

$$\Delta d=d_{\upsilon+1}-d_{\upsilon} \tag{6.2.11}$$

如果略去在 Δd 中比线性高阶的项，则式(6.2.10)变为一个关于 Δd 的线性方程：

$$0=r(d_{\upsilon},t^{n+1})+\frac{\partial r(d_{\upsilon},t^{n+1})}{\partial d}\Delta d \tag{6.2.12}$$

上式称为非线性方程的线性模型或线性化模型(Dennis 和 Schnabel，1983)。线性模型是非线性残差函数的正切，获得线性模型的过程称为线性化。

注意到在泰勒展开中，将残数写为时间 t^{n+1} 的形式。我们通常显式地给出残数的时间相关性，如给出面力和体力是时间的函数，并且节点外力的任何变化均取决于节点位移的变化。因此，一般是应用时间 t^{n+1} 的载荷和节点位移的最后值计算残数。

对于位移增量，求解这个线性模型，得到：

$$\Delta d=-\left(\frac{\partial r(d_{\upsilon})}{\partial d}\right)^{-1}r(d_{\upsilon}) \tag{6.2.13}$$

在牛顿-拉夫森方法的过程中，通过迭代求解一系列线性模型式(6.2.13)，获得非线性方程的解答。在迭代的每一步中，通过重写式(6.2.11)：

$$d_{\upsilon+1}=d_{\upsilon}+\Delta d \tag{6.2.14}$$

获得未知数的更新值。这一过程如图 6-2 所示，持续这一过程直到获得理想的精度为止。牛顿-拉夫森方法寻求解答误差最小化的过程类似于梯度下降求解驻值的过程。

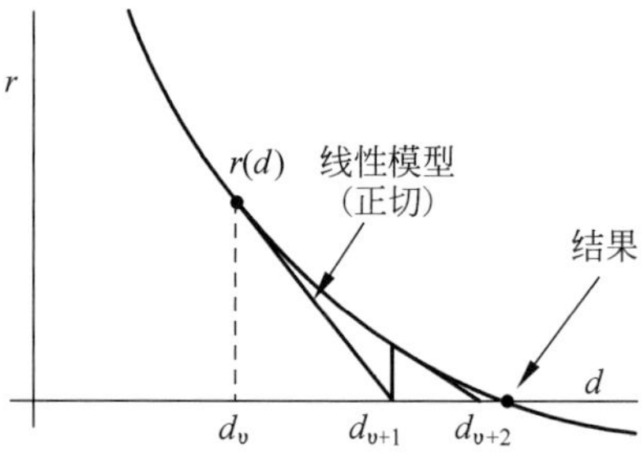

图 6-2 关于非线性方程 $r(d)=0$ 的线性化求解过程

6.2.4 多个未知量的牛顿-拉夫森方法

在有限元计算中，针对单元节点的每个自由度(degree of freedom，DOF)求解动量方程，通过替换上述标量方程为矩阵方程，将牛顿-拉夫森方法应用到求解 n_{dof} 个未知量（残数）的情况，式(6.2.10)的对应部分为

$$\boldsymbol{r}(\boldsymbol{d}_{\nu})+\frac{\partial \boldsymbol{r}(\boldsymbol{d}_{\nu})}{\partial \boldsymbol{d}}\Delta \boldsymbol{d}+O(\Delta \boldsymbol{d}^{2})=\boldsymbol{0} \quad 或 \quad r_{a}(\boldsymbol{d}_{\nu})+\frac{\partial r_{a}(\boldsymbol{d}_{\nu})}{\partial d_{b}}\Delta d_{b}+O(\Delta \boldsymbol{d}^{2})=\boldsymbol{0} \tag{6.2.15}$$

这里仍然保留求和约定，指标 a、b 的范围是自由度 n_{dof} 的数目。称矩阵 $\frac{\partial \boldsymbol{r}}{\partial \boldsymbol{d}}$ 为系统的雅克比矩阵，并记为 $\boldsymbol{A}$：

$$\boldsymbol{A}=\frac{\partial \boldsymbol{r}}{\partial \boldsymbol{d}} \quad 或 \quad A_{ab}=\frac{\partial r_{a}}{\partial d_{b}} \tag{6.2.16}$$

将式(6.2.16)代入式(6.2.15)，并忽略在 $\Delta \boldsymbol{d}$ 中阶数高于线性的项，得到

$$\boldsymbol{r}+\boldsymbol{A}\Delta \boldsymbol{d}=\boldsymbol{0} \tag{6.2.17}$$

这是非线性方程的线性模型。由于 $\boldsymbol{r}(\boldsymbol{d})$ 映射 $\Re^{n}$ 到 $\Re^{n}$，对于多于一个未知量的问题，线性模型难以绘图。对于含有两个未知量的函数，图 6-3 展示了残数的第一个分量的示例，线性模型是非线性函数 $r_{1}(d_{1},d_{2})$ 的一个切平面。另一个残数分量是对应于另一个非线性函数 $r_{2}(d_{1},d_{2})$ 的切平面，后者没有画在图中。

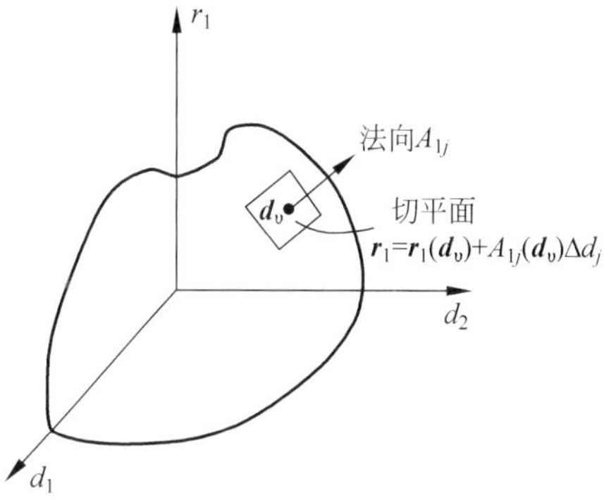

图 6-3　残数分量函数图及切平面

在牛顿方法过程中，通过求解式(6.2.17)得到节点位移的增量，即得到一个线性代数方程系统：

$$\boldsymbol{A}\Delta \boldsymbol{d}=-\boldsymbol{r}(\boldsymbol{d}_{\nu},t^{n+1}) \tag{6.2.18}$$

一旦获得了节点位移的增量，就将其迭加到前一步的迭代：

$$\boldsymbol{d}_{\nu+1}=\boldsymbol{d}_{\nu}+\Delta \boldsymbol{d} \tag{6.2.19}$$

对于这个新的位移，要检验其收敛性(6.3.1 节)。若没有满足收敛准则，则构造一个新的线性模型，重复上述过程，继续迭代直到满足收敛准则为止。

在计算力学中，雅克比矩阵也称为等效切线刚度矩阵，惯性力、节点内力和节点外力的贡献被线性分开。由式(6.2.7)可以写出牛顿积分器的雅克比矩阵为

$$\boldsymbol{A}=\frac{\partial \boldsymbol{r}}{\partial \boldsymbol{d}}=\frac{s_{\mathrm{D}}}{\beta \Delta t^{2}}\boldsymbol{M}+\frac{\partial \boldsymbol{f}^{\mathrm{int}}}{\partial \boldsymbol{d}}-\frac{\partial \boldsymbol{f}^{\mathrm{ext}}}{\partial \boldsymbol{d}}, \quad \beta>0 \tag{6.2.20}$$

上式应用了这样一个事实：质量矩阵在拉格朗日网格中是时间的常量。除质量矩阵的系数外，雅克比矩阵对于其他积分器是相同的。对于平衡问题，如开关 s_{D} 表示的质量矩阵的系数为零。节点内力的雅克比矩阵称为切线刚度矩阵，并表示为 $\boldsymbol{K}^{\mathrm{int}}$：

$$K_{iIjJ}^{\mathrm{int}}=\frac{\partial f_{iI}^{\mathrm{int}}}{\partial u_{jJ}}, \quad \boldsymbol{K}_{IJ}^{\mathrm{int}}=\frac{\partial \boldsymbol{f}_{I}^{\mathrm{int}}}{\partial \boldsymbol{u}_{J}}, \quad K_{ab}^{\mathrm{int}}=\frac{\partial f_{a}^{\mathrm{int}}}{\partial d_{b}}, \quad \boldsymbol{K}^{\mathrm{int}}=\frac{\partial \boldsymbol{f}^{\mathrm{int}}}{\partial \boldsymbol{d}} \tag{6.2.21}$$

上式即本书应用的切线刚度矩阵的 4 种表达形式。

节点外力的雅克比矩阵称为载荷刚度矩阵：

$$\boldsymbol{K}^{\mathrm{ext}}=\frac{\partial \boldsymbol{f}^{\mathrm{ext}}}{\partial \boldsymbol{d}} \tag{6.2.22}$$

上式也应用了式(6.2.21)的表示方法。载荷刚度听起来有些奇怪,因为载荷不可能有刚度,但是这个名称还是沿用下来了。

上述矩阵的线性化过程将在6.4节论述。由式(6.2.21)和式(6.2.22)可以将雅克比矩阵式(6.2.20)写为

$$\boldsymbol{A}=\frac{s_{\mathrm{D}}}{\beta\Delta t^{2}}\boldsymbol{M}+\boldsymbol{K}^{\mathrm{int}}-\boldsymbol{K}^{\mathrm{ext}} \tag{6.2.23}$$

通过开关 s_{D},雅克比矩阵可应用于动态和静态平衡问题。另外,雅克比矩阵还可以将节点力的微分与节点位移的微分联系起来,其表达式为

$$\mathrm{d}\boldsymbol{f}^{\mathrm{int}}=\boldsymbol{K}^{\mathrm{int}}\mathrm{d}\boldsymbol{d},\quad \mathrm{d}\boldsymbol{f}^{\mathrm{ext}}=\boldsymbol{K}^{\mathrm{ext}}\mathrm{d}\boldsymbol{d},\quad \mathrm{d}\boldsymbol{r}=\boldsymbol{A}\,\mathrm{d}\boldsymbol{d} \tag{6.2.24}$$

6.2.5 保守场问题

关于平衡的保守场,下面建立离散问题的驻值原理,便于深入理解非线性求解性质。通过令势能的导数等于零,得到平衡解答。从残数的定义式(6.2.3)得到

$$\boldsymbol{r}=\frac{\partial W}{\partial \boldsymbol{d}}=\frac{\partial W^{\mathrm{int}}}{\partial \boldsymbol{d}}-\frac{\partial W^{\mathrm{ext}}}{\partial \boldsymbol{d}}=\boldsymbol{f}^{\mathrm{int}}-\boldsymbol{f}^{\mathrm{ext}}=0 \tag{6.2.25}$$

当势能为局部最小值时,一个平衡点是稳定的。因此,通过最小化势能 W 可以找到稳定平衡解答。

对于稳定平衡解答的离散问题:

$$\text{在 } g_{I}(\boldsymbol{d})=0 \text{ 的约束下最小化 } W(\boldsymbol{d}),\ I \text{ 为 } 1\sim n_{\mathrm{C}} \tag{6.2.26}$$

其中,$g_{I}(\boldsymbol{d})=0$ 是关于系统的约束。通过数学程序和优化技术,以这种形式可以得到平衡解答,如最速下降法。

如果希望得到稳定和非稳定解答,必须找到 $W(\boldsymbol{d})$ 的驻值点,如图6-4所示,则离散问题成为

$$\text{求解 } \boldsymbol{d} \text{ 使}\frac{\partial W(\boldsymbol{d})}{\partial \boldsymbol{d}}=-\boldsymbol{f}=\boldsymbol{r}=0,\text{并满足 } g_{I}(\boldsymbol{d})=0 \tag{6.2.27}$$

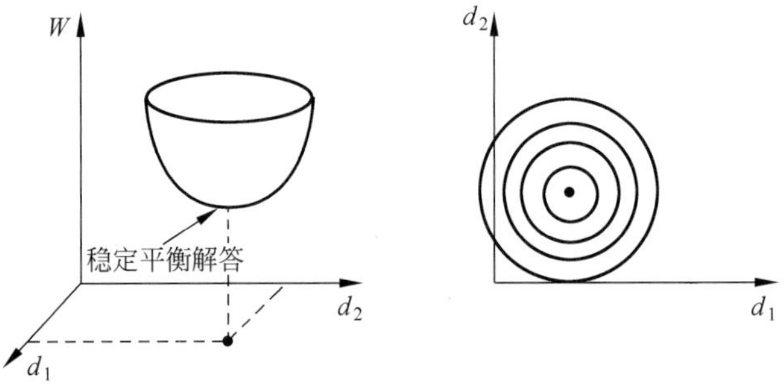

图6-4 势能的图解、稳定平衡解答和势能等值线

为了得到保守系统的线性模型,写出关于最后一次迭代点的残数式(6.2.27)的一阶泰勒展开:

$$0=\boldsymbol{r}(\boldsymbol{d}_{\nu})+\frac{\partial \boldsymbol{r}(\boldsymbol{d}_{\nu})}{\partial \boldsymbol{d}}\Delta\boldsymbol{d}=\boldsymbol{r}(\boldsymbol{d}_{\nu})+\frac{\partial^{2} W(\boldsymbol{d}_{\nu})}{\partial \boldsymbol{d}\partial \boldsymbol{d}}\Delta\boldsymbol{d}\equiv\boldsymbol{r}(\boldsymbol{d}_{\nu})+\boldsymbol{A}\Delta\boldsymbol{d} \tag{6.2.28}$$

参考式(6.2.15)和式(6.2.16):

$$A_{ab}=\frac{\partial^2 W}{\partial d_a \partial d_b} \quad 或 \quad \boldsymbol{A}=\frac{\partial^2 W}{\partial \boldsymbol{d} \partial \boldsymbol{d}} \tag{6.2.29}$$

当矩阵 $\boldsymbol{A}$ 的定义为势能的二阶导数时，称其为黑塞矩阵(Hessian matrix)。

黑塞矩阵等同于雅克比矩阵(不同的名称源自它们不同的出处)，对于离散连续体有限元模型，黑塞矩阵是

$$\boldsymbol{A}=\boldsymbol{K}^{\text{int}}-\boldsymbol{K}^{\text{ext}}, \quad K_{ab}^{\text{int}}=\frac{\partial^2 W^{\text{int}}}{\partial d_a \partial d_b}, \quad K_{ab}^{\text{ext}}=\frac{\partial^2 W^{\text{ext}}}{\partial d_a \partial d_b} \tag{6.2.30}$$

对于保守系统的线性化方程，则遵从式(6.3.29)和式(6.2.30)：

$$(\boldsymbol{K}^{\text{int}}-\boldsymbol{K}^{\text{ext}})\Delta \boldsymbol{d}=-\boldsymbol{r}_v \tag{6.2.31}$$

除忽略质量矩阵外，上式等同于式(6.2.17)，因为在保守场问题中不包含动态影响。

6.2.6 隐式时间积分编程

隐式时间积分的程序框图和平衡解答的流程图分别在表 6-2 和表 6-3 中给出。动态问题和平衡问题都是通过对时间步积分得到解答：将外部载荷和其他条件描述为时间的函数，在感兴趣的范围设置增量。在平衡问题中，常常由一个单调增的参数代替时间，以这种方式获得的平衡过程解答称为增量解答。

表 6-2 隐式时间积分程序框图

1. 初始状态和参数的初始化：

   设置 $\boldsymbol{v}^0, \boldsymbol{\sigma}^0$；$\boldsymbol{d}^0=0, n=0, t=0$；计算 $\boldsymbol{M}$
2. 得到 $\boldsymbol{f}^0=\boldsymbol{f}(\boldsymbol{d}^0, 0)$
3. 计算初始加速度 $\boldsymbol{a}^n=\boldsymbol{M}^{-1}\boldsymbol{f}^n$
4. 估计下一步解答：$\boldsymbol{d}_{\text{new}}=\boldsymbol{d}^n$ 或 $\boldsymbol{d}_{\text{new}}=\tilde{\boldsymbol{d}}^{n+1}$
5. 第 $n+1$ 步的牛顿迭代：
   (1) 计算作用力 $\boldsymbol{f}(\boldsymbol{d}_{\text{new}}, t^{n+1})$，见表 5-1
   (2) $\boldsymbol{a}^{n+1}=1/\beta\Delta t^2(\boldsymbol{d}_{\text{new}}-\tilde{\boldsymbol{d}}^{n+1}), \boldsymbol{v}^{n+1}=\tilde{\boldsymbol{v}}^{n+1}+\gamma\Delta t \boldsymbol{a}^{n+1}$：见式(6.2.4)和式(6.2.5)
   (3) $\boldsymbol{r}=\boldsymbol{M}\boldsymbol{a}^{n+1}-\boldsymbol{f}$
   (4) 计算雅克比矩阵 $\boldsymbol{A}(\boldsymbol{d})$
   (5) 对于基本边界条件，修正 $\boldsymbol{A}(\boldsymbol{d})$
   (6) 解线性方程 $\Delta \boldsymbol{d}=-\boldsymbol{A}^{-1}\boldsymbol{r}$
   (7) $\boldsymbol{d}_{\text{new}} \leftarrow \boldsymbol{d}_{\text{old}}+\Delta \boldsymbol{d}$
   (8) 检验收敛准则；如果没有满足，返回到第 5-(1)步。
6. 更新位移，计数器和时间：$\boldsymbol{d}^{n+1}=\boldsymbol{d}_{\text{new}}, n \leftarrow n+1, t \leftarrow t+\Delta t$
7. 检验能量平衡
8. 输出；如果模拟没有完成，返回到第 4 步。

表 6-3 平衡迭代解答流程图

1. 初始条件和初始化：设置 $\boldsymbol{\sigma}^0$；$\boldsymbol{d}^0=0$；$n=0, t=0$；$\boldsymbol{d}_{\text{new}}=\boldsymbol{d}^0$
2. 对于载荷增量为 $n+1$ 的牛顿迭代：
   (1) 计算作用力 $\boldsymbol{f}(\boldsymbol{d}_{\text{new}}, t^{n+1}), \boldsymbol{r}=\boldsymbol{f}(\boldsymbol{d}, t^{n+1})$
   (2) 计算 $\boldsymbol{A}(\boldsymbol{d}_{\text{new}})$

续表

(3) 对于基本边界条件，修正 $\boldsymbol{A}(\boldsymbol{d}_{\text{new}})$
(4) 解线性方程 $\Delta\boldsymbol{d}=-\boldsymbol{A}^{-1}\boldsymbol{r}$
(5) $\boldsymbol{d}_{\text{new}}\leftarrow\boldsymbol{d}_{\text{old}}+\Delta\boldsymbol{d}$
(6) 检验误差准则，如果没有满足，返回到第 2-(1)步。
3. 更新位移、计数器和时间：$\boldsymbol{d}^{n+1}=\boldsymbol{d}_{\text{new}}, n\leftarrow n+1, t\leftarrow t+\Delta t$
4. 输出；如果模拟没有完成，返回到第 2 步。

在流程图中显示的过程通常称为完全牛顿算法，在每一次迭代过程中对雅克比矩阵赋值并求逆。许多程序应用一个修正的牛顿算法，即组合和三角化雅克比矩阵，只在每一步的开始或在每一步的中间赋值。例如，仅当迭代过程似乎不能很好地收敛时或在一个时间步的迭代开始时。这些修正的算法更快捷，但缺乏强健性。

隐式方法从施加初始条件开始，这些条件可以按照显式方法处理。考虑初始位移为零，按照第 2 步和第 3 步计算初始加速度。

位移 $\boldsymbol{d}^{n+1}$ 通过迭代过程得到，迭代开始时通常应用前一时间步的结果作为 $\boldsymbol{d}$ 的初始值，并计算残数。在平衡解答中，残数仅依赖于节点内力和节点外力，在计算作用力的模块中获得。计算作用力的模块，除不需要计算稳定时间步外，其他过程与显式时间积分方法相同，如表 5-1 所示。在隐式的瞬态解答中，残数也依赖于加速度。

根据物体的最终状态计算雅克比矩阵。通过修正雅克比矩阵，可以实现均匀的位移边界条件：对应于位移分量为零的方程或省略，或被一个表示分量为零的等效方程代替。通过将雅克比矩阵和方程等号右侧项中的对应行或列的元素置为零，并且设在对角线上的元素为一个正常数，可以实现这一过程。对于更复杂的约束，可以应用拉格朗日乘子法或罚函数法；这些内容将在 6.2.7 节描述。

6.2.7 约束

关于处理约束条件式(6.2.8)，本节将描述 4 种方法：

(1) 罚函数法；

(2) 拉格朗日乘子法；

(3) 拉格朗日增广法；

(4) 拉格朗日摄动法。

这些方法是从优化理论中衍生的，可以很容易地将其应用到离散动量和平衡方程的解答。为了说明这些方法，对于约束问题，首先考虑保守问题，通过最小化求得它的解答；其次对非保守问题提供指导。6.2.5 节已经描述了无约束的保守问题。

6.2.7.1 拉格朗日乘子法

该方法将约束附加到采用拉格朗日乘子的目标函数上。在保守问题中的目标函数是势能，即势能函数最小化。根据约束对一个函数最小化，可以形成一个拉格朗日乘子问题：函数的最小化对应于该函数的驻值点叠加上由拉格朗日乘子权重的约束。式(6.2.27)的解答是与寻找驻值点等价的：

$$W_L=W+\lambda_I g_I\equiv W+\boldsymbol{\lambda}^{\mathrm{T}}\boldsymbol{g} \tag{6.2.32}$$

式中，$\boldsymbol{\lambda}=\{\lambda_I\}$是拉格朗日乘子，$W_L$ 的下标 L 表示拉格朗日乘子修正的势能。在平衡点上有

$$0=\mathrm{d}W_L=\mathrm{d}W+\mathrm{d}(\lambda_I g_I)\equiv \mathrm{d}W+\mathrm{d}(\boldsymbol{\lambda}^{\mathrm{T}}\boldsymbol{g}),\quad \forall\,\mathrm{d}\boldsymbol{d},\quad \forall\,\mathrm{d}\boldsymbol{\lambda} \tag{6.2.33}$$

注意到稳定平衡点对应于 $\boldsymbol{d}$ 的最小值、$\boldsymbol{\lambda}$ 的最大值，即鞍点。对应于 $\boldsymbol{d}$ 和$\boldsymbol{\lambda}$，在驻值点处式(6.2.32)的导数为零，因此：

$$\frac{\partial W}{\partial d_a}=\frac{\partial W}{\partial d_a}+\lambda_I\frac{\partial g_I}{\partial d_a}\equiv r_a+\lambda_I\frac{\partial g_I}{\partial d_a}=0,\quad a=1,2,\cdots,n_{\mathrm{dof}} \tag{6.2.34}$$

$$g_I=0,\quad I=1,2,\cdots,n_c \tag{6.2.35}$$

上式一共是 $n_{\mathrm{dof}}+n_c$ 个代数方程组成的系统；注意对重复的指标求和。式(6.2.34)可以通过式(6.2.35)重写为

$$f_a^{\mathrm{int}}-f_a^{\mathrm{ext}}+\lambda_I\frac{\partial g_I}{\partial d_a}=0\quad 或\quad \boldsymbol{f}^{\mathrm{int}}-\boldsymbol{f}^{\mathrm{ext}}+\boldsymbol{\lambda}^{\mathrm{T}}\frac{\partial \boldsymbol{g}}{\partial \boldsymbol{d}}=\boldsymbol{0} \tag{6.2.36}$$

从上式可以看到，约束引入了附加力$\dfrac{\lambda_I\partial g_I}{\partial d_a}$，它是拉格朗日乘子的线性组合。如果约束是线性的，附加力将独立于节点位移。

为了得到关于式(6.2.34)和式(6.2.35)的线性模型，取两式的泰勒展开形式，并将结果设置为零：

$$r_a+\lambda_I\frac{\partial g_I}{\partial d_a}+\frac{\partial r_a}{\partial d_b}\Delta d_b+\frac{\partial g_I}{\partial d_a}\Delta\lambda_I+\lambda_I\frac{\partial^2 g_I}{\partial d_a\partial d_b}\Delta d_b=0 \tag{6.2.37}$$

$$g_I+\frac{\partial g_I}{\partial d_a}\Delta d_a=0 \tag{6.2.38}$$

注意对重复的指标求和。为了将此写成矩阵标记，定义

$$\boldsymbol{G}=[G_{Ia}]=\left[\frac{\partial g_I}{\partial d_a}\right],\quad \boldsymbol{H}_I=[H_{ab}]=\left[\frac{\partial^2 g_I}{\partial d_a\partial d_b}\right] \tag{6.2.39}$$

按照这种标记，线性模型式(6.2.37)和式(6.2.38)成为

$$\begin{bmatrix}\boldsymbol{A}+\lambda_I\boldsymbol{H}_I & \boldsymbol{G}^{\mathrm{T}}\\ \boldsymbol{G} & \boldsymbol{0}\end{bmatrix}\begin{Bmatrix}\Delta\boldsymbol{d}\\ \Delta\boldsymbol{\lambda}\end{Bmatrix}=\begin{Bmatrix}-\boldsymbol{r}-\boldsymbol{\lambda}^{\mathrm{T}}\boldsymbol{G}\\ -\boldsymbol{g}\end{Bmatrix} \tag{6.2.40}$$

式中，$\boldsymbol{A}$ 在式(6.2.30)中定义。从上式可以看到，由于约束，线性模型具有 n_c 个附加方程。即便当矩阵 $\boldsymbol{A}$ 是正定时，方程的扩展系统也可能是非正定的，因为在矩阵右下角的对角线上有零元素。

为了简化式(6.2.40)，采用如下线性静态系统的性质：

(1) $\boldsymbol{A}=\boldsymbol{K}$，式中 $\boldsymbol{K}$ 是线性刚度；

(2) 对于线性约束，$\boldsymbol{H}_I=\boldsymbol{0}$；

(3) 初始值为零，$\Delta\boldsymbol{d}=\boldsymbol{d}$，$\Delta\boldsymbol{\lambda}=\boldsymbol{\lambda}$。

对于具有线性约束 $\boldsymbol{Gd}=\boldsymbol{a}$ 的线性静态问题，式(6.2.40)成为

$$\begin{bmatrix}\boldsymbol{K} & \boldsymbol{G}^{\mathrm{T}}\\ \boldsymbol{G} & \boldsymbol{0}\end{bmatrix}\begin{Bmatrix}\boldsymbol{d}\\ \boldsymbol{\lambda}\end{Bmatrix}=\begin{Bmatrix}\boldsymbol{f}^{\mathrm{ext}}\\ \boldsymbol{a}\end{Bmatrix} \tag{6.2.41}$$

对于包含非保守材料、动态等特征的一般问题，下面推导拉格朗日乘子法的公式。应用式(6.2.33)作为构造微分的指导，并应用拉格朗日乘子，有

$$0=\mathrm{d}W_L=\mathrm{d}W+\mathrm{d}(\lambda_I g_I)=0 \tag{6.2.42}$$

代入式(B3.4.1)和式(6.2.1),可以得到

$$\begin{aligned}\mathrm{d}W &= \mathrm{d}W^{\mathrm{int}} - \mathrm{d}W^{\mathrm{ext}} + \mathrm{d}W^{\mathrm{kin}} \\ &= \mathrm{d}\boldsymbol{d}^{\mathrm{T}}(\boldsymbol{f}^{\mathrm{int}} - \boldsymbol{f}^{\mathrm{ext}} + s_D\boldsymbol{M}\ddot{\boldsymbol{d}}) = \mathrm{d}\boldsymbol{d}^{\mathrm{T}}r = \mathrm{d}d_a r_a\end{aligned} \tag{6.2.43}$$

将式(6.2.43)代入式(6.2.42)并写出在第二项中的微分,可以得到

$$\mathrm{d}d_a r_a + \mathrm{d}\lambda_I g_I + \lambda_I \frac{\partial g_I}{\partial d_a}\mathrm{d}d_a = 0, \quad \forall\, \mathrm{d}d_a, \quad \forall\, \mathrm{d}\lambda_I \tag{6.2.44}$$

分别应用微分项 $\mathrm{d}d_a$ 和 $\mathrm{d}\lambda_I$ 的任意性,上式隐含

$$r_a + \lambda_I \frac{\partial g_I}{\partial d_a} = 0, \quad g_I = 0 \tag{6.2.45}$$

上式在形式上与式(6.2.34)和式(6.2.35)相同,但是残数可能包含动力,并且系统无须是保守系统。线性化方程等同于那些保守系统中的方程(式(6.2.40))。由于已经建立了关于功的微分 $\mathrm{d}W$,它也可以应用于功率的微分。

6.2.7.2 罚函数法

罚函数法通过增加约束方阵 $g_I g_I$,并乘以一个称为罚参数的大数,从而施加约束。再次考虑保守问题,它的解答是由最小值决定的。修正的势能为

$$W_P(\boldsymbol{d}) = W(\boldsymbol{d}) + \frac{1}{2}\beta g_I(\boldsymbol{d}) g_I(\boldsymbol{d}) \equiv W + \frac{1}{2}\beta \boldsymbol{g}^{\mathrm{T}}\boldsymbol{g} \tag{6.2.46}$$

式中,β 是罚参数,下标 P 表示势能的罚形式。选择罚参数的数量级高于其他参数的数量级。其思路是如果 β 足够大,在没有满足约束的条件下不可能得到 $W_P(\boldsymbol{d})$的最小值。

驻值(或最小值)为

$$\frac{\partial W_P}{\partial d_a} = \frac{\partial W}{\partial d_a} + \beta g_I \frac{\partial g_I}{\partial d_a} = 0 \quad 或 \quad \boldsymbol{r} + \beta \boldsymbol{g}^{\mathrm{T}}\boldsymbol{G} = \boldsymbol{0} \tag{6.2.47}$$

线性模型为

$$\left(\frac{\partial r_a}{\partial d_b} + \beta \frac{\partial g_I}{\partial d_b}\frac{\partial g_I}{\partial d_a} + \beta g_I \frac{\partial^2 g_I}{\partial d_a \partial d_b}\right)\Delta d_b = \left(-r_a - \beta g_I \frac{\partial g_I}{\partial d_a}\right) \tag{6.2.48}$$

或以矩阵的形式表示为

$$\boldsymbol{A}_P \Delta \boldsymbol{d} = (\boldsymbol{A} + \beta \boldsymbol{G}^{\mathrm{T}}\boldsymbol{G} + \beta g_I \boldsymbol{H}_I)\Delta \boldsymbol{d}_b = -\boldsymbol{r} - \beta \boldsymbol{g}^{\mathrm{T}}\boldsymbol{G} \tag{6.2.49}$$

对于线性约束,如果初始雅克比矩阵是正定的,则扩展系统是正定的。罚函数法的主要缺点是削弱了方程的适应性,并且需要选择罚参数。通常不可能设置足够大的罚参数以满足约束精度,且由于约束的近似满足又难以确定误差。

应用式(6.2.46)的微分形式,获得关于非保守系统的离散方程:

$$0 = \mathrm{d}W_P = \mathrm{d}W + \frac{1}{2}\beta \mathrm{d}(g_I g_I) = \mathrm{d}W + \beta g_I \mathrm{d}g_I \tag{6.2.50}$$

现在,应用式(6.2.43)代替上式的 $\mathrm{d}W$,通过式(6.2.47)和式(6.2.48)中的等号右侧项,分别得到离散方程和线性模型。

6.2.7.3 拉格朗日增广法

拉格朗日增广法可以视作拉格朗日乘子法和罚函数法的组合。在罚函数法中,线性化方程组的适应性随着 β 的增大而减弱。在拉格朗日乘子法中,多余未知量的引入导致方程系统可能是非正定的。拉格朗日增广法改善了矩阵的适应性条件,并增大了罚参数的选择范围。

对于拉格朗日增广法的数学编程问题表述如下。对于给定的罚参数 β，确定位移 $\boldsymbol{d}$ 和拉格朗日乘子 $\boldsymbol{\lambda}$，因此

$$W_{\mathrm{AL}}(\boldsymbol{d},\boldsymbol{\lambda},\beta)=W(\boldsymbol{d})+\boldsymbol{\lambda}^{\mathrm{T}}\boldsymbol{g}(\boldsymbol{d})+\frac{1}{2}\beta\boldsymbol{g}^{\mathrm{T}}(\boldsymbol{d})\boldsymbol{g}(\boldsymbol{d}) \tag{6.2.51}$$

是一个驻值点。需要注意的是，如果设乘子 $\lambda=0$，该方法就退化为罚函数法，如式(6.2.46)；如果设 $\beta=0$，该方法就退化为拉格朗日乘子法，如式(6.2.32)。由于引入了拉格朗日乘子，参数 β 就不需要像在罚函数法中设置得那样足够大以满足约束 $\boldsymbol{g}(\boldsymbol{d})=0$。这就改善了方程的适应性。

通过设对应于 $\boldsymbol{d}$ 和 $\boldsymbol{\lambda}$ 的偏微分分别为零，可以确定驻值点，其表达式为

$$\frac{\partial W_{\mathrm{AL}}}{\partial d_a}=\frac{\partial W}{\partial d_a}+\lambda_I\frac{\partial g_I}{\partial d_a}+\beta g_I\frac{\partial g_I}{\partial d_a}=0 \tag{6.2.52}$$

$$\frac{\partial W_{\mathrm{AL}}}{\partial \lambda_I}=g_I=0 \tag{6.2.53}$$

以残数 $\boldsymbol{r}$ 和矩阵梯度 $\boldsymbol{G}$ 的形式，将上述方程重写为

$$\boldsymbol{r}+\boldsymbol{\lambda}^{\mathrm{T}}\boldsymbol{G}+\beta\boldsymbol{g}^{\mathrm{T}}\boldsymbol{G}=\boldsymbol{0} \tag{6.2.54}$$

$$\boldsymbol{g}(\boldsymbol{d})=0 \tag{6.2.55}$$

线性化模型为

$$\begin{aligned}&r_a+\lambda_I\frac{\partial g_I}{\partial d_a}+\beta g_I\frac{\partial g_I}{\partial d_a}+\frac{\partial r_a}{\partial d_b}\Delta d_b+\Delta\lambda_I\frac{\partial g_I}{\partial d_a}+\\&\lambda_I\frac{\partial^2 g_I}{\partial d_a\partial d_b}\Delta d_b+\beta\frac{\partial g_I}{\partial d_b}\frac{\partial g_I}{\partial d_a}\Delta d_b+\beta g_I\frac{\partial^2 g_I}{\partial d_a\partial d_b}\Delta d_b=0\end{aligned} \tag{6.2.56}$$

和

$$g_I+\frac{\partial g_I}{\partial d_b}\Delta d_b=0 \tag{6.2.57}$$

上述方程组可以写为矩阵的形式：

$$\begin{bmatrix}\boldsymbol{A}+\lambda_I\boldsymbol{H}_I+\beta(\boldsymbol{G}^{\mathrm{T}}\boldsymbol{G}+g_I\boldsymbol{H}_I) & \boldsymbol{G}^{\mathrm{T}}\\ \boldsymbol{G} & \boldsymbol{0}\end{bmatrix}\begin{Bmatrix}\Delta\boldsymbol{d}\\ \Delta\boldsymbol{\lambda}\end{Bmatrix}=\begin{bmatrix}-(\boldsymbol{r}+\boldsymbol{\lambda}^{\mathrm{T}}\boldsymbol{G}+\beta\boldsymbol{g}^{\mathrm{T}}\boldsymbol{G})\\ -\boldsymbol{g}\end{bmatrix} \tag{6.2.58}$$

上式是关于式(6.2.40)和式(6.2.49)的简单叠加，并在等号左右分别去掉了一个多余的 $\boldsymbol{r}$ 和 $\boldsymbol{A}$。离散后的方程对于非保守系统是相同的。

6.2.7.4 拉格朗日摄动法

在拉格朗日摄动法中，在拉格朗日乘子项上附加一个小常数乘以拉格朗日乘子的平方的和，对于拉格朗日摄动法，其势能是

$$W_{\mathrm{PL}}(\boldsymbol{d},\boldsymbol{\lambda},\beta)=W(\boldsymbol{d})+\lambda^{\mathrm{T}}\boldsymbol{g}(\boldsymbol{d})-\frac{1}{2}\varepsilon\boldsymbol{\lambda}^{\mathrm{T}}\boldsymbol{\lambda} \tag{6.2.59}$$

我们将它留下作为练习，证明结果的方程组为

$$\begin{cases}\boldsymbol{r}+\boldsymbol{\lambda}^{\mathrm{T}}\boldsymbol{G}=\boldsymbol{0}\\ \boldsymbol{g}-\varepsilon\boldsymbol{\lambda}=\boldsymbol{0}\end{cases} \tag{6.2.60}$$

其线性化方程为

$$\begin{bmatrix}\boldsymbol{A}+\lambda_I\boldsymbol{H}_I & \boldsymbol{G}^{\mathrm{T}}\\ \boldsymbol{G} & -\varepsilon\boldsymbol{I}\end{bmatrix}\begin{Bmatrix}\Delta\boldsymbol{d}\\ \Delta\boldsymbol{\lambda}\end{Bmatrix}=\begin{bmatrix}-(\boldsymbol{r}+\boldsymbol{\lambda}^{\mathrm{T}}\boldsymbol{G})\\ -(\boldsymbol{g}+\varepsilon\boldsymbol{\lambda})\end{bmatrix} \tag{6.2.61}$$

我们将它留给读者(6.5 节第 3 题)来证明上述方程与罚函数公式是一致的。拉格朗日摄动法主要具有理论意义。

【例 6.1】 考虑一段长为 $\ell_0=a$ 并铰接在原点 O 上的非线性弹性杆 OA。应用超弹性克希霍夫材料模型。该杆受常数外力 f^{ext}(保守载荷)作用,并从 A 点拉伸到 A'点。杆的右端被限定搁置在如图 6-5 所示的圆形槽中。

(1) 应用格林应变定义式(2.3.1),单轴应变状态为 $2\ell_0 E_{11}\ell_0=\ell^2-\ell_0^2$,计算 E_{11};

(2) 建立非约束问题的势能及其一阶导数和二阶导数;

(3) 建立拉格朗日乘子法公式;

(4) 应用罚函数法建立拉格朗日乘子法公式。

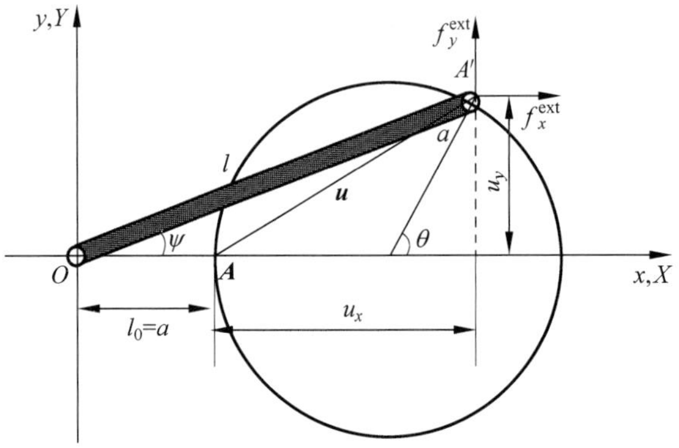

图 6-5 杆单元沿圆周做约束运动

解:(1) 从格林应变式(2.3.1)的定义得到

$$E_{11}=\frac{\ell^2-\ell_0^2}{2\ell_0^2}=\frac{(a+u_{x1})^2+u_{y1}^2-a^2}{2a^2}=\frac{u_{x1}}{a}+\frac{1}{2a^2}(u_{x1}^2+u_{y1}^2) \tag{E6.1.1}$$

(2) 对于克希霍夫材料,杆单元的内能给出为 $W^{int}=\dfrac{\alpha E_{11}^2}{2}$,其中 $\alpha=A_0 a E^{SE}$,E^{SE} 在表 12-1 中定义。

对于保守载荷,外力势能为

$$W^{ext}=f_{x1}^{ext}x_1+f_{y1}^{ext}y_1=f_{x1}^{ext}(X_1+u_{x1})+f_{y1}^{ext}(Y_1+u_{y1}) \tag{E6.1.2}$$

式中,(X_1,Y_1)是节点 1 的初始位置。总势能为

$$W(u_{x1},u_{y1})=\frac{1}{2}\alpha\left(\frac{u_{x1}}{a}+\frac{1}{2a^2}(u_{x1}^2+u_{y1}^2)\right)^2-f_{x1}^{ext}(X_1+u_{x1})-f_{y1}^{ext}(Y_1+u_{y1}) \tag{E6.1.3}$$

W 对应于 u_{x1} 和 u_{y1} 的偏微分,给出残数 $\boldsymbol{r}$:

$$\boldsymbol{r}=\begin{Bmatrix} r_{x1}\\ r_{y1}\end{Bmatrix}=\begin{Bmatrix}\dfrac{\partial W}{\partial u_{x1}}\\ \dfrac{\partial W}{\partial u_{y1}}\end{Bmatrix}=\begin{Bmatrix}\alpha\left(\dfrac{u_{x1}}{a^2}+\dfrac{3u_{x1}^2}{2a^3}+\dfrac{u_{y1}^2}{2a^3}+\dfrac{u_{x1}^3}{2a^4}+\dfrac{u_{x1}u_{y1}^2}{2a^4}\right)-f_{x1}^{ext}\\ \alpha\left(\dfrac{u_{x1}u_{y1}}{a^3}+\dfrac{u_{x1}^2u_{y1}}{2a^4}+\dfrac{u_{y1}^3}{2a^4}\right)-f_{x1}^{ext}\end{Bmatrix} \tag{E6.1.4}$$

切线刚度矩阵 $\boldsymbol{K}^{int}$ 为

$$\boldsymbol{K}^{\text{int}}=\begin{bmatrix}\dfrac{\partial r_{x1}}{\partial u_{x1}} & \dfrac{\partial r_{x1}}{\partial u_{y1}}\\ \dfrac{\partial r_{y1}}{\partial u_{x1}} & \dfrac{\partial r_{y1}}{\partial u_{y1}}\end{bmatrix}=\alpha\begin{bmatrix}\left(\dfrac{1}{a^2}+\dfrac{3u_{x1}}{a^3}+\dfrac{3u_{x1}^2}{2a^4}+\dfrac{u_{y1}^2}{2a^4}\right) & \left(\dfrac{u_{y1}}{a^3}+\dfrac{u_{x1}u_{y1}}{a^4}\right)\\ \left(\dfrac{u_{y1}}{a^3}+\dfrac{u_{x1}u_{y1}}{a^4}\right) & \left(\dfrac{u_{x1}}{a^3}+\dfrac{u_{x1}^2}{2a^4}+\dfrac{3u_{y1}^2}{2a^4}\right)\end{bmatrix} \tag{E6.1.5}$$

对于保守载荷，$\boldsymbol{K}^{\text{ext}}=0$ 且雅克比矩阵 $\boldsymbol{A}=\boldsymbol{K}^{\text{int}}$。

(3) 借助于拉格朗日乘子施加约束。由式(6.2.42)给出修正势能为

$$W_{\text{L}}(u_{x1},u_{y1},\lambda)=W(u_{x1},u_{y1})+\lambda g(u_{x1},u_{y1}) \tag{E6.1.6}$$

式中，λ 是拉格朗日乘子，约束条件为 $g=0$。约束要求节点 1 始终保持在以圆心为$(2a,\ 0)$的圆周上，以节点坐标的形式，约束为

$$\begin{aligned}0=g(u_{x1},u_{y1})&=(x_1-2a)^2+y_1^2-a^2=(X_1+u_{x1}-2a)^2+(Y_1+u_{y1})^2-a^2\\&=u_{x1}^2-2au_{x1}+u_{y1}^2\end{aligned} \tag{E6.1.7}$$

由于 $Y_1=0$ 和 $X_1=a$，约束的梯度是

$$\boldsymbol{G}^{\text{T}}=\begin{Bmatrix}\dfrac{\partial g}{\partial u_{x1}}\\ \dfrac{\partial g}{\partial u_{y1}}\end{Bmatrix}=\begin{Bmatrix}2(u_{x1}-a)\\ 2u_{y1}\end{Bmatrix} \tag{E6.1.8}$$

由式(6.2.40)给出线性化方程，其中矩阵 $\boldsymbol{A}$ 和 $\boldsymbol{G}$ 的定义同上，而 $\boldsymbol{H}$ 为

$$\boldsymbol{H}=\begin{bmatrix}\dfrac{\partial^2 g}{\partial u_{x1}^2} & \dfrac{\partial^2 g}{\partial u_{x1}\partial u_{y1}}\\ \dfrac{\partial^2 g}{\partial u_{y1}\partial u_{x1}} & \dfrac{\partial^2 g}{\partial u_{y1}^2}\end{bmatrix}=\begin{bmatrix}2 & 0\\ 0 & 2\end{bmatrix} \tag{E6.1.9}$$

拉格朗日乘子 λ 对应于约束 $g=0$。

(4) 修正势能，由式(6.2.46)给出罚参数 $W_p=W+\dfrac{\beta g^2}{2}$。其中，$W$ 由式(E6.1.3)给出，g 由式(E6.1.7)给出。驻值条件由式(6.2.47)给出，其中的 $\boldsymbol{G}$ 和 $\boldsymbol{r}$ 分别由式(E6.1.8)和式(E6.1.4)给出。线性模型的矩阵形式为式(6.2.49)，其中 $\boldsymbol{H}$ 由式(E6.1.9)给出，并且

$$\boldsymbol{G}^{\text{T}}\boldsymbol{G}=4\begin{bmatrix}(u_{x1}-a)^2 & (u_{x1}-a)u_{y1}\\ u_{y1}(u_{x1}-a) & u_{y1}^2\end{bmatrix} \tag{E6.1.10}$$

6.3 收敛准则

6.3.1 牛顿迭代收敛准则

对于隐式平衡求解，牛顿-拉夫森方法中的终止迭代是由收敛准则决定的。这些准则用于迭代求解残数 $\boldsymbol{r}(\boldsymbol{d}^n,t^n)=0$ 的收敛，而不是求解偏微分方程的离散解答的收敛。常用的收敛准则有三种：

(1) 根据残数 $\boldsymbol{r}$ 的量级的准则；

(2) 根据位移增量 $\Delta\boldsymbol{d}$ 的量级的准则；

(3) 能量误差准则。

对于前两个准则,习惯上采用矢量的一个 ℓ_2 范数(见附录 B 关于范数的定义),则这两个准则成为

残数误差准则:

$$\| \boldsymbol{r} \|_{\ell_2} = \left(\sum_{a=1}^{n_{\mathrm{DOF}}} r_a^2\right)^{\frac{1}{2}} \leqslant \varepsilon \max(\| \boldsymbol{f}^{\mathrm{ext}} \|_{\ell_2}, \| \boldsymbol{f}^{\mathrm{int}} \|_{\ell_2}, (\| \boldsymbol{Ma} \|)_{\ell_2}) \tag{6.3.1}$$

位移增量误差准则:

$$\| \Delta \boldsymbol{d} \|_{\ell_2} = \left(\sum_{a=1}^{n_{\mathrm{DOF}}} \Delta d_a^2\right)^{\frac{1}{2}} \leqslant \varepsilon \| \boldsymbol{d} \|_{\ell_2} \tag{6.3.2}$$

当全部自由度上的平均误差得到控制时,ℓ_2 范数是适用的。如果用最大范数 $\| \cdot \|_{\ell_\infty}$ 取代上式,那么在任何自由度上都可以限制最大误差。式(6.3.1)和式(6.3.2)的右侧是范数的收敛限。在终止迭代过程前,误差限 ε 决定了位移计算的精度;应用 $\varepsilon < 10^{-3}$ 和 ℓ_2 范数,节点位移的平均误差可精确在第三位有效数字。收敛限决定了计算的速度和精度。如果准则过于粗糙,则解答可能不精确。然而,过于严格的准则将导致许多冗余的计算。

能量收敛准则测量流入残数计算系统的能量,它类似于在能量中的误差(Belytschko 和 Schoeberle,1975):

$$| \Delta \boldsymbol{d}^{\mathrm{T}} \boldsymbol{r} | = | \Delta d_a r_a | \leqslant \varepsilon \max(W^{\mathrm{ext}}, W^{\mathrm{int}}, W^{\mathrm{kin}}) \tag{6.3.3}$$

5.3.2 节描述了在上式右侧的能量计算是对误差准则的缩放。上式的左侧表示了能量的误差,即与动量方程中的误差有关的能量。

6.3.2 线搜索

由于残数包含线性化模型和本身粗糙程度的实际偏差,当收敛较慢时,应用线搜索可以提高牛顿-拉夫森方法的效率。线搜索的原理为,通过牛顿-拉夫森方法找到的 $\Delta \boldsymbol{d}$ 方向经常是较好的方向,但是 $\| \Delta \boldsymbol{d} \|$ 不一定是最佳步长。通过几次残数的计算,沿 $\Delta \boldsymbol{d}$ 方向发现最佳点比应用新的雅克比矩阵得到新方向简便很多。因此,在进入另一个方向之前,应使残数的度量沿线搜索方向最小化:

$$\boldsymbol{d} = \boldsymbol{d}_{\mathrm{old}} + \xi \Delta \boldsymbol{d} \tag{6.3.4}$$

式中,$\boldsymbol{d}_{\mathrm{old}}$ 是前一次的迭代结果,ξ 是定义沿线位置的参数。换言之,应寻找一个参数 ξ,使在 $\boldsymbol{d}_{\mathrm{old}} + \xi \Delta \boldsymbol{d}$ 沿线方向的某些残数度量最小化。该参数可以应用作为参数度量的 ℓ_2 范数、最大范数或其他度量。

当系统是保守的,以势能的形式可以确定残数的能量度量。如果势能 $W(\boldsymbol{d})$ 沿搜索方向是最小的,则对应于线参数的导数必须为零:

$$0 = \frac{\mathrm{d}W(\xi)}{\mathrm{d}\xi} = \frac{\partial W}{\partial \boldsymbol{d}} \cdot \frac{\mathrm{d}\boldsymbol{d}}{\mathrm{d}\xi} = \boldsymbol{r}^{\mathrm{T}} \Delta \boldsymbol{d} \tag{6.3.5}$$

上式的最后一步遵循式(6.2.25)和式(6.3.4),解释如下:当残数 $\boldsymbol{r}$ 在最小值时,其是与方向 $\Delta \boldsymbol{d}$ 正交的。注意到这一准则等价于能量最小误差原理(式(6.3.3)),它也可以应用到非保守系统。在编程中,类似于式(6.3.3),式(6.3.5)必须标准化处理。

对于最小化一个单参数的函数,线搜索可以应用任何方法:对分法或基于内插值的搜索或由此得到的组合法。一个广泛应用的技术是基于二次插值的方法。一旦残数在两点

赋值，就通过 ξ 的二次函数插值残数的度量（它的值在 $\xi=0$ 处已知，因此有 3 个点）。这种二次插值可应用于估计最小的位置，并且应用最后 3 个点，再次插值残数的度量。当度量达到理想精度时，该过程终止。

6.3.3 α-方法

纽马克积分器的主要缺点是在解答中存在保持高频振荡的趋势。同时，当引入线性阻尼或通过参数 γ 引入人工黏性时，精度明显降低。在不过多降低精度的前提下，α-方法(Hughes et al.，1977)改善了高频的数值发散。Chung 和 Hulbert(1993)为该方法发现了一个较好的变量。

在 α-方法中应用纽马克-贝塔方法的式(6.2.4)～式(6.2.5)，但是需要对运动方程式(6.2.1)做出修改，用下式替代：

$$0=\boldsymbol{r}(\boldsymbol{d}^{n+1},t^{n+1})=s_D\boldsymbol{M}\boldsymbol{a}^{n+1}-\boldsymbol{f}^{\text{ext}}(\boldsymbol{d}^{n+\alpha},t^{n+1})+\boldsymbol{f}^{\text{int}}(\boldsymbol{d}^{n+\alpha},t^{n+1}) \tag{6.3.6}$$

该式与纽马克-贝塔方法相比，主要的变化在于驱动节点力的位移计算：

$$\boldsymbol{d}^{n+\alpha}=(1+\alpha)\boldsymbol{d}^{n+1}-\alpha\boldsymbol{d}^{n} \tag{6.3.7}$$

对于一个线性系统，上述节点内力向量的定义为 $\boldsymbol{f}^{\text{int}}=\boldsymbol{K}\boldsymbol{d}^{n+\alpha}=(1+\alpha)\boldsymbol{K}\boldsymbol{d}^{n+1}-\alpha\boldsymbol{K}\boldsymbol{d}^{n}$。因此，为了应用 α-方法，增加了 $\alpha\boldsymbol{K}(\boldsymbol{d}^{n+1}-\boldsymbol{d}^{n})$ 项，类似于刚度比例阻尼。

对应于式(6.2.15)的残数线性化方程为

$$\boldsymbol{r}(\boldsymbol{d}_{\nu}^{n+\alpha})+\frac{\partial\boldsymbol{r}(\boldsymbol{d}_{\nu}^{n+\alpha})}{\partial\boldsymbol{d}}\Delta\boldsymbol{d}+o(\Delta d^{2})=0 \tag{6.3.8}$$

式(6.2.20)的雅克比矩阵（或有效刚度矩阵）由此可以表示为

$$\boldsymbol{A}=\frac{\partial\boldsymbol{r}(\boldsymbol{d}_{\nu}^{n+\alpha})}{\partial\boldsymbol{d}}=\frac{s_D}{\beta\Delta t^{2}}\boldsymbol{M}+(1+\alpha)\frac{\partial\boldsymbol{f}^{\text{int}}(\boldsymbol{d}_{\nu}^{n+\alpha})}{\partial\boldsymbol{d}}-(1+\alpha)\frac{\partial\boldsymbol{f}^{\text{ext}}(\boldsymbol{d}_{\nu}^{n+\alpha})}{\partial\boldsymbol{d}} \tag{6.3.9}$$

余下的公式与纽马克-贝塔方法中的公式相同。如果 $\alpha=0$，则对应于梯形法则。对于线性系统，当

$$\alpha\in\left[-\frac{1}{3},0\right],\quad\gamma=\frac{1-2\alpha}{2},\quad\beta=\frac{(1-\alpha)^{2}}{4} \tag{6.3.10}$$

时，该方法为无条件稳定。在文献中关于非线性问题，该方法没有一般性的稳定结果。

6.3.4 隐式时间积分的精度和稳定性

隐式时间积分优于显式时间积分的特点是，对于线性瞬态问题，适用的隐式积分器是无条件稳定的。针对某些积分器，上述特点将在 7.3 节给出证明。尽管对于特殊情况的理论结果表明，至少对于一些非线性系统，无条件稳定是适用的，不存在无条件稳定的证明能够涵盖在实践中所发现的范围广泛的条件。然而，经验表明隐式积分器的时间步长远大于显式积分器的时间步长，并且没有导致失稳。

在隐式时间积分中，对于时间步长的限制主要来自对精度的要求，以及当时间步长增加时降低的牛顿-拉夫森方法的强健性。纽马克-贝塔方法是二阶精确的，与中心差分方法是同阶的，即截断误差具有 Δt^{2} 阶。因此，对于较大的时间步长，必须关注截断误差。

较大的时间步长也削弱了牛顿-拉夫森方法的收敛性，特别是在一些有非常粗糙响应的问题中，如接触-冲击。若应用较大的时间步长，初始迭代就有可能远远偏离解答，因此增加

了牛顿-拉夫森方法收敛失败的可能性；较小的步长则改善了牛顿-拉夫森方法的强健性。

作为增强稳定性的报答，隐式时间积分花费了高昂的代价：它需要在每一个时间步求解非线性代数方程。由于牛顿-拉夫森方法的程序经常包含线性模型的构造，存储这些方程需要大量内存。通过迭代线性方程求解器（一种牛顿-拉夫森方法的迭代技术）可以有效地减少内存的需要。最近，这种迭代技术有了惊人的改进，隐式求解器现在已适用于以前无法适用的许多问题。尽管如此，高昂的计算成本和缺乏强健性仍然困扰着牛顿-拉夫森方法。

6.3.5 牛顿-拉夫森方法迭代的收敛性和强健性

在牛顿-拉夫森方法中，当雅克比矩阵 $\boldsymbol{A}$ 满足某些条件时，迭代的收敛率是二次的。这些条件可以粗略地描述如下：

（1）雅克比矩阵 $\boldsymbol{A}$ 必须是关于 $\boldsymbol{d}$ 的足够光滑函数。

（2）雅克比矩阵 $\boldsymbol{A}$ 必须是规则的（可逆的），并且在迭代过程贯穿的整个位移空间域内是条件良好的。

二次收敛意味着在每一次迭代中，在结果和迭代 $\boldsymbol{d}_\nu$ 之间的差的 ℓ_2 范数降低两阶：

$$\|\boldsymbol{d}_{\nu+1}-\boldsymbol{d}\| \leqslant c\,\|\boldsymbol{d}_\nu-\boldsymbol{d}\|^2 \tag{6.3.11}$$

式中，c 是依赖于问题的一个非线性的常数，$\boldsymbol{d}$ 是非线性代数方程组的结果。因此，当 $\boldsymbol{A}$ 满足上述条件时，牛顿-拉夫森方法的收敛是非常迅速的。上式仅对主要项给出了收敛性的要求，并证明了 $\boldsymbol{A}$ 的许多特殊条件的收敛性。关于二次收敛的一组条件是，残数必须是连续可微的，雅克比矩阵的逆必须存在，并且在解答的邻域内是均匀有界的（Dennis 和 Schnabel，1983）。

对于工程问题，这些条件通常是不满足的。例如，在弹塑性材料中，残数不是节点位移的连续可微函数，即当一个单元的积分点从弹性转变为塑性或从塑性转变为弹性时，导数是不连续的。在应用拉格朗日乘子计算接触-冲击问题时，残数也缺乏光滑性。因此，在许多工程问题中，不满足关于牛顿-拉夫森方法的二次收敛条件。虽然收敛速率确实降低了，但是牛顿-拉夫森方法仍然是明显有效的方法。在一些问题中，二次收敛条件是满足的。例如，在应用穆尼-里夫林材料的光滑加载模型中，当载荷足够小使得平衡解答稳定时，这些条件是满足的。

在平衡问题中最常发生的是收敛困难。在一个不稳定点上，雅克比矩阵不再是规则的，并且二次收敛的证明无法应用。在不稳定状态的附近区域，牛顿-拉夫森方法经常收敛失败。在动态问题中，这些问题可以通过质量矩阵得以改善，使得雅克比矩阵更加正定。当时间步长增加时，因为质量矩阵的系数与时间步长的平方成反比，质量矩阵对于雅克比矩阵的有利效果就降低了（见式（6.2.9））。对于很多问题，直接应用牛顿-拉夫森方法将导致其完全失效，进而需要对其加以修正，如计算屈曲问题的弧长法（第 7 章）。

6.3.6 隐式与显式时间积分的选择

积分方法的选择取决于：

（1）偏微分方程的类型；

（2）数据的光滑性；

（3）感兴趣的响应。

对于抛物线形偏微分方程，通常选用隐式时间积分。即使是很粗糙的数据，抛物线系统的求解也是光滑的。在一个抛物线系统中，每次单元尺寸减半，稳定时间步长就会降低$\frac{3}{4}$，因此，显式时间积分的细化过程是过于昂贵的。Richtmeyer 和 Morton(1967)也曾明确地指出抛物线系统决不应该使用显式时间积分。

我们理解的抛物线型与双曲线型偏微分方程的区别是信息传播的物理过程与数学求解过程是否具有相似性。抛物线型偏微分方程的传播是在源头信息出现后瞬时得到呈梯度变化的全场解；而双曲线型偏微分方程是在源头信息出现后由局部解向全场逐步传播，后者信息传播的物理过程与显式时间积分的数学过程具有相似性。

然而在当前阶段，即使系统是部分的或是完全的抛物线型偏微分方程，在许多情况下学者仍然偏向应用显式时间积分。例如，在汽车碰撞模拟中，模拟金属薄板的壳方程是抛物线型偏微分方程(7.3 节)，尽管接触-碰撞引起振荡，但仍偏向应用显式时间积分。类似地，在复杂的热传导问题中，常常不可能获得由隐式方法提供的较大增量步的优势。因此，在抛物线系统中，应采用何种方法至今并不明确。

在双曲线系统中，选择取决于对相关问题的响应。为了做出选择，可以将双曲线系统的问题分为波传播问题和惯性问题，后者也称为结构动态响应(由于弯曲，结构单元常有抛物线性质)。在结构的动态响应中，输入的频率谱远远低于网格的划分限度；在感兴趣的频率带宽上，要求非常高的精度控制了网格的细化。在这类问题中，采用隐式时间积分的确是更优的。实例包括结构的地震响应和结构的振动，以及更小产品的振动，如汽车、工具和电子设备。

波的传播问题是与谱的相对高频部分相关的问题。包含的主题大到地球核心的地震研究，小到在手机跌落时的波传播。这些仿真需要较小步长以跟踪响应的高频部分，所以显式时间积分更具有优越性。一般来说，对于双曲线系统，特别是采用相对粗糙的数据或相关高频响应的问题，显式时间积分是更为有效的。

作为经验之谈，Belytschko 曾建议：当动力过程远小于结构自振周期时，采用显式时间积分；当动力过程远大于结构自振周期时，采用隐式时间积分。我们通过实际工程问题来理解他的建议，例如，深圳京基中心的高柔建筑结构(高为 441.8m)，第一自振周期为 7s 多，与地震动力过程的时间相近，采用隐式或显式时间积分均可。运载火箭的结构自振周期低于 1s，而发射的动力过程远大于结构自振周期，建议采用隐式时间积分。汽车碰撞和爆炸冲击的动力过程太短，最好采用显式时间积分。结构动力学问题通常不关注应力波的传播过程，而仅关注结构的中低频响应，且非线性程度通常弱于冲击动力问题本身，因此适合采用隐式时间积分。另外一些问题，如在冲压模具加工板坯的过程中，显式时间积分适用于模拟模具与板坯接触加工的过程，隐式时间积分适用于模拟放松模具后板坯发生弹性回弹的过程，这就需要两套求解器的相互调用，并注意力的传递和变形协调的连续性。

6.4　切线刚度

6.4.1　节点内力的线性化

本节推导拉格朗日单元切线刚度矩阵 $\boldsymbol{K}^{\text{int}}$ 的表达式。所推导的部分表达式将独立于材料的响应。线性化的本构方程由两种方法导出：

(1) 应用连续切线模量，不考虑实际的本构更新算法，得到的材料切线刚度称为切线刚度。

(2) 应用算法切线模量，得到的材料切线刚度称为一致切线刚度。

当选择方法时，应考虑编程的难易和问题的平滑程度等实际情况。应用连续切线模量的方法是直接编程，然而，当本构关系的导数不连续时，如在弹塑性材料的屈服点上，可能遇到收敛的困难。一致切线刚度基于算法模量，对于粗糙的本构方程，它展示了良好的收敛性。对于复杂的本构关系，应用算法切线模量方法的一个缺点是其并不总是能够推导出显式形式。有时应用数值微分才能获得算法切线模量。

在完全的拉格朗日格式中，切线刚度矩阵表示为 $\boldsymbol{C}^{SE}$，切线模量将 PK2 应力率与格林应变率联系起来；而在更新的拉格朗日格式中，切线刚度矩阵表示为 $\boldsymbol{C}^{\sigma T}$，切线模量将柯西应力的特鲁斯德尔率与变形率联系起来。这些切线模量是相互关联的：如果选择当前构形为参考构形，则有 $\boldsymbol{C}^{\sigma T}=\boldsymbol{C}^{SE}$。我们将上述切线刚度矩阵视为标准形式。其他应力和应变率的切线刚度，可以通过转换切线模量得到。表 12-9 中的式(B12.9.8)给出了其中一种转换方式。

通过联系节点内力的率 $\dot{\boldsymbol{f}}^{\text{int}}$ 和节点速度 $\dot{\boldsymbol{d}}$ 建立切线刚度矩阵。这一过程与联系节点力的无限小增量 $\mathrm{d}\boldsymbol{f}^{\text{int}}$ 和节点位移的无限小增量 $\mathrm{d}\boldsymbol{d}$ 是相同的。为了方便选择上标点标记，有时会以这种形式改写方程。上述方法对于任意连续可微的残数，结果是精确的；对于粗糙的残数，则需要方向导数，后文将会介绍。

通过式(3.5.10)，以完全的拉格朗日格式给出节点内力为

$$\boldsymbol{f}^{\text{int}}=\int_{\Omega_0}\boldsymbol{B}_0^{\mathrm{T}}\boldsymbol{P}\mathrm{d}\Omega_0,\quad f_{iI}^{\text{int}}=\int_{\Omega_0}\frac{\partial N_I}{\partial X_j}P_{ji}\mathrm{d}\Omega_0=\int_{\Omega_0}B_{jI}^0P_{ji}\mathrm{d}\Omega_0 \tag{6.4.1}$$

式中，$\boldsymbol{P}$ 是名义应力张量，用分量 P_{ji} 表示，N_I 是节点形函数，并且 $B_{jI}^0=\dfrac{\partial N_I}{\partial X_j}$。选择完全的拉格朗日格式是因为它的推导过程相对简单。在完全的拉格朗日格式(式(6.4.1))中，依赖变形的唯一变量是名义应力，即它是随时间变化的唯一变量。在更新的拉格朗日格式(式(B4.4.2))中，单元(或物体)的域、空间导数$\dfrac{\partial N_I}{\partial x_j}$和柯西应力均是变形的函数，因此都依赖于时间，从而使切线刚度的推导过程复杂化。

因为 B_0 和 $\mathrm{d}\Omega_0$ 是独立于变形或时间的，由式(6.4.1)的材料时间导数给出：

$$\dot{\boldsymbol{f}}^{\text{int}}=\int_{\Omega_0}\boldsymbol{B}_0^{\mathrm{T}}\dot{\boldsymbol{P}}\mathrm{d}\Omega_0,\quad \dot{f}_{iI}^{\text{int}}=\int_{\Omega_0}\frac{\partial N_I}{\partial X_j}\dot{P}_{ji}\mathrm{d}\Omega_0 \tag{6.4.2}$$

为了得到刚度矩阵 $\boldsymbol{K}^{\text{int}}$，需要通过本构方程和应变度量，以节点速度的形式表示应力率 $\dot{\boldsymbol{P}}$。然而，本构方程通常不是直接以 $\dot{\boldsymbol{P}}$ 的形式表示的，因为这个应力率不是客观的(2.5 节和 13.3 节)。所以，需要应用 PK2 应力的材料时间导数，因为它是客观的。

通过取变换 $\boldsymbol{P}=\boldsymbol{S}\cdot\boldsymbol{F}^{\mathrm{T}}$ 的时间导数(表 2-1)，将 PK2 应力的材料时间导数与名义应力的材料时间导数联系起来：

$$\dot{\boldsymbol{P}}=\dot{\boldsymbol{S}}\cdot\boldsymbol{F}^{\mathrm{T}}+\boldsymbol{S}\cdot\dot{\boldsymbol{F}}^{\mathrm{T}},\quad \dot{P}_{ij}=\dot{S}_{ir}F_{rj}^{\mathrm{T}}+S_{ir}\dot{F}_{rj}^{\mathrm{T}} \tag{6.4.3}$$

将式(6.4.3)代入式(6.4.2)得到

$$\dot{f}_{iI}^{\text{int}}=\int_{\Omega_0}\frac{\partial N_I}{\partial X_j}(\dot{S}_{jr}F_{ir}+S_{jr}\dot{F}_{ir})\mathrm{d}\Omega_0 \text{ 或 } \mathrm{d}f_{iI}^{\text{int}}=\int_{\Omega_0}\frac{\partial N_I}{\partial X_j}(\mathrm{d}S_{jr}F_{ir}+S_{jr}\mathrm{d}F_{ir})\mathrm{d}\Omega_0 \tag{6.4.4}$$

上式说明节点内力的率(或增量)包含两部分：

(1) 第一部分包括应力率 $\dot{\boldsymbol{S}}$，其依赖于材料响应，因此这一项称为材料切线刚度，用符号 $\boldsymbol{K}^{\text{mat}}$ 表示。

(2) 第二部分包括当前状态的应力 $\boldsymbol{S}$，并且考虑了变形的几何影响(包括转动和拉伸)。这一项被称为几何刚度，也被称为初始应力矩阵，以表示应力存在状态的作用，用符号 $\boldsymbol{K}^{\text{geo}}$ 表示。

节点内力的率也可以根据这两部分的影响拆分为两个相应名称的部分，即材料节点内力 $\boldsymbol{f}^{\text{mat}}$ 和几何节点内力 $\boldsymbol{f}^{\text{geo}}$。因此式(6.4.4)可以写为

$$\dot{\boldsymbol{f}}^{\text{int}}=\dot{\boldsymbol{f}}^{\text{mat}}+\dot{\boldsymbol{f}}^{\text{geo}} \quad \text{或} \quad \dot{f}_{iI}^{\text{int}}=\dot{f}_{iI}^{\text{mat}}+\dot{f}_{iI}^{\text{geo}} \tag{6.4.5}$$

$$\dot{f}_{iI}^{\text{mat}}=\int_{\Omega_0}\frac{\partial N_I}{\partial X_j}F_{ir}\dot{S}_{jr}\mathrm{d}\Omega_0,\quad \dot{f}_{iI}^{\text{geo}}=\int_{\Omega_0}\frac{\partial N_I}{\partial X_j}S_{jr}\dot{F}_{ir}\mathrm{d}\Omega_0 \tag{6.4.6}$$

6.4.2 材料切线刚度

为了简化后文的推导，将上述表达式写为福格特形式；见附录A关于这种标记的详细内容。在建立切线刚度矩阵时，福格特形式是很方便的，因为切线模量的张量 C_{ijkl} 是四阶的；这个张量不能简单地由标准矩阵运算处理。以福格特标记重写式(6.4.6)中节点内力的材料率为

$$\dot{\boldsymbol{f}}^{\text{mat}}=\int_{\Omega_0}\boldsymbol{B}_0^{\mathrm{T}}\{\dot{\boldsymbol{S}}\}\mathrm{d}\Omega_0 \tag{6.4.7}$$

式中，$\{\dot{\boldsymbol{S}}\}$ 是以福格特列矩阵形式的PK2应力率。式(6.4.7)与式(6.4.6)的本质是相同的，仅仅是标记有变化。以率形式表示的本构方程为

$$\dot{S}_{ij}=C_{ijkl}^{SE}\dot{E}_{kl} \quad \text{或} \quad \{\dot{\boldsymbol{S}}\}=[\boldsymbol{C}^{SE}]\{\dot{\boldsymbol{E}}\} \tag{6.4.8}$$

回顾式(3.5.26)，以福格特标记将格林应变率与节点速度联系起来，有 $\{\dot{\boldsymbol{E}}\}=\boldsymbol{B}_0\dot{\boldsymbol{d}}$。将它代入式(6.4.8)，并将结果代入式(6.4.7)：

$$\dot{\boldsymbol{f}}_{\text{mat}}^{\text{int}}=\int_{\Omega_0}\boldsymbol{B}_0^{\mathrm{T}}[\boldsymbol{C}^{SE}]\boldsymbol{B}_0\mathrm{d}\Omega_0\dot{\boldsymbol{d}} \quad \text{或} \quad \mathrm{d}\boldsymbol{f}_{\text{mat}}^{\text{int}}=\int_{\Omega_0}\boldsymbol{B}_0^{\mathrm{T}}[\boldsymbol{C}^{SE}]\boldsymbol{B}_0\mathrm{d}\Omega_0\mathrm{d}\boldsymbol{d} \tag{6.4.9}$$

因此，材料切线刚度为

$$\boldsymbol{K}^{\text{mat}}=\int_{\Omega_0}\boldsymbol{B}_0^{\mathrm{T}}[\boldsymbol{C}^{SE}]\boldsymbol{B}_0\mathrm{d}\Omega_0 \quad \text{或} \quad \boldsymbol{K}_{IJ}^{\text{mat}}=\int_{\Omega_0}\boldsymbol{B}_{0I}^{\mathrm{T}}[\boldsymbol{C}^{SE}]\boldsymbol{B}_{0J}\mathrm{d}\Omega_0 \tag{6.4.10}$$

根据材料响应，材料切线刚度通过切线模量 $\boldsymbol{C}^{SE}$，将节点内力的增量(或率)与位移增量(或率)联系起来。它的矩阵形式与在线性有限元中的刚度矩阵是一致的。

6.4.3 几何刚度

本节介绍几何刚度。由定义 $B_{iI}^0=\dfrac{\partial N_I}{\partial X_i}$ 和式(6.4.4)，可以写出

$$\dot{f}_{iI}^{\mathrm{geo}}=\int_{\Omega_0}B_{Ij}^0S_{jr}\dot{F}_{ir}\,\mathrm{d}\Omega_0=\int_{\Omega_0}B_{Ij}^0S_{jr}B_{rJ}^0\,\mathrm{d}\Omega_0\dot{u}_{iJ}=\int_{\Omega_0}B_{Ij}^0S_{jr}B_{rJ}^0\,\mathrm{d}\Omega_0\delta_{ik}\dot{u}_{kJ}\quad(6.4.11)$$

上式第二步应用了式(3.5.7)，$\dot{F}_{ir}=B_{rI}^0\dot{u}_{iI}$，并且在第三步中加入了名义单位矩阵，因此在 $\dot{f}_{iI}^{\mathrm{geo}}$ 和 $\dot{u}_{KJ}$ 中的分量指标是不同的。将上式写成矩阵形式：

$$\dot{\boldsymbol{f}}_I^{\mathrm{geo}}=\boldsymbol{K}_{IJ}^{\mathrm{geo}}\dot{\boldsymbol{u}}_J,\quad(6.4.12)$$

$$\boldsymbol{K}_{IJ}^{\mathrm{geo}}=\boldsymbol{I}\int_{\Omega_0}\boldsymbol{B}_{0I}^{\mathrm{T}}\boldsymbol{S}\boldsymbol{B}_{0J}\,\mathrm{d}\Omega_0$$

上式中的 PK2 应力是张量形式，即方阵。几何刚度矩阵的每一个子矩阵都是单位矩阵，因此几何刚度矩阵在转动时是不变量，即 $\hat{\boldsymbol{K}}_{IJ}^{\mathrm{geo}}=\boldsymbol{K}_{IJ}^{\mathrm{geo}}$，这里用^表示的几何刚度矩阵是在转动坐标系上。

上述形式可以很容易地转变为更新的拉格朗日格式。取当前构形作为参考构形，得到 $\boldsymbol{B}_0=\boldsymbol{B}$、$\boldsymbol{S}=\boldsymbol{\sigma}$，$\mathrm{d}\Omega_0=\mathrm{d}\Omega$，$\boldsymbol{F}=\boldsymbol{I}$，$\boldsymbol{C}^{SE}=\boldsymbol{C}^{\sigma T}$。对于不同的本构关系，表 12-1 给出了 $\boldsymbol{C}^{\sigma T}$ 的表达式。因此，式(6.4.10)和式(6.4.12)成为

$$\boldsymbol{K}_{IJ}^{\mathrm{mat}}=\int_{\Omega}\boldsymbol{B}_I^T[\boldsymbol{C}^{\sigma T}]\boldsymbol{B}_J\,\mathrm{d}\Omega,\quad \boldsymbol{K}_{IJ}^{\mathrm{geo}}=I\int_{\Omega}\boldsymbol{B}_I^{\mathrm{T}}\boldsymbol{\sigma}\boldsymbol{B}_J\,\mathrm{d}\Omega\quad(6.4.13)$$

当给定 I 和 J 时，几何刚度中的被积函数是一个标量，因此式(6.4.13)为

$$\boldsymbol{K}_{IJ}^{\mathrm{geo}}=\boldsymbol{I}\boldsymbol{H}_{IJ},$$

$$\boldsymbol{H}_{IJ}=\int_{\Omega}\boldsymbol{B}_I^{\mathrm{T}}\sigma\boldsymbol{B}_J\,\mathrm{d}\Omega\quad(6.4.14)$$

第 12 章给出了关于各种材料的切线模量。指定的有限单元的材料切线刚度矩阵在例 6.2 和例 6.3 中给出。

与完全的拉格朗日格式比较，一般更容易应用更新的拉格朗日格式(式(6.4.13))，因为 $\boldsymbol{B}$ 比 $\boldsymbol{B}_0$ 更容易构造，而且许多材料本构关系是以柯西应力率的形式建立的。完全的拉格朗日格式的材料刚度可以与更新的拉格朗日格式的几何刚度组合，反之亦然。在完全的和更新的拉格朗日格式中，这些材料的数值解答是一致的，而选择应用哪一种格式取决于读者。

下面讨论切线刚度矩阵的对称性问题。对称性是十分重要的，因为它加速了方程的求解，减少了存储的需求，并且简化了稳定性分析。从式(6.4.10)可以看到，若福格特形式的切线模量矩阵$[\boldsymbol{C}^{SE}]$是对称的，则材料切线刚度是对称的。当张量切线模量 C_{ijkl}^{SE} 具有主对称性时，福格特形式是对称的。因此，当切线模量具有主对称性时，切线刚度的材料部分是对称的。类似的讨论也适用于更新的拉格朗日格式(式(6.4.13))：当切线模量 $C_{ijkl}^{\sigma T}$ 具有主对称性时，材料切线刚度是对称的。

前文给出的几何刚度总是对称的。因此，只要切线模量具有主对称性，切线刚度矩阵 $\boldsymbol{K}^{\mathrm{int}}$ 就是对称的。注意到这些结论仅属于在推导中所选择的指定应力率：$\dot{\boldsymbol{S}}$ 和特鲁斯德尔率$\boldsymbol{\sigma}^{\nabla T}$。关于其他客观率，对于切线刚度矩阵的对称性，切线模量的主对称性不是充分必要条件。如例 6.1，当 $\boldsymbol{C}^{\sigma J}$ 具有主对称性时，其对于由$\boldsymbol{\sigma}^{\nabla J}=\boldsymbol{C}^{\sigma J}:\boldsymbol{D}$ 描述的材料切线刚度是不对称的。

6.4.4　切线刚度的另一种推导方式

本节以克希霍夫应力对流率的形式推导切线刚度矩阵。当用克希霍夫应力的形式表达非线性力学中的许多关系时，会呈现一种特殊的简洁和优雅。

通过$\boldsymbol{\tau}=\boldsymbol{F}\cdot\boldsymbol{P}$(表 2-1)，克希霍夫应力与名义应力建立了联系。对前文公式求时间导数：

$$\dot{\boldsymbol{\tau}}=\dot{\boldsymbol{F}}\cdot\boldsymbol{P}+\boldsymbol{F}\cdot\dot{\boldsymbol{P}} \tag{6.4.15}$$

对于$\dot{\boldsymbol{P}}$，通过计算上式得到

$$\dot{\boldsymbol{P}}=\boldsymbol{F}^{-1}(\dot{\boldsymbol{\tau}}-\dot{\boldsymbol{F}}\cdot\boldsymbol{P})=\boldsymbol{F}^{-1}(\dot{\boldsymbol{\tau}}-\boldsymbol{L}\cdot\boldsymbol{F}\cdot\boldsymbol{P}) \tag{6.4.16}$$

式中的第二步遵循式(2.3.17)，$\dot{\boldsymbol{F}}=\boldsymbol{L}\cdot\boldsymbol{F}$。已有$\boldsymbol{\tau}=\boldsymbol{F}\cdot\boldsymbol{P}$，则上式可以简化为

$$\dot{\boldsymbol{P}}=\boldsymbol{F}^{-1}\cdot(\dot{\boldsymbol{\tau}}-\boldsymbol{L}\cdot\boldsymbol{\tau}) \tag{6.4.17}$$

应用式(12.4.49)，结合克希霍夫应力的材料率与对流率(李导数)$\boldsymbol{\tau}^{\nabla c}=\dot{\boldsymbol{\tau}}-\boldsymbol{L}\cdot\boldsymbol{\tau}-\boldsymbol{\tau}\cdot\boldsymbol{L}^{\mathrm{T}}$，则式(6.4.17)成为

$$\dot{\boldsymbol{P}}=\boldsymbol{F}^{-1}(\boldsymbol{\tau}^{\nabla c}+\boldsymbol{\tau}\cdot\boldsymbol{L}^{\mathrm{T}})\quad\text{或}\quad\dot{P}_{ji}=F_{jk}^{-1}(\tau_{ki}^{\nabla c}+\tau_{kl}L_{il}) \tag{6.4.18}$$

这是经常使用的典型关系式，它清晰地将名义应力率划分为材料和几何两部分。

将式(6.4.18)代入式(6.4.2)，得到

$$\dot{f}_{iI}^{\mathrm{int}}=\int_{\Omega_0}\frac{\partial N_I}{\partial X_j}\frac{\partial X_j}{\partial x_k}(\tau_{ki}^{\nabla c}+\tau_{kl}L_{il})\mathrm{d}\Omega_0=\int_{\Omega_0}\frac{\partial N_I}{\partial x_k}(\tau_{ki}^{\nabla c}+\tau_{kl}L_{il})\mathrm{d}\Omega_0 \tag{6.4.19a}$$

式中的第二个表达式是由第一个表达式通过链规则导出的。这是式(6.4.4)中 PK2 应力形式的对应部分。如式(6.4.5)所示，分别以材料和几何部分给出：

$$\dot{f}_{iI}^{\mathrm{mat}}=\int_{\Omega_0}N_{I,k}\tau_{ki}^{\nabla c}\mathrm{d}\Omega_0,\quad\dot{f}_{iI}^{\mathrm{geo}}=\int_{\Omega_0}N_{I,k}\tau_{kl}L_{il}\mathrm{d}\Omega_0 \tag{6.4.19b}$$

通过在当前域上的积分，这一结果很容易转换到更新的拉格朗日格式，如表 6-4 所示。从式(2.2.34)可知，$\mathrm{d}\Omega=J\,\mathrm{d}\Omega_0$，结合关系式(12.4.22)，克希霍夫应力的对流率与柯西应力的特鲁斯德尔率之间的关系为$\boldsymbol{\tau}^{\nabla c}=J\boldsymbol{\sigma}^{\nabla T}$，则式(6.4.19a)成为

$$\dot{f}_{iI}=\int_{\Omega}N_{I,k}(\sigma_{ki}^{\nabla T}+\sigma_{kl}L_{il})\mathrm{d}\Omega \tag{6.4.20}$$

这是式(6.4.4)中更新的拉格朗日部分；通过设当前构形为参考构形，也可以得到式(6.4.20)(6.5 节第 2 题)。

表 6-4　节点内力的切线刚度矩阵

形式	材料，$\boldsymbol{K}_{IJ}^{\mathrm{mat}}$	几何，$\boldsymbol{K}_{IJ}^{\mathrm{geo}}$	类　型
矩阵	$\boldsymbol{K}_{IJ}^{\mathrm{mat}}=\int_{\Omega}\boldsymbol{B}_I^{\mathrm{T}}[\boldsymbol{C}^{\sigma T}]\boldsymbol{B}_J\,\mathrm{d}\Omega$ $=\int_{\Omega_0}\boldsymbol{B}_{0I}^{\mathrm{T}}[\boldsymbol{C}^{SE}]\boldsymbol{B}_{0J}\,\mathrm{d}\Omega_0$ $=\int_{\Omega_0}\boldsymbol{B}_I^{\mathrm{T}}[\boldsymbol{C}^{T}]\boldsymbol{B}_J\,\mathrm{d}\Omega_0$ $=\int_{\Omega}\boldsymbol{B}_I^{\mathrm{T}}[\boldsymbol{C}^{\sigma J}-\boldsymbol{C}^{*}]\boldsymbol{B}_J\,\mathrm{d}\Omega$	$\boldsymbol{K}_{IJ}^{\mathrm{geo}}=\boldsymbol{I}\int_{\Omega}\boldsymbol{B}_I^{\mathrm{T}}\sigma\boldsymbol{B}_J\,\mathrm{d}\Omega$ $=\boldsymbol{I}\int_{\Omega_0}\boldsymbol{B}_{0I}^{\mathrm{T}}\boldsymbol{S}\boldsymbol{B}_{0J}\,\mathrm{d}\Omega_0$ $=\boldsymbol{I}\int\Omega_0\boldsymbol{B}_I^{\mathrm{T}}\boldsymbol{\tau}\boldsymbol{B}_J\,\mathrm{d}\Omega_0$	UL TL

续表

形式	材料，$\boldsymbol{K}_{IJ}^{\text{mat}}$	几何，$\boldsymbol{K}_{IJ}^{\text{geo}}$	类　型
指标	$K_{rsIJ}^{\text{mat}}=\int_{\Omega}B_{ikrI}C_{kijl}^{\sigma\tau}B_{jlsJ}\,\mathrm{d}\Omega$ $=\int_{\Omega_0}B_{ikrI}^{0T}C_{kijl}^{SE}B_{jlsJ}^{0}\,\mathrm{d}\Omega_0$	$K_{rsIJ}^{\text{geo}}=\int_{\Omega}B_{Ij}\sigma_{jk}B_{kJ}\,\mathrm{d}\Omega\delta_{rs}$ $=\int_{\Omega_0}B_{Ij}^{0}S_{jk}B_{kJ}^{0}\,\mathrm{d}\Omega\delta_{rs}$	UL TL

为了完成材料切线刚度矩阵的推导，有必要引进本构关系，联系对流应力率与节点速度。本构关系(率无关材料响应)的表达式为(表 12-1)：

$$\tau_{ij}^{\nabla c}=C_{ijkl}^{\tau}D_{kl} \tag{6.4.21}$$

将上式代入式(6.4.19b)的第一部分，得到

$$K_{ijIJ}^{\text{mat}}\dot{u}_{jJ}=\int_{\Omega_0}\frac{\partial N}{\partial x_k}C_{kijl}^{\tau}D_{jl}\,\mathrm{d}\Omega_0 \tag{6.4.22}$$

已知变形率张量是空间速度梯度的对称部分，有 $D_{kl}=v_{(k,l)}=\text{sym}(v_{kI}N_{I,l})$，将其代入式(6.4.22)，得到

$$\begin{aligned}K_{ijIJ}^{\text{mat}}\dot{u}_{jJ}&=\int_{\Omega_0}N_{I,k}C_{kijl}^{\tau}v_{j,l}\,\mathrm{d}\Omega_0=\int_{\Omega_0}N_{I,k}C_{kijl}^{\tau}N_{J,l}\dot{u}_{jJ}\,\mathrm{d}\Omega_0\\&=\int_{\Omega}N_{I,k}C_{kijl}^{\tau}N_{J,l}J\,\mathrm{d}\Omega_0\dot{u}_{jJ}=\int_{\Omega}N_{I,k}C_{kijl}^{\sigma T}N_{J,l}\,\mathrm{d}\Omega_0\dot{u}_{jJ}\end{aligned} \tag{6.4.23}$$

第二个等式应用了 $C_{kijl}^{\tau}D_{jl}=C_{kijl}^{\tau}v_{j,l}$，它遵循切线模量矩阵的次对称性；第三个等式已经转换到当前构形，第四个等式由式(12.4.51)得到。

现在转换上式为福格特标记形式。应用次对称性，式(6.4.23)成为

$$K_{rsIJ}^{\text{mat}}=\int_{\Omega}N_{I,k}\delta_{ri}C_{kijl}^{\sigma\tau}N_{J,l}\delta_{sj}\,\mathrm{d}\Omega=\int_{\Omega}B_{ikrI}J^{-1}C_{kijl}^{\tau}B_{jlsJ}\,\mathrm{d}\Omega \tag{6.4.24}$$

上式在第二步应用了式(4.5.18)。上式的福格特矩阵形式为

$$\boldsymbol{K}_{IJ}^{\text{mat}}=\int_{\Omega}\boldsymbol{B}_I^{\mathrm{T}}[\boldsymbol{C}^{\sigma T}]\boldsymbol{B}_J\,\mathrm{d}\Omega=\int_{\Omega}J^{-1}\boldsymbol{B}_I^{\mathrm{T}}[\boldsymbol{C}^{\tau}]\boldsymbol{B}_J\,\mathrm{d}\Omega \tag{6.4.25}$$

这与在式(6.4.13)中的材料切线刚度是一致的。

6.4.5 载荷刚度

从属载荷是随物体构形变化的载荷，它们出现在许多几何非线性的问题中，如压力就是从属载荷之一。压力载荷总是垂直作用在表面上，当表面变形运动时，即使压力是常数，节点外力也发生了变化。无论梁变形多大，大变形悬臂梁自由端处的集中载荷总是垂直于地面，它沿梁轴线的分量(拉伸)使梁的轴线刚度增加。这些影响已考虑在节点外力的雅克比矩阵 $\boldsymbol{K}^{\text{ext}}$ 中，称其为载荷刚度。

载荷刚度 $\boldsymbol{K}^{\text{ext}}$ 将节点外力的变化率与节点速度相联系。考虑一个压力场 $p(\boldsymbol{x},t)$，通过在式(B4.4.3)中设 $\bar{\boldsymbol{t}}=-p\boldsymbol{n}$，给出单元 e 表面的节点外力：

$$\boldsymbol{f}_I^{\text{ext}}=-\int_{\Gamma}N_Ip\boldsymbol{n}\,\mathrm{d}\Gamma \tag{6.4.26}$$

将表面 Γ 表示为两个变量 ξ 和 η 的函数。对于四边形表面单元，这些变量可以作为双单位长度正方形的母单元坐标。由于 $\boldsymbol{n}\,\mathrm{d}\Gamma=\boldsymbol{x}_{,\xi}\times\boldsymbol{x}_{,\eta}\,\mathrm{d}\xi\mathrm{d}\eta$，上式成为

$$\boldsymbol{f}_I^{\text{ext}} = -\int_{-1}^{1}\int_{-1}^{1} p(\xi,\eta) N_I(\xi,\eta) \boldsymbol{x}_{,\xi} \times \boldsymbol{x}_{,\eta} \mathrm{d}\xi \mathrm{d}\eta \tag{6.4.27}$$

取上式的时间求导，得到

$$\dot{\boldsymbol{f}}_I^{\text{ext}} = -\int_{-1}^{1}\int_{-1}^{1} N_I (\dot{p}\boldsymbol{x}_{,\xi} \times \boldsymbol{x}_{,\eta} + p\boldsymbol{v}_{,\xi} \times \boldsymbol{x}_{,\eta} + p\boldsymbol{x}_{,\xi} \times \boldsymbol{v}_{,\eta}) \mathrm{d}\xi \mathrm{d}\eta \tag{6.4.28}$$

在积分表达式中，括号里的第一项是由于压力的改变率引起的外力变化率。在许多问题中，压力的改变率已在问题中提前给定，无须求解。在其他问题中，诸如流体-结构相互作用问题，压力可能引起几何关系的改变，这些影响必须线性化并附加到载荷刚度中。在后文的讨论中，这一项将忽略。

括号里的后两项代表由于表面方向和面积的变化引起的节点外力的改变，它们都与外部载荷刚度有关，因此式(6.4.28)的等号右侧成为

$$\boldsymbol{K}_{IK}^{\text{ext}} \boldsymbol{v}_K = -\int_{-1}^{1}\int_{-1}^{1} pN_I (\boldsymbol{v}_{,\xi} \times \boldsymbol{x}_{,\eta} + \boldsymbol{x}_{,\xi} \times \boldsymbol{v}_{,\eta}) \mathrm{d}\xi \mathrm{d}\eta \tag{6.4.29}$$

上式可以很方便地转换为指标标记。取上式与单位向量 $\boldsymbol{e}_i$ 的点积：

$$\begin{aligned}\boldsymbol{e}_i \cdot \boldsymbol{K}_{IK}^{\text{ext}} \boldsymbol{v}_K \equiv K_{ikIJ}^{\text{ext}} v_{kJ} &= -\int_{-1}^{1}\int_{-1}^{1} pN_I (\boldsymbol{e}_i \cdot \boldsymbol{v}_{,\xi} \times \boldsymbol{x}_{,\eta} + \boldsymbol{e}_i \cdot \boldsymbol{x}_{,\xi} \times \boldsymbol{v}_{,\eta}) \mathrm{d}\xi \mathrm{d}\eta \\ &= -\int_{-1}^{1}\int_{-1}^{1} pN_I (e_{ikl} v_{k,\xi} x_{l,\eta} + e_{ikl} x_{k,\xi} v_{l,\eta}) \mathrm{d}\xi \mathrm{d}\eta \end{aligned} \tag{6.4.30}$$

式中，e_{ikl} 称为列维-奇维塔符号(Levi-Civita symbol)，表示张量下标轮换：当下标互不相同且顺序轮换时，其值为 1，否则为-1；当下标序号有重复时，其值为 0。下一步，通过 $v_{i,\xi} = v_{iJ} N_{J,\xi}$ 与第二项中的指标互换，以形状函数的形式拓展速度场，得到

$$K_{ikIJ}^{\text{ext}} v_{kJ} = -\int_{-1}^{1}\int_{-1}^{1} pN_I (e_{ikl} N_{J,\xi} x_{l,\eta} - e_{ikl} x_{l,\xi} N_{J,\eta}) \mathrm{d}\xi \mathrm{d}\eta v_{kJ}$$

定义

$$H_{ik}^{\eta} \equiv e_{ikl} x_{l,\eta} \quad H_{ik}^{\xi} = e_{ikl} x_{l,\xi} \tag{6.4.31}$$

在式(6.4.30)中应用这些定义，得到

$$\begin{aligned} K_{ijIJ}^{\text{ext}} &= -\int_{-1}^{1}\int_{-1}^{1} pN_I (N_{J,\xi} H_{ij}^{\eta} - N_{J,\eta} H_{ij}^{\xi}) \mathrm{d}\xi \mathrm{d}\eta, \\ \boldsymbol{K}_{IJ}^{\text{ext}} &= -\int_{-1}^{1}\int_{-1}^{1} pN_I (N_{J,\xi} \boldsymbol{H}^{\eta} - N_{J,\eta} \boldsymbol{H}^{\xi}) \mathrm{d}\xi \mathrm{d}\eta \end{aligned} \tag{6.4.32}$$

其中，矩阵 $\boldsymbol{H}^{\xi}$ 和 $\boldsymbol{H}^{\eta}$ 的展开为

$$\boldsymbol{K}_{IJ}^{\text{ext}} = -\int_{-1}^{1}\int_{-1}^{1} pN_I \left(N_{J,\xi} \begin{bmatrix} 0 & z_{,\eta} & -y_{,\eta} \\ -z_{,\eta} & 0 & x_{,\eta} \\ y_{,\eta} & -x_{,\eta} & 0 \end{bmatrix} - N_{J,\eta} \begin{bmatrix} 0 & z_{,\xi} & -y_{,\xi} \\ -z_{,\xi} & 0 & x_{,\xi} \\ y_{,\xi} & -x_{,\xi} & 0 \end{bmatrix} \right) \mathrm{d}\xi \mathrm{d}\eta \tag{6.4.33}$$

上式适用于由压力 p 施加载荷和双单位长度母单元表面生成的任何表面。对于采用三角形母单元的表面，上式以面积坐标的形式表示，并改变了积分限。载荷刚度反映了几何变化对节点外力的影响：加载表面方向和表面尺寸的变化都将改变节点力。通过应用南森关系和表面积分的导数，也可以得到载荷刚度(6.5 节第 1 题)。

从式(6.4.33)可以看到，**载荷刚度矩阵的子矩阵是不对称的**，因此，在附加力的作用下，雅克比矩阵通常也是不对称的。然而，可以证明对于在常压力场作用下的闭合结构，组

合的外部载荷刚度是对称的。

【例 6.2】 考虑例 4.7 与如图 3-4 所示的 2 节点杆单元。杆处于单轴应力状态。$\hat{x}$ 轴沿杆的轴方向并且随杆转动,即它是转动坐标,仅有的非零柯西应力的分量是 $\hat{\sigma}_{11} \equiv \hat{\sigma}_{xx}$。推导更新的拉格朗日格式的切线刚度和载荷刚度。

解:

1. 推导材料切线刚度矩阵。在当前构形上,率无关材料的切线刚度矩阵由式(6.4.13)给出,在局部坐标系中写出

$$\hat{\boldsymbol{K}}^{\mathrm{mat}} = \int_{\Omega} \hat{\boldsymbol{B}}^{\mathrm{T}} [\hat{\boldsymbol{C}}^{\sigma T}] \hat{\boldsymbol{B}} \mathrm{d}\Omega \tag{E6.2.1}$$

通过增加零元素以显示变形率是独立于节点速度的 $\hat{y}$ 向分量,将式(E4.7.3)的矩阵 $\boldsymbol{B}$ 拓展为 4×1 阶的矩阵,并且$[\boldsymbol{C}^{\sigma T}]=[E^{\sigma T}]$。单轴应力已在表 12-1 中给出,因此式(E6.2.1)成为

$$\hat{\boldsymbol{K}}^{\mathrm{mat}} = \int_0^1 \frac{1}{\ell} \begin{Bmatrix} -1 \\ 0 \\ 1 \\ 0 \end{Bmatrix} [E^{\sigma T}] \frac{1}{\ell} [-1 \quad 0 \quad +1 \quad 0] A\ell \mathrm{d}\xi \tag{E6.2.2}$$

如果假设 $E^{\sigma T}$ 在单元中是常量,有

$$\hat{\boldsymbol{K}}^{\mathrm{mat}} = \frac{AE^{\sigma T}}{\ell} \begin{bmatrix} +1 & 0 & -1 & 0 \\ 0 & 0 & 0 & 0 \\ -1 & 0 & +1 & 0 \\ 0 & 0 & 0 & 0 \end{bmatrix} \tag{E6.2.3}$$

如果应用杨氏模量 E 代替 $E^{\sigma T}$,则上式与杆的线性刚度矩阵是一致的。材料切线刚度与节点内力和速度的整体分量有关,由式(4.5.55)给出

$$\boldsymbol{K}^{\mathrm{mat}} = \boldsymbol{T}^{\mathrm{T}} \hat{\boldsymbol{K}}^{\mathrm{mat}} \boldsymbol{T} \tag{E6.2.4}$$

式中的坐标转换矩阵 $\boldsymbol{T}$ 为

$$\boldsymbol{T} = \begin{bmatrix} \cos\theta & \sin\theta & 0 & 0 \\ -\sin\theta & \cos\theta & 0 & 0 \\ 0 & 0 & \cos\theta & \sin\theta \\ 0 & 0 & -\sin\theta & \cos\theta \end{bmatrix} \tag{E6.2.4}$$

因此,切线刚度矩阵为

$$\boldsymbol{K}^{\mathrm{mat}} = \frac{AE^{\sigma T}}{\ell} \begin{bmatrix} \cos^2\theta & \cos\theta\sin\theta & -\cos^2\theta & -\cos\theta\sin\theta \\ & \sin^2\theta & -\cos\theta\sin\theta & -\sin^2\theta \\ & & \cos^2\theta & \cos\theta\sin\theta \\ \text{symmetric} & & & \sin^2\theta \end{bmatrix} \tag{E6.2.5}$$

2. 推导几何刚度矩阵。考虑一个在时间 t 时与杆的轴线重合的坐标系,并在时间上固定。注意到坐标系的方向已固定,如图 3-4 所示,因此必须考虑一个进行转动修正的客观率。我们将应用特鲁斯德尔率,同时考虑 $\hat{x}$、$\hat{y}$ 坐标系的旋转,通过转换矩阵 $\boldsymbol{T}$ 的变化,推导几何刚度矩阵。这些推导由 Crisfield (1991)给出。几何刚度矩阵由式(6.4.13)给出:

$$\hat{\boldsymbol{K}}_{IJ} = \hat{H}_{IJ}\boldsymbol{I}, \quad \hat{\boldsymbol{H}} = \int_{\Omega} \hat{\boldsymbol{B}}^{\mathrm{T}} \boldsymbol{\sigma} \hat{\boldsymbol{B}} \mathrm{d}\Omega \tag{E6.2.6}$$

简便起见,式中的几何刚度以局部坐标系的形式表示。由式(E4.7.5)得到

$$\hat{\boldsymbol{H}}=\int_{\Omega}\frac{1}{\ell}\begin{bmatrix}-1\\+1\end{bmatrix}[\hat{\sigma}_{xx}]\frac{1}{\ell}[-1\quad+1]\,\mathrm{d}\Omega \tag{E6.2.7}$$

假设应力是常量,有

$$\hat{\boldsymbol{H}}=\frac{\hat{\sigma}_{xx}A}{\ell}\begin{bmatrix}+1&-1\\-1&+1\end{bmatrix} \tag{E6.2.8}$$

通过式(E6.2.6),拓展上式得到

$$\hat{\boldsymbol{K}}^{\text{geo}}=\frac{A\hat{\sigma}_{xx}}{\ell}\begin{bmatrix}+1&0&-1&0\\0&+1&0&-1\\-1&0&+1&0\\0&-1&0&=1\end{bmatrix} \tag{E6.2.9}$$

通过转换式(4.5.55),可以证明几何刚度独立于杆的方向:$\boldsymbol{K}^{\text{geo}}=\boldsymbol{T}^{\mathrm{T}}\hat{\boldsymbol{K}}^{\text{geo}}\boldsymbol{T}=\hat{\boldsymbol{K}}^{\text{geo}}$。将材料刚度与几何刚度叠加,给出整体切线刚度:

$$\boldsymbol{K}^{\text{int}}=\boldsymbol{K}^{\text{mat}}+\boldsymbol{K}^{\text{geo}} \tag{E6.2.10}$$

综上所述,切线刚度矩阵是对称的。

3. 推导载荷刚度矩阵。式(6.4.33)建立了杆的载荷刚度,仅列出了其非零项,注意到有 $N_{I,\eta}=0$ 和 $x_{,\eta}=y_{,\eta}=0$,因为形状函数仅是 $\xi\in[0,1]$的函数。简便起见,首先在转动坐标系中计算式(6.4.33):

$$\hat{\boldsymbol{K}}_{IJ}^{\text{ext}}=-\int_0^1 pN_IN_{J,\xi}\begin{bmatrix}0&z_{,\eta}\\-z_{,\eta}&0\end{bmatrix}\mathrm{d}\xi \tag{E6.2.11}$$

式中,$z_{,\eta}$ 是单元 a 的宽度,即 $z_{,\eta}=a$,因此有

$$\hat{\boldsymbol{K}}_{IJ}^{\text{ext}}=-\int_0^1 pN_IN_{J,\xi}\begin{bmatrix}0&1\\-1&0\end{bmatrix}a\,\mathrm{d}\xi \tag{E6.2.12}$$

令

$$H_{IJ}=-\int_0^1 N_IN_{J,\xi}\mathrm{d}\xi=\int_0^1\begin{bmatrix}1-\xi\\\xi\end{bmatrix}[-1\quad+1]\,\mathrm{d}\xi=\frac{1}{2}\begin{bmatrix}-1&1\\-1&1\end{bmatrix} \tag{E6.2.13}$$

如果压力是常量,从式(E6.2.13)和式(E6.2.12)可得

$$\hat{\boldsymbol{K}}_{IJ}^{\text{ext}}=-paH_{IJ}\begin{bmatrix}0&1\\-1&0\end{bmatrix} \tag{E6.2.14}$$

展开上式得到

$$\hat{\boldsymbol{K}}^{\text{ext}}=-\frac{pa}{2}\begin{bmatrix}0&-1&0&1\\1&0&-1&0\\0&-1&0&1\\1&0&-1&0\end{bmatrix} \tag{E6.2.15}$$

上述矩阵在旋转时也是不变的,即 $\boldsymbol{K}^{\text{ext}}=\boldsymbol{T}^{\mathrm{T}}\hat{\boldsymbol{K}}^{\text{ext}}\boldsymbol{T}=\hat{\boldsymbol{K}}^{\text{ext}}$。显而易见,载荷矩阵是不对称的。

4. 推导完全的拉格朗日格式的材料切线刚度矩阵。对于率无关材料,由式(6.4.10)以完全的拉格朗日格式给出材料切线刚度矩阵:

$$\boldsymbol{K}^{\text{mat}}=\int_{\Omega_0}\boldsymbol{B}_0^{\mathrm{T}}[\boldsymbol{C}^{SE}]\boldsymbol{B}_0\,\mathrm{d}\Omega_0 \tag{E6.2.16}$$

应用式(E3.3.10)的矩阵 $\boldsymbol{B}$ 和表 12.1 给出的 $\boldsymbol{C}^{SE}$，得到

$$\boldsymbol{K}^{\text{mat}}=\int_0^1 \frac{\ell}{\ell_0^2}\begin{Bmatrix}-\cos\theta\\-\sin\theta\\\cos\theta\\\sin\theta\end{Bmatrix}[E^{SE}]\frac{\ell}{\ell_0^2}[-\cos\theta\quad-\sin\theta\quad\cos\theta\quad\sin\theta]A_0\ell_0\mathrm{d}\xi \tag{E6.2.17}$$

在单轴应力状态下，式中的材料常数 E^{SE} 将 PK2 应力率和格林应变率联系起来。如果假设 E^{SE} 在单元中是常数，则有

$$\boldsymbol{K}^{\text{mat}}=\frac{A_0E^{SE}}{\ell_0}\left(\frac{\ell}{\ell_0}\right)^2\begin{bmatrix}\cos^2\theta & \cos\theta\sin\theta & -\cos^2\theta & -\cos\theta\sin\theta\\ & \sin^2\theta & -\cos\theta\sin\theta & -\sin^2\theta\\ & & \cos^2\theta & \cos\theta\sin\theta\\ \text{symmetric} & & & \sin^2\theta\end{bmatrix} \tag{E6.2.18}$$

通过转换材料模量，证明上式与式(E6.2.5)是一致的。参考式(E12.1.10)，模量之间的关系为

$$E^{SE}=\frac{1}{\lambda^4}E^{\sigma T}=\frac{\left(\dfrac{A\ell}{A_0\ell_0}\right)}{\left(\dfrac{\ell}{\ell_0}\right)^4}E^{\sigma T}=\frac{A\ell_0^3}{A_0\ell^3}E^{\sigma T}$$

将上式代入式(E6.2.18)，得到式(E6.2.5)。

5. 推导完全的拉格朗日格式的几何刚度矩阵。由式(6.4.12)建立几何刚度：

$$\boldsymbol{K}_{IJ}^{\text{geo}}=H_{IJ}\boldsymbol{I},\quad \boldsymbol{H}=\int_{\Omega_0}\boldsymbol{B}_0^{\mathrm{T}}\boldsymbol{S}\boldsymbol{B}\,\mathrm{d}\Omega_0 \tag{E6.2.19}$$

式中的 $\boldsymbol{B}_0$ 矩阵由式(E3.3.5)给出，因此有

$$\boldsymbol{H}=\int_{\Omega_0}\frac{1}{\ell_0}\begin{bmatrix}-1\\+1\end{bmatrix}[S_{11}]\frac{1}{\ell_0}[-1\quad+1]\,\mathrm{d}\Omega_0 \tag{E6.2.20}$$

假设应力是常数，得到

$$\boldsymbol{H}=\frac{S_{11}A_0}{\ell_0}\begin{bmatrix}+1 & -1\\-1 & +1\end{bmatrix} \tag{E6.2.21}$$

将上式代入式(E6.2.19)，得到几何刚度：

$$\boldsymbol{K}^{\text{geo}}=\frac{A_0S_{11}}{\ell_0}\begin{bmatrix}+1 & 0 & -1 & 0\\0 & +1 & 0 & -1\\-1 & 0 & +1 & 0\\0 & -1 & 0 & =1\end{bmatrix} \tag{E6.2.22}$$

上式适用于任意单元方向。将材料和几何刚度叠加，可以得到整体切线刚度。

【例 6.3】 考虑例 4.3 中的二维 3 节点三角形单元，单元处于平面应变状态。仅有的非零速度分量是 v_x 和 v_y，它们对 z 轴的导数为零。我们将首先推导材料切线刚度矩阵，然后建立几何刚度矩阵，后者是独立于材料响应的。

解：

1. 材料切线刚度矩阵。对于率无关材料，由式(6.4.25)给出材料切线刚度矩阵：

$$\boldsymbol{K}^{\text{mat}}=\int_A\boldsymbol{B}^{\mathrm{T}}[\boldsymbol{C}^{\sigma T}]\boldsymbol{B}\,\mathrm{d}A \tag{E6.3.1}$$

式中,A 是单元的当前面积;设厚度 $a=1$,则福格特形式的切线模量矩阵为

$$[\boldsymbol{C}^{\sigma T}]=\begin{bmatrix} C_{1111}^{\sigma T} & C_{1122}^{\sigma T} & C_{1112}^{\sigma T} \\ C_{2211}^{\sigma T} & C_{2222}^{\sigma T} & C_{2212}^{\sigma T} \\ C_{1211}^{\sigma T} & C_{1222}^{\sigma T} & C_{1212}^{\sigma T} \end{bmatrix} \tag{E6.3.2}$$

将上式和式(E4.4.15)中的矩阵 $\boldsymbol{B}$ 代入式(E6.3.1):

$$\boldsymbol{K}^{\mathrm{mat}}=\int_A\left(\frac{1}{2A}\right)^2\begin{bmatrix} y_{23} & 0 & x_{32} \\ 0 & x_{32} & y_{23} \\ y_{31} & 0 & x_{13} \\ 0 & x_{13} & y_{31} \\ y_{12} & 0 & x_{21} \\ 0 & x_{21} & y_{12} \end{bmatrix}\begin{bmatrix} C_{1111}^{\sigma T} & C_{1122}^{\sigma T} & C_{1112}^{\sigma T} \\ C_{2211}^{\sigma T} & C_{2222}^{\sigma T} & C_{2212}^{\sigma T} \\ C_{1211}^{\sigma T} & C_{1222}^{\sigma T} & C_{1212}^{\sigma T} \end{bmatrix}\times$$

$$\begin{bmatrix} y_{23} & 0 & y_{31} & 0 & y_{12} & 0 \\ 0 & x_{32} & 0 & x_{13} & 0 & x_{21} \\ x_{32} & y_{23} & x_{13} & y_{31} & x_{21} & y_{12} \end{bmatrix}\mathrm{d}A \tag{E6.3.3}$$

上式的被积函数通常是常数。在这种情况下,切线刚度是被积函数和面积的乘积。

2. 几何刚度矩阵。由式(6.4.13)给出几何刚度矩阵:

$$\boldsymbol{K}_{IJ}^{\mathrm{geo}}=\boldsymbol{I}_{2\times2}\int_A\boldsymbol{B}_I^{\mathrm{T}}\boldsymbol{\sigma}\boldsymbol{B}_J\,\mathrm{d}A=\boldsymbol{I}_{2\times2}H_{IJ} \tag{E6.3.4}$$

由例 4.4,

$$\boldsymbol{B}=\frac{1}{2A}\begin{bmatrix} y_{23} & y_{31} & y_{12} \\ x_{32} & x_{13} & x_{21} \end{bmatrix} \tag{E6.3.5}$$

将式(E6.3.5)代入式(E6.3.4),并假设被积函数是常数,得到

$$\boldsymbol{H}=\frac{1}{4A}\begin{bmatrix} y_{23} & y_{32} \\ y_{31} & x_{13} \\ y_{12} & x_{21} \end{bmatrix}\begin{bmatrix} \sigma_{xx} & \sigma_{xy} \\ \sigma_{xy} & \sigma_{yy} \end{bmatrix}\begin{bmatrix} y_{23} & y_{31} & y_{12} \\ x_{32} & x_{13} & x_{21} \end{bmatrix} \tag{E6.3.6}$$

则几何刚度矩阵为

$$\boldsymbol{K}^{\mathrm{geo}}=\frac{1}{4A}\begin{bmatrix} H_{11} & 0 & H_{12} & 0 & H_{13} & 0 \\ 0 & H_{11} & 0 & H_{12} & 0 & H_{13} \\ H_{21} & 0 & H_{22} & 0 & H_{23} & 0 \\ 0 & H_{21} & 0 & H_{22} & 0 & H_{23} \\ H_{31} & 0 & H_{32} & 0 & H_{33} & 0 \\ 0 & H_{31} & 0 & H_{32} & 0 & H_{33} \end{bmatrix} \tag{E6.3.7}$$

几何刚度矩阵是独立于材料响应的。如在式(E6.3.6)和式(E6.3.7)中看到,它仅仅依赖于单元的当前应力状态和当前几何刚度。

3. 耀曼率。当以耀曼率的形式表示本构方程时,切线模量的变化改变了切线刚度矩阵,如表 12-1 所示。这一变化可能以两种方式实现:

(1) 通过式(12.4.27)替换 $\boldsymbol{C}^{\sigma T}$,改变材料切线刚度;

(2) 在几何刚度中组合另外的应力相关项。

第一种方式是比较容易实现的，然而，当应用切线刚度评估时，在临界点上是不合适的，如7.2.5节所述。这里应用第一种方式。写出由式(12.4.28)给出的矩阵 $\boldsymbol{C}^{*}$，采用福格特标记：

$$[\boldsymbol{C}^{*}]=\begin{bmatrix}\sigma_{xx} & -\sigma_{xx} & \sigma_{yy}\\ -\sigma_{yy} & \sigma_{yy} & \sigma_{xy}\\ 0 & 0 & \dfrac{1}{2}(\sigma_{xx}+\sigma_{yy})\end{bmatrix}\tag{E6.3.8}$$

将式(E6.3.3)中的 $\boldsymbol{C}^{\sigma T}$ 叠加上这个矩阵，得到关于耀曼率的材料切线刚度，$\boldsymbol{C}^{\sigma J}=\boldsymbol{C}^{\sigma T}+\boldsymbol{C}^{*}$。几何刚度没有改变。

在第二种方式中，材料切线刚度没有改变，而几何刚度为

$$\boldsymbol{K}_{IJ}^{\text{geo}}=\int_{A}(\boldsymbol{I}_{2\times 2}\boldsymbol{B}_{I}^{\mathrm{T}}\boldsymbol{\sigma}\boldsymbol{B}_{J}-\boldsymbol{B}_{I}^{\mathrm{T}}[\boldsymbol{C}^{*}]\boldsymbol{B}_{J})\mathrm{d}A\tag{E6.3.9}$$

在这两种情况下，如果关于耀曼率的切线模量具有主对称性，则切线刚度矩阵是不对称的。

6.4.6 方向导数

在将传统的牛顿-拉夫森方法应用到固体力学问题中时，会遇到4个困难：

(1) 对于材料，如弹-塑性材料，节点力不是节点位移的连续可微函数；

(2) 对于路径相关材料，在迭代过程中，由于线性问题的中间结果不是真实的加载路径部分，经典的牛顿-拉夫森方法会损伤本构模型；

(3) 对于增量较大的转动和变形，线性化增量引入了显著的误差；

(4) 导数和积分需要离散化，离散形式的切线取决于增量步长。

为了克服这些缺点，牛顿-拉夫森方法经常做出如下修正：

(1) 应用方向导数建立切线刚度，也称为加托导数(Gâteaux derivative)；

(2) 以正割方法取代切线方法，并采用最后的收敛解答作为迭代点；

(3) 采用依赖于增量大小的公式将力和位移的增量联系起来。

为了说明在构造弹-塑性材料的雅克比矩阵时需要方向导数，以承受载荷的两杆桁架为例，如图6-6所示。两杆中的应力相等，且均达到屈服压应力。简便起见，仅考虑材料非线性，忽略几何非线性。如果一个任意的载荷增量 $\Delta\boldsymbol{f}_{1}^{\text{ext}}$ 被施加到节点1，切线刚度矩阵将取决于增量位移 $\Delta\boldsymbol{u}_{1}$，因为节点内力的改变依赖于位移增量。其残数不是增量节点位移的连续可微函数。在这种情况下，在雅克比矩阵中有4条不连续的线段，如图6-6所示。产生这些结果的原因是如果位移增量导致了拉伸应变增量，则杆弹性地卸载，因此，切线模量在弹性模量 E 与塑性模量 H_{p} 之间转换。

在当前构形上的节点内力为

$$\begin{Bmatrix}f_{x1}\\ f_{y1}\end{Bmatrix}^{\text{int}}=A\sigma_{0}\begin{Bmatrix}0\\ 2\sin\theta\end{Bmatrix}\tag{6.4.34}$$

式中，σ_{0} 是当前的屈服应力，如式(E4.7.6)所示，通过组合杆单元的节点内力得到。对于每一个杆单元，有依赖于增量位移的两种可能性：杆的连续加载采用塑性模量，卸载采用弹性模量。作为结果，在这种构形上的切线刚度可以取4种不同的值。

图6-6表示了不同节点力行为的区域。显然，因为它有4个不同的值，一个标准的导数

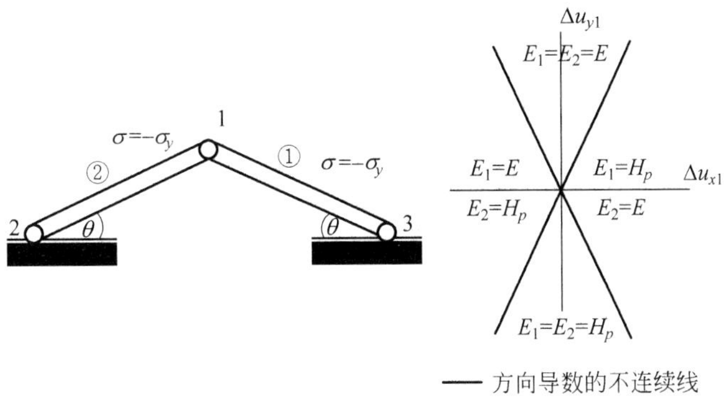

图 6-6　2 杆桁架以及方向导数的 4 个象限

无法计算。在 4 个象限中,关于位移增量的切线刚度如下:

在象限 1:

$$\boldsymbol{K}^{\text{int}}=\frac{A}{\ell}\begin{bmatrix}(E+H_p)\cos^2\theta & (E-H_p)\sin\theta\cos\theta\\(E-H_p)\sin\theta\cos\theta & (E+H_p)\sin^2\theta\end{bmatrix}\tag{6.4.35}$$

在象限 2:

$$\boldsymbol{K}^{\text{int}}=\frac{AE}{\ell}\begin{bmatrix}2\cos^2\theta & 0\\0 & 2\sin^2\theta\end{bmatrix}\tag{6.4.36}$$

在象限 3:

$$\boldsymbol{K}^{\text{int}}=\frac{AH_P}{\ell}\begin{bmatrix}2\cos^2\theta & 0\\0 & 2\sin^2\theta\end{bmatrix}\tag{6.4.37}$$

在象限 4:

$$\boldsymbol{K}^{\text{int}}=\frac{A}{\ell}\begin{bmatrix}(E+H_p)\cos^2\theta & (H_p-E)\sin\theta\cos\theta\\(H_p-E)\sin\theta\cos\theta & (E+H_p)\sin^2\theta\end{bmatrix}\tag{6.4.38}$$

为了处理这种行为,必须应用方向导数。方向导数通常定义为微分形式:

$$\mathrm{d}_g f(\boldsymbol{d})\equiv\mathrm{d}_g f=\lim_{\varepsilon\to 0}\frac{f(\boldsymbol{d}+\varepsilon\boldsymbol{g})-f(\boldsymbol{d})}{\varepsilon}=\frac{\mathrm{d}}{\mathrm{d}\varepsilon}\Big|_{\varepsilon=0}f(\boldsymbol{d}+\varepsilon\boldsymbol{g})\tag{6.4.39}$$

式中,下角标 g 为方向。在有限元文献中,方向导数经常应用标记 $\mathrm{D}f(\boldsymbol{d})[\boldsymbol{g}]$和 $\mathrm{D}f(\boldsymbol{d})\cdot\boldsymbol{g}$。

6.4.7　算法的一致切线刚度

连续切线模量与应力和应变的率或无限小增量相关。相比之下,算法模量与应力、应变的有限增量相关。当通过应力更新算法的一致线性化得到应力-应变关系的增量时,算法模量称为一致算法模量。当解答不平滑时,必须应用这种算法模量。关于隐式和半隐式向后欧拉应力更新,以及率无关和率相关材料的算法模量的示例,将在第 13 章给出(式(13.2.38)、式(13.2.41)、式(13.2.58)和式(13.2.59))。

标准的牛顿过程是不适合算法模量的,必须应用正割牛顿方法取而代之。正割和标准牛顿方法之间的主要差别是,在正割牛顿迭代中,所有变量都总是在前一个时间步的基础上更新,即在最后一个迭代收敛的解的基础上更新,而非在本时间步内正在迭代的解的基础上更新。这就避免了应力的不收敛值和在路径相关材料中错误地驱动本构方程得到的内变量。表 6-5 给出了平衡求解方法的正割牛顿方法,其对隐式时间积分进行了类似地修改。更多详细内容见 Simo 和 Hughes(1998)、Hughes 和 Pister(1978)的文献。

表 6-5 平衡求解流程图:采用算法模量的牛顿方法

1. 初始条件和初始化:设 $\boldsymbol{d}^0=0$;$\boldsymbol{\sigma}^0$;$n=0$;$t=0$
2. 对于第 $n+1$ 步载荷增量的牛顿迭代:
   1) 设 $\boldsymbol{d}_{\text{new}}=\boldsymbol{d}^n$
   2) 给出作用力计算 $\boldsymbol{f}(\boldsymbol{d}_{\text{new}},t^{n+1})$;$\boldsymbol{r}(\boldsymbol{d}_{\text{new}},t^{n+1})$
      (1) 通过应力更新算法,计算新的应力和内变量:$\boldsymbol{\sigma}_{\text{new}}=\boldsymbol{\sigma}(\boldsymbol{d}_{\text{new}}-\boldsymbol{d}^n,\boldsymbol{\sigma}^n,\boldsymbol{q}^n)$,$\boldsymbol{q}_{\text{new}}=\boldsymbol{q}(\boldsymbol{d}_{\text{new}}-\boldsymbol{d}^n,\boldsymbol{\sigma}^n,\boldsymbol{q}^n)$;
      在时间 n 从收敛的值更新。
      (2) 计算 $\boldsymbol{f}$ 和 $\boldsymbol{r}$
   3) 计算 $\boldsymbol{A}(\boldsymbol{d}_{\text{new}})$;应用 $\boldsymbol{\sigma}_{\text{new}}$ 和 $\boldsymbol{q}_{\text{new}}$ 形成 $\boldsymbol{K}^{\text{int}}=\boldsymbol{K}^{\text{mat}}+\boldsymbol{K}^{\text{geo}}$;利用算法模量 $\boldsymbol{C}^{\text{alg}}$ 计算 $\boldsymbol{K}^{\text{mat}}$(第 13 章)
   4) 对于基本边界条件,修正 $\boldsymbol{A}(\boldsymbol{d})$
   5) 求解线性方程 $\Delta\boldsymbol{d}=-\boldsymbol{A}^{-1}\boldsymbol{r}$
   6) $\boldsymbol{d}_{\text{new}}\leftarrow\boldsymbol{d}_{\text{new}}+\Delta\boldsymbol{d}$
   7) 检查收敛准则;如果没有满足,返回步骤 2-1)。
3. 1) 更新位移、应力和内部变量:

$$\boldsymbol{d}^{n+1}=\boldsymbol{d}_{\text{new}},\quad \boldsymbol{\sigma}^{n+1}=\boldsymbol{\sigma}_{\text{new}},\quad \boldsymbol{q}^{n+1}=\boldsymbol{q}_{\text{new}}$$

   2) 更新步数和时间:$n\leftarrow n+1$,$t\leftarrow t+\Delta t$
4. 输出;如果模拟尚未完成,返回步骤 2。

6.5 练习

1. 对于从母单元的双单位长度正方形映射的表面,应用南森关系建立线性化的载荷刚度 $\boldsymbol{K}^{\text{ext}}=\dfrac{\partial\boldsymbol{f}^{\text{ext}}}{\partial\boldsymbol{d}}$。可利用 4.9 节的第 6 题简化计算步骤。
2. 证明式(6.2.60)对应于式(6.2.59)的驻值点。
3. 证明式(6.2.61)通过删除拉格朗日乘子,可以转化为线性化的罚函数方程。
4. 通过令在式(6.4.4)中的参考构形是当前构形,获得式(6.4.20)。
5. 对于一个三维直边三角形单元,建立载荷刚度。
6. 对于反对称的 2 节点膜单元,建立切线刚度。

第 7 章

稳 定 性

主要内容

物理稳定性与屈曲构形：平衡解答分支，弧长法，线性稳定性，临界点估计

数值稳定性：定义，特征值检验稳定性，有阻尼中心差分法的稳定性，单元特征值估计和时间步，能量稳定性

材料稳定性：变形局部化，局部化正则化，材料失稳和偏微分方程类型的改变

7.1 引言

在非线性有限元理论和方法中，稳定性包含三个方面内容：物理、数值和材料的稳定性。**物理稳定性属于物理过程的稳定性，数值稳定性属于计算方法的稳定性，材料稳定性属于材料局部化问题**。在第 8 章中，我们将讨论计算结果的收敛性，而本章所讨论的稳定性是保证收敛性的重要条件之一。

7.2 节以受载结构为例介绍了物理过程的稳定性分析。首先介绍了稳定性的一般性描述，然后关注离散系统的线性稳定性分析。在线性稳定性分析中，摄动应用于非线性状态。同时，介绍了检验稳定性的简单方法，给出了取决于雅克比矩阵正定性的稳定性条件。最后针对有限元分析，讲述了模拟结构稳定性的重要方法：弧长法。

7.3 节检验了时间积分过程的数值稳定性。其基本概念与离散解答稳定性分析中的概念紧密结合。由于线性稳定性估计常常指导非线性计算，本节侧重于线性系统的稳定性分析。为了提供一个简单的框架并引进一些概念，首先检验一阶系统欧拉方法的稳定性；其次引进了 z-转换和赫尔维茨矩阵，从而可以进行更复杂的中心差分方法和纽马克-贝塔方法的分析。7.3 节的结论证明了梯形方法非线性系统能量的稳定性。

7.4节介绍了材料的稳定性，其分析方法同样是线性稳定性分析。材料线性稳定性条件的建立表明，具有正定响应矩阵的材料是线性稳定的。本节还简要给出了处理材料失稳的规则化计算方法。

7.2　物理稳定性与屈曲构形

7.2.1　物理稳定性的定义

在非线性问题中，需要考虑物理稳定性。有许多关于稳定性的定义：稳定性是一个概念，取决于观察者及其目的。已经存在一些被广泛接受的定义。本章介绍由Lyapunov创立并在数学分析中得到广泛应用的稳定性理论，见Seydel(1994)关于各种计算问题应用性的清晰描述，以及Bazant和Cedolin(1991)的综述。我们关注这些理论在有限元方法中的应用。

首先给出物理稳定性的定义并探索它的内涵。考虑一个由演化方程控制的过程，如运动方程或热传导。对于初始条件 $\boldsymbol{d}_A(0)=\boldsymbol{d}_A^0$，设结果用 $\boldsymbol{d}_A(t)$ 表示。现在考虑对于初始条件 $\boldsymbol{d}_B(0)=\boldsymbol{d}_B^0$ 的结果，这里 $\boldsymbol{d}_B^0$ 是 $\boldsymbol{d}_A^0$ 的一个小的摄动。这表明在指定范数下，$\boldsymbol{d}_B^0$ 接近于 $\boldsymbol{d}_A^0$（此处指定使用 ℓ_2 向量范数）：

$$\|\boldsymbol{d}_A^0-\boldsymbol{d}_B^0\|_{\ell_2}\leqslant\varepsilon \tag{7.2.1}$$

如果对于所有初始条件满足式(7.2.1)，解答是稳定的，则结果满足

$$\|\boldsymbol{d}_A(t)-\boldsymbol{d}_B(t)\|_{\ell_2}\leqslant C\varepsilon,\quad\forall t>0 \tag{7.2.2}$$

注意所有满足式(7.2.1)的初始条件位于一个以 $\boldsymbol{d}_A^0$ 为圆心的超球面上(其在二维情况下是一个圆)；简单地说此即“初始条件位于围绕 $\boldsymbol{d}_A^0$ 的球上”。根据这个定义，$\boldsymbol{d}_B^0$ 是 $\boldsymbol{d}_A^0$ 的一个小的摄动，如果所有结果 $\boldsymbol{d}_B(t)$ 位于包围结果 $\boldsymbol{d}_A(t)$ 的球上，则结果是稳定的，其误差仅是半径的大小。应用如图7-1所示的有两个相关变量的系统解释这个定义。图7-1(a)展示了稳定系统的行为，这里仅给出由初始数据引起摄动的两个结果。对于稳定的系统，围绕 $\boldsymbol{d}_A^0$

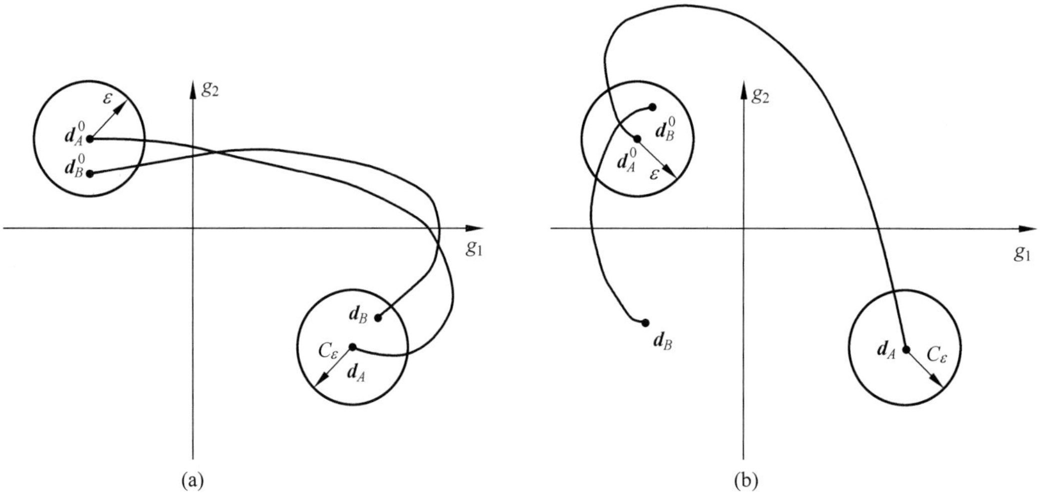

图7-1　稳定系统和不稳定系统的结果迹线

(a) 稳定系统；(b) 不稳定系统

球应用初始条件得到的任何结果一定也是围绕 $\boldsymbol{d}_A(t)$ 球的。图 7-1(b)展示了一个从围绕 $\boldsymbol{d}_A^0$ 球开始的单一结果产生了与 $\boldsymbol{d}_A(t)$ 的分离,说明出现了不稳定的结果。

以下示例将解释这一定义与直观的稳定性概念的关系。考虑一根梁轴向加载的过程,如图 7-2 所示。如果通过 ε 或 2ε 的距离,摄动加载位置,平衡路径如图 7-2(c)所示,就可以看到当载荷低于屈曲载荷时,不同初始条件的路径保持着与 AC 接近的状态。然而,当载荷超过屈曲载荷时,不同初始条件的结果将产生分岔。因此,当载荷超过屈曲载荷时,任何过程都是不稳定的。不稳定分支的方向依赖于初始缺陷的迹象,图 7-2(c)只显示了一个方向。

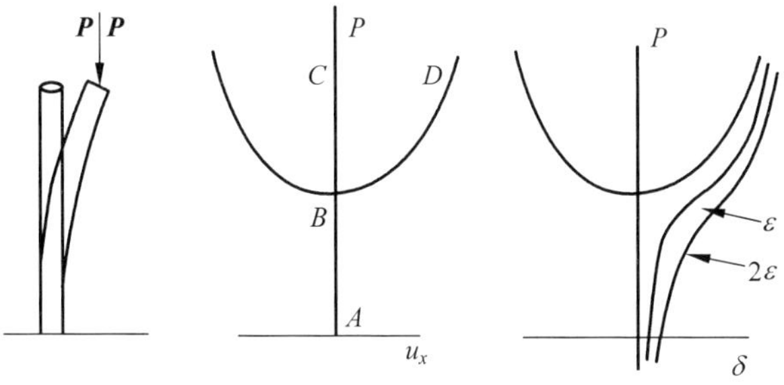

(a) (b) (c)

图 7-2 不稳定的例子

(a) 梁的稳定性;(b) 完好梁的平衡分支;(c) 含两个缺陷梁的平衡分支

在有限元计算中,如果单元网格、几何、材料和约束条件均满足对称性,承压的梁一定十分笔直,数值结果一般保持在路径 AC 上,如图 7-2(b)所示。即使当载荷超出屈曲载荷时,横向位移仍然是零。在增量静态求解或动态求解的模拟中,无论应用显式还是隐式积分方法,一根笔直的梁一般不发生屈曲,即有"压不垮"之说。仅当舍入误差引起的"数值缺陷"或由数据引入的缺陷将导致直梁在模拟中屈曲,才需要制造缺陷以破坏对称性。

在系统的稳定性分析中,通常考虑平衡状态的稳定性。状态稳定与过程稳定有所不同。平衡状态的稳定性可以通过检验应用于平衡状态的摄动是否增长来确定,其结果不如过程平衡的概念直观。例如,从图 7-2 中的梁可以看出,平衡状态的任何扰动在分支 AB 和 BD 上均不增长。换句话说,这些分支上的任意平衡状态均是稳定的,这将在例 7.1 中说明。另一方面,分支 BC 上平衡结果的任何扰动都会导致该扰动进一步增长,即它是不稳定的。在 B 点,分支 AC 从稳定变为不稳定,这一点称为临界点或屈曲点。

这种方法也用于研究管中液体流动的稳定性。当流速低于临界雷诺数(Reynolds number,Re)时,流动是稳定的,流动的扰动导致较小的变化。另一方面,当流速超过临界雷诺数时,由于流动从层流变为湍流,较小的扰动将导致较大的改变。因此,高于临界雷诺数的流动是不稳定的。

7.2.2 具有多个分支的平衡解答

图 7-2(a)展示的梁问题是一个典型的分岔示例。两个分支的交叉点 B 是分岔点。在分岔点后,基本分支的延长部分 BC 是不稳定的。分岔点 B 对应于欧拉梁的屈曲载荷。这种类型的分支通常称为音叉。

为了更好地理解一个系统，必须确定它的平衡路径或分支，以及其稳定性。结构力学研究者已形成广泛共识，通过直接获得动态解答可以避免与不稳定行为相关的问题。当结构加载超过它的临界点或在动态模拟中的分岔点时，结构就动态地通过了其最接近的稳定分支。然而，不稳定是不容易出现的，并且缺陷敏感性也是不清晰的。因此，为了理解结构行为或整个过程，必须小心地检查它的平衡行为。许多结构行为的奇怪表现可能被动态模拟掩盖了。例如，在承受轴向载荷的圆柱壳中，交叉分支是反对称的，如图 7-3 所示。一个具有反对称分支的系统对于缺陷是非常敏感的，这从最大载荷随缺陷发生显著变化就可以看出。一个完好结构的理论分岔点不是强度的真正度量；因为在实际结构中，不可避免地存在缺陷，结构可以在一个远远低于理论值的载荷下屈曲。单一数值的模拟可能完全遗漏了这一敏感性。Koiter 分析了关于柱壳缺陷的敏感性，相关内容已成为缺陷敏感性的典型示例。为了清楚理解缺陷敏感性，必须了解平衡分支。

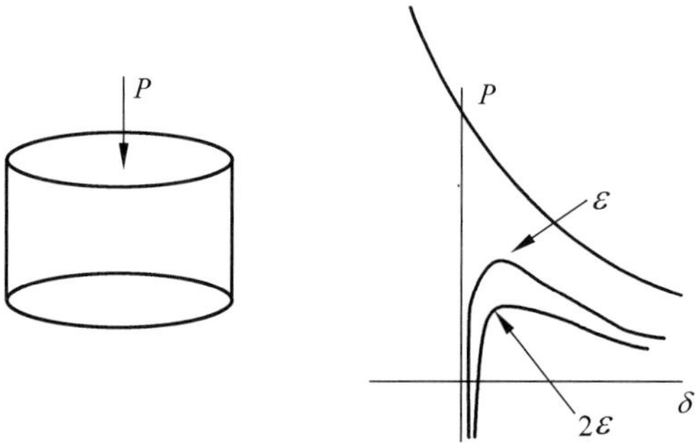

图 7-3　受压缩的圆柱壳，含两个缺陷圆柱壳的平衡分支

作为研究系统平衡行为的第一步，必须对载荷或任何其他感兴趣的参数，如温度等，进行参数化描述。可以通过时间 t 将载荷参数化，这在许多实际问题中是很方便的。然而，在平衡问题的研究中，一个单一参数总是不够的。现在将借助参数 γ_a 对载荷进行参数化，载荷可以通过 $\gamma_a q_a$ 给出，其中 q_a 表示载荷分布。这里继续约定重复指标是在区域内求和。

为了确定非线性系统的性质，通常将平衡解答分成若干分支，当一个参数变化时，它是连续地线性描述系统的响应，这些分支称为平衡分支。我们关注的是追踪模型的平衡分支作为参数 γ_a 的函数，求解问题变为寻找 $\boldsymbol{d}(\gamma_a)$，使得残数为零（系统是处于平衡的）：

$$\boldsymbol{r}(\boldsymbol{d}(\gamma_a))=0 \tag{7.2.3}$$

非线性系统显示了三种分岔行为：

（1）转折点，在结构分析中通常称为极限点，在这些点上分支的斜率改变符号。

（2）静止分岔，通常称为简单分岔，在这些点上两个平衡分支交叉。

（3）霍普夫分岔（Hopf bifurcation），在这些点上平衡分支与一个周期运动的分支交叉。

如图 7-4 所示，两杆桁架的行为展示了一个转折点（或极限点）；点 B 和点 C 是转折点。在转折点之后，一个分支可以是稳定的或不稳定的。在这种情况下，例 7.1 将会展示，第一个转折点 B 后面的分支是不稳定的，而第二个转折点 C 后面的分支是稳定的。

霍普夫分岔在率无关的结构中是不常见的，其主要发生在率相关材料或主动控制问题中。在霍普夫分岔中，在一个分支的终点不可能得到稳定平衡的结果，一般将这个平衡分支分成两个分支，其结果对时间是周期性变化的。

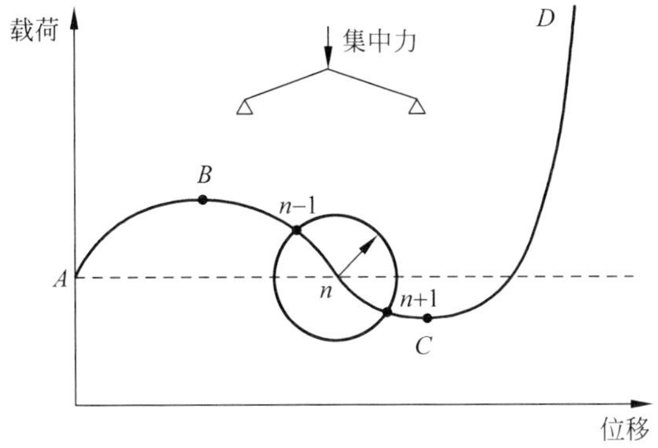

图 7-4　浅桁架与弧长法

$n+1$ 时刻的结果是平衡分支和以 n 时刻的结果为圆心以弧长为半径的圆的交叉点

7.2.3　弧长法

第 6 章讲述了采用线性化方法改进牛顿-拉夫森方法的收敛性，但是它尚不能求解平衡路径的临界点问题，如图 7-5(a)所示。平衡路径曲线上有两个临界点 A 和 B，呈现突然翻转的变形行为(snap-back)，此时若仅用力的增量加载(应变硬化)，则可能从点 A 跳到下一个平衡点 A'；若仅用位移的增量加载(应变软化)，则可能从点 B 跳到 B'；二者都无法连续跟踪平衡路径曲线。

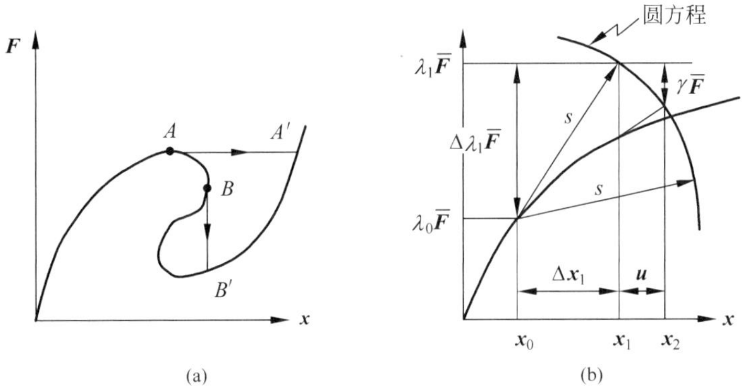

图 7-5　平衡路径曲线上有两个临界点 A 和 B

(a) 载荷-位移路径图；(b) 载荷参数跟踪分支图

可见，跟踪平衡分支是相当困难的，必须选择能够组合力和位移的增量方法处理临界点问题。跟踪平衡分支的方法称为连续方法，目前尚未实现强健的和自动化的过程。本节介绍基于参数化的连续方法——弧长法。首先描述如何应用载荷参数跟踪分支。

在跟踪分支时，载荷参数通常从零开始并逐渐增加。对于参数 γ 的每一个增量，计算平衡解答，即找到关于残数方程的解 $\boldsymbol{d}^{n+1}$：

$$\boldsymbol{r}(\boldsymbol{d}^{n+1},\gamma^{n+1})=\boldsymbol{f}^{\text{int}}(\boldsymbol{d}^{n+1})-\gamma^{n+1}\boldsymbol{f}^{\text{ext}}=0 \tag{7.2.4}$$

式中，n 为迭代步数，$\boldsymbol{f}^{\text{ext}}$ 为等效节点载荷。

在弧长法中，逐渐增加载荷参数 γ 使得杆件屈曲，在牛顿迭代过程中允许参数 γ 发生变化，但不能随意变化，不能忽略位移增量变化的影响。因此，通过引入附加约束方程，对

载荷增量参数 γ 有所约束。这样在位移-载荷参数空间中的弧长度量也需要逐渐增加，主要通过在平衡方程中附加参量化约束方程实现：

$$p(\boldsymbol{d}^{n+1},\gamma^{n+1})=(\boldsymbol{d}^{n+1}-\boldsymbol{d}^{n})^{\mathrm{T}}(\boldsymbol{d}^{n+1}-\boldsymbol{d}^{n})+\alpha\Delta\gamma^{2}-\Delta s^{2}=0,\quad \Delta\gamma=\gamma^{n+1}-\gamma^{n} \tag{7.2.5}$$

式(7.2.5)是半径为 Δs 的圆的方程，Δs 是在增量步中沿平衡路径曲线经过弧长的近似值(图 7-5(b))，α 是比例系数。比例系数与材料刚度矩阵的对角线单元有关，即

$$\alpha^{-1}=\frac{1}{n_{\mathrm{dof}}}\sum_{a}K_{aa}^{\mathrm{mat}} \tag{7.2.6}$$

其可以产生许多其他类型的参数化方程。弧长法的系统方程包括平衡方程(7.2.4)和参数化方程(7.2.5)，其组合成为

$$\begin{Bmatrix}\boldsymbol{r}(\boldsymbol{d}^{n+1},\gamma^{n+1})\\ p(\boldsymbol{d}^{n+1},\gamma^{n+1})\end{Bmatrix}=\begin{Bmatrix}\boldsymbol{f}^{\mathrm{int}}-\gamma\boldsymbol{f}^{\mathrm{ext}}\\ p(\boldsymbol{d}^{n+1},\gamma^{n+1})\end{Bmatrix}=\begin{Bmatrix}0\\0\end{Bmatrix} \tag{7.2.7}$$

由此有了一个附加方程和一个附加未知数 γ^{n+1}；弧长 s 逐渐增加，代替载荷参数 γ^{n+1}。假设节点外部载荷的分布不随模型的变形而改变，当载荷因子是从属载荷的系数时(如压力)，根据载荷几何的影响，必须修改方法以考虑载荷分布的变化。上述不包括惯性项，因为连续方法仅适用于平衡问题。在结构力学中，弧长法也称为里克斯方法(Riks method)(Riks, 1972)。

对于一个自由度的问题，上述过程是最容易解释的。假设在如图 7-4 所示的浅桁架的点 n 得到平衡解答。在载荷-位移平面中，弧长方程(7.2.5)是一个围绕点 n 的圆。参数方程(7.2.7)的解答是与该圆交叉的平衡分支。在点 n 处的增量载荷参数是无效的，因为它将回到分支上。在弧长法中，以沿分支的弧长形式重新表示问题，因此一个分支能够跟踪一个下降的载荷(力或位移)。在计算步骤中，不需要增加载荷，仅需要增加弧长参数就可以避免无法跟踪下降载荷的窘境，这是跟踪分支的最自然的方式。在两个自由度的问题中，弧长方程可以围绕平衡点定义一个球面或球，以及分支与球交叉的下一个解答。

于是，关于对称桁架的参数方程可以设置如下。找到如下方程的一个解答：

$$\boldsymbol{r}(d^{n+1},\gamma^{n+1})=0 \tag{7.2.8}$$

根据

$$\alpha(\gamma^{n+1}(s)-\gamma^{n})^{2}+(d^{n+1}(s)-d^{n})^{2}-\Delta s^{2}=0 \tag{7.2.9}$$

式中，d 是竖向位移，$\boldsymbol{r}$ 是对应残数，水平位移假设为零。另外，可以将上述方程以位移和载荷参数增量的形式写出：

$$\alpha\Delta\gamma^{2}+(\Delta d)^{2}=\Delta s^{2} \tag{7.2.10}$$

并根据 $r=0$，对其求解。因此，一个含未知数的一组原始离散方程可以通过增加一个未知数 γ 扩展为方程组。方程的解答可以通过已经描述的标准牛顿方法得到，设

$$\begin{cases}\delta\boldsymbol{d}=\boldsymbol{d}_{\upsilon+1}^{n+1}-\boldsymbol{d}_{\upsilon}^{n+1}=\boldsymbol{d}_{\mathrm{new}}-\boldsymbol{d}_{\mathrm{old}}\\ \delta\gamma=\gamma_{\upsilon+1}^{n+1}-\gamma_{\upsilon}^{n+1}=\gamma_{\mathrm{new}}-\gamma_{\mathrm{old}}\end{cases}$$

在迭代中应用 δ 表示变量的变化。关于牛顿方法的线性化方程组为

$$\begin{bmatrix}\dfrac{\partial\boldsymbol{r}}{\partial\boldsymbol{d}} & \dfrac{\partial\boldsymbol{r}}{\partial\gamma}\\[2ex] \dfrac{\partial p}{\partial\boldsymbol{d}} & \dfrac{\partial p}{\partial\gamma}\end{bmatrix}\begin{Bmatrix}\delta\boldsymbol{d}\\ \delta\gamma\end{Bmatrix}=\begin{Bmatrix}-\boldsymbol{r}_{\upsilon}\\ -p_{\upsilon}\end{Bmatrix} \tag{7.2.11}$$

进一步应用节点力导数的定义式(6.2.15)～式(6.2.16),以及由式(7.2.4)得到的 $\boldsymbol{r}_{,\gamma}=-\boldsymbol{f}^{\text{ext}}$,并结合弧长方程(7.2.5)可得

$$\begin{bmatrix}\boldsymbol{K}^{\text{int}}-\gamma\boldsymbol{K}^{\text{ext}} & -\boldsymbol{f}^{\text{ext}}\\ 2\Delta\boldsymbol{d}^{\text{T}} & 2\alpha\Delta\gamma\end{bmatrix}\begin{Bmatrix}\delta\boldsymbol{d}\\ \delta\gamma\end{Bmatrix}=\begin{Bmatrix}-\boldsymbol{r}_{v}\\ -p_{v}\end{Bmatrix} \tag{7.2.12}$$

可以看到,上述方程是不对称的,因此,需要分别求解参数化方程。这种解决大型问题的优势是值得借鉴的,但也遇到了困难,因为扩展系统有两组结果(在图 7-4 中的 $n-1$ 点和 $n+1$ 点),为了得到正确的结果,并不希望重新跟踪后面的路径。正确的结果通常是使 $\delta\boldsymbol{d}^{\text{T}}(\boldsymbol{d}^{n}-\boldsymbol{d}^{n-1})$取得最大值的解,即在平衡路径上和上一步沿相同方向扩展的解。另外,在上述方程中应用矩阵$\boldsymbol{\gamma}$ 替换标量参数 γ 的方式,可以扩展到多载荷参数。

7.2.4 线性稳定性

检验一个平衡解答的稳定性广泛应用的方法是线性稳定性分析。该方法通过对平衡状态摄动以获得稳定性解答。将小摄动应用于动态方程可以得到线性化模型。如果动态解答增长,则平衡解答称为线性失稳,否则它是线性稳定的。确定线性稳定性,在大多数情况下,是从线性化系统的特征值中确定的,没有必要真正地对时间进行积分。

考虑与参数化载荷 $\gamma\boldsymbol{f}^{\text{ext}}$ 有关的一个率无关系统的平衡解答 $\boldsymbol{d}^{\text{eq}}$。关于平衡结果 $\boldsymbol{f}=\boldsymbol{f}^{\text{int}}-\boldsymbol{f}^{\text{ext}}$ 的泰勒级数展开式为

$$\boldsymbol{f}(\boldsymbol{d}^{\text{eq}}+\tilde{\boldsymbol{d}})=\boldsymbol{f}(\boldsymbol{d}^{\text{eq}})+\frac{\partial\boldsymbol{f}(\boldsymbol{d}^{\text{eq}})}{\partial\boldsymbol{d}}\tilde{\boldsymbol{d}}+\text{高阶项} \tag{7.2.13}$$

式中,$\tilde{\boldsymbol{d}}$ 是平衡解答的摄动。因为 $\boldsymbol{d}^{\text{eq}}$ 是平衡解答,所以等号右侧的第一项为零。从式(6.2.17)～式(6.2.19)可以看出,式(7.2.13)等号右侧的第二项可以线性化如下:

$$\frac{\partial\boldsymbol{f}(\boldsymbol{d}^{\text{eq}})}{\partial\boldsymbol{d}}=\boldsymbol{K}^{\text{ext}}(\boldsymbol{d}^{\text{eq}})-\boldsymbol{K}^{\text{int}}(\boldsymbol{d}^{\text{eq}})\equiv-\tilde{\boldsymbol{A}}(\boldsymbol{d}^{\text{eq}}) \tag{7.2.14}$$

式中,$\tilde{\boldsymbol{A}}$ 为前文定义的节点力的雅克比矩阵。注意,质量矩阵不包含在雅克比矩阵 $\tilde{\boldsymbol{A}}$ 中。现在增加惯性力到系统中。由于质量矩阵不随位移而变化,对于平衡点的小摄动,可以写出运动方程为

$$\boldsymbol{M}\frac{\mathrm{d}^2\tilde{\boldsymbol{d}}}{\mathrm{d}t^2}+\tilde{\boldsymbol{A}}\tilde{\boldsymbol{d}}=0 \tag{7.2.15}$$

上述方程是关于 $\tilde{\boldsymbol{d}}$ 的一组线性常微分方程。由于此类线性常微分方程的解答为指数形式,假设解答形式为

$$\tilde{\boldsymbol{d}}=\boldsymbol{y}\mathrm{e}^{\mu t}\quad \text{或}\quad \tilde{d}_a=y_a\mathrm{e}^{\mu t} \tag{7.2.16}$$

将上式代入式(7.2.15),得到

$$(\tilde{\boldsymbol{A}}+\mu^2\boldsymbol{M})\boldsymbol{y}\mathrm{e}^{\mu t}=0 \tag{7.2.17}$$

可以通过特征值问题得到系统的特征值 μ_i:

$$\tilde{\boldsymbol{A}}\boldsymbol{y}_i=\lambda_i\boldsymbol{M}\boldsymbol{y}_i,\quad \lambda_i=-\mu_i^2 \tag{7.2.18}$$

式中,$\lambda_i(i=1,2,\cdots,n)$,也是特征值;$\boldsymbol{y}_i$ 是对应的特征向量。

系统的线性稳定性由特征值的平方根决定($\mu_i=\sqrt{-\lambda_i}$),通常是一个复数。如果 μ_i 的实部是正的,则结果将增大,即如果对于任意的 i,实部 $\mu_i>0$,则平衡点是线性不稳定的;

另外，如果所有特征值的实部是负值，那么关于平衡点的线性化解答将不增长。因此，如果对于所有的 i，实部 $\mu_i<0$，平衡点是线性稳定的；如果 $\mu_i=0$，则平衡是中性稳定的。

称在一个分支上从稳定到不稳定或从不稳定到稳定的平衡点为临界点。在一个临界点上，至少特征值中的一个必须为零，因此 $\widetilde{\boldsymbol{A}}$ 的行列式为零。

对于具有对称性雅克比矩阵的系统，通过检查雅克比矩阵的正定性，可以确定一个平衡点的稳定性。在没有从属载荷的情况下，线性化方程组(6.4.15)常常是对称的。对于拉格朗日连续网格，质量矩阵 $\boldsymbol{M}$ 总是对称的，6.4.4 节也已经讨论了切线刚度对称的条件。

当线性化方程组是对称的时，特征值必须是实数。由于质量矩阵 $\boldsymbol{M}$ 是正定的，如果矩阵 $\widetilde{\boldsymbol{A}}$ 也是正定的，对于一个对称系统，式(7.2.18)的特征值 λ_i 必须是正的。若特征值 $\mu_i<0$，则特征值 λ_i 是虚数而没有实部，因此系统是稳定的。

若 $\widetilde{\boldsymbol{A}}$ 不是正定的，则至少特征值 λ_i 中存在一个负值，相对应的 μ_i 中有一个是正实数，所以系统是不稳定的。因此，对于具有对称性雅克比矩阵的一个系统，当且仅当节点力的雅克比矩阵是正定时，平衡点才是线性稳定的，通过简单地检验雅克比矩阵的特征值，可以检验稳定性：如果它是正的，雅克比矩阵是正定的，则系统是稳定的。在临界点，当平衡分支从稳定的变成不稳定的时，至少有一个特征值从正值变为负值，则特征值中的一个必须为零。在临界点，$\widetilde{\boldsymbol{A}}$ 的行列式值也将为零，因为它是特征值的乘积。

如果系统是保守的，即如果应力和载荷可以从势能中导出，则从势函数的性质可以确定平衡点的稳定性。注意到对于一个保守系统，矩阵 $\widetilde{\boldsymbol{A}}$ 是对称的，并且对应于势能的黑塞矩阵，即由式(6.2.29)可得，$\widetilde{A}_{ab}=\dfrac{\partial^2 W}{\partial d_a \partial d_b}$。回顾一个平衡解答是势能的驻值点。$\widetilde{\boldsymbol{A}}$ 的正定性隐含

$$\Delta d_a \frac{\partial^2 W(\boldsymbol{d}^{\mathrm{eq}})}{\partial d_a \partial d_b}\Delta d_b = \widetilde{A}_{ab}(\boldsymbol{d}^{\mathrm{eq}})\Delta d_a \Delta d_b = \Delta \boldsymbol{d}^{\mathrm{T}}\widetilde{A}\Delta \boldsymbol{d} > 0, \quad \forall \quad \Delta \boldsymbol{d} \neq 0 \tag{7.2.19}$$

注意到存在局部最小值等价于矩阵的正定性，因此，在任何稳定平衡解答中，黑塞矩阵均是正定的。

满足上述条件的任何平衡解答 $\boldsymbol{d}^{\mathrm{eq}}$ 一定是线性稳定的。如果存在一个 $\Delta \boldsymbol{d}$ 不满足上述不等式，那么平衡解答一定是在鞍点上或是局部最大值，并且平衡解答不是线性稳定的。所以，不对应于势能局部最小值的任何平衡解答均是不稳定的。

从工程角度看，由线性稳定性分析提供的信息是不能确信的。因为，在平衡求解的邻近区域，线性稳定性分析假设响应是线性的，摄动必须足够小以便可以通过一个线性模型预见响应。平衡解答的线性稳定性不可能抹杀一个物理的实际摄动增长的可能性。在平衡解答的附近，如果系统是高度非线性的，系统的中等摄动可能导致不稳定的增长。线性稳定性分析仅仅揭示了如何通过系统行为的线性化获得系统的性质，尽管如此，它依然提供了在系统的工程和科学分析中有用的信息。

路径相关材料的线性稳定性分析有特殊的难度，因为切线矩阵没有描述系统直到卸载的行为。这导致了弹性比较材料的概念，即其加载和卸载的行为一致。这些材料的切线矩阵是基于塑性模量给出的，并且忽略了卸载。这些模型有时确实低估了分岔载荷，但通常提供了较好的估计值。

7.2.5 临界点的估计

当平衡路径通过连续方法生成时，通常希望估计到其临界点，因此，我们感兴趣的是已经通过的或即将到来的临界点。可以通过检验雅克比行列式改变符号的时间，确定是否已经通过临界点，但这种检验不一定会得出结论，因为雅克比行列式有时在临界点处并不改变符号。雅克比行列式中符号的改变是特征值符号变化的标志。在临界点，雅克比行列式为零并通常改变符号；但是也有例外，如当两个特征值在一个临界点同时改变符号时，雅克比行列式并不改变符号。因此，通过检验雅克比行列式的符号改变时间来判断临界点的方法是不能令人信服的。

通过特征值问题，也可以估计临界点。为此，假设雅克比矩阵 $\widetilde{\boldsymbol{A}}$ 是当前状态 n 和前一个状态 $n-1$ 之间的线性函数：

$$\widetilde{\boldsymbol{A}}(\boldsymbol{d},\gamma)=(1-\xi)\widetilde{\boldsymbol{A}}(\boldsymbol{d}^{n-1},\gamma^{n-1})+\xi\widetilde{\boldsymbol{A}}(\boldsymbol{d}^{n},\gamma^{n})\equiv(1-\xi)\widetilde{\boldsymbol{A}}^{n-1}+\xi\widetilde{\boldsymbol{A}}^{n} \tag{7.2.20}$$

类似地，载荷参数插值为

$$\gamma=(1-\xi)\gamma^{n-1}+\xi\gamma^{n} \tag{7.2.21}$$

在临界点，雅克比矩阵 $\widetilde{\boldsymbol{A}}$ 的行列式为零：$\det\widetilde{\boldsymbol{A}}(\boldsymbol{d},\gamma_{\text{crit}})=0$。由于含有零行列式的系统具有非平凡齐次解答，故存在一个 ξ 和 $\boldsymbol{y}$，使得

$$\widetilde{\boldsymbol{A}}(\boldsymbol{d},\gamma_{\text{crit}})\boldsymbol{y}=(1-\xi)\widetilde{\boldsymbol{A}}^{n-1}\boldsymbol{y}+\xi\widetilde{\boldsymbol{A}}^{n}\boldsymbol{y}=0 \tag{7.2.22}$$

通过重新安排各项，可以得到广义特征值问题的标准形式：

$$\widetilde{\boldsymbol{A}}^{n-1}\boldsymbol{y}=\xi(\widetilde{\boldsymbol{A}}^{n-1}-\widetilde{\boldsymbol{A}}^{n})\boldsymbol{y} \tag{7.2.23}$$

上述特征值问题的另一种形式为

$$\widetilde{\boldsymbol{A}}^{n}\boldsymbol{y}=\mu\widetilde{\boldsymbol{A}}^{n-1}\boldsymbol{y} \tag{7.2.24}$$

式中，$\mu=\dfrac{\xi-1}{\xi}$，　$\xi=\dfrac{1}{1-\mu}$。它在数值上更具有强健性，因为它不包括可能几乎相等的数值之间的差。

确定靠近临界点的位置则包括如下过程。存储上一步的雅克比行列式，并且采用当前的雅克比行列式，通过式(7.2.23)或式(7.2.24)得到特征值 ξ。我们感兴趣的是绝对值最小的特征值。当 $\xi>1$ 时，估计的临界点在沿着分支的前面。当 $0\leqslant\xi\leqslant1$ 时，估计的临界点在点 $n-1$ 和 n 之间。当 $\xi<0$ 时，估计的临界点在平衡点 $n-1$ 的后面。在最后一种情况下，当前的平衡点 $n-1$ 和(或) n 可能是不稳定的。

在估计了临界点之后，为了获得临界载荷的精确值，可以使用迭代方法。例如，可以应用由式(7.2.23)估计的临界点作为状态之一并重复这些过程。同时，必须采用雅克比行列式的更高阶插值以指导搜索，应用类似于线性搜索的过程。

在线性材料问题中，若没有附加载荷，通常可由一个单一加载步后精确估计临界载荷(屈曲载荷)，这种估计基于如下假设和讨论。

(1) 从初始构形到临界点构形的位移很小，对于弹性材料的材料切线刚度没有明显的改变。

(2) 应力与外载荷成比例，因此几何刚度线性地依赖于载荷。注意在小位移变形中，几

何刚度随应力线性变化，这可以从例 6.2 和例 6.3 中的几何刚度看到。

(3) 在没有从属载荷的情况下，载荷是独立于位移的，因此载荷刚度为零。

在这个过程中，一个单一载荷步取为 $\gamma^1 \boldsymbol{f}^{\text{ext}}$，这里的上角标是步数。在该点上的雅克比矩阵为

$$\boldsymbol{A}^1 = \boldsymbol{K}_{\text{mat}}^0 + \boldsymbol{K}_{\text{geo}}(\gamma^1) \tag{7.2.25}$$

式中，$\boldsymbol{K}_{\text{geo}}(\gamma^1)$是与载荷 $\gamma^1 \boldsymbol{f}^{\text{ext}}$ 相关的几何刚度。由于假设初始应力为零，在初始构形上的雅克比矩阵为

$$\boldsymbol{A}^0 = \boldsymbol{K}_{\text{mat}}^0 \tag{7.2.26}$$

将上式代入式(7.2.23)，并取 $n=1$，给出

$$\boldsymbol{K}_{\text{mat}} \boldsymbol{y} = -\xi \boldsymbol{K}_{\text{geo}}(\gamma^1) \boldsymbol{y} \tag{7.2.27}$$

则临界载荷为

$$\gamma_{\text{crit}} = \xi \gamma^1 \tag{7.2.28}$$

对于结构的屈曲载荷，这一公式一般在矩阵结构力学教材中给出。注意到它的假设，结构的几何随载荷的增加几乎没有改变，因此几何刚度的第一次估计足以外推雅克比矩阵到临界点。这一方法对分岔点比对极限点更为有效，因为在到达极限点之前，几何刚度通常有明显的改变。

半个多世纪以来，伴随着许多令人振奋的发展，稳定性研究成为一个丰富的领域。最值得注意的是突然失效理论和动态系统理论。突然失效理论证明了在一个具有势能的 4 自由度系统中，只可能有 7 种转折点。动态系统理论包括的主题有混沌、分形、吸引和排斥等。这些内容超出了本书的范围，在此不做讨论。

【例 7.1】 具有稳定和不稳定路径问题的一个简单示例是通过铰点连接的浅桁架，如图 7-6 所示。杆单元的初始横截面面积为 A_0，两个单元的初始长度为 l_0，$l_0^2 = a^2 + b^2$。竖向载荷 p 施加在节点 1 上，由于它是唯一的载荷，设其为载荷参数。材料服从克希霍夫法则，$S_{11} = E^{SE} E_{11}$，这里的 E^{SE} 在表 12-1 中给出。因为系统是保守的，通过寻找势能的驻值点确定平衡路径。通过线性稳定性分析检验分支的稳定性。

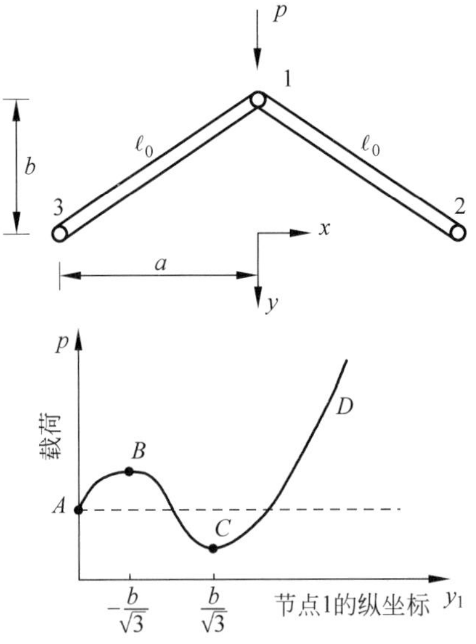

图 7-6 浅桁架例子的分叉和转折点

解：通过中心节点的当前竖向坐标 y_1 描述桁架的变形。该方法获得的方程与以位移表示的方程相比更简单。势能式(E3.8.3)为

$$W = W^{\text{int}} - W^{\text{ext}}, \quad W^{\text{int}} = \frac{1}{2}\sum_{e=1}^{2}\int_{\Omega_0^e} E^{SE}\hat{E}_{11}^2 \mathrm{d}\Omega, \quad W^{\text{ext}} = p(b + y_1) \tag{E7.1.1}$$

由式(E2.12.9)很容易计算出两个单元的格林应变：

$$\hat{E}_{11} = \frac{1}{2}\frac{(l^2 - l_0^2)}{l_0^2} = \frac{(a^2 + y_1^2 - a^2 - b^2)}{2(a^2 + b^2)} = \frac{y_1^2 - b^2}{2(a^2 + b^2)} \tag{E7.1.2}$$

因此两个单元的内能为

$$W^{\text{int}} = k(y_1^2 - b^2)^2 \tag{E7.1.3}$$

式中，$k = \dfrac{E^{SE}A_0}{4l_0^3}$。组合上式和外力势能得到整体势能为

$$W = W^{\text{int}} - W^{\text{ext}} = k(y_1^2 - b^2)^2 - p(b + y_1) \tag{E7.1.4}$$

通过应用势能驻值原理得到平衡方程。令上式的导数为零，得到

$$0 = \frac{\mathrm{d}W}{\mathrm{d}y_1} = 4ky_1(y_1^2 - b^2) - p \tag{E7.1.5}$$

节点力是中心点竖向位置的三次函数。图 7-6 中显示了 3 个平衡分支，分别由 AB、BC 和 CD 表示。这里有两个转折点 B 和 C，转折点 B 为失稳的临界点。

通过摄动方法求解关于状态 y_1 的线性化运动方程，由此可以检查分支的稳定性。通常应用切线刚度矩阵获得线性化方程，本例仅简单地对节点力求导。令节点 1 的位置为 y_1，按照式(E7.1.5)，以 y_1 的形式给出载荷 $f_{y_1}^{\text{ext}} = p$，其摄动解为

$$y_1(t) = \bar{y}_1 + \tilde{y}_1(t) \tag{E7.1.6}$$

式中，$\tilde{y}_1(t) = \varepsilon e^{\mu t}$，$\varepsilon$ 是一个小数。运动方程为

$$0 = M\frac{\mathrm{d}^2 y_1}{\mathrm{d}t^2} + f_{y_1}^{\text{int}} - f_{y_1}^{\text{ext}} = M\frac{\mathrm{d}^2\tilde{y}_1}{\mathrm{d}t^2} + 4ky_1(y_1^2 - b^2) - p \tag{E7.1.7}$$

式中，M 是节点的质量；应用式(E7.1.6)，用$\dfrac{\mathrm{d}^2\tilde{y}_1}{\mathrm{d}t^2}$替换$\dfrac{\mathrm{d}^2 y_1}{\mathrm{d}t^2}$。

将式(E7.1.6)代入式(E7.1.7)：

$$M\frac{\mathrm{d}^2\tilde{y}_1}{\mathrm{d}t^2} + 4k(\bar{y}_1 + \tilde{y}_1)((\bar{y}_1 + \tilde{y}_1)^2 - b^2) - p = 0 \tag{E7.1.8}$$

展开上述方程，并舍弃在 $\tilde{y}_1$ 中高于线性项的高阶项，得到摄动的运动方程：

$$M\frac{\mathrm{d}^2\tilde{y}_1}{\mathrm{d}t^2} + 4k[\bar{y}_1(\bar{y}_1^2 - b^2) + \tilde{y}_1(3\bar{y}_1^2 - b^2)] - p = 0 \tag{E7.1.9}$$

由于 y_1 是平衡状态(式(E7.1.5))，载荷 p 抵消了上式括号中的第一项，因此运动方程成为

$$M\frac{\mathrm{d}^2\tilde{y}_1}{\mathrm{d}t^2} + 4k\tilde{y}_1(3\bar{y}_1^2 - b^2) = 0 \tag{E7.1.10}$$

将式(E7.1.6)代入上式，服从 $\mu = \pm i(3\bar{y}_1^2 - b^2)^{\frac{1}{2}}$。对于 $3\bar{y}_1^2 - b^2 < 0$，在式(E7.1.6)中的一个参数 μ 是实数且为正，于是摄动解答将增长。因此由

$$-\frac{b}{\sqrt{3}} < \bar{y}_1 < \frac{b}{\sqrt{3}} \tag{E7.1.11}$$

所定义的分支 BC 是不稳定的。对于 $\bar{y}_1$ 的任何其他值，系数 μ 是虚数，因此，摄动解答是

具有常数幅值 ε 的调和函数,并且平衡点是线性稳定的。

上述稳定性分析的结果可以直接通过检查势能函数的二阶导数得到,从式(E7.1.5)给出$\dfrac{\mathrm{d}^2W}{\mathrm{d}y_1^2}=4k(3y_1^2-b^2)$。检验上述雅克比矩阵是否为正定:

$$\frac{\mathrm{d}^2W}{\mathrm{d}y_1^2}<0,\quad -b<\sqrt{3}\,y_1<b \tag{E7.1.12a}$$

$$\frac{\mathrm{d}^2W}{\mathrm{d}y_1^2}>0,\quad \text{其他情况} \tag{E7.1.12b}$$

此处得到的稳定性条件与通过摄动法得到的式(E7.1.11)相同。总之,平衡分支 AB 和 CD 是稳定的,而分支 BC 是不稳定的。

【例 7.2】 考虑梁单元的线性稳定性分析,如图 7-7 所示。节点 2 是夹支,节点 1 是铰支,可以自由转动且沿 x 方向移动。求解平衡方程和系统的平衡分支。

解:这个问题的参数是杨氏模量 E、梁的横截面面积 A、惯性矩 I、原始长度 l_0。采用一个线性轴向位移场和一个三次横向位移场,以及一个梁单元建模。未知量是 $\boldsymbol{d}_1^{\mathrm{T}}=[u_{x1}\quad u_{y1}\quad \theta_1]$,$\theta$ 表示节点的转动角度。位移的边界条件是 $u_{x2}=u_{y2}=\theta_2=u_{y1}=0$。因此,仅存的非零自由度是 $u_{x1}\equiv u_1$ 和 θ_1。梁的势能为

$$W=\frac{EA}{2l}u_1^2-\frac{EA}{15}u_1\theta_1^2+\frac{EAl}{140}\theta_1^4+\frac{2EI}{l}\theta_1^2-Pu_1 \tag{E7.2.1}$$

取势能对 u_1 和 θ_1 的导数得到的平衡方程分别为

$$\frac{EA}{l}u_1-\frac{EA}{15}\theta_1^2=P \tag{E7.2.2}$$

$$\left(\frac{4EI}{l}-\frac{2EA}{15}u_1+\frac{EAl}{35}\theta_1^2\right)\theta_1=0 \tag{E7.2.3}$$

这是关于两个未知量的两个非线性代数方程组,具有两个分支:

$$\text{分支 1:}\quad \theta_1=0,\quad u_1=\frac{Pl}{EA} \tag{E7.2.4}$$

$$\text{分支 2:}\quad u_1=\frac{3l}{14}\theta_1^2+\frac{30I}{Al} \tag{E7.2.5}$$

这两条曲线如图 7-7 所示。可以看到在 $u_1=\dfrac{30I}{Al}$处出现了一个音叉分岔。通过将这一位移和 $\theta_1=0$ 代入式(E7.2.2),可以解出相应的载荷,给出 $P_{\mathrm{crit}}=\dfrac{30EI}{l^2}$。读者可以对比在材料力学教程中的欧拉公式解答,这里考虑了轴向刚度 EA 的作用,临界载荷提高了约 50%。

由于系统方程是对称的,任何平衡路径的稳定性都可以由切线刚度的特征值检验。通过势能的二阶导数给出切线刚度为

$$\boldsymbol{K}^{\tan}=\frac{\partial^2W}{\partial\boldsymbol{d}\partial\boldsymbol{d}}=\begin{bmatrix}\dfrac{\partial^2W}{\partial u_1^2} & \dfrac{\partial^2W}{\partial u_1\partial\theta_1}\\ \dfrac{\partial^2W}{\partial\theta_1\partial u_1} & \dfrac{\partial^2W}{\partial\theta_1^2}\end{bmatrix}=\frac{EA}{l}\begin{bmatrix}1 & -\dfrac{2\theta_1 l}{15}\\ -\dfrac{2\theta_1 l}{15} & 4r-\dfrac{2}{15}lu_1+\dfrac{3}{35}l^2\theta_1^2\end{bmatrix} \tag{E7.2.6}$$

式中,$r=\dfrac{I}{A}$。如果 $\theta_1=0$,则有

$$\boldsymbol{K}^{\tan}=\frac{EA}{l}\begin{bmatrix}1 & 0\\ 0 & 4r-\frac{2}{15}lu_1\end{bmatrix} \tag{E7.2.7}$$

当 $u_1\leqslant\frac{30I}{Al}$ 时，上述矩阵是正定的。当 $\theta_1\neq 0$ 时，$\det(\boldsymbol{K}^{\tan})=\frac{62E^2A\theta_1^2}{1575}>0$。因此，当 $\theta_1\neq 0$ 时，结构是稳定的。而在分支 3 上，解答是不稳定的。

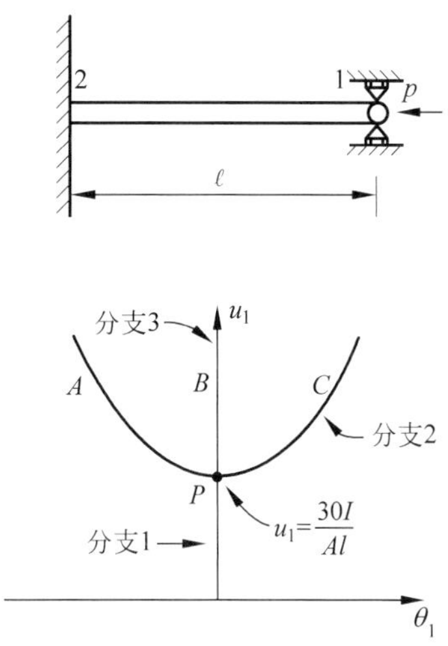

图 7-7 梁模型应用于稳定分析和平衡路径

从例 7.1 中可以看到，从工程的角度考虑，线性化的稳定性分析是不能令人信服的。例如，如果 $y_1=-0.99b$，则表明平衡点是不稳定的。然而，当对该平衡点进行干扰时，结构将移动 0.002 的距离，大多数工程师会认为这不可能是不稳定的。基于系统的线性化性质，线性稳定性分析可以检验任何摄动是否增长，这些仅凭工程师对非稳定性的直觉是不可能准确确认的。对初始状态的摄动进行限制，也说明了它不能代表实际的物理过程，这里的缺陷产生于几何和材料性质。摄动发生在加载的全过程。然而，正如 Thompson 和 Hunt (1984)所述："应用这一方法的唯一原因在于它使得问题容易被数学方法处理，并导致了有用的结果。除了数学方法，我们找不到更好的方法。"

屈曲和后屈曲问题需要通过跟踪加载过程，由载荷-变形曲线识别屈曲载荷。当采用有限元模拟这类问题时，常用的载荷增量法不再适用，如图 7-2(b)所示 ABC 段，随着载荷增量不断增加，受压柱没有侧向变形迹象，任凭载荷增加而岿然不动。因此，当利用有限元进行屈曲和后屈曲计算分析时，需要采用弧长法，引入适当的初始扰动，如实际结构的几何、材料或制造误差等初始缺陷，或单元网格的非对称性。然而，在结构设计阶段，这难以做到，常用的方法是采用弹性屈曲模态的线性组合作为假想的初始缺陷，可参见欧洲钢壳结构稳定性的设计标准。

【例 7.3】 两端碟形壳(扁球冠)封闭的内压圆柱壳容器如图 7-8(a)所示，球壳半径

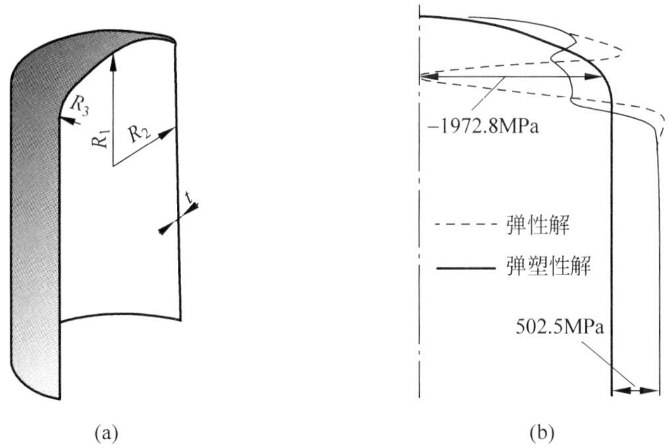

图 7-8 碟形封头压力容器

(a) 压力容器示意图$\left(\frac{1}{4}\text{部分}\right)$；(b) 沿母线分布的周向应力

$R_1=402\text{mm}$，柱壳半径 $R_2=201\text{mm}$，过渡环壳母线半径 $R_3=30\text{mm}$，厚度 $t=0.8\text{mm}$，内压为 2.0MPa。讨论屈曲和后屈曲问题。

解：对于内压作用下的一般压力容器，弹性和塑性分析结果表明，内压不会引起大部分区域失稳，只有外压才会引起失稳。因此，不能引入弹性屈曲模态的线性组合作为假想的初始缺陷。在本例中，碟形壳与柱壳的过渡区处向内瘪进，产生皱褶，存在局部周向压应力作用，其余大部分区域向外鼓胀。如图 7-8(b)所示，碟形封头与圆柱壳的过渡区曲率不连续，这是导致失稳的压力场源。在过渡区局部引入静力位移相关量作为初始几何缺陷，分析载荷-变形历程，识别屈曲载荷及后屈曲载荷。材料参数如表 7-1 所示。

表 7-1 材料参数

杨氏模量 E/GPa	塑性模量 E_p/GPa	泊松比 ν	屈服强度 σ_s/MPa	拉破强度 σ_b/MPa
193	49.6	0.3	380	580

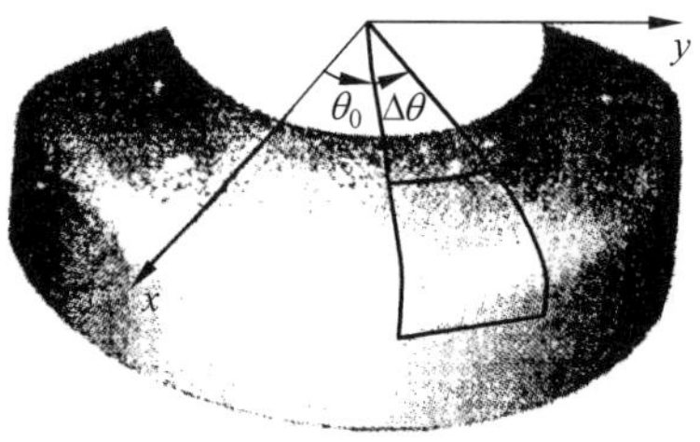

图 7-9 设置局部初始缺陷区域

设置局部初始缺陷区域，如图 7-9 所示，由弹性静力计算得到的变形量可进一步计算径向突起量：

$$\Delta R=-\delta t\,\frac{u_r}{u_{rm}}H(-u_r)\sin\left(\frac{\theta-\theta_0}{\Delta\theta}\right) \qquad \text{(E7.3.1)}$$

有限元网格如图 7-10(a)所示，使用 8000 个壳单元，为了考查初始缺陷对初始屈曲载荷的影响，将 δ 分别取 0.1～1.0，载荷因子为

$$\lambda=\frac{p}{p_0} \qquad \text{(E7.3.2)}$$

式中，p 为实际内压值，p_0 为常数内压值。

屈曲发生位置的典型节点的载荷-位移曲线如图 7-10(b)所示。可以看出，应用弧长法可以捕捉到屈曲点。不同缺陷的屈曲点有所差别，初始屈曲载荷随初始缺陷值的增加而下降，如表 7-2 所示。取 $\delta=0.1\sim0.5$，λ 误差为 15%，因此，初始缺陷对屈曲载荷十分敏感。

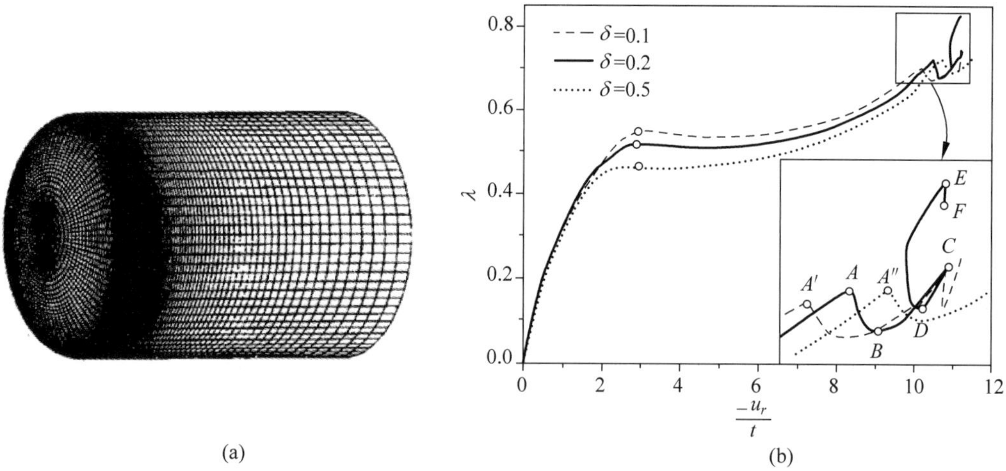

图 7-10 有限元网格和载荷-位移曲线

(a) 有限元网格；(b) 载荷-位移曲线

表 7-2 不同初始几何缺陷相应的初始屈曲载荷因子

δ	0.1	0.2	0.3	0.4	0.5	1.0
λ	0.550	0.518	0.494	0.477	0.466	0.416

在初始屈曲发生后继续加载，并跟踪结构的变化状态，发现随加载过程的进行，在载荷-位移曲线上产生了多个极值点，在过渡区逐渐出现多处皱褶，这是屈曲部位逐渐增加的反映，也与实验结果吻合，如图 7-11 所示。在本例中，对于不同初始几何缺陷，后屈曲载荷相差较小，最大与最小载荷因子的误差小于 2%，表明后屈曲载荷对初始缺陷值不敏感。

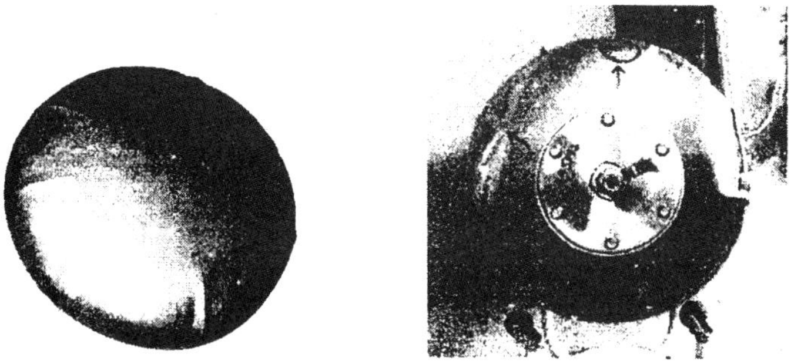

(a) (b)

图 7-11 数值模拟与压力试验变形图

(a) 数值模拟结果($\delta=0.2$)；(b) 试验结果

7.3 数值稳定性

7.3.1 数值稳定性定义

数值稳定性的定义类似于系统的解答稳定性的定义式(7.2.1)与式(7.2.2)。在数值解答中，如果初始数据的小摄动只引起很小的变化，则数值过程是稳定的。更规范地表述是，如果

$$\| \boldsymbol{u}_A^n - \boldsymbol{u}_B^n \| \leqslant C\varepsilon, \quad \forall n > 0, \text{对于所有 } \boldsymbol{u}_A^0 \text{ 有 } \| \boldsymbol{u}_A^0 - \boldsymbol{u}_B^0 \| \leqslant \varepsilon \tag{7.3.1}$$

则数值解答 $\boldsymbol{u}_A^n$ 是稳定的。上式中的 C 是一个任意的正数。能够得到稳定数值解答的算法称为数值稳定算法。

基于线性系统分析可以获得时间积分器的数值稳定性的一般结果，进而可以通过检验非线性系统的线性化模型，把这些结果外延到非线性系统。因此，首先建立线性系统的稳定性理论，其次描述将这些结果应用于非线性系统的过程。本节将描述一些时间积分器的稳定性分析，并将它们直接应用于非线性系统。需要强调的是，目前尚不存在可以包容非线性问题的稳定性理论，尽管这些问题可以通过非线性有限元方法编程求解，但是对于稳定性的绝大部分理解仍来源于线性模型的分析。

物理稳定性和数值稳定性之间是有区别的。物理稳定性属于物理模型的结果稳定性，而数值稳定性属于计算方法的数值稳定性。数值不稳定产生于模型方程的离散化，而物理不稳定产生于模型方程解答中的不稳定，与数值离散化无关。数值稳定性通常只讨论物理

上稳定的过程。但对于物理上本来就不稳定的过程,一个数值方法的“稳定性”如何分析与判定则尚不明晰。这一问题有实质性的影响,因为当前许多计算是在仿真非稳定的物理过程,如果不能保证方法可以精确跟踪这些非稳定的物理过程,那么这些仿真结果是值得怀疑的。

物理不稳定过程的数值稳定性不可能通过式(7.3.1)检验,即当其应用于一个不稳定系统时,我们无法评价其数值过程的稳定性。因为如果一个系统是不稳定的,系统的结果将不能满足稳定性条件式(7.2.1),因此,即使数值解答过程是稳定的,其结果也无法满足式(7.3.1)。对于此,当下的基本观点是研究关于稳定系统的数值稳定性,同时也希望对于稳定系统稳定的任何算法都可以很好地适用于不稳定系统。

7.3.2 线性系统模型的稳定性——热传导

数值稳定性的大多数理论与线性和线性化系统有关。其主要概念是如果一种数值方法对线性系统是不稳定的,它对于非线性系统也一定是不稳定的,因为线性系统是非线性系统的特例。上述说法反之也成立:对于线性系统稳定的数值方法,其对于非线性系统的几乎所有结果也是稳定的。因此,线性系统数值过程的稳定性是线性和非线性系统行为稳定性分析的基础。

关于数值过程稳定性的探索,特别是时间积分器的稳定性,我们首先考虑热传导方程:

$$\boldsymbol{M}\dot{\boldsymbol{u}}+\boldsymbol{K}\boldsymbol{u}=\boldsymbol{f} \tag{7.3.2}$$

式中,$\boldsymbol{M}$ 是热容矩阵,$\boldsymbol{K}$ 是热导矩阵,$\boldsymbol{f}$ 是载荷,$\boldsymbol{u}$ 是节点温度矩阵。以此一阶常微分方程系统为起始点而不使用运动方程是因为运动方程是对时间二阶求导的,会使分析更为复杂。

为了应用稳定性定义式(7.3.1),考虑相同系统的两种解答 $\boldsymbol{u}_A$ 和 $\boldsymbol{u}_B$,应用相同的离散载荷函数,但是让初始数据有微小的差别。考虑时间积分过程的稳定性,对含有不均匀载荷项 $\boldsymbol{f}$ 的相同方程,两种解答都满足,即

$$\boldsymbol{M}\dot{\boldsymbol{u}}_A+\boldsymbol{K}\boldsymbol{u}_A=\boldsymbol{f},\quad \boldsymbol{M}\dot{\boldsymbol{u}}_B+\boldsymbol{K}\boldsymbol{u}_B=\boldsymbol{f} \tag{7.3.3}$$

如果现在取上述两个方程的差,得到

$$\boldsymbol{M}\dot{\boldsymbol{d}}+\boldsymbol{K}\boldsymbol{d}=0 \tag{7.3.4}$$

式中,$\boldsymbol{d}=\boldsymbol{u}_A-\boldsymbol{u}_B$,则根据式(7.3.1)可知,稳定性要求 $\boldsymbol{d}(t)$ 不增长。

下面将半离散方程组(7.3.2)解耦为非耦合方程组,为此需要组合系统的特征向量。矩阵 $\boldsymbol{M}$ 是正定对称的,矩阵 $\boldsymbol{K}$ 是半正定对称的。由于矩阵的对称性,组合特征问题的特征向量 $\boldsymbol{y}_I$ 满足

$$\boldsymbol{K}\boldsymbol{y}_I=\lambda_I\boldsymbol{M}\boldsymbol{y}_I \tag{7.3.5}$$

$\boldsymbol{y}_I$ 正交于矩阵 $\boldsymbol{M}$ 和 $\boldsymbol{K}$,特征值 λ_I 是实数。正交性条件为

$$\boldsymbol{y}_J^{\mathrm{T}}\boldsymbol{M}\boldsymbol{y}_I=\delta_{IJ},\quad \boldsymbol{y}_J\boldsymbol{K}\boldsymbol{y}_I=\lambda_I\delta_{IJ}\quad \text{不对 } I \text{ 求和} \tag{7.3.6}$$

因为矩阵是半正定的特征值非负。特征向量跨越空间 $R^{n_{\mathrm{dof}}}$,任何向量 $\boldsymbol{d}\in R^{n_{\mathrm{dof}}}$ 都是这些特征向量的线性组合:

$$\boldsymbol{d}(t)=\eta_J(t)\boldsymbol{y}_J \tag{7.3.7}$$

将式(7.3.7)代入式(7.3.4):

$$\boldsymbol{M}\dot{\eta}_J\boldsymbol{y}_J+\boldsymbol{K}\eta_J\boldsymbol{y}_J=0 \tag{7.3.8}$$

上式左乘 $\boldsymbol{y}_K$ 并利用正交性条件式(7.3.6)，得到一组非耦合的方程组：

$$\dot{\eta}_K+\lambda_K\eta_K=0,\quad K=1,2,\cdots,n_{\mathrm{dof}}\quad(\text{不对 }K\text{ 求和}) \tag{7.3.9}$$

利用特征结构获得非耦合方程组的过程通常称为谱分解或模型分解。式(7.3.9)时间积分的稳定性等同于式(7.3.4)的积分稳定性：通过式(7.3.7)可知，由于 $\boldsymbol{d}$ 与 η_J 是线性相关，如果增大其中一个，则另一个也增大。对于离散方程组的谱问题关系，Hughes(1997)给出了一个很好的解释。

现在考虑离散方程组(7.3.2)的一个两步骤系列时间积分器：

$$\boldsymbol{d}_{n+1}=\boldsymbol{d}_n+(1-\alpha)\Delta t\dot{\boldsymbol{d}}_n+\alpha\Delta t\dot{\boldsymbol{d}}_{n+1} \tag{7.3.10}$$

采用 $\alpha\geqslant 0$，时间步由下角标表示。此即广义梯度法则。

(1) 对于 $\alpha=0$，式(7.3.10)给出了向前欧拉方法，是一种对于一阶方程组的显式方法；

(2) 对于 $\alpha=1$，式(7.3.10)给出了向后欧拉方法，是一种隐式方法；

(3) 对于 $\alpha=\dfrac{1}{2}$，式(7.3.10)给出了最有效的隐式方法，即标准梯度法则。

当在时间步 n 指定系数 $\eta\equiv\eta_K$ 时，有

$$\eta_{n+1}=\eta_n+(1-\alpha)\Delta t\dot{\eta}_n+\alpha\Delta t\dot{\eta}_{n+1} \tag{7.3.11}$$

这里舍弃了给定模态数目的大写下角标，但是应该记住我们是在处理 n_{dof} 个非耦合方程组。式(7.3.11)是线性差分方程，也称为模型方程。线性差分方程的解是指数形式的，类似于线性常微分方程组的解：

$$\eta_n=\mu^n \tag{7.3.12}$$

式中，$\mu=\mathrm{e}^{\gamma\Delta t}$。比较式(7.3.12)与线性常微分方程的解 $\eta=\mathrm{e}^{\bar{\gamma}t}$，$\bar{\gamma}$ 是常微分方程的特征值。注意到对于差分方程和常微分方程，解答几乎是相同的：在离散解答中，时间 t 由 $n\Delta t$ 代替，γ 由 $\bar{\gamma}$ 代替。γ 和 $\bar{\gamma}$ 的区别是离散结果精确性的度量，此处不研究这个问题。从离散解答的指数性质中可以看到，如果 μ 是一个复数且对于结果是稳定的，则 μ 必须位于复平面的单位圆上。我们写出这一条件为 $|\mu|\leqslant 1$。尽管在这个稳定条件中包含了等式，读者也应切记，当 $|\mu|=1$ 时，某些情况下的结果仍是不稳定的，这将在后文讨论。

将式(7.3.9)($\dot{\eta}=-\lambda\eta$)代入式(7.3.11)中含导数的项，并应用式(7.3.12)：

$$\mu^{n+1}=\mu^n-(1-\alpha)\Delta t\lambda\mu^n-\alpha\Delta t\lambda\mu^{n+1} \tag{7.3.13}$$

提出因子 μ^n，得到关于 μ 的线性方程：

$$(1+\alpha\Delta t\lambda)\mu-1+(1-\alpha)\Delta t\lambda=0 \tag{7.3.14}$$

式(7.3.14)称为积分特征方程。其结果是

$$\mu=\frac{1-(1-\alpha)\Delta t\lambda}{1+\alpha\Delta t\lambda} \tag{7.3.15}$$

接下来进一步化简满足数值稳定性的时间步长必要条件。对于谱系数和特征值，重新附加下角标。请读者注意，我们正在处理在式(7.3.13)～式(7.3.15)中的 n_{dof} 个非耦合方程组，在这种情况下，μ 是实数，稳定性条件 $|\mu_J|\leqslant 1$，故隐含下列条件：

$$\mu_J\leqslant 1,\quad\text{因此}\quad\frac{1-(1-\alpha)\Delta t\lambda_J}{1+\alpha\Delta t\lambda_J}\leqslant 1 \tag{7.3.16a}$$

$$\mu_J \geqslant -1, \quad 因此 \quad \frac{1-(1-\alpha)\Delta t\lambda_J}{1+\alpha\Delta t\lambda_J} \geqslant -1 \tag{7.3.16b}$$

由于 $\lambda_J\Delta t \geqslant 0$,条件(7.3.16a)总能得到满足。对于稳定性,从式(7.3.16b)出发,由简单代数运算即可给出

$$(1-2\alpha)\Delta t\lambda_J \leqslant 2 \tag{7.3.17}$$

式(7.3.17)有两种结果：如果 $1-2\alpha \leqslant 0$,即 $\alpha \geqslant 0.5$,则无论时间步的大小,该方法是稳定的。于是这种结果被称为无条件稳定。当 $1-2\alpha>0$,即 $\alpha<0.5$ 时,则要求式(7.3.16b)中的

$$\Delta t \leqslant \frac{2}{(1-2\alpha)\lambda_J}, \quad \forall J \tag{7.3.18}$$

上式对于所有 J 均必须满足。最大特征值受到时间步大小的严格限制,并且服从临界时间步长。推导式(7.3.18),可以给出临界时间步长为

$$\Delta t_{\text{crit}} = \max_K \frac{2}{(1-2\alpha)\lambda_K} \quad 或 \quad \Delta t_{\text{crit}} = \frac{2}{(1-2\alpha)\lambda_{\max}}, \quad \lambda_{\max} = \max_K \lambda_K \tag{7.3.19}$$

只有当时间步长低于临界值时,积分才是稳定的,这种结果被称为条件稳定。

如果考虑广义梯度法则的显式形式——向前欧拉方法,则给定 $\alpha=0$,式(7.3.19)变为

$$\Delta t_{\text{crit}} = \frac{2}{\lambda_{\max}} \tag{7.3.20}$$

从上式可知,稳定时间步长与系统的最大特征值呈反比。系统越硬,最大特征值越大,稳定时间步长越小。

为了得到指数型不稳定的直观印象估计,此处举例,对于 $\mu=1.0001$,当 $n=10^5$ 时,有 $\mu^n=2.2\times10^4$。在显式计算中,这一时间步的数目不是罕见的,并且如果其他谱系数是一阶的,不稳定的模态将完全湮没余下的结果。指数增长是十分惊人的,这就像如果你的生命足够长久,并且很早开始存钱,就会了解复利可以使人非常富有的原因。

总之,我们已经证明了对于半离散化初始值问题(7.3.2),确定积分公式的稳定性可以退化到检验特征方程(7.3.14)的根。这些根是复数,并且稳定条件是 $|\mu|\leqslant 1$,稳定域对应一个单位圆。为了证明这点,令 $\mu=a+\mathrm{i}b$,a 和 b 分别是 μ 的实部和虚部,则 $|\mu|^2=(a+\mathrm{i}b)(a-\mathrm{i}b)=a^2+b^2$,因此 μ 域的稳定部分对应于单位圆,如图 7-12 所示。如果任何根在单位圆之外,摄动将按指数增长,因此计算方法是不稳定的；否则,方法是稳定的。

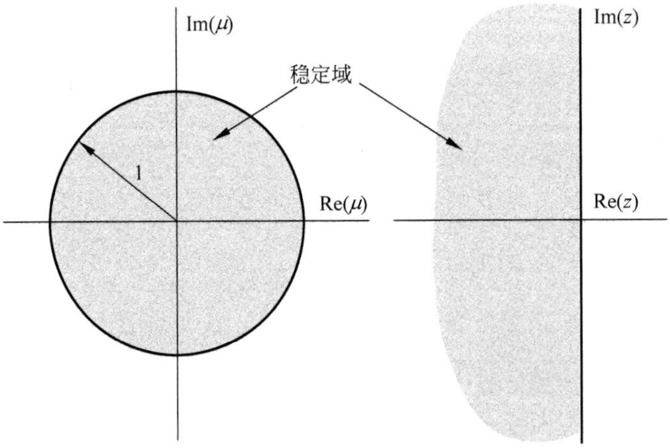

图 7-12　在复数 μ-平面和复数 z-平面的稳定域

这些稳定性条件与在 7.2 节中离散系统的稳定性条件是一致的。其差别显而易见，对于离散系统的条件，其实部是非正的，而时间积分的稳定特征值是在单位圆中。然而，离散系统条件是关于指数的，而数值稳定性条件考虑的是指数的值。

7.3.3 增广矩阵的特征值法的稳定性检验

通常以一个增广矩阵特征值的形式检验积分方法的稳定性。这种方法提供了关于稳定性分析的更广阔的前景，并且经常应用于高阶常微分方程组的稳定性分析。

增广矩阵利用上一时间步的结果给出下一时间步的解，以广义增广矩阵或标准增广矩阵的形式表示，它依赖于系统：

$$\boldsymbol{B}\boldsymbol{d}_{n+1}=\boldsymbol{A}\boldsymbol{d}_n\text{（广义）},\quad \boldsymbol{d}_{n+1}=\boldsymbol{A}\boldsymbol{d}_n\text{（标准）}\tag{7.3.21}$$

标准增广矩阵是广义增广矩阵在 $\boldsymbol{B}=\boldsymbol{I}$ 时的一个特例。如果增广矩阵的特征值位于复平面的单位圆内，则证明时间积分是稳定的。将广义和标准的增强方程与广义和标准的特征值问题相联系，有

$$\boldsymbol{A}\boldsymbol{y}_I=\mu_I\boldsymbol{B}\boldsymbol{y}_I\text{（广义）},\quad \boldsymbol{A}\boldsymbol{y}_I=\mu_I\boldsymbol{y}_I\text{（标准）},\quad \text{对所有 } I\tag{7.3.22}$$

上述特征向量跨越空间 $\Re^{n_{\text{dof}}}$，所以任意向量 $\boldsymbol{d}\in\Re^{n_{\text{dof}}}$ 可以写为特征向量的线性组合。现在明确条件，当特征值 μ_i 落入单位圆时，它对应于稳定的数值积分。以特征向量的形式扩展初始条件，得

$$\boldsymbol{d}_0=\sum_{I=1}^{n_{\text{dof}}}\alpha_I\boldsymbol{y}_I\tag{7.3.23}$$

式中，α_I 由初始条件决定。将上式代入式(7.3.21)，同时应用式(7.3.22)的特征向量 $\boldsymbol{y}_I$，并包含特征值 μ_I，得

$$\boldsymbol{d}_1=\sum_{I=1}^{n_{\text{dof}}}\mu_I\alpha_I\boldsymbol{y}_I,\quad \boldsymbol{d}_2=\sum_{I=1}^{n_{\text{dof}}}(\mu_I)^2\alpha_I\boldsymbol{y}_I,\quad \boldsymbol{d}_n=\sum_{I=1}^{n_{\text{dof}}}(\mu_I)^n\alpha_I\boldsymbol{y}_I\tag{7.3.24}$$

上式第二个方程通过重复过程得到，第三个方程由归纳法得到。

从上式可以看到，如果广义增广矩阵的特征值 μ_I 的任何模大于 1，则结果将按指数增长，它表明这个过程是不稳定的。一些读者可能会对此存疑，仅当初始值包含与 μ_I 相关的特征向量时，不稳定才会增长。而事实上，根据舍入误差，几乎在任何计算中，常数 α_I 都是在初始时非零或在后来的计算中变成非零，无论这个常数多么小，不稳定模态的指数增长最终将控制整个解答。

这一稳定条件如下：当与广义特征值问题式(7.3.22)相关的所有特征值的模都是小于或等于 1 时，$|\mu_I|\leqslant 1$，并且任何含有 $|\mu_I|=1$ 的特征值的倍数不大于 1，此即更新式(7.3.21)的稳定性条件，后文将对此进行解释。

对于 μ_I 的 2 重根，以及式(7.3.24)，$\boldsymbol{d}_n=\sum_{I=1}^{n_{\text{dof}}}n(\mu_I)^n\alpha_I\boldsymbol{y}_I$ 也是一个解答。这个解答平行于常微分方程组的解，即当 a 是特征方程的多重根时，$t\mathrm{e}^{at}$ 是一个解答。当 $|\mu_I|=1$ 时，离散结果将呈 n 倍增长，这一性质被称为弱不稳定性，以区别与 $|\mu_I|>1$ 相联系的指数不稳定性。更详细的解释请见 Hughes(1997)的文献(497 页)。

关于半离散热传导方程，现在以增广矩阵的形式表述梯度法则$\Big($式(7.3.10)采用 $\alpha=$

$\left.\frac{1}{2}\right)$。首先将式(7.3.10)乘以 $\boldsymbol{M}$,然后通过式(7.3.4)消去结果方程 $\boldsymbol{M}\dot{\boldsymbol{d}}$,得到

$$(\boldsymbol{M}+\alpha\Delta t\boldsymbol{K})\boldsymbol{d}_{n+1}=(\boldsymbol{M}-(1-\alpha)\Delta t\boldsymbol{K})\boldsymbol{d}_{n} \tag{7.3.25}$$

由式(7.3.22)可知,相关的特征值问题是

$$(\boldsymbol{M}-(1-\alpha)\Delta t\boldsymbol{K})\boldsymbol{z}=\mu(\boldsymbol{M}+\alpha\Delta t\boldsymbol{K})\boldsymbol{z} \tag{7.3.26}$$

上述系统的特征值控制了时间积分的稳定性。求解式(7.3.26)特征值的最简单方法是系统对角化:在特征向量 $\boldsymbol{y}_I$ 中扩展 $\boldsymbol{z}$,并且左乘 $\boldsymbol{y}_J$、引入正交性。这与式(7.3.14)一致,余下的分析与7.3.2节的内容是一致的。

下面介绍 z-转换,在 μ-平面的稳定性分析通常是很困难的,因为它需要决定第 m 阶代数方程的根。应用 z-转换和赫尔维茨矩阵(Hurwitz matrix)可以简化这些过程,该方法与劳斯-赫尔维茨稳定性判据(Routh-Hurwitz stability criterion)密切相关。通过确定一个特征方程是否具有非负实根以检验稳定性,是比较容易实现的。

z-转换给出

$$\mu=\frac{1+z}{1-z} \tag{7.3.27}$$

式中,μ 和 z 都可能是复数。这一转换将在复数 μ-平面中的单位圆映射到 z-平面的左侧,即开集 $|\mu|\equiv\mu\bar{\mu}<1$ 映射到 $\mathrm{Re}(z)<0$。这种映射和稳定性区域如图7-12所示,μ-平面中的稳定区域是单位圆的内部,而 z-平面的稳定区域是左侧平面。仅当特征方程的这些根是单根时,线 $|\mu|=1$ 和 $z=0$ 是稳定的。

为了验证映射,令 $z=a+\mathrm{i}b$ 并代入式(7.3.27),有

$$|\mu|^2=(\mu\bar{\mu})=\left(\frac{1+a+\mathrm{i}b}{1-a-\mathrm{i}b}\right)\left(\frac{1+a-\mathrm{i}b}{1-a+\mathrm{i}b}\right)=\frac{1+2a+a^2+b^2}{(1-a)^2+b^2}\leqslant 1 \tag{7.3.28}$$

由于分母是数值平方的和,它必须是正值。因此,可以在上式两边同时乘以分母,而不改变不等式;由简单代数运算得到 $a\leqslant 0$。这表明区域 $|\mu|<1$ 对应于 z 的实部是负数的区域,即左半平面。

通过检验根的实部,使得应用 z-转换可以确定数值积分的稳定性。这可由后文介绍的赫尔维茨矩阵实现。由 p 阶多项式方程的赫尔维茨矩阵

$$\sum_{i=0}^{p}c_i z^{p-i}=0 \quad 和 \quad c_0>0 \tag{7.3.29}$$

给出

$$H_{ij}=\begin{cases}c_{2j-i}, & 0\leqslant 2j-i\leqslant p\\ 0, & 其他\end{cases} \tag{7.3.30}$$

式(7.3.29)的根的实部是负值,当且仅当赫尔维茨矩阵的主余子式是正值时成立。第 i 个主余子式是指在删除所有行号和列号大于 i 的行和列之后的矩阵的行列式。

【例7.4】 求解二次特征方程:

$$a\mu^2+b\mu+c=0 \tag{E7.4.1}$$

系数的条件为 $|\mu|\leqslant 1$。

解:将式(7.3.27)的 z-转换应用到式(E7.4.1):

$$a\left(\frac{1+z}{1-z}\right)^2+b\left(\frac{1+z}{1-z}\right)+c=0 \tag{E7.4.2}$$

将上式乘以$(1-z)^2$(它是非零的,因为$z=1$无意义),并重新整理上述各项,得

$$z^2(a-b+c)+2z(a-c)+(a+b+c)=0 \tag{E7.4.3}$$

比较式(7.3.29):

$$c_0=a-b+c,\quad c_1=2(a-c),\quad c_2=a+b+c$$

赫尔维茨矩阵为

$$\boldsymbol{H}=\begin{bmatrix} c_1 & 0 \\ c_0 & c_2 \end{bmatrix} \tag{E7.4.4}$$

其主余子式为

$$\begin{cases} \Delta_1=c_1\geqslant 0 \\ \Delta_2=c_1c_2\geqslant 0 \Rightarrow c_2\geqslant 0 \end{cases} \tag{E7.4.5}$$

组合上式并要求$c_0>0$:

$$\begin{cases} c_0=a-b+c\geqslant 0 \\ c_1=2(a-c)\geqslant 0 \\ c_2=a+b+c\geqslant 0 \end{cases} \tag{E7.4.6}$$

7.3.4 有阻尼中心差分方法的稳定性

对于有阻尼系统的线性运动方程:

$$\boldsymbol{M}\ddot{\boldsymbol{d}}+\boldsymbol{C}^{\nu}\dot{\boldsymbol{d}}+\boldsymbol{K}\boldsymbol{d}=\boldsymbol{f}^{\text{ext}} \tag{7.3.31}$$

式中,$\boldsymbol{C}^{\nu}$是阻尼矩阵。为了进行线性稳定性分析,通过谱方法对上述方程对角化(解耦)是很方便的。在没有阻尼时,可以应用式(7.3.5)的特征向量对方程对角化。当$\boldsymbol{C}^{\nu}$、$\boldsymbol{K}$和$\boldsymbol{M}$耦合在一起时,一般情况下不可能被对角化,除非它们是这些矩阵的线性组合。其中的一个示例就是瑞利阻尼:

$$\boldsymbol{C}^{\nu}=a_1\boldsymbol{M}+a_2\boldsymbol{K} \tag{7.3.32}$$

式中,a_1和a_2是任意参数。令$\boldsymbol{d}=\sum_J \alpha_J(t)\boldsymbol{y}_J$,$\boldsymbol{y}_J$是式(7.3.5)的特征向量,并且左乘$\boldsymbol{y}_K$。由式(7.3.6),利用对应于$\boldsymbol{M}$的特征向量的正交性,可得

$$\ddot{\alpha}+(a_1+a_2\omega_J^2)\dot{\alpha}+\omega_J^2\alpha=0 \tag{7.3.33}$$

式中,$\omega_J^2=\lambda_J$,$J=1,2,\cdots,n_{\text{dof}}$。上式是关于有阻尼系统的模型方程,阻尼由式(7.3.32)给出,注意到它们是式(7.3.31)的简单非耦合形式。通常阻尼作为临界阻尼ξ的比值给出:

$$\ddot{\alpha}+2\xi\omega\dot{\alpha}+\omega^2\alpha=0 \tag{7.3.34}$$

上式舍弃了模型的指标。对于瑞利阻尼,其与临界阻尼的比值为

$$\xi=\frac{a_1}{2\omega}+\frac{a_2\omega}{2} \tag{7.3.35}$$

在由显式中心差分方法积分动量方程时,任何速度相关项均滞后方程半个时间步,即离散方程为

$$\boldsymbol{M}\ddot{\boldsymbol{d}}_n+\boldsymbol{C}^{\nu}\dot{\boldsymbol{d}}_{n-1/2}+\boldsymbol{K}\boldsymbol{d}_n=\boldsymbol{f}_n^{\text{ext}} \tag{7.3.36}$$

表 5.1 解释了这种滞后的原因。在考虑时间滞后效应后，应用中心差分法可得式(7.3.34)的解耦形式为

$$\frac{\alpha_{n+1}-2\alpha_n+\alpha_{n-1}}{\Delta t^2}+2\xi\omega\frac{\alpha_n-\alpha_{n-1}}{\Delta t}+\omega^2\alpha_n=0 \tag{7.3.37}$$

现在对上述问题进行稳定性分析。由于差分方程是线性的，其解答是指数形式 $\alpha_n=\mu^n$，将其代入式(7.3.37)，得到(在提出因子 μ^n、乘以 Δt^2 并整理后)

$$\mu^2+\mu(g+h-2)+(1-g)=0 \tag{7.3.38}$$

式中，$g=2\xi\omega\Delta t$，$h=\omega^2\Delta t^2$。应用 7.3.3 节讲述的 z-转换，得到关于 z 的二次方程。可以直接应用式(E7.3.6)得到稳定性的条件：

$$a-b+c=4-2g-h=4-4\xi\omega\Delta t-\omega^2\Delta t^2\geqslant 0 \tag{7.3.39}$$

$$a-c=g=2\xi\omega\Delta t\geqslant 0 \tag{7.3.40}$$

$$a+b+c=h=\omega^2\Delta t^2\geqslant 0 \tag{7.3.41}$$

式(7.3.41)是自动满足的；通过提供非负阻尼，即 $\xi\geqslant 0$，可以满足式(7.3.40)。式(7.3.39)是关于 $\omega\Delta t$ 的一个二次方程，其解为

$$\omega\Delta t=-2\xi\pm 2\sqrt{\xi^2+1} \tag{7.3.42}$$

上式的负根是无用的，因为它服从一个不存在的负的时间步。在式(7.3.39)等于零的点之间，不等式是满足的。因此，正根给出了临界时间步：

$$\Delta t_{\text{crit}}=\max_I\frac{2}{\omega_I}\left(\sqrt{\xi_I^2+1}-\xi_I\right)\equiv\max_I\frac{2}{\sqrt{\lambda_I}}\left(\sqrt{\xi_I^2+1}-\xi_I\right) \tag{7.3.43}$$

上式的最后一项是为了强调由式(7.3.33)可知，$\omega_I^2=\lambda_I$。当 $\xi_I=0$ 时，括号中的项等于 1；当 $\xi_I>0$ 时，括号中的项小于 1。因此，系统在有阻尼的情况下，速度的滞后减小了稳定时间步长。对于由线性定律产生的直接阻尼(如 $\boldsymbol{C}^v\boldsymbol{v}$)和由材料定律引起的任意阻尼，临界时间步长都被减小。

负阻尼的问题是令人感兴趣的。在自然界中可能从未产生过负阻尼，它仅来自简单的模型。例如，颤动通常利用负阻尼建模。根据这一分析，中心差分方法对于负阻尼总是不稳定的(式(7.3.40))。然而，这是人为定义的稳定性，在前文比较物理稳定性与数值稳定性时，已经进行了讨论。根据式(7.3.1)可知，如果任何摄动增长，数值积分是不稳定的。但是，有负阻尼的任何模型的响应都将增长，违背了物理稳定性定义式(7.2.1)。对有负阻尼的问题应用中心差分方法将发现，该方法可以很好地跟踪精确的解答(提供足够小的 Δt 以使截断误差合理化)。稳定性的定义中仍有困惑：在一个不稳定的过程中，这些方法不能分析数值方法的稳定性。进一步的验证可参考 Belytschko、Kulkarni 和 Bayliss(1995)的研究。

7.3.5 纽马克-贝塔方法的线性化稳定性分析

现在进行纽马克-贝塔方法的线性稳定性分析。数值方法的线性化稳定性分析紧密平行于 7.2 节描述的离散系统的线性稳定性分析。对线性化的运动方程应用积分，检验在小摄动下的稳定性。如果摄动没有增长，则认为积分是稳定的。

线性化离散方程组(6.2.1)包含瑞利阻尼：

$$\boldsymbol{M}\boldsymbol{a}_n + \boldsymbol{C}^v\boldsymbol{v}_n + \boldsymbol{K}^{\text{int}}\boldsymbol{d}_n = \boldsymbol{0} \tag{7.3.44}$$

式中，$\boldsymbol{d}_n$、$\boldsymbol{v}_n$ 和 $\boldsymbol{a}_n$ 分别是在时间步 n 的节点位移、速度和加速度，并且 $\boldsymbol{C}^v = \boldsymbol{C}^{\text{demp}} = a_1\boldsymbol{M} + a_2\boldsymbol{K}$ 是瑞利阻尼矩阵(式(7.3.32))。为了方便处理，将分析限制到对称的雅克比矩阵，并且忽略载荷刚度。注意到这里 $\boldsymbol{d}_n$ 代表在节点位移上的摄动。更新式(6.2.4)～式(6.2.6)：

$$\boldsymbol{d}_{n+1} = \boldsymbol{d}_n + \Delta t\boldsymbol{v}_n + \Delta t^2(\bar{\beta}\boldsymbol{a}_n + \beta\boldsymbol{a}_{n-1}) \tag{7.3.45}$$

$$\boldsymbol{v}_{n+1} = \boldsymbol{v}_n + \Delta t(\bar{\gamma}\boldsymbol{a}_n + \gamma\boldsymbol{a}_{n+1}) \tag{7.3.46}$$

式中，$\bar{\gamma} = 1 - \gamma$ 和 $\bar{\beta} = \dfrac{1-2\beta}{2}$。将式(7.3.45)和式(7.3.46)乘以 $\boldsymbol{M}$，并代入运动方程(7.3.44)可以得到

$$\boldsymbol{M}\boldsymbol{d}_{n+1} = \boldsymbol{M}\boldsymbol{d}_n + \Delta t\boldsymbol{M}\boldsymbol{v}_n - \Delta t^2[\bar{\beta}(\boldsymbol{C}^v\boldsymbol{v}_n + \boldsymbol{K}^{\text{int}}\boldsymbol{d}_n) + \beta(\boldsymbol{C}^v\boldsymbol{v}_{n+1} + \boldsymbol{K}^{\text{int}}\boldsymbol{d}_{n+1})] \tag{7.3.47}$$

$$\boldsymbol{M}\boldsymbol{v}_{n+1} = \boldsymbol{M}\boldsymbol{v}_n - \bar{\gamma}\Delta t(\boldsymbol{C}^v\boldsymbol{v}_n + \boldsymbol{K}^{\text{int}}\boldsymbol{d}_n) - \gamma\Delta t(\boldsymbol{C}^v\boldsymbol{v}_{n+1} + \boldsymbol{K}^{\text{int}}\boldsymbol{d}_{n+1}) \tag{7.3.48}$$

现在通过重新组合各项，将上述方程组成广义增广矩阵的形式：

$$\begin{bmatrix} \boldsymbol{M} + \beta\Delta t^2\boldsymbol{K}^{\text{int}} & \beta\Delta t^2\boldsymbol{C}^v \\ \gamma\Delta t\boldsymbol{K}^{\text{int}} & \boldsymbol{M} + \gamma\Delta t\boldsymbol{C}^v \end{bmatrix} \begin{Bmatrix} \boldsymbol{d}_{n+1} \\ \boldsymbol{v}_{n+1} \end{Bmatrix} = \begin{bmatrix} \boldsymbol{M} - \bar{\beta}\Delta t^2\boldsymbol{K}^{\text{int}} & \Delta t\boldsymbol{M} - \bar{\beta}\Delta t^2\boldsymbol{C}^v \\ -\bar{\gamma}\Delta t\boldsymbol{K}^{\text{int}} & \boldsymbol{M} - \bar{\gamma}\Delta t\boldsymbol{C}^v \end{bmatrix} \begin{Bmatrix} \boldsymbol{d}_n \\ \boldsymbol{v}_n \end{Bmatrix} \tag{7.3.49}$$

相应的特征值问题为(式(7.3.21)和式(7.3.22))

$$\begin{bmatrix} \boldsymbol{M} - \bar{\beta}\Delta t^2\boldsymbol{K}^{\text{int}} & \Delta t\boldsymbol{M} - \bar{\beta}\Delta t^2\boldsymbol{C}^v \\ -\bar{\gamma}\Delta t\boldsymbol{K}^{\text{int}} & \boldsymbol{M} - \bar{\gamma}\Delta t\boldsymbol{C}^v \end{bmatrix} \{\boldsymbol{z}\} = \mu \begin{bmatrix} \boldsymbol{M} + \beta\Delta t^2\boldsymbol{K}^{\text{int}} & \beta\Delta t^2\boldsymbol{C}^v \\ \gamma\Delta t\boldsymbol{K}^{\text{int}} & \boldsymbol{M} + \gamma\Delta t\boldsymbol{C}^v \end{bmatrix} \{\boldsymbol{z}\} \tag{7.3.50}$$

式中，μ 是增广矩阵的特征值。可以证明上式的特征向量是 $\boldsymbol{K}^{\text{int}}\boldsymbol{y}_I = \mu\boldsymbol{M}\boldsymbol{y}_I$ 的特征向量的线性组合，即 $\{\boldsymbol{z}\}^{\mathrm{T}} = \{a_K\boldsymbol{y}_K^{\mathrm{T}},\quad b_K\boldsymbol{y}_K^{\mathrm{T}}\}$。将这些关于 $\{\boldsymbol{z}\}$ 的表达式代入式(7.3.50)并左乘 $\{\boldsymbol{y}_J, \boldsymbol{y}_J\}$，使得能够对每一个子矩阵对角化：

$$\begin{bmatrix} \boldsymbol{I} - \bar{\beta}\Delta t^2\boldsymbol{L} & \Delta t\boldsymbol{I} - \bar{\beta}\Delta t^2\boldsymbol{G} \\ -\bar{\gamma}\Delta t\boldsymbol{L} & \boldsymbol{I} - \bar{\gamma}\Delta t\boldsymbol{G} \end{bmatrix} \begin{Bmatrix} \boldsymbol{a} \\ \boldsymbol{b} \end{Bmatrix} = \mu \begin{bmatrix} \boldsymbol{I} + \beta\Delta t^2\boldsymbol{L} & \beta\Delta t^2\boldsymbol{G} \\ \gamma\Delta t\boldsymbol{L} & \boldsymbol{I} + \gamma\Delta t\boldsymbol{G} \end{bmatrix} \begin{Bmatrix} \boldsymbol{a} \\ \boldsymbol{b} \end{Bmatrix} \tag{7.3.51}$$

$$\boldsymbol{L} = \begin{bmatrix} \omega_1^2 & 0 & \cdots & 0 \\ 0 & & & 0 \\ \vdots & & \ddots & \vdots \\ 0 & 0 & 0 & \omega_{n_{\text{dof}}}^2 \end{bmatrix}, \quad \boldsymbol{G} = \begin{bmatrix} 2\xi_1\omega_1 & 0 & \cdots & 0 \\ 0 & 2\xi_2\omega_2 & \cdots & 0 \\ \vdots & \vdots & \ddots & \vdots \\ 0 & 0 & 0 & 2\xi_{n_{\text{dof}}}\omega_{n_{\text{dof}}} \end{bmatrix} \tag{7.3.52}$$

式中，ξ_I 是在模态 I 中临界阻尼的比值，见式(7.3.35)。对于每一个模态，式(7.3.51)产生了两个方程，它们与其他模型方程组不耦合。模态 I 的两个方程写为

$$\boldsymbol{H}\begin{Bmatrix} a_I \\ b_I \end{Bmatrix} = 0, \quad \boldsymbol{H} = \begin{bmatrix} A - a\mu & B - b\mu \\ C - c\mu & D - d\mu \end{bmatrix} \tag{7.3.53}$$

式中，$A = 1 - \bar{\beta}\Delta t^2\omega^2$，$B = \Delta t - 2\Delta t^2\bar{\beta}\xi\omega$，$C = -\Delta t\bar{\gamma}\omega^2$，$D = 1 - 2\bar{\gamma}\Delta t\xi\omega$，$a = 1 + \beta\Delta t^2\omega^2$，$b = 2\beta\Delta t^2\xi\omega$，$c = \Delta t\gamma\omega^2$，$d = 1 + 2\gamma\Delta t\xi\omega$。

通过设 $\det(\boldsymbol{H}) = 0$ 可以得到临界时间步长，并在表 5-1 中给出。中心差分方法的时间

步长($\beta=0,\xi>0$)是与阻尼无关的，而根据式(7.3.43)，中心差分方法的临界时间步长随阻尼的减小而减小，导致此现象的原因在于上述分析是关于阻尼的隐式处理。以中心差分方法得出的结果必然包含当 $\beta=0$ 时方程的解答，其并不是有阻尼系统的真正的显式解答。

7.3.6 估计单元特征值和时间步

前文以系统 $\boldsymbol{Ky}=\lambda\boldsymbol{My}$ 最大特征值的形式给出了临界时间步长。对于大的系统，即使单一特征值的计算也需要大量时间。在非线性系统中，刚度随时间变化，所以需要频繁地重新计算最大特征值。因此，估计最大特征值，并使其容易计算是十分重要的。

单元特征值不等式可以提供这种估计。单元特征值不等式与对称矩阵 $\boldsymbol{A}$、$\boldsymbol{A}_e$、$\boldsymbol{B}$、$\boldsymbol{B}_e$ 的特征值有关，其中，

$$\boldsymbol{A}=\sum_e \boldsymbol{L}_e^{\mathrm{T}}\boldsymbol{A}_e\boldsymbol{L}_e,\quad \boldsymbol{B}=\sum_e \boldsymbol{L}_e^{\mathrm{T}}\boldsymbol{B}_e\boldsymbol{L}_e \tag{7.3.54}$$

$\boldsymbol{L}_e$ 是连接矩阵(式(3.5.30))。单元和系统特征值的问题是

$$\boldsymbol{A}_e\boldsymbol{y}_i^e=\lambda_i^e\boldsymbol{B}_e\boldsymbol{y}_i^e,\quad e=1,2,\cdots,n_e,\quad \boldsymbol{Ay}_i=\lambda_i\boldsymbol{By}_i \tag{7.3.55}$$

单元特征值不等式为

$$|\lambda^{\max}|\leqslant|\lambda_E^{\max}| \tag{7.3.56}$$

式中，$\lambda_E^{\max}=\max\limits_{i,e}\lambda_i^e$。上式首先由 Rayleigh 给出，并由 Belytschko、Smolinski 和 Liu(1985)证明。不过这一原理一般是对有限元系统给出的，矩阵 $\boldsymbol{L}_e$ 可能是单位矩阵，所以这一原理可应用于任何矩阵的和。如 Lin(1991)所指出的，特征值不等式也可应用于每一个积分点上的刚度被积函数。可以很容易地看到，刚度和质量矩阵也是在积分点上被积函数的和。

特征值不等式是瑞利嵌套原理的特殊情况，这一原理表述为，如果 λ_i 是 $\boldsymbol{Ay}=\lambda\boldsymbol{By}$ 的特征值，且系统被 $\boldsymbol{g}^{\mathrm{T}}\boldsymbol{y}=a$ 约束($\boldsymbol{g}$ 是常数列矩阵)，则约束系统的特征值 $\bar{\lambda}_i$ 被无约束系统的特征值嵌套，即

$$\lambda_1\leqslant\bar{\lambda}_1\leqslant\lambda_2\leqslant\bar{\lambda}_2\leqslant\cdots\leqslant\lambda_{n_{\mathrm{dof}}} \tag{7.3.57}$$

为了说明嵌套原理，考虑两个不相连的没有边界条件的单元，它们的长度和材料性质相同，两个不相连的杆单元的刚度为

$$\boldsymbol{K}=\frac{\boldsymbol{AE}}{\ell}\begin{bmatrix}1&-1&0&0\\-1&1&0&0\\0&0&1&-1\\0&0&-1&1\end{bmatrix},\quad \boldsymbol{d}=\begin{bmatrix}d_1^{e=1}&d_2^{e=1}&d_2^{e=2}&d_3^{e=2}\end{bmatrix} \tag{7.3.58}$$

单元刚度的装配则对应于约束 $d_2^{e=1}=d_2^{e=2}$ 的施加。因此，如果式(7.3.58)的特征值是 $\lambda_i(i=1\sim4)$，在约束后的特征值将是 $\bar{\lambda}_i(i=1\sim3)$，并且后者被 λ_i 嵌套。类似地，每一个基本边界条件的施加都嵌套了下一组特征值，并减小了最大特征值。通过嵌套原理，与单元集合不相交的无约束的最大特征值限制了最终装配系统的特征值，所以，$\bar{\lambda}^{\max}\leqslant\lambda_4$。

为了提高计算速度，单元特征值通常由简单公式获得。对于一维和多维单元，下面将给出这种公式。作为其中的部分内容，发展了一维网格的 CFL 条件。

为了说明单元特征值不等式如何应用，考虑一个在单轴应变状态下的 2 节点单元，并具有对角质量矩阵。单元代表了无限大板的一段。应用更新的拉格朗日格式，并以特鲁斯德

尔率的形式写出单轴本构方程：$\sigma_{xx}^{\nabla T}=C^{\sigma T}D_{xx}$。对于单轴应变，$C^{\sigma T}=C_{1111}^{\sigma T}$，如例 12.1 所示。通过组合材料刚度和几何刚度的式(E6.2.3)和式(E6.2.9)，并取对角线质量矩阵式(E3.1.11)，得到关于杆的单元特征值问题 $\boldsymbol{K}_e^{\text{int}}\boldsymbol{y}=\lambda_e\boldsymbol{M}_e\boldsymbol{y}$：

$$\frac{\boldsymbol{A}(C^{\sigma T}+\sigma_{xx})}{\ell}\begin{bmatrix}1 & -1\\ -1 & 1\end{bmatrix}\begin{Bmatrix}y_1\\ y_2\end{Bmatrix}=\frac{\lambda\rho\boldsymbol{A}\ell}{2}\begin{Bmatrix}1 & 0\\ 0 & 1\end{Bmatrix}\begin{Bmatrix}y_1\\ y_2\end{Bmatrix} \tag{7.3.59}$$

上式忽略了下角标 e。通过设行列式等于零得到上述方程的特征值：

$$\det\begin{bmatrix}1-\alpha & -1\\ -1 & 1-\alpha\end{bmatrix}=0 \tag{7.3.60}$$

式中，$\alpha=\dfrac{\lambda\ell^2}{2c^2}$；$c^2=\dfrac{C^{\sigma T}+\sigma_{xx}}{\rho}$；$c$ 是瞬时波速，它取决于应力的状态。上式的根为 $\alpha=0$ 和 $\alpha=2$，由此得到 $\lambda_{\max}=\dfrac{4c^2}{\ell^2}$。对于没有阻尼的中心差分方法，由单元特征值不等式(7.3.56)和式(7.3.20)可得临界时间步长：

$$\Delta t_{\text{crit}}\leqslant\min_e\frac{\ell_e}{c_e} \tag{7.3.61}$$

上式增加了单元标识。上式和式(5.3.1)给出的临界时间步长相同。这种估计也经常应用于二维和三维问题，用 ℓ_e 表示单元任何两节点之间的最短距离。

上述临界时间步长，由 Courant、Lewy 和 Friedrichs(1928)首先在有限差分方法中得到。然而，他们的分析仅局限于均匀网格的无限大物体。这一理论已经包含在有限元方法中，并适用于有任意线性边界条件的任意网格。

当同样的步骤应用于完全的拉格朗日格式时，特征值问题是

$$\frac{A_0(F^2C^{SE}+S_{11})}{\ell_0}\begin{bmatrix}1 & -1\\ -1 & 1\end{bmatrix}\begin{Bmatrix}y_1\\ y_2\end{Bmatrix}=\frac{\lambda\rho_0A_0\ell_0}{2}\begin{Bmatrix}1 & 0\\ 0 & 1\end{Bmatrix}\begin{Bmatrix}y_1\\ y_2\end{Bmatrix} \tag{7.3.62}$$

式中，$F=\dfrac{\ell}{\ell_0}$，刚度取自例 6.2。其最大的特征值为

$$\lambda_{\max}=\frac{4c_0^2}{\ell_0^2} \tag{7.3.63}$$

式中，$c_0^2=\dfrac{F^2C^{SE}+S_{11}}{\rho_0}$，$\Delta t_{\text{crit}}\leqslant\min\limits_e\dfrac{\ell_0^e}{c_0^e}$。如果用 E^{SE} 代替 C^{SE}，上述分析也适用于杆系。读者可以证明，在参考构形的时间步式(7.3.63)等同于在当前构形上的时间步。因此，单元特征值问题的前推后拉，可导致相同的特征值和相同的临界时间步长。

对于连续体单元，Flanagan 和 Belytschko(1981)给出了各向同性材料的 4 节点四边形、4 节点到 8 节点的一点积分单元的特征值估计。这两种问题的上界、下界，以及最大特征值为

$$\frac{1}{n_{\text{SD}}}\boldsymbol{b}_i^{\text{T}}(\boldsymbol{\xi}_Q)\boldsymbol{b}_i(\boldsymbol{\xi}_Q)\leqslant\frac{\lambda_{\max}}{n_Nc_{\tan}^2}\leqslant\boldsymbol{b}_i^{\text{T}}(\boldsymbol{\xi}_Q)\boldsymbol{b}_i(\boldsymbol{\xi}_Q),\quad \text{对任意的 } Q\text{，不对其求和} \tag{7.3.64}$$

式中，$1\leqslant n_{\text{SD}}\leqslant 3$ 是问题的维数，n_N 是在单元中节点的数目，$\boldsymbol{\xi}_Q$ 是积分点，并且 $\boldsymbol{b}_I=N_{I,x}$ $\left(\text{或 } b_{iI}=\dfrac{\partial N_I}{\partial x_i}\right)$。这些不等式也可以应用于多于一个积分点的单元。由于特征值不等式适用于矩阵的任意求和，式(7.3.64)对任意积分点成立(Lin，1991)。

表 7-3 中给出了其他单元的时间步长。注意到 l 和 c 舍弃了下角标 e，r_g 为回转半径。下面是几个有趣的结论：

（1）一致质量矩阵的 Δt_{crit} 小于对应对角质量矩阵的值。

（2）Δt_{crit} 对于高阶单元较小。

（3）对于梁，当 $\dfrac{\ell}{r_g}<4\sqrt{3}$ 时，Δt_{crit} 服从 l^2 变化，当 $\dfrac{\ell}{r_g}$ 更大时，Δt_{crit} 服从 l 变化。在推导偏微分方程时，由抛物线和双曲线行为的相互作用得到的结果是：双曲线行为控制长单元的稳定时间步，抛物线行为由于弯曲控制短单元的稳定时间步。

表 7-3　单元特征值和时间步长

单　　元	**M** 矩阵	$\omega_{\max}^e$	Δt_{crit}^e
2 节点杆	对角线，由行求和	$\dfrac{2c}{l}$	$\dfrac{l}{c}$
2 节点杆	一致	$\dfrac{2\sqrt{3}c}{l}$	$\dfrac{l}{\sqrt{3}c}$
3 节点杆	对角线，由行求和	$\dfrac{2\sqrt{6}c}{l}$	$\dfrac{l}{\sqrt{6}c}$
2 节点梁：3 次横向，线性轴向 $\boldsymbol{v}(\xi)$	对角线，由行求和		$\min\begin{cases}\dfrac{\sqrt{3}l^2}{12cr_g}\\ \dfrac{l}{c}\end{cases}$

基于特征值不等式和线性化的临界时间步的估计非常适用于某些问题，因其具有 C^1 本构定律和平滑反应(没有冲击)。对于非线性问题，减小 2%～5%的步长是适合的。对于较粗糙的问题，在时间步中必须减小得稍大一些，大约减小 7%～20%。基于单元特征值不等式的临界时间步估计是偏保守的，即估计时间步小于或等于临界时间步。但对于均匀网格，估计时间步与临界时间步的差别很小。然而，当相邻单元的单元刚度或单元尺寸发生很大改变时，这种估计变得非常保守，即对于网格，估计时间步比临界时间步小得多。在某商用有限元软件中有选项，可以通过一种迭代算法计算最大特征值。但是在长时间的计算中，增大时间步长比进行特征值计算更合适。

7.3.7　能量的稳定性

对于某些类型的非线性问题，通过指出某个正定的量(如能量)在变化过程中是常数或在衰减，能够证明时间积分的无条件稳定性。对于运动方程的梯形法则$\left(\text{纽马克-贝塔方法，其中 }\beta=\dfrac{1}{4},\gamma=\dfrac{1}{2}\right)$，Belytschko 和 Schoeberle(1975)给出了一个证明。考虑在式(5.3.6)～式(5.3.8)中以 $\Delta\boldsymbol{d}$ 形式定义的能量，并且假设内部能量是关于位移的范数。初始条件是非零的，并且忽略了外力，证明动能和内能的和是有界的，即有

$$W^{n+1}\equiv W_{\text{kin}}^{n+1}+W_{\text{int}}^{n+1}\leqslant(1+\varepsilon)W_{\text{kin}}^{0} \tag{7.3.65}$$

式中，ε 是小量。这种证明的基本概念与前述稳定性定义式(7.3.1)不同，没有考虑解答中的摄动，但是对于任何有非零初始条件的解答，能量都是有界的。由于动能是速度的正定函数，并且内能随着位移单调增加，整体能量的有界性意味着其响应也是有界的，并且是稳定的。

为了得到上述能量不等式，采用在 5.3.2 节中定义的能量：

$$W^{n+1}=W_{\mathrm{kin}}^{n+1}+W_{\mathrm{int}}^{n+1}=W_{\mathrm{kin}}^{n+1}+W_{\mathrm{int}}^{n}+\frac{1}{2}\Delta\boldsymbol{d}^{\mathrm{T}}(\boldsymbol{f}_{\mathrm{int}}^{n}+\boldsymbol{f}_{\mathrm{int}}^{n+1}) \tag{7.3.66}$$

式中，$\Delta\boldsymbol{d}=\boldsymbol{d}^{n+1}-\boldsymbol{d}^{n}$。应用式(5.3.8)和式(6.2.4)、式(6.2.5)：

$$\begin{aligned}W_{\mathrm{kin}}^{n+1}&=W_{\mathrm{kin}}^{n}+\frac{\Delta t}{4}(\boldsymbol{v}^{n})^{\mathrm{T}}\boldsymbol{M}(\boldsymbol{a}^{n}+\boldsymbol{a}^{n+1})+\frac{\Delta t^{2}}{8}(\boldsymbol{a}^{n}+\boldsymbol{a}^{n+1})^{\mathrm{T}}\boldsymbol{M}(\boldsymbol{a}^{n}+\boldsymbol{a}^{n+1})\\&=W_{\mathrm{kin}}^{n}+\frac{1}{2}\left(\frac{\Delta t}{2}\boldsymbol{v}^{n}+\frac{\Delta t^{2}}{4}(\boldsymbol{a}^{n}+\boldsymbol{a}^{n+1})\right)^{\mathrm{T}}\boldsymbol{M}(\boldsymbol{a}^{n}+\boldsymbol{a}^{n+1})\\&=W_{\mathrm{kin}}^{n}+\frac{1}{2}\Delta\boldsymbol{d}^{\mathrm{T}}\boldsymbol{M}(\boldsymbol{a}^{n}+\boldsymbol{a}^{n+1})\end{aligned} \tag{7.3.67}$$

将式(7.3.67)代入式(7.3.66)：

$$W^{n+1}=W^{n}+\frac{1}{2}\Delta\boldsymbol{d}^{\mathrm{T}}(\boldsymbol{M}\boldsymbol{a}^{n}+\boldsymbol{f}_{\mathrm{int}}^{n}+\boldsymbol{M}\boldsymbol{a}^{n+1}+\boldsymbol{f}_{\mathrm{int}}^{n+1}) \tag{7.3.68}$$

如果回顾 $\boldsymbol{r}=\boldsymbol{M}\boldsymbol{a}+\boldsymbol{f}_{\mathrm{int}}-\boldsymbol{f}_{\mathrm{ext}}$，并且 $\boldsymbol{f}_{\mathrm{ext}}=\boldsymbol{0}$，则式(7.3.68)成为

$$W^{n+1}=W^{n}+\frac{1}{2}\Delta\boldsymbol{d}^{\mathrm{T}}(\boldsymbol{r}^{n}+\boldsymbol{r}^{n+1}) \tag{7.3.69}$$

从上式可以看出，在非线性代数方程组的解答中，能量仅能增加到与误差同一个量级。事实上，如果假设非线性方程组可以求解到无限精度，以至于 $\boldsymbol{r}=\boldsymbol{0}$，那么上式右侧的最后一项为零，能量为常数，这表示能量不能增长。当能量衰减时，如在阻尼系统中，可以说能量是有衰减能力的。衰减性和稳定性的等效性概念是由 Banach 引入的。由于动能是速度的正定函数并且内能随位移增长，总能量的有界性默认了结果不可能无限制增长，因此它是稳定的。由于这个结果独立于时间步，所以积分是无条件稳定的。这里以能量稳定性的形式，再一次证明了隐式积分方法的无条件稳定性。

7.4 材料稳定性

7.4.1 变形局部化

在非线性力学中，一个重要的问题是材料模型的稳定性，以及如何建立材料稳定性的准则。如考虑由均匀状态材料构成的一块无限大板，并检验它对小摄动的响应，摄动的增长表示了不稳定。作为补充，本节将讨论由材料不稳定性引起的数值困难。

关于材料不稳定的研究可以追溯到 Hadamard(1903)的文献，他检验了在小变形问题中，当切线模量是负值时会发生什么问题。具有负切线模量的材料被认为是应变软化。Hadamard 指出了关于加速度波的传播速度为零的条件，他认为这一条件为材料不稳定性。在材料不稳定性研究方面的里程碑是 Hill(1962)的工作。在材料稳定性的检测中，他考虑了一个在材料应力和变形为均匀状态下的无限大物体，对物体施加了一个小摄动，并从物

体的反应中获得信息。如果摄动增长，材料就被视为不稳定，否则它是稳定的。另一个里程碑是 Rudnicki 和 Rice(1975)的成果，他们证明了当塑性非关联时，即使在应变硬化时材料仍然可能出现不稳定或变形局部化。换言之，当切线模量缺少主对称性时，尽管这里没有应变软化，材料仍可能是不稳定的。

材料的不稳定性通常与变形的局部增长有关，被称为局部化。它对应于在自然界中观察到的一种现象：对于某些应力状态，金属、岩石和土壤将展示高度变形的窄带——剪切带，因为这些窄带的变形模式通常是剪切。

7.4.2 材料稳定性分析

本节将基于 Rice(1976)的工作，分析率无关材料模型的稳定性。一个在均匀应力状态下的无限大物体受到一个摄动，考虑完全的拉格朗日格式的连续体控制方程，动量方程、本构方程和格林应变率与变形梯度率之间的关系为

$$\nabla_0 \cdot \boldsymbol{P} = \rho_0 \ddot{\boldsymbol{u}}, \quad \dot{\boldsymbol{S}} = \boldsymbol{C}^{SE} : \dot{\boldsymbol{E}}, \quad \dot{\boldsymbol{E}} = \frac{1}{2}(\dot{\boldsymbol{F}}^{\mathrm{T}} \cdot \boldsymbol{F} + \boldsymbol{F}^{\mathrm{T}} \cdot \dot{\boldsymbol{F}}) \tag{7.4.1}$$

(见表 2-3 和 6.4.1 节，特别是式(6.4.3)、式(6.4.9)和式(6.4.10))。上式没有考虑体力，并忽略了热交换，因此省略了能量方程。由于是无限大物体，故没有边界条件。在受摄动前物体的位置是 $\bar{\boldsymbol{x}}(\boldsymbol{X})$，名义应力和变形梯度的状态分别是 $\bar{\boldsymbol{P}}$ 和 $\bar{\boldsymbol{F}}$，在整个物体中二者皆为常数。

物体受到 $\tilde{\boldsymbol{u}}(\boldsymbol{X},t)$ 的摄动，于是整体的摄动运动为

$$\boldsymbol{\Phi}(\boldsymbol{X},t) = \bar{\boldsymbol{x}}(\boldsymbol{X}) + \tilde{\boldsymbol{u}}(\boldsymbol{X},t) \tag{7.4.2}$$

式中，任何与摄动有关的变量均以上标波浪线表示，后文也应用此方法。假设摄动是一个在参考构形中沿任意一个由 $\boldsymbol{n}^0$ 定义的方向上的平面谐波：

$$\tilde{\boldsymbol{u}} = \boldsymbol{g}\,\mathrm{e}^{(\omega t + \mathrm{i}k\boldsymbol{n}^0 \cdot \boldsymbol{X})} \equiv \boldsymbol{g}\,\mathrm{e}^{\alpha(X,t)} \tag{7.4.3}$$

式中，$\alpha(\boldsymbol{X},t) = \omega t + \mathrm{i}k\boldsymbol{n}^0 \cdot \boldsymbol{X}$，$k$ 是实数，$\boldsymbol{g}$ 是常数向量，并且 i 为虚单位。在变形梯度中的摄动为

$$\tilde{F}_{rs} = \frac{\partial \tilde{u}_r}{\partial X_s} = \mathrm{i}k g_r n_s^0 \mathrm{e}^{\alpha}, \quad \tilde{\boldsymbol{F}} = \mathrm{i}k\,\mathrm{e}^{\alpha} \boldsymbol{g} \otimes \boldsymbol{n}^0 \tag{7.4.4}$$

通过采用 $\boldsymbol{P} = \boldsymbol{S} \cdot \boldsymbol{F}^{\mathrm{T}}$(表 2-1)，可以得到在应力中的摄动为

$$\tilde{P}_{ij} = \tilde{S}_{ik} \bar{F}_{kj}^{\mathrm{T}} + \bar{S}_{ik} \tilde{F}_{kj}^{\mathrm{T}} = C_{ikas}^{SE} \bar{F}_{ar}^{\mathrm{T}} \tilde{F}_{rs} \bar{F}_{kj}^{\mathrm{T}} + \bar{S}_{ib} \tilde{F}_{bj}^{\mathrm{T}} = A_{ijrs} \tilde{F}_{rs} \tag{7.4.5}$$

上式应用了 $\boldsymbol{C}^{SE}$ 的次对称性，并定义 $\mathbf{A}$ 可以表示为

$$A_{ijrs} = \bar{F}_{jb} \bar{F}_{ra} C_{ibas}^{SE} + \bar{S}_{is} \delta_{rj} \tag{7.4.6}$$

当材料是超弹性材料时，张量 $\mathbf{A}$ 与第一弹性张量有关，因此它一般缺少次对称性(12.4.8 节)。注意到上式与式(6.4.3)的相似性，它也是本构关系的线性化表示。

通过将 $\boldsymbol{P} = \bar{\boldsymbol{P}} + \tilde{\boldsymbol{P}}$ 代入式(7.4.1)的第一式，得到摄动运动方程(线性化方程)，并注意到 $\bar{\boldsymbol{P}}$ 是平衡结果：

$$\frac{\partial \tilde{P}_{ji}}{\partial X_j} = \rho_0 \frac{\partial^2 \tilde{u}_i}{\partial t^2} \tag{7.4.7}$$

将式(7.4.4)代入式(7.4.5)，并将结果代入式(7.4.7)：

$$\rho_0 \frac{\partial^2 \tilde{u}_i}{\partial t^2} = \frac{\partial}{\partial X_j}(A_{jisr}\widetilde{F}_{rs}) = -k^2 e^{\alpha} A_{jisr} g_r n_s^0 n_j^0 \tag{7.4.8}$$

将式(7.4.3)代入上式等号左侧，得到

$$(\rho_0 \omega^2 \delta_{ri} + k^2 A_{jisr} n_s^0 n_j^0) g_r = 0, \quad i = 1, 2, \cdots, n_{\mathrm{SD}} \tag{7.4.9}$$

上式可以重写为

$$\left(\frac{\omega^2}{k^2}\delta_{ir} + \frac{1}{\rho_0}\bar{A}_{ir}\right) g_r = 0 \tag{7.4.10}$$

式中，$\bar{A}_{ir}(\boldsymbol{n}^0) = A_{jisr} n_j^0 n_s^0$，$\bar{A}(\boldsymbol{n}^0)$是声学张量。上式是一组均匀的线性代数方程，仅当关于g_r的系数行列式为零时存在非平凡解答，从而得到对于复数频率ω_I的特征方程：

$$\det\left[\frac{\omega_I^2}{k^2}\delta_{ir} + \frac{1}{\rho_0}\bar{A}_{ir}\right] = 0 \tag{7.4.11}$$

通过式(7.4.3)得到稳定性条件。如果令$\omega_I = a + \mathrm{i}b$，则摄动式(7.4.3)为

$$\tilde{\boldsymbol{x}} = \tilde{\boldsymbol{u}} = \boldsymbol{g}\, e^{(at + \mathrm{i}bt + \mathrm{i}k\boldsymbol{n}^0 \cdot \boldsymbol{X})} = \boldsymbol{g} \cdot \underbrace{e^{at}}_{\text{增长或衰减}} \cdot \underbrace{e^{\mathrm{i}(bt + k\boldsymbol{n}^0 \cdot \boldsymbol{X})}}_{\text{等幅波}} \tag{7.4.12}$$

从上式可以看到，解答包括一个等幅波和一个指数的乘积。幂指数ω_I的实部由a表示，它控制了摄动的增长或衰减。如果ω_I的实部是负值，则摄动衰减，材料是稳定的，对于任意方向($\forall \boldsymbol{n}^0$)的响应一定都是稳定的。对于传播的任意方向，如果ω_I的实部是正值，则响应是增长的，从而材料是不稳定的。总结如下：

$$\text{如果 } \mathrm{Re}(\omega_I) = a \leqslant 0, \text{对于所有 } I \text{ 和 } \boldsymbol{n}^0, \text{材料是稳定的} \tag{7.4.13}$$

$$\text{如果 } \mathrm{Re}(\omega_I) = a > 0, \text{对于所有 } I \text{ 和 } \boldsymbol{n}^0, \text{材料是不稳定的} \tag{7.4.14}$$

注意到上述分析类似于7.2节关于离散系统的线性稳定性分析。这两种情况都是施加一个摄动并且推导特征值问题的指数解答，通过令特征矩阵的行列式为零，得到确定稳定性的特征方程。然而与7.2节相比，本节的稳定性条件更不易处理，因为频率ω_I的实部必须对所有方向$\boldsymbol{n}^0$是非正的。

如在离散系统中，当声学张量$\bar{\boldsymbol{A}}$是对称的时，可以推导关于稳定性的一个足够简单的条件：对于所有$\boldsymbol{n}^0$，声学张量的半正定是稳定性的充分条件。当$\boldsymbol{A}$具有主对称性时，声学张量$\bar{\boldsymbol{A}}$是对称的。对应于式(7.4.10)的特征值问题是$\bar{\boldsymbol{A}}\boldsymbol{g} = \boldsymbol{\lambda}\boldsymbol{g}$，$\lambda_I = \dfrac{-\rho_0 \omega_I^2}{k^2}$。对于所有$\boldsymbol{n}^0$，如果声学张量是对称的和正定的，则特征值是正实数，即$\lambda_I \geqslant 0$。因此，所有ω_I都将为虚数而没有实部，并且通过式(7.4.13)可知，其响应是稳定的。

对于所有$\boldsymbol{n}^0$，$\bar{\boldsymbol{A}}$的正定性也可以表达为

$$A_{ijsr} n_i^0 n_s^0 h_j h_r > 0, \quad \forall \boldsymbol{h} \text{ 和 } \boldsymbol{n}^0 \tag{7.4.15}$$

这称为强椭圆条件。当该条件成立时，关于平衡问题的偏微分方程是椭圆型的。

有时也要检验矩阵$\boldsymbol{A}$对应于任意二阶张量ε_{ij}的性质，其稳定性条件是

$$\varepsilon_{ij} A_{ijsr} \varepsilon_{sr} > 0, \quad \forall \boldsymbol{\varepsilon} \neq 0 \tag{7.4.16}$$

这是比强椭圆条件(式(7.4.15))更强的一个条件。注意到在式(7.4.16)中$\varepsilon_{ij} = n_i^0 h_j$，所以$\varepsilon_{ij}$被限制为秩为1的二阶张量(Ogden，1984，349页)。在式(7.4.16)中，由所有秩为1的二阶张量$\varepsilon_{ij} = n_i^0 h_j$构成的集合是任意二阶张量$\varepsilon_{ij}$空间的子集。注意，式(7.4.16)对应于正定的$\boldsymbol{A}$。

如果可以通过式(7.4.6)写出 $\boldsymbol{A}$,则强椭圆条件(式(7.4.15))为

$$(\bar{F}_{ra}\bar{F}_{ib}C_{jbas}^{SE}+S_{js}\delta_{ir})n_j^0 n_s^0 h_i h_r>0,\quad \forall \boldsymbol{h}\text{ 和 }\boldsymbol{n}^0 \tag{7.4.17}$$

注意,上述稳定性条件依赖于应力的状态。

材料的稳定性总是依赖于应力的状态。通过取当前构形为参考构形,可以在当前构形中表示上述条件;应用 6.4.4 节中的步骤(注意在取当前构形为参考构形时,$\boldsymbol{F}=\boldsymbol{I}$, $\boldsymbol{C}^{SE}=\boldsymbol{C}^{\sigma T}$, $\boldsymbol{S}=\boldsymbol{\sigma}, \boldsymbol{n}=\boldsymbol{n}^0$),对于材料的稳定性有

$$(C_{jirb}^{\sigma T}+\sigma_{jb}\delta_{ir})n_b n_j h_i h_r>0,\quad \forall \boldsymbol{h}\text{ 和 }\boldsymbol{n} \tag{7.4.18}$$

必须记住在这一稳定性分析中的假设。取无限大的板材料,在指定的变形和应力状态下,施加平面波摄动。根据切线模量矩阵 $\boldsymbol{C}^{SE}$ 或其空间部分 $\boldsymbol{C}^{\sigma T}$,假设材料的响应是线性的且响应与加载、卸载无关,在加载或卸载过程中,也假设材料的响应不发生变化,因此材料的切线模量是常数。在应用于弹塑性材料时,这种材料被称为线性比固体。在大多数情况下,它具有较好的稳定性估计。

尽管这一分析模型是高度理想化的产物,但它在数学层面容易处理,并且得到了应用:在复杂的非均匀应力状态下,根据这一理想化分析得到的不稳定材料将展示不稳定行为。对于非均匀应力状态,材料的不稳定性起始于一个窄带内,这种不稳定性是局部的,并且它常常在类似带状的结构中增长,如剪切带,如图 7-13 所示。直到材料失稳或局部化增长到足够明显以至于系统形成失效,才成为不稳定的系统。因此,直到一个增长的剪切带横跨过物体或一个裂纹横穿过结构前,系统是不稳定的。

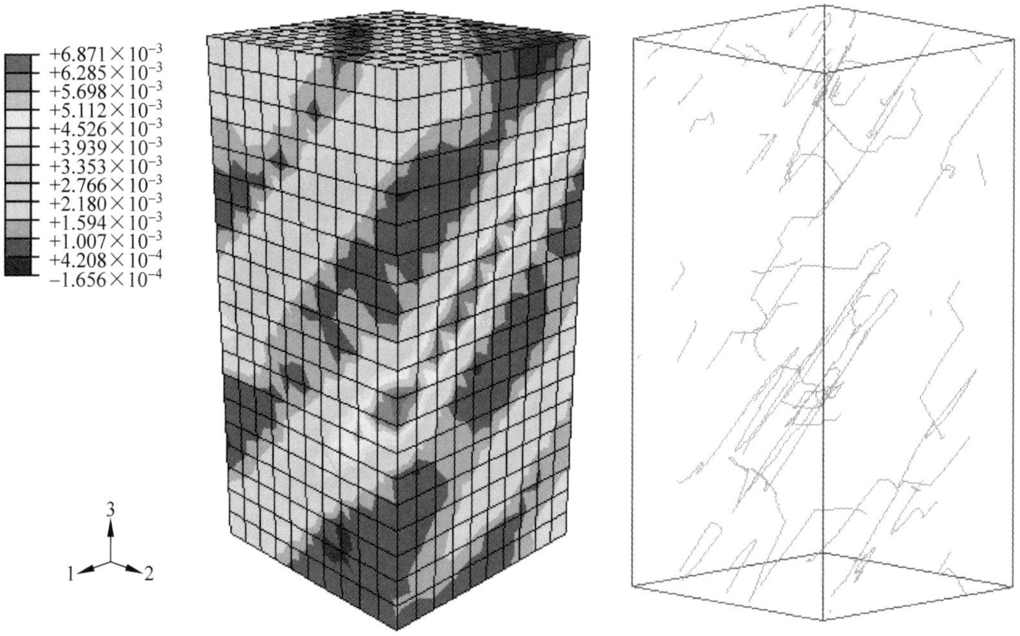

图 7-13 在单轴拉伸下亚微米单晶镍柱由位错聚集形成的剪切带

当 $\boldsymbol{C}^{\sigma T}$ 不具有主对称性时,声学矩阵 $\hat{\boldsymbol{A}}$ 是不对称的,如在基于柯西应力的耀曼率的非关联塑性或关联塑性那样(见表 12-4)。Rudnicki 和 Rice(1975)与 Dobpvsek 和 Moran(1996)给出了关于材料局部化的演化的可能性;后者证明了在一些黏塑性材料中,由霍普

夫分岔可以给出平衡分支。

7.4.3 材料不稳定性与偏微分方程类型的改变

材料稳定性的丧失改变了偏微分方程的性质。为了简便,我们以一块无限大板在单轴应力状态下的一维问题进行证明。首先给出一维的摄动分析,式(7.4.8)的一维部分是

$$\rho_0 \frac{\partial^2 \tilde{u}}{\partial t^2} = \frac{\partial(A\tilde{F}_{11})}{\partial X} \tag{7.4.19}$$

式中,$A \equiv A_{1111} = E^{SE}F_{11}^2 + S_{11}$,$A$ 是第一弹性张量的一个元素。如果施加摄动 $\tilde{u} = \mathrm{e}^{(\omega t + \mathrm{i}kX)}$,则可以得到如下特征方程:

$$\frac{\omega^2}{k^2} + \frac{A}{\rho_0} = 0 \tag{7.4.20}$$

当 $A \geqslant 0$ 时,ω 是虚数,没有实部,因此响应是稳定的。如果 $A < 0$,ω 是实数,响应是不稳定的。

在当前构形下考虑式(7.4.20)。当参考构形对应于当前构形时,有 $\rho_0 = \rho$ 和 $A = E^{\sigma T} + \sigma_{11}$,所以式(7.4.20)成为

$$\frac{\omega^2}{k^2} + \frac{E^{\sigma T} + \sigma_{11}}{\rho} = 0 \tag{7.4.21}$$

可以看到,当 $E^{\sigma T} + \sigma_{11} > 0$ 时,ω 是虚数,材料的响应是稳定的;而当 $E^{\sigma T} + \sigma_{11} < 0$ 时,ω 是实数,材料的响应是不稳定的。作为一个示例,对于在单轴应力作用下的不可压缩材料,考虑本构关系 $\sigma_{11}^{\nabla J} = E^{\sigma J} D_{11}$,其中 $E^{\sigma T}$ 是对应于耀曼应力率的材料切线刚度。从表 12.1 中柯西应力的耀曼应力率和特鲁斯德尔应力率之间的关系可以得到 $E^{\sigma T} + 2\sigma_{11} = E^{\sigma J}$。因此,对于材料变化从稳定到不稳定,$E^{\sigma T} + \sigma_{11} = 0$ 对应于临界应力 $E^{\sigma T} = \sigma_{11}$。对于受拉伸杆产生颈缩的情况,上述就是著名的孔西德雷准则(Considère's criterion)。从式(6.4.18)可以得到它对应于名义应力的最大值($\dot{P}_{11} = \lambda^{-1}(E^{\sigma T} + \sigma_{11})D_{11} = 0$)。

当参考构形是当前构形时,摄动的波动方程(7.4.19)为

$$\rho\tilde{u}_{,tt} = (E^{\sigma T} + \sigma_{11})\tilde{u}_{,xx} \tag{7.4.22}$$

当材料是稳定的(和 $E^{\sigma T} + \sigma_{11} > 0$)时,偏微分方程是双曲线型。当材料是不稳定的(和 $E^{\sigma T} + \sigma_{11} < 0$)时,系统成为椭圆型。因此,当 $E^{\sigma T} + \sigma_{11}$ 从正变为负时,方程从双曲线型变为椭圆型。此即偏微分方程的双曲线型消失。如果考虑在二维中的反平面平衡方程,摄动方程则为 $G_1\tilde{u}_{,xx} + G_2\tilde{u}_{,yy} = 0$。由于材料不稳定,当其中一个模量成为负值时,偏微分方程会从椭圆型变为双曲线型(看起来像空间的波动方程),此即椭圆型的消失。因此,材料的不稳定性是与偏微分方程的类型改变有关。

7.4.4 材料稳定的正则化方法

20 世纪 70 年代,非线性有限元程序刚开始应用不久,计算分析就开始涉及材料不稳定模型,由此发现了许多难题。数值解答通常是不稳定的,其结果在很大程度上依赖于网格。当时,某些力学家指出,绝对不能应用那些不符合稳定性条件的材料模型。他们的观点起到了一定作用,如果没有对材料的本构定律尽心推导,后续研究将会遇到很多困难。然而,

当时确实没有办法重复所观察到的现象，如剪切带，因为没有展示应变软化的材料模型。

在努力克服这些困难的过程中，对于一维含应变软化的率无关材料，Bazant 和 Belytschko(1985)建立了一个闭合解答。他们证明对于率无关材料，当材料达到一个不稳定状态时，应变在一个点上无限增长。因此对于材料的不稳定状态，应变发生局部化，但是它局部化到了一个零度量的集合中。他们也证明，在零度量集合中的耗散消失了，因此这些模型不能够表达断裂，因为断裂总是伴随显著的能量耗散。

这导致了对控制方程有效性的正则化研究，也称为局部化限制。Bazant 和 Belytschko 等发现，梯度模型和非局部模型都可以给出正则化的结果(Bazant、Belytschko 和 Chang，1984；Lasry 和 Belytschko，1998)。同时，他们也得到了与负模量相关的难题的解决办法，如热方程，Cahn 和 Hilliard 利用梯度理论解决了这一难题。这一理论即著名的 Cahn-Hilliard 理论。另外，Aifantis(1984)是在固体力学中首先研究梯度正则化的学者之一，Triantifyllides 和 Aifantis(1986)的工作也是令人感兴趣的。

随后，这一领域涌现了大量成果。这些成果主要集中在两方面：得到正则化过程的物理证明、方便处理非局部化和梯度模型。基于塑性参数 $\dot{\lambda}$ 的梯度，Schreyer 和 Chen(1986)引入正则化(式(12.7.5))的相关概念。在含损伤的材料模型中，Pijaudier-Cabot 和 Bazant(1987)引入了关于损伤参数的梯度。这些都是重要的贡献，因为在 6 个应变分量中引入非局部性的确是相当困难的。Mulhaus 和 Vardoulakis(1987)证明了一个偶应力理论也可以正则化方程。Needleman(1988)证明了黏塑性提供了一个应变软化的正则化。然而，Bayliss 等(1994)证明了黏性正则化仍然会导致指数性增长。de Borst 等(1993)证明了对塑性一致性的需求，并引入了另一个偏微分方程，这些偏微分方程的边界条件仍然是一个谜。Fleck 等(1994)报告了微米尺度的细铜丝扭转试验，其结果是引起金属塑性强度的尺寸效应，他们受几何必需位错密度演化的启发而建立了应变梯度塑性理论。Zhuang 等(2019，232～235 页)报告了基于位错机制的亚微米尺度晶体塑性流动应力理论。

对于不稳定材料，已经提供了 4 种局部化限制(正则化)技术：

(1) 梯度正则化，一个场变量的梯度引入了本构方程；

(2) 积分或非局部正则化，本构方程是非局部变量的一个函数，如非局部损伤、应变的非局部不变量或非局部应变；

(3) 偶应力正则化；

(4) 在材料中引入率相关的正则化。

除了最后一个，其他方法还在发展的初期阶段，这些模型的材料常数和尺度尚不明确。

黏塑性材料定律的正则化已经达到了基本完善的程度。然而，黏塑性正则化具有某些特殊性：在黏塑性模型中没有内禀长度尺度，并且材料不稳定性与在局部带中响应的指数增长有关。因此，尽管在位移上没有发展成不连续，但是在位移上的梯度是无界的。Wright 和 Walter(1987)已经证明了这一异常现象可以修正：通过能量方程，将动量方程耦合到热传导方程；计算的长度尺度则与在金属中观察到的剪切带的宽度一致。

局部化的计算仍然存在实际困难。对于大多数材料，剪切带的特征宽度远比物体尺度小。因此，需要大量计算以得到合理的精确结果，见 Belytschko 等(1994)关于高分解能力的计算。若应用细划网格，则局部化问题的解答收敛得非常慢，这一现象常称为网格敏感性或缺乏客观性(实际与客观性无关或没有客观性),于是直接得到了粗糙网格求解尖锐梯度的不稳定性结论。

对于不稳定性材料,采用一些技术以改进有限元模型粗糙网格的精度,包括在单元中嵌入不连续场或加密部分区域。Ortiz、Leroy 和 Needleman(1987)首先在材料不稳定处改进一个单元:当声学张量表示单元中的材料不稳定性时,他们在 4 节点四边形的单元中嵌入不连续应变区。Belytschko、Fish 和 Englemann(1988)在不稳定材料中嵌入了不连续位移,通过窄带加密了应变区。在窄带中,考虑材料行为是均匀的,但这是不合理的,因为不稳定材料不可能保持应力的均匀状态:任何摄动都将引发摄动按比例增长,这已是事后的认识。尽管如此,这些模型在位移上能够有效地引起内在的不连续性。Simo、Oliver 和 Armero(1993)引用分布理论证明了一个加密的类似方法,他们也将其归类为强不连续(在位移上)和弱不连续(在应变上)。

正如在剪切构件中可以视剪切带为材料不稳定性的输出,也可以考虑断裂作为材料不稳定性的输出,即断裂在构件中垂直于(在Ⅱ型断裂情况下为相切于)不连续。损伤和断裂的关系已长时间被注意到(Lemaitre 和 Chaboche,1994),这里假设当损伤变量达到 0.7 时发生断裂。在大多数关于损伤力学的工作中,数值 0.7 的来源是相当模糊的,但是,基于渗透理论的相变点 0.592 75 是令人感兴趣的。在利用含有损伤的本构模型来分析断裂问题时,遇到了和剪切带模型相同的困难,即当损伤达到临界阈值时材料本构本身变得不稳定了。当材料不稳定时,一些奇特的性能可能会同时出现:如率相关模型中变形局部化到测度为零的集合上(或变形在简单的率相关材料中也发生指数增长),变形过程中无能量耗散,材料不再有长度尺度等。

在早期有限元断裂模型的演变中,Hillerborg 等(1976)应用一个新的方法解决了这些困难。他们的思路是将断裂中的耗散能量和在单元中超过稳定门槛值的能量耗散等同起来,其结果是将断裂能处理为一个材料参数。在应变软化单元中的能量耗散等于断裂能:

$$W^{\text{fract}} = A^e W^{\text{cont}}(\varepsilon^{\text{final}}, h) \tag{7.4.23}$$

式中,W^{fract} 是与裂纹增长跨过单元有关的断裂能,A^e 是单元的面积,$\varepsilon^{\text{final}}$ 是应力等于零时的应变。显然,应变 $\varepsilon^{\text{final}}$ 与材料的破坏应变没有关系,但是选择它可以令在离散模型中的能量与测量到的断裂能相等。当单元面积 A^e 改变时,应变 $\varepsilon^{\text{final}}$ 必须改变,因此由断裂引起的能量耗散对于单元尺寸是一个不变量。这样,本构方程就会依赖于单元尺寸!这是一个奇怪而有趣的概念,因为现在偏微分方程依赖于离散化的参数——单元尺寸。经验证明,单元尺寸的应用使得我们在直接以有限元形式表达本构关系上迈出了一步,而不是应用偏微分方程。

7.5 练习

1. 证明由式(7.3.61)和式(7.3.63)给出的更新的和完全的拉格朗日格式的临界时间步长是相等的。对于单轴应变,应用在例 6.2 中的切线模量之间的关系。

2. 以下述方式检验二维热传导方程 $(k_{ij}\theta_{,j})_{,i}=0$ 的解答的稳定性。考虑在均匀温度下的无限大板,并施加摄动 $\tilde{\theta}=e^{\omega t+i\kappa \boldsymbol{n}\cdot \boldsymbol{x}}$,$\kappa$ 是实数。应用热传导的瞬变方程,如果 k_{ij} 是对称的,确定结果是稳定的条件。

第 8 章

平面和实体单元

主要内容

单元：单元分类，单元维度和阶次的选择，性能比较

单元性能：完备性、一致性和再造条件，收敛性，分片试验，等参单元，单元的秩

Q4 单元：4 节点四变形单元，体积自锁

多场弱形式：胡海昌-鹫津久一郎三场变分原理，应力、速度和变形率，杂交单元

多场四边形：假设速度应变避免体积自锁，剪切自锁及消除

一点积分单元：伪奇异模式，沙漏控制，稳定刚度矩阵

8.1 引言

非线性有限元要求单元具有更好的性能，特别是在处理大规模计算和不可压缩材料等情况时，因此需要发展单元技术。

对于大规模计算，应用不完全积分以加快单元计算。对于三维问题，使用不完全积分与完全积分相比，计算成本能够减少几个数量级。然而，不完全积分需要单元具有稳定性，在工业界的大规模计算中，普遍存在计算稳定性的问题。本章将会证明，不完全积分在理论上是成立的，并且能够结合多场的概念以获得稳定的高精度单元。

当应用于不可压缩材料的计算时，低阶单元趋向于体积自锁。在体积自锁中，通过较大的因数无法预测位移：相对于其他合理的网格，一个过小量级的位移可能导致异常的结果。尽管在线性应力分析中很少采用不可压缩材料，但是在材料非线性领域中，许多材料的行为接近于不可压缩材料。例如，米塞斯弹-塑性材料的塑性行为是不可压缩的，任何体积自锁的单元都不能很好地计算米塞斯弹-塑性材料。橡胶材料是不可压缩的，某些生物组织，如细胞和肌肉，也是不可压缩的。因此，在非线性有限元中，能够有效处理不可压缩材

料是非常重要的。然而，当应用于不可压缩材料或近似不可压缩材料时，大多数单元具有一定的弱点，对于非线性分析中的单元选择，了解这些弱点并掌握对它们的补救措施是至关重要的。

为了消除体积自锁，可以采用两种方法：

(1) 多场单元：压力或应力和应变场都可以作为非独立变量；

(2) 减缩积分程序：弱形式的某些项采用了不完全积分。

当应用于纯弯曲构件时，一阶单元(C^0)趋向于剪切自锁。在剪切自锁中，一阶单元的边缘不能弯曲，在没有剪力的前提下，发生引起90°夹角改变的剪切变形，严重削弱了(或锁住了)应该产生的弯曲变形能。

在某些情况下，对于梁弯曲或其他特殊的问题，应变或应力场也需要设计以达到更高的精度。这里必须强调，混合单元法可以改善单元的能力，但仅适用于约束介质或特殊类型的问题。当没有约束(如不可压缩)时，混合单元法不能改善一个单元的一般性能。许多关于混合单元法的文献似乎给人以这样的印象——对于单一场单元，混合单元是具有先天优势的，但是这一印象没有令人信服的证据。而可参考的证据是在没有约束的情况下，混合单元法的收敛速度绝不可能超过相应的单一场单元，我们将提供某些数值结果以支持这一观点。因此，混合单元法能够实现的唯一目标是避免自锁，改善某一类问题的行为(如梁弯曲)。

多场单元基于多场弱形式或多场变分原理，它们也被认为是混合单元或杂交单元。在多场单元中，除了位移，还要考虑变量(如应力或应变)作为非独立变量，并且是位移的独立插值，以使所设计的应变或应力场能够避免体积自锁。我们将看到附加的变量事实上是拉格朗日乘子，它们能够约束不可压缩性，以便于更有效地解决问题。

应用多场变分原理的负面后果是，单元在许多情况下在其他场具有不稳定性。因此，大多数基于多场弱形式的4节点四边形单元具有压力不稳定性，这就需要另外的约束，以致单元可能非常复杂。发展真正强健的单元并不容易，特别是对于低阶的近似。

8.2节介绍了单元的分类和选择。阐述了单元分类的5种表征方式：单元族、自由度(与单元族直接相关)、单元节点数目、数学描述和积分。通过采用平面和实体单元模拟悬臂梁的挠度，展示单元阶数(线性或二次)、单元数学描述、网格密度和积分水平对计算结果精度的影响，介绍弯曲梁的剪切自锁行为和解决方案。

8.3节概述了单元性能，描述了在模拟连续体中广泛应用的许多单元的特性。这些描述仅限于那些基于二阶或低于二阶的多项式表示的单元，因为目前在非线性分析中很少应用高阶单元。8.3节将定义若干术语，如一致性、多项式完备性和再造条件、线性问题中各种单元的收敛率。对于非线性问题，基于结果的光滑性以检验这些结果的内涵。本书将不对升阶谱单元和P-单元进行介绍，因为这些单元在非线性分析中很少应用。对于一个单元的理论的可靠性和其程序的正确性，这些是重要且有效的试验。分片试验可以用于检验单元是否收敛、是否可以避免自锁和是否稳定。我们将描述各种形式的分片试验，以将其应用于静态和显式问题，还将展示单元的正确的秩和亏损的秩的概念。

8.4节关注4节点等参四边形单元(Q4单元)。对于没有任何修正的可压缩材料，这种单元是收敛的，然而，对于不可压缩或接近不可压缩的材料，这种单元自锁。

8.5节将描述某些主要的多场弱形式及其在单元发展中的应用。在此方面被发现的第一个多场变分原理是赫林格-瑞斯纳变分原理(Hellinger-Reissner variational principle),但是,因为它难以应用于由应变控制的本构方程而未做考虑。因此,我们将关注点限制在各种形式的三场弱形式上,它们与胡海昌-鹫津久一郎变分原理(Hu-Washizu variational principle)有关,在弱形式中,应力、应变度量和位移是依赖于变量(未知场)的。我们也将描述 Pian 和 Sumihara(1985)的单元及 Simo 和 Rifai(1990)的单元,并给出完全的拉格朗日格式和变分原理的扩展形式。

尽管多场单元的主要目的是克服体积自锁,但实际上它能够应用于被称为约束材料的一般性问题。这种问题的另一个重要类型是结构单元,如壳单元,其约束可以应用到垂直于参考表面的运动。本章描述的单元技术将应用于第 10 章以发展壳体单元。

从理论上看,基于多场变分原理的单元,其不完全积分与选择减缩单元是十分相似的;对于某些类型的单元,Malkus 和 Hughes(1978)证明了二者的等价性。在拉格朗日乘子场中,不完全积分和混合单元都遇到了不稳定性的问题。

8.6 节和 8.7 节将描述具有一个积分点的四边形单元。这种单元是秩亏损的,它导致了伪奇异模态,即沙漏模式。本节还将描述扰动沙漏控制,建立基于混合变分原理的稳定性方法。沙漏参数可以表示为材料和几何参数的形式,即物理沙漏控制,其将被扩展到 8 节点六面体单元。

8.8 节将展示一些数值结果以比较各种单元的性能,可以看到,多场单元和一点积分单元能够避免体积自锁。

8.2 单元分类和选择

8.2.1 单元分类

组成有限元模型的基本构件是有限单元和刚性体。有限单元是可变形体,而刚性体虽然可以在空间中运动,却不能改变形状。为了提高计算效率,任何物体或物体的局部都可以定义为刚性体;大多数单元类型都可以用于定义刚性体。刚性体的优越性在于仅需要在物体中某一个参考点上采用最多 6 个自由度的运动就可以完全描述整个刚性体的运动。相比之下,可变形的单元拥有许多自由度,需要一定的计算成本才能确定其变形。当这个变形可以忽略或并不是研究者感兴趣的问题时,将模型的一部分作为刚性体可以极大地节省计算成本,且不影响整体结果。

单元分类的表征方式主要有 5 种:单元族、自由度(与单元族直接相关)、单元节点数、数学描述和积分。

单元族(element family):每一个单元都有唯一的名称,单元名字标识了一个单元 5 种表征方式的具体特征。例如,某有限元软件的单元名称为 T2D2、S4R 或 C3D8R,分别对应 2 节点平面桁架单元、4 节点不完全积分壳单元和三维 8 节点六面体不完全积分实体单元,它们分别属于相应的杆、壳和实体单元族。

自由度(degree of freedom):基本变量的载体。对于动力学或运动学模拟,自由度是在每一节点处的平动和转动;对于热传导模拟,自由度是每一节点处的温度。热传导分析要求使用与应力分析不同的单元,因为其自由度不同,偏微分方程的类型也不同。

单元节点数(number of node)：对应于插值的阶数。在单元的节点处计算位移、转动和温度，在单元内任意其他点处的位移由节点位移插值获得。通常，插值的阶数由单元采用的节点数目决定。例如，仅在角点处布置节点的单元，在每一方向上采用线性插值，为线性或一阶单元。在每条边上有一个中间节点的单元，采用二次插值，为二次单元或二阶单元。在每条边上有中间节点的修正三角形或四面体单元，采用修正的二阶插值，为修正单元或修正的二阶单元。

数学描述(formulation)：定义单元行为的数学理论。在不考虑自适应网格(adaptive meshing)的情况下，所有应力或位移单元的行为都是基于拉格朗日描述或材料描述的：在分析中，与单元关联的材料保持与单元关联，不能从单元中流出、越过单元的边界。与此相反，欧拉描述或空间描述则要求单元网格在空间固定，材料在单元之间流动，故欧拉方法通常用于流体动力学的模拟。

积分(integral)：应用数值方法对各种变量在整个单元体内进行积分。对于大部分单元，运用高斯积分法计算单元内每一个积分点处的材料响应。对于实体单元，可以选择完全积分、不完全积分和减缩积分。在完全积分时，二维单元中每个方向的积分点数目为单元阶数加 1。对于给定的问题，这种选择对于单元的精度有明显影响。

应用最普遍的 3 种二维单元分别为平面应变、平面应力和无扭曲的轴对称单元，如图 8-1 所示，它们是离面行为互不相同的二维实体单元。二维单元可以是四边形或三角形单元。

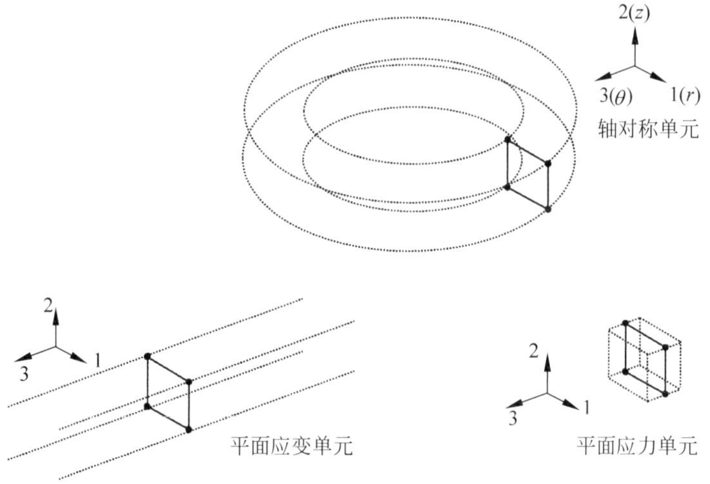

图 8-1 3 种二维单元：平面应变、平面应力和无扭曲的轴对称单元

在不同的单元族中，连续体单元(实体单元)能够模拟构件的范围最广泛，是可以构建几乎任何形状、承受任意载荷的模型。图 8-2 和图 8-3 分别给出了常用的二维平面单元和三维实体单元的示意图，包括节点连接关系、积分点数量和位置等。

下面通过一根悬臂梁的静态分析，演示单元阶数(线性或二次)、单元数学描述和积分水平对结构模拟精度的影响。这是用来评估单元性能的典型测试。对于细长梁，通常采用梁单元建立模型。但是，这里将利用该模型评估各种实体单元的效果。

悬臂梁长 150mm，宽 2.5mm，高 5mm，左端固定，在自由端施加 5N 的集中载荷，如

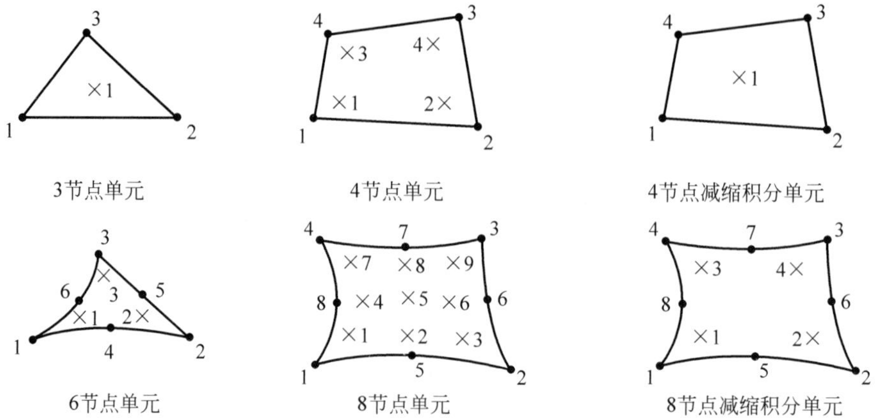

图 8-2 常用的二维平面单元的示意图(节点连接关系、积分点数量和位置)

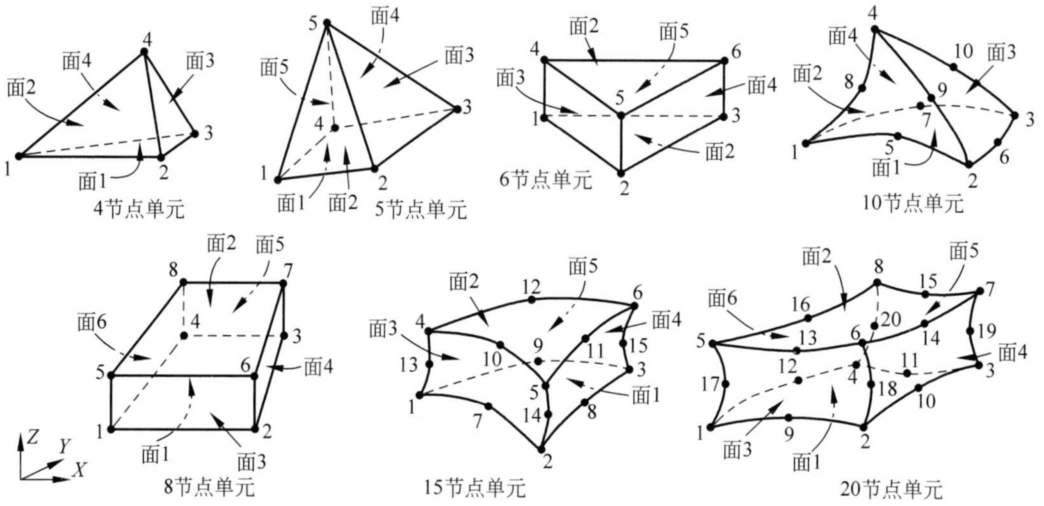

图 8-3 常用的三维实体单元的示意图(节点连接关系、表面位置)

图 8-4 所示。材料的杨氏模量 E 为 70GPa,泊松比为 0.3。采用梁理论,在载荷 P 的作用下,梁自由端的静态挠度为

$$\delta_{\text{tip}}=\frac{pl^3}{3EI},\quad I=\frac{bh^3}{12} \tag{8.2.1}$$

式中,l 是梁的长度,b 是截面宽度,h 是截面高度。当 $P=5\text{N}$ 时,悬臂梁自由端的挠度为 3.09mm。

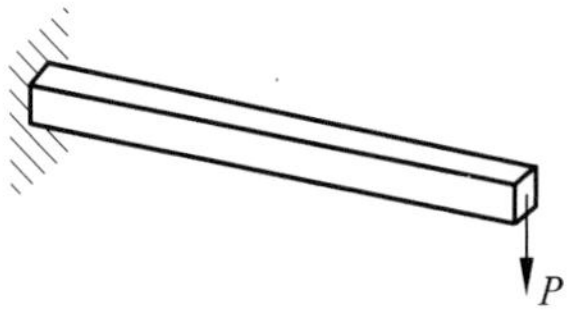

图 8-4 左端固定的悬臂梁

采用了几种不同的有限元网格，如图 8-5 所示，分别采用线性和二次的完全积分实体单元进行模拟，有限元与解析解的计算结果比值如表 8-1 所示。以此说明两种单元的阶数（一阶与二阶）和网格密度对计算结果精度的影响。

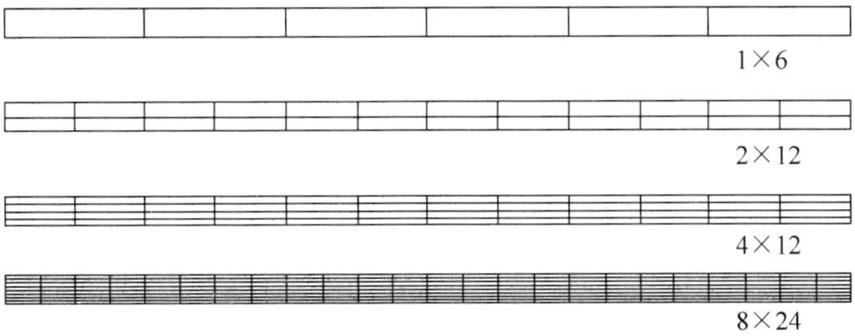

图 8-5　实体单元网格

表 8-1　采用完全积分单元计算的悬臂梁自由端挠度与解析解之比

单　元	网格单元数量(高度×长度)			
	(1×6)	(2×12)	(4×12)	(8×24)
4 节点线性平面应力单元	0.074	0.242	0.242	0.561
8 节点二次平面应力单元	0.994	1.000	1.000	1.000
8 节点线性六面体单元	0.077	0.248	0.243	0.563
20 节点二次六面体单元	0.994	1.000	1.000	1.000

由表 8-1 可知，4 节点平面和 8 节点实体线性单元的挠度远远低于理论值，其结果显然无法应用。粗糙的网格使结果精度降低，即使是 8×24 的网格，精度也只有 56%。线性完全积分单元在厚度方向采用多少单元差别不大。其原因是剪力自锁导致的单元弯曲时刚度过高。

如图 8-6(a)所示，在纯弯曲时，应该有 $\sigma_{22}=0$ 和 $\sigma_{12}=0$，但是此处 $\sigma_{12}\neq 0$。引起产生伪剪应力的原因是线性单元的边不能弯曲，通过该应力求得的应变能引起了剪切变形，而不是原本应产生的弯曲变形，如图 8-6(b)所示。采用二次单元没有剪切自锁问题，其边界能够弯曲，如图 8-6(c)所示。

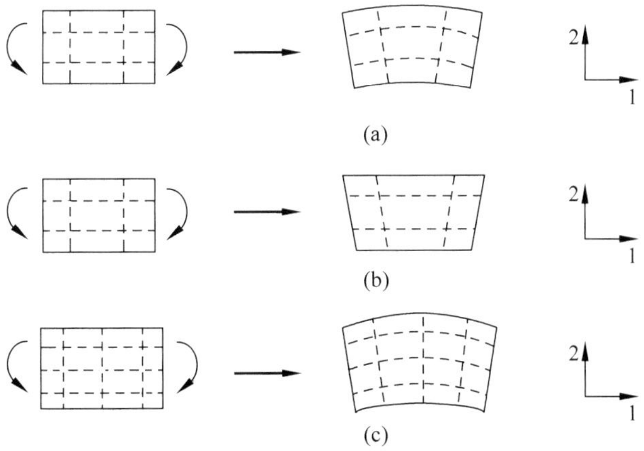

图 8-6　不同单元受弯曲时的变形对比

(a) 受弯曲材料的变形；(b) 受弯曲的线性完全积分单元的变形；(c) 受弯曲的完全积分二次单元的变形

在其他状态下，单纯单元也显示出刚性行为，如梁弯曲。尽管刚性行为是收敛的，但是在粗糙网格下的精度很低。就算刚性行为不像自锁那么有害，也是不受欢迎的，它的出现意味着必须采用非常细划的网格才能获得合理的精度。4 节点四边形和 8 节点六面体分别比 3 节点三角形和四面体更为精确。在完全积分时，四边形线性单元为 2×2 积分，六面体为 2×2×2 积分。

对于不可压缩材料，这些单元也会发生自锁，在梁弯曲中趋向于刚性行为。在这些单元中，通过不完全积分可以避免体积自锁，即每个方向少用一个积分点，或采用选择减缩积分，在膨胀功率上采用不完全积分、在偏斜功率上采用完全积分。当应用这类单元模拟弯曲构件时，在厚度方向至少应采用 4 个单元。当模型只有 1 个线性减缩积分单元时，其所有积分点都位于中性轴上，从而无法承受弯曲载荷，如表 8-2 中的 * 项。

表 8-2　悬臂梁的减缩积分单元与解析解的自由端挠度结果比值

减缩积分单元	网格单元数量(高度×长度)			
	(1×6)	(2×12)	(4×12)	(8×24)
4 节点线性平面应力单元	20.3*	1.308	1.051	1.012
8 节点二次平面应力单元	1.000	1.000	1.000	1.000
8 节点线性六面体单元	70.1*	0.323	1.063	1.015
20 节点二次六面体单元	1.000	1.000	1.000	1.000

8.2.2 单元选择

本节将概述几种应用最广泛的连续体单元的性质。图 8-2 和图 8-3 展示了部分二维和三维的线性单元和二阶单元，本节主要介绍二维单元，它们的性质类似于三维单元的性质。

在选择单元的过程中，必须牢牢记住容易生成网格的特殊单元。从划分网格的难易程度看，三角形和四面体单元是具有吸引力的。四边形单元的网格生成趋向于更低的强健性。因此，对于给定问题，当所有其他性能比较类似时，优先选择三角形和四面体单元。

在二维单元中，最常应用的低阶单元是 3 节点三角形和 4 节点四边形单元。对应于三维单元，分别是 4 节点四面体和 8 节点六面体单元。对于熟悉线性有限元方法的读者而言，三角形和四面体单元的位移场是线性的，并且位移场和速度场的梯度为常数是早已知晓的结论。四边形和六面体单元的位移场分别是双线性和三线性的，其应变是常数和线性项的组合，因此不是完全线性的。所有这些单元都可以精确地复制一个线性位移场和一个常数应变场。因此，它们满足标准分片试验，这将在 8.3 节描述。

在二维单元中最简单的单元是 3 节点三角形单元，而在三维单元中是 4 节点四面体单元。这些单元也已知是单纯单元，所谓单纯即在 n 维中是一组 $n+1$ 个节点。对于不可压缩材料，这两种单纯单元表现很差。在平面应变问题中，三角形单元表现为严重的体积自锁，而体积自锁不发生在平面应力问题中。对于平面应力，可以改变单元的厚度以适应不可压缩材料。对于不可压缩和接近不可压缩材料，四面体单元自锁。

通过对单元采用特殊的排列，可以避免单纯单元的体积自锁。例如，三角形的交叉对角排列消除了自锁，如图 8-7(a)所示(Nagtegaal et al.，1974)。但是，以这种形式排列单元的网格与划分四边形的网格类似，因此失去了三角形网格划分的优越性。进一步说，当中心节点没有恰好位于对角线的交叉点时，如图 8-7(b)所示，交叉对角网格自锁。在大位移问题中，如此构形总是在发展，难以保证交叉点总是位于中点。另外，交叉对角网格不满足 LBB 条件(Ladyženskaja-Babuška-Brezzi condition)，所以压力振荡是可能发生的。

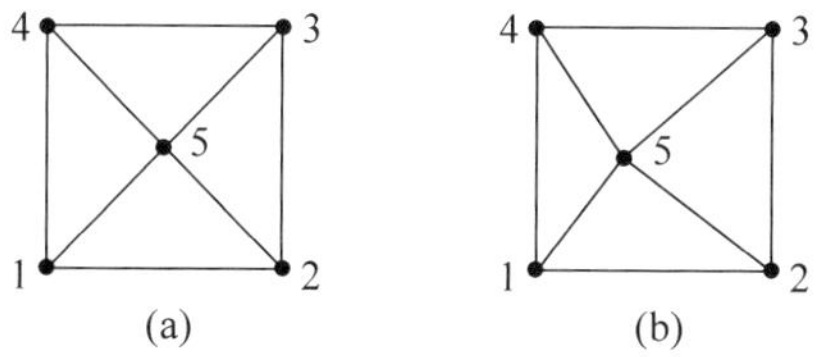

图 8-7 交叉对角网格模型避免了体积自锁

(a) 中心节点必须准确地位于对角线的交叉点上；(b) 交叉对角网格自锁

在其他状态下，如梁弯曲，单纯单元也显示出刚性行为。刚性行为是收敛的，但是对于粗糙的网格表现出很差的精度。

一般而言，4 节点四边形和 8 节点六面体分别比 3 节点三角形和四面体更为精确。在完全积分(对于四边形为 2×2 的高斯积分，对于六面体为 2×2×2 的高斯积分)时，对于不可压缩材料，这些单元也会发生自锁，并且在梁弯曲中趋向于刚性行为。

在这些单元中，采用减缩积分可以避免体积自锁，即一点积分。或采用 4.5.4 节描述的选择性减缩积分，它在体积部分采用一点积分，而在偏量部分采用 2×2 点积分，这种单元在计算不可压缩材料的变形时，会使计算表现出良好的收敛性能。

4 节点四边形和 8 节点六面体单元的不完全积分、选择减缩积分和多场形式都被一个主要的缺陷困扰着：在压力场下，它们表现出空间的不稳定性。作为结果，压力常常是振荡的，如图 8-8 所示。在压力下这个振荡图形是已知的棋盘模式。棋盘模式有时是无害的：例如，由米塞斯弹-塑性定律控制的材料，其应变率是独立于压力的，因此，尽管它们导致了弹性应变的误差，压力振荡几乎是无害的。通过过滤或借助黏性，可以避免棋盘模式。在某些情况下，棋盘模式是有害的，读者必须意识到应用这些单元出现棋盘模式的可能性。对于基于多场变分原理的绝大多数单元，在应力中发生振荡是可能的。

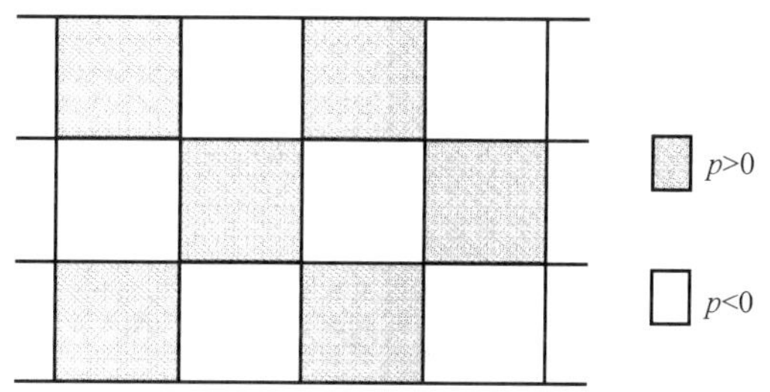

图 8-8 棋盘模式，压力不稳定性的结果

四边形单元效率最高的计算形式是不完全积分，即一点积分单元，它通常比选择减缩积分四边形单元的速度快 3～4 倍。在三维单元中，相应的速度会提高 6～8 阶。另外，一点积分单元也遭受压力振荡，在位移场中出现不稳定性。这些不稳定性将在 8.7.2 节讨论。它们有各种名称，如沙漏模式、梯形模式、运动模式、伪零能量模式和铁丝网模式等。然而，这些模式可以有效地得到控制。事实上，通过这些模式的一致性控制，收敛率没有降低，所以，对于许多大型计算，带有沙漏模式的一点积分是非常有效的。8.7 节将对沙漏模式进行介绍。

另一种高阶单元是 6 节点三角形和 8 节点或 9 节点四边形单元。在三维单元中，这些单元对应的是 10 节点四面体和 20 节点或 27 节点六面体。当单元边界是直线时，这些单元能够再造二次和线性场；但是当单元边界是曲线时，它们只能再造线性场；当单元边界不是直线时，这些单元不能再造精确的二次位移场。当然，单元能够使边界条件满足曲线边界是有限元方法中为人称道的优点。然而，单元曲线边界必须只应用于外表面，因为它们的出现减少了单元的精度。Ciarlet 和 Raviart(1972)在一篇具有里程碑意义的论文中，证明了当边界的中间节点接近于边界的中点时，这些单元的收敛性是二阶的，至于多么接近才算足够接近，常常是一个悬念。

在大变形的非线性问题中，当边界中间的节点有明显移动时，这些单元的性能退化。如在某些高斯点上，$J<0$，刚度矩阵对角线系数为负值。对此，4.6.2 节的例 4.2 中已经做了讨论。对于大变形问题，高阶单元令人苦恼的缺陷是单元扭曲：当高阶单元扭曲时，它们的收敛率明显下降，因此，当过度扭曲时，计算程序常常中止，如图 8-9 所示，这也是在大变形非线性有限元中很少采用高阶单元的原因之一。

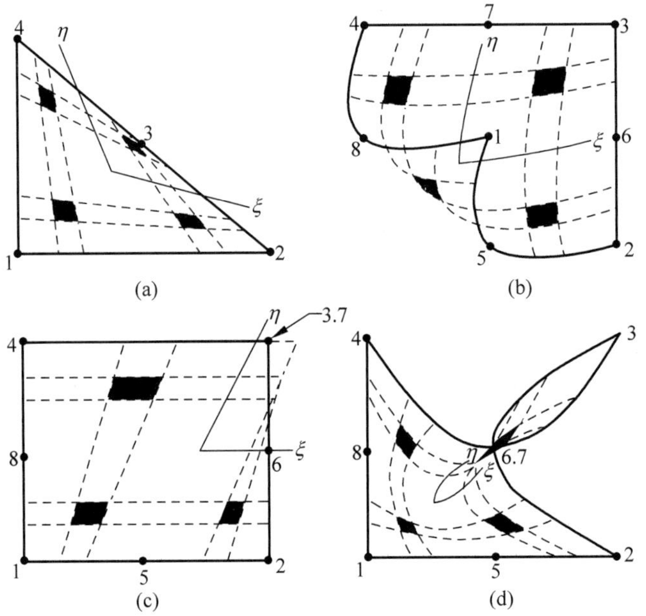

图 8-9　高阶单元的畸变构形，高斯积分点位于 ξ 和 η 等于常数的线上

(a) 节点 3 向内转 180°，$J=0$；(b) 节点 1 移动到原始矩形的中心；(c) 节点 7 从顶部中间移动到角点 3 的位置；(d) 两侧节点移动到原始矩形的中心

对于不可压缩材料，6 节点三角形不满足 LBB 条件。在一个线性压力场作用下，由多场变分原理建立的 9 节点四边形单元满足 LBB 条件，并且不发生自锁。对于不可压缩材料，这是目前唯一被认为没有缺陷行为的单元。然而，它很少被应用的原因是中间节点难以建立接触条件。

在应用拉格朗日网格时，高阶单元不能很好地适用于动态或大变形问题。这些单元难以建立很好的对角质量矩阵。因此，对于高阶单元，因为光学模式的出现，波传播解答趋向于显著的振荡(Belytschko 和 Mullen，1978)。在大变形问题中，这些单元经常失效，并且会比低阶单元更迅速地破坏精度，因为雅克比行列式在积分点上可以很容易地成为负值。

8.3 单元性能

8.3.1 完备性、一致性和再造条件

首先定义术语：完备性、再造条件、一致性、不严格的等价原理。一致性存在多种定义，本书将基于有限差分方法中的原始定义，采用一种特殊的定义。

(1) 完备性

完备性的一般性定义是对于在空间中的任意柯西序列，其极限在这个空间中。我们的兴趣在于什么样的完备性包含这样的能力，可以使一些基本函数的集合逼近一个函数。在空间 H_r 中，如果一些基本函数的集合 $\Phi_I(\boldsymbol{x})$ 是完备的，那么对于任何函数 $f(\boldsymbol{x})\in H_r$，得到

$$\| f(\boldsymbol{x})-a_I\Phi_I(\boldsymbol{x})\|_{H_r}\rightarrow 0,\quad n\rightarrow\infty \tag{8.3.1}$$

详细内容见附录 B，此处重复的下角标意味着求和。合适的范数 H_r 取决于所关注的变量的光滑性和规则性，以及感兴趣的问题。例如，如果只对变量的一阶导数感兴趣，将选择 H_1 范数。

(2) 再造条件

再造条件检测精确地再造了一个函数的近似能力。对于一个变量 $\boldsymbol{x}$ 的函数，这些条件表述如下：如果当 $u_J=p(\boldsymbol{x}_J)$时，一个近似函数的集合 $N_J(\boldsymbol{x})$再造 $p(\boldsymbol{x})$，则有

$$N_J(\boldsymbol{x})u_J=N_J(\boldsymbol{x})p(\boldsymbol{x}_J)=p(\boldsymbol{x}) \tag{8.3.2}$$

即当由 $p(\boldsymbol{x}_J)$给出近似的节点值时，可通过逼近而精确地再造函数 $p(\boldsymbol{x})$。当再造条件成立时，形状函数或插值能够精确地再造给定函数 $p(\boldsymbol{x})$。例如，如果形状函数能够再造常数，并且 $u_J=1$，近似值应该是精确的单位值：

$$N_J(\boldsymbol{x})u_J=\sum_J N_J(\boldsymbol{x})=1 \tag{8.3.3}$$

等参有限元形状函数满足常数再造条件，并且它们的和为 1，满足单位分解条件。具有这种性能的函数称为整数分剖。

类似地，如果形状函数再造线性函数 x_i，则如果 $u_I=x_{iI}$，可得 $u=x_i$，因此，线性函数的再造条件为

$$N_J(\boldsymbol{x})u_J=N_J(\boldsymbol{x})x_{jJ}=x_j \tag{8.3.4}$$

任何满足线性再造条件的近似均可以证明在 H_1 上是完备的。Hughes(1987)称其是线性完备性，但是称其为再造条件似乎更为合适，因为完备性体现了由式(8.3.1)描述的更一般的条件；满足式(8.3.1)的函数是完备的，但是满足式(8.3.2)的函数不全是完备的。例如，傅里叶级数是完备的，但是不满足式(8.3.2)。因此在这个意义上，当应用完备性时，需要附加一个形容词，如线性完备性或二次完备性。

(3) 一致性

一致性一般定义在有限差分方法的教材中(Strikwerda，1989)。如果误差是具有网格尺寸的量级，则一个偏微分方程 $L(u)$的离散近似 $L^h(u)$是一致的，即

$$L(u)-L^h(u)=O(h^n),\quad n\geqslant 1 \tag{8.3.5}$$

上式表明，当单元尺寸趋近于零时，一致离散近似的截断误差必须趋近于零。对于时间相

关问题，离散误差将是时间步长和单元尺寸的函数，并且时间和空间离散化的截断误差必须趋近于零。

（4）不严格的等价原理

不严格的等价原理是有限差分方法中的一个里程碑。它表示对于一个限制很好的问题，离散化是稳定的，并且是一致性收敛的。因此，通常记为

$$\text{一致性} + \text{稳定性} \rightarrow \text{收敛性}$$

在有限元方法中，相应的证明还没有得到。有限元方法对于任意网格是很难取得一致性的。与之相对的是有限元收敛性的证明是基本完备性的。再造条件包含了完备性。在伪矫顽性条件下的有限元证明中，经常出现稳定性。因此，在平衡问题的有限元求解中，可以写出

$$\text{完备性} + \text{稳定性} \rightarrow \text{收敛性}$$

在单元的性能上，完备性扮演核心角色。如果一个单元可以再造足够高阶的多项式，并且是稳定的，它将会收敛(尽管在有限元中尚未得到这个一般原则的证明)。这些概念隐含在分片试验中。检验一个单元的再造条件和在某些情况下的稳定性的方法将在后文描述。

8.3.2 线性问题的收敛性

下面简要总结关于有限元求解线性、椭圆型问题的一些收敛结果。如第1章所述，椭圆型问题包括大多数平衡问题，其中材料是稳定的。以单元的再造能力的形式表示收敛结果：如果由单元生成的有限元解答 $\boldsymbol{u}^h(\boldsymbol{x})$ 可以精确地再造 k 阶多项式，并且解答 $\boldsymbol{u}(\boldsymbol{x})$ 是足够光滑和规则的，那么对于希尔伯特范数 H_r 存在

$$\|\boldsymbol{u}-\boldsymbol{u}^h\|_{H_m} \leqslant Ch^{\alpha}\|\boldsymbol{u}\|_{H_r}, \quad \alpha=\min(k+1-m, r-m) \tag{8.3.6}$$

式中，h 是单元尺寸的度量，C 是独立于 h 的任意常数，并且根据不同问题而变化(Strang 和 Fix，1973，107 页；Hughes，1987，269 页；Oden 和 Reddy，1976，275 页)；注意到，最后两篇参考文献在检索页中给出了插值估计，这些技术不等价于收敛率，但是与收敛率的上限有关。

对于线性问题的各种单元，现在检验式(8.3.6)的内涵。参数 α 表示有限元解答的收敛率：α 越大，有限元解答收敛于精确解越快，单元的精度越高。

注意此处收敛率受解答光滑性的限制。如果没有尖角或裂纹，线性平衡解答是解析的，即无限光滑的，因此 r 趋向于无穷大。α 定义中的第2项 $r-m$ 对光滑解答是没有作用的。但是，如果解答是不光滑的，例如，在导数中存在不连续，则 r 是有限的；即便在二阶导数中存在不连续，r 也至多为2；所以 $r-m$ 项控制着收敛的情况。

对于各种单元在位移中的精确性和在弹性解答中的光滑性，首先检验式(8.3.6)的意义。针对这种情况，考虑 H_0 范数，它等价于 L_2 范数，所以 $m=0$。3节点三角形、4节点四边形、4节点四面体和8节点六面体都可以精确地再造线性多项式，所以 $k=1$。因此，列出的单元满足线性再造条件：

$$\alpha=\min(k+1-m, r-m)=\min(1+1-0, \infty-0)=2$$

这一结果将在图8-21说明，该图展示了对于线性完备单元的 H_0 误差范数的对数-对数曲线。在该曲线中，位移的误差对应于单元尺寸的图形是一条直线，其斜率与收敛率成

比例。当结果为二次收敛时，斜率为 2。式(8.3.6)是一个渐近线解，仅当单元尺寸趋近于零时成立，然而它与实际网格的数值结果十分吻合。

下面考虑高阶单元，即具有直线边界的 6 节点三角形、9 节点四边形、10 节点四面体和 27 节点六面体。在这种情况下，$k=2$，而其余常数没有改变。于是 $\alpha=3$，所以位移的收敛率是三阶的。在收敛率上增加一阶的效果是相当显著的。当结果光滑时，高阶单元明显提高了精度。

对于应变的结果，即位移场的导数，可以由类似的讨论进行评估。在这种情况下，$m=1$，因为在应变中的误差是由 H_1 范数度量的，其收敛率比位移的收敛率低一阶：对于位移的空间导数(应变)，可由相似的方法估算收敛性。此时由于应变误差使用 H_1 范数度量，$m=1$。对于线性完备单元，有 $k=1$，因而 H_1 范数度量的误差 $\alpha=1$，即应变的收敛率是线性的。对于 $k=2$ 的二阶单元，也可通过类似方法求得 $\alpha=2$。

对于抛物线型偏微分方程，可以推导出类似的结论。然而，双曲线型偏微分方程的情况更为复杂，并且很少采用高阶单元。回顾在双曲线型偏微分方程中，在结果的导数中可能出现不连续。因此，如果初始条件和边界条件的数据是不光滑的，结果将不是光滑的。然而，就算是光滑的数据，也有可能出现不连续的结果，如振动。因此，仅当数据是光滑的且期待结果也保持光滑时，在双曲线型问题中应用高阶单元才具有优越性。

8.3.3　非线性问题的收敛性

对于非线性问题，可以应用上述结果确定单元的性能。将式(8.3.6)应用于非线性问题，插值评估是基本的形式，并且总是给出单元性能的上限。换句话说，一个单元的收敛速度不可能比式(8.3.6)所估计得更快。

根据式(8.3.6)，非线性问题的单元性能依赖于解答的光滑性，即依次依赖于本构方程及其响应的光滑性。对于椭圆型问题，如果本构方程是连续可微的，即 C^1，如橡胶的超弹性模型，则其收敛率应与线弹性材料的收敛率相同。然而，对于本构方程为 C^0 的情况，应由式(8.3.6)中 α 定义的第 2 项控制收敛率。例如，在一种弹-塑性材料中，应力和应变之间的关系是 C^0。那么，位移至多是 C^1，并且 $r=2$。从式(8.3.6)来看，位移的收敛率至多是二阶的，即 $\alpha=2$。这样，对于非光滑材料，高阶单元并没有优势。类似地，对于弹-塑性材料，应变的收敛率至多是一阶的，即 $\alpha=1$。

综上，对于应用光滑本构方程并期望得到光滑解答的椭圆型问题，高阶单元是有优势的，因为它们有更大的收敛率。如果本构方程缺乏足够的光滑性，应用高阶单元则没有任何优势。这些结果也与双曲线型问题有关：当数据非常光滑时，应用高阶单元有一定优势，可以应用一致质量矩阵。对于缺乏光滑性或由非线性导致粗糙的数据，应用高阶单元几乎没有益处。在时间相关问题中，整体误差取决于时间和空间离散误差的组合效果。

在非线性问题中，单元扭曲进一步降低了拉格朗日网格的精度。高阶单元的扭曲会随变形程度加深更加严重，从而恶化单元的性能，如图 8-7 所示。对于有非常大变形的拉格朗日网格的解答，即使本构方程和响应是光滑的，采用高阶单元也几乎没有优势。在欧拉网格中，由于网格不随时间改变，仅当初始网格是扭曲的时，单元扭曲才成为问题。对于非线性分析，在选择单元时就应考虑单元可能扭曲的量。

即使是线弹性解答，在导数中也存在不连续：在不同材料之间的界面上，位移的导数是不连续的。但是,合理的分析过程会将单元边界与材料界面对齐。在此情况下,高阶单元可以保留全部精度,因为它们能够有效表示沿单元边界方向的导数不连续。另外,在弹-塑性和双曲线型问题中,不连续性会影响整个模型,成为不断演化发展的问题。因此,在非线性问题中,非光滑的本构方程及方程本身的问题和双曲线型问题会直接影响精度。

应强调,收敛率式(8.3.6)仅适用于没有奇异性的线性、椭圆型问题。对于非线性问题,获得如此收敛结果的主要障碍可能是非线性解答缺乏稳定性。对于非病态、非线性的椭圆型问题,式(8.3.6)代表了单元的性能。因此,请务必记住它是精度的上限,因为一个解答不可能比近似插值的幂更精确了。

8.3.4 分片试验

分片试验对检验单元公式的可靠性及其完备性和稳定性是极为有效的。为了检验非协调板单元的可靠性,Irons 设计了分片试验,Bazeley 等(1965)发表了相关报告。分片试验最初主要是检验多项式完备性(准确地再造一个 k 阶多项式的能力)的一个实验。由 Strang(1972)提出的分片试验等价于有限元收敛的必要条件。Strang 指出,如果有限元方程考虑作为“一个有限差分形式,那么分片试验将等价于差分方程与标准微分方程的形式上的一致性”。事实上,对于二维非规则网格的有限元方程,在有限差分方程的意义上并没有体现对非规则网格的一致性,或至少任何一致性都是难以实现的。但是,等价于差分方程的构想还是一直坚持着,并且许多作者,包括 Belytschko,还经常谈到伽辽金离散化的一致性。分片试验的价值在于它能展示收敛性所必须的另一个特性,即对于近似解的完备性。后文将描述几种不同的分片试验。

(1) 标准分片试验

首先描述标准分片试验,它将检验位移场多项式的完备性。另外,试验也会检查程序。有时单元是正确的,但是分片试验会失败,可能是因为程序出现了错误。

标准的分片试验采用的单元分片如图 8-10 所示。单元必须是歪斜的,因为矩形单元可以满足分片试验的条件,而任意的四边形单元不一定满足。不能施加体积力,材料性质必须具有均匀的线弹性。根据分片试验的阶数指定在分片周边节点的位移,有 $\Gamma_u=\Gamma$。线性再造条件的试验在 Γ_u 上的位移场描述为

$$\begin{aligned} u_x(\boldsymbol{x}) &= \alpha_{x0}+\alpha_{x1}x+\alpha_{x2}y \\ u_y(\boldsymbol{x}) &= \alpha_{y0}+\alpha_{y1}x+\alpha_{y2}y \end{aligned}\text{,二维;}\quad u_i(\boldsymbol{x})=\alpha_{i0}+\alpha_{ij}x_j\text{,一般意义下} \tag{8.3.7}$$

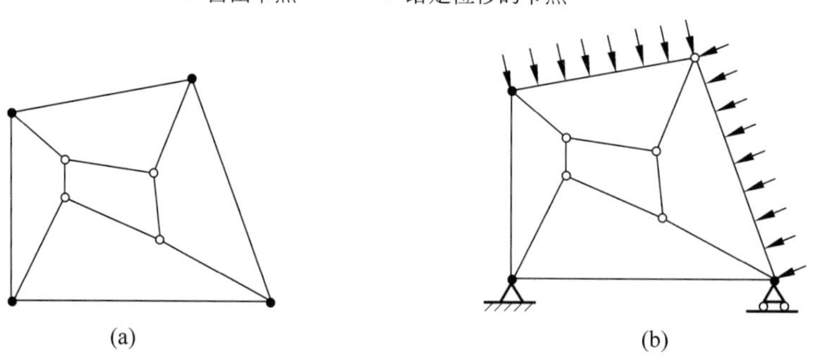

图 8-10 标准分片试验

(a) 给出所有位移边界;(b) 关于稳定性的扩展分片试验

式中，α_{ij} 是由用户定义的常数；为了试验再造条件的完备性，它们必须都是非零的。在 Γ_u 的所有边界节点上给出上述位移场，因此指定的位移为

$$\begin{matrix} u_{xI}=\alpha_{x0}+\alpha_{x1}x_I+\alpha_{x2}y_I \\ u_{yI}=\alpha_{y0}+\alpha_{y1}x_I+\alpha_{y2}y_I \end{matrix}\text{，二维；}\ u_{iI}=\alpha_{i0}+\alpha_{ij}x_{jI}\text{，一般意义下} \tag{8.3.8}$$

为了满足分片试验，整个分片的有限元解答必须由式(8.3.7)给出，内部节点的位移必须由式(8.3.8)给出。对于式(8.3.7)中的位移，应变必须为常数且通过应变-位移方程给出：

$$\begin{cases} \varepsilon_x=u_{x,x}=\alpha_{x1} \\ \varepsilon_y=u_{y,y}=\alpha_{y2} \\ 2\varepsilon_{xy}=u_{x,y}+u_{y,x}=\alpha_{x2}+\alpha_{y1} \end{cases}\text{，二维；}\ \varepsilon_{ij}=\frac{1}{2}(\alpha_{ij}+\alpha_{ji})\text{，一般意义下} \tag{8.3.9}$$

应力也必须是常数。基于计算机的精度阶数，所有这些条件必须满足一个较高的精度。在一个有8位有效数字的机器中，结果必须精确到至少5位数字(数字的准确位数取决于计算机，因为数字的位数会在机器的算法中变化)。

标准分片试验的意义在于它证明了再造条件。当一个精确解在有限元近似的子空间时，有限元解答必须对应于精确解答。式(8.3.7)是线弹性问题的精确解答，可以证明如下：由于应变是常数且材料性质均匀，应力也是常数。因此，由于没有体力，式(2.6.24)的条件是完全满足的。由于线弹性的解是唯一的，所以式(8.3.7)是精确解。

如果算法未能通过分片试验，则不是该单元并不能精确重构线性位移场(它并非线性完备)，就是程序编写中存在错误。对于能否通过分片试验检测，通用的方案是令单元节点位移为式(8.3.8)的值，并计算所有积分点上的应变是否为常数。若能通过上述检测，则足以说明单元可以重构线性位移场，其他值的计算都只是对程序编写正确与否的测试。

(2) 非线性程序中的分片试验

前文描述的分片试验可以扩展到非线性程序中，应用线性场式(8.3.7)和 α_{ij} 的较大值。由于位移场是线性的，所以变形梯度和格林应变张量一定是常数，并且PK2应力和名义应力也是常数。因此，在无体力的情况下，式(3.2.14)的条件得到满足，并且式(8.3.7)是其解答。然而，它不是唯一解答，这是一个容易忽视的难题。在线性分片试验中，如果一个单元满足了再造条件，那么在非线性分片试验中，它必须也满足线性再造条件。因此，增加非线性分片试验比再造条件的试验多一个非线性程序的试验。

(3) 显式程序中的分片试验

前文描述的分片试验不适用于显式程序，因为显式程序不能求解平衡方程。然而，为了应用于显式程序，可以修改分片试验，如Belytschko、Wong和Chiang(1992)所描述的。在这个分片试验中，由线性场指定初始速度为

$$\begin{cases} v_x(\boldsymbol{x})=\alpha_{x0}+\text{或}\ \alpha_{x1}x+\alpha_{x2}y \\ v_y(\boldsymbol{x})=\alpha_{y0}+\alpha_{y1}x+\alpha_{y2}y \end{cases}\text{，二维；}\ v_i(\boldsymbol{x})=\alpha_{i0}+\alpha_{ij}x_j\text{，一般意义下} \tag{8.3.10}$$

式中，α_{ij} 是任意常数；这些数应非常小，否则将引发几何非线性，并且这个分片试验将不能在它的整体区域中进行。通过设定初始节点速度并应用于上式可得

$$\begin{cases} v_{xI}=\alpha_{x0}+\alpha_{x1}x_I+\alpha_{x2}y_I \\ v_{yI}=\alpha_{y0}+\alpha_{y1}x_I+\alpha_{y2}y_I \end{cases}\text{，二维；}\ v_{iI}=\alpha_{i0}+\alpha_{ij}x_{jI}\text{，一般意义下} \tag{8.3.11}$$

绝对不能施加外部载荷。在一个时间步积分运动方程，并且在每一个时间步结束时检

验变形率和加速度。在所有单元中，变形率必须为适当的常数，并且所有内部节点上的加速度必须为零。因为如果满足再造条件，应力就应该是常数，并且在没有体力的情况下，从动量方程(2.6.20)可知加速度必须为零。

如果常数 α_{ij} 是足够小，试验应该达到一个较高的精度。例如，当常数具有 10^{-4} 数量级时，加速度必须具有 10^{-7} 数量级。

(4) 关于稳定性的分片试验

Taylor 等(1986)已经提出了一种改进的分片试验，其可用于检验位移场的空间稳定性和外力边界条件是否正确编程。其与标准分片试验的主要区别是没有在边界的所有节点上给定位移。取而代之的是，为了防止刚体位移，满足位移边界条件是最低的要求，如图 8-10(b)所示(图中给出了离散边界条件，等价连续性边界条件是很难建立的)。

对于空间的不稳定性，这一试验不是一贯正确的，常常检测出无法表达的虚假奇异性模式。因此，这一试验仅可以检测位移的不稳定性，不能检测压力的不稳定性。为了彻底检测一个单元空间的不稳定性，单一自由单元的特征值分析(一个完全无约束单元)和单元的分片试验必须进行。零特征值的数目应该等于刚体模态的数目。例如，在二维空间中，一个单元或单元的一个分片应该具有 3 个零特征值，对应于两个平动和一个转动；而在三维空间中，一个单元应该具有 6 个零特征值，3 个平动和 3 个转动的刚体模态。如果有更多零特征值，模型是位移不稳定的，这也被称为刚度矩阵的秩的亏损，我们将在 8.3.7 节讨论。

8.3.5 等参单元的线性再造条件

所有等参单元是线性完备的，即任意阶的等参单元可以再造完备线性位移(速度)场。考虑含有 n 个节点的任意等参单元，在当前构形和母单元之间的映射为

$$x_i(\xi)=N_I(\xi)x_{iI} \tag{8.3.12}$$

对于一个等参单元，通过相同形状函数的插值得到非独立变量 u，所以

$$u(\xi)=N_I(\xi)u_I \tag{8.3.13}$$

令非独立变量是空间坐标的一个线性函数，因此

$$u=\alpha_0+\alpha_j x_j \tag{8.3.14}$$

式中，α_0 和 α_i 是任意参数。如果场的节点值如式(8.3.14)，那么

$$u_I=\alpha_0+\alpha_j x_{jI} \quad 或 \quad \boldsymbol{u}=\alpha_0\boldsymbol{1}+\alpha_i\boldsymbol{x}_i \tag{8.3.15}$$

式中，$\boldsymbol{u}$ 是 n 阶列阵，n 为节点数目；$\boldsymbol{1}$ 是一个列阵，给出为 $\boldsymbol{1}_J=1$，其中 $J=1,2,\cdots,n$，并且 $\boldsymbol{x}_i$ 是节点坐标的列阵。对于 4 节点四边形单元，列阵为

$$\boldsymbol{u}=[u_1 \quad u_2 \quad u_3 \quad u_4]^{\mathrm{T}}, \quad \boldsymbol{1}=[1 \quad 1 \quad 1 \quad 1]^{\mathrm{T}} \tag{8.3.16}$$

$$\boldsymbol{x}_1\equiv\boldsymbol{x}=[x_1 \quad x_2 \quad x_3 \quad x_4]^{\mathrm{T}}, \quad \boldsymbol{x}_2\equiv\boldsymbol{y}=[y_1 \quad y_2 \quad y_3 \quad y_4]^{\mathrm{T}} \tag{8.3.17}$$

将式(8.3.15)给出的非独立变量的节点值代入式(8.3.13)，得到

$$u=u_I N_I(\xi)=(\alpha_0 1_I+\alpha_j x_{jI})N_I(\xi) \tag{8.3.18}$$

并重新整理各项：

$$u=\alpha_0(1_I N_I(\xi))+\alpha_i(x_{iI}N_I(\xi)) \tag{8.3.19}$$

从式(8.3.12)可知，上式等号右侧最后求和的系数 α_i 对应于 x_i，所以

$$u=\alpha_0 1_I N_I(\xi)+\alpha_i x_i=\alpha_0+\alpha_i x_i \tag{8.3.20}$$

在最后一步，我们应用了式(8.3.3)关于常数的再造条件。

式(8.3.20)是精确的线性场,在式(8.3.16)中利用该场定义节点位移 u_I。换言之,通过线性场给定节点位移,形状函数精确地再造了这个线性位移场。

因此,等参单元精确地再造了常数和线性场。作为结果,单元满足线性分片试验。后文也将简单地提到再造的最高阶场:当一个单元再造线性场和常数场时,可以说它再造了线性场;当它再造了二次场、线性场和常数场时,可以说它再造了二次场。

尽管等参单元的线性再造性能最初显得微不足道,但是它是有限元收敛证明的核心。它不是插值的一个内在属性,稍微注意就可以理解在一个单元的插值中,它不是对所有项都成立。当节点不是等间距时,在一个3节点一维单元中,不能再造二次项;在一个4节点四边形单元中,不能再造双线性项。

类似地,高阶等参单元在它们的等参场中不能再造所有多项式项,除非在特殊条件下。例如,9节点拉格朗日单元不能再造二次场,除非单元是具有等间距节点的直线边界。当边界是曲线时,不能再造二次多项式,并且单元的精度下降。Ciarlet 和 Raviart(1972)给出的收敛性证明指出,在 L_2 范数中,对于9节点单元,仅当中间节点"接近"于边界的中点时,位移的收敛阶数才是 h^3 阶。

8.3.6 亚参元和超参元的完备性

在线性有限元法中,亚参元表示母单元到空间坐标的映射 $\boldsymbol{x}(\xi)$ 的阶数低于独立变量 $u(\xi)$ 的插值阶数;超参单元则反之。亚参元和超参元的具体定义分别为

(1) 亚参元:$\boldsymbol{x}(\xi)$ 比 $u(\xi)$ 的阶数低;

(2) 超参元:$\boldsymbol{x}(\xi)$ 比 $u(\xi)$ 的阶数高。

图8-11为亚参元和超参元的示例。

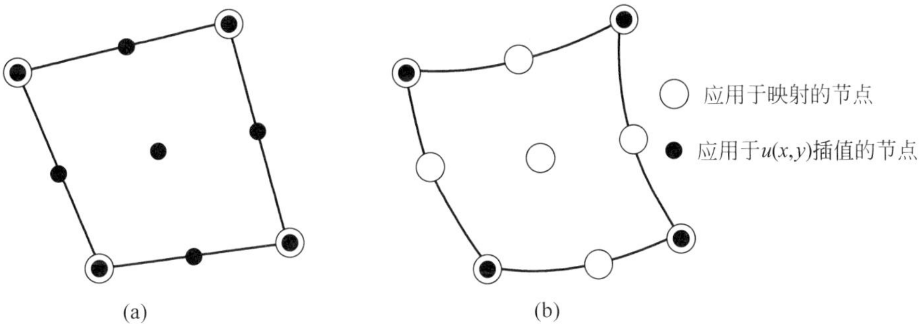

图8-11 亚参元和超参元的示例

(a) 亚参元;(b) 超参元的例子

基于4节点和9节点拉格朗日单元形状函数

亚参元是线性完备的,但是超参元不是。对于一个亚参元,令非独立变量 $u(\xi)$ 由一个具有 n_u 个节点的拉格朗日单元插值,并且当前构形是具有 n_x 节点的一个映射,所以

$$u(\xi,\eta)=\sum_{I=1}^{n_u}u_I N_I^u(\xi,\eta) \tag{8.3.21}$$

$$\boldsymbol{x}=\sum_{I=1}^{n_x}\boldsymbol{x}_I N_I^x(\xi,\eta),\quad x_i=\sum_{I=1}^{n_x}x_{iI}N_I^x(\xi,\eta) \tag{8.3.22}$$

式中，位移插值区别于空间插值的上角标。现在定义一组 n_u 节点$(\bar{x}_I,\bar{y}_I)$，它们可以通过在母单元中的节点 n_u 利用式(8.3.12)计算(x,y)得到。于是在母单元和当前构形之间的映射为

$$\boldsymbol{x}=\sum_{I=1}^{n_u}\bar{\boldsymbol{x}}_I N_I^u(\xi,\eta) \tag{8.3.23}$$

重复式(8.3.14)～式(8.3.20)的过程，即可建立亚参元的线性完备性。

对于超参元，在初始构形和母单元之间的映射与位移的插值相比，阶数更高，它无法再造一个线性场：前文利用插入节点的步骤不再适用。

总的来说，等参元和亚参元可以再造线性场。因此，对于这些单元，当非独立变量是位移时，通过线性位移场可以得到适当的常数应变状态，并且满足分片试验。由于这个运动是一个线性场，单元也可以精确地表现出刚体的平移和转动。

8.3.7 单元的秩与秩的亏损

为了满足稳定性的要求，单元必须具有合适的秩。如果一个单元的秩是亏损的，那么离散化是不稳定的，并且在动态解答中将表现为伪振荡。在静态问题中，秩的不足表现为它本身具有奇异性或线性化方程组的近似奇异解。与秩的不足相关的不稳定性是一种弱不稳定性，它是随时间线性增长的零频率模式，类似于在数值积分中的弱不稳定性。在很多情况下，单元的秩的亏损会导致一个系统的最小特征值为正，但是该值比正确的最低特征值小得多。这一伪模式则有一个非常小的刚度，并且尽管增长得比较缓慢，它仍然可以增长得足够大以至于破坏解答。如果一个单元的秩超出适当值，单元将在刚体运动中产生应变，收敛将非常缓慢甚至失败。

一个单元切线刚度或线性刚度矩阵的合适的秩为

$$\text{合适的秩}(\boldsymbol{K}_e)=\text{阶}(\boldsymbol{K}_e)-n_{RB} \tag{8.3.24}$$

式中，n_{RB} 是刚体模式的数目。在本章中，$\boldsymbol{K}_e$ 表示切线和线性刚度。一般刚度矩阵的秩的亏损为

$$\text{秩亏损}(\boldsymbol{K}_e)=\text{合适的秩}(\boldsymbol{K}_e)-\text{秩}(\boldsymbol{K}_e) \tag{8.3.25}$$

数值积分单元刚度的一般形式如表 6-4 所示，且有

$$\boldsymbol{K}_e=\sum_{Q=1}^{n_q}\bar{w}_Q(J_\xi\boldsymbol{B}^{\mathrm{T}}[\boldsymbol{C}]\boldsymbol{B})\big|_{\xi_Q} \tag{8.3.26}$$

如果$[\boldsymbol{C}]$是线弹性矩阵，上式即线弹性刚度矩阵。假设雅克比行列式 J_ξ 在所有积分点上为正，即单元不能达到极度扭曲。同时，应假设矩阵$[\boldsymbol{C}]$是正定的，否则，即使单元的设计合理，单元的秩也可能是不足的。例如，如果由于材料失去了稳定性，切线模量矩阵在所有积分点上为零，单元刚度显然具有零秩。前文没有考虑几何刚度，因为我们希望单元的秩对于任何应力都是适当的，且不考虑由于几何不稳定引起的秩的减少。

式(8.3.24)的另一种形式为

$$\dim(\ker(\boldsymbol{K}_e))=n_{RB},\quad \boldsymbol{z}\in\ker(\boldsymbol{K}_e),\quad \boldsymbol{K}_e\boldsymbol{z}=0 \tag{8.3.27}$$

式中定义了 $\boldsymbol{K}_e$ 的核。因为能量是$\frac{1}{2}\boldsymbol{z}^{\mathrm{T}}\boldsymbol{K}_e\boldsymbol{z}$，刚度矩阵的核中的任何模式都是零能量模式。网格稳定性的充分条件是在网格中所有单元的秩是适当的。可以看到，如果所有单元都有

适当的秩，任何单元仅有的零能量模式都是刚体模式，则任何不是刚体运动的运动都必须具有非零能量。前文所述不是一个必要条件，因为某些单元有称为非传递的模式。在某些单元中没有变形能，这些非传递零能量模式不能在网格中存在。即使单元没有合适的秩，将它们组合到一起也可以得到合适的秩。

为了解释为什么单元必须具有合适的秩，考虑7.2.4节中的系统的一个线性稳定性分析。当且仅当模型是刚体模式时，线性化方程组的频率 μ 必须是零。然而，如果单元具有伪奇异模式，并且它在整体模型中存在，则特征值问题式(7.2.15)将有一个非物理模式的零根。因此，这一模式将随时间线性增长：$\boldsymbol{d}=\boldsymbol{y}t$，$\boldsymbol{y}$ 是伪奇异模式。伪奇异模式具有弱不稳定性，它不呈指数级增长。注意到如果刚体模式没有被约束消除，它将随时间线性增长，尽管这是一个正确的解，但伪奇异模式随时间线性增长最终会破坏解答。

可以通过特征值分析发现伪奇异模式：如果一个单元或一个单元集合的零特征值的数目超出了刚体模式的数目，则单元具有伪奇异模式。

现在检验一个数值积分刚度 $\boldsymbol{K}_e$ 的秩。假设切线模量 $\boldsymbol{C}$ 是正定的，并且 J_ξ 在所有积分点上是正值。数值积分单元刚度式(8.3.26)可重写为

$$\boldsymbol{K}_e=\boldsymbol{B}^{0\mathrm{T}}\boldsymbol{C}^0\boldsymbol{B}^0 \tag{8.3.28}$$

式中，

$$\boldsymbol{B}^0=\begin{bmatrix}\boldsymbol{B}(\xi_1)\\ \boldsymbol{B}(\xi_2)\\ \vdots\\ \boldsymbol{B}(\xi_{n_Q})\end{bmatrix}\quad \boldsymbol{C}^0=\begin{bmatrix}\bar{w}_1J_\xi[\boldsymbol{C}]|_{\xi_1} & \boldsymbol{0} & \cdots & \boldsymbol{0}\\ \boldsymbol{0} & \bar{w}_2J_\xi[\boldsymbol{C}]|_{\xi_2} & \cdots & \boldsymbol{0}\\ \vdots & \vdots & \ddots & \vdots\\ \boldsymbol{0} & \boldsymbol{0} & \cdots & \bar{w}_{n_Q}J_\xi[\boldsymbol{C}]|_{\xi_{n_Q}}\end{bmatrix} \tag{8.3.29}$$

从线性代数角度可知，两个矩阵乘积的秩总是小于或等于其中任何一个矩阵的秩(Noble，1969)：

$$\text{秩}\,\boldsymbol{K}_e\leqslant\text{最小值}(\text{秩}\boldsymbol{B}^0,\text{秩}\,\boldsymbol{C}^0) \tag{8.3.30}$$

当 J_ξ 和 $\boldsymbol{C}$ 在所有积分点上是正值时，$\boldsymbol{C}^0$ 的秩总是大于或等于 $\boldsymbol{B}^0$ 的秩，所以式(8.3.30)可以替换为

$$\text{秩}\,\boldsymbol{K}_e\leqslant\text{秩}\,\boldsymbol{B}^0 \tag{8.3.31}$$

上式仅在很少的情况下应用。$\boldsymbol{B}^0$ 的秩被定义如下：

$$\text{秩}\boldsymbol{B}^0\leqslant\dim(\boldsymbol{D}) \tag{8.3.32}$$

式中，$\boldsymbol{D}$ 的维数等于 $\boldsymbol{D}$ 中线性独立函数的数目。

现在使用其他积分方法检验平面四边形单元的秩的充分性。单元有4个节点，在每个节点上有两个自由度，阶数$(\boldsymbol{K}_e)=8$。刚体模式的数目是3，分别为在 x 和 y 方向平动及在 (x,y) 平面内的转动。由式(8.3.24)可知，合适的秩 $\boldsymbol{K}_e=8-3=5$。

对于平面四边形单元，应用最广泛的积分方式是2×2高斯积分。积分点的个数 $n_Q=4$，并且每一个 $\boldsymbol{B}(\xi_\alpha)$ 的行数为3，因此 $\boldsymbol{B}^0$ 矩阵中的行数为12，只要在这12行中至少有5行满足线性非相关性，就等于或超出了合适的秩。然而，对于速度场式(8.4.15)，很容易证明变形率为

$$\{\boldsymbol{D}\}=\begin{Bmatrix}\alpha_{x1}+\alpha_{x3}h_{,x}\\ \alpha_{x2}+\alpha_{y3}h_{,y}\\ \alpha_{x2}+\alpha_{y1}+\alpha_{x3}h_{,y}+\alpha_{y3}h_{,x}\end{Bmatrix}\tag{8.3.33}$$

这个场中包含 5 个线性独立的向量：

$$\begin{Bmatrix}\alpha_{x1}\\0\\0\end{Bmatrix},\quad\begin{Bmatrix}0\\\alpha_{y2}\\0\end{Bmatrix},\quad\begin{Bmatrix}0\\0\\\alpha_{x2}+\alpha_{y1}\end{Bmatrix},\quad\begin{Bmatrix}\alpha_{x3}h_{,x}\\0\\\alpha_{x3}h_{,y}\end{Bmatrix},\quad\begin{Bmatrix}0\\\alpha_{y3}h_{,y}\\\alpha_{y3}h_{,x}\end{Bmatrix}\tag{8.3.34}$$

因此 $\dim(\boldsymbol{D})=5$。$\boldsymbol{B}^0$ 的行数为 12，但是至多只有 5 个可以是线性独立的，因此由式(8.3.34)可知，秩($\boldsymbol{B}^0$)=5。无论有多少个积分点，单元$\boldsymbol{B}^0$ 的秩不能超过 5 个。如果在$\boldsymbol{B}^0$ 中至少有 5 行是线性独立的，则单元刚度具有合适的秩和 2×2 积分点；对于任何非退化单元，这一点均可以证明，但是证明过程比较复杂。

一点积分四边形的单元刚度的秩也可以通过类似方法得到。在一个积分点上，$\boldsymbol{B}^0$ 包含在一个单点计算的 $\boldsymbol{B}$ 中：

$$\boldsymbol{B}^0=\boldsymbol{B}(\boldsymbol{0})=\begin{bmatrix}\boldsymbol{b}_x^{\mathrm{T}}(\boldsymbol{0}) & \boldsymbol{0}\\ \boldsymbol{0} & \boldsymbol{b}_y^{\mathrm{T}}(\boldsymbol{0})\\ \boldsymbol{b}_y^{\mathrm{T}}(\boldsymbol{0}) & \boldsymbol{b}_x^{\mathrm{T}}(\boldsymbol{0})\end{bmatrix}\tag{8.3.35}$$

式中，$\boldsymbol{b}_x$ 和 $\boldsymbol{b}_y$ 将在式(8.4.9)中给出。由于$\boldsymbol{B}^0$ 矩阵有线性独立的 3 行，除非单元是退化的，否则它的秩为 3。因此由式(8.3.30)可知，刚度矩阵 $\boldsymbol{K}_e$ 的秩是 3，并且从式(8.3.24)～式(8.3.25)可知，单元亏损 2 个秩，这就是 Q4 单元应用一点积分时出现的沙漏模式(8.7 节)。这种秩的亏损会引起严重的求解问题，必须将其纠正。

8.4 Q4 单元和体积自锁

8.4.1 Q4 单元

下面以 4 节点四边形单元的形式描述单元的各种性质。本节关注拉格朗日格式下的单元，但其中大部分分析过程也可应用于任意的拉格朗日-欧拉和欧拉格式。为了避免过多地重复 4 节点四边形的名称，以下简称 Q4。这种单元已经在例 3.5 和例 4.4 中介绍过，本节将应用 Q4 再次讨论一些有用的方程。

Q4 单元的运动，即在当前构形和母单元之间的映射为(继续采用对重复下角标的隐含求和标记)

$$x_i(\xi,t)=N_I x_{iI}=\boldsymbol{N}\boldsymbol{x}_i\tag{8.4.1}$$

式中，$\boldsymbol{N}$ 是包含 4 个等参形状函数的行矩阵 $\boldsymbol{N}=[N_I]=[N_1,\ \ N_2,\ \ N_3,\ \ N_4]$。形函数由式($E$4.4.2)给出，$\boldsymbol{x}_i$($i$=1～4)是节点坐标的列矩阵：

$$\boldsymbol{x}_1\equiv\boldsymbol{x}=[x_1,\ \ x_2,\ \ x_3,\ \ x_4]^{\mathrm{T}},\quad \boldsymbol{x}_2\equiv\boldsymbol{y}=[y_1,\ \ y_2,\ \ y_3,\ \ y_4]^{\mathrm{T}}\tag{8.4.2}$$

母单元是一个双单位长度的正方形，如图 8-12 所示，节点编号从左下角开始逆时针编号。

位移和速度为

$$u_i=N_I u_{iI}=\boldsymbol{N}\boldsymbol{u}_i,\quad v_i=N_I v_{iI}=\boldsymbol{N}\boldsymbol{v}_i\tag{8.4.3}$$

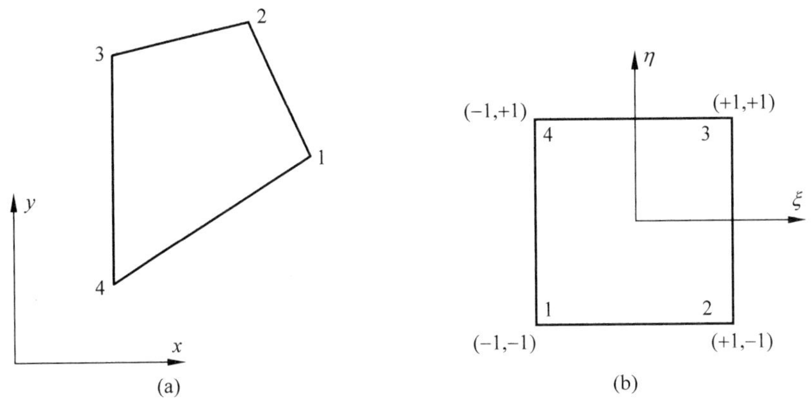

图 8-12 Q4 的空间和母单元域

(a) Q4 的空间；(b) Q4 的母单元域

$\boldsymbol{v}_x$ 和 $\boldsymbol{v}_y$ 是单元节点速度分量的列矩阵：

$$\boldsymbol{v}_x^{\mathrm{T}}=[v_{x1},\quad v_{x2},\quad v_{x3},\quad v_{x4}]^{\mathrm{T}},\quad \boldsymbol{v}_y^{\mathrm{T}}=[v_{y1},\quad v_{y2},\quad v_{y3},\quad v_{y4}]^{\mathrm{T}} \tag{8.4.4}$$

变形率场已经在例 4.4 中获得，以福格特形式写为

$$\begin{Bmatrix} D_x \\ D_y \\ 2D_{xy} \end{Bmatrix}=\begin{bmatrix} N_{I,x} & 0 \\ 0 & N_{I,y} \\ N_{I,y} & N_{I,x} \end{bmatrix}\begin{Bmatrix} v_{xI} \\ v_{yI} \end{Bmatrix} \quad 或 \quad \{\boldsymbol{D}\}=\begin{bmatrix} \boldsymbol{N}_{,x} & \boldsymbol{0} \\ \boldsymbol{0} & \boldsymbol{N}_{,y} \\ \boldsymbol{N}_{,y} & \boldsymbol{N}_{,x} \end{bmatrix}\begin{Bmatrix} \boldsymbol{v}_x \\ \boldsymbol{v}_y \end{Bmatrix}\equiv \boldsymbol{B}\dot{\boldsymbol{d}} \tag{8.4.5}$$

上式的右侧式不是标准形式：在矩阵 $\boldsymbol{d}$ 中，所有节点速度的 x 分量首先出现，接着是所有节点速度的 y 分量。这里给出的是简化形式。

单元的雅克比行列式 J_ξ 由式(E4.4.9)和运动得到：

$$J_\xi=\frac{1}{8}[x_{24}y_{31}+x_{31}y_{42}+(x_{21}y_{34}+x_{34}y_{12})\xi+(x_{14}y_{32}+x_{32}y_{41})\eta] \tag{8.4.6}$$

注意到双线性项没有出现在单元雅克比行列式 J_ξ 中。单元雅克比行列式在母单元的原点处，$\xi=\eta=0$，计算上式：

$$J_\xi=\frac{1}{8}(x_{24}y_{31}+x_{31}y_{42})=\frac{A}{4} \tag{8.4.7}$$

式中，A 是单元的面积。从式(8.4.5)中可以看出，在母单元坐标系的原点，矩阵 $\boldsymbol{B}$ 为

$$\boldsymbol{B}^{\mathrm{T}}(\boldsymbol{0})=\begin{bmatrix} \boldsymbol{b}_x & \boldsymbol{0} & \boldsymbol{b}_y \\ \boldsymbol{0} & \boldsymbol{b}_y & \boldsymbol{b}_x \end{bmatrix} \tag{8.4.8}$$

式中，

$$\boldsymbol{b}_x^{\mathrm{T}}\equiv \boldsymbol{b}_1^{\mathrm{T}}=\boldsymbol{N}_{,x}=\frac{1}{2A}[y_{24},\quad y_{31},\quad y_{42},\quad y_{13}],$$

$$\boldsymbol{b}_y^{\mathrm{T}}\equiv \boldsymbol{b}_2^{\mathrm{T}}=\boldsymbol{N}_{,y}=\frac{1}{2A}[x_{42},\quad x_{13},\quad x_{24},\quad x_{31}] \tag{8.4.9}$$

下面建立 Q4 单元速度近似的形式以简化分析。这一形式首先由 Belytschko 和 Bachrach(1986)给出。为了建立这一速度场，定义两组 4 列矩阵：

$$\boldsymbol{p}_I=[\boldsymbol{1}\quad \boldsymbol{b}_x\quad \boldsymbol{b}_y\quad \boldsymbol{\gamma}],\quad \boldsymbol{q}_J=[\boldsymbol{1}\quad \boldsymbol{x}\quad \boldsymbol{y}\quad \boldsymbol{h}] \tag{8.4.10}$$

式中，

$$\boldsymbol{h}^{\mathrm{T}}=[1\quad -1\quad 1\quad -1],\quad \boldsymbol{1}^{\mathrm{T}}=[1\quad 1\quad 1\quad 1],$$

$$\boldsymbol{\gamma}=\frac{1}{4}(\boldsymbol{h}-(\boldsymbol{h}^{\mathrm{T}}\boldsymbol{x})\boldsymbol{b}_x-(\boldsymbol{h}^{\mathrm{T}}\boldsymbol{y})\boldsymbol{b}_y),\quad \bar{\boldsymbol{1}}=\frac{1}{4}(\boldsymbol{1}-(\boldsymbol{1}^{\mathrm{T}}\boldsymbol{x})\boldsymbol{b}_x-(\boldsymbol{1}^{\mathrm{T}}\boldsymbol{y})\boldsymbol{b}_y)\tag{8.4.11}$$

式(8.4.10)中的两组向量是双正交的：

$$\boldsymbol{p}_I^{\mathrm{T}}\boldsymbol{q}_J=\delta_{IJ}\tag{8.4.12}$$

对于大多数项，这是很容易证明的。b_i 和 x_i 的双正交性证明如下：

$$b_{iI}x_{jI}=\frac{\partial N_I}{\partial x_i}x_{jI}=\frac{\partial x_j}{\partial x_i}=\delta_{ij}\tag{8.4.13}$$

上式第二步由式(8.4.9)得到，第三步由式(8.4.1)得到。因此，对于一个非退化的单元，两组向量 $\boldsymbol{p}_I$ 和 $\boldsymbol{q}_I$ 是线性独立的，于是每组都覆盖了空间 $\mathfrak{R}^4$。因此，由这些组向量的任何一组线性组合，都可以表示 $\mathfrak{R}^4$ 中的任何向量。

由于双线性速度场包含线性场，速度场可以写为

$$v_i=\alpha_{i0}+\alpha_{i1}x+\alpha_{i2}y+\alpha_{i3}h,\quad h=\xi\eta,\quad h_I=h(\xi_I,\eta_I)\tag{8.4.14}$$

节点速度则可以表示为

$$v_{iI}=\alpha_{i0}+\alpha_{i1}x_I+\alpha_{i2}y_I+\alpha_{i3}h_I\quad 或\quad \boldsymbol{v}_i=\alpha_{i0}\boldsymbol{1}+\alpha_{i1}\boldsymbol{x}+\alpha_{i2}\boldsymbol{y}+\alpha_{i3}\boldsymbol{h}\tag{8.4.15}$$

式中，$\boldsymbol{h}$ 由式(8.4.11)给出。用 $\boldsymbol{p}_K$ 左乘上式，并利用正交性式(8.4.12)可以得到

$$\alpha_{iK}=\boldsymbol{p}_{K+1}^{\mathrm{T}}\boldsymbol{v}_i,\quad K=0,1,2,3\tag{8.4.16}$$

或

$$\alpha_{i0}=\tilde{\boldsymbol{1}}^{\mathrm{T}}\boldsymbol{v}_i,\quad \alpha_{i1}=\boldsymbol{b}_x^{\mathrm{T}}\boldsymbol{v}_i,\quad \alpha_{i2}=\boldsymbol{b}_y^{\mathrm{T}}\boldsymbol{v}_i,\quad \alpha_{i3}=\boldsymbol{\gamma}^{\mathrm{T}}\boldsymbol{v}_i\tag{8.4.17}$$

所以，将上式代入式(8.4.14)，速度场可以写为

$$v_i=(\tilde{\boldsymbol{1}}^{\mathrm{T}}\boldsymbol{v}_i)+(\boldsymbol{b}_x^{\mathrm{T}}\boldsymbol{v}_i)x+(\boldsymbol{b}_y^{\mathrm{T}}\boldsymbol{v}_i)y+(\boldsymbol{\gamma}^{\mathrm{T}}\boldsymbol{v}_i)h\tag{8.4.18}$$

这一形式对于解析 Q4 单元的性质十分有用，它提供了以线性分量和双线性项 $h=\xi\eta$ 形式表示的速度场。通过这种形式可以看出构造假设应变场的可能性，以避免各种形式的自锁。

函数 $h=\xi\eta$ 具有十分有用的性质，它的导数正交于常数场：

$$\int_{\Omega_e}h_{,x}\,\mathrm{d}\Omega=\int_{\Omega_e}h_{,y}\,\mathrm{d}\Omega=0\tag{8.4.19}$$

作为结果，双线性速度的能量可以从线性速度的能量中解耦，并且刚度矩阵也可以进行类似的解耦。

8.4.2 Q4 单元的体积自锁

对于不可压缩或接近不可压缩的材料，当进行完全积分时，Q4 单元在平面应变中会发生自锁。不可压缩材料的运动必须是等体积的，即雅克比行列式 $J=1$。以率形式表述，即 $\dot{J}=0$，由式(2.2.36)可知，$\dot{J}=0$ 等价于 $v_{i,i}=0$。对于 Q4，下面给出体积自锁的两种解释。首先给出对于不可压缩材料的讨论，其次将它们扩展到接近不可压缩材料。

考虑图 8-13 中的单元①。仅有可能非零的节点 6 的速度为

$$v_{x6}=-\beta_1 a,\quad v_{y6}=+\beta_2 b\tag{8.4.20}$$

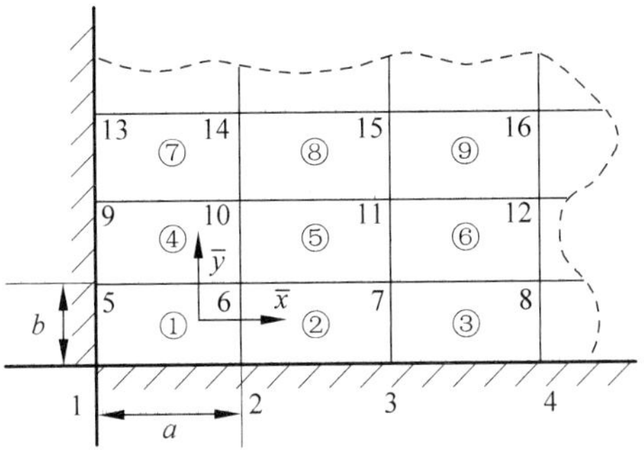

图 8-13　矩形单元的网格

两边固定(仅显示部分网格)

式中,β_K 是任意值(选择这种形式是为了简化后文的推导)。单元①的所有其他节点的速度必须为零以满足边界条件。微分式(8.4.18)证明,对于一个任意运动,其膨胀率 D_{ii} 为

$$D_{ii}=v_{x,x}+v_{y,y}=\boldsymbol{b}_x^{\mathrm{T}}\boldsymbol{v}_x+\boldsymbol{b}_y^{\mathrm{T}}\boldsymbol{v}_y+\boldsymbol{\gamma}^{\mathrm{T}}\boldsymbol{v}_x h_{,x}+\boldsymbol{\gamma}^{\mathrm{T}}\boldsymbol{v}_y h_{,y} \tag{8.4.21}$$

对于单元①,可以证明:

$$\boldsymbol{b}_x^{\mathrm{T}}=\frac{1}{2ab}[-b\quad b\quad b\quad -b],\quad \boldsymbol{b}_y^{\mathrm{T}}=\frac{1}{2ab}[-a\quad -a\quad a\quad a],\quad \boldsymbol{\gamma}^{\mathrm{T}}=\frac{1}{4}[1\quad -1\quad 1\quad -1]$$

节点速度式(8.4.20)给出 $\boldsymbol{b}_x^{\mathrm{T}}\boldsymbol{v}_x=\dfrac{-\beta_1}{2}$,$\boldsymbol{b}_y^{\mathrm{T}}\boldsymbol{v}_y=\dfrac{\beta_2}{2}$。所以,除非 $\beta_1=\beta_2$,否则膨胀率的常数项是非零的。因此,一个等体积运动需要 $\beta_1=\beta_2$。在这种情况下,可以证明 $A=0$。但是,当 $\beta_1=\beta_2\equiv\beta$ 时,

$$D_{ii}=\frac{1}{4}\beta(bh_{,y}-ah_{,x})=\frac{\beta}{2}(\bar{x}-\bar{y}),\quad \bar{x}=\frac{x}{a},\quad \bar{y}=\frac{y}{b} \tag{8.4.22}$$

只有当沿直线 $\bar{y}=\bar{x}$ 时,上式才为零!因此,尽管单元的运动是一个常数体积运动,但除了在该直线上,膨胀率处处是非零的。对于在整个单元中是等体积的运动,β 必须为零,并且节点 6 不能移动。

如果节点 6 不能移动,对于单元②的左侧,则由节点 2 和节点 6 提供刚性边界,并且对于单元②,可以证明节点 7 是不能移动的。这一讨论可以对网格中的所有单元重复,以证明所有节点的速度必须为零,即有限元模型自锁。这一讨论也适用于歪斜单元。

另一种检验这一行为的方法是考虑由式(8.4.14)表示的一个单元的速度,其膨胀率为

$$D_{ii}=v_{x,x}+v_{y,y}=\alpha_{x1}+\alpha_{y2}+\alpha_{x3}h_{,x}+\alpha_{y3}h_{,y} \tag{8.4.23}$$

通过在整个单元域上积分膨胀率,可以计算一个单元面积的变化:

$$\int_{\Omega_e}D_{ii}\,\mathrm{d}A=\int_{\Omega_e}(\alpha_{x1}+\alpha_{y2}+\alpha_{x3}h_{,x}+\alpha_{y3}h_{,y})\,\mathrm{d}A \tag{8.4.24}$$

对式(8.4.24)的等号右侧积分,应用式(8.4.19)并设定结果为零,以反映等体积运动:

$$\int_{\Omega_e}D_{ii}\,\mathrm{d}A=(\alpha_{x1}+\alpha_{y2})A=0 \tag{8.4.25}$$

上式证明,对于任意的等体积速度场,$\alpha_{y2}=-\alpha_{x1}$ 是必要的。保持单元面积为常数的运动的膨胀率为

$$D_{ii}=\alpha_{x3}h_{,x}+\alpha_{y3}h_{,y} \tag{8.4.26}$$

尽管所有单元的变形都保持体积不变，但其膨胀率在单元中的任何区域都是非零的，除非沿曲线 $\alpha_{x3}h_{,x}=-\alpha_{y3}h_{,y}$，得到 $D_{ii}=0$。因此，单元不能再造一个等体积运动。注意到上式也证明了引起困难的一部分运动是沙漏模式，因为它保持了体积不变，但是在单元内的膨胀率是非零的。

这些讨论可以很容易地扩展到接近不可压缩的材料，简便起见，考虑线性材料。将线性弹性应变能分解为静水部分和偏量部分：

$$W^{\mathrm{int}}=\frac{1}{2}\int_{\Omega_e}(K(u_{i,i})^2+2\mu\varepsilon_{ij}^{\mathrm{dev}}\varepsilon_{ij}^{\mathrm{dev}})\mathrm{d}\Omega \tag{8.4.27}$$

式中，K 是体积模量，μ 是剪切模量。在任意的等体积运动中，单元的整个体积将保持常数。否则，当 K 非常大时（接近不可压缩的材料），任何非零体积应变都将吸收所有能量。

因此，体积自锁源于单元没有能力准确地表示一个等体积运动。为了消除自锁，必须设计应变场，使得在假设的应变场中整个单元的膨胀率为零，即为了避免自锁，对于任意保持单元体积不变的速度场，整个单元的应变场必须是等体积的。特别是对于四边形单元，因为这一运动是等体积的；对于沙漏模式，整个单元中的膨胀率必须为零。

8.5 多场弱形式及应用

多场弱形式也称为混合弱形式，用于构造具有增强行为和没有自锁的单元。这里的多场是指力学量中力和位移的多场，而不是物理量的多场。因为这些单元的应变和（或）应力场是位移场的独立插值，这些单元也因此被称为假设应变单元和假设应力单元（或混合单元和杂交单元）。对于约束变形问题，这些技术非常有利，因为在约束变形中，完全积分的标准单元常常发生自锁。多场弱形式能够应用于某些特殊单元，这些单元既没有自锁也没有在约束变形时展示过硬的刚度。对于保守问题，可以应用混合变分原理或多场变分原理。

8.5.1 胡海昌-鹫津久一郎三场变分原理

最通用的多场弱形式是胡海昌-鹫津九一郎三场变分原理（以下简称三场原理）。三场原理是在赫林格-瑞斯纳两场变分原理（以下简称两场原理）之后发展起来的，两场原理是指在线性分析中经常应用的位移和应力两个未知场。在非线性分析中很少应用两场原理，因为它与应变率控制的本构模型是不相容的。

这里分享一个关于三场原理的有趣轶事。在瑞斯纳完成两场原理的工作后，鹫津久一郎拜访了他，并告诉他有关对三场理论的发展。瑞斯纳在回忆时说，他“首先反对了鹫津久一郎的观点，因为只有应力和位移可以在问题的边界条件中出现，除了定义应变-位移关系之外，以其他方式考虑应变-位移关系都是不自然的。然而不久之后，他就被三场原理说服了。瑞斯纳认为，由胡海昌和鹫津久一郎分别独立提出的三场原理是一个有价值的进展。”

下面首先给出源于这一变分原理的胡海昌-鹫津久一郎弱形式的表述，其次证明相应的强形式，此过程包含动力方程（动量守恒、内部连续条件和外力边界条件）、应变-位移方程

(以速度形式表示的变形率)和本构方程。

胡海昌-鹫津久一郎弱形式包含3个非独立的张量变量：速度$\boldsymbol{v}(\boldsymbol{X},t)$、变形率$\bar{\boldsymbol{D}}(\boldsymbol{X},t)$和应力$\bar{\boldsymbol{\sigma}}(\boldsymbol{X},t)$。通常称变形率$\bar{\boldsymbol{D}}$为假设变形率，称$\bar{\boldsymbol{\sigma}}$为假设应力，因为它们的插值独立于速度场。在本方法中，除速度之外所有上加横线的变量均表示其为假设场变量，以此区分无上加横线的场变量。例如，速度应变$\boldsymbol{D}$源于速度对应于运动的关系，而应力$\boldsymbol{\sigma}$是由源于假设速度应变的本构方程计算的。因此，$\boldsymbol{D}$和$\boldsymbol{\sigma}$表示$\boldsymbol{D}(\boldsymbol{v})$和$\boldsymbol{\sigma}(\bar{\boldsymbol{D}})$，但是后文常常省略函数的相关性。

弱形式为

$$\delta\Pi^{\mathrm{HW}}(\boldsymbol{v},\bar{\boldsymbol{D}},\bar{\boldsymbol{\sigma}})=\int_{\Omega}\delta\bar{\boldsymbol{D}}:\boldsymbol{\sigma}(\bar{\boldsymbol{D}})\mathrm{d}\Omega+\int_{\Omega}\delta[\bar{\boldsymbol{\sigma}}:(\boldsymbol{D}(\boldsymbol{v})-\bar{\boldsymbol{D}})]\mathrm{d}\Omega-\delta p^{\mathrm{ext}}+\delta p^{\mathrm{kin}}=0 \tag{8.5.1}$$

或

$$\delta\Pi^{\mathrm{HW}}(\boldsymbol{v},\bar{\boldsymbol{D}},\bar{\boldsymbol{\sigma}})=\int_{\Omega}\delta\bar{D}_{ij}\sigma_{ij}(\bar{\boldsymbol{D}})\mathrm{d}\Omega+\int_{\Omega}\delta[\bar{\sigma}_{ij}(D_{ij}(\boldsymbol{v})-\bar{D}_{ij})]\mathrm{d}\Omega-\delta p^{\mathrm{ext}}+\delta p^{\mathrm{kin}}=0 \tag{8.5.2}$$

在上式等号右侧的第二项中，δ是一个算子，采用变分算子的规则，于是有$\delta(uv)=\delta uv+u\delta v$。虚外功率和虚内功率与单场原理中的式(B4.2.6)～式(B4.2.7)一致。应力$\boldsymbol{\sigma}(\bar{\boldsymbol{D}})$可以是应力和状态变量的函数，状态变量还是$\bar{\boldsymbol{D}}$的函数，但是，这里仅显式地表示它依赖于$\bar{\boldsymbol{D}}$；注意到$\boldsymbol{\sigma}$是假设速度应变的一个函数。

在弱形式中不出现假设速度应变$\bar{\boldsymbol{D}}$或假设应力$\bar{\boldsymbol{\sigma}}$的导数，因此这些变量只需是$\boldsymbol{X}$的分段线性连续函数，即$C^{-1}$函数即可。$\bar{\boldsymbol{D}}$和$\bar{\boldsymbol{\sigma}}$的试函数不需要满足任何边界条件。在胡海昌-鹫津久一郎弱形式中出现了速度的一阶导数，所以速度必须是连续可微的，即$\boldsymbol{v}\in C^{0}$；所以$\boldsymbol{v}$必须满足运动边界条件，而$\delta\boldsymbol{v}\boldsymbol{v}$在运动边界上必须为零。因此，关于速度的变分和试函数条件与虚功率原理的条件是一致的，$\boldsymbol{v}\in U$和$\delta\boldsymbol{v}\in U_0$，这里$U_0$的定义在式(4.3.1)给出。可以看到，变分函数$\delta\boldsymbol{v}(\boldsymbol{X})$、$\delta\bar{\boldsymbol{D}}(\boldsymbol{X})$和$\delta\bar{\boldsymbol{\sigma}}(\boldsymbol{X})$是独立于时间的。一个值得注意的敏感问题是，由于出现了速度场的导数乘以假设应力，这里给出的连续性要求必须比对能量限度的要求更高。然而，在有限元方法中，应用较低的连续性实现编程是比较困难的。

胡海昌-鹫津久一郎弱形式可以视为单一场弱形式的拉格朗日乘子形式。约束是在$\bar{\boldsymbol{D}}$和$\boldsymbol{D}=\mathrm{sym}\,\nabla\boldsymbol{v}$之间的关系；拉格朗日乘子是假设的应力$\bar{\boldsymbol{\sigma}}$。

弱和强形式的等价性表述为

如果在任意时间t，$\boldsymbol{v}\in U$，$\bar{\boldsymbol{D}}\in C^{-1}$，$\bar{\boldsymbol{D}}=\bar{\boldsymbol{D}}^{\mathrm{T}}$，$\bar{\boldsymbol{\sigma}}\in C^{-1}$，$\bar{\boldsymbol{\sigma}}=\bar{\boldsymbol{\sigma}}^{\mathrm{T}}$并且

$$\delta\Pi^{\mathrm{HW}}(\boldsymbol{v},\bar{\boldsymbol{D}},\bar{\boldsymbol{\sigma}})=0,\quad \forall\,\delta\boldsymbol{v}\in U_0,\quad \forall\,\delta\bar{\boldsymbol{D}}\in C^{-1},\quad \delta\bar{\boldsymbol{D}}=\delta\bar{\boldsymbol{D}}^{\mathrm{T}},\quad \forall\,\delta\bar{\boldsymbol{\sigma}}\in C^{-1},\quad \delta\bar{\boldsymbol{\sigma}}=\delta\bar{\boldsymbol{\sigma}}^{\mathrm{T}} \tag{8.5.3}$$

那么有

$$\frac{\partial\bar{\sigma}_{ji}}{\partial x_j}+\rho b_i=\rho\dot{v}_i \quad \text{（动量方程）} \tag{8.5.4}$$

$$n_j\bar{\sigma}_{ij}=t_j^{*},\quad \Gamma_{ij} \quad \text{（外力边界条件）} \tag{8.5.5}$$

$$\bar{\sigma}_{ij}=\sigma_{ij}(\bar{\boldsymbol{D}},\bar{\boldsymbol{\sigma}},\cdots) \quad \text{（本构方程）} \tag{8.5.6}$$

$$\bar{D}_{ij}=D_{ij}(\boldsymbol{v})=\frac{1}{2}\left(\frac{\partial v_i}{\partial x_j}+\frac{\partial v_j}{\partial x_i}\right)\qquad\text{(应变度量)}\tag{8.5.7}$$

$$\| n_i\bar{\sigma}_{ij}\|=0,\quad \text{在 }\Gamma_{\text{int}}\text{ 上}\qquad\text{(内部连续条件)}\tag{8.5.8}$$

式中，$U=\{\boldsymbol{v}(\boldsymbol{X},t)\mid\boldsymbol{v}\in C^0,v_i=\bar{v}_i,\Gamma_{v_i}\}$，$U_0=\{\delta v_i(\boldsymbol{X})\mid\delta v_i\in C^0,\delta v_i=0,\Gamma_{v_i}\}$。

下面对强形式中的两个方程给出解释。式(8.5.6)是本构方程的强形式，它指出假设的应力等于由本构方程计算的应力。式(8.5.7)是速度应变定义的强形式：假设的速度应变等于速度梯度的对称部分(采用符号 $\boldsymbol{D}$ 以简化标记)。

接着将演示弱形式式(8.5.3)隐含式(8.5.4)～式(8.5.8)，并描述假设的应力场$\bar{\boldsymbol{\sigma}}$是在速度应变和速度关系之间的一个拉格朗日乘子。为此，采用一个对称的拉格朗日乘子$\boldsymbol{\lambda}=\boldsymbol{\lambda}^{\mathrm{T}}$代替$\bar{\boldsymbol{\sigma}}$，它是一个二阶张量，且在证明结束时可以看到这个拉格朗日乘子等同于应力。考虑简单的边界条件，给定力或速度的全部分量，得到 $\Gamma_t=\Gamma-\Gamma_v$。

取式(8.5.2)第二项的变分，由$\boldsymbol{\lambda}$代替$\bar{\boldsymbol{\sigma}}$且由 $v_{i,j}$ 代替 D_{ij}，考虑到 λ_{ij} 的对称性，得到

$$\int_\Omega\delta[\lambda_{ij}(v_{i,j}-\bar{D}_{ij})]\mathrm{d}\Omega=\int_\Omega[\delta\lambda_{ij}(v_{i,j}-\bar{D}_{ij})+\lambda_{ij}(\delta v_{i,j}-\delta\bar{D}_{ij})]\mathrm{d}\Omega\tag{8.5.9}$$

考虑上式等号右侧的第三项：

$$\begin{aligned}\int_\Omega\delta v_{i,j}\lambda_{ij}\,\mathrm{d}\Omega&=\int_\Omega[(\delta v_i\lambda_{ij})_{,j}-\delta v_i\lambda_{ij,j}]\mathrm{d}\Omega\\&=\int_{\Gamma_t}\delta v_i\lambda_{ij}n_j\,\mathrm{d}\Gamma+\int_{\Gamma_{\text{int}}}\delta v_i\,\|\lambda_{ij}n_j\|\,\mathrm{d}\Gamma-\int_\Omega\delta v_i\lambda_{ij,j}\,\mathrm{d}\Omega\end{aligned}\tag{8.5.10}$$

对上式第二行的第一项应用高斯散度定理，并且立刻将 Γ 变为 Γ_t，因为在 $\Gamma_v=\Gamma-\Gamma_t$ 上有 $\delta v_i=0$。将式(8.5.10)代入式(8.5.9)，这样，式(8.5.2)中的结果变为

$$\begin{aligned}\delta\Pi^{\text{HW}}=&\int_\Omega[\delta v_i(-\lambda_{ij,j}-\rho b_i+\rho\dot{v}_i)+\delta\lambda_{ij}(\text{sym}v_{i,j}-\bar{D}_{ij})-\delta\bar{D}_{ij}(\lambda_{ij}-\sigma_{ij}(\bar{\boldsymbol{D}}))]\mathrm{d}\Omega+\\&\int_{\Gamma_t}\delta v_i(\lambda_{ij}n_j-t_i^*)\mathrm{d}\Gamma+\int_{\Gamma_{\text{int}}}\delta v_i\,\|\lambda_{ij}n_j\|\,\mathrm{d}\Gamma=0\end{aligned}\tag{8.5.11}$$

应用变分函数的任意性，则方程等同于式(8.5.4)～式(8.5.8)，除它们是以$\boldsymbol{\lambda}$而不是以$\bar{\boldsymbol{\sigma}}$的形式表示之外。如果用$\bar{\boldsymbol{\sigma}}$代替$\boldsymbol{\lambda}$，就获得了强形式。上式也证明了如果一个拉格朗日乘子限制了变形率和速度之间的关系，则拉格朗日乘子是应力。

下面将三场变分原理应用于接近于不可压缩材料的问题。为了消除单元体积自锁，通过将弱形式式(8.5.1)中的应力和速度应变项分解为静水部分和偏量部分，并且令 $\bar{\boldsymbol{D}}^{\text{dev}}=\boldsymbol{D}^{\text{dev}}$，$\bar{\boldsymbol{\sigma}}^{\text{dev}}=\boldsymbol{\sigma}^{\text{dev}}$，$\delta\bar{\boldsymbol{D}}^{\text{dev}}=\delta\boldsymbol{D}^{\text{dev}}$，以及 $\delta\bar{\boldsymbol{\sigma}}^{\text{dev}}=\delta\boldsymbol{\sigma}^{\text{dev}}$，可以实现这一目的。在弱形式式(8.5.2)中的内部虚功率可以简化为

$$\delta p^{\text{int}}=\int_\Omega(\delta D_{ij}^{\text{dev}}\sigma_{ij}^{\text{dev}}(\bar{D}_{kk},D_{ij}^{\text{dev}})-\delta\bar{D}_{ii}p(\bar{D}_{kk},D_{ij}^{\text{dev}}))\mathrm{d}\Omega-\int_\Omega\delta[\bar{p}(D_{ii}-\bar{D}_{ii})]\mathrm{d}\Omega\tag{8.5.12}$$

式中，D_{ii} 是从速度场中获得的膨胀率，$\bar{D}_{ii}$ 是假设膨胀率，$\bar{p}$ 是假设压力场；外部和动力功率不变。该多场弱形式仅增加了两个未知标量场：假设膨胀率和假设应力场。这个弱形式可以应用于接近不可压缩的材料。

将三场变分原理应用于不可压缩材料的问题。假设膨胀率必须为零，所以令 $\bar{D}_{ii}=0$ 和 $\delta\bar{D}_{ii}=0$。内部虚功率式(8.5.12)简化为

$$\delta p^{\text{int}}=\int_{\Omega}\delta D_{ij}^{\text{dev}}\sigma_{ij}^{\text{dev}}(\boldsymbol{D}^{\text{dev}})\mathrm{d}\Omega-\int_{\Omega}\delta[\bar{p}D_{ii}]\mathrm{d}\Omega \tag{8.5.13}$$

式中,不可压缩率条件 $D_{ii}=v_{i,i}=0$ 是一个用拉格朗日乘子假设压力 $\bar{p}$ 的约束。应注意这个偏量压力是 $\boldsymbol{D}(\boldsymbol{v})$的一个函数。该弱形式只有一个附加未知量,即假设压力。

8.5.2 三场原理的完全拉格朗日形式

弱形式式(8.5.1)可以用许多其他方式表达,Atluri 和 Cazzani(1995)给出了这些方式的综述,这里描述其中的几种。在三场原理中,通过应用应力和应变的不同共轭度量,可以得到这些可替换的形式,但是有时问题会变得错综复杂。

如果将式(8.5.2)转化为包含名义应力 $\boldsymbol{P}$ 和变形梯度 $\boldsymbol{F}$ 的共轭对,则三场弱形式为

$$\delta\Pi^{\text{HW}}(\boldsymbol{u},\bar{\boldsymbol{F}},\bar{\boldsymbol{P}})=\int_{\Omega_0}\delta\bar{F}_{ij}P_{ji}(\bar{\boldsymbol{F}})\mathrm{d}\Omega_0+\int_{\Omega_0}\delta[\bar{P}_{ji}(F_{ij}(\boldsymbol{u})-\bar{F}_{ij})]\mathrm{d}\Omega_0-\delta W^{\text{ext}}+\delta W^{\text{kin}}=0 \tag{8.5.14}$$

式中,外部虚能量和动力虚能量由式(B3.2.3)~式(B3.2.4)给出。关于三场弱形式的内部虚功率也可以以包含 PK2 应力 $\boldsymbol{S}$ 和格林应变 $\boldsymbol{E}$ 的能量共轭对的形式给出:

$$\delta W^{\text{int}}=\int_{\Omega_0}\delta\bar{F}_{ij}S_{ji}(\bar{\boldsymbol{E}})\mathrm{d}\Omega_0+\int_{\Omega_0}\delta[\bar{S}_{ij}(E_{ij}(\boldsymbol{u})-\bar{E}_{ij})]\mathrm{d}\Omega_0 \tag{8.5.15}$$

由于名义应力是不对称的,4 个分量不得不在二维中进行插值,并且不得不考虑角动量的平衡,因此,完全的拉格朗日形式是难以实现的。通过以 PK2 应力 $\boldsymbol{S}$ 的形式表达本构方程,并且令 $\bar{\boldsymbol{P}}=\bar{\boldsymbol{S}}\bar{\boldsymbol{F}}^{\mathrm{T}}$(表 2-1),完全的拉格朗日形式才得以实现。其他困难来自 $\boldsymbol{F}$ 不是应变的度量(在刚体转动中它不为零),所以定义这个场是非常困难的。格林应变使问题复杂化,因为 $\bar{\boldsymbol{E}}$ 是关于线性梯度场的二次项;它的设计不像速度-应变场 $\bar{\boldsymbol{D}}$ 那样简单。

在完全的拉格朗日格式中,对于静力保守问题(载荷和材料是有势的),可以写出三场原理的表达式。对应 3.7 节单一场原理的三场形式为

$$\Pi^{\text{HW}}(\boldsymbol{u},\bar{\boldsymbol{S}},\bar{\boldsymbol{E}})=\int_{\Omega_0}w(\bar{\boldsymbol{E}})\mathrm{d}\Omega_0+\int_{\Omega_0}\bar{\boldsymbol{S}}:(\boldsymbol{E}-\bar{\boldsymbol{E}})\mathrm{d}\Omega_0-W^{\text{ext}} \tag{8.5.16}$$

式中,$w(\bar{\boldsymbol{E}})$是以假设应变表示的内部势能。以名义应力和变形张量的形式,以及其他在能量上共轭的应力-应变对的形式,也可以写出上式。

对于不可压缩和接近不可压缩的材料,由 Simo、Taylor 和 Pister(1985)考查了下述完全的拉格朗日形式:

$$W(\boldsymbol{u},\bar{p})=\int_{\Omega_0}(w(\bar{J}^{-\frac{1}{3}}\boldsymbol{F}(\boldsymbol{u}))+\bar{p}(J(\boldsymbol{u})-\bar{J}))\,\mathrm{d}\Omega_0-W^{\text{ext}} \tag{8.5.17}$$

式中,$\bar{p}$ 是假设压力,$f_A^{\text{int}}-f_A^{\text{ext}}+M_{AB}\ddot{d}_B=0$ 是关于雅克比行列式的假设场。对于不可压缩材料,它可以简化为

$$W(\boldsymbol{u},\bar{p})=\int_{\Omega_0}(w(J^{-\frac{1}{3}}\boldsymbol{F}(\boldsymbol{u}))+\bar{p}(J(\boldsymbol{u})-1))\,\mathrm{d}\Omega_0-W^{\text{ext}} \tag{8.5.18}$$

上式也可以视为拉格朗日乘子方法,并且强加了不可压缩条件 $J=1$,见 12.4.2 节,这里也注意到,$J^{-\frac{1}{3}}\boldsymbol{F}(\boldsymbol{u})$是变形偏量的度量。由于雅克比行列式 J 在位移中是非线性的,这些弱形式比式(8.5.13)更难以实现。然而对于较大的增量,这一方法强化的不可压缩条件比率形式的式(8.5.13)更为精确。

8.5.3 压力-速度的多场问题

式(8.5.13)的离散化包括两个场：速度场$\boldsymbol{v}(\boldsymbol{X},t)$和假设压力场$\bar{p}(\boldsymbol{X},t)$。应用两种压力近似：

(1) 整体定义的场$\bar{p}(\boldsymbol{X},t)$；

(2) 各单元独立的压力场$\bar{p}(\boldsymbol{X},t)$,该压力场仅与单元内部的参数有关,并在全局组装之前就可以被消去,这要求使用摄动的拉格朗日方法。

首先从整体定义的场开始,其次修正它们以得到关于第(2)种方法的离散方程。

设速度场和压力场为

$$v_i(\xi,t)=N_{iA}(\xi)\dot{d}_A(t) \quad 或 \quad \boldsymbol{v}=\boldsymbol{N}\dot{\boldsymbol{d}} \tag{8.5.19}$$

$$\bar{p}(\xi,t)=N_A^P(\xi)p_A(t) \quad 或 \quad \bar{p}=\boldsymbol{N}^p\boldsymbol{p} \tag{8.5.20}$$

式中,$\dot{\boldsymbol{d}}^{\mathrm{T}}=[v_{x1},v_{y1},v_{x2},v_{y2},\cdots]$,$\boldsymbol{p}^{\mathrm{T}}=[p_1,p_2,\cdots]$；速度形状函数已经包含了一个分量指标。对于不同的分量,采用相同的形状函数；选择这一标记是为了简化后文的推导过程。上角标p附加于压力插值,以区别于速度插值。

对于一个不可压缩材料的内部虚功率,式(8.5.13)可以变为(4.5.4节)

$$\delta p^{\mathrm{int}}=\delta\dot{d}_B\int_\Omega B_{ijB}^{\mathrm{dev}}\sigma_{ji}^{\mathrm{dev}}\mathrm{d}\Omega+\delta(p_A G_{AB}\dot{d}_B) \tag{8.5.21}$$

式中,$G_{AB}=-\int_\Omega N_A^p N_{Bi,i}\mathrm{d}\Omega$,$B_{ijA}=\dfrac{1}{2}(N_{iA,j}+N_{jA,i})$,$B_{ijA}^{\mathrm{dev}}=B_{ijA}-\dfrac{1}{3}B_{kkA}\delta_{ij}$。

如在表4-4中的单一场形式,外部虚功率和动力虚功率是没有变化的,因此

$$\delta p^{\mathrm{ext}}-\delta p^{\mathrm{kin}}=\delta\dot{d}_A(f_A^{\mathrm{ext}}-M_{AB}\ddot{d}_B) \tag{8.5.22}$$

取式(8.5.21)第二项的变分：

$$\delta p^{\mathrm{int}}=\delta\dot{d}_B\left[\int_\Omega B_{ijB}^{\mathrm{dev}}\sigma_{ji}^{\mathrm{dev}}\mathrm{d}\Omega+G_{AB}p_A\right]+\delta p_A G_{AB}\dot{d}_B \tag{8.5.23}$$

组合式(8.5.22)和式(8.5.23),得到

$$M_{AB}\ddot{d}_B+f_A^{\mathrm{int}}=f_A^{\mathrm{ext}},\quad f_A^{\mathrm{int}}=\int_\Omega B_{ijA}^{\mathrm{dev}}\sigma_{ji}^{\mathrm{dev}}\mathrm{d}\Omega+G_{BA}p_B \tag{8.5.24}$$

$$G_{AB}\dot{d}_B=0 \tag{8.5.25}$$

式(8.5.24)是运动的半离散化方程,其节点内力已经重新定义以考虑压力近似。式(8.5.25)是不可压缩条件。请注意比较由多场方法得到的节点内力(考虑了假设压力场)与单一场的节点内力式(B4.4.2)。通过式(8.5.21)写出的G_{AB},式(8.5.24)成为

$$f_A^{\mathrm{int}}=\int_\Omega(B_{ijA}^{\mathrm{dev}}\sigma_{ji}^{\mathrm{dev}}-B_{iiA}N_B^P p_B)\mathrm{d}\Omega \tag{8.5.26}$$

所以,应力可以简单分解为偏量部分和静水部分,对静水部分应用式(8.5.20)。

以福格特矩阵形式将运动方程(8.5.24)和等体积约束式(8.5.25)写为

$$\boldsymbol{M}\ddot{\boldsymbol{d}}+\boldsymbol{f}^{\mathrm{int}}+\boldsymbol{f}^{\mathrm{ext}},\quad \boldsymbol{f}^{\mathrm{int}}=\int_\Omega\boldsymbol{B}_{\mathrm{dev}}^{\mathrm{T}}\{\boldsymbol{\sigma}^{\mathrm{dev}}\}\mathrm{d}\Omega+\boldsymbol{G}^{\mathrm{T}}\boldsymbol{p} \tag{8.5.27}$$

$$\boldsymbol{G}\dot{\boldsymbol{d}}=0 \tag{8.5.28}$$

式中,式(8.5.28)为不可压缩条件。

通过 6.4 节的分析过程，可以得到关于上式的线性化方程。采用 $\delta\boldsymbol{d}$ 为在牛顿迭代程序中的增量位移，$\Delta\boldsymbol{d}$ 为增量步长。线性化方程为

$$\begin{bmatrix}\boldsymbol{A} & \boldsymbol{G}^{\mathrm{T}}\\ \boldsymbol{G} & 0\end{bmatrix}\begin{Bmatrix}\delta\boldsymbol{d}\\ \delta\boldsymbol{p}\end{Bmatrix}=\begin{Bmatrix}-\boldsymbol{r}_v-\boldsymbol{G}^{\mathrm{T}}\boldsymbol{p}_v\\ -\boldsymbol{G}\Delta\boldsymbol{d}_v\end{Bmatrix}\tag{8.5.29}$$

式中，$\boldsymbol{A}$ 由式(6.2.23)给出，并且

$$\boldsymbol{K}_{IJ}^{\mathrm{int}}=\int_{\Omega}(\boldsymbol{B}_I^{\mathrm{T}}[C_{\mathrm{dev}}^{\sigma T}]\boldsymbol{B}_J+\boldsymbol{I}\boldsymbol{B}_I^{\mathrm{T}}(\boldsymbol{\sigma}-\bar{p}\boldsymbol{I})\boldsymbol{B}_J)\mathrm{d}\Omega\tag{8.5.30}$$

上式是拉格朗日乘子的标准形式。与式(6.2.40)相比，这个公式中的压力场必须是整体的；上式等号左侧的压力矩阵系数为零，因此它不能在单元水平上被消除。因为仅在单一场形式上附加了一个未知场，这一多场形式是有效的。

因此，多场弱形式基本上是单一场原理的约束形式。对于 p-v，约束是不可压缩条件 $v_{i,i}=0$，即速度场的散度等于零，并且拉格朗日乘子是假设压力。

为了在单元水平上消除压力，应用摄动的拉格朗日乘子，在线性化方程(8.5.29)中，让左侧压力的矩阵系数摄动。其线性化方程是

$$\begin{bmatrix}\boldsymbol{A} & \boldsymbol{G}^{\mathrm{T}}\\ \boldsymbol{G} & \boldsymbol{H}\end{bmatrix}\begin{Bmatrix}\delta\boldsymbol{d}\\ \delta\boldsymbol{p}\end{Bmatrix}=\begin{Bmatrix}-\boldsymbol{r}_v-\boldsymbol{G}^{\mathrm{T}}\boldsymbol{p}_v\\ -\boldsymbol{G}\Delta\boldsymbol{d}_v-\boldsymbol{H}\boldsymbol{p}_v\end{Bmatrix}\tag{8.5.31}$$

式中，

$$\boldsymbol{H}=[H_{AB}],\quad H_{AB}=\beta\int_{\Xi}N_A^pN_B^p\mathrm{d}\Omega\tag{8.5.32}$$

式中，β 是罚参数，如在式(6.2.46)中的罚参数 β。

如果压力是 C^{-1}，它可以在单元水平上被消除。用 $\bar{p}=\boldsymbol{N}\boldsymbol{p}^e$ 代替式(8.5.20)，这里 $\boldsymbol{p}^e$ 是单元压力变量，除它们属于一个单元之外，其离散方程与式(8.5.31)是一致的。

$$\begin{bmatrix}\boldsymbol{A}_e & \boldsymbol{G}_e^{\mathrm{T}}\\ \boldsymbol{G}_e & \boldsymbol{H}^e\end{bmatrix}\begin{Bmatrix}\delta\boldsymbol{d}^e\\ \delta\boldsymbol{p}^e\end{Bmatrix}=\begin{bmatrix}\boldsymbol{f}_e^{\mathrm{int}}\\ \boldsymbol{0}\end{bmatrix}\tag{8.5.33}$$

上式第二行的约束方程则是

$$\boldsymbol{G}_e\delta\boldsymbol{d}^e+\boldsymbol{H}^e\delta\boldsymbol{p}^e=0\tag{8.5.34}$$

式中，$\boldsymbol{G}_e$ 和 $\boldsymbol{H}^e$ 是前文定义的整体矩阵的单元对应部分。上式可以在单元水平上求解 $\delta\boldsymbol{p}^e$，其结果可以代入式(8.5.33)中的第一项，以得到等效单元切线刚度矩阵。

8.5.4 三场原理的有限元编程

通过三场原理建立的有限元方程涉及 3 个张量场的近似。标量场的结果数目非常之多：在三维中，与 $\bar{\boldsymbol{D}}(\boldsymbol{X},t)$、$\bar{\boldsymbol{\sigma}}(\boldsymbol{X},t)$和$\boldsymbol{v}(\boldsymbol{X},t)$有关的标量场的数目分别是 6、6 和 3，共 15 个未知场(已经采用了 $\bar{\boldsymbol{D}}$ 和 $\bar{\boldsymbol{\sigma}}$ 的对称性)；在二维中，标量场的数目分别是 3、3 和 2，共 8 个未知场。因此，应用三场原理的计算量非常大，因为与单一场弱形式的未知场相比，三场原理在二维中包含了 4 倍的未知场，而在三维中包含了 5 倍的未知场。因此，很少采用三场原理直接编程。但是，该原理对于检验程序仍是有益的。

对三场原理进行编程，对 $\bar{\boldsymbol{D}}(\boldsymbol{X},t)$和$\bar{\boldsymbol{\sigma}}(\boldsymbol{X},t)$的连续性要求更低：在单元水平上定义这些假设场，并在装配前删除。对于非独立变量，有限元近似给出为

$$v_i(\xi,t)=N_{iA}(\xi)\dot{d}_A(t)\quad 或\quad \boldsymbol{v}=\boldsymbol{N}\dot{\boldsymbol{d}}\tag{8.5.35}$$

$$\boldsymbol{f}_e^{\mathrm{int}} = \widetilde{\boldsymbol{B}}_e^{\mathrm{T}}\boldsymbol{\beta}_e \quad 或 \quad \bar{D}_a = N_{aA}^D \alpha_A^e, \quad 或 \quad \{\bar{\boldsymbol{D}}\} = \boldsymbol{N}_D \boldsymbol{\alpha}^e \tag{8.5.36}$$

$$\bar{\sigma}_{ij}(\xi, t) = N_{ijA}^{\sigma}(\xi)\beta_A^e(t) \quad 或 \quad \bar{\sigma}_a = N_{aA}^{\sigma}\beta_A^e \quad 或 \quad \{\bar{\boldsymbol{\sigma}}\} = \boldsymbol{N}_{\sigma}\boldsymbol{\beta}^e \tag{8.5.37}$$

式中，$N_{iA}(\xi)$是 C^0 插值函数。最右侧为福格特形式，这里 ij 转化为单一指标。插值 $N_{ijI}^D(\xi)$和 $N_{ijI}^{\sigma}(\xi)$是 C^{-1} 插值函数，并且在每一个单元中以只属于该单元的参数形式定义；指标 ij 对于假设应力和速度应变场的插值是对称的，即 $N_{ijA}^D = N_{jiA}^D$ 和 $N_{ijA}^{\sigma} = N_{jiA}^{\sigma}$。对于假设应力和速度应变，三场原理也可以采用 C^0 编程，但是代价巨大。变分函数为

$$\delta v_i(\xi) = N_{iA}(\xi)\delta \dot{d}_A, \quad \delta\bar{D}_{ij}(\xi) = N_{ijC}^D(\xi)\delta\alpha_C^e, \quad \delta\bar{\sigma}_{ij}(\xi) = N_{ijB}^{\sigma}(\xi)\delta\beta_B^e \tag{8.5.38}$$

将近似式(8.5.35)～式(8.5.38)代入式(8.5.1)，得到

$$\delta\Pi^{HW} = \sum_e \delta\alpha_C^e \int_{\Omega_e} N_{ijC}^D \sigma_{ij}(\bar{\boldsymbol{D}})\mathrm{d}\Omega +$$

$$\sum_e \int_{\Omega_e} \delta[\beta_B^e N_{ijB}^{\sigma}(B_{ijA}\dot{d}_A - N_{ijC}^D\alpha_c^e)]\mathrm{d}\Omega - \delta p^{\mathrm{ext}} + \delta p^{\mathrm{kin}} = 0 \tag{8.5.39}$$

速度应变和应力的插值既不在 δp^{ext} 也不在 δp^{kin} 中出现。因此，引自单一场虚功率原理中的这些项不变，所以(4.5 节)：

$$\delta p^{\mathrm{ext}} - \delta p^{\mathrm{kin}} = \delta\dot{d}_A(f_A^{\mathrm{ext}} - \boldsymbol{M}_{AB}\ddot{d}_B) \tag{8.5.40}$$

式中，f_A^{ext} 和 $\boldsymbol{M}_{AB}$ 是节点外力和质量矩阵，已在表 4-4 中给出。只有节点内力区别于单一场形式。简便起见，式(8.5.39)的内部虚功率重写为

$$\delta p_{\mathrm{HW}}^{\mathrm{int}} = \sum_e (\delta\alpha_C^e\tilde{\sigma}_C^e + \delta(\beta_B^e\widetilde{B}_{BA}^e\dot{d}_A - \beta_B^e G_{BC}^e\alpha_C^e)) \tag{8.5.41}$$

式中，

$$\tilde{\sigma}_C^e = \int_{\Omega_e} N_{ijC}^D\sigma_{ij}(\bar{\boldsymbol{D}})\mathrm{d}\Omega = \int_{\Omega_e} N_{aC}^D\{\sigma_a(\bar{\boldsymbol{D}})\}\mathrm{d}\Omega \quad 或 \quad \{\tilde{\sigma}_e\} = \int_{\Omega_e}(\boldsymbol{N}_D)^{\mathrm{T}}\{\boldsymbol{\sigma}(\bar{\boldsymbol{D}})\}\mathrm{d}\Omega \tag{8.5.42}$$

$$\widetilde{B}_{BA}^e = \int_{\Omega_e} N_{ijB}^{\sigma}B_{ijA}\mathrm{d}\Omega = \int_{\Omega_e} N_{aB}^{\sigma}B_{aA}\mathrm{d}\Omega \quad 或 \quad \widetilde{\boldsymbol{B}}_e = \int_{\Omega_e}\boldsymbol{N}_{\sigma}^{\mathrm{T}}\boldsymbol{B}\mathrm{d}\Omega \tag{8.5.43}$$

$$G_{BC}^e = \int_{\Omega_e} N_{ijB}^{\sigma}N_{ijC}^D\mathrm{d}\Omega = \int_{\Omega_e} N_{aB}^{\sigma}N_{aC}^D\mathrm{d}\Omega \quad 或 \quad \boldsymbol{G}_e = \int_{\Omega_e}\boldsymbol{N}_{\sigma}^{\mathrm{T}}\boldsymbol{N}_D\mathrm{d}\Omega \tag{8.5.44}$$

对式(8.5.41)的第二项取变分，并重写虚功率表达式(8.5.39)：

$$\delta\Pi^{\mathrm{HW}} = \sum_e[\delta\alpha_C^e(\tilde{\sigma}_C^e - G_{BC}^e\beta_B^e) + \delta\beta_B^e(\widetilde{B}_{BA}^e\dot{d}_A - G_{BC}^e\alpha_C^e) +$$

$$\delta\dot{d}_A\widetilde{B}_{KA}\beta_K^e] - \delta\dot{d}_A(f_A^{\mathrm{ext}} - M_{AB}\ddot{d}_B) = 0 \tag{8.5.45}$$

借助于 $\dot{d}_A^e = L_{AB}^e\dot{d}_B$，$\delta\dot{d}_A^e = L_{AB}^e\delta\dot{d}_B$，应用连接矩阵将单元节点速度与整体节点速度联系起来(3.5 节)，由 δd_A 的任意性，上式成为

$$\sum_e L_{BA}^e\widetilde{B}_{CB}^e\beta_C^e - f_A^{\mathrm{ext}} + M_{AB}\ddot{d}_B = 0, \quad \forall A = n_{\mathrm{SD}}(I-1)+i，其中(i, I) \notin \Gamma_{v_i} \tag{8.5.46}$$

其中，右侧公式表示自由度 A 不在指定速度的边界上。

这些方程可以写成类似于单一场运动方程(B4.4.1)的形式，如果定义

$$f_A^{\mathrm{int},e} = \widetilde{B}_{BA}^e\beta_B^e \quad 或 \quad \boldsymbol{f}_e^{\mathrm{int}} = \widetilde{B}_e^{\mathrm{T}}\beta_e \tag{8.5.47}$$

通过标准列矩阵的集成可以得到整体内力的运动方程为

$$f_A^{\text{int}} - f_A^{\text{ext}} + M_{AB}\ddot{d}_B = 0 \quad 或 \quad \boldsymbol{f}^{\text{int}} - \boldsymbol{f}^{\text{ext}} + \boldsymbol{Ma} = 0 \tag{8.5.48}$$

从而得到场 $\bar{\boldsymbol{D}}(\boldsymbol{X},t)$ 和 $\bar{\boldsymbol{\sigma}}(\boldsymbol{X},t)$，引用式(8.5.45)中 $\delta\alpha_A^e$ 和 $\delta\beta_A^e$ 的任意性，分别给出：

$$\tilde{\sigma}_C^e = G_{BC}^e \beta_B^e \quad 或 \quad \{\tilde{\boldsymbol{\sigma}}_e\} = \boldsymbol{G}_e^{\mathrm{T}} \beta_e \tag{8.5.49}$$

$$\tilde{B}_{BA}^e \dot{d}_A^e = G_{BC}^e \alpha_C^e \quad 或 \quad \tilde{\boldsymbol{B}}_e \dot{\boldsymbol{d}}_e = \boldsymbol{G}_e \alpha_e \tag{8.5.50}$$

式(8.5.49)是离散本构方程，式(8.5.50)是变形率的离散方程。通过组合式(8.5.36)和式(8.5.50)，可以得到假设变形率为

$$\bar{D}_{ij} = N_{ijA}^D (G_{AB}^e)^{-1} \tilde{B}_{BD}^e \dot{d}_D \quad 或 \quad \{\bar{\boldsymbol{D}}(\boldsymbol{\xi},t)\} = \boldsymbol{N}^D(\boldsymbol{\xi}) \boldsymbol{G}_e^{-1} \tilde{B}_e \dot{\boldsymbol{d}}_e(t) \tag{8.5.51}$$

表 8-3 给出了在混合单元中节点内力的计算方法。通过比较表 8-3 和表 4-4 可以看出，与单一场单元相比，基于多场弱形式的单元需要更多的计算量。因此，基于多场弱形式的单元很少在大规模计算中应用。

表 8-3 在混合单元中的节点内力的计算方法

(1) 通过求解式(8.5.50)，由 $\dot{\boldsymbol{d}}_e$ 得到 α_e
(2) 通过式(8.5.51)，计算变形率 $\bar{\boldsymbol{D}}$
(3) 由本构方程计算应力 $\sigma(\bar{\boldsymbol{D}})$
(4) 通过式(8.5.42)，计算 $\{\tilde{\sigma}_e\}$
(5) 由式(8.5.49)计算 β_e：$\beta_e = \boldsymbol{G}^{-1}\{\tilde{\sigma}_e\}$
(6) 通过式(8.5.47)计算节点内力

下面介绍两种编程技术。

1. B-杠方法

Simo 和 Hughes(1986)展示了一种可以明显简化假设应变单元的编程技术，可直接以节点速度的形式表示假设速度应变(它常常是困难的)：

$$\{\bar{\boldsymbol{D}}\} = \bar{\boldsymbol{B}}\dot{\boldsymbol{d}} \quad 或 \quad \bar{D}_{ij} = \bar{B}_{ijA}\dot{d}_A \tag{8.5.52}$$

式中，矩阵 $\bar{\boldsymbol{B}}$ 起到了类似的作用，如在式(8.5.36)中的 $\boldsymbol{N}_D$：它是一个速度应变的插值，但是表示为节点速度的形式。

发展这一方法的关键步骤是假设应力，它被假设正交于假设速度应变与速度对称梯度的差：

$$\int_{\Omega_e} \bar{\boldsymbol{\sigma}} : (\boldsymbol{D} - \bar{\boldsymbol{D}})\mathrm{d}\Omega = 0, \quad \int_{\Omega_e} \bar{\boldsymbol{\sigma}} : (\boldsymbol{B}\dot{\boldsymbol{d}} - \bar{\boldsymbol{B}}\dot{\boldsymbol{d}})\mathrm{d}\Omega = 0, \quad \forall \dot{\boldsymbol{d}} \tag{8.5.53}$$

在式(8.5.1)中的内部虚功率为

$$\delta p_{\mathrm{HW}}^{\text{int}} = \int_\Omega \delta\bar{D}_{ij}\sigma_{ij}(\bar{\boldsymbol{D}})\mathrm{d}\Omega = \delta\dot{d}_A \int_\Omega \bar{B}_{ijA}\sigma_{ij}(\bar{\boldsymbol{D}})\mathrm{d}\Omega \tag{8.5.54}$$

由式(8.5.53)可知，式(8.5.2)中的第二项为零。从节点内力的定义可知：

$$f_A^{\text{int}} = \int_\Omega \bar{B}_{ijA}\sigma_{ij}(\bar{\boldsymbol{D}})\mathrm{d}\Omega \quad 或 \quad \boldsymbol{f}^{\text{int}} = \int_\Omega \bar{\boldsymbol{B}}^{\mathrm{T}}\{\boldsymbol{\sigma}(\bar{\boldsymbol{D}})\}\mathrm{d}\Omega \tag{8.5.55}$$

除矩阵 $\boldsymbol{B}$ 由假设应变矩阵 $\bar{\boldsymbol{B}}$ 代替，以及应力是假设应变的函数之外，关于节点内力的

公式与第 4 章中描述的单一场方法的公式是一致的。这一方法通常称为 B-杠方法。它是如此简便：所有方程都等同于单一场的有限元形式，但是可以设计运动场以避免自锁，如采用了三场原理。该方法有趣的一点是，尽管需要构造一个正交的应力场$\bar{\boldsymbol{\sigma}}$，但该应力场从未使用过。实际上，由于整个函数空间都可以用来构造这个应力场，该解一定存在；而又因为我们并不需要这个场，所以不需要构造这个场。

对于完全的拉格朗日格式，假设式(8.5.15)中的第二项为零，则节点力和格林应变率对应于 B-杠方法的公式为

$$f_A^{\mathrm{int}}=\int_{\Omega_0}\bar{B}_{ijA}^{0}S_{ij}\,\mathrm{d}\Omega_0 \quad 或 \quad \boldsymbol{f}^{\mathrm{int}}=\int_{\Omega_0}\bar{\boldsymbol{B}}_0^{\mathrm{T}}\{\boldsymbol{S}(\bar{\boldsymbol{E}})\}\,\mathrm{d}\Omega_0 \tag{8.5.56}$$

$$\dot{\bar{E}}_{ij}=\bar{B}_{ijA}^{0}\dot{d}_A \quad 或 \quad \dot{\bar{\boldsymbol{E}}}=\bar{\boldsymbol{B}}_0\dot{\boldsymbol{d}} \tag{8.5.57}$$

式中，$\bar{\boldsymbol{E}}$ 是假设格林应变，$\bar{\boldsymbol{B}}_0$ 是式(3.8.20)的假设应变的对称部分。

2. Simo-Rifai 公式

Simo 和 Rifai(1990)给出了三场原理的一个程序——增强单元公式。其基本思想是修正(或增强)了一个速度应变场 $\boldsymbol{D}$，而不是构造了一个全新的假设速度应变场。这为建立高阶三场单元提供了方便。假设速度应变场为

$$\bar{\boldsymbol{D}}=\boldsymbol{D}+\boldsymbol{D}^{\mathrm{enh}}\equiv\boldsymbol{D}+\tilde{\boldsymbol{D}} \tag{8.5.58}$$

式中，$\boldsymbol{D}^{\mathrm{enh}}\equiv\tilde{\boldsymbol{D}}$ 为增强速度应变场。将式(8.5.58)代入式(8.5.1)，得到三场弱形式：

$$\delta\Pi^{\mathrm{HW}}(\boldsymbol{v},\tilde{\boldsymbol{D}},\bar{\boldsymbol{\sigma}})=\int_{\Omega}(\delta\boldsymbol{D}+\delta\tilde{\boldsymbol{D}}):\boldsymbol{\sigma}(\boldsymbol{D}+\tilde{\boldsymbol{D}})\,\mathrm{d}\Omega-\int_{\Omega}\delta(\bar{\boldsymbol{\sigma}}:\tilde{\boldsymbol{D}})\,\mathrm{d}\Omega-\delta P^{\mathrm{ext}}+\delta P^{\mathrm{kin}}=0 \tag{8.5.59}$$

可以证明，对应上述公式的强形式包括广义动量平衡式(8.5.4)、式(8.5.5)和式(8.5.8)，而式(8.5.7)由 $\boldsymbol{D}^{\mathrm{enh}}\equiv\tilde{\boldsymbol{D}}=\boldsymbol{0}$ 代替。最初这一结果是令人迷惑的：在强形式中增强速度应变为零！然而，在一个离散中，它将不为零；且在设计合理时，它可以改进单元。

在这个弱形式的编程中，速度场的近似如式(8.5.35)所示，则以未知参数 $f_A^{\mathrm{int},e}=\tilde{B}_{BA}^{e}\beta_B^{e}$ 表示增强速度应变场：

$$\tilde{D}_{ij}(\xi,t)=N_{ijA}^{D}(\xi)\alpha_a(t) \tag{8.5.60}$$

其中，试函数与式(8.5.35)相似。在离散化过程中，应力假设正交于增强速度应变 $\tilde{\boldsymbol{D}}$，如式(8.5.53)。将上式和式(8.5.35)代入式(8.5.59)，并且应用正交性，则有(对于平衡问题)

$$\int_{\Omega}(\delta\dot{d}_A B_{ijA}+\delta\alpha_A N_{ijA}^{D})\sigma_{ij}(\bar{\boldsymbol{D}})\,\mathrm{d}\Omega-\delta\dot{d}_A f_A^{\mathrm{ext}}=0 \tag{8.5.61}$$

式中，f_A^{ext} 是节点外力。离散方程为

$$\int_{\Omega}B_{ijA}\sigma_{ij}(\bar{\boldsymbol{D}})\,\mathrm{d}\Omega-f_A^{\mathrm{ext}}=0,\quad \int_{\Omega}N_{ijA}^{D}\sigma_{ij}(\bar{\boldsymbol{D}})\,\mathrm{d}\Omega=0 \tag{8.5.62}$$

可以看到，除了应力是改进的速度应变的函数，节点内力与表 4-4 中的单一场形式是一致的，增强场是具有单元特性的，因此，式(8.5.62)等号右侧的方程具有单元特性。然而，当本构定律为非线性时，关于参数 α_A 的方程也为非线性。因此，对于每一个单元，非线性方程的解答也需寻找参数 α_A。

“增强应变单元”的名称可能会产生误导。如从例 8.1 和临界原理看到，三场原理无法增强一个应变，它只能抑制速度应变中的某些项。此外，由于无法很容易地表示速度应变中的高阶项，这一方法无法完全抑制需要抑制的项。例如，对于 Q4 单元，希望抑制剪切中的非常数部分，但当单元不是矩形时，Simo-Rifai 公式无法完全抑制这些项。另外，当单元的阶次高于 Q4 单元时，Simo-Rifai 公式在计算时能够显著节省成本。

【例 8.1】 考虑一维 2 节点杆单元，其具有线性速度、常速度应变和应力场，单元的描述如图 3-3 所示。单元的横截面面积是 A，长度是 ℓ。

假设杆是轴向应力状态，此时感兴趣的非零分量是 $v_x(\xi,t)$、$D_{xx}(\xi,t)$ 和 $\sigma_{xx}(\xi,t)$。对于这些变量，采用线性近似得到

$$v_x(\xi,t)=[1-\xi,\xi]\begin{Bmatrix}v_{x1}(t)\\v_{x2}(t)\end{Bmatrix}=\boldsymbol{N}\dot{\boldsymbol{d}}^e,\quad \xi=\frac{x}{\ell}=\frac{X}{\ell_0}\tag{E8.1.1}$$

$$\bar{D}_{xx}=[1,\quad \xi]\begin{Bmatrix}\alpha_1\\\alpha_2\end{Bmatrix}=\boldsymbol{N}_D\boldsymbol{\alpha},\quad \bar{\sigma}_{xx}=[1,\quad \xi]\begin{Bmatrix}\beta_1\\\beta_2\end{Bmatrix}=\boldsymbol{N}_\sigma\boldsymbol{\beta}\tag{E8.1.2}$$

因为所有矩阵属于单一单元，所以上标 e 可以省略。矩阵 $\boldsymbol{B}$ 等同于应用线性速度场的单一场单元：

$$\boldsymbol{B}=\frac{\partial}{\partial x}[N]=\frac{\partial}{\partial x}[1-\xi,\quad \xi]=\frac{1}{\ell}[-1,\quad 1]\tag{E8.1.3}$$

通过式(8.5.43)和式(8.5.44)，得到矩阵 $\widetilde{\boldsymbol{B}}$ 和 $\boldsymbol{G}$：

$$\begin{cases}\widetilde{\boldsymbol{B}}=\int_\Omega \boldsymbol{N}_\sigma^{\mathrm{T}}\boldsymbol{B}\,\mathrm{d}\Omega=\int_0^1\begin{Bmatrix}1\\\xi\end{Bmatrix}\frac{1}{\ell}[-1,\quad 1]A\ell\,\mathrm{d}\xi=\frac{A}{2}\begin{bmatrix}-2&+2\\-1&+1\end{bmatrix}\\ \boldsymbol{G}=\int_\Omega \boldsymbol{N}_\sigma^{\mathrm{T}}\boldsymbol{N}_D\,\mathrm{d}\Omega=\int_0^1\begin{Bmatrix}1\\\xi\end{Bmatrix}[1\quad \xi]A\ell\,\mathrm{d}\xi=\frac{A\ell}{6}\begin{bmatrix}6&3\\3&2\end{bmatrix}\end{cases}\tag{E8.1.4a}$$

$$\boldsymbol{K}_e\boldsymbol{z}=\lambda\boldsymbol{z}\tag{E8.1.4b}$$

从式(8.5.50)可知：

$$\boldsymbol{\alpha}=\boldsymbol{G}^{-1}\widetilde{\boldsymbol{B}}\dot{\boldsymbol{d}}\quad 或\quad \begin{Bmatrix}\alpha_1\\\alpha_2\end{Bmatrix}=\frac{1}{\ell}\begin{bmatrix}-1&+1\\0&0\end{bmatrix}\begin{Bmatrix}v_{x1}\\v_{x2}\end{Bmatrix}\tag{E8.1.5}$$

所以，α_2 总是为零，即假设速度应变是常数。因此，应用缺少速度场的梯度项充实或增强速度应变，无论怎样都是没有效果的。

由式(8.5.47)给出节点内力为

$$\boldsymbol{f}^{\mathrm{int}}=\widetilde{\boldsymbol{B}}^{\mathrm{T}}\boldsymbol{\beta}=\widetilde{\boldsymbol{B}}^{\mathrm{T}}\boldsymbol{G}^{-1}\bar{\boldsymbol{\sigma}}=\frac{1}{\ell}\begin{bmatrix}-1&0\\+1&0\end{bmatrix}\int_\Omega\begin{Bmatrix}1\\\xi\end{Bmatrix}\sigma_{xx}(\bar{D}_{xx})\,\mathrm{d}\Omega\tag{E8.1.6}$$

由于上式矩阵的第二列为零，β_2 没有作用，即在应力插值中的线性项没有作用。因此，节点内力仅取决于应力的平均值。如果应力是常数，则关于节点内力的表达式为

$$\begin{Bmatrix}f_{x1}\\f_{x2}\end{Bmatrix}^{\mathrm{int}}=A\sigma_{xx}\begin{Bmatrix}-1\\+1\end{Bmatrix}\tag{E8.1.7}$$

这等同于在第 3 章中建立的表达式。

因此，由多场变分方法获得的单元等同于由单一场弱形式获得的单元，其取决于速度和假设速度应变的选择。如果假设速度应变包含速度场梯度中的所有项，则混合弱形式将

导致与单一场弱形式相同的单元。在超出速度的梯度之外，在速度应变近似中的增加项对线性本构定律没有影响。Stolarski 和 Belytschko(1987)证明了这一结果，并且称其为临界原理。两场变分原理的临界原理是由 Fraeijs de Veubeke(1965)发现的，多场变分原理的临界原理的一个通用规则是由 Alfano 和 de Sciarra(1996)给出的。临界原理使混合变分方法的优势受到限制。对于通过移动部分应变场可以得到好处的单元，增加应变场没有任何益处。

8.6 多场四边形

前文讨论使我们认识到自锁的单元是没有用处的，消除自锁是绝对必要的。下面通过假设应变的方法建立多场四边形，设计速度-应变场以避免体积自锁和弯曲中的剪切自锁。

8.6.1 假设速度应变避免体积自锁

假设所有分量在转动坐标系中，该坐标系与 10.2.3 节描述的单元坐标基矢量相协调。与速度-应变场相联系的速度场式(8.4.18)为

$$\{\boldsymbol{D}\}=\begin{Bmatrix} v_{x,x} \\ v_{y,y} \\ v_{x,y}+v_{y,x} \end{Bmatrix}=\begin{bmatrix} \boldsymbol{b}_x^{\mathrm{T}}+h_{,x}\boldsymbol{\gamma}^{\mathrm{T}} & 0 \\ 0 & \boldsymbol{b}_y^{\mathrm{T}}+h_{,y}\boldsymbol{\gamma}^{\mathrm{T}} \\ \boldsymbol{b}_y^{\mathrm{T}}+h_{,y}\boldsymbol{\gamma}^{\mathrm{T}} & \boldsymbol{b}_x^{\mathrm{T}}+h_{,x}\boldsymbol{\gamma}^{\mathrm{T}} \end{bmatrix}\begin{Bmatrix} \boldsymbol{v}_x \\ \boldsymbol{v}_y \end{Bmatrix}=\begin{Bmatrix} D_{xx}^c+\dot{q}_x h_{,x} \\ D_{yy}^c+\dot{q}_y h_{,y} \\ 2D_{xy}^c+\dot{q}_x h_{,y}+\dot{q}_y h_{,x} \end{Bmatrix} \tag{8.6.1}$$

式中，$\dot{q}_i=\boldsymbol{\gamma}^{\mathrm{T}}\boldsymbol{v}_i$，上角标 c 表示速度-应变场的常数部分。

对于不可压缩材料，8.4.2 节解释了为什么具有 2×2 积分点的 Q4 单元自锁。证明自锁是由于膨胀场与沙漏模式相联系。从式(8.6.1)可以看出，沙漏模式导致了扩展速度应变的非常数部分。

有两种构造速度应变插值的方法，可使不可压缩材料不发生自锁：

(1) 省略式(8.6.1)前两行的非常数项；

(2) 修正前两行，以使沙漏模式不产生体积速度应变。

方法(1)假设速度应变场为

$$\{\bar{\boldsymbol{D}}\}=\begin{Bmatrix} D_{xx}^c \\ D_{yy}^c \\ 2D_{xy}^c+\dot{q}_x h_{,y}+\dot{q}_y h_{,x} \end{Bmatrix} \tag{8.6.2}$$

方法(2)假设速度应变场为

$$\{\bar{\boldsymbol{D}}\}=\begin{Bmatrix} D_{xx}^c+\dot{q}_x h_{,x}-\dot{q}_y h_{,y} \\ D_{yy}^c+\dot{q}_y h_{,y}-\dot{q}_x h_{,x} \\ 2D_{xy}^c+\dot{q}_x h_{,y}+\dot{q}_y h_{,x} \end{Bmatrix} \tag{8.6.3}$$

式中，膨胀率 $\bar{D}_{xx}+\bar{D}_{yy}$ 的高阶部分在沙漏模式中消失，无论 $\dot{q}_x$ 和 $\dot{q}_y$ 的取值如何，$\bar{D}_{xx}+\bar{D}_{yy}=D_{xx}^c+D_{yy}^c$ 均为常数。

于是引出了一个问题，上述两种方法(式(8.6.2)和式(8.6.3))哪一种更好？我们将会看到，对于包含梁弯曲的单元，通过省略剪切的非常数项可以显著改善单元的性能。常数剪切无法与式(8.6.2)中的扩展应变相结合，因为应变场只包含3个独立函数，并且单元将是秩亏损的。因此，如果可以抑制高阶剪切项，式(8.6.3)是一个更好的方法。此处有

$$\{\bar{\boldsymbol{D}}\}=\begin{Bmatrix} D^c_{xx}+\dot{q}_x h_{,x}-\dot{q}_y h_{,y} \\ D^c_{yy}+\dot{q}_y h_{,y}-\dot{q}_x h_{,x} \\ 2D^c_{xy} \end{Bmatrix} \tag{8.6.4}$$

上式的速度-应变场对应于"最佳不可压缩性"或由Belytschko和Bachrach(1986)提出的OI单元(optimal incompressible)。当一组单元的边界平行于梁的轴线且单元没有过度扭曲时，这种单元在梁弯曲中表现更好。

在弯曲中，对于各向同性的弹性问题，可以进一步增强Q4单元的性能，这取决于泊松比的应变场：

$$\{\bar{\boldsymbol{D}}\}=\begin{Bmatrix} D^c_{xx}+\dot{q}_x h_{,x}-\bar{\nu}\dot{q}_y h_{,y} \\ D^c_{yy}+\dot{q}_y h_{,y}-\bar{\nu}\dot{q}_x h_{,x} \\ 2D^c_{xy} \end{Bmatrix},\quad \bar{\nu}=\begin{cases} \nu, & \text{对于平面应力} \\ \dfrac{\nu}{1-\nu}, & \text{对于平面应变} \end{cases} \tag{8.6.5}$$

此即典型的弯曲和不可压缩单元，也称为QBI(quintessential bending incompressible)单元(Belytschko和Bachrach，1986)。对于线弹性梁的弯曲，它有极高的精度。对于矩形，这个单元对应于Wilson等(1973)提出的非协调单元。

非协调单元的用途是克服在完全积分、一阶单元中的剪力自锁问题。由于剪力自锁源于单元的位移场不能模拟与弯曲相关的变形，所以在一阶单元中引入一个增强单元变形梯度的附加自由度，如图8-14所示。这种增强允许变形梯度在单元域内有一个线性变化，如图8-14(a)所示。而标准的数学公式在单元内只能得到一个常数变形梯度，如图8-14(b)所示，这产生了与剪力自锁相关的非零剪切应力。

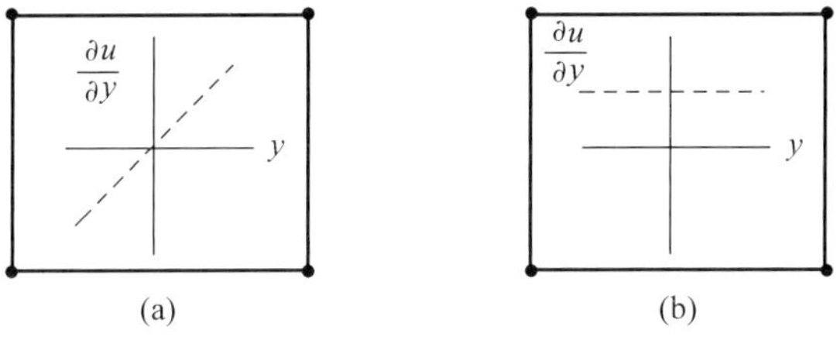

图8-14　矩形非协调单元

(a) 变形梯度线性变化；(b) 变形梯度为常数

这种对变形梯度的增强完全在一个单元的内部，与位于单元边界上的节点无关。在弯曲问题中，非协调单元可能产生与二次单元相应的结果，计算成本却明显降低。然而，它们对单元的扭曲很敏感。因此，若希望对网格扭曲不那么敏感，必须考虑应用减缩积分的二次单元。

假设应变场式(8.6.3)的一个更一般形式为

$$\{\bar{\boldsymbol{D}}\} = \bar{\boldsymbol{B}}\dot{\boldsymbol{d}}, \quad \bar{\boldsymbol{B}} = \begin{bmatrix} \boldsymbol{b}_x^{\mathrm{T}} + e_1 h_{,x}\boldsymbol{\gamma}^{\mathrm{T}} & e_2 h_{,y}\boldsymbol{\gamma}^{\mathrm{T}} \\ e_2 h_{,x}\boldsymbol{\gamma}^{\mathrm{T}} & \boldsymbol{b}_y^{\mathrm{T}} + e_1 h_{,y}\boldsymbol{\gamma}^{\mathrm{T}} \\ \boldsymbol{b}_y^{\mathrm{T}} + e_3 h_{,y}\boldsymbol{\gamma}^{\mathrm{T}} & \boldsymbol{b}_x^{\mathrm{T}} + e_3 h_{,x}\boldsymbol{\gamma}^{\mathrm{T}} \end{bmatrix} \tag{8.6.6}$$

式中，e_1、e_2 和 e_3 是任意常数。对于 $e_1=-e_2$，假设速度应变场的整个单元族是等体积的。

在单元水平上，常数 e_a 可以是未知的，由式(8.5.62)确定。进而，在单元水平上得到方程的解答，计算每一单元的节点力。在大多数情况下，通过观察可以充分确定这些未知数。对于适度细划的网格，如果场是等体积的且剪切消失，由于 e_i 的改变而导致的误差是不明显的。

单元技术的发展源于 Wilson 等(1973)的工作，他首先通过增加非协调模式改善了 4 节点四边形单元的性能。这些模式的效果等同于通过多场方法抑制部分的应变场。非协调模式会造成教学上的困境，因为在发展单一场有限元中，教师首先应强调协调场的重要性，在引入非协调模式后，造成了前后矛盾。因此，对于任意网格，仅当积分可控时，非协调模式才能够通过分片试验。

威尔逊非协调元(Wilson nonconforming element)是有限元法中一种不满足假设位移协调元条件的 4 节点单元，在不增加节点数的情况下，在位移插值函数中增加两个二次项，使其能够描述弯曲变形，从而显著提高计算梁弯曲问题的精度，如图 8-15 所示。

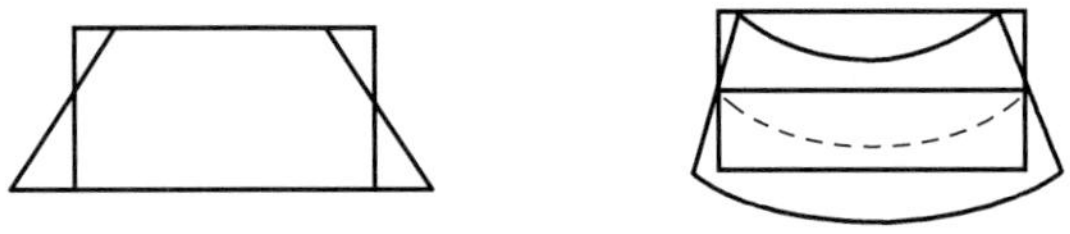

(a)　　　　(b)

图 8-15　威尔逊非协调单元

(a) 用线性位移函数描述的变形；(b) 加上二次函数后的位移函数

这种单元的几何插值和平面 4 节点等参元完全相同，而每个位移插值公式中都增加了两个不影响节点处位移的二次项：

$$x = \sum_{i=1}^{4} N_i x_i, \quad y = \sum_{i=1}^{4} N_i y_i$$

$$N_i(\xi,\eta) = \frac{1}{4}(1+\xi_i\xi)(1+\eta_i\eta) \quad (i=1,2,3,4)$$

$$u = \sum_{i=1}^{4} N_i u_i + \alpha_1(1-\xi^2) + \alpha_2(1-\eta^2), \quad \nu = \sum_{i=1}^{4} N_i \nu_i + \alpha_3(1-\xi^2) + \alpha_4(1-\eta^2)$$

式中，4 个二次项的系数称为非节点自由度或单元的内自由度。在补充这些项后，当单元形状为矩形时，单元的假设位移场是笛卡儿坐标系的完全二次多项式。由于单元的非节点自由度对于各单元是独立确定的，单元间位移的协调性并不能保证满足。

当采用这种单元时，边界元方程还是利用弹性力学最小势能原理来建立。由系统总势能对各节点位移分量的一阶偏导数为零可以导出对 n 个节点的 $2n$ 个节点位移，以及对 m 个单元的 $4m$ 个内自由度的线性代数方程组。而由总势能对 $4m$ 个单元内自由度的偏导数为零又可以得到 $4m$ 个方程，每个方程只出现该单元的内自由度和节点自由度。通过这些方程可以建立单元内自由度与节点自由度的关系，代入 $2n$ 个方程可以消去各单元的内自由度，最终得到只包含节点自由度的有限元方程。

对于如图 8-16 所示的悬臂梁弯曲问题，表 8-4 为 4 节点协调元和威尔逊非协调元计算结果的比较。显然，这种非协调元非常适合弯曲问题的计算。同时，这种单元说明，一个好的单元必须把它的主要变形模态通过试函数体现出来。另外，它是一个非协调元，不像协调元那样可以保证单元细分情况下的收敛性，需要通过分片检验来考核。该单元最终也通过了分片检验。

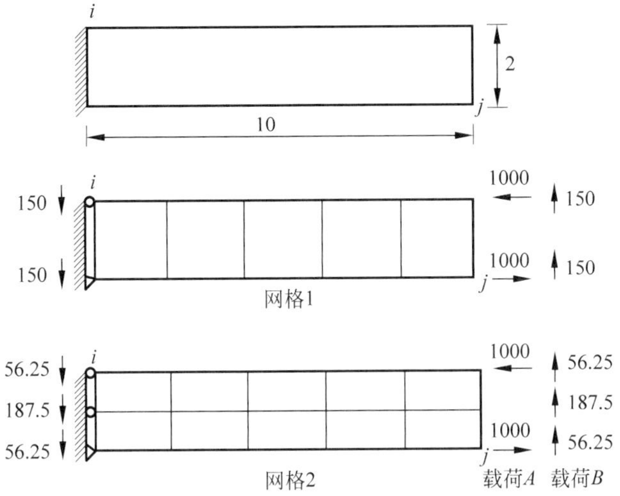

图 8-16 悬臂梁弯曲问题及其网格划分

表 8-4 悬臂梁弯曲问题两种单元的计算结果比较

方法	j 点位移		i 点弯曲应力	
	工况 A	工况 B	工况 A	工况 B
精确解	100.0	103.0	3000	4050
4 节点协调元网格 1	68.1	70.1	2222	3330
4 节点协调元网格 2	70.6	72.3	2244	3348
威尔逊非协调元网格 1	100.0	101.5	3000	4050
威尔逊非协调元网格 2	100.0	101.3	3000	4050

在两场格式中，利用假设应变推导的一个重要单元是 Pian-Sumihara(1985)单元。这个单元应用的假设应力场为

$$\sigma_{\xi\xi}=\beta_1+\beta_2\eta,\quad \sigma_{\eta\eta}=\beta_3+\beta_4\xi,\quad \sigma_{\xi\eta}=\beta_5$$

式中，$\sigma_{\xi\xi}$、$\sigma_{\eta\eta}$ 和 $\sigma_{\xi\eta}$ 是应力的协变分量；这一概念出现得很早，由 Wempner 等(1982)在 1982 年提出。在转换到协变分量时，单元必须应用曲线坐标系的单一取向，否则无法通过单元分片试验。剪应力场是常数，在梁弯曲中单元工作得很好。

因为单元是框架不变的，这种近似曲线分量的思路吸引了某些研究者的注意：无论单元与相关的坐标系如何连接，刚度均保持不变。如果以转动坐标系的形式表示应力-应变，如 9.5 节所述，单元也是框架不变的。但是，这些曲线近似也有缺点。基于曲线分量的假设应力或应变场，在曲线和物理分量之间需要许多转换，收敛率没有得到改善。因此，近似曲线分量的优越性是不明显的。

8.6.2 剪切自锁及其消除

本节提出的剪切自锁与前文的体积自锁有所不同。体积自锁的出现会导致不收敛，从而使计算失败；但剪切自锁只会让收敛变得非常缓慢。所以，使用"超剪切刚度"一词更加合适，但习惯上将其称为剪切自锁。

为了消除剪切自锁，考虑由一行单元模拟的纯弯曲梁，如图 8-17 所示。弯矩在纯弯曲中是常数，所以合成剪力 $F_Q=\int\sigma_{xy}\mathrm{d}y$ 必须为零。通过平衡，剪力是弯矩的导数：$F_Q=m_{,x}$。然而，在弯曲时，所有单元以 x-方向沙漏模式变形，$\dot{q}_x\neq 0$，并且由式(8.6.1)可知，剪切是非零的。

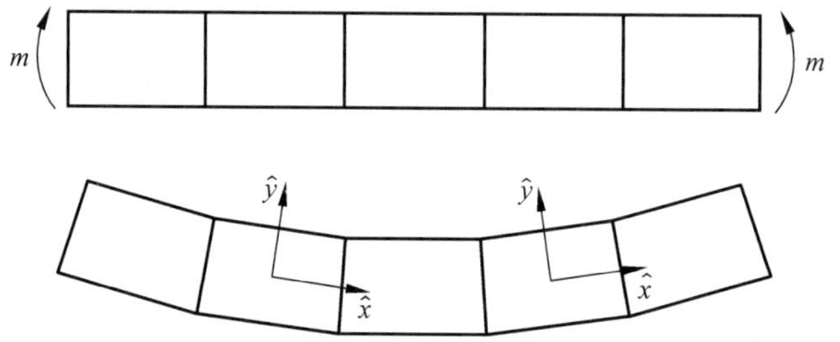

图 8-17 显示纯弯曲梁主要的变形模式：沙漏模式

为了消除剪切自锁，由沙漏模式引起的剪切速度应变必须消失。这可以通过令式(8.6.6)中的 $e_3=0$ 实现。在纯弯曲中，局部坐标系中的节点位移通过 $\boldsymbol{u}_{\hat{x}}=c\boldsymbol{h}$ 给出，如图 8-14 所示，其中 c 是任意常数。对于任意的 e_3，线性应变能为

$$W_{\text{shear}}=\frac{1}{4}\mu e_3^2c^2H_{yy}=0 \tag{8.6.7}$$

式中，μ 是剪切模量，并且

$$H_{ij}=\int_{\Omega}h_{,i}h_{,j}\,\mathrm{d}\Omega \tag{8.6.8}$$

因此，当 $e_3=0$ 时，剪切应变能消失；通过消除与沙漏模式有关的剪切应变，使得在弯曲中的寄生剪切为零。

对于假设应变单元，表 8-5 列出了式(8.6.6)中的常数。注意到完全积分 Q4 单元对应于 $e_1=e_3=1, e_2=0$。单元 ADS 是假设偏量速度应变的单元。SRI 是在 4.5.4 节中描述的选择减缩积分单元，其稳定性不能通过假设应变的方法推导。ADS 是另外一种假设速度应变单元，采用基于假设偏量速度应变的等体积的高阶场。

表 8-5 关于假设速度-应变稳定的常数

单　元	e_1	e_2	e_3	c_1	c_2	c_3
Q4(平面应变)2×2 积分	1	0	1	$\frac{1-\nu}{1-2\nu}$	$\frac{1}{2}$	$\frac{1}{2(1-2\nu)}$
Q4(平面应力)2×2 积分	1	0	1	$\frac{1}{1-\nu}$	$\frac{1}{2}$	$\frac{1+\nu}{2(1-\nu)}$

续表

单　元	e_1	e_2	e_3	c_1	c_2	c_3
SRI				1	$\frac{1}{2}$	$\frac{1}{2}$
ASQBI	1	$-\bar{\nu}$	0	$1+\bar{\nu}$	0	$-\bar{\nu}(1+\bar{\nu})$
ASOI	1	-1	0	2	0	-2
ADS	$\frac{1}{2}$	$-\frac{1}{2}$	0	$\frac{1}{2}$	0	$-\frac{1}{2}$

8.6.3 假设应变单元的刚度矩阵

对于任意假设应变四边形单元，其线性刚度矩阵为

$$\boldsymbol{K}_e=\boldsymbol{K}_e^{1\text{pt}}+\boldsymbol{K}_e^{\text{stab}} \tag{8.6.9}$$

式中，$\boldsymbol{K}_e^{1\text{pt}}$ 是一点积分刚度(Belytschko 和 Bindeman，1991)，积分点是 $\xi=\eta=0$。$\boldsymbol{K}_e^{\text{stab}}$ 是秩 2 的控制沙漏模式的稳定刚度矩阵：

$$\boldsymbol{K}_e^{\text{stab}}=2\mu\begin{bmatrix}(c_1H_{xx}+c_2H_{yy})\boldsymbol{\gamma\gamma}^{\mathrm{T}} & c_3H_{xy}\boldsymbol{\gamma\gamma}^{\mathrm{T}}\\ c_3H_{xy}\boldsymbol{\gamma\gamma}^{\mathrm{T}} & (c_1H_{yy}+c_2H_{xx})\boldsymbol{\gamma\gamma}^{\mathrm{T}}\end{bmatrix} \tag{8.6.10}$$

这里的常数 c_1、c_2 和 c_3 在表 8-5 中给出。从上式可以推测，对于接近不可压缩的材料，在平面应变中当泊松比 $\nu\to\frac{1}{2}$时，由于 c_1 和 c_3 变得非常大，Q4 单元将发生自锁。

8.7 一点积分单元

8.7.1 节点内力和伪奇异模式

在 8.4 节中已经看到，当 Q4 单元应用一点积分时，单元的秩是不足的。对于大规模计算，一点积分单元的速度和精度是可以接受的。然而，一点积分单元要求数值稳定性。在描述这些稳定性程序之前，必须检验一点积分单元。

由式(4.8.23)给出的节点内力的积分点对应于参考平面内坐标系的原点：

$$\boldsymbol{f}^{\text{int}}=4\boldsymbol{B}^{\mathrm{T}}(\boldsymbol{0})\boldsymbol{\sigma}(\boldsymbol{0})J_{\xi}(\boldsymbol{0})=A\boldsymbol{B}^{\mathrm{T}}(\boldsymbol{0})\boldsymbol{\sigma}(\boldsymbol{0}) \tag{8.7.1}$$

应用福格特标记为

$$\boldsymbol{f}^{\text{int}}=A\boldsymbol{B}^{\mathrm{T}}(\boldsymbol{0})\{\boldsymbol{\sigma}(\boldsymbol{0})\}=A\begin{bmatrix}\boldsymbol{b}_x & \boldsymbol{0} & \boldsymbol{b}_y\\ \boldsymbol{0} & \boldsymbol{b}_y & \boldsymbol{b}_x\end{bmatrix}\begin{Bmatrix}\sigma_{xx}\\ \sigma_{yy}\\ \sigma_{xy}\end{Bmatrix} \tag{8.7.2}$$

在积分点上的假设变形率为

$$\{\boldsymbol{D}(\boldsymbol{0})\}=\boldsymbol{B}(\boldsymbol{0})\dot{\boldsymbol{d}} \tag{8.7.3}$$

下面检验 Q4 单元伪奇异模式的结构。任何不是刚体运动的运动并导致在单元中无应变的模式都是一个伪奇异模式。考虑节点速度，有

$$(\dot{\boldsymbol{d}}^{Hx})^{\mathrm{T}}=[\boldsymbol{v}_x^{\mathrm{T}}\quad \boldsymbol{v}_y^{\mathrm{T}}]=[\boldsymbol{h}^{\mathrm{T}}\quad \boldsymbol{0}],\quad (\dot{\boldsymbol{d}}^{Hy})^{\mathrm{T}}=[\boldsymbol{v}_x^{\mathrm{T}}\quad \boldsymbol{v}_y^{\mathrm{T}}]=[\boldsymbol{0}\quad \boldsymbol{h}^{\mathrm{T}}] \tag{8.7.4}$$

式中，$\boldsymbol{h}^{\mathrm{T}}=[+1,\quad -1,\quad +1,\quad -1]$。很容易证明 $\boldsymbol{b}_x^{\mathrm{T}}\boldsymbol{h}=0$，$\boldsymbol{b}_y^{\mathrm{T}}\boldsymbol{h}=0$。因此，得到 $\boldsymbol{B}(\boldsymbol{0})\dot{\boldsymbol{d}}^{Hx}=\boldsymbol{0}$ 和 $\boldsymbol{B}(\boldsymbol{0})\dot{\boldsymbol{d}}^{Hy}=\boldsymbol{0}$，即对于这些模式，积分点上的速度应变为零。

图 8-18(a)和(b)为矩形单元的两种伪变形模式，分别为沿 x 方向和沿 y 方向的沙漏模式，图 8-18(c)表示它们共同作用引起的变形。

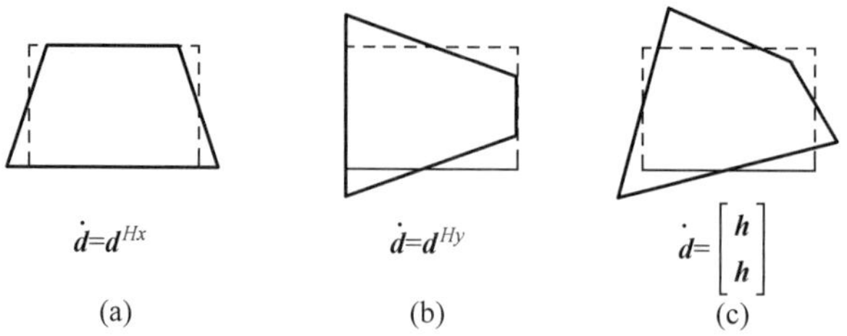

图 8-18　在一个四边形单元中变形的沙漏模式

(a) 沿 x 方向的沙漏模式；(b) 沿 y 方向的沙漏模式；(c) (a)和(b)共同作用引起的变形

图 8-19 展示了一种网格的沙漏模式——x 沙漏模式，因为它包含的运动仅能沿 x 方向。可以看出在这种模式下，竖向的一对单元看起来像一个沙漏，通过沙子自上而下地流动，作为一种测量时间的工具。基于这个原因，这一伪奇异模式常常被称为沙漏模式，简称沙漏。

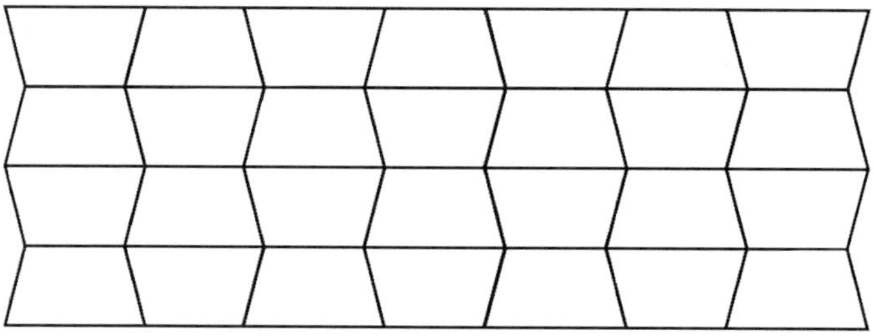

图 8-19　变形的沙漏模式的网格

沙漏模式是可以传播的，如图 8-19 所示。这意味着，每一个单元都可以进入沙漏模式，在任何单元中没有任何应变产生。这种模式不吸收任何能量，并且它像传染性疾病一样扩散。当模式受到边界条件约束时，至少在几个没有应变的单元内是不可能发展沙漏模式的。然而，整体沙漏模式的刚度仍然很小，并且相关的频率很低(比真实的最低频率还低得多)。因此，沙漏模式是空间不稳定的。

沙漏模式首先出现在流体动力学的有限差分中，通过将导数转换到等值线上进行积分，见 Wilkins 和 Blum 的文献(1975)。在被每一条等直线包围的区域，这一过程默认假设导数是常数，导致有限差分方程等价于一点积分的四边形有限单元。Belytschko、Kennedy 和 Schoeberle(1975)演示了这一等价关系，也可以见 Belytschko(1983)的文献。有限差分的研究者们发展了许多控制沙漏模式的专门程序，如控制基于单元边界的相对转动。然而，这些方法并不具有完备性。

由于秩的不足，离散模型的这种奇异性出现在许多其他设置中，包含各种命名规则。例如，它们经常出现在混合或杂交单元中，被称为零能量模式或伪零能量模式。因为在积分点上应变为零,沙漏模式是零能量模式。因此,它们在离散模型中不做功,并且有 $\dot{\boldsymbol{d}}_{Hx}^{\mathrm{T}}\boldsymbol{f}^{\mathrm{int}}=\dot{\boldsymbol{d}}_{Hy}^{\mathrm{T}}\boldsymbol{f}^{\mathrm{int}}=0$。在结构分析中,当冗余度不足时,会出现伪奇异模式,结构力学称其为几何可变体系,即该体系的结构杆件或支撑的数量不足以阻止部分结构的刚体运动。这些模式常常出现在三维桁架模型中。因为结构分析和有限元之间的密切关系,这种运动模式也称为伪奇异模式。这种模式还可称为梯形模式、铁丝网模式和网格不稳定模式。

对于偏微分方程的有限元离散化,伪奇异模式似乎是最精确的命名。运动模式和零能量模式不适合拉普拉斯方程,因为在伪奇异模式具有明显表现的单元(如 Q4 单元中的沙漏模式)也将应用这一命名。伪奇异模式是单元刚度秩亏损的具体体现。

在瞬态问题中,一个沙漏模式的演化过程如图 8-20 所示。梁左端被支撑在单一节点上,从而便于沙漏模式的出现。如果将梁左端的所有节点固定,模拟夹持支座,沙漏模式将不会出现。然而,对于大型网格和非线性材料,它们可能会重新出现。尽管秩亏损的单元可能有时是稳定的,但是在其没有表现适当的稳定性时,绝不能应用它们。

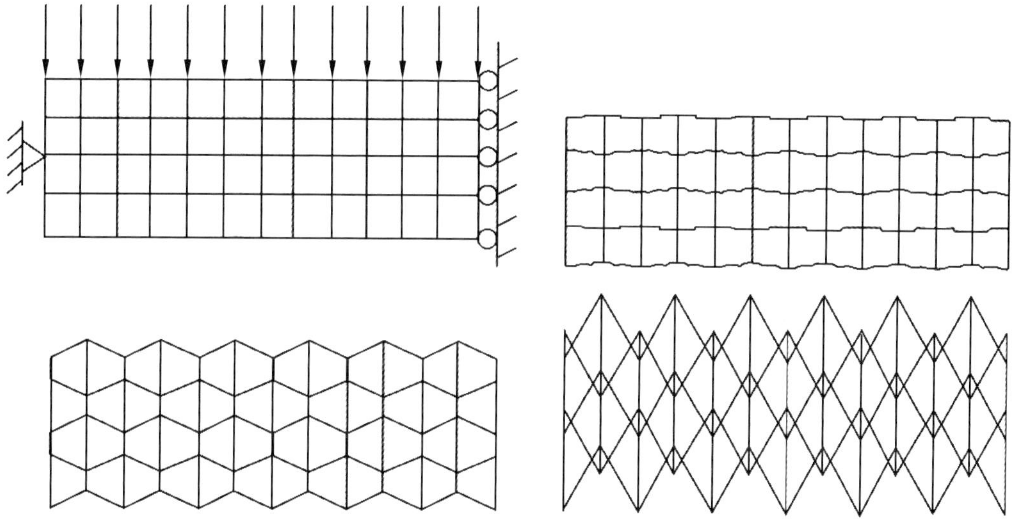

图 8-20 一根简支梁的四张快照以展示沙漏模式的演化过程

由于对称,仅模拟半根梁

8.7.2 扰动沙漏模式的稳定性控制

在扰动沙漏模式控制中,为了修复单元正确的秩,对于离散系统需要补充一个小的修正。在不干扰等参单元线性完备性的前提下,增加秩是非常有效的。一种方法是通过正交于其他三行的两行,增广一点积分单元的矩阵 $\boldsymbol{B}$。正交性保证了增加的行与前三行是线性独立的,并且修正项不会影响线性区的反应,所以矩阵 $\boldsymbol{B}$ 没有失去线性完备性。

在矩阵 $\boldsymbol{B}$ 中增加的两行选择在式(8.4.11)中给出的 $\boldsymbol{\gamma}$ 向量,它正交于所有线性场。增加这两行对应于增加两个广义应变。对一点积分的 Q4 单元的单元矩阵应用次弹性定律,有

$$\widetilde{\boldsymbol{B}}=\begin{bmatrix}\boldsymbol{b}_x^{\mathrm{T}} & \boldsymbol{0}\\ \boldsymbol{0} & \boldsymbol{b}_y^{\mathrm{T}}\\ \boldsymbol{b}_y^{\mathrm{T}} & \boldsymbol{b}_x^{\mathrm{T}}\\ \boldsymbol{\gamma}^{\mathrm{T}} & \boldsymbol{0}\\ \boldsymbol{0} & \boldsymbol{\gamma}^{\mathrm{T}}\end{bmatrix}\quad [\widetilde{\boldsymbol{C}}^{\sigma T}]=\begin{bmatrix}C_{11} & C_{12} & C_{13} & 0 & 0\\ C_{21} & C_{22} & C_{23} & 0 & 0\\ C_{31} & C_{32} & C_{33} & 0 & 0\\ 0 & 0 & 0 & C^{Q} & 0\\ 0 & 0 & 0 & 0 & C^{Q}\end{bmatrix} \tag{8.7.5}$$

$$\{\boldsymbol{\sigma}\}=[\sigma_x,\ \sigma_y,\ \sigma_{xy},\ Q_x,\ Q_y]^{\mathrm{T}},\quad \{\boldsymbol{D}\}=[D_x,\ D_y,\ 2D_{xy},\ \dot{q}_x,\ \dot{q}_y]^{\mathrm{T}} \tag{8.7.6}$$

式中，$\widetilde{\boldsymbol{C}}^{\sigma T}$ 是二维本构矩阵，由两行和两列增广，它们与广义的沙漏应力-应变对相关；$\tilde{\boldsymbol{\sigma}}$ 和 $\widetilde{\boldsymbol{D}}$ 分别是应力和速度-应变矩阵，分别由稳定应力(Q_x，Q_y)和应变(q_x，q_y)增广。

为了满足线性完备性，当节点速度源于一个线性场时，稳定应变必须为零。由于 $\boldsymbol{B}(0)$ 已经满足了线性再造条件，对于线性场要求 $\dot{q}_x=\dot{q}_y=0$，这意味着

$$\boldsymbol{\gamma}^{\mathrm{T}}\boldsymbol{v}_i^{\mathrm{lin}}=\boldsymbol{\gamma}^{\mathrm{T}}(\alpha_{i0}\boldsymbol{1}+\alpha_{i1}\boldsymbol{x}+\alpha_{i2}\boldsymbol{y})=0,\quad \forall\,\alpha_{il} \tag{8.7.7}$$

上式可以解释为正交性条件：$\boldsymbol{\gamma}$ 必须正交于所有线性场。另外，为了稳定单元，$\boldsymbol{\gamma}$ 和 $\boldsymbol{b}_i$ 必须是线性独立的，所以 $\widetilde{\boldsymbol{B}}$ 的秩是 5。矩阵$\boldsymbol{\gamma}$ 已在式(8.4.11)中给出：

$$\boldsymbol{\gamma}=\frac{1}{4}[\boldsymbol{h}-(\boldsymbol{h}^{\mathrm{T}}\boldsymbol{x}_i)\boldsymbol{b}_i]$$

并满足上述条件。正交性质已经由式(8.4.12)～式(8.4.13)证明。其他条件留下作为练习。

稳定单元节点内力的增广形式为

$$\boldsymbol{f}^{\mathrm{int}}=A\widetilde{\boldsymbol{B}}^{\mathrm{T}}(\boldsymbol{0})\{\tilde{\boldsymbol{\sigma}}\}=A\boldsymbol{B}^{\mathrm{T}}(\boldsymbol{0})\boldsymbol{\sigma}(\boldsymbol{0})+A\begin{Bmatrix}Q_x\gamma\\ Q_y\gamma\end{Bmatrix}=A\boldsymbol{B}^{\mathrm{T}}(\boldsymbol{0})\boldsymbol{\sigma}(\boldsymbol{0})+\boldsymbol{f}^{\mathrm{stab}} \tag{8.7.8}$$

节点内力中的第一项是由一点积分得到的，第二项定义了稳定节点力矩阵 $\boldsymbol{f}^{\mathrm{stab}}$。速度应变和广义沙漏的应力为

$$\{\boldsymbol{D}\}=\boldsymbol{B}(\boldsymbol{0})\dot{\boldsymbol{d}},\quad \dot{Q}_x=C^{Q}\dot{q}_x,\quad \dot{Q}_y=C^{Q}\dot{q}_y\quad 其中\dot{q}_x=\boldsymbol{\gamma}^{\mathrm{T}}\boldsymbol{v}_x,\quad \dot{q}_y=\boldsymbol{\gamma}^{\mathrm{T}}\boldsymbol{v}_y \tag{8.7.9}$$

此处应用刚度和黏性沙漏控制的组合：

$$Q_i=C^{Q}q_i+\xi_D C^{Q}\dot{q}_i \tag{8.7.10}$$

式中，ξ_D 是临界阻尼的分数。由于$\boldsymbol{\gamma}$ 独立于线性场，在刚体转动中，$\dot{q}_i=0$。注意到上述所有计算必须在一个转动坐标系中进行。对于完全的拉格朗日公式，不需要转动坐标系，尽管为了获得单元不变性，最好将初始坐标系连接到单元的固定坐标上。然而，正如前文所述，单元不变性对于收敛没有影响。

对于这一稳定性，线性刚度矩阵为

$$\boldsymbol{K}_e=\boldsymbol{K}_e^{\mathrm{1pt}}+C^{Q}A\begin{bmatrix}\boldsymbol{\gamma\gamma}^{\mathrm{T}} & \boldsymbol{\gamma\gamma}^{\mathrm{T}}\\ \boldsymbol{\gamma\gamma}^{\mathrm{T}} & \boldsymbol{\gamma\gamma}^{\mathrm{T}}\end{bmatrix} \tag{8.7.11}$$

单元刚度的秩是 5，这是关于 Q4 单元正确的秩。

由于式(8.7.9)的参数 C^{Q} 不是真正的材料常数，必须将其标准化，才能对任意几何和材料性质提供近似于相同程度的稳定。我们的目的是获得一个比例刚度，足以扰动单元以保证秩的正确；同时，其对于一点积分单元的结果又不应改变过多，因为它是收敛的而不是体积自锁的。

Belytschko 和 Bindeman(1991)给出了选择 C^Q 的步骤。通过选择 C^Q,使稳定性刚度的最大特征值与不完全积分刚度的最大特征值成比例。在完全积分单元中的沙漏频率通常比在结果中值得关注的频率高很多,理想的结果是将沙漏频率移入频谱的范围之内。然而,为了避免自锁,稳定性参数不宜过大。

对于各向同性材料,根据 Flanagan 和 Belytschko(1981)的结论,一点积分单元中$\boldsymbol{K}_e\boldsymbol{z}=\lambda\boldsymbol{M}_e\boldsymbol{z}$ 的最大特征值限制(式(7.3.64))为

$$Ac^2\boldsymbol{b}_i^{\mathrm{T}}\boldsymbol{b}_i \leqslant 2\lambda_{\max} \leqslant 2Ac^2\boldsymbol{b}_i^{\mathrm{T}}\boldsymbol{b}_i \tag{8.7.12}$$

式中,c 是弹性膨胀波速。可以通过瑞利商(Rayleigh quotient)建立与沙漏模式有关的特征值。设特征向量的估计值为 $\boldsymbol{z}^{\mathrm{T}}=[\boldsymbol{h},\boldsymbol{0}]$,则其对应的特征值的估计值为

$$\lambda^h=\frac{\boldsymbol{z}^{\mathrm{T}}\boldsymbol{K}_e\boldsymbol{z}}{\boldsymbol{z}^{\mathrm{T}}\boldsymbol{M}_e\boldsymbol{z}}=\frac{AC^Q\boldsymbol{h}^{\mathrm{T}}\boldsymbol{\gamma}\boldsymbol{\gamma}^{\mathrm{T}}\boldsymbol{h}}{\boldsymbol{h}^{\mathrm{T}}\boldsymbol{M}_e\boldsymbol{h}}=\frac{C^Q}{\rho} \tag{8.7.13}$$

因为 $\boldsymbol{K}_e^{\mathrm{1pt}}\boldsymbol{z}=0$,可得上式第二项,并且从式(8.4.11)得到最后一项。在瑞利商中应用 y 沙漏模式,得到一个等价的估计。从式(8.7.12)和式(8.7.13)可知,如果

$$C^Q=\frac{1}{2}\alpha_s c^2\rho A\boldsymbol{b}_i^{\mathrm{T}}\boldsymbol{b}_i \tag{8.7.14}$$

则有稳定性特征值 λ^h 与单元的最大特征值的下界成比例,α_s 是比例参数,推荐值为 0.1。对于静态问题,基于 $\boldsymbol{K}_e\boldsymbol{z}=\lambda\boldsymbol{z}$ 的特征值的稳定性可能是更适合的。

即便使用稳定性参数的推荐值也无法保证不出现沙漏模式。在沙漏模式中,即使应用较大的稳定性参数,仍然难以对自身进行抑制。例如,点集中载荷常常会引发沙漏模式,有时也会在非常差的程序算法中产生这些节点集中力。又如,在接触算法中,节点力会交替改变符号。在这种状态下,防止沙漏模式稳定几乎是不可能的。但是在很多情况下,沙漏模式的出现也是不明显的,特别是当材料是不稳定的或接近不稳定时,此时最好将出现沙漏模式的子域转换为完全积分单元。然而,如果材料是接近不可压缩的,必须应用一种混合单元或通过选择性减缩积分和锁定网格将沙漏消除!

对于接近不可压缩的材料,扰动沙漏参数不能过大,因为可能引起自锁。如果需要较大的扰动沙漏参数,建议采用物理沙漏控制(8.7.3 节)。必须监控沙漏模式能量占总能量的比例,如果它确实很大(达到 3%或 5%),结果中将出现同样量级的误差。如果问题很大,必须在子域上监控沙漏能量,即 5.3.2 节所介绍的能量平衡的相关考虑。

关于控制沙漏模式,也可以选择借助黏性力或刚度稳定性,见式(8.7.10)。当应用较大的冲击载荷时,经常需要黏性稳定性。对于适度的变形和持续时间长的模拟,刚度稳定性是更好的选择,因为某些沙漏能量是可以恢复的。在许多情况下,将黏性力和刚度稳定性相结合可以获得更好的效果。

8.7.3 物理沙漏模式的稳定性控制

在假设应变方法的基础上,建立沙漏模式的稳定性控制过程。这类稳定性参数基于材料的性能,称为物理沙漏控制。对于不可压缩材料,即使当稳定性参数是一阶时,这些稳定性方法也没有自锁。本节将对 Q4 单元建立物理沙漏控制。

在建立物理沙漏模式控制时,必须做出两个假设:

(1) 单元内的旋转是常数;

(2) 单元内的材料响应是均匀的。

对于稳定性,假设速度应变场与8.6.1节中的场一致。在余下的推导中,考虑特殊情况 $e_1=-e_2=1$,对应于OI单元,速度应变的转动分量为

$$\begin{Bmatrix} \bar{D}_{\hat{x}} \\ \bar{D}_{\hat{y}} \\ 2\bar{D}_{\hat{x}\hat{y}} \end{Bmatrix} = \begin{bmatrix} \boldsymbol{b}_{\hat{x}}^{\mathrm{T}} + h_{,\hat{x}}\boldsymbol{\gamma}^{\mathrm{T}} & h_{,\hat{y}}\boldsymbol{\gamma}^{\mathrm{T}} \\ -h_{,\hat{x}}\boldsymbol{\gamma}^{\mathrm{T}} & \boldsymbol{b}_{\hat{y}}^{\mathrm{T}} + h_{,\hat{y}}\boldsymbol{\gamma}^{\mathrm{T}} \\ \boldsymbol{b}_{\hat{y}}^{\mathrm{T}} & \boldsymbol{b}_{\hat{x}}^{\mathrm{T}} \end{bmatrix} \begin{Bmatrix} \boldsymbol{v}_{\hat{x}} \\ \boldsymbol{v}_{\hat{y}} \end{Bmatrix} = \bar{\boldsymbol{B}}\dot{\boldsymbol{d}} \tag{8.7.15}$$

上式定义了矩阵 $\bar{\boldsymbol{B}}$,由式(8.5.55)给出了节点内力:

$$\hat{\boldsymbol{f}}^{\text{int}} = \int_{\Omega} \bar{\boldsymbol{B}}^{\mathrm{T}} \{\hat{\boldsymbol{\sigma}}\} \,\mathrm{d}\Omega \tag{8.7.16}$$

对于次弹性材料,应力率为

$$\frac{\{\partial\hat{\boldsymbol{\sigma}}(\xi,t)\}}{\partial t} = [\hat{\boldsymbol{C}}^{\sigma T}]\{\bar{\boldsymbol{D}}(0)\},\quad \begin{Bmatrix} \dot{\hat{\boldsymbol{Q}}}_x \\ \dot{\hat{\boldsymbol{Q}}}_y \end{Bmatrix} = \begin{Bmatrix} (\hat{C}_{11}-\hat{C}_{12})(\dot{q}_{\hat{x}}h_{,\hat{x}}-\dot{q}_{\hat{y}}h_{,\hat{y}}) \\ (\hat{C}_{22}-\hat{C}_{21})(\dot{q}_{\hat{y}}h_{,\hat{y}}-\dot{q}_{\hat{x}}h_{,\hat{x}}) \end{Bmatrix} \tag{8.7.17}$$

式中,应力被分为常数部分和在单元内变化的部分,忽略 $\boldsymbol{C}$ 的上角标。可以看出,单元内的转动应力率总是具有相同的分布,因此应力也有相同的形式。

采用这种形式的应力场的优点是,$h_{,i}$ 正交于常数场,见式(8.4.19),并且事实上 $\hat{\boldsymbol{C}}$ 在单元中是常数:

$$\hat{\boldsymbol{f}}^{\text{int}} = A\bar{\boldsymbol{B}}^{\mathrm{T}}(\boldsymbol{0})\{\hat{\boldsymbol{\sigma}}(\boldsymbol{0})\} + \boldsymbol{f}^{\text{stab}} \tag{8.7.18}$$

式中,$\hat{\boldsymbol{f}}^{\text{stab}}$ 是稳定性节点力:

$$\hat{\boldsymbol{f}}^{\text{stab}} = \begin{Bmatrix} Q_{\hat{x}}\hat{\gamma} \\ Q_{\hat{y}}\hat{\gamma} \end{Bmatrix},\text{其中}\begin{Bmatrix} \dot{Q}_{\hat{x}} \\ \dot{Q}_{\hat{y}} \end{Bmatrix} = (e_1)^2(\hat{C}_{11}-\hat{C}_{12}-\hat{C}_{21}+\hat{C}_{22})\begin{Bmatrix} H_{\hat{x}\hat{x}}\dot{q}_{\hat{x}} - H_{\hat{x}\hat{y}}\dot{q}_{\hat{y}} \\ H_{\hat{y}\hat{y}}\dot{q}_{\hat{y}} - H_{\hat{x}\hat{y}}\dot{q}_{\hat{x}} \end{Bmatrix} \tag{8.7.19}$$

注意到稳定性应力率是以转动分量表示的,因此它们是框架不变量。单元节点力的计算过程总结在表8-6中。

表8-6 单元节点力的计算过程

(1) 更新转动坐标系
(2) 转换节点速度 $\boldsymbol{v}$ 和坐标 $\boldsymbol{x}$ 到转动坐标系
(3) 由式(8.7.15)在积分点上计算速度应变
(4) 由本构方程和更新应力计算应力率
(5) 由式(8.7.9b)计算广义沙漏应变率
(6) 由式(8.7.10)计算广义沙漏应力率并通过时间积分更新广义沙漏应力
(7) 由式(8.7.18)计算 $\hat{\boldsymbol{f}}^{\text{int}}$
(8) 转换 $\hat{\boldsymbol{f}}^{\text{int}}$ 到整体系统并装配

在物理沙漏模式控制中,沙漏稳定性不需要参数。为了获得稳定性力,通过假设材料响应是均匀的,以闭合解的形式积分式(8.7.19)是可能的。由于这些力基于没有自锁的假

设速度应变场，所以单元非常适用于不可压缩材料。一个类似的单元(QBI)在弯曲中有很好的性能，其主要缺点是在某些问题中不满足均匀材料响应的假设。

下面给出评论。如果转动坐标系的转动定义是正确的，应力率将对应于格林-纳迪率，其从常量转动和材料性质的假设引起的偏差是与沙漏模式对于光滑材料的强度成比例的。因此，h-自适应方法对解决此类问题有显著优势，可以将明显存在沙漏能量的单元重新剖分，它的优越性在于能够细划这些有明显沙漏能量的单元(Belytschko et al.,1989)。对于粗糙材料，如弹-塑性材料，即使不存在沙漏模式，材料响应中仍可能出现明显的非均匀性。

8.7.4 选择多点积分的假设应变

一点积分一般有利于提高计算速度，然而，对于不光滑的应力场，多点积分有时是必要的。例如，对于弹性梁的问题，在梁的深度方向上仅用一个单元就可以得到非常精确的应力场解答。但是，对于弹-塑性梁，为了得到一个精确的解答，在深度方向需要4～10个单元，因为在深度方向上应力是不光滑的。通过细化网格或在每一个单元中增加积分点，可以增加积分点的数量，后者的优点是在不减小稳定时间步长的同时增加了求解精度。

8.6.1节建立的假设应变场可以应用于任何数量的积分点而不发生自锁，因为在整个单元域中应变场只有零膨胀应变。对于应用一个假设应变场的多点积分，其内力向量是

$$\boldsymbol{f}_e^{\mathrm{int}}=\sum_{Q=1}^{n_Q}\bar{w}_Q J_\xi(\xi_Q)\bar{\boldsymbol{B}}^{\mathrm{T}}(\xi_Q)\boldsymbol{\sigma}(\xi_Q,t) \tag{8.7.20}$$

式中，ξ_Q 是积分点。

稳定性力可能必须依赖于积分点的位置。如果考虑应用转动坐标系的一个矩形 δd_A 单元，参考轴平行于转动轴，所以 $\xi_{,\hat{x}}=\dfrac{1}{a}$、$\eta_{,\hat{y}}=\dfrac{1}{b}$、$\eta_{,\hat{x}}=\xi_{,\hat{y}}=0$。显然，沿 η 轴，$h_{,\hat{x}}=0$；而沿 ξ 轴，$h_{,\hat{y}}=0$。因此，如果所有积分点都沿一条参考轴，则在该方向上需要稳定性，从而保证秩是足够的。由式(8.7.20)的完全 2×2 积分可知，秩显然是足够的。然而，可以采用两点积分而不是四点完全积分的方法，获得几乎同样的结果：

$$\hat{f}_{iI}^{\mathrm{int},e}=2J_\xi(0)\sum_{Q=1}^{2}B_{Ij}(\boldsymbol{\xi}_Q)\hat{\sigma}_{ji}(\boldsymbol{\xi}_Q) \tag{8.7.21}$$

这两组积分点分别是 $\xi_1=(-3^{-\frac{1}{2}},-3^{-\frac{1}{2}})$、$\xi_2=(3^{-\frac{1}{2}},3^{-\frac{1}{2}})$ 和 $\xi_1=(-3^{-\frac{1}{2}},3^{-\frac{1}{2}})$、$\xi_2=(3^{-\frac{1}{2}},-3^{-\frac{1}{2}})$。积分点的选择对结果的精度几乎没有大的影响，只有非常小的差别。这种两点积分方法类似于IPS2单元，详细内容可参考Liu、Chang和Belytschko的文章(1988)。为了改善精度，此处公式与在一个假设应变场中应用的公式是不同的。

以上各节建立的概念可以扩展到三维六面体，尽管这里有一些额外的复杂性，具体推导可参考Belytschko和Bindeman的文章(1993)。

8.8 单元性能比较

以上二维问题展示了假设应变和完全积分的四边形单元的性能。对于不可压缩材料和梁的弯曲，本节将证明如何通过假设应变场来改善单元的性能，也将证明对于不包含这

些行为的问题，假设应变单元没有取得任何效果。这里研究的单元如下。

(1) FB 单元：Flanagan-Belytschko 刚度类型的扰动沙漏控制；指定刚度控制参数 α_S；

(2) ASOI 单元：假设速度应变单元；

(3) ASQBI 单元：假设典型弯曲；

(4) ADS 单元：假设应变偏量。

除 FB 单元外，所有单元描述可见式(8.6.6)和表 8-7。

表 8-7 关于弹性悬臂梁位移的计算与解析结果

材　料	MESH	QUAD4	ASQBI	Pian-Sumihara	ASOI	ADS
ν=0.25	矩形	0.708	0.986	0.986	0.862	1.155
ν=0.499 99	矩形	0.061	0.982	0.982	0.982	1.205
ν=0.25	斜四边形	0.689	0.948	0.955	0.834	1.112
ν=0.499 99	斜四边形	0.061	0.957	0.960	0.957	1.170

第一个示例是平面应变的弹性梁。对于矩形和斜四边形单元，表 8-7 给出了自由端的位移精度。在平面应变的一根弹性梁中，对于一种不可压缩、各向同性弹性材料，这些单元的收敛如图 8-21 所示。可以看出，所有单元具有相同的收敛率，除了应用 2×2 积分的 Q4 单元(表 8-7 中记作 QUAD4)。正如所预料的，后者发生了自锁。对于没有自锁的单元，在 L_2 范数中位移的收敛率几乎刚好是 2.0，而在能量范数中收敛率是 1.0(几乎等价于 H_1 范数)。根据 8.3.2 节，对于线性完备性单元，这是我们所期望的收敛率。ASQBI 单元和 Pian-Sumihara 单元具有相同的精度。对于歪斜情况，Pian-Sumihara 单元比其他单元稍微精确一些。实际上，后三种单元的性能是比较接近的。

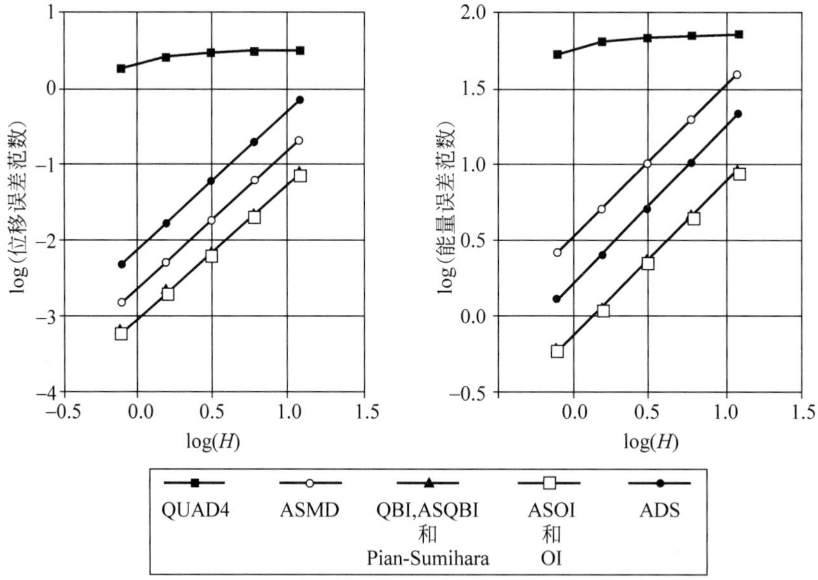

图 8-21 位移和能量的收敛误差范数

泊松比 ν=0.499 99，平面应变

研究表明，对于弹性梁，具有一个积分点的 ASQBI 单元提供了粗糙网格的精确解答；然而，对于弹-塑性梁，其精度是很差的。在弹-塑性解答中的误差可以归因于没有足够的积分点。若回顾在梁中的应力沿深度呈线性变化，就不会对此感到奇怪了。所以，屈服首先发生在上下表面，其次向中线扩展。应用一点积分，应力仅在单元的中心取值，因此，积分点不能充分地反映单元中的应力场。

通过在接近单元的边界处设置积分点，增加样本点的数目，两点积分算法式(8.7.21)改善了精度。在梁弯曲时，通过沿梁轴的垂直方向设置 3～10 个积分点，即使是粗糙网格也可以获得良好精度。

第二个示例是动态悬臂梁。平面应变的悬臂梁如图 8-22 所示，它采用了弹性材料和弹-塑性材料。材料为各向同性，$\nu=0.25$，$E=1\times10^4$，密度为 $\rho=1$。应用米塞斯屈服函数和线性各向同性应变硬化，硬化模量为 $H=0.01E$。屈服应力 $\sigma_Y=300$。一个类似的问题由 Liu、Chang 和 Belytschko(1988)给出。

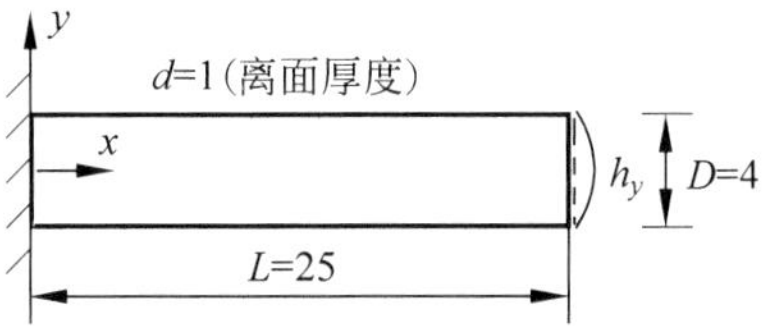

图 8-22 动态悬臂梁问题

$h_y=15(1-y^2/4)$为在 $T=1$ 时应用的一个步长函数

该问题涉及大位移，其挠度达到梁长度的三分之一量级。对于 32×192 个单元的网格，其结果作为一个标准答案。对于弹-塑性梁，端部位移列在表 8-8 中。图 8-23 展示了悬臂梁端部位移 y 方向分量的时间历史曲线。随着网格细划，所有单元将收敛至相同的结果。

表 8-8 对于弹性悬臂梁的动态解答的最大端部位移

单元	1×6	2×12	4×24	8×48	2×6	4×12
QUAD4(2×2)	4.69	6.30	7.31	7.85	4.94	6.61
FB(0.1)	15.9	8.39	8.18	8.14	7.22	7.67
FB(0.3)	7.68	7.05	7.59	7.92	5.35	6.69
ASOI	4.78	6.17	7.17	7.76	6.11	7.00
ASQBI	6.89	6.86	7.54	7.90	6.79	7.34
ASQBI(2×2)	6.98	7.52	7.86	8.05	7.27	7.68
ASQBI(2 点积分)	7.00	7.53	7.87	8.06	7.28	7.69
ADS	14.2	8.15	8.12	8.12	7.94	7.94
ASSRI	6.05	6.63	7.42	7.86	5.23	6.60

当端部位移达到最大值时，表 8-9 列出了由沙漏模式吸收的能量占内能的比值。正如所料，对于粗糙(1×6)网格，几乎所有应变能都是沙漏模式的伪能量。在弯曲中，沙漏控制是相对无效的，原因如前所述，所有单元都陷入了沙漏模式。相对细划的网格通过沙漏控制吸收了一部分能量；当网格细划后，沙漏模式的能量迅速减少。

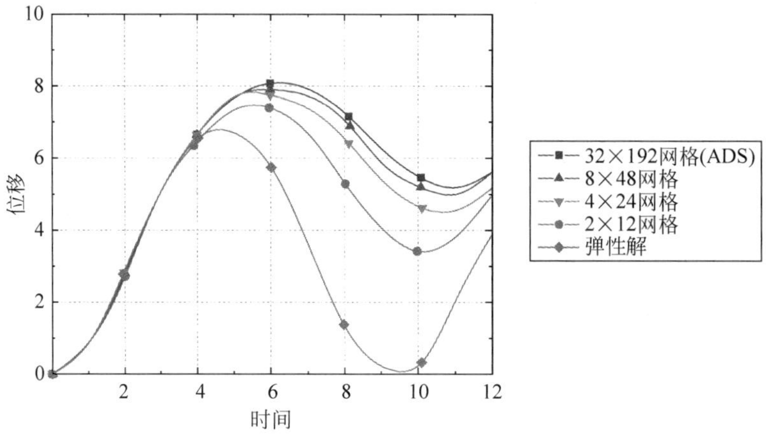

图 8-23 弹性悬臂梁的端部位移

ASQBI(两点积分)单元

表 8-9 当端部位移最大时,网格中的沙漏能量占总应变能的比例

网 格	FB(α_s=0.1)	ASOI	ASQBI	ADS
1×6	0.982	0.975	0.981	0.988
2×12	0.108	0.327	0.247	0.124
4×24	0.033	0.110	0.079	0.036
8×48	0.011	0.035	0.026	0.012

对于所有单元,粗糙网格阻止了最初的塑性变形,在 ASQBI 单元中最为明显。ADS 单元和 FB 单元过分柔软,它们往往会掩盖由积分点不足引起的误差。在弹-塑性弯曲中,在垂直于梁轴方向上的积分点数目是非常重要的。

网格细划的每一水平将显式运算减慢 8 倍因数,增加积分点对 ASQBI(两点积分)单元将减慢至少 2 倍因数,对 ASQBI(2×2)单元减慢至少 4 倍因数。对于这样简单的本构方程,省略稳定性计算大大弥补了二次应力演化的附加计算成本,因此 ASQBI(两点积分)单元的解答只比稳定性一点积分单元慢 10%。关于单元性能有如下评述:

(1) 具有 2×2 积分点的 Q4 单元性能并不比稳定性计算的一点积分的 Q4 单元优越。

(2) 当网格粗糙时,稳定性参数 α_s 对于应用扰动稳定性(FB 单元)弯曲问题的解答有显著影响。

在梁弯曲问题中,对高精度的期望来自工程界和自然界中的普遍需求,但这种期望却对大多数改进的探索产生了误导。MacNeal(1994)已经证明,非矩形单元不可能避免寄生剪切。对于应用单层单元的梁弯曲,寄生剪切必须被完全抑制以获得理想的结果,MacNeal 已证明它是无法实现的。

第三个示例是圆柱形应力波。在中心有一个圆孔的二维区域,应用 4876 个四边形单元进行模拟。在圆孔处施加压力载荷,并且通过显式时间积分得到动态解答。模型足够大以防止从外边界反射的波。应用弹性和弹-塑性材料,计算细节由 Belytschko 和 Bindeman(1991)给出。通过比较二维解答与一个采用非常细划网格的轴对称一维计算,给出误差估计。在计算结束时,名义 L_2 误差范数在表 8-10 中给出。

表 8-10　关于轴对称波在位移中的名义 L_2 误差范数

θ	QUAD4	FB($\alpha_s=0.1$)	ASMD	ASQBI	ASOI	材料类型
0°	0.014	0.014	0.014	0.014	0.013	弹性
45°	0.022	0.022	0.019	0.019	0.012	弹性
0°	0.0063	0.0063	0.0061	0.0061	0.0061	塑性
45°	0.0069	0.0069	0.0086	0.0088	0.0073	塑性

可以看出所有单元的精度相差不大。注意到误差包含时间积分误差,并且它与空间误差的比例未知。在任何情况下,稳定单元的精度均等价于 2×2 积分单元的精度,并且对于多场单元没有改善。引用上述结果以支持本书的论点:仅当发生自锁或当单元针对特殊问题时(如梁弯曲),多场单元才会改善精度。

8.9　练习

1. 证明当 $X_2 \neq \dfrac{X_1+X_3}{2}$ 时,在例 4.2 中的 3 节点单元不能再造二次位移场。提示:通过在 X 中的一个二次场设定节点位移,并检验结果场。

2. 证明弱形式式(8.5.12)可推导以下强形式:

$$\bar{p}=p,\quad \bar{D}_{ii}=D_{ii},\quad \sigma_{ij,j}^{\mathrm{dev}}-\bar{p}_{,i}+\rho b_i=\rho\dot{v}_i,$$

$$n_i(\sigma_{ij}^{\mathrm{dev}}-\bar{p}\delta_{ij})=\bar{t}_j,\quad 在\ \Gamma_t\ 上,\quad [\![n_i(\sigma_{ij}^{\mathrm{dev}}-\bar{p}\delta_{ij})]\!]=0,\quad 在\ \Gamma_{\mathrm{int}}\ 上$$

3. 证明弱形式式(8.5.13)可推导以下强形式:

$$\sigma_{ij,j}^{\mathrm{dev}}-\bar{p}_{,i}+\rho b_i=\rho\dot{v}_i,\quad \bar{p}=p,\quad \bar{D}_{ii}=0,$$

$$n_i(\sigma_{ij}^{\mathrm{dev}}-\bar{p}\delta_{ij})=\bar{t}_j,\quad 在\ \Gamma_t\ 上\quad [\![n_i(\sigma_{ij}^{\mathrm{dev}}-\bar{p}\delta_{ij})]\!]=0,\quad 在\ \Gamma_{\mathrm{int}}\ 上$$

4. 考虑例 8.1 描述的 2 节点杆单元,应用 8.5.4 节给出的 Simo-Rifai 公式。令速度场是线性的且强化应变场是线性的:$\hat{\boldsymbol{D}}=\alpha\xi$。令材料是克希霍夫材料并且是小变形。证明 $\alpha=0$,并以临界原理的形式解释。

5. 通过应力的转换,令 $\delta\boldsymbol{D}=\delta\boldsymbol{F}$,证明三场原理式(8.5.1)可以转换到式(8.5.14)。

第 9 章

梁单元

主要内容

梁理论：假设，几何描述，梁单元的虚功率，铁摩辛柯梁（剪切梁）理论，欧拉-伯努利梁（细长梁）理论。

基于连续体梁的理论：假设，运动学描述，动力学描述，本构更新，运动方程。

基于连续体梁的计算：运动和速度应变，内力和外力功率，弱形式和强形式，有限元近似。

三维曲梁单元：坐标系统及转换，运动和位移，应变-位移关系，应力-节点力，圆弧梁的几何方程，曲梁公式。

9.1 引言

梁单元和其他结构单元都是重要的基本构件，其主要应用有：在航天航空器设计中应用梁单元组成筋肋框机身和机翼结构体系，在土木工程中应用梁单元组成框架结构体系，在压力容器和复合材料结构中应用梁单元形成加肋构件。在应用有限元模拟梁的功能时，一般无须应用梁单元，可以由实体单元代替。然而，用实体单元模拟这些构件需要大量单元，会产生昂贵的计算成本。第 8 章已经介绍，采用六面体单元模拟一根梁在沿厚度方向至少需要 5 个单元。因此，即使采用低阶梁单元也能够代替 5 个甚至更多连续体单元，从而提高运算效率。

9.2 节将描述欧拉-伯努利浅梁和铁摩辛柯深梁的理论模型，9.3 节将介绍基于连续体（continuum-based，CB）梁的理论并与各种结构力学理论进行比较，9.4 节描述了 CB 梁方法计算编程的关键技术，全面地检验 CB 梁单元。在商用有限元软件中一般采用传统的梁单元，目前没有基于连续体的梁单元。作为梁理论的特殊应用，9.5 节描述了含有初始曲率的三维曲梁单元。

9.2　梁理论

9.2.1　梁理论的假设

在梁单元中，运动和应力状态的假设来自基于实验观察证实的推测。关于变形场的假设称为运动学假设，而关于应力场的假设称为动力学假设。主要的运动学假设是关注垂直于梁的中线(也称为参考线)的运动，如图 9-1 所示。在线性结构理论中，通常选择梁横截面的形心轨迹作为中线。然而，参考线的位置对 CB 单元没有任何影响，任何近似地对应于梁的形状的线都可以作为参考线。参考线的位置仅仅影响弯曲结果的值，而对应力和总体响应没有影响。由垂直于中线定义的平面称为法平面。图 9-1 展示了一根梁的参考线和法平面。

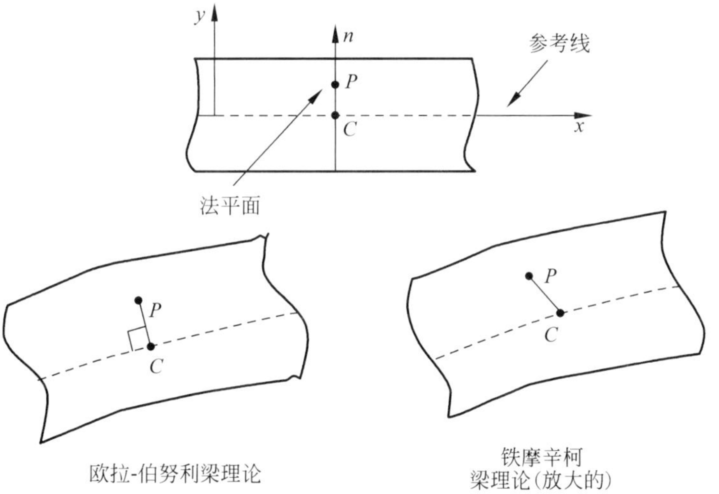

图 9-1　在浅梁(欧拉-伯努利梁)和剪切梁(铁摩辛柯梁)中的运动

在浅梁中，法平面保持平面和法向；在剪切梁中，法平面保持平面，但是不再保持法向

目前，广泛应用的梁理论有两种：欧拉-伯努利(Euler-Bernoulli)梁理论和铁摩辛柯(Timoshenko)梁理论，也可简称为浅梁理论和深梁理论。它们的运动学假设如下。

(1) 欧拉-伯努利梁理论：假设中线的法平面保持平面和法向，即初始与梁的轴线成法线的平截面始终保持平面，并且不发生变形，任意小应变、大转动的情况均满足上述假设。欧拉-伯努利梁理论也称为工程梁理论，相应的壳理论称为克希霍夫-勒夫(Kirchhoff-Love)壳理论。

(2) 铁摩辛柯梁理论：假设中线的法平面保持平面，但不一定是法向，即梁单元允许“横向剪切应变”，截面不一定保持对梁轴线的法向状态，通常认为适用于较厚的梁。铁摩辛柯梁理论也称为剪切梁理论，相应的壳理论称为闵德林-瑞斯纳(Mindlin-Reissner)壳理论。

欧拉-伯努利梁不允许任何横向剪切，而铁摩辛柯梁允许横向剪切。欧拉-伯努利梁的运动是铁摩辛柯剪切梁所允许的运动的一部分。

为了描述这些运动学假设给出的结果，考虑一根沿 x 轴的二维直梁，如图 9-1 所示。令 x 轴与中线重合，并且 y 轴垂直于中线。这里仅考虑一个指定当前构形的瞬时运动，首先表示运动学假设的数学公式，给出梁单元的虚功和虚功率，并针对欧拉-伯努利梁和铁摩辛柯梁分别建立变形率张量。变形率与线性应变具有相同的性质，因为在线性应变-位移的关系中，通过速度替换位移可以获得变形率的方程。下面描述在应变场中运动学假设的结果，不构造非线性理论。

9.2.2　梁单元的几何描述

1. 变形构形下的梁单元

在梁单元变形历史的给定阶段，梁单元上的材料点在横截面中的位置由以下表达式给出：

$$\hat{\boldsymbol{x}}(S,S^{\alpha})=\boldsymbol{x}(S)+f(S)S^{\alpha}\boldsymbol{n}_{\alpha}(S)+w(S)\psi(S^{\alpha})\boldsymbol{t}(S) \tag{9.2.1}$$

式中，$\boldsymbol{x}(S)$是梁单元中心线上任意一点的位置，$\boldsymbol{n}_{\alpha}(S)$是梁截面平面内的单位正交方向向量，$\boldsymbol{t}(S)$为与 $\boldsymbol{n}_1$ 和 $\boldsymbol{n}_2$ 正交的单位向量，$\psi(S^{\alpha})$为梁单元截面的翘曲函数，$w(S)$是翘曲振幅，$f(S)$为取决于梁单元拉伸状态的横截面比例因子。本章中，希腊字母 α、$\beta\in\{1,2\}$均是梁单元横截面两个正交方向的下标。

这些量是梁单元的轴向坐标 S 和横截面坐标 S^{α} 的函数，假设这些坐标是在初始(参考)构形中测量的距离。通过选择合适的翘曲函数，可以使截面原点处的值为 0，即 $\psi(0)=0$。

假设在沿梁单元的积分点处，梁单元的截面方向近似正交于梁单元的轴切线向量 $\boldsymbol{s}$：

$$\boldsymbol{s}=\lambda^{-1}\frac{\mathrm{d}\boldsymbol{x}}{\mathrm{d}S} \tag{9.2.2}$$

这里，λ 是梁单元的轴向拉伸变形：

$$\lambda=\left|\frac{\mathrm{d}\boldsymbol{x}}{\mathrm{d}S}\right| \tag{9.2.3}$$

正态条件通过惩罚横向剪切应变在数值上得到加强：

$$\gamma_{\alpha}=\boldsymbol{s}\cdot\boldsymbol{n}_{\alpha} \tag{9.2.4}$$

假设在梁单元的初始构形中完全满足正态条件。为了方便后续描述，定义如下基本变量：

$$\epsilon_1^2=-\epsilon_2^1=1,\quad \epsilon_1^1=\epsilon_2^2=0 \tag{9.2.5}$$

在后文中，$\epsilon_{\alpha}^{\beta}$ 可以替换为上述具体数值。梁单元的曲率通过下式定义和计算：

$$b_{\alpha}=\epsilon_{\alpha}^{\beta}\boldsymbol{t}\cdot\frac{\mathrm{d}\boldsymbol{n}_{\beta}}{\mathrm{d}S} \tag{9.2.6}$$

梁单元的扭转通过下式计算：

$$b=\boldsymbol{n}_2\cdot\frac{\mathrm{d}\boldsymbol{n}_1}{\mathrm{d}S}=-\boldsymbol{n}_1\cdot\frac{\mathrm{d}\boldsymbol{n}_2}{\mathrm{d}S} \tag{9.2.7}$$

梁单元的双曲率定义如下：

$$\chi=\frac{\mathrm{d}w}{\mathrm{d}S} \tag{9.2.8}$$

需要说明的是，双曲率定义了由梁单元的扭曲导致的截面轴向应变的变化。梁单元的曲率和扭曲的表达式可以组合起来，从而获得如下表达式：

$$\frac{\mathrm{d}\boldsymbol{n}_{\alpha}}{\mathrm{d}S}=\epsilon_{\alpha}^{\beta}(-b_{\beta}\boldsymbol{t}+b\boldsymbol{n}_{\beta}) \tag{9.2.9}$$

在从这些表达式导出应变量之前，我们将详细考查如何从数值上获得典型梁单元的上述量及其一阶和二阶变分。

2. 未变形构形下的梁单元

在未变形构形中，使用大写字母来表示所有变量。假设未变形状态下的梁单元没有发生翘曲变形，因此，梁单元材料点的位置为

$$\hat{\boldsymbol{X}}(S,S^{\alpha})=\boldsymbol{X}(S)+S^{\alpha}\boldsymbol{N}_{\alpha}(S) \tag{9.2.10}$$

梁单元的曲率和扭曲度为

$$\begin{cases}B_{\alpha}=\epsilon_{\alpha}^{\beta}\boldsymbol{T}\cdot\dfrac{\mathrm{d}\boldsymbol{N}_{\beta}}{\mathrm{d}S}\\ B=\boldsymbol{N}_{2}\cdot\dfrac{\mathrm{d}\boldsymbol{N}_{1}}{\mathrm{d}S}=-\boldsymbol{N}_{1}\cdot\dfrac{\mathrm{d}\boldsymbol{N}_{2}}{\mathrm{d}S}\end{cases} \tag{9.2.11}$$

这里，向量 $\boldsymbol{T}$ 是正交于 $\boldsymbol{N}_1$ 和 $\boldsymbol{N}_2$ 的单位向量：

$$\boldsymbol{T}=\boldsymbol{N}_{1}\times\boldsymbol{N}_{2} \tag{9.2.12}$$

假设截面法线向量 $\boldsymbol{T}$ 与梁单元的切线向量 $\boldsymbol{S}$ 重合。在该单元中，梁单元轴上任意一点的位置可以从节点位置 $\boldsymbol{X}^N$ 插值获得，标准插值函数为

$$\boldsymbol{X}=g_{N}(\xi)\boldsymbol{X}^{N} \tag{9.2.13}$$

式中，ξ 是参数坐标，通常在 -1 和 1 之间，沿梁单元的延伸方向。梁单元的轴切线通过下式计算：

$$\boldsymbol{S}=\frac{\mathrm{d}\boldsymbol{X}}{\mathrm{d}\xi}\Big/\frac{\mathrm{d}S}{\mathrm{d}\xi}=\frac{\mathrm{d}g_{N}}{\mathrm{d}\xi}\boldsymbol{X}^{N}\Big/\left|\frac{\mathrm{d}g_{M}}{\mathrm{d}\xi}\boldsymbol{X}^{M}\right| \tag{9.2.14}$$

截面法线向量通过定义的节点法线向量 $\boldsymbol{N}$ 内插获得。但是，我们不能使用简单的插值，因为这不会创建与梁单元切线向量 $\boldsymbol{S}$ 正交的积分点法线向量。因此，需要使用两步方法，首先通过插值创建近似法线向量：

$$\overline{\boldsymbol{N}}_{\alpha}=g_{N}(\xi)\boldsymbol{N}_{\alpha}^{N} \tag{9.2.15}$$

其次，将这些矢量相对于梁单元切线向量 $\boldsymbol{S}$ 进行正交化，即

$$\widetilde{\boldsymbol{N}}_{\alpha}=(\overline{\boldsymbol{N}}_{\alpha}-\boldsymbol{S}\boldsymbol{S}\cdot\overline{\boldsymbol{N}}_{\alpha})/|(\overline{\boldsymbol{N}}_{\alpha}-\boldsymbol{S}\boldsymbol{S}\cdot\overline{\boldsymbol{N}}_{\alpha})|,\quad \text{不对 }\alpha\text{ 求和} \tag{9.2.16}$$

并通过以下方式互相关联：

$$\boldsymbol{N}_{\alpha}=(\widetilde{\boldsymbol{N}}_{\alpha}+\epsilon_{\alpha}^{\beta}\widetilde{\boldsymbol{N}}_{\beta}\times\boldsymbol{S})/|(\widetilde{\boldsymbol{N}}_{\alpha}+\epsilon_{\alpha}^{\beta}\widetilde{\boldsymbol{N}}_{\beta}\times\boldsymbol{S})|,\quad \text{不对 }\alpha\text{ 求和} \tag{9.2.17}$$

式中，假设向量 $\boldsymbol{N}_{\alpha}$ 和 $\boldsymbol{S}$ 形成一个右手坐标系统，从而有 $\boldsymbol{T}=\boldsymbol{S}$。梁单元初始构形中的曲率和扭曲可以直接从下式计算：

$$\begin{aligned}B_{\alpha}&=\epsilon_{\beta}^{\alpha}\boldsymbol{T}\cdot\frac{\mathrm{d}\overline{\boldsymbol{N}}_{\beta}}{\mathrm{d}S}=\epsilon_{\alpha}^{\beta}\boldsymbol{T}\cdot\frac{\mathrm{d}g_{N}}{\mathrm{d}\xi}\boldsymbol{N}_{\alpha}^{N}\Big/\frac{\mathrm{d}S}{\mathrm{d}\xi},\\ B&=\frac{1}{2}\epsilon_{\alpha}^{\beta}\overline{\boldsymbol{N}}_{\beta}\cdot\frac{\mathrm{d}\overline{\boldsymbol{N}}_{\alpha}}{\mathrm{d}S}=\frac{1}{2}\epsilon_{\alpha}^{\beta}\overline{\boldsymbol{N}}_{\beta}\cdot\frac{\mathrm{d}g_{N}}{\mathrm{d}\xi}\boldsymbol{N}^{N}\Big/\frac{\mathrm{d}S}{\mathrm{d}\xi}\end{aligned} \tag{9.2.18}$$

需要说明的是，这里采取的是“平均”扭曲度，因为在一般情况下，先有

$$\bar{\boldsymbol{N}}_2 \cdot \frac{\mathrm{d}\bar{\boldsymbol{N}}_1}{\mathrm{d}S} \neq -\bar{\boldsymbol{N}}_1 \cdot \frac{\mathrm{d}\bar{\boldsymbol{N}}_2}{\mathrm{d}S} \tag{9.2.19}$$

再得到法线向量的梯度：

$$\frac{\mathrm{d}\boldsymbol{N}_\alpha}{\mathrm{d}S} = \boldsymbol{\epsilon}_\alpha^\beta(-B_\beta \boldsymbol{T} + B\boldsymbol{N}_\beta) \tag{9.2.20}$$

9.2.3 梁单元的位置、翘曲和法线方向的变化

假设梁单元轴的位置和法线的方向发生(独立的)变化。梁单元轴的位置变化由速度矢量$\boldsymbol{v} = \boldsymbol{v}(\xi)$描述，梁单元内任意位置处的速度可以由节点速度$\boldsymbol{v}^N$用标准插值函数得到：

$$\boldsymbol{v}(\xi) = g_N(\xi)\boldsymbol{v}^N \tag{9.2.21}$$

法线方向的变化是由自旋矢量$\omega = \omega(\xi)$描述的，它由从节点自旋矢量中得到的ω^N给出，采用相同的内插函数$g_N(\xi)$插值：

$$\dot{\boldsymbol{n}}_\alpha = \boldsymbol{\omega}(\xi) \times \boldsymbol{n}_\alpha, \quad \boldsymbol{\omega}(\xi) = g_N(\xi)\boldsymbol{\omega}^N \tag{9.2.22}$$

上式包括刚体运动，因为原始位置向量$\boldsymbol{X}(\xi)$是通过与速度向量$\boldsymbol{v}(\xi)$相同的内插法得到的。翘曲的变化率也是以节点翘曲的变化率w^N定义的，通过标准插值函数可得

$$\dot{w}(\xi) = g_N(\xi)\dot{w}^N \tag{9.2.23}$$

速度和自旋描述了梁单元位置和方向的变化率。位置的有限变化通过在有限的时间增量Δt上对速度积分得到，即

$$\Delta\boldsymbol{x}(\xi) = \int_t^{t+\Delta t} \boldsymbol{v}(\xi)\mathrm{d}t = g_N(\xi)\int_t^{t+\Delta t} \boldsymbol{v}^N \mathrm{d}t = g_N(\xi)\Delta\boldsymbol{X}^N \tag{9.2.24}$$

同样地，对于翘曲的有限变化，有

$$\Delta w(\xi) = \int_t^{t+\Delta t} \dot{w}(\xi)\mathrm{d}t = g_N(\xi)\int_t^{t+\Delta t} \dot{w}^N \mathrm{d}t = g_N(\xi)\Delta w^N \tag{9.2.25}$$

自旋与旋转四元数q的变化率有关：

$$2q^\dagger\dot{q} = \boldsymbol{\omega}, \quad q = \left(\cos\frac{\theta}{2}, \sin\frac{\theta}{2}\boldsymbol{n}\right), \quad q^\dagger = \left(\cos\frac{\theta}{2}, -\sin\frac{\theta}{2}n\right) \tag{9.2.26}$$

式中，θ是总旋转或欧拉旋转。如果假设自旋在时间增量Δt上是恒定的，那么可以准确地整合自旋和四元数之间的关系。定义

$$\Delta\varphi = \boldsymbol{\omega}\Delta t, \quad \boldsymbol{n} = \frac{\Delta\varphi}{|\Delta\varphi|} \tag{9.2.27}$$

而增量旋转四元数则由下式确定：

$$\Delta q = \left(\cos\frac{|\Delta\varphi|}{2}, \sin\frac{|\Delta\varphi|}{2}\boldsymbol{n}\right) \tag{9.2.28}$$

9.2.4 梁单元的虚功和虚功率

由于假设梁单元在$(\alpha+1)(\beta+1)$方向上没有应力，因此，梁单元虚功的贡献可以表示为

$$\begin{aligned}\delta\Pi &= \int_V (\sigma_{11}\delta e_{11} + \tau_{(\alpha+1)1}\delta\gamma_{(\alpha+1)1})\mathrm{d}V \\ &= \int_\ell \mathrm{d}\ell \int_A (\sigma_{11}\delta e_{11} + \tau_{(\alpha+1)1}\delta\gamma_{(\alpha+1)1})\mathrm{d}A\end{aligned} \tag{9.2.29}$$

梁单元应变的变化可以通过线性化应变表达式获得：

$$\begin{aligned}&\delta e_{11}=\delta\bar{e}-f\lambda^{-1}(S^{\beta}-S_c^{\beta})\epsilon_{\beta}^{\alpha}\delta b_{\alpha}+\lambda^{-1}\Omega\delta\chi,\\&\delta\gamma_{(\alpha+1)1}=\delta\bar{\gamma}_{\alpha}+f\lambda^{-1}\gamma_{\alpha}^{t}\delta b+f^{-1}(\epsilon_{\beta}^{\alpha}(S^{\beta}-S_c^{\beta})-\gamma_{\alpha}^{t})\delta w_p\end{aligned}\tag{9.2.30}$$

式中，“畸变”应变阶的所有项都被忽略。引入修正的翘曲函数 $\Omega(S^{\alpha})=\psi(S^{\alpha})-\bar{\psi}$，$\bar{\psi}$ 为翘曲函数 ψ 的平均值。从平均轴向应变和平均剪切应变的表达式中得到平均轴向应变和剪切应变的变化：

$$\begin{aligned}&\delta\bar{e}=\lambda^{-1}\delta\lambda-\lambda^{-1}fS_c^{\beta}\epsilon_{\beta}^{\alpha}\delta b_{\alpha}-\lambda^{-1}\Omega_0\delta\chi+f^2\lambda^{-2}\left(\frac{I_p}{A}+S_c^{\alpha}S_c^{\alpha}\right)b\delta b,\\&\delta\bar{\gamma}_{\alpha}=\delta\gamma_{\alpha}+\lambda^{-1}fS_s^{\beta}\epsilon_{\beta}^{\alpha}\delta b+f^{-1}\epsilon_{\beta}^{\alpha}(S_c^{\beta}-S_s^{\beta})\delta w_p\end{aligned}\tag{9.2.31}$$

式中，$\Omega_0=\Omega(0)$，$\delta w_p=f^2\lambda^{-1}\delta b-\delta w$ 且“畸变”应变阶的所有项都被忽略了。引入广义截面力和广义力矩，其定义分别如下：

轴向力：$F=\int_A\sigma_{11}\mathrm{d}A$

剪切力：$F_{\alpha}=\int_A\tau_{(\alpha+1)1}\mathrm{d}A$

弯曲力矩：$M^{\alpha}=\int_A-f(S^{\beta}-S_c^{\beta})\epsilon_{\beta}^{\alpha}\sigma_{11}\mathrm{d}A$

扭转力矩：$M_t=\int_A f\gamma_{\alpha}^{t}\tau_{(\alpha+1)1}\mathrm{d}A$

翘曲力矩：$M_w=\int_A f(\epsilon_{\beta}^{\alpha}(S^{\beta}-S_c^{\beta})-\gamma_{\alpha}^{t})\tau_{(\alpha+1)1}\mathrm{d}A$

横向双力矩：$W=\int_A\Omega\sigma_{11}\mathrm{d}A$

根据上述定义，梁单元虚功的贡献式(9.2.29)可以转换为如下简洁形式：

$$\delta\Pi=\int_{\ell}(F\delta\bar{e}+F_{\alpha}\delta\bar{\gamma}_{\alpha}+M^{\alpha}\lambda^{-1}\delta b_{\alpha}+M_t\lambda^{-1}\delta b+M_wf^{-2}\delta w_p+W\lambda^{-1}\delta\chi)\mathrm{d}\ell\tag{9.2.32}$$

可以看出，相对于梁单元截面形心的总扭矩 T 是扭转力矩和翘曲力矩之和：

$$T=\int_A f\epsilon_{\beta}^{\alpha}(S^{\beta}-S_c^{\beta})\tau_{(\alpha+1)1}\mathrm{d}A=M_t+M_w\tag{9.2.33}$$

为了获得梁单元虚功的变化率，将虚功方程中的积分变换为原始体积积分，从而有

$$\delta\Pi=\int_{\ell^0}\mathrm{d}\ell^0\int_{A^0}(\sigma_{11}f^2\lambda\delta e_{11}+\tau_{(\alpha+1)1}f^2\lambda\delta\gamma_{(\alpha+1)1})\mathrm{d}A^0\tag{9.2.34}$$

计算相对于原始状态的应变变化如下：

$$\begin{aligned}&f^2\lambda\delta e_{11}=f^2\lambda\delta\bar{e}-f^3(S^{\beta}-S_c^{\beta})\epsilon_{\beta}^{\alpha}\delta b_{\alpha}+f^2\Omega\delta\chi,\\&f^2\lambda\delta\gamma_{(\alpha+1)1}=f^2\lambda\delta\bar{\gamma}_{\alpha}+f^3\gamma_{\alpha}^{t}\delta b+f\lambda(\epsilon_{\beta}^{\alpha}(S^{\beta}-S_c^{\beta})-\gamma_{\alpha}^{t})\delta w_p\end{aligned}\tag{9.2.35}$$

进而可以获得虚功的变化率的表达式：

$$\begin{aligned}\mathrm{d}\delta\Pi=\int_{\ell}\mathrm{d}\ell\int_A&[\mathrm{d}\sigma_{11}\delta e_{11}+\mathrm{d}\tau_{(\alpha+1)1}\delta\gamma_{(\alpha+1)1}+\\&\sigma_{11}\left(2\lambda^{-1}\delta\lambda f^{-1}\mathrm{d}f+\lambda^{-1}\mathrm{d}\delta\lambda-\lambda^{-1}fS^{\beta}\epsilon_{\beta}^{\alpha}\mathrm{d}\delta b_{\alpha}+f^2\lambda^{-2}\left(\frac{I_p}{A}+S_c^{\alpha}S_c^{\alpha}\right)\mathrm{d}b\delta b\right)+\\&\tau_{(\alpha+1)1}\left(\mathrm{d}\delta\gamma_{\alpha}+\lambda^{-1}fS^{\beta}\epsilon_{\beta}^{\alpha}\mathrm{d}\delta b+f^{-1}\frac{\partial\psi}{\partial S^{\alpha}}\mathrm{d}\delta w\right)\Bigg]\mathrm{d}A\end{aligned}\tag{9.2.36}$$

式中,力矩的增量、力的增量等定义式分别如下:

$$\begin{aligned}
\mathrm{d}F &= \int_A \mathrm{d}\sigma_{11}\,\mathrm{d}A, \\
\mathrm{d}F_\alpha &= \int_A \mathrm{d}\tau_{(\alpha+1)1}\,\mathrm{d}A, \\
\mathrm{d}M^\alpha &= \int_A -f(S^\beta - S_c^\beta)\,\epsilon_\beta^\alpha\,\mathrm{d}\sigma_{11}\,\mathrm{d}A, \\
\mathrm{d}M_t &= \int_A f\gamma_\alpha^t\,\mathrm{d}\tau_{(\alpha+1)1}\,\mathrm{d}A, \\
\mathrm{d}M_w &= \int_A f(\epsilon_\beta^\alpha(S^\beta - S_c^\beta) - \gamma_\alpha^t)\,\mathrm{d}\tau_{(\alpha+1)1}\,\mathrm{d}A, \\
\mathrm{d}W &= \int_A \Omega\,\mathrm{d}\sigma_{11}\,\mathrm{d}A
\end{aligned} \tag{9.2.37}$$

为了确定梁单元的初始应力刚度,假设翘曲函数及其导数的二次变化为零,即 $\mathrm{d}\delta w = \mathrm{d}\delta_\chi = 0$,从而有

$$\mathrm{d}\delta w_p = f^2\lambda^{-1}\mathrm{d}\delta b \tag{9.2.38}$$

因此,只有相对于质心的扭矩在初始应力对虚功变化率的贡献中起作用,虚功率的表达式可以简化为

$$\begin{aligned}
\mathrm{d}\delta\Pi = \int_\ell (&\mathrm{d}F\,\delta\bar{e} + \mathrm{d}F_\alpha\,\delta\bar{\gamma}_\alpha + \mathrm{d}M^\alpha\lambda^{-1}\delta b_\alpha + \mathrm{d}M_t\lambda^{-1}\delta b + \mathrm{d}M_w f^{-2}\delta w_p + \mathrm{d}W\lambda^{-1}\delta\chi + \\
&F\,\mathrm{d}\delta\bar{e} + F_\alpha\,\mathrm{d}\delta\bar{\gamma}_\alpha + M^\alpha\lambda^{-1}\mathrm{d}\delta b_\alpha + T\lambda^{-1}\mathrm{d}\delta b)\,\mathrm{d}\ell
\end{aligned} \tag{9.2.39}$$

本节给出了梁单元的运动学假设的一般数学公式及梁单元的虚功和虚功率,9.2.5 节将针对铁摩辛柯梁和欧拉-伯努利梁分别建立变形率张量的表达式。

9.2.5 铁摩辛柯梁理论

铁摩辛柯梁理论主要的运动学假设是法平面保持平面,但不一定是法向,且在平面内没有变形发生。因此,垂直于中线的平面转动视为刚体转动。考虑一个点 P 的运动,它在中线上的正交投影为点 C,如图 9-1 所示。如果将法平面转动视为一个刚体,则点 P 的速度相对于点 C 的速度为

$$\boldsymbol{v}_{PC} = \boldsymbol{\omega} \times \boldsymbol{r} \tag{9.2.40}$$

式中,$\boldsymbol{\omega}$ 是平面的角速度,$\boldsymbol{r}$ 是从点 C 到点 P 的矢量。在二维问题中,角速度的非零分量是 z 分量,所以 $\boldsymbol{\omega} = \dot{\theta}\boldsymbol{e}_z \equiv \omega\boldsymbol{e}_z$,其中 $\dot{\theta}(x,t)$ 是法线的角速率。由于 $\boldsymbol{r} = y\boldsymbol{e}_y$,则相对速度为

$$\boldsymbol{v}_{PC} = \boldsymbol{\omega} \times \boldsymbol{r} = -y\omega\boldsymbol{e}_x \tag{9.2.41}$$

中线上任意一点的速度是 x 和时间 t 的函数,因此 $\boldsymbol{v}^{\mathrm{M}}(x,t) = v_x^{\mathrm{M}}\boldsymbol{e}_x + v_y^{\mathrm{M}}\boldsymbol{e}_y$,即任意一点的速度是相对速度(式(9.2.40))与中线速度之和:

$$\boldsymbol{v} = \boldsymbol{v}^{\mathrm{M}} + \boldsymbol{\omega} \times \boldsymbol{r} = (v_x^{\mathrm{M}} - y\omega)\boldsymbol{e}_x + v_y^{\mathrm{M}}\boldsymbol{e}_y \tag{9.2.42}$$

$$v_x(x,y,t) = v_x^{\mathrm{M}}(x,t) - y\omega(x,t), \quad v_y(x,y,t) = v_y^{\mathrm{M}}(x,t) \tag{9.2.43}$$

应用变形率的定义,由 $D_{ij} = \mathrm{sym}(v_{i,j})$(2.3.2 节)给出:

$$D_{xx} = v_{x,x}^{\mathrm{M}} - y\omega_{,x}, \quad D_{yy} = 0, \quad D_{xy} = \frac{1}{2}(v_{y,x}^{\mathrm{M}} - \omega) \tag{9.2.44}$$

可以看到变形率的非零分量只有轴向分量 D_{xx} 和剪切分量 D_{xy}，后者称为横向剪切。

由式(9.2.44)可知，梁内的变形率是有限的，非独立变量 v_i^M 和 ω 只需 C^0 连续。因此，在构造剪切梁单元时，可以应用标准等参形函数。对于插值函数，只需 C^0 连续的理论称为 C^0 构造理论。

9.2.6 欧拉-伯努利梁理论

欧拉-伯努利梁(工程梁)理论的运动学假设要求法平面保持平面和法向。因此，法线的角速度由中线斜率的变化率给出：

$$\omega = v_{y,x}^M \tag{9.2.45}$$

通过检验式(9.2.44)的第三式，可以看出上式等价于要求剪切分量 D_{xy} 为零，它表示在法线和中线之间的夹角没有变化，即法线保持法向。轴向速度为

$$v_x(x,y,t) = v_x^M(x,t) - y v_{y,x}^M(x,t) \tag{9.2.46}$$

欧拉-伯努利梁理论的变形率为

$$D_{xx} = v_{x,x}^M - y v_{y,xx}^M, \quad D_{yy} = 0, \quad D_{xy} = 0 \tag{9.2.47}$$

式中的两个特征需要注意：

(1) 横向剪切为零；

(2) 在变形率的表达式中出现了速度的二阶导数，即速度场必须为 C^1 连续。

而铁摩辛柯梁有两个非独立变量(未知)，在欧拉-伯努利梁中只有一个非独立变量。类似的简化发生在相应的壳理论中：在克希霍夫-勒夫壳理论中只有 3 个非独立变量，而在闵德林-瑞斯纳壳理论中有 5 个非独立变量(实际常用的有 6 个，见第 10 章)。

欧拉-伯努利梁理论常称为 C^1 理论，因为它要求 C^1 近似。梁单元一般基于欧拉-伯努利理论，因为在一维情况下，C^1 插值是很容易构造的。在多维空间中，C^1 近似是很难构造的，这种限制是欧拉-伯努利梁和克希霍夫-勒夫壳理论的最大缺陷。由于这个原因，在非线性有限元软件中，除了针对梁的特殊应用，很少采用 C^1 构造理论。

横向剪切仅在深梁中是明显的。然而，即使横向剪切对响应没有影响，它在铁摩辛柯梁和闵德林-瑞斯纳壳中仍是存在的。当梁是浅梁时，铁摩辛柯梁模型中的横向剪切能够在理想性能单元情况下趋于零，在数值结果中也可以观察到法平面垂直中线的现象，默认对于浅梁横向剪切为零。因此，在商用有限元软件中多采用铁摩辛柯梁和闵德林-瑞斯纳壳的单元近似代替欧拉-伯努利梁和克希霍夫-勒夫壳的单元。这些假设主要是以试验为依据：理论预测与试验测量相吻合。对于弹性材料，梁的闭合形式的解析解也支持这一理论；对于任意非线性材料，由于构造假设，还没有解析地确定误差。

9.3 基于连续体梁的理论

采用经典梁单元模型，梁的节点在中面上，当它作为加强件与其他单元组合时，如果其他单元的节点也在中面上，则这种组合并不能提高组合截面的弯曲刚度，只能增加单元质量和截面几何面积，如图 9-2(a)所示。为了发挥梁的加强作用，在计算时常采用梁与其他(壳)单元组合的偏置(offset)处理接触连接和边界条件的方法，从而达到加强构件刚度的目的，如图 9.2(b)所示。引入偏置就是指定偏置量，偏置量定义为从壳单元的中面到其参考

表面的距离与壳厚度的比值。

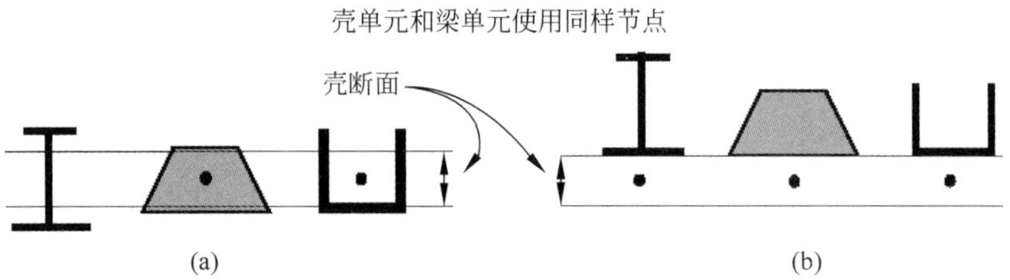

图 9-2　梁作为其他单元的加强部件

(a) 梁截面无偏置；(b) 梁截面有偏置

如上所述，若经典梁单元在计算编程时需引入偏置，由实体单元组成的梁式构件就会有计算效率的问题(第 8 章)，那么是否能够发展基于连续体(实体)的梁单元呢？

9.3.1　基于连续体梁单元

本节建立基于连续体(CB)的二维梁单元，结构的控制方程与连续体的控制方程是一致的，即

(1) 质量守恒；

(2) 线动量和角动量守恒；

(3) 能量守恒；

(4) 本构方程；

(5) 应变-位移方程。

为了研究梁的这些方程，在运动和应力状态中强制引入梁理论的假设。在离散方程中引入 CB 梁理论的动态约束，即修改的连续体有限元，这样它的行为就像梁单元一样。一个 3 节点 CB 梁单元和 6 节点连续体单元如图 9-3 所示。单元中线上的黑实圈是梁单元的节点，为主控节点，计算梁的运动学的量。连续体单元的节点仅在顶部和底部，这些节点称为从属节点。在 η 方向的运动是由主控节点与从属节点线性插值得到的，在顶点和底面共有 6 个节点，可以连接任何其他连续体单元。参考轴线与 $\eta=0$ 线重合。

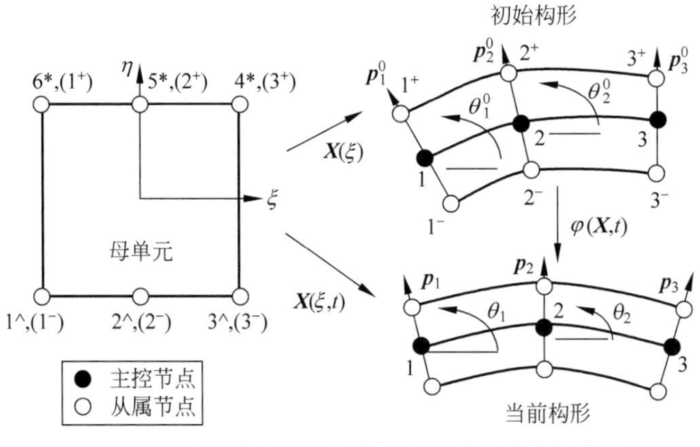

图 9-3　一个 3 节点 CB 梁单元和 6 节点连续体单元

显示基本连续体单元中从属节点的两种表示方法

ξ 为常数的线称为纤维。沿纤维的单位矢量称为方向矢量，由 $\boldsymbol{p}(\xi,t)$ 表示，也称作伪法线。CB 中的方向矢量与经典闵德林-瑞斯纳理论中的法线具有相同的作用，因此称其为伪法线。η 为常数的线称为叠层。

在纤维将从属节点与参考线连接的内部截面上，引入主控节点。这些节点的自由度描述了梁的运动。以主控节点的广义力和速度建立运动方程。在一条公共纤维上，每一主控节点联系一对从属节点，如图 9-3 所示。节点号的上角标星号、加号、减号表示从属节点：I^+ 和 I^- 分别表示与主控节点 I 联系的梁上表面的从属节点(＋)和梁下表面的从属节点(－)；有时以 I^* 作为连续体单元的节点号。每 3 个位于同一纤维上的 I^-、I 和 I^+ 节点是共线的。

对于连续体单元的两组节点号关系为

$$\begin{cases} I^- = I^*, & I^* \leqslant n_N \\ I^+ = I^* - n_N, & I^* > n_N \end{cases} \tag{9.3.1}$$

由上述规则，通过将从属节点号 I^* 转换为上角标为＋或－的节点号可以得到与任何从属节点联系的主控节点；其整数值为主控节点号。

对于梁内的每一点，通过叠层的切线 $\hat{\boldsymbol{e}}_x$ 定义了转动坐标系统；$\hat{\boldsymbol{e}}_y$ 垂直于叠层，它的方向沿梁的厚度可能会变化；与方向矢量共线是没有必要的。因为其中一个轴与叠层正切，这个坐标系统也称为叠层坐标系统。

9.3.2　运动和应力状态的假设

基于连续体梁的运动和应力状态，有如下 3 个假设。

(1) 纤维保持直线。

(2) 横向法向应力忽略不计，即平面应力条件或零法向应力条件：

$$\hat{\sigma}_{yy} = 0 \tag{9.3.2}$$

(3) 纤维是不可伸缩的。

第一个假设称为修正的闵德林-瑞斯纳假设，它要求纤维保持直线，而不是经典的闵德林-瑞斯纳假设中要求法线保持直线。在建立的 C^0 单元中，纤维一般不垂直于中线，因此，约束纤维运动不等价于约束法线运动。解析理论类似于单一方向矢量的科瑟拉理论(Cosserat theory)。对于梁和壳，采用通常称为修正的闵德林-瑞斯纳的假设；对于梁，这个假设也称为修正的铁摩辛柯假设。如果 CB 梁单元近似地为铁摩辛柯梁单元，纤维方向尽可能地接近中线的法线方向是必要的。通过指定从属节点的初始位置可以实现这一点，以便纤维接近法线。否则，CB 梁单元的行为将从根本上偏离铁摩辛柯梁，并且可能与所观察到的梁的行为不一致。沿着一个 C^0 型单元的整个长度，9.6 节的第 1 题证明了纤维和法线完全重合是不可能的，如图 9-12 所示。

应该注意到，纤维的不可伸缩仅适用于运动。不可伸缩性与平面应力的假设相矛盾：纤维通常接近 $\hat{y}$ 方向，所以如果 $\hat{\sigma}_{yy}=0$，一般就不能忽视速度应变 $\hat{D}_{yy}$。通过不采用运动方程计算 $\hat{D}_{yy}$，可以消除这种矛盾；采用本构方程计算，通过令 $\hat{\sigma}_{yy}=0$，由 $\hat{D}_{yy}$ 计算沿厚度方向的变化。这等价于由物质守恒获得厚度，因为平面应力的本构方程与物质守恒相关。之后再修正节点内力以反映沿厚度方向的变化。

这里没有以 PK2 应力或名义应力的形式给出平面应力条件，因为除非做出简化的假设，它们将比式(9.3.2)更复杂：平面应力条件要求物理应力的 $\hat{y}$ 分量为零，这不等价于相应的 PK2 应力分量也应为零。注意这里的平面应力条件与弹性力学的平面应力条件的区别，后者是面内应力作用在厚度很薄的平面内而面外应力为零的条件。

9.3.3 运动学描述

通过主控节点的平移 $x_I(t)$、$y_I(t)$ 和节点方向矢量的旋转 $\theta_I(t)$ 描述梁的运动，如图 9-3 所示。其中，$\theta_I(t)$ 为与 x 轴的夹角，规定逆时针方向为正。通过对连续体单元的标准等参映射，由从属节点的运动给出梁的运动：

$$\boldsymbol{x}(\xi,t)=\sum_{I^+=1}^{n_N}\boldsymbol{x}_{I^+}(t)N_{I^+}(\xi,\eta)+\sum_{I^-=1}^{n_N}\boldsymbol{x}_{I^-}(t)N_{I^-}(\xi,\eta)=\sum_{I^*=1}^{2n_N}\boldsymbol{x}_{I^*}(t)N_{I^*}(\xi,\eta) \tag{9.3.3}$$

式中，$N_{I^*}(\xi,\eta)$ 为连续体的标准形函数（+、−、* 表示不同位置处的节点）。

为了使上述运动与修正的闵德林-瑞斯纳假设相一致，基本连续体单元的形函数在 η 方向必须是线性的。因此，母单元在 η 方向只有两个节点，即沿纤维方向只能有两个从属节点。

对上式取材料时间导数得到速度场：

$$\boldsymbol{v}(\xi,t)=\sum_{I^+=1}^{n_N}\boldsymbol{v}_{I^+}(t)N_{I^+}(\xi,\eta)+\sum_{I^-=1}^{n_N}\boldsymbol{v}_{I^-}(t)N_{I^-}(\xi,\eta)=\sum_{I^*=1}^{2n_N}\boldsymbol{v}_{I^*}(t)N_{I^*}(\xi,\eta) \tag{9.3.4}$$

在从属节点的运动中，强制引入不可伸缩条件和修正的闵德林-瑞斯纳假设：

$$\boldsymbol{x}_{I^+}(t)=\boldsymbol{x}_I(t)+\frac{1}{2}h_I^0\boldsymbol{p}_I(t),\quad \boldsymbol{x}_{I^-}(t)=\boldsymbol{x}_I(t)-\frac{1}{2}h_I^0\boldsymbol{p}_I(t) \tag{9.3.5}$$

式中，$\boldsymbol{p}_I(t)$ 为主控节点 I 的方向矢量，h_I^0 为节点 I 处梁的初始厚度（更准确地说是伪厚度，因为它是沿纤维方向在单元的顶部与底部之间的距离）。这是连续体单元向 CB 梁单元转化的关键一步。

在节点 I 处的方向矢量是沿纤维(I^-,I^+)的单位矢量，因此，当前节点的方向矢量为

$$\boldsymbol{p}_I(t)=\frac{1}{h_I^0}(\boldsymbol{x}_{I^+}(t)-\boldsymbol{x}_{I^-}(t))=\boldsymbol{e}_x\cos\theta_I+\boldsymbol{e}_y\sin\theta_I \tag{9.3.6}$$

式中，$\boldsymbol{e}_x$ 和 $\boldsymbol{e}_y$ 为总体基矢量，初始厚度为

$$h_I^0=\|\boldsymbol{X}_{I^+}-\boldsymbol{X}_{I^-}\| \tag{9.3.7}$$

上式也可以由式(9.3.5)的第一式减去第二式得到。初始节点的方向矢量为

$$\boldsymbol{p}_I^0(t)=\frac{1}{h_I^0}(\boldsymbol{X}_{I^+}-\boldsymbol{X}_{I^-})=\boldsymbol{e}_x\cos\theta_I^0+\boldsymbol{e}_y\sin\theta_I^0 \tag{9.3.8}$$

式中，θ_I^0 为节点 I 处方向矢量的初始角度。容易证明在节点 I 处，纤维方向上的运动式(9.3.5)满足不可伸缩要求。根据 CB 梁理论，在 9.4 节中将证明所有纤维长度保持常数。然而，这个结果对 CB 有限元不成立(例 9.1)。

从属节点的速度是式(9.3.5)的材料时间导数，服从

$$\boldsymbol{v}_{I^+}(t)=\boldsymbol{v}_I(t)+\frac{1}{2}h_I^0\boldsymbol{\omega}_I(t)\times\boldsymbol{p}_I(t),\quad \boldsymbol{v}_{I^-}(t)=\boldsymbol{v}_I(t)-\frac{1}{2}h_I^0\boldsymbol{\omega}_I(t)\times\boldsymbol{p}_I(t) \tag{9.3.9}$$

上式已经应用式(9.2.1)以角速度的形式解释节点速度，注意到由主控节点到从属节点的顶部和底部的速度分别是$\frac{+h_I^0\boldsymbol{p}_I(t)}{2}$和$\frac{-h_I^0\boldsymbol{p}_I(t)}{2}$。由于模型是二维的，有$\boldsymbol{\omega}=\dot{\theta}\boldsymbol{e}_z\equiv\omega\boldsymbol{e}_z$，并且从属节点的速度可以应用式(9.3.6)、式(9.3.7)和式(9.3.9)，有

$$\boldsymbol{v}_{I^+}=\boldsymbol{v}_I-\omega_{zI}((y_{I^+}-y_I)\boldsymbol{e}_x-(x_{I^+}-x_I)\boldsymbol{e}_y)=\boldsymbol{v}_I-\frac{1}{2}\omega_{zI}h_I^0(\boldsymbol{e}_x\cos\theta_I-\boldsymbol{e}_y\sin\theta_I) \tag{9.3.10}$$

$$\boldsymbol{v}_{I^-}=\boldsymbol{v}_I-\omega_{zI}((y_{I^-}-y_I)\boldsymbol{e}_x-(x_{I^-}-x_I)\boldsymbol{e}_y)=\boldsymbol{v}_I+\frac{1}{2}\omega_{zI}h_I^0(\boldsymbol{e}_x\cos\theta_I-\boldsymbol{e}_y\sin\theta_I) \tag{9.3.11}$$

由每个节点的3个自由度的运动描述主控节点的运动：

$$\boldsymbol{d}_I(t)\equiv\boldsymbol{d}_I^{\text{mast}}=[u_{xI}^{\text{M}}\quad u_{yI}^{\text{M}}\quad \theta_I]^{\text{T}},\quad \dot{\boldsymbol{d}}_I(t)\equiv\boldsymbol{d}_I^{\text{mast}}=[v_{xI}^{\text{M}}\quad v_{yI}^{\text{M}}\quad \omega_I]^{\text{T}} \tag{9.3.12}$$

式(9.3.10)～式(9.3.11)可以写为矩阵的形式：

$$\begin{Bmatrix}\boldsymbol{v}_{I^-}\\ \boldsymbol{v}_{I^+}\end{Bmatrix}^{\text{slave}}=\{v_{xI^-}\quad v_{yI^-}\quad v_{xI^+}\quad v_{yI^+}\}^{\text{T}}=\boldsymbol{T}_I\boldsymbol{d}_I^{\text{mast}}\quad (\text{不对 } I \text{ 求和}) \tag{9.3.13}$$

式中，上角标 slave 和 mast 分别表示连续体节点是从属节点和梁节点为主控节点。对比式(9.3.13)和式(9.3.10)、式(9.3.11)，可以看出转换矩阵为

$$\boldsymbol{T}_I=\begin{bmatrix}1 & 0 & y_I-y_{I^-}\\ 0 & 1 & x_{I^-}-x_I\\ 1 & 0 & y_I-y_{I^+}\\ 0 & 1 & x_{I^+}-x_I\end{bmatrix},\quad \boldsymbol{T}=\begin{bmatrix}\boldsymbol{T}_1 & \boldsymbol{0} & \cdots & \boldsymbol{0}\\ \boldsymbol{0} & \boldsymbol{T}_2 & \cdots & \boldsymbol{0}\\ \vdots & \vdots & \ddots & \vdots\\ \boldsymbol{0} & \boldsymbol{0} & \cdots & \boldsymbol{T}_n\end{bmatrix} \tag{9.3.14}$$

9.3.4 动力学描述

梁单元的主控节点内力与上下端从属节点内力相关。通过式(9.3.13)～式(9.3.14)可知，由于从属节点的速度与主控节点的速度相关，节点力的关系为

$$\boldsymbol{f}_I^{\text{mast}}=\begin{Bmatrix}f_{xI}\\ f_{yI}\\ m_I\end{Bmatrix}^{\text{mast}}=\boldsymbol{T}_I^{\text{T}}\begin{Bmatrix}\boldsymbol{f}_{I^-}\\ \boldsymbol{f}_{I^+}\end{Bmatrix}^{\text{slave}}=\begin{bmatrix}1 & 0 & 1 & 0\\ 0 & 1 & 0 & 1\\ y_I-y_{I^-} & x_{I^-}-x_I & y_I-y_{I^+} & x_{I^+}-x_I\end{bmatrix}\begin{Bmatrix}f_{xI^-}\\ f_{yI^-}\\ f_{xI^+}\\ f_{yI^+}\end{Bmatrix} \tag{9.3.15}$$

通过相同的转换，主控节点外力可以由从属节点外力得到。节点外力的列矩阵包括两个力分量f_{xI}和f_{yI}和一个力矩m_I。节点力与主控节点的速度是功率耦合的，即在节点I处力的功率为$\dot{\boldsymbol{d}}_I^{\text{T}}\boldsymbol{f}_I$(不对$I$求和)。从现在起，将不显示上角标 slave 和 mast。

9.3.5 本构更新

为了将标准连续体单元转化为 CB 梁,必须强化平面应力假设式(9.3.2)。为此,采用应力和速度应变的层间分量是比较方便的。构造每层的基矢量 $\hat{\boldsymbol{e}}_i$,如图 9-4 所示,$\hat{\boldsymbol{e}}_x$ 与叠层正切,而 $\hat{\boldsymbol{e}}_y$ 垂直于叠层,即

$$\hat{\boldsymbol{e}}_x = \frac{\boldsymbol{x}_{,\xi}}{\|\boldsymbol{x}_{,\xi}\|} = \frac{x_{,\xi}\boldsymbol{e}_x + y_{,\xi}\boldsymbol{e}_y}{\sqrt{(x_{,\xi}^2 + y_{,\xi}^2)}}, \quad \hat{\boldsymbol{e}}_y = \frac{-y_{,\xi}\boldsymbol{e}_x + x_{,\xi}\boldsymbol{e}_y}{\sqrt{(x_{,\xi}^2 + y_{,\xi}^2)}} \tag{9.3.16}$$

$$x_{,\xi} = \sum_{I^*} x_{I^*} N_{I^*,\xi}(\xi,\eta), \quad y_{,\xi} = \sum_{I^*} y_{I^*} N_{I^*,\xi}(\xi,\eta) \tag{9.3.17}$$

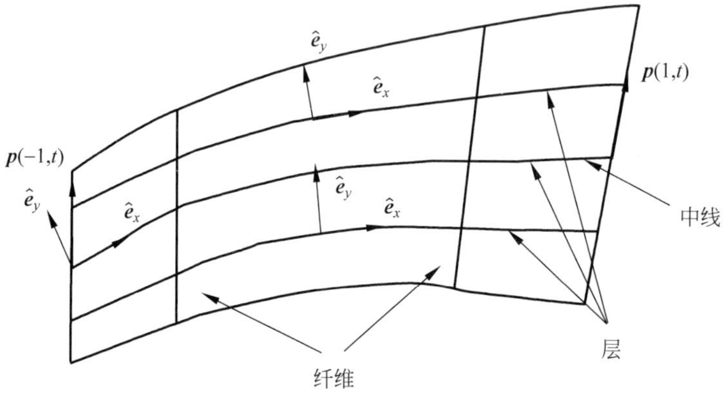

图 9-4 CB 梁的简图表明叠层,转动单位矢量 $\hat{e}_x$、$\hat{e}_y$ 和在端部的方向矢量 $\boldsymbol{p}_I(\xi,t)$

注意 $\boldsymbol{P}$ 一般不与 $\hat{e}_y$ 重合

在叠层分量上加一个"帽子",因为它们随材料而转动,因此可以认为是共旋的。除非垂直于参考线的法线保持法向,这个系统的角速度才是精确的 $\boldsymbol{w}$ 或 $\boldsymbol{\Omega}$,并且叠层的转动不是精确的极分解 $\boldsymbol{R}$。然而,在大多数壳体问题中,剪切是很小的,因此差别是微小的。如果这个差别非常重要,则可以采用另外一个跟随极分解 $\boldsymbol{R}$ 旋转的坐标系。这里需要记住,在叠层系统中必须加入平面应力条件。

变形率的叠层分量由式(2.4.6)给出:

$$\hat{\boldsymbol{D}} = \boldsymbol{R}_{\text{lam}}^{\text{T}} \cdot \boldsymbol{D} \cdot \boldsymbol{R}_{\text{lam}}, \quad \boldsymbol{R}_{\text{lam}} = \begin{bmatrix} \boldsymbol{e}_x \cdot \hat{\boldsymbol{e}}_x & \boldsymbol{e}_x \cdot \hat{\boldsymbol{e}}_y \\ \boldsymbol{e}_y \cdot \hat{\boldsymbol{e}}_x & \boldsymbol{e}_y \cdot \hat{\boldsymbol{e}}_y \end{bmatrix} \tag{9.3.18}$$

在应力计算中,必须观察平面应力约束 $\hat{\sigma}_{yy}=0$。如果本构方程以率的形式表达,则约束是 $\frac{\mathrm{D}\hat{\sigma}_{yy}}{\mathrm{D}t}=0$。例如,对于各向同性次弹性材料,应力率的分量为

$$\frac{\mathrm{D}}{\mathrm{D}t}\{\hat{\boldsymbol{\sigma}}\} = \frac{\mathrm{D}}{\mathrm{D}t}\begin{Bmatrix} \hat{\boldsymbol{\sigma}}_{xx} \\ \hat{\boldsymbol{\sigma}}_{xy} \\ \hat{\boldsymbol{\sigma}}_{yy} \end{Bmatrix} = \frac{\mathrm{D}}{\mathrm{D}t}\begin{Bmatrix} \hat{\boldsymbol{\sigma}}_{xx} \\ \hat{\boldsymbol{\sigma}}_{xy} \\ 0 \end{Bmatrix} = \frac{E}{1-\nu^2}\begin{bmatrix} 1 & 0 & \nu \\ 0 & \frac{1}{2}(1-\nu) & 0 \\ \nu & 0 & 1 \end{bmatrix}\begin{Bmatrix} \hat{D}_{xx} \\ 2\hat{D}_{xy} \\ \hat{D}_{yy} \end{Bmatrix} \tag{9.3.19}$$

已经重新排列了以福格特形式的应力和速度应变分量,因此 yy 分量在最后一行。对于

$\hat{D}_{yy}$，求解最后一行得到 $\hat{D}_{yy}=-\nu\hat{D}_{xx}$，将其代入式(9.3.19)，得到

$$\frac{\mathrm{D}\hat{\boldsymbol{\sigma}}_{xx}}{\mathrm{D}t}=E\hat{D}_{xx},\quad \frac{\mathrm{D}\hat{\boldsymbol{\sigma}}_{xy}}{\mathrm{D}t}=\frac{E}{1+\nu}\hat{D}_{xy} \tag{9.3.20}$$

对于更一般的材料(包括模量矩阵缺乏对称性规律的材料，如非关联塑性材料)，本构率的关系可以表示为

$$\frac{\mathrm{D}}{\mathrm{D}t}\begin{Bmatrix}\hat{\sigma}_{xx}\\ \hat{\sigma}_{xy}\\ 0\end{Bmatrix}=\begin{bmatrix}\hat{C}_{11} & \hat{C}_{13} & \hat{C}_{12}\\ \hat{C}_{31} & \hat{C}_{33} & \hat{C}_{32}\\ \hat{C}_{21} & \hat{C}_{23} & \hat{C}_{22}\end{bmatrix}^{\mathrm{lam}}\begin{Bmatrix}\hat{D}_{xx}\\ 2\hat{D}_{xy}\\ \hat{D}_{yy}\end{Bmatrix} \tag{9.3.21}$$

式中，$\hat{\boldsymbol{C}}^{\mathrm{lam}}$ 为切线模量。该式强调了平面应力条件，用于求解 $\hat{D}_{yy}$。这里不需要修正转动。12.4.4 节和 12.8.1 节给出了关于次弹性和弹-塑性材料的切线模量的示例。Ω 非常接近于叠层共旋趋势的转动，所以格林-纳迪切线模量与 $\hat{\boldsymbol{C}}^{\mathrm{lam}}$ 是很接近的，参考 12.8.7 节的讨论，这种切线模量适用于叠层的各向异性复合材料。实际上，对于法线保持法向的浅梁，两者是一致的。

关于切线刚度的计算，通过转换式(4.5.55)，从相应的矩阵得到基本连续体单元的切向和荷载刚度。对于 CB 梁，这些矩阵不必另行推导，可以参见例 6.3：

$$\hat{\boldsymbol{K}}^{\mathrm{int}}_{I^*J^*}=\int_{\Omega}\hat{\boldsymbol{B}}^{\mathrm{T}}_{I^*}[\hat{\boldsymbol{C}}^{\mathrm{lam}}_{P}]\hat{\boldsymbol{B}}^{\mathrm{T}}_{J^*}\,\mathrm{d}\Omega+\boldsymbol{I}\int_{\Omega}\boldsymbol{B}^{\mathrm{T}}_{I^*}\,\boldsymbol{\sigma}\boldsymbol{B}^{\mathrm{T}}_{J^*}\,\mathrm{d}\Omega \tag{9.3.22}$$

$$[\hat{\boldsymbol{C}}^{\mathrm{lam}}_{P}]=\hat{\boldsymbol{C}}_{aa}-\hat{\boldsymbol{C}}_{ab}\hat{\boldsymbol{C}}^{-1}_{bb}\hat{\boldsymbol{C}}_{ba},\quad \hat{\boldsymbol{B}}_{I^*}=\begin{bmatrix}N_{I^*,\hat{x}} & 0\\ N_{I^*,\hat{y}} & N_{I^*,\hat{x}}\end{bmatrix} \tag{9.3.23}$$

式中，$\hat{\boldsymbol{C}}_{aa}$、$\hat{\boldsymbol{C}}_{ab}$、$\hat{\boldsymbol{C}}_{ba}$、$\hat{\boldsymbol{C}}_{bb}$ 为在矩阵$[\hat{\boldsymbol{C}}^{\mathrm{lam}}+\hat{\boldsymbol{C}}^{*}]$中去掉最后一行的子矩阵。注意到正确的矩阵 $\hat{\boldsymbol{C}}^{*}$ 依赖于所选择的旋转方向。通过刚度转换式(4.5.55)，以主控节点的形式表示切线刚度，$\boldsymbol{K}=\boldsymbol{T}^{\mathrm{T}}\hat{\boldsymbol{K}}\boldsymbol{T}$，而转换矩阵 $\boldsymbol{T}$ 由式(9.3.14)给出。载荷刚度可以类似地从连续体单元的载荷刚度得到。

9.3.6 节点内力

除强制引入平面应力条件外，从属节点内力的计算与基本连续体单元中的节点内力相同。节点内力的计算公式(E4.4.12)由数值积分求得。在 CB 梁中既不应用完全积分公式(4.5.23)，也不应用选择性减缩积分公式(4.5.33)。这两种积分方法都会导致剪切自锁。在 2 节点单元中，在 $\xi=0$ 处采用单一束积分点，可以避免剪切自锁。这种积分方法也称为选择性减缩积分，它能准确地通过积分求得纵向应力(如果基本的连续体单元是矩形单元)，但是不能准确地通过积分求得横向剪切应力(Hughes,1987)。在 η 方向积分点的数目依赖于材料定律和精度要求。对于平滑的超弹性材料，3 个高斯积分点是足够的。对于弹-塑性材料，因为它的应力分布不连续可导，所以至少需要 5 个积分点，如图 9-5 所示。对于弹-塑性材料模型，高斯积分并不是最佳选择，因为这些积分方法基于高阶多项式的插值，默认数据是平滑的。所以，对于非光滑函数，常采用梯形规则，运算效率更高。

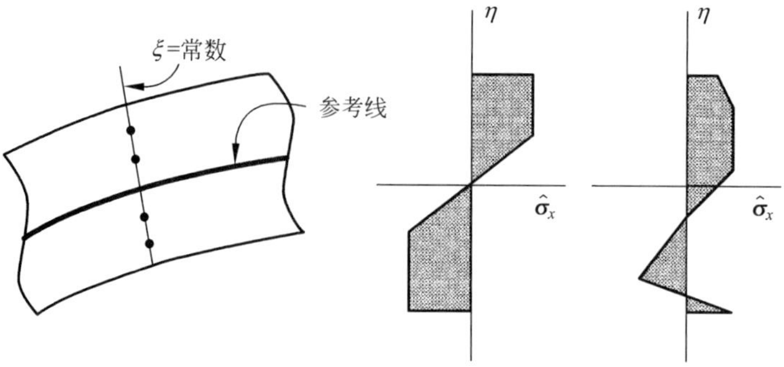

图 9-5 一串积分点和一种弹-塑性材料纵向应力分布的例子

为了说明在剪切自锁的情况下，选择减缩积分的过程，考虑一个基于 4 节点四边形连续体单元的 2 节点梁单元。通过对在 $\xi=0$ 处一串积分点的积分得到节点力：

$$[f_{xI^*} \quad f_{yI^*}]^{\text{int}}=\frac{h}{h^0}\sum_{Q=1}^{n_Q}\left([N_{I^*,x} \quad N_{I^*,y}]\begin{bmatrix}\sigma_{xx} & \sigma_{xy}\\ \sigma_{yx} & \sigma_{yy}\end{bmatrix}\bar{w}_Q a J_{\xi}\right)\Bigg|_{(0,\eta_Q)} \tag{9.3.24}$$

式中，η_Q 为沿梁的厚度方向上的 n_Q 个积分点，$\bar{w}_Q$ 为积分的加权，a 为梁在 z 方向的尺寸，J_{ξ} 为对应于母单元坐标转换的雅可比行列式(4.4.46)。上式与连续体单元关系式(E4.4.14)的唯一不同之处是系数$\dfrac{h}{h^0}$，它近似地考虑了厚度的变化。在应用式(9.3.24)计算节点内力之前，必须将采用式(9.3.20)、式(9.3.21)计算的应力旋转到整体坐标系统。

通过式(4.6.10)，以应力转动分量的形式，也可以计算节点内力：

$$[f_{xI^*} \quad f_{yI^*}]^{\text{int}}=\frac{h}{h^0}\sum_{Q=1}^{n_Q}\left([N_{I^*,\hat{x}} \quad N_{I^*,\hat{y}}]\begin{bmatrix}\hat{\sigma}_{xx} & \hat{\sigma}_{xy}\\ \hat{\sigma}_{xy} & 0\end{bmatrix}\begin{bmatrix}R_{x\hat{x}} & R_{y\hat{x}}\\ R_{x\hat{y}} & R_{y\hat{y}}\end{bmatrix}\bar{w}_Q a J_{\xi}\right)\Bigg|_{(0,\eta_Q)} \tag{9.3.25}$$

式中，由于零法向应力的条件，应力分量 $\hat{\sigma}_{yy}$ 为零；转动的叠层坐标系一般对每一个积分点是不同的。

以转动的叠层分量形式，表 9-1 给出了计算节点力的一种算法，采用了更新的拉格朗日格式和本构更新。

表 9-1 CB 梁单元的算法

1. 由式(9.3.6)、式(9.3.5)和式(9.3.9)计算从属节点的位置和速度：

$$\boldsymbol{p}_I(t)=\boldsymbol{e}_x\cos\theta_I+\boldsymbol{e}_y\sin\theta_I \tag{B9.1.1}$$

$$\boldsymbol{x}_{I^+}(t)=\boldsymbol{x}_I(t)+\frac{1}{2}h_I^0\boldsymbol{p}_I(t),\quad \boldsymbol{x}_{I^-}(t)=\boldsymbol{x}_I(t)-\frac{1}{2}h_I^0\boldsymbol{p}_I(t) \tag{B9.1.2}$$

$$\boldsymbol{v}_{I^+}(t)=\boldsymbol{v}_I(t)+\frac{1}{2}h_I^0\boldsymbol{\omega}_I(t)\times\boldsymbol{p}_I(t),\quad \boldsymbol{v}_{I^-}(t)=\boldsymbol{v}_I(t)-\frac{1}{2}h_I^0\boldsymbol{\omega}_I(t)\times\boldsymbol{p}_I(t) \tag{B9.1.3}$$

上式不对 I 求和。

2. 在积分点，$Q=1\sim n_Q$：

(1) 由式(9.3.16)～式(9.3.18)建立叠层基矢量：$\hat{\boldsymbol{e}}_x$、$\hat{\boldsymbol{e}}_y$、$\boldsymbol{R}_{\text{lam}}$

续表

(2) 计算叠层分量：$\hat{\boldsymbol{v}}_I=\boldsymbol{R}_{\text{lam}}^{\mathrm{T}}\boldsymbol{v}_I,\hat{\boldsymbol{x}}_{I*}=\boldsymbol{R}_{\text{lam}}^{\mathrm{T}}\boldsymbol{x}_{I*}$
(3) 计算形函数梯度： $N_{I,\hat{x}}^{\mathrm{T}}=N_{I,\xi}^{\mathrm{T}}\hat{\boldsymbol{x}}_{,\xi}^{-1}$ (B9.1.4)
(4) 计算速度梯度和速度应变： $\hat{\boldsymbol{L}}=\hat{\boldsymbol{v}}_I\boldsymbol{B}_I^{\mathrm{T}}=\hat{\boldsymbol{v}}_I N_{I,\hat{x}}^{\mathrm{T}},\quad \hat{\boldsymbol{D}}=\frac{1}{2}(\hat{\boldsymbol{L}}+\hat{\boldsymbol{L}}^{\mathrm{T}})$ (B9.1.5)
(5) 通过本构方程(9.3.5节,第13章)更新应力$\hat{\boldsymbol{\sigma}}$
(6) 由式(9.3.23),将应力贡献到从属节点力中
完成循环
3. 由式(9.3.15),计算主控节点力

9.3.7 质量矩阵

CB 梁单元的质量矩阵可以由转换式(4.5.51)得到

$$\boldsymbol{M}=\boldsymbol{T}^{\mathrm{T}}\hat{\boldsymbol{M}}\boldsymbol{T} \tag{9.3.26}$$

式中,$\hat{\boldsymbol{M}}$ 为基本连续体单元的质量矩阵。质量矩阵是时间相关的,这对于拉格朗日单元是不常见的,但这是由 CB 理论的运动约束决定的。$\hat{\boldsymbol{M}}$ 可以是连续体单元的一致质量矩阵或集中质量矩阵。即使采用连续体单元的对角质量矩阵,式(9.3.26)也不是对角化矩阵。可以应用两种技术得到对角化矩阵:

(1) 行求和技术;

(2) 物理意义上的集中。

对于基于矩形 4 节点连续体单元的 CB 梁,由第(2)种技术得到

$$\boldsymbol{M}=\frac{\rho_0 h_0 \ell_0 a_0}{420}\begin{bmatrix}210&0&0&0&0&0\\0&210&0&0&0&0\\0&0&\alpha h_0^2&0&0&0\\0&0&0&210&0&0\\0&0&0&0&210&0\\0&0&0&0&0&\alpha h_0^2\end{bmatrix} \tag{9.3.27}$$

式中,α 为转动惯量的比例系数。在显式程序中选择它,临界时间步长因此仅取决于平移的自由度,且时间步长避免了 ℓ^2 相关,见表 5-1。这是由 Key 和 Beisinger(1971)提出的。

式(9.3.27)中的集中质量矩阵没有考虑矩阵 $\boldsymbol{T}$ 的时间相关性。如果考虑矩阵 $\boldsymbol{T}$ 的时间相关性,则根据式(4.5.54)可得惯性力为

$$\boldsymbol{f}^{\text{kin}}=\boldsymbol{T}^{\mathrm{T}}\hat{\boldsymbol{M}}\boldsymbol{T}\ddot{\boldsymbol{d}}+\boldsymbol{T}^{\mathrm{T}}\hat{\boldsymbol{M}}\dot{\boldsymbol{T}}\dot{\boldsymbol{d}} \tag{9.3.28}$$

式中,$\hat{\boldsymbol{M}}$ 由例 4.5 给出,$\boldsymbol{T}_I$ 由式(9.3.14)给出。取该式的时间导数获得矩阵 $\dot{\boldsymbol{T}}$:

$$\dot{\boldsymbol{T}}_I=\frac{\mathrm{D}\boldsymbol{T}_I}{\mathrm{D}t}=\omega_I\begin{bmatrix}0&0&x_I-x_{I^-}\\0&0&y_I-y_{I^-}\\0&0&x_I-x_{I^+}\\0&0&y_I-y_{I^+}\end{bmatrix}\tag{9.3.29}$$

因此,加速度将包含正比于角速度的平方的项,而在半离散方程中的惯性项不再是速度线性的。运动方程的时间积分变得更为复杂,此外,该项常常是小量,通常可以忽略。

9.3.8 运动方程

梁主控节点的运动方程为

$$\boldsymbol{M}_{IJ}\ddot{\boldsymbol{d}}_J+\boldsymbol{f}_I^{\mathrm{int}}=\boldsymbol{f}_I^{\mathrm{ext}}\tag{9.3.30}$$

其中,节点力和节点速度分别为

$$\boldsymbol{f}_I=\begin{Bmatrix}f_{xI}\\f_{yI}\\m_I\end{Bmatrix},\quad\ddot{\boldsymbol{d}}_I=\begin{Bmatrix}\dot{v}_{xI}\\\dot{v}_{yI}\\\dot{\omega}_I\end{Bmatrix}\tag{9.3.31}$$

关于对角化质量矩阵,一个节点的运动方程为

$$\begin{bmatrix}M_{11}&0&0\\0&M_{22}&0\\0&0&M_{33}\end{bmatrix}_I\begin{Bmatrix}\dot{v}_{xI}\\\dot{v}_{yI}\\\dot{\omega}_I\end{Bmatrix}+\begin{Bmatrix}f_{xI}\\f_{yI}\\m_I\end{Bmatrix}^{\mathrm{int}}=\begin{Bmatrix}f_{xI}\\f_{yI}\\m_I\end{Bmatrix}^{\mathrm{ext}}\tag{9.3.32}$$

式中,$M_{ii}(i=1\sim3)$为节点 I 处集成的对角化质量。它们来自式(4.4.24),由式(9.3.13)和(9.3.15)转换变量得到。对于平衡过程,惯性力项被舍弃。

9.4 基于连续体梁的计算

9.4.1 梁的运动

为了更好地理解 CB 梁,我们从接近经典梁理论的观点出发检验梁的运动。本节导出的离散方程与 9.3.8 节描述的方程是一致的,这一框架下的工作非常合理,但是稍显冗赘,因为许多计算需要利用已经发展的标准化程序,如求解切线刚度和质量矩阵,而在前述方法中它们是从连续体单元中承接过来的。

从描述运动出发。为了满足修正的闵德林-瑞斯纳假设,在 η 方向,即沿梁的厚度方向的运动必须是线性的,因此 CB 梁的运动为

$$\boldsymbol{x}(\xi,\eta,t)=\boldsymbol{x}^{\mathrm{M}}(\xi,t)+\frac{1}{2}\eta h^0(\xi)\boldsymbol{p}(\xi,t)\tag{9.4.1}$$

式中,$\boldsymbol{x}^{\mathrm{M}}(\xi,t)$为参考中线的当前构形,$\boldsymbol{p}(\xi,t)$为沿中线的方向矢量,等价于上式运动的另一个表达式为

$$\boldsymbol{x}(\xi,\eta,t)=\boldsymbol{x}^{\mathrm{M}}(\xi,t)+\eta\boldsymbol{x}^{\mathrm{B}}(\xi,t)\tag{9.4.2}$$

式中,$\boldsymbol{x}^{\mathrm{B}}(\xi,t)$为运动的弯曲部分:

$$\boldsymbol{x}^{\mathrm{B}} = \frac{1}{2} h^0 \boldsymbol{p} \tag{9.4.3}$$

变量 ξ 和 η 为曲线坐标。注意到对于母单元坐标，尽管应用了相同的名称，式(9.4.1)也无须指明为母单元坐标。梁的顶面和底面分别用 $\eta = +1$ 和 $\eta = -1$ 表示，而 $\eta = 0$ 对应于中线。在初始时刻由式(9.4.1)给出了初始构形：

$$\boldsymbol{X}(\xi,\eta) = \boldsymbol{X}^{\mathrm{M}}(\xi) + \eta \frac{h^0}{2} \boldsymbol{p}_0(\xi) \tag{9.4.4}$$

式中，$\boldsymbol{p}_0(\xi)$ 为初始方向矢量，$\boldsymbol{x}^{\mathrm{M}}(\xi)$ 描述了初始的中线。

在这种形式的运动中，可以直接证明所有纤维均为不可伸长的。纤维的长度为沿纤维方向顶面和底面的距离，即当 ξ 取常数时，在点 $\eta = -1$ 和点 $\eta = +1$ 之间的距离。应用式(9.4.1)可以得到变形后的构形中任意纤维的长度：

$$h(\xi,t) = \| \boldsymbol{x}(\xi,1,t) - \boldsymbol{x}(\xi,-1,t) \| = \left\| \left(\boldsymbol{x}^{\mathrm{M}} + \frac{h^0}{2}\boldsymbol{p} \right) - \left(\boldsymbol{x}^{\mathrm{M}} - \frac{h^0}{2}\boldsymbol{p} \right) \right\| = \| h^0 \boldsymbol{p} \| = h^0 \tag{9.4.5}$$

上式最后一步遵从这样的事实：方向矢量 $\boldsymbol{p}$ 为一个单位矢量。因此，纤维的长度总是等于 $h^0(\xi)$。这个性质在有限元近似中不成立，例 9.1 将给出证明。

从式(9.4.1)中减去式(9.4.4)得到位移：

$$\boldsymbol{u}(\xi,\eta,t) = \boldsymbol{u}^{\mathrm{M}}(\xi,t) + \eta \frac{h^0}{2}(\boldsymbol{p}(\xi,t) - \boldsymbol{p}_0(\xi)) = \boldsymbol{u}^{\mathrm{M}}(\xi,t) + \eta \boldsymbol{u}^{\mathrm{B}}(\xi,t) \tag{9.4.6}$$

式中，$\boldsymbol{u}^{\mathrm{B}}(\xi,t)$ 称为弯曲位移。由于方向矢量为单位矢量，上式第二个等号右侧的第二项是单一非独立变量，即角速度 $\theta(\xi,t)$ 的函数，角速度的测量方向为从 x 轴出发逆时针旋转，如图 9-3 所示。通过以整体基矢量的形式表示式(9.4.6)中的第二项，可以得到取决于单一非独立变量的弯曲位移：

$$\boldsymbol{u} = \boldsymbol{u}^{\mathrm{M}} + \eta \frac{h^0}{2}(\boldsymbol{e}_x(\cos\theta - \cos\theta_0) + \boldsymbol{e}_y(\sin\theta - \sin\theta_0)) \tag{9.4.7}$$

式中，$\theta_0(\xi)$ 为方向矢量的初始角度。速度是位移(式(9.4.7))的材料时间导数：

$$\boldsymbol{v}(\xi,\eta,t) = \boldsymbol{v}^{\mathrm{M}}(\xi,t) + \eta \frac{h^0}{2} \dot{\boldsymbol{p}}(\xi,t) = \boldsymbol{v}^{\mathrm{M}}(\xi,t) + \eta \boldsymbol{v}^{\mathrm{B}}(\xi,t) \tag{9.4.8}$$

由上式定义的弯曲速度 $\boldsymbol{v}^{\mathrm{B}}(\xi,t)$ 为

$$\boldsymbol{v}^{\mathrm{B}} = \frac{h^0}{2} \dot{\boldsymbol{p}} \tag{9.4.9}$$

利用式(9.2.1)将式(9.4.8)写为

$$\boldsymbol{v} = \boldsymbol{v}^{\mathrm{M}} + \eta \frac{h^0}{2} \boldsymbol{\omega} \times \boldsymbol{p} = \boldsymbol{v}^{\mathrm{M}} + \eta \frac{h^0}{2} \omega \boldsymbol{q} \tag{9.4.10}$$

式中，$\omega = \dot{\theta}$ 和 $\boldsymbol{\omega} = \omega(\xi,t)\boldsymbol{e}_z$ 为方向矢量的角速度，并且有

$$\boldsymbol{q} = \boldsymbol{e}_z \times \boldsymbol{p} = -\hat{\boldsymbol{e}}_x \cos\bar{\theta} + \hat{\boldsymbol{e}}_y \sin\bar{\theta} \tag{9.4.11}$$

式中，$\bar{\theta}$ 为中线法线与方向矢量的夹角，如图 9-6 所示。

现在将上式中的速度与铁摩辛柯梁理论的速度式(9.2.41)进行比较。为此，以顺时针旋转基矢量的形式表示矢量：

$$\boldsymbol{p}=\hat{\boldsymbol{e}}_x\sin\theta+\hat{\boldsymbol{e}}_y\cos\bar{\theta},\quad \boldsymbol{v}^{\mathrm{M}}=\hat{\boldsymbol{v}}_x^{\mathrm{M}}\hat{\boldsymbol{e}}_x+\hat{\boldsymbol{v}}_y^{\mathrm{M}}\hat{\boldsymbol{e}}_y \tag{9.4.12}$$

以时针顺旋转基矢量的形式将速度写为

$$\boldsymbol{v}^{\mathrm{M}}=\hat{\boldsymbol{v}}_x^{\mathrm{M}}\hat{\boldsymbol{e}}_x+\hat{\boldsymbol{v}}_y^{\mathrm{M}}\hat{\boldsymbol{e}}_y+\eta\frac{h^0}{2}\omega(-\hat{\boldsymbol{e}}_x\cos\bar{\theta}+\hat{\boldsymbol{e}}_y\sin\bar{\theta}) \tag{9.4.13}$$

由式(9.4.2)和图 9-6 可以看出：

$$\eta\frac{h^0}{2}\cos\bar{\theta}=\hat{y}\rightarrow\eta\frac{h^0}{2}=\frac{\hat{y}}{\cos\bar{\theta}} \tag{9.4.14}$$

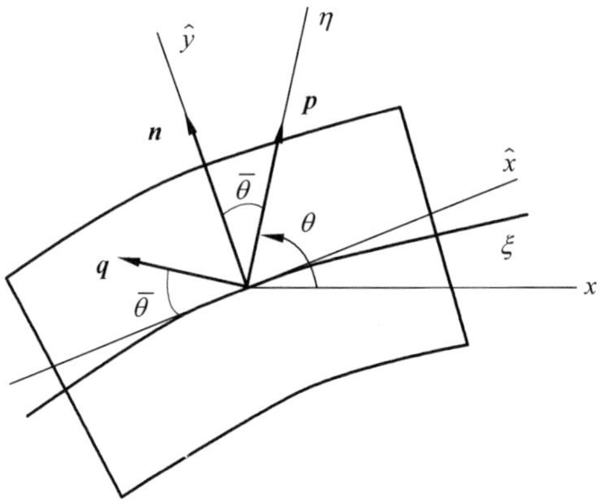

图 9-6 在二维 CB 梁中表示方向矢量 p 和法线 n

将上式代入式(9.4.13)，并将速度矢量写成列矩阵：

$$\begin{Bmatrix}\hat{v}_x\\ \hat{v}_y\end{Bmatrix}=\begin{Bmatrix}\hat{v}_x^{\mathrm{M}}\\ \hat{v}_y^{\mathrm{M}}\end{Bmatrix}+\omega\hat{y}\begin{Bmatrix}-1\\ \tan\bar{\theta}\end{Bmatrix} \tag{9.4.15}$$

将上式与式(9.2.3)进行比较，可以看出当 $\theta=0$ 时，上式精确地对应于经典的铁摩辛柯梁理论的速度场；而当 $\bar{\theta}$ 很小时，它依然是一个很好的近似。然而，通过定位从属节点，分析者经常将 $\bar{\theta}$ 取较大值，如 $\frac{\pi}{4}$，导致方向矢量不再与法线一致，即当方向矢量与法线之间的夹角很大时，其速度场与经典铁摩辛柯梁理论的结果有显著不同。这里提示我们在划分单元网络时，应尽量保持 $\bar{\theta}$ 较小，以提高计算精度。

由速度的材料时间导数给出加速度：

$$\dot{\boldsymbol{v}}=\dot{\boldsymbol{v}}^{\mathrm{M}}+\eta\frac{h^0}{2}(\dot{\boldsymbol{\omega}}\times\boldsymbol{p}+\boldsymbol{\omega}\times(\boldsymbol{\omega}\times\boldsymbol{p})) \tag{9.4.16}$$

所以，式(4.3.23)给出

$$\begin{aligned}\delta v_{iI}f_{iI}^{\mathrm{kin}}&=\int_\Omega\delta\boldsymbol{v}\cdot\rho\left(\dot{\boldsymbol{v}}^{\mathrm{M}}+\eta\frac{h^0}{2}(\dot{\boldsymbol{\omega}}\times\boldsymbol{p}+\boldsymbol{\omega}\times(\boldsymbol{\omega}\times\boldsymbol{p}))\right)\mathrm{d}\Omega\\&=\int_\Omega\delta\boldsymbol{v}\cdot\rho\left(\dot{\boldsymbol{v}}^{\mathrm{M}}+\eta\frac{h^0}{2}(\dot{\omega}\boldsymbol{q}-\omega^2\boldsymbol{p})\right)\mathrm{d}\Omega\end{aligned} \tag{9.4.17}$$

因此，惯性力取决于 ω^2，如式(9.3.28)和式(9.3.29)所示。

关于梁的非独立变量是中线速度 $\boldsymbol{v}^{\mathrm{M}}(\xi,t)$ 和角速度 $\omega(\xi,t)$ 两个分量；也可以取中线的位移 $\boldsymbol{u}^{\mathrm{M}}(\xi,t)$ 和方向矢量 $\theta(\xi,t)$ 的当前角度为非独立变量。CB 梁理论的约束由中线的两个平动分量和方向矢量的旋转代替二维连续体的两个平动速度分量。然而，新的非独立变量是单一空间变量 ξ 的函数，而连续体的独立变量是两个空间变量的函数。使用结构理论的优势之一是减少了问题的维度。

9.4.2 速度应变

下面检验在 CB 梁中的速度应变，这是通过速度应变沿梁厚度方向的级数展开实现的。对于 $\bar{\theta}=0$ 的结果有

$$\hat{D}_{\hat{x}\hat{x}}=v^{\mathrm{M}}_{\hat{x},\hat{x}}-\eta\frac{h^0}{2}(\omega_{,\hat{x}}+p_{\hat{x},\hat{x}}v^{\mathrm{M}}_{\hat{x},\hat{x}})+O\left(\frac{\eta h^0}{R}\right) \tag{9.4.18}$$

$$\hat{D}_{\hat{x}\hat{y}}=\frac{1}{2}(-\omega+v^{\mathrm{M}}_{\hat{y},\hat{x}})+O\left(\frac{\eta h^0}{R}\right) \tag{9.4.19}$$

轴向速度应变 $\hat{D}_{\hat{x}\hat{x}}$ 沿梁宽度方向为线性变化，包括 3 个部分：

(1) $v^{\mathrm{M}}_{\hat{x},\hat{x}}$，中线的伸长；因为此项是在转动坐标系中，它也将弯曲耦合到轴向应变；

(2) $\frac{\eta h^0}{2}\omega_{,\hat{x}}$，弯曲速度应变，它沿 η 方向为线性变化；

(3) $\frac{\eta h^0}{2}p_{\hat{x},\hat{x}}v^{\mathrm{M}}_{\hat{x},\hat{x}}$，由伸长引起的弯曲速度应变；这耦合了伸长和弯曲，但是与第一项相比，是个小量。

横向剪切分量 $\hat{D}_{\hat{x}\hat{y}}$ 沿宽度方向也是线性变化的，不过常数项占主导地位。这一线性变化与观测到的横向剪切是不一致的。然而，在大多数梁的总体响应中，横向剪切的分布只起到很小的作用。对于均匀的浅梁，这一项的影响更是微乎其微，剪切能量只是一种补偿，即为了强化法线而保持法向的欧拉-伯努利假设。因此，在均匀浅梁中，剪切的精确形式是不重要的。对于复合梁或深梁，常常需要修正横向剪切。

在 CB 梁中，上述方程一般不用于计算速度应变，仅当速度为临界值或将本构方程表示为应力的结果形式时(如应用式(9.4.18)～式(9.4.19))，上述方程才是有意义的；否则，最好应用第 4 章给出的标准连续体表达式。

9.4.3 内力和外力功率

在经典的梁和壳理论中，以总体应力的形式表示应力，即合成应力。应力的常数和线性部分的主导作用是将应力替换为合成应力。应该指出合成应力在计算中不是必要的，仅对线性材料的计算有效。

在检验 CB 梁理论的合成应力时，为了使推导更加方便，假设方向矢量垂直于参考线，即 $\bar{\theta}=0$。考虑一个用参考线 r 表示的二维曲梁；$0\leqslant r\leqslant L$，其中 r 为长度的物理尺度，与曲线坐标 ξ 不同的是，它是无量纲的。为了定义合成应力，将柯西应力的转动分量表示为内部虚功率形式(式(4.5.11))。由于在平面应力假设中 $\hat{\sigma}_{yy}$ 为零，忽略源于 $\hat{\sigma}_{yy}$ 的功率，有

$$\delta p^{\mathrm{int}}=\int_0^L\int_A(\delta\hat{D}_{xx}\hat{\sigma}_{xx}+2\delta\hat{D}_{xy}\hat{\sigma}_{xy})\mathrm{d}A\,\mathrm{d}r \tag{9.4.20}$$

式中，将三维域积分变为一个面积分和一个线积分。如果在端点处的方向矢量垂直于参考线，并且厚度与半径的比值相对于单位值足够小，则上式积分相对于整个体积的积分是很

好的近似。接着考虑 CB 梁的运动，将式(9.4.18)、式(9.4.19)代入式(9.4.20)，得到

$$\delta p^{\text{int}}=\int_0^L\int_A(\delta v^{\text{M}}_{\hat{x},\hat{x}}\hat{\sigma}_{xx}-\hat{y}(\delta\omega_{,\hat{x}}+p_{\hat{x},\hat{x}}\delta v^{\text{M}}_{\hat{x},\hat{x}})\hat{\sigma}_{xx}+(-\delta\omega+\delta v^{\text{M}}_{\hat{y},\hat{x}})\hat{\sigma}_{xy})\,\mathrm{d}A\,\mathrm{d}r \tag{9.4.21}$$

下面定义应力的面积分(已知为零阶和一阶力矩)：

$$\begin{cases}n=\int_A\hat{\sigma}_{xx}\,\mathrm{d}A & (\text{膜力})\\ m=-\int_A\hat{y}\hat{\sigma}_{xx}\,\mathrm{d}A & (\text{弯矩})\\ s=\int_A\hat{\sigma}_{xy}\,\mathrm{d}A & (\text{剪力})\end{cases} \tag{9.4.22}$$

上式称为合成应力或广义内力的表达式，其正号约定如图 9-7 所示。n 是法向力，称为膜力或轴力，其源于轴向应力与中线相切的净力，也是轴向应力的零阶力矩。弯矩 m 是轴向应力绕参考线的一阶力矩。剪力 s 是横向剪应力的净合力(零阶力矩)。这些定义对应于结构力学的习惯定义。

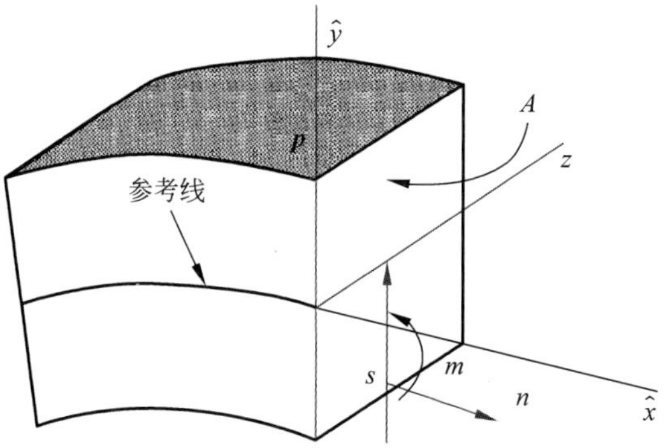

图 9-7　二维梁的合成应力和横截面面积 A

应用这些定义，内虚功率(式(9.4.21))为

$$\delta p^{\text{int}}=\int_0^L(\underbrace{\delta v^{\text{M}}_{\hat{x},\hat{x}}n}_{\text{膜功率}}+\underbrace{(\delta\omega_{,\hat{x}}+p_{\hat{x},\hat{x}}\delta v^{\text{M}}_{\hat{x},\hat{x}})m}_{\text{弯曲功率}}+\underbrace{(-\delta\omega+\delta v^{\text{M}}_{\hat{y},\hat{x}})s}_{\text{剪切功率}})\,\mathrm{d}r \tag{9.4.23}$$

式中，膜功率(轴向功率)是在梁的伸长过程中消耗的功率，在梁的弯曲过程中消耗弯曲功率，横向剪切功率也是由弯曲引起的。因此，功率积分简化为一维积分，这是结构力学理论的显著特点：通过在运动中强制约束可以将维数降低至一维。

广义外力的发展平行于前文推导的广义内力。从连续体的表达式出发，在运动中引入约束，由于约束，广义外力涉及沿 CB 梁整个厚度的积分。假设 $\boldsymbol{p}$ 与 $\hat{y}$ 在梁的端点处重合，梁的顶面和底面由 Γ_{tb} 表示，两端的表面由 Γ 表示。从连续体的外部虚功率出发，即由式(B4.3.5)给出

$$\delta p^{\text{ext}}=\int_{\Gamma_{\text{tb}}\cup\Gamma}(\delta\hat{v}_x\hat{t}^*_x+\delta\hat{v}_y\hat{t}^*_y)\,\mathrm{d}\Gamma+\int_\Omega(\delta\hat{v}_x\hat{b}_x+\delta\hat{v}_y\hat{b}_y)\,\mathrm{d}\Omega \tag{9.4.24}$$

在上式和本章的余下部分中，上角标 * 表示给定的面力。通过引入式(9.4.15)给出的 CB 梁假设，对运动进行约束。将式(9.4.15)代入上式(令 $\bar{\theta}=0$)得到

$$\delta p^{\text{ext}}=\int_{\Gamma_{\text{tb}}\cup\Gamma}((\delta\hat{v}_x^{\text{M}}-\delta\omega\hat{y})\hat{t}_x^*+\delta\hat{v}_y^{\text{M}}\hat{t}_y^*)\,\mathrm{d}\Gamma+\int_{\Omega}((\delta\hat{v}_x^{\text{M}}-\delta\omega\hat{y})\hat{b}_x+\delta\hat{v}_y^{\text{M}}\hat{b}_y)\,\mathrm{d}\Omega \tag{9.4.25}$$

现在,广义外力的定义类似于通过取面力的零阶和一阶力矩的合成应力：

$$n^*=\int_A\hat{t}_x^*\,\mathrm{d}A,\quad m^*=-\int_A\hat{y}\hat{t}_x^*\,\mathrm{d}A,\quad s^*=\int_A\hat{t}_y^*\,\mathrm{d}A \tag{9.4.26}$$

在梁理论中,在端点之间的面力和体积力成为广义体积力,其定义为

$$\bar{f}_x=\int_{\Gamma_{\text{tb}}}\hat{t}_x^*\,\mathrm{d}\Gamma+\int_A\hat{b}_x\,\mathrm{d}A,\quad \bar{f}_y=\int_{\Gamma_{\text{tb}}}\hat{t}_y^*\,\mathrm{d}\Gamma+\int_A\hat{b}_y\,\mathrm{d}A,\quad M=-\int_{\Gamma_{\text{tb}}}\hat{y}\hat{t}_x^*\,\mathrm{d}\Gamma+\int_A\hat{y}\hat{b}_y\,\mathrm{d}A \tag{9.4.27}$$

由闵德林-瑞斯纳假设可知,非独立变量已经从 $v_i(x,y)$ 变为 $v_i^{\text{M}}(r)$ 和 $\omega(r)$,边界的定义也相应地发生了变化：边界成为梁的端点。端点是中线与 Γ 的交点。按照式(9.4.26)～式(9.4.27)的定义,外部虚功率式(9.4.24)为

$$\delta p^{\text{ext}}=\int_0^L(\delta\hat{v}_x\hat{f}_x+\delta\hat{v}_y\hat{f}_y+\delta\omega M)\,\mathrm{d}r+\delta\hat{v}_x n^*\,|_{\Gamma_n}+\delta\omega m^*\,|_{\Gamma_m}+\delta\hat{v}_y s^*\,|_{\Gamma_s} \tag{9.4.28}$$

式中,Γ_n、Γ_m 和 Γ_s 为梁的端点,在这些端点处,分别给定了相应的法向(轴向)力、力矩和剪力。给定面力 $\hat{t}_x$ 的边界成为给定法向力边界 Γ_n 和力矩边界 Γ_m。因此,连续体转换到 CB 梁改变了面力边界条件的性质。面力边界条件被弱化了：仅给定了面力的零阶和一阶力矩。在梁理论中,在边界 Γ 上可能只有 Γ_m 边界而没有 Γ_n 边界,如在一个边界上,沿 x 方向固定,而在与 $\boldsymbol{e}_z$ 共线的轴上连接一个弹簧。这些细微的差别是由于运功约束引起了独立变量的变化。

边界条件划分为自然边界条件和基本边界条件。速度(位移)是基本边界条件：

$$\text{在 }\Gamma_{\hat{v}x}\text{ 上：}\hat{\boldsymbol{v}}_x^{\text{M}}=\hat{\boldsymbol{v}}_x^{\text{M}*},\quad \text{在 }\Gamma_{\hat{v}y}\text{ 上：}\hat{\boldsymbol{v}}_y^{\text{M}}=\hat{\boldsymbol{v}}_y^{\text{M}*},\quad \text{在 }\Gamma_\omega\text{ 上：}\omega=\omega^* \tag{9.4.29}$$

式中,Γ 的下角标表示该方向的速度是给定的。角速度独立于坐标系的方向,所以没有在角速度的符号上加标识,在前文公式的推导中也可以看到这点。

广义面力的边界条件为

$$\text{在 }\Gamma_n\text{ 上：}n=n^*,\quad \text{在 }\Gamma_s\text{ 上：}s=s^*,\quad \text{在 }\Gamma_m\text{ 上：}m=m^* \tag{9.4.30}$$

注意到式(9.4.29)和式(9.4.30)是运动学和动力学与功率耦合的变量的边界条件。功率耦合的变量不能指定在同一个边界上,但是在任何边界上必须指定它们一对中的一个,因此得到

$$\begin{aligned}&\Gamma_n\cup\Gamma_{\hat{v}x}=\Gamma,\quad \Gamma_n\cap\Gamma_{\hat{v}x}=0,\\&\Gamma_s\cup\Gamma_{\hat{v}y}=\Gamma,\quad \Gamma_s\cap\Gamma_{\hat{v}y}=0,\\&\Gamma_m\cup\Gamma_\omega=\Gamma,\quad \Gamma_m\cap\Gamma_\omega=0\end{aligned} \tag{9.4.31}$$

9.4.4 弱形式和强形式

梁的动量方程的弱形式为

$$\delta p^{\text{kin}}+\delta p^{\text{int}}=\delta p^{\text{ext}},\quad \forall(\delta v_x,\delta v_y,\delta\omega)\in U_0 \tag{9.4.32}$$

式中,U_0 为分段可微函数的空间,即 C^0 函数,在相应的给定位移边界上为零。函数只需要

C^0,因为在虚功率表达式中仅出现了非独立变量的一阶导数。注意到这个弱形式与连续体的弱形式具有相同的结构。

对于一个任意的几何,我们不推导等价于式(9.4.32)的强形式,因为它已经可以实现,参考 Simo 和 Fox(1989)的研究。然而,如果没有曲线张量,则会相当棘手。作为代替,我们将为沿 x 轴的均匀截面直梁建立小应变理论的强形式,并忽略惯性力和施加的体积力矩。对上述简化形式应用式(9.4.23)和式(9.4.28)的定义,式(9.4.32)可简化为

$$\int_0^L (\delta v_{x,x} n + \delta\omega_{,x} m + (\delta v_{y,x} - \delta\omega) s - \delta v_x \bar{f}_x - \delta v_y \bar{f}_y) \mathrm{d}x - (\delta v_x n^*)|_{\Gamma_n} - (\delta\omega m^*)|_{\Gamma_m} - (\delta v_y s^*)|_{\Gamma_s} = 0 \tag{9.4.33}$$

因为在所有点上局部坐标系与总体坐标系重合,故去掉了所有变量符号的上标。推导等价强形式的过程与 4.3 节相似。思路是消去在弱形式中变分函数的所有导数,这样,上式就可以写为变分函数与合力及其导数的函数的乘积。这可以通过对弱形式中的每一项进行分部积分来实现:

$$\int_0^L \delta v_{x,x} n \mathrm{d}x = -\int_0^L \delta v_x n_{,x} \mathrm{d}x + (\delta v_x n)|_{\Gamma_n} - \sum_i [[\delta v_x n]]_{\Gamma_i} \tag{9.4.34}$$

$$\int_0^L \delta\omega_{,x} m \mathrm{d}x = -\int_0^L \delta\omega m_{,x} \mathrm{d}x + (\delta\omega m)|_{\Gamma_n} - \sum_i [[\delta\omega m]]_{\Gamma_i} \tag{9.4.35}$$

$$\int_0^L \delta v_{y,x} s \mathrm{d}x = -\int_0^L \delta v_y s_{,x} \mathrm{d}x + (\delta v_y s)|_{\Gamma_n} - \sum_i [[\delta v_y s]]_{\Gamma_i} \tag{9.4.36}$$

式中,Γ_i 为不连续点。上述每一个公式都应用了第 3 章给出的关于分段连续可微函数的微积分基本原理,在给定位移边界处变分函数为零,所以边界项仅应用到面力边界点。将式(9.4.34)~式(9.4.36)代入式(9.4.33),得到(在符号变换之后):

$$\int_0^L (\delta v_x (n_{,x} + f_x) + \delta\omega (m_{,x} + s) + \delta v_y (s_{,x} + f_y)) \mathrm{d}x + \sum_i (\delta v_x [[n]] + \delta v_y [[s]] + \delta\omega [[m]])_{\Gamma_i} - \delta v_x (n^* - n)|_{\Gamma_n} + \delta\omega (m^* - m)|_{\Gamma_m} + \delta v_y (s^* - s)|_{\Gamma_s} = 0 \tag{9.4.37}$$

应用式(4.3.15)的密度理论,则给出强形式为

$$n_{,x} + f_x = 0, \quad s_{,x} + f_y = 0, \quad m_{,x} + s = 0 \tag{9.4.38}$$

$$\text{在 } \Gamma_i \text{ 上}: [[n]] = 0, \quad [[s]] = 0, \quad [[m]] = 0 \tag{9.4.39}$$

$$\text{在 } \Gamma_n \text{ 上}: n = n^*, \quad \text{在 } \Gamma_s \text{ 上}: s = s^*, \quad \text{在 } \Gamma_m \text{ 上}: m = m^* \tag{9.4.40}$$

它们分别是平衡方程、内部连续条件和广义面力(自然的)边界条件。

上述平衡方程在结构力学中是众所周知的。这些平衡方程并不等价于连续体的平衡方程,$\sigma_{ij,j} + b_i = 0$。作为代替,它们可以被看作连续体平衡方程的弱形式,因为它们对于应力的积分,即力矩、剪力和法向力是成立的。通过铁摩辛柯假设,这些平衡方程是约束运动的直接结果。通过约束变分函数,平衡方程被弱化了。

9.4.5 有限元近似

借助于一维形函数 $N_I(\xi)$ 构造式(9.4.1)的有限元近似,单元的当前构形为

$$\boldsymbol{x}(\xi,\eta,t)=\left(\boldsymbol{x}_I^{\mathrm{M}}(t)+\eta\frac{h^0}{2}\boldsymbol{p}_I(t)\right)N_I(\xi) \tag{9.4.41}$$

式中,重复的大写字母表示对节点 n_N 求和。在等号右侧的第二项中,厚度与方向矢量的乘积是内部插值。如果对厚度与方向矢量分别插值,则第二项在形函数中为二次项,并且其运动与基本连续体单元(式(9.3.3))不同。由此可以得到单元的初始构形为

$$\boldsymbol{X}(\xi,\eta)=\left(\boldsymbol{X}_I^{\mathrm{M}}+\eta\frac{h^0}{2}\boldsymbol{p}_I^0\right)N_I(\xi) \tag{9.4.42}$$

通过取单元的当前构形式(9.4.41)与初始构形式(9.4.42)之差,可以获得位移为

$$\boldsymbol{u}(\xi,\eta,t)=\left(\boldsymbol{u}_I^{\mathrm{M}}(t)+\eta\frac{h^0}{2}(\boldsymbol{p}_I(t)-\boldsymbol{p}_I^0)\right)N_I(\xi) \tag{9.4.43}$$

取上式的材料时间导数,得到速度场为

$$\boldsymbol{v}(\xi,\eta,t)=\left(\boldsymbol{v}_I^{\mathrm{M}}(t)+\eta\frac{h^0}{2}(\omega\boldsymbol{e}_z\times\boldsymbol{p}_I(t))\right)N_I(\xi) \tag{9.4.44}$$

这个速度场与将式(9.3.9)代入式(9.3.4)后生成的速度场是一致的(例 9.1)。因此,由这种方法生成的任何单元与在 9.3 节中编程的单元是一致的,故不再进一步推论。

【例 9.1】 应用 CB 梁理论建立基于 4 节点四边形连续体的 2 节点 CB 梁单元,如图 9-8 所示。将参考线(中线)置于上下表面的中间位置,在母单元域中,该线与 $\eta=0$ 重合,主控节点置于参考线与单元边界的交点处,从属节点是角点,由前述两种方法表示运动。

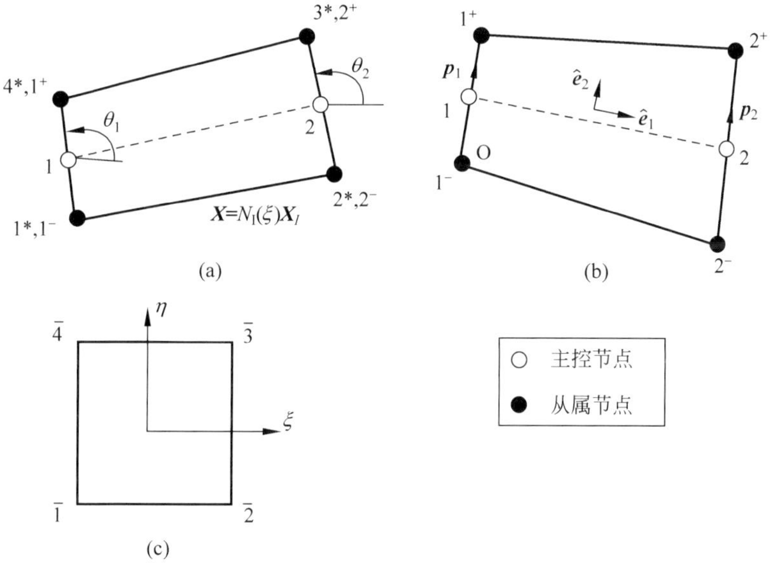

图 9-8　基于 4 节点四边形连续体单元的 2 节点 CB 梁单元

(a) 初始构形;(b) 当前构形;(c) 母单元

解:4 节点连续体单元的运动是

$$\boldsymbol{x}=\boldsymbol{x}_{I^*}(t)N_{I^*}(\xi,\eta)=\boldsymbol{x}_{1^*}N_{1^*}+\boldsymbol{x}_{2^*}N_{2^*}+\boldsymbol{x}_{3^*}N_{3^*}+\boldsymbol{x}_{4^*}N_{4^*} \tag{E9.1.1}$$

式中,$N_{I^*}(\xi,\eta)$是标准的 4 节点等参形函数:

$$N_{I^*}(\xi,\eta)=\frac{1}{4}(1+\xi_{I^*}\xi)(1+\eta_{I^*}\eta),\quad 不对 I^* 求和 \tag{E9.1.2}$$

写出上述运动表达式：

$$
\begin{aligned}
\boldsymbol{x}=\boldsymbol{x}_{I^*}N_{I^*}&=\frac{1}{4}\boldsymbol{x}_{1^*}(1-\xi)(1-\eta)+\frac{1}{4}\boldsymbol{x}_{2^*}(1+\xi)(1-\eta)+\\
&\quad\frac{1}{4}\boldsymbol{x}_{3^*}(1+\xi)(1+\eta)+\frac{1}{4}\boldsymbol{x}_{4^*}(1-\xi)(1+\eta)\\
&=\frac{1}{4}(\boldsymbol{x}_{1^*}+\boldsymbol{x}_{4^*})(1-\xi)+\frac{1}{4}(\boldsymbol{x}_{4^*}-\boldsymbol{x}_{1^*})\eta(1-\xi)+\\
&\quad\frac{1}{4}(\boldsymbol{x}_{2^*}+\boldsymbol{x}_{3^*})(1+\xi)+\frac{1}{4}(\boldsymbol{x}_{3^*}-\boldsymbol{x}_{2^*})\eta(1+\xi)
\end{aligned}
\tag{E9.1.3}
$$

令

$$
\boldsymbol{x}_1(t)=\frac{1}{2}(\boldsymbol{x}_{1^*}+\boldsymbol{x}_{4^*})\equiv\frac{1}{2}(\boldsymbol{x}_{1^-}+\boldsymbol{x}_{1^+}),\quad \boldsymbol{x}_2(t)\equiv\frac{1}{2}(\boldsymbol{x}_{2^*}+\boldsymbol{x}_{3^*})=\frac{1}{2}(\boldsymbol{x}_{2^-}+\boldsymbol{x}_{2^+}),
$$

$$
\|\boldsymbol{x}_{4^*}-\boldsymbol{x}_{1^*}\|=h_1^0,\quad \|\boldsymbol{x}_{3^*}-\boldsymbol{x}_{2^*}\|=h_2^0,\quad \boldsymbol{p}_1=\frac{\boldsymbol{x}_{4^*}-\boldsymbol{x}_{1^*}}{h_1^0},\quad \boldsymbol{p}_2=\frac{\boldsymbol{x}_{3^*}-\boldsymbol{x}_{2^*}}{h_2^0}
\tag{E9.1.4}
$$

将式(E9.1.2)和式(E9.1.4)代入式(E9.1.1)：

$$
\boldsymbol{x}=\frac{1}{2}\boldsymbol{x}_1(t)(1-\xi)+\frac{1}{2}\boldsymbol{x}_2(t)(1+\xi)+\eta\frac{h_1^0}{4}\boldsymbol{p}_1(t)(1-\xi)+\eta\frac{h_2^0}{4}\boldsymbol{p}_2(t)(1+\xi)
\tag{E9.1.5}
$$

这对应于运动式(9.4.41)。因此，式(E9.1.1)和式(E9.1.5)为同一运动的不同表示形式。

根据纤维的不可伸长性假设，节点的纤维是不可伸长的(一个主控节点连接上下两个从属节点)，但是单元中的其他纤维可能发生长度的变化。通过考虑如图 9-9 所示的指定条件，不用任何方程就很容易看出，中点处的纤维明显变短了。

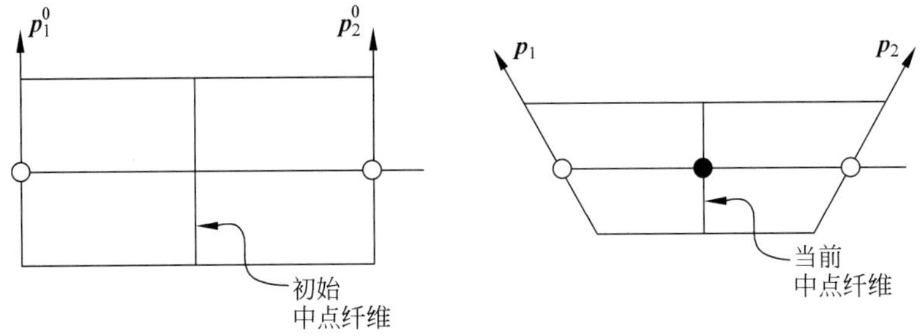

图 9-9　2 节点 CB 梁的变形表示中点纤维变短

主控节点力由式(9.3.15)给出：

$$
\begin{Bmatrix} f_{xI}\\ f_{yI}\\ m_I\end{Bmatrix}=\boldsymbol{T}_1^{\mathrm{T}}\begin{Bmatrix} f_{xI^-}\\ f_{yI^-}\\ f_{xI^+}\\ f_{yI^+}\end{Bmatrix},\quad \boldsymbol{T}_I=\begin{bmatrix}1 & 0 & y_I-y_{I^-}\\ 0 & 1 & x_{I^-}-x_I\\ 1 & 0 & y_I-y_{I^+}\\ 0 & 1 & x_{I^+}-x_I\end{bmatrix}
\tag{E9.1.6}
$$

计算上式得到

$$
f_{xI}=f_{xI^+}+f_{xI^-},\quad f_{yI}=f_{yI^+}+f_{yI^-}
\tag{E9.1.7}
$$

$$
m_I=(y_I-y_{I^-})f_{xI^-}+(x_{I^-}-x_I)f_{yI^-}+(y_I-y_{I^+})f_{xI^-}+(x_{I^+}-x_I)f_{yI^+}
\tag{E9.1.8}
$$

因此，这个变换给出了平衡的预期结果：主控节点力是从属节点力的合力，主控节点力矩是从属节点力绕主控节点的力矩。

以 PK2 应力和格林应变的形式建立本构方程。格林应变的运算需要 θ_I 和 x_I，在初始构形和当前构形的方向矢量为

$$p_{xI}^0=\cos\theta_I^0,\quad p_{yI}^0=\sin\theta_I^0\quad p_{xI}=\cos\theta_I,\quad p_{yI}=\sin\theta I \tag{E9.1.9}$$

从属节点的位置可以通过指定式(9.4.1)到节点得到

$$\begin{aligned}
&X_{1^+}=X_1+\frac{h_0}{2}p_{x1}^0,\quad Y_{1^+}=Y_1+\frac{h_0}{2}p_{y1}^0\quad x_{1^+}=x_1+\frac{h}{2}p_{x1},\quad y_{1^+}=y_1+\frac{h}{2}p_{y1}\\
&X_{1^-}=X_1-\frac{h_0}{2}p_{x1}^0,\quad Y_{1^-}=Y_1-\frac{h_0}{2}p_{y1}^0\quad x_{1^-}=x_1-\frac{h}{2}p_{x1},\quad y_{1^-}=y_1-\frac{h}{2}p_{y1}\\
&X_{2^-}=X_2-\frac{h_0}{2}p_{x2}^0,\quad Y_{2^-}=Y_2-\frac{h_0}{2}p_{y2}^0\quad x_{2^-}=x_2-\frac{h}{2}p_{x2},\quad y_{2^-}=y_2-\frac{h}{2}p_{y2}\\
&X_{2^+}=X_2+\frac{h_0}{2}p_{x2}^0,\quad Y_{2^+}=Y_2+\frac{h_0}{2}p_{y2}^0\quad x_{2^+}=x_2+\frac{h}{2}p_{x2},\quad y_{2^+}=y_2+\frac{h}{2}p_{y2}
\end{aligned} \tag{E9.1.10}$$

从属节点的位移通过取两套构形的节点坐标的差值得到。通过 $\boldsymbol{u}=\boldsymbol{u}_{I^*}N_{I^*}$ 给出的连续体位移场可以得到任何点的位移。通过本构关系式(2.3.6)和 PK2 应力可以计算格林应变。以上为最简单的计算方法。为了减小舍入误差，必须以在表 3-6 中的位移形式进行运算。

当基本连续体单元为矩形，并且梁的中线沿 x 轴时，由于方向矢量是沿 y 方向和 $\bar{\theta}=0$，速度场式(9.2.42)或式(9.4.15)为

$$\boldsymbol{v}=\boldsymbol{v}^{\mathrm{M}}-y\omega\boldsymbol{e}_x \tag{E9.1.11}$$

用一维形式写出上式的分量，可得线性形状函数为

$$v_x=v_{x1}^{\mathrm{M}}\frac{1}{2}(1-\xi)+v_{x2}^{\mathrm{M}}\frac{1}{2}(1+\xi)-y\left(\omega_1\frac{1}{2}(1-\xi)+\omega_2\frac{1}{2}(1+\xi)\right) \tag{E9.1.12}$$

$$v_y=v_{y1}^{\mathrm{M}}\frac{1}{2}(1-\xi)+v_{y2}^{\mathrm{M}}\frac{1}{2}(1+\xi) \tag{E9.1.13}$$

式中，$\xi\in[-1,1]$。速度应变分量则为

$$D_{xx}=\frac{\partial v_x}{\partial x}=\frac{1}{\ell}(v_{x2}^{\mathrm{M}}-v_{x1}^{\mathrm{M}})-\frac{y}{\ell}(\omega_2-\omega_1) \tag{E9.1.14}$$

$$2D_{xy}=\frac{\partial v_y}{\partial x}+\frac{\partial v_x}{\partial y}=\frac{1}{\ell}(v_{y2}^{\mathrm{M}}-v_{y1}^{\mathrm{M}})-\left(\omega_1\frac{1}{2}(1-\zeta)+\omega_2\frac{1}{2}(1+\xi)\right) \tag{E9.1.15}$$

由平面应力条件计算分量 D_{yy}，可以得到厚度的改变。

9.5 三维曲梁单元

前面几节讲述了梁理论和基于连续体的梁单元，作为梁理论的特殊应用，本节将描述含有初始曲率的三维曲梁单元(Zhuang，1995)。

9.5.1 坐标系统及其转换

为了描述曲梁单元，定义 3 套坐标系统，如图 9-10 所示。该坐标系统也适用于第 10 章

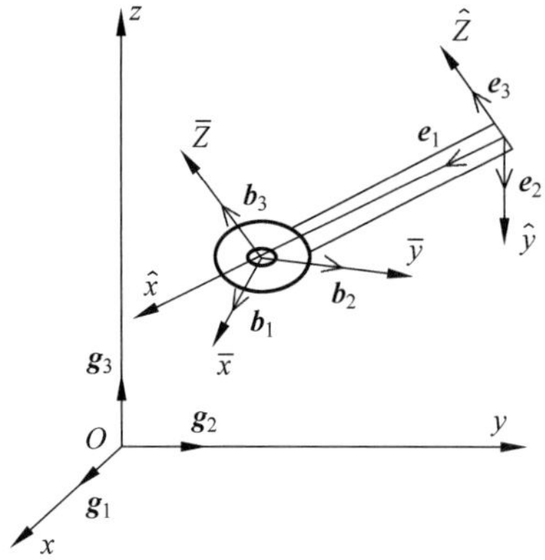

图 9-10 描述曲梁单元的 3 套坐标系统

的壳体单元。

(1) 固定的总体笛卡儿坐标系统(x, y, z),应用正交基矢量 $\boldsymbol{g}_i$;

(2) 旋转的单元(层)坐标系统($\hat{x}, \hat{y}, \hat{z}$),应用正交基矢量 $\boldsymbol{e}_i$;

(3) 与主控节点相关的节点坐标系统($\bar{x}, \bar{y}, \bar{z}$),应用正交基矢量 $\boldsymbol{b}_i$。

通过单元和节点基矢量的分量 $\boldsymbol{e}_i$ 和 $\boldsymbol{b}_i$ 的关系,描述矢量分量的转换。对于任意矢量 $\boldsymbol{a}=(a_x, a_y, a_z)$,其关于总体坐标与节点坐标分量之间的转换公式为

$$\begin{Bmatrix} \bar{a}_x \\ \bar{a}_y \\ \bar{a}_z \end{Bmatrix} = \begin{bmatrix} b_{x1} & b_{y1} & b_{z1} \\ b_{x2} & b_{y2} & b_{z2} \\ b_{x3} & b_{y3} & b_{z3} \end{bmatrix} \begin{Bmatrix} a_x \\ a_y \\ a_z \end{Bmatrix} = [\boldsymbol{b}]\{\boldsymbol{a}\} \tag{9.5.1}$$

式中,b_{xi}、b_{yi}、b_{zi} 为节点基矢量 $\boldsymbol{b}_i$ 的总体分量。类似的,任意矢量 $\boldsymbol{a}=(a_x, a_y, a_z)$ 关于总体坐标与单元坐标分量之间的转换为

$$\begin{Bmatrix} \hat{a}_x \\ \hat{a}_y \\ \hat{a}_z \end{Bmatrix} = \begin{bmatrix} e_{x1} & e_{y1} & e_{z1} \\ e_{x2} & e_{y2} & e_{z2} \\ e_{x3} & e_{y3} & e_{z3} \end{bmatrix} \begin{Bmatrix} a_x \\ a_y \\ a_z \end{Bmatrix} = [\boldsymbol{e}]\{\boldsymbol{a}\} \tag{9.5.2}$$

由于转换矩阵的正交性,式(9.5.1)和式(9.5.2)的逆矩阵分别为

$$\{\boldsymbol{a}\} = [\boldsymbol{b}]^{\mathrm{T}}\{\bar{\boldsymbol{a}}\} \tag{9.5.3}$$

$$\{\boldsymbol{a}\} = [\boldsymbol{e}]^{\mathrm{T}}\{\hat{\boldsymbol{a}}\} \tag{9.5.4}$$

关于曲梁单元的坐标系统定义为 $\hat{x}$ 轴总是保持与连接单元两端点的直线重合,如图 9-11 所示。考虑单元位移分解为刚体位移和变形体位移,单元的横向位移 $\hat{u}_{iI}$ 和转角 $\hat{\theta}_{iI}$ 分别为

$$\begin{cases} \hat{u}_{iI} = \hat{u}_{iI}^{\mathrm{rig}} + \hat{u}_{iI}^{\mathrm{def}} \\ \hat{\theta}_{iI} = \hat{\theta}_{iI}^{\mathrm{rig}} + \hat{\theta}_{iI}^{\mathrm{def}} \end{cases}, i = \hat{x}, \hat{y}, \hat{z} \tag{9.5.5}$$

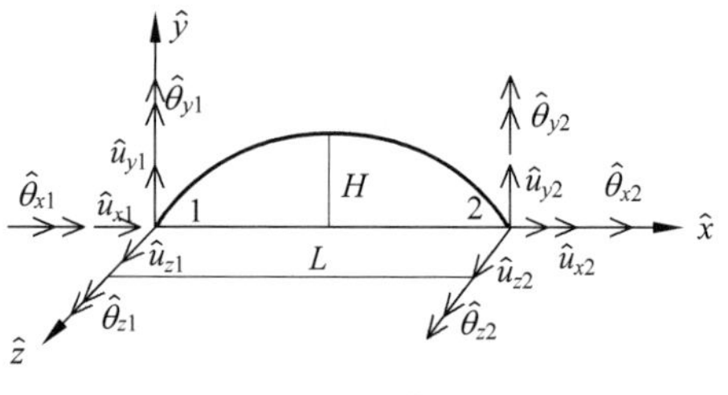

图 9-11 三维曲梁单元

式中,i 表示维度分量,I 表示单元节点编号。刚体位移是与坐标系统平动和转动关联的位移。因为 $\hat{x}$ 轴总是连接梁单元的两端,若给出梁的任意位移构形,单元坐标的方向就确定了。能够把坐标系代入这个方向的平动和转动就是刚体位移,而余下的任何位移就是变形体位移。

9.5.2 运动和位移方程

三维梁单元的节点有 6 个自由度运动,含 3 个平动自由度和 3 个转动自由度,根据式(9.3.30),节点平动的运动方程为

$$\boldsymbol{M}_{iI}\ddot{u}_{iI} + \boldsymbol{f}_{iI}^{\mathrm{int}} = \boldsymbol{f}_{iI}^{\mathrm{ext}}, \quad 不对\ I\ 求和, i = \bar{x}, \bar{y}, \bar{z} \tag{9.5.6}$$

式中，$\boldsymbol{M}_{iI}$ 是节点 I 的平动质量。令 $\bar{\boldsymbol{M}}_{iI}^{\text{int}}$ 和 $\bar{\boldsymbol{M}}_{iI}^{\text{ext}}$ 分别表示节点 I 的内力矩和外力矩，则 3 个转动方程为

$$\begin{cases}\boldsymbol{I}_{xI}\bar{\alpha}_{xI}+(\boldsymbol{I}_{zI}-\boldsymbol{I}_{yI})\bar{\omega}_{zI}\bar{\omega}_{yI}=\bar{\boldsymbol{M}}_{xI}^{\text{ext}}-\bar{\boldsymbol{M}}_{xI}^{\text{int}}\\ \boldsymbol{I}_{yI}\bar{\alpha}_{yI}+(\boldsymbol{I}_{xI}-\boldsymbol{I}_{zI})\bar{\omega}_{xI}\bar{\omega}_{zI}=\bar{\boldsymbol{M}}_{yI}^{\text{ext}}-\bar{\boldsymbol{M}}_{yI}^{\text{int}}\\ \boldsymbol{I}_{zI}\bar{\alpha}_{zI}+(\boldsymbol{I}_{yI}-\boldsymbol{I}_{xI})\bar{\omega}_{yI}\bar{\omega}_{xI}=\bar{\boldsymbol{M}}_{zI}^{\text{ext}}-\bar{\boldsymbol{M}}_{zI}^{\text{int}}\end{cases}\text{，不对 } I \text{ 求和} \tag{9.5.7}$$

式中，$\boldsymbol{I}_{iI}$ 是转动惯量，这是标准的欧拉方程。它们对于角速度是非线性的，但是对于各向同性的转动惯量矩阵，二次项将消失。

考虑到式(9.5.5)，单元的位移可分解为刚体位移和变形体位移，单元的应变可以表示为矩阵形式：

$$\{\hat{\boldsymbol{\varepsilon}}\}=[\boldsymbol{B}]\{\hat{\boldsymbol{u}}\} \tag{9.5.8}$$

因为只有变形体位移与应变有关，下面的讨论仅涉及变形体位移。

$$\{\hat{\boldsymbol{u}}\}^{\mathrm{T}}=\begin{bmatrix}\hat{u}_{12} & \hat{\theta}_{x1} & \hat{\theta}_{x2} & \hat{\theta}_{y1} & \hat{\theta}_{y2} & \hat{\theta}_{x12}\end{bmatrix} \tag{9.5.9}$$

式中，$\hat{u}_{12}$ 为单元的伸长变形，$\hat{\theta}_{iI}$ 为弯曲变形，$\hat{\theta}_{x12}$ 为扭转变形。

采用线性形状函数描述曲梁的轴向位移 $\hat{u}_x$，采用三次形状函数描述横向位移 $\hat{u}_y$ 和离面位移 $\hat{u}_z$。应用式(9.5.9)中的节点位移场，梁中面位移为

$$\begin{Bmatrix}\hat{u}_x^{\mathrm{m}}\\ \hat{u}_y^{\mathrm{m}}\\ \hat{u}_z^{\mathrm{m}}\\ \hat{\theta}_x\end{Bmatrix}=\begin{bmatrix}\xi & 0 & 0 & 0 & 0 & 0\\ 0 & L(\xi^3-2\xi^2+\xi) & L(\xi^3-\xi^2) & 0 & 0 & 0\\ 0 & 0 & 0 & -L(\xi^3-2\xi^2+\xi) & -L(\xi^3-\xi^2) & 0\\ 0 & 0 & 0 & 0 & 0 & \xi\end{bmatrix}\{\hat{\boldsymbol{u}}\}^{\mathrm{T}} \tag{9.5.10}$$

式中，$\xi=\dfrac{\hat{x}}{L}$，L 是梁单元节点 1 和节点 2 的轴向长度；上角标 m 代表这些位移量在梁的中面。

这里忽略了由于扭转引起的横截面翘曲。如果采用浅梁的欧拉-伯努利梁假设，可以应用梁中面的位移式(9.5.10)给出横截面上任意点的位移：

$$\begin{cases}\hat{u}_x=\hat{u}_x^{\mathrm{m}}-\hat{y}\dfrac{\partial\hat{u}_y^{\mathrm{m}}}{\partial\hat{x}}-\hat{z}\dfrac{\partial\hat{u}_z^{\mathrm{m}}}{\partial\hat{x}}\\ \hat{u}_y=\hat{u}_y^{\mathrm{m}}-\hat{z}\hat{\theta}_x\\ \hat{u}_z=\hat{u}_z^{\mathrm{m}}+\hat{y}\hat{\theta}_x\end{cases} \tag{9.5.11}$$

式中，$\hat{\theta}_x=\hat{\theta}_{x12}$ 为梁的扭转角。

9.5.3 应变-位移关系

将式(9.5.8)的应变-位移方程写成矩阵形式(Belytschko，1977)：

$$\{\hat{\boldsymbol{\varepsilon}}\}=\{\hat{\varepsilon}_x \quad 2\hat{\varepsilon}_{xy} \quad 2\hat{\varepsilon}_{xz}\}^{\mathrm{T}} \tag{9.5.12}$$

式中，应变矩阵的第一个分量可根据式(9.5.11)给出：

$$\hat{\varepsilon}_x = \hat{\varepsilon}_x^{\mathrm{m}} - \hat{y}\frac{\partial^2 \hat{u}_y^{\mathrm{m}}}{\partial \hat{x}^2} - \hat{z}\frac{\partial^2 \hat{u}_z^{\mathrm{m}}}{\partial \hat{x}^2} \tag{9.5.13}$$

式中，等号右侧的第一项是曲梁的中面应变(Belytschko，1979)：

$$\hat{\varepsilon}_x^{\mathrm{m}} = \frac{\partial \hat{u}_x^{\mathrm{m}}}{\partial \hat{x}} + \frac{1}{2}\hat{\omega}^2 + \hat{\omega}_0\hat{\omega} \tag{9.5.14}$$

式中，$\hat{u}_x^{\mathrm{m}}$ 是式(9.5.10)给出的梁中面伸长变形，$\hat{\omega}$ 是相对于单元坐标的转动，$\hat{\omega}_0$ 是初始相对转动。由式(9.5.10)有

$$\hat{u}_x^{\mathrm{m}} = \xi\hat{u}_{12} = \frac{\hat{x}}{L}\hat{u}_{12}, \quad \frac{\partial \hat{u}_x^{\mathrm{m}}}{\partial \hat{x}} = \frac{\hat{u}_{12}}{L} \tag{9.5.15}$$

式中，$\hat{u}_{12}$ 是梁单元中面的伸长：

$$\hat{u}_{12} = \frac{1}{L+L_0}[2(\hat{x}_{12}\hat{u}_{x12} + \hat{y}_{12}\hat{u}_{y12} + \hat{z}_{12}\hat{u}_{z12}) + \hat{u}_{x12}^2 + \hat{u}_{y12}^2 + \hat{u}_{z12}^2] \tag{9.5.16}$$

式中，L_0 是梁的初始长度，其相对位移有

$$\hat{u}_{I12} = \hat{u}_{I1} - \hat{u}_{I2} \quad (I = x, y, z)$$

其坐标变量为

$$\hat{x}_{12} = \hat{x}_2 - \hat{x}_1, \quad \hat{y}_{12} = \hat{y}_2 - \hat{y}_1, \quad \hat{z}_{12} = \hat{z}_2 - \hat{z}_1$$

式(9.5.13)等号右侧的第二项和第三项是 x-y 平面和 x-z 离面变形位移对 x-轴向应变的贡献。通过式(9.5.10)计算如下：

$$\begin{cases} -\hat{y}\dfrac{\partial^2 \hat{u}_y^{\mathrm{m}}}{\partial \hat{x}^2} = -\dfrac{\hat{y}}{L}[(6\xi-4)\hat{\theta}_{z1} + (6\xi-2)\hat{\theta}_{z2}] \\ -\hat{z}\dfrac{\partial^2 \hat{u}_z^{\mathrm{m}}}{\partial \hat{x}^2} = -\dfrac{\hat{z}}{L}[(-6\xi+4)\hat{\theta}_{y1} + (-6\xi+2)\hat{\theta}_{y2}] \end{cases} \tag{9.5.17}$$

在式(9.5.14)中的 $\hat{\omega}$ 是相对于单元坐标的转动，参考式(9.2.40)～式(9.2.41)，其定义为

$$\hat{\omega} = \frac{\partial \hat{u}_y^{\mathrm{m}}}{\partial \hat{x}} - \frac{\partial \hat{u}_x^{\mathrm{m}}}{\partial \hat{y}} \tag{9.5.18}$$

式中，等号右侧的第一项远大于第二项，故可以省略第二项，则式(9.5.18)简化为

$$\hat{\omega} = \frac{\partial \hat{u}_y^{\mathrm{m}}}{\partial \hat{x}} = (3\xi^2 - 4\xi + 1)\hat{\theta}_{z1} + (3\xi^2 - 2\xi)\hat{\theta}_{z2} \tag{9.5.19}$$

在式(9.5.14)中的初始相对转动 $\hat{\omega}_0$ 定义为

$$\hat{\omega}_0 = \frac{\partial \hat{u}_y^0}{\partial \hat{x}} \tag{9.5.20}$$

式中，$\hat{u}_y^0$ 是曲梁中线到轴线 $\hat{x}_{12}$ 的初始垂直距离，如图 9-10 所示。

在梁的两个端点($\xi=0$ 和 $\xi=1$)，由式(9.5.13)和式(9.5.14)、式(9.5.19)和式(9.5.20)给出式(9.5.12)的应变分量 $\hat{\varepsilon}_x$ 为

$$\begin{cases} \hat{\varepsilon}_x\big|_{\xi=0} = \dfrac{1}{L}[\hat{u}_{12} - \hat{y}(4\hat{\theta}_{z1} + 2\hat{\theta}_{z2}) + \hat{z}(4\hat{\theta}_{y1} + 2\hat{\theta}_{y2})] + \dfrac{1}{2}\hat{\theta}_{z1}^2 + \hat{\theta}_{z1}\hat{\omega}_{01} \\ \hat{\varepsilon}_x\big|_{\xi=1} = \dfrac{1}{L}[\hat{u}_{12} + \hat{y}(2\hat{\theta}_{z1} + 4\hat{\theta}_{z2}) - \hat{z}(2\hat{\theta}_{y1} + 4\hat{\theta}_{y2})] + \dfrac{1}{2}\hat{\theta}_{z2}^2 + \hat{\theta}_{z2}\hat{\omega}_{02} \end{cases} \tag{9.5.21}$$

式(9.5.12)中的其他两个应变分量的运动学关系为

$$\begin{cases}\hat{\varepsilon}_{xy}=\dfrac{1}{2}\left(\dfrac{\partial\hat{u}_x}{\partial\hat{y}}+\dfrac{\partial\hat{u}_y}{\partial\hat{x}}\right)\\[2ex]\hat{\varepsilon}_{xz}=\dfrac{1}{2}\left(\dfrac{\partial\hat{u}_x}{\partial\hat{z}}+\dfrac{\partial\hat{u}_z}{\partial\hat{x}}\right)\end{cases}\tag{9.5.22}$$

上式(9.5.22)有效的前提条件是$\left(\dfrac{\partial\hat{u}_y}{\partial\hat{x}}\right)^2$和$\left(\dfrac{\partial\hat{u}_z}{\partial\hat{x}}\right)^2$分别远小于$\left(\dfrac{\partial\hat{u}_x}{\partial\hat{x}}\right)^2$。这个条件类似于沿另两个坐标方向的相对转动很小，由于$\hat{u}_y$和$\hat{u}_z$相对于沿坐标$\hat{x}$轴的位移是小量，该条件在理论上是可以接受的。在有限元实现过程中，通过减小单元的尺寸，可以使$\hat{u}_y$和$\hat{u}_z$尽可能是小量。由此从式(9.5.19)可得

$$\hat{\omega}^2=\left(\frac{\partial\hat{u}_y}{\partial\hat{x}}\right)^2\cong 0\tag{9.5.23}$$

将式(9.5.11)代入式(9.5.22)，并考虑式(9.5.13)，则可以重写式(9.5.12)为矩阵形式：

$$\begin{Bmatrix}\hat{\varepsilon}_x\\2\hat{\varepsilon}_{xy}\\2\hat{\varepsilon}_{xz}\end{Bmatrix}=\begin{bmatrix}\dfrac{1}{L}&\eta_1&\eta_2&\eta_3&\eta_4&0\\0&0&0&0&0&-\hat{z}\\0&0&0&0&0&\hat{y}\end{bmatrix}\begin{Bmatrix}\hat{u}_{12}\\\hat{\theta}_{z1}\\\hat{\theta}_{z2}\\\hat{\theta}_{y1}\\\hat{\theta}_{y2}\\\hat{\theta}_{x12}\end{Bmatrix}\tag{9.5.24}$$

式中，函数$\eta_k(k=1\sim4)$为

$$\begin{cases}\eta_1=-\dfrac{\hat{y}}{L}(6\xi-4)+\hat{\omega}_0(3\xi^2-4\xi+1)\\[2ex]\eta_2=-\dfrac{\hat{y}}{L}(6\xi-2)+\hat{\omega}_0(3\xi^2-2\xi)\\[2ex]\eta_3=\dfrac{\hat{z}}{L}(6\xi-4)\\[2ex]\eta_4=\dfrac{\hat{z}}{L}(6\xi-2)\end{cases}\tag{9.5.25}$$

式中，$\hat{\omega}_0$来自式(9.5.20)。式(9.5.24)和式(9.5.25)组成了三维曲梁单元的应变-位移关系式(9.5.8)，其中，$[\boldsymbol{B}]$矩阵架起了应变-位移的桥梁。

9.5.4　应力-节点力

有限元的一般程序是在确定了高斯点处的应变后，通过本构关系计算应力，由应力插值计算单元节点的内力：

$$\{\hat{\boldsymbol{f}}^{\text{int}}\}=\int_V[\boldsymbol{B}]^{\mathrm{T}}\hat{\sigma}\,\mathrm{d}V\tag{9.5.26}$$

式中，$[\boldsymbol{B}]^{\mathrm{T}}$来自式(9.5.8)和式(9.5.24)。展开内力矩阵为

$$\{\hat{\boldsymbol{f}}^{\text{int}}\}^{\mathrm{T}}=\begin{bmatrix}\hat{f}_{x2} & \hat{m}_{z1} & \hat{m}_{z2} & \hat{m}_{y1} & \hat{m}_{y2} & \hat{m}_{x12}\end{bmatrix} \tag{9.5.27}$$

由式(9.5.27)可知，每个节点处有6个内力分量，节点力与相应的变形位移是功共轭的。对于两节点的曲梁，根据平衡要求可得

$$\begin{cases}\hat{f}_{x1}=-\hat{f}_{x2}\\ \hat{f}_{y1}=\dfrac{\hat{m}_{z1}+\hat{m}_{z2}}{L}\\ \hat{f}_{z1}=-\dfrac{\hat{m}_{y1}+\hat{m}_{y2}}{L}\\ \hat{m}_{x21}=\hat{m}_{x12}\\ \hat{f}_{y2}=-\hat{f}_{y1}\\ \hat{f}_{z2}=-\hat{f}_{z1}\end{cases} \tag{9.5.28}$$

基于单元坐标系，首先在每个单元上计算这些内力和内力矩，其次通过坐标转换矩阵式(9.5.1)～式(9.5.4)把内力转换到整体坐标系上，内力矩阵为

$$\begin{Bmatrix}f_{xI}\\ f_{yI}\\ f_{zI}\end{Bmatrix}=[\boldsymbol{e}]^{\mathrm{T}}\begin{Bmatrix}\hat{f}_{xI}\\ \hat{f}_{yI}\\ \hat{f}_{zI}\end{Bmatrix} \tag{9.5.29}$$

类似的，把每个单元上计算的内力矩转换到节点坐标系上：

$$\begin{Bmatrix}\bar{m}_{xIJ}\\ \bar{m}_{yI}\\ \bar{m}_{zI}\end{Bmatrix}=[\boldsymbol{b}][\boldsymbol{e}]^{\mathrm{T}}\begin{Bmatrix}\hat{m}_{xIJ}\\ \hat{m}_{yI}\\ \hat{m}_{zI}\end{Bmatrix} \tag{9.5.30}$$

最后，通过每个节点力集合的结果得到总体内力和内力矩。

9.5.5 圆弧梁的几何方程

以圆弧梁为例，如图9-10所示。圆弧的曲率半径为

$$R=\frac{L^2+4H^2}{8H} \tag{9.5.31}$$

式中，H 为圆弧顶部到 $\hat{x}$ 轴线的垂直高度，L 为圆弧单元在 $\hat{x}$ 轴线的投影长度。每个节点承担了一半的单元集中质量，因此有

$$M_I=\frac{1}{2}\rho AS \tag{9.5.32}$$

式中，ρ 是材料密度，A 是横截面面积，S 是单元的弧长：

$$S=\frac{1}{3}\left[4(L^2+4H^2)^{\frac{1}{2}}-L\right] \tag{9.5.33}$$

为了计算式(9.5.21)中梁端点处的应变，必须从梁的几何方程中获得初始相对转动，单元局部坐标 $\hat{y}$ 方向的分量为

$$\hat{y}=\left[R^2-\left(\hat{x}-\frac{L}{2}\right)^2\right]^{\frac{1}{2}}-(R-H) \tag{9.5.34}$$

梁的转角方程为

$$\frac{\mathrm{d}\hat{y}}{\mathrm{d}\hat{x}}=-\frac{\hat{x}-\dfrac{L}{2}}{\left[R^2-\left(\hat{x}-\dfrac{L}{2}\right)^2\right]^{\frac{1}{2}}}\cong\tan\hat{\theta} \tag{9.5.35}$$

由此，获得了梁端的初始相对转动：

$$\begin{cases}\hat{\omega}_{01}\big|_{x=0}=\tan^{-1}\dfrac{\dfrac{L}{2}}{\left[R^2-\left(\dfrac{L}{2}\right)^2\right]^{\frac{1}{2}}}\\[2ex]\hat{\omega}_{02}\big|_{x=L}=\tan^{-1}\dfrac{-\dfrac{L}{2}}{\left[R^2-\left(\dfrac{L}{2}\right)^2\right]^{\frac{1}{2}}}\end{cases} \tag{9.5.36}$$

9.5.6　曲梁公式的验证

为了验证本节三维曲梁单元的表达式，可以从两种特殊状况检验方程：①如果在式(9.5.24)和式(9.5.25)中离面转动 $\hat{\theta}_{y1}=0$ 和 $\hat{\theta}_{y2}=0$，并绕 $\hat{x}$ 轴线的扭转角 $\hat{\theta}_{x12}=0$，则本节的三维曲梁单元表达式退化到平面曲梁单元表达式(Belytschko，1979)；②如果梁的初始曲率为零，且相对转动 $\hat{\omega}_0=0$(式(9.5.20))、$\hat{\omega}^2=0$(式(9.5.23)，由于是非常小量)，则本节的三维曲梁单元表达式退化到三维直梁单元表达式(Belytschko，1977)。

9.6　练习

1. 考虑3节点CB单元，如图9-12所示。形函数对于 ξ 是二次的。在转动坐标系下建立速度场和变形率。给出节点力的表达式。如果节点位于沿弧线方向的0°、5°和10°，建立中线的伪法线和真实法线之间的角度表达式。考虑主控节点沿 x 轴的梁单元，建立变形率的表达式。

2. 对于一个矩形CB梁单元(图9-13)，考虑集中质量 $\widehat{\boldsymbol{M}}=\dfrac{1}{8}m\boldsymbol{I}$，$m=\rho_0a_0b_0h_0$，这里 ρ_0 和 a_0、b_0、h_0 分别是位于梁单元下方矩形连续体单元的初始密度和尺寸。应用转换式(9.3.26)，对2节点CB单元建立一个质量矩阵，并利用行-列求和技术将其结果对角化。

3. 如图9-14所示的悬臂梁，一端固支，另一端作用向下的力，梁厚度为常数，材料EI为常数。采用图中的单元划分形式，试分析说明：

(1) 若使用平面4节点一次完全积分单元，会出现何种计算结果？

(2) 若使用平面4节点一次不完全积分单元，会出现何种结果？

(3) 若使用基于连续体的2节点梁单元，会出现何种结果？

解释上述 3 种结果的原因，并比较其优势和劣势。

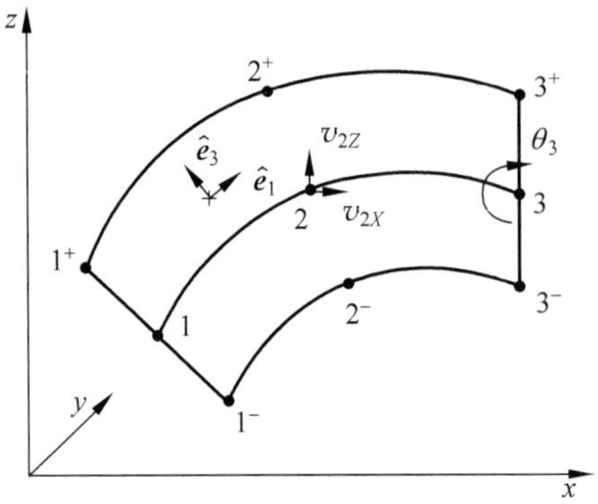

图 9-12 3 节点 CB 梁单元

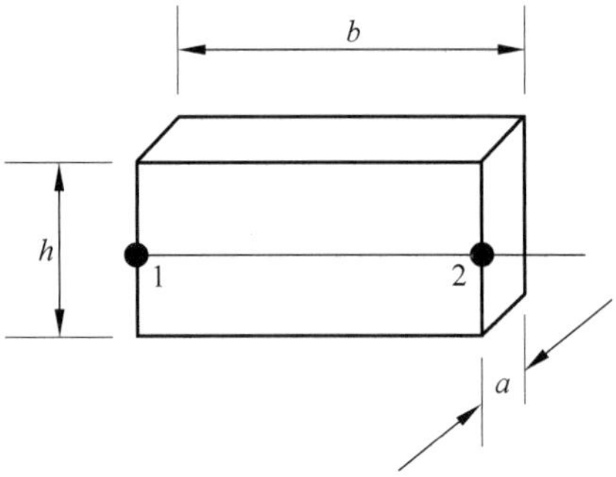

图 9-13 2 节点 CB 梁单元

沿横截面宽度方向取对称面

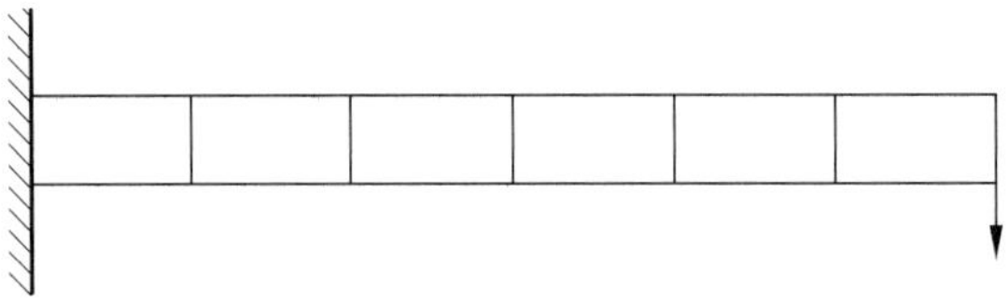

图 9-14 一行 6 个单元组成的悬臂梁

第 10 章

板壳单元

主要内容

板壳理论：克希霍夫-勒夫薄板壳理论，闵德林-瑞斯纳中厚板壳理论

有限应变壳单元：运动学条件，插值函数，膜变形和曲率，方向更新，虚功和虚功率

基于连续体的壳体有限元：假设，运动的有限元近似，局部坐标，本构方程，运动方程，非协调性

自锁现象：自锁定义，剪切自锁，薄膜自锁，体积自锁，消除自锁

假设应变单元：4 节点四边形，单元的秩，9 节点四边形

一点积分单元：板与膜组合的 4 节点四边形壳单元，计算软件中应用的壳单元

10.1 引言

板壳是重要的结构构件，可应用于许多工业产品，如压力容器和管道、汽车中的金属薄板、飞机的机舱、机翼和风向舵，以及手机、洗衣机和计算机的外壳等。图 10-1 为采用非线性壳单元模拟高压天然气管道裂纹动态扩展的示例。对于复合材料板壳，由于每层的纤维铺设方向不同，纤维增强复合材料层合板的每层结构是各向异性的。以上这些构件若采用连续体单元模拟则需要大量单元，在第 8 章已看到，采用六面体单元模拟一根梁沿厚度方向至少需要 5 个单元，会产生非常昂贵的计算成本。因此，即使采用低阶的板壳单元也能够代替 5 个甚至更多连续体单元，从而极大地提高运算效率。再者，采用连续体单元模拟薄壁结构常常导致单元具有较高的宽厚比，从而降低方程的适应条件和解答精度。此外，在显式方法中，根据条件稳定性的要求，模拟薄壁结构的连续体单元模型被限制在非常小的时间步长。基于连续体单元的这些弱点，在工程分析中采用板壳单元代替连续体单元是非常实用的方法。

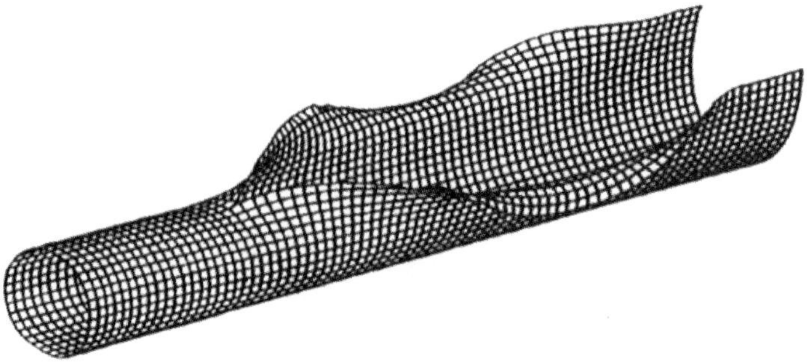

图 10-1 采用非线性壳单元模拟天然气管道裂纹动态扩展

壳理论的适用性要求壳的厚度远小于曲率半径，板是曲率为零的平面壳体。在有限元计算软件中，板通常由壳单元模拟。本书将以壳代替板，不再单独考虑板单元。在非线性有限元中发展壳体单元的前提是，低阶单元（采用 C^0 形函数）应满足计算迅捷的要求，同时应避免体积、剪切和薄膜等自锁模式。构造避免产生各种自锁的低阶单元的难度不言而喻，就像公司都希望聘用的员工能够做到工作又快又好且不出错。本章主要介绍在有限元软件中应用广泛且在大规模计算中比较强健的 4 节点四边形壳单元和基于连续体的壳单元。

结构单元的分类如下：

(1) 梁，运动由仅含一个独立变量的函数描述；

(2) 壳，运动由包含两个独立变量的函数描述；

(3) 板，即平面的壳，沿其表面法线方向加载。

壳单元属于结构单元。通过 3 种途径可以建立壳体有限元。

(1) 应用经典壳方程的动量平衡（或平衡）的弱形式；

(2) 建立板单元与薄膜单元的组合壳体；

(3) 建立基于连续体（CB）的壳（强制结构的假设）。

途径(1)是比较困难的，因为壳体理论方程的解析解答基本上限于形状规则、弹性小变形等范围，如圆柱壳、球壳、回转壳等。关于非线性壳的控制方程是非常复杂的高阶偏微分方程，它们的公式通常由张量的曲线分量来表示，处理起来相当困难；其特征，如厚度、连接件和加强件的变量一般也难以组合。而且对于什么是最佳的非线性壳方程的观点也是众说纷纭。10.2 节给出了商业软件中常用的有限应变壳的运动学、形函数、膜变形、方向更新和虚功等。

途径(2)是比较方便的，它是由承受弯曲变形的板和面内不可伸缩的薄膜组成的壳。板和薄膜的理论各自比较完备，不需要引入强制假设，单元变形和节点自由度各自独立，易于编程，很受非线性商用软件的青睐，如 10.6 节介绍的 4 节点四边形壳单元。这种单元在显式程序中也常称为一点积分单元，在求解大变形和接触等非线性问题时效率高、计算快，适用于模拟大规模工程问题。在 10.6.2 节将回顾和比较这种类型的几种单元。

途径(3)是比较直观的，获得了非常好的解答，它适用于任意的大变形问题并被广泛地应用于科研工作和商用软件。本书选用 Stanley 在 1985 年提出的“基于连续体”的名称，因为事实上这类单元并没有性能上的退化。

CB壳方法形式简单，对于发展壳单元，它还提供了一种比经典壳理论更加睿智、有趣的框架。大多数板壳理论都首先通过在运动中强制引入运动假设建立平衡方程或动量方程，再应用虚功原理推导偏微分方程。而在CB壳方法中，运动假设被强制引入连续体弱形式中的变分函数和试函数。因此，对于获得壳和其他结构的离散方程，CB壳方法是更为直接的方法。

在CB壳方法中，采用两种方法强化运动假设：

(1) 在连续体运动的弱形式中；

(2) 在连续体的离散方程中。

可以直接应用在第9章中应用于建立连续体梁单元的技术，由此可在10.3节中直接从编程出发建立CB壳单元。发展CB壳理论综合了现有文献中的各种方法，考虑了由于大变形引起壳体厚度变化的新的处理方法，并给出了在三维问题中关于描述大转动的方法。

通过途径(2)建立的板和薄膜组合壳单元存在两点不足：剪切和膜自锁。前文将在梁单元中解释的这些现象应用于壳单元，描述了如何借助假设应变场防止发生自锁的方法，并给出了弱化剪切和膜自锁的单元示例。

10.2 有限应变壳单元

本节介绍了有限应变壳单元的变分公式和有限元离散的基本框架，包括其运动学方程、形函数插值、膜变形和曲率、方向更新、变形梯度、膜应变增量和曲率增量、虚功和虚功率。

10.2.1 有限应变壳的运动学

有限应变壳的示意图如图10-2所示。大多数经典的壳体模型都是基于运动学假设的，这些假设将位于材料线上的点的位移联系起来，该材料线在未变形的构形中与中面正交。更具体地说，通常假设(并经实验证实)任意上述材料线在变形过程中均保持直线且不被拉伸。因此，在壳单元的有限变形历史的特定阶段，材料点的位置由以下公式给出：

$$\boldsymbol{x}(S_i)=\bar{\boldsymbol{x}}(S_\alpha)+\bar{f}_{33}(S_\alpha)\boldsymbol{t}_3(S_\alpha)S_3,\quad i\in[1,2,3]\text{ 且 }\alpha\in[1,2] \tag{10.2.1}$$

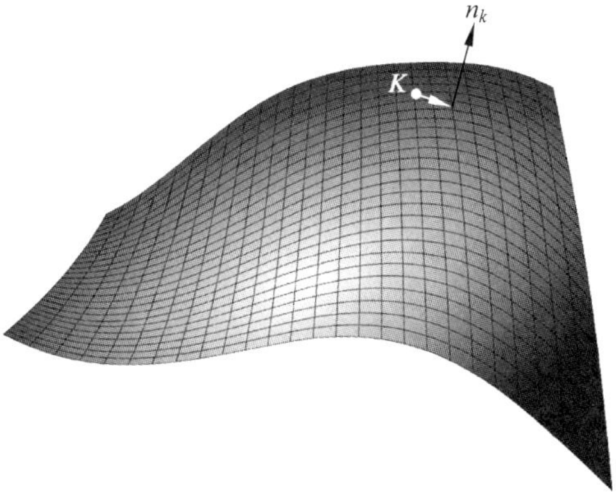

图10-2 有限应变壳的单元网格示意图

式中，下标α用于描述壳的参考平面内的量，$\boldsymbol{t}_3$是壳的参考平面的法线，S_α是局部表面坐标，假设与参考状态下的距离测量正交。$S_3\in[-h,h]$是厚度方向的坐标和距离测量，与参考状态下的S_α正交。h是壳的半厚度。$\bar{f}_{33}$是厚度增加系数，假设与S_3无关。在本节中，上标横线代表参考表面(通常是壳的中面)上的力学量。我们把这种运动学假设称为闵德林-瑞斯纳运动学假设(Reissner，1945；Mindlin，1951；Hencky，1947)。因此，壳单元任意一点的位置梯度可以表

示为

$$\frac{\partial \boldsymbol{x}}{\partial S_\alpha}=\frac{\partial \bar{\boldsymbol{x}}}{\partial S_\alpha}+\bar{f}_{33}\frac{\partial \boldsymbol{t}_3}{\partial S_\alpha}S_3,\quad \frac{\partial \boldsymbol{x}}{\partial S_3}=\bar{f}_{33}\boldsymbol{t}_3,\quad \alpha\in[1,2] \tag{10.2.2}$$

在单元变形状态下，定义局部的、正交的壳方向 $\boldsymbol{t}_i$，其相互之间满足如下正交条件：

$$\boldsymbol{t}_i\cdot\boldsymbol{t}_j=\delta_{ij},\quad \boldsymbol{t}_i\boldsymbol{t}_i=\boldsymbol{I} \tag{10.2.3}$$

式中，δ_{ij} 是克罗内克符号(Kronecker delta)的分量，$\boldsymbol{I}$ 是 2 阶单位张量，重复的下角标表示求和约定。位置梯度的平面内分量可以表示如下：

$$f_{\alpha\beta}=\boldsymbol{t}_\alpha\cdot\frac{\partial \boldsymbol{x}}{\partial S_\beta}=\bar{f}_{\alpha\beta}+B_{\alpha\beta}\bar{f}_{33}S_3 \tag{10.2.4}$$

式中引入了参考表面变形梯度 $\bar{f}_{\alpha\beta}$ 和参考曲面法向梯度 $B_{\alpha\beta}$，其定义分别如下：

$$\bar{f}_{\alpha\beta}:=\boldsymbol{t}_\alpha\cdot\left.\frac{\partial \boldsymbol{x}}{\partial S_\beta}\right|_{S_3=0}=\boldsymbol{t}_\alpha\cdot\frac{\partial \bar{\boldsymbol{x}}}{\partial S_\beta},\quad B_{\alpha\beta}:=\boldsymbol{t}_\alpha\cdot\frac{\partial \boldsymbol{t}_3}{\partial S_\beta} \tag{10.2.5}$$

在初始构形中，用 $\boldsymbol{X}$ 表示位置(参考表面中的位置)，用 $\boldsymbol{T}_i$ 表示方向向量($i=1,2,3$)，从而有

$$\boldsymbol{X}(S_i)=\bar{\boldsymbol{X}}(S_\alpha)+\boldsymbol{T}_3(S_\alpha)S_3 \tag{10.2.6}$$

初始构形中的位置梯度可以表示为

$$\frac{\partial \boldsymbol{X}}{\partial S_\beta}=\frac{\partial \bar{\boldsymbol{X}}}{\partial S_\beta}+\frac{\partial \boldsymbol{T}_3}{\partial S_\beta}S_3,\quad \frac{\partial \boldsymbol{X}}{\partial S_3}=\boldsymbol{T}_3 \tag{10.2.7}$$

并且梯度的平面内分量可以通过如下表达式获得：

$$\mathring{f}_{\alpha\beta}=\boldsymbol{T}_\alpha\cdot\frac{\partial \boldsymbol{X}}{\partial S_\beta}=\delta_{\alpha\beta}+\mathring{B}_{\alpha\beta}S_3 \tag{10.2.8}$$

上式假设平面内的方向向量遵循曲面坐标：

$$\boldsymbol{T}_\beta=\left.\frac{\partial \boldsymbol{X}}{\partial S_\beta}\right|_{S_3=0}=\frac{\partial \bar{\boldsymbol{X}}}{\partial S_\beta} \tag{10.2.9}$$

并定义初始参考表面法向梯度为

$$\mathring{B}_{\alpha\beta}\overset{\text{def}}{=}\boldsymbol{T}_\alpha\cdot\frac{\partial \boldsymbol{T}_3}{\partial S_\beta} \tag{10.2.10}$$

初始参考表面法向梯度在有限元公式中通过用形状函数插值节点法向获得。在变形构形中，它不是从节点法线导出的，而是基于增量旋转的梯度独立更新的。

10.2.2 形函数插值

壳体单元的参考面上的任意一点的位置可以用离散节点的位置和参数插值函数 $N^I(\xi_\alpha)$来描述。这些函数是 C^0 连续的，母单元坐标 ξ_α 是非正交、无距离量测的参数坐标。因此，对于壳单元的中面位置坐标，在当前构形和参考构形中分别有

$$\bar{\boldsymbol{x}}(\xi_\alpha)=N^I(\xi_\alpha)\bar{\boldsymbol{x}}^I,\quad \bar{\boldsymbol{X}}(\xi_\alpha)=N^I(\xi_\alpha)\bar{\boldsymbol{X}}^I \tag{10.2.11}$$

当前位置坐标 $\boldsymbol{x}$ 相对于母单元坐标 ξ_β 的梯度为

$$\frac{\partial \bar{\boldsymbol{x}}}{\partial \xi_\beta}=\frac{\partial N^I}{\partial \xi_\beta}\bar{\boldsymbol{x}}^I,\quad \frac{\partial \bar{\boldsymbol{X}}}{\partial \xi_\beta}=\frac{\partial N^I}{\partial \xi_\beta}\bar{\boldsymbol{X}}^I \tag{10.2.12}$$

需要注意的是，大写英文字母上角标(如 I)表示单元的节点，重复的上角标表示单元所

有节点的求和。现在考虑初始构形，壳体单元参考表面的法向很容易通过如下公式获得：

$$\boldsymbol{T}_3=\left(\frac{\partial\bar{\boldsymbol{X}}}{\partial\xi_1}\times\frac{\partial\bar{\boldsymbol{X}}}{\partial\xi_2}\right)\Bigg/\left|\frac{\partial\bar{\boldsymbol{X}}}{\partial\xi_1}\times\frac{\partial\bar{\boldsymbol{X}}}{\partial\xi_2}\right| \tag{10.2.13}$$

母单元坐标 ξ_α 相对于 S_β 的梯度可以很容易通过反演获得：

$$\frac{\partial\xi_\alpha}{\partial S_\beta}=\left[\frac{\partial S_\alpha}{\partial\xi_\beta}\right]^{-1} \tag{10.2.14}$$

由此获得梯度算子：

$$\frac{\partial N^I}{\partial S_\beta}=\frac{\partial N^I}{\partial\xi_\alpha}\frac{\partial\xi_\alpha}{\partial S_\beta} \tag{10.2.15}$$

初始参考表面的法向梯度由节点法向 $\boldsymbol{T}_3^I$ 获得：

$$\mathring{B}_{\alpha\beta}=\boldsymbol{T}_\alpha\cdot\boldsymbol{T}_3^I\frac{\partial N^I}{\partial S_\beta} \tag{10.2.16}$$

由于初始参考曲面法向梯度是通过对正交测距坐标求导数获得的，因此将 $\mathring{B}_{\alpha\beta}=\mathring{b}_{\alpha\beta}$ 称为参考曲面的原始曲率。

10.2.3 膜变形和曲率

通过前文的公式推导，可以方便地定义参考表面变形梯度的逆：

$$\bar{h}_{\alpha\beta}=[\bar{f}_{\alpha\beta}]^{-1} \tag{10.2.17}$$

通过该表达式，可以定义当前状态下的梯度算子：

$$\frac{\partial}{\partial s_\beta}\overset{\text{def}}{=}\bar{h}_{\alpha\beta}\frac{\partial}{\partial S_\alpha}\quad\text{或}\quad\frac{\partial}{\partial S_\beta}=\bar{f}_{\alpha\beta}\frac{\partial}{\partial s_\alpha} \tag{10.2.18}$$

壳单元在当前状态下的梯度算子也可以定义为相对于距离测量坐标 S_α 沿基向量 $\boldsymbol{t}_\alpha$ 的导数，因为

$$\boldsymbol{t}_\alpha\cdot\frac{\partial\bar{\boldsymbol{x}}}{\partial s_\beta}=\boldsymbol{t}_\alpha\cdot\frac{\partial\bar{\boldsymbol{x}}}{\partial S_\gamma}\bar{h}_{\gamma\beta}=\bar{f}_{\alpha\gamma}\bar{h}_{\gamma\beta}=\delta_{\alpha\beta} \tag{10.2.19}$$

因此有

$$\boldsymbol{t}_\alpha=\frac{\partial\bar{\boldsymbol{x}}}{\partial s_\alpha} \tag{10.2.20}$$

这样，可以将参考表面变形梯度的逆 $\bar{h}_{\alpha\beta}$ 在初始构形下表示：

$$\bar{h}_{\alpha\beta}=\boldsymbol{T}_\alpha\cdot\frac{\partial\bar{\boldsymbol{X}}}{\partial s_\beta} \tag{10.2.21}$$

因为

$$\begin{aligned}\bar{f}_{\alpha\gamma}\bar{h}_{\gamma\beta}&=\boldsymbol{t}_\alpha\cdot\frac{\partial\bar{\boldsymbol{x}}}{\partial\bar{\boldsymbol{X}}}\cdot\boldsymbol{T}_\gamma\boldsymbol{T}_\gamma\frac{\partial\bar{\boldsymbol{X}}}{\partial\bar{\boldsymbol{x}}}\cdot\boldsymbol{t}_\beta\\&=\boldsymbol{t}_\alpha\cdot\frac{\partial\bar{\boldsymbol{x}}}{\partial\bar{\boldsymbol{X}}}\cdot\frac{\partial\bar{\boldsymbol{X}}}{\partial\bar{\boldsymbol{x}}}\cdot\boldsymbol{t}_\beta=\boldsymbol{t}_\alpha\cdot\boldsymbol{t}_\beta=\delta_{\alpha\beta}\end{aligned} \tag{10.2.22}$$

所以，在增量分析中，还可以定义增量变形张量及其逆：

$$\Delta\bar{f}_{\alpha\beta}=\boldsymbol{t}_\alpha^{t+\Delta t}\cdot\frac{\partial\bar{\boldsymbol{x}}^{t+\Delta t}}{\partial s_\beta^t},\quad\Delta\bar{h}_{\alpha\beta}=\boldsymbol{t}_\alpha^t\cdot\frac{\partial\bar{\boldsymbol{x}}^t}{\partial s_\beta^{t+\Delta t}} \tag{10.2.23}$$

使用当前状态中定义的局部坐标系，法线的当前梯度可以转换为曲面的曲率：

$$b_{\alpha\beta} \stackrel{\text{def}}{=} \boldsymbol{t}_{\alpha} \cdot \frac{\partial \boldsymbol{t}_3}{\partial s_{\beta}} = B_{\alpha\gamma}\bar{h}_{\gamma\beta} \tag{10.2.24}$$

10.2.4 方向更新

前几节给出的方程适用于当前状态中定义的任意局部坐标系。本节将概述平面内坐标的共转方式。为了获得 $\boldsymbol{t}_{\alpha}$ 的更新版本，采用两步方法进行计算。首先，构造与曲面相切的正交向量 $\boldsymbol{t}_{\alpha}$。随后，计算如下公式：

$$\hat{f}_{\alpha\beta} = \hat{\boldsymbol{t}}_{\alpha} \cdot \frac{\partial \bar{\boldsymbol{x}}^{t+\Delta t}}{\partial S_{\beta}} \tag{10.2.25}$$

将平面内的旋转张量 $\Delta R_{\alpha\beta}$ 应用于向量 $\boldsymbol{t}_{\alpha}$，可得

$$\begin{cases} \Delta R_{11} = \Delta R_{22} = \cos\Delta\psi \\ \Delta R_{21} = -\Delta R_{12} = \sin\Delta\psi \end{cases} \tag{10.2.26}$$

式中，$\Delta\psi$ 的确定应确保产生的变形张量是对称的：

$$\bar{f}_{\alpha\beta} = \Delta R_{\alpha\gamma}\hat{f}_{\gamma\beta} = \hat{f}_{\gamma\alpha}\Delta R_{\beta\gamma} = \bar{f}_{\beta\alpha} \tag{10.2.27}$$

由此可知，

$$\tan\Delta\psi = \frac{\hat{f}_{12} - \hat{f}_{21}}{\hat{f}_{11} + \hat{f}_{22}} \tag{10.2.28}$$

因此，可以计算更新后的局部材料的方向：

$$\bar{\boldsymbol{t}}_{\alpha}^{t+\Delta t} = \Delta R_{\alpha\gamma}\hat{\boldsymbol{t}}_{\gamma} \tag{10.2.29}$$

10.2.5 变形梯度

前文已经获得了参考表面中变形梯度的表达式，并且假设壳的厚度变化是恒定的，可得如下两个关系式：

$$\bar{F}_{\alpha\beta} = \bar{f}_{\alpha\beta}, \quad \bar{F}_{33} = \bar{f}_{33} \tag{10.2.30}$$

在壳单元的其他点上，可以得到变形梯度的平面内分量：

$$\begin{aligned} F_{\alpha\beta} &= \boldsymbol{t}_{\alpha} \cdot \frac{\partial \boldsymbol{x}}{\partial S_{\gamma}}\left(\boldsymbol{T}_{\beta} \cdot \frac{\partial \boldsymbol{X}}{\partial S_{\gamma}}\right)^{-1} \\ &= (\bar{f}_{\alpha\gamma} + \bar{f}_{33}S_3B_{\alpha\gamma})(\delta_{\gamma\beta} + S_3B_{\gamma\beta}^0)^{-1} \end{aligned} \tag{10.2.31}$$

式中忽略了高阶项 $(S_3)^2$，从而可以得到如下变形梯度的简化关系：

$$F_{\alpha\beta} = \bar{F}_{\alpha\beta} + S_3(\bar{f}_{33}B_{\alpha\beta} - \bar{f}_{\alpha\gamma}B_{\gamma\beta}^0) \tag{10.2.32}$$

我们可以将其写为有限膜变形和弯曲扰动的乘积：

$$\begin{aligned} F_{\alpha\beta} &= [\delta_{\alpha\gamma} + S_3(\bar{f}_{33}B_{\alpha\delta}\bar{h}_{\delta\gamma} - \bar{f}_{\alpha\delta}B_{\delta\varepsilon}^0\bar{h}_{\varepsilon\gamma})]\bar{f}_{\gamma\beta} \\ &= [\delta_{\alpha\gamma} + S_3(\bar{f}_{33}b_{\alpha\gamma} - \bar{f}_{\alpha\delta}b_{\delta\varepsilon}^0\bar{h}_{\varepsilon\gamma})]\bar{f}_{\gamma\beta} \end{aligned} \tag{10.2.33}$$

假设由弯曲引起的变形（应变和旋转）很小，则有

$$S_3(\bar{f}_{33}b_{\alpha\gamma} - \bar{f}_{\alpha\delta}b_{\delta\varepsilon}^0\bar{h}_{\varepsilon\gamma}) \ll 1 \tag{10.2.34}$$

10.2.6 膜应变增量和曲率增量

对于有限应变壳单元,其膜应变增量源自增量拉伸张量 $\Delta\boldsymbol{V}$,其分量源自增量变形梯度 $\Delta\bar{f}_{\alpha\beta}$,通过极分解可以计算得到 $\Delta\bar{f}_{\alpha\beta}=\Delta\bar{V}_{\alpha\gamma}\Delta\bar{R}_{\gamma\beta}$。根据定义 $\bar{f}^{t+\Delta t}_{\alpha\beta}=\Delta\bar{f}_{\alpha\delta}\bar{f}^{t}_{\delta\beta}$。增量变形梯度如下所示:

$$\Delta\bar{f}_{\alpha\beta}=\bar{f}^{t+\Delta t}_{\alpha\delta}(\bar{f}^{t-1})_{\delta\beta} \tag{10.2.35}$$

由于 $\Delta\bar{R}_{\gamma\beta}$ 是正交矩阵的分量,增量拉伸张量的平方可通过下式获得:

$$\Delta\bar{f}_{\alpha\gamma}\Delta\bar{f}_{\beta\gamma}=\Delta\bar{V}_{\alpha\gamma}\Delta\bar{V}_{\beta\gamma}=\sum_{I=1}^{2}(\Delta\lambda_I)^2 a^I_\alpha a^I_\beta \tag{10.2.36}$$

计算对数应变增量:

$$\Delta\epsilon_{\alpha\beta}=\sum_{I=1}^{2}\ln(\Delta\lambda_I)a^I_\alpha a^I_\beta \tag{10.2.37}$$

平均材料旋转增量由极分解定义:

$$\Delta\bar{R}_{\alpha\beta}=\sum_{I=1}^{2}\frac{1}{\Delta\lambda_I}a^I_\alpha a^I_\gamma\Delta\bar{f}_{\gamma\beta} \tag{10.2.38}$$

由对单元基础方向的选择可以看出

$$\Delta\bar{R}_{\alpha\beta}\approx\delta_{\alpha\beta} \tag{10.2.39}$$

按照科伊特-桑德斯壳理论(Koiter-Sanders's shell theory),并对基点向量相对于材料的旋转进行补偿,定义物理曲率增量 $\Delta\kappa_{\alpha\beta}$ 为

$$\begin{aligned}\Delta\kappa_{\alpha\beta}&=\mathrm{sym}[b^{t+\Delta t}_{\alpha\beta}-b^t_{\alpha\gamma}\Delta\bar{R}_{\beta\gamma}+b^t_{\alpha\gamma}\Delta\bar{R}_{\delta\gamma}\Delta\bar{\varepsilon}_{\delta\beta}]\\&=\mathrm{sym}[b^{t+\Delta t}_{\alpha\beta}-b^t_{\alpha\gamma}\Delta\bar{R}_{\delta\gamma}(\delta_{\delta\beta}-\Delta\bar{\varepsilon}_{\delta\beta})]\end{aligned} \tag{10.2.40}$$

忽略相对于 $\Delta\bar{\varepsilon}_{\alpha\beta}$ 的 $(\Delta\bar{\varepsilon}_{\alpha\beta})^2$ 阶项,式(10.2.40)改写为

$$\begin{aligned}\Delta\kappa_{\alpha\beta}&=\mathrm{sym}[b^{t+\Delta t}_{\alpha\beta}-b^t_{\alpha\gamma}\Delta\bar{R}_{\delta\gamma}\Delta\bar{V}^{-1}_{\delta\beta}]\\&=\mathrm{sym}[b^{t+\Delta t}_{\alpha\beta}-b^t_{\alpha\gamma}\Delta\bar{h}_{\gamma\beta}]=\mathrm{sym}[\epsilon^{\gamma}_{\alpha}\boldsymbol{t}^{t+\Delta t}_{\gamma}\cdot\Delta\boldsymbol{r}_{\beta}]\end{aligned} \tag{10.2.41}$$

上式使用了曲率更新公式。观察到增量开始处的曲率 $b^t_{\alpha\beta}$ 没有出现在该方程中,所以不需要计算初始曲率 $b^0_{\alpha\beta}$。因此假设 $b^0_{\alpha\beta}=0$,变形梯度也简化为

$$F_{\alpha\beta}=\bar{f}_{\alpha\beta}+S_3\bar{f}_{33}b_{\alpha\gamma}\bar{f}_{\gamma\beta} \tag{10.2.42}$$

因此,对于壳厚度方向上的任意一点的材料应变增量,由科伊特-桑德斯壳理论得到

$$\Delta\varepsilon_{\alpha\beta}=\Delta\bar{\varepsilon}_{\alpha\beta}+\bar{f}^{t+\Delta t}_{33}S_3\Delta\kappa_{\alpha\beta} \tag{10.2.43}$$

10.2.7 虚功和虚功率

有限应变壳的应力虚功一般可以通过应力与应变增量的乘积在整个壳单元上的体积分(与一般的实体单元相同)表示:

$$\delta\Pi=\int_V\sigma_{\alpha\beta}\delta\varepsilon_{\alpha\beta}\mathrm{d}V \tag{10.2.44}$$

假设应变的变化可以用膜应变和曲率的变化来表示,其关系与应变增量相同:

$$\delta\varepsilon_{\alpha\beta}=\delta\bar{\varepsilon}_{\alpha\beta}+\bar{f}^{t+\Delta t}_{33}S_3\delta\kappa_{\alpha\beta} \tag{10.2.45}$$

将式(10.2.45)代入虚功方程(10.2.44),可以将虚功方程转换为

$$\delta\Pi = \int_V \sigma_{\alpha\beta}(\delta\bar{\varepsilon}_{\alpha\beta} + \bar{f}_{33} S_3 \delta\kappa_{\alpha\beta})\mathrm{d}V \tag{10.2.46}$$

进一步地,引入膜力 $N_{\alpha\beta}$ 和弯矩 $M_{\alpha\beta}$ 的概念,其定义式分别如下:

$$N_{\alpha\beta} \overset{\text{def}}{=} \int_h \sigma_{\alpha\beta}\bar{f}_{33}\mathrm{d}S_3, \quad M_{\alpha\beta} \overset{\text{def}}{=} \int_h \sigma_{\alpha\beta}\bar{f}_{33}^2 S_3 \mathrm{d}S_3 \tag{10.2.47}$$

这使我们能够将虚功方程(10.2.46)进一步写为一般表达式,其为膜力乘以膜应变增量与弯矩乘以曲率增量的和在壳单元中面上的面积分:

$$\delta\Pi = \int_A (N_{\alpha\beta}\delta\bar{\varepsilon}_{\alpha\beta} + M_{\alpha\beta}\delta\kappa_{\alpha\beta})\mathrm{d}A \tag{10.2.48}$$

式中膜应变的变化遵循如下表达式:

$$\begin{aligned}\delta\bar{\varepsilon}_{\alpha\beta} &= \mathrm{sym}(\delta\bar{f}_{\alpha\gamma}\bar{h}_{\gamma\beta}) = \mathrm{sym}\left(\delta\boldsymbol{t}_\alpha \cdot \boldsymbol{t}_\beta + \boldsymbol{t}_\alpha \cdot \frac{\partial\delta\bar{\boldsymbol{x}}}{\partial S_\beta}\right)\\ &= \mathrm{sym}\left(\boldsymbol{t}_\alpha \cdot \frac{\partial\delta\bar{\boldsymbol{x}}}{\partial S_\beta}\right)\end{aligned} \tag{10.2.49}$$

式中使用了标识符号 $\mathrm{sym}(\delta\boldsymbol{t}_\alpha \cdot \boldsymbol{t}_\beta) = \delta(\boldsymbol{t}_\alpha \cdot \boldsymbol{t}_\beta) = 0$。曲率的变化通过取增量曲率的变化来获得,表达式如下:

$$\begin{aligned}\delta\kappa_{\alpha\beta} &= \mathrm{sym}(\epsilon_\alpha^\gamma \boldsymbol{t}_\gamma \cdot \delta\Delta\boldsymbol{r}_\beta + \epsilon_\alpha^\gamma \delta\boldsymbol{t}_\gamma \cdot \Delta\boldsymbol{r}_\beta)\\ &= \mathrm{sym}(\epsilon_\alpha^\gamma \boldsymbol{t}_\gamma \cdot \delta\Delta\boldsymbol{R}_\delta \bar{h}_{\delta\beta} + \epsilon_\alpha^\gamma \boldsymbol{t}_\gamma \cdot \Delta\boldsymbol{R}_\delta \delta\bar{h}_{\delta\beta} + \epsilon_\alpha^\gamma \delta\boldsymbol{t}_\gamma \cdot \Delta\boldsymbol{R}_\delta \bar{h}_{\delta\beta})\end{aligned} \tag{10.2.50}$$

针对壳单元的当前状态(增量结束时的状态)评估 $\delta\Delta\boldsymbol{r}_\delta$。此外,忽略了阶数为 $\boldsymbol{t}_\alpha \cdot \frac{\partial\delta\Delta\varphi}{\partial S_\beta}$ 的项,因为它们与 $\Delta\kappa_{\alpha\beta}$ 成正比。因此,可以得到

$$\boldsymbol{t}_\gamma \delta\Delta\boldsymbol{r}_\delta \approx \boldsymbol{t}_\gamma \cdot \frac{\partial\delta\varphi}{\partial S_\delta} \tag{10.2.51}$$

将其代入 $\delta\kappa_{\alpha\beta}$ 的表达式,得到

$$\delta\kappa_{\alpha\beta} = \mathrm{sym}\left(\epsilon_\alpha^\gamma \boldsymbol{t}_\gamma \cdot \frac{\partial\delta\varphi}{\partial S_\delta}\bar{h}_{\delta\beta}\right) = \mathrm{sym}\left(\epsilon_\alpha^\gamma \boldsymbol{t}_\gamma \cdot \frac{\partial\delta\varphi}{\partial S_\beta}\right) \tag{10.2.52}$$

为了获得虚功率的表达式,首先根据参考体积写出单元的虚功方程:

$$\delta\Pi = \int_{V^0} \tau_{\alpha\beta}\delta\varepsilon_{\alpha\beta}\mathrm{d}V^0 = \int_{A^0}\int_h \tau_{\alpha\beta}\delta\varepsilon_{\alpha\beta}\mathrm{d}S_3\mathrm{d}A^0 \tag{10.2.53}$$

式中,$\tau_{\alpha\beta}$ 是克希霍夫应力张量,其通过以下方式与柯西应力或真实应力张量联系起来:

$$\tau_{\alpha\beta} = J\sigma_{\alpha\beta} \tag{10.2.54}$$

从而虚功的变化率可以写为

$$\mathrm{d}\delta\Pi = \int_{A^0}\int_h (\mathrm{d}^\nabla\tau_{\alpha\beta}\delta\varepsilon_{\alpha\beta} + \tau_{\alpha\beta}\mathrm{d}^\nabla\delta\varepsilon_{\alpha\beta})\mathrm{d}S_3\mathrm{d}A^0 \tag{10.2.55}$$

式中,符号 d^∇ 表示速率是在一个材料的冠状坐标系中进行的。涉及应力率的项与材料行为有关。假设材料的本构方程的形式为

$$\mathrm{d}^\nabla\tau_{\alpha\beta} = JC_{\alpha\beta\gamma\delta}\mathrm{d}\varepsilon_{\delta\gamma} \tag{10.2.56}$$

将式(10.2.56)代入式(10.2.55),并转换到壳单元的当前构形,从而有

$$\mathrm{d}\delta\Pi = \int_A\int_h (\delta\varepsilon_{\alpha\beta}C_{\alpha\beta\gamma\delta}\mathrm{d}\varepsilon_{\gamma\delta} + \sigma_{\alpha\beta}\mathrm{d}^\nabla\delta\varepsilon_{\alpha\beta})\bar{f}_{33}\mathrm{d}S_3\mathrm{d}A \tag{10.2.57}$$

与虚功方程本身的推导过程一致，忽略高阶项 $\mathrm{d}\bar{f}_{33}S_3\delta\kappa_{\alpha\beta}$。因此，有限应变壳单元的虚功率可以写为

$$\mathrm{d}\delta\Pi=\int_A\left[\int_h(\delta\bar{\varepsilon}_{\alpha\beta}+\bar{f}_{33}S_3\delta\kappa_{\alpha\beta})C_{\alpha\beta\gamma\delta}(\mathrm{d}\bar{\varepsilon}_{\gamma\delta}+\bar{f}_{33}S_3\mathrm{d}\kappa_{\gamma\delta})\bar{f}_{33}\mathrm{d}S_3+N_{\alpha\beta}\mathrm{d}^{\nabla}\delta\bar{\varepsilon}_{\alpha\beta}+M_{\alpha\beta}\mathrm{d}^{\nabla}\delta\kappa_{\alpha\beta}\right]\mathrm{d}A \qquad (10.2.58)$$

10.3 基于连续体的壳体有限元

建立基于连续体(CB)的壳体有限元。这种方法由 Ahmad、Irons 和 Zienkiewicz(1970)首先提出，Hughes 和 Liu(1981a，1981b)展示了这个理论的非线性部分，Buechter 和 Ramm(1992)及 Simo 和 Fox(1989)将其扩展和推广。类似于 CB 梁，在 CB 壳的实现过程中，没有必要重复连续体离散化的所有步骤，即建立弱形式、通过应用有限单元插值进行问题离散等。我们直接在连续体单元上强化壳理论的约束，从而建立壳单元。在进行有限元离散化之前，在变分和试运动中强化约束，以从更加理论化的角度检验 CB 壳。

10.3.1 经典壳理论和 CB 壳理论的假设

为了描述壳的运动学假设，需要定义一个参考面——中面，即参考面一般位于壳的初始上下表面的中间位置。类似于非线性 CB 梁，在非线性 CB 壳中参考面的精确位置是不重要的。

在建立 CB 壳理论之前，简要回顾经典壳理论的运动学假设。类似于第 9 章梁的描述，有两种运动学假设，即允许和不允许横向剪切。允许横向剪切的壳理论称为闵德林-瑞斯纳理论，即 C^0 连续理论；而不允许横向剪切的理论称为克希霍夫-勒夫壳理论，即 C^1 连续理论。在这两种壳理论中，运动学假设如下。

(1) 克希霍夫-勒夫理论：中面的法线保持直线和法向；

(2) 闵德林-瑞斯纳理论：中面的法线保持直线，但不一定保持法向。

实验结果表明，薄壳满足克希霍夫-勒夫理论。对于较厚的壳或组合壳体，闵德林-瑞斯纳理论更为合适，因为横向剪切的效果更为突出。闵德林-瑞斯纳理论也可以应用于薄壳。在这种情况下，法线将近似地保持法向，且横向剪切几乎消失。

需要指出的是，闵德林-瑞斯纳理论最初是针对小变形问题提出的，并且大多数实验验证是关于小变形的。一旦产生较大应变，目前还不清楚是否最好假设“当前法线保持直线或初始法线保持直线”。在大多数理论工作中，都是假设初始法线保持直线，之所以做出这个选择可能是因为它推导出了更清晰的理论。然而，我们知道还没有实验可以证明这个假设比当前法线保持瞬时直线的假设更好。

在 CB 壳单元的理论和实现过程中，壳由单层的三维实体单元模拟，为反映修正的闵德林-瑞斯纳假设，对运动进行了约束。图 10-3 展示了具有 9 个主控节点和 18 个从属节点的基于三维连续体的 CB 壳单元。母单元坐标为 ξ^i，$i=1\sim3$；采用记号：$\xi^1\equiv\xi$、$\xi^2\equiv\eta$ 和 $\xi^3\equiv\zeta$；坐标 ξ^i 是曲线坐标。ζ 为常数的每一个面，称为层，参考面对应于 $\zeta=0$。参考面上由两个曲线坐标(ξ,η)标定，指标符号采用 ξ^α($\alpha=1\sim3$)。沿 ζ 轴的线称为纤维，沿纤维方向的

单位矢量称为方向矢量。这些定义与前文给出的 CB 梁的定义是类似的。按如下方式定义厚度。用 $h^-(\xi,\eta,t)$表示在下表面和参考面之间沿纤维方向的距离,用 $h^+(\xi,\eta,t)$表示在上表面和参考面之间沿纤维方向的距离,则厚度为 $h=h^-+h^+$。虽然这并不是关于壳的厚度的一般定义,但是在 CB 壳理论中也是常用的。壳的厚度的一般定义为在上下两个表面之间沿法线的距离。

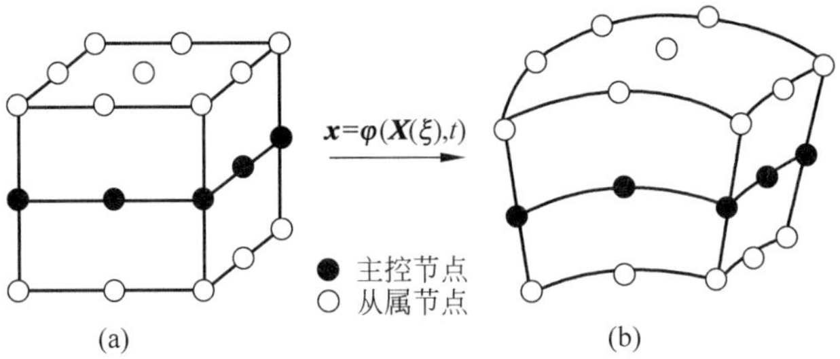

图 10-3 基于 18 节点连续体单元的 9 节点 CB 壳单元

(a) 母单元;(b) 当前单元

在 CB 壳理论中,主要的假设是

(1) 纤维保持直线(修正的闵德林-瑞斯纳假设);

(2) 垂直于中面的应力为零(也称为平面应力条件);

(3) 动量源于纤维的伸长,沿纤维方向忽略动量平衡。

假设(1)与经典的闵德林-瑞斯纳理论不同之处在于,在原假设前提下补充了约束纤维保持直线的条件。与梁理论类似,应用 C^0 型插值不能精确地将经典的闵德林-瑞斯纳运动学假设引入 CB 壳单元。必须布置节点,使纤维方向尽可能地接近法线。当假设(1)可以视为经典闵德林-瑞斯纳假设的一个近似时,习惯上称其为修正的闵德林-瑞斯纳假设。

在 CB 壳理论中,经常假设纤维是不可伸长的。但是,这个假设仅仅适用于上述情况,而在整个单元中不成立。对于大变形,由于壳的厚度发生变化,必须对某些纤维伸长的影响给予考量。

10.3.2 运动的有限元近似

CB 壳的基本连续体单元是具有 $2n_N$ 个节点的三维等参单元,如图 10-3 所示,在上下表面各有 n_N 个节点。为了适应修正的闵德林-瑞斯纳假设,使在 ζ 方向的运动为线性运动,连续体单元沿任何纤维上至多有 2 个从属节点。可以采用更新的或完全的拉格朗日格式。我们将描述更新的拉格朗日格式,这里提醒读者,即更新的拉格朗日格式可以转换到完全的拉格朗日格式,如第 4 章所述。

在参考面与纤维的交点上,后者连接一对从属节点,定义 n_N 个主控节点,如图 10-3 所示。与处理 CB 梁相同,对于从属节点采用了两种标记,即采用了与式(9.3.1)相关的两种编号方法。

用于描述每个主控节点的自由度可能有 5 个或 6 个,我们将重点介绍 6 个自由度的主控节点,也会简单讨论 5 个自由度的主控节点。6 个自由度的主控节点上的速度和力分别为

$$\dot{\boldsymbol{d}}_I=[v_{xI} \quad v_{yI} \quad v_{zI} \quad \omega_{xI} \quad \omega_{yI} \quad \omega_{zI}]^{\mathrm{T}} \tag{10.3.1}$$

$$\boldsymbol{f}_I=[f_{xI}\quad f_{yI}\quad f_{zI}\quad m_{xI}\quad m_{yI}\quad m_{zI}]^{\mathrm{T}} \tag{10.3.2}$$

式中，ω_{iI} 为节点 I 处的角速度分量，m_{iI} 为节点 I 处的力矩分量。

以从属节点的形式，给出运动的有限元近似为

$$\boldsymbol{x}(\boldsymbol{\xi},t)\equiv\boldsymbol{\varphi}(\boldsymbol{\xi},t)=\sum_{I^-=1}^{n_N}X_{I^-}(t)N_{I^-}(\xi)+\sum_{I^+=1}^{n_N}\boldsymbol{x}_{I^+}(t)N_{I^+}(\boldsymbol{\xi})$$

$$=\sum_{I^*=1}^{2n_N}\boldsymbol{x}_{I^*}(t)N_{I^*}(\boldsymbol{\xi}) \tag{10.3.3}$$

式中，$N_{I^*}(\xi)$为标准等参三维形状函数，ξ 为母单元坐标。从属节点编号的标记与 9.3.1 节梁的编号一致。回顾在拉格朗日单元中，应用单元坐标代替材料坐标，基本连续体单元的速度场为

$$\boldsymbol{v}(\boldsymbol{\xi},t)=\sum_{I^*=1}^{2n_N}\dot{\boldsymbol{x}}_{I^*}(t)N_{I^*}(\boldsymbol{\xi})\equiv\sum_{I^*=1}^{2n_N}\boldsymbol{v}_{I^*}(t)N_{I^*}(\boldsymbol{\xi}) \tag{10.3.4}$$

式中，$\dot{\boldsymbol{x}}_{I^*}=\boldsymbol{v}_{I^*}$ 是从属节点 I^* 的速度。由于 CB 壳在 ζ 方向的运动是线性的，所以上式可以写为

$$\boldsymbol{x}=\boldsymbol{x}^{\mathrm{M}}+\zeta\boldsymbol{x}^{\mathrm{B}}\equiv\boldsymbol{x}^{\mathrm{M}}+\bar{\zeta}\boldsymbol{p} \tag{10.3.5}$$

式中，

$$\begin{cases}\boldsymbol{x}^{\mathrm{B}}=h^+\boldsymbol{p}\ \text{且}\ \bar{\zeta}=\zeta h^+, & \zeta>0\\ \boldsymbol{x}^{\mathrm{B}}=h^-\boldsymbol{p}\ \text{且}\ \bar{\zeta}=\zeta h^-, & \zeta<0\end{cases}$$

式(10.3.3)和式(10.3.5)是对同一运动的两种描述。前者是 3 个独立空间变量的函数，用连续体表示，而后者是两个独立变量的函数，用参考面上的曲线坐标表示。

通过取式(10.3.5)的材料时间导数，获得速度场为

$$\boldsymbol{v}=\boldsymbol{v}^{\mathrm{B}}+\zeta\boldsymbol{v}^{\mathrm{B}}\equiv\boldsymbol{v}^{\mathrm{M}}+\bar{\zeta}\dot{\boldsymbol{p}}+\dot{\bar{\zeta}}\boldsymbol{p} \tag{10.3.6}$$

以主控节点转换速度$\boldsymbol{v}_I^{\mathrm{M}}=[v_{xI}^{\mathrm{M}},v_{yI}^{\mathrm{M}},v_{zI}^{\mathrm{M}}]^{\mathrm{T}}$ 和方向矢量角速度$\boldsymbol{\omega}_I=[\bar{\omega}_{xI},\bar{\omega}_{yI},\bar{\omega}_{zI}]^{\mathrm{T}}$ 的形式表示从属节点的速度。在节点处写出式(10.3.6)并应用式(9.2.1)：

$$\boldsymbol{v}_{I^+}=\boldsymbol{v}_I^{\mathrm{M}}+h_I^+\boldsymbol{\omega}_I\times\boldsymbol{p}_I+\dot{h}_I^+\boldsymbol{p}_I,\quad \boldsymbol{v}_{I^-}=\boldsymbol{v}_I^{\mathrm{M}}-h_I^-\boldsymbol{\omega}_I\times\boldsymbol{p}_I-\dot{h}_I^-\boldsymbol{p}_I \tag{10.3.7}$$

式中，$\dot{h}_I^+$ 和 $\dot{h}_I^-$ 为厚度的变化率。

如假设(3)所述，$\boldsymbol{p}$ 方向的相关运动并没有强制动量平衡(或静态平衡)。所以，在构造运动方程时，忽略了在速度应变表达式中涉及 $\dot{h}_I^+$ 和 $\dot{h}_I^-$ 的项。在应变率的计算中也将其忽略，因为由平面应力条件从本构方程中可以获得厚度。事实上，在 CB 壳理论中常常认为纤维是不可伸长的，因为应用不可伸长条件是为了忽略 $\boldsymbol{p}$ 方向的相关运动的动量平衡，但在计算节点内力时，厚度的改变是不能忽略的。

为了得到沿一根纤维方向的 3 个节点速度之间的关系，在式(10.3.7)中，叉积表示为 $h^+\boldsymbol{\omega}_I\times\boldsymbol{p}_+=\boldsymbol{\Lambda}^+\boldsymbol{\omega}_I$，其中$\boldsymbol{\Lambda}^+$ 为偏斜对称张量，$\Lambda_{ij}^+=h^+e_{ijk}p_k$(式(2.2.23))。对$\boldsymbol{v}_{I^-}$ 应用一个简单的关系，可以将从属节点速度与主控节点速度相联系：

$$\begin{Bmatrix}\boldsymbol{v}_{I^-}\\ \boldsymbol{v}_{I^+}\end{Bmatrix}=\boldsymbol{T}_I\dot{\boldsymbol{d}}_I,\quad \text{不对 } I \text{ 求和} \tag{10.3.8}$$

$$\boldsymbol{v}_{I^-}=[v_{xI^-},v_{yI^-},v_{zI^-}]^{\mathrm{T}},\quad \boldsymbol{v}_{I^+}=[v_{xI^+},v_{yI^+},v_{zI^+}]^{\mathrm{T}} \tag{10.3.9}$$

$$\boldsymbol{T}_I=\begin{bmatrix}\boldsymbol{I} & \boldsymbol{\Lambda}^-\\ \boldsymbol{I} & \boldsymbol{\Lambda}^+\end{bmatrix} \tag{10.3.10}$$

$$\begin{aligned}\boldsymbol{\Lambda}^-&=-h_I^-\begin{bmatrix}0 & p_z & -p_y\\ -p_z & 0 & p_x\\ p_y & -p_x & 0\end{bmatrix}\\ &=\begin{bmatrix}0 & z_{I^-}-z_I & y_I-y_{I^-}\\ z_I-z_{I^-} & 0 & x_{I^-}-x_I\\ y_{I^-}-y_I & x_I-x_{I^-} & 0\end{bmatrix}\end{aligned} \tag{10.3.11}$$

$$\begin{aligned}\boldsymbol{\Lambda}^+&=h_I^+\begin{bmatrix}0 & p_z & -p_y\\ -p_z & 0 & p_x\\ p_y & -p_x & 0\end{bmatrix}\\ &=\begin{bmatrix}0 & z_{I^+}-z_I & y_I-y_{I^+}\\ z_I-z_{I^+} & 0 & x_{I^+}-x_I\\ y_{I^+}-y_I & x_I-x_{I^+} & 0\end{bmatrix}\end{aligned} \tag{10.3.12}$$

从式(10.3.11)和式(10.3.12)可以看出，主控节点力的计算采用的是当前厚度，因此考虑了纤维的伸长。

10.3.3 局部坐标

CB壳的从属节点力即在基于连续体单元节点上的力，可以通过连续体单元的一般计算过程得到，如第3、4章给出的。当然，必须考虑平面应力假设和厚度变化。

应用基矢量 $\hat{\boldsymbol{e}}_i$，在每一个积分点上建立一个转动的层坐标系统，并且在该坐标系上更新本构关系。这里有几种不同的方法，下面是 Hughes(1987)给出的方法，目的是找到一个正交集合基矢量 $\hat{\boldsymbol{e}}_i$ 尽可能地接近协变基矢量 $\boldsymbol{g}_\alpha$：

$$\boldsymbol{g}_\alpha=\frac{\partial \boldsymbol{x}}{\partial \xi^\alpha} \tag{10.3.13}$$

矢量 $\boldsymbol{g}_\alpha$ 定义了一个与层正切的面，而基矢量 $\hat{\boldsymbol{e}}_i$ 也将位于这个面内。垂直于这个面的基矢量为

$$\hat{\boldsymbol{e}}_z=\frac{\boldsymbol{g}_1\times\boldsymbol{g}_2}{\|\boldsymbol{g}_1\times\boldsymbol{g}_2\|} \tag{10.3.14}$$

为了建立其他基矢量，定义一组辅助矢量为

$$\boldsymbol{a}=\frac{\boldsymbol{g}_1}{\|\boldsymbol{g}_1\|}+\frac{\boldsymbol{g}_2}{\|\boldsymbol{g}_2\|},\quad \boldsymbol{b}=\hat{\boldsymbol{e}}_z\times\boldsymbol{a} \tag{10.3.15}$$

则新的基矢量为

$$\hat{\boldsymbol{e}}_x=\frac{\boldsymbol{a}-\boldsymbol{b}}{\|\boldsymbol{a}-\boldsymbol{b}\|},\quad \hat{\boldsymbol{e}}_y=\frac{\boldsymbol{a}+\boldsymbol{b}}{\|\boldsymbol{a}+\boldsymbol{b}\|} \tag{10.3.16}$$

采用两种方法计算层的变形分量：

(1) 首先,按式(E4.5.4)~式(E4.5.8)计算速度梯度;其次,计算变形率 $\boldsymbol{D}$,并且转换为分量形式:

$$\hat{\boldsymbol{D}}=\boldsymbol{R}_{\text{lam}}^{\mathrm{T}}\boldsymbol{D}\boldsymbol{R}_{\text{lam}},\quad (R_{ij})_{\text{lam}}=\boldsymbol{e}_i\cdot\hat{\boldsymbol{e}}_j \tag{10.3.17}$$

(2) 在每一点计算速度,在层坐标系统中计算变形率,应用

$$\hat{\boldsymbol{v}}_I=\boldsymbol{R}_{\text{lam}}^{\mathrm{T}}\boldsymbol{v}_I,\quad \hat{\boldsymbol{x}}_I=\boldsymbol{R}_{\text{lam}}^{\mathrm{T}}\boldsymbol{x}_I,$$

$$\hat{\boldsymbol{L}}=\hat{\boldsymbol{v}}_I N_{I,\hat{X}}=\hat{\boldsymbol{v}}_I N_{I,\xi}\hat{\boldsymbol{x}}_{,\xi}^{-1},\quad \hat{\boldsymbol{D}}=\frac{1}{2}(\hat{\boldsymbol{L}}+\hat{\boldsymbol{L}}^{\mathrm{T}}) \tag{10.3.18}$$

应用第4章描述的关于三维拉格朗日连续体单元的标准程序计算除 $\hat{D}_{zz}$ 以外的所有分量;通过平面应力条件 $\hat{\sigma}_{zz}=0$ 计算沿厚度方向的分量 $\hat{D}_{zz}$。

10.3.4 本构方程和厚度变化

第12章给出的所有材料本构模型都可以应用于CB壳。6.2.7节给出了强制引入约束的方法,如拉格朗日乘子法和罚函数法,均可应用。但是,必须将平面应力条件引入以下以率形式给出的材料模型。以福格特形式写出的率更新方程为

$$\begin{Bmatrix}\hat{\sigma}_{xx}\\ \hat{\sigma}_{yy}\\ \hat{\sigma}_{xy}\\ \hat{\sigma}_{xz}\\ \hat{\sigma}_{yz}\\ \hat{\sigma}_{zz}\end{Bmatrix}^{n+1}=\begin{Bmatrix}\hat{\sigma}_{xx}\\ \hat{\sigma}_{yy}\\ \hat{\sigma}_{xy}\\ \hat{\sigma}_{xz}\\ \hat{\sigma}_{yz}\\ 0\end{Bmatrix}^{n+1}=\begin{Bmatrix}\hat{\sigma}_{xx}\\ \hat{\sigma}_{yy}\\ \hat{\sigma}_{xy}\\ \hat{\sigma}_{xz}\\ \hat{\sigma}_{yz}\\ 0\end{Bmatrix}^{n}+\Delta t\begin{bmatrix}\hat{\boldsymbol{C}}_{aa} & \hat{\boldsymbol{C}}_{ab}\\ \hat{\boldsymbol{C}}_{ab}^{\mathrm{T}} & \hat{\boldsymbol{C}}_{bb}\end{bmatrix}^{\text{lam}}\begin{Bmatrix}\hat{D}_{xx}\\ \hat{D}_{yy}\\ 2\hat{D}_{xy}\\ 2\hat{D}_{xz}\\ 2\hat{D}_{yz}\\ \hat{D}_{zz}\end{Bmatrix}^{n+\frac{1}{2}} \tag{10.3.19}$$

若令上式 $\hat{\sigma}_{zz}=0$,则引入了平面应力条件。应力和速度应变分量由标准的福格特形式重新排序,因此最后一项为厚度分量。矩阵 $\hat{\boldsymbol{C}}_{aa}$ 和 $\hat{\boldsymbol{C}}_{ab}$ 分别是切线模量矩阵 $\hat{\boldsymbol{C}}^{\text{lam}}$ 的 5×5 阶和 5×1 阶子矩阵。通过消去第6个方程,可以获得与非零应力增量相关的修正矩阵 $\widetilde{\boldsymbol{C}}_{aa}$:

$$\widetilde{\boldsymbol{C}}_{aa}^{P}=\widetilde{\boldsymbol{C}}_{aa}-\widetilde{\boldsymbol{C}}_{ab}\widetilde{\boldsymbol{C}}_{bb}^{-1}\widetilde{\boldsymbol{C}}_{ab}^{\mathrm{T}} \tag{10.3.20}$$

从式(10.3.19)的最后一行得到变形率分量 $\hat{D}_{zz}$ 以获得下述厚度变化。

可以直接或由率形式得到厚度。在任意时刻的厚度为

$$h^{+}=\int_0^1 h_0^{+}F_{\zeta\zeta}(+\zeta)\mathrm{d}\zeta,\quad h^{-}=\int_0^1 h_0^{-}F_{\zeta\zeta}(-\zeta)\mathrm{d}\zeta \tag{10.3.21}$$

式中,$F_{\zeta\zeta}$ 通过 $F_{\zeta\zeta}=F_{ij}(\boldsymbol{e}_i\cdot\boldsymbol{p})(\boldsymbol{e}_j\cdot\boldsymbol{p})$ 得到。注意到这里定义的厚度与通常条件下的厚度不同,这里的厚度沿纤维方向上下表面之间的距离。h^{+} 和 h^{-} 的率形式为

$$\dot{h}^{+}=\int_0^1 h^{+}D_{\zeta\zeta}(+\zeta)\mathrm{d}\zeta,\quad \dot{h}^{-}=\int_0^1 h^{-}D_{\zeta\zeta}(-\zeta)\mathrm{d}\zeta \tag{10.3.22}$$

式中,$D_{\zeta\zeta}$ 通过 $D_{\zeta\zeta}=\hat{D}_{ij}(\boldsymbol{e}_i\cdot\boldsymbol{p})(\boldsymbol{e}_j\cdot\boldsymbol{p})$ 得到。这里的更新厚度提供了关于厚度的双参数近似。在等参CB单元中,变形梯度在厚度方向近似为线性,这种线性的精度通常是足够的。单参数形式仅常用于说明厚度的平均变化。双参数形式是更精确的,因为在伸长时叠

加了弯曲的压缩边和拉伸边的厚度改变是不同的。另一种更加精确的方法是计算所有积分点的新位置,这通常是不必要的。

10.3.5 主控节点力和质量矩阵

主控节点的内力和外力可以通过式(9.3.15)计算,由从属节点力得到

$$\boldsymbol{f}_I=\boldsymbol{T}_I^{\mathrm{T}}\begin{Bmatrix}\boldsymbol{f}_{I^-}\\ \boldsymbol{f}_{I^+}\end{Bmatrix},\quad \text{不对 } I \text{ 求和} \tag{10.3.23}$$

式中,$\boldsymbol{f}_I$ 由式(10.3.2)给出,$\boldsymbol{T}_I$ 由式(10.3.10)给出。通过关于连续体单元的程序计算从属节点力(4.6 节和例 4.5)。

利用基本连续体单元的质量矩阵 $\hat{\boldsymbol{M}}$,通过转换式(4.5.51)获得 CB 壳单元的质量矩阵。则质量矩阵的 6×6 阶子矩阵为

$$\boldsymbol{M}_{IJ}=\boldsymbol{T}_I^{\mathrm{T}}\hat{\boldsymbol{M}}_{IJ}\boldsymbol{T}_J,\text{不对 } I \text{ 或 } J \text{ 求和} \tag{10.3.24}$$

式中,$\boldsymbol{M}_{IJ}$ 为与节点 I 和 J 相关的质量矩阵的 6×6 阶子矩阵。

对于显式程序中的低阶单元,经常采用对角化质量矩阵,它的对角化子矩阵为

$$\boldsymbol{M}_{II}=\begin{bmatrix}\boldsymbol{M}_{tI} & 0\\ 0 & \boldsymbol{M}_{rI}\end{bmatrix}=\begin{bmatrix}M_{tI} & 0 & 0 & 0 & 0 & 0\\ 0 & M_{tI} & 0 & 0 & 0 & 0\\ 0 & 0 & M_{tI} & 0 & 0 & 0\\ 0 & 0 & 0 & \bar{M}_{xxI} & 0 & 0\\ 0 & 0 & 0 & 0 & \bar{M}_{yyI} & 0\\ 0 & 0 & 0 & 0 & 0 & \bar{M}_{zzI}\end{bmatrix} \tag{10.3.25}$$

式中,$\boldsymbol{M}_{tI}=[M_{tI}]$为平移质量,$\boldsymbol{M}_{rI}=[\bar{M}]$为转动惯量,它是关于节点的惯量的乘积。如上所述,转动惯量的分量习惯上以节点坐标的形式表示。如各向同性材料,对角化质量矩阵具有 $\bar{M}_r=M_{xx}=M_{yy}=M_{zz}$ 的性质,所以,在任何坐标系中,它的分量都是一致的。在显式程序中,为了避免由旋转行为引起对稳定时间步长的限制,经常应用基-贝辛格比例(Key-Beisinger ratio)(1971),见 9.3.7 节。

10.3.6 离散动量方程和切线刚度

对于式(10.3.25)给出的对角化质量矩阵,其在节点处平动的动量方程为

$$\boldsymbol{M}_{tI}\dot{\boldsymbol{v}}_I+\boldsymbol{f}_I^{\mathrm{int}}=\boldsymbol{f}_I^{\mathrm{ext}},\quad \text{不对 } I \text{ 求和} \tag{10.3.26}$$

式中,节点力和节点速度分别为

$$\boldsymbol{f}_I=\begin{Bmatrix}f_{xI}\\ f_{yI}\\ f_{zI}\end{Bmatrix},\quad \boldsymbol{v}_I=\begin{Bmatrix}v_{xI}\\ v_{yI}\\ v_{zI}\end{Bmatrix} \tag{10.3.27}$$

由 3 个节点基矢量 $\bar{\boldsymbol{e}}_{iI}$,$i=1\sim3$,描述每个节点的转动运动。节点 I 的 3 个方向与该节点惯性张量的力矩 $\boldsymbol{M}_{ijI}$ 的主坐标是重合的。以节点坐标系表示运动的转动方程,因为在这些坐标系中转动惯量矩阵是不变量。对于一个各向异性的对角化质量,转动的动量方程为

$$\begin{cases} M_{xxI}\dot{\bar{\omega}}_{xI}+(\bar{M}_{zzI}-\bar{M}_{yyI})\bar{\omega}_{yI}\bar{\omega}_{zI}+\bar{m}_{xI}^{\text{int}}=\bar{m}_{xI}^{\text{ext}} \\ M_{yyI}\dot{\bar{\omega}}_{yI}+(\bar{M}_{xxI}-\bar{M}_{zzI})\bar{\omega}_{xI}\bar{\omega}_{zI}+\bar{m}_{yI}^{\text{int}}=\bar{m}_{yI}^{\text{ext}} \\ M_{zzI}\dot{\bar{\omega}}_{zI}+(\bar{M}_{yyI}-\bar{M}_{xxI})\bar{\omega}_{zI}\bar{\omega}_{xI}+\bar{m}_{zI}^{\text{int}}=\bar{m}_{zI}^{\text{ext}} \end{cases} \tag{10.3.28}$$

上式就是著名的欧拉运动方程，上标横线表示在节点系统的分量。方程中的角速度是非线性的，但是，对于一个各向同性转动惯量矩阵，二次项将消失。

另外，可以由基本连续体单元刚度矩阵的标准变换式(4.5.55)得到切线刚度和荷载刚度矩阵：

$$\boldsymbol{K}_{IJ}=\boldsymbol{T}_I^{\mathrm{T}}\bar{\boldsymbol{K}}_{IJ}\boldsymbol{T}_J, \quad \text{不对 } I \text{ 或 } J \text{ 求和} \tag{10.3.29}$$

式中，$\bar{\boldsymbol{K}}_{IJ}$ 是连续体单元的切线刚度矩阵，$\boldsymbol{T}_I$ 由式(10.3.10)给出。连续体单元的切线和荷载刚度矩阵已在6.4节给出。

10.3.7 5个自由度的公式

在壳体理论中，如果不考虑壳平面(z-轴)的扭转，即假设壳平面内的刚度无穷大，每个节点处壳的运动可以采用5个自由度描述。在这种情况下，主控节点的节点速度为

$$\boldsymbol{v}_I=[v_{xI},v_{yI},v_{zI},\bar{\omega}_{xI},\bar{\omega}_{yI}]^{\mathrm{T}} \tag{10.3.30}$$

上式省略了角速度分量 $\bar{\omega}_{zI}$。在5个自由度的描述中，必须在随节点一起转动的节点系统中表示角速度分量。节点力与节点速度是功率共轭的：

$$\boldsymbol{f}_I=[f_{xI},f_{yI},f_{zI},\bar{m}_{xI},\bar{m}_{yI}]^{\mathrm{T}} \tag{10.3.31}$$

对于沿一条纤维的每3个节点，应用5个自由度描述从属节点和主控节点速度之间的关系，类似于式(10.3.8)～式(10.3.12)，可以写出

$$\begin{Bmatrix} \bar{\boldsymbol{v}}_{I^-} \\ \bar{\boldsymbol{v}}_{I^+} \end{Bmatrix}=\boldsymbol{T}_I\dot{\boldsymbol{d}}_I, \quad \text{不对 } I \text{ 求和} \tag{10.3.32}$$

简便起见，以主控节点的节点坐标系表示节点速度：

$$\bar{\boldsymbol{v}}_{I^-}=[\bar{v}_{xI^-},\bar{v}_{yI^-},\bar{v}_{zI^-}]^{\mathrm{T}}, \quad \bar{\boldsymbol{v}}_{I^+}=[\bar{v}_{xI^+},\bar{v}_{yI^+},\bar{v}_{zI^+}]^{\mathrm{T}} \tag{10.3.33}$$

将其代入式(10.3.32)，得到

$$\dot{\boldsymbol{d}}_I=[\bar{v}_{xI},\bar{v}_{yI},\bar{v}_{zI},\bar{\omega}_{xI},\bar{\omega}_{yI}]^{\mathrm{T}} \tag{10.3.34}$$

$$\boldsymbol{T}_I=\begin{bmatrix} \boldsymbol{I}_{3\times3} & \boldsymbol{\Lambda}^- \\ \boldsymbol{I}_{3\times3} & \boldsymbol{\Lambda}^+ \end{bmatrix}, \quad \boldsymbol{\Lambda}^-=-h_I^-\begin{bmatrix} 0 & 1 \\ -1 & 0 \\ 0 & 0 \end{bmatrix}, \quad \boldsymbol{\Lambda}^+=h_I^+\begin{bmatrix} 0 & 1 \\ -1 & 0 \\ 0 & 0 \end{bmatrix} \tag{10.3.35}$$

从属节点力到主控节点力的变换由式(10.3.23)给出。

对于CB壳理论，5个自由度的描述比6个自由度的描述更加合适。事实上，当壳较为平坦时，以6个自由度描述的刚度为奇异的；而5个自由度的描述必须在角点处进行修正，使其符合结构的特点(如刚度)，这需要在编程时注意。对于在节点处采用可变化自由度数目的软件，仅在需要增加附加自由度的节点处应用6个自由度可能是最合适的。

10.3.8 大转动的欧拉原理

在三维问题中，处理大转动的方法在关于大位移有限元方法和多体动力学的文献中有

广泛探讨(Crisfield,1991；Shabana,1998)。在经典动力学教材中,通常应用欧拉角处理大转动。但是,对于确定方向和推导冗赘的运动方程,欧拉角不是唯一的处理方法。因此,经常采用更加清晰和强健的技术。

大转动的一个基本概念是欧拉原理。这个原理表明在任何刚体转动中,存在一条保持固定的线；刚体绕这条线旋转。基于这个原理,建立转动矩阵的一般公式。

考虑矢量 $\boldsymbol{r}$ 绕由单位矢量 $\boldsymbol{e} \equiv \boldsymbol{e}_1$ 定义的轴旋转 θ,转动后的矢量用 $\boldsymbol{r}'$表示,如图 10-4 所示。将 $\boldsymbol{r}'$与 $\boldsymbol{r}$ 的转动矩阵 $\boldsymbol{R}$ 相联系：

$$\boldsymbol{r}' = \boldsymbol{R}\boldsymbol{r} \tag{10.3.36}$$

式中,$\boldsymbol{R}$ 为待定。首先推导

$$\boldsymbol{r}' = \boldsymbol{r} + \sin\theta \boldsymbol{e} \times \boldsymbol{r} + (1 - \cos\theta)\boldsymbol{e} \times (\boldsymbol{e} \times \boldsymbol{r}) \tag{10.3.37}$$

式中,$\boldsymbol{e}$ 为沿旋转轴方向的单位矢量,通过欧拉原理可知它是存在的。图 10-4(b)表示沿 $\boldsymbol{e}$ 轴方向的俯视图,可以看出

$$\boldsymbol{r}' = \boldsymbol{r} + \boldsymbol{r}_{PQ} = \boldsymbol{r} + \alpha \sin\theta \boldsymbol{e}_2 + \alpha(1 - \cos\theta)\boldsymbol{e}_3, \quad \alpha = r\sin\varphi \tag{10.3.38}$$

由叉乘的定义可以得出

$$\alpha \boldsymbol{e}_2 = r\sin\varphi \boldsymbol{e}_2 = \boldsymbol{e} \times \boldsymbol{r}, \quad \alpha \boldsymbol{e}_3 = r\sin\varphi \boldsymbol{e}_3 = \boldsymbol{e} \times (\boldsymbol{e} \times \boldsymbol{r}) \tag{10.3.39}$$

将上式 $\alpha \boldsymbol{e}_2 = \boldsymbol{e} \times \boldsymbol{r}$ 和 $\alpha \boldsymbol{e}_3 = \boldsymbol{e} \times (\boldsymbol{e} \times \boldsymbol{r})$ 代入式(10.3.38),得到式(10.3.37)。

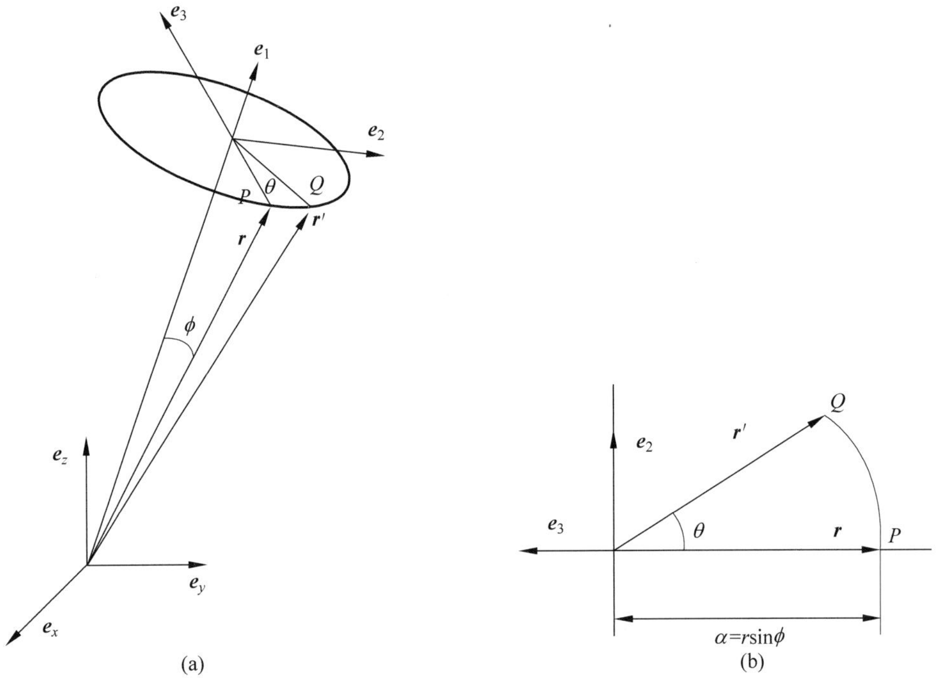

图 10-4　根据欧拉原理,观察矢量 $\boldsymbol{r}$ 绕一根固定轴 $\boldsymbol{\theta} = \theta \boldsymbol{e}$ 的转动示意图

(a) 三维视图；(b) 沿 $\boldsymbol{e}$ 轴方向的俯视图

将式(10.3.37)重新写成矩阵形式。回顾式(3.2.43)～式(3.2.45),通过 $\Omega_{ij}(\boldsymbol{v}) = -e_{ijk}v_k$ 可以定义偏斜对称张量,其中 e_{ijk} 为一置换符号,所以有

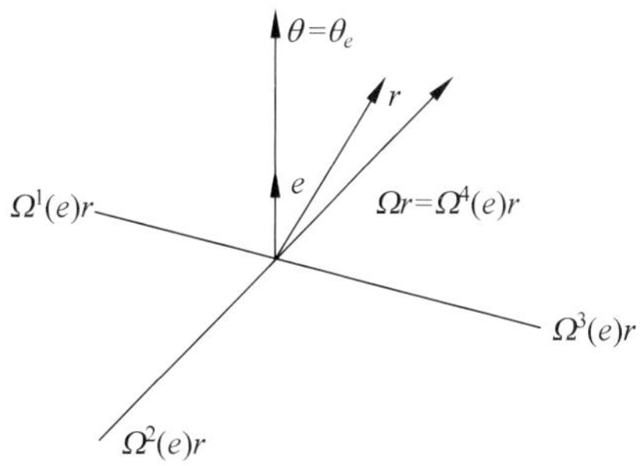

图 10-5 $\boldsymbol{\Omega}(\boldsymbol{v})$的幂

$$\boldsymbol{v}\times\boldsymbol{r}=\boldsymbol{\Omega}(\boldsymbol{v})\boldsymbol{r},\quad \boldsymbol{\Omega}(\boldsymbol{v})=\begin{bmatrix}0 & -v_3 & v_2\\ v_3 & 0 & -v_1\\ -v_2 & v_1 & 0\end{bmatrix}\tag{10.3.40}$$

对于任意矢量$\boldsymbol{v}$，由$\boldsymbol{\Omega}(\boldsymbol{v})$的定义可以推出

$$\boldsymbol{\Omega}(\boldsymbol{e})\boldsymbol{r}=\boldsymbol{e}\times\boldsymbol{r},\quad \boldsymbol{\Omega}^2(\boldsymbol{e})\boldsymbol{r}=\boldsymbol{\Omega}(\boldsymbol{e})\boldsymbol{\Omega}(\boldsymbol{e})\boldsymbol{r}=\boldsymbol{e}\times(\boldsymbol{e}\times\boldsymbol{r})\tag{10.3.41}$$

图 10-5 展示了这一点，也展示了$\boldsymbol{\Omega}(\boldsymbol{v})$的较高次幂。

应用矢量积替换式(10.3.37)中的叉积，得到

$$\boldsymbol{r}'=\boldsymbol{r}+\sin\theta\,\boldsymbol{\Omega}(\boldsymbol{e})\boldsymbol{r}+(1-\cos\theta)\,\boldsymbol{\Omega}^2(\boldsymbol{e})\boldsymbol{r}\tag{10.3.42}$$

比较式(10.3.42)和式(10.3.36)，得到

$$\boldsymbol{R}=\boldsymbol{I}+\sin\theta\boldsymbol{\Omega}(\boldsymbol{e})+(1-\cos\theta)\,\boldsymbol{\Omega}^2(\boldsymbol{e})\tag{10.3.43}$$

在重写转动矩阵的过程中，由$\boldsymbol{\theta}=\theta\boldsymbol{e}$ 定义一个列矩阵$\boldsymbol{\theta}$ 是非常有用的。式(10.3.43)以$\boldsymbol{\Omega}(\boldsymbol{\theta})$的形式可以表示为

$$\boldsymbol{R}=\boldsymbol{I}+\frac{\sin\theta}{\theta}\boldsymbol{\Omega}(\boldsymbol{\theta})+\frac{1-\cos\theta}{\theta^2}\boldsymbol{\Omega}^2(\boldsymbol{\theta})\tag{10.3.44}$$

列矩阵$\boldsymbol{\theta}$ 称为伪矢量，因为它并不具备矢量的性质。特别是，加法的运算是不可交换的：如果伪矢量$\boldsymbol{\theta}_{12}$ 对应于先旋转$\boldsymbol{\theta}_2$，伪矢量$\boldsymbol{\theta}_{21}$ 对应于先旋转$\boldsymbol{\theta}_2$，然后旋转$\boldsymbol{\theta}_1$，那么$\boldsymbol{\theta}_{12}\neq\boldsymbol{\theta}_{21}$。一个缺少任何矢量性质的列矩阵不能视为一个矢量。在物理教科书的引论中常常描述旋转的加法不满足交换性质：将一本书绕书脊旋转 90°，再绕书的底边旋转 90°，与将一本书绕书的底边旋转 90°，再绕书脊旋转 90°，这两种过程的结果形式是不同的，说明旋转的加法是不可交换的。

10.3.9 旋转矩阵的更新变换

指数变换是描述旋转非常有用的方法，它给出了旋转矩阵 $\boldsymbol{R}$ 为

$$\boldsymbol{R}=\exp(\boldsymbol{\Omega}(\theta))=\sum_{n=1}^{\infty}\frac{\boldsymbol{\Omega}^n(\theta)}{n!}=\boldsymbol{I}+\boldsymbol{\Omega}(\theta)+\frac{\boldsymbol{\Omega}^2(\theta)}{2}+\frac{\boldsymbol{\Omega}^3(\theta)}{6}+\cdots\tag{10.3.45}$$

可以通过以上形式得到旋转矩阵的近似值。为了建立指数变换，注意到矩阵$\boldsymbol{\Omega}(\theta)$满足如下递归关系：

$$\boldsymbol{\Omega}^{n+2}(\theta)=-\theta^2\boldsymbol{\Omega}^n(\theta)\quad 或\quad \boldsymbol{\Omega}^{n+2}(\boldsymbol{e})=-\boldsymbol{\Omega}^n(\boldsymbol{e})\tag{10.3.46}$$

对于任意矢量 $\boldsymbol{r}$，由式(10.3.41)可以得到

$$\boldsymbol{\Omega}^{n+2}(\boldsymbol{e})\boldsymbol{r}=\boldsymbol{e}\times(\boldsymbol{e}\times\boldsymbol{\Omega}^n(\boldsymbol{e})\boldsymbol{r})=-\boldsymbol{\Omega}^n(\boldsymbol{e})\boldsymbol{r}\tag{10.3.47}$$

三角函数 $\sin\theta$ 和 $\cos\theta$ 可以由泰勒级数展开为

$$\sin\theta=\theta-\frac{\theta^3}{3!}+\frac{\theta^5}{5!}-\cdots,\quad \cos\theta=1-\frac{\theta^2}{2!}+\frac{\theta^2}{4!}-\cdots\tag{10.3.48}$$

将式(10.3.48)代入式(10.3.43)，得到

$$\boldsymbol{R}=\boldsymbol{I}+\left(\theta-\frac{\theta^{3}}{3!}+\cdots\right)\boldsymbol{\Omega}(\boldsymbol{e})+\left(\frac{\theta^{2}}{2!}-\frac{\theta^{4}}{4!}+\cdots\right)\boldsymbol{\Omega}^{2}(\boldsymbol{e}) \tag{10.3.49}$$

利用式(10.3.46)，可以重写上式(注意改变$\boldsymbol{\Omega}(\theta)=\theta\boldsymbol{\Omega}(\boldsymbol{e})$)，由此式(10.3.45)成为

$$\boldsymbol{R}=\boldsymbol{I}+\left(\boldsymbol{\Omega}(\theta)+\frac{1}{3!}\boldsymbol{\Omega}^{3}(\theta)-\cdots\right)+\left(\frac{1}{2}\boldsymbol{\Omega}^{2}(\theta)-\frac{1}{4!}\boldsymbol{\Omega}^{4}(\theta)+\cdots\right) \tag{10.3.50}$$

为了对节点的 3 个基矢量 $\bar{\boldsymbol{e}}_i$ 进行一阶和二阶更新，指数变换提供了一个简单的框架。由于通常应用的是位移增量，我们以增量 $\Delta\theta$ 的形式建立公式。通过在指数变换式(10.3.45)中仅保留线性项，得到一阶更新为

$$\bar{\boldsymbol{e}}_i^{\text{new}}=(\boldsymbol{I}+\boldsymbol{\Omega}(\Delta\theta))\bar{\boldsymbol{e}}_i^{\text{old}}\equiv\boldsymbol{R}_{(1)}\bar{\boldsymbol{e}}_i^{\text{old}} \tag{10.3.51}$$

式中，$\boldsymbol{R}_{(1)}$为旋转张量的一阶近似。对于大多数情况，上述更新是不精确的，因此，需要考虑二阶更新。

通过包含式(10.3.45)的二次项，得到二阶更新为

$$\bar{\boldsymbol{e}}_i^{\text{new}}=\left(\boldsymbol{I}+\boldsymbol{\Omega}(\Delta\theta)+\frac{1}{2}\boldsymbol{\Omega}^{2}(\Delta\theta)\right)\bar{\boldsymbol{e}}_i^{\text{old}}\equiv\boldsymbol{R}_{(2)}\bar{\boldsymbol{e}}_i^{\text{old}} \tag{10.3.52}$$

式中，$\boldsymbol{R}_{(2)}$为 $\boldsymbol{R}$ 的二阶近似值。因为这 3 个基矢量并不保持正交，如不经过修正，上式就是没有用处的。通过要求式(10.3.52)中的 $\boldsymbol{R}$ 满足 $\boldsymbol{R}^{\mathrm{T}}\boldsymbol{R}=\boldsymbol{I}$，可以得到二阶更新的另外一种形式：

$$\boldsymbol{R}=\boldsymbol{I}+\frac{4}{4+\theta^{2}}\left(\boldsymbol{\Omega}(\Delta\theta)+\frac{1}{2}\boldsymbol{\Omega}^{2}(\Delta\theta)\right) \tag{10.3.53}$$

可以认为上式是更新的径向返回，因此，3 个基矢量保持为单位长度。

Hughes 和 Winget(1981)描述了另外一种更新形式，它也出现在 Frajeis de Veubeke(1965)的文献中。通过应用中点规则，可以构造基于一阶旋转张量的 3 个基矢量的二阶精确更新。旋转矩阵近似为

$$\boldsymbol{R}=\left(\boldsymbol{I}-\frac{1}{2}\boldsymbol{\Omega}(\Delta\theta)\right)^{-1}\left(\boldsymbol{I}+\frac{1}{2}\boldsymbol{\Omega}(\Delta\theta)\right) \tag{10.3.54}$$

可以证明 $\boldsymbol{R}^{\mathrm{T}}\boldsymbol{R}=\boldsymbol{I}$，因此 3 个矢量保持正交和单位长度。式(10.3.54)的证明如下。

首先写出式(2.2.21)的中心差分近似。考虑 $\boldsymbol{R}$ 矩阵的正交性，在$\boldsymbol{\Omega}=\dot{\boldsymbol{R}}\boldsymbol{R}^{\mathrm{T}}$ 等号右侧乘以 $\boldsymbol{R}$ 矩阵，得到

$$\boldsymbol{\Omega}=\dot{\boldsymbol{R}}\boldsymbol{R}^{\mathrm{T}}\rightarrow\boldsymbol{\Omega}\boldsymbol{R}=\dot{\boldsymbol{R}}\rightarrow\frac{1}{2}\boldsymbol{\Omega}^{n+\frac{1}{2}}(\boldsymbol{R}^{n+1}+\boldsymbol{R}^{n})=\frac{\boldsymbol{R}^{n+1}-\boldsymbol{R}^{n}}{\Delta t} \tag{10.3.55}$$

整理得到

$$\left(\boldsymbol{I}-\frac{\Delta t}{2}\boldsymbol{\Omega}^{n+\frac{1}{2}}\right)\boldsymbol{R}^{n+1}=\left(\boldsymbol{I}+\frac{\Delta t}{2}\boldsymbol{\Omega}^{n+\frac{1}{2}}\right)\boldsymbol{R}^{n} \tag{10.3.56}$$

式中，令$\boldsymbol{\Omega}(\Delta\theta)=\frac{\Delta t}{2}\boldsymbol{\Omega}^{n+\frac{1}{2}}$和 $\boldsymbol{R}^{n}=\boldsymbol{I}$，则得到式(10.3.54)。

另一种方法是将旋转矩阵作为 4 个变量的一个函数处理，即

$$q_0=\cos\frac{\theta}{2},\quad q_i=\boldsymbol{e}_i\sin\frac{\theta}{2},\quad i=1\sim3 \tag{10.3.57}$$

参数 q_i 称为四变量。为了以四变量表示旋转矩阵，首先注意到

$$\boldsymbol{\Omega}^2(\theta)\boldsymbol{r}=\boldsymbol{\theta}\times(\boldsymbol{\theta}\times\boldsymbol{r})=(\boldsymbol{\theta}\otimes\boldsymbol{\theta}-\theta^2\boldsymbol{I})\boldsymbol{r} \quad 或 \quad \boldsymbol{\Omega}^2(\theta)=\boldsymbol{\theta}\otimes\boldsymbol{\theta}-\theta^2\boldsymbol{I} \tag{10.3.58}$$

将半角公式 $\sin\theta=2\sin\dfrac{\theta}{2}\cos\dfrac{\theta}{2}$ 和 $\cos\theta=2\cos^2\dfrac{\theta}{2}-1$，以及式(10.3.58)代入式(10.3.44)，得到

$$\begin{aligned}\boldsymbol{R}&=\left(2\cos^2\frac{\theta}{2}-1\right)\boldsymbol{I}+\frac{2}{\theta}\cos\frac{\theta}{2}\boldsymbol{\Omega}(\theta)+\frac{2}{\theta^2}\sin^2\frac{\theta}{2}\boldsymbol{\theta}\otimes\boldsymbol{\theta}\\&=\left(2\cos^2\frac{\theta}{2}-1\right)\boldsymbol{I}+2\cos\frac{\theta}{2}\sin\frac{\theta}{2}\boldsymbol{\Omega}(\boldsymbol{e})+2\sin^2\frac{\theta}{2}\boldsymbol{e}\otimes\boldsymbol{e}\end{aligned}$$

上式最后一行应用了 $\boldsymbol{\theta}=\theta\boldsymbol{e}$。现在以式(10.3.57)表示上式的四参数形式：

$$\begin{aligned}\boldsymbol{R}&=2\left(q_0^2-\frac{1}{2}\right)\boldsymbol{I}+2q_0\boldsymbol{\Omega}(\boldsymbol{q})+2\boldsymbol{q}\otimes\boldsymbol{q}\\&\equiv 2\left(q_0^2-\frac{1}{2}\right)\boldsymbol{I}+2q_0\boldsymbol{\Omega}(\boldsymbol{q})+2\boldsymbol{q}\boldsymbol{q}^{\mathrm{T}}\end{aligned} \tag{10.3.59}$$

式中，$\boldsymbol{q}^{\mathrm{T}}=[q_1,q_2,q_3]$。上式的矩阵形式为

$$\boldsymbol{R}=2\begin{bmatrix}q_0^2+q_1^2-\dfrac{1}{2} & q_1q_2-q_0q_3 & q_1q_3+q_0q_2\\ q_1q_2+q_0q_3 & q_0^2+q_2^2-\dfrac{1}{2} & q_2q_3-q_0q_1\\ q_1q_3-q_0q_2 & q_2q_3+q_0q_1 & q_0^2+q_3^2-\dfrac{1}{2}\end{bmatrix}$$

以上任意一个公式都可以用来更新 3 个节点的基矢量 $\bar{\boldsymbol{e}}_I$。在动力学中，通过运动方程计算节点的角加速度，对其进行积分得到节点的角速度 $\bar{\boldsymbol{\omega}}_{iI}$，则矩阵 $\Delta\boldsymbol{\theta}$ 为

$$\Delta\boldsymbol{\theta}_I=\boldsymbol{\omega}_I\Delta t \tag{10.3.60}$$

在静态问题中，为了描述转动，习惯上选择增量 $\Delta\boldsymbol{\theta}_{iI}$ 作为自由度。上述两种情况都是由 $\boldsymbol{R}(\Delta\boldsymbol{\theta}_I)$ 更新 3 个基矢量。

10.3.10 壳体理论的非协调性和特殊性

在闵德林-瑞斯纳理论中，剪应力 $\hat{\sigma}_{xz}$ 和 $\hat{\sigma}_{yz}$ 在壳的宽度方向为常数。这要求一个剪切面力只有施加在上表面或下表面，才能满足剪应力互等定理。由于应力张量的对称性，在上下表面的横向剪力必须为零。对于平衡状态下弹性梁的分析表明，沿梁的宽度方向，横向剪切应力应该为二次的，而在上下表面处为零。因此，常值剪切应力分布高估了剪切能量。通常采用一个修正因数作为剪切修正，以减少与横向剪切相关的能量；弹性梁和壳可以对此修正因数进行精确估计。然而，非线性材料的剪切修正因数却很难估计。

在克希霍夫-勒夫理论中的非协调性甚至更加严重，运动学的假设导致了横向剪力为零。在众所周知的结构理论中，如果力矩不是常数，在梁中的剪力必为非零。因此，克希霍夫-勒夫的运动学假设与平衡方程是矛盾的。但是，与实验结果相比，它仍是相当精确的，并且对于薄的均匀壳，它恰与闵德林-瑞斯纳理论同样精确。在薄壁结构的变形中，横向剪力并没有起到重要作用，因此可以认为它的作用几乎没有影响；甚至当横向剪力的影响可以忽略时，也可以应用闵德林-瑞斯纳理论。

修正的闵德林-瑞斯纳 CB 模型提供了产生误差的可能。如果方向矢量不垂直于中面，则运动与实验观察到的运动将会有明显的偏差。

当一个法向面力施加在壳的任何面上时，其与零法向应力的假设是矛盾的。为了平衡，法向应力必须等于所施加的法向面力。然而，在结构理论中，法向应力被忽略了，因为与轴向应力相比，它是非常小的量；法向应力仅仅吸收了很小部分的能量，对变形几乎没有影响。

在壳体的分析中，也要注意严重的边界效应。某些边界条件导致了边界效应，如在较窄的边界层处性能发生了剧烈变化，在边界的角点处可能发生奇异性等。

应用结构运动学假设的一个原因是其改善了离散方程的适应性。如果一个壳体由三维连续体单元模拟，那么自由度是在所有节点的平动，与厚度方向应变相关的自然模态具有非常大的特征值。对于一个隐式更新算法，线性化平衡方程的适应性可能是非常差的。壳方程的适应性也不如标准连续体模型那样好，但是比薄壳的连续体模型明显好一些。在显式方法中，沿厚度方向模态的较大特征值会导致薄壁结构的连续体模型需要非常小的临界时间步长，而 CB 壳模型的优势恰是提供了更大的临界时间步长。

10.4 壳单元的剪切自锁和薄膜自锁

10.4.1 自锁及其定义

壳单元的最大劣势是可能会发生剪切自锁和薄膜自锁。剪切自锁源于低阶单元出现了伪横向剪切。由于剪切刚度通常远大于弯曲刚度，伪剪切吸收了大部分由外力产生的能量，而预计的挠度和应变成为非常小的量。更确切地说，剪切变形锁住了正常的弯曲变形，所以横向剪力必须为零。

在薄梁或薄壳理论中，中面的法线保持直线和法向，从而横向剪力为零，这种行为可以看作连续体运动的正常约束。在剪切梁或 CB 壳理论中，正常状态的约束一般作为剪切能出现，即在能量中的罚数项。当不能精确地引入正常状态的约束时，罚因子随壳厚度的减少而增加，因此，当厚度减薄时，剪切自锁非常明显。在 C^1 单元中不会出现剪切自锁，因为单元中定义了运动，法线保持法向。在 C^0 单元中，法线可以相对于中面旋转，所以会出现伪横向剪切和自锁。

薄膜自锁源于在壳单元中没有能力表现变形的不可伸长模式。壳弯曲而没有伸长。如一张纸能够很容易地弯曲，这称为不可伸长弯曲；而用手拉伸一张纸，即使用很大的力气，其拉伸变形也微乎其微。壳的行为与此类似，它的弯曲刚度很小，薄膜刚度很大。当单元没有伸长又不能弯曲时，能量会部分转换为薄膜能，导致对挠度和应变的低估。在屈曲模拟中，薄膜自锁尤为突出，因为许多屈曲模态是完全的或接近于不可伸缩模式。

剪切自锁和薄膜自锁与第 8 章描述的体积自锁是相似的：当有限元近似的运动不能满足约束时，约束模式比正确运动的刚度表现得更为刚硬。对于体积自锁，约束不可压缩，而对于剪切自锁和薄膜自锁，在弯曲中的约束为克希霍夫-勒夫正常状态约束和不可伸缩约束（与纤维的不可伸长没有任何关系）。表 10-1 给出了有限元中 3 种自锁现象的比较。应该注意的是薄壳的自由剪切行为不是一个精确的约束。对于较厚的壳和梁，是希望某些横向剪切出现的。对于几乎不可压缩的材料，体积自锁的单元表现很差；与此类似，对于厚度适中的壳，即使当横向剪切出现时，壳单元的表现也是很差的。

表 10-1 有限元中 3 种自锁现象的比较

约束	有限元运动的缺陷	自锁类型
不可压缩、等体积运动，$J=$ 常数，$v_{i,i}=0$	在单元中出现体积应变	体积自锁
克希霍夫-勒夫约束，$\hat{D}_{xz}=\hat{D}_{yz}=0$	在纯弯曲中出现横向剪切应变	剪切自锁
不可伸缩约束	在不可伸缩弯曲模式中出现薄膜应变	薄膜自锁

10.4.2 剪切自锁

剪切自锁和薄膜自锁的描述主要来自 Stolarski、Belytschko 和 Lee(1995)。为了检验剪切自锁的原因，应用线性应变-位移方程，它仅适用于小应变和小转动。考虑在例 9.1 中描述的 2 节点梁单元。简便起见，令单元位于 x 轴方向，且考虑线性响应，因此，在运动学关系中，采用线性应变 ε_{ij} 代替 D_{ij}，用位移代替速度。由式(E9.1.15)的对应部分给出横向剪切应变：

$$2\varepsilon_{xy}=\frac{1}{\ell}(u_{x2}^{\mathrm{M}}-u_{x1}^{\mathrm{M}})-\theta_1\frac{1}{2}(1-\xi)-\theta_2\frac{1}{2}(1+\xi),\quad \xi\in[-1,+1] \tag{10.4.1}$$

现在考虑在纯弯状态下的单元：$u_{x1}=u_{x2}=0$，$\theta_1=-\theta_2=\alpha$。对于这些节点位移，式(10.4.1)给出

$$2\varepsilon_{xy}=\alpha\xi \tag{10.4.2}$$

由平衡方程(9.4.38)可知，当力矩为常数时，剪力 $s(x)$ 应该为零。但是，由式(10.4.2)看到，在大多数单元中，横向剪切应变和横向剪切应力($\sigma_{xy}=2G\varepsilon_{xy}$)并不为零。事实上，除在 $\xi=0$ 外它们处处不为零。在纯弯状态时出现的横向剪切常常称为伪剪切或附加剪切。

伪剪切对单元性能具有很大影响。为了解释这种影响的严重性，对于一个单位宽度矩形横截面的线弹性梁，我们检验与弯曲和剪切应变有关的能量。上述节点位移的弯曲能量为

$$W_{\text{bend}}=\frac{E}{2}\int_{\Omega}y^2\theta_{,x}^2\,\mathrm{d}\Omega=\frac{Eh^3}{24}\int_0^{\ell}\theta_{,x}^2\,\mathrm{d}x=\frac{Eh^3}{24\ell}(\theta_2-\theta_1)^2=\frac{Eh^3\alpha^2}{6\ell} \tag{10.4.3}$$

在最后的表达式中应用了与弯曲模式有关的转动，$\theta_1=-\theta_2=\alpha$。关于梁的剪切能量为

$$W_{\text{shear}}=\frac{E}{1+\nu}\int_{\Omega}\varepsilon_{xy}^2\,\mathrm{d}\Omega=\frac{Eh}{1+\nu}\int_0^{\ell}(\theta-u_{y,x})^2\,\mathrm{d}x=\frac{Eh\ell\alpha^2}{3(1+\nu)} \tag{10.4.4}$$

这两种能量的比值是$\dfrac{W_{\text{shear}}}{W_{\text{bend}}}$，它正比于$\left(\dfrac{\ell}{h}\right)^2$。因此，当 $\ell>h$ 时，剪切能量显著大于弯曲能量。由于在纯弯曲中剪切能量应该为零，附加剪切能量吸收了大部分能量，总体挠度被明显低估。然而，相对于观察不到收敛结果的体积自锁，在剪切自锁的单元中采用单元细划，能够收敛于精确解，只是非常慢。

由方程(10.4.2)立即提出问题，在这些单元中为什么不采用不完全积分消除剪切自锁？回答这个问题，注意到在 $\xi=0$ 处的横向剪力为零，这对应于在一点积分中的积分点。因此，通过对剪切相关项的不完全积分消除了伪剪切。

相对于 2 节点梁，在采用二次插值的 3 节点梁中，剪切自锁是很不明显的。考虑一个长为 ℓ 的 3 节点梁单元，采用母坐标 $\xi=\frac{2x}{\ell}$，$-1\leqslant\xi\leqslant 1$。在单元中的剪切应变为

$$2\varepsilon_{xy}=u_{\hat{y},x}-\theta=\frac{1}{\ell}[(2\xi-1)u_{y1}-4\xi u_{y2}+(2\xi+1)u_{y3}]-\frac{1}{2}(\xi^2-\xi)\theta_1-(1-\xi^2)\theta_2-\frac{1}{2}(\xi^2+\xi)\theta_3 \tag{10.4.5}$$

考虑纯弯曲的状态，$\theta_1=-\theta_3=\alpha$、$\theta_2=0$、$u_{y1}=u_{y3}=0$ 和 $u_{y2}=\frac{\alpha\ell}{4}$。将这些节点位移代入式(10.4.5)，证明在单元中的横向剪切为零。基于这个结果，这里没有理由出现自锁。但是，如果考虑另外一种变形，$u_y=\alpha\xi^3$、$\theta=u_{y,x}=\frac{6\alpha\xi^2}{\ell}$，情况则不然。由于法线保持法向，剪力应该为零。而式(10.4.5)却给出了横向剪切，其相应的节点位移为

$$2\varepsilon_{xy}=\frac{2\alpha}{\ell}(1-3\xi^2) \tag{10.4.6}$$

所以，除 $\xi=\frac{\pm 1}{\sqrt{3}}$ 处，有限元近似处处给出了非零剪力。因此，对于自由剪切模式，大量的横向剪切将出现在这种单元中，而在模拟薄梁时，它将是无效的。

10.4.3 薄膜自锁

为了说明薄膜自锁，利用马格尔浅梁方程(Marguerre shallow beam theory equation)：

$$\varepsilon_{xx}=u^{\mathrm{M}}_{x,x}+w^0_{,x}u_{y,x}-y\theta_{,x} \tag{10.4.7}$$

$$2\varepsilon_{xy}=u_{y,x}-\theta \tag{10.4.8}$$

式中，w^0 是沿 z 方向的初始位移，中线偏离梁弦，即 x 轴。变量 w^0 反映了梁的曲率：对于直梁，$w^0=0$。应该强调的是，当这些运动学关系不同于 CB 梁方程时，对于浅梁，即当 $w^0(x)$ 很小时，它们更接近于线性 CB 梁方程。

考虑一个长为 ℓ 的 3 节点梁单元，采用母坐标为 $\xi=\frac{2x}{\ell}$，$-1\leqslant\xi\leqslant 1$。在一个不可伸缩的模式中，薄膜应变 ε_{xx} 必须为零。对在式(10.4.7)中的表达式 $u^{\mathrm{M}}_{x,x}$ 进行积分，在 $y=0$ 处，令 $\varepsilon_{xx}=0$：

$$u^{\mathrm{M}}_{x3}-u^{\mathrm{M}}_{x1}=-\int_0^{\ell}w^0_{,x}u_{y,x}\,\mathrm{d}x \tag{10.4.9}$$

考虑一个梁的纯弯模式，有 $\theta_1=-\theta_3=\alpha$、$u_{z1}=u_{z3}=0$，在没有横向剪切 $\varepsilon_{xy}=0$ 时，由式(10.4.8)得到

$$u_{y2}=\int_0^{\frac{\ell}{2}}\theta(x)\,\mathrm{d}x=\frac{\alpha\ell^2}{4} \tag{10.4.10}$$

在一个初始对称构形中，$\theta^0_1=-\theta^0_3=\theta_0$，$\theta^0_2=0$。如果 $u_{x1}=-u_{x3}=\frac{\theta_0\alpha\ell}{6}$，$u_{x2}=0$，则满足式(10.4.9)。由式(10.4.7)可知，计算薄膜应变为

$$\varepsilon_{xx}=\alpha\theta_0\left(\frac{1}{3}-\xi^2\right) \tag{10.4.11}$$

因此，在这种特殊变形的不可伸缩模式下，除在 $\xi=\frac{\pm 1}{\sqrt{3}}$ 外，伸缩应变处处不为零。如果单元包括伸缩应变不为零的积分点，单元将出现薄膜自锁。

通过检验位移场的次数也可以解释薄膜自锁。变量 u_x、u_y 和 w^0 为关于 x 的二次式，而在纯弯模式中这些二次场将发挥作用。由于 $u_{x,x}$ 仅为线性，在纯弯模式中，如果 w^0 是非零的，则薄膜应变式(10.4.7)在整个单元中不可能处处为零。因此，薄膜自锁可以看作源于有限元插值无法表示的不可伸缩的运动模式。剪切自锁也可以解释为源于有限元插值无法表示的纯弯的运动模式。

从前文可知，解决薄膜自锁和剪切自锁的一个有效方法是针对运动分量采用不同的插值次数。例如，对于二次 u_y，一个三次位移场 u_x 将改善不可伸缩模式的表现。但是，这与 CB 等参单元的框架是不协调的：对于不同分量采用不同次数的插值，在程序中不易实现，并且削弱了单元精确地表示刚体运动的能力，而这对于收敛性是至关重要的。

如果单元是直线，则 w^0 为零且单元不会发生薄膜自锁。对于一个直线单元，弯曲不会生成薄膜应变，见式(10.4.7)。薄膜自锁也不会发生在平面壳单元中。因此，2 节点梁单元绝不会出现薄膜自锁，4 节点四边形壳单元仅在翘曲构形中出现薄膜自锁。

尽管这个薄膜自锁模型基于马格尔浅梁方程，但是它能够准确地估计由其他梁和壳理论，以及 CB 壳理论建立的单元的表现。一旦单元很薄，则壳单元的力学行为几乎独立于壳的理论。此外，当网格细划时，单元更加符合薄壳假设。然而，将这些分析扩展到一般非矩形壳单元是相当困难的。

10.4.4　消除自锁

10.4.2 节描述了通过在积分点 $\xi=0$ 处对剪切能进行不完全积分，从而避免剪切自锁的情况。限制对该点剪切能的取值避免了附加剪切，从而使单元不会自锁。由第 8 章描述的多场方法设计合适的应变场，也可以避免自锁。例如，如果应用胡海昌-鹫津久一郎弱形式，可使横向剪切为常数以避免剪切自锁。横向剪切变形率和应力场为

$$\bar{D}_{xy}=\alpha_1,\quad \bar{\sigma}_{xy}=\beta_1 \tag{10.4.12}$$

式中，α_1 和 β_1 由离散协调方程和本构方程确定。

应用 8.5.4 节描述的 Simo-Hughes 假设应变方法也可以避免自锁。假设应变方法的实质是设计横向剪切和薄膜应变场，从而使附加剪切和薄膜自锁最小化。必须设计假设应变场，以保证刚度矩阵是正确的秩。对于 2 节点梁单元，假设应变场必须是常数，并且在纯弯曲时必须为零。如果满足

$$\bar{D}_{xy}=D_{xy}(0) \tag{10.4.13}$$

且 $\bar{D}_{xy}$ 是在中点处等于 D_{xy} 的常数场，就可以实现上述目的。对于这个场，在纯弯曲时整个单元中的假设变形率将为零。

对于 3 节点的 CB 梁，在 10.4.2 节的分析中也提供了如何克服剪切和薄膜自锁的建议。很明显，式(10.4.6)的剪切和式(10.4.11)的薄膜应变都在点 $\xi=\frac{\pm 1}{\sqrt{3}}$ 处为零，即两点积分的高斯积分点(附录 C)。这些点常称为巴络点(Barlow point)，源自 Barlow(1976)首先指出，如果一个 8 节点等参单元的节点位移是由三次场建立的，在这些积分点处的应力对应

于由三次位移场得到的应力。他总结到:“如果应用单元表示一般的三次位移场,在 2×2 高斯点处的应力将与节点位移具有相同的精度”。在设计有效的壳单元中,这一发现已经被证明非常有效。例如,它解释了由 Zienkiewicz、Taylor 和 Too(1971)提出的减缩积分的成果。因此,对于应用两点高斯积分的剪切功率和薄膜功率,巴络点处的减缩积分将消除剪切自锁和薄膜自锁。

通过多场方法避免剪切自锁,令横向剪切应力和薄膜速度应变为线性:

$$\bar{D}_{xy}=\alpha_1+\alpha_2\xi,\quad \bar{\sigma}_{xy}=\beta_1+\beta_2\xi \tag{10.4.14}$$

胡海昌-鹫津久一郎弱形式将从速度得到的速度应变映射到这些线性场。为了运算方便,以由速度计算得到的速度应变的形式假设速度应变场,通过刚刚描述的巴络点可以构造一个这种形式的假设应变场:

$$\begin{cases}\bar{D}_{xy}=D_{xy}(-\bar{\xi})\dfrac{\xi-\bar{\xi}}{-2\bar{\xi}}+D_{xy}(\bar{\xi})\dfrac{\xi+\bar{\xi}}{2\bar{\xi}}\\[2ex] \bar{D}_{xx}=D_{xx}(-\bar{\xi})\dfrac{\xi-\bar{\xi}}{-2\bar{\xi}}+D_{xx}(\bar{\xi})\dfrac{\xi+\bar{\xi}}{2\bar{\xi}}\end{cases} \tag{10.4.15}$$

式中,D_{xy} 和 D_{xx} 由速度场得到,且有 $\bar{\xi}=\dfrac{1}{\sqrt{3}}$。在这种运动中,横向剪切将为零,并且在不可伸缩的变形中,薄膜应变为零。因此,附加能量得以避免,单元将不会自锁。

10.5 假设应变壳单元

在壳单元中,通过假设应变方法和选择减缩积分也可以避免剪切自锁和薄膜自锁。然而,对壳设计上述方法比对梁或连续体更加困难。例如,在 Hughes(1978,327 页)和 Hughes、Cohen 和 Haroun(1978)描述的应用选择减缩积分处理 4 节点四边形板单元中,单元始终存在一个伪奇异模式,即 w 沙漏模式。尽管选择减缩积分为连续体提供了强健的单元,但对壳体是不成功的。

10.5.1 假设应变 4 节点四边形

式(10.4.2)提出了横向剪切场的构造,从方程中可以推论,对于一个弯曲的梁,如果横向剪切分布是线性的且在中间为零,则它在常数场中的映射也为零。首先考虑一个平面矩形壳单元,它的性能类似于梁:当弯矩施加到两端时,如图 10-6 所示,横向剪力 σ_{xz} 必然为零。当材料是各向同性时,横向剪切 $\bar{D}_{xz}$ 也必然为零。通过使剪切为常数,即令 $\bar{D}_{xz}=\alpha_1$,可以满足这些条件,其中 α_1 为常数,且由胡海昌-鹫津久一郎弱形式计算。对于常数力矩,这个假设是横向剪切为零。但是,一个常数横向剪切将会导致秩缺乏,从而出现不稳定单元。为了保存稳定性,增加一个取决于 y 的项,因此假设横向剪切为

$$\bar{D}_{xz}=\alpha_1+\alpha_2 y \tag{10.5.1}$$

在弯矩 m_{yy} 的作用下,线性项对于力学性能没有影响。对于 $\bar{D}_{yz}$,类似的讨论有

$$\bar{D}_{yz}=\beta_1+\beta_2 x \tag{10.5.2}$$

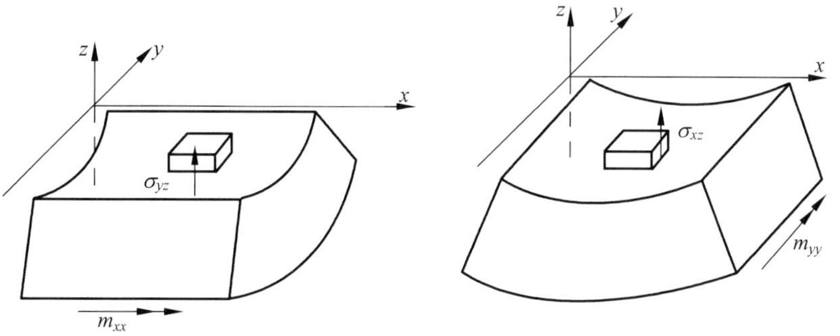

图 10-6 在两端施加弯矩时矩形壳单元的行为

在纯弯曲条件下的矩形壳单元中显示了横向剪切力，如果不通过假设应变法加以抑制，则会产生不真实的横向剪切力；对于图中所示变形，m_{xx} 和 m_{yy} 均为负值

这个概念可以拓展到以下四边形。为了避免附加剪切，假设横向剪切 $\bar{D}_{\xi\hat{z}}$ 在 ξ 方向为常数，为了单元保持稳定，假设其在 η 方向为线性。对于 $\bar{D}_{\eta\hat{z}}$，类似的讨论给出

$$\bar{D}_{\xi\hat{z}}(\xi,\eta,\zeta,t)=\alpha_1+\alpha_2\eta,\quad \bar{D}_{\eta\hat{z}}(\xi,\eta,\zeta,t)=\beta_1+\beta_2\xi \tag{10.5.3}$$

式中，α_i 和 β_i 为任意参数。

在三场原理的应用中，由离散的协调方程计算参数 α_i 和 β_i。但是，这会使程序复杂化。作为代替，在选择的点处以 $\boldsymbol{D}$ 的形式插值得到假设的变形率 $\bar{\boldsymbol{D}}$。选择边界的中点作为插值点。对于一个矩形单元，在这些点处横向剪切为零，如 10.4.1 节描述的梁单元。很明显，对于常值力矩，在边界中点剪切为零的性质对于任意四边形均成立。我们取其优点，令假设的横向剪切变形率为

$$\bar{D}_{\xi\zeta}=\frac{1}{2}(D_{\xi\zeta}(\boldsymbol{\xi}_a,t)+D_{\xi\zeta}(\boldsymbol{\xi}_b,t))+\frac{1}{2}(D_{\xi\zeta}(\boldsymbol{\xi}_a,t)-D_{\xi\zeta}(\boldsymbol{\xi}_b,t))\eta \tag{10.5.4}$$

$$\bar{D}_{\eta\zeta}=\frac{1}{2}(D_{\eta\zeta}(\boldsymbol{\xi}_c,t)+D_{\eta\zeta}(\boldsymbol{\xi}_d,t))+\frac{1}{2}(D_{\eta\zeta}(\boldsymbol{\xi}_c,t)-D_{\eta\zeta}(\boldsymbol{\xi}_d,t))\zeta \tag{10.5.5}$$

式中，$\boldsymbol{\xi}_a=(0,-1,0)$，$\boldsymbol{\xi}_b=(0,1,0)$，$\boldsymbol{\xi}_c=(-1,0,0)$，$\boldsymbol{\xi}_d=(1,0,0)$，插值点如图 10-7 所示。在上式的插值中，$\xi\zeta$ 分量代替了 $\xi\hat{z}$ 分量。由速度场计算在插值点的变形率。这个假设的应变场首先是由 MacNeal(1982)、Hughes 和 Tezduyar(1981)在关于物理性质的讨论中构造的；参考的插值是由 Wempner、Talaslidis 和 Hwang(1982)给出的，它们应用了三场原理。Dvorkin 和 Bathe(1984)发展了上述插值应变场。

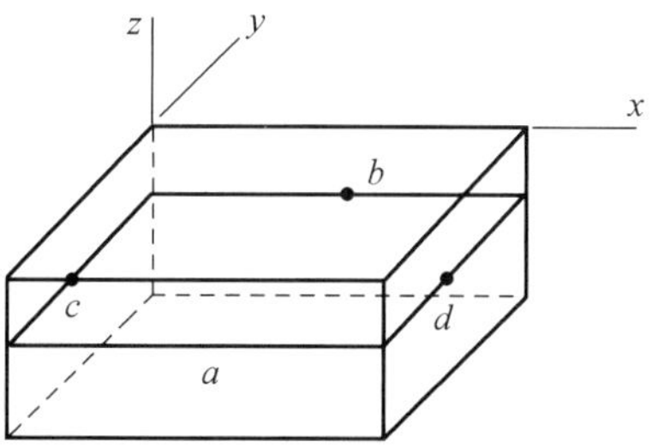

图 10-7 在 4 节点四边形单元中关于剪切的插值点

10.5.2 单元的秩

上面的单元是否满秩？我们通过 8.3.7 节给出的方法进行检查，利用一个位于 x-y 面的平面壳单元说明这一点。仅考虑弯曲性能，每个节点有 3 个相关的自由度：v_{zI}、ω_{zI}、ω_{yI}。由于有 4 个节点，单元共有 12 个自由度。它们中的 3 个是刚体运动：绕 x 轴和 y 轴的转动，以及沿 z 方向的平动，则单元的适当的秩是 9。以 ω_x 和 ω_y 的形式，弯曲场与在式(8.3.34)中检验的平面场具有相同的结构，所以它有 5 个线性独立场。由式(10.5.3)的 2 个横向剪切可知，弯曲场还有 4 个线性独立场。因此，总的线性独立场有 9 个，对这个单元提供了合适的秩。

10.5.3 9 节点四边形壳单元

由 Huang 和 Hinton(1986)、Bucalem 和 Bathe(1993)给出了 9 节点壳单元避免薄膜自锁和剪切自锁的假设应变场，后者提出了由点插值的假设速度应变，如图 10-8(a)所示。

$$\bar{D}_{\xi\xi}=\sum_{I=1}^{2}\sum_{J=1}^{3}D_{\xi\xi}(\xi_I,\eta_J,\xi,t)N_{IJ}^{(1,2)}(\xi,\eta) \tag{10.5.6}$$

$$\bar{D}_{\xi\zeta}=\sum_{I=1}^{2}\sum_{J=1}^{3}D_{\xi\zeta}(\xi_I,\eta_J,\xi,t)N_{IJ}^{(1,2)}(\xi,\eta) \tag{10.5.7}$$

式中，I 和 J 代表编号，有 $\xi_I=(-3^{-\frac{1}{2}},3^{-\frac{1}{2}})$、$\eta_J=(-3^{-\frac{1}{2}},0,3^{-\frac{1}{2}})$。$N_{IJ}^{(a,b)}(\xi,\eta)$为

$$N_{IJ}^{(a,b)}(\xi,\eta)=N_I^{(a)}(\xi)N_J^{(b)}(\eta) \tag{10.5.8}$$

式中，$N_I^{(a)}(\xi)$为 a 次一维拉格朗日插值。在 10.5.2 节给出的梁的示例已经阐明了相关的基本原理：在高斯积分点，弯曲时的横向剪切为零，而在不可伸缩的弯曲时薄膜应变为零。因此，单元不会展示附加的横向剪切或薄膜应变。在 $\bar{D}_{\xi\xi}$ 和 $\bar{D}_{\xi\zeta}$ 场中的高次项 η^2 和 $\eta^2\xi$ 提供了稳定性。应用点插值的速度应变 $\bar{D}_{\eta\eta}$ 和 $\bar{D}_{\eta\zeta}$，如图 10-8(b)所示。应用 $N_{IJ}^{(I,J)}(\xi,\eta)$，由点插值的剪切分量 $\bar{D}_{\xi\eta}$ 如图 10-8(c)所示。

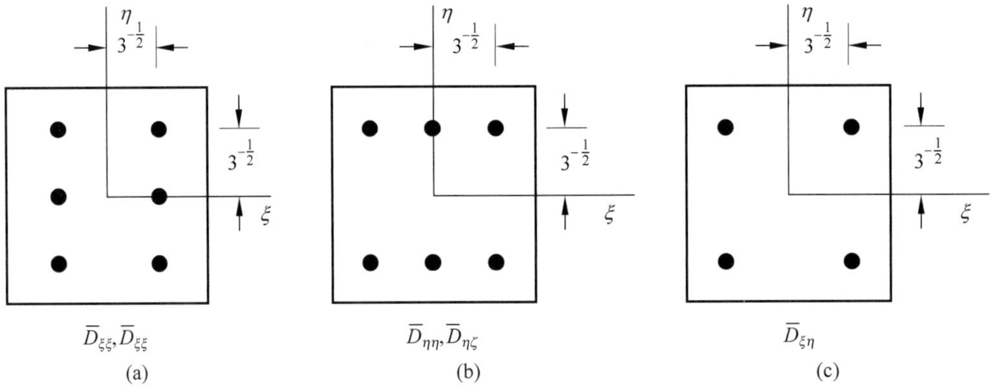

图 10-8 在 9 节点壳单元中关于假设速度应变的插值点

10.6 一点积分壳单元

在显式积分有限元软件中，最常用的壳单元是采用一点积分的 4 节点四边形低阶单元。这里一点积分是指在参考面上积分点的数目，其取决于非线性材料响应的复杂程度，沿厚度方向可以采用 3～30 或更多的积分点。这些单元一般应用在大规模的工程仿真分析中，采用对角化质量矩阵，计算是极为强健的。若采用如基于二次等参插值的高阶单元，则很快能够收敛到平滑的结果。但是，在大多数大模型的实际问题中，包含如弹-塑性和接触-冲击等不平滑的现象，由大变形引起的单元畸变使高阶单元的更高次近似无法实现(8.2 节)。

10.6.1 板与膜组合的 4 节点四边形壳单元

下面介绍的 4 节点四边形壳单元区别于 10.3 节描述的基于连续体的 CB 壳单元，它是由承受弯曲变形的板和面内不可伸缩的薄膜组成的壳，如图 10-9 所示；它属于 10.1 节介绍的 3 种建立壳体有限元途径的途径(2)：板单元与薄膜单元的组合壳体。

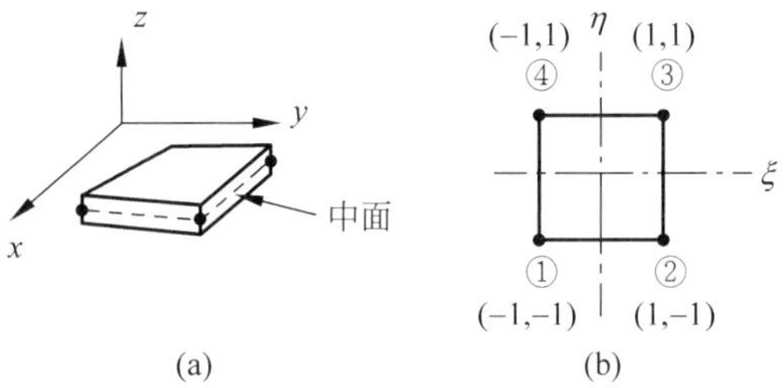

图 10-9 板单元与薄膜单元的组合壳体及其母单元

(a) 组合壳体；(b) 母单元

该单元有 4 个节点，位于 4 个角点的中面上。一点积分的一阶壳单元仅在壳面上采用了一个高斯点，沿厚度方向采用一串积分点。

关于板单元，在 4 个节点上，每个节点有 3 个自由度，即 1 个挠度和 2 个转角，板上共有 12 个自由度，去掉 3 个刚体位移，一点积分刚度矩阵的秩是 5，参考 8.3.7 节关于单元的秩的论述，尚有 12－3－5＝4 的 4 个沙漏模式，即 3 个相互关联的弯曲(1 个挠度和 2 个转角)和 1 个扭转。

关于薄膜单元，在 4 个节点上，每个节点有 2 个自由度，即沿面内两个坐标的平动，膜上共有 8 个自由度，去掉 3 个刚体位移，一点积分的刚度矩阵的秩是 3，尚有 8－3－3＝2 的两个沙漏模式，即两个坐标方向的平动，如图 8-15 所示。

综上，该单元共有 6 个沙漏模式，大部分单元采用了扰动沙漏控制，以增加刚度矩阵的稳定性。关于平面薄膜单元沙漏模式的控制方法在 10.4.3 节有所论述，具体方法可以参考 8.7.1 节和 8.7.2 节，类似一点积分的平面 4 节点的 Q4 单元，通过补充刚度矩阵的秩，建立稳定刚度矩阵。

通过一点积分的 4 节点平板单元，首先介绍如何控制板的沙漏模式，后文也将介绍如何控制薄膜的沙漏模式。在图 10-9 的板单元上有 4 个节点，每个节点有 3 个位移模式：平动 w、绕 x 轴和 y 轴的转动，共计 12 个自由度。单元有 3 个刚体位移模式，可以通过与周围单

元或边界的连接提供约束。在一点积分的板单元刚度矩阵中,有变形率场:

$$\{\boldsymbol{D}\}=\begin{Bmatrix}\alpha_{x1}+\alpha_{x3}h_{,x}\\ \alpha_{x2}+\alpha_{y3}h_{,y}\\ \alpha_{x2}+\alpha_{y1}+\alpha_{x3}h_{,y}+\alpha_{y3}h_{,x}\end{Bmatrix}\tag{10.6.1}$$

这个场中包含 5 个线性独立的向量:

$$\begin{Bmatrix}\alpha_{x1}\\0\\0\end{Bmatrix},\begin{Bmatrix}0\\\alpha_{y2}\\0\end{Bmatrix},\begin{Bmatrix}0\\0\\\alpha_{x2}+\alpha_{y1}\end{Bmatrix},\begin{Bmatrix}\alpha_{x3}h_{,x}\\0\\\alpha_{x3}h_{,y}\end{Bmatrix},\begin{Bmatrix}0\\\alpha_{y3}h_{,y}\\\alpha_{y3}h_{,x}\end{Bmatrix}\tag{10.6.2}$$

因此,一点积分板单元的弯曲部分的秩是 5:变形率场包含 3 个常数力矩和 2 个常数剪切。通过秩的分析,在横向剪切和曲率中,由于单元缺少线性项,弯曲部分的秩缺乏为 4,即 12(自由度)−3(刚体位移)−5(弯曲部分的秩)=4(秩)。显然,单元的秩是不足的,缺乏稳定性。Hughes 证明了伪奇异模式还有 4 个运动模式:3 个沙漏模式和 1 个扭曲模式。其中,3 个沙漏模式是可以相互表示的(1 个挠度和 2 个转角),而 1 个平面内的扭曲模式是不能相互表示的:

	w	θ_x	θ_y	模式
1	h	0	0	w-沙漏
2	0	h	0	θ_x-沙漏
3	0	0	h	θ_y-沙漏
4	a_1x+a_2y	s	0	扭曲

(10.6.3)

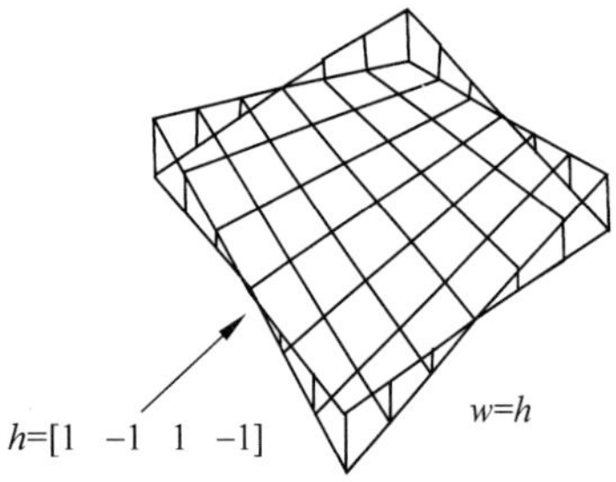

图 10-10 板的沙漏模式

式中,$h=[1\quad -1\quad 1\quad -1]$,$a_1=\frac{1}{4}s^{\mathrm{T}}y$,$a_2=\frac{1}{4}s^{\mathrm{T}}x$,$s^{\mathrm{T}}h=0$,$b_i^{\mathrm{T}}h=0$,$b_i^{\mathrm{T}}x_j=\delta_{ij}$,$s=[1\quad 1\quad 1\quad 1]$,$b$ 由式(8.4.9)定义。

板的沙漏模式如图 10-10 所示。其他各种可能的沙漏(零能)模式如图 10-11 所示。

关于单元稳定性,参考线性刚度矩阵式(8.7.11),则整体刚度矩阵为

$$\boldsymbol{K}_e=\boldsymbol{K}_e^{\mathrm{1pt}}(\text{秩}=5)+\boldsymbol{K}_e^{\mathrm{stab}}\quad(\text{秩}=4)$$

一点积分单元刚度矩阵的秩是 5,针对 4 个沙漏模式,需要增广秩是 4 的稳定刚度矩阵,这是关于 Q4 正确的秩。控制前 3 个沙漏模式的稳定刚度矩阵(秩=3)为

$$K^{\mathrm{stab}}=\begin{bmatrix}c_1\gamma\gamma^{\mathrm{T}} & 0 & 0\\ 0 & c_2\gamma\gamma^{\mathrm{T}} & 0\\ 0 & 0 & c_2\gamma\gamma^{\mathrm{T}}\end{bmatrix}\tag{10.6.4}$$

其对应的位移为$\{w\quad\theta_x\quad\theta_y\}$。式中,$c_1=\frac{r_w\kappa Gh^3}{12A^2}b_i^{\mathrm{T}}b_i$、$c_2=\frac{r_\theta D}{16A}b_i^{\mathrm{T}}b_i$,$c_i$ 是因数,相对独立于材料参数。式中,E 和 G 为杨氏模量和剪切模量,A 为单元的面积,D 为板的弯曲刚度 $D=\frac{Eh^3}{12(1-\nu^2)}$。$r_\theta$ 和 r_w 是由用户自己设定的可调参数,其范围一般在 0.01~0.05。此时

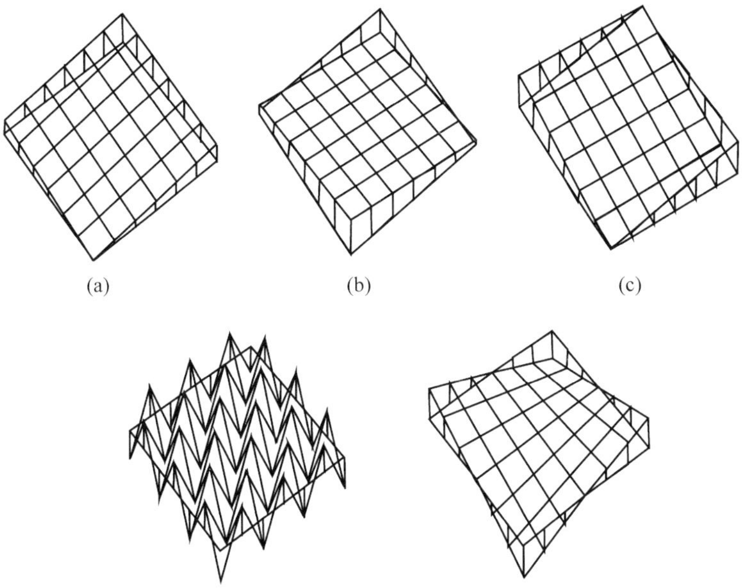

图 10-11 其他各种可能的板的沙漏(零能)模式

(a) 模式 1,$r=0.000$;(b) 模式 2,$r=0.000$;(c) 模式 3,$r=0.000$;(d) 模式 4,$r=0.000$;(e) 模式 5,$r=0.000$

尚留下一个非传播的奇异模式,即式(10.6.3)中的扭曲模式,a_1x+a_2y,其中也给出了系数的表达式。

下面以 4 个角点简支在中点承受集中载荷的平板为例,说明一点积分单元的沙漏控制效果。平板的材料、几何和载荷参数为,弹性模量 $E=2965\text{MPa}$,泊松比 $\nu=0.3$,厚度 $h=9.525\text{mm}$,平板的单边半长度为 304.8mm,集中载荷为 62.275N。取$\frac{1}{4}$板的对称部分,如图 10-12 所示。计算中心线段 1~9 点的挠度,取 $r_w=0.001\sim10$ 得到不同的值,计算结果如图 10-13(a)所示。当 r_w 取值非常小时,平板对沙漏控制不敏感且沙漏控制不起作用,计算结果呈现数据震荡的沙漏模式。而当 $r_w=0.01\sim0.1$ 时,计算结果收敛到解析解,如图 10-13(b)所示,显然,$r_w=0.02\sim0.05$ 为合适的取值范围。

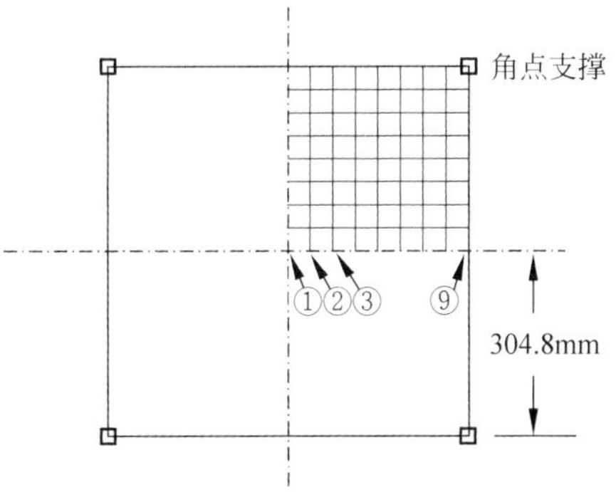

图 10-12 4 个角点简支在中点承受集中载荷的平板问题

计算模型取$\frac{1}{4}$板的对称部分

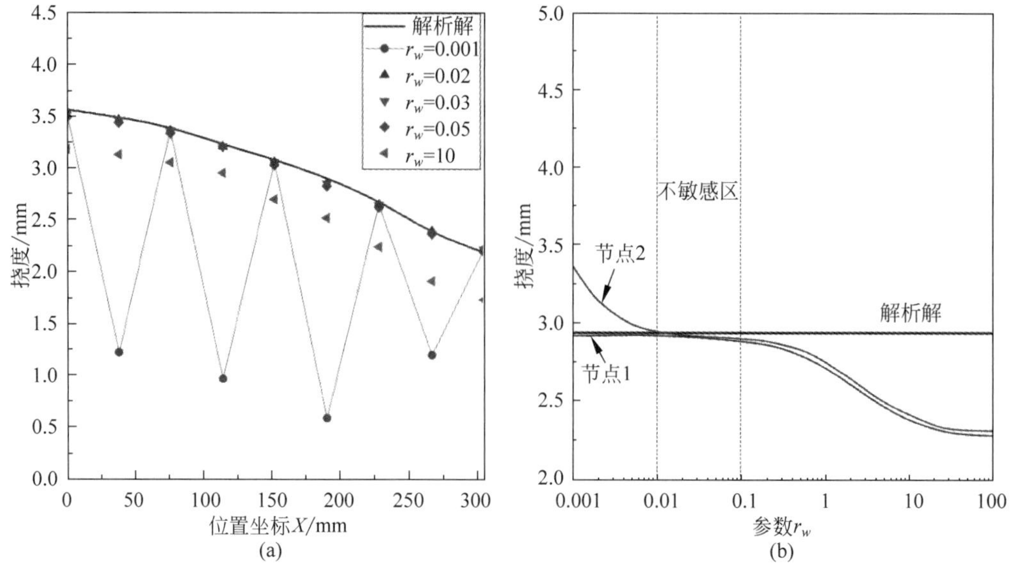

图 10-13 板中心线段 1-9 点的挠度计算值

(a) r_w =0.001～10；(b) r_w =0.01～0.1

10.6.2 计算软件中经常应用的壳单元

本节总结了在计算软件中经常应用的壳单元,并介绍了其特点,见表 10-2。最早的一点积分壳单元是 Belytschko-Tsay(BT)单元(Belytschko et al.,1983; Belytschko et al.,1984)。通过组合一个 4 节点平板单元和一个 4 节点平面四边形薄膜单元,构造 BT 壳单元。对于扭曲构形,它无法正确地作出反应(在应用单元的一条或两条线模拟扭曲梁时会暴露 BT 单元的不足)。

表 10-2 4 节点四边形壳单元

单元名称	缩写	通过分片试验	在扭转中正确	成本	强健性
Belytschko-Tsay(1983)	BT	没有	不是	1.0	高
Hughes-Liu(1981a,1981b)	HL	没有	是		高*
Belytschko-Wong-Chiang(1992)	BWC	没有	是	1.2	中等
Belytschko-Leviathan(1994b)	BL	是	是	2.0	中等以下
Englemann-Whirley(1990)	YASE	没有	不是		中等
完全积分 MacNeal-Wempner (Dvorkin-Bathe,1984)	DB	是	是	3.5	中等以下

Hughes-Liu(HL)单元基于 CB 壳理论创建,Hughes 和 Liu(1981a,1981b)已给出描述。在显式程序中,它采用单一束的积分点,因此需要沙漏控制;HL 单元应用了由 Belytschko、Lin 和 Tsay(1984)发展的技术,在运算中明显慢于 BT 单元。

Belytschko-Tsay(BWC)单元修正了扭曲,即改正了在 BT 单元中扭曲构形的缺陷。BL 单元引入了第 8 章描述的物理沙漏控制。沙漏控制是基于多场变分原理和 Dvorkin-Bathe

的应变近似式(10.5.4)～式(10.5.5)。虽然在实际中,应变和应力状态的非均匀性限制了物理沙漏控制的精确度。但是,沙漏控制的优点在于它可以增加到适度大小而没有自锁,而在 BT 单元中,沙漏控制参数较高将导致剪切自锁。

同时,BL 单元和完全积分单元都被一个缺陷所困扰：在具有大扭曲的问题中,这些单元会突然失效并终止模拟。BT 单元在严重扭曲下是非常强健的,并且很少终止运算,这在工业应用中具有很高的实用价值。因此,单一积分点单元的优点不仅在于其高速度；我们也希望在严重扭曲的问题中,如汽车碰撞模拟,单一积分点单元能够趋向于更加强健。

YASE(yet another shell element)单元结合了 Pian 和 Sumihara(1985)改进的弯曲运算,即改善了梁弯曲时薄膜响应的薄膜场(8.6.3 节)。不然,它就与 BT 单元一致了。

BT、BWC 和 BL 单元都是基于离散的闵德林-瑞斯纳理论而不是基于连续体单元。离散是指仅在积分点处,将闵德林-瑞斯纳假设应用于运动。通过要求当前的法线保持直线,对运动施加约束。这可以看作对闵德林-瑞斯纳假设的另一种修正：不是要求初始法线保持直线,而是要求当前法线保持直线。采用转动公式的难度较大,因为在早期文章中,转动坐标系统是沿 $\boldsymbol{x}_{,\xi}$ 方向定位 $\hat{\boldsymbol{e}}_x$,所以推荐采用以下方法。

速度场为

$$\boldsymbol{v}(\xi,t)=\boldsymbol{v}^{\mathrm{M}}(\xi,\eta,t)+\bar{\zeta}(\boldsymbol{\omega}(\xi,\eta,t)\times\tilde{\boldsymbol{p}}(\xi,\eta,t)) \tag{10.6.5}$$

式中,在方向矢量上加波浪线表示其区别于 10.3 节定义的方向矢量,即 $\tilde{\boldsymbol{p}}$ 是当前参考面上的法线矢量。关于运动的有限元近似为

$$\boldsymbol{v}(\xi,t)=\sum_{I=1}^{4}(\boldsymbol{v}_I(t)+\bar{\zeta}\boldsymbol{\omega}_I(t)\times\tilde{\boldsymbol{p}}_I)N_I(\xi,\eta) \tag{10.6.6}$$

将叉乘转换为矩阵相乘,上式可以写作

$$\boldsymbol{v}(\zeta,t)=\sum_{I=1}^{4}(\boldsymbol{v}_I(t)+\bar{\zeta}\boldsymbol{\Omega}(\boldsymbol{\omega}_I)\tilde{\boldsymbol{p}}_I)N_I(\xi,\eta) \tag{10.6.7}$$

式中,N_I 为 4 节点单元的等参形函数,$\boldsymbol{\Omega}(\boldsymbol{\omega}_I)$定义在式(10.3.40)中。在积分点 $\xi=\eta=0$ 处的转动变形率为

$$\hat{D}_{\alpha\beta}=\hat{D}_{\alpha\beta}^{\mathrm{M}}+\bar{\zeta}\hat{k}_{\alpha\beta} \tag{10.6.8}$$

式中,$\hat{k}_{\alpha\beta}$ 是曲率。通过在 8.7 节和表 8-5 中给出的程序,在转动坐标系中计算薄膜应变和薄膜沙漏控制。在积分点处的曲率为

$$\hat{k}_{xx}=\frac{1}{2A}(\hat{y}_{24}\hat{\omega}_{y13}+\hat{y}_{31}\hat{\omega}_{y42})+\frac{2z_\gamma}{A^2}(\hat{x}_{13}\hat{v}_{x13}+\hat{x}_{42}\hat{v}_{24}) \tag{10.6.9}$$

$$\hat{k}_{yy}=-\frac{1}{2A}(\hat{x}_{42}\hat{\omega}_{x13}+\hat{x}_{13}\hat{\omega}_{x24})+\frac{2z_\gamma}{A^2}(\hat{y}_{13}\hat{v}_{y13}+\hat{y}_{42}\hat{v}_{24}) \tag{10.6.10}$$

$$\begin{aligned}2\hat{k}_{xy}=&\frac{1}{2A}(\hat{x}_{42}\hat{\omega}_{y13}+\hat{x}_{13}\hat{\omega}_{y24}-\hat{y}_{24}\hat{\omega}_{x13}+\hat{y}_{31}\hat{\omega}_{x24})+\\&\frac{2z_\gamma}{A^2}(\hat{x}_{13}\hat{v}_{y13}+\hat{x}_{42}\hat{v}_{y24}+\hat{y}_{13}\hat{v}_{x13}+\hat{y}_{42}\hat{v}_{x24})\end{aligned} \tag{10.6.11}$$

式中,$z_\gamma=\hat{\boldsymbol{\gamma}}^{\mathrm{T}}\boldsymbol{z}$,而$\hat{\boldsymbol{\gamma}}$ 由式(8.4.11)给出。在一个任意坐标系中,对于刚体转动,曲率表达式中的最后一项不为零。在转动坐标系中,对于刚体转动,曲率为零。

由于仅采用一点积分,单元是秩不足的,缺乏稳定性。通过在 10.5.2 节关于单元的秩的分析,很容易地看到这一点。在横向剪切和曲率中,由于单元缺少线性项,对于一点积分,弯曲部分的秩是 5:变形率场包含 3 个常数力矩和两个常数剪切。所以,弯曲部分的秩缺乏为 4。Hughes(1987,333 页)证明了伪奇异模式。其中 3 个模式是可以相互表示的,而 1 个模式在平面内的扭曲模式是独立的,是非传播的奇异模式。上述 3 个模式的沙漏控制为

$$\dot{q}_{\alpha}^{B}=\hat{\gamma}_{I}\hat{\omega}_{\alpha I},\quad \dot{q}_{3}^{B}=\hat{\gamma}_{I}\hat{v}_{zI},\quad \dot{Q}_{\alpha}^{B}=C_{1}^{QB}\dot{q}_{\alpha}^{B},\quad \dot{Q}_{3}^{B}=C_{2}^{QB}\dot{q}_{3}^{B} \tag{10.6.12}$$

$$C_{1}^{QB}=\frac{1}{192}r_{\theta}(Eh^{3}A)\boldsymbol{b}_{\alpha}^{\mathrm{T}}\boldsymbol{b}_{\alpha},\quad C_{2}^{QB}=\frac{1}{12}r_{w}(Gh^{3})\boldsymbol{b}_{\alpha}^{\mathrm{T}}\boldsymbol{b}_{\alpha} \tag{10.6.13}$$

式中,E 和 G 为杨氏模量和剪切模量,A 为单元的面积,$\boldsymbol{b}$ 已在式(8.4.9)中定义,式(8.4.11)定义了 $\gamma=h-(h^{\mathrm{T}}x)b_{x}-(h^{\mathrm{T}}y)b_{y}$。$r_{\theta}$ 和 r_{w} 是由用户自己设定的可调参数,其范围一般在 0.01~0.05。对于翘曲构形,这些广义的沙漏应变率没有正交于刚体转动,因此,消除刚体影响的映射是必要的(Belytschko et al.,1994b)。此外,有两个沙漏模式与薄膜响应有关;8.7 节已经描述了对它们的控制。除基于连续体的 BL 壳单元外,所有单元都采用了扰动沙漏控制。

由于公式是建立在一个转动的层坐标系统,应力率紧密地对应于格林-纳迪率。因此,公式需要一个本构定律,它将格林-纳迪率联系到转动变形率张量。如 10.3.4 节所提到的,必须强化平面应力条件。在这些条件下,对于任意的大变形,公式依然成立。

10.7 练习

1. 描述单元体积自锁、剪切自锁和薄膜自锁引起的有限元运动的缺陷,及其对应的约束。

2. 考虑一块由闵德林-瑞斯纳理论推导的位于 x-y 面的板(平面壳),证明其变形率为 $D_{xx}=\frac{\partial v_{x}^{\mathrm{M}}}{\partial x}+z\frac{\partial\omega_{y}}{\partial x}$、$D_{yy}=\frac{\partial v_{y}^{\mathrm{M}}}{\partial y}-z\frac{\partial\omega_{x}}{\partial y}$、$D_{xy}=\frac{1}{2}\left(\frac{\partial v_{x}^{\mathrm{M}}}{\partial y}+\frac{\partial v_{x}^{\mathrm{M}}}{\partial x}\right)+\frac{z}{2}\left(\frac{\partial\omega_{y}}{\partial y}-\frac{\partial\omega_{x}}{\partial x}\right)$、$D_{xz}=\frac{1}{2}\left(\omega_{y}+\frac{\partial v_{z}^{\mathrm{M}}}{\partial x}\right)$、$D_{yz}=\frac{1}{2}\left(-\omega_{x}+\frac{\partial v_{z}^{\mathrm{M}}}{\partial y}\right)$。

第 11 章

接触非线性

主要内容

接触界面方程：不可侵彻性条件，接触面力条件，单一接触条件
摩擦模型：库仑摩擦，界面本构方程
广义变分原理的弱形式：拉格朗日乘子法，罚函数法
有限元离散：接触界面弱形式的离散，界面矩阵，小位移弹性静力学，正则化
接触算法：显式积分方法，实际接触问题的讨论

11.1 引言

模拟接触与碰撞属于最具挑战性的非线性力学问题之一，因为物体在接触时的响应是不平顺的。当发生碰撞接触时，垂直于界面的法向速度是瞬时不连续的；对于库仑摩擦接触模型(Coulomb frictional contact model)，当出现黏性滑移行为时，沿界面的切向速度是不连续的。接触问题的这些特性给离散方程的隐式时间积分带来了明显的困难，削弱了牛顿迭代算法的效能。因此，研究接触非线性的计算理论具有重要的科学意义。同时，接触非线性与有限元方法的结合，使有限元方法具有了结构设计的作用和工程应用的价值。

在工程设计和工业制造的仿真中包含了大量的接触非线性问题。例如，在手机跌落试验的仿真中，部件经历了接触、滑移和分离的过程，如图 11-1(a)所示；在汽车连杆防尘密封罩的接触问题中，橡胶保护罩接触面既有外表面之间的接触，也有内表面之间的接触，如图 11-1(b)所示；在汽车碰撞仿真中，许多部件在碰撞时可能发生接触变形，如发动机、车身、轮胎等，它们的表面被作为滑移界面处理，如图 11-1(c)所示。碰撞问题总是伴随接触，因为发生碰撞的物体之间将保持接触，直到作用的膨胀波被释放。在金属薄板成型过程

中，模具和工件之间的接触界面模拟，以及挤压的模拟，都需要滑移界面。

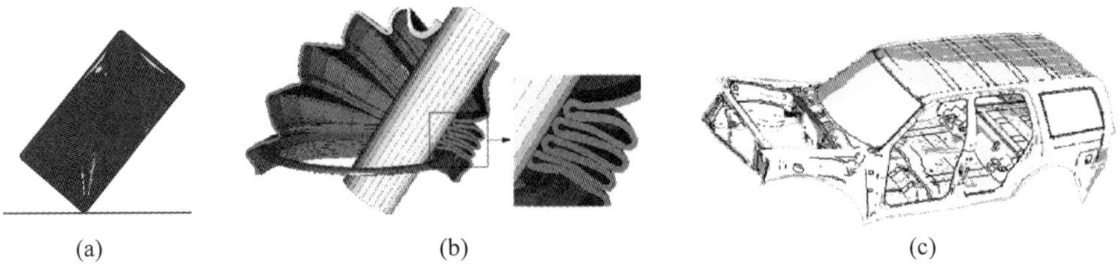

图 11-1 手机跌落、汽车碰撞和汽车连杆防尘密封罩的接触问题

接触非线性是非线性问题中难度最大的一类问题。接触非线性的解是非光滑的，其接触区域、状态（黏结、滑移和分离）及接触力均是未知和可变的，且取决于载荷、材料、边界形状及其他因素。因此，边界条件不再是定解条件，而是待求结果。许多工程实际问题涉及接触-碰撞，如侵彻、跌落、汽车碰撞和加工成型等。

发生接触时物体的控制方程和未接触时物体的控制方程完全相同，但需要在接触面处施加接触条件，包括非嵌入条件（运动学条件）、接触面力条件（动力学条件）和摩擦条件。接触面力为内力，因此两物体在接触点处的接触面力之和应为零。法向接触力一般为压力，切向接触力由摩擦模型确定。

非嵌入条件要求接触物体之间不能相互侵彻。物体间的接触点取决于载荷、材料、边界形状等多种因素，不能事先确定，因此无法将非嵌入条件表示为位移场的代数或微分方程。非嵌入条件可在当前构形中表示为率形式或增量形式，其中，率形式表示为两物体在接触点处的法向相对速度小于或等于零。

非嵌入条件是试函数必须满足的约束条件，需要利用拉格朗日乘子法、罚函数法或增广拉格朗日乘子法将其引入无接触问题的弱形式，以建立接触问题的弱形式。非嵌入条件是不等式约束条件，因此基于拉格朗日乘子法建立的接触问题弱形式是一个不等式，常称为弱不等式，相应的广义变分原理称为变分不等式。拉格朗日乘子法严格满足非嵌入约束条件，因此，接触面处的速度在碰撞前后是不连续的，速度间断将在物体中传播，使解答产生严重的振荡。另外，间断也会严重影响隐式迭代求解的收敛性。罚函数法消除了接触面处速度的不连续性，放松了非嵌入条件，允许物体间在接触面处发生一定的侵彻，使解答更为光滑。增广拉格朗日乘子法是拉格朗日乘子法和罚函数法的结合，吸收了二者的优点。

赫兹（H. Hertz）在 19 世纪研究了简单的弹性接触问题，但直到有限元法和计算机出现后，接触问题的研究才有了长足的发展，实现了对接触全过程的数值模拟。有限元法利用接触算法来分析接触问题，将两接触物体分为主控体和从属体，接触面用主控表面和从属表面上的单元列表来定义，其中主控表面上的单元节点称为主控节点，从属表面上的单元节点称为从属节点。

接触算法主要包含两部分：接触搜索和接触力计算。接触搜索确定物体间发生接触的具体位置，它是大多数接触算法中最耗时的部分。接触搜索一般可分为两步完成，即首先粗略地估计可能发生接触的接触点和接触面（全局搜索），其次在此基础上准确计算发生接触的位置（局部搜索）。全局搜索检测所有与主控表面发生接触的从属节点，搜索每个从属节点在主控表面上距其最近的点。对于 N 个节点来讲，直接排序算法需要比较每个节点与其余 $N-1$ 个节点之间的距离，因此共需要 $N(N-1)$ 次距离比较，时间复杂度为 $O(N^2)$。常用的全局搜索算法有层级区域(hierarchy-territory)算法、位置代码(position code)算法、桶排序(bucket sorting)算法和球排序(spherical sorting)算法等。其中，桶排序算法将节点分成很多组，排序时只需计算相邻若干组中节点之间的距离，其时间复杂度接近于 $O(N)$。当从属节点接近于某个主控表面时，需采用局部搜索算法确定从属节点在该主控表面上的可能接触点，并计算从属节点和主控面之间的距离(间隙量或侵彻量)。常用的局部搜索算法有弹球(pinball)算法、点段(node-to-segment)算法和内外(inside-outside)算法等。

接触力的计算主要有两类方法：第一类方法直接计算接触力，并将接触力作为力边界条件施加到接触面上，如罚函数法和拉格朗日乘子法；第二类方法并不直接计算接触力，而是在接触区域把表面的质量和应力映射到主控表面以更新主控节点的运动，再令从属表面跟随主控表面运动，从而将从属表面与主控表面合并。大多数有限差分流体动力学程序均采用此类方法。

罚函数法的实现比较简单，它在每一个时间步中先检查各从属节点是否侵彻主控表面，没有侵彻则不作任何处理，否则在该从属节点与被侵彻的主控表面之间引入一个大小与侵彻量及主控表面刚度成正比的接触力。在此类接触算法中，从属节点被约束在主控表面上滑移，直到从属节点和主控表面之间产生拉力时，从属节点才与主控表面脱离。从属节点不会侵彻主控表面的某一部分，但它并没有对主控节点作任何限制，因此主控节点可能会在从属节点之间侵入从属表面。为了避免主控节点侵入从属表面，将网格较粗的接触面取为主控表面。当两个接触面的质量密度相差较大时，将质量密度大的接触面取为主控表面。

罚函数法相当于在所有从属节点和被侵彻的主控表面之间布置一系列的法向界面弹簧，程序实现容易，效率高，因此在显式分析程序中一般多采用罚函数法。如果从属节点和主控表面之间的法向界面弹簧刚度过大，将导致显式时间积分的步长减小。为了使罚函数法不影响显式积分的时间步长，界面弹簧的刚度应与主控表面的刚度相当。

对于接触，我们将展示拉格朗日网格的控制方程和有限元程序(本书不考虑采用欧拉网格的接触模拟)。在接触中，物体的控制方程与前文介绍的内容是一致的，但是在接触界面上则需要额外增加动力学和运动学的条件。最关键的条件是不可侵彻性条件——顾名思义，即两个物体不能互相侵入的条件。不可侵彻条件不能表示为一个简单的方程。在已经发展的若干种算法中，就有针对显式动态问题适用的率形式和基于最近点映射的形式，后者主要适用于隐式方法与平衡方程求解。此外，本章还将描述经典的库仑摩擦接触模型和界面本构模型，发展接触不等式控制方程的弱形式。

本章将介绍上述处理接触界面约束的两类直接计算方法：①拉格朗日乘子法和②罚函数法；并介绍由此两种方法拓展形成的新算法，如增广的拉格朗日法和摄动的拉格朗日法。这些弱形式与强化约束的各种方法相结合，已在6.2.7节和第8章进行了部分讨论。

关于接触的拉格朗日乘子弱形式与关于单个物体的弱形式是不同的，前者是一个不等式，常被称为弱不等式，其对应的变分形式称为变分不等式。由拉格朗日乘子法可知，在接触问题的离散化中，接触界面上的乘子必须是近似的。乘子必须满足法向面力是压力的条件。在罚函数法中，面力不等式源于海维赛德阶跃函数(Heaviside step function)，该函数被嵌入罚力之中。因此,合理地选择算法对数值模拟的成功至关重要。此外,正则化的技术对编写强健的求解程序是非常有用的。

11.2 接触界面方程

11.2.1 标记和预备知识

通用的接触-碰撞算法能够处理多个物体的相互作用,其中每两个物体的相互作用都要分别处理。因而下面先考虑两个物体的问题,如图 11-2 所示。分别采用 Ω^A 和 Ω^B 表示两个物体的当前构形,并且采用 Ω 表示两个物体的组合,物体的边界分别由 Γ^A 和 Γ^B 表示。将物体 A 称为主控体,物体 B 称为从属体,尽管在力学分析中两个物体是可以互换的,但是在一些方程和算法中,作为主控体和从属体的物体是有区别的。当需要区分与一个特定物体相关的场变量时,用上角标 A 或 B 标识;如果没有出现上角标,则表示场变量应用于两个物体的组合。例如,速度场 $\boldsymbol{v}(\boldsymbol{X},t)$ 表示在两个物体中的速度场,$\boldsymbol{v}^A(\boldsymbol{X},t)$ 表示在物体 A 中的速度场。

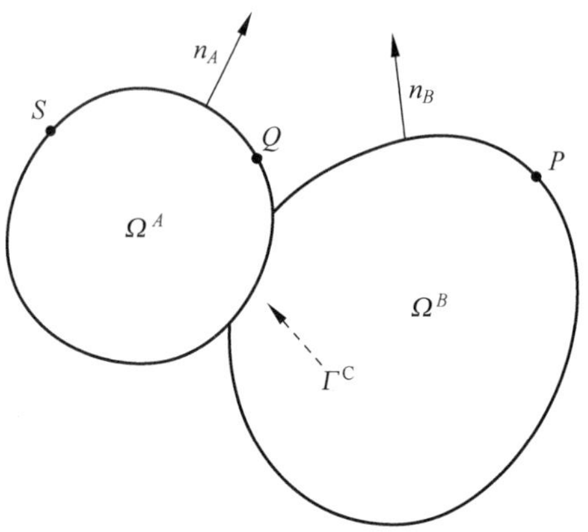

图 11-2 模拟接触-碰撞问题的标记

接触界面包含两个物体表面的交界,用 Γ^C 表示:

$$\Gamma^C = \Gamma^A \cap \Gamma^B \tag{11.2.1}$$

这个接触界面包括两个物体处于接触的两个物理表面,由于它们是重合的,所以用一个单一界面 Γ^C 表示。在数值计算中,两个表面一般是不重合的,此时 Γ^C 表示主控表面。此外,尽管两个物体可能在若干不连续界面发生接触,仍用单一符号 Γ^C 表示它们的组合。接触界面是时间的函数,它是解答接触-碰撞问题的重要内容之一。

在构造界面方程时,以矢量形式表示接触表面的局部分量是很方便的。在主控接触表面的每一点建立局部坐标系统,如图 11-3 所示。在每一点上,都可以构造相切于主控物体表面的单位矢量 $\hat{\boldsymbol{e}}_1^A \equiv \hat{\boldsymbol{e}}_x^A$ 和 $\hat{\boldsymbol{e}}_2^A \equiv \hat{\boldsymbol{e}}_y^A$。获得这些单位矢量的过程与在壳单元中的过程是一致的(参考第 10 章)。物体 A 的法线为

$$\boldsymbol{n}^A = \hat{\boldsymbol{e}}_1^A \times \hat{\boldsymbol{e}}_2^A \tag{11.2.2}$$

在接触界面上满足

$$\boldsymbol{n}^A = -\boldsymbol{n}^B \tag{11.2.3}$$

即两个物体的法线方向相反。以局部分量的形式表示速度场:

$$\boldsymbol{v}^A = v_N^A \boldsymbol{n}^A + \hat{v}_\alpha^A \hat{\boldsymbol{e}}_\alpha^A = v_N^A \boldsymbol{n}^A + \boldsymbol{v}_T^A \tag{11.2.4}$$

$$\boldsymbol{v}^B = v_N^B \boldsymbol{n}^A + \hat{v}_\alpha^B \hat{\boldsymbol{e}}_\alpha^A = -v_N^B \boldsymbol{n}^B + \boldsymbol{v}_T^B \tag{11.2.5}$$

式中,下角标 α 作为哑标,在三维问题中的取值为{1,2};当是二维问题时,接触表面成为一条线,因此,只留有一个单位矢量 $\hat{\boldsymbol{e}}_1 \equiv \hat{\boldsymbol{e}}_x$ 与这条线相切;在式(11.2.4)~式(11.2.5)中,下角标 α 的取值仅为{1}。在接触面上分解速度时,无论是对于物体 A 还是物体 B,都采用基

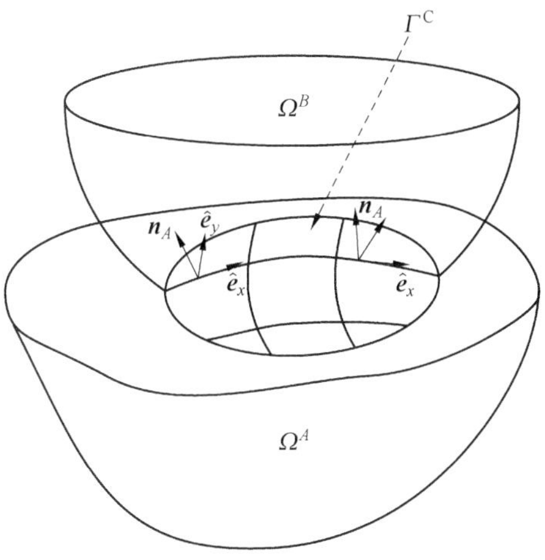

图 11-3　以矢量形式表示的接触表面局部分量

于主控物体 A 定义的基矢量。下角标为 T 的速度矢量表示速度在切平面上的分量。法向速率则可通过在速度矢量上点乘 $\boldsymbol{n}^A$ 得到

$$v_N^A = \boldsymbol{v}^A \cdot \boldsymbol{n}^A, \quad v_N^B = \boldsymbol{v}^B \cdot \boldsymbol{n}^A \tag{11.2.6}$$

物体所受的边界条件限制可分为两类：对于位移和速度的要求作为运动学条件，而对于面力的要求作为动力学条件。在接触问题中，接触界面上还增加了如下两类条件：两个物体不可相互侵入的运动学条件；面力必须满足动量守恒，以及横跨接触界面的法向面力不能为拉力的动力学条件。下面将对此进行介绍。

11.2.2　不可侵彻性条件

在多物体接触问题中，必须满足不可侵彻性条件。一对物体 A 和物体 B 的不可侵彻性条件可以表示为

$$\Omega^A \cap \Omega^B = 0 \tag{11.2.7}$$

即两个物体的交叉部分是空集或两个物体是不允许重叠的。对于大位移问题，不可侵彻性条件是高度非线性的，且一般不能以位移的形式表示为代数方程或微分方程。其困难在于一个任意的运动不可能预先估计到两个物体在哪些点发生接触。如在图 11-2 中，如果物体旋转，则点 P 与物体 A 的接触点无法预知，可能是点 Q，也可能是点 S。因此除以一般性的形式，如式(11.2.7)来表示外，找不到其他方程来表示点 P 没有侵入物体 A。

由于无法以位移的形式表示式(11.2.7)，所以在接触过程的每一阶段中以率形式或增量形式表示不可侵彻性方程。将不可侵彻性条件的率形式应用到物体 A 和物体 B 上已经发生接触的部分，即对于任意接触表面 Γ^C 上的点，要求

$$\gamma_N = \boldsymbol{v}^A \cdot \boldsymbol{n}^A + \boldsymbol{v}^B \cdot \boldsymbol{n}^B = (\boldsymbol{v}^A - \boldsymbol{v}^B) \cdot \boldsymbol{n}^A \equiv v_N^A - v_N^B \leqslant 0, \text{在 } \Gamma^C \text{ 上} \tag{11.2.8}$$

其中，v_N^A 和 v_N^B 由式(11.2.6)定义，$\gamma_N(\boldsymbol{X}, t)$为两个物体的相互侵彻速率(图 11-4)。对于接触表面上的任意点，不可侵彻性条件式(11.2.8)限制了相互侵彻速率，要求其必须为非正值，即当两个物体在该点发生接触时，二者保持接触($\gamma_N=0$)或分离($\gamma_N<0$)。当式(11.2.8)对接触区域上的所有点均成立时，不可侵彻性条件将精确满足。然而，式(11.2.8)和式(11.2.7)不是等价的。式(11.2.8)一方面仅在瞬时时刻满足，另一方面仅限用于已经发生接触的表

面。如在许多数值方法中,若仅在瞬时满足式(11.2.8),则对于接近接触且还没有接触的点,相互侵彻可能在之后的时间步才会发生。式(11.2.8)仅适用于处于接触的成对点,γ_N 的积分依赖于路径,我们不推荐它作为相互侵彻的一种度量。

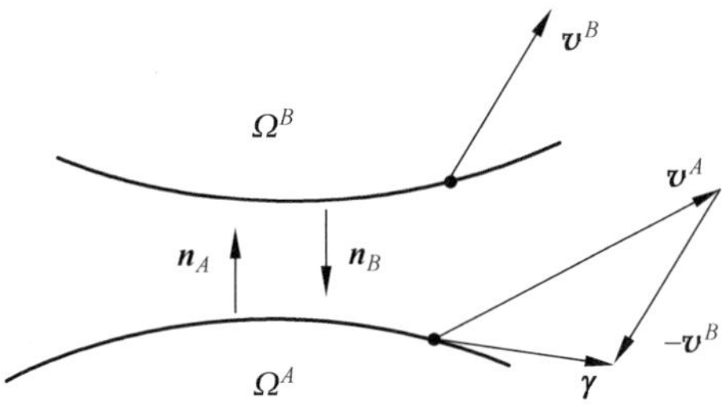

图 11-4 接触表面各量的定义

对于增量位移 $\Delta\boldsymbol{u}$ 或变分 $\delta\boldsymbol{u}$ 或 $\delta\boldsymbol{v}$,相同的名称和关系成立;图中清楚地显示了两表面正在分离,即 $\gamma_N=\boldsymbol{\gamma}\cdot\boldsymbol{n}^A<0$

若进一步强化式(11.2.8),则会将不连续性引入速度时间的历史。在接触之前,两个物体的法向速度是不相等的,若在随后发生接触,法向速度分量必须满足式(11.2.8)。这些非线性使得离散方程的时间积分变得很复杂。

很多研究者采用 $-\gamma_N$ 表征两个物体的相互作用,并称之为间隙率。间隙率是相互侵彻率的负数。当不可侵彻性是解的基本约束时,相互侵彻率可能不一致。但是,在许多数值方法中,小量的相互侵彻是允许的,此时不等式(11.2.8)将无法被精确地满足。

相对切向速度为

$$\boldsymbol{\gamma}_T=\hat{\gamma}_{Tx}\hat{\boldsymbol{e}}_\chi+\hat{\gamma}_{Ty}\hat{\boldsymbol{e}}_y=\boldsymbol{v}_T^A-\boldsymbol{v}_T^B \tag{11.2.9}$$

式中,$\hat{\gamma}_{Ty}\hat{\boldsymbol{e}}_y$ 说明在三维情况下的相对切向速度在两个局部基矢量上一般都有投影。可见,相对切向速度的表达式(11.2.9)类似于法向相对速度的表达式(11.2.8)。

11.2.3 接触面力条件

若面力横跨接触界面,则必须服从动量平衡。由于界面上没有质量,两个物体上的面力合力为零,即

$$\boldsymbol{t}^A+\boldsymbol{t}^B=0 \tag{11.2.10}$$

由柯西定律定义的两个物体表面的面力为

$$\boldsymbol{t}^A=\boldsymbol{\sigma}^A\cdot\boldsymbol{n}^A \quad 或 \quad t_i^A=\sigma_{ij}^A n_j^A \tag{11.2.11}$$

$$\boldsymbol{t}^B=\boldsymbol{\sigma}^B\cdot\boldsymbol{n}^B \quad 或 \quad t_i^B=\sigma_{ij}^B n_j^B \tag{11.2.12}$$

法向面力的定义为

$$t_N^A=\boldsymbol{t}^A\cdot\boldsymbol{n}^A \quad 或 \quad t_N^A=t_j^A n_j^A \tag{11.2.13}$$

$$t_N^B=\boldsymbol{t}^B\cdot\boldsymbol{n}^A \quad 或 \quad t_N^B=t_j^B n_j^A \tag{11.2.14}$$

注意到法向分量使用主控物体 A 的局部坐标系的外法向量。通过取式(11.2.10)与法向矢量 $\boldsymbol{n}^A$ 的点积,可以得到动量平衡的法向分量为

$$\boldsymbol{t}_N^A+\boldsymbol{t}_N^B=0 \tag{11.2.15}$$

在法线方向上,不考虑在接触表面之间的任何黏性,所以法向面力不能是拉力,这一条件可以表示为

$$\boldsymbol{t}_{\mathrm{N}} \equiv \boldsymbol{t}_{\mathrm{N}}^{A}(\boldsymbol{x},t) = -\boldsymbol{t}_{\mathrm{N}}^{B}(\boldsymbol{x},t) \leqslant 0 \tag{11.2.16}$$

式中，t 表示时间，t_{N}^{B} 表示物体 B 上的面力在物体 A 外法线上的投影，并指向物体 B。式(11.2.16)表明法向面力为压力，于是要求 t_{N}^{B} 为正数。对应于物体 A 和物体 B，注意到上述表达式是不对称的。为了定义法向面力，选择其中一个物体 A 的法向，并且物体法向面力的符号也取决于这个法向的选择。

切向面力的定义为

$$\boldsymbol{t}_{\mathrm{T}}^{A} = \boldsymbol{t}^{A} - t_{\mathrm{N}}^{A}\boldsymbol{n}^{A}, \quad \boldsymbol{t}_{\mathrm{T}}^{B} = \boldsymbol{t}^{B} - t_{\mathrm{N}}^{B}\boldsymbol{n}^{A} \tag{11.2.17}$$

因此，切向面力是投影到主控接触表面上的合面力。动量平衡要求

$$\boldsymbol{t}_{\mathrm{T}}^{A} + \boldsymbol{t}_{\mathrm{T}}^{B} = 0 \tag{11.2.18}$$

通过将式(11.2.17)代入式(11.2.10)，并且应用式(11.2.15)，可以得到式(11.2.18)。

当应用无摩擦接触模型时，切向面力为零：

$$\boldsymbol{t}_{\mathrm{T}}^{A} = \boldsymbol{t}_{\mathrm{T}}^{B} = 0 \tag{11.2.19}$$

无摩擦接触模型是指忽略摩擦力对模型的影响，但在实际问题中摩擦力不应为零。

在前文建立的接触界面方程中，虽然选择了其中一个物体为主控物体，但当两个接触表面重合且满足式(11.2.3)时，方程对两个物体是对称的。因此，可以选择其中任何一个物体作为主控体。但是，在大多数数值求解中，若两个接触表面不重合，则主控体的选择可能会在一定程度上改变计算结果。

选择一个物体作为主控体并且应用它的参考坐标是很方便的。正在接触的物体表面可以由曲线坐标 $\boldsymbol{\zeta}^{A}=[\zeta_1^{A},\zeta_2^{A}]$和$\boldsymbol{\zeta}^{B}=[\zeta_1^{B},\zeta_2^{B}]$描述，其中上角标代表物体。在二维情况下，接触表面是以 $\boldsymbol{\zeta}^{A}$ 和 $\boldsymbol{\zeta}^{B}$ 为参数的线。通过任意一个物体的参考坐标可以指定在接触表面上的点。物体 A 为主控体，接触界面的运动由 $\boldsymbol{x}(\boldsymbol{\zeta}^{A},t)=\boldsymbol{\varphi}^{A}(\boldsymbol{\zeta}^{A},t)$描述。物体 A 接触表面的协变基矢量为

$$\boldsymbol{a}_{\alpha} = \frac{\partial \boldsymbol{\varphi}^{A}}{\partial \xi^{\alpha}} \equiv \boldsymbol{\varphi}_{,\alpha}^{A} \equiv \boldsymbol{x}_{,\alpha}^{A} \tag{11.2.20}$$

在程序中，协变基矢量通常由定义的笛卡儿基矢量代替，如 10.2 节所述。

11.2.4　单一接触条件

将运动学和动力学的接触条件式(11.2.8)和式(11.2.16)的两个不等式合并为一个方程：

$$t_{\mathrm{N}}\gamma_{\mathrm{N}} = 0 \tag{11.2.21}$$

此即单一接触条件，这个条件必须在接触表面上成立。可以看到，当两个物体发生接触并且保持接触时，$\gamma_{\mathrm{N}}=0$；而当接触停止时，$\gamma_{\mathrm{N}}<0$，则法向面力退出工作，有 $t_{\mathrm{N}}=0$；所以，它们的乘积总是为零。这个方程也可以表示为接触力的法向分量实际上不做功。

11.2.5　相互侵彻度量

相互侵彻度量的推导过程是很复杂的，且很难将其应用于有限元，但可以作为理论模型的参考在这里给出。按照 Wriggers(1995)和相关文献(Wriggers et al.，1994)的结论，考虑如图 11-5 所示的情况，图中物体 B 中的点 P 已经侵入物体 A，希望获得相互侵彻度量 $g_{\mathrm{N}}(\zeta^{B},t)$。

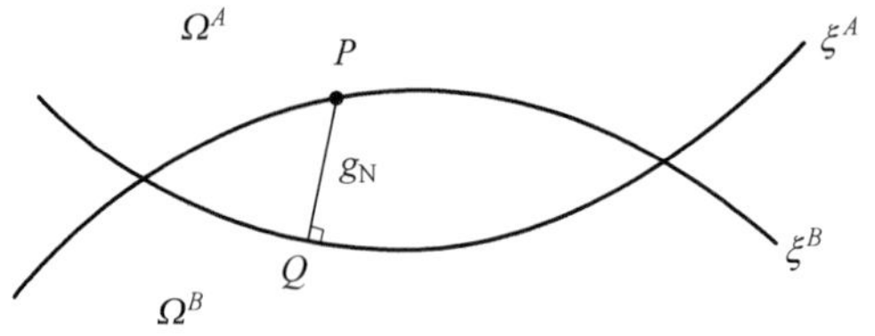

图 11-5 物体 A 上的点 Q 最接近于物体 B 上的点 P：点 Q 是物体 A 上的点 P 的正交映射

物体 B 上的点 P 侵入物体 A 内部后，用坐标 $\boldsymbol{x}^B(\zeta^B, t)$ 表示点 P 到物体 A 表面上任意点之间的距离：

$$\ell_{AB} = \| \boldsymbol{x}^B(\boldsymbol{\zeta}^B, t) - \boldsymbol{x}^A(\boldsymbol{\zeta}^A, t) \|$$

$$\equiv [(x^B - x^A)^2 + (y^B - y^A)^2 + (z^B - z^A)^2]^{\frac{1}{2}} \tag{11.2.22}$$

相互侵彻度量 $g_N(\zeta^B, t)$ 为上式的最小值，并且考虑到其值仅当点 P 在物体 A 内部时才是非零的。这可以通过 $\boldsymbol{x}^B - \boldsymbol{x}^A$ 到物体 A 外法线上的投影来检验：当投影是负值时，点 P 在物体 A 内部，因此有相互侵彻；否则点 P 不在物体 A 内部，没有相互侵彻。所以，相互侵彻性的定义是

$$g_N(\boldsymbol{\zeta}^B, t) = \min_{\zeta^A} \alpha \ell_{AB}, \quad \alpha = \begin{cases} 1, & (\boldsymbol{x}^B - \boldsymbol{x}^A) \cdot \boldsymbol{n}^A \leqslant 0 \\ 0, & (\boldsymbol{x}^B - \boldsymbol{x}^A) \cdot \boldsymbol{n}^A > 0 \end{cases} \tag{11.2.23}$$

记坐标 $\bar{\boldsymbol{\zeta}} = \boldsymbol{\zeta}^A$，$g_N(\boldsymbol{\zeta}^B, t)$ 取最小值可通过令 ℓ_{AB} 的导数在坐标点 $\bar{\boldsymbol{\zeta}}$ 处为零实现，由此得到使 ℓ_{AB} 取最小值的点 $\boldsymbol{x}^A(\bar{\boldsymbol{\zeta}}, t)$，有

$$\frac{\partial \ell_{AB}}{\partial \bar{\zeta}^\alpha} = \frac{\partial}{\partial \bar{\zeta}^\alpha} \| \boldsymbol{x}^B - \boldsymbol{x}^A \| = \frac{\boldsymbol{x}^B - \boldsymbol{x}^A}{\| \boldsymbol{x}^B - \boldsymbol{x}^A \|} \cdot \left(\frac{-\partial \boldsymbol{x}^A}{\partial \bar{\zeta}^\alpha} \right) \equiv -\boldsymbol{e} \cdot \boldsymbol{a}_\alpha = 0 \tag{11.2.24}$$

式中，$\boldsymbol{a}_\alpha$ 由式(11.2.21)给出，并且有 $\boldsymbol{e} = (\boldsymbol{x}^B - \boldsymbol{x}^A) / \| \boldsymbol{x}^B - \boldsymbol{x}^A \|$，所以 $\boldsymbol{e}$ 是从物体 A 到物体 B 的单位矢量。根据式(11.2.24)，由于 $\boldsymbol{e}$ 正交于切向矢量 $\boldsymbol{a}_\alpha$，它垂直于表面 A。因此，当 $\boldsymbol{e}$ 垂直于表面 A 时，ℓ_{AB} 是最小值；$\boldsymbol{x}^A(\bar{\boldsymbol{\zeta}}, t)$ 为点 P 在表面 A 上的正交投影。这是一个普遍的数学结果：从一个点到一个空间或一个拓扑空间的最短距离是正交投影。图 11-5 表示了二维情况下的结果。注意到当物体相互侵彻时，$\boldsymbol{e}$ 指向外法线方向的反方向，因此 $\boldsymbol{e} = -\boldsymbol{n}^A$。

通过求解非线性代数方程(11.2.24)，获得 $\bar{\boldsymbol{\zeta}}$ 的最小值。在三维情况下，式(11.2.24)涉及两个未知数的两个方程；在二维情况下，它只包含一个方程。一旦确定了 $\bar{\boldsymbol{\zeta}}$，就可以由式(11.2.23)得到相互侵彻度量 g_N。

当两个物体是不光滑的或不是局部凸状的，这种定义相互侵彻度量的方法将会遇到困难。式(11.2.24)在非光滑表面上难以确立导数，且求得的极值点未必是最值点。在如图 11-6 所示的有转折表面的侵彻情况下，ℓ_{AB} 的最小值是不唯一的：这里有两个点为 P 的正交投影。在这种情况下，难以建立一种方法，能够唯一地定义相互侵彻度量。

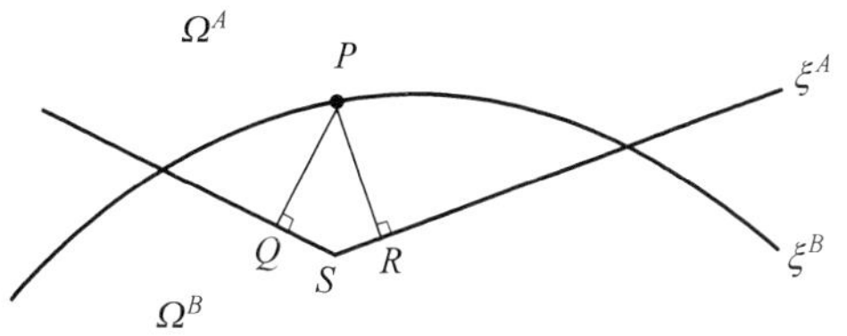

图 11-6　通过一个有转折表面的侵彻，说明正交映射点求解的不唯一性

11.2.6　路径无关相互侵彻率

本节由式(11.2.23)给出的 $g_N(\boldsymbol{\zeta},t)$ 建立相互侵彻率 $\dot{g}_N(\boldsymbol{\zeta},t)$，它的积分是与路径无关的。如式(11.2.23)，当 $\alpha\neq 0$ 时，可定义相互侵彻率 $g_N(\boldsymbol{\zeta},t)$ 为

$$\dot{g}_N=\frac{\partial g_N(\boldsymbol{\zeta},t)}{\partial t}=\frac{\boldsymbol{x}^B(\boldsymbol{\zeta},t)-\boldsymbol{x}^A(\bar{\boldsymbol{\zeta}},t)}{\|\boldsymbol{x}^B(\boldsymbol{\zeta},t)-\boldsymbol{x}^A(\bar{\boldsymbol{\zeta}},t)\|}\cdot\left(\frac{\partial \boldsymbol{x}^B(\boldsymbol{\zeta},t)}{\partial t}-\frac{\partial \boldsymbol{x}^A(\bar{\boldsymbol{\zeta}},t)}{\partial t}\right) \tag{11.2.25}$$

基于对式(11.2.24)的讨论，当 $\dfrac{\boldsymbol{x}^B-\boldsymbol{x}^A}{\|\boldsymbol{x}^B-\boldsymbol{x}^A\|}$ 对应于物体 A 的法线时，ℓ_{AB} 取得最小值。利用这个结论和 $\boldsymbol{v}^B=\dfrac{\partial \boldsymbol{x}^B(\boldsymbol{\zeta},t)}{\partial t}$，上式可以改写为

$$\dot{g}_N=\boldsymbol{n}^B\cdot\left(\boldsymbol{v}^B-\frac{\partial \boldsymbol{x}^A(\bar{\boldsymbol{\zeta}},t)}{\partial t}\right) \tag{11.2.26}$$

注意到 $\bar{\boldsymbol{\zeta}}$ 不是材料坐标，为了保证最近点的映射，这个点独立于材料移动。因此，式(11.2.26)等号右侧括号内的第二项不是材料时间导数。这个点可以认为是一个任意的拉格朗日-欧拉点：它既不固定于空间上的一点，也不与材料点重合。应用简单的链规则可以推导出

$$\boldsymbol{v}^A=\frac{\partial \boldsymbol{x}^A(\boldsymbol{\zeta},t)}{\partial t}=\frac{\partial \boldsymbol{x}^A}{\partial t}(\bar{\boldsymbol{\zeta}},t)+\frac{\partial \boldsymbol{x}^A}{\partial \bar{\zeta}^\alpha}\frac{\partial \bar{\zeta}^\alpha}{\partial t},$$

故

$$\frac{\partial \boldsymbol{x}^A(\bar{\boldsymbol{\zeta}},t)}{\partial t}=\boldsymbol{v}^A-\frac{\partial \boldsymbol{x}^A}{\partial \bar{\zeta}^\alpha}\frac{\partial \bar{\zeta}^\alpha}{\partial t}\equiv\boldsymbol{v}^A-\boldsymbol{x}^A_{,\alpha}\frac{\partial \bar{\zeta}^\alpha}{\partial t} \tag{11.2.27}$$

将式(11.2.27)代入式(11.2.26)，并且应用式(11.2.3)，得到

$$\dot{g}_N=\boldsymbol{n}^B\cdot\left(\boldsymbol{v}^B-\boldsymbol{v}^A+\boldsymbol{x}^A_{,\alpha}\frac{\partial \bar{\zeta}^\alpha}{\partial t}\right)=\boldsymbol{n}^A\cdot\boldsymbol{v}^A-\boldsymbol{n}^A\cdot\boldsymbol{v}^B-\boldsymbol{n}^A\cdot\boldsymbol{x}^A_{,\alpha}\frac{\partial \bar{\zeta}^\alpha}{\partial t} \tag{11.2.28}$$

比较式(11.2.8)和式(11.2.28)，可以看出除非 $\bar{\boldsymbol{\zeta}}_{,t}=0$，否则法向相互侵彻率将区别于相对速度 γ_N 的法向投影。一旦接触物体的两个表面发生重合，就有 $\bar{\boldsymbol{\zeta}}_{,t}=0$，因此有

$$\gamma_N=\dot{g}_N \tag{11.2.29}$$

上式说明，若要建立相互侵彻率，物体必须是连续可微的，即 C^1 连续。否则，在如图 11-6 所示的情况中，当最近点从 Q 移动到 R 时，$\bar{\boldsymbol{\zeta}}$ 将不是一个时间的连续函数。

11.2.7　相互侵彻物体的相对切向速度

如果物体发生相互侵彻，则式(11.2.9)无法给出在接触面上两个点的相对切向速度；

仅当两个物体发生接触且还未相互侵彻时，式(11.2.9)才是精确的。这里基于 Wriggers (1995)的理论模型给出相互侵彻物体的切向速度关系。在这个方法中，以在物体 B 上点 P 的速度和它在最近点的投影，定义相对切向速度为

$$\dot{\boldsymbol{g}}_{\mathrm{T}}=\bar{\zeta}^{\alpha}_{,t}\boldsymbol{a}_{\alpha} \tag{11.2.30}$$

上式包含了式(11.2.27)中出现的率 $\bar{\zeta}^{\alpha}_{,t}$，且由式(11.2.24)获得了 $\bar{\zeta}^{\alpha}_{,t}$。由于式(11.2.24)总是与最近点有关，上式等号右侧的时间导数必然为零。因此，用 $\|\boldsymbol{x}^{B}-\boldsymbol{x}^{A}\|$ 乘以式(11.2.24)，并应用式(11.2.21)，可得 $\boldsymbol{a}_{\alpha}=\dfrac{\partial\boldsymbol{x}^{A}}{\partial\zeta^{\alpha}}$，则有

$$\frac{\partial}{\partial t}[(\boldsymbol{x}^{B}(\boldsymbol{\zeta},t)-\boldsymbol{x}^{A}(\bar{\boldsymbol{\zeta}},t))\cdot\boldsymbol{a}_{\alpha}]=0 \tag{11.2.31}$$

式中，$\boldsymbol{\zeta}$ 为固定值。由式(11.2.21)计算得

$$\frac{\partial\boldsymbol{a}_{\alpha}}{\partial t}=\frac{\partial}{\partial t}\left(\frac{\partial\boldsymbol{x}^{A}}{\partial\zeta^{\alpha}}\right)=\frac{\partial}{\partial\zeta^{\alpha}}\left(\frac{\partial\boldsymbol{x}^{A}}{\partial t}+\frac{\partial\boldsymbol{x}^{A}}{\partial\zeta^{\beta}}\frac{\partial\bar{\zeta}^{\beta}}{\partial t}\right)=\boldsymbol{v}^{A}_{,\alpha}+\boldsymbol{x}^{A}_{,\alpha\beta}\bar{\zeta}^{\beta}_{,t} \tag{11.2.32}$$

余下的步骤如下(当方便时可以消去独立变量)。

首先对式(11.2.31)中的乘积求导：

$$(\boldsymbol{x}^{B}_{,t}(\boldsymbol{\zeta},t)-\boldsymbol{x}^{A}_{,t}(\bar{\boldsymbol{\zeta}},t))\cdot\boldsymbol{a}_{\alpha}+(\boldsymbol{x}^{B}-\boldsymbol{x}^{A})\cdot\boldsymbol{a}_{\alpha,t}=0 \tag{11.2.33}$$

由式(11.2.27)和式(11.2.32)，以及 $\boldsymbol{v}^{BA}=\boldsymbol{v}^{B}-\boldsymbol{v}^{A}$ 和 $\boldsymbol{x}^{BA}=\boldsymbol{x}^{B}-\boldsymbol{x}^{A}$，对于 $\boldsymbol{a}_{\alpha,t}$，有

$$(\boldsymbol{v}^{BA}+\boldsymbol{x}^{A}_{,\beta}\bar{\zeta}^{\beta}_{,t})\cdot\boldsymbol{a}_{\alpha}+\boldsymbol{x}^{BA}\cdot(\boldsymbol{v}^{A}_{,\alpha}+\boldsymbol{x}^{A}_{,\alpha\beta}\bar{\zeta}^{\beta}_{,t})=0 \tag{11.2.34}$$

利用 $\boldsymbol{x}^{A}_{,\beta}=\boldsymbol{a}_{\beta}$，并且整理上式得到

$$(-\boldsymbol{a}_{\alpha}\cdot\boldsymbol{a}_{\beta}-\boldsymbol{x}^{BA}\cdot\boldsymbol{x}^{A}_{,\alpha\beta})\bar{\zeta}^{\beta}_{,t}=\boldsymbol{x}^{BA}\cdot\boldsymbol{v}^{A}_{,\alpha}+\boldsymbol{v}^{BA}\cdot\boldsymbol{a}_{\alpha} \tag{11.2.35}$$

以上是关于两个未知数 $\bar{\zeta}^{\beta}_{,t}$ 的两个线性代数方程组，等号右侧的所有项均为已知。一旦获得了时间导数 $\zeta^{\beta}_{,t}$，由式(11.2.30)可以确定 $\dot{\boldsymbol{g}}_{\mathrm{T}}$。

当 $\boldsymbol{x}^{BA}=0$ 时，式(11.2.35)简化为

$$\boldsymbol{a}_{\alpha}\cdot\boldsymbol{a}_{\beta}\bar{\zeta}^{\beta}_{,t}=(\boldsymbol{v}^{A}-\boldsymbol{v}^{B})\cdot\boldsymbol{a}_{\alpha} \tag{11.2.36}$$

式(11.2.9)的等号右侧为 $\boldsymbol{\gamma}_{\mathrm{T}}$ 的分量，而上式的左侧为 $\dot{\boldsymbol{g}}_{\mathrm{T}}$ 的分量；因此，当表面重合时，可以看到有 $\dot{\boldsymbol{g}}_{\mathrm{T}}=\boldsymbol{\gamma}_{\mathrm{T}}$。

因此，在没有发生相互侵彻时，基于位移定义的相对切向速度式(11.2.30)与式(11.2.9)定义的切向速度是一致的。表 11-1 总结了动力学和运动学的接触界面方程。

表 11-1 接触界面条件

动力学条件：		
	$\boldsymbol{t}^{A}+\boldsymbol{t}^{B}=\boldsymbol{0}$	(B11.1.1)
法向：	$t^{A}_{\mathrm{N}}+t^{B}_{\mathrm{N}}=0,t^{A}_{\mathrm{N}}\equiv\boldsymbol{t}^{A}\cdot\boldsymbol{n}^{A},t^{B}_{\mathrm{N}}\equiv\boldsymbol{t}^{B}\cdot\boldsymbol{n}^{A},t_{\mathrm{N}}\equiv t^{A}_{\mathrm{N}}\leqslant 0$	(B11.1.2)
切向：	$\boldsymbol{t}^{A}_{\mathrm{T}}+\boldsymbol{t}^{B}_{\mathrm{T}}=\boldsymbol{0},\boldsymbol{t}^{A}_{\mathrm{T}}\equiv\boldsymbol{t}^{A}-t^{A}_{\mathrm{N}}\cdot\boldsymbol{n}^{A},\boldsymbol{t}^{B}_{\mathrm{T}}\equiv\boldsymbol{t}^{B}-t^{B}_{\mathrm{N}}\boldsymbol{n}^{A}$	(B11.1.3)
以速度形式表示的运动学条件：		
	$\gamma\equiv\gamma_{\mathrm{N}}=(\boldsymbol{v}^{A}-\boldsymbol{v}^{B})\cdot\boldsymbol{n}^{A}\equiv v^{A}_{\mathrm{N}}-v^{B}_{\mathrm{N}}\leqslant 0$	(B11.1.4)
	$\boldsymbol{\gamma}_{\mathrm{T}}=\boldsymbol{v}^{A}_{\mathrm{T}}-\boldsymbol{v}^{B}_{\mathrm{T}}=\boldsymbol{v}^{A}-\boldsymbol{v}^{B}-\boldsymbol{n}^{A}(\boldsymbol{v}^{A}-\boldsymbol{v}^{B})\cdot\boldsymbol{n}^{A}$	(B11.1.5)

续表

单一接触条件： $$t_N \gamma_N = 0 \quad \text{(B11.1.6)}$$
以位移形式表示的运动学条件和定义： $$g \equiv g_N = \min_{\zeta} \| \boldsymbol{x}^B(\zeta,t) - \boldsymbol{x}^A(\bar{\zeta},t) \| \quad 如果[\boldsymbol{x}^B(\zeta,t) - \boldsymbol{x}^A(\bar{\zeta},t)] \cdot \boldsymbol{n}^A \leqslant 0 \quad \text{(B11.1.7)}$$ $$\dot{g}_N = \boldsymbol{n}^A \cdot \boldsymbol{v}^A + \boldsymbol{n}^B \cdot \boldsymbol{v}^B - \boldsymbol{n}^A \cdot \boldsymbol{x}^A_{,\alpha} \bar{\zeta}^{\alpha}_{,t} \quad \text{(B11.1.8)}$$

【例 11.1】 考虑发生部分侵彻的两个表面，主控物体 A 是 9 节点等参单元，从属物体 B 的表面为一条水平线，求该线上的点 P 与物体 A 上表面点 Q 正交投影的最小值，如图 11-7 所示。

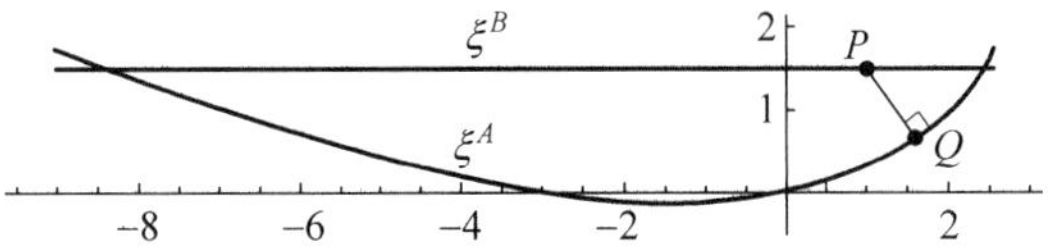

图 11-7 主控体 A 是 9 节点等参单元，物体 B 上直线上的点 P 与物体 A 上表面点 Q 的正交投影

解：物体 A 的表面由二次函数定义为

$$\begin{Bmatrix} x \\ y \end{Bmatrix}^A = (1-r^2)\begin{Bmatrix} 2 \\ 1 \end{Bmatrix} + \frac{1}{2}r(1+r)\begin{Bmatrix} 3 \\ 3 \end{Bmatrix}, r \equiv \zeta^A, -1 \leqslant r \leqslant 1 \quad \text{(E11.1.1)}$$

从属物体 B 的表面为一条水平线：

$$\begin{Bmatrix} x \\ y \end{Bmatrix}^B = \begin{Bmatrix} 4s \\ 1.5 \end{Bmatrix}, \quad s \equiv \zeta^B, \quad 0 \leqslant s \leqslant 1 \quad \text{(E11.1.2)}$$

注意到沿界面有 $\boldsymbol{n}^B \neq -\boldsymbol{n}^A$。在表面 B 上的点 P 的坐标为(1, 1.5)，即将找到相互侵彻。取点 Q 正交投影的最小值 ℓ_{PQ}：

$$\begin{aligned} \ell_{PQ} &= \| \boldsymbol{x}^B(\zeta^B) - \boldsymbol{x}^A(\zeta^A) \| = ((x^B - x^A)^2 + (y^B - y^A)^2)^{\frac{1}{2}} \\ &= \left\{ \left[1 - \left(2(1-r^2) + \frac{3}{2}r(1+r) \right) \right]^2 + \right. \\ &\quad \left. \left[\frac{3}{2} - \left((1-r^2) + \frac{3}{2}r(1+r) \right) \right]^2 \right\}^{\frac{1}{2}} \end{aligned} \quad \text{(E11.1.3)}$$

取其最小化：

$$0 = \frac{\mathrm{d}\ell_{PQ}}{\mathrm{d}r} = \frac{1}{\ell_{PQ}}\left(r^3 + 3r + \frac{3}{4} \right) \quad \text{(E11.1.4)}$$

数值求解上式的根为 $r = -0.2451$，因此，得到图 11-7 曲线上的点 Q 坐标：$(x_Q, y_Q) = (1.6023, 0.6624)$。

11.3 摩擦模型

11.3.1 摩擦分类

摩擦是物体之间产生切向面力的接触形式。摩擦是材料能量的消耗，而磨损是材料自身的损耗，均属于材料本构问题。目前，有3种类型的摩擦模型：

(1) 库仑摩擦模型，它是基于经典摩擦理论的模型；

(2) 界面本构方程，它由方程给出切向力，类似于材料的本构方程；

(3) 粗糙-润滑模型，它模拟界面物理特性的行为，常用于微观尺度。

这些模型之间的界线并不明显，一些摩擦模型适用于不止一种特性。本节将着重介绍前两类摩擦模型。

11.3.2 库仑摩擦

库仑摩擦模型源于刚体的摩擦。当库仑摩擦模型应用于连续体时，其在接触界面的每一点：

如果在 $\boldsymbol{x}$ 处接触，且

(1) 满足 $\|\boldsymbol{t}_{\mathrm{T}}(\boldsymbol{x},t)\| < -\mu_{\mathrm{F}} t_{\mathrm{N}}(\boldsymbol{x},t)$，则切向速度为零：

$$\boldsymbol{\gamma}_{\mathrm{T}}(\boldsymbol{x},t)=0 \tag{11.3.1}$$

(2) 满足 $\|\boldsymbol{t}_{\mathrm{T}}(\boldsymbol{x},t)\| = -\mu_{\mathrm{F}} t_{\mathrm{N}}(\boldsymbol{x},t)$，则

$$\boldsymbol{\gamma}_{\mathrm{T}}(\boldsymbol{x},t)=-k(\boldsymbol{x},t)\boldsymbol{t}_{\mathrm{T}}(\boldsymbol{x},t),\ k\geqslant 0 \tag{11.3.2}$$

式中，k 是未知的，由动量方程的解答确定。两个物体在一点处接触的条件意味着法向力 $t_{\mathrm{N}}\leqslant 0$，因此，两个表达式的右侧项 $-\mu_{\mathrm{F}} t_{\mathrm{N}}$ 总是正值。实际上，条件(1)作为黏着条件，在一点处的切向面力小于临界值时，不允许相对切向运动，即两个物体为黏接的；条件(2)对应于滑动，其表达式还表示切向摩擦的方向总与相对切向速度的方向相反。

库仑摩擦模型类似于刚塑性材料，如图11-8所示。如果将切向速度 γ_{T} 理解为应变、将切向面力 μt_{N} 理解为应力，则式(11.3.1)的关系式可以理解为屈服函数。根据式(11.3.1)，当屈服准则不满足时，切向速度为零；一旦屈服准则满足，切向速度就是沿由式(11.3.2)确定的方向滑动。这些特征类似于刚塑性材料的本构模型。

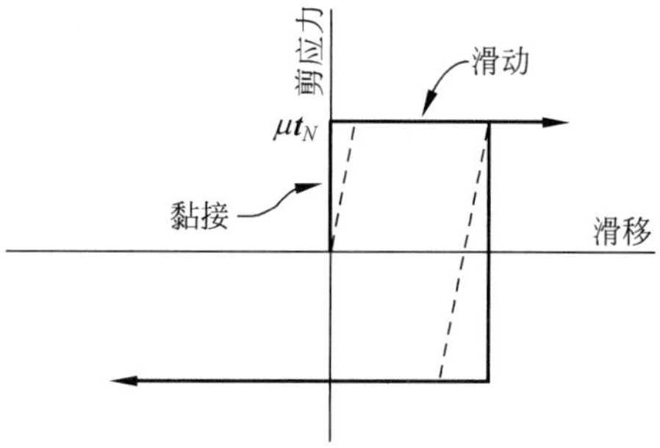

图 11-8　类似于刚塑性材料本构的库仑摩擦模型

还有几种与上述等价的方法可以表述库仑定律。例如，Demkowicz 和 Oden(1981)给出库仑定律为(简便起见，删除了变量的空间非独立性)

$$\|\boldsymbol{t}_{\mathrm{T}}\| \leqslant -\mu_{\mathrm{F}} t_{\mathrm{N}} \quad 且 \quad \boldsymbol{t}_{\mathrm{T}}\cdot\boldsymbol{\gamma}_{\mathrm{T}}+\mu_{\mathrm{F}}\,|t_{\mathrm{N}}|\,|\boldsymbol{\gamma}_{\mathrm{T}}|=0 \tag{11.3.3}$$

库仑摩擦的黏着条件是其最棘手的性质，因为它引入了相对切向速度随时间发展的不连续性。当一点的运动从滑动变化为黏着时，相对切向速度 $\boldsymbol{\gamma}_{\mathrm{T}}$ 将不连续地阶跃到零。因此，切向速度是不光滑的，这使得数值运算非常困难。

11.3.3 界面本构方程

Michalowski 等(1978)和 Curnier(1984)提出了定义界面定律的不同方法，这种方法源于库仑摩擦模型与弹-塑性理论之间的相似性。界面行为的本构模型源于凹凸不平的表面粗糙度，如图11-9所示，它发生在微观尺度上。即使是最光滑的表面，当尺度细化后也可以

分辨粗糙度。在滑动中，摩擦是由粗糙部分的相互作用生成的。最初的滑动引起了这些粗糙部分的弹性变形，所以，真正的黏着条件不会自然产生，即黏着条件是所观察到的行为的理想化。在滑动过程中，伴随粗糙部分的弹性变形可被看作表面被"研磨"的过程。粗糙的弹性变形是可逆的，而研磨是不可逆的，因此，我们自然地将初始滑动归于弹性特性，而将滑动归于塑性特性。

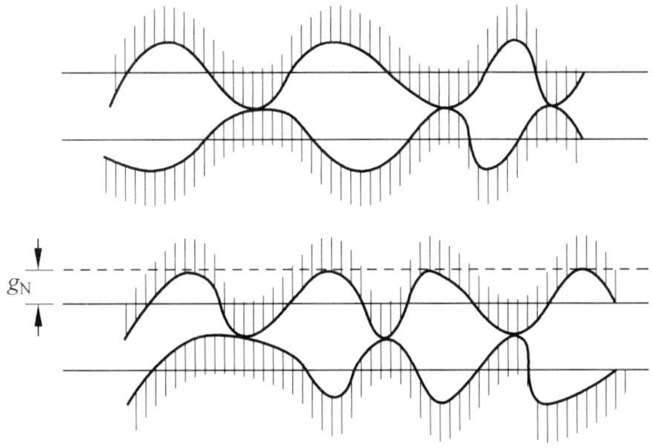

图 11-9 接触表面上的粗糙部分

作为界面本构定律的举例，下面介绍 Curnier(1984)的塑性理论在摩擦中的应用。这个模型包含连续体塑性理论的所有内容：分解变形为可逆的和不可逆的分量，建立屈服函数和流动律。在这个模型的描述中，用相对速度代替了相对位移，可应用于分析计算包括任意的时间历史和较大的相对滑动的问题。

相对切向速度$\boldsymbol{\gamma}_T$ 可以分解为黏着和滑动两个部分，黏着是粗糙部分的弹性变形，滑动则是粗糙部分因研磨而发生的不可逆变形：

$$\boldsymbol{\gamma}_T = \boldsymbol{\gamma}_T^{adh} + \boldsymbol{\gamma}_T^{slip} \tag{11.3.4}$$

式中，$\boldsymbol{\gamma}^{adh}$ 为可逆部分，$\boldsymbol{\gamma}^{slip}$ 为不可逆部分。磨损函数定义为

$$D^C = \int_0^t (\boldsymbol{\gamma}_T^{slip} \cdot \boldsymbol{\gamma}_T^{slip})^{\frac{1}{2}} dt \tag{11.3.5}$$

这类似于等效塑性应变的定义。

为了构造塑性界面定律，定义两个作为面力 $\boldsymbol{t}$ 的函数：

(1) 屈服函数 $f(\boldsymbol{t})$；

(2) 流动律的势函数 $h(\boldsymbol{t})$。

屈服函数确定了塑性响应的起始，而势函数确定了滑动(塑性应变率)和切向面力之间的关系。

这个理论类似于12.8节的非关联塑性理论。此处仅概述步骤，并指出非关联塑性的要求。以库仑摩擦为例，其屈服函数对应于库仑摩擦条件：

$$f(t_N, \boldsymbol{t}_T) = \| \boldsymbol{t}_T \| + \mu_F t_N = 0 \tag{11.3.6}$$

注意到它类似于式(11.3.1)。在二维情况下，$\boldsymbol{t}_T = t_T \hat{\boldsymbol{e}}_x$，这个屈服函数包括斜率为$\pm\mu_F$ 的两条直线，如图 11-10(a)所示，若流动方向 γ 垂直于屈服面 $f=0$(斜率为$\pm\mu_F$ 的两条直线)，并沿屈服面的法向，则为关联流动。

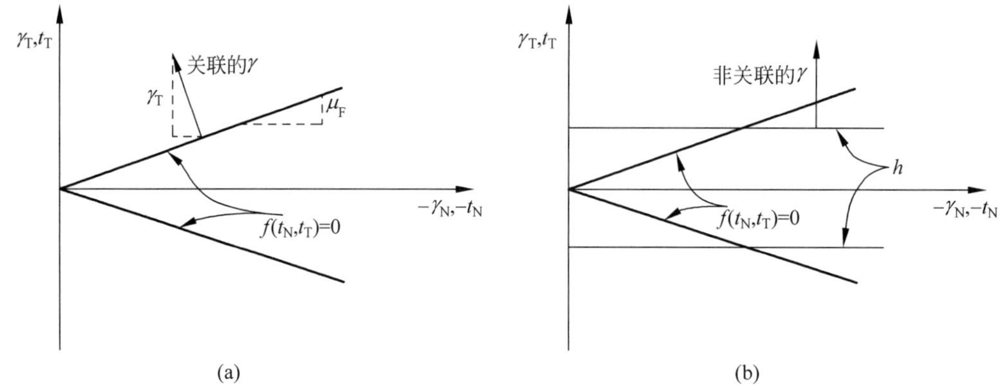

图 11-10　屈服函数与势函数

(a) 在二维中的库仑屈服函数和关联流动律；(b) 在二维中的非关联流动律表示屈服函数和势函数

在三维中，$\boldsymbol{t}_T=\hat{t}_\alpha\hat{\boldsymbol{e}}_\alpha=\hat{t}_x\hat{\boldsymbol{e}}_x+\hat{t}_y\hat{\boldsymbol{e}}_y$，且式(11.3.6)成为

$$f(\boldsymbol{t}_N,\boldsymbol{t}_T)=(\hat{t}_x^2+\hat{t}_y^2)^{1/2}+\mu_F t_N=0 \tag{11.3.7}$$

因而屈服函数是一个圆锥，如图 11-11 所示。

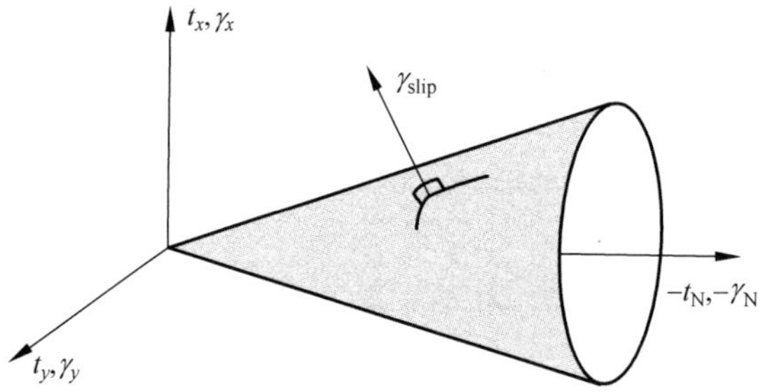

图 11-11　在三维中关于接触的库仑表面和关联滑动

在非关联的塑性中，滑动的势函数与屈服函数不同。此处给出一个简单的示例：

$$h(t_N,\boldsymbol{t}_T)=\|\boldsymbol{t}_T\|-\beta=0 \tag{11.3.8}$$

式中，β 是一个常数。这个势函数如图 11-10(b)所示，可以看到，流动方向 γ 并不垂直于屈服面 $f=0$(斜率为$\pm\mu_F$ 的两条直线)，且没有沿屈服面的法向，因此为非关联塑性流动。这再次说明库仑摩擦可以类比于本构模型。

在二维和三维情况下，为了写出摩擦的塑性理论的全部关系，可先定义

$$\text{二维：}\boldsymbol{\gamma}=\begin{Bmatrix}\gamma_N\\ \gamma_T\end{Bmatrix},\quad \text{三维：}\boldsymbol{\gamma}=\begin{Bmatrix}\gamma_N\\ \boldsymbol{\gamma}_T\end{Bmatrix}=\begin{Bmatrix}\gamma_N\\ \hat{\gamma}_x\\ \hat{\gamma}_y\end{Bmatrix} \tag{11.3.9}$$

$$\text{二维：}\boldsymbol{Q}=\begin{Bmatrix}t_N\\ t_T\end{Bmatrix},\quad \text{三维：}\boldsymbol{Q}=\begin{Bmatrix}t_N\\ \boldsymbol{t}_T\end{Bmatrix}=\begin{Bmatrix}t_N\\ \hat{t}_x\\ \hat{t}_y\end{Bmatrix} \tag{11.3.10}$$

则黏着应变-应力的关系为

$$\boldsymbol{Q}^{\nabla}=\boldsymbol{C}^{Q}\boldsymbol{\gamma}^{\text{adh}} \quad 或 \quad Q_i^{\nabla}=C_{ij}^{Q}\gamma_j^{\text{adh}} \tag{11.3.11}$$

它是连续体次弹性定律的对应项。式中，$\boldsymbol{\gamma}^{\text{adh}}$ 为式(11.3.4)定义的黏着部分，$\boldsymbol{Q}^{\nabla}$ 表示面力的客观率。因为没有实验数据提供不同方向上的摩擦面力与相对运动之间的耦合，$\boldsymbol{C}^{Q}$ 通常以对角化形式给出。

下面由非关联塑性流动定律给出黏着滑动率。考虑理想的塑性滑移，即随滑动的累积，没有增加面力：

$$\boldsymbol{\gamma}^{\text{slip}}=\alpha\frac{\partial h}{\partial \boldsymbol{Q}} \quad 或 \quad \gamma_i^{\text{slip}}=\alpha\frac{\partial h}{\partial Q_i} \tag{11.3.12}$$

定义

$$\boldsymbol{f}\equiv\frac{\partial f}{\partial \boldsymbol{Q}}, \quad \boldsymbol{h}\equiv\frac{\partial h}{\partial \boldsymbol{Q}} \tag{11.3.13}$$

对于摩擦表面，建立本构方程的步骤则为

$$\boldsymbol{f}^{\mathrm{T}}\dot{\boldsymbol{Q}}=0 \quad (一致性) \tag{11.3.14}$$

$$\boldsymbol{Q}^{\nabla}=\boldsymbol{C}^{Q}(\boldsymbol{\gamma}-\boldsymbol{\gamma}^{\text{slip}}) \quad (由式(11.3.11)和式(11.3.4)可知) \tag{11.3.15}$$

$$\boldsymbol{f}^{\mathrm{T}}\boldsymbol{C}^{Q}(\boldsymbol{\gamma}-\alpha\boldsymbol{h})=0 \quad (将式(11.3.12)和式(11.3.14)代入式(11.3.15)) \tag{11.3.16}$$

$$\alpha=\frac{\boldsymbol{f}^{\mathrm{T}}\boldsymbol{C}^{Q}\boldsymbol{\gamma}}{\boldsymbol{f}^{\mathrm{T}}\boldsymbol{C}^{Q}\boldsymbol{h}} \quad (解式(11.3.16)得出 \alpha) \tag{11.3.17}$$

$$\boldsymbol{Q}^{\nabla}=\boldsymbol{C}^{Q}\left(\boldsymbol{\gamma}-\frac{\boldsymbol{f}^{\mathrm{T}}\boldsymbol{C}^{Q}\boldsymbol{\gamma}}{\boldsymbol{f}^{\mathrm{T}}\boldsymbol{C}^{Q}\boldsymbol{h}}\boldsymbol{h}\right) \quad (将式(11.3.17)和式(11.3.13)代入式(11.3.15)) \tag{11.3.18}$$

客观率(框架不变性)与材料率有关：

$$\frac{\partial \boldsymbol{Q}(\boldsymbol{\xi},t)}{\partial t}=\boldsymbol{Q}^{\nabla}+\boldsymbol{Q}\cdot\boldsymbol{W} \tag{11.3.19}$$

式中，$\boldsymbol{W}$ 是由式(2.3.11)给出的旋转率在接触表面上的投影。可以采用与12.8节给出的弹-塑性理论类似的方法进行应力更新。

这里通过二维情况下的滑动给出一个选择非关联流动律的解释。对于关联流动律，由 $\gamma_{\mathrm{N}}^{\text{slip}}=\frac{\alpha\partial f}{\partial t_{\mathrm{N}}}=\alpha\mu_{\mathrm{F}}$ 和 $\gamma_{\mathrm{T}}^{\text{slip}}=\frac{\alpha\partial f}{\partial t_{\mathrm{T}}}=\alpha\,\mathrm{sign}(t_{\mathrm{T}})$ 给出不可逆的法向和切向滑动。在接触中 $\alpha\geqslant0$ 和 $t_{\mathrm{N}}<0$，意味着 $\gamma_{\mathrm{N}}^{\text{slip}}<0$，因此在滑动开始后，物体将分离(回顾在相互侵彻中 γ_{N} 为正数)。应用非关联势式(11.3.8)，如果滑动由势流动律给出，则在二维情况下的滑动为

$$\gamma_{\mathrm{N}}^{\text{slip}}=\alpha\frac{\partial h}{\partial t_{\mathrm{N}}}=0, \quad \gamma_{\mathrm{T}}^{\text{slip}}=\alpha\frac{\partial h}{\partial t_{\mathrm{T}}}=\alpha\,\mathrm{sign}(t_{\mathrm{T}}) \tag{11.3.20}$$

因此，法向滑动为零，即在应用非关联律的滑动中，没有发生不可逆的法向分离。

像弹-塑性那样，界面摩擦也可以包括硬化(12.8节)。当法向面力很大时，粗糙的表面将被碾平，并且发展了不可逆的应变 $\gamma_{\mathrm{N}}^{\text{slip}}$。这可以由帽子模型模拟(DiMaggio et al.,1971)。

11.4 广义变分原理的弱形式

本章引入的接触界面实际上将作为一类约束条件引入有限元求解过程。如前文所述，有限元方法不能直接离散动量方程，为了离散这个方程，需要一种弱形式，也称为变分形

式，如在 3.3 节中通过自然变分原理建立的弱形式。自然变分原理对物理问题的微分方程和边界条件建立对应的泛函，该泛函是等式，通过使泛函取驻值得到问题的解答，但是其未知场函数需要满足一定的附加条件。广义变分原理，或称为约束变分方程，不需要事先满足附加条件。采用拉格朗日乘子法或罚函数法将附加条件引入泛函，重新构造一个修正泛函，将问题转化为求修正泛函的驻值，该方法被称为无附加条件的变分原理。正是由于在泛函中引入了约束附加条件，广义变分原理建立的弱形式才是不等式。下面讨论应用广义变分原理建立接触问题的弱形式。

11.4.1 接触边界和速度变分函数

首先建立拉格朗日网格的动量方程和接触界面条件的弱形式。当接触表面作为拉格朗日格式处理时，这一形式也适用于任意的拉格朗日-欧拉网格。简便起见，我们从无摩擦接触开始，将切向面力的处理推迟到本节的最后。本节仅讨论面力或位移在对应接触边界上被限制的情况。

接触表面既不是面力也不是位移边界。物体 A 的全部边界为

$$\Gamma^A = \Gamma_t^A \cup \Gamma_u^A \cup \Gamma^C \tag{11.4.1}$$

并且注意到

$$\Gamma_t^A \cap \Gamma_u^A = 0, \quad \Gamma_t^A \cap \Gamma^C = 0, \quad \Gamma_u^A \cap \Gamma^C = 0 \tag{11.4.2}$$

对于物体 B，上述关系式成立，其中上标 C 表示接触(contact)。此外，记

$$\Gamma_t = \Gamma_t^A \cup \Gamma_t^B, \quad \Gamma_u = \Gamma_u^A \cup \Gamma_u^B \tag{11.4.3}$$

可在运动学允许速度的空间内任意选择试函数 $\boldsymbol{v}(X,t)$，如在第 4 章中选择以速度为主的非独立变量，而位移可通过速度对时间积分得到。速度试函数的空间 $\boldsymbol{v}(X,t) \in V$ 的定义如下：

$$V = \{\boldsymbol{v}(\boldsymbol{X},t) \mid \boldsymbol{v} \in C^0(\Omega^A), \quad \boldsymbol{v} \in C^0(\Omega^B), \quad \boldsymbol{v} = \bar{\boldsymbol{v}}, \text{在 } \Gamma_u \text{ 上}\} \tag{11.4.4}$$

该试函数空间类似于单一物体发生变形时弱形式的试函数空间，但区别于单一物体。应注意此处速度函数在两个物体中是分别近似的，且在横跨两物体边界时可以不连续。在物体内部，要求速度场满足 C^0 连续，即属于 H^1 空间，但在线弹性静力学的收敛性分析中，位移场函数应当属于 $H^{\frac{1}{2}}$ 空间(Kikuchi et al.，1988)。该函数空间与断裂力学问题中处理裂纹尖端奇异场的空间相似。在接触问题中，奇异发生在边界。但与断裂力学不同的是，在接触问题中的奇异性没有工程意义，因为表面粗糙度抵消了应力场中的准奇异性的行为。

速度变分函数的空间定义为

$$V_0 = \{\delta\boldsymbol{v}(X,t), \delta\boldsymbol{v} = 0, \text{在 } \Gamma_u \text{ 上}\} \tag{11.4.5}$$

其与 4.3 节的定义是一致的。

11.4.2 拉格朗日乘子弱形式

施加接触约束的一般方法是借助于拉格朗日乘子。按照 Belytschko 等(1991)的描述，令拉格朗日乘子试函数为 $\lambda(\zeta,t)$，相应的变分函数为 $\delta\lambda(\zeta,t)$。这些函数存在于以下空间：

$$\lambda(\zeta,t) \in j^+, j^+ = \{\lambda(\zeta,t) \mid \lambda \in C^{-1}, \lambda \geqslant 0, \text{在 } \Gamma^C \text{ 上}\} \tag{11.4.6}$$

$$\delta\lambda(\zeta) \in j^-, j^- = \{\delta\lambda(\zeta) \mid \delta\lambda \in C^{-1}, \delta\lambda \leqslant 0, \text{在 } \Gamma^C \text{ 上}\} \tag{11.4.7}$$

弱形式为

$$\delta P_L(\boldsymbol{v},\delta\boldsymbol{v},\lambda,\delta\lambda)\equiv\delta p+\delta G_L\geqslant 0,\forall\,\delta v\in V_0,\forall\,\delta\lambda\in j^-\tag{11.4.8}$$

其中，

$$\delta G_L=\int_{\Gamma^C}\delta(\lambda\gamma_N)\mathrm{d}\Gamma\tag{11.4.9}$$

式中，δp 是在式(B4.2.1)中定义的虚功率原理，$\delta p=\delta p^{\text{int}}-\delta p^{\text{ext}}+\delta p^{\text{kin}}=0,\forall\,\delta v_i\in V_0$，并且 $v\in U$、$\lambda\in j^+$。这个弱形式等价于动量方程、面力边界条件、内部连续条件(广义的动量平衡)和以下几个接触界面条件：不可侵彻性式(11.2.8)、法向面力的动量平衡式(11.2.15)和无摩擦条件式(11.2.19)。拉格朗日乘子场仅要求 C^{-1} 连续，因为它的导数并不出现在弱形式中。要求法向界面力是压力，这是对试空间的拉格朗日乘子的一种限制。注意到弱形式式(11.4.8)是一个不等式。

借助于拉格朗日乘子，上述方法是在弱形式中附加约束的标准方法，其与三场原理的唯一区别是其约束是一个不等式。

接下来通过与4.6节一致的过程，证明弱形式与动量方程、面力边界条件和接触条件的等价性(通过假设足够的光滑而省略了内部连续性条件)。回顾表4-2给出的 δp 为

$$\delta p=\int_\Omega[\delta v_{i,j}\sigma_{ji}-\delta v_i(\rho b_i-\rho\dot{v}_i)]\mathrm{d}\Omega-\int_{\Gamma_t}\delta v_i\bar{t}_i\mathrm{d}\Gamma\tag{11.4.10}$$

式中，逗号表示对于空间变量的导数，上标 · 表示材料时间导数。式中所有积分均适用于两个物体的集合，即 $\Omega=\Omega^A\cup\Omega^B$，$\Gamma_t=\Gamma_t^A\cup\Gamma_t^B$ 等。首先通过分部积分和高斯原理对内部虚功率积分：

$$\int_\Omega(\delta v_i\sigma_{ji})_{,j}\mathrm{d}\Omega=\int_{\Gamma_t}\delta v_i\sigma_{ji}n_j\mathrm{d}\Gamma+\int_{\Gamma^C}(\delta v_i^At_i^A+\delta v_i^Bt_i^B)\mathrm{d}\Gamma\tag{11.4.11}$$

上式的推导考虑了在位移边界 Γ_u 上的积分为零，因为在 Γ_u 上有 $\delta v_i=0$。最后一个积分应用了柯西应力定义式(2.4.1)。由式(11.4.3)可以看出，式(11.4.11)等号右侧的第一个积分适用于两个物体。由于当应用高斯原理时，在每一物体上分别求解接触表面的积分，所以在整个接触表面上可以以一个单积分表示结果，附属到物体上的变量通过上角标 A 和 B 区分。

式(11.4.11)等号右侧的第二个积分的被积函数则进一步分解为垂直和相切于接触表面的分量。用指标标记表示为

$$\delta v_i^At_i^A=\delta v_N^At_N^A+\delta\hat{v}_\alpha^A\hat{t}_\alpha^A\tag{11.4.12}$$

式中 α 的范围对于二维问题是{1}，而对于三维问题是{1,2}。对物体 B 也可以写出类似的关系式。式(11.4.12)也有其矢量标记形式：

$$\delta\boldsymbol{v}^A\cdot\boldsymbol{t}^A=(\delta\boldsymbol{v}_N^A\boldsymbol{n}^A+\delta\boldsymbol{v}_T^A)\cdot(t_N^A\boldsymbol{n}^A+\boldsymbol{t}_T^A)=\delta v_N^At_N^A+\delta\boldsymbol{v}_T^A\cdot\boldsymbol{t}_T^A\tag{11.4.13}$$

注意到后一个表达式利用了 $\boldsymbol{n}$ 垂直于切向矢量 $\boldsymbol{t}_T$ 和 $\boldsymbol{v}_T$。在式(11.4.13)中的第二项是 $\delta\hat{v}_\alpha\hat{t}_\alpha$ 的另一个表达式。

将式(11.4.11)和式(11.4.12)代入式(11.4.10)，得到

$$\delta p=\int_\Omega\delta\dot{v}_i-(\rho\dot{v}_i-b_i-\sigma_{ij,j})\mathrm{d}\Omega+\int_{\Gamma_t}\delta v_i(\sigma_{ji}n_j-\bar{t}_i)\mathrm{d}\Gamma+$$
$$\int_{\Gamma^C}(\delta v_N^At_N^A+\delta v_N^Bt_N^B+\delta\hat{v}_\alpha^A\hat{t}_\alpha^A+\delta\hat{v}_\alpha^B\hat{t}_\alpha^B)\mathrm{d}\Gamma\tag{11.4.14}$$

另外，考虑式(11.4.9)：

$$\delta G_L=\int_{\Gamma^C}\delta(\lambda\gamma_N)\mathrm{d}\Gamma=\int_{\Gamma^C}(\delta\lambda\gamma_N+\delta\gamma_N\lambda)\mathrm{d}\Gamma \tag{11.4.15}$$

将式(11.2.8)代入上式，得到

$$\delta G_L=\int_{\Gamma^C}(\delta\lambda\gamma_N+\lambda(\delta v_N^A-\delta v_N^B))\mathrm{d}\Gamma \tag{11.4.16}$$

合并式(11.4.14)和式(11.4.16)，得到

$$\begin{aligned}0\leqslant\delta p_L=&\int_\Omega\delta v_i(\sigma_{ji,j}-\rho b_i-\rho\dot{v}_i)\mathrm{d}\Omega+\int_{\Gamma_t}\delta v_i(\sigma_{ji}n_j-\bar{t}_i)\mathrm{d}\Gamma+\\&\int_{\Gamma^C}[\delta v_N^A(t_N^A+\lambda)+\delta v_N^B(t_N^B-\lambda)+\\&(\delta\hat{v}_\alpha^A\hat{t}_\alpha^A+\delta\hat{v}_\alpha^B\hat{t}_\alpha^B)+\delta\lambda\gamma_N]\mathrm{d}\Gamma\end{aligned} \tag{11.4.17}$$

从弱不等式推导出强形式类似于4.3.2节描述的过程，但是，这里必须考虑变分函数的不等式。一旦变分函数不受约束，对于与变分函数相乘的项的符号就没有限制了，并且由密度原理可知该项必须为零。从上式中的前两个积分得到：

$$\begin{cases}\sigma_{ji,j}-\rho b_i=\rho\dot{v}_i,\text{在 }\Omega\text{ 内}\\ \sigma_{ji}n_j=\bar{t}_i,\text{在 }\Gamma_t\text{ 上}\end{cases} \tag{11.4.18}$$

即在物体 A 和物体 B 上，满足动量方程和自然边界条件。在接触表面被积函数的所有项中，除最后一项外，变分函数是没有限制的，因此可以得到

$$\hat{t}_\alpha^A=0\quad\text{且}\quad\hat{t}_\alpha^B=0,\text{在 }\Gamma^C\text{ 上，即 }\boldsymbol{t}_T^A=\boldsymbol{t}_T^B=0,\text{在 }\Gamma^C\text{ 上} \tag{11.4.19a}$$

$$\lambda=-t_N^A\quad\text{且}\quad\lambda=t_N^B,\text{在 }\Gamma^C\text{ 上} \tag{11.4.19b}$$

将式(11.4.19b)消去 λ，得到关于法向面力的动量平衡条件：

$$t_N^A+t_N^B=0,\quad\text{在 }\Gamma^C\text{ 上} \tag{11.4.20}$$

另外，通过 λ 选取空间的限制式(11.4.6)，还得到了法向面力必须受压的限制。

由式(11.4.7)可知，式中被积函数最后一项的变分函数 $\delta\lambda$ 为负值。因此，γ_N 不一定必须为零。但是，可以推论 γ_N 必然是非正的，即弱不等式表示

$$\gamma_N\leqslant 0,\quad\text{在 }\Gamma^C\text{ 上} \tag{11.4.21}$$

这就是相互侵彻不等式式(11.2.8)。

式(11.4.18)～式(11.4.21)构成了对应于弱形式式(11.4.8)的强形式。这一组合包括两个物体的动量方程、内部连续条件和面力(自然的)边界条件。在接触表面，强形式包括法向面力的动量平衡和关于相互侵彻率的不等式。由拉格朗日乘子变分函数的限制，即式(11.4.6)可得，法向面力必须为受压状态。

下面考查虚功率对接触表面的贡献。为了简化证明过程，这里仅提取 δp 中与接触界面条件相关的部分：

$$\begin{aligned}\delta p_1(\Gamma^C)&=\int_{\Gamma^C}(\delta v_i^A t_i^A+\delta v_i^B t_i^B)\mathrm{d}\Gamma\\&=\int_{\Gamma^C}(\delta v_N^A t_N^A+\delta v_N^B t_N^B+\delta \boldsymbol{v}_T^A\cdot\boldsymbol{t}_T^A+\delta \boldsymbol{v}_T^B\cdot\boldsymbol{t}_T^B)\mathrm{d}\Gamma\end{aligned} \tag{11.4.22}$$

δp 中的剩余项等价于动量方程和在没有发生接触的表面上的面力边界条件。因此，利用 δp_1 替换 δp 是与前文等价的。

如果接触表面是无摩擦的，则在式(11.4.22)中的最后两项为零，因此 δp 对接触界面的贡献为

$$\delta p_2(\Gamma^{\mathrm{C}}) \equiv \int_{\Gamma^{\mathrm{C}}} (\delta v_{\mathrm{N}}^A t_{\mathrm{N}}^A + \delta v_{\mathrm{N}}^B t_{\mathrm{N}}^B)\mathrm{d}\Gamma \tag{11.4.23}$$

利用 δp_2 代替 δp 表示动量方程、面力边界条件和无摩擦条件式(11.2.19)。这些结果将应用于以下证明。

11.4.3 侵彻率相关的罚函数法

在罚函数法中，以沿接触表面施加不可侵彻性约束作为罚法向面力。对比拉格朗日乘子法，罚函数法允许一定程度的相互侵彻，更容易编程计算，得到了广泛的应用。考虑两种率相关的罚函数法：

(1) 罚数正比于相互侵彻率 γ_{N} 的平方；

(2) 罚数为相互侵彻及其率的任意函数。

在非线性问题的应用中，方法(2)更有效，因为严格的速度相关罚数允许更多相互侵彻。

罚函数法中的变分和试函数与在拉格朗日乘子法式(11.4.4)～式(11.4.5)中的变分和试函数完全相同。对于罚函数法，弱形式到强形式的等价性表述为

$$\text{如果}\boldsymbol{v} \in V \quad \text{且} \quad \delta p_p(v,\delta v) = \delta p + \delta G_p = 0, \forall\, \delta\boldsymbol{v} \in V_0 \tag{11.4.24}$$

其中，

$$\delta G_p = \int_{\Gamma^{\mathrm{C}}} \frac{\beta}{2}\delta(\gamma_{\mathrm{N}}^2) H(\gamma_{\mathrm{N}})\mathrm{d}\Gamma \tag{11.4.25}$$

则两个物体满足动量方程和自然边界条件，在 Γ^{C} 上的法向面力为压力且满足动量平衡，在 Γ^{C} 上的切向面力为零。

$H(\gamma_{\mathrm{N}})$是海维赛德阶跃函数：

$$H(\gamma_{\mathrm{N}}) = \begin{cases} 1, & \gamma_{\mathrm{N}} > 0 \\ 0, & \gamma_{\mathrm{N}} < 0 \end{cases} \tag{11.4.26}$$

泛函 δp 由式(11.4.10)定义，β 为罚参数，它可以是空间坐标的函数。相应于罚函数法的弱形式不是一个不等式。式(11.4.25)中出现的海维赛德阶跃函数引入了接触-碰撞问题的非连续性性质。这种弱形式并不意味着满足不可侵彻性条件，在罚函数法中，该条件仅能近似地得到满足。

为了证明弱形式包含强形式，由 δG_p 的变分开始，给出

$$\delta G_p = \int_{\Gamma^{\mathrm{C}}} \beta\gamma_{\mathrm{N}}\delta\gamma_{\mathrm{N}} H(\gamma_{\mathrm{N}})\mathrm{d}\Gamma \tag{11.4.27}$$

在上式中应用式(11.2.8)，得到

$$\delta G_p = \int_{\Gamma^{\mathrm{C}}} \beta\gamma_{\mathrm{N}}^{+}(\delta v_{\mathrm{N}}^A - \delta v_{\mathrm{N}}^B)\mathrm{d}\Gamma, \quad \gamma_{\mathrm{N}}^{+} = \gamma_{\mathrm{N}} H(\gamma_{\mathrm{N}}) \tag{11.4.28}$$

将上式与式(11.4.23)给出的 $\delta p_2(\Gamma^{\mathrm{C}})$ 组合，得到

$$\delta p_p = \int_{\Gamma^{\mathrm{C}}} [\delta v_{\mathrm{N}}^A(t_{\mathrm{N}}^A + \beta\gamma_{\mathrm{N}}^{+}) + \delta v_{\mathrm{N}}^B(t_{\mathrm{N}}^B - \beta\gamma_{\mathrm{N}}^{+})]\mathrm{d}\Gamma = 0 \tag{11.4.29}$$

在 Γ^{C} 上，由变分 δv_{N}^A 和 δv_{N}^B 的任意性可得

$$t_{\mathrm{N}}^{A}+\beta\gamma_{\mathrm{N}}^{+}=0,\quad 在\ \Gamma^{\mathrm{C}}\ 上 \tag{11.4.30}$$

$$t_{\mathrm{N}}^{B}-\beta\gamma_{\mathrm{N}}^{+}=0,\quad 在\ \Gamma^{\mathrm{C}}\ 上 \tag{11.4.31}$$

组合上述两个方程，有

$$t_{\mathrm{N}}^{A}=-t_{\mathrm{N}}^{B}=-\beta\gamma_{\mathrm{N}}^{+}\leqslant 0 \tag{11.4.32}$$

式中，$\gamma_{\mathrm{N}}^{+}\geqslant 0$，当罚数被激活时，不等式满足法向面力为压力的要求。因此，弱形式默认为法向面力为压力且满足动量平衡。通过在式(11.4.29)中应用式(11.4.23)，默认了动量方程、面力边界条件和无摩擦条件。

不像拉格朗日乘子弱形式，罚函数法的弱形式没有强制要求横跨接触界面的速度的连续性。事实上，横跨界面的速度确实是不连续的，可以从式(11.4.28)和式(11.4.32)得到

$$\gamma_{\mathrm{N}}^{+}=(v_{\mathrm{N}}^{A}-v_{\mathrm{N}}^{B})H(\gamma_{\mathrm{N}})=\frac{-t_{\mathrm{N}}^{A}}{\beta}$$

因此，法向速度分量中的不连续性反比于罚参数 β；随 β 的增加，速度中的不连续性将减小。由此可见，罚函数是可调的参数，以使棘手的非线性接触-碰撞计算能够进行下去，它也因此受到有限元程序的青睐。

11.4.4 速度和面力作为侵彻函数的罚函数法

由于允许过度的侵彻，罚函数法的上述形式在运算中是非常困难的。仅当相对速度导致发生连续的相互侵彻时，法向面力才是非零的。一旦两个表面的相邻点的相对速度相等或为负值，法向面力就为零。在解答中可能存在一定量的相互侵彻，显然，仅用相互侵彻速度的条件不足以描述侵彻性质。因此，罚函数法推荐将法向面力也设为相互侵彻的函数。为此，定义界面压力 $p=\bar{p}(g_{\mathrm{N}},\gamma_{\mathrm{N}})H(\bar{p})$，其中 g_{N} 是由式(11.2.23)定义的。弱形式则由式(11.4.24)给出：

$$\delta G_{p}=\int_{\Gamma^{\mathrm{C}}}\delta\gamma_{\mathrm{N}}p\,\mathrm{d}\Gamma \tag{11.4.33}$$

并给出：

$$t_{\mathrm{N}}^{A}+p=0\quad 和\quad t_{\mathrm{N}}^{B}-p=0,\quad 在\ \Gamma^{\mathrm{C}}\ 上 \tag{11.4.34}$$

组合上面两个方程得到

$$t_{\mathrm{N}}^{A}=-t_{\mathrm{N}}^{B}=-p=-\bar{p}(g_{\mathrm{N}},\gamma_{\mathrm{N}})H(\bar{p}) \tag{11.4.35}$$

因此，面力总是压力，并且满足动量平衡。面力为相互侵彻和相互侵彻率的函数。

罚函数法的一种可选形式为

$$\bar{p}=(\beta_1 g_{\mathrm{N}}+\beta_2\gamma_{\mathrm{N}}) \tag{11.4.36}$$

式中，β_1 和 β_2 为罚参数。另外一种可选表达式为

$$p=\beta_1 g_{\mathrm{N}}H(g_{\mathrm{N}})+\beta_2\gamma_{\mathrm{N}}H(\gamma_{\mathrm{N}}) \tag{11.4.37}$$

11.4.5 摄动的拉格朗日弱形式

本节讨论摄动的拉格朗日弱形式：

$$\boldsymbol{v}\in V,\lambda\in C^{-1}\quad 且\quad \delta p_{\mathrm{PL}}=\delta p+\delta G_{\mathrm{PL}}=0,$$
$$\forall\,\delta\boldsymbol{v}\in V_0,\forall\,\delta\lambda\in C^{-1} \tag{11.4.38}$$

式中，

$$\delta G_{\mathrm{PL}}=\int_{\Gamma^{\mathrm{C}}}\delta\left(\lambda\gamma_{\mathrm{N}}^{+}-\frac{1}{2\beta}\lambda^{2}\right)\mathrm{d}\Gamma \tag{11.4.39}$$

γ_{N}^{+} 由式(11.4.28)和式(11.2.8)定义，β 是一个较大的常数，即罚参数。可以看出，上式被积函数的第二项为拉格朗日乘子弱形式式(11.4.8)的摄动；由于 β 较大，$\frac{\lambda^{2}}{2\beta}$很小。

在这个弱形式中，拉格朗日乘子的变分和试函数均没有限制。在接触界面上，这个弱形式等价于广义的动量平衡和面力不等式(11.2.16)。可以证明罚函数法仅仅近似地满足不可侵彻性条件式(11.2.8)。

关于强形式的等价性证明如下。由式(11.4.39)可得

$$\delta G_{\mathrm{PL}}=\int_{\Gamma^{\mathrm{C}}}\left(\delta\lambda\gamma_{\mathrm{N}}^{+}+\lambda\delta\gamma_{\mathrm{N}}^{+}-\frac{1}{\beta}\lambda\delta\lambda\right)\mathrm{d}\Gamma \tag{11.4.40}$$

将 δG_{PL} 和曾在动量方程中出现的 δp 合并，由此满足面力边界条件和无摩擦界面条件，则式(11.4.22)中的 $\delta p_{2}(\Gamma^{\mathrm{C}})$成为

$$0=\delta G_{\mathrm{PL}}+\delta p_{2}=\int_{\Gamma^{\mathrm{C}}}\delta\lambda\left(\gamma_{\mathrm{N}}^{+}-\frac{\lambda}{\beta}\right)\mathrm{d}\Gamma+\int_{\Gamma^{\mathrm{C}}}\delta v_{\mathrm{N}}^{A}(t_{\mathrm{N}}^{A}+\lambda H(\gamma_{\mathrm{N}}))+$$
$$\delta v_{\mathrm{N}}^{B}(t_{\mathrm{N}}^{B}-\lambda H(\gamma_{\mathrm{N}}))\mathrm{d}\Gamma \tag{11.4.41}$$

由于变分函数 $\delta v_{\mathrm{N}}^{A}$ 和 $\delta v_{\mathrm{N}}^{B}$ 的任意性，由上式可得

$$t_{\mathrm{N}}^{A}=-\lambda H(\gamma_{\mathrm{N}}),\quad 在\ \Gamma^{\mathrm{C}}\ 上 \tag{11.4.42}$$

$$t_{\mathrm{N}}^{B}=\lambda H(\gamma_{\mathrm{N}}),\quad 在\ \Gamma^{\mathrm{C}}\ 上 \tag{11.4.43}$$

变分函数 $\delta\lambda$ 是没有限制的，因此由式(11.4.41)得到

$$\lambda=\beta\gamma_{\mathrm{N}}^{+},\quad 在\ \Gamma^{\mathrm{C}}\ 上 \tag{11.4.44}$$

组合上面各式，得到

$$t_{\mathrm{N}}^{A}=-t_{\mathrm{N}}^{B}=-\beta\gamma_{\mathrm{N}}^{+}=-\beta(v_{\mathrm{N}}^{A}-v_{\mathrm{N}}^{B})H(\gamma_{\mathrm{N}}),\quad 在\ \Gamma^{\mathrm{C}}\ 上 \tag{11.4.45}$$

因此，面力在接触界面上满足动量平衡，且为压力。

上述接触表面条件的强形式与源于罚函数法的形式基本一致，在离散方程中也可以发现这种相似性：摄动的拉格朗日弱形式是伪罚弱形式。

11.4.6　增广的拉格朗日弱形式

为了改进拉格朗日乘子的计算方法，发展了增广的拉格朗日弱形式(Bertsekas，1984)：

$$\delta p_{\mathrm{AL}}(\boldsymbol{v},\delta\boldsymbol{v},\lambda,\delta\lambda)=\delta p+\delta G_{\mathrm{AL}}\geqslant 0,\quad\forall\,\delta\boldsymbol{v}\in V_{0},\delta\lambda\in j^{-} \tag{11.4.46}$$

$$\delta G_{\mathrm{AL}}=\int_{\Gamma^{\mathrm{C}}}\delta\left[\lambda\gamma_{\mathrm{N}}(v)+\frac{\alpha}{2}\gamma_{\mathrm{N}}^{2}(v)\right]\mathrm{d}\Gamma \tag{11.4.47}$$

式中，$v\in U$，$\lambda\in j^{+}(\Gamma^{\mathrm{C}})$；$\gamma_{\mathrm{N}}(v)$由式(11.2.8)定义，$\alpha$ 作为分布求解过程待定的正参数。

下面证明这个弱形式等价于强形式。展开式(11.4.47)中的被积函数：

$$\delta G_{\mathrm{AL}}=\int_{\Gamma^{\mathrm{C}}}[\delta\lambda\gamma_{\mathrm{N}}+\lambda(\delta v_{\mathrm{N}}^{A}-\delta v_{\mathrm{N}}^{B})+\alpha\gamma_{\mathrm{N}}(\delta v_{\mathrm{N}}^{A}-\delta v_{\mathrm{N}}^{B})]\mathrm{d}\Gamma \tag{11.4.48}$$

式中，对 $\delta\gamma_{\mathrm{N}}$ 应用了式(11.2.8)。将上式与式(11.4.23)组合，得到

$$\int_{\Gamma^{\mathrm{C}}}[\delta\lambda\gamma_{\mathrm{N}}+\delta v_{\mathrm{N}}^{A}(\lambda+\alpha\gamma_{\mathrm{N}}+t_{\mathrm{N}}^{A})-\delta v_{\mathrm{N}}^{B}(\lambda+\alpha\gamma_{\mathrm{N}}-t_{\mathrm{N}}^{B})]\mathrm{d}\Gamma\geqslant 0 \tag{11.4.49}$$

由于所有变量均为任意的，在 Γ^{C} 上有

$$\delta\lambda: \quad \gamma_N = v_N^A - v_N^B \leqslant 0 \tag{11.4.50}$$

$$\delta v_N^A: \quad \lambda = -\alpha\gamma_N - t_N^A \tag{11.4.51}$$

$$\delta v_N^B: \quad \lambda = -\alpha\gamma_N + t_N^B \tag{11.4.52}$$

合并式(11.4.51)和式(11.4.52),得到

$$t_N^A = -t_N^B = -\lambda - \alpha\gamma_N \tag{11.4.53}$$

因此,法向界面的面力满足动量平衡。

11.4.7 应用拉格朗日乘子的切向面力

前文的讨论集中于无摩擦的问题,本节进一步在弱形式中附加切向面力连续性一项,修改上述所有公式以便处理界面摩擦问题。令

$$\delta p_C = \delta p + \delta G_N + \delta G_T \tag{11.4.54}$$

对于拉格朗日法和增广的拉格朗日法,弱形式是一个不等式:

$$\delta p_C \geqslant 0, \quad \delta G_N = \delta G_L \text{ 或 } \delta G_{AL} \tag{11.4.55}$$

对于罚函数法和摄动的拉格朗日法,弱形式是一个等式:

$$\delta p_C = 0, \quad \delta G_N = \delta G_p \text{ 或 } \delta G_{PL} \tag{11.4.56}$$

在两种情况中,切向表达式定义为

$$\delta G_T = \int_{\Gamma^C} \delta\gamma_T \cdot \boldsymbol{t}_T \, d\Gamma \equiv \int_{\Gamma^C} \delta\hat{\gamma}_\alpha \hat{t}_\alpha \, d\Gamma \tag{11.4.57}$$

式中,$\boldsymbol{t}_T$ 为相切于接触界面的面力,通过摩擦模型计算得到。在以指标标记的表达式中,分量上加^表示其位于接触界面的切向平面的局部坐标中。

与前文类似,为了获得强形式,在提出沿法向的动量方程、面力边界条件和接触条件后,取 δp 中的剩余项:

$$0 = \int_{\Gamma^C} (\delta\boldsymbol{v}_T^A \cdot \boldsymbol{t}_T^A + \delta\boldsymbol{v}_T^B \cdot \boldsymbol{t}_T^B + \delta\boldsymbol{\gamma}_T \cdot \boldsymbol{t}_T) d\Gamma \tag{11.4.58}$$

注意到 $\boldsymbol{t}_T$ 区别于 $\boldsymbol{t}_T^A$ 和 $\boldsymbol{t}_T^B$; $\boldsymbol{t}_T$ 是由界面本构方程给出的切向面力,而 $\boldsymbol{t}_T^A$ 和 $\boldsymbol{t}_T^B$ 是在界面处的面力,它们分别由在物体 A 和物体 B 中相应的应力导出。由 $\boldsymbol{\gamma}_T$ 的定义(式(11.2.9))可以写出 $\delta\boldsymbol{\gamma}_T = \delta\boldsymbol{v}_T^A - \delta\boldsymbol{v}_T^B$。将其代入上式并整理各项,得到

$$0 = \int_{\Gamma^C} [\delta\boldsymbol{v}_T^A \cdot (\boldsymbol{t}_T^A + \boldsymbol{t}_T) + \delta\boldsymbol{v}_T^B \cdot (\boldsymbol{t}_T^B - \boldsymbol{t}_T)] d\Gamma \tag{11.4.59}$$

由此提取出

$$\boldsymbol{t}_T^A = -\boldsymbol{t}_T \quad \text{且} \quad \boldsymbol{t}_T^B = \boldsymbol{t}_T, \quad \text{在 } \Gamma^C \text{ 上} \tag{11.4.60}$$

从上式中消去 $\boldsymbol{t}_T$,得到

$$\boldsymbol{t}_T^A + \boldsymbol{t}_T^B = \boldsymbol{0} \quad \text{或} \quad \hat{t}_\alpha^A + \hat{t}_\alpha^B = 0, \quad \text{在 } \Gamma^C \text{ 上} \tag{11.4.61}$$

因此,弱形式中的附加项 δG_T 对应于接触界面处切向面力的动量平衡。若弱形式中没有这个附加项,则切向面力为零,即界面是无摩擦的。

当在部分接触界面上应用黏着条件时,通过拉格朗日乘子可以施加无切向滑动的约束。简便起见,本节只考虑整个接触表面上均为黏着条件的情况。因此,我们增加一个拉格朗日乘子项以施加黏着条件。该项用 δG_{TS} 表示为

$$\delta G_{TS} = \int_{\Gamma^C} \delta(\boldsymbol{\gamma}_T \cdot \boldsymbol{\lambda}_T) d\Gamma \equiv \int_{\Gamma^C} \delta(\hat{\gamma}_\alpha \hat{\lambda}_\alpha) d\Gamma \tag{11.4.62}$$

对应于 $\delta p_C=\delta p+\delta G_N+\delta G_{TS}=0$ 的强形式，前文给出的 δG_{TS} 是广义的动量平衡、法向面力平衡、切向面力平衡 $t_T^A=-\lambda$、$t_T^B=\lambda$，并且在 Γ^C 上的黏着条件为 $\gamma_T=0$。由面力和拉格朗日乘子之间的关系可知，拉格朗日乘子可以消去以得到式(11.4.61)。表 11-2 归纳了接触-碰撞问题的弱形式表达式。

表 11-2　接触-碰撞问题的弱形式表达式

	$\delta p_C=\delta p+\delta G+\delta G_T$	(B11.2.1)
切向面力法：	$\delta G_T=\int_{\Gamma^C}\delta\gamma_T\cdot t_T\mathrm{d}\Gamma\equiv\int_{\Gamma^C}\delta\hat{\gamma}_\alpha\hat{t}_\alpha\mathrm{d}\Gamma$	(B11.2.2)
拉格朗日乘子法：	$\delta G=\delta G_L=\int_{\Gamma^C}\delta(\lambda\gamma_N)\mathrm{d}\Gamma,\delta p_C\geqslant 0$	(B11.2.3)
罚函数法：	$\delta G=\delta Gp=\int_{\Gamma^C}\frac{1}{2}\beta\delta(\gamma_N^2)\mathrm{d}\Gamma,\delta p_C=0$	(B11.2.4)
增广的拉格朗日法：	$\delta G=\delta G_{AL}=\int_{\Gamma^C}\delta\left(\lambda\gamma_N+\frac{\alpha}{2}\gamma_N^2\right)\mathrm{d}\Gamma,\delta p_C\geqslant 0$	(B11.2.5)
摄动的拉格朗日法：	$\delta G_N=\delta G_{PL}=\int_{\Gamma^C}\delta\left(\lambda\gamma_N-\frac{1}{2\beta}\lambda^2\right)\mathrm{d}\Gamma,\delta p_C=0$	(B11.2.6)

11.5　接触非线性的有限元离散

11.5.1　接触界面弱形式的离散

对于接触-碰撞的各种解决方案，需要建立有限元方程。对于接触-碰撞问题的所有方法(如罚函数法、拉格朗日乘子法等)，弱形式的表达式组合了标准虚功率和接触界面的贡献。在无接触状态时，应用第 4 章的结果可以精确地离散标准虚功率。本节关注各种接触界面弱形式的离散化。

本节讨论的拉格朗日网格包括更新的拉格朗日格式和完全的拉格朗日格式。在拉格朗日格式中，必须以变形表面的形式施加接触界面条件，这样，接触界面弱形式的离散化也适用于 ALE 格式，前提是接触表面的节点为拉格朗日节点。这些结果不能直接应用到欧拉格式，因为假设已经建立了描述可变形接触表面的参考坐标系。这个坐标系不能在欧拉网格中定义。在拉格朗日网格中，接触表面对应于网格边界的一个子集，这样在有限元程序中就定义了面与面的接触。

基于指标标记表示的拉格朗日乘子法，可以推导有限元方法的离散化过程。对于其他格式，若读者希望重复这些步骤，可以用指标标记推导这些过程。

11.5.2　拉格朗日乘子法的离散

每个物体的速度场 $\boldsymbol{v}(\boldsymbol{X},t)$ 可以采用 C^0 插值近似，从式(11.4.4)看到，横跨接触界面的两个物体的速度不一定是连续的；相互侵彻条件源于弱形式的离散化，近似的速度场也定义了近似的位移场(第 4 章)。

在拉格朗日网格中，速度场的有限元近似既可以以材料坐标的形式表示，也可以以单元坐标的形式表示，这两组坐标是等价的(第 4 章)。本节也采纳重复节点指标的求和约定以简化表达式。速度场离散为

$$v_i^A(\boldsymbol{X},t)=\sum_{I\in\Omega^A}N_I(\boldsymbol{X})v_{iI}^A(t) \tag{11.5.1}$$

$$v_i^B(\boldsymbol{X},t)=\sum_{I\in\Omega^B}N_I(\boldsymbol{X})v_{iI}^B(t) \tag{11.5.2}$$

如果物体 A 和物体 B 采用不同的独立节点编号，则两个速度场可以写成一个表达式：

$$v_i(\boldsymbol{X},t)=N_I(\boldsymbol{X})v_{iI}(t) \tag{11.5.3}$$

如式(11.4.6)所示，接触表面上的拉格朗日乘子场 $\lambda(\zeta,t)$ 是由 C^{-1} 场近似得出的：

$$\lambda(\zeta,t)=\sum_{I\in\Gamma^C}\Lambda_I(\zeta)\lambda_I(t)\equiv\Lambda_I(\zeta)\lambda_I(t),\quad \lambda(\zeta,t)\geqslant 0 \tag{11.5.4}$$

式中，$\Lambda_I(\zeta)$ 是 C^{-1} 形状函数。拉格朗日乘子场的形函数常常区别于速度场的形函数，因此，对两场采用了不同的符号。当物体 A 和物体 B 的节点不重合时，拉格朗日乘子场的网格可能区别于速度场的网格。不同节点结构对拉格朗日乘子的需求将在后文讨论。

变分函数为

$$\delta v_i(\boldsymbol{X})=N_I(\boldsymbol{X})\delta v_{iI},\quad \delta\lambda(\zeta)=\Lambda_I(\zeta)\delta\lambda_I,\quad \delta\lambda(\zeta)\leqslant 0 \tag{11.5.5}$$

为了建立半离散化的方程，将前文的速度、拉格朗日乘子场，以及变分函数代入弱形式式(B11.2.1)。出现在 δp 中的项与在第 4 章建立的节点力是相同的，因此，不再另行推导，结果已在表 4-4 中给出。由式(B4.4.1)可以推出

$$\delta p=\delta v_{iI}(f_{iI}^{\text{int}}-f_{iI}^{\text{ext}}+M_{ijIJ}\dot{v}_{jJ})\equiv\delta\dot{\boldsymbol{d}}^{\mathrm{T}}(\boldsymbol{f}^{\text{int}}-\boldsymbol{f}^{\text{ext}}+\boldsymbol{M}\ddot{\boldsymbol{d}})\equiv\delta\boldsymbol{v}^{\mathrm{T}}\boldsymbol{r} \tag{11.5.6}$$

式中，$\boldsymbol{v}$ 表示节点速度。由式(11.2.8)和式(11.5.1)，以节点速度的形式表示相互侵彻率：

$$\gamma_{\mathrm{N}}=\sum_{I\in\Gamma^C\cap\Gamma^A}N_Iv_{iI}^An_i^A+\sum_{I\in\Gamma^C\cap\Gamma^B}N_Iv_{iI}^Bn_i^B \tag{11.5.7}$$

式中，第一个求和项是物体 A 位于接触界面上的所有节点，而第二个求和项是物体 B 位于接触界面上的所有节点。如果以不同编号标识这些节点，可以消除物体 A 与物体 B 节点之间的区别，将上式表示为

$$\gamma_{\mathrm{N}}=N_Iv_{\mathrm{N}I} \tag{11.5.8}$$

式(11.5.7)给出了重复指标 I 的求和范围。通过式(11.2.6)定义法向分量：

$$\begin{cases}v_{\mathrm{N}I}=v_{iI}^An_i^A, & I\text{ 在 }A\text{ 内}\\ v_{\mathrm{N}I}=v_{iI}^Bn_i^B, & I\text{ 在 }B\text{ 内}\end{cases} \tag{11.5.9}$$

利用形状函数，上式给出了法向分量和速度的乘积的近似；式(11.5.17)将给出更精确的形式。应用近似式(11.5.1)～式(11.5.3)，得到

$$\int_{\Gamma^C}\delta(\lambda\gamma_{\mathrm{N}})\mathrm{d}\Gamma=\delta v_{\mathrm{N}I}\hat{G}_{IJ}^{\mathrm{T}}\lambda_J+\delta\lambda_I\hat{G}_{IJ}v_{\mathrm{N}J},\quad \hat{G}_{IJ}=\int_{\Gamma^C}\Lambda_IN_J\,\mathrm{d}\Gamma \tag{11.5.10}$$

式中，$\hat{G}_{IJ}$ 表示它属于接触界面上局部坐标系中的速度。组合式(11.5.6)和式(11.5.10)，可以将离散弱形式写为

$$\sum_{I\in\Omega}\delta v_{iI}r_{iI}+\sum_{I\in\Gamma_\lambda^C}\delta v_{NI}\hat{G}_{IJ}^{\mathrm{T}}\lambda_J+\sum_{I\in\Gamma_\lambda^C}\delta\lambda_I\hat{G}_{IJ}v_{\mathrm{N}I}\geqslant 0 \tag{11.5.11}$$

式中，指标 J 表示隐含求和，指标 I 表示显式求和，其均只对相关节点求和。

因为是不等式，所以控制方程的提取必须小心。对于没有在接触界面上的节点，可以直接从第一个求和项中提取方程。由于节点速度的变分 δv_{iI} 为任意的，标准的节点运动方程为

$$r_{iI}=0 \quad \text{或} \quad M_{IJ}\dot{v}_{iJ}=f_{iI}^{\text{ext}}-f_{iI}^{\text{int}}, \quad I\in\Omega-\Gamma^{\text{C}}-\Gamma_u \tag{11.5.12}$$

为了得到在接触界面上的方程，在提取(11.5.12)后，重新组合第一个求和项中的余下部分，以接触界面的局部坐标系写出

$$\sum_{I\in\Gamma^{\text{C}}}(\delta v_{\text{N}I}r_{\text{N}I}+\delta\hat{v}_{\alpha I}\hat{r}_{\alpha I}+\delta v_{\text{N}I}\hat{G}_{IJ}^{\text{T}}\lambda_J)+\sum_{I\in\Gamma_\lambda^{\text{C}}}\delta\lambda_I\hat{G}_{IJ}v_{\text{N}J}\geqslant 0 \tag{11.5.13}$$

由于切向节点速度没有约束，对于节点速度的系数，弱不等式服从一个等式。首先令 $\delta\hat{v}_{\alpha I}$ 的系数为零，得到

$$\hat{r}_{\alpha I}=0 \quad \text{或} \quad M_{IJ}\dot{\hat{v}}_{\alpha J}=\hat{f}_{\alpha I}^{\text{ext}}-\hat{f}_{\alpha I}^{\text{int}}, \quad I\in\Gamma^{\text{C}} \tag{11.5.14}$$

对于一个无摩擦界面，由式(11.5.13)中法向分量的方程可以得到

$$r_{\text{N}I}+\hat{G}_{IJ}^{\text{T}}\lambda_J=0 \quad \text{或} \quad M_{IJ}\dot{v}_{\text{N}J}+f_{\text{N}I}^{\text{ext}}-f_{\text{N}I}^{\text{int}}+\hat{G}_{IJ}^{\text{T}}\lambda_J=0, \quad I\in\Gamma^{\text{C}} \tag{11.5.15}$$

为了提取与拉格朗日乘子相关的方程，注意到 $\delta\lambda_I\leqslant 0$，因此不等式(11.5.13)默认为

$$\hat{G}_{IJ}v_{\text{N}J}\leqslant 0 \tag{11.5.16}$$

此外，由式(11.4.6)可知，试拉格朗日乘子场必须为正：$\lambda(\zeta,t)\geqslant 0$。这个不等式是难以施加的。对于采用分段线性边界位移的单元，由于 $\lambda(\zeta)$ 的所有最小值均发生在节点处，仅在由 $\lambda_I\geqslant 0$ 的节点处施加这个条件。对于高阶近似，必须更详尽地验证这个条件。

上述方程，加之应变-位移方程和本构方程，组成了半离散模型的完整控制方程体系。半离散方程包括运动方程和接触界面条件。对于没有在接触界面上的节点的运动方程，采用与没有约束的情况同样的处理方式。在接触界面上，出现了代表法向接触面力的附加力 $\hat{G}_{IJ}\lambda_J$。另外，在弱形式式(11.5.16)中，必须引入不可侵彻性约束。与无接触的方程一样，半离散方程是普通的微分方程，但是，变量需要遵从关于速度和拉格朗日乘子的代数不等式的约束。在大多数时间积分过程中，由于缺乏默认的光滑性假设，这些不等式约束实质上会使时间积分复杂化。对于不可侵彻性条件，应用总体分量的矩阵形式写出上述方程是很方便的。以节点速度的形式定义相互侵彻率为

$$\gamma_{\text{N}}=\Phi_{iI}(\zeta)v_{iI}(t), \quad \Phi_{iI}(\zeta)=\begin{cases}N_I(\zeta)n_i^A(\zeta), & I\ \text{在}\ A\ \text{上}\\ N_I(\zeta)n_i^B(\zeta), & I\ \text{在}\ B\ \text{上}\end{cases} \tag{11.5.17}$$

则接触弱形式为

$$G_L=\int_{\Gamma^{\text{C}}}\lambda\gamma_{\text{N}}\,\mathrm{d}\Gamma=\int_{\Gamma^{\text{C}}}\lambda_I\Lambda_I\Phi_{jJ}v_{jJ}\,\mathrm{d}\Gamma=\lambda^{\text{T}}\boldsymbol{G}\boldsymbol{v} \tag{11.5.18}$$

其中，

$$G_{IjJ}=\int_{\Gamma^{\text{C}}}\Lambda_I\Phi_{jJ}\,\mathrm{d}\Gamma, \quad \boldsymbol{G}=\int_{\Gamma^{\text{C}}}\boldsymbol{\Lambda}^{\text{T}}\boldsymbol{\Phi}\,\mathrm{d}\Gamma \tag{11.5.19}$$

由福格特列矩阵规则可知，式中的 jJ 已经转换为一个单指标，形成了矩阵表达式(上式第二式)。

以矩阵形式可以写出运动方程，并将其与内部、外部和惯性虚功率的矩阵形式组合，

得到

$$\delta \boldsymbol{v}^{\mathrm{T}}(\boldsymbol{f}^{\mathrm{int}}-\boldsymbol{f}^{\mathrm{ext}}+\boldsymbol{M}\ddot{\boldsymbol{d}})+\delta(\boldsymbol{v}^{\mathrm{T}}\boldsymbol{G}^{\mathrm{T}}\boldsymbol{\lambda})\geqslant 0,\quad \forall\,\delta v_{iI}\notin\Gamma_u \text{ 且 } \forall\,\delta\lambda_I\leqslant 0 \tag{11.5.20}$$

参考式(11.5.7)～式(11.5.17)，并考虑 $\delta\boldsymbol{v}$ 和 $\delta\boldsymbol{\lambda}$ 的任意性，运动方程和相互侵彻条件分别为

$$\boldsymbol{M}\ddot{\boldsymbol{d}}+\boldsymbol{f}^{\mathrm{int}}-\boldsymbol{f}^{\mathrm{ext}}+\boldsymbol{G}^{\mathrm{T}}\boldsymbol{\lambda}=0 \tag{11.5.21}$$

$$\boldsymbol{G}\boldsymbol{v}\leqslant 0 \tag{11.5.22}$$

构造拉格朗日乘子网格具有一定难度。一般说来，两个接触物体的节点是不重合的，因此，有必要建立一种方法处理不相邻的节点。其中一种方法表示在图 11-12(a)中，选择拉格朗日乘子场中的节点为主控体的接触节点。当一个物体的网格比另一个网格细致时，这种简单的方法是无效的。而拉格朗日乘子的粗网格则会导致相互侵彻。另一种方法是每当在物体 A 或物体 B 上出现一个节点时，都放置拉格朗日乘子节点，如图 11-12(b)所示。这种方法的不足之处在于当物体 A 和物体 B 上的节点接近时，一些拉格朗日乘子的单元非常小。这可能导致方程病态条件的产生。在三维情况下，这种方法是不可行的。对于一般性的应用，拉格朗日乘子必须单独构造网格，这种网格独立于其他任何网格，但是，至少应达到两个物体之中更为细致的那个网格的程度。

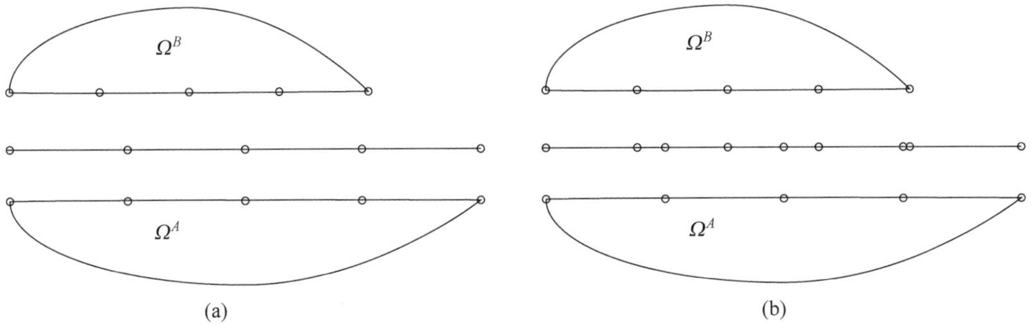

图 11-12　接触物体表面存在不相邻节点时的拉格朗日乘子网格安排

(a) 基于主控体 A 的拉格朗日乘子网格；(b) 独立的拉格朗日乘子网格

11.5.3　界面矩阵的装配

像任何其他总体矩阵一样，$\boldsymbol{G}$ 矩阵可以由单元矩阵装配。为了说明装配过程，以总体矩阵的形式表示单元 e 的列矩阵为

$$\boldsymbol{v}_e=\boldsymbol{L}_e\boldsymbol{v},\quad \boldsymbol{\lambda}_e=\boldsymbol{L}_e^{\lambda}\boldsymbol{\lambda} \tag{11.5.23}$$

式中，连接矩阵 $\boldsymbol{L}_e$ 是在 3.5 节定义的。将上式代入式(11.5.18)：

$$\boldsymbol{\lambda}^{\mathrm{T}}\boldsymbol{G}\boldsymbol{v}=\int_{\Gamma^{\mathrm{C}}}\lambda\gamma_{\mathrm{N}}\,\mathrm{d}\Gamma=\sum_e\int_{\Gamma_e^{\mathrm{C}}}\lambda\gamma_{\mathrm{N}}\,\mathrm{d}\Gamma=\lambda^{\mathrm{T}}\sum_e(\boldsymbol{L}_e^{\lambda})^{\mathrm{T}}\int_{\Gamma_e^{\mathrm{C}}}\boldsymbol{\Lambda}^{\mathrm{T}}\boldsymbol{\Phi}\,\mathrm{d}\Gamma\boldsymbol{L}_e\boldsymbol{v} \tag{11.5.24}$$

对于任意的 $\boldsymbol{v}$ 和 $\boldsymbol{\lambda}$，上式必须成立，通过比较上式中的第一项和最后一项，得到

$$\boldsymbol{G}=\sum_e(\boldsymbol{L}_e^{\lambda})^{\mathrm{T}}\boldsymbol{G}_e\boldsymbol{L}_e,\quad \boldsymbol{G}_e=\int_{\Gamma_e^{\mathrm{C}}}\boldsymbol{\Lambda}^{\mathrm{T}}\boldsymbol{\Phi}\,\mathrm{d}\Gamma \tag{11.5.25}$$

因此，从 $\boldsymbol{G}_e$ 装配到 $\boldsymbol{G}$ 的过程与总体矩阵的装配过程是一致的，如刚度矩阵。

11.5.4 小位移弹性静力学的拉格朗日乘子法

线弹性材料连续体的小位移分析常称为小位移弹性静力学，采用这个名称而不用线弹性静力学的原因是接触条件在位移上的不等式约束不再是线性的。对于小位移弹性静力学，在式(11.5.22)中用位移替换速度可以得到离散的不可侵彻性约束。因此式(11.2.8)和式(11.5.17)变为

$$g_N = (\boldsymbol{u}^A - \boldsymbol{u}^B) \cdot \boldsymbol{n}^A \leqslant 0, \quad 在 \Gamma^C 上, g_N = \boldsymbol{\Phi d} \tag{11.5.26}$$

除用位移替换速度并省略惯性项外，离散化过程与前文是一致的：

$$\delta \boldsymbol{d}^T(\boldsymbol{f}^{int} - \boldsymbol{f}^{ext}) + \delta(\boldsymbol{d}^T \boldsymbol{G\lambda}) \geqslant 0, \quad \forall \delta d_{iI} \notin \Gamma_{ui} \quad 且 \quad \forall \delta\lambda_I \leqslant 0 \tag{11.5.27}$$

由于节点内力不受接触的影响，小位移弹性静力学问题可以用刚度矩阵的形式表示为

$$\boldsymbol{f}^{int} = \boldsymbol{Kd} \tag{11.5.28}$$

其导出的离散化方程为

$$\begin{bmatrix} \boldsymbol{K} & \boldsymbol{G}^T \\ \boldsymbol{G} & \boldsymbol{0} \end{bmatrix} \begin{Bmatrix} \boldsymbol{d} \\ \boldsymbol{\lambda} \end{Bmatrix} \begin{matrix} = \\ \leqslant \end{matrix} \begin{Bmatrix} \boldsymbol{f}^{ext} \\ \boldsymbol{0} \end{Bmatrix} \tag{11.5.29}$$

上式除了在第2个矩阵方程中出现了一个不等式，其他方程均是拉格朗日乘子问题的标准形式，见式(6.2.41)。不等式的存在使接触问题的解答复杂化，它们非常难处理，并且常常需要将小位移弹性静力学问题视为二次规划问题。

与其他拉格朗日乘子的离散化类似，关于上述方程的几点评论为

(1) 线性代数方程系统不是正定的；

(2) 给出的方程不是带状的，并且难以找到一个未知量的排列以恢复带状；

(3) 与没有接触约束的系统相比，未知量的数目增加了；

(4) 这些困难也出现在接触问题的隐式时间积分中。

与罚函数法相比，拉格朗日乘子法的优点是没有用户设定的参数，并且当节点相邻时，接触约束几乎可以精确地得到满足。当节点不相邻时，可能会稍微违背不可侵彻性，但不会像罚函数法那么明显。然而，对于高速碰撞，拉格朗日乘子法常常会产生极不平顺的结果，因此，其更适用于静态和低速问题。

拉格朗日乘子法的主要缺点是需要建立拉格朗日乘子的附加网格。如本节给出的示例，即便是简单的二维问题也可能遇到复杂的情况，在三维问题中则更为复杂。当接触界面变化时，网格必须随时间变化。而在罚函数法中，没有必要建立乘子附加的网格。因此，有限元程序更青睐罚函数法。

11.5.5 非线性无摩擦接触的罚函数法

这里建立的离散方程仅针对取决于侵彻形式的罚函数法。在罚函数法中，只需要速度场的近似。在每个物体中，速度场为 C^0 连续。在两个物体之间本没有约定连续性，但是强制引入了罚函数法。此处仅建立由式(11.4.33)给出的罚数项 δG_p 的离散化形式。对于无约束问题，其余项不变。将式(11.5.17)代入式(11.4.33)：

$$\delta G_p = \delta \boldsymbol{v}^T \int_{\Gamma^C} \boldsymbol{\Phi}^T p \, d\Gamma \equiv \delta \boldsymbol{v}^T \boldsymbol{f}^C \tag{11.5.30}$$

式中，$\boldsymbol{f}^C = \int_{\Gamma^C} \boldsymbol{\Phi}^T p \, d\Gamma$ 在弱形式式(11.4.24)中，应用式(11.5.30)和式(11.5.6)，得到

$$\delta p_p = \delta \boldsymbol{v}^{\mathrm{T}} \boldsymbol{r} + \delta \boldsymbol{v}^{\mathrm{T}} \boldsymbol{f}^{\mathrm{C}} \tag{11.5.31}$$

所以，由 $\delta \boldsymbol{v}$ 的任意性和在式(11.5.6)中 $\boldsymbol{r}$ 的定义，得到

$$\boldsymbol{f}^{\mathrm{int}} - \boldsymbol{f}^{\mathrm{ext}} + \boldsymbol{Ma} + \boldsymbol{f}^{\mathrm{C}} = \boldsymbol{0} \tag{11.5.32}$$

因此，对于无约束问题，罚函数法中方程的数目是不变的。在离散方程中，不等式不会显示地出现，而是通过阶跃函数施加接触罚力实现。与式(11.5.29)的拉格朗日乘子法相比，罚函数法在接触计算过程的顺利实现上更有优势。

11.5.6 小位移弹性静力学的罚函数法

对于小位移弹性静力学问题，可如在 11.5.4 节，用位移替换速度。在式(11.4.36)中令 $\beta_2 = 0$ 并考虑式(11.5.17)：

$$\bar{p} = \beta_1 g_{\mathrm{N}} = \beta_1 \boldsymbol{\Phi d} \tag{11.5.33}$$

将上式代入式(11.5.30)：

$$\boldsymbol{f}^{\mathrm{C}} = \int_{\Gamma^{\mathrm{C}}} \boldsymbol{\Phi}^{\mathrm{T}} \bar{p}(g_{\mathrm{N}}) H(g_{\mathrm{N}}) \mathrm{d}\Gamma = \int_{\Gamma^{\mathrm{C}}} \beta_1 \boldsymbol{\Phi}^{\mathrm{T}} \boldsymbol{\Phi} H(g_{\mathrm{N}}) \mathrm{d}\Gamma \boldsymbol{d} \tag{11.5.34}$$

或

$$\boldsymbol{f}^{\mathrm{C}} = \boldsymbol{p}_{\mathrm{C}} \boldsymbol{d}, \quad \boldsymbol{p}_{\mathrm{C}} = \int_{\Gamma^{\mathrm{C}}} \beta_1 \boldsymbol{\Phi}^{\mathrm{T}} \boldsymbol{\Phi} H(g_{\mathrm{N}}) \mathrm{d}\Gamma \tag{11.5.35}$$

将式(11.5.35)和式(11.5.28)代入式(11.5.32)，并舍弃惯性项：

$$(\boldsymbol{K} + \boldsymbol{p}_{\mathrm{C}}) \boldsymbol{d} = \boldsymbol{f}^{\mathrm{ext}} \tag{11.5.36}$$

这是一个与无接触问题具有相同次数的代数方程系统。通过罚力 $\boldsymbol{f}^{\mathrm{C}} = \boldsymbol{p}_{\mathrm{C}} \boldsymbol{d}$ 施加接触约束。如式(11.5.35)所示，代数方程不是线性的，因为矩阵 $\boldsymbol{P}_{\mathrm{C}}$ 包含了取决于位移间隔的海维赛德阶跃函数。

对比拉格朗日乘子法(11.5.4 节)，可以看到：

(1) 虽然引入了接触约束，但是未知量的数目没有增加；

(2) 由于 $\boldsymbol{G}$ 是正定的，系统方程保持正定；

(3) 接触代数方程组还是等式。

罚函数法的缺点在于不可侵彻性条件的引入仅仅是近似的，并且它的效果取决于罚参数的选择。如果罚参数太小，就会发生过量的相互侵彻。但在碰撞问题中，较小的罚参数可以减小求得的最大应力。因此，选择大小合适的罚参数是一个挑战。

11.5.7 增广的拉格朗日法

增广的拉格朗日法综合了罚函数法和拉格朗日乘子法。在增广的拉格朗日法中，弱接触项为

$$\delta G_{\mathrm{AL}} = \int_{\Gamma^{\mathrm{C}}} \delta\left(\lambda \gamma_{\mathrm{N}} + \frac{\alpha}{2} \gamma_{\mathrm{N}}^2\right) \mathrm{d}\Gamma \tag{11.5.37}$$

关于速度和拉格朗日乘子的近似，应用式(11.5.17)和式(11.5.4)：

$$\delta G_{\mathrm{AL}} = \int_{\Gamma^{\mathrm{C}}} \delta\left(\boldsymbol{\lambda}^{\mathrm{T}} \boldsymbol{\Lambda}^{\mathrm{T}} \boldsymbol{\Phi v} + \frac{\alpha}{2} \boldsymbol{v}^{\mathrm{T}} \boldsymbol{\Phi}^{\mathrm{T}} \boldsymbol{\Phi v}\right) \mathrm{d}\Gamma \tag{11.5.38}$$

对上式等号右侧括号中的项分别取变分，得到

$$\delta G_{\mathrm{AL}} = \delta \boldsymbol{\lambda}^{\mathrm{T}} \boldsymbol{G v} + \delta \boldsymbol{v}^{\mathrm{T}} \boldsymbol{G}^{\mathrm{T}} \boldsymbol{\lambda} + \delta \boldsymbol{v}^{\mathrm{T}} \boldsymbol{P}_{\mathrm{C}} \boldsymbol{v} \tag{11.5.39}$$

式中，$\boldsymbol{P}_{\mathrm{C}}=\int_{\Gamma^{\mathrm{C}}}\alpha\boldsymbol{\Phi}^{\mathrm{T}}\boldsymbol{\Phi}\mathrm{d}\Gamma$，并记在表 11-3 中。应用式(11.5.37)～式(11.5.39)写出弱形式，$\delta p_{\mathrm{AL}}=\delta p+\delta G_{\mathrm{AL}}\geqslant 0$，则给出

$$\boldsymbol{f}^{\mathrm{int}}-\boldsymbol{f}^{\mathrm{ext}}+\boldsymbol{Ma}+\boldsymbol{G}^{\mathrm{T}}\boldsymbol{\lambda}+\boldsymbol{P}_{\mathrm{C}}\boldsymbol{v}=\boldsymbol{0},\quad \boldsymbol{Gv}\leqslant\boldsymbol{0} \tag{11.5.40}$$

表 11-3　非线性接触的半离散方程

拉格朗日乘子法：

$$\boldsymbol{Ma}-\boldsymbol{f}+\boldsymbol{G}^{\mathrm{T}}\boldsymbol{\lambda}=\boldsymbol{0},\quad \boldsymbol{G}\boldsymbol{v}\leqslant\boldsymbol{0},\quad \lambda(\boldsymbol{x})\geqslant\boldsymbol{0},\quad \boldsymbol{f}=\boldsymbol{f}^{\mathrm{ext}}-\boldsymbol{f}^{\mathrm{int}} \tag{B11.3.1}$$

罚函数法：

$$\boldsymbol{Ma}-\boldsymbol{f}+\boldsymbol{f}^{\mathrm{C}}=\boldsymbol{0},\quad \boldsymbol{f}^{\mathrm{C}}=\int_{\Gamma^{\mathrm{C}}}\boldsymbol{\Phi}^{\mathrm{T}}p(g_{\mathrm{N}})H(g_{\mathrm{N}})\mathrm{d}\Gamma \tag{B11.3.2}$$

增广的拉格朗日法：

$$\boldsymbol{Ma}-\boldsymbol{f}+\boldsymbol{G}^{\mathrm{T}}\boldsymbol{\lambda}+\boldsymbol{P}_{\mathrm{C}}\boldsymbol{v}=\boldsymbol{0},\quad \boldsymbol{G}\boldsymbol{v}\leqslant\boldsymbol{0} \tag{B11.3.3}$$

摄动的拉格朗日法：

$$\boldsymbol{Ma}-\boldsymbol{f}+\boldsymbol{G}^{\mathrm{T}}\boldsymbol{\lambda}=\boldsymbol{0},\quad \boldsymbol{G}\boldsymbol{v}-\boldsymbol{H}\boldsymbol{\lambda}=\boldsymbol{0}$$

$$\boldsymbol{G}=\int_{\Gamma^{\mathrm{C}}}\boldsymbol{\Lambda}^{\mathrm{T}}\boldsymbol{\Phi}\,\mathrm{d}\Gamma,\quad \boldsymbol{H}=\frac{1}{\beta}\int_{\Gamma^{\mathrm{C}}}\boldsymbol{\Lambda}^{\mathrm{T}}\boldsymbol{\Lambda}\,\mathrm{d}\Gamma,\quad \boldsymbol{P}_{\mathrm{C}}=\int_{\Gamma^{\mathrm{C}}}\alpha\boldsymbol{\Phi}^{\mathrm{T}}\boldsymbol{\Phi}\,\mathrm{d}\Gamma \tag{B11.3.4}$$

比较式(11.5.40)与式(B11.3.1)～式(B11.3.2)可以看出，在增广的拉格朗日法中，接触力是拉格朗日法和罚函数法的接触力之和。不可侵彻性约束与在拉格朗日乘子法中的约束是一致的。

对于小位移弹性静力学，采用与前述相同的过程，用节点位移替换速度，并应用式(11.5.28)：

$$\begin{bmatrix}\boldsymbol{K}+\boldsymbol{P}_{\mathrm{C}} & \boldsymbol{G}^{\mathrm{T}}\\ \boldsymbol{G} & \boldsymbol{0}\end{bmatrix}\begin{Bmatrix}\boldsymbol{d}\\ \boldsymbol{\lambda}\end{Bmatrix}\begin{matrix}=\\ \leqslant\end{matrix}\begin{Bmatrix}\boldsymbol{f}^{\mathrm{ext}}\\ \boldsymbol{0}\end{Bmatrix} \tag{11.5.41}$$

该式进一步说明增广的拉格朗日法综合了罚函数法和拉格朗日乘子法，即式(11.5.29)和式(11.5.36)。

11.5.8　摄动的拉格朗日法

由式(11.4.38)的弱形式和式(11.5.3)～式(11.5.5)拉格朗日乘子的有限元近似得到摄动的拉格朗日法的半离散化步骤。由于这些步骤与前述离散化的步骤相同，这里不再重复。离散方程为

$$\boldsymbol{f}^{\mathrm{int}}-\boldsymbol{f}^{\mathrm{ext}}+\boldsymbol{Ma}+\boldsymbol{G}^{\mathrm{T}}\boldsymbol{\lambda}=\boldsymbol{0} \tag{11.5.42}$$

$$\boldsymbol{Gv}-\boldsymbol{H\lambda}=\boldsymbol{0} \tag{11.5.43}$$

上两式分别为动量方程和不可侵彻性条件。矩阵 $\boldsymbol{G}$ 由式(11.5.19)定义，并且

$$\boldsymbol{H}=\int_{\Gamma^{\mathrm{C}}}\frac{1}{\beta}\boldsymbol{\Lambda}^{\mathrm{T}}\boldsymbol{\Lambda}\mathrm{d}\Gamma \tag{11.5.44}$$

可以应用约束方程(11.5.43)消去$\boldsymbol{\lambda}$：

$$\boldsymbol{f}^{\mathrm{int}}-\boldsymbol{f}^{\mathrm{ext}}+\boldsymbol{Ma}+\boldsymbol{G}^{\mathrm{T}}\boldsymbol{H}^{-1}\boldsymbol{Gv}=\boldsymbol{0} \tag{11.5.45}$$

上式类似于离散的罚方程(11.5.32)，并应用了出现在矩阵 $\boldsymbol{H}$ 中的罚参数 β。上式的最后

一项 $\boldsymbol{G}^{\mathrm{T}}\boldsymbol{H}^{-1}\boldsymbol{G}\boldsymbol{v}$ 代表接触力。

对于小位移弹性静力学，关于摄动的拉格朗日法的半离散方程为

$$\begin{bmatrix}\boldsymbol{K} & \boldsymbol{G}^{\mathrm{T}}\\ \boldsymbol{G} & -\boldsymbol{H}\end{bmatrix}\begin{Bmatrix}\boldsymbol{d}\\ \boldsymbol{\lambda}\end{Bmatrix}=\begin{Bmatrix}\boldsymbol{f}^{\mathrm{ext}}\\ \boldsymbol{0}\end{Bmatrix} \tag{11.5.46}$$

将上式与拉格朗日乘子法的式(11.5.29)相比，可以看出两点区别：①等号最左侧右下角的子矩阵在式(11.5.29)中为零，此处不为零；②式(11.5.29)是不等式，此处为等式。

【例 11.2】 一维接触-碰撞的有限元方程

如图 11-13 所示的两个杆件，横截面面积取单位值，接触界面包含在杆的端部节点，编号分别为 1 和 2。单位法线是 $\boldsymbol{n}_x^A=1,\boldsymbol{n}_x^B=-1$。一维问题的接触界面是相当特殊的，它仅包含一个接触点。在靠近接触界面的两个单元的速度场为

$$v(\xi,t)=\boldsymbol{N}(\xi,t)\dot{\boldsymbol{d}}=[\xi^A,1-\xi^B,\xi^B]\dot{\boldsymbol{d}} \tag{E11.2.1}$$

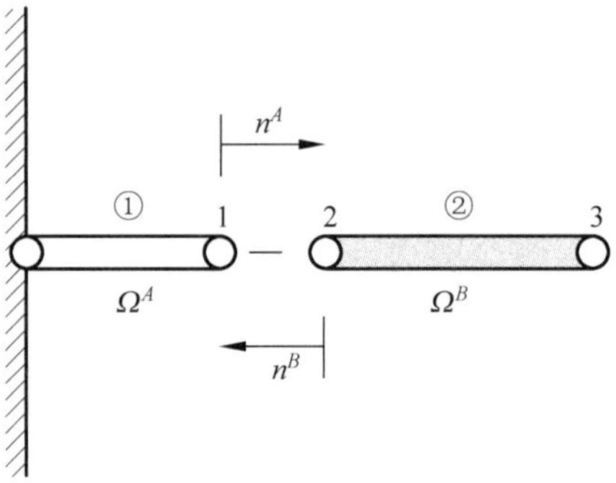

图 11-13 两杆一维接触示例

式中，$\dot{\boldsymbol{d}}^{\mathrm{T}}=[v_1,v_2,v_3]$。由式(11.5.19)给出了矩阵 $\boldsymbol{G}$；在一维问题中，积分被一个单函数值取代，接触点处的函数取值为

$$\begin{aligned}\boldsymbol{G}&=[\xi^A n_x^A,(1-\xi^B)n_x^B,\xi^B]\big|_{\xi^A=1,\xi^B=0}\\&=[(1)(1),1(-1),0]=[1,-1,0]\end{aligned} \tag{E11.2.2}$$

率形式的不可侵彻性条件式(11.5.22)为

$$\boldsymbol{G}\dot{\boldsymbol{d}}\leqslant 0 \quad 或 \quad [1,-1,0]\dot{\boldsymbol{d}}=v_1-v_2\leqslant 0 \tag{E11.2.3}$$

解：(1) 使用拉格朗日乘子法

通过观察得到上述接触条件，$v_1-v_2\leqslant 0$：当两个节点发生接触时，节点 1 的速度必须小于或等于节点 2 的速度。如果两个节点的速度相等，节点保持接触状态；否则，它们将分开。这些条件是不足以检查初始接触的，因此还必须以节点位移的形式检查初始接触：在前一个时间步中，$x_1-x_2\geqslant 0$ 表示已经发生了接触。

因为仅有一个接触点，为了施加接触约束，只需一个拉格朗日乘子。运动方程(B11.3.1)为

$$\begin{bmatrix}M_{11} & M_{12} & M_{13}\\ M_{21} & M_{22} & M_{23}\\ M_{31} & M_{32} & M_{33}\end{bmatrix}\begin{Bmatrix}a_1\\ a_2\\ a_3\end{Bmatrix}-\begin{Bmatrix}f_1\\ f_2\\ f_3\end{Bmatrix}+\begin{Bmatrix}1\\ -1\\ 0\end{Bmatrix}\lambda_1=0 \quad 且 \quad \lambda_1\geqslant 0 \tag{E11.2.4}$$

上式等号左侧的最后一列是在节点 1 和节点 2 之间由接触引起的节点力。这些力大小相等且方向相反，当拉格朗日乘子为零时消失。除发生接触的节点外，运动方程与无约束的有限元网格的方程是一致的。取单位面积对角化质量矩阵的方程为

$$M_1a_1-f_1+\lambda_1=0,\quad M_2a_2-f_2-\lambda_1=0,\quad M_3a_3-f_3=0 \tag{E11.2.5}$$

式中，$a_I=\ddot{d}_I$；第 4 个方程是式(E11.2.3)。

通过组合矩阵 $\boldsymbol{G}$(E11.2.2)与装配刚度，得到关于小位移弹性静力学的方程(11.5.29)：

$$\begin{bmatrix} k_1 & 0 & 0 & 1 \\ 0 & k_2 & -k_2 & -1 \\ 0 & -k_2 & k_2 & 0 \\ 1 & -1 & 0 & 0 \end{bmatrix} \begin{Bmatrix} d_1 \\ d_2 \\ d_3 \\ \lambda_1 \end{Bmatrix} \begin{matrix} = \\ = \\ = \\ \leqslant \end{matrix} \begin{Bmatrix} f_1 \\ f_2 \\ f_3 \\ 0 \end{Bmatrix}^{\text{ext}} \tag{E11.2.6}$$

式中，k_I 为单元 I 的刚度。在无接触的装配刚度矩阵中，即左上角的 3×3 阶矩阵是奇异的，而当应用附加的接触界面条件时，完整的 4×4 阶矩阵为非奇异的。

(2) 使用罚函数法

应用罚定律 $p=\beta g=\beta(x_1-x_2)H(g)=\beta(X_1-X_2+u_1-u_2)H(g)$，$g\equiv g_{\mathrm{N}}$，计算式(11.5.30)：

$$\boldsymbol{f}^{\mathrm{C}}=\int_{\Gamma^{\mathrm{C}}}\boldsymbol{\Phi}^{\mathrm{T}}p\,\mathrm{d}\Gamma=\begin{Bmatrix} 1 \\ -1 \\ 0 \end{Bmatrix}\beta g \tag{E11.2.7}$$

在上式的积分中，被积函数在界面点处(Γ^{C} 是一个点)计算。对于一个对角化质量，方程(B11.3.2)为

$$M_1a_1-f_1+\beta g=0,\quad M_2a_2-f_2-\beta g=0,\quad M_3a_3-f_3=0 \tag{E11.2.8}$$

除采用罚力替换拉格朗日乘子和缺少式(E11.2.3)外，上述方程与拉格朗日乘子法中的方程(E11.2.5)类似。

为了构造罚函数法的小位移弹性静力学方程，首先由式(11.5.35)计算 $\boldsymbol{P}_{\mathrm{C}}$：

$$\boldsymbol{P}_{\mathrm{C}}=\int_{\Gamma^{\mathrm{C}}}\bar{\beta}\boldsymbol{\Phi}^{\mathrm{T}}\boldsymbol{\Phi}\mathrm{d}\Gamma=\bar{\beta}\begin{bmatrix} +1 \\ -1 \\ 0 \end{bmatrix}\begin{bmatrix} +1 & -1 & 0 \end{bmatrix}=\bar{\beta}\begin{bmatrix} +1 & -1 & 0 \\ -1 & +1 & 0 \\ 0 & 0 & 0 \end{bmatrix} \tag{E11.2.9}$$

式中，$\bar{\beta}=\beta_1H(g)$。将 $\boldsymbol{P}_{\mathrm{C}}$ 增加到线性刚度，得到以下静态方程：

$$\begin{bmatrix} k_1+\bar{\beta} & -\bar{\beta} & 0 \\ -\bar{\beta} & k_2+\bar{\beta} & -k_2 \\ 0 & -k_2 & k_2 \end{bmatrix}\begin{Bmatrix} d_1 \\ d_2 \\ d_3 \end{Bmatrix}=\begin{Bmatrix} f_1 \\ f_2 \\ f_3 \end{Bmatrix}^{\text{ext}} \tag{E11.2.10}$$

由上式可以看出，在节点 1 和节点 2 之间，罚函数法附加了一个刚度为 $\bar{\beta}$ 的弹簧。由于 $\bar{\beta}$ 是 $g=u_1-u_2$ 的一个非线性函数，所以上述方程是非线性的。

【例 11.3】 二维接触-碰撞的有限元方程。

采用 4 节点四边形单元模拟发生接触的两个物体，如图 11-14 所示。以物体 A 边界坐标的形式(单元坐标投影到接触线上)写出接触线上的速度场：

$$\begin{Bmatrix} v_x(\xi,t) \\ v_y(\xi,t) \end{Bmatrix}=\begin{bmatrix} N_1^A & 0 & N_2^A & 0 & N_3^B & 0 & N_4^B & 0 \\ 0 & N_1^A & 0 & N_2^A & 0 & N_3^B & 0 & N_4^B \end{bmatrix}\dot{\boldsymbol{d}} \tag{E11.3.1}$$

其中，

$$\dot{\boldsymbol{d}}^{\mathrm{T}}=\begin{bmatrix} v_{x1} & v_{y1} & v_{x2} & v_{y2} & v_{x3} & v_{y3} & v_{x4} & v_{y4} \end{bmatrix} \tag{E11.3.2}$$

$$N_1^A=N_3^B=1-\xi,\quad N_2^A=N_4^B=\xi,\quad \xi=\frac{x}{\ell} \tag{E11.3.3}$$

单位法线由 $\boldsymbol{n}^A=[n_x^A,n_y^A]^{\mathrm{T}}=[0,-1]^{\mathrm{T}}$ 和 $\boldsymbol{n}^B=[0,1]^{\mathrm{T}}$ 给出。由式(11.5.17)给出$\boldsymbol{\Phi}$ 矩

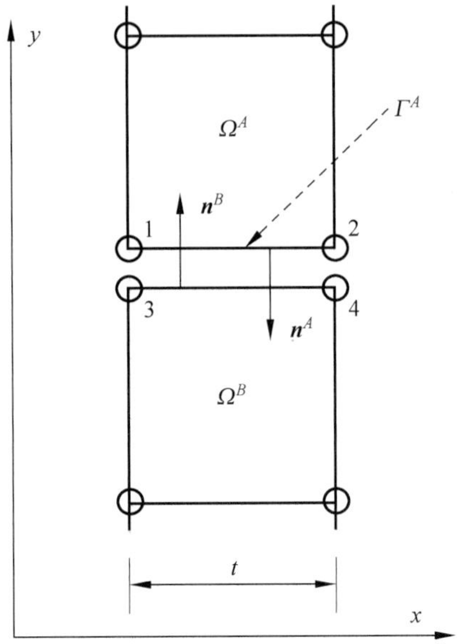

图 11-14 两个碰撞四边形

清晰地画出了接触线的两条边界

阵为

$$\begin{aligned}\boldsymbol{\Phi} &= [N_1 n_x^A \quad N_1 n_y^A \quad N_2 n_x^A \quad N_2 n_y^A \quad N_3 n_x^B \quad N_3 n_y^B \quad N_4 n_x^B \quad N_4 n_y^B] \\ &= [0 \quad -N_1^A \quad 0 \quad -N_2^A \quad 0 \quad N_3^B \quad 0 \quad N_4^B]\end{aligned} \tag{E11.3.4}$$

采用一个线性场近似拉格朗日乘子：

$$\lambda(\xi, t) = \boldsymbol{\Lambda\lambda} = [1 \quad -\xi \quad \xi]\begin{Bmatrix}\lambda_1 \\ \lambda_2\end{Bmatrix} \tag{E11.3.5}$$

矩阵 $\boldsymbol{G}$(式(11.5.19))为

$$\boldsymbol{G} = \int_0^1 \boldsymbol{\Lambda}^{\mathrm{T}} \boldsymbol{\Phi} \ell \, \mathrm{d}\xi = \frac{\ell}{6}\begin{bmatrix}0 & -2 & 0 & -1 & 0 & 2 & 0 & 1 \\ 0 & -1 & 0 & -2 & 0 & 1 & 0 & 2\end{bmatrix} \tag{E11.3.6}$$

上述矩阵类似于杆的一致质量矩阵：在节点 1 处的接触产生了节点 2 处的力，反之亦然。接触节点力严格地沿 y 方向。由于矩阵 $\boldsymbol{G}$ 的奇数列为零，所有接触节点力的 x 方向分量均为零。由于垂直于接触边界沿 y 方向，说明沿接触界面是无摩擦的。

11.5.9 正则化

在接触-碰撞过程中，解答出现了不连续性或奇异性，需要将其正则化。经过人为处理，难以处理的不规则解答可以得到平顺化和正则化的结果。一个典型示例是为了平顺振荡，von Neumann 对欧拉流体方程附加了人工黏性。如果缺少这种人工黏性，在振荡附近的欧拉方程的中心差分解答将是非常振荡的。von Neumann 证明了他的正则化方法可以保存动量，而且没有破坏守恒性质。在碰撞中，罚函数法也发挥了类似的正则化作用。

在拉格朗日乘子法中，在接触界面处发生碰撞的时刻，速度在时间上是不连续的，如图 11-15(a)中的两条正交直线所示。这些不连续性在物体中传播，并将导致不可忽视的振荡。罚函数法可以考虑作为接触界面条件的正则化方法，因为它平顺了不连续的速度，如图 11-15(a)中标有“正则化”的连续曲线，并且保持了动量守恒。通过允许两个物体的部分重叠，罚函数法仅放松了一个条件，即不可侵彻性条件。这是为平滑结果所付出的一个小的代价。拉格朗日乘子法与罚函数法之间的关系类似于材料本构中理想刚塑性与理想弹塑性之间的关系，如图 11-15(b)所示。由此理解，罚函数法的原理更像是在接触界面之间放置了一个具有弹性模量的弹簧，使接触模拟更具有灵活性。

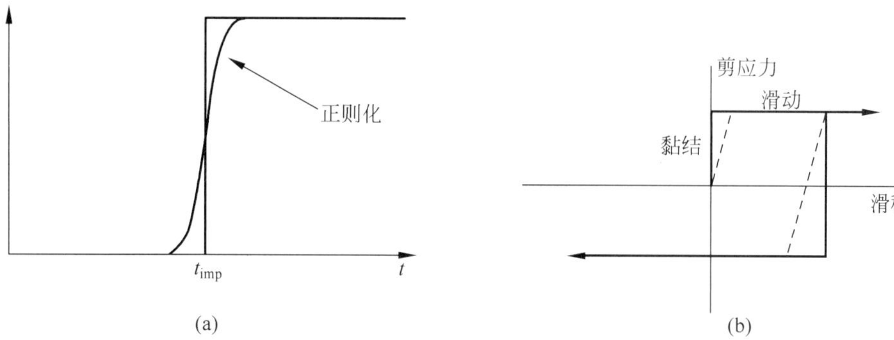

图 11-15 接触-碰撞力的正则化方法

Crunier-Mroz 摩擦模型也可以作为一种正则化方法：光滑模型替换了不连续的库仑摩擦定律。库仑摩擦定律的不连续性性质可以由一个简单的图解说明。考虑在刚性表面上的一个单元，其界面的面力由库仑摩擦定律模拟。施加一个竖向力和一个水平力，如图 11-16(a)所示，忽略单元的变形。竖向力保持为常数，水平力随时间历程产生一个方向改变的水平速度，如图 11-16(b)所示。库仑摩擦定律给出了不连续的摩擦力，如图 11-16(c)所示。Crunier-Mroz 模型则给出了一个更光滑的力，如图 11-16(c)中标有“正则化”的曲线。这也同样类似于图 11-15(b)中展示的材料本构中刚塑性与理想弹塑性之间的关系。

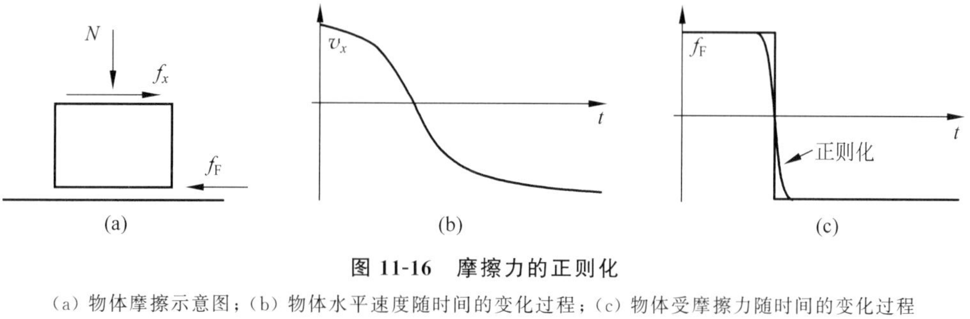

图 11-16 摩擦力的正则化

(a) 物体摩擦示意图；(b) 物体水平速度随时间的变化过程；(c) 物体受摩擦力随时间的变化过程

库仑摩擦定律的正则化区别于相互侵彻性的正则化。库仑摩擦定律通过引入附加的力学量，即粗糙度的行为而平顺响应，但对相互侵彻性条件的放松则没有统一标准，也无法给出基于物理规律的标准。事实上，人们也可以将在接触-碰撞问题中的某些相互侵彻归于粗糙度的压缩。然而，法向力的罚参数一般不基于力学量，而是人为选择，所以，它们消除或降低了高于某一临界值的频率。

11.6 接触的显式算法

11.6.1 显式积分方法

应用显式时间积分处理接触-碰撞的非连续性过程具有一定的优势：针对条件稳定性的要求，时间步长是小量，使得接触-碰撞的非连续性几乎不会引起严重的计算错误。既不需要隐式求解的线性化过程，也不需要牛顿迭代求解器，因此避免了接触问题的非连续性影响牛顿迭代求解器收敛。隐式方法的无条件稳定性可能导致较大的时间步长，然而这对非连续性的响应是无效的。另外，接触-碰撞在雅克比矩阵中引入了非连续性，从而影响了牛顿方法的收敛性。

在显式算法的每一个时间步，物体都首先做完全独立的积分，不考虑接触。这种非耦合的更新能够正确地表明物体中的哪一部分将在时间步结束时发生接触，再施加接触条件，不需要迭代以建立接触界面。由于这些因素，显式时间积分更适用于模拟瞬时接触-碰撞问题。

显式方法和隐式方法的优劣不能一概而论，应取决于具体问题。如金属板压延加工问题，在压延的过程中采用显式算法适合求解模具与坯件的接触成形过程，而当压延结束卸载时，模具与板件脱离了接触，成形板发生变形回弹，此时只有隐式求解器才能计算回弹量，需要将计算程序从显式转换到隐式来完成求解过程。

后文将描述应用显式方法的拉格朗日乘子和罚函数计算接触-碰撞过程，也将描述源于物理和数值方面的接触-碰撞问题的显式解答的某些特性：

(1) 算法的结构；

(2) 接触-碰撞方法对数值稳定性的效果；

(3)对于预测接触界面，非耦合的更新的正确性。

11.6.2 一维接触

为了阐明在简单背景下的接触-碰撞性质，首先考虑一维问题。一维接触的模型如图 11-13 所示。以物体 A 和物体 B 的非耦合更新为前提，紧接着对接触-碰撞节点的相互侵彻性进行修正，从而导出正确的解答。对于节点 1 和节点 2，在时间步中有 4 种可能的情况：

a. 节点 1 和节点 2 没有发生接触，并且在时间步中不发生接触。

b. 节点 1 和节点 2 没有发生接触，但是在时间步中发生碰撞。

c. 节点 1 和节点 2 发生接触，并且保持接触。

d. 节点 1 和节点 2 发生接触，但是在时间步中分离，常称为放松。

关于情况 c，在二维或三维问题中，保持接触并不意味着两个点必须相邻，因为它们可能有相对的切向移动或滑动。当两个物体保持接触时，仅仅考虑速度的法向分量是连续的。

所有 4 种情况都可通过如下方案解决：两节点非耦合地独立更新，随之在同一时间步中调整相互侵彻节点的速度和位移。需要额外处理的是情况 b～情况 d。

式(E11.2.5)给出了关于节点 1 和节点 2 的离散动量方程。我们将证明当解耦后的速度更新方程预测侵彻将会发生时,拉格朗日乘子 $\lambda \geqslant 0$。解耦更新方程的解称为试变量,并且由上标⁻加以标识。节点 1 和节点 2 的试加速度和试速度为

$$M_1\bar{a}_1 - f_1 = 0,\quad M_2\bar{a}_2 - f_2 = 0,\quad \bar{v}_1^+ = v_1^- + \Delta t\bar{a}_1,\quad \bar{v}_2^+ = v_2^- + \Delta t\bar{a}_2 \tag{11.6.1}$$

由式(E11.2.5)的中心差分更新,得到修正的速度为

$$M_1 v_1^+ - M_1 v_1^- - \Delta t f_1 + \Delta t\lambda = 0 \tag{11.6.2a}$$

$$M_2 v_2^+ - M_2 v_2^- - \Delta t f_2 - \Delta t\lambda = 0 \tag{11.6.2b}$$

其中$(\cdot)^+ \equiv (\cdot)^{n+\frac{1}{2}}$,$(\cdot)^- \equiv (\cdot)^{n-\frac{1}{2}}$;所有没有标识的变量在第 n 个时间步。在时间步中,当物体接触时,这些方程必须满足附加条件 $v_1^+ = v_2^+$。如果在时间步中节点已经发生相互侵彻,则应用接触约束 $v_1^+ = v_2^+$ 从上述方程中消去 λ,从而给出修正后的速度:

$$v_1^+ = v_2^+ = \frac{M_1 v_1^- + M_2 v_2^- + \Delta t(f_1 + f_2)}{M_1 + M_2} \tag{11.6.3}$$

对于刚性物体的塑性碰撞,上式为著名的动量守恒方程,后文将进行详细介绍。

现在证明只要试速度发生相互侵彻,拉格朗日乘子就将为正数,即相互侵彻力是压力。换言之,在任何相互侵彻的节点上,拉格朗日乘子具有正确的符号,对应的表述为

$$\text{如果}\bar{v}_1^+ \geqslant \bar{v}_2^+,\text{则}\ \lambda \geqslant 0 \tag{11.6.4}$$

用 M_2 乘以式(11.6.2a),M_1 乘以式(11.6.2b),然后取两个方程的差:

$$M_1 M_2(v_1^- - v_2^-) + \Delta t(M_2 f_1 - M_1 f_2) = \lambda\Delta t(M_1 + M_2) \tag{11.6.5}$$

将式(11.6.1)中关于 f_1 和 f_2 的表达式代入上式,并整理得到

$$\frac{\Delta t(M_1 + M_2)}{M_1 M_2}\lambda = (v_1^- - v_2^-) + \Delta t(\bar{a}_1 - \bar{a}_2) = \bar{v}_1^+ - \bar{v}_2^+ \tag{11.6.6}$$

式中最后一个等式由中心差分 $\bar{v}_I^+ = v_I^- + \Delta\bar{a}_I$ 得到。λ 前的系数为正数,因而等号右侧项的符号与 λ 一致。由此式(11.6.4)得到证明。

为了更详细地验证这点,现在考虑上面列出的 4 种情况:

(1) 情况 a 无须讨论,因为它不需要修正节点速度;

(2) 情况 b 不接触/在 Δt 内发生接触:由式(11.6.6)可知,$\bar{v}_1^+ > \bar{v}_2^+$ 且 $\lambda \geqslant 0$;

(3) 情况 c 接触/保持接触:由式(11.6.6)可知,$\bar{v}_1^+ > \bar{v}_2^+$ 且 $\lambda \geqslant 0$;

(4) 情况 d 接触/在 Δt 内分离:由式(11.6.6)可知,$v_1^+ < v_2^+$ 且 $\lambda < 0$。

因此,由非耦合更新得到的速度正确地预测了拉格朗日乘子 λ 的符号。从这个示例可以了解接触-碰撞的显式积分的其他两个有趣的性质:

(1) 碰撞后的分离不会发生在单个时间步内,即若在时间步前不接触,则在时间步内碰撞后不会发生分离;

(2) 碰撞消耗了能量。

性质(1)基于这样的事实,即因为在第 n 时间步计算拉格朗日乘子,所以在第 $n+\dfrac{1}{2}$ 时间步匹配速度。因此,在发生碰撞的时间步内,显式方法中没有关于分离的机制。这个性质与波传播的力学性质是一致的。在发生碰撞的物体中,分离是由稀疏波造成的;这种波来自于碰撞产生的压缩波从一个自由表面反射并回到接触点。当这种稀疏波的量级足以

在接触界面产生拉伸状态时,该处将发生分离。因此,在碰撞发生后,分离所要求的最短时间是两次横穿最接近的自由表面的时间(除非源于其他因素的一个稀疏波先到达接触表面)。而在显式求解中,稳定时间步长需要任意波横穿至多一个单元。因此在显式时间积分中,在一个稳定时间步长内不足以使波能够横穿到最接近的自由表面的两倍距离。因而当碰撞时,在同一个时间步内不能发生分离。

性质(2)可以由式(11.6.3)解释,该式可认为是塑性碰撞条件。这些过程总是伴随能量耗散,而随网格的细划耗散减弱了。在连续接触的碰撞问题中,式(11.6.3)仍然成立,然而由于该速度一致条件仅限定于接触表面,没有能量耗散。接触表面是测度为零的一个集合,因此在表面上的能量变化对总能量没有影响(对于一维问题,碰撞表面是一个点,其测度也是零)。在离散模型中,碰撞节点代表邻近接触表面的厚度为$\frac{h}{2}$的材料层。因此,在离散模型中的能量耗散是有限大的。应该强调的是,这些论点不适用于以梁、壳和杆组成的多体模型,因为该模型没有模拟其沿厚度方向的刚度。对于这些问题,分离和碰撞的条件更加复杂。

11.6.3　罚函数法

对于两个物体碰撞的问题,在碰撞节点上的离散方程为

$$M_1 a_1 - f_1 + f_1^C = 0, \quad M_2 a_2 - f_2 - f_2^C = 0 \tag{11.6.7}$$

在初始时节点是重合的,有 $x_1 = x_2$,并且界面的法向面力为

$$f^C = p = \beta_1 g + \beta_2 \dot{g} = \beta_1 (u_1 - u_2) H(g) + \beta_2 (v_1 - v_2) H(g) \tag{11.6.8}$$

现在,因为法向面力是正的,相互侵彻率也是正的,所以二者乘积不再为零,违背了不可分离的条件。碰撞后的速度取决于罚参数。由于罚函数法仅仅近似地施加了不可侵彻性约束,故两个节点的速度不相等。罚参数越大,满足不可侵彻性条件的可能性越大。但是,罚参数不可能任意地增大。

在罚函数法中,碰撞和分离可能发生在同一时间步内。如果罚力非常大,在碰撞的一个时间步内就可能使相关的节点速度变为逆向。为消除这种异常,可限定罚力的上限值,使碰撞至多是理想的塑性碰撞。换句话说,必须限制罚力,令速度在碰撞时间步结束时为式(11.6.3)给出的值。如此得到接触力的上限:

$$f^C \leqslant \frac{M_1 M_2 (v_1^- - v_2^-)}{\Delta t (M_1 + M_2)} \tag{11.6.9}$$

由此得到的接触力上限表达式可能会很有用。

与拉格朗日乘子法不同,罚函数法会减小稳定时间步长。稳定时间步长可以通过单元特征值不等式对如下线性化模型估算:考查包含罚弹簧和两个围绕单元的一组单元。其中,围绕单元的引入是因为罚单元没有质量,因而有无限高的频率。这种分析证明,对于一个刚度罚数,当率相关罚数为零($\beta_2 = 0$)时,关于非独立的相互侵彻罚方法的稳定时间步长为(Belytschko et al.,1991)

$$\Delta t_{\text{crit}} = \sqrt{2}\ \frac{h}{c}\left(1 + \beta_1 + \sqrt{1 + \beta_1^2}\right)^{-\frac{1}{2}} \tag{11.6.10}$$

可见,临界稳定时间步的衰减随罚弹簧的刚度 β_1 增加而减小。这种稳定时间步的估计并不

保守，即使它基于单元特征值不等式，也不必过高地估计稳定时间步长。这是因为接触-碰撞是高度非线性的，而该分析基于线性假设，其失去了估计的有界特征。

11.6.4 显式算法流程

接触-碰撞的显式时间积分流程如表 11-4 所示，其组合了表 5-1 的内容。

表 11-4 接触-碰撞的显式时间积分流程

结合表 5-1，应用拉格朗日乘子法或罚函数法
时间步 n（表 5-1，步骤 1～步骤 2）
1. 离散动量方程（表 5-1，步骤 3～步骤 5）：
两个物体接触的式(E11.2.5)或式(11.6.7)
2. 边界条件（表 5-1，步骤 6～步骤 11）：
在时间步中当物体接触时，满足附加条件 $v_1^+=v_2^+$
3. 接触-碰撞条件：
当 $\lambda\geqslant 0$ 发生相互侵彻时，进行速度修正或应用动量守恒方程，见式(11.6.3)、式(11.6.6)或式(11.6.9)
更新时间步 $n+1$（表 5-1，步骤 12～步骤 13）

在施加边界条件后，立刻施加接触-碰撞条件。在接触-碰撞步骤之前，模型中的所有节点已被更新，包括在前一时间步中接触的节点。

在施加边界条件后，接触-碰撞产生的修正可能会遇到一些困难。例如，对于在对称边界条件下的一对接触节点，在接触-碰撞修正中可能导致对称性条件被破坏。因此，有时在修正后，在接触节点处不得不再强化一次边界条件。

对于低阶单元，最大的相互侵彻总是发生在节点。因此，对于相互侵入到另一个物体的单元，仅需要检验节点。这是相当有挑战性的工作。在一个大模型中，可能需要检验量级为 10^5 的节点数目以防止其侵入同样数目量级的单元。显然，对于这个问题采用蛮力是无济于事的。

11.7 接触算法的讨论

在力学软件中处理接触问题有许多算法，它们定义接触条件的方式各不相同，包含严格主从权重、平衡主从权重等方式。隐式程序一般采用严格主从权重方式：在施加接触约束时，主控表面上的节点原则上可以侵入从属表面，而从属表面上的节点原则上不能侵入主控表面，如图 11-17 所示。从属表面的单元网格密度一般高于主控表面，可通过单元细化，提高界面的平顺性，避免接触过程中的侵彻现象。

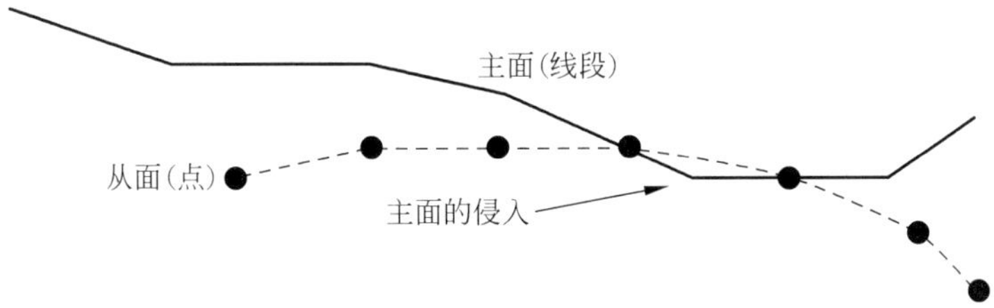

图 11-17 主从表面接触

显式程序一般采用平衡主从权重方式：在施加接触约束时，第一步定义主控表面上的节点可以侵入从属表面；第二步交换主从顺序，让开始定义为从属表面上的节点可以侵入主控表面，把第一步侵入的部分顶回来。这样的计算在接触界面上会产生更为平顺的过渡。

那么隐式接触算法能否定义和应用平衡主从权重方式呢？实际上，在理论和程序方面是可以实现的，主要问题在于牛顿迭代法的计算成本。

在有限元软件的接触算法中会提供有限滑动接触公式，这就表示两个表面的相对滑动量至少大于一个单元的特征尺度。二维有限滑动公式要求主控表面是光滑的，在有限元中的主控表面是由面元构成的，主控表面可以是光滑的，当然若能够采用解析刚性表面就更加容易实现滑动接触计算了。

在接触算法中还会提供小滑移接触公式，小滑动的滑动量一般小于有限滑动的距离。小滑移公式根据从属节点的当前位置向主控节点传递载荷。因为是小滑移，该方法总是可以通过固定节点传递载荷。

在经典的梁、板壳单元中，节点位于中面。在接触逻辑中可以考虑用梁、板壳的当前厚度和中面偏置（offset）来定义接触面。

在开发接触非线性有限元软件时，会遇到许多特殊问题，如多点约束、干涉、过盈、小滑移、有限滑移、平衡主从与严格主从等。为了方便工程师的应用，减小接触设置的难度，可以开发具有通用接触（general contact）功能的有限元程序，尽管可能带来接触界面搜索的计算成本，但其实用性更强。

第 12 章

材料本构模型

主要内容

应力-应变曲线：工程应力-应变，真实应力-对数应变，率无关和率相关

一维弹性：小应变，大应变

非线性弹性：克希霍夫材料，不可压缩材料，次弹性，柯西材料，超弹性，弹性张量，多孔充液弹性 Biot 本构模型

常用橡胶材料模型：新胡克模型，穆尼-里夫林模型，杨模型，奥格登模型

黏弹性：小应变黏弹性，有限应变黏弹性

一维塑性：率无关塑性，率相关塑性，各向同性硬化，运动硬化，混合硬化

多轴塑性：次弹性-塑性材料，塑性流动，摩尔-库仑本构模型和德鲁克-普拉格本构模型，格森模型，约翰逊-库克模型，旋转应力，小应变弹-塑性，大应变黏-塑性

超弹-塑性：变形率分解，超弹性势能，各向异性塑性流动，切线模量，J_2 流动理论

12.1 引言

不同材料具有不同的本构关系，如弹塑性固体金属、黏弹性聚合物、超弹性橡胶、脆性铸铁和陶瓷，以及考虑摩擦效应的岩石和土壤等。在材料行为的数学描述中，通过本构关系表示材料的响应，在方程中给出应力作为材料变形历史的函数。在一维固体力学中，本构关系经常归属于材料的应力-应变定律。黄克智与合作者为读者提供了连续介质力学的系列专著，如黄克智(1989)的《非线性连续介质力学》、黄克智和黄永刚(1999)的《固体本构关系》阐述了大变形塑性行为，给出了从宏观到细观的固体本构行为的详细论述。黄克智和黄永刚在《高等固体力学(上册)》(2013)中还补充了在商用有限元软件中应用的大变形

本构方程。关于有限应变本构方程的热动力学基础，已有大量的文献，如 Truesdell 和 Noll (1965)的专著，Marsden 和 Hughes(1983)阐述了弹性力学数学基础，Simo 和 Hughes (1983)描述了塑性力学计算，Meyers(1994)讲述了材料的动力学行为。尽管考虑了关于材料行为的热动力学约束和某些补充的稳定性假设，在目前的讨论中，重点仍是关于力学的响应。

本章将介绍广泛使用的固体力学本构模型。首先展示一维情况下不同类型材料的本构方程，其次扩展到多轴应力状态。特别强调小应变和大应变的弹-塑性本构方程，也将讨论某些基本性质，如可逆性、稳定性和平滑性等。12.2 节介绍拉伸试验，目的是展示不同应力水平的材料行为。12.3 节讨论弹性材料的一维本构关系。12.4 节描述关于大变形弹性的多轴本构方程，并考虑次弹性的特殊情况和超弹性，前者在大变形弹-塑性本构关系中经常发挥重要的作用，并补充了在石油、地质和生物医学工程中应用的多孔充液介质弹性本构模型。12.5 节介绍超弹性材料模型，给出了橡胶本构模型和工程应用方法。12.6 节讲述小应变黏弹性和有限应变黏弹性本构模型。12.7 节描述一维塑性材料本构模型，12.8 节将其扩展到多轴塑性应力状态，还将展示代表金属行为的率无关和率相关塑性变形所常用的米塞斯 J_2 塑性流动理论模型，代表土壤、岩石塑性的摩尔-库仑本构模型和德鲁克-普拉格本构模型，以此介绍关联塑性和非关联塑性模型。考虑孔洞长大和结合的格森本构模型，讨论模拟材料变形、损伤和破坏的本构关系。描述约翰逊-库克模型，讨论冲击力作用下材料高应变率的弹-塑性响应和温度效应。描述关于聚合物材料黏弹性反应的本构模型。对于小变形和大变形问题，还将直接生成一维黏弹性模型和多轴应力状态。12.9 节介绍超弹-塑性本构方程。在这些模型中，模拟弹性反应为超弹性(而不是次弹性)反应避开了求解问题中与转动相关的某些困难，包括几何非线性和与之相关的一般各向异性弹性和塑性行为。

在非线性有限元软件中采用的本构模型基本上是增量型应力-应变关系，即切线模量。这是由计算时间增量步决定的，即便是全量本构模型，也要通过增量求解，只不过它是切线模量为常值的弹性模量，也是需要采用应力、速度和变形率的三场变分原理的因素之一。

12.2 拉伸试验的应力-应变曲线

在计算分析中，选择材料模型是非常重要的。然而，对于给定的材料，总是难以抉择选用什么样的本构模型。仅有的信息可能是一般性的知识和经验，即可能是关于材料行为的几条应力-应变曲线。分析者的任务是在有限元材料库中选择合适的本构模型，如果没有合适的本构模型，就要自行开发材料本构模型子程序。因此，对于睿智的分析者，重要的是理解材料的力学行为，掌握本构模型的关键特征和创建模型时采用的假设，确定该模型是否满足所希望的承载能力和变形区域，以及在程序中的数值求解问题。

材料本构行为的许多基本特征可以从一维应力状态获得，它是材料响应的一组应力-应变曲线，如单轴应力或剪切应力。我们从讨论单轴拉伸试验开始，因为多轴状态的本构方程常常基于试验中观察到的一维行为。

一维应力状态的材料应力-应变行为可以从单轴拉伸试验中获得。在试验中，试件的两端分别夹持在试验机上，并以规定的速率拉伸，记录测量段的伸长量 δ 和施加力 F。图 12-1

给出了载荷对应于伸长的曲线(对于典型金属),该图代表了结构试件的响应。为了提取关于材料行为的所需信息,必须略去试件尺寸的影响,因此提取了每单位截面面积的载荷(应力)与每单位长度的伸长(应变)的关系。另外,还需要确定是否应用面积和长度的初始值或当前值,即采用什么样的应力-应变度量。如果变形足够小,可以忽略初始和当前构形的几何区别,采用小应变理论;否则,需要采用非线性理论。从第 2 章(表 2-1)可以了解从一种应力度量转换到另一种应力度量的方法,然而,重要的是要知道如何测量应力-应变的数据。

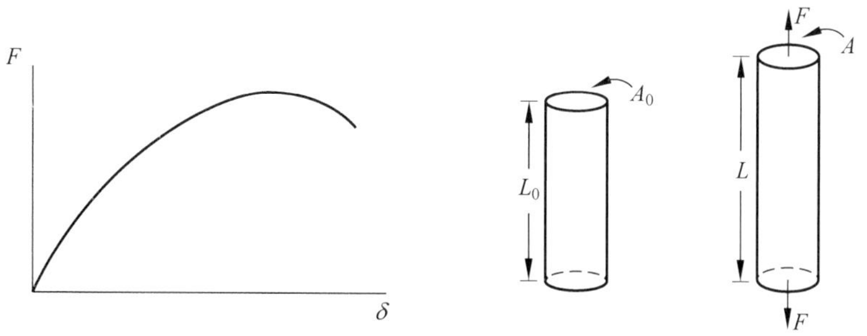

图 12-1 载荷-位移曲线

根据图 12-1,定义伸长 $\lambda_x=\dfrac{L}{L_0}$,其中 $L=L_0+\delta$ 是与伸长量 δ 有关的变形后长度。名义应力(或工程应力)定义为

$$P_x=\frac{F}{A_0} \tag{12.2.1}$$

式中,A_0 是初始截面面积。工程应变定义为

$$\varepsilon_x=\frac{\delta}{L_0}=\lambda_x-1 \tag{12.2.2}$$

对于典型金属材料,其工程应力-应变的曲线如图 12-2(a)所示。

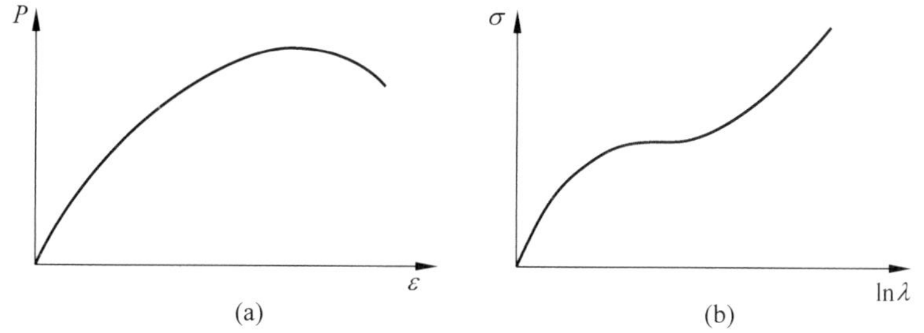

图 12-2 典型金属材料的应力-应变曲线

(a) 工程应力-应变曲线;(b) 真实应力-应变曲线

应力-应变响应的另一种表示形式称为真实应力-应变关系。柯西(或真实)应力为

$$\sigma_x=\frac{F}{A} \tag{12.2.3}$$

式中,A 是当前(瞬时)的截面面积。真实应变是每单位当前长度应变的增量随长度变化的

一种度量，例如，$\mathrm{d}e_x=\frac{\mathrm{d}L}{L}$，从初始长度 L_0 到当前长度 L 进行积分，得到

$$e_x=\int_{L_0}^{L}\frac{\mathrm{d}L}{L}=\ln\frac{L}{L_0}=\ln\lambda_x \tag{12.2.4}$$

因此，e_x 称为对数应变（或真实应变）。对材料时间求导，此表达式成为

$$\dot{e}_x=\frac{\dot{\lambda}_x}{\lambda_x}=D_x \tag{12.2.5}$$

例如，在一维情况中，对数应变的时间导数等于式(2.3.18)给出的变形率，对于一般多轴状态的变形这是不真实的，但是，如果固定了变形主轴，这一关系就是成立的。

为了得到真实应力与对数应变的关系，要求截面面积 A 作为变形的函数。这可以从实验中测量。从式(2.2.34)看出，雅可比行列式与当前体积的参照值有关，在颈缩或其他不稳定发生之前，变形是均匀的，在测量长度内初始和当前体积之间的关系为 $JA_0L_0=AL$，其中，J 是变形梯度的行列式，则当前面积的表达式为

$$A=\frac{JA_0L_0}{L}=\frac{JA_0}{\lambda_x} \tag{12.2.6}$$

因此，柯西应力为（比较在表 2-1 中的张量表示）

$$\sigma_x=\frac{F}{A}=\lambda_x\frac{F}{JA_0}=\lambda_x J^{-1}p_x \tag{12.2.7}$$

真实应力与对数应变曲线的示例如图 12-2(b)所示。

作为示例，考虑一种不可压缩材料（$J=1$），其名义应力和工程应变的关系为

$$p_x=f(\varepsilon_x) \tag{12.2.8}$$

式中，$\varepsilon_x=\lambda_x-1$，是工程应变。在给定变形率的多轴应力作用下，可以将式(12.2.8)视为材料的应力-应变方程。由式(12.2.7)可知，对于不可压缩材料 $J^{-1}=1$，真实应力为

$$\sigma_x=\lambda_x f(\varepsilon_x)=g(\lambda_x) \tag{12.2.9}$$

式中，函数之间的关系为 $g(\lambda_x)=\lambda_x f(\lambda_x-1)$，说明对于本构行为应用不同泛函表达式的区别，对于相同材料，其取决于采用何种应力和变形的度量。当在大应变中涉及多轴本构关系时，$g(\lambda_x)$是特别重要的。

应力-应变反应与变形率无关的材料称为率无关材料，反之称为率相关材料。对于不同的名义应变率，图 12-3 分别描述了率无关和率相关材料的一维反应。名义应变率的定义为 $\dot{\varepsilon}_x=\frac{\dot{\delta}}{L_0}$，因为 $\dot{\delta}=\dot{L}$ 和$\frac{\dot{\delta}}{L_0}=\frac{\dot{L}}{L_0}=\dot{\lambda}_x$，即名义应变率等于伸长率，$\dot{\varepsilon}_x=\dot{\lambda}_x$。可以看出，率无关材料的应力-应变曲线是应变率独立的，其塑性变形过程就好比放映电影时的快速或慢速播放，这个过程是不变的。而率相关材料的应力-应变曲线在应变率提高时是上升的。

在前述拉伸试验中，没有考虑卸载过程。图 12-4 展示了不同种类材料的卸载过程。对于弹性材料，应力-应变的卸载曲线简单地沿加载曲线返回，直到完全卸载，材料返回其初始未变形状态，如图 12-4(a)所示。然而，对于弹-塑性材料，卸载曲线区别于加载曲线，卸载曲线的斜率是典型的应力-应变弹性（初始）段的斜率，卸载后永久应变的结果如图 12-4(b)所示。其他材料的行为介于这两种极端情况之间。例如，由于在加载过程中微裂纹的形成材料发生了损伤，脆性材料的卸载行为如图 12-4(c)所示。在这种情况下，载荷被移去后微裂

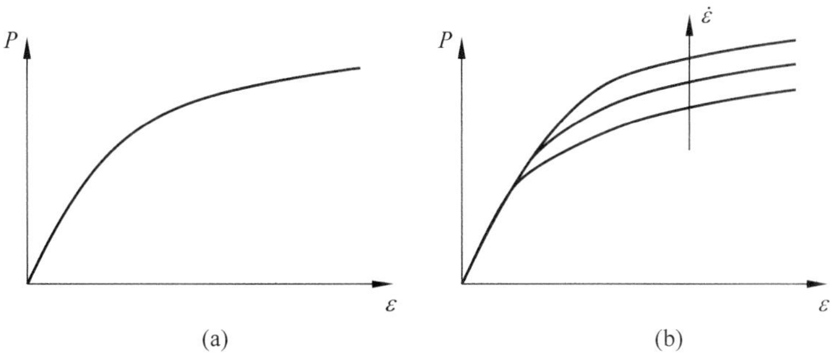

图 12-3 工程应力-应变曲线

(a) 率无关材料；(b) 率相关材料

纹闭合，弹性应变得到恢复。卸载曲线的初始斜率给出了形成微裂纹损伤程度的信息，如在混凝土材料的本构模型中所观察到的。关于损伤力学的本构模型，见 Krajcinovic(1996)的文献。

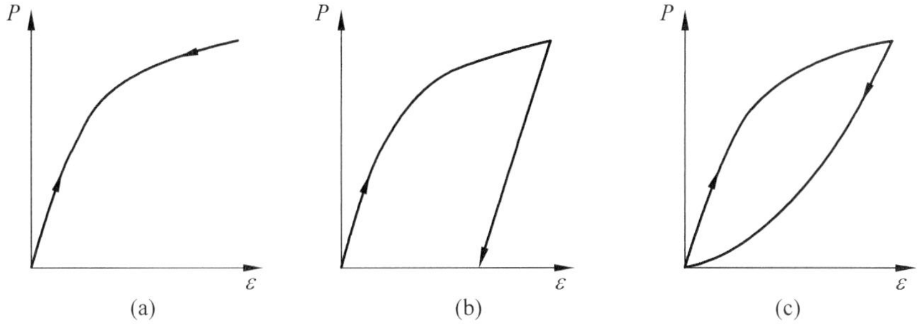

图 12-4 卸载行为

(a) 弹性；(b) 弹-塑性；(c) 弹性含微裂纹(损伤)

卸载后弹性变形的回复过程称为回弹，在显式有限元方法中无法实现回弹，这是被显式的时间前推算法限定的。所以需要利用隐式积分方法中计算回弹和回弹量，特别是模拟金属板经历模具加工压延的过程，在显式和隐式两套方法中按照工艺过程分步骤切换。

12.3 一维弹性

弹性材料的基本性能是应力仅依赖于应变的当前状态。这意味着加载和卸载的应力-应变曲线是一致的，当卸载结束时材料恢复初始的状态。在这种情况下，应变是可逆的，且弹性材料是与应变率无关的。对于弹性材料，应力和应变具有一一对应的关系。

12.3.1 小应变

首先考虑材料小应变的弹性行为。当应变和转动很小时，经常应用包含运动学、运动方程和本构方程的小应变理论。对于不同应力和应变之间的度量，一般不做区分；这里仅讨论纯粹的力学问题，不考虑热动力学的效果(如热传导)。对于单轴应力的非线性弹性材料，应力-应变关系可以写为

$$\sigma_x = s(\varepsilon_x) \tag{12.3.1}$$

式中，σ_x 是柯西应力，$\varepsilon_x=\dfrac{\delta}{L_0}$是线性应变，常为已知的工程应变。这样，给出的应力是当前应变的函数，并且独立于变形历史或者路线。这里设 $s(\varepsilon_x)$是一个单调增函数。函数 $s(\varepsilon_x)$是单调增的假设取决于材料的稳定性：如果在任意的应变 ε_x 中，出现应力-应变曲线的斜率是负的，如$\dfrac{d\sigma_x}{d\varepsilon_x}<0$，则认为材料表现出的软化和反应是不稳定的(7.4 节讨论了材料稳定性)。在材料本构模型中可能发生这种行为，它展示了相的变换(具体示例见 Abeyaratne et al.，1988)。注意式(12.3.1)的材料默认可逆性与路径无关：对于任意应变 ε_x，不管通过何种方式达到 ε_x，式(12.3.1)都给出了唯一的应力 σ_x。

由式(12.3.1)推广到多轴大应变的一般形式是一个令人望而生畏的数学问题，20 世纪中已经出现了见解极为深刻的论述，但还包含一些未解决的问题(Ogden，1984，以及其参考文献)。将式(12.3.1)扩展到单轴大应变行为的方法将在本节描述，某些最普遍的扩展到大应变的多轴行为将在 12.4 节讨论。

在纯力学理论中，可逆性与路径无关意味着在变形中没有能量耗散。即在弹性材料中，变形不伴随能量的任何耗散，储存在物体中的能量全部消耗在变形中，材料在卸载后才恢复。这里默认存在势函数 $w(\varepsilon_x)$，因此，

$$\sigma_x=s(\varepsilon_x)=\frac{dw(\varepsilon_x)}{d\varepsilon_x} \tag{12.3.2}$$

式中，$w(\varepsilon_x)$是单位体积的应变能密度。在绝热条件下，应变能密度可以等同于内能密度 ρw^{int}(2.6.4 节)；而在等温条件下，应变能密度等同于亥姆霍兹自由能(Malven，1969，265 页)。在本章中，省略上角标 int，式(12.3.2)成为

$$dw(\varepsilon_x)=\sigma_x d\varepsilon_x \tag{12.3.3}$$

积分后给出：

$$w(\varepsilon_x)=\int_0^{\varepsilon_x}\sigma_x d\varepsilon_x \tag{12.3.4}$$

注意到 $\sigma_x d\varepsilon_x=\sigma_x\dot{\varepsilon}_x dt$ 是多轴表达式(2.6.36)的一维小应变形式。

应变能 w 一般是应变的凸函数，即$(w'(\varepsilon_x^1)-w'(\varepsilon_x^2))(\varepsilon_x^1-\varepsilon_x^2)\geqslant 0$，当 $\varepsilon_x^1=\varepsilon_x^2$ 时，公式的等号成立。如图 12-5(a)所示为凸应变能函数的一个示例。在这种情况下，函数 $s(\varepsilon_x)$是单调递增的，如图 12-5(b)所示。如果 w 是一个非凸函数，则 $s(\varepsilon_x)$先增后减，并且材料展示了应变软化行为，这是非稳定的材料反应$\left(如\dfrac{ds}{d\varepsilon_x}<0\right)$。图 12-6 描绘了一个非凸应变能函数和相应的应力-应变曲线。

总之，弹性材料的一维行为有 3 个互相关联的特征：路径无关⇔可逆⇔无能量耗散。在二维和三维中，超弹性材料也展现出相同的性能。此外，其他多轴弹性材料，如次弹性材料，对其性能的观察还不够准确。

应力-应变曲线的显著特征之一是非线性的程度。许多材料的应力-应变曲线包括一个初始弹性段，可以将其模拟成线弹性。线弹性行为的范围被限制在不超过应变的百分之几，其结果是采用小应变理论描述线弹性材料。

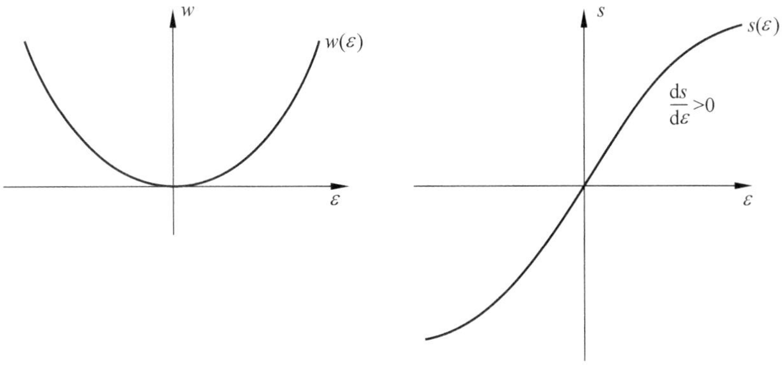

(a)　　　　(b)

图 12-5　凸应变能函数

(a) 应变能函数；(b) 应力-应变曲线

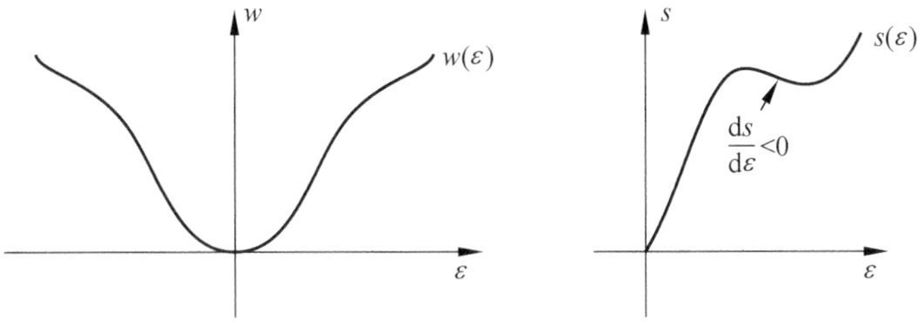

(a)　　　　(b)

图 12-6　非凸应变能函数

(a) 应变能函数；(b) 相应的应力-应变曲线

对于线弹性材料，应力-应变关系为

$$\sigma_x = E\varepsilon_x \tag{12.3.5}$$

式中，比例常数 E 为杨氏模量。这个关系经常由胡克定律(Hooke's law)给出。由式(12.3.4)和式(12.3.5)可知，应变能密度为

$$w = \frac{1}{2}E\varepsilon_x^2 \tag{12.3.6}$$

这是关于应变的二次函数。

12.3.2　大应变

本节简要介绍大应变的基本概念，后文会有更加详细的描述。由一维弹性推广到一维大应变是相当直接的，只需选择应变的度量和定义应力(功共轭)的弹性势能。注意到在变形的过程中，势能的存在默认了可逆性、路径无关和无能量耗散的存在。大应变的特点是用势能建立本构关系，选择格林应变 E_x 作为应变度量，并将与之功共轭的 PK2 应力 S_x 写为

$$S_x = \frac{\partial w}{\partial E_x} \tag{12.3.7}$$

为了避免格林应变与杨氏模量的混淆，本书中的格林应变总是用黑斜体或下角标表示。

PK2 应力和格林应变遵循功(功率)共轭(表 3-3),每单位参考体积的功率为 $\dot{w}=S_x\dot{E}_x$。

当应变很小时,式(12.3.7)中的势能 w 退化到式(12.3.2)。在弹性应力-应变关系中,从应变的势函数获得应力的特性称为超弹性。最简单的超弹性关系(对于一维的大应变问题)来自格林应变二次函数的势能:

$$w=\frac{1}{2}E^{SE}E_x^2 \tag{12.3.8}$$

式中,模量 E^{SE} 是常数。因此,由式(12.3.7)得到

$$S_x=E^{SE}E_x \tag{12.3.9}$$

这些应力和应变度量之间的关系是线性的。当应变较小时,上述关系退化为式(12.3.5)中以杨氏模量表示的胡克定律,$E=E^{SE}$。

我们也可以用其他共轭的应力和应变度量表示弹性势能。例如,在 2.2.5 节中已经指出,张量 $\bar{\boldsymbol{U}}=\boldsymbol{U}-\boldsymbol{I}$ 是有效的应变度量(Biot 应变),并且共轭应力在一维时是名义应力 P_x,因此有

$$P_x=\frac{\partial w}{\partial \bar{U}_x}=\frac{\partial w}{\partial U_x} \tag{12.3.10}$$

由于单位张量 $\boldsymbol{I}$ 是常数,有 $\mathrm{d}\bar{\boldsymbol{U}}=\mathrm{d}\boldsymbol{U}$,可以将其写为式(12.3.10)的第二种形式。有趣的是,就算观察到一些应力和应变度量的关系是线性的,也不意味着其他共轭对是线性的。例如,如果 $S_x=E^{SE}E_x$,则有非线性关系 $P_x=E^{SE}\dfrac{(1+\bar{U}_x)(\bar{U}_x^2+2\bar{U}_x)}{2}$。

一种材料的柯西应力率与变形率相关,此特性即被称为次弹性。这种关系一般是非线性的:

$$\dot{\sigma}_x=f(\sigma_x,D_x) \tag{12.3.11}$$

式中的上标·表示材料时间导数,而 D_x 是变形率,即速度梯度的对称部分。一个特殊的线性次弹性关系为

$$\dot{\sigma}_x=ED_x=E\frac{\dot{\lambda}_x}{\lambda_x} \tag{12.3.12}$$

式中,E 为杨氏模量,λ_x 为伸长量。E 与其他单轴应力度量关系的验证见例 12.1。对式(12.3.12)积分,得到

$$\sigma_x=E\ln\lambda_x \tag{12.3.13}$$

或

$$\sigma_x=\frac{\mathrm{d}}{\mathrm{d}\lambda_x}\int_1^{\lambda_x}E\ln\lambda_x\,\mathrm{d}\lambda_x \tag{12.3.14}$$

这就是超弹性关系,并且与路径无关。但对于多轴问题,一般的次弹性关系不能转换到超弹性关系。

次弹性材料仅在一维情况是严格路径无关的。如果是弹性较小的应变,其行为足够近似于模拟路径无关的弹性行为。因为次弹性规律的简单性,式(12.3.11)的多轴一般形式常常应用于有限元软件,以模拟大应变弹塑性问题中的材料弹性反应。

12.4 非线性弹性

本节将描述更具一般性的有限应变弹性本构关系。有限应变弹性中的许多不同的本构关系都可以发展到多轴弹性。此外，对于有限应变，由于许多不同的应力和变形度量，同样的本构关系可以写成几种不同的形式，重要的是对它们之间进行区分。我们首先给出不同的材料模型，其次用不同的数学表达式描述同样的材料模型，最后从一种形式的本构关系转换到另一种形式。将大应变弹性的本构模型表述为克希霍夫材料的一种特殊形式，它由线弹性材料直接转变为大变形材料。如在12.3节中看到的，路径无关、可逆性和无能量耗散是紧密相关的，因此，路径无关的程度可以看作材料模型的弹性度量。所描述的次弹性材料是路径无关程度最弱的材料，遵从柯西弹性，其应力是路径无关的，但是其能量不是路径无关的。本节还描述了超弹性材料或格林弹性，它是路径无关和完全可逆的，应力由应变势能导出。

12.4.1 克希霍夫材料

克希霍夫材料是与路径无关的、具有弹性应变势能的材料，主要应用在涉及小应变、大转动的工程问题中。在这些问题中，大变形的效果主要来自大转动(如像钓鱼竿式的柔性弯曲)。将线弹性定律进行简单扩展即可模拟材料的反应，但是要以PK2应力代替其中的应力，以格林应变代替线性应变，这种材料称为圣维南-克希霍夫材料(Saint-Venant-Kirchhoff material)，或简称克希霍夫材料。其最一般的模型为

$$S_{ij}=C_{ijkl}E_{kl}, \quad \boldsymbol{S}=\boldsymbol{C}:\boldsymbol{E} \tag{12.4.1}$$

式中，$\boldsymbol{C}$ 为弹性模量的四阶张量，对于克希霍夫材料是常数。上式也展现了式(12.3.5)推广到应力-应变的多轴状态，它可以完全结合各向异性材料的响应。我们没有对材料响应矩阵 $\boldsymbol{C}$ 附加上标，因为它与应力和应变相关；注意到相应的率关系是 $\dot{\boldsymbol{S}}=\boldsymbol{C}^{SE}:\dot{\boldsymbol{E}}$，这里 $\boldsymbol{C}^{SE}=\boldsymbol{C}$，称为切线模量张量，它的元素称为切线模量。

下面将描述 $\boldsymbol{C}$ 的性能，特别是对称性，利用它能够显著减少材料常数的数目。这些性能的某些部分也可以应用到材料的切线模量。由于应力和应变张量的对称性，式(12.4.1)中的材料系数也具有次对称性。

$$C_{ijkl}=C_{jikl}=C_{ijlk} \tag{12.4.2}$$

克希霍夫材料是路径无关的且具有弹性应变势能的材料。其在一维情况下单位体积的应变能已由式(12.3.4)给出，扩展到多轴状态为

$$w=\int S_{ij}\,\mathrm{d}E_{ij}=\int C_{ijkl}E_{kl}\,\mathrm{d}E_{ij}=\frac{1}{2}C_{ijkl}E_{ij}E_{kl}=\frac{1}{2}\boldsymbol{E}:\boldsymbol{C}:\boldsymbol{E} \tag{12.4.3}$$

应力表达式为

$$S_{ij}=\frac{\partial w}{\partial E_{ij}} \quad 或 \quad \boldsymbol{S}=\frac{\partial w}{\partial \boldsymbol{E}} \tag{12.4.4}$$

这是式(12.3.7)的张量等价形式。假设应变能为正定，即

$$w=\frac{1}{2}C_{ijkl}E_{ij}E_{kl}=\frac{1}{2}\boldsymbol{E}:\boldsymbol{C}:\boldsymbol{E}\geqslant 0, \quad \forall \boldsymbol{E} \tag{12.4.5}$$

式中，等号当且仅当 $\boldsymbol{E}=0$ 时成立，这意味着 $\boldsymbol{C}$ 是正定的四阶张量。由式(12.4.3)可知应变势能存在，则有

$$C_{ijkl}=\frac{\partial^2 w}{\partial E_{ij}\partial E_{kl}},\quad \boldsymbol{C}=\frac{\partial^2 w}{\partial \boldsymbol{E}\partial \boldsymbol{E}} \tag{12.4.6}$$

由势能的平滑性(w 是 $\boldsymbol{E}$ 的 C^1 函数)可默认

$$\frac{\partial^2 w}{\partial E_{ij}\partial E_{kl}}=\frac{\partial^2 w}{\partial E_{kl}\partial E_{ij}} \tag{12.4.7}$$

因此，如果材料具有光滑势能 w，则 $\boldsymbol{C}$ 具有主对称性：

$$C_{ijkl}=C_{klij} \tag{12.4.8}$$

材料响应矩阵的主对称性是切线刚度矩阵对称的必要条件，已在6.4节中给予阐述。如果切线模量并不显示主对称性，切线刚度就不会是对称的。切线模量的主对称性不是切线刚度对称的充分条件。对于某些客观率，即使当切线模量具有主对称性，切线刚度也不是对称的。下面提出的材料定律将检验切线模量的主对称性。

一般的四阶张量 C_{ijkl} 有 3^4(81)个独立常数。这81个常数与全应力张量的9个分量到全应变张量的9个分量有关，即 $9\times9=81$。应力和应变张量的对称性要求应力的6个独立分量仅与应变的6个独立分量有关，由弹性模量的局部对称结果可知，独立常数的数目减少到 $6\times6=36$ 个。式(12.4.8)的主对称性使独立弹性常数的数目减少到 $\frac{n(n+1)}{2}=21$ 个，例如，$n=6$ 是对称的 6×6 阶矩阵独立分量的数目。考虑到材料的对称性，可以进一步减少独立材料常数。

因为难以采用四阶矩阵编程，弹性常数矩阵和切线模量矩阵一般以福格特形式编程。根据福格特规则(附录A)，通过映射第一对和第二对指标由张量分量获得了福格特形式：

$$\{\boldsymbol{S}\}=[\boldsymbol{C}]\{\boldsymbol{E}\},\quad S_a=C_{ab}E_b \tag{12.4.9}$$

主对称性的式(12.4.8)默认矩阵[$\boldsymbol{C}$]是对称的，则有

$$\begin{Bmatrix} S_{11}\\ S_{22}\\ S_{33}\\ S_{23}\\ S_{13}\\ S_{12}\end{Bmatrix}=\begin{bmatrix} C_{11} & C_{12} & C_{13} & C_{14} & C_{15} & C_{16}\\ & C_{22} & C_{23} & C_{24} & C_{25} & C_{26}\\ & & C_{33} & C_{34} & C_{35} & C_{36}\\ & & & C_{44} & C_{45} & C_{46}\\ & \text{对称} & & & C_{55} & C_{56}\\ & & & & & C_{66}\end{bmatrix}\begin{Bmatrix} E_{11}\\ E_{22}\\ E_{33}\\ 2E_{23}\\ 2E_{13}\\ 2E_{12}\end{Bmatrix} \tag{12.4.10}$$

由上式可知，矩阵[$\boldsymbol{C}$]为三维并具有21个独立常数，式(12.4.10)适用于完全各向异性的克希霍夫材料。四阶张量的主对称性证明其本身具有福格特矩阵形式的对称性。

考虑材料的对称性，独立材料常数的数目可以进一步减少(Nye,1985)。这一理论是为了线弹性发展的，但是也应用于克希霍夫材料。例如，如果材料有一个对称平面，即 X_1 平面，则当 X_1 轴通过 X_1 平面反射时，弹性模量必须保持不变，即当坐标变号，应变能密度保持不变。在 C_{ijkl} 中，对于指标1的每一次出现，这种反射都会引进一个系数-1。因此，无论指标1出现任何项，其奇数的倍数项都必须消失。这发生于 $C_{\alpha5}$ 和 $C_{\alpha6}$，$\alpha=1,2,3,4$，并且减少常数的数目为从21至13。对于由3个彼此正交的对称平面组成的正交材料(如木材或纤维增强的复合材料)，式(12.4.11)适用于正交各向异性的克希霍夫材料。对于所有

3 个平面，这个过程可以重复以展示仅有的 9 个独立弹性常数，应力-应变关系为

$$\begin{Bmatrix} S_{11} \\ S_{22} \\ S_{33} \\ S_{23} \\ S_{13} \\ S_{12} \end{Bmatrix} = \begin{bmatrix} C_{11} & C_{12} & C_{13} & 0 & 0 & 0 \\ & C_{22} & C_{23} & 0 & 0 & 0 \\ & & C_{33} & 0 & 0 & 0 \\ & & & C_{44} & 0 & 0 \\ & \text{对称} & & & C_{55} & 0 \\ & & & & & C_{66} \end{bmatrix} \begin{Bmatrix} E_{11} \\ E_{22} \\ E_{33} \\ 2E_{23} \\ 2E_{13} \\ 2E_{12} \end{Bmatrix} \tag{12.4.11}$$

材料对称的一个重要示例是各向同性材料。一个各向同性材料没有方位或方向的选择，因此，以任何直角坐标系表示的应力-应变关系是相同的。对于许多的小应变材料（如金属和陶瓷），可以将其视作各向同性材料进行模拟。在各向同性克希霍夫材料中，张量 $\boldsymbol{C}$ 是各向同性的。在任何（直角）坐标系中，一个各向同性张量具有相同的分量。最一般的各向同性四阶张量项可以展示为由克罗内克尔符号构成的一个线性组合：

$$C_{ijkl} = \lambda \delta_{ij}\delta_{kl} + \mu(\delta_{ik}\delta_{jl} + \delta_{il}\delta_{jk}) + \mu'(\delta_{ik}\delta_{jl} - \delta_{il}\delta_{jk}) \tag{12.4.12}$$

因为应变的对称性，上式等号右侧第三项的结果为零。因此，可以取 $\mu'=0$，这样式(12.4.12)就简化为

$$C_{ijkl} = \lambda \delta_{ij}\delta_{kl} + \mu(\delta_{ik}\delta_{jl} + \delta_{il}\delta_{jk}), \quad \boldsymbol{C} = \lambda \boldsymbol{I} \otimes \boldsymbol{I} + 2\mu \boldsymbol{I} \tag{12.4.13}$$

两个独立材料常数 λ 和 μ 称为拉梅常数(Lamé constant)。注意到四阶对称等同于张量 $\boldsymbol{I}$ 有分量 $\boldsymbol{I}_{ijkl} = \frac{1}{2}(\delta_{ik}\delta_{jl} + \delta_{il}\delta_{jk})$，而 $\boldsymbol{I}$ 为二阶张量。因此，对于各向同性克希霍夫材料，其应力-应变关系可以写为

$$S_{ij} = \lambda E_{kk}\delta_{ij} + 2\mu E_{ij} = C_{ijkl}E_{kl}, \quad \boldsymbol{S} = \lambda \operatorname{trace}(\boldsymbol{E})\boldsymbol{I} + 2\mu \boldsymbol{E} = \boldsymbol{C} : \boldsymbol{E} \tag{12.4.14}$$

可以用其他更接近于物理度量的基本材料常数表示拉梅常数，如杨氏模量 E 和泊松比 ν，也可以生成体积模量 K：

$$\mu = \frac{E}{2(1+\nu)}, \quad \lambda = \frac{\nu E}{(1+\nu)(1-2\nu)}, \quad K = \lambda + \frac{2\mu}{3} \tag{12.4.15}$$

对于二维问题，应力-应变关系取决于问题是平面应力还是平面应变(Malvern，1969，512 页)。

12.4.2 不可压缩材料

在变形的过程中，不可压缩材料的体积是不变的，并且密度保持常数。不可压缩材料的运动称为等体积运动。从式(2.6.7)或式(2.6.11)可以推论等体积运动服从以下条件：

$$J = \det \boldsymbol{F} = 1, \quad \operatorname{div} \boldsymbol{v} = \operatorname{trace}(\boldsymbol{D}) = 0 \tag{12.4.16}$$

第一个表达式代表总体变形；第二个表达式是等体积约束运动的率形式。对于较大增量步的情况，第一式更为精确。

将应力和应变率度量写成偏量和静水压力（体积）部分的和是非常有用的，特别是对于不可压缩材料，静水压力部分也称为张量的球形部分，其分解式为

$$\boldsymbol{\sigma} = \boldsymbol{\sigma}^{\text{dev}} + \boldsymbol{\sigma}^{\text{hyd}}, \quad \boldsymbol{\sigma}^{\text{hyd}} = -p\boldsymbol{I}, \quad \boldsymbol{S} = \boldsymbol{S}^{\text{dev}} + \boldsymbol{S}^{\text{hyd}}, \quad \boldsymbol{S}^{\text{hyd}} = \frac{1}{3}(\boldsymbol{S} : \boldsymbol{C})\boldsymbol{C}^{-1} \tag{12.4.17a}$$

$$\boldsymbol{D} = \boldsymbol{D}^{\text{dev}} + \boldsymbol{D}^{\text{vol}}, \quad \boldsymbol{D}^{\text{vol}} = \frac{1}{3}\operatorname{trace}(\boldsymbol{D})\boldsymbol{I}, \quad \dot{\boldsymbol{E}} = \dot{\boldsymbol{E}}^{\text{dev}} + \dot{\boldsymbol{E}}^{\text{vol}},$$

$$\dot{\boldsymbol{E}}^{\text{vol}}=\frac{1}{3}(\dot{\boldsymbol{E}}:\boldsymbol{C}^{-1})\boldsymbol{C} \tag{12.4.17b}$$

式中，$p=-\frac{1}{3}\sigma_{kk}$ 是压力，$\boldsymbol{C}=\boldsymbol{F}^{\mathrm{T}}\cdot\boldsymbol{F}$ 是右柯西-格林变形张量，简称变形张量（不要与克希霍夫模型弹性模量的张量混淆）。用完全拉格朗日形式解释表达式的由来是非常困难的，13.2 节将会介绍其对应于欧拉变量的后拉形式。

格林应变不能划分为体积与偏量部分的和。格林应变的球形部分在等体积运动中没有消失，因此，必须增加一个分解式来分离变形的体积部分：

$$\boldsymbol{F}=\boldsymbol{F}^{\text{vol}}\cdot\boldsymbol{F}^{\text{dev}} \tag{12.4.18}$$

式中，$\boldsymbol{F}^{\text{vol}}=J^{\frac{1}{3}}\boldsymbol{I}$，$\boldsymbol{F}^{\text{dev}}=J^{-\frac{1}{3}}\boldsymbol{F}$ 偏量变形梯度的确定总是统一的，如 $\det(\boldsymbol{F}^{\text{dev}})=1$，因此，$\boldsymbol{F}^{\text{dev}}$ 的任何函数都是独立于体积变形的。

一个张量的偏量和球形分量是正交的，即

$$\boldsymbol{\sigma}^{\text{hyd}}:\boldsymbol{D}^{\text{dev}}=\boldsymbol{\sigma}^{\text{dev}}:\boldsymbol{D}^{\text{vol}}=0,\quad \boldsymbol{S}^{\text{hyd}}:\dot{\boldsymbol{E}}^{\text{dev}}=\boldsymbol{S}^{\text{dev}}:\dot{\boldsymbol{E}}^{\text{vol}}=0$$

这些表达式的证明留给读者作为练习。作为结论，式(2.6.36)的内功率可以分解为偏量和静水部分：

$$\rho\dot{w}=\boldsymbol{\sigma}:\boldsymbol{D}=\boldsymbol{\sigma}^{\text{dev}}:\boldsymbol{D}^{\text{dev}}+\boldsymbol{\sigma}^{\text{hyd}}:\boldsymbol{D}^{\text{vol}}\quad\text{或}$$

$$\rho_0\dot{w}=\boldsymbol{S}:\dot{\boldsymbol{E}}=\boldsymbol{S}^{\text{dev}}:\dot{\boldsymbol{E}}^{\text{dev}}+\boldsymbol{S}^{\text{hyd}}:\dot{\boldsymbol{E}}^{\text{vol}} \tag{12.4.19}$$

这里功的不同形式已在表 3-3 中定义。

应变能的正定性在弹性模量中强加了约束（Malvern，1969，293 页）。对于处于大转动和小应变下的一种各向同性的克希霍夫材料，w 的正定性要求

$$K>0\quad\text{和}\quad\mu>0\quad\text{或}\quad E>0\quad\text{和}\quad -1<\nu\leqslant\frac{1}{2} \tag{12.4.20}$$

当 $\nu=\frac{1}{2}(K=\infty)$ 时，材料不可压缩。对于各向同性的线弹性材料，约束是相同的。对于不可压缩材料，压力不能从本构方程确定，而必须从动量方程确定，见 8.5.3 节。

12.4.3 克希霍夫应力

克希霍夫应力定义为

$$\boldsymbol{\tau}=J\boldsymbol{\sigma}\quad\text{或}\quad\boldsymbol{\tau}=\boldsymbol{F}\cdot\boldsymbol{S}\cdot\boldsymbol{F}^{\mathrm{T}} \tag{12.4.21}$$

第一个关系来自表 2-1 的第五项，第二个关系来自表 2-1 的第一项。克希霍夫应力几乎等同于柯西应力，但是它被雅可比行列式放大了，因此，它被称为权重的柯西应力。对于等体积运动（$J=1$），它等同于柯西应力。超弹性本构关系自然地提高了它的应用价值（12.4.7 节），并且它在次弹-塑性模型中也是有用的（12.8.1 节），因为它导致了对称的切线模量。

与柯西应力的材料时间导数类似，克希霍夫应力的材料时间导数不是客观的。最常出现的克希霍夫应力的客观时间导数标记为 $\boldsymbol{\tau}^{\nabla c}$，称为对流率：

$$\boldsymbol{\tau}^{\nabla c}=\dot{\boldsymbol{\tau}}-\boldsymbol{L}\cdot\boldsymbol{\tau}-\boldsymbol{\tau}\cdot\boldsymbol{L}^{\mathrm{T}}=J(\dot{\boldsymbol{\sigma}}-\boldsymbol{L}\cdot\boldsymbol{\sigma}-\boldsymbol{\sigma}\cdot\boldsymbol{L}^{\mathrm{T}}+\operatorname{trace}(\boldsymbol{L})\boldsymbol{\sigma})=J\boldsymbol{\sigma}^{\nabla T} \tag{12.4.22}$$

如上所述，克希霍夫应力的对流率等价于 $J\boldsymbol{\sigma}^{\nabla T}$，它是柯西应力的权重特鲁斯德尔率。13.2.2 节将介绍克希霍夫应力的对流率是克希霍夫应力的李导数（Lie derivative）。这就赋予它明

确的自然属性，即它显然是基于克希霍夫应力本构关系的简单形式。

12.4.4 次弹性材料

次弹性材料规律建立了应力率和变形率的联系，它根据载荷-位移历史曲线的增量求解材料弹性本构方程。像2.5.1节讨论的，为了满足材料框架无区别的原理，应力率必须是客观的，而且必须联系变形率的客观度量。13.3节将详细论述有关材料框架无区别的原理，给出所需的结果。次弹性关系的一般形式为

$$\boldsymbol{\sigma}^{\nabla} = \boldsymbol{f}(\boldsymbol{\sigma}, \boldsymbol{D}) \tag{12.4.23}$$

式中，$\boldsymbol{\sigma}^{\nabla}$ 代表柯西应力的任意客观率，$\boldsymbol{D}$ 是变形率，也是客观的。函数 $\boldsymbol{f}$ 必须也是应力和变形率的客观函数。

大量的次弹性本构关系可以写为应力率和变形率客观度量之间的线性关系式，如

$$\boldsymbol{\sigma}^{\nabla} = \boldsymbol{C} : \boldsymbol{D} \tag{12.4.24}$$

弹性模量 $\boldsymbol{C}$ 的四阶张量可能与应力相关，在这种情况下，它必须是一个应力状态的客观函数。Prager(1961)注意到，式(12.4.24)的关系是率无关的、线性增加的和可逆的。这说明对于有限变形状态的微小增量，应力和应变的增量是线性关系，当卸载后可以恢复。然而，在大变形情况下，能量不一定必须守恒，并且在闭合变形轨迹上所作的功不一定必须为零。次弹性规律主要用来代表在弹-塑性规律现象中的弹性反应，这里弹性变形小，并且耗能效果也小。

某些次弹性本构关系共同应用的形式为

$$\boldsymbol{\sigma}^{\nabla J} = \boldsymbol{C}^{\sigma J} : \boldsymbol{D}, \quad \boldsymbol{\sigma}^{\nabla T} = \boldsymbol{C}^{\sigma T} : \boldsymbol{D}, \quad \boldsymbol{\sigma}^{\nabla G} = \boldsymbol{C}^{\sigma G} : \boldsymbol{D} \tag{12.4.25}$$

式中，$\boldsymbol{\sigma}^{\nabla J}$ 是式(2.5.2)给出的柯西应力的耀曼应力率，$\boldsymbol{\sigma}^{\nabla T}$ 是式(2.5.5)给出的柯西应力的特鲁斯德尔率，$\boldsymbol{\sigma}^{\nabla G}$ 是式(B2.2.4)给出的柯西应力的格林-纳迪率(也称为转动率或迪恩斯率(Dienes rate))，模量的上角标标识了应力客观率类型。

由于变形率和客观应力率是对称的，这些切线模量具有次对称性。在次弹性模型中，一般假设切线模量也具有主对称性。对称性质与12.4.1节所描述的克希霍夫材料是相同的。对于各向同性材料，切线模量张量是一个四阶各向同性张量，如式(12.4.13)所示。例如，对于各向同性材料，耀曼应力率的切线模量为

$$C_{ijkl}^{\sigma J} = \lambda \delta_{ij} \delta_{kl} + \mu(\delta_{ik}\delta_{jl} + \delta_{il}\delta_{jk}), \quad \boldsymbol{C}^{\sigma J} = \lambda \boldsymbol{I} \otimes \boldsymbol{I} + 2\mu \mathbb{I}$$

对于正交材料，对称性服从由式(12.4.11)福格特标记给出的切线模量形式，而对于一般的各向异性材料，切线模量的福格特形式是式(12.4.10)。对于各向异性材料，能够观察到切线模量取决于变形是非常重要的。因此，必须更新材料变形，相关的更新公式将在式(12.4.50)中给出。

12.4.5 切线模量之间的关系

对于同一种材料，切线模量 $\boldsymbol{C}^{\sigma T}$、$\boldsymbol{C}^{\sigma J}$ 和 $\boldsymbol{C}^{\sigma G}$ 是不同的。然而，如在例2.14中所看到的，当 $\boldsymbol{C}^{\sigma T} = \boldsymbol{C}^{\sigma J} = \boldsymbol{C}^{\sigma G}$ 时，材料的反应不同。为了解释同样的本构关系，可以写成不同的应力率，考虑本构方程(12.4.25)中的第一式，应用应力率的定义式(2.5.2)和式(2.5.5)，以特鲁斯德尔率的形式给出式(12.4.25)中的第一式为

$$\boldsymbol{\sigma}^{\nabla T}=\boldsymbol{C}^{\sigma J}:\boldsymbol{D}-\boldsymbol{D}\cdot\boldsymbol{\sigma}-\boldsymbol{\sigma}\cdot\boldsymbol{D}^{\mathrm{T}}+\operatorname{trace}(\boldsymbol{D})\boldsymbol{\sigma}$$
$$=(\boldsymbol{C}^{\sigma J}-\boldsymbol{C}'+\boldsymbol{\sigma}\otimes\boldsymbol{I}):\boldsymbol{D}=\boldsymbol{C}^{\sigma T}:\boldsymbol{D} \tag{12.4.26}$$

因此,耀曼应力率和特鲁斯德尔率模量之间的关系为

$$\boldsymbol{C}^{\nabla T}=\boldsymbol{C}^{\sigma J}-\boldsymbol{C}'+\boldsymbol{\sigma}\otimes\boldsymbol{I}=\boldsymbol{C}^{\sigma J}-\boldsymbol{C}^{*},\quad \boldsymbol{C}':\boldsymbol{D}=\boldsymbol{D}\cdot\boldsymbol{\sigma}+\boldsymbol{\sigma}\cdot\boldsymbol{D} \tag{12.4.27}$$

$$\boldsymbol{C}^{*}=\boldsymbol{C}'-\boldsymbol{\sigma}\otimes\boldsymbol{I},\quad C^{*}_{ijkl}=\frac{1}{2}(\delta_{ik}\sigma_{jl}+\delta_{il}\sigma_{jk}+\delta_{jk}\sigma_{il}+\delta_{jl}\sigma_{ik})-\sigma_{ij}\delta_{kl} \tag{12.4.28}$$

注意,如果 $\boldsymbol{C}^{\sigma J}$ 是常数,则切线模量 $\boldsymbol{C}^{\sigma T}$ 不是常数。同时,$\boldsymbol{C}'$有主对称性,而 $\boldsymbol{C}^{*}$ 没有主对称性,因为$\boldsymbol{\sigma}\otimes\boldsymbol{I}\neq\boldsymbol{I}\otimes\boldsymbol{\sigma}$ 。

下面推导格林-纳迪模量 $\boldsymbol{C}^{\sigma G}$ 与特鲁斯德尔模量$\boldsymbol{C}^{\sigma T}$ 的关系,注意柯西应力的格林-纳迪率写为

$$\boldsymbol{\sigma}^{\nabla G}=\boldsymbol{R}\cdot\dot{\hat{\boldsymbol{\sigma}}}\cdot\boldsymbol{R}^{\mathrm{T}}=\boldsymbol{R}\cdot\frac{\mathrm{D}}{\mathrm{D}t}(\boldsymbol{R}^{\mathrm{T}}\cdot\boldsymbol{\sigma}\cdot\boldsymbol{R})\cdot\boldsymbol{R}^{\mathrm{T}}=\dot{\boldsymbol{\sigma}}-\boldsymbol{\Omega}\cdot\boldsymbol{\sigma}-\boldsymbol{\sigma}\cdot\boldsymbol{\Omega}^{\mathrm{T}} \tag{12.4.29}$$

式中,$\boldsymbol{\Omega}=\dot{\boldsymbol{R}}\cdot\boldsymbol{R}^{\mathrm{T}}$ 是与转动 $\boldsymbol{R}$ 有关的旋转张量(斜对称:$\boldsymbol{\Omega}=-\boldsymbol{\Omega}^{\mathrm{T}}$)。由式(2.5.4)、式(2.5.5)和式(12.4.29)得到

$$\boldsymbol{\sigma}^{\nabla T}=\boldsymbol{\sigma}^{\nabla G}-(\boldsymbol{L}-\boldsymbol{\Omega})\cdot\boldsymbol{\sigma}-\boldsymbol{\sigma}\cdot(\boldsymbol{L}-\boldsymbol{\Omega})^{\mathrm{T}}+\operatorname{trace}(\boldsymbol{D})\boldsymbol{\sigma}$$
$$=\boldsymbol{C}^{\sigma G}:\boldsymbol{D}-(\boldsymbol{L}-\boldsymbol{\Omega})\cdot\boldsymbol{\sigma}-\boldsymbol{\sigma}\cdot(\boldsymbol{L}-\boldsymbol{\Omega})^{\mathrm{T}}+\operatorname{trace}(\boldsymbol{D})\boldsymbol{\sigma}$$
$$=\boldsymbol{C}^{\sigma G}:\boldsymbol{D}-\boldsymbol{D}\cdot\boldsymbol{\sigma}-\boldsymbol{\sigma}\cdot\boldsymbol{D}-(\boldsymbol{W}-\boldsymbol{\Omega})\cdot\boldsymbol{\sigma}-\boldsymbol{\sigma}\cdot(\boldsymbol{W}-\boldsymbol{\Omega})^{\mathrm{T}}+\operatorname{trace}(\boldsymbol{D})\boldsymbol{\sigma} \tag{12.4.30}$$

式中采用的本构关系是上式第二式和第三式的 $\boldsymbol{L}=\boldsymbol{D}+\boldsymbol{W}$。经复杂的推导后(Simo et al.,1998,273 页;Mehrabadi et al.,1987),得到最终的表达式:

$$\boldsymbol{\sigma}^{\nabla T}=\boldsymbol{C}^{\sigma T}:\boldsymbol{D},\quad \boldsymbol{C}^{\sigma T}=\boldsymbol{C}^{\sigma G}-\boldsymbol{C}^{*}-\boldsymbol{C}^{\mathrm{spin}} \tag{12.4.31}$$

四阶张量 $\boldsymbol{C}^{\mathrm{spin}}$ 是一个左极张量 $\boldsymbol{V}$ 和柯西应力的函数,并且说明式(12.4.30)中的项在旋转中有所区别,表 12-1 给出了它的定义,式(12.4.28)给出了 $\boldsymbol{C}^{*}$ 的定义。因为张量 $\boldsymbol{C}^{\mathrm{spin}}$ 没有主对称性,因此,$\boldsymbol{C}^{\sigma T}$ 不对称(Simo et al.,1998,273 页)。表 12-1 总结了一些关键应力率和相关模量。

表 12-1 列出的克希霍夫应力的耀曼应力率在塑性中经常应用,能够得到对称的切线模量。注意到如果 $\boldsymbol{C}^{\tau J}$ 具有主对称性,对应于克希霍夫应力的耀曼应力率的切线模量 $\boldsymbol{C}^{\sigma T}$ 是对称的,因为 $\boldsymbol{C}'$是对称的。相反,如果 $\boldsymbol{C}^{\sigma J}$ 具有主对称性,则对于柯西应力的耀曼应力率的切线模量不是对称的,因为 $\boldsymbol{C}^{*}$ 不具有主对称性。

表 12-1 切线模量之间的关系

应　力　率	本 构 关 系	切 线 模 量
		$\boldsymbol{\sigma}^{\nabla T}=\boldsymbol{C}^{\sigma T}:\boldsymbol{D}$
耀曼(柯西)应力率 $\boldsymbol{\sigma}^{\nabla J}=\dot{\boldsymbol{\sigma}}-\boldsymbol{W}\cdot\boldsymbol{\sigma}-\boldsymbol{\sigma}\cdot\boldsymbol{W}^{\mathrm{T}}$	$\boldsymbol{\sigma}^{\nabla J}=\boldsymbol{C}^{\sigma J}:\boldsymbol{D}$	$\boldsymbol{C}^{\sigma T}=\boldsymbol{C}^{\sigma J}-\boldsymbol{C}^{*}$, $\boldsymbol{C}^{*}=\boldsymbol{C}'-\boldsymbol{\sigma}\otimes\boldsymbol{I}$, $\boldsymbol{C}':\boldsymbol{D}=\boldsymbol{D}\cdot\boldsymbol{\sigma}+\boldsymbol{\sigma}\cdot\boldsymbol{D}$
耀曼(克希霍夫)应力率 $\boldsymbol{\tau}^{\nabla J}=\dot{\boldsymbol{\tau}}-\boldsymbol{W}\cdot\boldsymbol{\tau}-\boldsymbol{\tau}\cdot\boldsymbol{W}^{\mathrm{T}}$	$\boldsymbol{\tau}^{\nabla J}=\boldsymbol{C}^{\tau J}:\boldsymbol{D}$	$\boldsymbol{C}^{\sigma T}=J^{-1}\boldsymbol{C}^{\tau J}-\boldsymbol{C}'$
格林-纳迪(柯西)应力率 $\boldsymbol{\sigma}^{\nabla G}=\dot{\boldsymbol{\sigma}}-\boldsymbol{\Omega}\cdot\boldsymbol{\sigma}-\boldsymbol{\sigma}\cdot\boldsymbol{\Omega}^{\mathrm{T}}$	$\boldsymbol{\sigma}^{\nabla G}=\boldsymbol{C}^{\sigma G}:\boldsymbol{D}$	$\boldsymbol{C}^{\sigma T}=\boldsymbol{C}^{\sigma G}-\boldsymbol{C}^{*}-\boldsymbol{C}^{\mathrm{spin}}$ $\boldsymbol{C}^{\mathrm{spin}}:\boldsymbol{D}=(\boldsymbol{W}-\boldsymbol{\Omega})\cdot\boldsymbol{\sigma}+\boldsymbol{\sigma}\cdot(\boldsymbol{W}-\boldsymbol{\Omega})^{\mathrm{T}}$

续表

应　力　率	本构关系	切线模量
一维单轴应力		
$\sigma_{11}^{\nabla T}=E^{\sigma T}D_{11}, E^{\sigma T}=C_{1111}^{\sigma T}-2\hat{\nu}C_{1122}^{\sigma T}$		
$\sigma_{11}^{\nabla J}=E^{\sigma J}D_{11}, E^{\sigma J}=C_{1111}^{\sigma J}-2\hat{\nu}C_{1122}^{\sigma J}=E^{\sigma T}+(1+2\hat{\nu})\sigma_{11}$		
$\dot{S}_{11}=E^{SE}\dot{E}_{11}, E^{SE}=C_{1111}^{SE}-2\hat{\nu}C_{1122}^{SE}=J\lambda_1^{-4}E^{\sigma T}$		
$\dot{\sigma}_{11}=E^{\sigma}D_{11}, \dot{\sigma}_{11}=\sigma_{11}^{\nabla J}$，　$E^{\sigma}=E^{\sigma J}$		
对于常数 C^{SE}，$S_{11}=E^{SE}E_{11}$，E^{SE} 如上定义		
一维单轴应变		
$\sigma_{11}^{\nabla T}=C_{1111}^{\sigma T}D_{11}$		
$\sigma_{11}^{\nabla J}=C_{1111}^{\sigma J}D_{11}\quad C_{1111}^{\sigma J}=C_{1111}^{\sigma T}+\sigma_{11}$		
$\dot{S}_{11}=C_{1111}^{SE}\dot{E}_{11}, C_{1111}^{SE}=J\lambda_1^{-4}C_{1111}^{\sigma T}, J=\lambda_1$		
$\sigma_{11}=\sigma_{11}^{\nabla J}-C_{1111}^{\sigma J}D_{11}$		

柯西应力的材料时间导数表达式在计算中经常用到，如在应力更新算法，以及施加单轴或平面应力条件时，该表达式可以从特鲁斯德尔率的表达式得到：

$$\dot{\boldsymbol{\sigma}}=\boldsymbol{\sigma}^{\nabla T}+\boldsymbol{L}\cdot\boldsymbol{\sigma}+\boldsymbol{\sigma}\cdot\boldsymbol{L}^{\mathrm{T}}-(\mathrm{trace}\boldsymbol{D})\boldsymbol{\sigma}=(\boldsymbol{C}^{\sigma T}+\boldsymbol{C}''-\boldsymbol{\sigma}\otimes\boldsymbol{I}):\boldsymbol{L},$$
$$C''_{ijkl}=\delta_{ik}\sigma_{jl}+\sigma_{il}\delta_{jk} \tag{12.4.32}$$

上式应用了适当的表达式 $\boldsymbol{C}^{\sigma T}$。

【例 12.1】 单轴应变和应力的切线模量

考虑各向同性轴为沿 X_1 方向的横观各向同性材料。材料所处状态为

(1) 沿 X_1 方向的单轴应变；

(2) 沿 X_1 方向的单轴应力。

推导对应于对数伸长曲线($\sigma_{11}-\ln\lambda_1$)的真实应力的瞬时斜率(切线模量)表达式，以及在表 12-1 中与这个模量相关的模量。

解：首先注意到柯西应力的瞬时斜率-对数伸长曲线，由柯西应力的材料时间导数 $\dot{\sigma}_{11}$ 和对数伸长的材料时间导数 $D_{11}=\dfrac{\mathrm{D}(\ln\lambda_1)}{\mathrm{D}t}$之间的关系给出。这个关系可以从式(12.4.32)中的第一式获得。

(1) 沿 X_1 方向的单轴应变。在单轴应变中，旋转为零并且 $\boldsymbol{L}$ 和 $\boldsymbol{D}$ 仅有非零分量 $L_{11}=D_{11}$，因此，$\mathrm{trace}(D)=D_{11}$。由式(12.4.32)有

$$\dot{\sigma}_{11}=C_{1111}^{\sigma T}D_{11}+D_{11}\sigma_{11}+\sigma_{11}D_{11}-D_{11}\sigma_{11}=(C_{1111}^{\sigma T}+\sigma_{11})D_{11} \tag{E12.1.1}$$

注意到由于旋转为零，耀曼应力率等于柯西应力的材料时间导数，因此，$C_{1111}^{\sigma J}=C_{1111}^{\sigma T}+\sigma_{11}$，PK2 应力的材料时间导数为

$$\dot{S}_{11}=C_{1111}^{SE}\dot{E}_{11} \tag{E12.1.2}$$

式中，$C_{1111}^{SE}=J\lambda_1^{-4}C_{1111}^{\sigma T}, J=\lambda_1$。

(2) 沿 X_1 方向的单轴应力。在单轴应力中，旋转还是为零并且 $\boldsymbol{L}=\boldsymbol{D}$。应力的唯一非零分量为 σ_{11}，并且变形率张量仅有非零分量 D_{11}、D_{22} 和 D_{33}，由式(12.4.32)中的第一式可得

$$\dot{\sigma}_{11}=C_{1111}^{\sigma T}D_{11}+C_{1122}^{\sigma T}D_{22}+C_{1133}^{\sigma T}D_{33}+\sigma_{11}D_{11}+D_{11}\sigma_{11}-\mathrm{trace}(\boldsymbol{D})\sigma_{11} \tag{E12.1.3}$$

因为是单轴应力条件,横向应力和它们的材料率均为零:

$$\dot{\sigma}_{22}=\dot{\sigma}_{33}=0 \tag{E12.1.4}$$

由式(12.4.32),上式可以写为

$$\dot{\sigma}_{22}=C_{2211}^{\sigma T}D_{11}+C_{2222}^{\sigma T}D_{22}+C_{2233}^{\sigma T}D_{33}=0,$$

$$\dot{\sigma}_{33}=C_{3311}^{\sigma T}D_{11}+C_{3322}^{\sigma T}D_{22}+C_{3333}^{\sigma T}D_{33}=0 \tag{E12.1.5}$$

对于沿 X_1 方向的单轴应力,式(12.4.31)包含的应力项对表达式(E12.1.5)没有贡献。对于横观各向同性,切线模量的关系有 $C_{1133}^{\sigma T}=C_{1122}^{\sigma T}$ 和 $C_{2222}^{\sigma T}=C_{3333}^{\sigma T}$。因此,在各向同性轴方向的单轴应力保持了横观各向同性,并且这种关系在整个变形过程均得以保持。求解式(E12.1.5),D_{22} 和 D_{33} 服从

$$D_{22}=D_{33},\quad D_{22}=-\hat{\nu}D_{11} \tag{E12.1.6}$$

式中,$\hat{\nu}=\dfrac{C_{2211}^{\sigma T}}{C_{2222}^{\sigma T}+C_{2233}^{\sigma T}}$。

从式(E12.1.6)可得

$$\mathrm{trace}\boldsymbol{D}=D_{11}+D_{22}+D_{33}=(1-2\hat{\nu})D_{11} \tag{E12.1.7}$$

将式(E12.1.6)和式(E12.1.7)代入式(E12.1.3),给出单轴应力关系:

$$\dot{\sigma}_{11}=E^{\sigma}D_{11} \tag{E12.1.8}$$

式中,$E^{\sigma}=C_{1111}^{\sigma T}-2\hat{\nu}C_{1122}^{\sigma T}+(1+2\hat{\nu})\sigma_{11}$,并且 E^{σ} 是对于单轴应力的切线模量。因为旋转为零,$E^{\sigma}=E^{\sigma J}$,后者基于耀曼应力率与变形率之间的关系定义。柯西应力的特鲁斯德尔率的表达式遵循式(12.4.26):

$$\sigma_{11}^{\nabla T}=E^{\sigma T}D_{11} \tag{E12.1.9}$$

式中,$E^{\sigma T}=C_{1111}^{\sigma T}-2\hat{\nu}C_{1122}^{\sigma T}$,PK2 应力为

$$\dot{S}_{11}=E^{SE}\dot{E}_{11} \tag{E12.1.10}$$

式中,$E^{SE}=J\lambda_1^{-4}(C_{1111}^{\sigma T}-2\hat{\nu}C_{1122}^{\sigma T})=C_{1111}^{SE}-2\hat{\nu}C_{1122}^{\sigma T}$,$C_{1111}^{SE}=J\lambda_1^{-4}C_{1111}^{\sigma T}$,$C_{1122}^{SE}=J\lambda_1^{-4}C_{1122}^{\sigma T}$ 和 $J=\det\boldsymbol{F}$。对于一个杆,式(E2.12.3)给出了雅可比行列式,如 $J=\dfrac{A\lambda_1}{A_0}$,这里 A 和 A_0 分别是当前和初始横截面面积。

12.4.6 柯西弹性材料

柯西弹性材料表示独立于运动历史的材料特征。柯西弹性材料的本构关系为

$$\boldsymbol{\sigma}=\boldsymbol{G}(\boldsymbol{F}) \tag{12.4.33}$$

式中,$\boldsymbol{G}$ 为材料反应函数,简便起见,上式括号内略去了其依赖的位置 $\boldsymbol{X}$ 和时间 t。反应函数仅取决于变形梯度的当前值而不取决于变形历史。框架不变性对材料反应的强迫限制将在 13.3 节讨论。柯西弹性材料满足

$$\boldsymbol{\sigma}=\boldsymbol{R}\cdot\boldsymbol{G}(\boldsymbol{U})\cdot\boldsymbol{R}^{\mathrm{T}} \tag{12.4.34}$$

这样就如第 2 章所述,本构方程不能用 $\boldsymbol{F}$ 表示,除非 $\boldsymbol{F}$ 依赖于特殊的形式。这种形式可以依赖于 $\boldsymbol{F}^{\mathrm{T}}\cdot\boldsymbol{F}=2\boldsymbol{E}+\boldsymbol{I}$ 或 $\boldsymbol{U}=(\boldsymbol{F}^{\mathrm{T}}\cdot\boldsymbol{F})^{\frac{1}{2}}$,见 2.2.5 节。对于代表同样本构关系的应力和应变的其他变换形式,遵从表 2-1 中的应力转换关系,如柯西弹性材料的名义应力为

$\boldsymbol{P}=J\boldsymbol{U}^{-1}\cdot\boldsymbol{G}(\boldsymbol{U})\cdot\boldsymbol{R}^{\mathrm{T}}$。PK2 应力关系采取的形式为 $\boldsymbol{S}=J\boldsymbol{U}^{-1}\cdot\boldsymbol{G}(\boldsymbol{U})\cdot\boldsymbol{U}^{-1}=\boldsymbol{h}(\boldsymbol{U})=\tilde{\boldsymbol{h}}(\boldsymbol{C})$，这里 $\boldsymbol{C}$ 是右柯西-格林变形张量。根据柯西弹性材料式(12.4.33)可以计算应力，且独立于变形历史。然而，做功可能取决于变形历史或载荷路径，因此柯西弹性材料具有某些但不是全部的弹性性能：应力是路径无关的，但能量可能不是路径无关的。

12.4.7 超弹性材料

功独立于载荷路径的弹性材料称为超弹性(hyperelastic)材料(或格林弹性材料)，如常用的工业橡胶，动物的肌肉也具有超弹性的力学性质。本节描述了超弹性材料的一般特征，12.5 节给出了实际应用的橡胶材料的各向同性超弹性本构模型及工程实例。超弹性材料的特征是存在一个潜在(或应变)能量函数，它是应力的势能：

$$\boldsymbol{S}=2\frac{\partial\psi(\boldsymbol{C})}{\partial\boldsymbol{C}}=\frac{\partial w(\boldsymbol{E})}{\partial\boldsymbol{E}} \tag{12.4.35}$$

式中，ψ 为潜在势能。当势能写为格林应变 $\boldsymbol{E}$ 的函数时，应用标记 w，这里两个标量函数的关系为 $w(\boldsymbol{E})=\psi(2\boldsymbol{E}+\boldsymbol{I})$。超弹性材料提供了一个自然构架，以便各向异性材料反应的框架不变性公式可以通过在势能 w 中简单地嵌入各向异性来获得，通过适当地转换获得了不同应力度量的表达式(表 2-1)，如克希霍夫应力为

$$\boldsymbol{\tau}=J\boldsymbol{\sigma}=\boldsymbol{F}\cdot\boldsymbol{S}\cdot\boldsymbol{F}^{\mathrm{T}}=2\boldsymbol{F}\cdot\frac{\partial\psi(\boldsymbol{C})}{\partial\boldsymbol{C}}\cdot\boldsymbol{F}^{\mathrm{T}}=\boldsymbol{F}\cdot\frac{\partial w(\boldsymbol{E})}{\partial\boldsymbol{E}}\cdot\boldsymbol{F}^{\mathrm{T}} \tag{12.4.36}$$

超弹性材料存在潜在能量函数的结果是做功独立于变形路径，在许多橡胶类材料中可以观察到这一特征。为了描述功独立于变形路径，考虑变形状态从 $\boldsymbol{C}_1$ 至 $\boldsymbol{C}_2$ 的单位参考体积势能的变化。由于 PK2 应力张量 $\boldsymbol{S}$ 和格林应变 $\boldsymbol{E}=\dfrac{\boldsymbol{C}-\boldsymbol{I}}{2}$ 的功共轭，有

$$\int_{E_1}^{E_2}\boldsymbol{S}:\mathrm{d}\boldsymbol{E}=w(\boldsymbol{E}_2)-w(\boldsymbol{E}_1)\quad\text{或}\quad\frac{1}{2}\int_{C_1}^{C_2}\boldsymbol{S}:\mathrm{d}\boldsymbol{C}=\psi(\boldsymbol{C}_2)-\psi(\boldsymbol{C}_1) \tag{12.4.37}$$

可见，储存在材料中的能量仅取决于变形初始和最终状态，并且独立于变形(或载荷)路径。

为了获得名义应力张量 $\boldsymbol{P}$ 作为势能导数的表达式，再次应用与 $\dot{\boldsymbol{F}}^{\mathrm{T}}$ 功率共轭的 $\boldsymbol{P}$，则名义应力采用势能的形式给出：

$$\frac{\partial w}{\partial\boldsymbol{F}^{\mathrm{T}}}=\frac{\partial\psi}{\partial\boldsymbol{C}}:\frac{\partial\boldsymbol{C}}{\partial\boldsymbol{F}^{\mathrm{T}}}=\boldsymbol{S}\cdot\boldsymbol{F}^{\mathrm{T}}=\boldsymbol{P}\quad\text{或}\quad P_{ij}=\frac{\partial w}{\partial F_{ji}} \tag{12.4.38}$$

由于变形梯度张量 $\boldsymbol{F}$ 是非对称的，名义应力张量 $\boldsymbol{P}$ 的 9 个分量也是非对称的。

12.4.8 弹性张量

第 6 章的应力率表达式要求将弱形式线性化，故常用以下 4 个弹性张量表示。采取名义应力的时间导数并应用式(12.4.38)：

$$\dot{\boldsymbol{P}}=\frac{\partial\boldsymbol{P}}{\partial\boldsymbol{F}^{\mathrm{T}}}:\dot{\boldsymbol{F}}^{\mathrm{T}}=\frac{\partial^2 w}{\partial\boldsymbol{F}^{\mathrm{T}}\partial\boldsymbol{F}^{\mathrm{T}}}:\dot{\boldsymbol{F}}^{\mathrm{T}}=\boldsymbol{A}^{(1)}:\dot{\boldsymbol{F}}^{\mathrm{T}} \tag{12.4.39}$$

其中，

$$\boldsymbol{A}^{(1)}=\frac{\partial^2 w}{\partial\boldsymbol{F}^{\mathrm{T}}\partial\boldsymbol{F}^{\mathrm{T}}},\quad A_{ijkl}^{(1)}=\frac{\partial^2 w}{\partial F_{ji}\partial F_{lk}} \tag{12.4.40}$$

称为第一弹性张量。第一弹性张量具有主对称性，$A_{ijkl}^{(1)}=A_{klij}^{(1)}$，但是没有次对称性。有时用PK1应力定义第一弹性张量，它是名义应力 $\boldsymbol{P}$ 的转置：

$$\dot{\boldsymbol{P}}^{\mathrm{T}}=\boldsymbol{A}^{(1)}:\dot{\boldsymbol{F}},\quad A_{ijkl}^{(1)}=A_{jilk}^{(1)} \tag{12.4.41}$$

超弹性材料本构方程的率形式可以从式(12.4.35)对材料时间导数得到：

$$\dot{\boldsymbol{S}}=4\frac{\partial^2\psi(\boldsymbol{C})}{\partial\boldsymbol{C}\partial\boldsymbol{C}}:\dot{\boldsymbol{E}}=\frac{\partial^2 w(\boldsymbol{E})}{\partial\boldsymbol{E}\partial\boldsymbol{E}}:\dot{\boldsymbol{E}}=\boldsymbol{C}^{SE}:\dot{\boldsymbol{E}} \tag{12.4.42}$$

其中，

$$\boldsymbol{A}^{(2)}=\boldsymbol{C}^{SE}=4\frac{\partial^2\psi(\boldsymbol{C})}{\partial\boldsymbol{C}\partial\boldsymbol{C}}=\frac{\partial^2 w(\boldsymbol{E})}{\partial\boldsymbol{E}\partial\boldsymbol{E}} \tag{12.4.43}$$

为切线模量，称为第二弹性张量。它遵从超弹性材料的切线模量具有的主对称性，$C_{ijkl}^{SE}=C_{klij}^{SE}$。由于它与应力率和应变率的对称性度量有关，因此也具有次对称性。

由于 $\boldsymbol{P}=\boldsymbol{S}\cdot\boldsymbol{F}^{\mathrm{T}}$，则第一弹性张量和第二弹性张量之间的关系为 $\dot{\boldsymbol{P}}=\dot{\boldsymbol{S}}\cdot\boldsymbol{F}^{\mathrm{T}}+\boldsymbol{S}\cdot\dot{\boldsymbol{F}}^{\mathrm{T}}$。用式(12.4.42)替换 $\dot{\boldsymbol{S}}$ 并应用式(2.3.19)和 $\boldsymbol{C}^{SE}$ 的次对称性，在对指标进行一些处理之后得到

$$\begin{aligned}\dot{P}_{ij}&=A_{ijkl}^{(1)}\dot{F}_{lk}=(C_{inpk}^{SE}F_{jn}F_{lp}+S_{ik}\delta_{lj})\dot{F}_{lk},\\A_{ijkl}^{(1)}&=C_{inpk}^{SE}F_{jn}F_{lp}+S_{ik}\delta_{lj}=A_{inpk}^{(2)}F_{jn}F_{lp}+S_{ik}\delta_{lj}\end{aligned} \tag{12.4.44}$$

第三弹性张量 $\boldsymbol{A}^{(3)}$ 由 $\dot{\boldsymbol{P}}$ 的前推定义，如 $\boldsymbol{F}\cdot\dot{\boldsymbol{P}}$，它出现在对弱形式的线性化过程中(第6章)。由式(12.4.44)得到

$$F_{ir}\dot{P}_{rj}=A_{ijkl}^{(3)}=(F_{im}F_{jn}F_{kp}F_{lq}C_{mnpq}^{SE}+F_{im}F_{kn}S_{mn}\delta_{lj})L_{kl}^{\mathrm{T}} \tag{12.4.45}$$

上式应用了关系式 $\dot{\boldsymbol{F}}^{\mathrm{T}}=\boldsymbol{F}^{\mathrm{T}}\cdot\boldsymbol{L}^{\mathrm{T}}$。括号中的第一项是第二弹性张量的空间形式，称为第四弹性张量：

$$A_{ijkl}^{(4)}\equiv C_{ijkl}^{\tau}=F_{im}F_{jn}F_{kp}F_{lq}C_{mnpq}^{SE}\equiv F_{im}F_{jn}F_{kp}F_{lq}A_{mnpq}^{(2)} \tag{12.4.46}$$

最后，式(12.4.45)括号中的第二项是克希霍夫应力张量，因此有

$$A_{ijkl}^{(3)}=A_{ijkl}^{(4)}+\tau_{ik}\delta_{jl} \tag{12.4.47}$$

在有限元编程中，考虑到 $A_{ijkl}^{(4)}$ 的次对称性：

$$A_{ijkl}^{(3)}L_{kl}^{\mathrm{T}}=A_{ijkl}^{(4)}D_{kl}+\tau_{ik}\delta_{jl}L_{kl}^{\mathrm{T}} \tag{12.4.48}$$

上式包含 $A_{ijkl}^{(4)}$ 的项引出了材料切线刚度矩阵，包含 $\tau_{ik}\delta_{jl}$ 的项引出了几何刚度(第6章)。

在更新的拉格朗日离散的线性化过程中，克希霍夫应力对流率和变形率之间的关系是非常有用的。我们再次应用式(12.4.22)中的克希霍夫应力对流率和标记，将其写成克希霍夫应力的李导数 $\ell_{\mathrm{v}}\boldsymbol{\tau}$（式(13.3.5)）：

$$\begin{aligned}\boldsymbol{\tau}^{\nabla C}&=\dot{\boldsymbol{\tau}}-\boldsymbol{L}\cdot\boldsymbol{\tau}-\boldsymbol{\tau}\cdot\boldsymbol{L}^{\mathrm{T}}=\boldsymbol{F}\cdot\frac{\mathrm{D}}{\mathrm{D}t}(\boldsymbol{F}^{-1}\cdot\boldsymbol{\tau}\cdot\boldsymbol{F}^{-\mathrm{T}})\cdot\boldsymbol{F}^{\mathrm{T}}\\&=\boldsymbol{F}\cdot\dot{\boldsymbol{S}}\cdot\boldsymbol{F}^{\mathrm{T}}\equiv\ell_{\mathrm{v}}\boldsymbol{\tau}\end{aligned} \tag{12.4.49}$$

上式第二步应用了表2-1中克希霍夫应力和PK2应力之间的关系。将式(12.4.42)代入式(12.4.49)的最后形式，并且应用式(2.3.21)中的 $\dot{\boldsymbol{E}}=\boldsymbol{F}^{\mathrm{T}}\cdot\boldsymbol{D}\cdot\boldsymbol{F}$：

$$\ell_{\mathrm{v}}\boldsymbol{\tau}=\boldsymbol{\tau}^{\nabla c}=\boldsymbol{C}^{\tau}:\boldsymbol{D} \tag{12.4.50}$$

式中，$C^{\tau}_{ijkl}=F_{im}F_{jn}F_{kp}F_{lq}C^{SE}_{mnpq}=A^{(4)}_{ijkl}$，$C^{\tau}$ 被归类为空间切线模量（第二弹性张量的空间形式，即第四弹性张量）。注意到 $\boldsymbol{F}\cdot\dot{\boldsymbol{P}}=\boldsymbol{F}\cdot\dot{\boldsymbol{S}}\cdot\boldsymbol{F}^{\mathrm{T}}+\boldsymbol{F}\cdot\boldsymbol{S}\cdot\dot{\boldsymbol{F}}^{\mathrm{T}}=\ell_{v}\boldsymbol{\tau}+\boldsymbol{\tau}\cdot\boldsymbol{L}^{\mathrm{T}}$ 给出了式(12.4.50)和式(12.4.48)之间的联系。

由此，克希霍夫应力的李导数（或对流率）自然而然地可以作为超弹性的应力率。关系式(12.4.50)可以表示为柯西应力的特鲁斯德尔率的形式：

$$\boldsymbol{\sigma}^{\nabla T}=J^{-1}\boldsymbol{\tau}^{\nabla c}=J^{-1}\boldsymbol{C}^{\tau}:\boldsymbol{D}=\boldsymbol{C}^{\sigma T}:\boldsymbol{D},\quad \boldsymbol{C}^{\sigma T}=J^{-1}\boldsymbol{C}^{\tau} \tag{12.4.51}$$

对于有限应变弹性的稳定性和结果唯一性，以上定义的弹性张量发挥了重要作用（7.4 节；Ogden，1984；Marsden et al.，1983）。

12.4.9 多孔充液弹性材料

多孔材料是自然界中常见的材料类型，如砂岩、页岩、金属泡沫、骨头和生物组织等，其结构都是由固体材料及其之间的孔隙构成的。在多孔介质中，由应力引起的孔隙流体的流动可以诠释地质科学和工程实际中的许多现象。自从 Terzaghi(1923，1936)建议采用其“有效应力”理论解释土壤的压实与破坏现象之后，许多学者致力于建立多孔弹性介质合理的本构关系和场方程，其中最成功的是 Biot 理论(1941，1955，1956，1973)。其优点在于它既是一个连续介质理论，又无须假设固体颗粒的形状、大小和排列，也无须假设固体应力与孔隙液压构成总应力的细节。无论是力学界的著名学者，还是地质与石油工程界的著名学者，都青睐并采用 Biot 理论。如 Rice、Cleary(1976)与 Cheng(2016)所指，Biot 理论的场方程与热弹性力学的场方程在形式上是相同的，但在工程中求解热应力问题时可以在传热方程中省去表示应力影响的项，因为这一项与其他项相比影响很小，可以忽略。但是在 Biot 理论的场方程中，与渗透（或扩散）方程中应力相关的项却不能忽略。也就是说，热应力场方程可以解耦求解，先求解温度场，再利用热应力的方法求解应力场。但在 Biot 理论中，场方程却不可以解耦，必须将孔隙压力与应力场联立求解，这就给求解多孔充液介质问题带来了困难。

本节研究的多孔材料由固体材料与孔隙两部分构成，其中固体材料有一定的支撑作用，固体材料之外的部分称为孔隙，孔隙包含连通的孔隙与不连通的孔隙两类。本节假设连通的孔隙中充满某一种特定的孔隙流体，即假设该多孔材料中的流体是饱和的，但对不连通的孔隙部分没有类似要求。多孔材料是一种非均匀又含有孔隙流体的材料，它的力学响应非常复杂，而固体变形也往往和流体扩散现象耦合在一起。为了避免这种微观响应的复杂性，Biot 与 Willis(1941，1955，1956，1957)介绍了一种多孔充液弹性本构模型，将其固体部分和被流体浸润的不连通孔隙联合起来视作一种弹性连续介质，称为固体骨架(solid skeleton)，简称固体。进一步地，将固体骨架和充满流体的连通孔隙视作多孔弹性介质，称为 Biot 介质，并假设该材料具有弹性响应。

1. Biot 本构模型的建立

在广义胡克定律中，应变只与局部应力呈线性关系。Biot 为了处理固体变形与孔隙流体渗流耦合的多孔材料，构造了多孔弹性本构模型。这个模型在经典的广义胡克定律的基础上，引入两个新的流体场变量：在应力一侧加入孔隙流体压力（或简称孔隙压力）p、在应变一侧加入孔隙流体体积分数变化量 ζ，这是一对功共轭的场变量(Gao et al.，2016，

2017a)。基于这种框架,多孔介质中的微观细节就可以忽略,并被视作一种包含了孔隙流体的弹性介质。如非特殊说明,本节所述的应力型变量和应变型变量 $\{\sigma_{ij},\varepsilon_{ij},p,\zeta\}$ 等均表示增量,即本构方程为增量型本构。这些变量都从初始状态算起,起始值均为零。

由于多孔弹性材料在应力与应变侧分别加入了 p 与 ζ,必须分别定义 $\varepsilon_{ij}(\sigma_{kl},p)$ 与 $\zeta(\sigma_{kl},p)$。这里出现在括号外的下角标 i 和 j 可任选 1、2、3 之一;但出现在括号内作为自变量的下角标则表示全部分量。简便起见,有时会将括号内外一律记作 i、j 或 k、l。

对于 $\varepsilon_{ij}(\sigma_{kl},p)$,由线弹性假设,可以要求它们满足:

$$\boldsymbol{\varepsilon}=\frac{1}{2G}\boldsymbol{\sigma}-\frac{\nu}{2G(1+\nu)}(\boldsymbol{\sigma}:\boldsymbol{\delta})\boldsymbol{\delta}+\frac{1}{3H}p\boldsymbol{\delta},$$

$$\varepsilon_{ij}=\frac{1}{2G}\sigma_{ij}-\frac{\nu}{2G(1+\nu)}\sigma_{kk}\delta_{ij}+\frac{1}{3H}p\delta_{ij}\tag{12.4.52}$$

式中的 Biot 应变张量在一维时与名义应力是功共轭的。上式中的前两项来自各向同性的本构关系(广义胡克定律),G 为剪切模量;ν 为泊松比;δ_{ij} 为二阶张量。而新增加的第三项来自如下假设:孔隙流体不抗剪,因而孔隙流体的压力变化只对应变球量产生影响,该球量关系可写作

$$\varepsilon_{ll}=\frac{1}{3K}\sigma_{kk}+\frac{1}{H}p\tag{12.4.53}$$

式中,K 是多孔充液介质(Biot 介质)当孔隙流体压力保持常数不变(增量 $p=0$)时的体积模量,K 与同一条件($p=0$)下的剪切模量 G、泊松比 ν 保持与胡克弹性材料中一样的关系:

$$K=\frac{1}{3}\frac{\partial\sigma_{kk}}{\partial\varepsilon_{ll}}\bigg|_{p=0}=\frac{2G(1+\nu)}{3(1-2\nu)}\tag{12.4.54}$$

而 H 是一个新的材料常数,它表示当介质整体外载球应力不变($\sigma_{kk}=0$)时,体积应变增长随孔隙压力增长的比例关系,即

$$\frac{1}{H}=\frac{\partial\varepsilon_{ll}}{\partial p}\bigg|_{\sigma_{kk}=0}\tag{12.4.55}$$

式(12.4.52)可被进一步整理得到:

$$\varepsilon_{ij}=\frac{1}{2G}\Sigma_{ij}-\frac{\nu}{2G(1+\nu)}\Sigma_{kk}\delta_{ij}\tag{12.4.56}$$

其中,

$$\Sigma_{ij}=\sigma_{ij}+\alpha p\delta_{ij}\tag{12.4.57}$$

$$\alpha=\frac{K}{H}\tag{12.4.58}$$

可见,式(12.4.56)形式上与各向同性的本构关系(广义胡克定律)一样,因而二阶张量 Σ_{ij} 也被称为 Biot 有效应力,α 被称为 Biot 有效应力系数。在大多数有关多孔弹性本构模型的文献中,α 比 H 更为常用。

基于 α 的定义,式(12.4.52)也可写作

$$\varepsilon_{ij}=\frac{1}{2G}\sigma_{ij}-\frac{\nu}{2G(1+\nu)}\sigma_{kk}\delta_{ij}+\frac{\alpha(1-2\nu)}{2G(1+\nu)}p\delta_{ij}\tag{12.4.59}$$

由式(12.4.56)也容易推导出 $\sigma_{ij}(\varepsilon_{ij},p)$:

$$\sigma_{ij}=2G\varepsilon_{ij}+\frac{2G\nu}{(1-2\nu)}\varepsilon_{kk}\delta_{ij}-\alpha p\delta_{ij}\tag{12.4.60}$$

此处符号规定：应力 σ_{ij} 拉伸为正，应变 ε_{ij} 伸长为正，压力 p 受压为正。

2. 折算体积分数

前文介绍了 Biot 在广义胡克定律的基础上添加了孔隙流体压力 p 和一个孔隙流体体积分数变化量 ζ，它们是一对功共轭的场变量。多孔材料一般划分为 3 个部分：固体材料、充满流体的连通孔隙和不连通的孔隙。在考查孔隙流体的渗流过程时，需要对连通孔隙中的流体列出流体质量守恒方程。假设孔隙流体是可压缩的，简便起见，把由质量按初始密度 ρ_0 计算的体积称为"折算体积"。定义 m 为流入变形前单位初始体积 Biot 介质中的孔隙流体质量，并定义 $\zeta=\dfrac{m}{\rho_0}$ 为 Biot 介质单位初始体积接受来自周围或外界的流体折算体积。故有

$$m=m_1-m_0=\rho_0(\zeta_1-\zeta_0)=\rho_0\zeta,$$
$$\zeta=\zeta_1-\zeta_0 \tag{12.4.61}$$

式中带有下角标 0 的量表示初始值，带有下角标 1 的量表示变形后的值，而不带下角标的量依前述定义表示增量。m_0 表示 Biot 介质在变形前单位体积所含的孔隙流体质量，$\zeta_0=\dfrac{m_0}{\rho_0}$ 表示初始状态的孔隙体积分数或体积比。应当注意的是，在这种定义下，不带下角标的量（增量）在变形前的初值为零。例如，m_0 表示初始孔隙流体质量，而增量 m 在变形前为零。这也是为了与其他场变量（如应力、应变等）的增量标记保持一致。在初始状态下，m_0、ζ_0、ρ_0 都不是零，但 m、ζ、ρ 表示增量都等于零。

对于各向同性的线性材料，考虑到应变余能 $W^*(\sigma_{ij},p)$ 的二阶导数与求导顺序无关，且应力 σ_{ij} 与应变 ε_{ij}、孔隙压力 p 与折算体积分数 ζ 互为功共轭的关系，可得

$$\frac{\partial\zeta}{\partial\sigma_{ij}}=\frac{\partial\varepsilon_{ij}}{\partial p}=\frac{1}{3H}\delta_{ij} \tag{12.4.62}$$

因而，

$$\zeta=\frac{1}{3H}\sigma_{kk}+C_{\mathrm{CH}}p \tag{12.4.63}$$

其中，第二项系数 C_{CH} 是一个新的材料常数。该常数表示材料在不受力的状态下，每提升单位孔隙压力后，单位初始体积材料吸收折算体积孔隙流体的能力。利用式(12.4.58)可将式(12.4.63)改写为

$$\zeta=\frac{\alpha}{3K}\sigma_{kk}+C_{\mathrm{CH}}p \tag{12.4.63}$$

Biot 多孔弹性本构模型由式(12.4.52)与式(12.4.63)共同构成。该本构模型在井眼安全校核、水力压裂等石油工程领域有直接的应用价值(Gao et al.，2016，2017b；Gao et al.，2020，2021)。在各向同性的本构模型中，共有 4 个独立的材料常数。即在传统的剪切模量 G 与泊松比 ν 之外，新添加了 Biot 有效应力系数 α 与弹性材料常数 C_{CH}(Gao et al.，2019)。在部分多孔弹性本构的文献中，还会使用 Biot 模量 M_{CH} 这一材料常数，其定义为

$$M_{\mathrm{CH}}=C_{\mathrm{CH}}-\frac{\alpha^2}{K} \tag{12.4.64}$$

3. 特瑞沙基等效应力张量

常用的强度准则都是在应力空间中建立的，如材料力学中的强度准则，而对于多孔弹

性本构模型，在应力表达式中同时存在应力场和孔隙压力场两个物理量。土力学家和岩石力学家通过经典的特瑞沙基等效应力(Terzaghi effective stress)将这两个场组合起来，再将其应用到安全准则条件，这样就拓展了经典破坏条件的适用范围。特瑞沙基等效应力张量定义为应力张量 σ_{ij} 和孔隙压力球量 $p\delta_{ij}$ 的差：

$$\sigma'_{ij}=\sigma_{ij}-(-p\delta_{ij})=\sigma_{ij}+p\delta_{ij} \tag{12.4.65}$$

可见特瑞沙基等效应力 σ'_{ij} 的剪应力部分和原应力张量相同，只是在正应力部分叠加了球形张量 $p\delta_{ij}$。应当注意的是，在失效分析中很多人错误地使用了 Biot 有效应力，即将式(12.4.57)作为构造出的等效应力代入传统安全准则中进行校核。高岳、柳占立、庄茁、黄克智(2020)认为在安全校核中使用特瑞沙基等效应力是正确的，这与多位岩土力学大师的看法一致(Fjaer et al.，2008，2.6.1 节；Jaeger et al.，2007，4.7 节；Cheng，2016，1.2.5 节)，也与实验结果吻合(Dropek et al.，1978；Garg et al.，1973；Haimson，1978)。在与实验结果的对比中可见，特瑞沙基等效应力相对于 Biot 有效应力更适合建立失效准则。而 Biot 有效应力是在本构分析中的一种简化方程的手段，并不适合做安全校核。类似于米塞斯应力，不能将其简单视作屈服准则，而需对其建立等效应力与屈服条件的关系，才能形成屈服准则。

目前，商用有限元软件中包含简化并解耦后的多孔弹性本构模型，但是还没有双向耦合的 Biot 本构模型。读者可以思考其原因和如何能够在有限元程序中建立基于 Biot 本构模型的多孔充液材料单元。

12.5 各向同性超弹性材料

2.4.7 节描述了超弹性材料的一般特征，本节将阐述橡胶材料的各向同性超弹性本构模型及其工程实例。

12.5.1 二阶张量的基本不变量

初始、无应力构形的各向同性超弹性材料的潜在应变能(势能)可以写为右柯西-格林变形张量基本不变量(I_1, I_2, I_3)的函数，即 $\psi=\psi(I_1, I_2, I_3)$(Malven，1969，409 页)。二阶张量的基本不变量及其导数明确地描述了弹性和弹-塑性本构关系。作为参考，表 12-2 总结了一些包含基本不变量的关系。

表 12-2 二阶张量的基本不变量

二阶张量 $\boldsymbol{A}$ 的基本不变量为

$$I_1(\boldsymbol{A})=\mathrm{trace}(\boldsymbol{A})=A_{ii} \tag{B12.2.1}$$

$$I_2(\boldsymbol{A})=\frac{1}{2}\{(\mathrm{trace}(\boldsymbol{A}))^2-\mathrm{trace}(\boldsymbol{A}^2)\}=\frac{1}{2}\{(A_{ii})^2-A_{ij}A_{ji}\} \tag{B12.2.2}$$

$$I_3(\boldsymbol{A})=\det\boldsymbol{A}=\varepsilon_{ijk}A_{i1}A_{j2}A_{k3} \tag{B12.2.3}$$

根据研究内容，当问题中针对的张量在上下文不引起歧义时，就可以省略自变量 $\boldsymbol{A}$，则基本不变量简记为 I_1、I_2 和 I_3。

如果 $\boldsymbol{A}$ 对称，$\boldsymbol{A}=\boldsymbol{A}^{\mathrm{T}}$，并且 $\boldsymbol{A}$ 有 3 个实特征值(或者主值)λ_1、λ_2、λ_3，则

续表

$$I_1(\boldsymbol{A})=\lambda_1+\lambda_2+\lambda_3,\quad I_2(\boldsymbol{A})=\lambda_1\lambda_2+\lambda_2\lambda_3+\lambda_3\lambda_1,\quad I_3(\boldsymbol{A})=\lambda_1\lambda_2\lambda_3 \tag{B12.2.4}$$

在本构方程中，经常需要二阶张量基本不变量，并对应于张量本身的导数，作为参考，有

$$\frac{\partial I_1}{\partial \boldsymbol{A}}=\boldsymbol{I},\qquad \frac{\partial I_1}{\partial A_{ij}}=\delta_{ij} \tag{B12.2.5}$$

$$\frac{\partial I_2}{\partial \boldsymbol{A}}=I_1\boldsymbol{I}-\boldsymbol{A}^{\mathrm{T}},\qquad \frac{\partial I_2}{\partial A_{ij}}=A_{kk}\delta_{ij}-A_{ji} \tag{B12.2.6}$$

$$\frac{\partial I_3}{\partial \boldsymbol{A}}=I_3\boldsymbol{A}^{-\mathrm{T}},\qquad \frac{\partial I_3}{\partial A_{ij}}=I_3A_{ji}^{-1} \tag{B12.2.7}$$

式(12.4.35)给出了超弹性材料的PK2应力张量。因此，对于各向同性材料，有

$$\begin{aligned}\boldsymbol{S}&=2\frac{\partial\psi}{\partial\boldsymbol{C}}=2\left(\frac{\partial\psi}{\partial I_1}\frac{\partial I_1}{\partial\boldsymbol{C}}+\frac{\partial\psi}{\partial I_2}\frac{\partial I_2}{\partial\boldsymbol{C}}+\frac{\partial\psi}{\partial I_3}\frac{\partial I_3}{\partial\boldsymbol{C}}\right)\\&=2\left(\frac{\partial\psi}{\partial I_1}+I_1\frac{\partial\psi}{\partial I_2}\right)\boldsymbol{I}-2\frac{\partial\psi}{\partial I_2}\boldsymbol{C}+2I_3\frac{\partial\psi}{\partial I_3}\boldsymbol{C}^{-1}\end{aligned} \tag{12.5.1}$$

上式应用了表12-2的结果。克希霍夫应力张量为

$$\boldsymbol{\tau}=\boldsymbol{F}\cdot\boldsymbol{S}\cdot\boldsymbol{F}^{\mathrm{T}}=2\left(\frac{\partial\psi}{\partial I_1}+I_1\frac{\partial\psi}{\partial I_2}\right)\boldsymbol{B}-2\frac{\partial\psi}{\partial I_2}\boldsymbol{B}^2+2I_3\frac{\partial\psi}{\partial I_3}\boldsymbol{I} \tag{12.5.2}$$

式中，$\boldsymbol{B}=\boldsymbol{F}\cdot\boldsymbol{F}^{\mathrm{T}}$ 是左柯西-格林变形张量，称为等容变形梯度张量，应用了式(12.5.1)中 $\boldsymbol{S}$ 的表达式。注意 $\boldsymbol{S}$ 与 $\boldsymbol{C}$ 同轴(有相同的主方向)，而 $\boldsymbol{\tau}$ 与 $\boldsymbol{B}$ 同轴。

12.5.2 新胡克模型

典型的橡胶材料模型为新胡克模型，它是各向同性线性定律(胡克定律)至大变形的扩展。可压缩新胡克材料(各向同性并对应于初始，无应力构形)的势能函数为

$$\psi(\boldsymbol{C})=\frac{1}{2}\lambda_0(\ln J)^2-\mu_0\ln J+\frac{1}{2}\mu_0(\mathrm{trace}\,\boldsymbol{C}-3) \tag{12.5.3}$$

这里 λ_0 和 μ_0 是线弹性理论的拉梅常数和 $J=\det\boldsymbol{F}$。由式(12.5.1)和式(12.5.2)给出应力为

$$\boldsymbol{S}=\lambda_0\ln J\boldsymbol{C}^{-1}+\mu_0(\boldsymbol{I}-\boldsymbol{C}^{-1}),\qquad \boldsymbol{\tau}=\lambda_0\ln J\boldsymbol{I}+\mu_0(\boldsymbol{B}-\boldsymbol{I}) \tag{12.5.4}$$

设 $\lambda=\lambda_0$、$\mu=\mu_0-\lambda\ln J$，并应用式(12.4.43)和式(12.4.50)，弹性张量(切线模量)的分量形式为

$$C_{ijkl}^{SE}=\lambda C_{ij}^{-1}C_{kl}^{-1}+\mu(C_{ik}^{-1}C_{jl}^{-1}+C_{il}^{-1}C_{kj}^{-1}) \tag{12.5.5}$$

$$C_{ijkl}^{\tau}=\lambda\delta_{ij}\delta_{kl}+\mu(\delta_{ik}\delta_{jl}+\delta_{il}\delta_{kj}) \tag{12.5.6}$$

除了取决于变形的剪切模量 μ，式(12.5.6)的切线模量与小应变弹性胡克定律的形式相同。对于 $\lambda_0\gg\mu_0$，获得了几乎不可压缩的材料行为。应用福格特矩阵标记，平面应变的新胡克材料的空间弹性模量为

$$[\boldsymbol{C}_{ab}^{\tau}]=\begin{bmatrix}\lambda+2\mu & \lambda & 0\\ \lambda & \lambda+2\mu & 0\\ 0 & 0 & \mu\end{bmatrix} \tag{12.5.7}$$

12.5.3 穆尼-里夫林模型

另一种典型橡胶材料模型为穆尼-里夫林模型(Mooney-Rivlin model),Rivlin 和 Saunders(1951)发展了橡胶大变形的超弹性本构模型。该模型是不可压缩和初始各向同性的,因此势能函数具有 12.5.1 节给出的形式,$\psi=\psi(I_1,I_2,I_3)$。对于不可压缩材料,$J=\det\boldsymbol{F}=1$,因此,$I_3=\det\boldsymbol{C}=J^2=1$。势能可以写成 I_1 和 I_2 的系列扩展形式:

$$\psi=\psi(I_1,I_2)=\sum_{i=0}^{\infty}\sum_{j=0}^{\infty}c_{ij}(I_1-3)^i(I_2-3)^j,\quad c_{00}=0 \tag{12.5.8}$$

这里 c_{ij} 是常数。Mooney 和 Rivlin 给出了简单的线性形式:

$$\psi=\psi(I_1,I_2)=c_1(I_1-3)+c_2(I_2-3) \tag{12.5.9}$$

它是非常接近试验的结果。穆尼-里夫林材料是新胡克材料的一个示例。

考虑右柯西-格林变形张量(式(12.5.1)),对式(12.5.9)微分得到 PK2 应力的分量。然而,由于材料是不可压缩的,变形受到限制,$I_3=1$,由式(B12.2.3)可知其等价于 $J=1$。加强这种限制的一种方法是利用约束势能;另一种方法是应用罚函数公式,相应的罚函数表示为 $I_3=0$。在这种情况下,修正的应变能函数和本构方程分别表示为

$$\hat{\psi}=\psi+p_0\ln I_3+\frac{1}{2}\beta(\ln I_3)^2 \tag{12.5.10}$$

$$\boldsymbol{S}=2\frac{\partial\hat{\psi}}{\partial\boldsymbol{C}}=2\frac{\partial\psi}{\partial\boldsymbol{C}}+2(p_0+\beta(\ln I_3))\boldsymbol{C}^{-1} \tag{12.5.11}$$

罚参数 β 必须足够大,才可以忽略可压缩性误差(I_3 近似等于 1),如果 β 没有足够大可能会发生数值病态条件。对于 64b 的浮点字节长度,数值实验显示 β 为 $10^3\times\max(c_1,c_2)\sim10^7\times\max(c_1,c_2)$是足够的。在初始构形时选择常数 p_0 使 $\boldsymbol{S}$ 的分量皆为零,即 $p_0=-(c_1+2c_2)$。拉格朗日乘子法和罚函数法的描述可参考 6.2.7 节。

12.5.4 不可压缩材料的变形

以 $\boldsymbol{F}$ 表示橡胶的变形梯度张量,如果专注于形状变化,而不顾及体积变化(橡胶为接近于不可压缩的材料),可以构造 $\bar{\boldsymbol{F}}=J^{-\frac{1}{3}}\boldsymbol{F}$,类似于左柯西-格林张量:$\boldsymbol{B}=\boldsymbol{F}\cdot\boldsymbol{F}^{\mathrm{T}}$,有

$$\bar{\boldsymbol{B}}=\bar{\boldsymbol{F}}\cdot\bar{\boldsymbol{F}}^{\mathrm{T}}=J^{-\frac{2}{3}}\boldsymbol{F}\cdot\boldsymbol{F}^{\mathrm{T}}=J^{-\frac{2}{3}}\boldsymbol{B} \tag{12.5.12}$$

用 $\bar{I}_1$ 与 $\bar{I}_2$ 分别表示 $\bar{\boldsymbol{B}}$ 的第一不变量与第二不变量:

$$\bar{I}_1=\mathrm{trace}\bar{\boldsymbol{B}}=\boldsymbol{I}:\bar{\boldsymbol{B}} \tag{12.5.13}$$

$$\bar{I}_2=\frac{1}{2}(\bar{I}_1^2-\mathrm{trace}(\bar{\boldsymbol{B}}\cdot\bar{\boldsymbol{B}}))=\frac{1}{2}(\bar{I}_1^2-\boldsymbol{I}:(\bar{\boldsymbol{B}}\cdot\bar{\boldsymbol{B}})) \tag{12.5.14}$$

橡胶本构关系通过应变能函数定义:

$$\sigma'=\frac{2}{J}\mathrm{dev}\left[\left(\frac{\partial U}{\partial\bar{I}_1}+\bar{I}_1\frac{\partial U}{\partial\bar{I}_2}\right)\bar{\boldsymbol{B}}-\frac{\partial U}{\partial\bar{I}_2}\bar{\boldsymbol{B}}\cdot\bar{\boldsymbol{B}}\right],$$

$$p=-\frac{\partial U}{\partial J} \tag{12.5.15}$$

式中,$\boldsymbol{\sigma}'$为柯西应力 $\boldsymbol{\sigma}$ 的偏量;dev 为取张量的偏量;U 为按变形前单位体积折算的应变能

函数，$U=U(\bar{I}_1,\bar{I}_2,J)$；$p$ 为静水压力。

以多项式本构模型为例，其应变能密度的表达式为

$$U=\sum_{i+j=1}^{N}C_{ij}(\bar{I}_1-3)^i(\bar{I}_2-3)^j+\sum_{i=1}^{N}\frac{1}{D_i}(J-1)^{2i} \tag{12.5.16}$$

在小变形情况下，

$$\bar{I}_1\to 3,\quad \bar{I}_2\to 3,\quad J\to 1 \tag{12.5.17}$$

忽略二阶及二阶以上小量，式(12.5.16)变为

$$U=C_{10}(\bar{I}_1-3)+C_{01}(\bar{I}_2-3)+\frac{1}{D_1}(J-1)^2 \tag{12.5.18}$$

小变形格林应变张量 $\boldsymbol{E}$ 与 $\boldsymbol{B}$ 的关系为 $\boldsymbol{E}=\frac{1}{2}(\boldsymbol{B}-\boldsymbol{I})$，$\boldsymbol{I}$ 为单位张量，有

$$\bar{\boldsymbol{B}}=J^{-\frac{2}{3}}\boldsymbol{B}=(1+\varepsilon_{ii})^{-\frac{2}{3}}(2\boldsymbol{E}+\boldsymbol{I}) \tag{12.5.19}$$

略去高阶小量，上式变为 $\bar{\boldsymbol{B}}=\boldsymbol{B}-\frac{2}{3}\varepsilon_{ii}\boldsymbol{I}$，又因为 $\mathrm{dev}[\boldsymbol{I}]=0$，所以

$$\mathrm{dev}(\bar{\boldsymbol{B}})=\mathrm{dev}(\boldsymbol{B}) \tag{12.5.20}$$

$$\begin{aligned}\mathrm{dev}(\bar{\boldsymbol{B}}\cdot\bar{\boldsymbol{B}})&=\mathrm{dev}\left[\left(\boldsymbol{B}-\frac{2}{3}\varepsilon_{ii}\boldsymbol{I}\right)\cdot\left(\boldsymbol{B}-\frac{2}{3}\varepsilon_{ii}\boldsymbol{I}\right)\right]\\&=\mathrm{dev}\left(\boldsymbol{B}\cdot\boldsymbol{B}-\frac{4}{3}\varepsilon_{ii}\boldsymbol{B}+\frac{4}{9}\varepsilon_{ii}^2\boldsymbol{I}\right)\\&=\mathrm{dev}\left(\boldsymbol{B}\cdot\boldsymbol{B}-\frac{4}{3}\varepsilon_{ii}\boldsymbol{B}\right)\end{aligned} \tag{12.5.21}$$

将式(12.5.19)和式(12.5.21)代入式(12.5.15)的第一式，并考虑式(12.5.18)，得到

$$\begin{aligned}\boldsymbol{\sigma}'&=2\mathrm{dev}\left[\left(\frac{\partial U}{\partial\bar{I}_1}+\bar{I}_1\frac{\partial U}{\partial\bar{I}_2}\right)\boldsymbol{B}-\frac{\partial U}{\partial\bar{I}_2}\left(\boldsymbol{B}\cdot\boldsymbol{B}-\frac{4}{3}\varepsilon_{ii}\boldsymbol{B}\right)\right]\\&=2\mathrm{dev}\left[(C_{10}+\bar{I}_1C_{01})(2\boldsymbol{E}+\boldsymbol{I})-C_{01}(2\boldsymbol{E}+\boldsymbol{I})\cdot(2\boldsymbol{E}+\boldsymbol{I})+C_{01}\frac{4}{3}\varepsilon_{ii}(2\boldsymbol{E}+\boldsymbol{I})\right]\end{aligned} \tag{12.5.22}$$

因为 $\boldsymbol{E}\cdot\boldsymbol{E}$ 和 $\varepsilon_{ii}\boldsymbol{E}$ 为高阶小量且 $\mathrm{dev}[\boldsymbol{I}]=0$，所以式(12.5.22)变为

$$\boldsymbol{\sigma}'=4\mathrm{dev}[(C_{10}+C_{01})\boldsymbol{E}] \tag{12.5.23}$$

将式(12.5.18)代入式(12.5.15)的第二式，得到

$$p=\frac{-2(J-1)}{D_1} \tag{12.5.24}$$

组合式(12.5.23)和式(12.5.24)，得到

$$\boldsymbol{\sigma}=4(C_{10}+C_{01})\boldsymbol{E}'+\frac{2}{D_1}(J-1)\boldsymbol{I} \tag{12.5.25}$$

上式为超弹性材料小变形情况的本构关系。与线弹性本构关系相同，弹性常数为

$$G=2(C_{10}+C_{01}),\quad K=\frac{2}{D_1} \tag{12.5.26}$$

并且 E、v 和 G、K 的关系为

$$E=\frac{9KG}{3K+G},\quad \nu=\frac{3K-2G}{6K+2G} \tag{12.5.27}$$

当 $K\to\infty$ 时，$E=3G$，$\nu=0.5$。

12.5.5 常用超弹性本构模型的应用

常用的橡胶力学性能描述方法主要分为两类，一类基于热力学统计的方法，另一类基于橡胶为连续介质的唯象学描述方法，如表 12-3 所示。热力学统计方法的基础为橡胶中的弹性恢复力主要来自橡胶中熵的减小。橡胶在承受载荷时的分子结构无序，熵的减少是由于橡胶的伸长，橡胶结构由高度的无序变得有序。由对橡胶中分子链的长度、方向和结构的统计得到橡胶的本构关系。

表 12-3 常用橡胶应变能密度形式分类

模型名称	材料系数
热力学统计的本构模型	
1) Arruda-Boyce 模型	2
2) 范德华模型	4
唯象学的本构模型(phenomenological models)	
1) N 次多项式模型(polynomial model)	$\geqslant 2N$
(1) 穆尼-里夫林模型(1 次)	2
(2) 减缩多项式(与 I_2 无关)	N
(3) 新胡克模型(1 次)	1
(4) 杨模型(3 次)	3
2) 奥格登模型	$2N$

唯象学的本构模型假设橡胶在未变形状态下为各向同性材料，即长分子链方向在橡胶中是随机分布的。这种各向同性的假设是用单位体积(弹性)应变能函数(U)来描述橡胶特性的基础，其本构模型为 N 次多项式模型和奥格登形式模型。

典型橡胶材料单轴拉伸试验的应力-应变曲线如图 12-7 所示(庄茁 等，2009)，可以看到橡胶的应变达到 600%。依据试验曲线给出多项式形式的线性和非线性本构模型的应变能密度表达式，并将计算结果与试验数据进行对比。

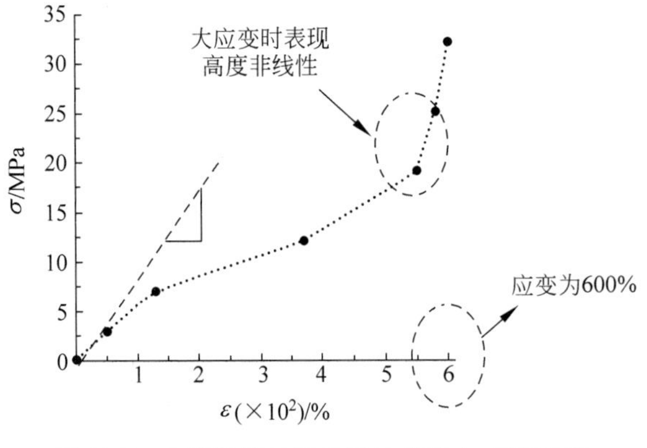

图 12-7 典型橡胶材料单轴拉伸应力-应变曲线

对于各向同性材料，以多项式的形式将应变能密度加法分解为偏量和体积应变能密度两部分：

$$U=f(\bar{I}_1-3,\bar{I}_2-3)+g(J-1) \tag{12.5.28}$$

雅可比行列式 J 为变形后与变形前的体积比，令 $g=\sum_{i=1}^{N}\frac{1}{D_i}(J-1)^{2i}$，并且进行泰勒展开，得到

$$U=\sum_{i+j=1}^{N}C_{ij}(\bar{I}_1-3)^i(\bar{I}_2-3)^j+\sum_{i=1}^{N}\frac{1}{D_i}(J-1)^{2i} \tag{12.5.29}$$

上式为以完全多项式表示的应变能密度，参数 N 为所选择的多项式阶数。D_i 决定材料是否可压缩，如果所有 D_i 均为 0，则材料是完全不可压缩的。对于 N 次多项式模型，无论 N 的取值如何，初始的剪切模量 G_0 和体积模量 K_0 都取决于多项式的一阶($N=1$)系数(式(12.5.26))。

多项式本构模型的特殊形式可以由设定某些参数为 0 得到。如果所有 $C_{ij}=0(j\neq 0)$，则得到减缩多项式模型：

$$U=\sum_{i=1}^{N}C_{i0}(\bar{I}_1-3)^i+\sum_{i=0}^{N}\frac{1}{D_i}(J-1)^{2i} \tag{12.5.30}$$

(1) 穆尼-里夫林模型为 $N=1$ 的完全多项式模型，只有线性部分的应变能保留下来：

$$U=C_{10}(\bar{I}_1-3)+C_{01}(\bar{I}_2-3)+\frac{1}{D_1}(J-1)^2 \tag{12.5.31}$$

式(12.5.9)是穆尼-里夫林模型忽略了体积改变部分的结果。

(2) 新胡克模型为 $N=1$ 的减缩多项式模型：

$$U=C_{10}(\bar{I}_1-3)+\frac{1}{D_1}(J-1)^2 \tag{12.5.32}$$

这种形式是最简单的超弹性模型，对于未知精确参数的材料通常使用这种形式。图 12-8 是用有限元程序分别采用穆尼-里夫林模型和新胡克模型，拟合了由图 12-7 给出的一组单轴拉伸试验数据的结果。在第一阶段的初始线弹性段，理论值与试验值吻合；在第二阶段的非线性软化段和第三阶段的硬化段，理论值偏离试验值，说明线性本构模型仅适用于模拟小变形(小应变)问题。

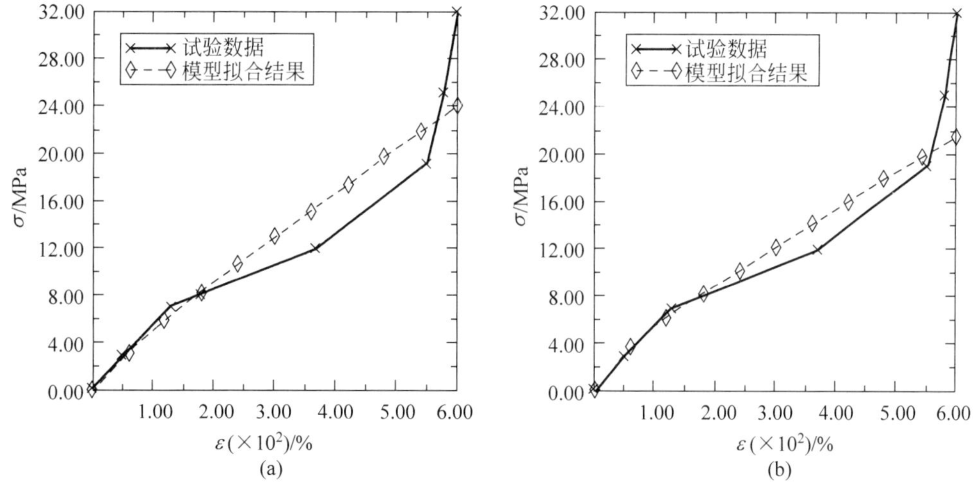

图 12-8 穆尼-里夫林模型和新胡克模型的计算结果与试验数据对比

(a) 穆尼-里夫林模型；(b) 新胡克模型

新胡克模型是由各向同性线性定律(胡克定律)扩展至大变形的模型。而穆尼-里夫林模型是新胡克模型的扩展,穆尼-里夫林模型中有一项由等容柯西-格林张量的第二不变量决定。在很多情况下,与新胡克模型相比,穆尼-里夫林模型可以得到与试验数据更接近的解。但是这两种模型的精度是差不多的,因为它们的应变能密度都是不变量的线性函数。这两种函数无法表示应力-应变曲线的大应变部分的陡升(upturn)行为,但是在小应变和中等应变时可以很好地模拟材料特性。

(3) 杨模型为 $N=3$ 的减缩多项式的特殊形式:

$$U=\sum_{i=1}^{3}C_{i0}(\bar{I}_1-3)^i+\sum_{i=0}^{3}\frac{1}{D_i}(J-1)^{2i} \tag{12.5.33}$$

计算结果呈现典型的 S 形橡胶应力-应变曲线,如图 12-9 所示。C_{10} 为正值,主导小变形时的初始切线模量。系数之间的典型情况为,如果 $C_{10}=O(1)$,则第二个系数 C_{20} 为负,其控制中等变形时的软化,并且比第一个系数小 1~2 个数量级,如 C_{20} 为 $-O(0.1)\sim-O(0.01)$;第三个系数 C_{30} 为正,体现大变形时的硬化,其绝对值量级比 C_{20} 再小 1~2 个数量级,如 C_{30} 为 $+O(1.0\times10^{-2})\sim+O(1.0\times10^{-4})$,这种量级关系将产生典型的 S 形橡胶应力-应变曲线。

(4) 奥格登模型中的奥格登应变能以 3 个主伸长率 λ_1、λ_2、λ_3 为变量。在有限元程序中,应变能函数为

$$U=\sum_{i=1}^{N}\frac{2G_i}{\alpha_i^2}(\bar{\lambda}_1^{\alpha_i}+\bar{\lambda}_2^{\alpha_i}+\bar{\lambda}_3^{\alpha_i}-3)+\sum_{i=1}^{N}\frac{1}{D_i}(J-1)^{2i} \tag{12.5.34}$$

式中,$\bar{\lambda}_i=J^{-\frac{1}{3}}\lambda_i\rightarrow\bar{\lambda}_1\bar{\lambda}_2\bar{\lambda}_3=1$。奥格登应变能函数的第一部分只与 $\bar{I}_1$ 和 $\bar{I}_2$ 有关。奥格登应变能函数不能写成仅由 $\bar{I}_1$ 和 $\bar{I}_2$ 表示的形式。如果 $N=1$、$\alpha_1=2$、$\alpha_2=-2$,奥格登模型就会退化到穆尼-里夫林模型;如果 $N=1$、$\alpha_1=2$,奥格登模型就会退化到新胡克模型。在奥格登模型中,G_0 由全部系数决定:

$$G_0=\sum_{i=1}^{N}G_i \tag{12.5.35}$$

与前文相同,初始体积模量 K_0 取决于 D_i。图 12-10 是 2 次奥格登模型拟合试验数据的结果。

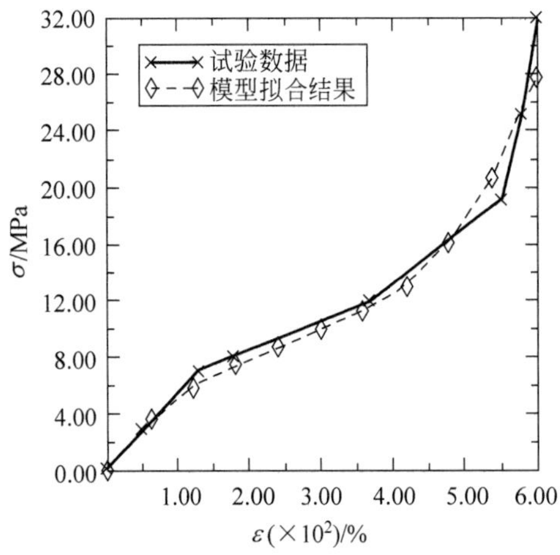

图 12-9 杨模型拟合试验数据

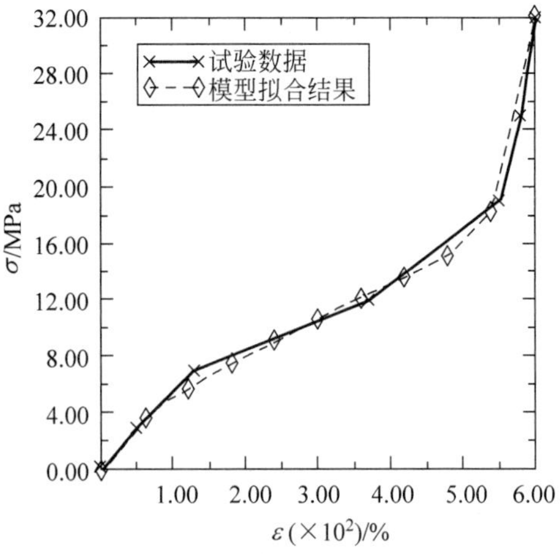

图 12-10 2 次奥格登模型拟合试验数据

(5) Arruda-Boyce 模型中的 Arruda-Boyce 应变能定义如下:

$$U=G\sum_{i=1}^{5}\frac{C_i}{\lambda_m^{2i-2}}(\bar{I}_1^i-3^i)+\frac{1}{D}\left(\frac{J^2-1}{2}-\ln J\right) \tag{12.5.36}$$

式中,$C_1=\frac{1}{2}$、$C_2=\frac{1}{20}$、$C_3=\frac{11}{1050}$、$C_4=\frac{19}{7050}$、$C_5=\frac{519}{673750}$。Arruda-Boyce 模型也称为八链模型。$C_1,C_2,\cdots,C_5$ 由热力学统计方法得到,具有物理意义。系数 G 代表初始的切线模量,即 G_0。系数 λ_m 表示自锁伸长(locking stretch),大概位置在应力-应变曲线最陡的地方。初始的体积模量为 $K_0=\frac{2}{D}$。因为只有两个参数,只要已知很少的材料行为,就可以得到本构关系。Kaliske 和 Rothert(1997)成功地证明了这种体积应变能表达式在应用于大部分工程弹性材料时都足够精确。

图 12-11 是用 Arruda-Boyce 模型拟合试验数据的结果。材料参数只有两个,改变这两个参数的值只能改变应力-应变的比例而无法改变曲线的形状,如果试验数据和 Arruda-Boyce 模型预测的曲线形状不同,这种模型就无法很好地模拟材料的特性。

(6) 范德华模型定义的应变能密度为

$$U=G\left\{-(\lambda_m^2-3)[\ln(1-\eta)+\eta]-\frac{2}{3}\alpha\left(\frac{\tilde{I}-3}{2}\right)^{\frac{3}{2}}\right\}+\frac{1}{D}\left(\frac{J^2-1}{2}-\ln J\right) \tag{12.5.37}$$

式中,$\tilde{I}=(1-\beta)\bar{I}_1+\beta\bar{I}_2$,参数 β 是把 $\bar{I}_1$ 和 $\bar{I}_2$ 混合成 $\tilde{I}$ 用到的线性参数,$\eta=\sqrt{\frac{\tilde{I}-3}{\lambda_m^2-3}}$。可以看到这种应变能有 4 个独立系数。

由图 12-12 可以看到,范德华模型相比 Arruda-Boyce 模型可以更好地拟合试验数据,不但可以改变应力-应变的比例,还可以改变曲线的形状。

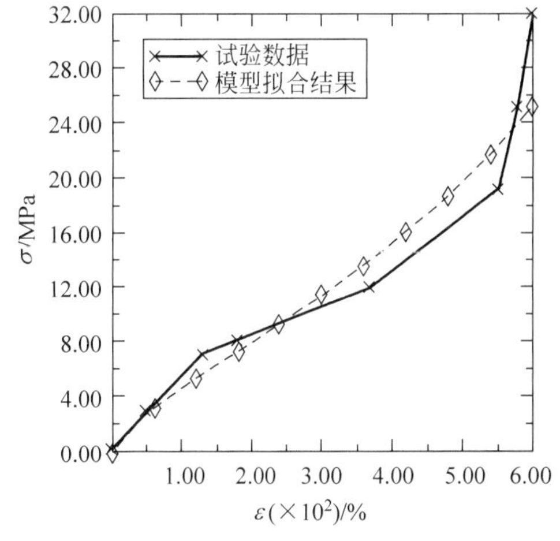

图 12-11 Arruda-Boyce 模型拟合试验数据

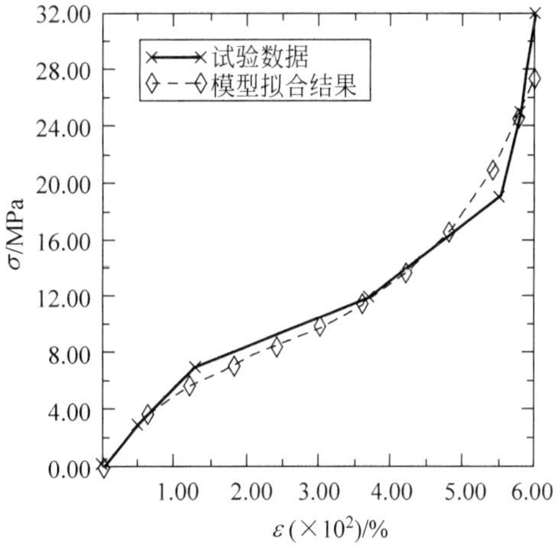

图 12-12 范德华模型拟合试验数据

12.5.6 由试验数据拟合本构模型系数

橡胶类材料的本构关系除具有超弹性、大变形的特征外,还具有另一主要特征,即其与橡胶的生产加工过程有直接关系，如橡胶配方和硫化工艺。因此，对每一批新加工出来的橡胶都需要通过精确和充分的橡胶试验确定橡胶本构关系。可经过计算选择合理的超弹性本构关系，并通过简单的试验数据拟合本构关系的系数。

图 12-7 已经提供了典型橡胶材料单轴拉伸试验的应力-应变数据点，还需要选择材料本构模型，通过最小二乘法拟合试验数据点与本构模型计算的曲线，使得误差最小，由此确定模型中的参数，建立本构模型。对于 n 组应力-应变的试验数据，取相对误差 e 的最小值：

$$e=\sum_{i=1}^{n}\left(1-\frac{T_i^{\text{th}}}{T_i^{\text{test}}}\right)^2 \tag{12.5.38}$$

式中，T_i^{test} 是试验数据中的应力，T_i^{th} 是按照本构关系与伸长率对应的应力表达式。

新胡克模型、穆尼-里夫林模型和杨模型等多项式模型的势能关于 C_{ij} 是线性的，因此使用线性最小二乘法。而奥格登模型、Arruda-Boyce 模型和范德华模型等模型的势能系数是非线性的，需要用到非线性最小二乘法。

在设计阶段的橡胶元件通常较易获得由原材料制成的特制试件，从而可以通过上述试验来确定其材料常数。但是对于已经成型的橡胶元件，通常不容易通过上述试验来确定其材料常数。一个经验公式是通过橡胶的 IRHD 硬度指标来确定材料的弹性模量和切线模量，再由材料常数和弹性模量的关系来确定材料常数，其基本公式为

$$\log E_0=0.0184H_r-0.4575 \tag{12.5.39}$$

$$G=\frac{E_0}{3}=2(C_{10}+C_{01}),\quad \frac{C_{01}}{C_{10}}=0.05 \tag{12.5.40}$$

这一公式应用的前提是小应变条件。将得到的材料常数代入穆尼-里夫林模型进行计算。例如，采用氢化丁腈橡胶 H-NBR75，硬度为 75MPa，由式(12.5.39)可得其弹性模量为 $E_0=8.366\text{MPa}$，再由式(12.5.40)求得 $C_{10}=1.328\text{MPa}$、$C_{01}=0.0664\text{MPa}$。

12.6 黏弹性

12.6.1 小应变黏弹性

许多材料会展现率和时间相关的行为(如聚合物)，称为黏弹性材料。黏弹性材料响应的特征是衰减惯性，影响其力学性能的 4 个主要因素是应力、应变、时间和温度。线性黏弹性材料的简单示意图为麦克斯韦模型(Maxwell model)，如图 12-13(a)所示，它是一个线性弹簧与一个黏性元件的串连形式。麦克斯韦模型展示了似流似固的行为。用刚度 E 表示弹簧模拟的弹性响应，用黏度 η 表示黏性元件模拟的黏性响应。弹簧和黏性元件组合的总体应变为弹性应变与黏性应变的和：

$$\varepsilon=\varepsilon^{e}+\varepsilon^{v} \tag{12.6.1}$$

对上式取材料时间导数，得到

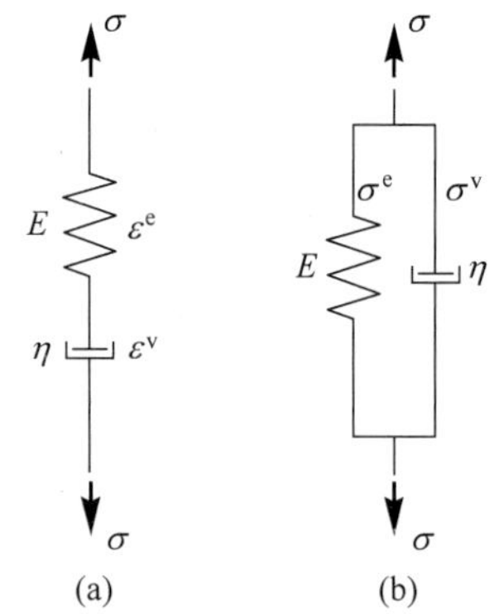

图 12-13 线性黏弹性模型

(a) 麦克斯韦模型；(b) 开尔文模型

$$\dot{\varepsilon}=\dot{\varepsilon}^{\mathrm{e}}+\dot{\varepsilon}^{\mathrm{v}} \tag{12.6.2}$$

注意到 $\dot{\varepsilon}^{\mathrm{e}}=\dfrac{\dot{\sigma}}{E}$ 和 $\dot{\varepsilon}^{\mathrm{v}}=\dfrac{\sigma}{\eta}$，式(12.6.2)可以写为

$$\dot{\sigma}+\frac{\sigma}{\tau}=E\dot{\varepsilon} \tag{12.6.3}$$

式中，$\tau=\dfrac{\eta}{E}$ 为松弛时间。式(12.6.3)是关于应力 σ 的一个常系数常微分方程，$E\dot{\varepsilon}$ 可以转换为力的函数，通过卷积积分求得解答：

$$\sigma(t)=\int_{-\infty}^{t}E\exp\left[\frac{-(t-t')}{\tau}\right]\frac{\mathrm{d}\varepsilon(t')}{\mathrm{d}t'}\mathrm{d}t' \tag{12.6.4}$$

对于更一般的一维模型，应力为

$$\sigma(t)=\int_{-\infty}^{t}R(t-t')\frac{\mathrm{d}\varepsilon(t')}{\mathrm{d}t'}\mathrm{d}t' \tag{12.6.5}$$

式中的积分核函数 $R(t)$ 为松弛模量。对于麦克斯韦模型的特殊情况，松弛模量由 $R(t)=E\exp\left(\dfrac{-t}{\tau}\right)$ 给出。

卷积积分式(12.6.5)可以扩展到多轴情况：

$$\sigma_{ij}=\int_{-\infty}^{t}\hat{C}_{ijkl}(t-t')\frac{\partial\varepsilon_{ij}(t')}{\partial t'}\mathrm{d}t' \tag{12.6.6}$$

式中，$\hat{C}_{ijkl}(t)$ 是松弛模量。松弛模量具有类似于线弹性模量的次对称性，并假设有主对称性。

作为一个示例，对于各向同性材料，式(12.6.6)可以写成与应力、应变的偏量和静水压力有关的两个松弛函数的形式：

$$\sigma_{ij}^{\mathrm{dev}}=2\int_{-\infty}^{t}\hat{\mu}(t-t')\frac{\partial\varepsilon_{ij}^{\mathrm{dev}}(t')}{\partial t'}\mathrm{d}t',\quad \sigma_{kk}=3\int_{-\infty}^{t}K(t-t')\frac{\partial\varepsilon_{kk}(t')}{\partial t'}\mathrm{d}t' \tag{12.6.7}$$

为了适应聚合物行为，通过指数松弛函数的一个有限狄利克雷级数(Dirichlet series)代表松弛模量(生成的麦克斯韦模型)：

$$K(t)=\sum_{i=1}^{N_{\mathrm{b}}}K^{i}\exp\left(\frac{-t}{\tau_{i}^{\mathrm{b}}}\right),\quad \mu(t)=\sum_{i=1}^{N_{\mathrm{s}}}\mu^{i}\exp\left(\frac{-t}{\tau_{i}^{\mathrm{s}}}\right) \tag{12.6.8}$$

式中，K^{i} 和 μ^{i} 分别是在级数中 N_{b} 和 N_{s} 单元的体积模量和剪切模量；τ_{i}^{b} 和 τ_{i}^{s} 是相应的松弛时间。对于交联聚合物(黏弹性固体)，上述每个松弛时间都将是无限的(因此，函数 $K(t)$ 和 $\mu(t)$ 松弛至非零的常数，它们被称为长期模量或类似橡胶模量)。将上述模量扩展至非线性范围的过程，可参考 Losi 等(1992)的文献。

开尔文模型如图 12-13(b)所示。弹簧和黏性元件组合的总体应力为二者应力之和：

$$\sigma=\sigma^{\mathrm{e}}+\sigma^{\mathrm{v}}=E\varepsilon+\eta\frac{\mathrm{d}\varepsilon}{\mathrm{d}t} \tag{12.6.9}$$

整理上式得到

$$\frac{\mathrm{d}\varepsilon}{\mathrm{d}t}=\frac{\sigma}{\eta}-\frac{\varepsilon}{\tau} \tag{12.6.10}$$

式中的应力不随时间变化，不能分析松弛问题；但是可以计算蠕变问题，其中的蠕变时间为

$\tau=\dfrac{\eta}{E}$。图 12-14 给出的标准线性固体模型既可以分析蠕变,也可以分析松弛问题。

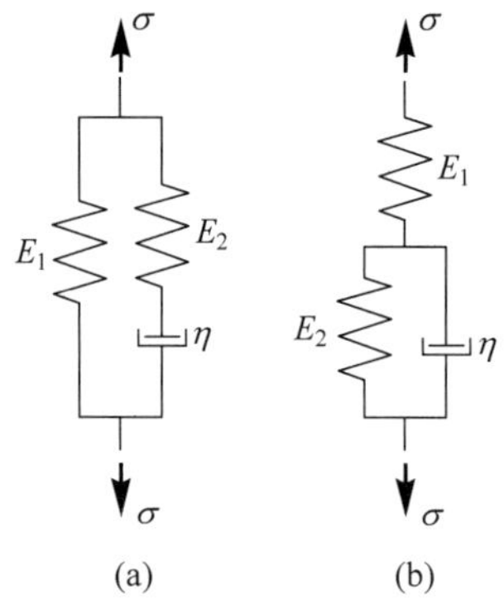

图 12-14 标准线性固体模型

(a) 麦克斯韦标准线性固体模型;(b) 开尔文标准线性固体模型

12.6.2 有限应变黏弹性

可以用几种不同的方式将小应变黏弹性本构关系生成至有限应变。在弹性变形过程中,可以应用许多不同的应力和应变度量,但要确保本构方程的框架不变性。本节将发展基于式(12.6.6)的有限应变公式,为了叙述方便,将模型分别简化至缺少黏性的超弹性材料和缺少弹性的牛顿黏性流体的情况。

为了满足框架不变性,以 PK2 应力的形式直接写出式(12.6.6)的生成公式:

$$\boldsymbol{S}=\int_{-\infty}^{t}\boldsymbol{R}(t,t',\boldsymbol{E}):\frac{\partial \boldsymbol{E}(t')}{\partial t'}\mathrm{d}t' \tag{12.6.11}$$

式中,$\boldsymbol{R}$ 是松弛函数。这里考虑将松弛函数写为普罗尼级数(Prony series):

$$\boldsymbol{R}(t,t',E)=\sum_{\alpha=1}^{N}\boldsymbol{C}_{\alpha}^{SE}(\boldsymbol{E}(t'))\exp\left[\frac{-(t-t')}{t_{\alpha}}\right] \tag{12.6.12}$$

黏弹性力学行为用普罗尼级数描述,而普罗尼级数的项数 N 等于通用麦克斯韦模型的阻尼器数量。图 12-15(a)为(并)串连的麦克斯韦单元组,由一组线性黏弹性的麦克斯韦模型并联后解决非线性黏弹性的松弛问题。

普罗尼级数的剪切弹性松弛模量和体积弹性松弛模量为

$$G_{\mathrm{R}}(t')=G_0\left(1-\sum_{i=1}^{N}\bar{g}_i^{\mathrm{p}}\left[1-\exp\left(\frac{-t'}{\tau_i^G}\right)\right]\right),$$

$$K_{\mathrm{R}}(t')=K_0\left(1-\sum_{i=1}^{N}\bar{k}_i^{\mathrm{p}}\left[1-\exp\left(\frac{-t'}{\tau_i^k}\right)\right]\right) \tag{12.6.13}$$

式中,G_0 为瞬时剪切模量,K_0 为瞬时体积模量,$\bar{g}_i^{\mathrm{p}}$ 和 $\bar{k}_i^{\mathrm{p}}$ 为 N 对材料参数。

许多材料的主要力学行为是剪切松弛,图 12-15(b)为剪切松弛模量与松弛时间的关系曲线。对给定温度下的普罗尼级数进行拟合,需要定义瞬时剪切模量 $G_0(E_0)$ 或长时剪切模量 $G_\infty(E_\infty)$,两者之间满足

$$G_\infty=G_0\left(1-\sum_{i=1}^{N}\bar{g}_i^{\mathrm{p}}\right) \tag{12.6.14}$$

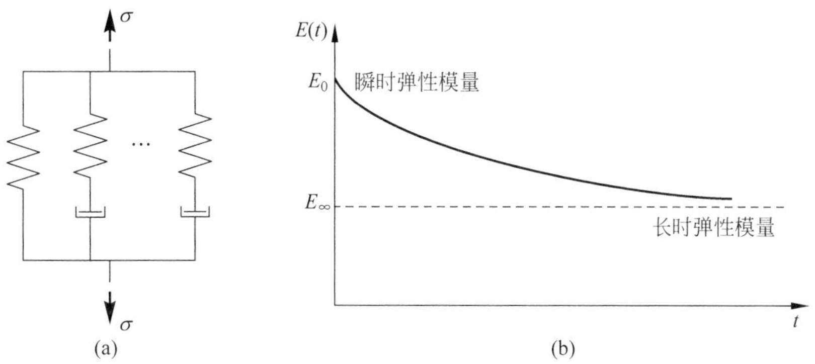

图 12-15 有限应变黏弹性模型

(a) 普罗尼级数对应的非线性黏弹性模型；(b) 剪切松弛模量随松弛时间的关系曲线

当瞬时弹性模量和泊松比确定后，还要确定每对单元的松弛模量比和松弛时间，因此需要松弛模量数据，如图 12-15(b)所示。如果实验数据来自蠕变实验(蠕变柔量和时间的关系)，则需要通过松弛模量和蠕变柔量之间的关系进行转换。

为了恢复单纯超弹性材料的响应，令式(12.6.12)的松弛时间 t_α 为无穷，得到

$$\boldsymbol{S}=\int_{-\infty}^{t}\boldsymbol{C}^{SE}:\frac{\partial \boldsymbol{E}}{\partial t'}\mathrm{d}t'=\frac{\partial w}{\partial \boldsymbol{E}},\quad \boldsymbol{C}^{SE}=\sum_{\alpha=1}^{N}\boldsymbol{C}_{\alpha}^{SE}=\frac{\partial^2 w}{\partial \boldsymbol{E}\partial \boldsymbol{E}} \tag{12.6.15}$$

式中，$\boldsymbol{C}^{SE}$ 是弹性张量，并且已经指出它可以从势能中推导出来。

记 $\boldsymbol{S}^\alpha$ 为将松弛函数式(12.6.12)中的第 α 项代入式(12.6.11)求得的应力，并求导式(12.6.11)，得到

$$\dot{\boldsymbol{S}}^\alpha+\frac{\boldsymbol{S}^\alpha}{t_\alpha}=\boldsymbol{C}_\alpha^{SE}:\dot{\boldsymbol{E}},\quad \boldsymbol{S}=\sum_{\alpha=1}^{N}\boldsymbol{S}^\alpha \tag{12.6.16}$$

这是一个(并)串连的麦克斯韦单元；$\boldsymbol{S}^\alpha$ 为部分应力。将表达式(12.6.16)前推至空间构形：

$$L_{\mathrm{v}}\boldsymbol{\tau}^\alpha+\frac{\boldsymbol{\tau}^\alpha}{t_\alpha}=\boldsymbol{C}_\alpha^{\tau}:\boldsymbol{D},\quad \boldsymbol{\tau}=\sum_{\alpha=1}^{N}\boldsymbol{\tau}^\alpha=\sum_{\alpha=1}^{N}\varphi_*\boldsymbol{S}^\alpha=\sum_{\alpha=1}^{N}\boldsymbol{F}\cdot\boldsymbol{S}^\alpha\cdot\boldsymbol{F}^{\mathrm{T}} \tag{12.6.17}$$

式中，$L_{\mathrm{v}}\boldsymbol{\tau}^\alpha=\varphi_*\dot{\boldsymbol{S}}^\alpha=\boldsymbol{F}\cdot\dot{\boldsymbol{S}}^\alpha\cdot\boldsymbol{F}^{\mathrm{T}}$ 是偏克希霍夫应力的李导数，$\boldsymbol{C}_\alpha^{\tau}=\varphi_*\boldsymbol{C}_\alpha^{SE}$ 是空间弹性模量：$(\boldsymbol{C}_\alpha^{\tau})_{ijkl}=F_{im}F_{jn}F_{kp}F_{lq}(\boldsymbol{C}_\alpha^{SE})_{mnpq}$。

对于大应变下的黏弹性材料本构模型，见 Green 和 Rivlin(1957)、Coleman 和 Noll(1961)的文献。本构的发展和应用于聚合物的大变形见 Boyce、Parks 和 Argon(1988)的文献。O'Dowd 等(1995)使扩展模型式(12.6.11)可以考虑基于自由体积概念的非线性热流变的效果。

12.7 一维塑性

材料(如金属、岩土和混凝土)展示弹性行为所能达到的应力称为屈服强度。一旦加载超过了初始屈服强度，就会发生塑性变形，卸载后产生永久应变的材料称为塑性材料。弹-塑性材料被进一步分类为应力独立于应变率的率无关材料和应力取决于应变率的率相关

材料，后者也可归类为率敏感材料。

塑性理论的主要内容有：

（1）应变的每一增量分解为弹性可逆部分 $d\varepsilon^e$ 和不可逆塑性部分 $d\varepsilon^p$；

（2）屈服函数 $f(\sigma,q_\alpha)$ 控制塑性变形的突变和连续，q_α 是内部变量的集合；

（3）流动法则控制塑性流动，即确定塑性应变增量；

（4）内部变量的演化方程控制屈服函数的演化，包括应变硬化关系。

弹-塑性定律是路径相关和耗能的，大部分的功消耗在材料塑性变形中，不可逆的变形转换为其他形式的能量，如热和损伤。应力取决于整个变形的历史，并且不能表示为应变的单值函数，它仅能用应力率和应变率之间的关系来表达。

12.7.1 率无关塑性

金属在单轴应力下的一条典型应力-应变曲线如图 12-16 所示。从加载初始至达到初始屈服应力，材料表现为弹性（一般假设线性）。在弹性区段之后的是弹-塑性区段，在该区段内进一步加载将导致永久的不可恢复的塑性应变。应力的倒退称为卸载，在卸载过程中，假设应力-应变的反应由弹性定律控制，假设应变的增量分解为弹性与塑性的和：

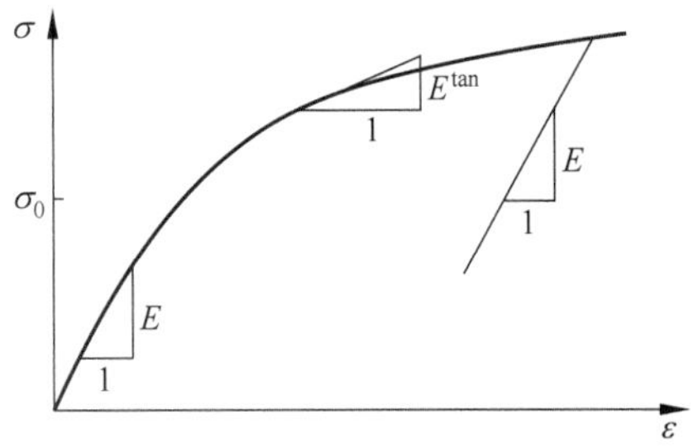

图 12-16 典型弹-塑性材料的应力-应变曲线

$$d\varepsilon = d\varepsilon^e + d\varepsilon^p \tag{12.7.1}$$

在上式等号两侧分别除以时间增量 dt，得到率形式：

$$\dot{\varepsilon} = \dot{\varepsilon}^e + \dot{\varepsilon}^p \tag{12.7.2}$$

应力增量（率）总是与弹性模量和弹性应变的增量（率）有关：

$$d\sigma = E\,d\varepsilon^e, \quad \dot{\sigma} = E\dot{\varepsilon}^e \tag{12.7.3}$$

在非线性弹-塑性区段的应力-应变关系为

$$d\sigma = E\,d\varepsilon^e = E^{\tan} d\varepsilon, \quad \dot{\sigma} = E\dot{\varepsilon}^e = E^{\tan}\dot{\varepsilon} \tag{12.7.4}$$

式中的切线模量 $E^{\tan}$ 是应力-应变曲线在塑性段的斜率（图 12-16）。

以上关系对于应力和应变的率是均匀的。如果时间被任意因子缩放，则本构关系保持不变，即便采用应变率表示材料反应，其也是率无关的。虽然本构关系采用了率形式，但对于增量关系的标记，采用率形式也可能是不方便的，特别是对于大应变公式。

通过流动法则给出塑性应变率，它常常指定为塑性流动势能 ψ 的形式：

$$\dot{\varepsilon}^p = \dot{\lambda}\frac{\partial\psi}{\partial\sigma} \tag{12.7.5}$$

式中，$\dot{\lambda}$ 为塑性率参数。流动势能的一个示例是

$$\psi = |\sigma| = \bar{\sigma} = \sigma\,\mathrm{sign}(\sigma), \quad \frac{\partial\psi}{\partial\sigma} = \mathrm{sign}(\sigma) \tag{12.7.6}$$

式中，$\bar{\sigma}$ 为等效应力，sign 为符号函数。

屈服条件为

$$f = \bar{\sigma} - \sigma_Y(\bar{\varepsilon}) = 0 \tag{12.7.7}$$

式中，$\sigma_Y(\bar{\varepsilon})$是单轴拉伸的屈服强度，$\bar{\varepsilon}$是等效塑性应变。在初始屈服之后屈服强度增加的

行为称为幂硬化或应变硬化。材料的硬化一般是塑性变形先期历史的函数。在金属塑性中，塑性变形的历史常常表征为等效塑性应变：

$$\bar{\varepsilon}=\int\dot{\bar{\varepsilon}}\mathrm{d}t,\quad \dot{\bar{\varepsilon}}=\sqrt{\dot{\varepsilon}^{\mathrm{p}}\dot{\varepsilon}^{\mathrm{p}}} \tag{12.7.8}$$

式中，$\dot{\bar{\varepsilon}}$是等效塑性应变率。等效塑性应变 $\bar{\varepsilon}$可以表征材料非弹性反应的内部变量。用塑性功率表示材料内部变量的硬化行为(Hill,1950)，即 $W^{\mathrm{p}}=\int\sigma\dot{\varepsilon}^{\mathrm{p}}\mathrm{d}t$。

式(12.7.7)给出的屈服行为称为各向同性硬化，拉伸和压缩的屈服强度总是相等，并由 $\sigma_{\mathrm{Y}}(\bar{\varepsilon})$给出。典型的硬化曲线如图 12-16 的塑性区段所示，该曲线的斜率是塑性模量 H，即 $H=\dfrac{\mathrm{d}\sigma_{\mathrm{Y}}(\bar{\varepsilon})}{\mathrm{d}\bar{\varepsilon}}$。下面给出该模型扩展到运动硬化模型时的情况，更一般的本构关系则需要用到更多内变量。

对于一个特殊的模型，组合式(12.7.6)、式(12.7.5)和式(12.7.8)，并服从 $\dot{\lambda}=\dot{\bar{\varepsilon}}$，因此塑性应变率式(12.7.5)写为

$$\dot{\varepsilon}^{\mathrm{p}}=\dot{\bar{\varepsilon}}\,\mathrm{sign}(\sigma)=\dot{\bar{\varepsilon}}\frac{\partial f}{\partial\sigma} \tag{12.7.9}$$

上式应用了$\dfrac{\partial f}{\partial\sigma}=\dfrac{\partial\bar{\sigma}}{\partial\sigma}=\mathrm{sign}(\sigma)$，其中 $\dfrac{\partial f}{\partial\sigma}=\dfrac{\partial\psi}{\partial\sigma}$。$\dfrac{\partial f}{\partial\sigma}\sim\dfrac{\partial\psi}{\partial\sigma}$的塑性流动称为关联塑性流动，除此之外，是非关联塑性流动。关联塑性流动沿屈服面的法线方向。这些区别在多轴塑性模型中是很重要的，我们将在 12.8 节详细阐述。

仅当满足屈服条件 $f=0$ 时发生塑性变形。当塑性加载时，应力必须保持在屈服表面上，因此 $\dot{f}=0$，实现了一致性条件：

$$\dot{f}=\dot{\bar{\sigma}}-\dot{\sigma}_{\mathrm{Y}}(\bar{\varepsilon})=0 \tag{12.7.10}$$

由此给出

$$\dot{\bar{\sigma}}=\frac{\mathrm{d}\sigma_{\mathrm{Y}}(\bar{\varepsilon})}{\mathrm{d}\bar{\varepsilon}}\dot{\bar{\varepsilon}}=H\dot{\bar{\varepsilon}} \tag{12.7.11}$$

式中，$H=\dfrac{\mathrm{d}\sigma_{\mathrm{Y}}(\bar{\varepsilon})}{\mathrm{d}\bar{\varepsilon}}$为塑性模量。应用式(12.7.2)、式(12.7.4)、式(12.7.11)和式(12.7.5)，得到

$$\frac{1}{E^{\tan}}=\frac{1}{E}+\frac{1}{H}\quad 或\quad E^{\tan}=\frac{EH}{E+H}=E-\frac{E^2}{E+H} \tag{12.7.12}$$

考虑塑性转换参数 β，$\beta=1$ 对应塑性加载，$\beta=0$ 对应纯弹性反应(加载或卸载)。切线模量为

$$E^{\tan}=E-\beta\frac{E^2}{E+H} \tag{12.7.13}$$

加载-卸载条件也可以写为

$$\dot{\lambda}\geqslant 0,\quad f\leqslant 0,\quad \dot{\lambda}f=0 \tag{12.7.14}$$

上式称为库恩-塔克条件(Kuhn-Tucker conditions)，$\dot{\lambda}\geqslant 0$ 表明塑性率参数是非负的，$f\leqslant 0$

表明应力状态必须位于屈服表面内部或限制在塑性屈服表面上，$\dot{\lambda} f=0$ 也可以作为已知的一致性条件 $\dot{f}=0$ 的率形式。对于塑性加载（$\dot{\lambda}>0$），应力状态必须保持在屈服表面 $f=0$ 上，因此有 $\dot{f}=0$；对于弹性加载或卸载，则有 $\dot{\lambda}=0$，没有塑性流动。

12.7.2 各向同性和运动硬化

许多金属在循环加载中由各向同性硬化模型提供了应力-应变反应的粗糙描述。本节将其扩展到运动硬化模型，图 12-17(a)展示了在循环塑性中所观察到的包辛格效应(Bauschinger effect)，即在拉伸初始屈服之后压缩屈服强度降低。识别这种行为的方法之一是观察屈服表面的中心是否沿塑性流动方向移动。图 12-17(b)描绘了实际的多轴应力状态：圆环屈服表面扩张对应于各向同性硬化，它的中心平移对应于运动硬化。由此看到两种硬化的特点：屈服面积改变，中心不变，为各向同性硬化；屈服面积不变，中心平移，为运动硬化。为了考虑这种现象，Prager(1945)和 Ziegler(1950)引入了一个简单的运动硬化塑性模型。在运动硬化模型的塑性流动关系和屈服条件中，引入了一个称为背应力的内部变量 α，并给出：

$$\dot{\varepsilon}^{\mathrm{p}}=\dot{\lambda}\frac{\partial \psi}{\partial \sigma}, \quad \psi=|\sigma-\alpha| \tag{12.7.15}$$

$$f=|\sigma-\alpha|-\sigma_{\mathrm{Y}}(\bar{\varepsilon}) \tag{12.7.16}$$

式(12.7.15)为塑性流动定律，式(12.7.16)为屈服条件。注意到$\frac{\partial \psi}{\partial \sigma}=\frac{\partial f}{\partial \sigma}=\operatorname{sign}(\sigma-\alpha)$，由式(12.7.8)也可得 $\dot{\bar{\varepsilon}}=\dot{\lambda}$。内变量 α(背应力)需要一个演化方程，最简单的形式为线性运动硬化，可以特别表示为 $\dot{\alpha}=\kappa \dot{\varepsilon}^{\mathrm{p}}$。

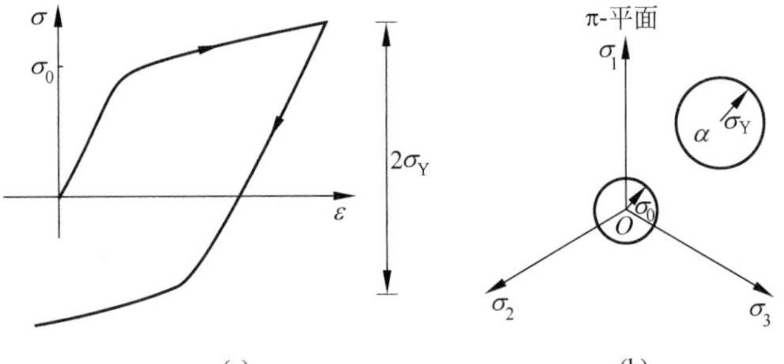

图 12-17 结合各向同性运动硬化模型的两种情况

(a) 包辛格效应；(b) 屈服面的平移和扩展

对式(12.7.16)式微分得到一致性条件：

$$\dot{f}=(\dot{\sigma}-\dot{\alpha})\operatorname{sign}(\sigma-\alpha)-H\dot{\bar{\varepsilon}}=0 \tag{12.7.17}$$

这样

$$\dot{\bar{\varepsilon}}=\frac{1}{H}(\dot{\sigma}-\dot{\alpha})\operatorname{sign}(\sigma-\alpha) \tag{12.7.18}$$

由式(12.7.3)、式(12.7.15)和式(12.7.18)有

$$\dot{\sigma}=E(\dot{\varepsilon}-\dot{\varepsilon}^{p})=E(\dot{\varepsilon}-\dot{\bar{\varepsilon}}\operatorname{sign}(\sigma-\alpha)) \tag{12.7.19}$$

上式等号两侧都减去 $\dot{\alpha}$：

$$\begin{aligned}(\dot{\sigma}-\dot{\alpha})&=E(\dot{\varepsilon}-\dot{\bar{\varepsilon}}\operatorname{sign}(\sigma-\alpha))-\dot{\alpha}\\&=E(\dot{\varepsilon}-\dot{\bar{\varepsilon}}\operatorname{sign}(\sigma-\alpha))-\kappa\dot{\bar{\varepsilon}}\operatorname{sign}(\sigma-\alpha)\end{aligned} \tag{12.7.20}$$

上式应用了式(12.7.15)。由式(12.7.18)和式(12.7.20)得到一个等效塑性应变率的表达式：

$$\dot{\bar{\varepsilon}}=\frac{1}{H}[E\dot{\varepsilon}\operatorname{sign}(\sigma-\alpha)-E\dot{\bar{\varepsilon}}-\kappa\dot{\bar{\varepsilon}}]=\frac{E\dot{\varepsilon}\operatorname{sign}(\sigma-\alpha)}{E-(H+\kappa)} \tag{12.7.21}$$

将式(12.7.21)代入式(12.7.19)，得到 $\dot{\sigma}=E^{\tan}\dot{\varepsilon}$，在塑性加载时有

$$E^{\tan}=\frac{E(H+\kappa)}{(H+\kappa)+E}=E-\frac{E^{2}}{(H+\kappa)+E} \tag{12.7.22}$$

对于弹性加载或卸载，切线模量是简单的弹性模量，$E^{\tan}=E$。加卸载条件的交换形式可以写成库恩-塔克条件式(12.7.14)。表 12-4 总结了一维率无关塑性的本构模型(结合各向同性和(线性)运动硬化)。

表 12-4　一维率无关塑性的本构模型(结合各向同性和(线性)运动硬化)

(1) 应变率：

$$\dot{\varepsilon}=\dot{\varepsilon}^{e}+\dot{\varepsilon}^{p} \tag{B12.4.1}$$

(2) 应力率：

$$\dot{\sigma}=E\dot{\varepsilon}^{e}=E(\dot{\varepsilon}-\dot{\varepsilon}^{p}) \tag{B12.4.2}$$

(3) 塑性流动定律：

$$\dot{\varepsilon}^{p}=\dot{\lambda}\frac{\partial\psi}{\partial\sigma},\quad \dot{\bar{\varepsilon}}=\dot{\lambda},\quad \sigma'=\sigma-\alpha,\quad \psi=|\sigma'| \tag{B12.4.3}$$

(4) 背应力演化方程：

$$\dot{\alpha}=\kappa\dot{\varepsilon}^{p} \tag{B12.4.4}$$

(5) 屈服条件：

$$f=|\sigma-\alpha|-\sigma_{Y}(\bar{\varepsilon})=0 \tag{B12.4.5}$$

(6) 加载-卸载条件：

$$\dot{\lambda}\geqslant 0,\quad f\leqslant 0,\quad \dot{\lambda}f=0 \tag{B12.4.6}$$

(7) 一致性条件：

$$\dot{f}=0\Rightarrow\dot{\bar{\varepsilon}}\equiv\dot{\lambda}=\frac{E\dot{\varepsilon}\operatorname{sign}\sigma'}{E+H+\kappa} \tag{B12.4.7}$$

(8) 切线模量：

$$\dot{\sigma}=E^{\tan}\dot{\varepsilon};E^{\tan}=E-\beta\frac{E^{2}}{E+(H+\kappa)} \tag{B12.4.8}$$

$\beta=1$ 为塑性加载，$\beta=0$ 为弹性加载或卸载。

12.7.3　率相关塑性

在率相关塑性中，材料的塑性反应取决于加载率。式(B12.4.2)以率无关形式给出了弹性反应，然而，与不能超越过屈服条件的率无关塑性相比，为了发生塑性变形，率相关塑性必须满足或超过屈服条件，塑性应变率(结合各向同性和运动硬化)为

$$\dot{\varepsilon}^{\mathrm{p}}=\dot{\lambda}\frac{\partial\psi}{\partial\sigma},\quad \dot{\bar{\varepsilon}}=\dot{\lambda},\quad \sigma'=\sigma-\alpha,\quad \psi=|\sigma'| \tag{12.7.23}$$

对于率相关材料，描述塑性反应的一种方法是借助过应力模型：

$$\dot{\bar{\varepsilon}}=\frac{\varphi(\sigma,\bar{\varepsilon},\alpha)}{\eta} \tag{12.7.24}$$

式中，φ 为过应力，η 为黏性。在过应力模型中，等效塑性应变率取决于超过了多少屈服应力。经验定律代替了获得 $\dot{\bar{\varepsilon}}$ 的一致性条件式(12.7.17)～式(12.7.18)，给出了等效塑性应变率，例如，Perzyna(1971)的过应力模型为

$$\varphi=\sigma_{\mathrm{Y}}\left\langle\frac{|\sigma-\alpha|}{\sigma_{\mathrm{Y}}}-1\right\rangle^{n} \tag{12.7.25}$$

式中，n 为率敏感指数。当超越屈服条件 $|\sigma-\alpha|-\sigma_{\mathrm{Y}}(\bar{\varepsilon})=0$ 时，发生塑性应变。使用麦考利括号，如果 $f>0$，则 $\langle f\rangle=f$；如果 $f\leqslant 0$，则 $\langle f\rangle=0$。应用式(12.7.2)、式(12.7.3)、式(12.7.23)和式(12.7.24)给出应力率的表达式为

$$\dot{\sigma}=E\left(\dot{\varepsilon}-\frac{\varphi(\sigma,\bar{\varepsilon},\alpha)}{\eta}\operatorname{sign}(\sigma-\alpha)\right) \tag{12.7.26}$$

这是应力演化的微分方程。将此式与式(12.7.5)比较，可见式(12.7.26)是率非均匀的。因此，材料反应是率相关的。Lubliner(1990)、Khan 和 Huang(1995)给出了一些含有其他内变量的更复杂的模型。

在率相关塑性中，Peirce、Shih 和 Needleman(1984)给出了等效塑性应变率的一种交换形式：

$$\dot{\bar{\varepsilon}}=\dot{\varepsilon}_{0}\left(\frac{|\sigma-\alpha|}{\sigma_{\mathrm{Y}}(\bar{\varepsilon})}\right)^{\frac{1}{m}} \tag{12.7.27}$$

这个模型没有包括明显的屈服表面。对于以率为 $\dot{\varepsilon}_0$ 的塑性应变，获得了参照反应 $|\sigma-\alpha|=\sigma_{\mathrm{Y}}$。对于应变率超过 $\dot{\varepsilon}_0$ 的塑性应变，应力增加超过了参照应力 σ_{Y}；而对于较低的率，应力也会降至低于参照应力。当率敏感指数 $m\to 0$ 时，特别感兴趣的情况是接近率无关的限度。由式(12.7.27)(应用 $m\to 0$)可以看到，对于 $|\sigma-\alpha|<\sigma_{\mathrm{Y}}$，等效塑性应变率是负值；而对于有限塑性应变率，$|\sigma-\alpha|$ 近似等于参照应力 σ_{Y}。通过这种方法，模型可以展示屈服、接近弹性的卸载和率无关反应。表 12-5 总结了一维率相关塑性的本构模型(结合各向同性和(线性)运动硬化)。

表 12-5 一维率相关塑性的本构模型(结合各向同性和(线性)运动硬化)

(1) 应变率：

$$\dot{\varepsilon}=\dot{\varepsilon}^{\mathrm{e}}+\dot{\varepsilon}^{\mathrm{p}} \tag{B12.5.1}$$

(2) 应力率：

$$\dot{\sigma}=E\dot{\varepsilon}^{\mathrm{e}}=E(\dot{\varepsilon}-\dot{\varepsilon}^{\mathrm{p}}) \tag{B12.5.2}$$

(3) 塑性流动定律：

$$\sigma'=\sigma-\alpha,\quad \psi=|\sigma'| \tag{B12.5.3}$$

$$\dot{\varepsilon}^{\mathrm{p}}=\dot{\lambda}\frac{\partial\psi}{\partial\sigma'}=\dot{\bar{\varepsilon}}\operatorname{sign}(\sigma') \tag{B12.5.4}$$

(4) 过应力函数：

$$\dot{\bar{\varepsilon}}=\frac{\varphi}{\eta}(\sigma,\bar{\varepsilon},\alpha)\quad 例如，\varphi=\sigma_{\mathrm{Y}}\left\langle\frac{|\sigma-\alpha|}{\sigma_{\mathrm{Y}}}-1\right\rangle^{n} \tag{B12.5.5}$$

续表

(5) 应力演化方程： $$\dot{\sigma}=E\left(\dot{\varepsilon}-\frac{\varphi}{\eta}(\sigma,\bar{\varepsilon},\alpha)\operatorname{sign}(\sigma-\alpha)\right) \quad (B12.5.6)$$ (6) 等效塑性应变率： $$\dot{\bar{\varepsilon}}=\frac{\varphi}{\eta}(\sigma,\bar{\varepsilon},\alpha) \quad (B12.5.7)$$ (7) 背应力： $$\dot{\alpha}=\kappa\dot{\bar{\varepsilon}}\operatorname{sign}(\sigma') \quad (B12.5.8)$$ (5)～(7)为将本构关系表示为应力和内变量的一组微分(演化)方程。

12.8　多轴塑性

现在将 12.7 节展示的一维塑性本构关系拓展到多轴情况。我们从处理大应变的次弹性塑性本构关系开始讨论，典型的做法是将变形率张量分解为弹性与塑性的和，并取弹性反应作为次弹性，给出特殊形式，如金属塑性的 J_2 流动模型，土壤塑性的德鲁克-普拉格模型(Drucker-Prager model)和含孔隙固体塑性的格森模型(Gurson model)。作为特殊情况，给出从一般的大应变公式退化到小应变的情况；描述通过修正率无关塑性的结果而获得率相关塑性(黏塑性)的情况；讨论根据变形梯度的多项式分解使大变形塑性公式分为弹性和塑性的情况。弹-塑性行为是基于弹性反应的超弹性表示。最后介绍单晶塑性的特殊情况。

12.8.1　次弹性-塑性材料

当弹性应变小于塑性应变时，一般应用次弹-塑性模型。如在 12.4.4 节讨论的，次弹性材料在变形闭合回路中的能量是非保守的。然而，能量误差对于弹性小应变并不显著，并且用次弹性表示弹性反应常常是合适的。在这些本构模型中，假设分解变形率张量 $\boldsymbol{D}$ 为弹性与塑性部分的和：

$$\boldsymbol{D}=\boldsymbol{D}^{\mathrm{e}}+\boldsymbol{D}^{\mathrm{p}} \tag{12.8.1}$$

若有适当的应力客观率仅与变形率张量的弹性部分有关，则称该本构为次弹性的。而在 12.7.1 节中，应力客观率总与总变形率张量有关，见式(12.4.24)。在本构响应中，客观应力率的选择取决于几个因素。如在表 12-1 中所示，柯西应力的耀曼应力率导致非对称切线刚度矩阵的形式，而克希霍夫应力的耀曼应力率可能导致对称刚度矩阵的形式。我们将判断选择的率形式是否合适及其优越性。应力客观率的选择决不能与由不同应力率给出的本构关系混淆，后者伴随着在率之间恰当转换的简单应用。

根据柯西应力与弹性响应，特别是应用耀曼应力率的形式，首先展示一个模型。该模型对变形率张量的弹性部分应用次弹性定律式(12.4.24)，得到弹性响应为

$$\boldsymbol{\sigma}^{\nabla J}=\boldsymbol{C}_{\mathrm{el}}^{\sigma J}:\boldsymbol{D}^{\mathrm{e}}=\boldsymbol{C}_{\mathrm{el}}^{\sigma J}:(\boldsymbol{D}-\boldsymbol{D}^{\mathrm{p}}) \tag{12.8.2}$$

如果弹性模量 $\boldsymbol{C}_{\mathrm{el}}^{\sigma J}$ 取常数，则其各分量必须满足各向同性条件才能符合材料框架不变性原理(13.2 节)。

塑性流动率为

$$\boldsymbol{D}^{\mathrm{p}}=\dot{\lambda}\boldsymbol{r}(\boldsymbol{\sigma},\boldsymbol{q}),\quad D_{ij}^{\mathrm{p}}=\dot{\lambda}r_{ij}(\boldsymbol{\sigma},\boldsymbol{q}) \tag{12.8.3}$$

式中，$\dot{\lambda}$ 是标量塑性流动率，$\boldsymbol{r}(\boldsymbol{\sigma},\boldsymbol{q})$ 是塑性流动方向。塑性流动方向经常特指为 $\boldsymbol{r}=\dfrac{\partial\psi}{\partial\boldsymbol{\sigma}}$，$\psi$ 称为塑性流动势。为了避免塑性参数与拉梅常数混淆，这里将拉梅常数附加标记为 λ^{e}。塑性流动方向取决于柯西应力 $\boldsymbol{\sigma}$ 和一组标记为 $\boldsymbol{q}$ 的内变量。标量内变量有如累积等效塑性应变和孔洞体积分数。二阶张量内变量有如运动硬化模型的背应力。

大多数塑性模型需要内变量的演化方程，可以特设为

$$\dot{\boldsymbol{q}}=\dot{\lambda}\boldsymbol{h}(\boldsymbol{\sigma},\boldsymbol{q}),\quad \dot{q}_{\alpha}=\dot{\lambda}h_{\alpha}(\boldsymbol{\sigma},\boldsymbol{q}) \tag{12.8.4}$$

式中，α 的取值范围为内变量的数目，内变量是标量的集合，而材料时间导数是一个客观率。注意，塑性参数 λ 或它的一些函数可能是内变量之一。通过以下一致性条件获得塑性参数的演化方程。屈服条件为

$$f(\boldsymbol{\sigma},\boldsymbol{q})=0 \tag{12.8.5}$$

作为一维情况，给出加载-卸载条件为

$$\dot{\lambda}\geqslant 0,\quad f\leqslant 0,\quad \dot{\lambda}f=0 \tag{12.8.6}$$

当塑性加载时($\dot{\lambda}>0$)，应力需要保持在屈服表面，$f=0$。这也可以用一致性条件表示 $\dot{f}=0$，并通过链规则扩展为

$$\dot{f}=\boldsymbol{f}_{\sigma}:\dot{\boldsymbol{\sigma}}+\boldsymbol{f}_{q}\cdot\dot{\boldsymbol{q}}=0,\quad \dot{f}=(f_{\sigma})_{ij}:\dot{\sigma}_{ij}+(f_{q})_{\alpha}\cdot\dot{q}_{\alpha}=0 \tag{12.8.7}$$

式中，$\boldsymbol{f}_{\sigma}=\dfrac{\partial f}{\partial\boldsymbol{\sigma}}$，$\boldsymbol{f}_{q}=\dfrac{\partial f}{\partial\boldsymbol{q}}$。

一致性条件包括屈服面的法线 $\boldsymbol{f}_{\sigma}$。如果塑性流动方向与屈服面的法线成正比，则认为塑性流动是关联的；否则，是非关联的。当流动方向由塑性流动势能的导数给出时，塑性流动的关联条件是 $\boldsymbol{\Psi}_{\sigma}$ 正比于 $\boldsymbol{f}_{\sigma}$。对于许多材料，塑性势能合适的选择是 $\psi=f$，由此给出关联流动法则。Drucker 证明了当屈服面是凸向且应变硬化为正时，关联塑性模型对于小应变是稳定的。

2.7 节中的第 5 题给出了几个涉及耀曼应力率的有用结果。可以看到，如果交换 $\boldsymbol{f}_{\sigma}$ 和 $\boldsymbol{\sigma}$，即

$$\boldsymbol{f}_{\sigma}\cdot\boldsymbol{\sigma}=\boldsymbol{\sigma}\cdot\boldsymbol{f}_{\sigma} \tag{12.8.8}$$

则

$$\boldsymbol{f}_{\sigma}:\dot{\boldsymbol{\sigma}}=\boldsymbol{f}_{\sigma}:\boldsymbol{\sigma}^{\nabla J}\quad(\text{Prager},1961) \tag{12.8.9}$$

参考表 12-2 关于二阶张量基本不变量的导数可见，如果 f 是应力不变量的函数，则交换 $\boldsymbol{f}_{\sigma}$ 和 $\boldsymbol{\sigma}$ 后，式(12.8.8)和式(12.8.9)成立。在 13.2 节可以看到，客观性要求式(12.8.5)的屈服函数是应力的各向同性函数，也是应力基本不变量的函数。例如，米塞斯屈服函数取决于偏量应力的第二不变量 $I_2(\boldsymbol{\sigma}^{\mathrm{dev}})\equiv -J_2=-\dfrac{1}{2}\boldsymbol{\sigma}^{\mathrm{dev}}:\boldsymbol{\sigma}^{\mathrm{dev}}$。将式(12.8.9)代入式(12.8.7)，得到

$$\dot{f}=\boldsymbol{f}_{\sigma}:\boldsymbol{\sigma}^{\nabla J}+\boldsymbol{f}_{q}\cdot\dot{\boldsymbol{q}}=0 \tag{12.8.10}$$

式中，应用次弹性关系式(12.8.2)、塑性流动关系式(12.8.3)和演化方程(12.8.4)，得到

$$0=\boldsymbol{f}_\sigma:\boldsymbol{C}_{\mathrm{el}}^{\sigma J}:(\boldsymbol{D}-\boldsymbol{D}^p)+\boldsymbol{f}_q\cdot\dot{\boldsymbol{q}}=\boldsymbol{f}_\sigma:\boldsymbol{C}_{\mathrm{el}}^{\sigma J}:(\boldsymbol{D}-\dot{\lambda}\boldsymbol{r})+\boldsymbol{f}_q\cdot\dot{\lambda}\boldsymbol{h}\quad(12.8.11)$$

求解 $\dot{\lambda}$，可以得到

$$\dot{\lambda}=\frac{\boldsymbol{f}_\sigma:\boldsymbol{C}_{\mathrm{el}}^{\sigma J}:\boldsymbol{D}}{-\boldsymbol{f}_q\cdot\boldsymbol{h}+\boldsymbol{f}_\sigma:\boldsymbol{C}_{\mathrm{el}}^{\sigma J}:\boldsymbol{r}}\quad(12.8.12)$$

例如，式(12.8.9)对于其他基于旋转的应力率(2.7 节中的第 6 题)也成立，但是对于特鲁斯德尔率不成立。当用基于旋转的率指定弹性响应时，可以得到式(12.8.11)的简单形式。所以在采用特鲁斯德尔率时需要考虑补充的项。

将式(12.8.12)与塑性流动率式(12.8.3)代入式(12.8.2)，得到柯西应力的耀曼应力率与总体变形率张量之间的关系：

$$\boldsymbol{\sigma}^{\nabla J}=\boldsymbol{C}_{\mathrm{el}}^{\sigma J}:(\boldsymbol{D}-\dot{\lambda}\boldsymbol{r})=\boldsymbol{C}_{\mathrm{el}}^{\sigma J}:\left(\boldsymbol{D}-\frac{\boldsymbol{f}_\sigma:\boldsymbol{C}_{\mathrm{el}}^{\sigma J}:\boldsymbol{D}}{-\boldsymbol{f}_q\cdot\boldsymbol{h}+\boldsymbol{f}_\sigma:\boldsymbol{C}_{\mathrm{el}}^{\sigma J}:\boldsymbol{r}}\boldsymbol{r}\right)=\boldsymbol{C}^{\sigma J}:\boldsymbol{D}\quad(12.8.13)$$

式中，四阶张量 $\boldsymbol{C}^{\sigma J}$ 称为连续体弹-塑性切线模量，重新组合式(12.8.13)，得到

$$\boldsymbol{C}^{\sigma J}=\boldsymbol{C}_{\mathrm{el}}^{\sigma J}-\frac{(\boldsymbol{C}_{\mathrm{el}}^{\sigma J}:\boldsymbol{r})\otimes(\boldsymbol{f}_\sigma:\boldsymbol{C}_{\mathrm{el}}^{\sigma J})}{-\boldsymbol{f}_q\cdot\boldsymbol{h}+\boldsymbol{f}_\sigma:\boldsymbol{C}_{\mathrm{el}}^{\sigma J}:\boldsymbol{r}},$$

$$C_{ijkl}^{\sigma J}=(C_{\mathrm{el}}^{\sigma J})_{ijkl}-\frac{(C_{\mathrm{el}}^{\sigma J})_{ijmn}:r_{mn}(f_\sigma)_{pq}(C_{\mathrm{el}}^{\sigma J})_{pqkl}}{-(f_q)_\alpha\cdot h_\alpha+(f_\sigma)_{rs}(C_{\mathrm{el}}^{J})_{rstu}r_{tu}}\quad(12.8.14)$$

符号⊗表示张量积或矢量积，其定义在术语汇编中给出。弹-塑性切线模量包括弹性切线模量和一个塑性流动项，当将其写成福格特矩阵形式时，塑性流动项为一个列矩阵，常常被称为一列修正(对于弹性模量)。由于应力率和变形率具有对称性，弹-塑性切线模量 $\boldsymbol{C}^{\sigma J}$ 具有双重次对称性。当 $\boldsymbol{C}_{\mathrm{el}}^{\sigma J}:\boldsymbol{r}$ 正比于 $\boldsymbol{f}_\sigma:\boldsymbol{C}_{\mathrm{el}}^{\sigma J}$ 时，$\boldsymbol{C}^{\sigma J}$ 有主对称性 $C_{ijkl}^{\sigma J}=C_{klij}^{\sigma J}$；如果塑料流动是关联的，即 $\boldsymbol{r}$ 正比于 $\boldsymbol{f}_\sigma$，则 $\boldsymbol{C}^{\sigma J}$ 是可交换的(假设弹性模量主对称)。表 12-6 总结了上述方程。

表 12-6 次弹性-塑性本构模型(柯西应力公式)

(1) 变形率张量：

$$\boldsymbol{D}=\boldsymbol{D}^{\mathrm{e}}+\boldsymbol{D}^{\mathrm{p}}\quad(\mathrm{B}12.6.1)$$

(2) 应力率：

$$\boldsymbol{\sigma}^{\nabla J}=\boldsymbol{C}_{\mathrm{el}}^{\sigma}:\boldsymbol{D}^{\mathrm{e}}=\boldsymbol{C}_{\mathrm{el}}^{\sigma}:(\boldsymbol{D}-\boldsymbol{D}^{\mathrm{p}})\quad(\mathrm{B}12.6.2)$$

(3) 塑性流动法则和演化方程：

$$\boldsymbol{D}^{\mathrm{p}}=\dot{\lambda}\boldsymbol{r}(\boldsymbol{\sigma},\boldsymbol{q})\quad\dot{\boldsymbol{q}}=\dot{\lambda}\boldsymbol{h}(\boldsymbol{\sigma},\boldsymbol{q})\quad(\mathrm{B}12.6.3)$$

(4) 屈服条件：

$$\boldsymbol{f}(\boldsymbol{\sigma},\boldsymbol{q})=0\quad(\mathrm{B}12.6.4)$$

(5) 加载-卸载条件：

$$\dot{\lambda}\geqslant0,\quad f\leqslant0,\quad\dot{\lambda}f=0\quad(\mathrm{B}12.6.5)$$

(6) 塑性率参数(一致性条件)：

$$\dot{\lambda}=\frac{\boldsymbol{f}_\sigma:\boldsymbol{C}_{\mathrm{el}}^{\sigma J}:\boldsymbol{D}}{-\boldsymbol{f}_q:\boldsymbol{h}+\boldsymbol{f}_\sigma:\boldsymbol{C}_{\mathrm{el}}^{\sigma J}:\boldsymbol{r}}\quad(\mathrm{B}12.6.6)$$

(7) 应力率-总变形率关系：

$$\boldsymbol{\sigma}^{\nabla J}=\boldsymbol{C}^{\sigma J}:\boldsymbol{D}\sigma_{ij}^{\nabla J}=C_{ijkl}^{\sigma}D_{kl}\quad(\mathrm{B}12.6.7)$$

续表

当弹性加载或卸载时，$\boldsymbol{C}^{\sigma}=\boldsymbol{C}^{\sigma}_{\mathrm{el}}$；当塑性加载时，由连续体弹-塑性切线模量给出：

$$\boldsymbol{C}^{\sigma J}=\boldsymbol{C}^{\sigma J}_{\mathrm{el}}-\frac{(\boldsymbol{C}^{\sigma J}_{\mathrm{el}}:\boldsymbol{r})\otimes(\boldsymbol{f}_{\sigma}:\boldsymbol{C}^{\sigma J}_{\mathrm{el}})}{-\boldsymbol{f}_{q}\cdot\boldsymbol{h}+\boldsymbol{f}_{\sigma}:\boldsymbol{C}^{\sigma J}_{\mathrm{el}}:\boldsymbol{r}}$$

$$C^{\sigma J}_{ijkl}=(C^{\sigma J}_{\mathrm{el}})_{ijkl}-\frac{(C^{\sigma J}_{\mathrm{el}})_{ijmn}:r_{mn}(f_{\sigma})_{pq}(C^{\sigma J}_{\mathrm{el}})_{pqkl}}{-(f_{q})_{\alpha}\cdot h_{\alpha}+(f_{\sigma})_{rs}(C^{\sigma J}_{\mathrm{el}})_{rstu}r_{tu}} \qquad \text{(B12.6.8)}$$

如果塑性流动是关联的，则式(B12.6.8)中的弹-塑性切线模量 $\boldsymbol{C}^{\sigma J}$ 具有主对称性。然而，从表 12-1 可以看出，柯西应力的特鲁斯德尔率(在第 6 章中以线性化的弱形式出现)的切线模量 $\boldsymbol{C}^{\sigma T}$ 不具有对称性，其原因是塑性流动方程是基于柯西应力的结果。如果以克希霍夫应力形式推导塑性方程，并且塑性流动是关联的，那么 $\boldsymbol{C}^{\sigma T}$ 将具有主对称性(表 12-1)。

因为柯西应力是真应力，所以常用塑性屈服函数和流动定律表示。对于塑性流动基本上是各向同性的塑性本构关系(体积保持不变)，有 $J\approx 1$(弹性应变很小)，并且克希霍夫应力与柯西应力在实质上没有区别，这种情况适用于由典型 J_2 流动理论所描述的各类金属，试验表明这类金属在经历塑性应变时只产生很小的体积改变或不产生体积改变。

对于膨胀材料和含孔隙塑性固体，如格森模型(12.8.5 节)，较大的膨胀伴随着塑性变形，$J\approx 1$ 的假设不再成立。在这种情况下，最好将屈服函数表示为柯西应力的形式，并且令切线刚度是非对称的。克希霍夫应力公式类似于柯西应力公式，并且可以将表 12-6 中的柯西应力替换为克希霍夫应力。J_2 塑性流动理论的特殊情况将在 12.8.2 节描述。弹性模量和屈服函数各向同性响应的限制将在 13.3 节中进一步讨论，这种限制主要针对柯西(或克希霍夫)应力的次弹-塑性本构关系的限制。我们将看到在中间构形上，基于旋转应力和超弹-塑性模型推导的次弹-塑性模型是不限制各向同性响应的。

12.8.2 J_2 塑性流动理论

前文展示的一般模型的特殊情况主要基于米塞斯屈服面的流动理论，它起源于也适用于金属塑性。关于 J_2 塑性流动理论的详尽讨论请见 Lubliner(1990)的文献。该模型的关键假设是静水压力对金属中的塑性流动没有影响，即金属进入塑性流动状态后体积不可压缩，其屈服条件和塑性流动方向是基于应力张量的偏量部分，这已被 Bridgman(1949)的试验证明。如图 12-18 所示，利用米塞斯等效应力将观察到的单轴应力行为拓展到多轴应力状态(改变处理方式将产生剪切行为)。表 12-7 给出了 J_2 塑性流动理论的克希霍夫应力公式。

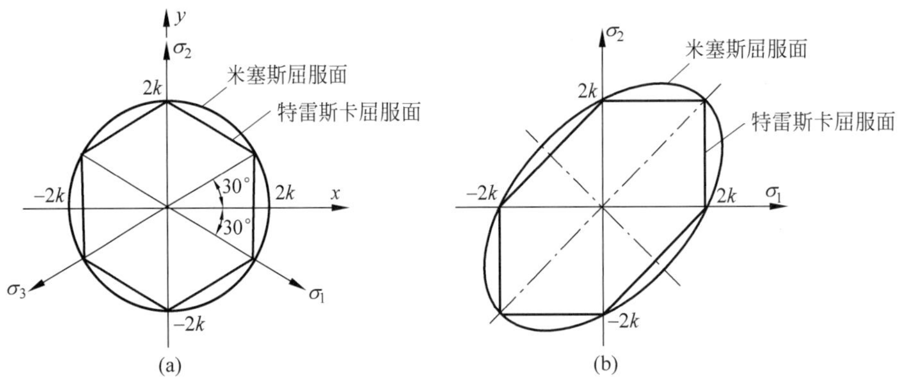

图 12-18 特雷斯卡屈服面与米塞斯屈服面

(a) π 平面三轴应力；(b) 平面双轴应力

表 12-7 J_2 流动理论的次弹-塑性本构模型

(1) 变形率张量：

$$\boldsymbol{D}=\boldsymbol{D}^{\mathrm{e}}+\boldsymbol{D}^{\mathrm{p}} \tag{B12.7.1}$$

(2) 应力率关系：

$$\boldsymbol{\tau}^{\nabla J}=\boldsymbol{C}_{\mathrm{el}}^{\tau J}:\boldsymbol{D}^{\mathrm{e}}=\boldsymbol{C}_{\mathrm{el}}^{\tau J}:(\boldsymbol{D}-\boldsymbol{D}^{\mathrm{p}}) \tag{B12.7.2}$$

(3) 塑性流动法则和演化方程：

$$\boldsymbol{D}^{\mathrm{p}}=\dot{\lambda}\boldsymbol{r}(\boldsymbol{\tau},\boldsymbol{q}),\quad \boldsymbol{r}=\frac{3}{2\bar{\sigma}}\boldsymbol{\tau}^{\mathrm{dev}},\quad \boldsymbol{\tau}^{\mathrm{dev}}=\boldsymbol{\tau}-\frac{1}{3}\mathrm{trace}(\boldsymbol{\tau})\boldsymbol{I},\quad \bar{\sigma}=\left[\frac{3}{2}\boldsymbol{\tau}^{\mathrm{dev}}:\boldsymbol{\tau}^{\mathrm{dev}}\right]^{\frac{1}{2}}$$

$$\dot{q}_1=\dot{\lambda}h_1,\quad q_1=\bar{\varepsilon}=\int\dot{\bar{\varepsilon}}\mathrm{d}t,\quad \dot{\lambda}=\dot{\bar{\varepsilon}},\quad h_1=1 \tag{B12.7.3}$$

这里唯一的内部变量是累积等效塑性应变 $q_1\equiv\bar{\varepsilon}$。$\boldsymbol{\tau}^{\mathrm{dev}}$ 是克希霍夫应力的偏量部分，$\bar{\sigma}$ 是米塞斯等效应力。注意，$\bar{\sigma}$ 和 $\dot{\bar{\varepsilon}}$ 是塑性功率共轭的：$\boldsymbol{\sigma}:\boldsymbol{D}^{\mathrm{p}}=\bar{\sigma}\dot{\bar{\varepsilon}}$。对于单轴应力的情况，$\bar{\sigma}=\sigma$。

(4) 屈服条件：

$$f(\boldsymbol{\tau},\boldsymbol{q})=\bar{\sigma}-\sigma_{\mathrm{Y}}(\bar{\varepsilon})=0 \tag{B12.7.4}$$

$$\frac{\partial f}{\partial\boldsymbol{\tau}}=\frac{3}{2\bar{\sigma}}\boldsymbol{\tau}^{\mathrm{dev}}=\boldsymbol{r}\,(\text{关联塑性}),\quad \frac{\partial f}{\partial q_1}=-\frac{\mathrm{d}}{\mathrm{d}\bar{\varepsilon}}\sigma_{\mathrm{Y}}(\bar{\varepsilon})=-H(\bar{\varepsilon}) \tag{B12.7.5}$$

式中，$\sigma_{\mathrm{Y}}(\bar{\varepsilon})$ 是单轴拉伸的屈服应力，$H(\bar{\varepsilon})$ 是塑性模量。

(5) 加载-卸载条件：

$$\dot{\lambda}\geqslant 0,\quad f\leqslant 0,\quad \dot{\lambda}f=0 \tag{B12.7.6}$$

(6) 塑性率参数(一致性条件)：

$$\dot{\lambda}=\frac{\boldsymbol{f}_{\tau}:\boldsymbol{C}_{\mathrm{el}}^{\tau J}:\boldsymbol{D}}{-\boldsymbol{f}_{q}\cdot\boldsymbol{h}+\boldsymbol{f}_{\tau}:\boldsymbol{C}_{\mathrm{el}}^{\tau J}:\boldsymbol{r}}=\dot{\bar{\varepsilon}}=\frac{\boldsymbol{r}:\boldsymbol{C}_{\mathrm{el}}^{\tau J}:\boldsymbol{D}}{H+\boldsymbol{r}:\boldsymbol{C}_{\mathrm{el}}^{\tau J}:\boldsymbol{r}} \tag{B12.7.7}$$

(7) 应力率-总变形率关系：

$$\boldsymbol{\tau}^{\nabla J}=\boldsymbol{C}^{\tau J}:\boldsymbol{D}\quad \tau_{ij}^{\nabla J}=C_{ijkl}^{\tau J}D_{kl} \tag{B12.7.8}$$

(8) 连续体弹-塑性切线模量：

$$\boldsymbol{C}^{\tau J}=\boldsymbol{C}_{\mathrm{el}}^{\tau J}-\frac{(\boldsymbol{C}_{\mathrm{el}}^{\tau J}:\boldsymbol{r})\otimes(\boldsymbol{f}_{\tau}:\boldsymbol{C}_{\mathrm{el}}^{\tau J})}{-\boldsymbol{f}_{q}\cdot\boldsymbol{h}+\boldsymbol{f}_{\tau}:\boldsymbol{C}_{\mathrm{el}}^{\tau J}:\boldsymbol{r}}=\boldsymbol{C}_{\mathrm{el}}^{\tau J}-\frac{(\boldsymbol{C}_{\mathrm{el}}^{\tau J}:\boldsymbol{r})\otimes(\boldsymbol{r}:\boldsymbol{C}_{\mathrm{el}}^{\tau J})}{H+\boldsymbol{r}:\boldsymbol{C}_{\mathrm{el}}^{\tau J}:\boldsymbol{r}} \tag{B12.7.9}$$

用体积和偏量部分表示弹性模量：

$$\boldsymbol{C}_{\mathrm{el}}^{\tau J}=K\boldsymbol{I}\otimes\boldsymbol{I}+2\mu\mathbb{I}^{\mathrm{dev}},\quad \mathbb{I}^{\mathrm{dev}}=\mathbb{I}-\frac{1}{3}\boldsymbol{I}\otimes\boldsymbol{I} \tag{B12.7.10}$$

并注意到 $\boldsymbol{r}$ 是偏量，服从

$$\boldsymbol{C}_{\mathrm{el}}^{\tau J}:\boldsymbol{r}=2\mu\boldsymbol{r},\quad \boldsymbol{r}:\boldsymbol{C}_{\mathrm{el}}^{\tau J}:\boldsymbol{r}=3\mu \tag{B12.7.11}$$

弹-塑性模量为

$$\boldsymbol{C}^{\tau J}=K\boldsymbol{I}\otimes\boldsymbol{I}+2\mu(\mathbb{I}^{\mathrm{dev}}-\gamma\hat{\boldsymbol{n}}\otimes\hat{\boldsymbol{n}})=\lambda^{\mathrm{e}}\boldsymbol{I}\otimes\boldsymbol{I}+2\eta\mathbb{I}-2\eta\gamma\hat{\boldsymbol{n}}\otimes\hat{\boldsymbol{n}} \tag{B12.7.12}$$

$$\gamma=\frac{1}{1+\dfrac{\boldsymbol{H}}{3\mu}},\quad \hat{\boldsymbol{n}}=\sqrt{\frac{2}{3}}\boldsymbol{r}$$

这里用 λ^{e} 表示拉梅常数，以避免与塑性参数 λ 混淆。对于弹性加载或卸载，$\boldsymbol{C}^{\tau J}=\boldsymbol{C}_{\mathrm{el}}^{\tau J}$。

(9) 总切线模量：

由表 12-1 给出与柯西应力的特鲁斯德尔率和变形率张量 $\boldsymbol{\sigma}^{\nabla T}=\boldsymbol{C}^{\sigma T}:\boldsymbol{D}$ 有关的总切线模量为

$$\boldsymbol{C}^{\sigma T}=J^{-1}\boldsymbol{C}^{\tau J}-\boldsymbol{C}' \tag{B12.7.13}$$

它具有主对称性和次对称性。对于平面应变，应用福格特标记写成矩阵形式的切线模量为

续表

$$[C_{ab}^{\sigma T}]=J^{-1}\begin{bmatrix}\lambda^{e}+2\mu & \lambda^{e} & 0\\ \lambda^{e} & \lambda^{e}+2\mu & 0\\ 0 & 0 & \mu\end{bmatrix}-2\mu\gamma J^{-1}\begin{bmatrix}\hat{n}_1\hat{n}_1 & \hat{n}_1\hat{n}_2 & \hat{n}_1\hat{n}_3\\ \hat{n}_2\hat{n}_1 & \hat{n}_2\hat{n}_2 & \hat{n}_2\hat{n}_3\\ \hat{n}_3\hat{n}_1 & \hat{n}_3\hat{n}_2 & \hat{n}_3\hat{n}_3\end{bmatrix}-\frac{1}{2}\begin{bmatrix}4\sigma_1 & 0 & 2\sigma_3\\ 0 & 4\sigma_2 & 2\sigma_3\\ 2\sigma_3 & 2\sigma_3 & \sigma_1+\sigma_2\end{bmatrix} \tag{B12.7.14}$$

式中，$\hat{n}_1=\hat{n}_{11}$，$\hat{n}_2=\hat{n}_{22}$，$\hat{n}_3=\hat{n}_{12}$ 和 $\sigma_1=\sigma_{11}$，$\sigma_2=\sigma_{22}$，$\sigma_3=\sigma_{12}$。

基于最大切应力理论的特雷斯卡屈服面由分段直线组成，以便该屈服面解析计算。然而，从数值计算的观点来看，在直线段之间的夹角处难以确定屈服面的法线方向，而基于形变改变比能理论的米塞斯屈服面（三维为 π 平面）为一条连续解析曲线，避免了夹角处法线的不确定性，其更容易在有限元程序中实现，判断材料是否屈服可仅用单独的条件语句实现（特雷斯卡屈服准则（Tresca yield criterion）需要 6 个条件语句）。13.2.3 节介绍了 J_2 流动理论的图形径向返回算法。

12.8.3 拓展至运动硬化

与 12.7 节列出的过程相同，前文展示的各向同性硬化公式可以与运动硬化结合。在多轴大应变的运动硬化模型中，需要背应力张量$\boldsymbol{\alpha}$ 的客观率。为了概括在 12.7.2 节中展示的一维运动硬化模型，定义过应力张量$\boldsymbol{\Sigma}=\boldsymbol{\tau}-\boldsymbol{\alpha}$，其中 $\boldsymbol{\alpha}$ 是屈服表面的中心。以耀曼应力率的形式给出背应力张量的演化，即$\boldsymbol{\alpha}^{\nabla J}=\kappa\boldsymbol{D}^{\mathrm{p}}$，$\kappa$ 是运动硬化模量。在大变形简单剪切中，Nagtegaal 和 DeJong(1981) 演示了由背应力演化定律的耀曼应力率引起的非物理应力振荡；这些与例 2.14 所示的弹性响应中的振荡有关。当应变小于 0.4 时，该模型可以接受，我们在这里给予说明以免发生误解。表 12-8 总结了塑性流动的次弹性 - 塑性本构模型（结合各向同性和（线性）运动硬化）。

表 12-8 塑性流动理论的次弹-塑性本构模型（结合各向同性和（线性）运动硬化）

（1）塑性流动法则和演化方程：

$$\boldsymbol{D}^{\mathrm{p}}=\dot{\lambda}\boldsymbol{r}(\boldsymbol{\Sigma},\boldsymbol{q}),\quad \boldsymbol{r}=\frac{3}{2\bar{\sigma}}\Sigma^{\mathrm{dev}},\Sigma=\boldsymbol{\tau}-\boldsymbol{\alpha},$$

$$\Sigma^{\mathrm{dev}}=\boldsymbol{\tau}^{\mathrm{dev}}-\boldsymbol{\alpha},\quad \boldsymbol{\tau}^{\mathrm{dev}}=\boldsymbol{\tau}-\frac{1}{3}\mathrm{trace}(\tau)\boldsymbol{I},\quad \bar{\boldsymbol{\sigma}}=\left[\frac{3}{2}\Sigma^{\mathrm{dev}}:\Sigma^{\mathrm{dev}}\right]^{\frac{1}{2}} \tag{B12.8.1}$$

$$\dot{q}_1=\dot{\lambda}h_1\quad q_1=\bar{\varepsilon}=\int\dot{\bar{\varepsilon}}\mathrm{d}t\quad \dot{\lambda}=\dot{\bar{\varepsilon}}\quad h_1=1,\quad \boldsymbol{\alpha}^{\nabla J}=\kappa\boldsymbol{D}^{\mathrm{p}}=\kappa\dot{\lambda}\boldsymbol{r}$$

式中，κ 是运动硬化模量，内变量是累积等效塑性应变 $\bar{\varepsilon}$和背应力张量 $\boldsymbol{\alpha}$。

（2）屈服条件：

$$f(\Sigma,\boldsymbol{q})=\bar{\sigma}-\sigma_{\mathrm{Y}}(\bar{\varepsilon})=0 \tag{B12.8.2}$$

$$\frac{\partial f}{\partial\Sigma}=\frac{3}{2\bar{\sigma}}\Sigma^{\mathrm{dev}}=\boldsymbol{r}(\text{关联塑性}),\frac{\partial f}{\partial q_1}=-\frac{\mathrm{d}}{\mathrm{d}\bar{\varepsilon}}\sigma_{\mathrm{Y}}(\bar{\varepsilon})=-H(\bar{\varepsilon}) \tag{B12.8.3}$$

式中，$\sigma_{\mathrm{Y}}(\bar{\varepsilon})$ 是单轴拉伸屈服应力，$H(\bar{\varepsilon})$ 是塑性模量。

（3）加载 - 卸载条件：

$$\dot{\lambda}\geqslant 0,\quad f\leqslant 0,\quad \dot{\lambda}f=0 \tag{B12.8.4}$$

（4）塑性率参数（一致性条件）：

续表

$$\dot{\lambda}=\frac{f_{\Sigma}:\boldsymbol{C}_{\mathrm{el}}^{\tau J}:\boldsymbol{D}}{-f_{q}\cdot\boldsymbol{h}+f_{\Sigma}:\kappa\boldsymbol{r}+f_{\Sigma}:\boldsymbol{C}_{\mathrm{el}}^{\tau J}:\boldsymbol{r}}=\dot{\bar{\varepsilon}}=\frac{\boldsymbol{r}:\boldsymbol{C}_{\mathrm{el}}^{\tau J}:\boldsymbol{D}}{H+\kappa'+\boldsymbol{r}:\boldsymbol{C}_{\mathrm{el}}^{\tau J}:\boldsymbol{r}} \tag{B12.8.5}$$

式中，$\kappa'=\frac{3}{2}\kappa$。

(5) 应力率-总变形率关系：

$$\boldsymbol{\tau}^{\nabla J}=\boldsymbol{C}^{\tau J}:\boldsymbol{D}\quad \tau_{ij}^{\nabla J}=C_{ijkl}^{\tau J}D_{kl} \tag{B12.8.6}$$

(6) 连续体弹-塑性切线模量：

$$\boldsymbol{C}^{\tau J}=\boldsymbol{C}_{\mathrm{el}}^{\tau J}-\frac{(\boldsymbol{C}_{\mathrm{el}}^{\tau J}:\boldsymbol{r})\otimes(f_{\Sigma}:\boldsymbol{C}_{\mathrm{el}}^{\tau J})}{-f_{q}\cdot\boldsymbol{h}+f_{\Sigma}:\kappa\boldsymbol{r}+f_{\Sigma}:\boldsymbol{C}_{\mathrm{el}}^{\tau J}:\boldsymbol{r}}=\boldsymbol{C}_{\mathrm{el}}^{\tau J}-\frac{(\boldsymbol{C}_{\mathrm{el}}^{\tau J}:\boldsymbol{r})\otimes(\boldsymbol{r}:\boldsymbol{C}_{\mathrm{el}}^{\tau J})}{H+\kappa'+\boldsymbol{r}:\boldsymbol{C}_{\mathrm{el}}^{\tau J}:\boldsymbol{r}} \tag{B12.8.7}$$

弹-塑性切线模量也可以是

$$\boldsymbol{C}^{\tau J}=K\boldsymbol{I}\otimes\boldsymbol{I}+2\mu(\mathbb{I}^{\mathrm{dev}}-\gamma\hat{\boldsymbol{n}}\otimes\hat{\boldsymbol{n}})=\lambda^{\mathrm{e}}\boldsymbol{I}\otimes\boldsymbol{I}+2\eta\mathbb{I}-2\eta\gamma\hat{\boldsymbol{n}}\otimes\hat{\boldsymbol{n}} \tag{B12.8.8}$$

$$\gamma=\frac{1}{1+\dfrac{H+\kappa'}{3\mu}},\quad \hat{\boldsymbol{n}}=\sqrt{\frac{2}{3}}\boldsymbol{r}$$

对于弹性加载或卸载，$\boldsymbol{C}^{\tau J}=\boldsymbol{C}_{\mathrm{el}}^{\tau J}$，采用类似式(B12.7.13)和式(B12.7.14)的方式，可以获得总切线模量。

注：Johnson 和 Bammann(1984)证明了应力和背应力的格林-纳迪率消除了非物理振荡，基于格林-纳迪率的次弹-塑性公式将在后文给出

12.8.4 摩尔-库仑本构模型和德鲁克-普拉格本构模型

土壤和岩石类材料的摩擦和膨胀是明显的。前文展示的 J_2 流动塑性模型不适合这些材料，为此而发展了代表材料摩擦行为的屈服函数。在这些材料中，塑性行为取决于压力，与米塞斯塑性独立于压力正好相反。因此，对于摩擦材料，关联塑性律常常是不恰当的。为了描述摩擦行为，考虑如图 12-19 所示的施加法向力 N 和切向力 Q 的块体，块体搁置在粗糙的表面上，其静态摩擦系数为 μ。如果假设库仑定律成立，则最大摩擦阻力为 $F_{\max}=\mu N$。开始发生滑移时需满足屈服条件：

$$f=Q-\mu N=0 \tag{12.8.15}$$

式(12.8.15)给出的屈服表面如图 12-19 所示。注意滑移方向(塑性流动)是水平的(沿 Q 的方向)，而不是垂直于屈服面。这是一个非关联塑性流动的示例，类似的概念已在图 11-10(b)中给予解释。对于连续体和多轴应力-应变状态的这一行为，摩尔-库仑本构模型具有普适性，可以广泛应用于模拟颗粒状材料(土壤)和岩石。

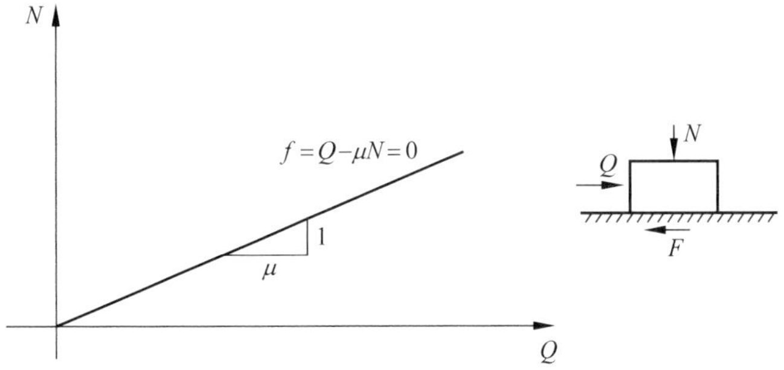

图 12-19 摩擦滑移屈服表面

摩尔-库仑本构模型基于这样的概念，即当任意屈服面上的切向应力和平均法向应力达到临界组合时，材料发生屈服，其屈服准则表示为

$$\tau = c - \mu\sigma \tag{12.8.16}$$

式中，τ 是切向应力的量值，σ 是面上的法向应力，c 是内聚力。通过 $\mu=\tan\varphi$ 定义内摩擦角 φ。在摩尔平面上的两条直线代表式(12.8.16)，它们是摩尔圆的包络，称为摩尔破坏或失效包络。由于对称，图 12-20(a)给出了上半平面。这些线更一般的形式是曲线(Khan 和 Huang，1995)。如果与主应力有关的全部 3 个摩尔圆都位于破坏包络之间，没有发生屈服，那么当屈服表面与某一个摩尔圆相切时，发生屈服。例如，图 12-20(a)描绘了屈服时的应力状态，这里假设主应力 $\sigma_1>\sigma_2>\sigma_3$，应力状态为 $\tau=\frac{1}{2}(\sigma_1-\sigma_3)\cos\varphi$ 和 $\sigma=\frac{1}{2}(\sigma_1+\sigma_3)+\frac{1}{2}(\sigma_1-\sigma_3)\sin\varphi$。屈服准则式(12.8.16)成为

$$f(\boldsymbol{\sigma})=\sigma_1-\sigma_3+(\sigma_1+\sigma_3)\sin\varphi-2c\cos\varphi=0 \tag{12.8.17}$$

该式应用于在主应力空间的雉形表面。屈服表面相交在 π-平面 ($\sigma_{kk}=0$)，它是非规则的六边形，如图 12-20(b)所示。考虑 $\varphi=0$ 的特殊情况并令 $c=k$ 代表剪切屈服强度，式(12.8.17)成为 $\sigma_1-\sigma_3-2k=0$，此即特雷斯卡准则(Hill，1950)。

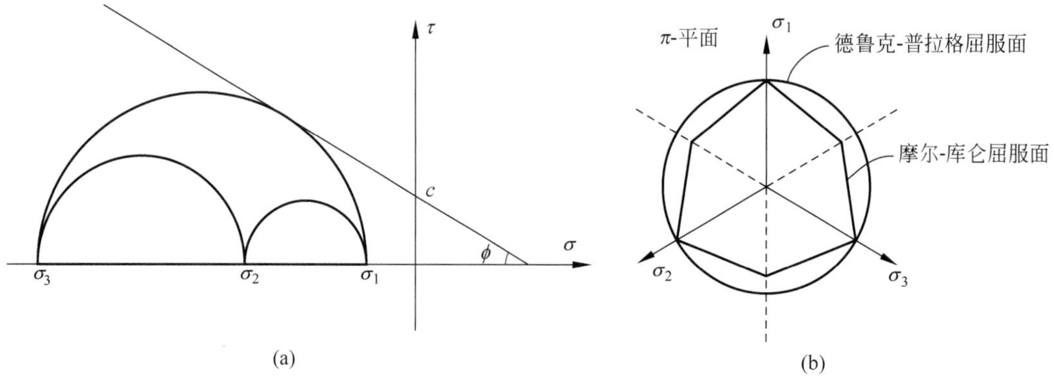

图 12-20　屈服行为和屈服表面

(a) 摩尔-库仑屈服行为；(b) 德鲁克-普拉格和摩尔-库仑屈服表面

类似于 12.8.2 节的特雷斯卡准则，在摩尔-库仑屈服表面上的分段直线使得这些表面在解析塑性问题时更加方便。然而，从计算的观点看，在直线段之间的夹角处难以确定屈服面的法线方向。引入压力的影响以改进米塞斯屈服准则(式(B12.7.4))，由此得到的德鲁克-普拉格屈服准则避免了与夹角有关的问题：

$$f=\bar{\sigma}-\alpha\boldsymbol{\sigma}:\boldsymbol{I}-Y=0 \tag{12.8.18}$$

这是一个光滑圆锥的方程。在式(12.8.18)中，$\bar{\sigma}$是等效柯西应力。通过选择常数 α 和 Y，有

$$\alpha=\frac{2\sin\varphi}{3\pm\sin\varphi},\quad Y=\frac{6c\cos\varphi}{3\pm\sin\varphi} \tag{12.8.19}$$

德鲁克-普拉格屈服表面通过了摩尔-库仑屈服表面上的内部或外部顶点(上式取加号对应于内部顶点，取减号对应于外部顶点)，如图 12-20 所示。

次弹性关系给出了柯西应力的耀曼应力率的弹性响应，可以发展关联的和非关联的塑

性模型。关联塑性流动法则为 $\boldsymbol{D}^{\mathrm{p}}=\dot{\lambda}\boldsymbol{r}(\boldsymbol{\sigma},\boldsymbol{q})$，其中，

$$\boldsymbol{r}=\frac{\partial f}{\partial \boldsymbol{\sigma}}=\frac{3}{2\bar{\sigma}}\boldsymbol{\sigma}^{\mathrm{dev}}-\alpha \boldsymbol{I} \tag{12.8.20}$$

非关联塑性流动法则的其中一例为

$$\boldsymbol{r}=\frac{\partial \psi}{\partial \boldsymbol{\sigma}}=\frac{3}{2\bar{\sigma}}\boldsymbol{\sigma}^{\mathrm{dev}},\quad \psi=\bar{\sigma} \tag{12.8.21}$$

从以上两式可见，对于关联塑性流动法则式(12.8.20)，体积塑性流动是非零的，且材料在压缩下膨胀，这与对颗粒状材料的观察现象矛盾。在非关联流动法则式(12.8.21)中，塑性流动是等体积的，即塑性流动不引起体积的变化。

表 12-6 与式(12.8.18)、式(12.8.20)、式(12.8.21)给出了模型的全部公式。由于模型是基于柯西应力的，总体切线模量是不对称的(表 12-1)。

12.8.5 含孔隙弹-塑性固体：格森本构模型

格森本构模型(Gurson，1977)最初主要用于模拟通过空穴形核和生长的累积微观破裂，现已被扩展应用于模拟金属的延性破裂(Tvergaard et al.，1984)。格森模型可以推导出不同形式：Narasimhan、Rosakis 和 Moran(1992)应用了模型的小应变率无关塑性形式，考虑了延性钢材中的起始裂纹；Pan、Saje 和 Needleman(1983)给出了率相关公式。本节将展示大变形、次弹性、率无关塑性形式。

在格森本构模型中，材料包含基体和空穴，并将空穴体积分数记作 f。在本节中，将屈服函数记作 Φ。该本构模型将空穴体积分数和基体的累积塑性应变作为内变量，以下简述该模型的要点。首先，通过加法分解，将变形率张量分为弹性部分和塑性部分。其次，基于柯西应力的耀曼应力率的次弹性应力率关系更新应力，并由此建立塑性流动方程。在该次弹性关系中，一般采用各向同性的常数材料常数。格森本构模型也采用米塞斯类型的屈服准则。

屈服函数 Φ 也作为塑性流动的势，因此这一理论是关联塑性流动法则。给出屈服条件为

$$\Phi=\frac{\sigma_{\mathrm{e}}^{2}}{\bar{\sigma}^{2}}+2f^{*}\beta_{1}\cosh\left(\frac{\beta_{2}\boldsymbol{\sigma}:\boldsymbol{I}}{2\bar{\sigma}}\right)-1-(\beta_{1}f^{*})^{2}=0 \tag{12.8.22}$$

式中，f^{*} 是空穴体积分数的函数。σ_{e} 是有效宏观柯西应力，$\boldsymbol{\sigma}^{\mathrm{dev}}$ 是偏量柯西应力张量，分别满足

$$\sigma_{\mathrm{e}}=\left(\frac{3}{2}\boldsymbol{\sigma}^{\mathrm{dev}}:\boldsymbol{\sigma}^{\mathrm{dev}}\right)^{\frac{1}{2}}$$

$$\boldsymbol{\sigma}^{\mathrm{dev}}=\boldsymbol{\sigma}-\frac{1}{3}\mathrm{trace}(\boldsymbol{\sigma})\boldsymbol{I}$$

式中，$\bar{\sigma}$ 是基体材料中的等效应力。Gurson(1977)最初提出该模型是为了模拟率无关塑性，他设 β_1 和 β_2 为单位值。Tvergaard(1981)引进参数 β_1 和 β_2，使模拟低空穴体积分数的行为更加精确。Tvergaard 和 Needleman(1984)引进参数 f^{*} 模拟在空穴相互结合的最后阶段强度迅速下降。在 Gurson 的原始模型中，参数 f^{*} 是简单的空穴体积分数 f。在 Tvergaard 和 Needleman 的方法中，当空穴体积分数达到临界值 f_{c} 时，引入修正：

$$f^* = \begin{cases} f, & f \leqslant f_c \\ f_c + (f_u - f_c)\dfrac{f - f_c}{f_f - f_c}, & f > f_c \end{cases} \tag{12.8.23}$$

式中，$f_u = \dfrac{1}{\beta_1}$和 $f^*(f_f) = f_u$。注意 f_f 是在材料完全丧失承载能力时的空穴体积分数。由关联率 $\boldsymbol{D}^p = \dot{\lambda}\boldsymbol{r}$ 给出塑性流动方向，这里

$$\boldsymbol{r} = \frac{\partial \Phi}{\partial \boldsymbol{\sigma}} = \frac{3}{\bar{\sigma}^2}\boldsymbol{\sigma}^{\text{dev}} + \left(\frac{f^*\beta_1\beta_2}{\bar{\sigma}}\right)\sinh\left(\frac{\beta_2 \boldsymbol{\sigma} : \boldsymbol{I}}{2\bar{\sigma}}\right)\boldsymbol{I} \tag{12.8.24}$$

此外，还需要给出内变量 $q_1 = f$ 和 $q_2 = \bar{\varepsilon}$ 的演化方程。材料中空穴的增加是由于已有空穴的长大和新的空穴形核，可以表示为

$$\dot{f} = \dot{f}_{\text{growth}} + \dot{f}_{\text{nucleation}} \tag{12.8.25}$$

在不可压缩的基体中(忽略弹性应变的微小贡献)，由空穴长大的运动和应用宏观塑性流动法则可得空穴长大的表达式为

$$\dot{f}_{\text{growth}} = (1 - f)\text{trace}(\boldsymbol{D}^p) = \dot{\lambda}(1 - f)\text{trace}(\boldsymbol{r}) \tag{12.8.26}$$

典型的形核过程被认为是控制应变或控制应力的过程。简便起见，本节忽略了形核过程。

当塑性加载时，基体材料中的等效应力必须位于基体的屈服表面上，即有 $\bar{\sigma} - \sigma_Y(\bar{\varepsilon}) = 0$。通过微分这个表达式，获得了在基体材料中的一致性条件：

$$\dot{\bar{\sigma}} = H(\bar{\varepsilon})\dot{\bar{\varepsilon}} \tag{12.8.27}$$

式中，$H(\bar{\varepsilon}) = \dfrac{\mathrm{d}\sigma_Y(\bar{\varepsilon})}{\mathrm{d}\bar{\varepsilon}}$ 是基体塑性模量，它遵循式(12.8.27)，即

$$\frac{\partial}{\partial q_2} \equiv \frac{\partial}{\partial \bar{\varepsilon}} = H\frac{\partial}{\partial \bar{\sigma}} \tag{12.8.28}$$

将其应用于以下分析，可获得屈服函数的导数。

通过使宏观和微观的塑性功率相等，获得累积等效塑性应变的演化表达式：

$$\boldsymbol{\sigma} : \boldsymbol{D}^p = (1 - f)\bar{\sigma}\dot{\bar{\varepsilon}} \tag{12.8.29}$$

从而可得

$$\dot{\bar{\varepsilon}} = \frac{\boldsymbol{\sigma} : \boldsymbol{D}^p}{(1 - f)\bar{\sigma}} = \dot{\lambda}\frac{\boldsymbol{\sigma} : \boldsymbol{r}}{(1 - f)\bar{\sigma}} \tag{12.8.30}$$

在表 12-9 中总结了格森模型的公式。

表 12-9 率无关格森模型

(1) 变形率张量：

$$\boldsymbol{D} = \boldsymbol{D}^e + \boldsymbol{D}^p \tag{B12.9.1}$$

(2) 应力率关系：

$$\boldsymbol{\sigma}^{\nabla J} = \boldsymbol{C}_{\text{el}}^{\sigma J} : \boldsymbol{D}^e = \boldsymbol{C}_{\text{el}}^{\sigma J} : (\boldsymbol{D} - \boldsymbol{D}^p) \tag{B12.9.2}$$

(3) 塑性流动法则和演化方程：

$$\boldsymbol{D}^p = \dot{\lambda}\boldsymbol{r}(\boldsymbol{\sigma}, \boldsymbol{q}), \quad \boldsymbol{r} = \frac{\partial \boldsymbol{\Phi}}{\partial \boldsymbol{\sigma}}$$

$$\dot{\boldsymbol{q}} = \dot{\lambda}\boldsymbol{h}, \quad q_1 = f, \quad q_2 = \bar{\varepsilon} \tag{B12.9.3}$$

$$h_1 = (1 - f)\text{trace}(\boldsymbol{r}), \quad h_2 = \frac{\boldsymbol{\sigma} : \boldsymbol{r}}{(1 - f)\bar{\sigma}}, \quad \dot{\bar{\sigma}} = H\dot{\bar{\varepsilon}}$$

续表

(4) 屈服条件(式(12.8.15)):

$$\boldsymbol{\Phi}(\boldsymbol{\sigma},\boldsymbol{q})=0 \tag{B12.9.4}$$

(5) 加载-卸载条件:

$$\dot{\lambda}\geqslant 0,\quad \Phi\leqslant 0,\quad \dot{\lambda}\Phi=0 \tag{B12.9.5}$$

(6) 塑性率参数(由一致性条件$\dot{\boldsymbol{\Phi}}=0$):

$$\dot{\lambda}=\frac{\boldsymbol{\Phi}_{\sigma}:\boldsymbol{C}_{\mathrm{el}}^{\sigma J}:\boldsymbol{D}}{-\boldsymbol{\Phi}_{q}\cdot\boldsymbol{h}+\boldsymbol{\Phi}_{\sigma}:\boldsymbol{C}_{\mathrm{el}}^{\sigma J}:\boldsymbol{r}}=\frac{\boldsymbol{r}:\boldsymbol{C}_{\mathrm{el}}^{\sigma J}:\boldsymbol{D}}{-\boldsymbol{\Phi}_{q}\cdot\boldsymbol{h}+\boldsymbol{r}:\boldsymbol{C}_{\mathrm{el}}^{\sigma J}:\boldsymbol{r}} \tag{B12.9.6}$$

注意由式(12.8.28)可得$\dfrac{\partial\boldsymbol{\Phi}}{\partial q_2}=\dfrac{H\partial\boldsymbol{\Phi}}{\partial\bar{\sigma}}$。

(7) 应力率-变形率关系:

$$\boldsymbol{\sigma}^{\nabla J}=\boldsymbol{C}^{\sigma J}:\boldsymbol{D},\quad \sigma_{ij}^{\nabla J}=\boldsymbol{C}_{ijkl}^{\sigma J}D_{kl} \tag{B12.9.7}$$

(8) 连续体弹-塑性切线模量:

$$\boldsymbol{C}^{\sigma J}=\boldsymbol{C}_{\mathrm{el}}^{\sigma J}-\frac{(\boldsymbol{C}_{\mathrm{el}}^{\sigma J}:\boldsymbol{r})\otimes(\boldsymbol{\Phi}_{\sigma}:\boldsymbol{C}_{\mathrm{el}}^{\sigma J})}{-\boldsymbol{\Phi}_{q}\cdot\boldsymbol{h}+\boldsymbol{\Phi}_{\sigma}:\boldsymbol{C}_{\mathrm{el}}^{\sigma J}:\boldsymbol{r}}=\boldsymbol{C}_{\mathrm{el}}^{\sigma J}-\frac{(\boldsymbol{C}_{\mathrm{el}}^{\sigma J}:\boldsymbol{r})\otimes(\boldsymbol{r}:\boldsymbol{C}_{\mathrm{el}}^{\sigma J})}{-\boldsymbol{\Phi}_{q}\cdot\boldsymbol{h}+\boldsymbol{\Phi}_{\sigma}:\boldsymbol{C}_{\mathrm{el}}^{\sigma J}:\boldsymbol{r}} \tag{B12.9.8}$$

它具有主对称性。当弹性加载或卸载$\boldsymbol{C}^{\sigma J}=\boldsymbol{C}_{\mathrm{el}}^{\sigma J}$时,总体切线模量为$\boldsymbol{C}^{\sigma T}=\sigma^{\sigma J}-\boldsymbol{C}^{*}$,它不具有主对称性,因为$\boldsymbol{C}^{*}$是不对称的(表 12-1)。

注:当$f=0$时,表中的率无关格森模型简化为率无关的J_2塑性流动理论

12.8.6 约翰逊-库克模型

约翰逊-库克模型(Johnson-Cook model,简称 J-C 模型)用来模拟在中高应变率载荷作用下的材料本构行为。J-C 强化模型表示为三项的乘积,分别反映了应变硬化、应变率硬化和温度软化。J-C 模型的修正形式为

$$\sigma=(A+B\varepsilon^{n})\left[1+C\ln\left(1+\frac{\dot{\varepsilon}}{\dot{\varepsilon}_{0}}\right)\right](1-(T^{*})^{m}) \tag{12.8.31}$$

上式包含 5 个待定系数(A、B、n、C、m),需要通过材料冲击实验等来确定,实验数据来自基于一维应力波理论的分离式霍普金森压杆(split hopkinson pressure bar,SHPB)实验。若使参考应变率 $\dot{\varepsilon}_0=1$,A 即材料的静态屈服应力。T^* 为无量纲化的温度:

$$T^{*}=\frac{T-T_{\mathrm{r}}}{T_{\mathrm{m}}-T_{\mathrm{r}}} \tag{12.8.32}$$

式中,T_{r} 为室温,T_{m} 为材料的熔点。J-C 模型在从室温到材料熔点的温度变化范围内都是有效的。

高应变率的变形经常伴有温升现象,这是因为材料变形过程中的塑性功转化为了热量。对于大多数金属,90%～100%的塑性变形耗散为热量。所以 J-C 模型中温度的变化可以用如下公式计算:

$$\Delta T=\frac{\alpha}{\rho c}\int\sigma(\varepsilon)\mathrm{d}\varepsilon \tag{12.8.33}$$

式中,ΔT 为温度梯度的增量,α 为塑性耗散比,表示塑性功转化为热量的比例,c 为材料比热,ρ 为材料密度。式(12.8.33)考虑的是一个绝热过程,即认为温度的升高完全由于塑性

耗散。感兴趣的读者请参阅工程算例(庄茁 等,2009)。

12.8.7 旋转应力公式

前文描述的次弹-塑性公式与典型的常值弹性模量常在一起应用。我们将在 13.1 节看到,客观性要求这些模量是各向同性的,屈服函数被限制为应力的各向同性函数。尽管切线模量不对称,但是,本节展示的旋转应力公式是不受各向同性响应限制的,并且基于克希霍夫应力,旋转克希霍夫应力张量 $\hat{\boldsymbol{\tau}}$定义为

$$\hat{\boldsymbol{\tau}} = \boldsymbol{R}^{\mathrm{T}} \cdot \boldsymbol{\tau} \cdot \boldsymbol{R} = J\hat{\boldsymbol{\sigma}} \tag{12.8.34}$$

式中,$\hat{\boldsymbol{\sigma}}$是旋转柯西应力,由表 2-1 给出。应力率和弹性应变率之间的关系为

$$\dot{\hat{\boldsymbol{\tau}}} = \hat{\boldsymbol{C}}_{\mathrm{el}}^{\tau} : \hat{\boldsymbol{D}}^{\mathrm{e}} \tag{12.8.35}$$

式中,$\hat{\boldsymbol{D}}^{\mathrm{e}}$是旋转变形率张量 $\hat{\boldsymbol{D}} = \boldsymbol{R}^{\mathrm{T}} \cdot \boldsymbol{D} \cdot \boldsymbol{R}$ 的弹性部分(式(2.4.6))。塑性方程和弹-塑性切线模量类似于 12.8.1 节的描述,并在表 12-10 中给出。

表 12-10 次弹-塑性本构模型:旋转克希霍夫应力公式

(1) 变形率张量:

$$\hat{\boldsymbol{D}} = \hat{\boldsymbol{D}}^{\mathrm{e}} + \hat{\boldsymbol{D}}^{\mathrm{p}} \tag{B12.10.1}$$

(2) 应力率关系:

$$\dot{\hat{\boldsymbol{\tau}}} = \hat{\boldsymbol{C}}_{\mathrm{el}}^{\tau} : \hat{\boldsymbol{D}}^{\mathrm{e}} = \hat{\boldsymbol{C}}_{\mathrm{el}}^{\tau} : (\hat{\boldsymbol{D}} - \hat{\boldsymbol{D}}^{\mathrm{p}}) \tag{B12.10.2}$$

(3) 塑性流动法则和演化方程:

$$\hat{\boldsymbol{D}}^{\mathrm{p}} = \dot{\lambda}\hat{\boldsymbol{r}}(\hat{\boldsymbol{\tau}}, \hat{\boldsymbol{q}}), \dot{\hat{\boldsymbol{q}}} = \dot{\lambda}\hat{\boldsymbol{h}}(\hat{\boldsymbol{\tau}}, \hat{\boldsymbol{q}}) \tag{B12.10.3}$$

(4) 屈服条件:

$$\hat{f}(\hat{\boldsymbol{\tau}}, \hat{\boldsymbol{q}}) = 0 \tag{B12.10.4}$$

(5) 加载-卸载条件:

$$\dot{\lambda} \geqslant 0, \quad \hat{f} \leqslant 0, \quad \dot{\lambda}\hat{f} = 0 \tag{B12.10.5}$$

(6) 塑性率参数(一致性条件):

$$\dot{\lambda} = \frac{\hat{f}_{\hat{\tau}} : \hat{\boldsymbol{C}}_{\mathrm{el}}^{\tau} : \hat{\boldsymbol{D}}}{-\hat{f}_{q} \cdot \hat{\boldsymbol{h}} + \hat{f}_{\hat{\tau}} : \hat{\boldsymbol{C}}_{\mathrm{el}}^{\tau} : \hat{\boldsymbol{r}}} \tag{B12.10.6}$$

(7) 应力率-变形率关系:

$$\dot{\hat{\boldsymbol{\tau}}} = \hat{\boldsymbol{C}}^{\tau} : \hat{\boldsymbol{D}}, \quad \dot{\hat{\tau}}_{ij} = \hat{C}_{ijkl}^{\tau}\hat{D}_{kl} \tag{B12.10.7}$$

弹性加载或卸载:

$$\hat{\boldsymbol{C}}^{\tau} = \hat{\boldsymbol{C}}_{\mathrm{el}}^{\tau}$$

(8) 塑性加载(连续体弹-塑性切线模量):

$$\hat{\boldsymbol{C}}^{\tau} = \hat{\boldsymbol{C}}_{\mathrm{el}}^{\tau} - \frac{(\hat{\boldsymbol{C}}_{\mathrm{el}}^{\tau} : \hat{\boldsymbol{r}}) \otimes (\hat{f}_{\hat{\tau}} : \hat{\boldsymbol{C}}_{\mathrm{el}}^{\tau})}{-\hat{f}_{\hat{q}} \cdot \boldsymbol{h} + \hat{f}_{\hat{\tau}} : \hat{\boldsymbol{C}}_{\mathrm{el}}^{\tau} : \hat{\boldsymbol{r}}} \tag{B12.10.8}$$

$$\hat{C}_{ijkl}^{\tau} = (\hat{C}_{\mathrm{el}}^{\tau})_{ijkl} - \frac{(\hat{C}_{\mathrm{el}}^{\tau})_{ijmn}\hat{r}_{mn}(\hat{f}_{\hat{\tau}})_{pq}(\hat{C}_{\mathrm{el}}^{\tau})_{pqkl}}{-(\hat{f}_{\hat{q}})_{a}\hat{h}_{a} + (\hat{f}_{\hat{\tau}})_{rs}(\hat{C}_{\mathrm{el}}^{\tau})_{rstu}\hat{r}_{tu}}$$

克希霍夫应力的材料时间导数和旋转变形率张量之间的关系式为

$$\dot{\hat{\boldsymbol{\tau}}}=\hat{\boldsymbol{C}}^{\tau}:\hat{\boldsymbol{D}} \tag{12.8.36}$$

现在注意到，克希霍夫应力的格林-纳迪率为

$$\boldsymbol{\tau}^{\nabla G}=\dot{\boldsymbol{\tau}}-\boldsymbol{\Omega}\cdot\boldsymbol{\tau}-\boldsymbol{\tau}\cdot\boldsymbol{\Omega}^{\mathrm{T}}=\boldsymbol{R}\cdot\dot{\hat{\boldsymbol{\tau}}}\cdot\boldsymbol{R}^{\mathrm{T}} \tag{12.8.37}$$

然后从式(12.8.36)获得

$$\boldsymbol{\tau}^{\nabla G}=\boldsymbol{C}^{\tau G}:\boldsymbol{D},\quad C_{ijkl}^{\tau G}=R_{im}R_{jn}R_{kp}R_{lq}\hat{C}_{mnpq}^{\tau} \tag{12.8.38}$$

式中，$\boldsymbol{D}=\boldsymbol{R}\cdot\hat{\boldsymbol{D}}\cdot\boldsymbol{R}^{\mathrm{T}}$。9.3.5节给出了关于格林-纳迪切线模量的讨论，它与叠层复合材料的切线模量是很接近的。实际上，对于法线保持法向的浅梁，两者是一致的。总体切线模量为$\boldsymbol{C}^{\sigma T}=J^{-1}\boldsymbol{C}^{\tau G}-\boldsymbol{C}'-\boldsymbol{C}^{\mathrm{spin}}$(表12-1)，由于$\boldsymbol{C}^{\mathrm{spin}}$是不对称的，所以该式适用于各向异性材料。

旋转应力公式的优点是满足框架不变性要求，它不限制模型为各向同性弹性模量或各向同性屈服行为，如前述柯西应力或克希霍夫应力的耀曼应力率的情况。如果注意到转动应力对当前构形的刚体转动是不敏感的，就可以看出这一点(13.3节)：

$$\hat{\boldsymbol{\tau}}^{*}=\boldsymbol{R}^{*\mathrm{T}}\cdot\boldsymbol{\tau}^{*}\cdot\boldsymbol{R}^{*}=\boldsymbol{R}^{\mathrm{T}}\cdot\boldsymbol{Q}^{\mathrm{T}}\cdot\boldsymbol{Q}\cdot\boldsymbol{\tau}\cdot\boldsymbol{Q}^{\mathrm{T}}\cdot\boldsymbol{Q}\cdot\boldsymbol{R}=\boldsymbol{R}^{\mathrm{T}}\cdot\boldsymbol{\tau}\cdot\boldsymbol{R}=\hat{\boldsymbol{\tau}} \tag{12.8.39}$$

式中，$\boldsymbol{R}^{*}=\boldsymbol{Q}\cdot\boldsymbol{R}$和$\boldsymbol{\tau}^{*}=\boldsymbol{Q}\cdot\boldsymbol{\tau}\cdot\boldsymbol{Q}^{\mathrm{T}}$。这样弹性模量$\hat{\boldsymbol{C}}^{\tau}$就可能是各向异性的，并且屈服函数$f$可能是旋转应力$\hat{\boldsymbol{\tau}}$的任意函数。

12.8.8　小应变弹-塑性

展示在表12-6中的率无关大变形塑性的一般公式可以很容易简化为适用于小应变的形式。无须区分应力度量，采用柯西应力。由于在分析小变形问题时无须建立应力客观率，可将应力的材料时间导数简化为应力率，将变形率简化为应变率$\dot{\boldsymbol{\varepsilon}}$。对于各向异性弹性模量$\boldsymbol{C}$和屈服函数$f$，小应变公式也有效。在表12-11中总结了小应变率无关弹-塑性本构模型。

表12-11　小应变率无关弹-塑性本构模型

(1) 分解应变率为弹性和塑性部分的和：

$$\dot{\boldsymbol{\varepsilon}}=\dot{\boldsymbol{\varepsilon}}^{\mathrm{e}}+\dot{\boldsymbol{\varepsilon}}^{\mathrm{p}} \tag{B12.11.1}$$

(2) 应力率和弹性应变率的关系：

$$\dot{\boldsymbol{\sigma}}=\boldsymbol{C}:\dot{\boldsymbol{\varepsilon}}^{\mathrm{e}}=\boldsymbol{C}:(\dot{\boldsymbol{\varepsilon}}-\dot{\boldsymbol{\varepsilon}}^{\mathrm{p}}) \tag{B12.11.2}$$

(3) 塑性流动法则和演化方程：

$$\dot{\boldsymbol{\varepsilon}}^{\mathrm{p}}=\dot{\lambda}\boldsymbol{r}(\boldsymbol{\sigma},\boldsymbol{q}),\quad \dot{\boldsymbol{q}}=\dot{\lambda}\boldsymbol{h} \tag{B12.11.3}$$

(4) 屈服条件：

$$f(\boldsymbol{\sigma},\boldsymbol{q})=0 \tag{B12.11.4}$$

(5) 加载-卸载条件：

$$\dot{\lambda}\geqslant 0,\quad f\leqslant 0,\quad \dot{\lambda}f=0 \tag{B12.11.5}$$

(6) 塑性率参数(一致性条件)：

$$\dot{\lambda}=\frac{f_{\sigma}:\boldsymbol{C}:\dot{\boldsymbol{\varepsilon}}}{-f_{q}\cdot\boldsymbol{h}+f_{\sigma}:\boldsymbol{C}:\boldsymbol{r}} \tag{B12.11.6}$$

(7) 应力率-应变率关系：

$$\dot{\boldsymbol{\sigma}}=\boldsymbol{C}^{\mathrm{ep}}:\dot{\boldsymbol{\varepsilon}} \tag{B12.11.7}$$

续表

(8) 连续体弹-塑性切线模量： $$C^{ep}=C-\frac{(C:r)\otimes(f_\sigma:C)}{-f_q\cdot h+f_\sigma:C:r} \quad (B12.11.8)$$ 如果塑性流动是关联的($C:r\sim f_\sigma:C$)，切线模量就是对称的。

12.8.9 大应变黏塑性

通过 12.7.3 节中的一维率相关塑性方程及上述生成率无关塑性方程的类似方式，可以将率相关塑性(黏塑性)本构关系扩展到多维情况。而在率无关塑性中，从一致性条件获得了塑性率参数；在率相关塑性中，这个参数作为应力和内变量的经验函数，是典型地由一个过应力函数给出的。因此，有同样形式的塑性流动法则和内变量演化方程，即

$$\boldsymbol{D}^{\mathrm{p}}=\dot{\lambda}\boldsymbol{r}(\boldsymbol{\sigma},\boldsymbol{q}),\quad \dot{\boldsymbol{q}}=\dot{\lambda}\boldsymbol{h} \tag{12.8.40}$$

其中，塑性率参数为

$$\dot{\lambda}=\frac{\varphi(\boldsymbol{\sigma},\boldsymbol{q})}{\eta} \tag{12.8.41}$$

式中，φ 是一个过应力函数，η 是黏度。注意到 φ 具有应力的因次，可以被视作塑性应变率的驱动力；黏度 η 具有应力 × 时间的因次。从式(12.8.41)可见，黏度越大，塑性流动越慢。

根据 Perzyna(1971)的结论，J_2 塑性流动的过应力函数(12.8.41)的典型示例为

$$\varphi=\sigma_{\mathrm{Y}}(\bar{\varepsilon})\left\langle\frac{\bar{\sigma}}{\sigma_{\mathrm{Y}}(\bar{\varepsilon})}-1\right\rangle^{n} \tag{12.8.42}$$

式中，$\langle\cdot\rangle$是麦考利括号(Macaulay's brackets)，$\bar{\sigma}$是米塞斯等效应力(式(B12.7.3))，n 是率敏感指数，$\sigma_{\mathrm{Y}}(\bar{\varepsilon})$是单轴拉伸屈服应力。对于 J_2 流动理论，Peirce、Shih 和 Needleman (1984)给出了一个替代黏塑性模型：

$$\dot{\lambda}=\dot{\bar{\varepsilon}}=\dot{\varepsilon}_0\left(\frac{\bar{\sigma}}{\sigma_{\mathrm{Y}}(\bar{\varepsilon})}\right)^{\frac{1}{m}} \tag{12.8.43}$$

式中，m 是率敏感指数，$\dot{\varepsilon}_0$是参考应变率，这个模型没有应用显式屈服函数。然而当 $m\to 0$ 时，率无关塑性与屈服应力 $\sigma_{\mathrm{Y}}(\bar{\varepsilon})$是接近的。表 12-12 总结了大应变率相关塑性本构模型。

表 12-12 大应变率相关塑性本构模型

(1) 分解变形率张量为弹性和塑性部分的和： $$\boldsymbol{D}=\boldsymbol{D}^{\mathrm{e}}+\boldsymbol{D}^{\mathrm{p}} \quad (B12.12.1)$$
(2) 应力率关系： $$\boldsymbol{\sigma}^{\nabla J}=\boldsymbol{C}_{\mathrm{el}}^{\sigma J}:\boldsymbol{D}^{\mathrm{e}}=\boldsymbol{C}_{\mathrm{el}}^{\sigma J}:(\boldsymbol{D}-\boldsymbol{D}^{\mathrm{p}}) \quad (B12.12.2)$$
(3) 塑性流动法则和演化方程： $$\boldsymbol{D}^{\mathrm{p}}=\dot{\lambda}\boldsymbol{r}(\boldsymbol{\sigma},\boldsymbol{q}),\quad \dot{\lambda}=\frac{\varphi(\boldsymbol{\sigma},\boldsymbol{q})}{\eta},\quad \dot{\boldsymbol{q}}=\dot{\lambda}\boldsymbol{h}(\boldsymbol{\sigma},\boldsymbol{q}) \quad (B12.12.3)$$
(4) 应力率-总体变形率关系： $$\boldsymbol{\sigma}^{\nabla J}=\boldsymbol{C}_{\mathrm{el}}^{\sigma J}:\boldsymbol{D}-\frac{\varphi}{\eta}\boldsymbol{C}_{\mathrm{el}}^{\sigma J}:\boldsymbol{r} \quad (B12.12.4)$$

12.9　超弹-塑性

12.8.1 节描述的次弹-塑性本构关系有以下缺陷：

(1) 弹性响应局限于次弹性，因此在变形的闭合回路中做功并不刚好为零；

(2) 如果弹性模量假设为常数，那么框架不变性限制模量为各向同性的；

(3) 要求屈服函数为应力的各向同性函数；

(4) 为了计算应力，次弹性关系必须对时间积分，次弹性公式要求应力更新算法中逐步对客观应力更新(13.2 节)，以保证有限转动过程不会导致不可接受的大应力误差。

对于旋转公式，不用考虑上述(2)和(3)，即弹性和塑性响应不受各向同性的限制。

发展超弹-塑性本构模型是为了消除上述次弹-塑性公式的缺陷(Simo et al.，1985；Moran et al.，1990；Miehe，1994)。弹性响应从超弹性势能获得，在闭合弹性变形路径做功刚好为零，因此，计算应力时不必对应力率方程积分，不需要逐步对客观应力更新。另外，对于各向异性弹性和各向异性塑性屈服的框架不变性公式，超弹-塑性公式提供了自然框架。为了完全理解这种材料，读者必须熟悉后拉和前推运算方法及李导数，我们将在 13.3 节进一步描述。

区分超弹-塑性材料和次弹-塑性材料的两个关键概念是：

(1) 乘法分解变形梯度为弹性部分和塑性部分：

$$\boldsymbol{F}=\boldsymbol{F}^{\mathrm{e}}\cdot\boldsymbol{F}^{\mathrm{p}} \tag{12.9.1}$$

式中，$\boldsymbol{F}^{\mathrm{e}}$ 和 $\boldsymbol{F}^{\mathrm{p}}$ 分别是变形梯度的弹性部分和塑性部分。

(2) 由超弹性势能计算以弹性应变表示的应力：

$$\bar{\boldsymbol{S}}=\frac{\partial\bar{w}(\bar{\boldsymbol{E}}^{\mathrm{e}})}{\partial\bar{\boldsymbol{E}}^{\mathrm{e}}} \tag{12.9.2}$$

上式的 PK2 应力 $\bar{\boldsymbol{S}}$ 未在参考构形中，因此它不同于 $\boldsymbol{S}$，我们将在后文对 $\bar{\boldsymbol{S}}$ 和不在参考构形中的格林应变 $\bar{\boldsymbol{E}}^{\mathrm{e}}$ 一起定义。

12.9.1　变形梯度的乘法分解

将变形梯度乘法分解为弹性部分和塑性部分：$\boldsymbol{F}=\boldsymbol{F}^{\mathrm{e}}\cdot\boldsymbol{F}^{\mathrm{p}}$，并引入 3 种构形，如图 12-21 所示(Lee，1969；Asaro et al.，1977)。通过变形梯度 $\boldsymbol{F}^{\mathrm{p}}$ 将参考构形 Ω_0 中的一点 $\boldsymbol{X}$ 映射到中间构形 $\bar{\Omega}$ 的 $\bar{\boldsymbol{X}}$，再通过 $\boldsymbol{F}^{\mathrm{e}}$ 映射到变形构形 Ω 的 $\boldsymbol{x}$。物体的任何刚性转动均与 $\boldsymbol{F}^{\mathrm{e}}$ 结合进行。中间构形实际上是个虚构形，可应用 $\boldsymbol{F}^{\mathrm{e}}$ 对中间构形 $\bar{\Omega}$ 进行后拉计算，该中间构形并不作为连续映射存在。分解式(12.9.1)仅用来代表材料点的本构响应。

为了在中间构形上推导弹性和塑性本构关系，将各种空间运动和应力度量的变形梯度 $\boldsymbol{F}^{\mathrm{e}}$ 的弹性部分后拉到 $\bar{\Omega}$ 构形。例如，将弹性格林应变 $\bar{\boldsymbol{E}}^{\mathrm{e}}$ 定义为

$$\bar{\boldsymbol{E}}^{\mathrm{e}}=\frac{1}{2}(\bar{\boldsymbol{C}}^{\mathrm{e}}-\boldsymbol{I}),\quad \bar{\boldsymbol{C}}^{\mathrm{e}}=\boldsymbol{F}^{\mathrm{eT}}\cdot\boldsymbol{F}^{\mathrm{e}}=\boldsymbol{F}^{\mathrm{eT}}\cdot\boldsymbol{g}\cdot\boldsymbol{F}^{\mathrm{e}}\equiv\varphi_{\mathrm{e}}^{*}\boldsymbol{g} \tag{12.9.3}$$

第二个公式说明 $\bar{\boldsymbol{C}}^{\mathrm{e}}$ 通过 $\boldsymbol{F}^{\mathrm{e}}$ 作为空间度量张量 $\boldsymbol{g}$ 的后拉。在平坦的欧几里得空间(Euclidean space)，$\boldsymbol{g}=\boldsymbol{I}$。

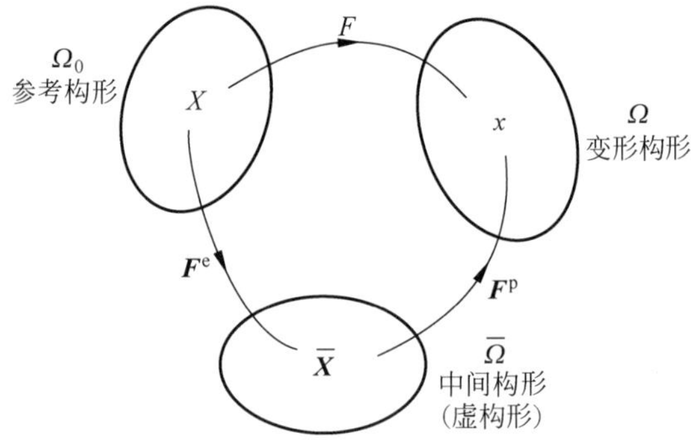

图 12-21 变形梯度的分解和中间构形的定义

12.9.2 超弹性势能和应力

通过应用变形梯度的弹性部分将克希霍夫应力后拉到初始构形，定义 PK2 应力 $\bar{\boldsymbol{S}}$ 在 $\bar{\Omega}$ 上：

$$\bar{\boldsymbol{S}}=(\boldsymbol{F}^{\mathrm{e}})^{-1}\cdot\boldsymbol{\tau}\cdot(\boldsymbol{F}^{\mathrm{e}})^{-\mathrm{T}}\equiv\varphi_{\mathrm{e}}^{*}\boldsymbol{\tau}\tag{12.9.4}$$

由超弹性势能给出弹性响应：

$$\bar{\boldsymbol{S}}=2\frac{\partial\bar{\psi}(\bar{\boldsymbol{C}}^{\mathrm{e}})}{\partial\bar{\boldsymbol{C}}^{\mathrm{e}}}=\frac{\partial\bar{w}(\bar{\boldsymbol{E}}^{\mathrm{e}})}{\partial\bar{\boldsymbol{E}}^{\mathrm{e}}}\tag{12.9.5}$$

式中，$\bar{\psi}(\bar{\boldsymbol{C}}^{\mathrm{e}})=\bar{w}(\bar{\boldsymbol{E}}^{\mathrm{e}})$为弹性势能，$\bar{\boldsymbol{E}}^{\mathrm{e}}$为格林应变。除势能是弹性应变的函数外(式(12.9.3))，这一关系与式(12.4.35)是一致的。

在发展以下弹-塑性切线模量时需要应力率的表达式，在式(12.9.5)中取 $\bar{\boldsymbol{S}}$ 的材料时间导数，得到

$$\dot{\bar{\boldsymbol{S}}}=\frac{\partial^{2}\bar{w}}{\partial\bar{\boldsymbol{E}}^{\mathrm{e}}\partial\bar{\boldsymbol{E}}^{\mathrm{e}}}:\dot{\bar{\boldsymbol{E}}}^{\mathrm{e}}=\boldsymbol{C}_{\mathrm{el}}^{\bar{S}}:\dot{\bar{\boldsymbol{E}}}^{\mathrm{e}}\tag{12.9.6}$$

式中，$\boldsymbol{C}_{\mathrm{el}}^{\bar{S}}=\dfrac{\partial^{2}\bar{w}}{\partial\bar{\boldsymbol{E}}^{\mathrm{e}}\partial\bar{\boldsymbol{E}}^{\mathrm{e}}}$为弹性张量，它将在 $\bar{\Omega}$ 上的 PK2 应力的材料时间导数与格林应变的材料时间导数联系了起来。

注意到，由于$\bar{\boldsymbol{E}}^{\mathrm{e}}$是不变量(13.2 节)，在变换观察者后，由式(12.9.5)可见 $\bar{\boldsymbol{S}}$ 也是不变量。因此，以势能的形式定义弹性响应保证了客观性。进而由式(12.9.6)可知，$\boldsymbol{C}_{\mathrm{el}}^{\bar{S}}$ 也不会受转动的影响，所以，弹性模量可以是各向异性的。

12.9.3 变形率的分解

在中间构形上的塑性流动公式需要变形率的弹性和塑性部分。弹性格林应变率的材料时间导数为

$$\dot{\bar{\boldsymbol{E}}}^{\mathrm{e}}=\frac{1}{2}\dot{\bar{\boldsymbol{D}}}^{\mathrm{e}}=(\boldsymbol{F}^{\mathrm{e}})^{\mathrm{T}}\cdot\boldsymbol{D}^{\mathrm{e}}\cdot\boldsymbol{F}^{\mathrm{e}}\equiv\bar{\boldsymbol{D}}^{\mathrm{e}}\tag{12.9.7}$$

第一个等式由式(12.9.3)的时间导数获得。为了给出$\bar{\boldsymbol{D}}^{\mathrm{e}}$，第二个等式将变形率张量的弹性部分后拉(通过 $\boldsymbol{F}^{\mathrm{e}}$)，得到格林应变的材料时间导数。这可以解释为变形率张量在 $\bar{\Omega}$ 上的

弹性部分。这个关系与其他描述塑性流动的关系有以下关联。

由式(2.3.17)可得空间速度梯度为

$$\boldsymbol{L}=\dot{\boldsymbol{F}}\cdot\boldsymbol{F}^{-1}=\frac{\mathrm{D}}{\mathrm{D}t}(\boldsymbol{F}^{\mathrm{e}}\cdot\boldsymbol{F}^{\mathrm{p}})\cdot(\boldsymbol{F}^{\mathrm{e}}\cdot\boldsymbol{F}^{\mathrm{p}})^{-1}=\dot{\boldsymbol{F}}^{\mathrm{e}}\cdot(\boldsymbol{F}^{\mathrm{e}})^{-1}+\boldsymbol{F}^{\mathrm{e}}\cdot\dot{\boldsymbol{F}}^{\mathrm{p}}\cdot(\boldsymbol{F}^{\mathrm{p}})^{-1}\cdot(\boldsymbol{F}^{\mathrm{e}})^{-1} \tag{12.9.8}$$

上式应用了式(12.9.1)。将 $\boldsymbol{L}$ 分解为弹性部分和塑性部分，即 $\boldsymbol{L}=\boldsymbol{L}^{\mathrm{e}}+\boldsymbol{L}^{\mathrm{p}}$，其中，

$$\boldsymbol{L}^{\mathrm{e}}=\dot{\boldsymbol{F}}^{\mathrm{e}}\cdot(\boldsymbol{F}^{\mathrm{e}})^{-1},\quad \boldsymbol{L}^{\mathrm{p}}=\boldsymbol{F}^{\mathrm{e}}\cdot\dot{\boldsymbol{F}}^{\mathrm{p}}\cdot(\boldsymbol{F}^{\mathrm{p}})^{-1}\cdot(\boldsymbol{F}^{\mathrm{e}})^{-1} \tag{12.9.9}$$

可见弹性部分具有速度梯度的一般结构，它由 $\boldsymbol{F}^{\mathrm{e}}$定义而不是由 $\boldsymbol{F}$ 定义。由 $\boldsymbol{F}^{\mathrm{p}}$定义的塑性部分是经 $\boldsymbol{F}^{\mathrm{e}}$映射或前推得到的。$\boldsymbol{L}^{\mathrm{e}}$和 $\boldsymbol{L}^{\mathrm{p}}$的对称部分和反对称部分分别为

$$\boldsymbol{D}^{\mathrm{e}}=\frac{1}{2}(\boldsymbol{L}^{\mathrm{e}}+\boldsymbol{L}^{\mathrm{eT}}),\quad \boldsymbol{W}^{\mathrm{e}}=\frac{1}{2}(\boldsymbol{L}^{\mathrm{e}}-\boldsymbol{L}^{\mathrm{eT}}),$$

$$\boldsymbol{D}^{\mathrm{p}}=\frac{1}{2}(\boldsymbol{L}^{\mathrm{p}}+\boldsymbol{L}^{\mathrm{pT}}),\quad \boldsymbol{W}^{\mathrm{p}}=\frac{1}{2}(\boldsymbol{L}^{\mathrm{p}}-\boldsymbol{L}^{\mathrm{pT}}) \tag{12.9.10}$$

在 $\bar{\Omega}$上的速度梯度 $\bar{\boldsymbol{L}}$，由 $\boldsymbol{F}^{\mathrm{e}}$定义为 $\boldsymbol{L}$ 的后拉：

$$\bar{\boldsymbol{L}}=\varphi_{\mathrm{e}}^{*}\boldsymbol{L}=(\boldsymbol{F}^{\mathrm{e}})^{-1}\cdot\boldsymbol{L}\cdot\boldsymbol{F}^{\mathrm{e}}=(\boldsymbol{F}^{\mathrm{e}})^{-1}\cdot\dot{\boldsymbol{F}}^{\mathrm{e}}+\dot{\boldsymbol{F}}^{\mathrm{p}}\cdot(\boldsymbol{F}^{\mathrm{p}})^{-1}=\bar{\boldsymbol{L}}^{\mathrm{e}}+\bar{\boldsymbol{L}}^{\mathrm{p}} \tag{12.9.11}$$

如前文指出的，定义 $\bar{\boldsymbol{L}}^{\mathrm{e}}=(\boldsymbol{F}^{\mathrm{e}})^{-1}\cdot\dot{\boldsymbol{F}}^{\mathrm{e}}$和 $\bar{\boldsymbol{L}}^{\mathrm{p}}=\dot{\boldsymbol{F}}^{\mathrm{p}}\cdot(\boldsymbol{F}^{\mathrm{p}})^{-1}$分别为 $\boldsymbol{L}$ 的弹性部分和塑性部分，其塑性部分 $\bar{\boldsymbol{L}}^{\mathrm{p}}$将应用在下述塑性流动方程中。式(12.9.11)中后拉的特殊形式将在13.3.2 节讨论。$\bar{\boldsymbol{L}}$、$\bar{\boldsymbol{L}}^{\mathrm{e}}$和 $\bar{\boldsymbol{L}}^{\mathrm{p}}$的对称部分定义如下：

$$\bar{\boldsymbol{D}}=\mathrm{sym}\bar{\boldsymbol{L}}=\frac{1}{2}(\bar{\boldsymbol{C}}^{\mathrm{e}}\cdot\bar{\boldsymbol{L}}+\bar{\boldsymbol{L}}^{\mathrm{T}}\cdot\bar{\boldsymbol{C}}^{\mathrm{e}}),$$

$$\bar{\boldsymbol{D}}^{\mathrm{e}}=\mathrm{sym}\bar{\boldsymbol{L}}^{\mathrm{e}}=\frac{1}{2}(\bar{\boldsymbol{C}}^{\mathrm{e}}\cdot\bar{\boldsymbol{L}}^{\mathrm{e}}+\bar{\boldsymbol{L}}^{\mathrm{eT}}\cdot\bar{\boldsymbol{C}}^{\mathrm{e}}), \tag{12.9.12}$$

$$\bar{\boldsymbol{D}}^{\mathrm{p}}=\mathrm{sym}\bar{\boldsymbol{L}}^{\mathrm{p}}=\frac{1}{2}(\bar{\boldsymbol{C}}^{\mathrm{e}}\cdot\bar{\boldsymbol{L}}^{\mathrm{p}}+\bar{\boldsymbol{L}}^{\mathrm{pT}}\cdot\bar{\boldsymbol{C}}^{\mathrm{e}})$$

在式(12.9.12)中形成对称部分时，注意到 $\bar{\boldsymbol{C}}^{\mathrm{e}}$的存在，其可以通过 $\bar{\boldsymbol{D}}$、$\bar{\boldsymbol{D}}^{\mathrm{e}}$和 $\bar{\boldsymbol{D}}^{\mathrm{p}}$在式(12.9.10)中的空间部分的后拉证明，即

$$\bar{\boldsymbol{D}}=\boldsymbol{F}^{\mathrm{eT}}\cdot\boldsymbol{D}\cdot\boldsymbol{F}^{\mathrm{e}}=\bar{\boldsymbol{D}}^{\mathrm{e}}+\bar{\boldsymbol{D}}^{\mathrm{p}},\quad \bar{\boldsymbol{D}}^{\mathrm{e}}=\boldsymbol{F}^{\mathrm{eT}}\cdot\boldsymbol{D}^{\mathrm{e}}\cdot\boldsymbol{F}^{\mathrm{e}},\quad \bar{\boldsymbol{D}}^{\mathrm{p}}=\boldsymbol{F}^{\mathrm{eT}}\cdot\boldsymbol{D}^{\mathrm{p}}\cdot\boldsymbol{F}^{\mathrm{e}} \tag{12.9.13}$$

上式又可以由式(12.9.10)、式(12.9.11)和关系 $\bar{\boldsymbol{C}}^{\mathrm{e}}=(\boldsymbol{F}^{\mathrm{e}})^{\mathrm{T}}\cdot\boldsymbol{F}^{\mathrm{e}}$证明。将 $\bar{\boldsymbol{C}}^{\mathrm{e}}$的表达式代入式(12.9.13)的第二项得到式(12.9.7)，$\dot{\boldsymbol{E}}^{\mathrm{e}}=\bar{\boldsymbol{D}}^{\mathrm{e}}$。式(12.9.12)中 $\bar{\boldsymbol{D}}^{\mathrm{p}}$的表达式将在后文应用于 J_2流动法则的公式。

由式(12.9.13)的 $\bar{\boldsymbol{D}}^{\mathrm{e}}=\bar{\boldsymbol{D}}-\bar{\boldsymbol{D}}^{\mathrm{p}}$，并注意到 $\dot{\boldsymbol{E}}^{\mathrm{e}}=\bar{\boldsymbol{D}}^{\mathrm{e}}$，式(12.9.6)可以写为

$$\dot{\boldsymbol{S}}=\boldsymbol{C}_{\mathrm{el}}^{\mathrm{S}}:\bar{\boldsymbol{D}}^{\mathrm{e}}=\boldsymbol{C}_{\mathrm{el}}^{\mathrm{S}}:(\bar{\boldsymbol{D}}-\bar{\boldsymbol{D}}^{\mathrm{p}}) \tag{12.9.14}$$

应用式(12.9.14)的一般方法，联合流动率和一致性条件，描述塑性流动方程，导出切线模量。

12.9.4　各向异性塑性流动

由塑性流动法则确定 $\dot{\boldsymbol{F}}^{\mathrm{p}}$ 为

$$\bar{\boldsymbol{L}}^{\mathrm{p}}=\dot{\boldsymbol{F}}^{\mathrm{p}}\cdot(\boldsymbol{F}^{\mathrm{p}})^{-1}=\dot{\lambda}\bar{\boldsymbol{r}}(\bar{\boldsymbol{S}},\bar{\boldsymbol{q}}) \tag{12.9.15}$$

式中，$\bar{\boldsymbol{r}}$是塑性流动方向，$\dot{\lambda}$是塑性率参数，$\bar{\boldsymbol{q}}$是定义在 $\bar{\Omega}$上的内部变量的集合。此处区别于

12.8 节中的次弹-塑性材料，它的塑性流动法则为 $\boldsymbol{D}^{\mathrm{p}}$ 的形式，是变形率张量的塑性部分，因此适用于各向同性塑性屈服行为。

假设以硬化(软化)率的形式推导内部变量的演化，

$$\dot{\bar{\boldsymbol{q}}}=\dot{\lambda}\bar{\boldsymbol{h}}(\bar{\boldsymbol{S}},\bar{\boldsymbol{q}}) \tag{12.9.16}$$

式中，$\bar{\boldsymbol{h}}$ 是塑性模量。屈服条件以 $\bar{\boldsymbol{S}}$ 的形式表示为

$$\bar{f}(\bar{\boldsymbol{S}},\bar{\boldsymbol{q}})=0 \tag{12.9.17}$$

因为在转动时 $\bar{\boldsymbol{S}}$ 是不变的，客观性得以保持，在式(12.9.17)中取决于泛函 $\bar{\boldsymbol{S}}$ 的约束也没有强制改变客观性，因此可以组合各向异性塑性屈服行为。

加-卸载条件为 $\dot{\lambda}\geqslant 0,\bar{f}\leqslant 0,\dot{\lambda}\bar{f}=0$。由一致性条件 $\dot{\bar{f}}=0$ 与式(12.9.17)可得，

$$\dot{\lambda}=\frac{\bar{\boldsymbol{f}}_{\bar{S}}:\boldsymbol{C}_{\mathrm{el}}^{\bar{S}}:\bar{\boldsymbol{D}}}{-\bar{\boldsymbol{f}}_{\bar{q}}\cdot\bar{\boldsymbol{h}}+\bar{\boldsymbol{f}}_{\bar{S}}:\boldsymbol{C}_{\mathrm{el}}^{\bar{S}}:\mathrm{sym}\bar{\boldsymbol{r}}},\quad \bar{\boldsymbol{f}}_{\bar{S}}=\frac{\partial\bar{f}}{\partial\bar{\boldsymbol{S}}},\quad \bar{\boldsymbol{f}}_{\bar{q}}=\frac{\partial\bar{f}}{\partial\bar{\boldsymbol{q}}} \tag{12.9.18}$$

上式应用了式(12.9.15)和式(12.9.10)，得到 $\bar{\boldsymbol{D}}^{\mathrm{p}}$ 的表达式为

$$\bar{\boldsymbol{D}}^{\mathrm{p}}=\dot{\lambda}\,\mathrm{sym}\bar{\boldsymbol{r}}=\frac{1}{2}\dot{\lambda}(\bar{\boldsymbol{C}}^{\mathrm{e}}\cdot\bar{\boldsymbol{r}}+\bar{\boldsymbol{r}}^{\mathrm{T}}\cdot\bar{\boldsymbol{C}}^{\mathrm{e}}) \tag{12.9.19}$$

将此结果代入式(12.9.14)，导出以下弹-塑性切线模量的表达式，以符号 $\boldsymbol{C}^{\bar{S}}$ 表示：

$$\dot{\bar{\boldsymbol{S}}}=\boldsymbol{C}_{\mathrm{el}}^{\bar{S}}:(\bar{\boldsymbol{D}}-\bar{\boldsymbol{D}}^{\mathrm{p}})=\boldsymbol{C}^{\bar{S}}:\bar{\boldsymbol{D}},\quad \boldsymbol{C}^{\bar{S}}=\boldsymbol{C}_{\mathrm{el}}^{\bar{S}}-\frac{(\boldsymbol{C}_{\mathrm{el}}^{\bar{S}}:\mathrm{sym}\,\bar{\boldsymbol{r}})\otimes(\bar{\boldsymbol{f}}_{\bar{S}}:\boldsymbol{C}_{\mathrm{el}}^{\bar{S}})}{-\bar{\boldsymbol{f}}_{\bar{q}}\cdot\bar{\boldsymbol{h}}+\bar{\boldsymbol{f}}_{\bar{S}}:\boldsymbol{C}_{\mathrm{el}}^{\bar{S}}:\mathrm{sym}\bar{\boldsymbol{r}}} \tag{12.9.20}$$

从而获得关联塑性的弹-塑性切线模量的对称性，式中 $\mathrm{sym}\bar{\boldsymbol{r}}$ 正比于 $\bar{\boldsymbol{f}}_{\bar{S}}$。

对于率相关塑性，应用式(12.9.14)并写出应力率与弹性应变率的关系：

$$\dot{\lambda}=\frac{\bar{\varphi}(\bar{\boldsymbol{S}},\bar{\boldsymbol{q}})}{\eta},\quad \dot{\bar{\boldsymbol{S}}}=\boldsymbol{C}_{\mathrm{el}}^{\bar{S}}:\left(\bar{\boldsymbol{D}}-\frac{\bar{\varphi}}{\eta}\mathrm{sym}\bar{\boldsymbol{r}}\right) \tag{12.9.21}$$

式中，$\bar{\varphi}$是过应力函数，η 是黏度。

12.9.5 切线模量

前文已充分描述了超弹性材料模型。为了与 6.4 节的切线刚度内容相匹配，需要得到特鲁斯德尔率形式的切线模量。故首先以克希霍夫应力弹性李导数的形式写出式(12.9.20)的第一式，再联系柯西应力的特鲁斯德尔率，引入在 $\bar{\Omega}$ 上的 PK2 应力的塑性李导数。本节会经常利用李导数，其更详细的讨论请见 13.3.2 节。

以动量李导数的一般形式给出克希霍夫应力的弹性李导数(表 13-5)，其后拉和前推过程利用了变形梯度的弹性部分：

$$L_{\mathrm{v}}^{\mathrm{e}}\boldsymbol{\tau}\equiv\varphi_{*}^{\mathrm{e}}\left(\frac{\mathrm{D}}{\mathrm{D}t}(\varphi_{\mathrm{e}}^{*}\boldsymbol{\tau})\right)=\boldsymbol{F}^{\mathrm{e}}\cdot\frac{\mathrm{D}}{\mathrm{D}t}((\boldsymbol{F}^{\mathrm{e}})^{-1}\cdot\boldsymbol{\tau}\cdot(\boldsymbol{F}^{\mathrm{e}})^{-\mathrm{T}})\cdot\boldsymbol{F}^{\mathrm{eT}} \tag{12.9.22}$$

如上所示，由 $\boldsymbol{F}^{\mathrm{e}}$ 执行了后拉和前推过程。式(12.9.22)的最后形式可以写为

$$L_{\mathrm{v}}^{\mathrm{e}}\boldsymbol{\tau}=\boldsymbol{F}^{\mathrm{e}}\cdot\dot{\bar{\boldsymbol{S}}}\cdot\boldsymbol{F}^{\mathrm{eT}} \tag{12.9.23}$$

这表明 $L_{\mathrm{v}}^{\mathrm{e}}\boldsymbol{\tau}$ 是 $\dot{\bar{\boldsymbol{S}}}$ 借助 $\boldsymbol{F}^{\mathrm{e}}$ 的前推过程得到的结果。求解式(12.9.22)中的导数，并利用式(12.9.9)得到

$$L_v^e\boldsymbol{\tau}=\dot{\boldsymbol{\tau}}-\boldsymbol{L}^e\cdot\boldsymbol{\tau}-\boldsymbol{\tau}\cdot\boldsymbol{L}^{eT}\equiv\boldsymbol{\tau}^{\nabla_{ce}} \tag{12.9.24}$$

即克希霍夫应力的弹性李导数是等价于应力 $\tau^{\nabla_{ce}}$ 的弹性对流率。柯西应力的特鲁斯德尔率(率型本构用斜体 T,而正体 T 是转置)与弹性李导数相关,给出式(12.9.24)的修正式:

$$J\boldsymbol{\sigma}^{\nabla T}=L_v\boldsymbol{\tau}=\dot{\boldsymbol{\tau}}-\boldsymbol{L}\cdot\boldsymbol{\tau}-\boldsymbol{\tau}\cdot\boldsymbol{L}^{\mathrm{T}}=L_v^e\boldsymbol{\tau}-\boldsymbol{L}^p\cdot\boldsymbol{\tau}-\boldsymbol{\tau}\cdot\boldsymbol{L}^{pT} \tag{12.9.25}$$

上式应用了式(12.9.24)。将式(12.9.25)最后的表达式后拉到中间构形:

$$\begin{aligned}\varphi_e^*(L_v\boldsymbol{\tau})&=\varphi_e^*(L_v^e\boldsymbol{\tau}-\boldsymbol{L}^p\cdot\boldsymbol{\tau}-\boldsymbol{\tau}\cdot\boldsymbol{L}^{pT})\\&=\dot{\bar{\boldsymbol{S}}}-\bar{\boldsymbol{L}}^p\cdot\bar{\boldsymbol{S}}-\bar{\boldsymbol{S}}\cdot\boldsymbol{L}^{pT}\end{aligned} \tag{12.9.26}$$

式中的最后一项可以认为是 $\bar{\boldsymbol{S}}$ 的塑性李导数,即

$$\begin{aligned}L_v^p(\bar{\boldsymbol{S}})&=\varphi_*^p\left(\frac{\mathrm{D}}{\mathrm{D}t}(\varphi_p^*(\bar{\boldsymbol{S}}))\right)=\boldsymbol{F}^p\cdot\frac{\mathrm{D}}{\mathrm{D}t}((\boldsymbol{F}^p)^{-1}\cdot\bar{\boldsymbol{S}}\cdot(\boldsymbol{F}^p)^{-\mathrm{T}})\cdot\boldsymbol{F}^{p\mathrm{T}}\\&=\dot{\bar{\boldsymbol{S}}}-\bar{\boldsymbol{L}}^p\cdot\bar{\boldsymbol{S}}-\bar{\boldsymbol{S}}\cdot\boldsymbol{L}^{pT}\end{aligned} \tag{12.9.27}$$

上式应用了变形梯度的塑性部分,完成了从构形 $\bar{\Omega}$ 到构形 Ω_0 的后拉和前推过程。比较式(12.9.26)和式(12.9.27),有

$$\varphi_e^*(L_v\boldsymbol{\tau})=L_v^p(\bar{\boldsymbol{S}}),\quad \varphi_*^e(L_v^p\bar{\boldsymbol{S}})=L_v\boldsymbol{\tau} \tag{12.9.28}$$

还可以用另一种方式观察:

$$\begin{aligned}L_v\boldsymbol{\tau}&=\boldsymbol{F}\cdot\dot{\boldsymbol{S}}\cdot\boldsymbol{F}^{\mathrm{T}}=\boldsymbol{F}^e\cdot(\boldsymbol{F}^p\cdot\dot{\boldsymbol{S}}\cdot\boldsymbol{F}^p)\cdot\boldsymbol{F}^{eT}\\&=\boldsymbol{F}^e\cdot L_v^p\bar{\boldsymbol{S}}\cdot\boldsymbol{F}^{eT}=\varphi_*^e(L_v^p\bar{\boldsymbol{S}})\end{aligned} \tag{12.9.29}$$

为了获得需要的切线模量,将式(12.9.20)的第一式代入式(12.9.27)的最后一个表达式,得到

$$L_v^p(\bar{\boldsymbol{S}})=\boldsymbol{C}^{\bar{S}}:\bar{\boldsymbol{D}}-\bar{\boldsymbol{L}}^p\cdot\bar{\boldsymbol{S}}-\bar{\boldsymbol{S}}\cdot\boldsymbol{L}^{pT} \tag{12.9.30}$$

现在应用式(12.9.15)和式(12.9.19),整理得到

$$L_v^p(\bar{\boldsymbol{S}})=\left(\boldsymbol{C}^{\bar{S}}-\frac{(\bar{\boldsymbol{r}}\cdot\bar{\boldsymbol{S}}+\bar{\boldsymbol{S}}\cdot\bar{\boldsymbol{r}}^{\mathrm{T}})\otimes(\bar{\boldsymbol{f}}_{\bar{S}}:\boldsymbol{C}_{el}^{\bar{S}})}{-\bar{\boldsymbol{f}}_{\bar{q}}\cdot\bar{\boldsymbol{h}}+\bar{\boldsymbol{f}}_{\bar{S}}:\boldsymbol{C}_{el}^{\bar{S}}:\mathrm{sym}\bar{\boldsymbol{r}}}\right):\bar{\boldsymbol{D}}=\widetilde{\boldsymbol{C}}^{\bar{S}}:\bar{\boldsymbol{D}} \tag{12.9.31}$$

上式定义了塑性转换模量 $\widetilde{\boldsymbol{C}}^{\bar{S}}$。由式(12.9.28)获得最终表达式:

$$L_v^p(\bar{\boldsymbol{S}})=\varphi_*^e(\widetilde{\boldsymbol{C}}^{\bar{S}}:\bar{\boldsymbol{D}})=\widetilde{\boldsymbol{C}}^{\tau}:\boldsymbol{D} \tag{12.9.32}$$

式中,$\boldsymbol{D}=\varphi_*^e(\bar{\boldsymbol{D}})=(\boldsymbol{F}^e)^{-\mathrm{T}}\cdot\bar{\boldsymbol{D}}\cdot(\boldsymbol{F}^e)^{\mathrm{T}}$,并且给出空间模量为

$$\widetilde{\boldsymbol{C}}^{\tau}=\varphi_*^e\widetilde{\boldsymbol{C}}^{\bar{S}},\quad \widetilde{C}_{ijkl}^{\tau}=F_{im}^eF_{jn}^eF_{kp}^eF_{lq}^e\widetilde{C}_{mnpq}^{\bar{S}} \tag{12.9.33}$$

通过将式(12.9.31)中 $\widetilde{\boldsymbol{C}}^{\bar{S}}$ 表达式的每一项前推到空间构形,也可以获得空间模量 $\widetilde{\boldsymbol{C}}^{\tau}$:

$$\widetilde{\boldsymbol{C}}^{\tau}=\boldsymbol{C}^{\tau}-\frac{(\boldsymbol{r}\cdot\boldsymbol{\tau}+\boldsymbol{\tau}\cdot\boldsymbol{r}^{\mathrm{T}})\otimes(\boldsymbol{f}_{\tau}:\boldsymbol{C}_{el}^{\tau})}{-\boldsymbol{f}_q\cdot\boldsymbol{h}+\boldsymbol{f}_{\tau}:\boldsymbol{C}_{el}^{\tau}:\mathrm{sym}\boldsymbol{r}} \tag{12.9.34}$$

其中,

$$\begin{gathered}\boldsymbol{r}=\varphi_*^e\bar{\boldsymbol{r}}=\boldsymbol{F}^e\cdot\bar{\boldsymbol{r}}\cdot(\boldsymbol{F}^e)^{-1},\quad \mathrm{sym}\boldsymbol{r}=\varphi_*^e\,\mathrm{sym}\bar{\boldsymbol{r}}=(\boldsymbol{F}^e)^{-\mathrm{T}}\cdot\mathrm{sym}\bar{\boldsymbol{r}}\cdot(\boldsymbol{F}^e)^{-1},\\ f=\varphi_*^ef=\bar{f},\quad \boldsymbol{q}=\varphi_*^e\bar{\boldsymbol{q}}=\bar{\boldsymbol{q}},\quad \boldsymbol{h}=\varphi_*^e\bar{\boldsymbol{h}}=\bar{\boldsymbol{h}},\quad \boldsymbol{f}_{\tau}=\varphi_*^e\boldsymbol{f}_{\bar{S}}=(\boldsymbol{F}^e)^{-\mathrm{T}}\cdot\boldsymbol{f}_{\bar{S}}\cdot(\boldsymbol{F}^e)^{-1},\\ \boldsymbol{C}_{el}^{\tau}=\varphi_*^e\boldsymbol{C}_{el}^{\bar{S}},\quad (\boldsymbol{C}_{el}^{\tau})_{ijkl}=\boldsymbol{F}_{im}^e\boldsymbol{F}_{jn}^e\boldsymbol{F}_{kp}^e\boldsymbol{F}_{lq}^e(C_{el}^{\bar{S}})_{mnpq},\quad \boldsymbol{C}^{\tau}=\varphi_*^e\boldsymbol{C}^{\bar{S}},\quad C_{ijkl}=\boldsymbol{F}_{im}^e\boldsymbol{F}_{jn}^e\boldsymbol{F}_{kp}^e\boldsymbol{F}_{lq}^eC_{mnpq}^{\bar{S}}\end{gathered} \tag{12.9.35}$$

12.9.6 超弹性-J_2塑性流动理论

为表征在弹性阶段服从超弹性、在塑性阶段服从J_2塑性流动的超弹-塑性材料，本节借助含各向同性硬化和新胡克弹性的弹-塑性J_2流动模型，描述超弹-塑性公式。此处指定开始于新胡克弹性的超弹性势能(式(12.5.3)～式(12.5.7))位于中间构形$\bar{\Omega}$：

$$\bar{w}=\frac{1}{2}\lambda_0^{e}(\ln J_e)^2-\mu_0\ln J_e+\frac{1}{2}\mu_0(\text{trace}\,\bar{\boldsymbol{C}}^e-3) \tag{12.9.36}$$

式中，$J_e=\det\boldsymbol{F}^e$，λ_0^e和μ_0为拉梅常数。由式(12.9.5)的弹性势能推导应力为

$$\bar{\boldsymbol{S}}=\lambda_0^e\ln J_e(\bar{\boldsymbol{C}}^e)^{-1}+\mu_0(\boldsymbol{I}-(\bar{\boldsymbol{C}}^e)^{-1}),\quad \boldsymbol{\tau}=\lambda_0^e\ln J_e\boldsymbol{g}^{-1}-\mu_0(\boldsymbol{B}^e-\boldsymbol{g}^{-1}) \tag{12.9.37}$$

式中，$\boldsymbol{B}^e=\boldsymbol{F}^e\cdot\boldsymbol{F}^{eT}$(回忆$\boldsymbol{g}=\boldsymbol{I}=\boldsymbol{g}^{-1}$)。在$J_e$中，令$\lambda^e=\lambda_0$、$\mu=\mu_0-\lambda^e$，由式(12.9.6)，弹性张量的分量形式为

$$\begin{cases}(C_{el}^{\bar{S}})_{ijkl}=\lambda^e(\bar{C}^e)_{ij}^{-1}C_{kl}^{-1}+\mu((\bar{C}^e)_{ik}^{-1}(\bar{C}^e)_{jl}^{-1}+(\bar{C}^e)_{il}^{-1}(\bar{C}^e)_{kj}^{-1}),\text{在}\ \bar{\Omega}\ \text{上}\\(C_{el}^{\tau})_{ijkl}=\lambda^e\delta_{ij}\delta_{kl}+\mu(\delta_{ik}\delta_{jl}+\delta_{il}\delta_{kj}),\text{在}\ \Omega\ \text{上}\end{cases} \tag{12.9.38}$$

为了表示流动法则，引入$\bar{\boldsymbol{S}}$的偏量部分$\bar{\boldsymbol{S}}^{\text{dev}}$：

$$\begin{aligned}\bar{\boldsymbol{S}}^{\text{dev}}=\bar{\boldsymbol{S}}-\frac{1}{3}(\bar{\boldsymbol{S}}:\bar{\boldsymbol{C}}^e)\bar{\boldsymbol{C}}^{e-1},\quad \boldsymbol{\tau}^{\text{dev}}&=\boldsymbol{\tau}-\frac{1}{3}(\boldsymbol{\tau}:\boldsymbol{g})\boldsymbol{g}^{-1}\\&=\boldsymbol{F}^e\cdot\bar{\boldsymbol{S}}^{\text{dev}}\cdot\boldsymbol{F}^{eT}=\varphi_*^e\bar{\boldsymbol{S}}^{\text{dev}}\end{aligned} \tag{12.9.39}$$

式中的最后关系式表明$\boldsymbol{\tau}^{\text{dev}}$是$\bar{\boldsymbol{S}}^{\text{dev}}$的前推形式，并且当其位于形成$\bar{\boldsymbol{S}}$的偏量部分时，$\bar{\boldsymbol{C}}^e$的作用类似于在形成$\boldsymbol{\tau}^{\text{dev}}$时$\boldsymbol{g}=\boldsymbol{I}$的作用。此处假设在唯象的$J_2$流动理论中，塑性旋转为零，即$\bar{\boldsymbol{W}}^p=0$。因此，通过$\bar{\boldsymbol{L}}^p$的对称部分可以充分表示流动法则，即

$$\bar{\boldsymbol{D}}^p=\dot{\lambda}\,\text{sym}\bar{\boldsymbol{r}}=\dot{\lambda}\frac{3}{2\bar{\sigma}}\bar{\boldsymbol{C}}^e\cdot\bar{\boldsymbol{S}}^{\text{dev}}\cdot\bar{\boldsymbol{C}}^e,\quad \boldsymbol{D}^p=\dot{\lambda}\,\text{sym}\boldsymbol{r}=\dot{\lambda}\frac{3}{2\bar{\sigma}}\boldsymbol{g}\cdot\boldsymbol{\tau}^{\text{dev}}\cdot\boldsymbol{g} \tag{12.9.40}$$

$\boldsymbol{D}^p$在某种意义上是偏量，实际可得$\bar{\boldsymbol{C}}^{e-1}:\bar{\boldsymbol{D}}^p=\boldsymbol{g}^{-1}:\boldsymbol{D}^p\equiv\boldsymbol{I}:\boldsymbol{D}^p=0$。因为在超弹性势能式(12.9.5)中$\bar{\boldsymbol{C}}^e$和$\bar{\boldsymbol{S}}$是一一对应的，注意到式(12.9.40)具有式(12.9.15)的形式。在式(12.9.40)中，$\bar{\boldsymbol{\sigma}}$是米塞斯等效应力：

$$\bar{\boldsymbol{\sigma}}^2=\frac{3}{2}(\bar{\boldsymbol{S}}^{\text{dev}}\cdot\bar{\boldsymbol{C}}^e):(\bar{\boldsymbol{S}}^{\text{dev}}\cdot\bar{\boldsymbol{C}}^e)^T=\frac{3}{2}(\boldsymbol{\tau}^{\text{dev}}\cdot\boldsymbol{g}):(\boldsymbol{\tau}^{\text{dev}}\cdot\boldsymbol{g})^T \tag{12.9.41}$$

应用前文关于弹性和塑性响应的论述，可以由式(12.9.31)推导弹-塑性切线模量。表12-13总结了超弹-塑性J_2流动理论与米塞斯屈服表面。

表12-13 超弹-塑性J_2流动理论本构模型

1）乘法分解：

$$\boldsymbol{F}=\boldsymbol{F}^e\cdot\boldsymbol{F}^p \tag{B12.13.1}$$

2）超弹性反应：

$$\bar{\boldsymbol{S}}=2\frac{\partial\bar{\psi}(\bar{\boldsymbol{C}}^e)}{\partial\bar{\boldsymbol{C}}^e}=\frac{\partial\bar{w}(\bar{\boldsymbol{E}}^e)}{\partial\bar{\boldsymbol{E}}^e} \tag{B12.13.2}$$

$$\boldsymbol{C}_{el}^{\bar{S}}=2\frac{\partial\bar{\boldsymbol{S}}}{\partial\bar{\boldsymbol{C}}^e}=4\frac{\partial^2\bar{\psi}(\bar{\boldsymbol{C}}^e)}{\partial\bar{\boldsymbol{C}}^e\partial\bar{\boldsymbol{C}}^e}=\frac{\partial^2\bar{w}(\bar{\boldsymbol{E}}^e)}{\partial\bar{\boldsymbol{E}}^e\partial\bar{\boldsymbol{E}}^e} \tag{B12.13.3}$$

续表

3）超弹性的率形式：

$$\dot{\bar{\boldsymbol{S}}}=\boldsymbol{C}_{\mathrm{el}}^{\bar{S}}:\bar{\boldsymbol{D}}^{\mathrm{e}} \tag{B12.13.4}$$

4）塑性响应：

（1）流动法则：

$$\bar{\boldsymbol{D}}^{\mathrm{p}}=\dot{\lambda}\,\mathrm{sym}\,\bar{\boldsymbol{r}}(\bar{\boldsymbol{S}},\bar{\boldsymbol{q}}),\quad \dot{\bar{\varepsilon}}=\dot{\lambda} \tag{B12.13.5}$$

（2）塑性流动方向：

$$\mathrm{sym}\,\bar{\boldsymbol{r}}=\frac{3}{2\bar{\sigma}}\bar{\boldsymbol{C}}^{\mathrm{e}}\cdot\bar{\boldsymbol{S}}^{\mathrm{dev}}\cdot\bar{\boldsymbol{C}}^{\mathrm{e}},\quad \mathrm{sym}\,\bar{\boldsymbol{r}}=\frac{3}{2\bar{\sigma}}\boldsymbol{g}\cdot\boldsymbol{\tau}^{\mathrm{dev}}\cdot\boldsymbol{g} \tag{B12.13.6}$$

（3）等效应力：

$$\bar{\sigma}^{2}=\frac{3}{2}(\bar{\boldsymbol{S}}^{\mathrm{dev}}\cdot\bar{\boldsymbol{C}}^{\mathrm{e}}):(\bar{\boldsymbol{S}}^{\mathrm{dev}}\cdot\bar{\boldsymbol{C}}^{\mathrm{e}})^{\mathrm{T}}=\frac{3}{2}(\boldsymbol{\tau}^{\mathrm{dev}}\cdot\boldsymbol{g}):(\boldsymbol{\tau}^{\mathrm{dev}}\cdot\boldsymbol{g})^{\mathrm{T}} \tag{B12.13.7}$$

（4）屈服条件：

$$\bar{f}(\bar{\boldsymbol{S}},\bar{\boldsymbol{q}})=\bar{\sigma}-\sigma_{\mathrm{Y}}(\bar{\varepsilon})=0 \tag{B12.13.8}$$

（5）加-卸载条件：

$$\dot{\lambda}\geqslant 0,\quad \bar{f}\leqslant 0,\quad \dot{\lambda}\bar{f}=0 \tag{B12.13.9}$$

（6）塑性流动率-应变率无关：

$$\dot{\lambda}=\frac{\bar{\boldsymbol{f}}_{\bar{S}}:\boldsymbol{C}_{\mathrm{el}}^{\bar{S}}\cdot\bar{\boldsymbol{D}}}{-\bar{\boldsymbol{f}}_{\bar{q}}\cdot\bar{\boldsymbol{h}}+\bar{\boldsymbol{f}}_{\bar{S}}:\boldsymbol{C}_{\mathrm{el}}^{\bar{S}}:\mathrm{sym}\,\bar{\boldsymbol{r}}} \tag{B12.13.10}$$

（7）塑性流动率-应变率相关：

$$\dot{\lambda}=\dot{\bar{\varepsilon}}=\frac{\bar{\varphi}(\bar{\boldsymbol{S}},\bar{\boldsymbol{q}})}{\eta} \tag{B12.13.11}$$

（8）应力率：

$$\begin{gathered}\dot{\bar{\boldsymbol{S}}}=\boldsymbol{C}^{\bar{S}}:\bar{\boldsymbol{D}}\\ \widetilde{\boldsymbol{C}}^{\bar{S}}=\boldsymbol{C}_{\mathrm{el}}^{\bar{S}}-\frac{(\boldsymbol{C}_{\mathrm{el}}^{\bar{S}}:\mathrm{sym}\,\bar{\boldsymbol{r}})\otimes(\bar{\boldsymbol{f}}_{\bar{S}}:\boldsymbol{C}_{\mathrm{el}}^{\bar{S}})}{-\bar{\boldsymbol{f}}_{\bar{q}}\cdot\bar{\boldsymbol{h}}+\bar{\boldsymbol{f}}_{\bar{S}}:\boldsymbol{C}_{\mathrm{el}}^{\bar{S}}:\mathrm{sym}\,\bar{\boldsymbol{r}}}\end{gathered} \tag{B12.13.12}$$

（9）塑性李导数：

$$\begin{gathered}L_{\mathrm{v}}^{\mathrm{p}}(\bar{\boldsymbol{S}})=\widetilde{\boldsymbol{C}}^{\bar{S}}:\bar{\boldsymbol{D}}\\ \widetilde{\boldsymbol{C}}^{\bar{S}}=C^{\bar{S}}-\frac{(\bar{\boldsymbol{r}}\cdot\bar{\boldsymbol{S}}+\bar{\boldsymbol{S}}\cdot\bar{\boldsymbol{r}}^{\mathrm{T}})\otimes(\bar{\boldsymbol{f}}_{\bar{S}}:\boldsymbol{C}_{\mathrm{el}}^{\bar{S}})}{-\bar{\boldsymbol{f}}_{\bar{q}}\cdot\bar{\boldsymbol{h}}+\bar{\boldsymbol{f}}_{\bar{S}}:\boldsymbol{C}_{\mathrm{el}}^{\bar{S}}:\mathrm{sym}\,\bar{\boldsymbol{r}}}\end{gathered} \tag{B12.13.13}$$

对于弹性加载或卸载，已知有 $\widetilde{\boldsymbol{C}}^{\bar{S}}=\boldsymbol{C}_{\mathrm{el}}^{\bar{S}}$，由式（12.9.33）和式（12.9.34）可以获得空间切线模量：

$$\boldsymbol{C}^{\sigma T}=J^{-1}\left(\boldsymbol{C}^{\tau}-\frac{(\boldsymbol{r}\cdot\boldsymbol{\tau}+\boldsymbol{\tau}\cdot\boldsymbol{r}^{\mathrm{T}})\otimes(\boldsymbol{f}_{\tau}:\boldsymbol{C}_{\mathrm{el}}^{\tau})}{-\boldsymbol{f}_{q}\cdot\boldsymbol{h}+\boldsymbol{f}_{\tau}:\boldsymbol{C}_{\mathrm{el}}^{\tau}:\mathrm{sym}\boldsymbol{r}}\right) \tag{B12.13.14}$$

对于新胡克超弹性响应，令 $\hat{\boldsymbol{n}}=\sqrt{\frac{2}{3}}\boldsymbol{r}$，则弹-塑性模量为

$$\boldsymbol{C}^{\tau}=\lambda^{\mathrm{e}}\boldsymbol{I}\otimes\boldsymbol{I}+2\mu\,\mathbb{I}-2\mu\gamma\hat{\boldsymbol{n}}\otimes\hat{\boldsymbol{n}},\quad \gamma=\frac{1}{1+\left(\frac{H}{3\mu}\right)} \tag{B12.13.15}$$

在 J_{e} 中，$\lambda^{\mathrm{e}}=\lambda_{0}^{\mathrm{e}}$、$\mu=\mu_{0}-\lambda^{\mathrm{e}}$、$J_{\mathrm{e}}=\det\boldsymbol{F}^{\mathrm{e}}$，因此特鲁斯德尔模量为

$$\boldsymbol{C}^{\sigma T}=J^{-1}(\boldsymbol{C}^{\tau}-2\mu\gamma(\hat{\boldsymbol{n}}\cdot\boldsymbol{\tau}+\boldsymbol{\tau}\cdot\hat{\boldsymbol{n}})\otimes\hat{\boldsymbol{n}}) \tag{B12.13.16}$$

对于由材料客观性或框架不变性引起的大转动问题，12.9.5 节的超弹性表达式优于次

弹性方法,可参考 13.3.4 节对材料框架无区别性的深入讨论和 13.2.9 节对超弹-塑性模型的应用。为了满足框架不变性,材料响应必须与观察者的参考框架无关,这就要求各种运动和应力度量是客观的,即在转动框架中为了保持正确的材料关系,它们必须恰当地转换。

框架不变性的另一种方法是以张量的形式推导本构响应,因此不受转动的影响。超弹-塑性公式是框架不变的。令 $\boldsymbol{Q}$ 为从不转动的参考构形和中间构形出发到当前构形的与时间相关的转动,转动后的变形梯度为 $\boldsymbol{F}^{*}=\boldsymbol{Q}\cdot\boldsymbol{F}$,并且由式(12.9.1)的弹性部分和塑性部分分别给出 $\boldsymbol{F}^{*\mathrm{e}}=\boldsymbol{Q}\cdot\boldsymbol{F}^{\mathrm{e}}$,$\boldsymbol{F}^{*\mathrm{p}}=\boldsymbol{Q}\cdot\boldsymbol{F}^{\mathrm{p}}$。由式(12.9.3)有 $\bar{\boldsymbol{E}}^{\mathrm{e}*}=\bar{\boldsymbol{E}}^{\mathrm{e}}$,因此在 $\bar{\Omega}$ 上的拉格朗日应变不受转动的影响。式(12.9.5)给出了相应的应力,即 $\bar{\boldsymbol{S}}^{*}=\dfrac{\partial\bar{w}}{\partial\bar{\boldsymbol{E}}^{\mathrm{e}*}}=\dfrac{\partial\bar{w}}{\partial\bar{\boldsymbol{E}}^{\mathrm{e}}}=\bar{\boldsymbol{S}}$,其也不受转动的影响。这样在中间构形上的应力就是完全独立于转动的,这也呼应了 12.9.4 节的阐述——$\bar{\boldsymbol{S}}$ 在转动时是不变的,保持了客观性,从而避免了次弹-塑性公式对逐步客观积分算法的需求。

12.9.7 单晶塑性

在单晶塑性模型中(Asaro et al.,1972; Asaro,1983; Harren et al.,1989),一组晶体面上发生塑性滑移的流动法则表示为

$$\bar{\boldsymbol{L}}^{\mathrm{p}}=\sum_{\alpha}\dot{\gamma}^{(\alpha)}\boldsymbol{m}^{(\alpha)}\otimes\boldsymbol{n}^{(\alpha)} \tag{12.9.42}$$

式中,$\boldsymbol{m}^{(\alpha)}$ 是塑性滑移方向,$\boldsymbol{n}^{(\alpha)}$ 是滑移面 α 的法向,它表示标量塑性应变率 $\dot{\gamma}^{(\alpha)}$ 保持在滑移面上。目前已经发展了率无关和率相关的公式,Havner(1992)对此给出了详尽的论述,对于率相关模型(Asaro,1983; Harren et al.,1989),有

$$\dot{\gamma}^{(\alpha)}=\dot{\gamma}_0\left(\frac{|\boldsymbol{\tau}^{(\alpha)}|}{g(\gamma^{(\alpha)})}\right)^{\frac{1}{m}} \tag{12.9.43}$$

式中,$\boldsymbol{\tau}^{(\alpha)}=\boldsymbol{m}^{(\alpha)}\cdot(\bar{\boldsymbol{C}}^{\mathrm{e}}\cdot\bar{\boldsymbol{S}})\cdot\boldsymbol{n}^{(\alpha)}$ 是解出的剪切应力;$\gamma^{(\alpha)}$ 是在滑移系统中的累积塑性应变。塑性应变率式(12.9.43)是类似于经验模型式(12.8.43)的应变率,量值 $g(\gamma^{(\alpha)})$ 代表屈服强度。考虑到晶体的弹性响应,应用这些流动法则的表达式和合适的超弹性势能,表 12-13 平行列出了这些本构模型。关于晶体塑性更多的内容,请参考 Zhuang 等(2019)的文献。

12.10 练习

1. 论述影响超弹性材料力学行为的主要因素。描述橡胶材料的本构模型的分类和特点。

2. 以完全多项式模型式(12.5.29),推证其特殊形式:

(1) 减缩多项式模型式(12.5.30);

(2) 当 $N=1$ 时,只有线性部分的穆尼-里夫林形式(12.5.31);当 $N=1$ 时,有减缩多项式的新胡克形式式(12.5.32)。

3. 在超弹性计算中,橡胶使用了 3 次减缩多项式应变能本构模型,其应变能密度表达式为

$$U=\sum_{i=1}^{3}C_{i0}(\bar{I}_1-3)^i$$

取 $C_{10}=0.461\,312$、$C_{20}=0.017\,52$，$C_{30}=8.81\times10^{-5}$（单位为 MPa），求材料弹性常数。

提示：可考虑小变形，利用式(12.5.26)和式(12.5.27)求解。

4. 说明如果 p 是压力，则关系式 $3Jp=\boldsymbol{\tau}:\boldsymbol{g}=\bar{\boldsymbol{S}}:\bar{\boldsymbol{C}}^{\mathrm{e}}$成立。

5. 说明如果$(\mathrm{sym}\bar{\boldsymbol{r}}):(\bar{\boldsymbol{C}}^{\mathrm{e}})^{-1}=0$，则有$\bar{\boldsymbol{S}}^{\mathrm{dev}}:\bar{\boldsymbol{D}}^{\mathrm{p}}=\bar{\boldsymbol{S}}:\bar{\boldsymbol{D}}^{\mathrm{p}}$，见式(12.9.39)和式(12.9.40)。

6. 简述橡胶过盈元件的计算分析方法，应用解析解答或有限元软件完成如下练习：

轨道列车圆柱形钢芯-橡胶-钢环减震元件的力学模型如图 12-22(a)所示，几何尺寸如图 12-22(b)所示，其两端不封闭，无外力作用。钢芯的半径和中间橡胶层的内半径均为 59.50mm，中间橡胶层的外半径为 73mm，外钢环的内半径为 71.1mm，橡胶外半径与外钢环内半径的过盈量为 1.9mm，外钢环的外半径为 80mm。钢的弹性模量 $E_{\mathrm{s}}=2.1\times10^5$ MPa，泊松比 $\nu_{\mathrm{s}}=0.3$；橡胶的弹性模量 $E_{\mathrm{r}}=1.384$MPa，$\nu_{\mathrm{r}}=0.5$。对于广义平面应变情况下(平面应力)的过盈问题，使用线弹性和超弹性两种本构模型求解由过盈引起的应力和位移，并比较结果。

提示：过盈配合是橡胶元件中一种常见的工艺加工方式。轴对称的过盈配合在圆柱铰、球铰等减震橡胶元件中经常出现。由于超弹性本构模型的复杂性和高度的非线性，很少用解析的方法研究橡胶过盈配合大变形问题，而常用有限元计算。一般假设橡胶为不可压缩材料，在过盈配合问题中，材料受到高度约束，计算中采用的橡胶体积模量可能对有限元分析的结果有重要的影响。

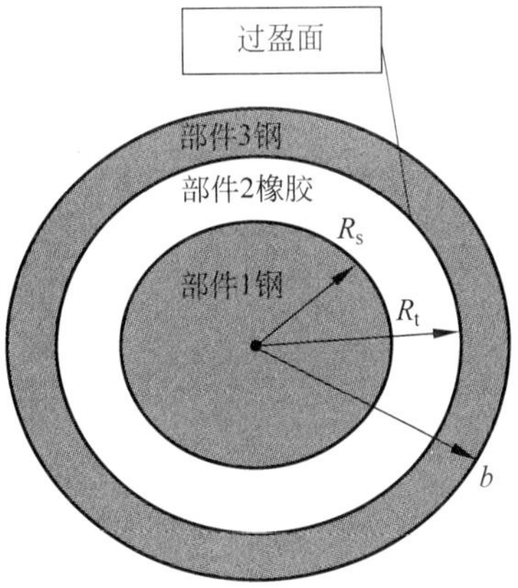

(a)

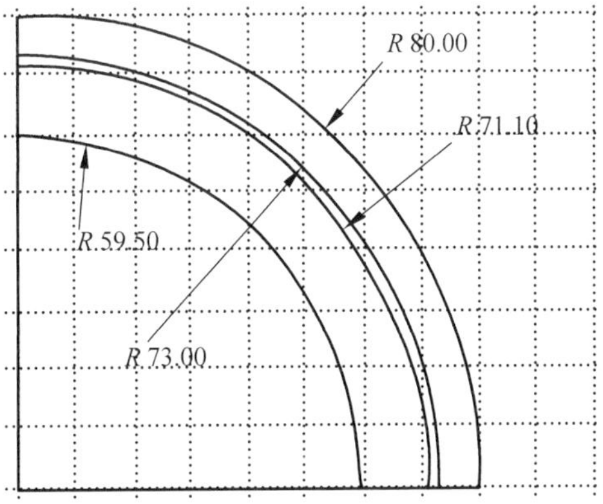

(b)

图 12-22　橡胶过盈配合算例

(a) 力学模型；(b) 算例几何尺寸

需要注意的是，对于不可压缩材料的平面问题，无论是平面问题的解析解还是数值解，均不能采用平面应变解答。因为对于不可压缩材料，如果采用平面应变模型，其体积不变，内力为不确定量，则有限元中的节点位移不能反映单元内力的变化。对于不可压缩材料或接近不可压缩材料的平面问题，请务必应用平面应力(或广义平面应变)解答(邹雨 等，2004)。

第13章

本构更新算法

主要内容

本构模型积分算法：率无关和率相关塑性的图形返回算法，隐式和半隐式向后欧拉算法，J_2 流动理论的径向返回算法，弹-塑性的一致算法模量，率相关切线模量算法，大变形的增量客观积分方法，超弹-塑性本构模型的半隐式方法，大变形的增量客观应力更新编程方法

连续介质力学与本构模型：本构模型的前推和后拉，欧拉张量、拉格朗日张量和两点张量，李导数，材料本构框架的客观性，本构关系应用条件，客观标量函数，材料模量

13.1 引言

对于非线性材料本构关系，在有限元程序中计算本构模型需要应力更新过程，这是相对消耗计算机资源的计算。对给定变形(或从前一个状态变形的增量)进行应力更新，需要对本构方程进行率形式的积分，寻找应力增量与应变增量比值的斜率，即切线模量；对于超弹性材料，则可以直接通过应变能密度进行应力更新。本构方程率形式的积分算法称为应力更新算法，也称为本构更新算法。13.2 节将讨论本构模型的积分算法，包括径向返回算法的一类图形返回算法，描述算法模量与基本应力更新方案一致的概念和关于大变形问题的增量客观应力更新方案。还将描述基于弹性响应的应力更新方案，即自动满足客观性的超弹性势能。13.3 节将给出描述本构模型的某些连续介质力学观点，展示欧拉张量、拉格朗日张量和两点张量的概念，描述后拉、前推和李导数的运算。除了在第 2 章已经给出的应力客观率，这些概念已用于处理许多客观性的材料本构框架。本章还将简要描述材料的对称性，并且以本构行为的张量表示来讨论本构框架不变性的某些问题，同时讨论热力学第二定律和某些附加的稳定性必要条件对材料行为的约束。

13.2 本构模型积分算法

对于率无关和率相关材料，本节提供了本构积分算法。为了方便叙述，首先介绍小应变塑性，其次将小应变算法扩展至大变形，将大变形分析的积分算法保持在基于本构方程客观性的基础上，最后展示关于大变形塑性的逐步客观积分算法。本节也将讨论关于大变形超弹-塑性材料的应力更新算法，回避对应力率方程的积分。另外，本节还将描述与本构积分算法相关的算法模量，它在隐式求解算法中可用于发展材料的切线刚度矩阵(第7章)。

13.2.1 率无关塑性的图形返回算法

考虑表12-11给出的小应变、率无关弹-塑性的本构方程：

$$\begin{cases}\dot{\boldsymbol{\sigma}}=\boldsymbol{C}:\dot{\boldsymbol{\varepsilon}}^{\mathrm{e}}=\boldsymbol{C}:(\dot{\boldsymbol{\varepsilon}}-\dot{\boldsymbol{\varepsilon}}^{\mathrm{p}})\\ \dot{\boldsymbol{\varepsilon}}^{p}=\dot{\lambda}\boldsymbol{r}\\ \dot{\boldsymbol{q}}=\dot{\lambda}\boldsymbol{h}\\ \dot{f}=\boldsymbol{f}_{\sigma}:\dot{\boldsymbol{\sigma}}+\boldsymbol{f}_{q}\cdot\dot{\boldsymbol{q}}=0\\ \dot{\lambda}\geqslant 0,\quad f\leqslant 0,\quad \dot{\lambda}f=0\end{cases}\tag{13.2.1}$$

在时刻 n 给出一组$(\boldsymbol{\varepsilon}_n,\boldsymbol{\varepsilon}_n^{\mathrm{p}},\boldsymbol{q}_n)$和应变增量 $\Delta\boldsymbol{\varepsilon}=\Delta t\dot{\boldsymbol{\varepsilon}}$，本构积分算法的目的是计算 $n+1$ 时刻的$(\boldsymbol{\varepsilon}_{n+1},\boldsymbol{\varepsilon}_{n+1}^{\mathrm{p}},\boldsymbol{q}_{n+1})$，并满足加-卸载条件，注意此时的应力为$\boldsymbol{\sigma}_{n+1}=\boldsymbol{C}:(\boldsymbol{\varepsilon}_{n+1}-\boldsymbol{\varepsilon}_{n+1}^{\mathrm{p}})$。从表12-11可知，对 $\dot{\lambda}$ 求解的一致性条件为

$$\dot{\lambda}=\frac{\boldsymbol{f}_{\sigma}:\boldsymbol{C}:\dot{\boldsymbol{\varepsilon}}}{-\boldsymbol{f}_{q}\cdot\boldsymbol{h}+\boldsymbol{f}_{\sigma}:\boldsymbol{C}:\boldsymbol{r}}\tag{13.2.2}$$

可以设想应用这个塑性参数提供更新的应力率、塑性应变率和内变量率，并且写出简单的向前欧拉积分公式算法：

$$\begin{cases}\boldsymbol{\varepsilon}_{n+1}=\boldsymbol{\varepsilon}_n+\Delta\varepsilon\\ \boldsymbol{\varepsilon}_{n+1}^{\mathrm{p}}=\boldsymbol{\varepsilon}_n^{\mathrm{p}}+\Delta\lambda_n\boldsymbol{r}_n\\ \boldsymbol{q}_{n+1}=\boldsymbol{q}_n+\Delta\lambda_n\boldsymbol{h}_n\\ \boldsymbol{\sigma}_{n+1}=\boldsymbol{C}:(\boldsymbol{\varepsilon}_{n+1}-\boldsymbol{\varepsilon}_{n+1}^{\mathrm{p}})=\boldsymbol{\sigma}_n+\boldsymbol{C}^{\mathrm{ep}}:\Delta\boldsymbol{\varepsilon}\end{cases}\tag{13.2.3}$$

式中，$\Delta\lambda_n=\Delta t\dot{\lambda}_n$。但是在下一步，这些应力和内变量的更新值可能并不满足屈服条件，即 $f_{n+1}=f(\boldsymbol{\sigma}_{n+1},\boldsymbol{q}_{n+1})\neq 0$，并且解答从屈服表面漂移，常常导致不精确的结果。积分算法式(13.2.3)有时称为切线模量更新算法。这种方法奠定了计算率无关塑性早期工作的基础，但是由于其精确度较差，人们不再采用。

因此，需要考虑另外一些方法进行率本构方程的积分，这些方法的目的之一是强化在时间步结束时的一致性，即满足屈服条件 $f_{n+1}=0$，以避免离开屈服表面的漂移。这类本构方程积分算法有很多，Simo 和 Hughes(1998)总结了主要的方法，Hughes(1984)指出了一些关于本构模型数值增强的关键问题。本书主要关注的一类方法称为图形返回算法，该算法强健、精确，并已广泛地应用于实际。著名的关于米塞斯塑性的径向返回方法就是图形返回算法的特例。

图形返回算法包括一个初始的弹性预测步，在应力空间对屈服表面的偏离，以及塑性调整步使应力返回更新后的屈服表面。该方法的两个组成部分是一个积分算法，它将一组本构方程转换为一组非线性代数方程和一个对非线性代数方程的求解算法。该方法可以基于不同的积分算法，如生成梯形法则、中点法则或龙格-库塔方法等。本书主要采用向后欧拉算法，下面考虑一个完全隐式方法和一个半隐式方法。

13.2.2 完全隐式的图形返回算法

在完全隐式的向后欧拉方法中，在步骤结束时计算塑性应变和内变量的增量，同时强化屈服条件，其积分算法为

$$\begin{cases}\boldsymbol{\varepsilon}_{n+1}=\boldsymbol{\varepsilon}_n+\Delta\boldsymbol{\varepsilon}\\ \boldsymbol{\varepsilon}^{\mathrm{p}}_{n+1}=\boldsymbol{\varepsilon}^{\mathrm{p}}_n+\Delta\lambda_{n+1}\boldsymbol{r}_{n+1}\\ \boldsymbol{q}_{n+1}=\boldsymbol{q}_n+\Delta\lambda_{n+1}\boldsymbol{h}_{n+1}\\ \boldsymbol{\sigma}_{n+1}=\boldsymbol{C}:(\boldsymbol{\varepsilon}_{n+1}-\boldsymbol{\varepsilon}^{\mathrm{p}}_{n+1})\\ f_{n+1}=f(\boldsymbol{\sigma}_{n+1},\boldsymbol{q}_{n+1})=0\end{cases}\tag{13.2.4}$$

在时刻 n 给出一组($\boldsymbol{\varepsilon}_n,\boldsymbol{\varepsilon}^{\mathrm{p}}_n,\boldsymbol{q}_n$)和应变增量 $\Delta\boldsymbol{\varepsilon}$，式(13.2.4)是一组关于求解($\boldsymbol{\varepsilon}_{n+1},\boldsymbol{\varepsilon}^{\mathrm{p}}_{n+1},\boldsymbol{q}_{n+1}$)的非线性代数方程。注意到更新变量来自前一个时间步骤结束时的收敛值，这就避免了非物理意义的结果，即当用不收敛的塑性应变和内变量值求解路径相关塑性方程时，可能发生的伪卸载。在 $n+1$ 时刻，通过方程组(13.2.4)的解答获得了应变$\boldsymbol{\varepsilon}_{n+1}$。如果解答过程是隐式的，则可以理解应变$\boldsymbol{\varepsilon}_{n+1}$ 是在隐式解答算法的最终迭代后的总体应变。

下面给出该算法的几何解释。首先注意到由式(13.2.4)的第二式，塑性应变增量为

$$\Delta\boldsymbol{\varepsilon}^{\mathrm{p}}_{n+1}\equiv\boldsymbol{\varepsilon}^{\mathrm{p}}_{n+1}-\boldsymbol{\varepsilon}^{\mathrm{p}}_n=\Delta\lambda_{n+1}\boldsymbol{r}_{n+1}\tag{13.2.5}$$

将此表达式代入式(13.2.4)的第四式，得到

$$\begin{aligned}\boldsymbol{\sigma}_{n+1}&=\boldsymbol{C}:(\boldsymbol{\varepsilon}_{n+1}-\boldsymbol{\varepsilon}^{\mathrm{p}}_n-\Delta\boldsymbol{\varepsilon}^{\mathrm{p}}_{n+1})\\&=\boldsymbol{C}:(\boldsymbol{\varepsilon}_n+\Delta\boldsymbol{\varepsilon}-\boldsymbol{\varepsilon}^{\mathrm{p}}_n-\Delta\boldsymbol{\varepsilon}^{\mathrm{p}}_{n+1})\\&=\boldsymbol{C}:(\boldsymbol{\varepsilon}_n-\boldsymbol{\varepsilon}^{\mathrm{p}}_n)+\boldsymbol{C}:\Delta\boldsymbol{\varepsilon}-\boldsymbol{C}:\Delta\boldsymbol{\varepsilon}^{\mathrm{p}}_{n+1}\\&=(\sigma_n+\boldsymbol{C}:\Delta\boldsymbol{\varepsilon})-\boldsymbol{C}:\Delta\boldsymbol{\varepsilon}^{\mathrm{p}}_{n+1}\\&=\boldsymbol{\sigma}^{\mathrm{trail}}_{n+1}-\boldsymbol{C}:\Delta\boldsymbol{\varepsilon}^{\mathrm{p}}_{n+1}\\&=\boldsymbol{\sigma}^{\mathrm{trail}}_{n+1}-\Delta\lambda_{n+1}\boldsymbol{C}:\boldsymbol{r}_{n+1}\end{aligned}\tag{13.2.6}$$

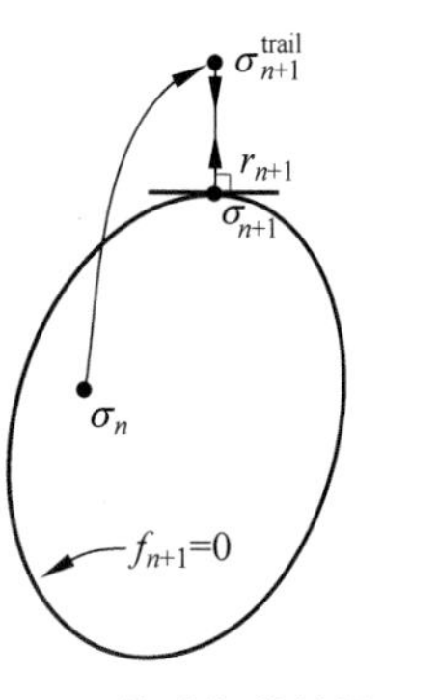

图 13-1 关联塑性的最近点投射方法

$\boldsymbol{r}_{n+1}$ 与$\dfrac{\partial f}{\boldsymbol{\sigma}_{n+1}}$成比例

式中，$\boldsymbol{\sigma}^{\mathrm{trail}}_{n+1}=\boldsymbol{\sigma}_n+\boldsymbol{C}:\Delta\boldsymbol{\varepsilon}$ 是弹性预测的试应力，而数值$-\Delta\lambda_{n+1}\boldsymbol{C}:\boldsymbol{r}_{n+1}$ 是塑性修正量，它沿一个方向，即结束点处的塑性流动的方向(图 13-1)返回或投射试应力到适当更新的屈服表面(考虑硬化)。弹性预测状态由总体应变的增量驱动，而塑性修正状态由塑性参数的增量 $\Delta\lambda_{n+1}$ 驱动。因此，在弹性预测阶段，塑性应变和内变量保持恒定，而在塑性修正阶段，总体应变是不变的。在弹性预测阶段，由式(13.2.4)得到的结果为

$$\Delta\boldsymbol{\sigma}_{n+1}=-\boldsymbol{C}:\Delta\boldsymbol{\varepsilon}^{\mathrm{p}}_{n+1}=-\Delta\lambda_{n+1}\boldsymbol{C}:\boldsymbol{r}_{n+1}\tag{13.2.7}$$

下面在式(13.2.4)的解答中应用这个结果。

非线性代数方程组(13.2.4)一般由牛顿过程求解。如 Simo

和 Hughes (1998) 所论述的,通过分类线性化的方程组(13.2.4)的牛顿过程和最近投射点的概念,引导塑性修正返回屈服表面。在算法的塑性修正阶段中,总体应变是常数,线性化是相对于塑性参数增量 $\Delta\lambda$ 的。在牛顿过程中应用以下标记:一个方程 $g(\Delta\lambda)=0$ 的线性化(有 $\Delta\lambda^{(0)}=0$)在第 k 次迭代时记为

$$g^{(k)}+\left(\frac{\mathrm{d}g}{\mathrm{d}\Delta\lambda}\right)^{(k)}\delta\lambda^{(k)}=0,\quad \Delta\lambda^{(k+1)}=\Delta\lambda^{(k)}+\delta\lambda^{(k)} \tag{13.2.8}$$

式中,$\delta\lambda^{(k)}$ 是在第 k 次迭代时 $\Delta\lambda$ 的增量。在本章余下部分的大多数情况下,都将省略方程中载荷和时间增量的角标 $n+1$。除非另外说明,所有方程都在 $n+1$ 时刻赋值。

为了适合牛顿迭代的要求,以式(13.2.8)的形式写出式(13.2.4)中的塑性更新和屈服条件:

$$\begin{cases}\boldsymbol{a}=-\boldsymbol{\varepsilon}^{\mathrm{p}}+\boldsymbol{\varepsilon}_n^{\mathrm{p}}+\Delta\lambda\boldsymbol{r}=\boldsymbol{0}\\ \boldsymbol{b}=-\boldsymbol{q}+\boldsymbol{q}_n+\Delta\lambda\boldsymbol{h}=\boldsymbol{0}\\ f=f(\boldsymbol{\sigma},\boldsymbol{q})=0\end{cases} \tag{13.2.9}$$

这组方程的线性化给出(应用式(13.2.7),以 $\Delta\boldsymbol{\varepsilon}^{\mathrm{p}^{(k)}}=-\boldsymbol{C}^{-1}:\Delta\boldsymbol{\sigma}^{(k)}$ 的形式)

$$\begin{cases}\boldsymbol{a}^{(k)}+\boldsymbol{C}^{-1}:\Delta\boldsymbol{\sigma}^{(k)}+\Delta\lambda^{(k)}\Delta\boldsymbol{r}^{(k)}+\delta\lambda^{(k)}\boldsymbol{r}^{(k)}=0\\ \boldsymbol{b}^{(k)}-\Delta\boldsymbol{q}^{(k)}+\Delta\lambda^{(k)}\Delta\boldsymbol{h}^{(k)}+\delta\lambda^{(k)}\boldsymbol{h}^{(k)}=0\\ f^{(k)}+\boldsymbol{f}_{\sigma}^{(k)}:\Delta\boldsymbol{\sigma}^{(k)}+\boldsymbol{f}_{q}^{(k)}\cdot\Delta\boldsymbol{q}^{(k)}=0\end{cases} \tag{13.2.10}$$

其中,

$$\begin{cases}\Delta\boldsymbol{r}^{(k)}=\boldsymbol{r}_{\sigma}^{(k)}:\Delta\boldsymbol{\sigma}^{(k)}+\boldsymbol{r}_{q}^{(k)}\cdot\Delta\boldsymbol{q}^{(k)}\\ \Delta\boldsymbol{h}^{(k)}=\boldsymbol{h}_{\sigma}^{(k)}:\Delta\boldsymbol{\sigma}^{(k)}+\boldsymbol{h}_{q}^{(k)}\cdot\Delta\boldsymbol{q}^{(k)}\end{cases} \tag{13.2.11}$$

式中,下角标 σ 和 q 表示偏导数。方程组(13.2.10)有 3 个方程,可以联立求解 $\Delta\boldsymbol{\sigma}^{(k)}$、$\Delta\boldsymbol{q}^{(k)}$ 和 $\delta\lambda^{(k)}$。将式(13.2.11)代入式(13.2.10)的前两式,并且以矩阵的形式写出方程的结果,得到

$$[\boldsymbol{A}^{(k)}]^{-1}\begin{Bmatrix}\Delta\boldsymbol{\sigma}^{(k)}\\ \Delta\boldsymbol{q}^{(k)}\end{Bmatrix}=-\{\tilde{\boldsymbol{a}}^{(k)}\}-\delta\lambda^{(k)}\{\tilde{\boldsymbol{r}}^{(k)}\} \tag{13.2.12}$$

其中,

$$[\boldsymbol{A}^{(k)}]^{-1}=\begin{bmatrix}\boldsymbol{C}^{-1}+\Delta\lambda\boldsymbol{r}_{\sigma} & \Delta\lambda\boldsymbol{r}_{q}\\ \Delta\lambda\boldsymbol{h}_{\sigma} & -\boldsymbol{I}+\Delta\lambda\boldsymbol{h}_{q}\end{bmatrix}^{(k)},\quad \{\tilde{\boldsymbol{a}}^{(k)}\}=\begin{Bmatrix}\boldsymbol{a}^{(k)}\\ \boldsymbol{b}^{(k)}\end{Bmatrix},$$

$$\{\tilde{\boldsymbol{r}}^{(k)}\}=\begin{Bmatrix}\boldsymbol{r}^{(k)}\\ \boldsymbol{h}^{(k)}\end{Bmatrix} \tag{13.2.13}$$

求解式(13.2.12)的应力和内变量增量:

$$\begin{Bmatrix}\Delta\boldsymbol{\sigma}^{(k)}\\ \Delta\boldsymbol{q}^{(k)}\end{Bmatrix}=-[\boldsymbol{A}^{(k)}]\{\tilde{\boldsymbol{a}}^{(k)}\}-\delta\lambda^{(k)}[\boldsymbol{A}^{(k)}]\{\tilde{\boldsymbol{r}}^{(k)}\} \tag{13.2.14}$$

将此结果代入式(13.2.10)的第三式,并求解 $\delta\lambda^{(k)}$,得到

$$\delta\lambda^{(k)}=\frac{f^{(k)}-\partial\boldsymbol{f}^{(k)}\boldsymbol{A}^{(k)}\tilde{\boldsymbol{a}}^{(k)}}{\partial\boldsymbol{f}^{(k)}\boldsymbol{A}^{(k)}\tilde{\boldsymbol{r}}^{(k)}} \tag{13.2.15}$$

式中使用了标记 $\partial\boldsymbol{f}=[\boldsymbol{f}_{\sigma}\quad \boldsymbol{f}_{q}]$。

采用式(13.2.14)和式(13.2.15)给出的增量值,塑性应变、内变量和塑性参数将更

新为

$$\begin{cases}\boldsymbol{\varepsilon}^{p(k+1)}=\boldsymbol{\varepsilon}^{p(k)}+\Delta\boldsymbol{\varepsilon}^{p(k)}=\boldsymbol{\varepsilon}^{p(k)}-\boldsymbol{C}^{-1}:\Delta\boldsymbol{\sigma}^{(k)}\\ \boldsymbol{q}^{(k+1)}=\boldsymbol{q}^{(k)}+\Delta\boldsymbol{q}^{(k)}\\ \Delta\lambda^{(k+1)}=\Delta\lambda^{(k)}+\delta\lambda^{(k)}\end{cases}\tag{13.2.16}$$

牛顿过程是连续的计算，直至收敛到获得足以满足准则的更新屈服表面。如 Simo 和 Hughes(1998)所注明，这个过程是隐式的并包括了方程(13.2.12)局部(在单元积分点水平的)系统的结果。该方法的复杂性在于需要塑性流动方向和塑性模量的梯度 $\boldsymbol{r}_\sigma$、$\boldsymbol{r}_q$、$\boldsymbol{h}_\sigma$ 和 $\boldsymbol{h}_q$。对于复杂的本构模型，这些表达式可能难以得到。全部的应力更新算法列于表 13-1。

表 13-1　向后欧拉图形返回算法

(1) 初始值：设塑性应变和内变量的初始值为前面时间步结束时的收敛值，对塑性参数增量置零，以及为弹性试应力赋值：

$$k=0:\quad \boldsymbol{\varepsilon}^{p(0)}=\boldsymbol{\varepsilon}_n^{p},\quad \boldsymbol{q}^{(0)}=\boldsymbol{q}_n,\quad \Delta\lambda^{(0)}=0,\quad \boldsymbol{\sigma}^{(0)}=\boldsymbol{C}:(\boldsymbol{\varepsilon}_{n+1}-\boldsymbol{\varepsilon}^{p(0)})$$

(2) 在第 k 次迭代时检查屈服条件和收敛性：

$$f^{(k)}=f(\boldsymbol{\sigma}^{(k)},\boldsymbol{q}^{(k)}),\quad \{\tilde{\boldsymbol{a}}^{(k)}\}=\begin{Bmatrix}\boldsymbol{a}^{(k)}\\ \boldsymbol{b}^{(k)}\end{Bmatrix}$$

如果：$f^{(k)}<\mathrm{TOL}_1$ 且 $\|\tilde{\boldsymbol{a}}^{(k)}\|<\mathrm{TOL}_2$，则收敛；否则：转至步骤(3)。

(3) 计算塑性参数的增量：

$$[\boldsymbol{A}^{(k)}]^{-1}=\begin{bmatrix}\boldsymbol{C}^{-1}+\Delta\lambda\boldsymbol{r}_\sigma & \Delta\lambda\boldsymbol{r}_q\\ \Delta\lambda\boldsymbol{h}_\sigma & -I+\Delta\lambda\boldsymbol{h}_q\end{bmatrix}^{(k)},\quad \{\tilde{\boldsymbol{r}}^{(k)}\}=\begin{Bmatrix}\boldsymbol{r}^{(k)}\\ \boldsymbol{h}^{(k)}\end{Bmatrix},$$

$$[\partial\boldsymbol{f}^{(k)}]=[\boldsymbol{f}_\sigma^{(k)}\quad \boldsymbol{f}_q^{(k)}],$$

$$\delta\lambda^{(k)}=\frac{f^{(k)}-\partial\boldsymbol{f}^{(k)}\boldsymbol{A}^{(k)}\tilde{\boldsymbol{a}}^{(k)}}{\partial\boldsymbol{f}^{(k)}\boldsymbol{A}^{(k)}\tilde{\boldsymbol{r}}^{(k)}}$$

(4) 获得应力和内变量的增量：

$$\begin{Bmatrix}\Delta\boldsymbol{\sigma}^{(k)}\\ \Delta\boldsymbol{q}^{(k)}\end{Bmatrix}=-[\boldsymbol{A}^{(k)}]\{\tilde{\boldsymbol{a}}^{(k)}\}-\delta\lambda^{(k)}[\boldsymbol{A}^{(k)}]\{\tilde{\boldsymbol{r}}^{(k)}\}$$

(5) 更新塑性应变和内变量：

$$\boldsymbol{\varepsilon}^{p(k+1)}=\boldsymbol{\varepsilon}^{p(k)}+\Delta\boldsymbol{\varepsilon}^{p(k)}=\boldsymbol{\varepsilon}^{p(k)}-\boldsymbol{C}^{-1}:\Delta\boldsymbol{\sigma}^{(k)},$$

$$\boldsymbol{q}^{(k+1)}=\boldsymbol{q}^{(k)}+\Delta\boldsymbol{q}^{(k)},$$

$$\Delta\lambda^{(k+1)}=\Delta\lambda^{(k)}+\delta\lambda^{(k)},$$

$$\boldsymbol{\sigma}^{(k+1)}=\boldsymbol{\sigma}^{(k)}+\Delta\boldsymbol{\sigma}^{(k)}=\boldsymbol{C}:(\boldsymbol{\varepsilon}_{n+1}-\boldsymbol{\varepsilon}^{p(k+1)})$$

$k\leftarrow k+1$，　转至步骤(2)

13.2.3　J_2 流动理论的径向返回算法

对于 J_2 流动塑性理论的特殊情况，一般图形返回算法退化为我们熟知的径向返回算法(Krieg et al.,1976；Simo et al.,1985)。为了便于描述，首先给出关于径向返回的一些重要结果，这些结果也将应用于确定一致算法模量。

回顾式(13.2.6)给出的弹性预测的试应力，这里标记为$\boldsymbol{\sigma}^{(0)}$，即

$$\boldsymbol{\sigma}^{(0)}=\boldsymbol{C}:(\boldsymbol{\varepsilon}_{n+1}-\boldsymbol{\varepsilon}^{p(0)})\tag{13.2.17}$$

应力在第 k 次迭代时为

$$\boldsymbol{\sigma}^{(k)}=\boldsymbol{\sigma}^{(0)}-\Delta\lambda^{(k)}\boldsymbol{C}:\boldsymbol{r}^{(k)} \tag{13.2.18}$$

参考表 12-11 小应变的弹-塑性本构模型和表 12-7 详细的 J_2 流动理论，注意到塑性的流动沿偏应力方向，为 $\boldsymbol{r}=\dfrac{3\boldsymbol{\sigma}^{\text{dev}}}{2\bar{\sigma}}$，也是屈服表面的法向，即 $\boldsymbol{r}=\boldsymbol{f}_{\sigma}$。在偏应力空间，米塞斯屈服表面是环状，因此屈服表面的法向是径向(图 13-2)。我们在塑性流动的方向(径向)定义一个单位法向矢量为

$$\hat{\boldsymbol{n}}=\frac{\boldsymbol{r}^{(0)}}{\|\boldsymbol{r}^{(0)}\|}=\frac{\boldsymbol{\sigma}_{\text{dev}}^{(0)}}{\|\boldsymbol{\sigma}_{\text{dev}}^{(0)}\|},\quad \boldsymbol{r}^{(0)}=\sqrt{\frac{3}{2}}\hat{\boldsymbol{n}} \tag{13.2.19}$$

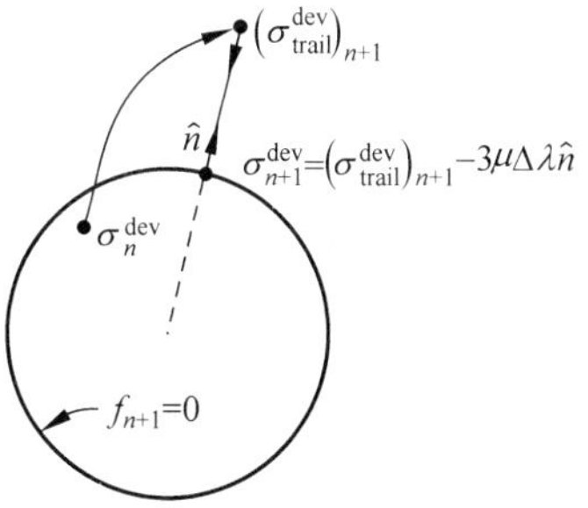

图 13-2 在收敛状态下关于 J_2 塑性的径向返回方法

在偏应力空间，米塞斯屈服表面是圆形

径向返回方法的重要特性是 $\hat{\boldsymbol{n}}$ 保持在径向，并且在整个塑性修正过程中不发生变化。参考式(13.2.9)可知，塑性应变的更新是 $\Delta\lambda$ 的线性函数，而塑性流动残量恒为零：$\boldsymbol{a}^{(k)}=0$。唯一的内变量(各向同性硬化)是累积塑性应变，为 $q_1\equiv\bar{\varepsilon}=\lambda$，$h=1$。因此，内变量的更新也是 $\Delta\lambda$ 的线性函数，并且相应的残量为零，即 $\boldsymbol{b}^{(k)}=0$。

令塑性流动方向的表达式对应力求导数，得到

$$\boldsymbol{r}_{\sigma}=\frac{3}{2\bar{\sigma}}\hat{\mathbb{I}},\quad \hat{\mathbb{I}}=\mathbb{I}^{\text{dev}}-\hat{\boldsymbol{n}}\otimes\hat{\boldsymbol{n}},\quad \mathbb{I}^{\text{dev}}=\mathbb{I}-\frac{1}{3}\boldsymbol{I}\otimes\boldsymbol{I} \tag{13.2.20}$$

这里需要特别说明，式中 $\boldsymbol{I}$ 是 2 阶张量，而$\mathbb{I}$ 是 4 阶总体对称张量，$\mathbb{I}^{\text{dev}}$是 4 阶对称偏张量，$\hat{\mathbb{I}}$ 是 4 阶投射张量，后者的性质为

$$\forall \boldsymbol{n}\ 均有\ \hat{\mathbb{I}}^{n}=\hat{\mathbb{I}},\quad \hat{\mathbb{I}}:\hat{\boldsymbol{n}}=0,\quad \hat{\mathbb{I}}:\boldsymbol{I}=0,\quad \hat{\mathbb{I}}:\mathbb{I}^{\text{dev}}=\hat{\mathbb{I}} \tag{13.2.21}$$

塑性流动方向独立于累积塑性应变，因而有 $\boldsymbol{r}_q=0$。并且，由于 $\boldsymbol{h}=1$，有 $\boldsymbol{h}_{\sigma}=0$ 和 $\boldsymbol{h}_q=0$。屈服条件为 $f=\bar{\sigma}-\sigma_{\text{Y}}(\bar{\varepsilon})=0$，而 f 的导数是 $\boldsymbol{f}_{\sigma}=\boldsymbol{r}$ 和 $\boldsymbol{f}_q=-\dfrac{\mathrm{d}\sigma_{\text{Y}}}{\mathrm{d}\bar{\varepsilon}}=-H$。因此矩阵 $\boldsymbol{A}$ 为

$$[\boldsymbol{A}^{(k)}]=\begin{bmatrix}(\boldsymbol{C}^{-1}+\Delta\lambda\boldsymbol{r}_{\sigma})^{-1} & \boldsymbol{0}\\ \boldsymbol{0} & -\boldsymbol{I}\end{bmatrix}^{(k)} \tag{13.2.22}$$

现在注意到

$$(\boldsymbol{C}^{-1}+\Delta\lambda\boldsymbol{r}_{\sigma})=(\boldsymbol{C}^{-1}+\boldsymbol{a}\hat{\mathbb{I}}),\quad a=\frac{3\Delta\lambda}{2\bar{\sigma}} \tag{13.2.23}$$

对于各向同性弹性模量，应用式(13.2.21)，逆矩阵可以写成

$$(\boldsymbol{C}^{-1}+\Delta\lambda \boldsymbol{r}_{\sigma})^{-1}=(\boldsymbol{C}-2\mu b\hat{\mathbb{I}}),\quad b=\frac{2\mu a}{1+2\mu a} \tag{13.2.24}$$

并且 $\boldsymbol{A}$ 为

$$[\boldsymbol{A}^{(k)}]=\begin{bmatrix}(\boldsymbol{C}-2\mu b\hat{\mathbb{I}}) & \boldsymbol{0}\\ \boldsymbol{0} & -\boldsymbol{I}\end{bmatrix}^{(k)} \tag{13.2.25}$$

对于各向同性弹性模量，有等式 $\boldsymbol{C}:\boldsymbol{r}=2\mu\boldsymbol{r}=2\mu\sqrt{\frac{3}{2}}\hat{\boldsymbol{n}}$、$\hat{\mathbb{I}}:(\boldsymbol{C}:\boldsymbol{r})=0$ 和 $\boldsymbol{r}:\boldsymbol{C}:\boldsymbol{r}=3\mu$。对 $\boldsymbol{A}$ 应用这些等式和表达式(13.2.25)，并且再次利用 $\tilde{\boldsymbol{a}}^{(k)}=0$(因为 $\boldsymbol{a}^{(k)}=\boldsymbol{b}^{(k)}=0$)，则在塑性参数式(13.2.15)中的增量为

$$\delta\lambda^{(k)}=\frac{f^{(k)}}{3\mu+H^{(k)}} \tag{13.2.26}$$

为了获得另一种表达式，注意到偏应力可以写为 $\boldsymbol{\sigma}^{\mathrm{dev}}=\sqrt{\frac{2}{3}}\bar{\sigma}\hat{\boldsymbol{n}}$，由式(13.2.18)得到

$$\boldsymbol{\sigma}_{\mathrm{dev}}^{(k)}=\boldsymbol{\sigma}_{\mathrm{dev}}^{(0)}-2\mu\Delta\lambda^{(k)}\boldsymbol{r}^{(k)}=\left(\sqrt{\frac{2}{3}}\bar{\sigma}^{(0)}-2\mu\Delta\lambda^{(k)}\sqrt{\frac{3}{2}}\right)\hat{\boldsymbol{n}} \tag{13.2.27}$$

应用这个表达式，得到等效应力为

$$\bar{\sigma}^{(k)}=\bar{\sigma}^{(0)}-3\mu\Delta\lambda^{(k)} \tag{13.2.28}$$

为了给出以下塑性参数增量的表达式，将上式代入式(13.2.26)的屈服函数 $f^{(k)}$：

$$\delta\lambda^{(k)}=\frac{(\bar{\sigma}^{(0)}-3\mu\Delta\lambda^{(k)})-\sigma_{\mathrm{Y}}(\bar{\varepsilon}^{(k)})}{3\mu+H^{(k)}} \tag{13.2.29}$$

在表 13-2 中总结了 J_2 流动理论的径向返回算法。

表 13-2 J_2 流动理论的径向返回算法

(1) 设初始值：

$$k=0:\quad \boldsymbol{\varepsilon}^{\mathrm{p}(0)}=\boldsymbol{\varepsilon}_n^{\mathrm{p}},\quad \bar{\varepsilon}^{(0)}=\bar{\varepsilon}_n,\quad \Delta\lambda^{(0)}=0,\quad \boldsymbol{\sigma}^{(0)}=\boldsymbol{C}:(\boldsymbol{\varepsilon}_{n+1}-\boldsymbol{\varepsilon}^{\mathrm{p}(0)})$$

(2) 在第 k 次迭代时检查屈服条件：

$$f^{(k)}=\bar{\sigma}^{(k)}-\sigma_{\mathrm{Y}}(\bar{\varepsilon}^{(k)})=(\bar{\sigma}^{(0)}-3\mu\Delta\lambda^{(k)})-\sigma_{\mathrm{Y}}(\bar{\varepsilon}^{(k)})$$

如果 $f^{(k)}<\mathrm{TOL}_1$，则收敛；否则：转至步骤(3)。

(3) 计算塑性参数的增量：

$$\delta\lambda^{(k)}=\frac{(\bar{\sigma}^{(0)}-3\mu\Delta\lambda^{(k)})-\sigma_{\mathrm{Y}}(\bar{\varepsilon}^{(k)})}{3\mu+H^{(k)}}$$

(4) 更新塑性应变和内变量：

$$\hat{\boldsymbol{n}}=\frac{\boldsymbol{\sigma}_{\mathrm{dev}}^{(0)}}{\|\boldsymbol{\sigma}_{\mathrm{dev}}^{(0)}\|},\quad \Delta\boldsymbol{\varepsilon}^{\mathrm{p}(k)}=-\delta\lambda^{(k)}\sqrt{\frac{3}{2}}\hat{\boldsymbol{n}},\quad \Delta\bar{\varepsilon}^{(k)}=\delta\lambda^{(k)}$$

$$\boldsymbol{\varepsilon}^{\mathrm{p}(k+1)}=\boldsymbol{\varepsilon}^{\mathrm{p}(k)}+\Delta\boldsymbol{\varepsilon}^{\mathrm{p}(k)}$$

$$\boldsymbol{\sigma}^{(k+1)}=\boldsymbol{C}:(\boldsymbol{\varepsilon}_{n+1}-\boldsymbol{\varepsilon}^{\mathrm{p}(k+1)})=\boldsymbol{\sigma}^{(k)}+\Delta\boldsymbol{\sigma}^{(k)}=\sigma^{(k)}-2\mu\delta\lambda^{(k)}\sqrt{\frac{3}{2}}\hat{\boldsymbol{n}}$$

$$\bar{\varepsilon}^{(k+1)}=\bar{\varepsilon}^{(k)}+\delta\lambda^{(k)}$$

$$\Delta\lambda^{(k+1)}=\Delta\lambda^{(k)}+\delta\lambda^{(k)}$$

$k\leftarrow k+1$，转至步骤(2)。

为了描述向后欧拉图形返回算法，考虑了 J_2 塑性流动的情况并展示了如何由一般的方法退化到径向返回算法。按照表 13-2，一般可直接编写径向返回算法的程序。对于更复杂的本构模型，可应用表 13-1 的一般方法。

13.2.4 弹-塑性的一致算法模量

在隐式方法中，需要合适的切线模量。由于材料在屈服时弹性行为突然转化为塑性行为，连续弹-塑性切线模量可能引起伪加载和卸载。为了避免这点，采用一个基于本构积分算法的系统线性化的算法模量（也称为一致切线模量）代替连续弹-塑性切线模量。下面推导完全隐式向后欧拉方法的算法模量。

向后欧拉更新算法的切线模量定义为

$$\boldsymbol{C}^{\mathrm{alg}}=\left(\frac{\mathrm{d}\boldsymbol{\sigma}}{\mathrm{d}\boldsymbol{\varepsilon}}\right)_{n+1} \tag{13.2.30}$$

为了推导切线算法模量的表达式，将式(13.2.4)写成增量形式（再次省略下角标 $n+1$）：

$$\begin{cases}\mathrm{d}\boldsymbol{\sigma}=\boldsymbol{C}:(\mathrm{d}\boldsymbol{\varepsilon}-\mathrm{d}\boldsymbol{\varepsilon}^{\mathrm{p}})\\ \mathrm{d}\boldsymbol{\varepsilon}^{\mathrm{p}}=\mathrm{d}(\Delta\lambda)\boldsymbol{r}+\Delta\lambda\,\mathrm{d}\boldsymbol{r}\\ \mathrm{d}\boldsymbol{q}=\mathrm{d}(\Delta\lambda)\boldsymbol{h}+\Delta\lambda\,\mathrm{d}\boldsymbol{h}\\ \mathrm{d}f=\boldsymbol{f}_{\sigma}:\mathrm{d}\boldsymbol{\sigma}+\boldsymbol{f}_{q}\cdot\mathrm{d}\boldsymbol{q}=0\end{cases} \tag{13.2.31}$$

其中，

$$\mathrm{d}\boldsymbol{r}=\boldsymbol{r}_{\sigma}:\mathrm{d}\boldsymbol{\sigma}+\boldsymbol{r}_{q}\cdot\mathrm{d}\boldsymbol{q},\quad \mathrm{d}\boldsymbol{h}=\boldsymbol{h}_{\sigma}:\mathrm{d}\boldsymbol{\sigma}+\boldsymbol{h}_{q}\cdot\mathrm{d}\boldsymbol{q} \tag{13.2.32}$$

将式(13.2.31)的第二式代入式(13.2.31)的第一式，应用式(13.2.32)，并求解 $\mathrm{d}\boldsymbol{\sigma}$ 和 $\mathrm{d}\boldsymbol{q}$，得到

$$\begin{Bmatrix}\mathrm{d}\boldsymbol{\sigma}\\ \mathrm{d}\boldsymbol{q}\end{Bmatrix}=[\boldsymbol{A}]\begin{Bmatrix}\mathrm{d}\boldsymbol{\varepsilon}\\ \boldsymbol{0}\end{Bmatrix}-\mathrm{d}(\Delta\lambda)\boldsymbol{A}:\tilde{\boldsymbol{r}} \tag{13.2.33}$$

其中，

$$[\boldsymbol{A}]=\begin{bmatrix}\boldsymbol{C}^{-1}+\Delta\lambda\boldsymbol{r}_{\sigma} & \Delta\lambda\boldsymbol{r}_{q}\\ \Delta\lambda\boldsymbol{h}_{\sigma} & -\boldsymbol{I}+\Delta\lambda\boldsymbol{h}_{q}\end{bmatrix}^{-1} \tag{13.2.34}$$

为了方便标记，令 $\partial\boldsymbol{f}=[\boldsymbol{f}_{\sigma}\quad \boldsymbol{f}_{q}]$。将式(13.2.33)代入增量一致性条件式(13.2.31)的第四式，并求解 $\mathrm{d}(\Delta\lambda)$：

$$\mathrm{d}\Delta\lambda=\frac{-\partial\boldsymbol{f}:\boldsymbol{A}:\begin{Bmatrix}\mathrm{d}\boldsymbol{\varepsilon}\\ \boldsymbol{0}\end{Bmatrix}}{\partial\boldsymbol{f}:\boldsymbol{A}:\tilde{\boldsymbol{r}}} \tag{13.2.35}$$

将这一结果代入式(13.2.33)，得到

$$\begin{Bmatrix}\mathrm{d}\boldsymbol{\sigma}\\ \mathrm{d}\boldsymbol{q}\end{Bmatrix}=\left[\boldsymbol{A}-\frac{(\boldsymbol{A}:\tilde{\boldsymbol{r}})\otimes(\partial\boldsymbol{f}:\boldsymbol{A})}{\partial\boldsymbol{f}:\boldsymbol{A}:\tilde{\boldsymbol{r}}}\right]:\begin{Bmatrix}\mathrm{d}\boldsymbol{\varepsilon}\\ \boldsymbol{0}\end{Bmatrix} \tag{13.2.36}$$

这就是应力和内变量增量的算法模量表达式。

Ortiz 和 Martin(1989)验证了由式(13.2.36)的算法模量保持本构对称性的条件，他们注意到，如果从一般的势能推导塑性流动方向和塑性模量，即 $\boldsymbol{r}=\dfrac{\partial\Psi}{\partial\boldsymbol{\sigma}}$ 和 $\boldsymbol{h}=\dfrac{\partial\Psi}{\partial\boldsymbol{q}}$，就能够保持基本的对称性，即 $\boldsymbol{A}$ 是对称的。如果式(13.2.34)中的耦合项消失，即 $\dfrac{\partial\boldsymbol{r}}{\partial\boldsymbol{q}}=0$ 和 $\dfrac{\partial\boldsymbol{h}}{\partial\boldsymbol{\sigma}}=0$，就可

以得到 $\boldsymbol{A}$ 的简单闭合形式的表达式，相当于内变量和应力解耦的塑性流动方向和塑性模量。在几个广泛应用的本构关系中，如 J_2 塑性流动理论，这些耦合项为 0。在这些条件下，有

$$[\boldsymbol{A}]=\begin{bmatrix}(\boldsymbol{C}^{-1}+\Delta\lambda\boldsymbol{r}_{\sigma})^{-1} & \boldsymbol{0}\\ \boldsymbol{0} & (-\boldsymbol{I}+\Delta\lambda\boldsymbol{h}_{q})^{-1}\end{bmatrix}=\begin{bmatrix}\widetilde{\boldsymbol{C}} & \boldsymbol{0}\\ \boldsymbol{0} & \boldsymbol{Y}\end{bmatrix} \tag{13.2.37}$$

式中，$\widetilde{\boldsymbol{C}}=(\boldsymbol{C}^{-1}+\Delta\lambda\boldsymbol{r}_{\sigma})^{-1}$ 和 $\boldsymbol{Y}=(-\boldsymbol{I}+\Delta\lambda\boldsymbol{h}_{q})^{-1}$。在式(13.2.36)中应用这个结果，可以得到关于算法模量的表达式：

$$\boldsymbol{C}^{\mathrm{alg}}=\left(\widetilde{\boldsymbol{C}}-\frac{(\widetilde{\boldsymbol{C}}:\boldsymbol{r})\otimes(\boldsymbol{f}_{\sigma}:\widetilde{\boldsymbol{C}})}{\boldsymbol{f}_{\sigma}:\widetilde{\boldsymbol{C}}:\boldsymbol{r}+\boldsymbol{f}_{q}\cdot\boldsymbol{Y}\cdot\boldsymbol{h}}\right) \tag{13.2.38}$$

除弹性模量由 $\widetilde{\boldsymbol{C}}$ 代替，以及分母中的项 $-\boldsymbol{f}_{q}\cdot\boldsymbol{h}$ 由 $\boldsymbol{f}_{q}\cdot\boldsymbol{Y}\cdot\boldsymbol{h}$ 代替之外，该式具有与式(B12.11.8)连续弹-塑性切线模量相同的形式。

对于 J_2 流动理论的情况，算法模量与径向返回应力更新是一致的。对于各向同性硬化，$\boldsymbol{f}_{\sigma}=\boldsymbol{r}$，$\boldsymbol{h}_{q}=0$，$\boldsymbol{Y}=-\boldsymbol{I}$。由式(13.2.24)可得，$\widetilde{\boldsymbol{C}}=\boldsymbol{C}-2\mu b\hat{\mathbb{I}}$，其中 $b=\dfrac{3\mu\Delta\lambda}{\bar{\sigma}+3\mu\Delta\lambda}$。这里再次说明，$\boldsymbol{I}$ 是 2 阶张量，$\mathbb{I}$ 是 4 阶总体对称张量，$\mathbb{I}^{\mathrm{dev}}$ 是 4 阶对称偏张量，$\hat{\mathbb{I}}$ 是 4 阶投射张量。按照式(13.2.21)，即 $\widetilde{\boldsymbol{C}}:\boldsymbol{r}=\boldsymbol{C}:\boldsymbol{r}$，算法模量可以写为

$$\boldsymbol{C}^{\mathrm{alg}}=\boldsymbol{C}^{\mathrm{ep}}-2\mu b\hat{\mathbb{I}} \tag{13.2.39}$$

式中，$\boldsymbol{C}^{\mathrm{ep}}$ 从式(B12.7.12)的小应变形式和各向同性模量给出：

$$\boldsymbol{C}^{\mathrm{ep}}=K\boldsymbol{I}\otimes\boldsymbol{I}+2\mu\mathbb{I}^{\mathrm{dev}}-2\mu\gamma\hat{\boldsymbol{n}}\otimes\hat{\boldsymbol{n}},\quad \gamma=\frac{1}{1+\left(\dfrac{H}{3\mu}\right)} \tag{13.2.40}$$

将此式代入式(13.2.39)，得到关于 J_2 流动理论的径向返回算法的一致算法模量：

$$\begin{aligned}&\boldsymbol{C}^{\mathrm{alg}}=K\boldsymbol{I}\otimes\boldsymbol{I}+2\mu\beta\mathbb{I}^{\mathrm{dev}}-2\mu\bar{\gamma}\hat{\boldsymbol{n}}\otimes\hat{\boldsymbol{n}},\quad \bar{\gamma}=\gamma-(1-\beta),\\ &\beta=(1-b)=\frac{\bar{\sigma}}{\bar{\sigma}+3\mu\Delta\lambda}=\frac{\sigma_{\mathrm{Y}}}{\bar{\sigma}^{(0)}}\end{aligned} \tag{13.2.41}$$

在推导表达式中的 β 时，应用了式(13.2.29)与 $\delta\lambda^{(k)}=0$，即此时处于应力更新迭代的最终收敛状态，有 $\bar{\sigma}=\sigma_{\mathrm{Y}}$，$\bar{\sigma}+3\mu\Delta\lambda=\bar{\sigma}^{(0)}$。对于各向同性-运动硬化的组合模型，Simo 和 Taylor (1985)给出了径向返回算法和一致算法模量。

13.2.5 半隐式向后欧拉方法

半隐式向后欧拉方法(Moran et al.，1990)是对塑性参数采用隐式算法，对塑性流动方向和塑性模量采用显式算法的方法，其在步骤结束时计算塑性参数的增量，而在步骤开始时计算塑性流动方向和塑性模量。为了避免屈服面的漂移，在步骤结束时强化屈服条件(图 13-3)。积分方法为

$$\begin{aligned}&\boldsymbol{\varepsilon}_{n+1}=\boldsymbol{\varepsilon}_{n}+\Delta\boldsymbol{\varepsilon},\quad \boldsymbol{\varepsilon}_{n+1}^{\mathrm{p}}=\boldsymbol{\varepsilon}_{n}^{\mathrm{p}}+\Delta\lambda_{n+1}\boldsymbol{r}_{n},\\ &\boldsymbol{q}_{n+1}=\boldsymbol{q}_{n}+\Delta\lambda_{n+1}\boldsymbol{h}_{n},\quad \boldsymbol{\sigma}_{n+1}=\boldsymbol{C}:(\boldsymbol{\varepsilon}_{n+1}-\boldsymbol{\varepsilon}_{n+1}^{\mathrm{p}}),\\ &f_{n+1}=f(\boldsymbol{\sigma}_{n+1},\boldsymbol{q}_{n+1})=0\end{aligned} \tag{13.2.42}$$

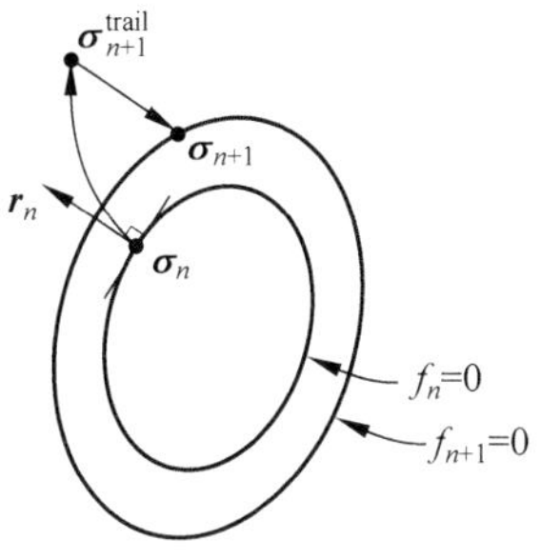

图 13-3 半隐式本构积分算法的图形返回方法

关联塑性：$\boldsymbol{r}_n$ 与$\dfrac{\partial f}{\partial \boldsymbol{\sigma}_n}$成比例

遵从与完全隐式方法类似的过程得到

$$\begin{cases} \boldsymbol{a}=-\boldsymbol{\varepsilon}^{\mathrm{p}}+\boldsymbol{\varepsilon}_n^{\mathrm{p}}+\Delta\lambda \boldsymbol{r}_n=0 \\ \boldsymbol{b}=-\boldsymbol{q}+\boldsymbol{q}_n+\Delta\lambda \boldsymbol{h}_n=0 \\ f=f(\boldsymbol{\sigma},\boldsymbol{q})=0 \end{cases} \tag{13.2.43}$$

线性化这些方程(简便起见，舍弃了下角标 $n+1$)：

$$\begin{cases} \boldsymbol{a}^{(k)}+\boldsymbol{C}^{-1}:\Delta\boldsymbol{\sigma}^{(k)}+\delta\lambda^{(k)}\boldsymbol{r}_n=0 \\ \boldsymbol{b}^{(k)}-\Delta\boldsymbol{q}^{(k)}+\delta\lambda^{(k)}\boldsymbol{h}_n=0 \\ f^{(k)}+\boldsymbol{f}_{\sigma}^{(k)}:\Delta\boldsymbol{\sigma}^{(k)}+\boldsymbol{f}_q^{(k)}\cdot\Delta\boldsymbol{q}^{(k)}=0 \end{cases} \tag{13.2.44}$$

由此求解 $\Delta\boldsymbol{\sigma}^{(k)}$、$\Delta\boldsymbol{q}^{(k)}$ 和 $\delta\lambda^{(k)}$。注意，由于塑性流动方向和塑性模量是在时间步开始时赋值，它们的梯度没有在式(13.2.44)中出现。此外，塑性应变和内变量的更新是 $\Delta\lambda$ 的线性函数，因此 $\tilde{\boldsymbol{a}}^{(k)}=0$。求解式(13.2.44)的前两式得到应力和内变量的增量为

$$\begin{Bmatrix} \Delta\boldsymbol{\sigma}^{(k)} \\ \Delta\boldsymbol{q}^{(k)} \end{Bmatrix}=-[\boldsymbol{A}^{(k)}]\{\tilde{\boldsymbol{a}}^{(k)}\}-\delta\lambda^{(k)}[\boldsymbol{A}^{(k)}]\{\tilde{\boldsymbol{r}}_n\}=-\delta\lambda^{(k)}[\boldsymbol{A}^{(k)}]\{\tilde{\boldsymbol{r}}_n\} \tag{13.2.45}$$

其中，

$$[\boldsymbol{A}^{(k)}]=\begin{bmatrix} \boldsymbol{C} & \boldsymbol{0} \\ \boldsymbol{0} & -\boldsymbol{I} \end{bmatrix}^{(k)},\quad \{\tilde{\boldsymbol{a}}^{(k)}\}=\begin{Bmatrix} \boldsymbol{a}^{(k)} \\ \boldsymbol{b}^{(k)} \end{Bmatrix},\quad \{\tilde{\boldsymbol{r}}_n\}=\begin{Bmatrix} \boldsymbol{r}_n \\ \boldsymbol{h}_n \end{Bmatrix} \tag{13.2.46}$$

通过对塑性流动方向和塑性模量应用上述显式算法，获得了 $\boldsymbol{A}$ 的一个简单闭合表达式，该表达式仅包含瞬时弹性模量。将式(13.2.45)的结果代入式(13.2.44)的第三式，并求解 $\delta\lambda^{(k)}$，得到

$$\delta\lambda^{(k)}=\frac{f^{(k)}}{\partial \boldsymbol{f}^{(k)}:\boldsymbol{A}^{(k)}:\tilde{\boldsymbol{r}}_n} \tag{13.2.47}$$

这样，变量就更新为

$$\begin{cases} \boldsymbol{\varepsilon}^{\mathrm{p}(k+1)}=\boldsymbol{\varepsilon}^{\mathrm{p}(k)}+\Delta\boldsymbol{\varepsilon}^{\mathrm{p}(k)}=\boldsymbol{\varepsilon}^{\mathrm{p}(k)}-\boldsymbol{C}^{-1}:\Delta\boldsymbol{\sigma}^{(k)} \\ \boldsymbol{q}^{(k+1)}=\boldsymbol{q}^{(k)}+\Delta\boldsymbol{q}^{(k)} \\ \Delta\lambda^{(k+1)}=\Delta\lambda^{(k)}+\delta\lambda^{(k)} \end{cases} \tag{13.2.48}$$

而增量由式(13.2.47)和式(13.2.45)给出。

由式(13.2.46)获得了 $\boldsymbol{A}$ 的简单闭合表达式，因此，对于一般的弹-塑性材料，均可以获得其闭合形式半隐式方法的算法模量。遵循与完全隐式方法同样的处理方法(注意在时间

步开始时为塑性流动方向和塑性模量赋值),类似于式(13.2.36),得到

$$\begin{Bmatrix} \mathrm{d}\boldsymbol{\sigma} \\ \mathrm{d}\boldsymbol{q} \end{Bmatrix} = \left[\boldsymbol{A} - \frac{(\boldsymbol{A} : \tilde{\boldsymbol{r}}) \otimes (\partial \boldsymbol{f} : \boldsymbol{A})}{\partial \boldsymbol{f} : \boldsymbol{A} : \tilde{\boldsymbol{r}}} \right] : \begin{Bmatrix} \mathrm{d}\boldsymbol{\varepsilon} \\ \boldsymbol{0} \end{Bmatrix} \tag{13.2.49}$$

应用式(13.2.46),得到算法模量为

$$\boldsymbol{C}^{a\lg} = \left(\frac{\mathrm{d}\boldsymbol{\sigma}}{\mathrm{d}\boldsymbol{\varepsilon}} \right)_{n+1} = \left(\boldsymbol{C} - \frac{(\boldsymbol{C} : \boldsymbol{r}_n) \otimes (\boldsymbol{f}_\sigma : \boldsymbol{C})}{-\boldsymbol{f}_q \cdot \boldsymbol{h}_n + \boldsymbol{f}_\sigma : \boldsymbol{C} : \boldsymbol{r}_n} \right)_{n+1} \tag{13.2.50}$$

在这个表达式中,除塑性流动方向和模量外,所有量值是在 $n+1$ 时刻赋值。注意到,由于在步骤开始时塑性流动方向 $\boldsymbol{r}_n$ 和在步骤结束时屈服面法线 $\boldsymbol{f}_\sigma$ 的出现,即便塑性流动是关联的,这个算法模量也是一般性的,而不是对称的。当由非关联的塑性流动、基于柯西应力的公式、变形梯度的乘法分解引起对称性缺乏时,因半隐式方法的算法性质,该对称性缺乏并不是缺点。然而必须注意,由于变形过程的稳定性与切线模量的对称性密切相关,在应用不能保持对称性的算法模量时必须小心。针对这个问题,对于导致非对称模量的本构关系,若明确稳定性是不重要的,则仅采用模量的对称部分即可(假设基本上仅影响收敛速率)。

在商用有限元软件中,除非特别说明,一般默认刚度矩阵或切线模量具有对称性,即仅考虑矩阵的上三角或下三角元素进行计算,这显然节省了成本。但是,对于上述由材料非线性引起的算法模量非对称性,和在第7章看到的由屈曲失稳引起的几何非线性,其算法模量也不具有对称性,此时在应用商用软件时,就需要利用关键词引导程序计算非对称性的算法模量。

13.2.6 率相关塑性的图形返回算法

率无关塑性的图形返回算法和算法切线模量可以很容易地修改为率相关的方法。对于率相关材料,也可以应用其他积分方法,如龙格-库塔法,来代替这里描述的图形返回算法。

在表12-12中总结了率相关塑性模型。塑性参数的率关系可以用增量表示为

$$\Delta\lambda = \Delta t \, \frac{\varphi(\boldsymbol{\sigma}, \boldsymbol{q})}{\eta} \tag{13.2.51}$$

式中,φ 是过应力函数,η 是黏度。目前 $\Delta\lambda$ 这个变量是已知应力和内变量的函数。对于一个完全隐式算法,更新可以写成增量的形式:

$$\begin{gathered} \boldsymbol{\varepsilon}_{n+1} = \boldsymbol{\varepsilon}_n + \Delta\boldsymbol{\varepsilon}, \quad \boldsymbol{\varepsilon}^{\mathrm{p}}_{n+1} = \boldsymbol{\varepsilon}^{\mathrm{p}}_n + \Delta\lambda_{n+1} \boldsymbol{r}_{n+1}, \\ \boldsymbol{q}_{n+1} = \boldsymbol{q}_n + \Delta\lambda_{n+1} \boldsymbol{h}_{n+1}, \quad \boldsymbol{\sigma}_{n+1} = \boldsymbol{C} : (\boldsymbol{\varepsilon}_{n+1} - \boldsymbol{\varepsilon}^{\mathrm{p}}_{n+1}), \quad \Delta\lambda_{n+1} = \frac{\Delta t}{\eta} \varphi_{n+1} \end{gathered} \tag{13.2.52}$$

这些引导应力和内变量增量表达式的计算步骤与率无关塑性的计算公式(13.2.14)类似。简便起见,将表达式重新写为

$$\begin{Bmatrix} \Delta\boldsymbol{\sigma}^{(k)} \\ \Delta\boldsymbol{q}^{(k)} \end{Bmatrix} = -[\boldsymbol{A}^{(k)}]\{\tilde{\boldsymbol{a}}^{(k)}\} - \delta\lambda^{(k)}[\boldsymbol{A}^{(k)}]\{\tilde{\boldsymbol{r}}^{(k)}\} \tag{13.2.53}$$

作为率无关的情况,式中 $\boldsymbol{A}^{(K)}$ 由式(13.2.13)给出。

现在由与一致性条件相反的式(13.2.52)的第五式的增量形式获得 $\delta\lambda^{(k)}$:

$$\delta\lambda^{(k)} = \frac{\Delta t}{\eta} \boldsymbol{\varphi}^{(k)}_\sigma : \Delta\boldsymbol{\sigma}^{(k)} + \frac{\Delta t}{\eta} \boldsymbol{\varphi}^{(k)}_q : \Delta\boldsymbol{q}^{(k)} = \frac{\Delta t}{\eta} [\boldsymbol{\varphi}^{(k)}_\sigma \quad \boldsymbol{\varphi}^{(k)}_q] \begin{Bmatrix} \Delta\boldsymbol{\sigma}^{(k)} \\ \Delta\boldsymbol{q}^{(k)} \end{Bmatrix} = \frac{\Delta t}{\eta} [\partial\boldsymbol{\varphi}^{(k)}] \begin{Bmatrix} \Delta\boldsymbol{\sigma}^{(k)} \\ \Delta\boldsymbol{q}^{(k)} \end{Bmatrix} \tag{13.2.54}$$

式中引进最后一个方程是为了标记方便。将式(13.2.53)代入式(13.2.54)的最后一个公式,并求解 $\delta\lambda^{(k)}$,得到

$$\delta\lambda^{(k)} = -\frac{\partial\boldsymbol{\varphi}^{(k)} : \boldsymbol{A}^{(k)} : \tilde{\boldsymbol{a}}^{(k)}}{\dfrac{\eta}{\Delta t} + \partial\boldsymbol{\varphi}^{(k)} : \boldsymbol{A}^{(k)} : \tilde{\boldsymbol{r}}^{(k)}} \tag{13.2.55}$$

则本构方程更新为

$$\begin{cases} \boldsymbol{\varepsilon}^{\mathrm{p}(k+1)} = \boldsymbol{\varepsilon}^{\mathrm{p}(k)} + \Delta\boldsymbol{\varepsilon}^{\mathrm{p}(k)} = \boldsymbol{\varepsilon}^{\mathrm{p}(k)} - \boldsymbol{C}^{-1} : \Delta\boldsymbol{\sigma}^{(k)} \\ \boldsymbol{q}^{(k+1)} = \boldsymbol{q}^{(k)} + \Delta\boldsymbol{q}^{(k)} \\ \boldsymbol{\sigma}^{(k+1)} = \boldsymbol{C} : (\boldsymbol{\varepsilon}_{n+1} - \boldsymbol{\varepsilon}^{\mathrm{p}(k+1)}) = \boldsymbol{\sigma}^{(k)} + \Delta\boldsymbol{\sigma}^{(k)} \\ \Delta\lambda^{(k+1)} = \Delta\lambda^{(k)} + \delta\lambda^{(k)} \end{cases} \tag{13.2.56}$$

向后欧拉方法的算法切线模量类似于率无关的情况,其结果为

$$\begin{Bmatrix} \mathrm{d}\boldsymbol{\sigma} \\ \mathrm{d}\boldsymbol{q} \end{Bmatrix} = \left[\boldsymbol{A} - \frac{(\boldsymbol{A} : \tilde{\boldsymbol{r}}) \otimes (\partial\boldsymbol{\varphi} : \boldsymbol{A})}{\dfrac{\eta}{\Delta t} + \partial\boldsymbol{\varphi} : \boldsymbol{A} : \tilde{\boldsymbol{r}}}\right] : \begin{Bmatrix} \mathrm{d}\boldsymbol{\varepsilon} \\ \boldsymbol{0} \end{Bmatrix} \tag{13.2.57}$$

考虑到式(13.2.13),给出在表达式 $\boldsymbol{A}$ 中出现的参数 $\Delta\lambda$: $\Delta\lambda = \dfrac{\Delta t\varphi}{\eta}$。在适当的条件下(如上述率无关情况),$\boldsymbol{A}$ 中的耦合项消失,得到闭合形式的表达式:

$$\boldsymbol{C}^{\mathrm{alg}} = \left(\frac{\mathrm{d}\boldsymbol{\sigma}}{\mathrm{d}\boldsymbol{\varepsilon}}\right)_{n+1} = \left(\tilde{\boldsymbol{C}} - \frac{(\tilde{\boldsymbol{C}} : \boldsymbol{r}) \otimes (\boldsymbol{\varphi}_{\sigma} : \tilde{\boldsymbol{C}})}{\dfrac{\eta}{\Delta t} + \boldsymbol{\varphi}_{\sigma} : \tilde{\boldsymbol{C}} : \boldsymbol{r} + \boldsymbol{\varphi}_{q} : \boldsymbol{Y} : \boldsymbol{h}}\right)_{n+1} \tag{13.2.58}$$

在式(13.2.37)中定义了算法切线模量表达式中的 $\tilde{\boldsymbol{C}}$。式(13.2.58)的结果可以与式(13.2.38)的算法模量比较。对于半隐式方法得到了类似的结果。特别是对于任意的本构响应,可以获得算法模量闭合形式的表达式为

$$\boldsymbol{C}^{\mathrm{alg}} = \left(\frac{\mathrm{d}\boldsymbol{\sigma}}{\mathrm{d}\boldsymbol{\varepsilon}}\right)_{n+1} = \left(\boldsymbol{C} - \frac{(\boldsymbol{C} : \boldsymbol{r}_n) \otimes (\boldsymbol{\varphi}_{\sigma} : \boldsymbol{C})}{\dfrac{\eta}{\Delta t} + \boldsymbol{\varphi}_{\sigma} : \boldsymbol{C} : \boldsymbol{r}_n + \boldsymbol{\varphi}_{q} : \boldsymbol{h}_n}\right)_{n+1} \tag{13.2.59}$$

13.2.7　率相关切线模量方法

另一种普遍采用的率相关本构关系积分方法是由 Peirce、Shih 和 Needleman(1984)提出,并由 Moran(1987) 进一步讨论的率相关切线模量方法。该方法对除 $\Delta\lambda$ 之外的所有变量采用向前欧拉积分算法,而对 $\Delta\lambda$ 积分采用一般的梯形规则:

$$\begin{cases} \boldsymbol{\varepsilon}_{n+1} = \boldsymbol{\varepsilon}_n + \Delta\boldsymbol{\varepsilon} \\ \boldsymbol{\varepsilon}^{\mathrm{p}}_{n+1} = \boldsymbol{\varepsilon}^{\mathrm{p}}_n + \Delta\lambda_n\boldsymbol{r}_n \\ \boldsymbol{q}_{n+1} = \boldsymbol{q}_n + \Delta\lambda_n\boldsymbol{h}_n \\ \boldsymbol{\sigma}_{n+1} = \boldsymbol{C} : (\boldsymbol{\varepsilon}_{n+1} - \boldsymbol{\varepsilon}^{\mathrm{p}}_{n+1}) \\ \Delta\lambda = \dfrac{\Delta t}{\eta}[(1-\theta)\varphi_n + \theta\varphi_{n+1}] \end{cases} \tag{13.2.60}$$

为了给出塑性参数 $\Delta\lambda$ 的等效增量,应用一个向前梯形近似,在 n 时刻展开过应力函数 φ_{n+1}:

$$\varphi_{n+1} = \varphi_n + (\boldsymbol{\varphi}_{\sigma})_n : \Delta\boldsymbol{\sigma} + (\boldsymbol{\varphi}_{\mathrm{q}})_n \cdot \Delta\boldsymbol{q} \tag{13.2.61}$$

将该表达式代入式(13.2.60)的第五式,得到

$$\Delta\lambda=\frac{\Delta t}{\eta}\varphi_n+\frac{\theta\Delta t}{\eta}((\boldsymbol{\varphi}_\sigma)_n:\Delta\boldsymbol{\sigma}+(\boldsymbol{\varphi}_q)_n\cdot\Delta\boldsymbol{q}) \tag{13.2.62}$$

上式采用的应力和内变量的增量可以将式(13.2.60)也表达为增量形式:

$$\Delta\boldsymbol{\sigma}=\boldsymbol{C}:(\Delta\boldsymbol{\varepsilon}-\Delta\lambda\boldsymbol{r}_n),\quad \Delta\boldsymbol{q}=\Delta\lambda\boldsymbol{h}_n \tag{13.2.63}$$

在式(13.2.62)中应用这些表达式,求解 $\Delta\lambda$,得到

$$\Delta\lambda=\frac{\varphi_n+\theta(\boldsymbol{\varphi}_\sigma)_n:\boldsymbol{C}:\Delta\boldsymbol{\varepsilon}}{\frac{\eta}{\Delta t}+\theta((\boldsymbol{\varphi}_\sigma)_n:\boldsymbol{C}:\boldsymbol{r}_n-(\boldsymbol{\varphi}_q)_n\cdot\boldsymbol{h}_n)} \tag{13.2.64}$$

当上式被代入式(13.2.63)时(所有量在 n 时刻赋值),得到

$$\Delta\boldsymbol{\sigma}=\boldsymbol{C}^{a\lg}:\Delta\boldsymbol{\varepsilon}-\boldsymbol{p}$$

$$\boldsymbol{C}^{a\lg}=\boldsymbol{C}-\frac{\theta(\boldsymbol{C}:\boldsymbol{r})\otimes(\boldsymbol{\varphi}_\sigma:\boldsymbol{C})}{\frac{\eta}{\Delta t}+\theta(\boldsymbol{\varphi}_\sigma:\boldsymbol{C}:\boldsymbol{r}+\boldsymbol{\varphi}_q:\boldsymbol{h})},\quad \boldsymbol{p}=\frac{\varphi_n\boldsymbol{C}:\boldsymbol{r}}{\frac{\eta}{\Delta t}+\theta(\boldsymbol{\varphi}_\sigma:\boldsymbol{C}:\boldsymbol{r}+\boldsymbol{\varphi}_q:\boldsymbol{h})} \tag{13.2.65}$$

$\boldsymbol{C}^{a\lg}$ 有时也称为率相关切线模量,$\boldsymbol{p}$ 是附加在外节点力矢量中的伪载荷,它在增量弱形式的单步解中被添加到节点外力中。注意对于 $\theta=1$,这个算法模量与式(13.2.59)的半隐式向后欧拉算法第 1 次迭代的切线模量是一致的。伪载荷 $\boldsymbol{p}$ 只出现在当前一步算法中,在半隐式算法迭代中并不出现。

13.2.8 大变形的增量客观积分方法

在大变形本构算法中的一个重要问题是所观察的材料框架相同,因此本节内容尤为重要。许多研究者提倡本构算法必须准确保持本构关系的根本客观性,即在刚体转动中采用的算法必须能够准确地计算应力的恰当转动。Hughes 和 Winget(1980)提出了增量客观性的观点:在刚体转动中有 $\boldsymbol{F}_{n+1}=\boldsymbol{Q}(t)\cdot\boldsymbol{F}_n(\det\boldsymbol{Q}=1)$,如果柯西应力由$\boldsymbol{\sigma}_{n+1}=\boldsymbol{Q}(t)\cdot\boldsymbol{\sigma}_n\cdot\boldsymbol{Q}^{\mathrm{T}}(t)$给出,则一个更新算法是具有增量客观性的。Reshid(1993)进一步区分了弱客观性和强客观性,弱客观性是指当刚体转动时更新算法恰当地转动应力张量,而强客观性是指当运动包括伸长和转动时恰当地转动应力。基于李导数的概念,Simo 和 Hughes(1998)对增量客观应力更新算法进行了深入讨论。

作为增量客观性的示例,基于克希霍夫应力的耀曼应力率,考虑一个简单的更新算法。应力更新为

$$\boldsymbol{\tau}_{n+1}=\boldsymbol{Q}_{n+1}\cdot\boldsymbol{\tau}_n\cdot\boldsymbol{Q}_{n+1}^{\mathrm{T}}+\Delta t\boldsymbol{\tau}^{\nabla J} \tag{13.2.66}$$

式中,$\boldsymbol{Q}_{n+1}=\exp[\boldsymbol{W}\Delta t]$是与等效旋转 $\boldsymbol{W}$ 关联的增量转动张量。以耀曼应力率的形式替换本构响应:

$$\boldsymbol{\tau}_{n+1}=\boldsymbol{Q}_{n+1}\cdot\boldsymbol{\tau}_n\cdot\boldsymbol{Q}_{n+1}^{\mathrm{T}}+\Delta t\boldsymbol{C}^{\tau J}:\boldsymbol{D} \tag{13.2.67}$$

式中,$\boldsymbol{D}$ 是等效变形率。应用不同算法计算等效变形率,这里基于增量变形梯度,采用直接向前方法:

$$\begin{cases}\boldsymbol{F}_{n+1}=\boldsymbol{F}_n+(\nabla_0\Delta\boldsymbol{u})^{\mathrm{T}}=\Delta\boldsymbol{F}_n\cdot\boldsymbol{F}_n\\ \Delta\boldsymbol{F}_n=\boldsymbol{I}+(\nabla_0\Delta\boldsymbol{u})^{\mathrm{T}}\cdot\boldsymbol{F}_n^{-1}=\boldsymbol{I}+(\nabla_n\Delta\boldsymbol{u})^{\mathrm{T}}\end{cases} \tag{13.2.68}$$

式中,$\nabla_n=\frac{\partial}{\partial x_n}$,$\Delta\boldsymbol{u}=\Delta t\boldsymbol{v}$ 是位移增量,$\boldsymbol{v}$ 是关于增量的等效速度。通过前推格林应变增量

定义等效变形率：

$$\begin{cases}\Delta \boldsymbol{E}=\dfrac{1}{2}(\boldsymbol{F}_{n+1}^{\mathrm{T}}\cdot\boldsymbol{F}_{n+1}-\boldsymbol{F}_{n}^{\mathrm{T}}\cdot\boldsymbol{F}_{n})\\ \Delta t\boldsymbol{D}=\boldsymbol{F}_{n+1}^{-\mathrm{T}}\cdot\Delta\boldsymbol{E}\cdot\boldsymbol{F}_{n+1}^{-1}=\dfrac{1}{2}(\boldsymbol{I}-(\Delta\boldsymbol{F}_{n})^{-\mathrm{T}}\cdot\Delta\boldsymbol{F}_{n}^{-1})\end{cases}\tag{13.2.69}$$

在刚体转动中等效变形率 $\boldsymbol{D}$ 消失，从而获得增量客观性。等效旋转的定义为

$$\Delta t\boldsymbol{W}=\frac{1}{2}((\nabla_0\Delta\boldsymbol{u})^{\mathrm{T}}\cdot\boldsymbol{F}_{n+1}^{-1}-\boldsymbol{F}_{n+1}^{-\mathrm{T}}\cdot(\nabla_0\Delta\boldsymbol{u}))\tag{13.2.70}$$

对次弹-塑性材料式(13.2.67)采用的形式为

$$\begin{aligned}\boldsymbol{\tau}_{n+1}&=\boldsymbol{Q}_{n+1}\cdot\boldsymbol{\tau}_{n}\cdot\boldsymbol{Q}_{n+1}^{\mathrm{T}}+\Delta t\boldsymbol{C}_{\mathrm{el}}^{\tau J}:(\boldsymbol{D}-\boldsymbol{D}^{\mathrm{p}})\\&=(\boldsymbol{Q}_{n+1}\cdot\boldsymbol{\tau}_{n}\cdot\boldsymbol{Q}_{n+1}^{\mathrm{T}}+\Delta t\boldsymbol{C}_{\mathrm{el}}^{\tau J}:\boldsymbol{D})-\Delta t\boldsymbol{C}_{\mathrm{el}}^{\tau J}:\boldsymbol{D}^{\mathrm{p}}\end{aligned}\tag{13.2.71}$$

弹性模量为各向同性常数。这是某商用软件中的大变形公式，读者在编写材料程序模块时就是在增量步中完成上式等号右侧的第二项，用耀曼应力率更新克希霍夫应力的增量。括号中的项定义了试应力 $\boldsymbol{\tau}_{n+1}^{\mathrm{trail}}=\boldsymbol{Q}_{n+1}\cdot\boldsymbol{\tau}_{n}\cdot\boldsymbol{Q}_{n+1}^{\mathrm{T}}+\Delta t\boldsymbol{C}_{\mathrm{el}}^{\tau J}:\boldsymbol{D}$。米塞斯塑性的径向返回算法则类似于13.2.3节的小应变 J_2 流动应力公式：

$$\hat{\boldsymbol{n}}=\frac{(\boldsymbol{\tau}_{\mathrm{dev}}^{\mathrm{trail}})_{n+1}}{\|\boldsymbol{\tau}_{\mathrm{dev}}^{\mathrm{trail}}\|_{n+1}},\quad \delta\lambda^{(k)}=\frac{f^{(k)}}{3\mu+H^{(k)}}\tag{13.2.72}$$

其他小应变大转动的大变形问题，以及各种大变形率之间的转换关系见表2-2。

13.2.9 超弹性-黏塑性本构模型的半隐式方法

在超弹性-塑性本构模型中，如在12.9.7节所讨论的，可以不需要增量客观性算法。本节展示了12.9节所描述的超弹性-黏塑性模型的应力更新方法(率相关情况)，其计算过程(Moran et al.,1990)如表13-3所示。由于应力更新方法是基于中间构形的方法，它独立于刚体转动，自动满足了材料客观性要求。因为它在塑性流动方向和塑性模量上是显式的，所以可以在时间步骤开始时为 $\bar{\boldsymbol{r}}_n$ 和 $\bar{\boldsymbol{h}}_n$ 赋值，由该应力更新方法的一致切线模量可以推导出闭合解答(Moran et al.,1990)。

表13-3　超弹性-黏塑性模型的应力更新方法

(1) 给出 $\boldsymbol{F}_{n+1}$、$\boldsymbol{F}_n$、$\boldsymbol{F}_n^{\mathrm{p}}$、$\bar{\boldsymbol{S}}_n$、$\bar{\boldsymbol{q}}_n$ 和时间增量 Δt，计算 $\boldsymbol{F}_{n+1}^{\mathrm{p}}$、$\bar{\boldsymbol{S}}_{n+1}$、$\bar{\boldsymbol{q}}_{n+1}$：

$$\begin{cases}\boldsymbol{F}_{n+1}^{\mathrm{p}}=(\boldsymbol{I}+\Delta\lambda_{n+1}\bar{\boldsymbol{r}}_n^{\mathrm{p}})\cdot\boldsymbol{F}_n^{\mathrm{p}}\\ \boldsymbol{F}_{n+1}^{\mathrm{e}}=\boldsymbol{F}_{n+1}\cdot(\boldsymbol{F}_{n+1}^{\mathrm{p}})^{-1}\\ \bar{\boldsymbol{C}}_{n+1}^{\mathrm{e}}=\boldsymbol{F}_{n+1}^{\mathrm{eT}}\cdot\boldsymbol{F}_{n+1}^{\mathrm{e}}\\ \bar{\boldsymbol{S}}_{n+1}=\bar{\boldsymbol{S}}(\bar{\boldsymbol{C}}_{n+1}^{\mathrm{e}})=\dfrac{2\partial\bar{\psi}}{\partial\bar{\boldsymbol{C}}_{n+1}^{\mathrm{e}}}\\ \bar{\boldsymbol{q}}_{n+1}=\bar{\boldsymbol{q}}_n+\Delta\lambda_{n+1}\bar{\boldsymbol{h}}_n\end{cases}\tag{B13.3.1}$$

注意到，应力可以写成 $\Delta\lambda_{n+1}$ 的隐函数，弹性柯西变形张量的第一式作为 $\Delta\lambda_{n+1}$ 的函数：

$$\begin{aligned}\bar{\boldsymbol{C}}_{n+1}^{\mathrm{e}}(\Delta\lambda_{n+1})&=\boldsymbol{F}_{n+1}^{\mathrm{eT}}\cdot\boldsymbol{F}_{n+1}^{\mathrm{e}}=((\boldsymbol{F}_{n+1}^{\mathrm{p}})^{-\mathrm{T}}\cdot\boldsymbol{F}_{n+1}^{\mathrm{T}})\cdot(\boldsymbol{F}_{n+1}\cdot(\boldsymbol{F}_{n+1}^{\mathrm{p}})^{-1})\\&=(\boldsymbol{I}+\Delta\lambda_{n+1}\bar{\boldsymbol{r}}_n)^{-\mathrm{T}}\cdot(\boldsymbol{F}_n^{\mathrm{p}})^{-\mathrm{T}}\cdot(\boldsymbol{F}_{n+1}^{\mathrm{T}}\cdot\boldsymbol{F}_{n+1})\cdot(\boldsymbol{F}_n^{\mathrm{p}})^{-1}\cdot(\boldsymbol{I}+\Delta\lambda_{n+1}\bar{\boldsymbol{r}}_n)^{-1}\end{aligned}\tag{B13.3.2}$$

续表

(2) 应用上式将塑性参数增量写为

$$\Delta\lambda_{n+1}=\Delta t\,\frac{\bar{\varphi}(\bar{\boldsymbol{S}}_{n+1},\bar{\boldsymbol{q}}_{n+1})}{\eta}$$
$$=\frac{\Delta t}{\eta}\bar{\varphi}(\bar{\boldsymbol{S}}(\bar{\boldsymbol{C}}^{e}_{n+1}(\Delta\lambda_{n+1})),\bar{\boldsymbol{q}}_{n}+\Delta\lambda_{n+1}\bar{\boldsymbol{h}}_{n}) \tag{B13.3.3}$$

应用牛顿方法,可以解出 $\Delta\lambda_{n+1}$。

(3) 获得关于上式应力更新方法的算法模量的闭合形式:

$$\begin{aligned}
&\boldsymbol{\sigma}^{\nabla T}=\boldsymbol{C}^{\sigma T}_{alg}:\boldsymbol{D},\\
&\boldsymbol{C}^{\sigma T}_{alg}=J^{-1}\boldsymbol{C}^{\tau}_{alg}-\frac{(\hat{\boldsymbol{r}}\cdot\boldsymbol{\sigma}+\boldsymbol{\sigma}\cdot\hat{\boldsymbol{r}}^{\mathrm{T}})\otimes(\boldsymbol{\varphi}_{\tau}:\boldsymbol{C}^{\tau}_{el})}{\dfrac{\eta}{\Delta t}-\boldsymbol{\varphi}_{q}\cdot\boldsymbol{h}_{n}+\boldsymbol{\varphi}_{\tau}:\boldsymbol{C}^{\tau}_{el}:\mathrm{sym}\hat{\boldsymbol{r}}},\\
&\boldsymbol{C}^{\tau}_{alg}=\boldsymbol{C}^{\tau}_{el}-\frac{(\boldsymbol{C}^{\tau}_{el}:\mathrm{sym}\hat{\boldsymbol{r}})\otimes(\boldsymbol{\varphi}_{\tau}:\boldsymbol{C}^{\tau}_{el})}{\dfrac{\eta}{\Delta t}-\boldsymbol{\varphi}_{q}\cdot\boldsymbol{h}_{n}+\boldsymbol{\varphi}_{\tau}:\boldsymbol{C}^{\tau}_{el}:\mathrm{sym}\hat{\boldsymbol{r}}},\\
&\hat{\boldsymbol{r}}=(\boldsymbol{F}^{e})^{-\mathrm{T}}\cdot(\bar{\boldsymbol{C}}^{e}\cdot\bar{\boldsymbol{r}}_{n}\cdot\boldsymbol{F}^{p}_{n}\cdot(\boldsymbol{F}^{p})^{-1})\cdot(\boldsymbol{F}^{e})^{-1},\\
&\boldsymbol{\varphi}_{\tau}=\frac{\partial\varphi}{\partial\boldsymbol{\tau}},\quad \boldsymbol{\varphi}_{q}=\frac{\partial\varphi}{\partial q}
\end{aligned} \tag{B13.3.4}$$

除非另外说明,式中的变量均是在 $n+1$ 时刻被赋值。当设 $\eta=0$ 时,可得率无关情况的算法模量。

13.2.10 大变形增量客观应力更新的编程方法

在有限元编程中,非线性材料本构的应力更新是采用时间增量步骤实现的,本节将介绍大变形的增量客观应力更新的编程算法,相信会受到工程师们的欢迎。

首先描述柯西应力的耀曼应力率更新算法。已知 t 时刻的柯西应力,将其更新到 $t+\Delta t$ 时刻的计算公式为(参考表 2-2):

$$\boldsymbol{\sigma}(t+\Delta t)=\boldsymbol{\sigma}(t)+\int_{0}^{\Delta t}(\boldsymbol{\sigma}^{\nabla J}+\boldsymbol{W}\cdot\boldsymbol{\sigma}+\boldsymbol{\sigma}\cdot\boldsymbol{W}^{\mathrm{T}})\mathrm{d}t \tag{13.2.73}$$

第一种基于式(13.2.73)的更新算法及程序实现:在有限元程序中,计算时间是以增量步的形式累计的,因此,已知第 n 时间步的柯西应力,更新到第 $n+1$ 步的具体步骤如下。

(1) 计算速度梯度、变形率和旋转率:$\boldsymbol{L}=\boldsymbol{D}+\boldsymbol{W}$、$\boldsymbol{D}=\mathrm{sym}\left(\dfrac{\partial\boldsymbol{v}}{\partial\boldsymbol{x}}\right)$、$\boldsymbol{W}=\mathrm{asym}\left(\dfrac{\partial\boldsymbol{v}}{\partial\boldsymbol{x}}\right)$;

(2) 应变$\boldsymbol{\varepsilon}=\mathrm{sym}\left(\dfrac{\partial\boldsymbol{u}}{\partial\boldsymbol{x}}\right)$、变形率 $\Delta\boldsymbol{D}=\mathrm{sym}\left(\dfrac{\partial\Delta\boldsymbol{u}}{\partial\boldsymbol{x}_{\frac{n+1}{2}}}\right)$、旋转率 $\Delta\boldsymbol{W}=\mathrm{asym}\left(\dfrac{\partial\Delta\boldsymbol{u}}{\partial\boldsymbol{x}_{\frac{n+1}{2}}}\right)$。式中,$\Delta\boldsymbol{D}$ 和 $\Delta\boldsymbol{W}$ 是位移增量对时间步长的中心差分求和的结果,分母中的 n 是时间增量步;

(3) 计算应变增量 $\Delta\boldsymbol{\varepsilon}=\boldsymbol{D}_{\frac{n+1}{2}}\Delta t$,转动张量增量 $\Delta\boldsymbol{W}=\boldsymbol{W}_{\frac{n+1}{2}}\Delta t$;

(4) 计算客观增量 $\Delta\boldsymbol{\sigma}=\boldsymbol{C}^{\sigma J}:\Delta\boldsymbol{\varepsilon}$;

(5) 更新应力$\boldsymbol{\sigma}_{n+1}=\boldsymbol{\sigma}_{n}+\Delta\boldsymbol{\sigma}+(\Delta\boldsymbol{W}\cdot\boldsymbol{\sigma}^{n}+\boldsymbol{\sigma}^{n}\cdot\Delta\boldsymbol{W}^{\mathrm{T}})$。

第二种基于式(13.2.73)的更新算法及程序实现:Hughes 和 Winget (1980) 近似方法,其具体步骤如下。

(1) 计算速度梯度、变形率和旋转率：$\boldsymbol{L}_{\frac{n+1}{2}}$、$\boldsymbol{D}_{\frac{n+1}{2}}$、$\boldsymbol{W}_{\frac{n+1}{2}}$；

(2) 计算应变增量 $\Delta\boldsymbol{\varepsilon}=\boldsymbol{D}_{\frac{n+1}{2}}\Delta t$，转动张量增量 $\Delta\boldsymbol{W}=\boldsymbol{W}_{\frac{n+1}{2}}\Delta t$，旋转增量 $\Delta\boldsymbol{R}=\left[\boldsymbol{I}-\frac{1}{2}\Delta\boldsymbol{W}\right]^{-1}\cdot\left[\boldsymbol{I}+\frac{1}{2}\Delta\boldsymbol{W}\right]$，这里令$\boldsymbol{\Omega}\approx\boldsymbol{W}$；

(3) 计算客观增量 $\Delta\boldsymbol{\sigma}=\boldsymbol{C}^{\sigma J}:\Delta\boldsymbol{\varepsilon}$；

(4) 更新应力$\boldsymbol{\sigma}_{n+1}=\Delta\boldsymbol{R}\cdot\boldsymbol{\sigma}_n\cdot\Delta\boldsymbol{R}^{\mathrm{T}}+\Delta\boldsymbol{\sigma}$

下面描述柯西应力的格林-纳迪率更新算法及程序实现，其具体步骤如下：

(1) 计算速度梯度、变形率、旋转率和速度：$\boldsymbol{L}_{\frac{n+1}{2}}$、$\boldsymbol{D}_{\frac{n+1}{2}}$、$\boldsymbol{W}_{\frac{n+1}{2}}$、$\boldsymbol{v}_{\frac{n+1}{2}}$；

(2) 计算刚体转动 $\boldsymbol{R}$；

(3) 计算共轴旋转变形率 $\hat{\boldsymbol{D}}=\boldsymbol{R}^{\mathrm{T}}\cdot\boldsymbol{D}\cdot\boldsymbol{R}$；

(4) 计算旋转应力，$\hat{\boldsymbol{\sigma}}_{n+1}=\hat{\boldsymbol{\sigma}}_n+\boldsymbol{C}^{\hat{\sigma}\hat{D}}:\hat{\boldsymbol{D}}\mathrm{d}t$；

(5) 更新应力，$\boldsymbol{\sigma}_{n+1}=\boldsymbol{R}\cdot\hat{\boldsymbol{\sigma}}_{n+1}\cdot\boldsymbol{R}^{\mathrm{T}}$。

大变形的运动主要是由转动完成的，转动的核心是刚体转动。刚体转动增量算法的公式为

$$\Delta\boldsymbol{R}=\left[\boldsymbol{I}-\frac{1}{2}\Delta\boldsymbol{\Omega}\right]^{-1}\cdot\left[\boldsymbol{I}+\frac{1}{2}\Delta\boldsymbol{\Omega}\right]\tag{13.2.74}$$

式(13.2.73)的更新算法及程序实现的第二种方法中给出了令$\boldsymbol{\Omega}\approx\boldsymbol{W}$的近似形式。注意到如果是刚体转动，$\boldsymbol{\Omega}=\boldsymbol{W}$是相同的张量；如果是变形体转动，则$\boldsymbol{\Omega}\neq\boldsymbol{W}$，后者含有剪切变形。刚体转动求解算法(一般在显式程序中采用)的具体步骤如下。

(1) 计算变形率和旋转率 $\boldsymbol{D}$ 和 $\boldsymbol{W}$；

(2) 更新左伸长张量 $\dot{\boldsymbol{V}}=(\boldsymbol{D}+\boldsymbol{W})\boldsymbol{V}-\boldsymbol{V}\boldsymbol{\Omega}$，$\boldsymbol{F}=\boldsymbol{V}\boldsymbol{R}$；

(3) 计算角速度张量$\boldsymbol{\omega}=\boldsymbol{W}-2[\boldsymbol{V}-\boldsymbol{I}\,\mathrm{tr}(\boldsymbol{V})]^{-1}\boldsymbol{z}$，$\boldsymbol{z}_i=\boldsymbol{e}_{ijk}\boldsymbol{V}_{jm}\boldsymbol{D}_{mk}$；

(4) 计算转动张量，$\boldsymbol{\Omega}=\nabla\times\boldsymbol{\omega}$。

13.3 本构模型框架不变性

通过在拓扑空间的分析，可以深入地理解和获得大变形弹性和塑性的各种张量之间的关系和映射。本节将简要介绍在拓扑空间解析的某些主要特点，给出其与第 2 章、第 12 章和本章前文发展的某些重要关系的联系，我们将清楚地看到拓扑集合中与框架不变量、应力率和本构模型公式相关的问题。

13.3.1 拉格朗日、欧拉和两点张量

对于材料框架相同性的处理，有必要引进拉格朗日张量、欧拉张量和两点张量的概念，建立变量在初始构形(拉格朗日描述)与当前构形(欧拉描述)之间的联系，如图 2-1 所示。在初始构形的线单元 d$\boldsymbol{X}$ 是一个拉格朗日线单元，称为拉格朗日矢量。通过与拉格朗日矢量的约定，定义二阶张量为拉格朗日二阶张量。由式(2.3.1)，格林应变张量 $\boldsymbol{E}$ 是拉格朗日张量，$\boldsymbol{C}$ 是右柯西-格林变形张量。与格林应变张量功共轭的二阶皮奥拉-克希霍夫应力是

拉格朗日张量。拉格朗日张量的材料时间导数仍然是拉格朗日张量。

当前构形的线单元 d$\boldsymbol{x}$ 是欧拉线单元，称为欧拉矢量。d$\boldsymbol{x}$ 的材料时间导数是 d$\boldsymbol{v}$，也是一个欧拉矢量。通过与欧拉矢量的约定，定义二阶张量为欧拉二阶张量。由式(2.3.13)，速度梯度 $\boldsymbol{L}$ 与它的对称部分 $\boldsymbol{D}$ 和偏对称部分 $\boldsymbol{W}$ 是欧拉张量。按照功共轭原理，柯西应力$\boldsymbol{\sigma}$ 和克希霍夫(加权柯西)应力$\boldsymbol{\tau}$ 是欧拉张量。

通过与拉格朗日矢量和欧拉矢量的约定，所定义的二阶张量属于两点张量，如果约定欧拉矢量在左侧、而拉格朗日矢量在右侧，则称其为欧拉-拉格朗日张量；如果颠倒顺序，则称其为拉格朗日-欧拉张量。因此，变形梯度 $\boldsymbol{F}$ 是一个欧拉-拉格朗日两点张量，名义应力 $\boldsymbol{P}$ 是一个拉格朗日-欧拉两点张量。

13.3.2 后拉、前推和李导数

可以由后拉和前推运算给出欧拉-拉格朗日张量之间映射的统一描述。例如，拉格朗日矢量 d$\boldsymbol{X}$ 由 $\boldsymbol{F}$ 前推到当前构形给出欧拉矢量 d$\boldsymbol{x}$，即

$$\mathrm{d}\boldsymbol{x} = \boldsymbol{F} \cdot \mathrm{d}\boldsymbol{X} \equiv \varphi_* \mathrm{d}\boldsymbol{X} \tag{13.3.1}$$

欧拉矢量 d$\boldsymbol{x}$ 由 $\boldsymbol{F}^{-1}$ 后拉到参考构形给出拉格朗日矢量 d$\boldsymbol{X}$，即

$$\mathrm{d}\boldsymbol{X} = \boldsymbol{F}^{-1} \cdot \mathrm{d}\boldsymbol{x} \equiv \varphi^* \mathrm{d}\boldsymbol{x} \tag{13.3.2}$$

在上述公式中，φ_* 和 φ^* 分别代表前推和后拉的相应运算。

二阶张量的后拉和前推运算给出了这些张量在变形和未变形构形情况下的关系。一些重要的二阶张量的后拉和前推由表 13-4 给出。这些定义取决于一个张量是属于动力学还是运动学，区别于由这些张量所观察到的势的共轭性(如功共轭的运动学和动力学张量被后拉或前推，则势必须保持不变。这个问题将在 13.3.3 节中进一步解释)。许多关系来自于表 2-1，这些概念能使我们发展那些不容易显示的关系。

表 13-4 后拉和前推运算的总结(度量张量 $\boldsymbol{g}=\boldsymbol{I}$)

后　拉	前　推
	运动学(协变-协变张量)
$\varphi^*(\cdot)=\boldsymbol{F}^{\mathrm{T}}\cdot(\cdot)\cdot\boldsymbol{F}$	$\varphi_*(\cdot)=\boldsymbol{F}^{-\mathrm{T}}\cdot(\cdot)\cdot\boldsymbol{F}^{-1}$
$\varphi^*\boldsymbol{g}=\boldsymbol{F}^{\mathrm{T}}\cdot\boldsymbol{g}\cdot\boldsymbol{F}=\boldsymbol{C}$	$\varphi_*\boldsymbol{C}=\boldsymbol{F}^{-\mathrm{T}}\cdot\boldsymbol{C}\cdot\boldsymbol{F}^{-1}=\boldsymbol{g}$
$\varphi^*\boldsymbol{D}=\boldsymbol{F}^{\mathrm{T}}\cdot\boldsymbol{D}\cdot\boldsymbol{F}=\dot{\boldsymbol{E}}$	$\varphi_*\dot{\boldsymbol{E}}=\boldsymbol{F}^{-\mathrm{T}}\cdot\dot{\boldsymbol{E}}\cdot\boldsymbol{F}^{-1}=\boldsymbol{D}$
$\varphi^*\boldsymbol{D}^{\mathrm{dev}}=\boldsymbol{F}^{\mathrm{T}}\cdot\boldsymbol{D}^{\mathrm{dev}}\cdot\boldsymbol{F}$	$\varphi_*\dot{\boldsymbol{E}}^{\mathrm{dev}}=\boldsymbol{F}^{-\mathrm{T}}\cdot\dot{\boldsymbol{E}}^{\mathrm{dev}}\cdot\boldsymbol{F}^{-1}$
$=\boldsymbol{F}^{\mathrm{T}}\cdot\left(\boldsymbol{D}-\left(\frac{1}{3}\boldsymbol{D}:\boldsymbol{g}^{-1}\right)\boldsymbol{g}\right)\cdot\boldsymbol{F}$	$=\boldsymbol{F}^{-\mathrm{T}}\cdot\left(\dot{\boldsymbol{E}}-\left(\frac{1}{3}\dot{\boldsymbol{E}}:\boldsymbol{C}^{-1}\right)\boldsymbol{C}\right)\cdot\boldsymbol{F}^{-1}$
$=\dot{\boldsymbol{E}}-\left(\frac{1}{3}\dot{\boldsymbol{E}}:\boldsymbol{C}^{-1}\right)\boldsymbol{C}$	$=\boldsymbol{D}-\left(\frac{1}{3}\boldsymbol{D}:\boldsymbol{g}^{-1}\right)\boldsymbol{g}$
$=\dot{\boldsymbol{E}}^{\mathrm{dev}}$	$\equiv\boldsymbol{D}-\left(\frac{1}{3}\boldsymbol{D}:\boldsymbol{I}\right)\boldsymbol{I}$
	$=\boldsymbol{D}^{\mathrm{dev}}$

续表

后 拉	前 推
$\varphi^{*}(\cdot)=\boldsymbol{F}^{-1}\cdot(\cdot)\cdot\boldsymbol{F}^{-\mathrm{T}}$ $\varphi^{*}\boldsymbol{\tau}=\boldsymbol{F}^{-1}\cdot\boldsymbol{\tau}\cdot\boldsymbol{F}^{-\mathrm{T}}=\boldsymbol{S}$ $\varphi^{*}\boldsymbol{\tau}^{\nabla c}=\boldsymbol{F}^{-1}\cdot\boldsymbol{\tau}^{\nabla c}\cdot\boldsymbol{F}^{-\mathrm{T}}=\dot{\boldsymbol{S}}$ $\varphi^{*}\boldsymbol{\tau}^{\mathrm{dev}}=\boldsymbol{F}^{-1}\cdot\boldsymbol{\tau}^{\mathrm{dev}}\cdot\boldsymbol{F}^{-\mathrm{T}}$ $=\boldsymbol{F}^{-1}\cdot\left(\boldsymbol{\tau}-\left(\frac{1}{3}\boldsymbol{\tau}:\boldsymbol{g}\right)\boldsymbol{g}^{-1}\right)\cdot\boldsymbol{F}^{-\mathrm{T}}$ $=\boldsymbol{S}-\left(\frac{1}{3}\boldsymbol{S}:\boldsymbol{C}\right)\boldsymbol{C}^{-1}$ $\equiv\boldsymbol{S}^{\mathrm{dev}}$	动力学(逆变-逆变张量) $\varphi_{*}(\cdot)=\boldsymbol{F}\cdot(\cdot)\cdot\boldsymbol{F}^{\mathrm{T}}$ $\varphi_{*}\boldsymbol{S}=\boldsymbol{F}\cdot\boldsymbol{S}\cdot\boldsymbol{F}^{\mathrm{T}}=\boldsymbol{\tau}$ $\varphi_{*}\dot{\boldsymbol{S}}=\boldsymbol{F}\cdot\dot{\boldsymbol{S}}\cdot\boldsymbol{F}^{\mathrm{T}}=L_{\mathrm{v}}\boldsymbol{\tau}\equiv\boldsymbol{\tau}^{\nabla c}$ $\varphi_{*}\boldsymbol{S}^{\mathrm{dev}}=\boldsymbol{F}\cdot\boldsymbol{S}^{\mathrm{dev}}\cdot\boldsymbol{F}^{\mathrm{T}}$ $=\boldsymbol{F}\cdot\left(\boldsymbol{S}-\left(\frac{1}{3}\boldsymbol{S}:\boldsymbol{C}\right)\boldsymbol{C}^{-1}\right)\cdot\boldsymbol{F}^{\mathrm{T}}$ $=\boldsymbol{\tau}-\left(\frac{1}{3}\boldsymbol{\tau}:\boldsymbol{g}\right)\boldsymbol{g}^{-1}$ $\equiv\boldsymbol{\tau}-\left(\frac{1}{3}\boldsymbol{\tau}:\boldsymbol{I}\right)\boldsymbol{I}$ $=\boldsymbol{\tau}^{\mathrm{dev}}$

在式(12.9.3)中的度量张量是 $\boldsymbol{g}$,在欧几里得空间的度量张量是单位张量 $\boldsymbol{I}$。然而,为了描述基本规则,我们在一些公式中仍然保持度量张量,它和它的各种后拉(如 $\boldsymbol{C}=\varphi^{*}\boldsymbol{g}$)发挥了张量运算的作用,如构成偏量或张量的对称部分(表 13-4)。

后拉和前推的概念为定义张量的时间导数提供了数学上的一致性方法,即李导数方法。如表 13-5 所示,克希霍夫应力的李导数是克希霍夫应力的后拉的时间导数的前推。不严格地说,在李导数中,在固定的参考构形中对时间求导(是全导数,而非偏导数)后前推到当前构形,显然为计算带来了方便。表 13-5 给出了用势共轭方式定义的运动学张量的李导数,运动学的后拉和前推应用已在表 13-4 中给出。

克希霍夫应力的对流率对应于它的李导数,首先由表 13-5 给出的定义写出其后拉和前推形式:

$$L_{\mathrm{v}}\boldsymbol{\tau}=\varphi_{*}\left(\frac{\mathrm{D}}{\mathrm{D}t}(\varphi^{*}\boldsymbol{\tau})\right)=\boldsymbol{F}\cdot\frac{\mathrm{D}\boldsymbol{S}}{\mathrm{D}t}\cdot\boldsymbol{F}^{\mathrm{T}}=\boldsymbol{F}\cdot\frac{\mathrm{D}}{\mathrm{D}t}(\boldsymbol{F}^{-1}\cdot\boldsymbol{\tau}\cdot\boldsymbol{F}^{-\mathrm{T}})\cdot\boldsymbol{F}^{\mathrm{T}}\tag{13.3.3}$$

其次进行材料时间导数的计算:

$$\begin{aligned}L_{\mathrm{v}}\boldsymbol{\tau}&=\varphi_{*}\left(\frac{\mathrm{D}}{\mathrm{D}t}(\varphi^{*}\boldsymbol{\tau})\right)=\boldsymbol{F}\cdot(\dot{\boldsymbol{F}}^{-1}\cdot\boldsymbol{\tau}\cdot\boldsymbol{F}^{-\mathrm{T}}+\boldsymbol{F}^{-1}\cdot\dot{\boldsymbol{\tau}}\cdot\boldsymbol{F}^{-\mathrm{T}}+\boldsymbol{F}^{-1}\cdot\boldsymbol{\tau}\cdot\dot{\boldsymbol{F}}^{-\mathrm{T}})\cdot\boldsymbol{F}^{\mathrm{T}}\\&=\boldsymbol{F}\cdot(-\boldsymbol{F}^{-1}\cdot\dot{\boldsymbol{F}}\cdot\boldsymbol{F}^{-1}\cdot\boldsymbol{\tau}\cdot\boldsymbol{F}^{-\mathrm{T}}+\boldsymbol{F}^{-1}\cdot\dot{\boldsymbol{\tau}}\cdot\boldsymbol{F}^{-\mathrm{T}}-\boldsymbol{F}^{-1}\cdot\boldsymbol{\tau}\cdot\boldsymbol{F}^{-\mathrm{T}}\cdot\dot{\boldsymbol{F}}^{\mathrm{T}}\cdot\boldsymbol{F}^{-\mathrm{T}})\cdot\boldsymbol{F}^{\mathrm{T}}\end{aligned}\tag{13.3.4}$$

式中替换了 $\dot{\boldsymbol{F}}^{-1}=-\boldsymbol{F}^{-1}\cdot\dot{\boldsymbol{F}}\cdot\boldsymbol{F}^{-1}$,回顾 $\boldsymbol{L}=\dot{\boldsymbol{F}}\cdot\boldsymbol{F}^{-1}$,得到

$$L_{\mathrm{v}}\boldsymbol{\tau}=\boldsymbol{\tau}^{\nabla c}=\dot{\boldsymbol{\tau}}-\boldsymbol{L}\cdot\boldsymbol{\tau}-\boldsymbol{\tau}\cdot\boldsymbol{L}^{\mathrm{T}}\tag{13.3.5}$$

这样,李导数就等价于式(12.4.22)定义的特鲁斯德尔应力的对流率。

表 13-5 李导数

李导数 $L_{\mathrm{v}}(\cdot)=\varphi_{*}\left(\frac{\mathrm{D}}{\mathrm{D}t}\varphi^{*}(\cdot)\right)$
$L_{\mathrm{v}}\boldsymbol{g}=\varphi_{*}\left(\frac{\mathrm{D}}{\mathrm{D}t}(\varphi^{*}\boldsymbol{g})\right)=\boldsymbol{F}^{-\mathrm{T}}\cdot\frac{\mathrm{D}}{\mathrm{D}t}(\boldsymbol{F}^{\mathrm{T}}\cdot\boldsymbol{g}\cdot\boldsymbol{F})\cdot\boldsymbol{F}^{-1}=\boldsymbol{F}^{-\mathrm{T}}\cdot\dot{\boldsymbol{C}}\cdot\boldsymbol{F}^{-1}=2\boldsymbol{D}$
$L_{\mathrm{v}}\boldsymbol{\tau}=\varphi_{*}\left(\frac{\mathrm{D}}{\mathrm{D}t}(\varphi^{*}\boldsymbol{\tau})\right)=\boldsymbol{F}\cdot\frac{\mathrm{D}}{\mathrm{D}t}(\boldsymbol{F}^{-1}\cdot\boldsymbol{\tau}\cdot\boldsymbol{F}^{-\mathrm{T}})\cdot\boldsymbol{F}^{\mathrm{T}}=\boldsymbol{F}\cdot\dot{\boldsymbol{S}}\cdot\boldsymbol{F}^{\mathrm{T}}=\boldsymbol{\tau}^{\nabla c}$

将张量后拉到中间构形 $\overline{\Omega}$(参考图 12-19)是由变形梯度的弹性部分完成的,如 $\bar{\boldsymbol{S}}=(\boldsymbol{F}^{e})^{-1}\cdot\boldsymbol{\tau}\cdot(\boldsymbol{F}^{e})^{-T}=\boldsymbol{\varphi}_{e}^{*}\boldsymbol{\tau}$。类似地,将张量从 $\overline{\Omega}$ 后拉到参考构形 Ω 应用了变形梯度的塑性部分,如 $\boldsymbol{S}=(\boldsymbol{F}^{p})^{-1}\cdot\bar{\boldsymbol{S}}\cdot(\boldsymbol{F}^{p})^{-T}=\boldsymbol{\varphi}_{p}^{*}\bar{\boldsymbol{S}}$。在后拉和前推运算中,可以由相应的弹性部分和塑性部分定义弹性和塑性李导数:

$$L_{v}^{e}\boldsymbol{\tau}=\varphi_{*}^{e}\left(\frac{\mathrm{D}}{\mathrm{D}t}(\varphi_{e}^{*}\boldsymbol{\tau})\right)=\boldsymbol{F}^{e}\cdot\frac{\mathrm{D}}{\mathrm{D}t}((\boldsymbol{F}^{e})^{-1}\cdot\boldsymbol{\tau}\cdot(\boldsymbol{F}^{e})^{-T})\cdot\boldsymbol{F}^{eT}\tag{13.3.6}$$

此即克希霍夫应力的弹性李导数,而

$$L_{v}^{p}\bar{\boldsymbol{S}}=\varphi_{*}^{p}\left(\frac{\mathrm{D}}{\mathrm{D}t}(\varphi_{p}^{*}\bar{\boldsymbol{S}})\right)=\boldsymbol{F}^{p}\cdot\frac{\mathrm{D}}{\mathrm{D}t}((\boldsymbol{F}^{p})^{-1}\cdot\bar{\boldsymbol{S}}\cdot(\boldsymbol{F}^{p})^{-T})\cdot\boldsymbol{F}^{pT}\tag{13.3.7}$$

是 $\bar{\boldsymbol{S}}$ 的塑性李导数。

13.3.3 超弹性-塑性本构模型的后拉和前推

本节将进一步详细描述前文讨论的后拉和前推运算。基于 12.9.1 节中变形梯度的乘法分解的超弹性-塑性本构模型,我们对某些表达式进行了讨论。首先,回顾 $\overline{\Omega}$ 上的 PK2 应力,其可以作为克希霍夫应力张量后拉(通过变形梯度的弹性部分)至中间构形 $\overline{\Omega}$ 的转化,即

$$\bar{\boldsymbol{S}}=(\boldsymbol{F}^{e})^{-1}\cdot\boldsymbol{\tau}\cdot(\boldsymbol{F}^{e})^{-T}\equiv\varphi_{e}^{*}(\boldsymbol{\tau})\tag{13.3.8}$$

基于在一般拓扑空间上分析框架内张量的性质,给出后拉或前推运算的特殊形式。在这一方法中,$\boldsymbol{\tau}$ 是一个逆变二阶张量,而后拉运算是由$(\boldsymbol{F}^{e})^{-1}$ 和$(\boldsymbol{F}^{e})^{-T}$ 进行的。然而,对于协变二阶张量 $\boldsymbol{g}$ 和 $\boldsymbol{D}^{e}$,应用 $\boldsymbol{F}^{eT}$ 在左侧和 $\boldsymbol{F}^{e}$ 在右侧的形式进行相应的后拉运算。读者可以参考 Marsden 和 Hughes (1983)的文献以了解上述概念的详细解释。注意到当在欧几里得空间框架内计算时,这些概念事实上可以部分地忽略,即使当采用一般的曲线坐标时它们再次出现。在本书中,应用显式积分给出详细的后拉或前推运算。

可以应用前推运算获得关于克希霍夫应力的有效表达式,以替换表达式(12.9.5)第一式中的每一项。对于 $\bar{\boldsymbol{S}}$,通过前推有

$$\boldsymbol{\tau}=\varphi_{*}^{e}\bar{\boldsymbol{S}}=2\frac{\partial\psi}{\partial\boldsymbol{g}}\tag{13.3.9}$$

式中,$\psi(\boldsymbol{g},\boldsymbol{F}^{e})=\bar{\psi}(\varphi_{e}^{*}(\boldsymbol{g}))=\bar{\psi}(\boldsymbol{F}^{eT}\cdot\boldsymbol{g}\cdot\boldsymbol{F}^{e})$是超弹性势 $\bar{\psi}$ 的前推。通过式(12.9.6)可以获得弹性张量在 Ω 上的表达式:

$$\boldsymbol{C}_{el}^{\tau}=2\frac{\partial\boldsymbol{\tau}}{\partial\boldsymbol{g}}=4\frac{\partial^{2}\psi}{\partial\boldsymbol{g}\partial\boldsymbol{g}}\tag{13.3.10}$$

式(13.3.9)和式(13.3.10)为已知的杜瓦勒-埃里克森公式(Doyle-Ericksen formnla)(Doyle el at. ,1956)。

弹性右柯西-格林变形张量的时间导数可以联系到变形率张量弹性部分后拉至 $\overline{\Omega}$,即

$$\dot{\boldsymbol{C}}^{e}=2\boldsymbol{F}^{eT}\cdot\boldsymbol{D}^{e}\cdot\boldsymbol{F}^{e}=\varphi_{e}^{*}(\boldsymbol{D}^{e})\tag{13.3.11}$$

但是,

$$\dot{\boldsymbol{C}}^{e}=\frac{\mathrm{D}}{\mathrm{D}t}(\boldsymbol{F}^{eT}\cdot\boldsymbol{g}\cdot\boldsymbol{F}^{e})\tag{13.3.12}$$

这样由式(13.3.11)可以得到

$$2\boldsymbol{D}^{e}=(\boldsymbol{F}^{e})^{-T}\cdot\frac{D}{Dt}(\boldsymbol{F}^{eT}\cdot\boldsymbol{g}\cdot\boldsymbol{F}^{e})\cdot\boldsymbol{F}^{e}=\varphi_{*}^{e}\left(\frac{D}{Dt}\varphi_{e}^{*}(\boldsymbol{g})\right)=L_{v}^{e}\boldsymbol{g}\tag{13.3.13}$$

即通过后拉度量张量至中间构形，得到了两倍变形率张量的弹性部分表达式，对当前构形是度量张量的弹性李导数取材料时间导数和前推结果。应用李导数的概念，超弹性势 $\bar{\psi}$ 的时间导数可以写为

$$\begin{aligned}\dot{\bar{\psi}}&=\frac{1}{2}\bar{\boldsymbol{S}}:\dot{\bar{\boldsymbol{C}}}^{e}=\frac{1}{2}(\boldsymbol{F}^{e-1}\cdot\boldsymbol{\tau}\cdot\boldsymbol{F}^{e-T}):2(\boldsymbol{F}^{eT}\cdot\boldsymbol{D}^{e}\cdot\boldsymbol{F}^{e})\\&=\boldsymbol{\tau}:\boldsymbol{D}^{e}=\frac{1}{2}\boldsymbol{\tau}:L_{v}^{e}\boldsymbol{g}\end{aligned}\tag{13.3.14}$$

并认为$\boldsymbol{\tau}$ 和 $\boldsymbol{g}$ 是功共轭的。这些结果可以从最开始的表达式获得，通过采用它的前推来替换每一项$\left(\bar{\boldsymbol{S}}\text{ 由}\boldsymbol{\tau}\text{ 替换和}\frac{1}{2}\dot{\bar{\boldsymbol{C}}}^{e}\text{ 由 }L_{v}^{e}\boldsymbol{g}\text{ 替换}\right)$。

现在，注意到 $\boldsymbol{L}^{e}$ 和 $\boldsymbol{L}^{p}$(式(12.9.10))的对称和反对称部分可以写为

$$\begin{aligned}&\boldsymbol{D}^{e}=\frac{1}{2}(\boldsymbol{g}\cdot\boldsymbol{L}^{e}+\boldsymbol{L}^{eT}\cdot\boldsymbol{g}),\quad\boldsymbol{W}^{e}=\frac{1}{2}(\boldsymbol{g}\cdot\boldsymbol{L}^{e}-\boldsymbol{L}^{eT}\cdot\boldsymbol{g}),\\&\boldsymbol{D}^{p}=\frac{1}{2}(\boldsymbol{g}\cdot\boldsymbol{L}^{p}+\boldsymbol{L}^{pT}\cdot\boldsymbol{g}),\quad\boldsymbol{W}^{p}=\frac{1}{2}(\boldsymbol{g}\cdot\boldsymbol{L}^{p}-\boldsymbol{L}^{pT}\cdot\boldsymbol{g})\end{aligned}\tag{13.3.15}$$

在这些表达式中，度量张量 $\boldsymbol{g}=\boldsymbol{I}$ 并显式保存在 Ω 上，是为了简化相应量值图形返回至中间构形的转换过程。空间速度梯度的弹性部分和塑性部分的后拉为

$$\begin{cases}\bar{\boldsymbol{L}}^{e}=\varphi_{e}^{*}(\boldsymbol{L}^{e})=(\boldsymbol{F}^{e})^{-1}\cdot\boldsymbol{L}^{e}\cdot\boldsymbol{F}^{e}=(\boldsymbol{F}^{e})^{-1}\cdot\dot{\boldsymbol{F}}^{e}\\\bar{\boldsymbol{L}}^{p}=\varphi_{e}^{*}(\boldsymbol{L}^{p})=(\boldsymbol{F}^{e})^{-1}\cdot\boldsymbol{L}^{p}\cdot\boldsymbol{F}^{e}=\dot{\boldsymbol{F}}^{p}\cdot(\boldsymbol{F}^{p})^{-1}\end{cases}\tag{13.3.16}$$

上式应用了式(12.9.9)以便获得最终的表达式。因此，$\boldsymbol{L}^{e}$ 是在当前构形 Ω 上速度梯度的弹性部分，$\bar{\boldsymbol{L}}^{e}$ 是它的后拉；而 $\bar{\boldsymbol{L}}^{p}$ 是在中间构形 $\bar{\Omega}$ 上的速度梯度的塑性部分，$\boldsymbol{L}^{p}$ 是它的前推。在一般拓扑空间的张量分析中，空间速度梯度 $\boldsymbol{L}$ 和它的弹性、塑性部分(相应的 $\boldsymbol{L}^{e}$ 和 $\boldsymbol{L}^{p}$)具有混合的逆变-协变性质。因此，应用$(\boldsymbol{F}^{e})^{-1}$ 在左侧(逆变)和 $\boldsymbol{F}^{e}$ 在右侧(协变)的形式，其在式(13.3.16)中的后拉运算也是混合的。

在 Ω 上，弹性和塑性速度梯度的对称和反对称部分为

$$\begin{cases}\bar{\boldsymbol{D}}^{e}=\varphi_{e}^{*}(\boldsymbol{D}^{e})=\frac{1}{2}(\bar{\boldsymbol{C}}^{e}\cdot\bar{\boldsymbol{L}}^{e}+\bar{\boldsymbol{L}}^{eT}\cdot\bar{\boldsymbol{C}}^{e}),\quad\bar{\boldsymbol{W}}^{e}=\varphi_{e}^{*}(\boldsymbol{W}^{e})=\frac{1}{2}(\bar{\boldsymbol{C}}^{e}\cdot\bar{\boldsymbol{L}}^{e}-\bar{\boldsymbol{L}}^{eT}\cdot\bar{\boldsymbol{C}}^{e})\\\bar{\boldsymbol{D}}^{p}=\varphi_{e}^{*}(\boldsymbol{D}^{p})=\frac{1}{2}(\bar{\boldsymbol{C}}^{e}\cdot\bar{\boldsymbol{L}}^{p}+\bar{\boldsymbol{L}}^{pT}\cdot\bar{\boldsymbol{C}}^{e}),\quad\bar{\boldsymbol{W}}^{p}=\varphi_{e}^{*}(\boldsymbol{W}^{p})=\frac{1}{2}(\bar{\boldsymbol{C}}^{e}\cdot\bar{\boldsymbol{L}}^{p}-\bar{\boldsymbol{L}}^{pT}\cdot\bar{\boldsymbol{C}}^{e})\end{cases}$$

$$\tag{13.3.17}$$

式中，$\bar{\boldsymbol{C}}^{e}=\varphi_{e}^{*}(\boldsymbol{g})$起到在中间构形上的度量作用。在这些表达式中，度量的作用类似于降低逆变的指标，因此张量是纯协变的，并且可以形成对称和反对称部分。

13.3.4 材料本构框架的客观性

除合适的应力和变形度量之外，将小应变本构关系扩展到有限应变需要考虑有限转动，此刻，本构关系必须独立于任何刚体转动。换言之，对于在相对运动中(平动加转动)的两个观察者，所看到的本构关系必须相同，这被称为材料客观性原理。这里，考虑在有限应

变时本构关系公式的本质。

设 $\boldsymbol{x}(\boldsymbol{X},t)$ 和 $\boldsymbol{x}^*(\boldsymbol{X},t)$ 是由两个相对运动的观察者所描述的物体运动：

$$\boldsymbol{x}^* = \boldsymbol{Q}(t)\cdot\boldsymbol{x}+\boldsymbol{c}(t),\quad \boldsymbol{Q}^{-1}=\boldsymbol{Q}^{\mathrm{T}} \tag{13.3.18}$$

且 $\boldsymbol{Q}(0)=\boldsymbol{I}$ 和 $\boldsymbol{c}(0)=0$。式(13.3.18)代表了两个观察者之间的转换，他们之间的参考框架被 $\boldsymbol{Q}$ 旋转且被 $\boldsymbol{c}$ 平移。该式在数学上与一个刚体的旋转与平移是等价的。客观性要求从这种刚体平移与旋转的角度来考虑也更自然(详细内容见 Malvern(1969)和 Ogden(1984)的文献)。

由式(13.3.18)得到

$$\mathrm{d}\boldsymbol{x}^* = \boldsymbol{Q}\cdot\mathrm{d}\boldsymbol{x}=\boldsymbol{Q}\cdot\boldsymbol{F}\cdot\mathrm{d}\boldsymbol{X}=\boldsymbol{F}^*\cdot\mathrm{d}\boldsymbol{X} \tag{13.3.19}$$

由于上式适合任意的 $\mathrm{d}\boldsymbol{X}$，在一个观察者变换时，变形梯度的转换就像欧拉矢量 $\mathrm{d}\boldsymbol{x}$ 的转换：

$$\boldsymbol{F}^* = \boldsymbol{Q}\cdot\boldsymbol{F} \tag{13.3.20}$$

取式(13.3.18)的材料时间导数，得到

$$\boldsymbol{v}^* = \boldsymbol{Q}\cdot\boldsymbol{v}+\dot{\boldsymbol{Q}}\cdot\boldsymbol{x}+\dot{\boldsymbol{c}} \tag{13.3.21}$$

从式(13.3.19)和式(13.3.21)可见，在刚体运动中，矢量 $\mathrm{d}\boldsymbol{x}$ 和速度矢量场 $\boldsymbol{v}$ 并没有以同样的方式转换。为了观察当一个观察者转换(或叠加刚体转动)时其他运动量是如何转换的，从式(13.3.18)～式(13.3.21)进行简单的推导。

例如，右柯西-格林变形张量的转换可以从式(13.3.20)得到：

$$\boldsymbol{C}^* = \boldsymbol{F}^{*\mathrm{T}}\cdot\boldsymbol{F}^* = \boldsymbol{F}^{\mathrm{T}}\cdot\boldsymbol{Q}^{\mathrm{T}}\cdot\boldsymbol{Q}\cdot\boldsymbol{F}=\boldsymbol{F}^{\mathrm{T}}\cdot\boldsymbol{F}=\boldsymbol{C} \tag{13.3.22}$$

应用式(13.3.18)和式(13.3.20)，空间速度梯度的转换为

$$\boldsymbol{L}^* = \dot{\boldsymbol{F}}^*\cdot(\boldsymbol{F}^*)^{-1}=\boldsymbol{Q}\cdot\boldsymbol{L}\cdot\boldsymbol{Q}^{\mathrm{T}}+\dot{\boldsymbol{Q}}\cdot\boldsymbol{Q}^{\mathrm{T}} \tag{13.3.23}$$

变形率和旋转张量的转换为

$$\boldsymbol{D}^* = \boldsymbol{Q}\cdot\boldsymbol{D}\cdot\boldsymbol{Q}^{\mathrm{T}},\quad \boldsymbol{W}^* = \boldsymbol{Q}\cdot\boldsymbol{W}\cdot\boldsymbol{Q}^{\mathrm{T}}+\dot{\boldsymbol{Q}}\cdot\boldsymbol{Q}^{\mathrm{T}} \tag{13.3.24}$$

式(13.3.22)～式(13.3.24)展示了在当前构形上转换观察者或叠加一个刚体转动时，各种运动学的量是如何变化的。

现在考虑一个随观察者转动的直角坐标系统，即 $\boldsymbol{e}_i^* = \boldsymbol{Q}\cdot\boldsymbol{e}_i$。如果转换的张量在带星号的坐标系统与没有转换的张量在没有星号的系统具有相同的分量，则称欧拉张量场是客观的。很容易看到欧拉张量 $\mathrm{d}\boldsymbol{x}$ 和 $\boldsymbol{D}$ 是客观的，即

$$\mathrm{d}x_i^* = \boldsymbol{e}_i^*\cdot\mathrm{d}\boldsymbol{x}^* = \boldsymbol{e}_i\cdot\boldsymbol{Q}^{\mathrm{T}}\cdot\boldsymbol{Q}\cdot\mathrm{d}\boldsymbol{x}=\mathrm{d}\boldsymbol{x}_i \tag{13.3.25}$$

和

$$D_{ij}^* = \boldsymbol{e}_i^*\cdot\boldsymbol{D}^*\cdot\boldsymbol{e}_j^* = \boldsymbol{e}_i\cdot\boldsymbol{Q}^{\mathrm{T}}\cdot\boldsymbol{Q}\cdot\boldsymbol{D}\cdot\boldsymbol{Q}^{\mathrm{T}}\cdot\boldsymbol{Q}\cdot\boldsymbol{e}_j = D_{ij} \tag{13.3.26}$$

可以用同样的方法证明 $\boldsymbol{v}$、$\boldsymbol{L}$ 和 $\boldsymbol{W}$ 不是客观的，这是因为在转换关系式(13.3.23)和式(13.3.24)中出现了转动率。对于更一般的情况，如果

$$\boldsymbol{a}^* = \boldsymbol{Q}\cdot\boldsymbol{a},\quad \boldsymbol{A}^* = \boldsymbol{Q}\cdot\boldsymbol{A}\cdot\boldsymbol{Q}^{\mathrm{T}} \tag{13.3.27}$$

则称欧拉矢量 $\boldsymbol{a}$ 和欧拉二阶张量 $\boldsymbol{A}$ 是客观的。

当观察者变换时，如果拉格朗日张量场保持不变，则它是客观的。由式(13.3.18)在 $t=0$ 时有

$$\mathrm{d}\boldsymbol{X}^* = \mathrm{d}\boldsymbol{X} \tag{13.3.28}$$

它是一个客观的拉格朗日矢量场，而由式(13.3.22)可知，$\boldsymbol{C}$ 是一个客观的拉格朗日二阶张

量。如果

$$a_0^* = a_0, \quad A_0^* = A_0 \tag{13.3.29}$$

则拉格朗日矢量 $\boldsymbol{a}_0$ 和二阶张量 $\boldsymbol{A}_0$ 是客观的。根据需要可以将其写成分量的形式：

$$a_{0i}^* = \boldsymbol{e}_i \cdot \boldsymbol{a}_0^* = \boldsymbol{e}_i \cdot \boldsymbol{a}_0 = a_{0i}, \quad A_{0ij}^* = \boldsymbol{e}_i \cdot \boldsymbol{A}_0^* \cdot \boldsymbol{e}_j = \boldsymbol{e}_i \cdot \boldsymbol{A}_0 \cdot \boldsymbol{e}_j = A_{0ij} \tag{13.3.30}$$

关于欧拉-拉格朗日张量场客观性的定义与以上两个定义相互联系。例如，变形梯度是一个两点张量，因为它将场变量从参考构形映射到当前构形。如果

$$\boldsymbol{B}_{ij}^* = \boldsymbol{e}_i^* \cdot \boldsymbol{B}^* \cdot \boldsymbol{e}_j = \boldsymbol{e}_i \cdot \boldsymbol{B} \cdot \boldsymbol{e}_j = \boldsymbol{B}_{ij} \tag{13.3.31}$$

或

$$\boldsymbol{B}^* = \boldsymbol{Q} \cdot \boldsymbol{B} \tag{13.3.32}$$

则欧拉-拉格朗日二阶张量 $\boldsymbol{B}$ 是客观的。因此，由式(13.3.20)，变形梯度 $\boldsymbol{F}$ 是一个客观的欧拉-拉格朗日二阶张量。

13.3.5 本构关系的应用条件

前文已经介绍了各种运动学的量在观察者变换时是如何转换的，现在考虑框架不变性或材料客观性的概念和强加于本构关系的限制。考虑用响应函数 $\boldsymbol{G}$ 表示柯西弹性材料：

$$\boldsymbol{\sigma} = \boldsymbol{G}(\boldsymbol{F}(\boldsymbol{X}, t)) \tag{13.3.33}$$

这里如观察者 O 所见，在时刻 t，柯西应力由在 $\boldsymbol{X}$ 上变形梯度的响应函数 $\boldsymbol{G}$ 给出。对于相对于 O 移动的观察者 O^*，根据式(13.3.18)可得柯西应力为

$$\boldsymbol{\sigma}^* = \boldsymbol{G}^*(\boldsymbol{F}^*) \tag{13.3.34}$$

式中省略了变量 $\boldsymbol{X}$ 和 t 是为了标记方便。

材料客观性或材料框架客观性的原理表明材料响应与观察者无关。原理的数学表述为

$$\boldsymbol{G}^*(\boldsymbol{F}^*) = \boldsymbol{G}(\boldsymbol{F}^*) \tag{13.3.35}$$

即 $\boldsymbol{G}^*$ 和 $\boldsymbol{G}$ 为相同函数。此外，材料客观性的含义是，为了确定柯西应力，观察者 O^* 对待 $\boldsymbol{F}^*$ 采用与观察者 O 对待 $\boldsymbol{F}$ 相同的方式。

柯西应力是客观(欧拉)张量，因此柯西应力的分量在转动坐标系中由观察者 O^* 所见到的与观察者 O 在不转动坐标系中所见到的是相同的分量，即

$$\boldsymbol{\sigma}^* = \boldsymbol{Q} \cdot \boldsymbol{\sigma} \cdot \boldsymbol{Q}^{\mathrm{T}}, \quad \sigma_{ij}^* = \boldsymbol{e}_i^* \cdot \boldsymbol{Q} \cdot \boldsymbol{\sigma} \cdot \boldsymbol{Q}^{\mathrm{T}} \cdot \boldsymbol{e}_j^* = \boldsymbol{e}_i \cdot \boldsymbol{\sigma} \cdot \boldsymbol{e}_j = \sigma_{ij} \tag{13.3.36}$$

应用式(13.3.36)和式(13.3.34)，给出

$$\boldsymbol{Q} \cdot \boldsymbol{\sigma} \cdot \boldsymbol{Q}^{\mathrm{T}} = \boldsymbol{\sigma}^* = \boldsymbol{G}(\boldsymbol{Q}, \boldsymbol{F}) \tag{13.3.37}$$

或

$$\boldsymbol{\sigma} = \boldsymbol{Q}^{\mathrm{T}} \cdot \boldsymbol{G}(\boldsymbol{Q}, \boldsymbol{F}) \cdot \boldsymbol{Q} \tag{13.3.38}$$

根据极分解原理，变形梯度可以写成 $\boldsymbol{F} = \boldsymbol{R} \cdot \boldsymbol{U}$，式中 $\boldsymbol{R}$ 是转动张量，$\boldsymbol{U}$ 是右伸长张量。上述公式对所有转动 $\boldsymbol{Q}(t)$ 和特殊的 $\boldsymbol{Q} = \boldsymbol{R}^{\mathrm{T}}$ 必须是真实的。对此，式(13.3.38)简化为

$$\boldsymbol{\sigma} = \boldsymbol{R} \cdot \boldsymbol{G}(\boldsymbol{U}) \cdot \boldsymbol{R}^{\mathrm{T}} \tag{13.3.39}$$

由于材料客观性，上式体现了对本构关系式(13.3.33)的限制：取决于转动 $\boldsymbol{R}$ 的本构关系仅能采用上式的形式，即本构关系仅能依赖于转动的当前值和右伸长张量(或与度量有关的量，如格林应变)。因而，注意到转动柯西应力 $\hat{\boldsymbol{\sigma}} = \boldsymbol{R}^{\mathrm{T}} \cdot \boldsymbol{\sigma} \cdot \boldsymbol{R}$ 的响应函数必须采用简单的形式 $\hat{\boldsymbol{\sigma}} = \boldsymbol{G}(\boldsymbol{U})$。

13.3.6 客观标量函数

在本构关系中,经常引出张量变量的标量函数,一个示例是在弹-塑性问题中的屈服函数。当观察者转换时,客观标量函数 f 满足条件 $f^*=f$。考虑一个标量函数 $f(\boldsymbol{\sigma})$,这里$\boldsymbol{\sigma}$是柯西应力,即客观欧拉二阶张量。对于任意的转动 $\boldsymbol{Q}$,材料客观性表示为

$$f^*(\boldsymbol{\sigma}^*)=f(\boldsymbol{\sigma}),\quad f^*=f,\text{或者 } f(\boldsymbol{Q}\cdot\boldsymbol{\sigma}\cdot\boldsymbol{Q}^{\mathrm{T}})=f(\boldsymbol{\sigma}) \tag{13.3.40}$$

这里要求 f 仅是$\boldsymbol{\sigma}$的主不变量的函数,或是$\boldsymbol{\sigma}$的各向同性函数。这意味着各向异性的屈服行为不能由 $f(\boldsymbol{\sigma})$形式的函数表示,较方便的表示方法是以度量到的应力定义屈服函数,该应力叠加在 Ω 上的转动后是不变的。例如,在 $\bar{\Omega}$ 上的二阶 PK2 应力在转动时是不变的。屈服函数的材料客观性要求

$$\bar{f}(\bar{\boldsymbol{S}}^*)=\bar{f}(\bar{\boldsymbol{S}}) \tag{13.3.41}$$

由式(13.3.61),$\bar{\boldsymbol{S}}^*=\bar{\boldsymbol{S}}$,因此式(13.3.41)自动满足,并且材料客观性没有强制对 $\bar{f}$ 进行限制。为了描述方便,考虑一个各向异性屈服函数:

$$\bar{f}(\bar{\boldsymbol{S}})=\bar{f}(\bar{\boldsymbol{S}}:\bar{\boldsymbol{H}}:\bar{\boldsymbol{S}}) \tag{13.3.42}$$

式中,$\bar{\boldsymbol{H}}$ 取材料常数的四阶张量。注意这个屈服函数满足式(13.3.41),因此这里对 $\bar{f}$ 或 $\bar{\boldsymbol{H}}$ 没有框架不变性的限制。前推这个表达式至空间构形(用变形梯度的弹性部分),得到

$$f=\varphi_*^{\mathrm{e}}\bar{f}=f(\boldsymbol{\tau}:\boldsymbol{H}:\boldsymbol{\tau}) \tag{13.3.43}$$

式中,

$$\boldsymbol{\tau}=\varphi_*^{\mathrm{e}}\bar{\boldsymbol{S}}=\boldsymbol{F}^{\mathrm{e}}\cdot\bar{\boldsymbol{S}}\cdot\boldsymbol{F}^{\mathrm{eT}},$$

$$\boldsymbol{H}=\varphi_*^{\mathrm{e}}\bar{\boldsymbol{H}},\quad H_{ijkl}=(F_{im}^{\mathrm{e}})^{-\mathrm{T}}(F_{jn}^{\mathrm{e}})^{-\mathrm{T}}(F_{kp}^{\mathrm{e}})^{-\mathrm{T}}(F_{lq}^{\mathrm{e}})^{-\mathrm{T}}\bar{H}_{mnpq} \tag{13.3.44}$$

通过 f 的标量变量的不变量确定了$\bar{\boldsymbol{H}}$ 前推的特殊形式,即$\boldsymbol{\tau}:\boldsymbol{H}:\boldsymbol{\tau}=\bar{\boldsymbol{S}}:\bar{\boldsymbol{H}}:\bar{\boldsymbol{S}}$,并且是以运动学张量的方式前推$\bar{\boldsymbol{H}}$(与应力共轭)。注意到在观察者变换时,有$\boldsymbol{\tau}^*=\boldsymbol{Q}\cdot\boldsymbol{\tau}\cdot\boldsymbol{Q}^{\mathrm{T}}$,$\boldsymbol{F}^{\mathrm{e}*}=\boldsymbol{Q}\cdot\boldsymbol{F}^{\mathrm{e}}$,并因此有$(\boldsymbol{F}^{\mathrm{e}*})^{-\mathrm{T}}=\boldsymbol{Q}\cdot(\boldsymbol{F}^{\mathrm{e}})^{-\mathrm{T}}$,由此可以证明 f 空间形式的不变性。

13.3.7 对材料模量的限制

在 12.4 节和 12.8 节中注意到,如果假设空间弹性模量为常量,则材料客观性要求它们是各向同性的。为了证明这点,考虑次弹性关系式(B12.7.2)与常数模量 $\boldsymbol{C}_{\mathrm{el}}^{\tau J}$。对于客观欧拉二阶张量应用转换式(13.3.27),框架不变性要求$(\boldsymbol{\tau}^{\nabla J})^*=\boldsymbol{C}_{\mathrm{el}}^{\tau J}:(\boldsymbol{D}^{\mathrm{e}})^*$,可以将它写成分量形式:

$$Q_{im}Q_{jn}\tau_{mn}^{\nabla J}=(C_{\mathrm{el}}^{\tau J})_{ijkl}(Q_{kr}Q_{ls}D_{rs}^{\mathrm{e}}) \tag{13.3.45}$$

重新安排这个表达式,给出

$$\tau_{ij}^{\nabla J}=(Q_{mi}Q_{nj}Q_{pk}Q_{ql}(C_{\mathrm{el}}^{\tau J})_{mnpq})D_{kl}^{\mathrm{e}} \tag{13.3.46}$$

由于$\boldsymbol{\tau}^{\nabla J}=\boldsymbol{C}_{\mathrm{el}}^{\tau J}:\boldsymbol{D}^{\mathrm{e}}$,

$$(C_{\mathrm{el}}^{\tau J})_{ijkl}=Q_{mi}Q_{nj}Q_{pk}Q_{ql}(C_{\mathrm{el}}^{\tau J})_{mnpq},\quad \forall Q_{ij},\quad \det Q_{ij}=1 \tag{13.3.47}$$

限制了模量是各向同性的。

如果弹性响应是在从空间构形后拉到某个中间构形中形成的,则各向同性的限制会被取消。为了证明这点,基于旋转克希霍夫应力式(12.8.34),考虑次弹性关系,将转动 $\boldsymbol{R}$ 的

前推式(12.8.34)至空间构形,得到

$$\boldsymbol{\tau}^{\nabla G}=\boldsymbol{C}_{\mathrm{el}}^{\tau G}:\boldsymbol{D}^{e},\quad (C_{\mathrm{el}}^{\tau G})_{ijkl}=R_{im}R_{jn}R_{kp}R_{lq}\hat{C}_{mnpq} \tag{13.3.48}$$

框架不变性要求本构关系转换为$(\boldsymbol{\tau}^{\nabla G})^{*}=(\boldsymbol{C}_{\mathrm{el}}^{\tau G})^{*}:(\boldsymbol{D}^{e})^{*}$,注意到模量 $\boldsymbol{C}_{\mathrm{el}}^{\tau G}$ 现在不是常量,是通过在转动 $\boldsymbol{R}$ 下 $\hat{\boldsymbol{C}}$ 的转换给出的。由极分解 $\boldsymbol{F}=\boldsymbol{R}\cdot\boldsymbol{U}$ 和变形梯度的转换式(13.3.20)可知,转动张量转换成为 $\boldsymbol{R}^{*}=\boldsymbol{Q}\cdot\boldsymbol{R}$。结合转换式(13.3.48),转换的本构关系(分量形式)为

$$\begin{aligned}(\tau^{\nabla G})_{ij}^{*}&=(C_{\mathrm{el}}^{\tau G})_{ijkl}^{*}(D^{e})_{rs}^{*},\\ Q_{im}Q_{jn}\tau_{mn}^{\nabla G}&=R_{im}^{*}R_{jn}^{*}R_{kp}^{*}R_{lq}^{*}\hat{C}_{mnpq}(Q_{kr}Q_{ls}D_{rs}^{e})\\ &=Q_{lt}R_{tm}Q_{ju}R_{un}Q_{kv}R_{vp}Q_{lw}R_{wq}\hat{C}_{mnpq}(Q_{kr}Q_{ls}D_{rs}^{e})\end{aligned} \tag{13.3.49}$$

重新安排上式,得到

$$\tau_{ij}^{\nabla G}=R_{im}R_{jn}R_{kp}R_{lq}\hat{C}_{mnpq}D_{kl}^{e}=(D_{\mathrm{el}}^{\tau G})_{ijkl}D_{kl}^{e} \tag{13.3.50}$$

这是式(13.3.48)的分量形式。刚体转动没有强制约束模量 $C_{\mathrm{el}}^{\tau G}$,因而它可以是各向异性的。

13.3.8 材料对称性

关于材料对称性对材料响应的限制,见 Noll(Malvern,1969)的论述。简便起见,我们再次考虑柯西弹性材料。如果在材料单元上的应力与是否首先被 $\boldsymbol{Q}$ 映射无关,则称张量 $\boldsymbol{Q}$ 为材料的对称集合的一个单元。我们仅考虑正交张量,即 $\det\boldsymbol{Q}=\pm1$,就可以进行转动的对称运算($\det\boldsymbol{Q}=+1$ 和反射 $\det\boldsymbol{Q}=-1$)。如果 $\boldsymbol{Q}$ 是对称集合的一个单元,则

$$\boldsymbol{G}(\boldsymbol{F})=\boldsymbol{G}(\boldsymbol{F}\cdot\boldsymbol{Q}) \tag{13.3.51}$$

式中,$\boldsymbol{G}$ 为材料($\boldsymbol{\sigma}=\boldsymbol{G}(\boldsymbol{F})$)的响应函数。在对称集合中包含所有转动的材料称为各向同性材料(对应于初始构形)。应用极分解 $\boldsymbol{F}=\boldsymbol{V}\times\boldsymbol{R}$ 的形式并设 $\boldsymbol{Q}=\boldsymbol{R}^{\mathrm{T}}$,式(13.3.51)可以写为

$$\boldsymbol{G}(\boldsymbol{F})=\boldsymbol{G}(\boldsymbol{V}) \tag{13.3.52}$$

对于各向同性材料,上式可以由代换原理进一步证明(Ogden,1984):

$$\boldsymbol{G}(\boldsymbol{V})=\boldsymbol{G}(I_1(\boldsymbol{V}),I_2(\boldsymbol{V}),I_3(\boldsymbol{V})) \tag{13.3.53}$$

式中,$I_I(\boldsymbol{V})$代表 $\boldsymbol{V}$ 的主不变量。在表 12-2 中定义了二阶张量的主不变量,对于各向同性材料,有

$$\boldsymbol{\sigma}=\boldsymbol{G}(\boldsymbol{V})=\boldsymbol{R}\cdot\boldsymbol{G}(\boldsymbol{U})\cdot\boldsymbol{R}^{\mathrm{T}} \tag{13.3.54}$$

上式应用了式(13.3.39)以写出第二个等式。

13.3.9 超弹-塑性模型的框架不变性

当由超弹性势能给出弹性响应时,应力直接通过式(12.9.5)赋值,无须对应力率积分,因此无须满足材料框架相同性的原理。为了进一步说明这点,考虑放置在空间构形上的刚体运动。设 $\boldsymbol{Q}(t)$是在空间构形 Ω 上与时间相关的转动,我们视 Ω_0 和 $\overline{\Omega}$ 为固定的,即不受转动的影响(Dashner,1986)。当施加转动 $\boldsymbol{Q}(t)$时,变形梯度为

$$\boldsymbol{F}^{*}=\boldsymbol{Q}\cdot\boldsymbol{F} \tag{13.3.55}$$

这样,变形梯度是连接参考构形和当前构形的两点张量,当施加转动 $\boldsymbol{Q}(t)$时,它像矢量一样

转换。将变形梯度 $\boldsymbol{F}^*$ 分解为弹性部分和塑性部分的乘积：

$$\boldsymbol{F}^* = \boldsymbol{F}^{*\mathrm{e}} \cdot \boldsymbol{F}^{*\mathrm{p}} \tag{13.3.56}$$

因为中间构形 $\bar{\Omega}$ 不受在当前构形 Ω 上转动的影响，于是有

$$\boldsymbol{F}^{*\mathrm{p}} = \boldsymbol{F}^{\mathrm{p}} \tag{13.3.57}$$

在式(13.3.56)中应用这个结果，得到

$$\boldsymbol{F}^* = \boldsymbol{F}^{*\mathrm{e}} \cdot \boldsymbol{F}^{\mathrm{p}} \tag{13.3.58}$$

根据式(13.3.55)有

$$\boldsymbol{F}^* = \boldsymbol{Q} \cdot \boldsymbol{F} = \boldsymbol{Q} \cdot \boldsymbol{F}^{\mathrm{e}} \cdot \boldsymbol{F}^{\mathrm{p}}, \quad \boldsymbol{F}^{*\mathrm{e}} = \boldsymbol{Q} \cdot \boldsymbol{F}^{\mathrm{e}} \tag{13.3.59}$$

由 $(\bar{\boldsymbol{C}}^{\mathrm{e}})^* = \boldsymbol{F}^{*\mathrm{eT}} \cdot \boldsymbol{g}^* \cdot \boldsymbol{F}^{*\mathrm{e}}$ 给出柯西变形张量的转换。然而，由 $\boldsymbol{g}^* = \boldsymbol{Q} \cdot \boldsymbol{g} \cdot \boldsymbol{Q}^{\mathrm{T}} = \boldsymbol{g}$（已知观察者为等距离转换，它使度量没有变化）并根据式(13.3.59)可得 $(\bar{\boldsymbol{C}}^{\mathrm{e}})^* = \bar{\boldsymbol{C}}^{\mathrm{e}}$，说明当刚体在 Ω 上转动时，$\bar{\boldsymbol{C}}^{\mathrm{e}}$ 是不变量。遵循材料框架相同性原理，并要求超弹性势能在 $\bar{\Omega}$ 上是客观标量值，有

$$\bar{\psi} = \bar{\psi}((\bar{\boldsymbol{C}}^{\mathrm{e}})^*) = \bar{\psi}(\bar{\boldsymbol{C}}^{\mathrm{e}}) \tag{13.3.60}$$

由超弹性势能可以获得 PK2 应力：

$$\bar{\boldsymbol{S}}^* = 2\frac{\partial \bar{\psi}((\bar{\boldsymbol{C}}^{\mathrm{e}})^*)}{\partial (\bar{\boldsymbol{C}}^{\mathrm{e}})^*} = 2\frac{\partial \bar{\psi}(\bar{\boldsymbol{C}}^{\mathrm{e}})}{\partial \bar{\boldsymbol{C}}^{\mathrm{e}}} = \bar{\boldsymbol{S}} \tag{13.3.61}$$

当刚体在 Ω 上转动时，它也是不变量。这样，在中间构形 $\bar{\Omega}$ 上以超弹性势能形式给出的弹性响应自动满足材料框架相同性原理，从而回避了与应力率积分和强迫增量客观性相关的问题。

13.3.10 塑性耗散不等式及原理

除了客观性，这些由热力学第二定律强加于本构关系的限制，将通过塑性耗散不等式(Clausius-Duhem inequality)给出解释。这里，我们以各种形式推导不等式并检验它对关联塑性模型和非关联塑性模型的意义。以 η 表示物体中的比熵，热力学第二定律表明在物体中熵的总增加率大于或等于熵的输入：

$$\frac{\mathrm{D}}{\mathrm{D}t}\int_{\Omega}\rho\eta\,\mathrm{d}\Omega \geqslant -\int \boldsymbol{h} \cdot \boldsymbol{n}\,\mathrm{d}\Gamma + \int_{\Omega}\frac{1}{\theta}\rho s\,\mathrm{d}\Omega \tag{13.3.62}$$

式中，θ 为绝对温度，$\boldsymbol{h} = \dfrac{\boldsymbol{q}}{\theta}$ 为熵流矢量，$\boldsymbol{q}$ 为热通量矢量（不要与在塑性模型中的内变量集合混淆），$\dfrac{s}{\theta}$ 是熵生成的比率。应用散度原理于整个表面，并注意到不等式对任意体积都是有效的：

$$\rho\dot{\eta} \geqslant -\operatorname{div}\left(\frac{\boldsymbol{q}}{\theta}\right) + \frac{1}{\theta}\rho s \quad 或 \quad \rho\dot{\eta} \geqslant -\frac{1}{\theta}\operatorname{div}\boldsymbol{q} + \frac{1}{\theta^2}\boldsymbol{q} \cdot \nabla\theta + \frac{1}{\theta}\rho s \tag{13.3.63}$$

因为热量从热到冷流动，有 $-\left(\dfrac{1}{\theta^2}\right)\boldsymbol{q} \cdot \nabla\theta \geqslant 0$，在更强的假设条件下，式(13.3.63)有时写为

$$\rho\dot{\eta} \geqslant -\frac{1}{\theta}\operatorname{div}(\boldsymbol{q}) + \frac{1}{\theta}\rho s \quad 或 \quad \rho\theta\dot{\eta} + \operatorname{div}(\boldsymbol{q}) - \rho s \geqslant 0 \tag{13.3.64}$$

现在，定义比自由能为 $\psi = w^{\mathrm{int}} - \theta\eta$，微分这个表达式，得到

$$\dot{\psi}=\dot{w}^{\mathrm{int}}-\dot{\theta}\eta-\theta\dot{\eta} \tag{13.3.65}$$

从能量方程(2.6.35)可知上式可以写为

$$\rho\dot{\psi}=\boldsymbol{\sigma}:\boldsymbol{D}-\mathrm{div}\boldsymbol{q}+\rho s-\rho\dot{\theta}\eta-\rho\theta\dot{\eta} \tag{13.3.66}$$

求解 $\rho\theta\dot{\eta}$ 并代入式(13.3.64)，得到

$$\boldsymbol{\sigma}:\boldsymbol{D}-\rho\dot{\psi}-\rho\theta\dot{\eta}\geqslant 0,\quad \text{或者}\ \boldsymbol{S}:\dot{\boldsymbol{E}}-\rho_0\dot{\psi}-\rho_0\theta\dot{\eta}\geqslant 0 \tag{13.3.67}$$

这里应用变形梯度 $\boldsymbol{F}$ 并乘以 $J=\dfrac{\rho_0}{\rho}$，通过将第一个表达式后拉至参考构形得到第二个表达式。考虑非弹性材料，其自由能是 $\rho_0\psi=\rho_0\psi(\boldsymbol{E}^{\mathrm{e}},\xi_\alpha,\theta)$，式中 $\boldsymbol{E}^{\mathrm{e}}=\boldsymbol{E}-\boldsymbol{E}^{\mathrm{p}}$ 是格林应变张量的弹性部分，而 ξ_α 是内变量的集合(这里假设为标量)。取自由能的材料时间导数，给出

$$\rho_0\dot{\psi}=\boldsymbol{S}:\dot{\boldsymbol{E}}^{\mathrm{e}}+\rho_0\frac{\partial\psi}{\partial\xi_\alpha}\dot{\xi}_\alpha-\rho_0\eta\dot{\theta} \tag{13.3.68}$$

式中，$\boldsymbol{S}=\rho_0\dfrac{\partial\psi}{\partial\boldsymbol{E}^{\mathrm{e}}}$，$\eta=-\dfrac{\partial\psi}{\partial\theta}$。将上式等号右侧代入在参考构形上的不等式，式(13.3.67)变为

$$\boldsymbol{S}:\dot{\boldsymbol{E}}^{\mathrm{p}}-\rho_0\frac{\partial\psi}{\partial\xi_\alpha}\dot{\xi}_\alpha\geqslant 0 \tag{13.3.69}$$

将此结果前推至当前构形并除以 $J=\dfrac{\rho_0}{\rho}$，给出

$$\boldsymbol{\sigma}:\boldsymbol{D}^{\mathrm{p}}-\rho\frac{\partial\psi}{\partial\xi_\alpha}\dot{\xi}_\alpha\geqslant 0 \tag{13.3.70}$$

如果进一步关注这种材料，会发现其自由能 ψ 没有显式地取决于内变量 ξ_α，则上式简化为

$$\boldsymbol{\sigma}:\boldsymbol{D}^{\mathrm{p}}\geqslant 0 \tag{13.3.71}$$

这说明塑性耗散必须是非负的，并且塑性变形是不可逆的。注意，如果自由能定义为 $\rho_0\psi=\rho_0\bar{\psi}(\bar{\boldsymbol{E}}^{\mathrm{e}},\xi_\alpha,\theta)$，也可以获得同样的结果，它适合基于乘法分解的超弹性-塑性模型。在这种情况下，式(13.3.69)成为

$$\bar{\boldsymbol{S}}:\bar{\boldsymbol{D}}^{\mathrm{p}}-\rho_0\frac{\partial\psi}{\partial\xi_\alpha}\dot{\xi}_\alpha\geqslant 0 \tag{13.3.72}$$

将其除以 J 并前推 $\boldsymbol{F}^{\mathrm{e}}$ 可以得到式(13.3.70)，并且当其没有显式地取决于内变量时，可以得到式(13.3.71)。

对于弹-塑性本构关系，现在检验塑性耗散不等式的意义。考虑由 $\boldsymbol{D}^{\mathrm{p}}=\dot{\lambda}\boldsymbol{r}$ 给出的塑性流动法则，塑性率参数定义为非负，因此耗散不等式(13.3.71)要求 $\boldsymbol{\sigma}:\boldsymbol{r}\geqslant 0$，所建立的本构方程必须确保该条件成立。对于具有包围原点的凸屈服表面的率无关问题(在应力空间)，塑性耗散不等式总是满足关联流动法则。对于非关联塑性流动法则，必须限制漂移的流动方向不能离法向太远，以免无法回到屈服面上。耗散不等式可以应用于应变硬化和应变软化的塑性材料。

材料行为的另一组假设是最大塑性耗散原理和德鲁克假设：

$$(\boldsymbol{\sigma}-\boldsymbol{\sigma}^*):\boldsymbol{D}^{\mathrm{p}}\geqslant 0 \tag{13.3.73}$$

式中，$\boldsymbol{\sigma}^*$ 是在内部或在屈服表面上的任意应力状态，若取 $\boldsymbol{\sigma}^*=0$，上式则为耗散不等式(13.3.71)。

如果满足不等式(13.3.73),可以看到屈服表面必须是凸的(Lubliner,1990),并且塑性流动是关联的,即沿屈服面的法线方向。应变硬化和应变软化材料能够满足最大塑性耗散原理。

对于小应变,由德鲁克给出塑性稳定材料的定义,可以用不同方式说明,其中之一为二阶塑性功非负,$\dot{\boldsymbol{\sigma}}:\dot{\boldsymbol{\varepsilon}}^{\mathrm{p}}\geqslant 0$。可以看到在德鲁克假设的意义下,材料是稳定的,最大塑性耗散不等式(13.3.73)是必要条件(Lubliner,1990)。关于大变形稳定性的讨论已在第7章给出。关于其他材料和结构稳定性的讨论见Bazant和Cedolin(1991)的文献。

13.4 练习

1. 比较向前欧拉积分算法、完全隐式的向后欧拉算法和半隐式向后欧拉算法,指出它们的异同和优劣。

2. 概述J_2流动理论的弹性预测、径向返回的本构积分算法。

3. 对于含应变软化的材料,讨论为什么需要采用算法模量或位移加载的计算方式。

4. 以应力的材料时间导数和空间速度梯度$\boldsymbol{L}$的形式推导李导数$L_{\mathrm{v}}\boldsymbol{\tau}^{\mathrm{dev}}$和$L_{\mathrm{v}}\boldsymbol{\tau}^{\mathrm{hyd}}$的表达式。

5. 建议读者阅读《高等固体力学(上册)》(黄克智 等,2013),以便理解更多的本构更新理论和算法。注:该书描述了大变形弹塑性本构关系,并给出了3种定义:SO定义(Simo-Ortiz definition)、MOS定义(Moran-Ortiz-Shih definition)和RH定义(Rice-Hill definition)。SO定义来自格林-纳迪率本构模型,并将其从参考构形前推到卸载构形(令温度和结构不变,应力全部卸除后的残余变形,也称为中间构形)和当前构形。MOS定义来自耀曼应力率,将变形张量分解为对称(平动)和反对称部分(转动),在中间构形建立本构关系,把中间构形中的格林应变率定义为弹性变形率$\boldsymbol{D}$,$\dfrac{\mathrm{d}\boldsymbol{E}}{\mathrm{d}t}=\boldsymbol{D}$,既反映了当前构形,也反映了中间构形的变化。RH定义与SO定义的差别是它没有分别定义格林应变的弹性部分和塑性部分,而是将格林应变率分解为弹性部分和塑性部分。

附录 A

福格特标记

1. 福格特标记

在有限元编程中，常常将对称的二阶张量写成列矩阵。我们将它和高阶张量的任何其他换算称为列矩阵福格特标记。将转换对称二阶张量到列矩阵的过程称为福格特规则。

2. 动力学福格特规则

福格特规则取决于一个张量是动力学量（如应力）还是运动学量（如应变）。关于动力学张量的福格特规则，如对称张量$\boldsymbol{\sigma}$有

张量 → 福格特规则

$$\text{二维(表 A-1)：}\boldsymbol{\sigma}=\begin{bmatrix}\sigma_{11} & \sigma_{12}\\ \sigma_{21} & \sigma_{22}\end{bmatrix}\rightarrow\begin{Bmatrix}\sigma_{11}\\ \sigma_{22}\\ \sigma_{12}\end{Bmatrix}=\begin{Bmatrix}\sigma_{1}\\ \sigma_{2}\\ \sigma_{3}\end{Bmatrix}\equiv\{\boldsymbol{\sigma}\} \tag{A.1}$$

$$\text{三维(表 A-2)：}\boldsymbol{\sigma}=\begin{bmatrix}\sigma_{11} & \sigma_{12} & \sigma_{13}\\ \sigma_{21} & \sigma_{22} & \sigma_{23}\\ \sigma_{31} & \sigma_{32} & \sigma_{32}\end{bmatrix}\rightarrow\begin{Bmatrix}\sigma_{11}\\ \sigma_{22}\\ \sigma_{33}\\ \sigma_{23}\\ \sigma_{13}\\ \sigma_{12}\end{Bmatrix}=\begin{Bmatrix}\sigma_{1}\\ \sigma_{2}\\ \sigma_{3}\\ \sigma_{4}\\ \sigma_{5}\\ \sigma_{6}\end{Bmatrix}\equiv\{\boldsymbol{\sigma}\} \tag{A.2}$$

表 A-1（二维）和表 A-2（三维）给出了二阶张量的指标和列矩阵的指标之间的对应项。首先通过两表中的列矩阵的顺序可以如下记忆：以矩阵左上角为起点，沿张量的主对角线向下画一条线，然后在最后一列向上，并返回横向第一行（如果还存在任何元素）。任何通过福格特规则转换的张量或矩阵称为福格特形式的张量或矩阵，并且由大括号括起来，如式（A.1）和式（A.2）所示。

表 A-1 二维福格特规则

	σ_{ij}	σ_a
i	j	A
1	1	1
2	2	2
1	2	3

表 A-2 三维福格特规则

	σ_{ij}	σ_a
i	j	A
1	1	1
2	2	2
3	3	3
2	3	4
1	3	5
1	2	6

在福格特形式中，当应用指标表示张量时，我们使用 $a \sim g$ 的下角标。这样，就由 σ_a 替换了 σ_{ij}，完成了从张量到福格特形式的转换。

3. 运动学福格特规则

应用福格特规则的二阶运动学张量(如应变 ε_{ij})，也可以在表 A-1 中给出。但是，对于剪切应变，即用不相同指标表示的分量，则需要乘以 2。因此，关于应变的福格特规则为

张量 → 福格特规则

$$\text{二维：}\quad \boldsymbol{\varepsilon} = \begin{bmatrix} \varepsilon_{11} & \varepsilon_{12} \\ \varepsilon_{21} & \varepsilon_{22} \end{bmatrix} \to \begin{Bmatrix} \varepsilon_{11} \\ \varepsilon_{22} \\ 2\varepsilon_{12} \end{Bmatrix} = \begin{Bmatrix} \varepsilon_1 \\ \varepsilon_2 \\ \varepsilon_3 \end{Bmatrix} \equiv \{\boldsymbol{\varepsilon}\} \tag{A.3}$$

$$\text{三维：}\quad \boldsymbol{\varepsilon} = \begin{bmatrix} \varepsilon_{11} & \varepsilon_{12} & \varepsilon_{13} \\ & \varepsilon_{22} & \varepsilon_{23} \\ \text{sym} & & \varepsilon_{33} \end{bmatrix} \to \begin{Bmatrix} \varepsilon_{11} \\ \varepsilon_{22} \\ \varepsilon_{33} \\ 2\varepsilon_{23} \\ 2\varepsilon_{13} \\ 2\varepsilon_{12} \end{Bmatrix} \equiv \{\boldsymbol{\varepsilon}\} \tag{A.4}$$

剪切应变中的系数 2 源于能量表达式的需要，采用福格特标记和指标标记的能量是等价的。对于能量中的增量，可以很容易地证明以下表达式是完全相等的：

$$\rho d w^{\text{int}} = \mathrm{d}\varepsilon_{ij}\sigma_{ij} = \mathrm{d}\boldsymbol{\varepsilon} : \boldsymbol{\sigma} = \{\mathrm{d}\,\boldsymbol{\varepsilon}\}^{\mathrm{T}}\{\boldsymbol{\sigma}\} \tag{A.5}$$

该系数 2 也可以如下记忆：福格特标记中的剪切应变实际上是工程剪切应变。

4. 矩阵的向量化

我们经常将其他矩阵也转换为列矩阵，其在计算科学中称为向量(注意其与力学意义的区别，这里的向量是一阶张量)；有时称这一转换过程为向量化过程。这绝不能与在程序中的向量化混淆。我们将用双下角标表示节点的一阶张量，如 u_{iI}，其中 i 是分量指标，I 是

节点编号。分量指标总是小写，节点编号总是大写；它们的次序可以调换。

下面将一个 f_{iI} 矩阵转换到列矩阵 $\boldsymbol{f}$：

$$f_a = f_{iI} \tag{A.6}$$

式中，$a=(I-1)n_{\mathrm{SD}}+i$，而 n_{SD} 是空间维数的数目。

5. 福格特规则应用于高阶张量

在编写程序中，对于将非常棘手的四阶张量变换为二阶矩阵，福格特规则是特别有用的。例如，采用指标标记的线弹性定律包括四阶张量 C_{ijkl}：

$$\sigma_{ij}=C_{ijkl}\varepsilon_{kl} \quad \text{或} \quad \boldsymbol{\sigma}=\boldsymbol{C}:\boldsymbol{\varepsilon} \quad (\text{采用张量标记}) \tag{A.7}$$

上式的福格特矩阵形式是

$$\{\boldsymbol{\sigma}\}=[\boldsymbol{C}]\{\boldsymbol{\varepsilon}\} \quad \text{或} \quad \sigma_a=C_{ab}\varepsilon_b \tag{A.8}$$

式中，$a\rightarrow ij$、$b\rightarrow kl$，与表 A-1 中对应的二维情况和表 A-2 中对应的三维情况相同。当以矩阵指标形式写成福格特表达式时，采用以字母顺序开始的指标。

例如，平面应变的弹性本构矩阵的福格特矩阵形式为

$$[\boldsymbol{C}]=\begin{bmatrix} C_{11} & C_{12} & C_{13} \\ C_{21} & C_{22} & C_{23} \\ C_{31} & C_{32} & C_{33} \end{bmatrix}=\begin{bmatrix} C_{1111} & C_{1122} & C_{1112} \\ C_{2211} & C_{2222} & C_{2212} \\ C_{1211} & C_{1222} & C_{1212} \end{bmatrix} \tag{A.9}$$

第一个矩阵表示采用福格特标记的弹性系数，第二个矩阵采用了张量标记；下角标的编号表明是否采用福格特或张量标记表示矩阵。为了证明以上变换，以式(A.7)为例，注意 σ_{12} 的表达式：

$$\sigma_{12}=C_{1211}\varepsilon_{11}+C_{1212}\varepsilon_{12}+C_{1221}\varepsilon_{21}+C_{1222}\varepsilon_{22} \tag{A.10}$$

采用福格特标记，上式转换为

$$\sigma_3=C_{31}\varepsilon_1+C_{33}\varepsilon_3+C_{32}\varepsilon_2 \tag{A.11}$$

如果应用 $\varepsilon_3=\varepsilon_{12}+\varepsilon_{21}=2\varepsilon_{12}$ 和 $\boldsymbol{C}$ 的次对称性，即 $C_{1212}=C_{1221}$，就可以证明它等价于式(A.10)。关于线弹性平面应力，大多数教材给出了上式的修正。

有时将福格特规则和向量化过程组合。例如，联系应变到节点位移，常常应用高阶矩阵 $\boldsymbol{B}_{ijkK}$ 为

$$\varepsilon_{ij}=\boldsymbol{B}_{ijkK}u_{kK} \tag{A.12}$$

式中下角标 i 和 j 属于运动学张量。为了将其转换到福格特标记，对 ε_{ij} 和 $\boldsymbol{B}_{ijkK}$ 的前两个指标采用运动学福格特规则，并且对 $\boldsymbol{B}_{ijkK}$ 的第二对指标和 u_{kK} 的指标采用向量化过程。因此对于替换后的矩阵$[\boldsymbol{B}]$，其元素 Bab 的指标为福格特规则：

$$(i,j)\rightarrow a \tag{A.13}$$

和

$$b=(K-1)n_{\mathrm{SD}}+k \tag{A.14}$$

在二维中，矩阵 $\boldsymbol{B}_{ijkK}$ 的对应部分为

$$[\boldsymbol{B}]_K=\begin{bmatrix} B_{111K} & B_{112K} \\ B_{221K} & B_{222K} \\ 2B_{121K} & 2B_{122K} \end{bmatrix}=\begin{bmatrix} B_{11xK} & B_{11yK} \\ B_{22xK} & B_{22yK} \\ 2B_{12xK} & 2B_{12yK} \end{bmatrix} \tag{A.15}$$

在上式第二个表达式中，已经将第三个指标编号替换为小写英文字母，我们将应用两种形

式。如果 K 的范围是 3,则矩阵[$\boldsymbol{B}$]为

$$[\boldsymbol{B}]=\begin{bmatrix} B_{xxx1} & B_{xxy1} & B_{xxx2} & B_{xxy2} & B_{xxx3} & B_{xxy3} \\ B_{yyx1} & B_{yyy1} & B_{yyx2} & B_{yyy2} & B_{yyx3} & B_{yyy3} \\ 2B_{xyx1} & 2B_{xyy1} & 2B_{xyx2} & 2B_{xyy2} & 2B_{xyx3} & 2B_{xyy3} \end{bmatrix} \tag{A.16}$$

式中的前两个指标已经被相应的小写英文字母替换。对应于式(A.12),上述表达式可以写为

$$\varepsilon_a = B_{ab}u_b \quad \text{或} \quad \{\boldsymbol{\varepsilon}\}=[\boldsymbol{B}]\boldsymbol{d} \tag{A.17}$$

注意到此处没有给 $\boldsymbol{d}$ 加上括号,因为还没有对其应用福格特规则,仅对已经采用了福格特规则的变量加上括号。

在刚度矩阵的编程中,福格特规则是特别有用的。采用指标标记,刚度矩阵为

$$K_{rIsJ}=\int_\Omega B_{ijrI}C_{ijkl}B_{klsJ}\,\mathrm{d}\Omega \tag{A.18}$$

通过运动学福格特规则和向量化过程变换以上矩阵的指标:

$$K_{ab}=\int_\Omega B_{ae}C_{ef}B_{fb}\,\mathrm{d}\Omega \rightarrow [\boldsymbol{K}]=\int_\Omega [\boldsymbol{B}]^{\mathrm{T}}[\boldsymbol{C}][\boldsymbol{B}]\mathrm{d}\Omega=\int_\Omega \boldsymbol{B}^{\mathrm{T}}[\boldsymbol{C}]\boldsymbol{B}\,\mathrm{d}\Omega \tag{A.19}$$

式中,向量化过程已经将指标 rI 和 sJ 分别变换为 a 和 b,运动学福格特规则已经将指标 ij 和 kl 分别变换到 e 和 f。最后的表达式去掉了关于 $\boldsymbol{B}$ 的括号,当前后关系形式已经明确时,常这样处理。另一种获得刚度矩阵的有效方法是保留节点坐标:

$$[\boldsymbol{K}]_{IJ}=\int_\Omega [\boldsymbol{B}]_I^{\mathrm{T}}[\boldsymbol{C}][\boldsymbol{B}]_J\,\mathrm{d}\Omega \tag{A.20}$$

式中,$[\boldsymbol{B}]_I$ 在式(A.15)中给出。

附录B

范　数

在本书中，应用范数主要是为了简化标记。此处没有给出依赖于范数空间性质的证明，所以仅要求读者学习以下范数的定义。了解范数作为尺度的相互转换也是有意义的。首先，学习很容易理解的矢量范数 l_n；其次，将范数直接扩展到函数空间（如希尔伯特空间和勒贝格可积函数 L_2 的空间）。

我们从范数 L_2 开始，它是简单的欧氏距离。如果考虑一个 n 维矢量 $\boldsymbol{a}(\boldsymbol{a}\in\mathbf{R}^n)$，则 L_2 范数为

$$\|\boldsymbol{a}\|_2\equiv\|\boldsymbol{a}\|_{L_2}=\left(\sum_{i=1}^{n}a_i^2\right)^{\frac{1}{2}} \tag{B.1}$$

式中，$\|\cdot\|$ 表示一个范数，其中的变量是矢量，与下角标 2 组合表示 L_2 范数。当 $n=2$ 或 3 时，L_2 范数实际上就是括号内矢量的长度。两点之间的距离或两个矢量之间的差，可以写为

$$\|\boldsymbol{a}-\boldsymbol{b}\|_{L_2}=\left(\sum_{i=1}^{n}(a_i-b_i)^2\right)^{\frac{1}{2}} \tag{B.2}$$

L_2 范数的基本性质是：①它是正数；②它满足三角不等式；③它是线性的。

将上述定义扩展到任意的 $k>1$ 的情况，则如下范数 L_k 是广义的：

$$\|\boldsymbol{a}\|_k=\left(\sum_{i=1}^{n}|a_i|^k\right)^{\frac{1}{k}} \tag{B.3}$$

$k\neq2$ 的范数是极少使用的，而 $k=\infty$ 的无限范数却较为常用。无限范数以最大绝对值的形式给出矢量的分量：

$$\|\boldsymbol{a}\|_\infty=\max_i|a_i| \tag{B.4}$$

这些范数的主要应用之一是定义误差。这样，对于一组离散方程，如果已知近似结果 $\boldsymbol{d}^{\text{app}}$ 和精确结果 $\boldsymbol{d}^{\text{exact}}$，则误差的度量是

$$\text{error}=\|\boldsymbol{d}^{\text{app}}-\boldsymbol{d}^{\text{exact}}\|_2 \tag{B.5}$$

如果我们关注的是任何分量的最大误差，则必须选择无限范数。使用哪种范数并非有一成不变的标准，应当考虑哪种范数最符合当下需求。在应用范数评估结果中的误差时，建议将误差无量纲化，如

$$\text{error}=\frac{\|\boldsymbol{d}^{\text{app}}-\boldsymbol{d}^{\text{exact}}\|_2}{\|\boldsymbol{d}^{\text{app}}\|_2} \tag{B.6}$$

类似地，定义函数的范数：可以将一个函数想象为一个无限维矢量。这样，在函数空间中对应于 l_2 的范数为

$$\|a(x)\|_{L_2}=\left(\sum_{i=1}^{n}a^2(x_i)\Delta x\right)^{\frac{1}{2}}=\left(\int_0^1 a^2(x)\mathrm{d}x\right)^{\frac{1}{2}} \tag{B.7}$$

此即范数 L_2，上式明确地定义了该范数的函数空间，即函数 L_2 的空间。这个空间是开方可积的所有函数的集合，并且包括所有分段连续函数的空间，即 C^0 连续。

定义狄拉克函数 $\delta(x-y)$ 为

$$f(x)=\int_{-\infty}^{+\infty}f(y)\delta(x-y)\mathrm{d}y \tag{B.8}$$

狄拉克函数不是平方可积的！可以将其想象为在 $x=y$ 处取无限值的函数，而除此之外处处为零。这个函数的定义源自 Schwartz 分布理论。

函数 L_2 的空间是一组更为一般的空间，是希尔伯特空间的一个特殊情况。由希尔伯特空间 H_1 定义的范数为

$$\|a(x)\|_{H_1}=\left(\int_0^1(a^2(x)+a_{,x}^2(x))\mathrm{d}x\right)^{\frac{1}{2}} \tag{B.9}$$

就像矢量范数一样，此类范数主要用于度量函数中的误差。因此，在一维问题中，如果关于位移的有限元解答由 $u^h(x)$ 表示，并且其精确解答是 $u(x)$，则可以度量位移的误差为

$$\text{error}=\|u^h(x)-u(x)\|_{L_2} \tag{B.10}$$

在应变中的误差，即位移的一阶导数，可以通过范数 H_1 度量。这个范数包含函数本身的误差，导数中的误差总是起主导作用。另外，一阶导数的范数 L_2 也能够度量应变中的误差。这在数学领域中并不是一个真正的范数，因为对于一个非零函数它可以为零(只取常数)，因此，也称其为半范数。

通过仅改变积分和被积函数，这些范数在多维空间中可以在任意域生成矢量和张量。因此，在域上可以给出位移的范数 L_2 为

$$\|u(x)\|_{L_2}=\left(\int_\Omega u_i(x)u_i(x)\mathrm{d}\Omega\right)^{\frac{1}{2}} \tag{B.11}$$

范数 H_1 的定义是

$$\|u(x)\|_{H_1}=\left(\int_\Omega u_i(x)u_i(x)+u_{i,j}(x)u_{i,j}(x)\mathrm{d}\Omega\right)^{\frac{1}{2}} \tag{B.12}$$

因此，一般来说，范数符号出现时仅会使用上一个整数的角标，而不会写明具体的积分域；其积分域则需要通过上下文判断。

在线性应力分析中常应用能量范数度量误差：

$$\text{error norm}=\left(\int_\Omega \varepsilon_{ij}(x)C_{ijkl}\varepsilon_{kl}(x)\mathrm{d}\Omega\right)^{\frac{1}{2}} \tag{B.13}$$

此行为与范数 H_1 的行为类似。

附录 C

单元形状函数

1. 3 节点三角形

考虑 3 节点三角形母单元，如图 C-1 所示，采用母坐标(parent coordinates，也称为面积坐标(area coordinates)或重心坐标(barycentric coordinates))(ξ_1,ξ_2,ξ_3)。母坐标满足关系式 $\xi_1+\xi_2+\xi_3=1$。取 ξ_1 和 ξ_2 作为独立的母坐标。参数化的 ξ_3 为常数，因此，其包括一族平行于边界 1-2 的直线。直线 $\xi_3=1$ 与边界 1-2 重合，而直线 $\xi_3=0$ 通过了原点。线性(常应变)三角形的形状函数 N_I 等价于面积坐标，即 $N_I=\xi_I$，这里 I 表示节点编号。

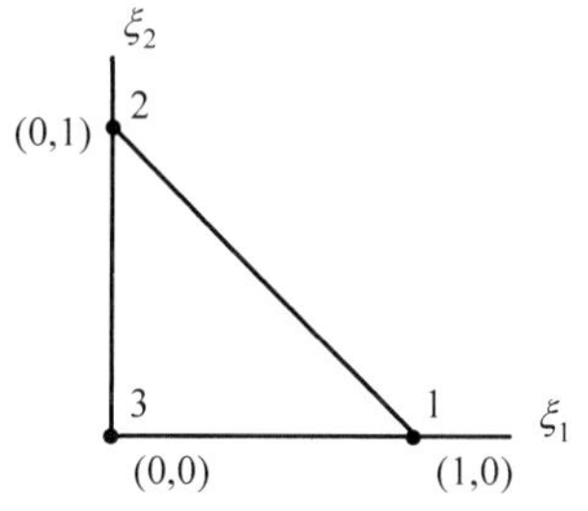

图 C-1　3 节点三角形

母坐标为

$$\boldsymbol{\xi}=\begin{Bmatrix}\xi_1\\ \xi_2\\ \xi_3\end{Bmatrix}=\frac{1}{2A}\begin{bmatrix}y_{23} & x_{23} & x_2y_3-x_3y_2\\ y_{31} & x_{13} & x_3y_1-x_1y_3\\ y_{12} & x_{21} & x_1y_2-x_2y_1\end{bmatrix}\begin{Bmatrix}x\\ y\\ 1\end{Bmatrix}\tag{C.1}$$

式中，$x_{IJ}=x_I-x_J$，$y_{IJ}=y_I-y_J$；$2A=(x_{32}y_{21}-x_{12}y_{32})$，是三角形面积的 2 倍。由上式对 x 和 y 的微分，即分别对方阵的第一列和第二列积分，得到母坐标的导数表达式。对整个单元进行积分的一个有效公式是

$$\int_A \xi_1^i\xi_2^j\xi_3^k\,\mathrm{d}A=\frac{(i\,!\,j\,!\,k\,!)}{(i+j+k+2)\,!}2A\tag{C.2}$$

2. 6 节点三角形

对于 6 节点(二次位移)三角形，在边的中点增加节点，如图 C-2 所示。形状函数为

$$\begin{aligned}&N_I=\xi_I(2\xi_I-1),\quad I=1,3\\ &N_4=4\xi_1\xi_2,\quad N_5=4\xi_2\xi_3,\quad N_6=4\xi_1\xi_3\end{aligned}\tag{C.3}$$

3. 4 节点四面体

推导 4 节点四面体单元的形状函数(图 C-3)。定义矩阵 $\mathbf{A}$：

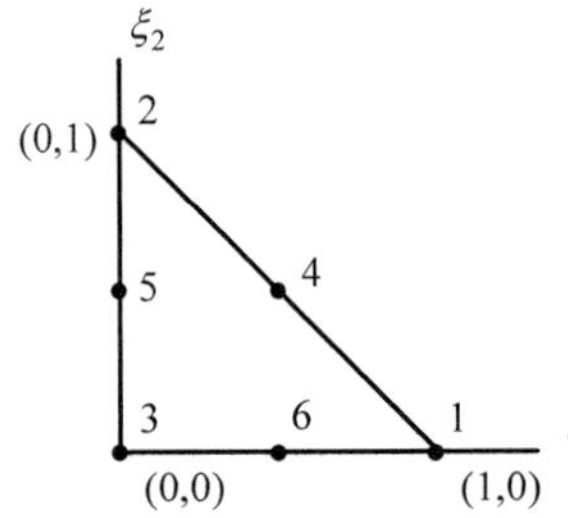

图 C-2 6 节点三角形

$$\boldsymbol{A}=\begin{bmatrix}1 & x_1 & y_1 & z_1\\ 1 & x_2 & y_2 & z_2\\ 1 & x_3 & y_3 & z_3\\ 1 & x_4 & y_4 & z_4\end{bmatrix} \tag{C.4}$$

式中，(x_I, y_I, z_I)是节点坐标$(I=1,4)$。局部坐标编号的选取方式是先选择第一个节点，再从第一个节点按逆时针方向对余下 3 个节点编号。形状函数为

$$N_I(x,y,z)=m_{1I}+m_{2I}x+m_{3I}y+m_{4I}z \tag{C.5}$$

其中，

$$m_{IJ}=\frac{1}{6V}(-1)^{(I+J)}\hat{A}_{IJ} \tag{C.6}$$

$\hat{A}_{IJ}$ 是 $\boldsymbol{A}$ 的子矩阵，即通过删除 $\boldsymbol{A}$ 的 I 列和 J 行得到的矩阵的行列式。由 $V=\frac{\det\boldsymbol{A}}{6}$得到单元体积。

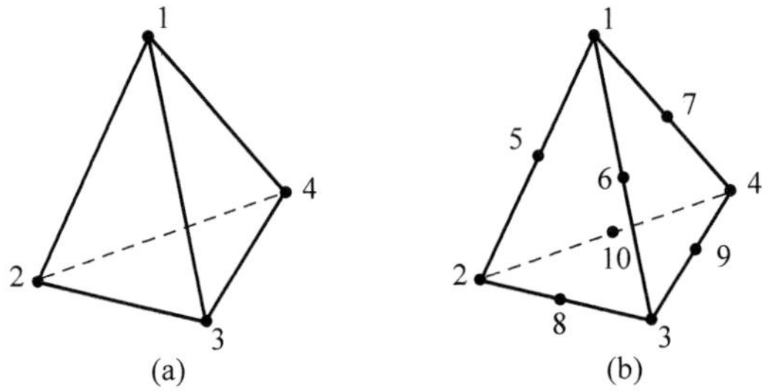

图 C-3 4 节点和 10 节点四面体单元

(a) 4 节点四面体单元；(b) 10 节点四面体单元

节点 5～10 在边的中点

也可以考虑采用体积坐标 ξ_I 表示形状函数(与三角形的面积坐标类似)，例如，对于节点 I 有，

$$\xi_I=N_I(x,y,z)=\frac{\text{volume } pJKL}{V} \tag{C.7}$$

式中，$pJKL$ 是由位于(x,y,z)的点 p 形成的四面体，并且保持 3 个节点 J、K、L。对于单元公式，以下积分公式是有用的：

$$\int_V \xi_1^i \xi_2^j \xi_3^k \xi_4^m \, \mathrm{d}V=\frac{(i!j!k!m!)}{(i+j+k+m+3)!}6V \tag{C.8}$$

4. 10 节点四面体

10 节点四面体(图 C-3)的形状函数为

$$
\begin{aligned}
&N_I = \xi_I(2\xi_I - 1), \quad I = 1,4 \\
&N_5 = 4\xi_1\xi_2, \quad N_6 = 4\xi_1\xi_3, \quad N_7 = 4\xi_1\xi_4, \\
&N_8 = 4\xi_2\xi_3, \quad N_9 = 4\xi_3\xi_4, \quad N_{10} = 4\xi_2\xi_4
\end{aligned} \tag{C. 9}
$$

5. 4 节点四边形

一个双线性 4 节点四边形单元的域是由它在 R^2 平面的 4 个节点的点 $x_I(I=1,4)$的位置定义的。假设节点是以对应于逆时针方向从低到高的顺序编号的(见图 C-4)。

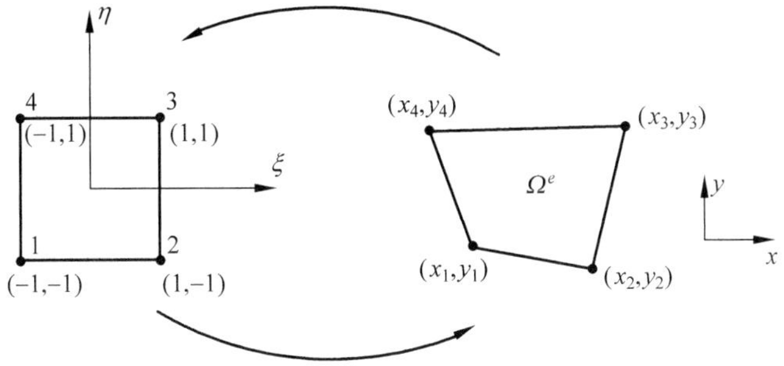

图 C-4 双线性 4 节点四边形单元的域和局部节点次序

表 C-1 给出了节点坐标,其形状函数为

$$
N_I(\xi) = N_I(\xi,\eta) = \frac{1}{4}(1+\xi_I\xi)(1+\eta_I\eta), \quad I = 1,4 \tag{C. 10}
$$

表 C-1 4 节点四边形节点的母单元坐标

I	ξ_I	η_I
1	−1	−1
2	1	−1
3	1	1
4	−1	1

6. 9 节点等参单元

9 节点等参单元(图 C-5)的形状函数为

$$
\begin{aligned}
&N_I = \frac{1}{4}(\xi_I\xi + \xi^2)(\eta_I\eta + \eta^2), \quad I = 1,4 \\
&N_5 = \frac{1}{2}(1-\xi^2)(\eta^2-\eta), \quad N_6 = \frac{1}{2}(\xi^2+\xi)(1-\eta^2), \\
&N_7 = \frac{1}{2}(1-\xi^2)(\eta^2+\eta), \quad N_8 = \frac{1}{2}(\xi^2-\xi)(1-\eta^2), \\
&N_9 = \frac{1}{2}(1-\xi^2)(1-\eta^2)
\end{aligned} \tag{C. 11}
$$

7. 8 节点六面体单元

8 节点三线性六面体单元(图 C-6)的节点坐标由表 C-2 给出,并且其形状函数为

$$N_I(\xi) = N_I(\xi,\eta,\varsigma) = \frac{1}{8}(1+\xi_I\xi)(1+\eta_I\eta)(1+\varsigma_I\varsigma), \quad I=1,8 \tag{C.12}$$

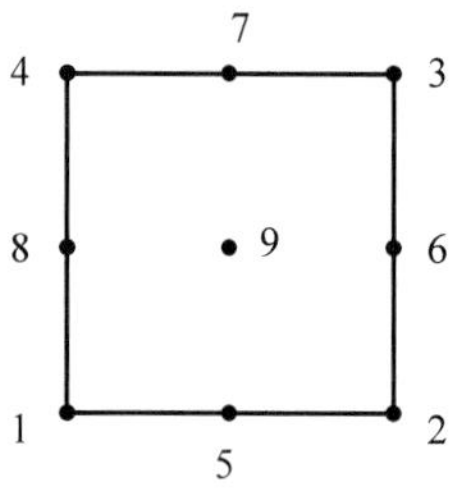

图 C-5　9 节点等参单元

其母单元域与 4 节点四边形相同，节点 5～9 在边界的中点

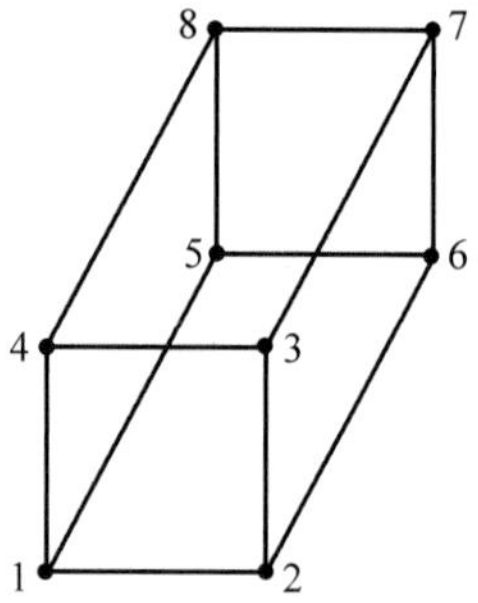

图 C-6　8 节点六面体单元

表 C-2　8 节点六面体单元节点的母单元坐标

I	ξ_I	η_I	ς_I
1	−1	−1	−1
2	1	−1	−1
3	1	1	−1
4	−1	1	−1
5	−1	−1	1
6	1	−1	1
7	1	1	1
8	−1	1	1

高斯积分：在[−1,1]的一维积分的高斯点和权重由表 C-3 给出。对于四边形和六面体单元，该表可以与第 4 章给出的多维积分公式(式(4.5.21)～式(4.5.24))联合应用。

表 C-3　高斯点和权重

n_Q	ξ_i	w_i	$p=2n_Q-1$
1	0	2	1
2	$\pm\frac{1}{\sqrt{3}}$	1	3
3	0	$\frac{8}{9}$	
	$\pm\sqrt{\frac{3}{5}}$	$\frac{5}{9}$	5
4	$\pm\sqrt{\frac{3-2\sqrt{\frac{6}{5}}}{7}}$	$\frac{1}{2}+\frac{1}{6\sqrt{\frac{6}{5}}}$	
	$\pm\sqrt{\frac{3+2\sqrt{\frac{6}{5}}}{7}}$	$\frac{1}{2}-\frac{1}{6\sqrt{\frac{6}{5}}}$	7

注：p 是多项式的次数，它通过积分方法精确地再产生

附录D

偏微分方程的分类

偏微分方程可以划分为3种类型：

（1）双曲线型，典型问题是波动方程，如弦振动：

$$u_{tt}-c^2(u_{xx}+u_{yy}+u_{zz})=0$$

（2）抛物线型，典型问题是扩散方程，如热传导：

$$u_t-k(u_{xx}+u_{yy}+u_{zz})=0$$

（3）椭圆型，典型问题是弹性力学平衡方程：

$$u_{xx}+u_{yy}+u_{zz}=0$$

描述电磁场强度的拉普拉斯方程（无源静电场）和非齐次泊松方程，以及断裂力学中格里菲斯解答，都应用了英格利斯无限大平板含椭圆孔的解。

下面介绍偏微分方程的分类依据和不同类型的主要特性。

双曲线型偏微分方程起源于波的传播现象，其解答的平滑性取决于数据的平滑性。如果数据粗糙，解答将是粗糙的；不连续的初始条件和边界条件会通过域内扩展。因此，对于非线性双曲线型偏微分方程，即便是平滑的数据，也能够在求解过程中发展不连续，如不可压缩流动的震荡问题。在一个双曲线型模型中，有限的传播速度称为波速。一个力（源）在$t=0$时施加在杆的左端，如图D-1(a)所示，在杆另一端x处的观察者直到波传播到该点时才有感觉，波前由斜率为c^{-1}的直线表示，c为波速。

抛物线型偏微分方程在空间是平滑的，且与偏微分方程的解答时间相关，但是在角点处可能具有奇异性。它们是中性的，介于椭圆型和双曲线型方程之间。抛物线型方程的一个示例是热传导方程。在抛物线型系统中，信息以无限的速度传播。如图D-1(b)所示的施加在杆上的热源，其温度根据热传导方程，沿整个杆件瞬间升高。在远离热源处，温度可能有少量升高；而在双曲线型系统中，该处在波到达前没有响应。类比热传导的物理机制，抛物线型方程的应用可扩展到湿度扩散、多孔充液介质等物理问题。

椭圆型偏微分方程在某种意义上是与双曲线型偏微分方程对立的，椭圆型偏微分方程

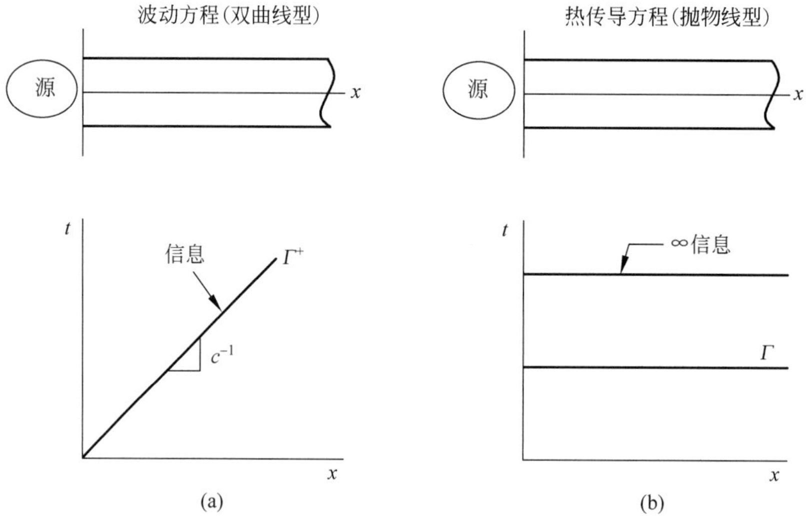

图 D-1 双曲线型偏微分方程和抛物线型偏微分方程中的信息流动

(a) 双曲线型偏微分方程；(b) 抛物线型偏微分方程

的示例有齐次的拉普拉斯方程和非齐次的泊松方程。在椭圆型偏微分方程中，解答是非常平滑的，即使是粗糙的数据也可以解析。在任何点的边界数据都趋向于影响全域的解答，即力和位移的影响域是全部区域。然而，在边界的数据中小量不规则的影响仅限制在边界处，这就是著名的圣维南原理。求解椭圆型偏微分方程的主要困难在于边界处尖角所导致的解答奇异性。在角点处，如裂纹尖端，二维弹性解答中的应变(位移的导数)呈平方根奇异性—$\sqrt{r}$ 变化，r 为角点至裂纹尖端的距离。在断裂力学中，这就是著名的裂纹尖端奇异性问题。另一个著名的示例是赫兹接触中的边界奇异性问题，读者可参考有关文献。

偏微分方程的分类依据是线段或表面是否存在交叉，如果存在交叉，其导数将是不连续的。这等价于检验线段或表面是否可使偏微分方程简化为常微分方程。

考虑含有两个自变量 x 和 y 的函数 $u=u(x,y)$ 的二阶线性偏微分方程：

$$a_{11}u_{,xx}+2a_{12}u_{,xy}+a_{22}u_{,yy}+b_1u_{,x}+b_2u_{,y}+cu=f \tag{D. 1}$$

为使式(D. 1)成为更加简化的形式，作变量代换：

$$x=x(\xi,\eta),\quad y=y(\xi,\eta),\quad \xi=\xi(x,y),\quad \eta=\eta(x,y) \tag{D. 2}$$

代换的雅可比行列式$\dfrac{\partial(\xi,\eta)}{\partial(x,y)}\neq 0$，在这个变换下有

$$u_{,x}=u_{,\xi}\xi_{,x}+u_{,\eta}\eta_{,x},\quad u_{,y}=u_{,\xi}\xi_{,y}+u_{,\eta}\eta_{,y} \tag{D. 3}$$

$$\begin{cases} u_{,xx}=u_{,\xi\xi}\xi_{,x}^2+2u_{,\xi\eta}\xi_{,x}\eta_{,x}+u_{,\eta\eta}\eta_{,x}^2+u_{,\xi}\xi_{,xx}+u_{,\eta}\eta_{,xx} \\ u_{,xy}=u_{,\xi\xi}\xi_{,x}\xi_{,y}+u_{,\xi\eta}(\xi_{,x}\eta_{,y}+\xi_{,y}\eta_{,x})+u_{,\eta\eta}\eta_{,x}\eta_{,y}+u_{,\eta}\eta_{,xy} \\ u_{,yy}=u_{,\xi\xi}\xi_{,y}^2+2u_{,\xi\eta}\xi_{,y}\eta_{,y}+u_{,\eta\eta}\eta_{,y}^2+u_{,\xi}\xi_{,yy}+u_{,\eta}\eta_{,yy} \end{cases} \tag{D. 4}$$

将式(D. 3)和式(D. 4)代入式(D. 1)，得到以 ξ 和 η 为自变量的线性偏微分方程：

$$A_{11}u_{,\xi\xi}+2A_{12}u_{,\xi\eta}+A_{22}u_{,\eta\eta}+B_1u_{,\xi}+B_2u_{,\eta}+Cu=F \tag{D. 5}$$

其中系数：

$$
\begin{cases}
A_{11}=a_{11}\xi_{,x}^2+2a_{12}\xi_{,x}\xi_{,y}+a_{22}\xi_{,y}^2\\
A_{12}=a_{11}\xi_{,x}\eta_{,x}+a_{12}(\xi_{,x}\eta_{,y}+\xi_{,y}\eta_{,x})+a_{22}\xi_{,y}\eta_{,y}\\
A_{22}=a_{11}\eta_{,x}^2+2a_{12}\eta_{,x}\eta_{,y}+a_{22}\eta_{,y}^2\\
B_1=a_{11}\xi_{,xx}+2a_{12}\xi_{,xy}+a_{22}\xi_{,yy}+b_1\xi_{,x}+b_2\xi_{,y}\\
B_2=a_{11}\eta_{,xx}+2a_{12}\eta_{,xy}+a_{22}\eta_{,yy}+b_1\eta_{,x}+b_2\eta_{,y}\\
C=c\\
F=f
\end{cases}
\tag{D.6}
$$

由式(D.6)可以看到，如果取一阶偏微分方程，

$$a_{11}z_{,x}^2+2a_{12}z_{,x}z_{,y}+a_{22}z_{,y}^2=0 \tag{D.7}$$

的两个特解将分别作为新自变量 ξ 和 η，得到 $A_{11}=A_{22}=0$，式(D.1)得以简化。式(D.7)的解为一条 $z(x,y)=$常数的曲线。我们可以将 y 视为 x 的函数，由隐函数求导得到 $\frac{\mathrm{d}y}{\mathrm{d}x}=-\frac{z_{,x}}{z_{,y}}$，从而式(D.7)变为一个常微分方程：

$$a_{11}\left(\frac{\mathrm{d}y}{\mathrm{d}x}\right)^2-2a_{12}\frac{\mathrm{d}y}{\mathrm{d}x}+a_{22}=0 \tag{D.8}$$

常微分方程(D.8)称为二阶线性偏微分方程的特征方程，特征方程的一般积分 $\xi(x,y)=$常数和 $\eta(x,y)=$常数称为特征曲线。该解答给出曲线 Γ，沿曲线的解答可能有不连续的导数。可以将特征方程(D.8)分为两个二次方程的根：

$$\frac{\mathrm{d}y}{\mathrm{d}x}=\frac{a_{12}\pm\sqrt{a_{12}^2-a_{11}a_{22}}}{a_{11}} \tag{D.9}$$

根据判别式 $\Delta=a_{12}^2-a_{11}a_{22}$ 的符号将二阶线性偏微分方程划分为3类：

(1) 如果 $\Delta=a_{12}^2-a_{11}a_{22}>0$，这些线是两族实线，因此可能存在不连续；这种偏微分方程称为双曲线型偏微分方程；

(2) 如果 $\Delta=a_{12}^2-a_{11}a_{22}=0$，这是一族实线，这种偏微分方程称为抛物线型偏微分方程。

(3) 如果 $\Delta=a_{12}^2-a_{11}a_{22}<0$，则 $y_{,x}$ 是虚数，这样的曲线不存在，这种偏微分方程称为椭圆型偏微分方程。

由于式(D.9)的 $y_{,x}$ 取决于二次方程的根，这里有两个根，由此给出两族曲线 Γ^+ 和 Γ^-，如图D-2所示，这些线称为特征函数。表D-1总结了偏微分方程的分类。对于时间相关问题，特征函数是 x-t 平面上信息传播的线，这些线的斜率是瞬时波速 c。

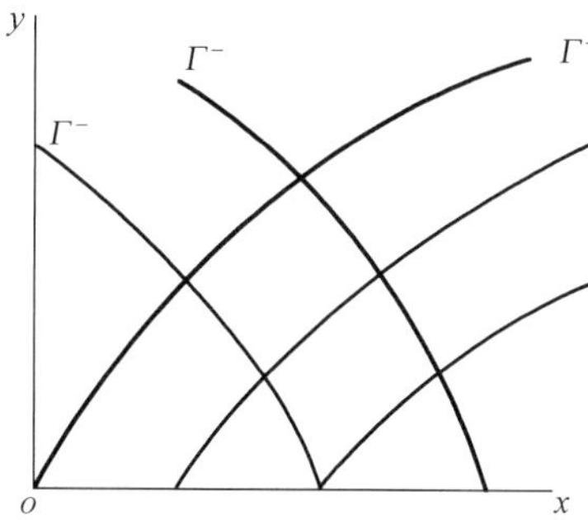

图D-2　双曲线型偏微分方程系统的特征

表 D-1 偏微分方程的分类

$a_{12}^2-a_{11}a_{22}$	偏微分方程	分类	求解平滑性
>0	有两族特征函数	双曲线型	导数不连续
$=0$	有一族特征函数	抛物线型	平滑
<0	无实特征函数	椭圆型	平滑

【例 D.1】 将 $u_{,xx}-2u_{,xy}+u_{,y}=0$ 化成标准型，指出它是什么类型的方程。

解：判别式 $\Delta=a_{12}^2-a_{11}a_{22}=1>0$，方程为双曲线型，由式(1.8.8)之前的变换可得特征曲面为

$$(\mathrm{d}y)^2-2\mathrm{d}y\mathrm{d}x=0 \tag{D.10}$$

若满足上式，则要求 $\mathrm{d}y-2\mathrm{d}x=0$ 或 $\mathrm{d}y=0$，令

$$\xi=y+2x,\quad \eta=y$$

参考式(D.3)，则有

$$u_{,x}=2u_{,\xi},\quad u_{,y}=u_{,\xi}+u_{,\eta},$$
$$u_{,xx}=4u_{,\xi\xi},\quad u_{,xy}=2(u_{,\xi\xi}+u_{,\xi\eta})$$

将上式代入原方程，化简得

$$-4u_{,\xi\eta}+u_{,\xi}+u_{,\eta}=0 \tag{D.11}$$

令 $s=\xi+\eta,\quad t=\xi-\eta$，则

$$u_{,\xi}=u_{,s}+u_{,t},\quad u_{,\eta}=u_{,s}-u_{,t},\quad u_{,\xi\eta}=u_{,ss}+u_{,tt}$$

将其代入方程(D.11)，得到标准型的偏微分方程：

$$u_{,ss}-u_{,tt}-\frac{1}{2}u_{,s}=0$$

作为例 D.1 解答的具体应用，考虑一维的波动方程：

$$u_{,tt}=c^2u_{,xx} \tag{D.12}$$

将此方程降为一阶形式，设 $f=u_{,x}$，$g=u_{,t}$，则波动方程成为两个一阶方程：

$$g_{,t}=c^2f_{,x},\quad f_{,t}=g_{,x} \tag{D.13}$$

这里第二个方程仅为了证明 $u_{,xy}=u_{,yx}$。通过与例 D.1 类似的计算，给出特征函数：

$$x_{,s}^2-c^2t_{,s}^2=0\quad 或\quad x_{,t}^2=c^2 \tag{D.14}$$

从式(D.14)中可以看出偏微分方程是双曲线型。两族特征函数线为

$$x_{,t}=\pm c \tag{D.15}$$

特征函数是在 x-t 平面上斜率为 $\pm c^{-1}$ 的线。换句话说，在波动方程中信息以波速 c 向左或向右传播。穿过特征函数线，$f=u_{,x}=\varepsilon_x$（ε_x 是线性应变）和 $g=u_{,t}$（速度）的导数可能不连续。

接下来，考虑拉普拉斯方程 $G_1u_{,xx}+G_2u_{,yy}=0$。这是关于出平面弹性问题的求解方程；$u(x,y)$是沿 z 方向的位移，$G_\alpha(\alpha=1,2)$是剪切模量。检验该方程特征的程序与前文给出的一致，其步骤大致如下：

$$f=u_{,x},\quad g=u_{,y}$$

$$\boldsymbol{A}=\begin{bmatrix}0 & 1 & -1 & 0\\ G_1 & 0 & 0 & G_2\\ x_{,s} & y_{,s} & 0 & 0\\ 0 & 0 & x_{,s} & y_{,s}\end{bmatrix},\quad \boldsymbol{z}^{\mathrm{T}}=[f_{,x}\quad f_{,y}\quad g_{,x}\quad g_{,y}] \tag{D.16}$$

由 $\det(\boldsymbol{A})=0$ 求得

$$G_1x_{,s}^2+G_2y_{,s}^2=0\quad 或\quad y_{,x}^2=-\frac{G_1}{G_2} \tag{D.17}$$

如果 $G_1>0$ 和 $G_2>0$(这是稳定弹性材料的情况),特征函数线是虚数,则系统是椭圆型偏微分方程,其导数 $f\equiv u_{,x}$ 或 $g\equiv u_{,y}$ 可能是连续的。当材料常数 G_α 不是均匀的时,如当偏微分方程的系数 G_α 不连续时,可能发生导数不连续。但是,u 的导数不连续与 G_α 的不连续同时发生。这一方程区别于波动方程,因其两个独立变量是空间坐标;在空间-时间域,椭圆型偏微分方程很难提供简单的偏微分方程形式。

在一个抛物线型系统中,仅存在一组特征函数,它们平行于时间轴,因此信息以无限速度传播。在抛物线型系统中,仅当在数据中出现不连续时,才在空间发生不连续。

在一个双曲线型系统中,沿特征函数求解的方程称为常微分方程。通过沿特征函数积分这些常微分方程,双曲线型偏微分方程可能获得非常精确的解答,这种方法称为特征函数法。其好处是精度高,如求解偏微分方程采用单边差商代替偏导数的迎风流线格式。但是,对于高于一维的空间问题和任意本构关系的材料,它们很难编程,因此,特征函数法仅应用于具有特殊目的的软件。

术 语 汇 编

符号

$\dot{f}$	对于一个场，上标点表示材料时间导数，即$\dot{f}(\boldsymbol{X},t)=\dfrac{\partial f(\boldsymbol{X},t)}{\partial t}$；如果其仅是时间的函数，则它是普通时间导数，即 $\dot{f}(t)=\dfrac{\mathrm{d}f(t)}{\mathrm{d}t}$
$f_{,x}$	对于变量 x 的导数；当有一个指标跟在逗号后面时，如 $i,j,\cdots,s$，表示对应于相应空间坐标的导数，即 $f_{,i}=\dfrac{\partial f}{\partial x_i}$
φ^*	应用变形梯度，将一个张量从空间到参考构形的后拉。正确的运算取决于具体情况。如对于应变率，$\dot{\boldsymbol{E}}=\varphi^*\boldsymbol{D}=\boldsymbol{F}^{\mathrm{T}}\cdot\boldsymbol{D}\cdot\boldsymbol{F}$；而对于应力，$\boldsymbol{S}=\varphi^*\boldsymbol{\tau}=\boldsymbol{F}^{-1}\cdot\boldsymbol{\tau}\cdot\boldsymbol{F}$
φ_*	一个张量从参考到空间构形的前推，即 $\boldsymbol{D}=\varphi_*\boldsymbol{E}=\boldsymbol{F}^{-\mathrm{T}}\cdot\dot{\boldsymbol{E}}\cdot\boldsymbol{F}^{-1}$，$\boldsymbol{\tau}=\varphi_*\boldsymbol{S}=\boldsymbol{F}\cdot\boldsymbol{S}\cdot\boldsymbol{F}^{\mathrm{T}}$
$\varphi_{\mathrm{e}}^*,\varphi_*^{\mathrm{e}}$	后拉和前推，应用变形梯度的弹性部分
$L_{\mathrm{v}}\tau$	李导数：一个量的后拉的材料时间导数的前推（也称为对流率），如 $L_{\mathrm{v}}\boldsymbol{\tau}=\varphi_*\left(\dfrac{\mathrm{D}}{\mathrm{D}t}(\varphi^*\boldsymbol{\tau})\right)$
·	如 $\boldsymbol{a}\cdot\boldsymbol{b}$ 表示内部指标的缩写；对于矢量，$\boldsymbol{a}\cdot\boldsymbol{b}$ 是标量乘积 a_ib_i；如果一个或多个变量是二阶或高阶张量，缩写是关于内部指标的，即 $\boldsymbol{A}\cdot\boldsymbol{B}$ 代表 $A_{ij}B_{jk}$，$\boldsymbol{A}\cdot\boldsymbol{a}$ 代表 $A_{ij}a_j$
:	如 $\boldsymbol{A}:\boldsymbol{B}$ 表示内部指标的双缩写：由 $A_{ij}B_{ij}$ 给出 $\boldsymbol{A}:\boldsymbol{B}$，$\boldsymbol{C}:\boldsymbol{D}$ 则是 $C_{ijkl}D_{kl}$；注意指标的阶(!)，同时也应注意如果 $\boldsymbol{A}$ 或 $\boldsymbol{B}$ 是对称的，则 $\boldsymbol{A}:\boldsymbol{B}=A_{ij}B_{ji}$
×	如 $\boldsymbol{a}\times\boldsymbol{b}$ 表示叉乘；在指标标记中，$\boldsymbol{a}\times\boldsymbol{b}\rightarrow e_{ijk}a_jb_k$
⊗	如 $\boldsymbol{a}\otimes\boldsymbol{b}$ 表示矢量乘积；在指标标记中，$\boldsymbol{a}\otimes\boldsymbol{b}\rightarrow a_ib_j$；在矩阵标记中，$\boldsymbol{a}\otimes\boldsymbol{b}\rightarrow\{\boldsymbol{a}\}\{\boldsymbol{b}\}^{\mathrm{T}}$

变量

$\boldsymbol{A}$	系统 $r=0$ 的雅可比矩阵；在除了第 6 章以外的各章中适用于其他目的
$A^{(i)}$	首先出现的四阶弹性张量，分别对应于 $i=1,2,3,4$
$B_I,\boldsymbol{B}$	$\boldsymbol{B}_I$ 是形状函数的空间导数的 I 列矩阵，$B_{iI}=\dfrac{\partial N_I}{\partial x_i}$；$\boldsymbol{B}$ 是一个由$[\boldsymbol{B}_1,\boldsymbol{B}_2,\cdots,\boldsymbol{B}_n]$构成的矩形矩阵
$B_{0I},\boldsymbol{B}_0$	$\boldsymbol{B}_{0I}$ 形状函数的材料导数的 I 列矩阵，$B_{0iI}=\dfrac{\partial N_I}{\partial x_i}$；$\boldsymbol{B}_0$ 是一个由$[\boldsymbol{B}_{01},\boldsymbol{B}_{02},\cdots,\boldsymbol{B}_{0n}]$构成的矩形矩阵
$B_I,\boldsymbol{B}$	用福格特标记表示的形状函数的空间导数的矩阵，因此$\{\boldsymbol{D}\}=\boldsymbol{B}_I\boldsymbol{d}_I$；$\boldsymbol{B}$ 是矩形矩阵$[\boldsymbol{B}_1,\boldsymbol{B}_2,\cdots,\boldsymbol{B}_n]$
$\boldsymbol{B}_{0I},\boldsymbol{B}_0$	用福格特标记表示的形状函数的材料导数的矩阵，因此$\{\dot{\boldsymbol{E}}\}=\boldsymbol{B}_{0I}\dot{\boldsymbol{d}}_I$；$\boldsymbol{B}_0$ 是矩形矩阵$[\boldsymbol{B}_{01},\boldsymbol{B}_{02},\cdots,\boldsymbol{B}_{0n}]$
$\boldsymbol{C}$	柯西-格林张量，$\boldsymbol{C}=\boldsymbol{F}^{\mathrm{T}}\cdot\boldsymbol{F}$；它区别于附加上角标的材料响应矩阵

$\boldsymbol{C}^{SE}$, $\boldsymbol{C}^{SE}_{ijkl}$, $[\boldsymbol{C}^{SE}]$	$\dot{\boldsymbol{S}}$ 和 $\dot{\boldsymbol{E}}$ 之间的材料切向模量
$\boldsymbol{C}^{\tau}$, $\boldsymbol{C}^{\tau}_{ijkl}$, $[\boldsymbol{C}^{\tau}]$	克希霍夫应力 $\boldsymbol{\tau}^{\nabla c}$ 的对流率和 $\boldsymbol{D}$ 之间的材料切向模量
$\boldsymbol{C}^{\sigma J}$, $\boldsymbol{C}^{\sigma J}_{ijkl}$, $[\boldsymbol{C}^{\sigma J}]$	柯西应力 $\boldsymbol{\sigma}^{\nabla J}$ 的耀曼应力率和 $\boldsymbol{D}$ 之间的材料切向模量
$\boldsymbol{C}^{\sigma T}$, $\boldsymbol{C}^{\sigma T}_{ijkl}$, $[\boldsymbol{C}^{\sigma T}]$	柯西应力 $\boldsymbol{\sigma}^{\nabla T}$ 的特鲁斯德尔率和 $\boldsymbol{D}$ 之间的材料切向模量
$\boldsymbol{C}^{\mathrm{alg}}$, $\boldsymbol{C}^{\mathrm{alg}}_{ijkl}$, $[\boldsymbol{C}^{\mathrm{alg}}]$	柯西应力 $\boldsymbol{\sigma}^{\nabla T}$ 的特鲁斯德尔率和 $\boldsymbol{D}$ 之间的算法模量(这里的率基于有限增量)
$\boldsymbol{D}$, D_{ij}, $\{\boldsymbol{D}\}$	变形率,速度应变,$\boldsymbol{D}=\mathrm{sym}(\nabla \boldsymbol{v})$
$\boldsymbol{E}$, E_{ij}	格林应变张量,$\boldsymbol{E}=\dfrac{1}{2}(\boldsymbol{F}^{\mathrm{T}}\cdot\boldsymbol{F}-\boldsymbol{I})$
$\boldsymbol{F}$, F_{ij}	变形梯度,$F_{ij}=\dfrac{\partial x_i}{\partial X_j}$
$\boldsymbol{F}^{\mathrm{e}}$, $\boldsymbol{F}^{\mathrm{p}}$	变形梯度的弹性部分和塑性部分,$\boldsymbol{F}=\boldsymbol{F}^{\mathrm{e}}\cdot\boldsymbol{F}^{\mathrm{p}}$
J	在空间和材料坐标之间的雅可比的行列式,$J=\det\left[\dfrac{\partial x_i}{\partial X_j}\right]$
$\hat{J}_{ij}$	F^{χ}_{ij} 的余因子
J_{ξ}	在空间和单元坐标之间的雅可比行列式,$J_{\xi}=\det\left[\dfrac{\partial x_i}{\partial \xi_j}\right]$
J^{0}_{ξ}	在材料和单元坐标之间的雅可比行列式,$J^{0}_{\xi}=\det\left[\dfrac{\partial X_i}{\partial \xi_j}\right]$
$\boldsymbol{K}$	线性刚度矩阵
$\boldsymbol{K}^{\mathrm{int}}$, $\boldsymbol{K}^{\mathrm{ext}}$	节点内力和节点外力的切向刚度矩阵,$\boldsymbol{K}^{\mathrm{int}}=\dfrac{\partial \boldsymbol{f}^{\mathrm{int}}}{\partial \boldsymbol{d}}$,$\boldsymbol{K}^{\mathrm{ext}}=\dfrac{\partial \boldsymbol{f}^{\mathrm{ext}}}{\partial \boldsymbol{d}}$
$\boldsymbol{K}^{\mathrm{mat}}$, $\boldsymbol{K}^{\mathrm{geo}}$	材料切向刚度和几何切向刚度
$\boldsymbol{K}^{\mathrm{ALE}}$	对于动量方程,考虑 ALE 部分的刚度矩阵
$\boldsymbol{L}$, $\boldsymbol{L}_{ij}$	速度场的空间梯度,见 3.3.18 节
$\boldsymbol{L}_e$	连接矩阵
$\boldsymbol{M}$, $\boldsymbol{M}_{IJ}$, M_{ijIJ}	质量矩阵,见 4.4.3 节和 4.4.9 节
N_I	形状函数
$\boldsymbol{P}$, P_{ij}	名义应力(第一皮奥拉-克希霍夫应力的变换)
$\boldsymbol{Q}$	转动张量/矩阵,在框架不变性和材料对称性中应用
$\boldsymbol{R}$, R_{ij}	转动矩阵,见 3.2.8 节
$\boldsymbol{S}$, S_{ij}	第二皮奥拉-克希霍夫(PK2)应力
$\boldsymbol{U}$, U_{ij}	右拉伸张量
$\boldsymbol{u}$, $\boldsymbol{u}_0$	运动允许位移和速度的空间;u_0 是预先给定的随函数消失的空间 u_0,见 4.3.1 节和 4.3.2 节
W	功
W^{int}, W^{ext}, W^{inert}	内部功,外部功,惯性功
$\boldsymbol{X}$	材料(拉格朗日)坐标
X_{iI}, $\boldsymbol{X}_I$	$\boldsymbol{X}_I=[X,Y,Z]=$ 节点材料坐标
$\boldsymbol{\chi}$	参考坐标(ALE 公式)
$\boldsymbol{b}$, b_i	体力,见 3.5.5 节
$\boldsymbol{d}$	以福格特形式保存的节点位移
e_i, e_i	$[e_x, e_y, e_z]$,坐标的基矢量
f	在弹-塑性本构模型中的屈服函数

$\boldsymbol{f}, \boldsymbol{f}_I, f_{iI}$	节点力
$\boldsymbol{f}^{\text{int}}, \boldsymbol{f}_I^{\text{int}}, \boldsymbol{f}_{iI}^{\text{int}}$	节点内力
$\boldsymbol{f}^{\text{ext}}, \boldsymbol{f}_I^{\text{ext}}, \boldsymbol{f}_{iI}^{\text{ext}}$	节点外力
$\boldsymbol{h}$	在弹-塑性本构模型中的塑性模量
$\boldsymbol{n}, n_i, \boldsymbol{n}_0, n_i^0$	当前(变形的)构形和初始(参考的,未变形的)构形的单位法线
$\boldsymbol{q}, q_i$	热流量,也是在本构模型中内部变量的集成
$\boldsymbol{t}, t_i$	表面面力,见 3.5.5 节
$\boldsymbol{u}, u_i$	位移场
$\boldsymbol{u}_I, u_{iI}$	在节点 I 处位移分量的矩阵
$\boldsymbol{v}_I, v_{iI}$	在节点 I 处速度分量的矩阵
$\boldsymbol{v}, v_i$	速度场
$w, \bar{w}$	在参考构形和中间构形中的超弹性势,如 $\boldsymbol{S}=\dfrac{\partial w}{\partial \boldsymbol{E}}$
$x_{IJ} \equiv x_I - x_J$	节点坐标差
$\boldsymbol{x}, x_i$	空间(欧拉)坐标
$x_{iI}, \boldsymbol{x}_I$	$\boldsymbol{x}_I=[x_I, y_I, z_I]$=节点空间坐标
Γ, Γ_0	在当前(变形的)构形和初始(参考,未变形的)构形中物体的边界
Γ_{int}	内部不连续的表面
$\boldsymbol{\xi}, \xi_i$	$[\xi, \eta, \zeta]$,母单元坐标,也应用在曲线坐标中
ρ, ρ_0	当前密度和初始密度
$\boldsymbol{\sigma}, \sigma_{ij}, \{\boldsymbol{\sigma}\}$	柯西(物理的)应力张量
$\boldsymbol{\tau}, \tau_{ij}, \{\boldsymbol{\tau}\}$	克希霍夫应力张量
$\Phi(\boldsymbol{X}, t)$	从初始构形 Ω_0 到当前构形或空间构形 Ω 的映射
φ	黏塑性过应力函数
$\hat{\varphi}(\chi, t)$	从参考构形 $\hat{\Omega}$ 到空间构形 Ω 的映射
$\Psi(\boldsymbol{\chi}, t)$	从初始构形 Ω_0 到参考构形 $\hat{\Omega}$ 的映射
$\psi, \bar{\psi}$	在参考构形或中间构形中的超弹性势,如 $\boldsymbol{S}=\dfrac{2\partial \psi}{\partial \boldsymbol{C}}$
$\Omega, \Omega_0, \bar{\Omega}$	当前(变形的)构形,初始(未变形的)构形,参考构形

参考文献

ABEYARATNE R,KNOWLES J K,1988. Unstable elastic materials and the viscoelastic response of bars in tension[J]. Journal of Applied Mechanics,55(2): 491-492.

AHMAD S,IRONS B M,ZIENKIEWICZ O C,1970. Analysis of thick and thin shell structures by curved finite elements[J]. International Journal for Numerical Methods in Engineering,2(3): 419-451.

AHMADI G,FIROOZBAKHSH K,1975. First strain gradient theory of thermoelasticity[J]. International Journal of Solids and Structures,11(3): 339-345.

AIFANTIS E C,1984. On the microstructural origin of certain inelastic models[J]. Journal of Engineering Materials and Technology,106(4): 326-330.

ALFANO G,DE SCIARRA F M,1996. Mixed finite element formulations and related limitation principles: A general treatment[J]. Computer Methods in Applied Mechanics and Engineering,138(1): 105-130.

ALI A A,PODUS G N,SIRENKO A F,1979. Determining the thermal activation parameters of plastic deformation of metals from data on the kinetics of creep and relaxation of mechanical stresses[J]. Strength of Materials,11(5): 496-500.

ANTHONY K H,AZIRHI A,1995. Dislocation dynamics by means of Lagrange formalism of irreversible processes-complex fields and deformation processes[J]. International Journal of Engineering Science,33(15): 2137-2148.

AREIAS P M A,BELYTSCHKO T,2006. A comment on the article "A finite element method for simulation of strong and weak discontinuities in solid mechanics"[J]. Computer Methods in Applied Mechanics and Engineering,195(9): 1275-1276.

ARGYRIS J H,1965. Elasto-plastic matrix displacement analysis of three-dimensional continua[J]. The Aeronautical Journal,69(657): 633-636.

ASARO R J,1979. Geometrical effects in the inhomogeneous deformation of ductile single crystals[J]. Acta Metallurgica,27(3): 445-453.

ASARO R J,1983. Micromechanics of crystals and polycrystals[M]//Advances in applied mechanics: Vol 23. New York: Academic Press.

ASARO R J,1983. Crystal plasticity[J]. Journal of Applied Mechanics,50: 921-934.

ASARO R J,RICE J R,1977. Strain localization in ductile single crystals[J]. Journal of the Mechanics and Physics of Solids,25(5): 309-338.

ATLURI S N,CAZZANI A,1995. Rotations in computational solid mechanics[J]. Archives of Computational Methods in Engineering,2: 49-138.

AURIAULT J L,1991. Heterogeneous medium. Is an equivalent macroscopic description possible?[J]. International Journal of Engineering Science,29(7): 785-795.

AZAROFF L V,1984. Introduction to solids[M]. New York: Tata McGraw-Hill Education.

BARLOW J,1976. Optimal stress locations in finite element models[J]. International Journal for Numerical Methods in Engineering,10(2): 243-251.

BATHE K J,2006. Finite element procedures[M]. Englewood Cliffs: Prentice-Hall.

BAYLISS A,BELYTSCHKO T,KULKARNI M,et al.,1994. On the dynamics and the role of imperfections for localization in thermo-viscoplastic materials[J]. Modelling and Simulation in

Materials Science and Engineering,2(5): 941-964.

BAŽANT Z P,BELYTSCHKO T B,1985. Wave propagation in a strain-softening bar: Exact solution[J]. Journal of Engineering Mechanics,111(3): 381-389.

BAZANT Z P,CEDOLIN L,1991. Stability of structures[M]. Oxford: Oxford University Press.

BAZANT Z P,BELYTSCHKO T B,CHANG T P,1984. Continuum theory for strain-softening[J]. Journal of Engineering Mechanics,110(12): 1666-1692.

BAZELEY G P,CHEUNG Y K,IRONS B M,et al.,1965. Triangular elements in plate bending[C]// Proceedings of the First Conference on Matrix Methods in Stuctural Mechanics, Ohio: Wright-Patterson AFB.

BÉCHET É,MINNEBO H,MOËS N,et al.,2005. Improved implementation and robustness study of the X-FEM for stress analysis around cracks [J]. International Journal for Numerical Methods in Engineering,64(8): 1033-1056.

BELYTSCHKO T,1977. Methods and programs for analysis of fluid-structure systems [J]. Nuclear Engineering and Design,42(1): 41-52.

BELYTSCHKO T,1983. Overview of semidiscretization,in computational methods for transient analysis [M]. Amsterdam: North-Holland.

BELYTSCHKO T,BACHRACH W E,1986. Efficient implementation of quadrilaterals with high coarse-mesh accuracy[J]. Computer Methods in Applied Mechanics and Engineering,54(3): 279-301.

BELYTSCHKO T,BAŽANT Z P,YUL-WOONG H,et al.,1986. Strain-softening materials and finite-element solutions[J]. Computers & Structures,23(2): 163-180.

BELYTSCHKO T,BINDEMAN L P,1991. Assumed strain stabilization of the 4-node quadrilateral with 1-point quadrature for nonlinear problems[J]. Computer Methods in Applied Mechanics and Engineering, 88(3): 311-340.

BELYTSCHKO T,BINDEMAN L P,1993. Assumed strain stabilization of the eight node hexahedral element[J]. Computer Methods in Applied Mechanics and Engineering,105(2): 225-260.

BELYTSCHKO T,BLACK T,1999. Elastic crack growth in finite elements with minimal remeshing[J]. International Journal for Numerical Methods in Engineering,45(5): 601-620.

BELYTSCHKO T,CHEN H,XU J,et al.,2003. Dynamic crack propagation based on loss of hyperbolicity and a new discontinuous enrichment[J]. International Journal for Numerical Methods in Engineering, 58(12): 1873-1905.

BELYTSCHKO T,CHIANG H Y,PLASKACZ E,1994. High resolution two-dimensional shear band computations: Imperfections and mesh dependence[J]. Computer Methods in Applied Mechanics and Engineering,119(1): 1-15.

BELYTSCHKO T,FISH J,ENGELMANN B E,1988. A finite element with embedded localization zones [J]. Computer Methods in Applied Mechanics and Engineering,70(1): 59-89.

BELYTSCHKO T,HSIEH B J,1973. Non-linear transient finite element analysis with convected co-ordinates[J]. International Journal for Numerical Methods in Engineering,7(3): 255-271.

BELYTSCHKO T B,HUGHES T J R,1983. Computational methods for transient analysis [M]. Amsterdam: North-Holland.

BELYTSCHKO T B,KENNEDY J M,1978. Computer models for subassembly simulation[J]. Nuclear Engineering and Design,49(1): 17-38.

BELYTSCHKO T B,KENNEDY J M,SCHOEBERLE D F,1975. Finite element and difference formulations of transient fluid-structure problems [J]. NASA STI/Recon Technical Report N, 76: 21487.

BELYTSCHKO T,LEVIATHAN I,1994a. Physical stabilization of the 4-node shell element with one point quadrature[J]. Computer Methods in Applied Mechanics and Engineering,113(3): 321-350.

BELYTSCHKO T,LEVIATHAN I,1994b. Projection schemes for one-point quadrature shell elements[J]. Computer Methods in Applied Mechanics and Engineering,115(3): 277-286.

BELYTSCHKO T,LIN J I,CHEN-SHYH T,1984. Explicit algorithms for the nonlinear dynamics of shells [J]. Computer Methods in Applied Mechanics and Engineering,42(2): 225-251.

BELYTSCHKO T,LIU W K. Computer methods for transient fluid-structure analysis of nuclear reactors [J]. Nuclear Safety(United States),26: 1.

BELYTSCHKO T,LIU W K,MORAN B,et al. ,2014. Nonlinear finite elements for continua and structures [M]. New York: John Wiley & Sons Ltd.

BELYTSCHKO T,MORAN B,KULKARNI M,1990. On the crucial role of imperfections in quasi-static viscoplastic solutions[J]. Journal of Applied Mechanics,43(5): 251-256.

BELYTSCHKO T,MULLEN R,1978. On dispersive properties of finite element solutions[J]. Modern Problems in Elastic Wave Propagation,67-82.

BELYTSCHKO T,NEAL M O,1991. Contact-impact by the pinball algorithm with penalty and Lagrangian methods[J]. International Journal for Numerical Methods in Engineering,31(3): 547-572.

BELYTSCHKO T,SCHOEBERLE D F,1975. On the unconditional stability of an implicit algorithm for nonlinear structural dynamics[J]. Journal of Applied Mechanics,42: 865-869.

BELYTSCHKO T,SCHWER L,KLEIN M J,1977. Large displacement,transient analysis of space frames [J]. International Journal for Numerical Methods in Engineering,11(1): 65-84.

BELYTSCHKO T, SMOLINSKI P, WING KAM LIU, 1985. Stability of multi-time step partitioned integrators for first-order finite element systems[J]. Computer Methods in Applied Mechanics and Engineering,49(3): 281-297.

BELYTSCHKO T,STOLARSKI H,LIU W K,et al. ,1985. Stress projection for membrane and shear locking in shell finite elements[J]. Computer Methods in Applied Mechanics and Engineering,51(1): 221-258.

BELYTSCHKO T,TSAY C S,1983. A stabilization procedure for the quadrilateral plate element with one-point quadrature[J]. International Journal for Numerical Methods in Engineering,19(3): 405-419.

BELYTSCHKO T,GLAUM L W,1979. Applications of higher order corotational stretch theories to nonlinear finite element analysis[J]. Computers & Structures,10(1): 175-182.

BELYTSCHKO T,WONG B L,STOLARSKI H,1989. Assumed strain stabilization procedure for the 9-node Lagrange shell element[J]. International Journal for Numerical Methods in Engineering,28(2): 385-414.

BELYTSCHKO T,WONG B L,CHIANG H Y,1992. Advances in one-point quadrature shell elements[J]. Computer Methods in Applied Mechanics and Engineering,96(1): 93-107.

BELYTSCHKO T,YEN H J,MULLEN R,1979. Mixed methods for time integration[J]. Computer Methods in Applied Mechanics and Engineering,17-18: 259-275.

BENSON D J,1989. An efficient,accurate,simple ale method for nonlinear finite element programs[J]. Computer Methods in Applied Mechanics and Engineering,72(3): 305-350.

BERGMAN K,BORKAR S,CAMPBELL D,et al. ,2008. Exascale computing study: Technology challenges in achieving exascale systems[J]. Defense Advanced Research Projects Agency Information Processing Techniques Office (DARPA IPTO),15: 181.

BERTSEKAS D P,1984. Constrained optimization and Lagrange multiplier methods[M]. New York: Academic press.

BETTESS P,1977. Infinite elements[J]. International Journal for Numerical Methods in Engineering, 11(1): 53-64.

BIOT M A,2004. General theory of three-dimensional consolidation[J]. Journal of Applied Physics,12(2): 155-164.

BIOT M A,1955. Theory of elasticity and consolidation for a porous anisotropic solid[J]. Journal of Applied Physics,26(2): 182-185.

BIOT M A,1956. General solutions of the equations of elasticity and consolidation for a porous material[J]. Journal of Applied Mechanics,23(1): 91-96.

BIOT M A,1973. Nonlinear and semilinear rheology of porous solids[J]. Journal of Geophysical Research, 78(23): 4924-4937.

BIOT M A,WILLIS D G,1957. The elastic coefficients of the theory of consolidation[J]. Journal of Applied Mechanics,24(4): 594-601.

BONET J,WOOD R D,1997. Nonlinear continuum mechanics for finite element analysis[M]. New York: Cambridge University Press.

BORDAS S,MORAN B,2006. Enriched finite elements and level sets for damage tolerance assessment of complex structures[J]. Engineering Fracture Mechanics,73(9): 1176-1201.

BOYCE M C,PARKS D M, ARGON A S, 1988. Large inelastic deformation of glassy polymers. Part I: Rate dependent constitutive model[J]. Mechanics of Materials,7(1): 15-33.

BOYCE M C,WEBER G G,PARKS D M,1989. On the kinematics of finite strain plasticity[J]. Journal of the Mechanics and Physics of Solids,37(5): 647-665.

BRIDGMAN P,1949. The physics of high pressure[M]. London: Bell and Sons.

BROOKS A N,HUGHES T J R, 1982. Streamline upwind/Petrov-Galerkin formulations for convection dominated flows with particular emphasis on the incompressible Navier-Stokes equations[J]. Computer Methods in Applied Mechanics and Engineering,32(1): 199-259.

BUCALEM M L,BATHE K J,1993. Higher-order MITC general shell elements[J]. International Journal for Numerical Methods in Engineering,36(21): 3729-3754.

BUECHTER N,RAMM E, 1992. Shell theory versus degeneration-a comparison in large rotation finite element analysis[J]. International Journal for Numerical Methods in Engineering,34(1): 39-59.

BULATOV V,CAI W,2006. Computer simulations of dislocations[M]. Oxford: Oxford University Press.

CAILLARD D,MARTIN J L,2003. Thermally activated mechanisms in crystal plasticity[M],Amsterdam: Elsevier Science.

CAMACHO G T,ORTIZ M,1996. Computational modelling of impact damage in brittle materials[J]. International Journal of Solids and Structures,33(20-22): 2899-2938.

CHAMBON R,CAILLERIE D, MATSUCHIMA T, 2001. Plastic continuum with microstructure, local second gradient theories for geomaterials: Localization studies[J]. International Journal of Solids and Structures,38(46-47): 8503-8527.

CHAMBON R,CAILLERIE D,TAMAGNINI C,2004. A strain space gradient plasticity theory for finite strain[J]. Computer Methods in Applied Mechanics and Engineering,193(27): 2797-2826.

CHANDRASEKHARAIAH D D, DEBNATH L, 1994. Continuum mechanics [M]. Boston: Academic Press.

CHEN L Q,2002. Phase-field models for microstructure evolution [J]. Annual Review of Materials Research,32(1): 113-140.

CHEN Y,LEE J D,2003a. Connecting molecular dynamics to micromorphic theory (Ⅰ). Instantaneous and averaged mechanical variables[J]. Physica A: Statistical Mechanics and Its Applications,322: 359-376.

CHEN Y,LEE J D,2003b. Connecting molecular dynamics to micromorphic theory (Ⅱ). Balance laws[J]. Physica A: Statistical Mechanics and Its Applications,322: 377-392.

CHEN Y,LEE J D,2003c. Determining material constants in micromorphic theory through phonon

dispersion relations[J]. International Journal of Engineering Science,41(8): 871-886.
CHENG A H D,2016. Theory and applications of transport in porous media: Volume 27 poroelasticity [M]. Cham: Springer International Publishing.
CHESSA J,SMOLINSKI P,BELYTSCHKO T,2002. The extended finite element method (XFEM) for solidification problems [J]. International Journal for Numerical Methods in Engineering, 53 (8): 1959-1977.
CHUNG J,HULBERT G M,1993. A time integration algorithm for structural dynamics with improved numerical dissipation: The generalized-α method[J]. Journal of Applied Mechanics,60(2): 371-375.
CIARLET P G,RAVIART P A,1972. Interpolation theory over curved elements,with applications to finite element methods[J]. Computer Methods in Applied Mechanics and Engineering,1(2): 217-249.
COLEMAN B D,NOLL W,1961. Foundations of linear viscoelasticity[J]. Reviews of Modern Physics,33 (2): 239.
COOK R D,MALKUS D S,PLESHA M E,et al.,1989. Concepts and applications of finite element analysis[M]. Chichester: John Willey & Sons Ltd.
COSSERAT E M P,COSSERAT F,1909. Théorie des corps déformables[M]. Paris: A. Hermann et fils.
COSTANTINO C J,1967. Finite element approach to stress wave problems[J]. Journal of the Engineering Mechanics Division,93(2): 153-176.
COURANT R,FRIEDRICHS K,LEWY H,1928. Über die partiellen Differenzengleichungen der mathematischen Physik[J]. Mathematische Annalen,100(1): 32-74.
CRISFIELD M A,1980. A fast incremental/iterative solution procedure that handles "snap-through"[J]. Computers & Structures,13: 55-62.
CRISFIELD M A,1991. Nonlinear finite element analysis of solids and structures[M]. New York: John Wiley & Sons Ltd.
CUITINO A,ORTIZ M,1992. A material-independent method for extending stress update algorithms from small-strain plasticity to finite plasticity with multiplicative kinematics[J]. Engineering Computations, 9(4): 437-451.
CULLITY B D,STOCK S R,2001. Elements of X-Ray Diffraction[M]. Upper Saddle River: Prentice Hall.
CURNIER A,1984. A theory of friction[J]. International Journal of Solids and Structures,20: 637-647.
DANIEL W J T,1997. Analysis and implementation of a new constant acceleration subcycling algorithm [J]. International Journal for Numerical Methods in Engineering,40(15): 2841-2855.
DANIEL W J T,1998. A study of the stability of subcycling algorithms in structural dynamics [J]. Computer Methods in Applied Mechanics and Engineering,156(1): 1-13.
DASHNER P A,1986. Invariance considerations in large strain elasto-plasticity [J]. Journal of Applied Mechanics,53(1): 55-60.
DE BORST R,1987. Computation of post-bifurcation and post-failure behavior of strain-softening solids[J]. Computers & Structures,25(2): 211-224.
DE BORST R,MÜHLHAUS H B,1993. Gradient-dependent plasticity: Formulation and algorithmic aspects[J]. International Journal for Numerical Methods in Engineering,35(3): 521-539.
DE GRAEF M,MCHENRY M E,2007. Structure of materials: An introduction to crystallography, diffraction and symmetry[M]. Cambridge: Cambridge University Press.
DEMKOWICZ L,ODEN J T,1982. On some existence and uniqueness results in contact problems with nonlocal friction[J]. Nonlinear Anal,6: 1075-1093.
DENNIS J E,SCHNABEL R B,1983. Numerical methods for unconstrained optimization and nonlinear equations[M]. Englewood Cliffs: Prentice-Hall.
DHATT G,TOUZOT G,1984. The finite element method displayed [M]. Chichester: John Wiley &

Sons Ltd.

DIENES J K,1979. On the analysis of rotation and stress rate in deforming bodies[J]. Acta Mechanica, 32(4): 217-232.

DIMAGGIO F L,SANDLER I S,1971. Material model for granular soils[J]. Journal of the Engineering Mechanics Division,97(3): 935-950.

DOBOVSEK I,1995. Material instabilities in rate and temperature dependent solids[J]. Zeitschrift für Angewandte Mathematik und Mechanik (ZAMM),75.

DOYLE T C,ERICKSEN J L,1956. Nonlinear elasticity, advances in applied mechanics, Volume 4[M]. New York: Academic Press.

DROPEK R K,JOHNSON J N, WALSH J B,1978. The influence of pore pressure on the mechanical properties of Kayenta sandstone[J]. Journal of Geophysical Research: Solid Earth,83(B6): 2817-2824.

DUAN Q,SONG J H, MENOUILLARD T, et al., 2009. Element-local level set method for three-dimensional dynamic crack growth[J]. International Journal for Numerical Methods in Engineering, 80(12): 1520-1543.

DUDDU R,BORDAS S,CHOPP D,et al.,2008. A combined extended finite element and level set method for biofilm growth[J]. International Journal for Numerical Methods in Engineering,74(5): 848-870.

DVORKIN E N,BATHE K J,1984. A continuum mechanics based four-node shell element for general non-linear analysis[J]. Engineering Computations,1(1): 77-88.

ELGUEDJ T, GRAVOUIL A, COMBESCURE A, 2006. Appropriate extended functions for X-FEM simulation of plastic fracture mechanics[J]. Computer Methods in Applied Mechanics and Engineering, 195(7): 501-515.

ELKHODARY K I,STEVEN GREENE M,TANG S,et al.,2013. Archetype-blending continuum theory [J]. Computer Methods in Applied Mechanics and Engineering,254: 309-333.

ELKHODARY K,LEE W,SUN L P,et al.,2011. Deformation mechanisms of an Ω precipitate in a high-strength aluminum alloy subjected to high strain rates[J]. Journal of Materials Research, 26(4): 487-497.

ENGELEN R A B,FLECK N A,PEERLINGS R H J,et al.,2006. An evaluation of higher-order plasticity theories for predicting size effects and localisation[J]. International Journal of Solids and Structures, 43(7): 1857-1877.

ENGELMANN B E,WHIRLEY R G,1990. A new elastoplastic shell element formulation for DYNA3D: UCRL-JC-104826; CONF-9009348-1[R]. Livermore: Lawrence Livermore National Lab.

ERINGEN A C,1966. Linear theory of micropolar elasticity[J]. Journal of Mathematics and Mechanics, 909-923.

ERINGEN A C,1990. Theory of thermo-microstretch elastic solids[J]. International Journal of Engineering Science,28(12): 1291-1301.

ERINGEN A C,1999. Microcontinuum field theories I: Foundations and solids[M]. New York: Springer.

ERINGEN A C,SUHUBI E S,1964. Nonlinear theory of simple micro-elastic solids-I[J]. International Journal of Engineering Science,2(2): 189-203.

ESTRIN Y,KUBIN L P,1986. Local strain hardening and nonuniformity of plastic deformation[J]. Acta Metallurgica,34(12): 2455-2464.

ESTRIN Y,KRAUSZ A,et al.,1996. Unified constitutive laws of plastic deformation[M]. New York: Academic Press.

ESTRIN Y,1996. Dislocation-density-related constitutive modeling[J]. Unified constitutive laws of plastic deformation,1: 69-106.

FJAER E,HOLT R M,HORSRUD P,et al.,2008. Petroleum related rock mechanics[M]. Amsterdam:

Elsevier.

FLANAGAN D P, BELYTSCHKO T, 1981. A uniform strain hexahedron and quadrilateral with orthogonal hourglass control[J]. International Journal for Numerical Methods in Engineering, 17(5): 679-706.

FLECK N A, HUTCHINSON J W, 1993. A phenomenological theory for strain gradient effects in plasticity [J]. Journal of the Mechanics and Physics of Solids, 41(12): 1825-1857.

FLECK N A, HUTCHINSON J W, 1997. Strain gradient plasticity[J]. Advances in Applied Mechanics, 33: 295-361.

FLECK N A, HUTCHINSON J W, 2001. A reformulation of strain gradient plasticity[J]. Journal of the Mechanics and Physics of Solids, 49(10): 2245-2271.

FLECK N A, WILLIS J R, 2009a. A mathematical basis for strain-gradient plasticity theory—Part Ⅰ: Scalar plastic multiplier[J]. Journal of the Mechanics and Physics of Solids, 57(1): 161-177.

FLECK N A, WILLIS J R, 2009b. A mathematical basis for strain-gradient plasticity theory—Part Ⅱ: Tensorial plastic multiplier[J]. Journal of the Mechanics and Physics of Solids, 57(7): 1045-1057.

FLECK N A, MULLER G M, ASHBY M F, et al., 1994. Strain gradient plasticity: Theory and experiment [J]. Acta Metallurgica et Materialia, 42(2): 475-487.

FOREST S, 2009. Micromorphic approach for gradient elasticity, viscoplasticity, and damage[J]. Journal of Engineering Mechanics, 135(3): 117-131.

FOREST S, SIEVERT R, 2006. Nonlinear microstrain theories[J]. International Journal of Solids and Structures, 43(24): 7224-7245.

FRAEIJS DE VEUBEKE B, 1965. Displacement and equilibrium models in the finite element method[M]. London: John Wiley & Sons Ltd.

FRANCA L P, FREY S L, 1992. Stabilized finite element methods: Ⅱ. The incompressible Navier-Stokes equations[J]. Computer Methods in Applied Mechanics and Engineering, 99(2-3): 209-233.

FRIES T P, 2008. A corrected XFEM approximation without problems in blending elements[J]. International Journal for Numerical Methods in Engineering, 75(5): 503-532.

FRIES T P, BELYTSCHKO T, 2010. The extended/generalized finite element method: An overview of the method and its applications[J]. International Journal for Numerical Methods in Engineering, 84(3): 253-304.

GAO Y, DETOURNAY E, 2020. A poroelastic model for laboratory hydraulic fracturing of weak permeable rock[J]. Journal of the Mechanics and Physics of Solids, 143: 104090.

GAO Y, DETOURNAY E, 2021. Hydraulic fracture induced by water injection in weak rock[J]. Journal of Fluid Mechanics, 927: A19.

GAO Y, LIU Z, ZHUANG Z, et al., 2016. Cylindrical borehole failure in a poroelastic medium[J]. Journal of Applied Mechanics, 83(6): 061005.

GAO Y, LIU Z, ZHUANG Z, et al., 2017a. A reexamination of the equations of anisotropic poroelasticity [J]. Journal of Applied Mechanics, 84(5): 051008.

GAO Y, LIU Z, ZHUANG Z, et al., 2017b. Cylindrical borehole failure in a transversely isotropic poroelastic medium[J]. Journal of Applied Mechanics, 84(11): 111008.

GAO Y, LIU Z L, ZHUANG Z, et al., 2019. On the material constants measurement method of a fluid-saturated transversely isotropic poroelastic medium[J]. Science China Physics, Mechanics & Astronomy, 62: 14611.

GARG S K, NUR A, 1973. Effective stress laws for fluid-saturated porous rocks[J]. Journal of Geophysical Research, 78(26): 5911-5921.

GEERS M G D, KOUZNETSOVA V, BREKELMANS W A M, 2001. Gradient-enhanced computational homogenization for the micro-macro scale transition[J]. Le Journal de Physique Ⅳ, 11(PR5): Pr5-145-

Pr5-152.

GEORGIADIS H G, VARDOULAKIS I, VELGAKI E G, 2004. Dispersive Rayleigh-wave propagation in microstructured solids characterized by dipolar gradient elasticity[J]. Journal of Elasticity, 74: 17-45.

GERMAIN P, 1973. The method of virtual power in continuum mechanics. Part 2: Microstructure[J]. SIAM Journal on Applied Mathematics, 25(3): 556-575.

GIACOVAZZO C, MONACO H L, ARTIOLI G et al., 2002. Fundamentals of crystallography. Part of international union of crystallography monographs on crystallography series[M]. New York: Oxford University Press.

GIVOLI D, 1991. Non-reflecting boundary conditions[J]. Journal of Computational Physics, 94(1): 1-29.

GREEN A E, RIVLIN R S, 1957. The mechanics of non-linear materials with memory[J]. Archive for Rational Mechanics and Analysis, 1(1): 1-21.

GREENE M S, LIU Y, CHEN W, et al., 2011. Computational uncertainty analysis in multiresolution materials via stochastic constitutive theory[J]. Computer Methods in Applied Mechanics and Engineering, 200(1-4): 309-325.

GURSON A L, 1977. Continuum theory of ductile rupture by void nucleation and growth: Part Ⅰ—Yield criteria and flow rules for porous ductile media[J]. Journal of Engineering Materials and Technology, 99: 2-15.

GURTIN M E, 2002. A gradient theory of single-crystal viscoplasticity that accounts for geometrically necessary dislocations[J]. Journal of the Mechanics and Physics of Solids, 50(1): 5-32.

GURTIN M E, 2006. The Burgers vector and the flow of screw and edge dislocations in finite-deformation single-crystal plasticity[J]. Journal of the Mechanics and Physics of Solids, 54(9): 1882-1898.

GURTIN M E, ANAND L, 2005. A theory of strain-gradient plasticity for isotropic, plastically irrotational materials. Part Ⅱ: Finite deformations[J]. International Journal of Plasticity, 21(12): 2297-2318.

HAIMSON B, FAIRHURST C, 1967. Initiation and extension of hydraulic fractures in rocks[J]. Society of Petroleum Engineers Journal, 7(3): 310-318.

HALLQUIST J O, 1994. LS-DYNA theoretical manual[M]. Livermore: Livermore Software Technology Corporation.

HALLQUIST J O, WHIRLEY R G, 1989. DYNA3D user's manual: Nonlinear dynamic analysis of structures in three dimensions, Revision 5[R]. Livermore: Lawrence Livermore National Lab.

HANSBO A, HANSBO P, 2004. A finite element method for the simulation of strong and weak discontinuities in solid mechanics[J]. Computer Methods in Applied Mechanics and Engineering, 193(33-35): 3523-3540.

HARREN S, LOWE T C, ASARO R J, et al., 1989. Analysis of large-strain shear in rate-dependent face-centred cubic polycrystals: Correlation of micro-and macromechanics[J]. Philosophical Transactions of the Royal Society of London. Series A, Mathematical and Physical Sciences, 328(1600): 443-500.

HAVNER K S, 1992. Finite plastic deformation of crystalline solids[M]. New York: Cambridge University Press.

HENCKY, H, 1947. Uber die beriicksichtigung der schubverzerrung in ebenen platten[J]. Ingenieur Archiv, 16: 72-76.

HERTZBERG R W, VINCI R P AND HERTZBERG J L, 2012. Deformation and fracture mechanics of engineering Materials[M]. Hoboken: John Wiley & Sons Ltd.

HIBBITT D, KARLSSON B, SORENSEN P, et al., 2007. ABAQUS analysis user's manual[M]. Providence: ABAQUS Inc.

HILBER H M, HUGHES T J R, TAYLOR R L, 1977. Improved numerical dissipation for time integration algorithms in structural dynamics[J]. Earthquake Engineering & Structural Dynamics, 5(3): 283-292.

HILL R,1950. The mathematical theory of plasticity[M]. Oxford: Oxford University Press.

HILL R,1962. Acceleration waves in solids[J]. Journal of the Mechanics and Physics of Solids,10(1): 1-16.

HILL R,1979. Aspects of invariance in solid mechanics[J]. Advances in Applied Mechanics,18: 1-75.

HILLERBORG A,MODÉER M,PETERSSON P E,1976. Analysis of crack formation and crack growth in concrete by means of fracture mechanics and finite elements[J]. Cement and Concrete Research,6(6): 773-781.

HIRTH J P,LOTHE J,1982. Theory of dislocations[M]. Chichester: John Wiley & Sons Ltd.

HODGE P G,1970. Continuum Mechanics[M]. New York: McGraw-Hill.

HU Y K,LIU W K, 1993. An ALE hydrodynamic lubrication finite element method with application to strip rolling[J]. International Journal for Numerical Methods in Engineering,36(5): 855-880.

HUANG H C,HINTON E,1986. A new nine node degenerated shell element with enhanced membrane and shear interpolation[J]. International Journal for Numerical Methods in Engineering,22(1): 73-92.

HUERTA A,LIU W K, 1988. Viscous flow with large free surface motion[J]. Computer Methods in Applied Mechanics and Engineering,69(3): 277-324.

HUGHES T J R, 1984. Numerical implementation of constitutive models: Rate-independent deviatoric plasticity[C]//Theoretical foundation for large-scale computations for nonlinear material behavior: Proceedings of the Workshop on the Theoretical Foundation for Large-Scale Computations of Nonlinear Material Behavior Evanston,Illinois,October 24,25,and 26,1983. Dordrecht: Springer,29-63.

HUGHES T J R,1987. The finite element method,linear static and dynamic finite element analysis[M]. Englewood Cliffs: Prentice-Hall.

HUGHES T J R,1996. Personal communication[Z].

HUGHES T J R,COHEN M,HAROUN M,1978. Reduced and selective integration techniques in the finite element analysis of plates[J]. Nuclear Engineering and Design,46(1): 203-222.

HUGHES T J R,LIU W K,1978. Implicit-explicit finite elements in transient analysis: Implementation and numerical examples[J]. Journal of Applied Mechanics,Transactions ASME,45(2): 375-378.

HUGHES T J R,LIU W K, 1981. Nonlinear finite element analysis of shells-part Ⅱ. Two-dimensional shells[J]. Computer Methods in Applied Mechanics and Engineering,27(2): 167-181.

HUGHES T J R,LIU W K,1981. Nonlinear finite element analysis of shells: Part Ⅰ. Three-dimensional shells[J]. Computer Methods in Applied Mechanics and Engineering,26(3): 331-362.

HUGHES T J R,LIU W K,ZIMMERMANN T K,1981. Lagrangian-Eulerian finite element formulation for incompressible viscous flows[J]. Computer Methods in Applied Mechanics and Engineering,29(3): 329-349.

HUGHES T J R,MALLET M,1986. A new finite element formulation for computational fluid dynamics: Ⅲ. The generalized streamline operator for multidimensional advective-diffusive systems[J]. Computer Methods in Applied Mechanics and Engineering,58(3): 305-328.

HUGHES T J R,PISTER K S, 1978. Consistent linearization in mechanics of solids and structures[J]. Computers & Structures,8(3-4): 391-397.

HUGHES T J R,TAYLOR R L,KANOKNUKULCHAI W,1977. A simple and efficient element for plate bending[J]. International Journal for Numerical Methods in Engineering,11: 1529-1543.

HUGHES T J R,TEZDUYAR T E,1981. Finite elements based upon Mindlin plate theory with particular reference to the four-node bilinear isoparametric element[J]. Journal of Applied Mechanics, 58: 587-596.

HUGHES T J R,TEZDUYAR T E,1984. Finite element methods for first-order hyperbolic systems with particular emphasis on the compressible Euler equations[J]. Computer Methods in Applied Mechanics and Engineering, 45(1-3): 217-284.

HUGHES T J R, WINGET J, 1980. Finite rotation effects in numerical integration of rate constitutive equations arising in large-deformation analysis[J]. International Journal for Numerical Methods in Engineering, 15(12): 1862-1867.

HULL D, BACON D J, 2006. Introduction to dislocations[M]. Oxford: Butterworth-Heinemann.

HUTCHINSON J W, 1968. Singular behaviour at the end of a tensile crack in a hardening material[J]. Journal of the Mechanics and Physics of Solids, 16(1): 13-31.

IEŞAN D, 2002. On the micromorphic thermoelasticity[J]. International journal of engineering science, 40(5): 549-567.

JAEGER J C, COOK N G W, ZIMMERMAN R W, 2007. Fundamentals of rock mechanics[M]. Malden: Blackwell Publishing.

JÄNICKE R, DIEBELS S, SEHLHORST H G, et al., 2009. Two-scale modelling of micromorphic continua: A numerical homogenization scheme[J]. Continuum Mechanics and Thermodynamics, 21: 297-315.

JOHNSON G C, BAMMANN D J, 1984. A discussion of stress rates in finite deformation problems[J]. International Journal of Solids and Structures, 20(8): 725-737.

KADOWAKI H, LIU W K, 2005. A multiscale approach for the micropolar continuum model[J]. Computer Modeling in Engineering and Sciences, 7(3): 269-282.

KALTHOFF J F, WINKLER S, 1988. Failure mode transition at high rates of shear loading[J]. DGM Informationsgesellschaft mbH, Impact Loading and Dynamic Behavior of Materials, 1: 185-195.

KAMEDA T, ZIKRY M A, 1998. Three-dimensional dislocation-based crystalline constitutive formulation for ordered intermetallics[J]. Scripta Materialia, 38(4): 631-636.

KELLER J B, GIVOLI D, 1989. Exact non-reflecting boundary conditions[J]. Journal of Computational Physics, 82(1): 172-192.

KELLY A, GROVES G W, KIDD P, 2000. Crystallography and crystal defects[M]. Chichester: John Wiley & Sons Ltd.

KENNEDY T C, KIM J B, 1993. Dynamic analysis of cracks in micropolar elastic materials[J]. Engineering Fracture Mechanics, 44(2): 207-216.

KEY S W, BEISINGER Z E, 1971. The transient dynamic analysis of thin shells by the finite element method[C]//Proceedings of the third conference on matrix methods in structural mechanics.

KHAN A S, HUANG S, 1995. Continuum theory of plasticity[M]. New York: John Wiley & Sons Ltd.

KIKUCHI N, ODEN J T, 1988. Contact problems in elasticity: A study of variational inequalities and finite element methods[M]. Philadelphia: Society for Industry and Applied Mathematics.

KLEIBER M, 1989. Incremental finite element modelling in non-linear solid mechanics[M]. Chichester: Ellis Horwood.

KNOWLES J K, STERNBERG E, 1976. On the failure of ellipticity of the equations for finite elastostatic plane strain[J]. Archive for Rational Mechanics and Analysis, 63(4): 321-336.

KOCKS U F, 1987. Constitutive behavior based on crystal plasticity[M]//Unified constitutive equations for creep and plasticity. Dordrecht: Springer, 1-88.

KOUZNETSOVA V, GEERS M G D, BREKELMANS W A M, 2002. Multi-scale constitutive modelling of heterogeneous materials with a gradient-enhanced computational homogenization scheme[J]. International Journal for Numerical Methods in Engineering, 54(8): 1235-1260.

KOUZNETSOVA V G, GEERS M G D, BREKELMANS W A M, 2004. Multi-scale second-order computational homogenization of multi-phase materials: A nested finite element solution strategy[J]. Computer Methods in Applied Mechanics and Engineering, 193(48-51): 5525-5550.

KRAJCINOVIC D,1996. Damage mechanics[M]. Amsterdam: North-Holland.

KREIG R D,KEY S W, 1976. Implementation of a time dependent plasticity theory into structural programs[J]. Constitutive Equations in Viscoplasticity: Computational and Engineering Aspects,20: 125-137.

KRONER E,1981. Continuum theory of defects. In les houches,session XXXV ,1980-physics of defects[M]. Amsterdam: North-Holland,219-315.

KUBIN L P,MORTENSEN A,2003. Geometrically necessary dislocations and strain-gradient plasticity: A few critical issues[J]. Scripta Materialia,48(2): 119-125.

KULKARNI M,BELYTSCHKO T, BAYLISS A, 1995. Stability and error analysis for time integrators applied to strain-softening materials[J]. Computer Methods in Applied Mechanics and Engineering,124(4): 335-363.

LABORDE P,POMMIER J, RENARD Y, et al. , 2005. High-order extended finite element method for cracked domains[J]. International Journal for Numerical Methods in Engineering,64(3): 354-381.

LADYZHESNKAYA OA,1968. Linear and quasilinear elliptic equations[M]. New York: Academic Press.

LASRY D,BELYTSCHKO T,1988. Localization limiters in transient problems[J]. International Journal of Solids and Structures,24(6): 581-597.

LEE E H,1969. Elastic-plastic deformation at finite strains[J]. Journal of Applied Mechanics,36: 1-6.

LEE J D,CHEN Y,2005. Material forces in micromorphic thermoelastic solids[J]. Philosophical Magazine, 85(33-35): 3897-3910.

LEE Y J,FREUND L B,1990. Fracture initiation due to asymmetric impact loading of an edge cracked plate [J]. Journal of Applied Mechanics,57(1): 104-111.

LEMAITRE J,1971. Evaluation of dissipation and damage in metal submitted to dynamic loading[M]. Paris: Office National Detudes Et de Recherches Aerospatiales.

LEMAITRE J, CHABOCHE J L, 1990. Mechanics of solid materials [M]. Cambridge: Cambridge University Press.

LI S,LU H,HAN W,et al. ,2004. Reproducing kernel element method Part Ⅱ: Globally conforming Im/Cn hierarchies[J]. Computer Methods in Applied Mechanics and Engineering,193(12): 953-987.

LIN J I,1991. Bounds on eigenvalues of finite element systems[J]. International Journal for Numerical Methods in Engineering,32(5): 957-967.

LIU W K,1981. Finite element procedures for fluid-structure interactions and application to liquid storage tanks[J]. Nuclear Engineering and Design,65(2): 221-238.

LIU W K,BELYTSCHKO T,CHANG H,1986. An arbitrary Lagrangian-Eulerian finite element method for path dependent materials[J]. Computer Methods in Applied Mechanics and Engineering,58(2): 227-245.

LIU W K,CHANG H G,1984. Efficient computational procedures for long-time duration fluid-structure interaction problems[J]. The Journal of Pressure Vessel Technology,106: 317-322.

LIU W K,CHANG H G,1985. A method of computation for fluid structure interactions[J]. Computers & Structures,20: 311-320.

LIU W K, HERMAN C, JIUN-SHYAN C, et al. , 1988. Arbitrary Lagrangian-Eulerian Petrov-Galerkin finite elements for nonlinear continua[J]. Computer Methods in Applied Mechanics and Engineering, 68(3): 259-310.

LIU W K,CHEN J S, BELYTSCHKO T, et al. , 1991. Adaptive ALE finite elements with particular reference to external work rate on frictional interface[J]. Computer Methods in Applied Mechanics and Engineering,93(2): 189-216.

LIU W K, HAN W, LU H, et al. , 2004. Reproducing kernel element method. Part Ⅰ: Theoretical formulation[J]. Computer Methods in Applied Mechanics and Engineering,193(12-14): 933-951.

LIU W K,JUN S,ZHANG Y F,1995. Reproducing kernel particle methods[J]. International Journal for Numerical Methods in Fluids,20(8-9): 1081-1106.

LIU W K,JUN S,LI S,et al.,1995. Reproducing kernel particle methods for structural dynamics[J]. International Journal for Numerical Methods in Engineering,38(10): 1655-1679.

LIU W K,LI S F,PARK H S,2022. Archives of computational methods in engineering[Z]. [s. n.],29: 4431-4453.

LIU W K,MA D C,1982. Computer implementation aspects for fluid-structure interaction problems[J]. Computer Methods in Applied Mechanics and Engineering,31(2): 129-148.

LIU W K,MCVEIGH C,2008. Predictive multiscale theory for design of heterogeneous materials[J]. Computational Mechanics,42(2): 147-170.

LIU W K,QIAN D,GONELLA S,et al.,2010. Multiscale methods for mechanical science of complex materials: Bridging from quantum to stochastic multiresolution continuum[J]. International Journal for Numerical Methods in Engineering,83(8-9): 1039-1080.

LIU W K,URAS R A,CHEN Y,1997. Enrichment of the finite element method with the reproducing kernel particle method[J]. Journal of Applied Mechanics,64: 861-870.

LIU W K,2007. Simulation-based engineering and science approach to analysis and design of microsystems: From a dream to a vision to reality[C]// Proceedings of the WTEC Workshop on U. S. R&D in Simulation-Based Engineering and Science. 77-95.

LOSI G U,KNAUSS W G,1992. Free volume theory and nonlinear thermoviscoelasticity[J]. Polymer Engineering & Science,32(8): 542-557.

LU H,WAN KIM D,KAM LIU W,2005. Treatment of discontinuity in the reproducing kernel element method[J]. International Journal for Numerical Methods in Engineering,63(2): 241-255.

LU H,LI S,SIMKINS JR D C,et al.,2004. Reproducing kernel element method Part Ⅲ: Generalized enrichment and applications[J]. Computer Methods in Applied Mechanics and Engineering,193(12-14): 989-1011.

LUBLINER L,1990. Plasticity theory[M]. New York: Macmillan.

LUSCHER D J,MCDOWELL D L,BRONKHORST C A,2010. A second gradient theoretical framework for hierarchical multiscale modeling of materials[J]. International Journal of Plasticity,26(8): 1248-1275.

MACNEAL R H,1982. Derivation of element stiffness matrices by assumed strain distributions[J]. Nuclear Engineering and Design,70(1): 3-12.

MACNEAL R H,1994. Finite elements: Their design and performance[M]. New York: Marcel Dekker.

MALKUS D S,HUGHES T J R,1978. Mixed finite element methods—reduced and selective integration techniques: A unification of concepts[J]. Computer Methods in Applied Mechanics and Engineering,15(1): 63-81.

MALVERN L E,1969. Introduction to the mechanics of a continuous medium[M]. Englewood Cliffs: Prentice-Hall.

MARCAL P V,KING I P,1967. Elastic-plastic analysis of two-dimensional stress systems by the finite element method[J]. International Journal of Mechanical Sciences,9(3): 143-155.

MARIN E B,MCDOWELL D L,1997. A semi-implicit integration scheme for rate-dependent and rate-independent plasticity[J]. Computers & Structures,63(3): 579-600.

MARSDEN J E,HUGHES T J R,1983. Mathematical foundations of elasticity[M]. Englewood Cliffs: Prentice-Hall.

MASE G F,MASE G T,1992. Continuum mechanics for engineers[M]. Boca Raton: CRC Press.

MCVEIGH C J, 2007. Linking properties to microstructure through multiresolution mechanics [D]. Evanston: Northwestern University.

MCVEIGH C, LIU W K, 2008. Linking microstructure and properties through a predictive multiresolution continuum[J]. Computer Methods in Applied Mechanics and Engineering, 197(41-42): 3268-3290.

MCVEIGH C, LIU W K, 2009. Multiresolution modeling of ductile reinforced brittle composites[J]. Journal of the Mechanics and Physics of Solids, 57(2): 244-267.

MCVEIGH C, LIU W K, 2010. Multiresolution continuum modeling of micro-void assisted dynamic adiabatic shear band propagation[J]. Journal of the Mechanics and Physics of Solids, 58(2): 187-205.

MCVEIGH C, VERNEREY F, LIU W K, et al., 2006. Multiresolution analysis for material design[J]. Computer Methods in Applied Mechanics and Engineering, 195(37-40): 5053-5076.

MEHRABADI M M, NEMAT-NASSER S, 1987. Some basic kinematical relations for finite deformations of continua[J]. Mechanics of Materials, 6(2): 127-138.

MICHALOWSKI R, MROZ Z, 1978. Associated and non-associated sliding rules in contact friction problems[J]. Archiwum Mechaniki Stosowanej, 30(3): 259-276.

MELENK J M, BABUŠKA I, 1996. The partition of unity finite element method: Basic theory and applications[J]. Computer Methods in Applied Mechanics and Engineering, 139(1-4): 289-314.

MENOUILLARD T, RETHORE J, COMBESCURE A, et al., 2006. Efficient explicit time stepping for the extended finite element method (X-FEM) [J]. International Journal for Numerical Methods in Engineering, 68(9): 911-939.

MENOUILLARD T, RÉTHORÉ J, MOES N, et al., 2008. Mass lumping strategies for X-FEM explicit dynamics: Application to crack propagation [J]. International Journal for Numerical Methods in Engineering, 74(3): 447-474.

MESAROVIC S D, PADBIDRI J, 2005. Minimal kinematic boundary conditions for simulations of disordered microstructures[J]. Philosophical Magazine, 85(1): 65-78.

MIEHE C, 1994. Aspects of the formulation and finite element implementation of large strain isotropic elasticity[J]. International Journal for Numerical Methods in Engineering, 37(12): 1981-2004.

MINDLIN R D, 1951. Influence of rotary inertia and shear on flexural motions of elastic plates[J]. Journal of Applied Mechanics, 18: 31-38.

MINDLIN R D, 1964. Microstructure in linear elasticity[J]. Archive for Rational Mechanics and Analysis, 16(1): 51-78.

MINDLIN R D, 1965. Second gradient of strain and surface-tension in linear elasticity [J]. International Journal of Solids and Structures, 1(4): 417-438.

MINDLIN R D, TIERSTEN H F, 1962. Effects of couple-stresses in linear elasticity [J]. Archive for Rational Mechanics and analysis, 11(1): 415-448.

MOËS N, CLOIREC M, CARTRAUD P, et al., 2003. A computational approach to handle complex microstructure geometries[J]. Computer Methods in Applied Mechanics and Engineering, 192(28-30): 3163-3177.

MOËS N, DOLBOW J, BELYTSCHKO T, 1999. A finite element method for crack growth without remeshing[J]. International Journal for Numerical Methods in Engineering, 46(1): 131-150.

MOLINARI A, CLIFTON R J, 1987. Analytical characterization of shear localization in thermoviscoplastic materials[J]. Journal of Applied Mechanics, 54: 806-812.

MORAN B, 1987. A finite element formulation for transient analysis of viscoplastic solids with application to stress wave propagation problems[J]. Computers & Structures, 27(2): 241-247.

MORAN B, ORTIZ M, SHIH C F, 1990. Formulation of implicit finite element methods for multiplicative finite deformation plasticity[J]. International Journal for Numerical Methods in Engineering, 29(3):

483-514.

MÜHLHAUS H B, AIFANTIS E C, 1991a. The influence of microstructure-induced gradients on the localization of deformation in viscoplastic materials[J]. Acta Mechanica, 89(1-4): 217-231.

MÜHLHAUS H B, ALFANTIS E C, 1991b. A variational principle for gradient plasticity[J]. International Journal of Solids and Structures, 28(7): 845-857.

MÜHLHAUS H B, VARDOULAKIS I, 1987. The thickness of shear bands in granular materials[J]. Geotechnique, 37(3): 271-283.

MURA T, 1987. Micromechanics of defects in solids[M]. Amsterdam: Kluwer Academic Publishers.

NAGTEGAAL J C, DE JONG J E, 1981. Some computational aspects of elastic-plastic large strain analysis [J]. International Journal for Numerical Methods in Engineering, 17(1): 15-41.

NAGTEGAAL J C, PARKS D M, RICE J R, 1974. On numerically accurate finite element solutions in the fully plastic range[J]. Computer Methods in Applied Mechanics and Engineering, 4(2): 153-177.

NAPPA L, 2001. Variational principles in micromorphic thermoelasticity [J]. Mechanics Research Communications, 28(4): 405-412.

NARASIMHAN R, ROSAKIS A J, MORAN B, 1992. A three-dimensional numerical investigation of fracture initiation by ductile failure mechanisms in a 4340 steel[J]. International Journal of Fracture, 56: 1-24.

NEEDLEMAN A, 1982. Plasticity of metals at finite strains: Theory, computations and experiment[C]// Proceedings of Research Workshop Held at Stanford University, 387-436.

NEEDLEMAN A, 1988. Material rate dependence and mesh sensitivity in localization problems [J]. Computer Methods in Applied Mechanics and Engineering, 67(1): 69-85.

NEEDLEMAN A, TVERGAARD V F, 1984. An analysis of ductile rupture in notched bars[J]. Journal of the Mechanics and Physics of Solids, 32(6): 461-490.

NEMAT-NASSER S, HORI M, 1999. Micromechanics: Overall properties of heterogeneous materials[M]. Amsterdam: Elsevier.

NOBLE B, 1969. Applied linear algebra[M]. Englewood Cliffs: Prentice-Hall.

NOCEDAL J, WRIGHT S J, 1999. Numerical optimization[M]. New York: Springer.

NYE J F, 1985. Physical properties of crystals[M]. Oxford: Oxford University Press.

O'DOWD N P, KNAUSS W G, 1995. Time dependent large principal deformation of polymers[J]. Journal of the Mechanics and Physics of Solids, 43(5): 771-792.

ODEN J T, 1972. Finite elements of nonlinear continua[M]. New York: McGraw-Hill.

ODEN J T, REDDY J N, 1976. An introduction to the mathematical theory of finite elements[M]. New York: John Wiley & Sons Ltd.

ODEN J T, 2007. The NSF blue ribbon panel report on SBES[C]//WTEC Workshop on U. S. R&D in Simulation-Based Engineering and Science.

OGDEN R W, 1984. Non-linear elastic deformations[M]. Chichester: Ellis Horwood.

OLSON G B, 1997. Computational design of hierarchically structured materials[J]. Science, 277(5330): 1237-1242.

ONAT E T, 1983. Representation of inelastic behavior in the presence of anisotropy and of finite deformations[C]// Recent Advances in Creep and Fatigue of Engineering Materials and Strucxtures. Swansea: Pineridge Press: 231-264.

OROWAN E, 1934. Plasticity of crystals[J]. Zeitschrift für Physikalische Chemie, 89(9-10): 605-659.

ORTIZ M, MARTIN J B, 1989. Symmetry-preserving return mapping algorithms and incrementally extremal paths: A unification of concepts [J]. International Journal for Numerical Methods in Engineering, 28(8): 1839-1853.

ORTIZ M,LEROY Y,NEEDLEMAN A,1987. A finite element method for localized failure analysis[J]. Computer Methods in Applied Mechanics and Engineering,61(2): 189-214.

OSWALD J,GRACIE R,KHARE R, et al. ,2009. An extended finite element method for dislocations in complex geometries: Thin films and nanotubes[J]. Computer Methods in Applied Mechanics and Engineering,198(21-26): 1872-1886.

PAN J,SAJE M,NEEDLEMAN A,1983. Localization of deformation in rate sensitive porous plastic solids [J]. International Journal of Fracture,21: 261-278.

PARK K C,STANLEY G M, 1987. An assumed covariant strain based 9-node shell element [J]. International Journal for Numerical Methods in Engineering,53: 278-290.

PEIRCE D,SHIH C F,NEEDLEMAN A,1984. A tangent modulus method for rate dependent solids[J]. Computers & Structures,18(5): 875-887.

PERZYNA P,1971. Thermodynamic theory of viscoplasticity[J]. Advances in Applied Mechanics, 11: 313-354.

PIAN T H H,SUMIHARA K, 1984. Rational approach for assumed stress elements, lnternat [J]. International Journal for Numerical Methods in Engineering,20: 1685-1695.

PIJAUDIER-CABOT G, BA ŽANT Z P, 1987. Nonlocal damage theory[J]. Journal of Engineering Mechanics,113(10): 1512-1533.

POLMEAR I,2006. Light alloys: From traditional alloys to nanocrystals[M]. Burlington: Elsevier/ Butterworth-Heinemann.

PRAGER W,1945. Strain hardening under combined stresses[J]. Journal of Applied Physics, 16(12): 837-840.

PRAGER W,2004. Introduction to mechanics of continua[M]. New York: Courier Corporation.

RANDLE V,ENGLER O, 2009. Introduction to texture analysis: Macrotexture, microtexture and orientation mapping[M]. Boca Raton: CRC press.

RASHID M M,1993. Incremental kinematics for finite element applications[J]. International Journal for Numerical Methods in Engineering,36(23): 3937-3956.

REGUEIRO R A,2009. Finite strain micromorphic pressure-sensitive plasticity[J]. Journal of Engineering Mechanics,135(3): 178-191.

REISSNER E,1945. The effect of transverse shear deformation on the bending of elastic plates[J]. Journal of Applied Mechanics. 61: A69-A77.

REISSNER E,1996. Selected works in applied mechanics and mathematics[J]. Boston: Jones and Bartlett Publishers.

REZVANIAN O,ZIKRY M A,RAJENDRAN A M,2007. Statistically stored,geometrically necessary and grain boundary dislocation densities: Microstructural representation and modelling[J]. Proceedings of the Royal Society A: Mathematical,Physical and Engineering Sciences,463(2087): 2833-2853.

RICE J R,1971. Inelastic constitutive relations for solids: An internal-variable theory and its application to metal plasticity[J]. Journal of the Mechanics and Physics of Solids,19(6): 433-455.

RICE J R,ASARO R J,1977. Strain localization in ductile single crystals[J]. Journal of the Mechanics and Physics of Solids,25(5): 309-338.

RICE J R,ROSENGREN G F,1968. Plane strain deformation near a crack tip in a power-law hardening material[J]. Journal of the Mechanics and Physics of Solids,16(1): 1-12.

RICE J R,CLEARY M P,1976. Some basic stress diffusion solutions for fluid-saturated elastic porous media with compressible constituents[J]. Reviews of Geophysics,14(2): 227-241.

RICHTMYER R D,DILL E H,1967. Difference methods for initial value problems[M]. New York: John Wiley & Sons Ltd.

RIKS E,1972. The application of Newton's method to the problem of elastic stability[J]. Journal of Applied Mechanics,39: 1060-1066.

RIVLIN R S,SAUNDERS D W,1951. Large elastic deformations of isotropic materials Ⅶ. Experiments on the deformation of rubber[J]. Philosophical Transactions of the Royal Society of London. Series A, Mathematical and Physical Sciences,243(865): 251-288.

ROGERS H C,1960. The tensile fracture of ductile metals[J]. Transactions of the American Institute of Mining,Metallurgical and Petroleum Engineers,218(3): 498-506.

ROTERS F,EISENLOHR P,HANTCHERLI L,et al.,2010. Overview of constitutive laws,kinematics, homogenization and multiscale methods in crystal plasticity finite-element modeling: Theory, experiments,applications[J]. Acta Materialia,58(4): 1152-1211.

RUDNICKI J,RICE J R,1975. Conditions for strain localization in pressure-sensitive,dilatant materials[J]. Journal of the Mechanics and Physics of Solids,23: 337-351.

SAJE M,PAN J,NEEDLEMAN A,1982. Void nucleation effects on shear localization in porous plastic solids[J]. International Journal of Fracture,19: 163-182.

SCHREYER H L,CHEN Z,1986. One-dimensional softening with localization[J]. Journal of Applied Mechanics,53: 791-797.

SEYDEL R,1994. Practical bifurcation and stability analysis,from equilibirum to chaos[M]. Heidelberg: Springer-Verlag.

SHABANA A A,1998. Dynamics of multi-body systems[M]. Cambridge: Cambridge University Press.

SHANTHRAJ P,ZIKRY M A,2011. Dislocation density evolution and interactions in crystalline materials [J]. Acta Materialia,59(20): 7695-7702.

SHI J,ZIKRY M A,2009. Grain-boundary interactions and orientation effects on crack behavior in polycrystalline aggregates[J]. International Journal of Solids and Structures,46(21): 3914-3925.

SIMKINS JR D C,LI S,LU H,et al.,2004. Reproducing kernel element method. Part Ⅳ: Globally compatible C_n ($n \geqslant 1$) triangular hierarchy[J]. Computer Methods in Applied Mechanics and Engineering,193(12-14): 1013-1034.

SIMO J C,FOX D D,1989. On a stress resultant geometrically exact shell model. Part Ⅰ: Formulation and optimal parametrization[J]. Computer Methods in Applied Mechanics and Engineering,72(3): 267-304.

SIMO J C,HUGHES T J R,1986. On the variational foundations of assumed strain methods[J]. Journal of Applied Mechanics,53: 1685-1695.

SIMO J C,HUGHES T J R,1998. Computational inelasticity[M]. New York: Springer-Verlag.

SIMO J C,ORTIZ M,1985. A unified approach to finite deformation elastoplastic analysis based on the use of hyperelastic constitutive equations[J]. Computer Methods in Applied Mechanics and Engineering, 49(2): 221-245.

SIMO J C,RIFAI M S,1990. A class of mixed assumed strain methods and the method of incompatible modes[J]. International Journal for Numerical Methods in Engineering,29(8): 1595-1638.

SIMO J C,TAYLOR R L,1985. Consistent tangent operators for rate-independent elastoplasticity[J]. Computer Methods in Applied Mechanics and Engineering,48(1): 101-118.

SIMO J C,OLIVER J,ARMERO F,1993. An analysis of strong discontinuities induced by strain-softening in rate-independent inelastic solids[J]. Computational Mechanics,12(5): 277-296.

SIMO J C,TAYLOR R L,PISTER K S,1985. Variational and projection methods for the volume constraint in finite deformation elasto-plasticity[J]. Computer methods in applied mechanics and engineering, 51(1-3): 177-208.

BURLINGTON M A,2004. Smithells metals reference book[M]. Oxford: Elsevier Butterworth-Heinemann

Ltd.

SMOLINSKI P, SLEITH S, BELYTSCHKO T, 1996. Stability of an explicit multi-time step integration algorithm for linear structural dynamics equations[J]. Computational Mechanics, 18(3): 236-244.

SOCRATE S, 1995. Mechanics of microvoid nucleation and growth in high-strength metastable austenitic steels[D]. Cambridge: Massachusetts Institute of Technology.

SONG J H, AREIAS P M A, BELYTSCHKO T, 2006. A method for dynamic crack and shear band propagation with phantom nodes[J]. International Journal for Numerical Methods in Engineering, 67(6): 868-893.

SONG J H, WANG H, BELYTSCHKO T, 2008. A comparative study on finite element methods for dynamic fracture[J]. Computational Mechanics, 42(2): 239-250.

SPIVAK M, 1965. Calculus on manifolds[M]. New York: Benjamin.

STANLEY G M, 1985. Continuum-based shell elements[M]. Palo Alto: Stanford University.

STOLARSKI H, BELYTSCHKO T, 1982. Membrane locking and reduced integration for curved elements [J]. Journal of Applied Mechanics, 49: 172-177.

STOLARSKI H, BELYTSCHKO T, 1983. Shear and membrane locking in curved C_0 elements [J]. Computer Methods in Applied Mechanics and Engineering, 41(3): 279-296.

STOLARSKI H, BELYTSCHKO T, 1987. Limitation principles for mixed finite elements based on the Hu-Washizu variational formulation[J]. Computer Methods in Applied Mechanics and Engineering, 60(2): 195-216.

STOLARSKI H, BELYTSCHKO T, LEE S H, 1995. A review of shell finite elements and corotational theories[J]. Computational Mechanics Advances, 2(2): 125-212.

STRANG G, 1972. Variational crimes in the finite element method[M]//The mathematical foundations of the finite element method with applications to partial differential equations. New York: Academic Press: 689-710.

STRANG G, FIX G J, GRIFFIN D S, 1973. An analysis of the finite-element method[M]. Englewood Cliffs: Prentice-Hall.

STRIKWERDA J C, 1989. Finite difference schemes and partial differential equations [M]. Belmont: Wadsworth.

SUKUMAR N, CHOPP D L, MORAN B, 2003. Extended finite element method and fast marching method for three-dimensional fatigue crack propagation[J]. Engineering Fracture Mechanics, 70(1): 29-48.

SUKUMAR N, CHOPP D L, MOËS N, et al., 2001. Modeling holes and inclusions by level sets in the extended finite-element method[J]. Computer Methods in Applied Mechanics and Engineering, 190(46-47): 6183-6200.

SUKUMAR N, MOËS N, MORAN B, et al., 2000. Extended finite element method for three-dimensional crack modelling[J]. International Journal for Numerical Methods in Engineering, 48(11): 1549-1570.

TANG S, GREENE M S, LIU W K, 2012. Two-scale mechanism-based theory of nonlinear viscoelasticity [J]. Journal of the Mechanics and Physics of Solids, 60(2): 199-226.

TAYLOR G I, 1934. The mechanism of plastic deformation of crystals. Part Ⅰ.-Theoretical [C]// Proceedings of the Royal Society of London. Series A, Containing Papers of a Mathematical and Physical Character. 145(855): 362-387.

TAYLOR R L, SIMO J C, ZIENKIEWICZ O C, et al. 1986. The patch test-a condition for assessing FEM convergence[J]. International Journal for Numerical Methods in Engineering, 22(1): 39-62.

TERZAGHI V O N, 1923. Die berechnung der durchassigkeitsziffer des tones aus dem verlauf der hydrodynamischen spannungs. erscheinungen [J]. Sitzungsberichte Der Kaiserlichen Akademie Der Wissenschaften. Mathematisch-Naturwissenschaftliche Classe. Abteilung. 2A, 132: 125-138.

TERZAGHI K,1936. The shearing resistance of saturated soils and the angle between the planes of shear [C]//First International Conference on Soil Mechanics,1: 54-59.

THOMPSON J M T,HUNT R W G,1984. Elastic instability phenomena[M]. Chichester: John Wiley & Sons Ltd.

TIAN R,CHAN S,TANG S,et al. ,2010. A multiresolution continuum simulation of the ductile fracture process[J]. Journal of the Mechanics and Physics of Solids,58(10): 1681-1700.

TIAN R,TO A C,LIU W K, 2011. Conforming local meshfree method [J]. International Journal for Numerical Methods in Engineering,86(3): 335-357.

TRUESDELL C,NOLL W,TRUESDELL C,et al. ,1965. The non-linear field theories of mechanics[M]. Berlin: Springer-Verlag.

TURNER M J,CLOUGH R W,MARTIN H C,et al. ,1956. Stiffness and deflection analysis of complex structures[J]. Journal of the Aeronautical Sciences,23(9): 805-823.

TVERGAARD V,1981. Influence of voids on shear band instabilities under plane strain conditions[J]. International Journal of Fracture,17: 389-407.

TVERGAARD V,NEEDLEMAN A,1984. Analysis of the cup-cone fracture in a round tensile bar[J]. Acta Metallurgica,32(1): 157-169.

HOUTTE P V,1987. Calculation of the yield locus of textured polycrystals using the Taylor and the relaxed Taylor theory[J]. Texture,Stress,and Microstructure,7: 29-72.

VAN HOUTTE P,LI S,SEEFELDT M,et al. ,2005. Deformation texture prediction: From the Taylor model to the advanced Lamel model[J]. International Journal of Plasticity,21(3): 589-624.

VENTURA G,GRACIE R,BELYTSCHKO T,2009. Fast integration and weight function blending in the extended finite element method[J]. International Journal for Numerical Methods in Engineering, 77(1): 1-29.

VENTURA G,MORAN B,BELYTSCHKO T,2005. Dislocations by partition of unity[J]. International Journal for Numerical Methods in Engineering,62(11): 1463-1487.

VENTURA G,XU J X, BELYTSCHKO T, 2002. A vector level set method and new discontinuity approximations for crack growth by EFG [J]. International Journal for Numerical Methods in Engineering,54(6): 923-944.

VERNEREY F J,2006. Multi-scale continuum theory for microstructured materials [D]. Evanston: Northwestern University.

VERNEREY F,LIU W K,MORAN B,2007. Multi-scale micromorphic theory for hierarchical materials [J]. Journal of the Mechanics and Physics of Solids,55(12): 2603-2651.

WAGNER G J,GHOSAL S,LIU W K,2003. Particulate flow simulations using lubrication theory solution enrichment[J]. International Journal for Numerical Methods in Engineering,56(9): 1261-1289.

WAGNER G J,LIU W K,2003. Coupling of atomistic and continuum simulations using a bridging scale decomposition[J]. Journal of Computational Physics,190(1): 249-274.

WAGNER G J,MOËS N,LIU W K,et al. ,2001. The extended finite element method for rigid particles in Stokes flow[J]. International Journal for Numerical Methods in Engineering,51(3): 293-313.

WEMPNER G,1969. Finite elements,finite rotations and small strains of flexible shells[J]. International Journal of Solids and Structures,5(2): 117-153.

WEMPNER G,TALASLIDIS D,HWANG C M,1982. A simple and efficient approximation of shells via finite quadrilateral elements[J]. Journal of Applied Mechanics,49: 331-362.

WILKINS M L,1963. Calculation of elastic-plastic flow[M]. New York: Academic Press.

WILSON E L,TAYLOR R L,DOHERTY W P,et al. ,1973. Incompatible displacement models in numerical and computer method in structural mechanics[M]. New York:Academic Press.

WRIGGERS P, 1995. Finite element algorithms for contact problems [J]. Archives of Computational Methods in Engineering, 2: 1-49.

WRIGGERS P, MIEHE C, 1994. Contact constraints within coupled thermomechanical analysis-a finite element model[J]. Computer Methods in Applied Mechanics and Engineering, 113(3-4): 301-319.

WRIGHT T W, WALTER J W, 1987. On stress collapse in adiabatic shear bands [J]. Journal of the Mechanics and Physics of Solids, 35(6): 205-212.

XIAO S P, BELYTSCHKO T, 2004. A bridging domain method for coupling continua with molecular dynamics[J]. Computer Methods in Applied Mechanics and Engineering, 193(17-20): 1645-1669.

XU X P, NEEDLEMAN A, 1994. Numerical simulations of fast crack growth in brittle solids[J]. Journal of the Mechanics and Physics of Solids, 42(9): 1397-1434.

YAMAKOV V, WOLF D, PHILLPOT S R, et al., 2002. Dislocation processes in the deformation of nanocrystalline aluminium by molecular-dynamics simulation[J]. Nature Materials, 1(1): 45-49.

ZHANG Y, LARSSON R, FAN J, et al., 2006. Homogenization model based on micropolar theory for the interconnection layer in microsystem packaging[C]//Conference on High Density Microsystem Design and Packaging and Component Failure Analysis, 2006. Piscataway: IEEE Press, 115-119.

YANG J F C, LAKES R S, 1982. Experimental study of micropolar and couple stress elasticity in compact bone in bending[J]. Journal of Biomechanics, 15(2): 91-98.

ZENG Q, LIU Z, XU D, et al., 2016. Modeling arbitrary crack propagation in coupled shell/solid structures with X-FEM[J]. International Journal for Numerical Methods in Engineering, 106(12): 1018-1040.

ZENG X, CHEN Y, LEE J D, 2006. Determining material constants in nonlocal micromorphic theory through phonon dispersion relations[J]. International Journal of Engineering Science, 44(18-19): 1334-1345.

ZHONG Z H, 1993. Finite element procedures for contact-impact problems [M]. New York: Oxford University Press.

ZHU A W, SHIFLET G J, STARKE E A J, 2006. First principles calculations for alloy design of moderate temperature age-hardenable Al alloys [C]//Materials Science Forum. Trans Tech Publications Ltd, 519: 35-44.

ZHUANG ZHUO, 1995, The development of finite element metthods for the investigation of dynamic crack mropagation in gas pipelines[D]. Dublin: University College Dublin, Ireland.

ZHUANG Z, CHENG B B, 2011. Equilibrium state of mode-Ⅰ sub-interfacial crack growth in bi-materials [J]. International Journal of Fracture, 170: 27-36.

ZHUANG Z, O'DONOGHUE P E, 2000. The recent development of analysis methodology for rapid crack propagation and arrest in gas pipelines[J]. International Journal of Fracture, 101: 269-290.

ZHUANG Z, LIU Z L, CHENG B B, et al., 2014. Extended finite element method[M]. Beijing: Tsinghua University Press.

ZHUANG Z, LIU Z, CUI Y, 2019. Dislocation mechanism-based crystal plasticity: Theory and computation at the micron and submicron scale[M]. Beijing: Tsinghua University Press.

ZIEGLER H, 1959. A modification of Prager's hardening rule [J]. Quarterly of Applied Mathematics, 17(1): 55-65.

ZIENKIEWICZ O C, EMSON C, BETTESS P, 1983. A novel boundary infinite element [J]. International Journal for Numerical Methods in Engineering, 19(3): 393-404.

ZIENKIEWICZ O C, TAYLOR R L, 1991. The finite element method[M]. New York: McGraw-Hill.

ZIENKIEWICZ O C, TAYLOR R L, TOO J M, 1971. Reduced integration technique in general analysis of plates and shells[J]. International Journal for Numerical Methods in Engineering, 3(2): 275-290.

ZIKRY M A, 1994. An accurate and stable algorithm for high strain-rate finite strain plasticity [J].

Computers & Structures,50(3):337-350.
ZIKRY M A,KAO M,1997. Inelastic microstructural failure modes in crystalline materials: The Σ33A and Σ11 high angle grain boundaries[J]. International Journal of Plasticity,13(4):403-434.
ZIKRY M A,NEMAT-NASSER S,1990. High strain-rate localization and failure of crystalline materials [J]. Mechanics of Materials,10(3):215-237.
冯康,1965. 基于变分原理的差分格式[J]. 应用数学与计算数学,2(4):238-262.
高岳,柳占立,庄茁,等,2020. 多孔充液弹性介质与井眼安全校核[M]. 北京:清华大学出版社.
郭乙木,陶伟明,庄茁,2004. 线性与非线性有限元及其应用[M]. 北京:机械工业出版社.
胡海昌,1954. 论弹性体力学与受范性体力学中的一般变分原理[J]. 物理学报,10(3):259-290.
黄克智,1989. 非线性连续介质力学[M]. 北京:清华大学出版社.
黄克智,2003. 张量分析[M]. 北京:清华大学出版社.
黄克智,黄永刚,2013. 高等固体力学(上册)[M]. 北京:清华大学出版社.
黄筑平,2003. 连续介质力学基础[M]. 北京:高等教育出版社.
龙驭球,龙志飞,岑松,2004. 新型有限元论[M]. 北京:清华大学出版社.
陆金甫,关治,2004. 偏微分方程数值解法[M]. 2 版. 北京:清华大学出版社.
王涛,黄广炎,柳占立,等,2021. 基于 ABAQUS 的有限元子程序开发及应用[M]. 北京:北京理工大学出版社.
王勖成,邵敏,1987. 有限单元法基本原理和数值方法[M]. 北京:清华大学出版社.
王勖成,2003. 有限单元法[M]. 北京:清华大学出版社.
谢贻权,何福保,1981. 弹性和塑性力学中的有限单元法[M]. 北京:机械工业出版社.
徐次达,华伯浩,1983. 固体力学有限元理论、方法及程序[M]. 北京:水利电力出版社.
徐芝纶,1972. 弹性力学问题的有限单元法[M]. 北京:水利电力出版社.
杨奇林,2004. 数学物理方程与特殊函数[M]. 北京:清华大学出版社.
曾攀,2004. 有限元分析及应用[M]. 北京:清华大学出版社.
张少实,庄茁,2011. 复合材料与黏弹性力学[M]. 北京:机械工业出版社.
赵亚溥,2016. 近代连续介质力学[M]. 北京:科学出版社.
庄茁,岑松,2006. 有限元方法,卷 2:固体力学[M]. 5 版. 北京:清华大学出版社.
庄茁,柳占立,成斌斌,等,2012. 扩展有限单元法[M]. 北京:清华大学出版社.
庄茁,柳占立,成健,2016. 连续体和结构的非线性有限元[M]. 2 版. 北京:清华大学出版社.
庄茁,由小川,廖剑晖,等,2009. 基于 ABAQUS 的有限元分析和应用[M]. 北京:清华大学出版社.
邹雨,庄茁,黄克智,2004. 超弹性材料过盈配合的轴对称平面应力解答[J]. 工程力学,21(6):72-75.